个人照

工地调研

工地调研

国际合作研究

国内会议留影

师生合影

师生合影

实验研究

毕业研究生简介

博士后研究人员

徐日庆，博士后（1994.10—1996.12）
研究课题：岩土介质开挖性态反分析方法
现任浙江大学滨海和城市岩土工程研究中心副主任，教授，博士生导师。
主要研究方向：土的工程性质及本构模型研究，固化土和扰动土的工程性质等。主持国家、省部级项目近20项，在国内外学术期刊及国际系列性重要会议上发表论文180多篇，其中60余篇被SCI、EI、ISTP收录。参与/主持的项目获省部级科技进步奖7项，其中一等奖3项，二等奖2项，三等奖2项。教学成果奖二等奖2项。拥有国家专利3项。

王明洋，博士后（1995.4—1997.4）
研究课题：爆炸波作用下介质与障碍物相互作用的理论应用研究
钻地武器破坏效应与工程防护领域专家，解放军理工大学首席教授，博士生导师，"爆炸冲击防灾减灾"国家重点实验室主任。"国家杰出青年科学基金"获得者，"长江学者"特聘教授。
主要学术兼职有中国岩石力学与工程学会副理事长、工程安全与防护分会理事长，及《爆炸与冲击》和《岩石力学与工程学报》等编委。全国优秀科技工作者，科技部"爆炸冲击效应与工程防护"创新团队负责人，全军科技领军人才，江苏省首席科学家。曾获国家科技进步一等奖1项、二等奖3项。发表学术论文156篇，其中SCI/EI收录93篇。出版专著2部。

郑永来，博士后（1999年12月出站）
研究课题：软土地层中地铁区间隧道的抗震设计的研究
同济大学土木工程学院水利工程系教授、博士生导师、水利工程系主任（2006—2010）、书记。
主要从事岩土和结构材料动力特性、地下结构抗震、港工水工结构抗震、海洋岩土工程和海工结构耐久性等方面研究。近年来完成加国家自然科学基金、国家人防等国家或省部级课题20余项；获省部级科技进步奖3项和军队科技进步奖2项；编写专著和教材共5部。近年来在中英文核心期刊发表论文80余篇，其中30余篇被SCI或EI检索。

陈明中，博士后（2000.12—2002.12）
研究课题：上海地铁车站结构振动台试验及抗震设计方法研究
出站后自主创业，积极探索"产学研"相结合的道路，创办上海维固实业有限公司，主要业务面向建筑结构加固改造，并致力于为结构改造改建市场提供从设计咨询到施工的系统化解决方案。曾承担和平饭店、洛克-外滩源、上海金鹰及天津昆仑等大型项目的结构加固改造工作，受到业界的一致关注和肯定。后创办上海赛弗工程减震技术有限公司，从事消能减震设备的开发，目前在行业内已建立一定的品牌影响力。
近10年来致力于新材料、新技术、新工艺的研发和应用，近几年获"混凝土结构的加固方法"、"用于结构加固的喷射结构聚合物砂浆施工方法"、"建筑物的可逆加固结构"、"防屈曲耗能支撑"、"剪切型加劲金属阻尼器"等发明及实用新型专利数十项，取得了较大的经济和社会效益。
现任《建筑结构》编委、《施工技术》编委、上海市土木工程学会工程改造与维护专业委员会主任、中国建筑业协会深基础施工分会理事、中国绿色建筑节能专业委员会委员等社会职务。主持制订了《既有建筑使用功能改善技术规范》《建筑结构加固施工图设计表示方法、建筑结构加固施工图设计深度图样》等国家标准和规范，并参编6本国家规范。先后荣获2011年度上海市优秀工程建设标准设计二等奖、上海市科技进步二等奖等奖项。目前正承担"十二五"国家科技支撑计划项目"大型商业建筑绿色化改造技术研究与工程示范"，为课题负责人，项目经费1818万元。

毕业研究生简介

博士后研究人员

张引科，博士后（2001.12—2003.12）
研究课题：饱和土中圆形衬砌隧道地震响应的研究
现《西安建筑科技大学学报》编辑部主任，教授，博士生导师。完成科研项目10余项，其中国家级项目3项；发表学术论文50多篇，其中被SCI和EI收录论文10余篇；获科技成果奖和教学成果奖20余项，其中陕西省科学技术二等奖1项、西安市科学技术二等奖1项、陕西省高等学校科学技术一等奖1项；出版专著2部。

陈海军，博士后，2005年3月出站。教授级高级工程师、注册咨询工程师
研究课题：巨型地下洞室群围岩稳定性数值分析
目前在水利部交通运输部国家能源局南京水利科学研究院工作。主要从事岩土工程领域的科学研究及技术咨询工作。主要学术兼职有国际岩石力学学会会员、国际工程地质与环境协会会员（中国国家小组成员）、中国土木工程学会港口工程分会工程排水与加固专业委员会委员、南京理工大学兼职研究生指导教师、江苏省注册咨询专家、浙江省自然科学基金项目同行评议专家。曾任江苏南水土建工程公司副总经理兼总工程师。已主持或骨干参与国家级科研项目4项、省部级科研项目30余项的研究工作。已发表论文20余篇（其中EI收录3篇）。研究成果经有关部门组织鉴定，达国际领先水平一项、国际先进水平四项、国内领先水平一项。获省部级特等奖1项，二等奖2项，获国家发明专利1项、实用新型专利3项。

伍振志，博士后（2008.3—2010.5）
研究课题：浅埋复杂地层超大型泥水盾构隧道开挖面稳定性及地表变位控制研究
博士（2004.9—2008.2），博士学位论文：《越江盾构隧道耐久性若干关键问题研究》
现就职于上海隧道工程股份有限公司，担任江苏分公司副总工程师，兼任南京地铁机场线总承包部总工程师。
主要从事地下工程施工管理及技术研发工作。中国岩石力学与工程学会地下空间分会会员、西南科技大学硕士生副导师等。

工学博士研究生

毕业研究生简介

朱合华，教授，博士（1986.9—1989.8）
博士学位论文：《隧道掘进面时空效应的研究》
973计划首席科学家、教育部长江学者、教育部高校青年教师教学科研奖励计划入选者、上海市领军人才计划、上海市优秀学科带头人计划入选者、上海市曙光计划入选者。曾任同济大学土木学院院长，主持和参加国家级、省部级和国际合作项目20余项、重大横向攻关项目20余项。在国内外发表论文150多篇，其中被SCI、EI收录50余篇。
主要研究方向为：岩体破坏力学与岩土工程数值方法、隧道及地下工程全寿命设计理论、数字地下空间与工程、地下空间防灾减灾。

吕小泉，博士（1989.09—1992.09）
博士学位论文：《城市地下空间对应场论与仿真模型研究》
武警水电指挥部高级工程师，国家住建部无障碍专家委员会专家；中国肢残人协会无障碍委员会顾问。获得5项国家部委级科技进步奖，其中一等奖2项，二等奖2项，三等奖1项。军队科技进步三等奖1项。

时蓓玲，教授级高工，博士（1993.9—1996.9）
博士学位论文：《基坑变形的随机预测与安全性预报》
主要从事港口工程、岩土工程、海上风力发电工程等水工领域的工程技术研究及科技管理工作。主要学术兼职有上海力学学会理事等。曾任中交上海三航科学研究院有限公司总工程师、副总经理，现任中交第三航务工程局副总工程师，已主持国家级科研项目1项、省部级科研项目4项的研究工作，完成4项行业标准的制定工作。已发表论文二十余篇，成果获中国航海科技奖、中国港口协会科技进步奖、中国水运工程协会科技进步奖等。并获评交通青年科技英才、上海市重大工程立功竞赛杰出人物等荣誉称号。

徐超，教授，博士（1994.9—1997.8）
博士学位论文：《深基坑稳定性的动态概率监控》
现任同济大学土木工程学院地下建筑与工程系教授，博士生导师。
主要从事土工合成材料、软弱土地基加固、边坡型地质灾害防治等方面的教学与科研工作。主持国家自然科学基金项目、江苏省、湖北省、云南省交通科学研究项目等纵向课题及烟台潮水机场飞行区边坡防治等大型咨询项目。获省部二等级奖2项，已发表论文近百篇，编著2部。

丁文其，教授，博士（1995.4—1997.12）
博士学位论文：《土体各向异性耦合模型及其在盾构隧道施工模拟中的应用》获上海市优秀博士论文
硕士（1992.9—1995.3）
硕士学位论文：《渗流耦合效应分析与广蓄电站二期工程高压钢支管长度的研究》
现任同济大学土木工程学院地下建筑与工程系副系主任。教育部新世纪优秀人才、上海高校优秀青年教师、中国岩石力学与工程学会青年科技金奖、上海市优秀博士论文奖获得者。
主要从事隧道及地下建筑结构与工程非线性力学性态、施工扰动机理、施工动态数值模拟分析与反馈控制理论研究。至今已开发软件1套，获得或申请专利10余项，发表论文100余篇；负责或参加完成六十多项国家863计划、国家自然科学基金、广蓄电站和宜兴抽水蓄能电站地下厂房、云南元磨、秦岭终南山公路隧道深竖井等重大工程技术研究项目，获得国家级、省部级教学、科技进步奖与荣誉三十余项。

毕业研究生简介

工学博士研究生

高文华,教授,博士(1995.9—1999.3)
博士学位论文:《深基坑支护墙体受力变形分析的粘弹性地基厚板理论》
现任湖南科技大学研究生院院长。在《土木工程学报》、《岩石力学与工程学报》等核心刊物上发表学术论文80余篇,其中EI、ISTP收录30余篇。获省部级科技进步奖2项,主持和参与完成国家自然科学基金、湖南省自然科学基金等项目20余项。

熊祚森,博士(1995.5—1998.06)
博士学位论文:《基坑系统动态模式的非线性反演及稳定性分析》
历任上海南房集团副总经理、中国陕西国际经济技术合作公司副总经理、中国红十字会援外物资供应站站长。
主要从事城市综合开发、国内外工程承包、国际经济技术合作及国际援助等工作。

马险峰,博士(1996.4—2000.3)
博士学位论文:《地下结构的震害研究》
硕士(1993.9—1996.3)
硕士学位论文:《大楼地下室战时功能开发计算》
现任同济大学,土木工程学院地下建筑与工程系,副教授、硕士生导师。
主要从事岩土工程物理模型试验以及地下工程抗震方面研究。近年来主持了国家自然科学基金项目1项、上海市自然科学基金1项、国家科技支撑计划子课题1项,以及其他横向课题多项,发表学术论文40余篇,其中SCI/EI/ISTP收录20余篇,参编/主编教材/专著/规范等6部,参与/主持的项目获省部级科技进步奖4项;拥有国家专利3项。在岩土离心模型试验、软土开挖问题以及地下工程抗震等领域有长时间的研究经验积累。

童峰,博士(1996.3—1999.12)
博士学位论文:《地铁区间隧道及接头结构抗震动力分析》
现工作于上海广联建设发展有限公司,任岩土设计中心总工。
主要从事岩土工程设计、咨询工作。

葛世平,教授级高工,博士(1997.9—2000.10)
博士学位论文:《软土地铁结构纵向变形预测与对策研究》
主要从事地铁建设、运营管理工作.现任上海申通地铁集团有限公司副总裁,并兼任同济大学博士生导师,上海市土木工程学会理事。在国内外城市轨道交通等核心专业期刊上发表过10多余篇论文,参与编制相关标准及规范多项。获省部级科技进步奖一等奖2项,二等奖3项。2001年获得国务院颁发的政府特殊津贴。

工学博士研究生 毕业研究生简介

钟正雄,博士(1996.9—2000.6)
博士学位论文:《复合型土钉墙的受力变形与承载机理的研究》
现在上海岩土工程勘察设计研究院有限公司工作。
主要从事地质灾害危险性评估、建设工程场地地震安全性评价、以及岩土工程勘察、设计和咨询。

叶为民,教授,博士(1995.9—2000.12)
博士学位论文:《软土地层的渗流特征与深基坑开挖的耦合分析研究》
现任同济大学土木工程学院教授、教务处副处长、地质工程专业国家级特色专业负责人,上海市重点学科带头人。主要从事非饱和土、环境地质方面的研究工作。承担国家自然科学基金、国防科工局项目等纵向课题20余项,横向科研项目20余项。获上海市科技进步二、三等奖3项。发表学术论文180余篇,其中SCI收录35篇。

陈宝,博士(1997.9—2000.12)
博士学位论文:《基坑变形的随机预测与安全性预报》
硕士(1994.9—1997.3)
硕士学位论文:《防汛墙结构的可靠性与模糊随机分析》
论文硕士(1992.9—1995.3)
现任同济大学,土木工程学院地下建筑与工程系,副教授、博士生导师。
主要从事岩土工程及多相介质岩土力学方面的研究。近年来主持了包括国家自然科学基金项目2项、省部级项目在内的纵向课题3项,发表学术论文50余篇,其中SCI收录7篇,EI收录29篇,在多相介质耦合渗流及非饱和土力学等领域有长时间的研究经验积累。

杨志锡,博士(1998.3—2001.3)
博士学位论文:《各向异性饱和粘土的渗流耦合分析及其工程应用》
现为上海应用技术学院城建学院副教授。
主要从事① 弹塑性结构振动声学耦合作用的模态试验与数值模拟分析,② 分布式光纤传感技术与地下结构健康监测应用等领域的教学和研究工作。主要讲授课程"建筑力学"、"建筑结构抗震设计"、"建筑结构试验"等。已发表论文30余篇(EI等收录17篇)。

季倩倩,教授级高工,博士(1999.3—2002.3)
博士学位论文:《地铁车站结构振动台模型试验研究》
现任上海长江隧桥建设发展有限公司副总经理,并兼任总工程师,已主持省级科研项目五项的研究工作。已发表论文20余篇。研究成果《隧道工程施工风险管理及预警技术》、《跨江海超长距离盾构隧道施工及防灾技术研究》、《长大隧道降温技术和全比例试验研究》、《超大特长隧道防火灾综合体系和全比例火灾试验研究》等获上海市科技进步三等奖。

毕业研究生简介

工学博士研究生

仇圣华,教授,博士(1999.3—2002.5)
博士学位论文:《成层正交各向异性围岩反分析方法研究》
现在上海应用技术学院任教授。主要从事岩土及地下结构工程数值模拟分析、建设工程管理方面的教学与研究工作。主持或参与完成国家自然科学基金课题、企业委托科研课题20余项。在《岩石力学与工程学报》、《岩土力学》、《同济大学学报》、《中国煤炭》等学术刊物发表论文30余篇。

钟才根,教授级高工,博士(1999.9—2002.11)
博士学位论文:《高速公路软基路堤沉降动态预测与控制》
现为上海同济工程项目管理咨询有限公司总工程师,教授级高级工程师。担任过多个重点工程的项目负责人和课题负责人。发表有论文30余篇,获省部级科技进步奖3项。
主要研究方向:基坑工程稳定性、地基处理技术、重载条件下城市道路的路基路面工作性状,工程项目管理。

杨超,博士(2000.9—2003.11)
博士学位论文:《饱和软土地铁结构地震响应计算方法的研究》
浙江省交通科学研究院副总工,完成多项科研成果,其中《大中跨径桥梁动态施工质量的智能监管技术研究》、《预应力管道压浆密实度的质量控制与检测技术研究》成果分别获得2012、2011年度中国公路学会科学技术奖三等奖。《公路隧道二衬裂缝机理分析与预防技术研究》成果获得2010年度浙江省公路学会科学技术奖一等奖。

王启耀,博士(2000.9—2004.1)
博士学位论文:《陡倾角层状岩体中大型地下洞室群围岩变形的预报与控制》
现在长安大学建筑工程学院任教,副教授。
主要从事地下工程以及地质灾害方面的教学和科研工作。近几年的研究主要集中在西安地铁建设中面临的地裂缝灾害问题以及黄土滑坡问题。

王祥秋,教授,博士(2001.9—2004.7)
博士学位论文:《铁路隧道结构相关动力稳定性分析及相关技术问题研究》
现任佛山科学技术学院环境与土木建筑学院副院长。先后承担国家自然科学基金、广东省自然科学基金等纵向科研项目6项,横向科研项目10余项,公开发表学术论文50余篇(其中:EI收录15篇),获省部级科技进步三等奖2项。

工学博士研究生　　毕业研究生简介

耿大新，副教授，博士（2001.9—2004.3）
博士学位论文：《饱和软土地区防汛墙抗震稳定性研究》
现于华东交通大学土木建筑学院从事岩土工程方面的教学研究工作，江西中青年骨干教师，累计发表文章20篇，先后主持"非饱和土路基水分迁移规律及其对道路变形的影响（国家青年基金项目）"、"铁路工程设计施工关键技术研究——软土地区变截面桩承载性状及设计方法研究(铁道部2009年重点课题)"等课题。。

刘伟，研究员，博士（2003.3—2004.8）
博士学位论文：《小净距公路隧道净距优化研究》
主要学术兼职为世界道路协会隧道技术委员会中方唯一委员，中国公路学会隧道工程分会副理事长，公路隧道建设技术国家工程实验室理事会理事长。曾任招商局漳州开发区有限公司副总经理、党委副书记，招商局重庆交通科研设计院有限公司副院长、党委书记、常务副院长。现任招商局地产控股股份有限公司党委书记兼副总经理。

刘齐建，博士（2002.9—2005.6）
博士学位论文：《软土地铁建筑结构抗震设计计算理论研究》
2005年7月至今，在湖南大学土木工程学院工作，现任副教授。

林从谋，教授，博士（2000.9—2005.9）
博士学位论文：《浅埋隧道掘进爆破震动特性、预报及控制技术研究》
现任华侨大学土木工程学院教授、岩土工程研究所所长。
主要从事隧道钻爆法施工理论与技术方面的教学和研究。承担国家公益性行业专项、煤炭部科技攻关课题1项、煤炭科学基金课题、福建省科技计划重点课题、福建省自然科学基金项目等纵横向课题40余项。参与/主持的项目获省部级科技进步奖6项：一等奖1项、二等奖2项、三等奖3项。在《土木工程学报》、《岩石力学与工程学报》等学术刊物发表论文80余篇。

邓涛，副教授，博士（2002.9—2005.10）
博士学位论文：《水作用下各向异性致密岩石性态变化的波速响应研究》
现就职于福州大学土木工程学院，任轨道与地下工程系主任。
主要从事山岭隧道施工控制、地质预报和软基处理等方面的研究工作。近年来承担多项较大型横向课题的研究、咨询工作，在隧道爆破控制、地震稳定性评价和岩石介质波的传播等领域有较多成果，已在《岩土力学》和《岩石力学与工程学报》等学术刊物发表论文10余篇，部分研究成果曾获广州市科学技术进步奖三等奖一项。

毕业研究生简介　　　　　　　　工学博士研究生

潘洪科，博士（2002.9—2005.12）
博士学位论文：《基于碳化作用的地下工程结构的耐久性与可靠度》
现任中原工学院建筑工程学院副教授、硕士生导师、研究所长、系主任。
主要研究方向： 隧道与地下工程的稳定性、耐久性及优化设计理论，智能岩土工程及深基坑开挖研究，混凝土及岩土材料损伤的数值模拟，土木工程结构检测（监测）理论与方法。近年来主持或参与包括国家自然科学基金项目、省部（厅）级项目及横向项目在内的课题近20项，发表学术论文40余篇，其中三大检索收录论文14篇，获省（厅）级科研奖项9项。

石振明，副教授，博士（2002.9—2005.12）
博士学位论文：《软土地基路堤变形和稳定性分析与预测》
毕业后一直从事地质灾害与防治、工程地质等领域的教学与科研工作，发表论文40余篇。曾获中国公路学会科学技术奖二等奖、上海市科技进步二等奖等奖励。现任中国地质学会工程地质专业委员会委员、中国地质学会地质灾害研究分会委员、中国地质学会上海地质学会理事等职。

Hovhannes（霍汉斯），亚美尼亚人，博士(2002.9—2006.5)
博士学位论文：《采用弹簧橡胶隔离器的框架钢结构的振动响应研究》
现于上海Novartis从事项目经理工作。

吴志平，博士（2003.3—2006.7）
博士学位论文：《粘钢技术在平战功能转换中的应用研究》
现上海应用技术学院城建学院副教授。
主要研究方向： 地下结构数值模拟计算、结构加固等。参与国家自然基金1项，主持横向课题2项，参与横向课题10余项，发表核心期刊论文20余篇。主要讲授课程"结构力学"、"土力学与地基基础"。

张向霞，博士（2003.9—2006.9）
博士学位论文：《各向异性软岩的渗流耦合本构模型》
同济大学岩土工程专业。现在上海城市建设设计研究总院工作。
主要从事岩土工程领域的勘察、设计、咨询。

工学博士研究生 毕业研究生简介

闫小波,博士(2003.3—2007.3)
博士学位论文:《软岩各向异性渗透特征及力学特征的试验研究》
现任职于福州大学土木工程学院,主要从事隧道工程相关的教学与科研工作。

李燕,教授级高工,博士(2003.9—2007.1)
博士学位论文:《各向异性软岩的渗流耦合分析及其工程应用》
现在就职于中交四航工程研究院有限公司,主要从事软基处理、边坡加固与生态防护、公路法和沉管法隧道的研究、设计咨询、监测与检测等方面的工作,现任中交四航工程研究院科研管理部经理,中交交通基础工程环保与安全重点实验室副主任。近年来主持国家级科研项目4项,其中科技部专项资金项目已经验收完成,此外还主持和参与多项行业规范的编制,先后发表中文核心期刊以及以上论文15篇,其中EI收录5篇,2篇论文获得论文优秀奖,获得7项省部级科技进步奖,其中一等奖3项,二等奖3项,三等奖1项,获得4项国家发明专利,2项实用新型专利,其中发明专利"超软弱土浅表层快速加固方法"获得中国知识产权局的中国专利优秀奖。

王国波,博士(2004.3—2007.7)
博士学位论文:《软土地铁车站结构三维地震响应计算方法研究》
现为武汉理工大学道路桥梁与结构工程湖北省重点实验室讲师,硕士研究生导师。承担(或完成)国家自然科学基金青年基金、中国博士后科研基金、湖北省自然科学基金、留学回国科研人员启动基金、教育部重点实验室开放基金、武汉市城乡建设委员会科研项目、中央高校基本科研业务费专项资金项目等课题,在《岩土工程学报》、《岩土力学》等学术刊物发表论文20余篇。

尚新民,博士(2002.7—2007.9)
博士学位论文:《止水灌浆新工法热沥青灌浆研究与应用》。
现任骏驰工程有限公司(台湾台北市)总经理。主要从事地盘改良灌浆、结构补修改良的专业施工。曾承担台湾新永春隧道大涌水灾变后处理工作,效果很好。目前正承担台北捷运盾构灌浆、台电青山电厂隧道灌浆、林口火力电厂海堤止水灌浆及南回铁路隧道补修等公共工程的专业施工。公司研发计划有SILICASHOT新浆材运用研究,地下水污染整治药剂灌浆方法,旧结构物长期监测预警系统,利用地物探查技术验证地盘改良成效方法,URETEK灌注工法推广运用及老旧结构物延寿施工方法等。

林枫,博士(2003.3—2008.2)
博士学位论文:《软土地铁区间隧道结构抗爆承载能力的研究》
现在上海市政工程设计研究总院(集团)有限公司工作。
主要从事轨道交通、地下工程领域的设计工作。

毕业研究生简介

工学博士研究生

刘成学，博士（2004.9—2008.4）
博士学位论文：《软岩渗流应力耦合模型及其参数反演方法研究》
现在深圳市地铁集团有限公司工作。
主要从事深圳市地铁车辆段（车站）上盖房地产工程项目管理工作。

张栋梁，博士（2004.9—2008.2）
博士学位论文：《双圆盾构隧道抗震设计的分析理论与计算方法研究》
同济大学地下建筑与工程系地下结构专业。现在上海市城市建设设计研究总院轨道院从事地铁隧道和有轨电车路基的设计工作。

尹骥，博士（2005.3—2008.12），高级工程师
博士学位论文：《饱和软土地铁结构地震响应计算方法的研究》
注册土木（岩土）工程师。现在上海岩土工程勘察设计研究院有限公司工作，任所主任工程师。主要从事岩土工程领域的勘察、设计、咨询工作。主要科研成果：虹桥交通枢纽岩土工程问题研究、莲花河畔倒楼事故报告。

陈聪，博士（2005.9—2009.7），高级工程师
博士学位论文：《陡倾角层状岩体中大型地下洞室群围岩变形的预报与控制》
主要从事地下工程技术研究及工程建设管理工作，现任武汉地铁集团建设事业总部总工程师，已主持武汉市重点科研项目2项，已发表论文10余篇。

朱道建，博士（2006.9—2009.9）
博士学位论文：《柱状节理岩体的力学特性及洞室围岩稳定性研究》
现就职于上海市政工程设计研究总院（集团）有限公司。
主要从事市政工程领域的隧道工程、岩土基坑工程及地下空间的设计、咨询和研究工作。曾任上海市政院道路桥设计研究院深圳分院副院长，现任上海市政院道路桥设计研究院温州分院副院长。先后发表中文核心期刊及以上论文18篇，其中EI收录7篇。

工学博士研究生

毕业研究生简介

商金华，博士（2006.9—2009.12）
博士学位论文：《软土地铁车站抗震计算方法与结构优化选型》
现工作于国家核电技术公司山东电力工程咨询院，任工程力学计算研究中心副主任。
主要从事国内外火力发电厂及核电厂土建结构的咨询、设计、研究工作。

熊良宵，博士（2006.9—2009.12）
博士学位论文：《深部层状岩体的流变特性试验及本构模型》
现为宁波大学建筑工程与环境学院副教授。
主要研究领域：岩石力学和海洋环境下混凝土的耐久性。主持承担了国家自然科学基金、国家重点实验室开放基金、浙江省自然基金、教育部重点实验室开放基金和宁波市自然基金等研究课题，发表和录用了20余篇论文。

俞登华，博士（2005.3—2011.1）
博士学位论文：《深埋引水隧洞围岩支护机理的研究》
硕士（2002.9—2005.3）
硕士学位论文：《黄浦江防汛墙结构材料长期强度的研究》
现任阪申土木技术咨询（上海）有限公司副总经理。
主要从事高速公路和地下工程技术引进和咨询。

丁浩，研究员，博士（2006.9—2011.3）
博士学位论文：《外水压力下隧道衬砌结构的计算理论与方法研究》
现任招商局重庆交通科研设计院有限公司隧道与地下工程分院副院长兼总工，公路隧道建设技术国家工程实验室常务副主任。先后发表科技论文30余篇，其中EI收录3篇，编著1部，获得9项省部级科技奖和设计奖，其中一等奖5项、二等奖3项、三等奖1项，获得2项国家专利。

隋涛，博士（2008.9—2012.10）
博士学位论文：《软土地铁车站结构诱导缝抗震能力分析理论与方法》
现工作于上海市政工程设计研究总院（集团）有限公司第三设计研究院。
主要从事市政排水管线、排水构筑物结构的设计、研究工作。

毕业研究生简介

工学博士研究生

张钢琴，讲师，博士（2007.3—2013.2）
博士学位论文：《隧道环境氯离子及 PCM 纤维混凝土断裂性能与微观力学模型研究》
现于郑州大学水利与环境工程学院任教。主要从事岩土与结构工程以及新型混凝土及新型水泥基建筑材料力学性能方面的研究；在纤维增强混凝土及功能性混凝土基本力学与微观力学等方面的研究有一定的经验积累。

吴创周，博士（2008.9—2014.1）
博士学位论文：《各向异性岩石蠕变本构模型及耦合参数反分析》
2014年3月入浙江大学进行博士后研究。
研究课题为：《软土宏围观结构定量分析及本构模型研究》

工学硕士研究生

毕业研究生简介

张开俊，硕士（1987.9—1990.3）
硕士学位论文：《线性分布初始地应力场和围岩参数的黏弹性反演计算》
现在南京大学基建处工作。高工，国家一级注册结构师，国家注册监理工程师。
主要从事高校工程项目的建设和管理。

周方明，硕士（1989.9—1992.3）
硕士学位论文：《岸墙的动力响应分析研究》
现工作于上海莱茵达置业有限公司。
主要从事房产项目的开发、建设、销售、物业等管理。

彭敏，高级工程师，硕士（1990.9—1993.3）
硕士学位论文：《地下洞室围岩位移量测的优化布置》
现任上海市城市建设设计研究总院院长助理兼建筑与园林景观设计研究院院长。
主要从事地下结构、岩土工程的设计、研究工作。主持的多项设计、科研成果获上海市、建设部优秀设计、科研奖项。作为第一完成人获得一项国家发明专利"一种在运营隧道上方进行深大基坑施工的方法及防变形结构"（ZL200410015918.X）。

林秀桂，教授级高工，硕士（1992.9—1995.3）
硕士学位论文：《土工织物性能与外滩二期道路工程的研究》
现任上海市政工程设计研究总院（集团）有限公司道路桥梁设计研究院副总工程师。
主要从事地下工程咨询、设计与研究工作。主要参与或负责的项目有深港西部通道深圳侧接线工程、虹桥综合交通枢纽快速集散系统工程和市政道路及配套工程、上海崇明越江通道长江大桥工程、沪宁A11公路拓宽改建工程等重大工程，近10个项目获国家级设计奖项

周汉杰，硕士（1994.9—1997.3）
硕士学位论文：《反分析计算的误差传递及仪表选择研究》
现在同济大学建筑设计研究院（集团）有限公司泛亚建筑设计院工作，任副所长。
主要从事结构专业设计工作。主要参与或负责的项目有日喀则上海宾馆二期工程、甘肃广播电视大学现代远程教育中心大楼工程、鄂尔多斯金港湾国际赛车场工程设计看台、江苏省食品药品技术监督中心、扬州新城西区会展配套酒店等。

吴蔺，硕士(1996.9—1999.3)
硕士学位论文：《基坑工程监测的量测误差及其对参数反演确定影响的研究》
现工作于安徽省合肥市蜀山区住建局。

包玮瑜，工学硕士（1997.9—2000.1）
硕士学位论文：《平行顶管工程中的拱效应和监测数据管理》
现任职于中国建筑股份有限公司上海分公司。

毕业研究生简介

工学硕士研究生

高占学，硕士（2000.9—2003.3）
硕士学位论文：《隧道衬砌耐久性的研究》
现工作于上海勘测设计研究院，从事水利水电方面的设计工作，包括水电站、水利枢纽、堤防、河道以及围海造地等方面，曾参加或主持设计的重大项目包括：上海青草沙水库及取输水泵闸工程，浦东机场商飞五跑道水域去堆载体设计、浦东机场外侧滩涂促淤圈围工程、汕头市东部城市经济带河口治理及综合开发项目等，现任项目经理、项目总工。

萧燚，硕士，（2000.9—2003.3）
硕士学位论文：《公路隧道结构按极限状态设计的研究》
现在上海市地下空间设计研究总院有限公司工作，高级工程师，一级注册结构工程师，人防一级防护工程师（结构）。
主要从事地下空间及人防工程领域的设计、咨询工作。获得全国优秀设计奖项3项。

颜建平，硕士（2001.9—2004.3）
硕士学位论文：《软土隧道荷载分部规律的研究》
现在上海市城市建设设计研究总院工作，国家一级注册结构工程师，国家注册土木工程师（岩土）。
主要从事地下结构工程的设计、咨询及研究工作。

黄慷，高工，硕士（2001.9—2004.3）
硕士学位论文：《水底盾构隧道耐久性设计的理论与方法》
目前在同济大学建筑设计研究院（集团）有限公司工作，任市政工程设计院副总工程师。
主要从事桥梁、隧道及城市地下空间工程专业领域的设计施工及研究咨询工作。先后参与多项重大工程设计研究工作，获得省部级奖项4项，地市级奖项3项。

柳昆，硕士（2002.9—2005.3）
硕士论文题目：《现代城市地下空间规划理论新思路与实践》
中国岩石力学与工程学会地下空间分会理事、副秘书长。主要从事城市地下空间资源开发利用研究和规划设计工作。典型研究项目有上海市地下空间概念规划研究，上海城市地下空间规划导则编制，上海地铁车站周边地下空间开发的规划和设计研究等；典型设计项目有贵阳市、青岛市、沈阳市城市地下空间总体规划，上海市长风生态商务区、虹桥商务区地下空间规划等。目前正攻读博士学位，研究课题为"基于轨道交通的城市微型CBD地下空间规划理论及应用研究"。

雷刚，高工，硕士(2002.9—2005.3)
硕士学位论文：《软土地铁建筑物抗震设计简化计算方法的研究》
现任北京城建设计发展集团股份有限公司青岛分院副总工程师。
长期从事地下结构及隧道工程的相关设计、科研、咨询等工作。

罗丽娜，工学硕士（2003.9—2006.3）
硕士学位论文：《碳纤维补强条件下公路隧道衬砌计算方法的研究》
现在广东省公路勘察规划设计院工作。

工学硕士研究生　　　　　　　　毕业研究生简介

余凡，硕士（2003.9—2006.3）
硕士学位论文：《连拱隧道计算方法研究》
现工作于南昌市交通规划研究所。
主要从事城市交通规划设计与研究工作。

江芳芳，工程师，硕士（2004.9—2007.3）
硕士学位论文：《双圆盾构隧道衬砌抗震计算的原理和方法的研究》
现在中交第三航务工程勘察设计院有限公司工作。
主要从事港口工程领域的陆域形成及地基处理的咨询与设计工作。

莫一婷，硕士（2004.9—2007.3）
硕士学位论文：《盾构隧道衬砌接头的构造与耐久性的研究》
现在金茂（上海）置业有限公司工作。

吴俊，博士
硕士（2004.9—2007.3）
硕士学位论文：《平战功能转换中粘钢加固技术应用的研究》
后在新加坡国立大学获博士学位（2008.1—2013.3），现任上海工程技术大学，城市轨道交通学院交通工程系，讲师、硕士生导师。
主要从事防护工程和先进性土木工程材料动力特性方面的研究。近年来参与包括国家人防办项目1项、新加坡国防部项目课题3项，发表学术论文7余篇，其中SCI收录2篇，EI收录2篇，在土木工程材料非线性动力特性的理论及试验方法等领域有一定的研究经验积累。

戴胜，博士，2001—2008年就读于同济大学地下建筑与工程系，获本科及硕士学位。
硕士（2005.9—2008.3）
硕士学位论文：《越江盾构隧道耐久性分析与评估体系研究》
后在美国佐治亚理工学院获博士学位。现在美国能源部国家能源技术实验室（National Energy Technology Laboratory）工作，主要从事岩土能源技术相关研究。

李鹏，博士
硕士（2005.9—2008.3）
硕士学位论文：《软岩渗流应力耦合分析参数反演的理论与方法》
2012年获得奥地利格拉茨技术大学计算力学专业博士学位，现在奥地利D2国际工程咨询有限公司工作，任岩土/结构工程师。
主要从事隧道及地下工程相关领域的设计、咨询及研发。

周大举，硕士（2005.9—2008.3）
硕士学位论文：《碳纤维在公路隧道衬砌补强中的计算方法及施工工艺研究》
目前在广州地铁设计研究院有限公司从事地铁设计、咨询等方面工作。

毕业研究生简介

工学硕士研究生

李煜，硕士（2006.9—2009.3）
硕士学位论文：《粉质黏土在不同吸力下的特性及其应用研究》
现工作于贵州省科学技术厅，任发展计划处副主任科员。
主要参与应用技术研发资金预算编制、省级科技重大专项管理、部省会商项目跟进管理、省级科技评审专家库建设、科技志撰写等工作。

张尧，博士，硕士（2006.9—2009.3）
硕士学位论文：《渗流耦合作用下围岩的时效特性》
2014年4月，于美国密歇根大学（University of Michigan）获得博士学位。现在Terracon Consultants,Inc.工作。
主要从事岩土工程领域的勘察和咨询工作。

工程硕士研究生

刘清才，高级工程师，工程硕士（1998.9—2003.10）
硕士学位论文：《土钉支护的工法及工程研究》
现任福建省第五建筑工程公司副总工程师。
主要从事建筑工程施工管理工作。

杨磊，硕士（1999.3—2004.9）
硕士学位论文：《化学植筋法用于钢筋混凝土加层梁柱节点的抗震试验研究》
目前在澳大利亚悉尼从事建筑承包工作，持牌Builder。
主要建造别墅、多层住宅等工程项目。

庆祝同济大学土木系科成立100周年

杨林德教授论文选集

同济大学土木工程学院《杨林德教授论文选集》编写组　编

图书在版编目(CIP)数据

杨林德教授论文选集/同济大学土木工程学院《杨林德教授论文选集》编写组编.--上海：同济大学出版社,2014.10
ISBN 978-7-5608-5646-9

Ⅰ.①杨… Ⅱ.①同… Ⅲ.①土木工程－文集 Ⅳ.①TU-53

中国版本图书馆CIP数据核字(2014)第225997号

杨林德教授论文选集

同济大学土木工程学院《杨林德教授论文选集》编写组　编

责任编辑　马继兰　　责任校对　张德胜　　封面设计　陈益平

出版发行	同济大学出版社	
	(www.tongjipress.com.cn　地址：上海市四平路1239号　邮编：200092　电话：021-65985622)	
经　　销	全国各地新华书店	
印　　刷	同济大学印刷厂	
开　　本	787 mm×1092 mm　1/16	
印　　张	39	
插　　页	12	
印　　数	1—1 100	
字　　数	1 010 000	
版　　次	2014年10月第1版　2014年10月第1次印刷	
书　　号	ISBN 978-7-5608-5646-9	
定　　价	148.00元	

本书若有印装质量问题，请向本社发行部调换　版权所有　侵权必究

序

让我为恩师杨林德教授这本书撰写序,真有点诚惶诚恐。1986年,我由重庆到上海,成为孙钧教授的博士研究生,在论文研究阶段导师孙老师给我选定的课题是有关隧道开挖面时空效应问题。该课题离不开三维数值分析,当时计算机软硬件环境都不适应三维分析需求,采用有限元法是有难度的。好在我的硕士论文是采用间接边界元法研究岩体软弱不连续面对隧道围岩稳定性的影响,自然采用边界元法就成了不二的选择。恰好1987年杨老师从美国留学访问回来,也开展了边界元法研究,于是孙老师指定杨老师为我的副导师。1989年博士毕业,又有幸留校在杨老师的指导下一直从事教学研究工作至今。

杨老师早期从事岩石地下洞室稳定性和锚固问题研究。从西南成昆铁路到杭州的宝石会堂都留下了他的足迹,由此积累了丰富的实践工作经验,并在岩石稳定性分析方面建立了自己的学术体系。20世纪80年代末至90年代,杨老师结合边界元法,开展位移反分析研究,在国内外以"南北杨"(北方是杨志法老师,也是同济校友)为代表的反分析研究具有相当的影响力。早在90年代初,他就结合水电地下洞室工程,如杭州的天荒坪抽水蓄能电站、广州抽水蓄能电站、拉西瓦电站,开展两维和三维位移反分析研究工作,后来出版了他的代表作《岩土工程问题的反演理论与工程实践》(科学出版社,1996)。在这本专著中,杨老师系统地阐述了反演计算理论体系和应用技术,包括提出的弹性、弹塑性和黏弹性问题的反演计算法,优化反演和摄动反演理论、模型识别和初始地应力场回归,以及基础信息的类型、采集方法与方案的优化,数据处理方法与计算模型的工程简化,位移预报和安全性监测的原理与方法等。在90年代中期,城市地下工程建设如火如荼,杨老师又创新性地将早期的岩体问题反分析方法延伸至软土地下工程,先后提出了施工过程增量位移反分析法、随机位移反分析法、渗流耦合场反分析法,并提出了深基坑等地下工程施工过程中的预测预报方法,为城市地下工程的安全施工和信息化控制做出了重要贡献,因此于本世纪初撰写了他的上一本专著的姊妹篇《岩土工程问题安全性的预报与控制》(科学出版社,2009)。在该专著中,杨老师结合典型深基坑工程、盾构和顶管工程、高速公路软基工程的信息化设计与施工,建立了工程安全性预报与控制的理论与方法,提出了应力渗流耦合作用反分析方法以及用于考虑地层随机性特征、智能原理等形成的算法。杨老师学术思想活跃,不断根据国家发展的需要,站在学术研究的前沿,得到了多项国家自然科学基金和上海市地方项目的资助。阪神地震发生后,他即在国内开展地下结构抗震研究,率先成功地开展了以建立计算方法为目的的软土地下结构振动台模型试验,通过试验研究确定了地下结构抗震设计计算方法,并于2009年主编了上海市工程建设规范《地下铁道建筑结构抗震设计规范》,成为我国第一本地下结构抗震设计规范,为我国的地下工程学科发展做出了重要的贡献。杨老师还在地下空间平战功能转换技术、岩石隧道复合支护设计分析方法、地下工程应力渗流耦合分析理论与方法、地下结构耐久性分析方法等方面开展了深入的研究工作,在国内外学术和工程界取得了较大的影响。

杨老师为人恳挚、待人谦逊,是我们这些做学生的楷模,也一直影响着我们的发展。杨老师也非常关心我们的成长,记得我 1995 年底从日本学习回来,杨老师专门找我谈话,认为我应该独当一面去争取科研课题、开展自主研究工作。说实话,当时我还有点畏难情绪,尽管在日本两年的学习练就了我在软土地下工程方面一定的技能(早期的研究仅与岩体地下工程有关),但心里还没有"自立"的勇气。我只有硬着头皮与杨老师一起登门去拜访当时的傅德明所长(上海隧道公司研究所),希望加强校企合作,寻找软土地下工程方面的合作课题。傅所长是位很开明的人,他非常欢迎我能介入研究所的科技攻关活动,如盾构推进室内试验模拟分析、软土隧道现浇衬砌技术(ECL 工法)适应性、深基坑工程施工动态反分析等,这些研究工作为我后来在软土地下工程研究领域的发展奠定了良好的基础。事实证明,这对我后来的事业发展有里程碑性的作用。不仅如此,后来我又从事了行政管理工作,得到了杨老师的大力支持与帮助,他经常循循善诱,为我日后行政管理能力的提高,起到了不可替代的作用。

  本书的出版是杨林德教授一生学术研究工作的总结,也是同济大学土木工程学科,尤其是隧道及地下建筑工程专业发展过程中的一件大事,相信对后来者的启发和本学科专业的进一步发展将起到重要的推动作用。

朱合华
2014 年 9 月 10 日教师节

前　言

本书出版正值同济大学土木工程学科百年华诞,感到非常高兴,首先表示热烈的祝贺!

这本论文选集共收集本人为第一作者的学术论文代表作 24 篇,砚弟诸君的优秀学术论文代表作 44 篇,内容主要涉及岩土工程问题的反分析方法,地下结构抗震计算理论与设计方法,以及与地下结构设计计算理论有关的岩石力学、土力学及地下工程结构物的耐久性问题。领域属于地下空间利用,并主要是隧道和地下工程技术。

我于 1958 年考入同济大学铁路、道路和桥梁工程系,原为桥梁工程专业的新生,1960 年初调入隧道工程专业,以后更名为地下建筑工程专业。报考同济大学桥梁工程专业是慕名而来,以孙钧院士为首的老一辈隧道工程专业的老师则把我领进了学习开发利用地下空间的大门,使我从此在隧道和地下工程专业领域学习、实践和从事教学、研究工作,并对这一专业领域深深地感到热爱。

同济大学地下建筑工程专业创办、成长和发展的历史,充分体现着我国基本建设中发展开发利用地下空间的态势。记得专业创办之初,专业课程教学内容明显以铁路隧道设计、施工为主,少量课程涉及工程防护,体现着我国 20 世纪 50、60 年代铁路建设的飞速发展。70 年代初,随着城市人防工程建设受到重视,学校教学和研究工作开始充实人防工程设计、施工的内容。20 世纪 80 年代中期,开发利用地下空间的概念开始形成,及至上世纪末,越江隧道、地下铁道、公路隧道、水电站地下厂房和其他各类大型地下空间工程在我国已如雨后春笋般地蓬勃发展,地下工程施工中新技术、新材料、新工艺、新设备不断涌现,促使设计方法和计算理论必须不断更新,由此对学校教学和研究工作不断提出更高的要求。身处这个快速发展的时代,我认识到必须不断加强学习,不断更新知识,并结合工程实践的需要开展研究工作,才能跟上形势。但限于能力和时间,我本人更多关注的仅是与我从事的教育和研究工作关系密切的隧道和地下空间工程,知识很不全面。学术研究方面,很想多做一些,但也仅在岩土工程反分析方法和地下结构抗震计算理论与设计方法方面做了较多的工作,其余领域的研究都并不深入。论文选集学术论文代表作涉及的研究工作许多有较大的工作量,能够取得成果离不开师友和同事的支持与帮助,以及在读博、硕士学生和博士后研究人员的认真工作、勤奋努力和创新贡献。尤其是在读学生贡献巨大,因为岩土工程领域的研究工作不仅离不开深入分析和创新构思,而且离不开现场监测、室内试验及工作量极大的数据分析和数值模拟,而这些工作大多由各届在读学生完成,其中许多研究项目的进展和成果的形成与完善,都离不开学生的智慧和卓越贡献。论文选集收录的代表作大多体现着学生当年开展研究工作的足迹,许多获奖成果都是研究集体取得的成果。

我出身农村,能进入高校读书离不开父母的辛劳、关爱和无私奉献,也离不开党和人民政府的政策支持;工作中能有一些成就,离不开党的长期教育和培养,离不开领导的关心和支持,离不开师友和同事的帮助,也离不开学生的辛勤劳动和创新贡献。借本书出版之机,在这里谢谢大家。感谢父母的养育之恩,感谢共产党的教育与培养,感谢同事的支持和帮助,感谢学生在参与研究工作中的辛勤劳动和创新贡献。

最后,本书出版承同济大学土木工程学院、国家 863 计划项目 No. 2012AA112502 和国家自然科学基金项目 No. 51378388 的资助,十分感谢。

杨林德

2014.8.30

目　　录

序

前言

第一篇　杨林德教授简介

Ⅰ　杨林德教授学术简介 ……………………………………………（2）

Ⅱ　主持完成的科研项目 ……………………………………………（6）
    国家自然科学基金项目 …………………………………………（6）
    省部级基金或纵向研究项目 ……………………………………（6）
    主要横向研究项目 ………………………………………………（7）

Ⅲ　成果获奖 …………………………………………………………（8）
    科研成果获奖 ……………………………………………………（8）
    教学研究成果获奖 ………………………………………………（9）
    综合获奖 …………………………………………………………（9）

Ⅳ　学术著作 …………………………………………………………（10）
    专著 ………………………………………………………………（10）
    主编著作 …………………………………………………………（10）
    参编著作 …………………………………………………………（10）

Ⅴ　毕业研究生及学位论文题目 ……………………………………（12）
    博士后研究人员 …………………………………………………（12）
    工学博士 …………………………………………………………（12）
    工学硕士 …………………………………………………………（13）
    工程硕士 …………………………………………………………（14）

第二篇　杨林德教授学术论文代表作

Ⅰ 岩土工程问题的反分析研究

天荒坪抽水蓄能电站试验洞的位移反分析研究
　　　　　　　　　　　　　　　　　　　　　　　　杨林德，朱合华，何裕仁，瞿金敏（16）
广州抽水蓄能电站地下厂房位移预报研究　　　　　　杨林德，朱合华，陆宏策（23）
地下洞室围岩位移量测的优化布置　　　　　　　　　杨林德，彭　敏，马险峰（32）
Back Analysis of Initial Rock Stresses and Time-Dependent Parameters
　　　　　　　　　　　　　　　　　　　　　　　　YANG L, ZHANG K, WANG Y（37）
反演分析中量测误差的传递与仪表选择的研究　　　　杨林德，吴　蔺，周汉杰（44）
围岩变形的时效特征与预测的研究　　　　　　　　　杨林德，颜建平，王悦照，王启耀（51）
Some Key Problems on Stability Analysis of Underground Rock Structures
　　　　　　　　　　　　　　　　　　　　　　　　　　　　　　　　YANG L D（57）
岩土工程反分析方法研究的发展方向　　　　　　　　　　　　　　　　杨林德（69）

Ⅱ 地下结构的抗震设计研究

地铁车站的振动台试验与地震响应的计算方法
　　　　　　　　　　　　　　　　　　　　　　　　杨林德，杨　超，季倩倩，郑永来（78）
地铁车站结构振动台试验中模型箱设计的研究
　　　　　　　　　　　　　　　　　　　　　　　　杨林德，季倩倩，郑永来，杨　超（86）
地铁车站结构振动台试验中传感器位置的优选
　　　　　　　　　　　　　　　　　　　　　　　　杨林德，季倩倩，杨　超，郑永来（91）
地铁区间隧道抗震设计的等代地震荷载研究　　　　　杨林德，郑永来，童　峰（98）
地铁车站结构振动台试验及地震响应的三维数值模拟
　　　　　　　　　　　　　　　　　　　　　　　　杨林德，王国波，郑永来，马险峰（104）
软土地层中地铁车站结构形式对抗震性能的影响
　　　　　　　　　　　　　　　　　　　　　　　　杨林德，商金华，宋作雷，朱道建（115）
冲击波荷载下大楼地下室的三维动力分析　　　　　　杨林德，马险峰（124）
隧道与地下空间抗震防灾的若干思考　　　　　　　　　　　　　　　杨林德（129）

Ⅲ 地下结构设计计算理论

新奥法施工与复合支护的计算　　　　　　　　　　　　杨林德，丁文其（140）
高压引水隧洞衬砌按渗水设计的研究　　　　　　　　杨林德，丁文其，陆宏策（147）
各向异性饱和土体的渗流耦合分析和数值模拟　　　　杨林德，杨志锡（152）
软岩渗透性、应变及层理关系的试验研究　　　　　　杨林德，闫小波，刘成学（159）
岩石地下结构稳定性分析中的若干关键课题的研究　　杨林德，丁文其（165）
开裂及接缝渗漏条件下越江盾构隧道管片混凝土氯离子运移规律研究
　　　　　　　　　　　　　　　　　　　　　　　　杨林德，伍振志，时蓓玲，李　鹏，戴　胜（173）

多因素作用下混凝土材料抗碳化性能的试验研究
.... 杨林德,潘洪科,祝彦知,伍振志(182)
黄浦江水系防汛墙结构长期强度评估 .... 杨林德,俞登华,耿大新(188)

第三篇 砚弟诸君学术论文代表作

I 岩土工程问题的反分析

深基坑工程动态施工反演分析与变形预报 .... 朱合华,杨林德,桥本正(196)
基坑变形的随机预测 .... 时蓓玲,杨林德(210)
基坑围护结构系统动态模式反演分析 .... 熊祚森,黄宏伟,杨林德,徐日庆(217)
软土深基坑围护结构变形的三维有限元分析 .... 高文华,杨林德(222)
Displacement Back Analysis of Rock Slope and Its Application
.... XU Riqing, YANG Linde, WANG Mingyang(230)
地质统计学理论在岩体参数求解中的应用 .... 仇圣华,杨林德,陈岗(237)
各向异性应力-渗流耦合问题的反分析
.... 吴创周,杨林德,刘成学,李鹏(243)

II 地下结构抗震防灾

爆炸波在饱和土中与障碍物相互作用的解析法 .... 王明洋,杨林德,钱七虎(254)
厦门东通道海底隧道防火研究 .... 刘伟,曾超,涂耘,黄红元(260)
从大客流运营角度谈地铁车站的建筑布置优化设计 .... 葛世平(268)
地下铁道震害与震后修复措施 .... 季倩倩,杨林德(279)
基于小波分析的隧道衬砌结构动力响应规律研究 ...... 王祥秋,杨林德,高文华(285)
Scattering of Plane P, SV or Rayleigh Waves by a Shallow Lined Tunnel in
 an Elastic Half Space .... LIU Qijian, ZHAO Mingjuan, WANG Lianhua(292)
盾构隧道抗震设计计算的解析解 .... 张栋梁,杨林德,谢永利,刘保健(312)
上海地区重力式防汛墙抗震稳定性研究 .... 耿大新,杨林德(321)
5级人防口部粘钢封堵接头抗爆实验研究 .... 吴志平,杨林德(329)

III 地下结构设计计算理论

地下结构耐久性研究

越江盾构隧道防水密封垫应力松弛试验研究
.... 伍振志,杨林德,季倩倩,戴胜,莫一婷(337)
地下结构混凝土渗透特性试验研究 .... 陈聪,杨林德(344)
公路隧道偏压效应与衬砌裂缝研究 .... 潘洪科,杨林德,黄慷(354)
崇明越江盾构隧道工程耐久性失效风险研究 .... 黄慷,杨林德(360)
Micromechanical Modeling and Fracture Energy of the Hooked-End Steel Fiber
 Reinforced Concrete .... ZHANG G Q, JU J W, YANG L D(368)

岩石力学

各向异性岩石纵、横波的波速比特性研究 ·················· 邓　涛,杨林德(391)

各向异性软岩的变形与渗流耦合特性试验研究
　　················ 李　燕,杨林德,董志良,张功新(398)

柱状节理岩体各向异性特性及尺寸效应的研究 ········· 朱道建,杨林德,蔡永昌(406)

锦屏绿片岩分级加载流变试验研究················ 石振明,张　力(418)

锦屏二级水电站绿片岩双轴压缩蠕变特性试验研究
　　················ 熊良宵,杨林德,张　尧,沈明荣,石振明(428)

锚杆支护加固围岩机理的试验研究 ·············· 俞登华,杨林德(437)

外水压下隧道围岩与衬砌的随机有限元分析 ······· 丁　浩,蒋树屏,杨林德(453)

陡倾角层状岩体中地下洞室围岩变形研究 ········ 王启耀,杨林德,赵法锁(461)

考虑应力重分布的深埋圆形透水隧洞弹塑性解 ······ 刘成学,杨林德,李　鹏(467)

Seepage-Stress Coupling Constitutive Model of Anisotropic Soft Rock
　　················ ZHANG Xiangxia, YANG Linde, YAN Xiaobo(474)

土力学与地基加固

Centrifuge Modelling of Geotechnical Processes in Soft Ground Using
　Pragmatic Approaches ·········· MA X F, HOU Y J, CAI Z Y, XU G M(483)

Full-Scale Testing and Modeling of the Mechanical Behavior of Shield TBM
　Tunnel Joints ··············· DING Wenqi, PENG Yicheng, YAN Zhiguo,
　　　　　　　　　　　　　　　SHEN Biwei, ZHU Hehua, WEI Xinxin(503)

Advances on the Investigation of the Hydraulic Behaviour of Compacted GMZ Bentonite
　　················ YE W M, BORRELL N C, ZHU J Y, CHEN B, CHEN Y G(519)

高碱性溶液对高庙子(GMZ)膨润土溶蚀作用的研究 ········ 陈　宝,张会新,陈　萍(536)

用变分法解群桩-承台(筏)系统 ············· 陈明中,龚晓南,应建新,温晓贵(544)

高水压条件下盾构隧道开挖面稳定极限上限法研究
　　················ 郑永来,冯利坡,邓树新,段晨雪(554)

混凝土芯砂石桩复合地基工作性状研究
　　················ 陈海军,杨燕伟,赵维炳,吴　辛,王斯海(564)

非饱和土的结构强度 ······················ 张引科,杨林德,昝会萍(569)

桩承式加筋路堤研究进展 ······················ 徐　超,汪益敏(574)

采用不同 Drucker-Prager 屈服准则得到的边坡安全系数的转换
　　················ 钟才根,张　斌(584)

隧道管片接头力学性态的模拟方法 ······················ 林　枫(591)

上海第②层粉质黏土非饱和强度与变形模量的三轴试验研究
　　················ 尹　骥,陈　宝,李　煜,杨林德(597)

土钉挡墙技术的发展与研究 ··················· 钟正雄,杨林德(606)

第一篇　杨林德教授简介

Ⅰ 杨林德教授学术简介

杨林德,男,1939年12月出生,籍贯江苏无锡。1958年7月毕业于江苏省苏州高级中学,同年9月考入同济大学铁路、道路和桥梁工程系,1963年7月毕业后留同济大学任教。1986年4月—1987年4月,在美国明尼苏达大学当访问学者。

同济大学(二级)教授(1990年7月起),博士生导师(1993年7月起),享受国务院特殊津贴(1993年10月起)。曾任同济大学地下建筑与工程系主任及岩土工程研究所所长,并兼任上海防灾救灾研究所水灾防治研究室主任,后来曾担任隧道及地下工程研究所所长。

主要学术兼职有曾任中国岩石力学与工程学会副理事长、岩体物理数学模拟专业委员会副主任委员、岩石锚固与注浆技术专业委员会副主任委员,中国土木工程学会理事、隧道及地下工程分会副理事长,中国公路学会隧道分会副理事长,中国岩土锚固工程协会副理事长,全国高等学校建筑工程学科专业指导委员会副主任委员,上海市土木工程学会理事,《岩石力学与工程学报》副主编,《土木工程学报》编委,《同济大学学报》副主编,《地下空间与工程学报》编委,*Frontiers of Architecture and Civil Engineering in China* 编委等;现任中国岩石力学与工程学会名誉常务理事,中国土木工程学会隧道及地下工程分会顾问,中国岩土锚固工程协会顾问等。

20世纪90年代以来,杨林德教授共参与承担国家自然科学基金重点项目1项(子项负责人),主持承担国家自然科学基金面上项目4项,省部级基金或纵向研究项目15项,主要横向研究项目16项;出版专著2部,主编著作6部,参编著作8部,发表论文200余篇;荣获国家科学技术进步奖二等奖1项,省部级科技进步奖一等奖3项、二等奖4项、三等奖5项,并荣获上海市育才奖(1999年)。

杨林德教授长期在地下建筑结构与岩土工程技术领域从事教学和研究工作,主要讲授"岩石地下建筑结构"、"岩土工程问题的边界单元法"和"地下工程"等课程。除本科生外共培养毕业博士研究生51人,硕士研究生29人,工程硕士生8人,指导博士后研究人员7人。他开展的科学研究结合工程实践的需要,在岩土工程反分析方法和地下结构抗震计算理论与设计方法方面有较深入的研究,在地下空间利用的平战功能转换技术,复合支护设计计算方法,应力渗流耦合问题的分析理论与计算方法,以及地下工程结构物的耐久性研究等方面也成果较多。

1 岩土工程反分析方法

在岩土工程反分析方法研究方面,杨林德教授自20世纪70年代末起在这一领域长期从事理论研究和工程应用研究,并已取得系列成果。迄今已在这一领域发表论文60余篇,出版专著2部,并已在水电系统结合4个大型地下厂房的监测分析完成工程应用研究报告,在土体工程反分析方法方面的研究成果也已用于指导工程实践,对该研究领域的发展做出了较大的贡献。

20世纪70年代初,他参与了杭州宝石会堂地下洞室围岩稳定性分析的研究工作,在对监测数据进行理论分析的研究中,对初始地应力的确定尝试提出了基于围岩应变量测值的反分析方法。

嗣后,他主持承担了杭州铁路分局地下机务段的设计任务,结合对采用锚喷支护的大跨度地下洞室围岩进行稳定性分析,研究了基于洞周位移量监测值的反分析方法。20世纪80年代陆续发表论文10余篇,提出的反分析方法用于确定初始地应力和围岩特性参数,成果包括对弹性和弹塑性问题的位移反分析计算提出了正算逆解逼近法,以及对黏弹性问题的分析借助等效弹性模量的表达式构建了位移反分析方法。

1988年起,他开始承担水电站地下厂房试验洞的反分析研究任务,研究项目有"天荒坪抽水蓄能电站试验洞的位移反分析研究(1988—1989年)"、"广州抽水蓄能电站试验段位移反分析及地下厂房位移预报研究(1990—1991年)"、"拉西瓦电站试验洞的反分析研究(1990—1991年)"及"江苏宜兴抽水蓄能电站地下厂房收敛变形试验及反分析研究(2000—2001年)"。这些项目的研究都提供了用作工程设计依据的成果报告。

20世纪90年代中期,上海市区在城市建设快速发展过程中,发生多起与基坑开挖有关的工程事故,使他开始致力于开展将反分析方法由岩体工程引入土体工程,以改进基坑支护设计计算方法的研究。期间先后申请和主持承担了国家自然科学基金项目"深基坑支护稳定性的动态概率监控(1995—1997年)"和国家人防办公室委托项目"人防工程深基坑安全性监测的动态预报与应急措施(1997—1998年)"等。通过研究对软土深基坑工程支护设计计算方法中关键参数的确定,建立了随机位移反分析方法,同时提出了可依据当前开挖工况预报后续工况的随机预报理论与方法,以及可更新循环的动态预报过程和实施要点,使可同时考虑时间、空间因素的影响。构建的理论与方法成功地在珠江玫瑰花园工地用于保护别墅群,在外滩金融中心工地用于保护上海自然博物馆旧馆及在豫园大酒店工地用于保护伊斯兰清真寺古建筑的安全性。20世纪90年代,他在反分析研究领域陆续发表论文26篇,并由中国科学院科学出版基金资助出版专著《岩土工程问题的反演理论与工程实践》。

上述研究成果中,专著《岩土工程问题的反演理论与工程实践》引用率较高,并获建设部1998年度科技进步奖二等奖;国家自然科学基金项目成果获建设部1999年度科技进步奖一等奖;国家人防办公室项目成果获2001年度军队科技进步奖二等奖;参与研制的"同济曙光岩土及地下工程设计与施工分析软件"获2002年度国家教委推荐国家科技进步奖提名奖二等奖。

世纪之交,他开始结合岩土工程的应力渗流耦合问题,研究复杂应力分析问题的反分析方法以及岩土工程施工安全性的预报与控制方法。相应的国家自然科学基金课题为"深基坑稳定性的各向异性渗流耦合分析与动态监控(1999—2001年)"及"软岩多元分析的智能化随机模糊决策与工程控制(2004—2006年)"。这一时期他在这一领域陆续发表论文25篇,并由中国科学院科学出版基金资助出版专著《岩土工程问题安全性的预报与控制》。

2 地下空间利用与抗爆设计方法

20世纪80年代中期,杨林德教授在美国明尼苏达大学当访问学者期间,有机会了解美国的城市地下空间利用,回国后开始结合城市地下空间的发展研究地下结构抗爆设计方法,课题选为人防工程的平战功能转换技术,有助于贯彻"结合城市建设的发展开展人防工程建设"的方针。1989—1991年,他主持承担了原总参工程兵部人防办公室下达的"七五"攻关项目"人防工程口部封堵与预留技术研究",提交的口部功能转换图集由原总参工程兵部人防办公室发至全国各设计院供参考,成果水平达国内领先水平,并获1993年度济南军区人防科技进步奖一等奖(由主要协作单位山东省人防办公室申报)。以后在这一领域从事研究的项目还有"大楼地下室平战功能转换技术研究(1995—1996年)"、"动荷载作用下粘钢加固构件与接头的机理、性能和应用前景(2004—2006年)"、"软土地铁区间隧道结构抗爆承载能力的研究(2003—2005年)"和"核爆条件下越江隧道防护门作用的研究(2007—2008年)"等。其中前两个项目仍涉及地下空间平战功能转换技术,后两个项目则为在这一领域开展的基础研究,成果对开发城市地下空间的人防功能有参考价值。

3 地下结构抗震计算理论与设计方法

抗震设计研究方面,阪神地震发生前(1995年前)国内对地铁区间隧道和地下车站结构的抗震设计并未制定规范,研究工作也几乎是空白,阪神地震中地铁建筑结构遭到严重破坏后才引起重视。自那时起,杨林德教授开始在这一领域结合软土地铁建筑结构的抗震设计,研究地下结构抗震设计的计算和设计方法,先后承担的上海市建委发展基金项目为"上海市地铁区间隧道和车站的地震灾害与防治对策研究(1997—1999年)"、"上海地铁车站抗震设计方法研究(1999—2002年)"以及"上海市地下铁道建、构筑物抗震设计指南(2003—2005年,上海市科委立项)"和"上海市地下铁道建筑结构抗震设计规范制定研究(2007—2008年)"。其中第一项课题为基础研究,内容包括地下结构震害调查和地震响应的分析理论;第二项课题对软土地铁车站结构成功地进行了振动台模型试验,据以检验提出的计算方法的合理性,从而为对地铁建筑结构的抗震设计确定计算方法奠定了基础。其中以建立计算方法为目标进行振动台模型试验当时尚无先例,具有明显的开创性。上述第三项课题致力于制定设计方法的研究,包括提出符合振动台模型试验结果的简化计算方法,提出抗震构造措施,以及形成制定抗震设计规范的框架;第四项课题着力于制定规范,包括涉及各项政策法规的方方面面。通过研究提交了上海市工程建设规范《地下铁道建筑结构抗震设计规范》DG/TJ08—2064—2009的报批稿,经上海市建设和交通委批准后已于2010年1月1日起实施,成为我国第一个地下结构抗震设计规范。

基于上述研究成果,汶川地震发生后他又负责主持了国标《建筑抗震设计规范》GB 50011(2010年修订版)新编"第14章 地下建筑"的编写工作(2008年10月—2009年12月),并完成了这一新编章节的报批稿,经国家住房和城乡建设部批准后,已于2010年12月1日起实施。

在这一领域,他还主持承担了"上海市区地震灾害预测研究——子项'上海市港区震害预测'(1991—1993年)","面向21世纪的上海城市防灾减灾管理研究——子项'上海市潜在重大灾害的调查研究'(1999—2000年)",以及"本市重要部位防汛墙段抗震能力的评估研究"(2001年12月—2003年11月)等项目的研究。其中前两项为上海市建委下达的任务,第三项为上海市建委发展基金项目。通过研究都递交了可供领导参考的研究报告。

4 地下结构设计计算理论

(1) 复合支护设计计算方法。随着锚喷支护被逐步推广采用,岩石地下洞室支护结构的型式由衬砌结构转变为复合支护,分析理论和设计计算方法理应相应改变。20世纪70年代末,他在对杭州宝石会堂工地的洞室围岩进行稳定性分析的研究中,开始接触有限单元法。自那时起,他陆续承担了多个大型水电站地下厂房洞室围岩稳定性分析的设计研究任务,其中包括"二滩水电站地下厂房洞室稳定性的有限元分析(1979年5月—1980年9月)"、"响洪甸抽水蓄能电站地下厂房有限元分析(1989—1990年)"、"响水涧抽水蓄能电站主厂房围岩稳定性分析研究(1995年)"、"江苏宜兴抽水蓄能电站软弱岩层中大跨度高边墙地下厂房洞室群围岩稳定性分析及复合支护研究(1999年7月—1999年8月)"及"龙滩水电站巨型地下洞室群围岩变形特征、主要洞室变形预测及变形监控标准建议值研究(2002年5月—2004年4月)"。二滩、响洪甸、响水涧及江苏宜兴等水电站或抽水蓄能电站等项目的研究内容主要是根据地质资料,采用数值分析方法对地下厂房洞室围岩的稳定性分析进行的设计研究;龙滩水电站的研究项目则是国家电力公司下达的攻关项目,计算方法涉及复合支护受力过程的模拟及锚喷支护承载机理的分析。后者主要是锚杆支护对提高围岩的抗张拉能力的贡献,以后又拓展了对提高抗剪切能力贡献的解析。这一方向他在各类刊物上共发表论文约30篇。

(2) 应力渗流耦合问题的分析理论与计算方法。应力渗流耦合问题的分析在材料性态和计算方法方面都使问题分析更加复杂,研究工作难度更大。他自主持承担项目"广州抽水蓄能电站高压钢支管合理长度、堵头型式及隧洞按透水设计的研究"起(1993—1994年)开始涉足这一领域,研究内容同时包含应力渗流耦合条件下的材料性态和计算方法。以后又在这一方向结合承担的相关国家自然科学基金项目指导学生完成博士学位论文6篇,在各向异性软岩材料的渗透特征、渗流耦合本构模型及耦合分析理论和计算方法方面发表论文20余篇。

(3) 地下工程结构物的耐久性。地下结构耐久性研究21世纪初开始受到关注。他在参加上海长江越江隧道方案设计竞赛过程中(2001年)开始接触这一课题,感到知之甚少但课题很重要,于是自21世纪初起即带领学生开展研究,起步较早。起初作为硕士学位论文选题了国家自然科学基金项目"地下混凝土衬砌结构的耐久性与使用寿命(50678135)"获批准后作为博士学位论文选题,共完成博士学位论文3篇,硕士学位论文5篇,发表论文25篇。

Ⅱ 主持完成的科研项目

国家自然科学基金项目(5项)

1. 深基坑稳定性的动态概率监控,项目负责人,国家自然科学基金(59478043),1995—1997。
2. 深基坑稳定性的各向异性渗流耦合分析与动态监控,项目负责人,国家自然科学基金(59878039),1999—2001。
3. 软岩多元分析的智能化随机模糊决策与工程控制,项目负责人,国家自然科学基金(50378069),2004.01—2006.12。
4. 地下混凝土衬砌结构的耐久性与使用寿命,项目负责人,国家自然科学基金(50678135),2007.1—2009.12。
5. 深部岩体工程特性的理论与实验研究(雅砻江),子项负责人,国家自然科学基金重点项目(50639090)、雅砻江水电开发联合研究基金资助项目(50579088),2007.1—2010.12。

省部级基金或纵向研究项目(15项)

6. 上海市区地震灾害预测研究——子项上海市港区地震灾害预测,子项负责人,上海市科委下达,1991—1993。
7. 城市防洪综合治理对策与技术研究,项目负责人,上海市自然科学基金,1991—1994。
8. 基坑支护位移和安全性监测的动态预报研究,项目负责人,上海市建委发展基金项目,1996—1997。
9. 上海市地铁区间隧道和车站的地震灾害与防治对策研究,项目负责人,上海市建委发展基金项目,1997—1999。
10. 面向21世纪的上海城市防灾减灾管理研究——子项上海市潜在重大灾害的调查研究,子项负责人,上海市建委下达,1999—2000。
11. 上海地铁车站抗震设计方法研究,项目负责人,上海市建委发展基金项目,1999.11—2002.8。
12. 本市重要部位防汛墙段抗震能力的评估研究,项目负责人,上海市建委发展基金项目,2001.12—2003.11。
13. 上海市地下铁道建、构筑物抗震设计指南,项目负责人,上海市科委发展基金项目,2003.1—2005.2。
14. 上海市地下铁道建筑结构抗震设计规范制定研究,项目负责人,上海市建设和交通委发展基金项目,2007.7—2008.12。
15. 人防工程口部封堵与预留技术研究,项目第一负责人,原总参工程兵部人防办公室下达"七五"攻关课题,1989—1991。
16. 人防工程施工深基坑支护位移和安全性监测的动态预报与应急处理措施,项目负责人,国家人民防空办公室下达,1997—1998。
17. 软土地铁区间隧道结构抗爆承载能力的研究,项目负责人,国家人民防空办公室下达,

2003.10—2005.10。
18. 动荷载作用下粘钢加固构件与接头的机理、性能和应用前景,项目负责人,国家人民防空办公室下达,2004.12—2006.12。
19. 利用不透水介质保护废弃物周围含水层的质量与持久性研究,与比利时列日大学及布鲁塞尔自由大学国际合作研究项目,中方负责人,1999—2003。
20. 龙滩水电站攻关课题巨型地下洞室群开挖及围岩稳定性研究——子项 2:围岩变形特征、主要洞室变形预测及变形监控标准建议值研究,子项负责人,国家电力公司发展基金项目,2002.5—2004.4。

主要横向研究项目(16 项)

21. 浙江省人防一〇三工程锚喷支护结构加载试验,分项负责人,浙江省人民防空办公室合作项目,1977 年。
22. 二滩水电站地下厂房洞室稳定性的有限元分析,项目负责人,水电部成都勘测设计院委托,1979.5—1980.9。
23. 浙江省人防一〇三工程主洞洞体围岩的稳定性分析,项目负责人,浙江省人民防空办公室委托,1980.11—1981.4。
24. 天荒坪抽水蓄能电站试验洞的位移反分析研究,项目负责人,水电部华东勘测设计院委托,1988—1989。
25. 响洪甸抽水蓄能电站地下厂房有限元分析,项目负责人,安徽省水电勘测设计院委托,1989—1990。
26. 广州抽水蓄能电站试验段位移反分析及地下厂房位移预报研究,项目负责人,广东省水电勘测设计院委托,1990—1991。
27. 杭铁 387 工程洞室围岩稳定性监测分析,项目负责人,上海铁路局战备处委托,1991 年。
28. 拉西瓦电站试验洞的反分析研究,项目第二负责人,水电部西北勘测设计院委托,1991—1993。
29. 广州抽水蓄能电站蚀变岩地层中锚喷支护受力机理及可靠性研究,项目负责人,广东省水电勘测设计院委托,1992 年。
30. 广州抽水蓄能电站高压钢支管合理长度、堵头型式及隧洞按透水设计的研究,项目负责人,广东省水电勘测设计研究院委托,1993—1994。
31. 响水涧抽水蓄能电站主厂房围岩稳定性分析研究,项目负责人,水利部上海勘测设计研究院委托,1995 年。
32. 大楼地下室平战功能转换技术研究,项目负责人,上海市民防办公室委托,1995—1996。
33. 吴泾闵行地区合流污水外排倒虹管过江顶管工程监测与研究,项目负责人,上海市排水公司委托,1997.7—1998.10。
34. 江苏宜兴抽水蓄能电站软弱岩层中大跨度高边墙地下厂房洞室群围岩稳定性分析及复合支护研究,项目负责人,水利部上海勘测设计研究院委托,1999.7—1999.8。
35. 江苏宜兴抽水蓄能电站地下厂房收敛变形试验及反分析研究,项目第一负责人,江苏省电力公司委托,2000.3—2001.4。
36. 核爆条件下越江隧道防护门作用的研究,项目负责人,上海市民防办公室委托,2007.7—2008.6。

Ⅲ 成 果 获 奖

科研成果获奖(18 项)

1. 项目"人防工程口部功能转换预留技术研究"成果获 1993 年度济南军区人防科技进步奖一等奖,排名第一。
2. 理论课题"地下结构黏弹塑性理论及反分析问题的研究"成果获 1993 年度国家教委 A 类科技成果奖三等奖,排名第二。
3. 项目"上海市港区震害预测研究"成果获 1994 年度上海市科技进步奖二等奖,排名第七。
4. 个人综合科研成果获 1996 年度同济大学长谷集团奖教金科研奖大奖。
5. 专著《岩土工程问题的反演理论与工程实践》获建设部 1998 年度科技进步奖二等奖,排名第一。
6. 个人综合科研成果获 1998 年度李国豪奖励基金结构工程大奖二等奖。
7. 项目"深基坑稳定性的动态概率监控"成果获建设部 1999 年度科技进步奖一等奖,排名第一。
8. 项目"广州抽水蓄能电站二期工程引水系统中高压钢支管长度、堵头型式及隧洞按透水设计的研究"成果获 1999 年度国家教育部科技进步奖三等奖,排名第一。
9. 项目"基坑支护位移和安全性监测动态预报研究"成果获 1999 年度上海市科技进步奖三等奖,排名第一。
10. 项目"人防工程施工深基坑支护位移和安全性监测的动态预报与应急处理措施"成果获 2001 年度军队科技进步奖二等奖,排名第一。
11. 参与研制的"同济曙光岩土及地下工程设计与施工分析软件"获 2002 年度教育部推荐国家科技进步奖提名奖二等奖,排名第四。
12. 项目"地铁列车振动荷载下软土地铁区间隧道接缝的开裂机理与防治对策"成果获 2004 年度军队科技进步奖三等奖,排名第二。
13. 成果"软土盾构隧道设计理论与施工控制技术及其应用"获 2006 年度教育部科学技术进步奖一等奖,排名第四。
14. 参编"公路隧道设计规范(JTG D70—2004)"获 2006 年度中国公路学会科学技术奖一等奖,排名第二。
15. 成果"巨型地下洞室群开挖及围岩稳定研究"获 2006 年度中国水电顾问集团公司科学技术进步奖一等奖,排名第九。
16. 成果"软土盾构隧道设计理论与施工控制技术及其应用"获 2008 年度国家科学技术进步奖二等奖,排名第四。
17. 成果"核爆条件下越江隧道破坏效应的研究"获 2011 年度军队科学技术进步奖,三等奖,排名第一。
18. 成果"《建筑抗震设计规范》GB 50011—2010"获 2012 年度"中国城市规划设计研究院 CAUPD 杯"华夏建设科学技术奖励,一等奖,排名第八。

教学研究成果获奖(3 项)

19. 1996 年获同济大学研究生培养工作先进指导教师二等奖。
20. 专著《岩土工程问题的反演理论与工程实践》获 1998 年同济大学优秀教材一等奖,排名第一。
21. 教材《软土工程施工技术与环境保护》获 2002 年同济大学优秀教材一等奖,排名第一。

综合获奖(1 项)

22. 1999 年获上海市育才奖。

Ⅳ 学术著作

专著(2 部)

1. 杨林德等著,《岩土工程问题的反演理论与工程实践》,中国科学院科技出版基金资助出版,北京:科学出版社,1996 年 4 月。获 1998 年同济大学优秀教材一等奖及建设部 1998 年度科技进步奖二等奖。
2. 杨林德、朱合华、丁文其、黄宏伟、钟才根、陈宝、刘学增著,《岩土工程问题安全性的预报与控制》,*Safety Prediction and Control in Geotechnical Engineering*,中国科学院科技出版基金资助出版,北京:科学出版社,2009 年 3 月。

主编著作(6 部)

3. 杨林德主编,《软土工程施工技术与环境保护》(上海市普通高校"九五"重点教材),北京:人民交通出版社,2000 年 9 月。获 2002 年同济大学优秀教材一等奖。
4. Linde Yang, Zhifa Yang, Min Lu, *PROCEEDINGS OF THE INTERNATIONAL SYMPOSIUM ON PROTECTION OF LONGYOU GROTTOES IN CHINA*(中国龙游石窟保护国际学术讨论会论文集),Peking: Culture Relics Publishing House(北京:文物出版社),2006 年 3 月。
5. 杨林德,葛世平,曹文宏,等,上海市工程建设规范《地下铁道建筑结构抗震设计规范》DG/TJ08—2064—2009,上海,2009 年 10 月。
6. 杨林德,曹文宏,张端龙,《建筑抗震设计规范》GB 50011—2010"第 14 章 地下建筑",北京:中国建筑工业出版社,2010 年 8 月。
7. 杨林德主编,《公路施工手册 隧道》,北京:人民交通出版社,2011 年 7 月。
8. 丁文其,杨林德主编,《隧道工程》,普通高等教育土建学科专业"十一五"规划教材,高等学校土木工程专业规划教材,北京:人民交通出版社,2012 年 4 月。

参编著作(8 部)

9. 重庆建筑工程学院主编,《岩石地下建筑结构》,北京:中国建筑工业出版社,1982 年 12 月。
10. 孙钧,侯学渊主编,《地下结构》,北京:科学出版社,1987 年 2 月。
11. 朱合华,陈清军,杨林德,《边界元法及其在岩土工程中的应用》,上海:同济大学出版社,1997 年 5 月。
12. 侯学渊,钱达仁,杨林德,《软土工程施工新技术》,安徽:安徽省科学技术出版社,1999 年 7 月。
13. 王永年,殷世华主编,《岩土工程安全监测手册》,北京:中国水利水电出版社,1999 年 8 月。

14. 蒋树屏,杨林德,刘伟等,中华人民共和国行业标准《公路隧道设计规范》JTG D70—2004（2004年11月起实施）,北京：人民交通出版社,2004年9月。
15. 郑永来,杨林德,李文艺,周健,《地下结构抗震》,上海：同济大学出版社,2005年8月。
16. 侯学渊,范文田,杨林德,《中国土木建筑百科辞典——隧道及地下工程卷》,北京：中国建筑工业出版社,2008年11月。

V 毕业研究生及学位论文题目

博士后研究人员

1. 徐日庆,岩土介质开挖性态反分析方法,1996年12月出站。
2. 王明洋,爆炸波作用下介质与障碍物相互作用的理论应用研究,1997年4月出站。
3. 郑永来,软土地层中地铁区间隧道的抗震设计的研究,1999年12月出站。
4. 陈明中,上海地铁车站结构振动台试验及抗震设计方法研究,2002年12月出站。
5. 张引科,饱和土中圆形衬砌隧道地震响应的研究,2003年12月出站。
6. 陈海军,巨型地下洞室群围岩稳定性数值分析,2005年3月出站。
7. 伍振志,浅埋复杂地层超大型泥水盾构隧道开挖面稳定性及地表变位控制研究,2010年5月出站。

工学博士

1. 朱合华(副导师),1986.9—1989.8,《隧道掘进面时空效应的研究》。
2. 吕小泉(副导师),1989.9—1992.9,《城市地下空间对应场论与仿真模型研究》。
3. 张新江(副导师),1992.9—1995.7,《复合支护计算理论与方法的研究》。
4. 时蓓玲,1993.9—1996.9,《基坑变形的随机预测与安全性预报》。
5. 徐 超,1994.9—1997.8,《岩土工程可靠度理论及其在基坑工程中的应用》。
6. 丁文其,1995.4—1997.12,《土体各向异性耦合模型及其在盾构隧道施工模拟中的应用》。
7. 高文华,1995.9—1999.3,《深基坑支护墙体受力变形分析的黏弹性地基厚板理论》。
8. 熊祚森,1995.5—1998.6,《基坑系统动态模式的非线性反演及稳定性分析》。
9. 马险峰,1996.4—2000.3,《地下结构的震害研究》。
10. 童 峰,1996.3—1999.12,《地铁区间隧道及接头结构抗震动力分析》。
11. 徐迎伍,1997.3—2000.3,《平行管道顶进施工的相互影响与设计方法和施工工艺的优化研究》。
12. 葛世平,1997.9—2000.10,《软土地铁结构纵向变形预测与对策研究》。
13. 钟正雄,1996.9—2000.6,《复合型土钉墙的受力变形与承载机理的研究》。
14. 叶为民,1997.9—2000.12,《软土地层的渗流特征与深基坑开挖的耦合分析研究》。
15. 陈 宝,1997.9—2000.12,《白垩的非饱和特性及其依时性态的研究》。
16. 范宇洁,1998.3—2001.1,《粘钢加固抗爆地下结构的研究》。
17. 杨志锡,1998.3—2001.3,《各向异性饱和黏土的渗流耦合分析及其工程应用》。
18. 季倩倩,1999.3—2002.3,《地铁车站结构振动台模型试验研究》。
19. 仇圣华,1999.3—2002.5,《成层正交各向异性围岩反分析方法的研究》。
20. 钟才根,1999.9—2002.11,《高速公路软基路堤沉降动态预测与控制》。
21. 杨 超,2000.9—2003.11,《饱和软土地铁结构地震响应计算方法的研究》。

22. 王启耀，2000.9—2004.1，《陡倾角层状岩体中大型地下洞室群围岩变形的预报与控制》。
23. 王祥秋，2001.9—2004.7，《铁路隧道结构相关动力稳定性分析及相关技术问题研究》。
24. 耿大新，2001.9—2004.3，《饱和软土地区防汛墙抗震稳定性研究》。
25. 刘　伟，2000.3—2004.8，《小净距公路隧道净距优化研究》。
26. 刘齐建，2002.9—2005.6，《软土地铁建筑结构抗震设计计算理论的研究》。
27. 林从谋，2000.9—2005.9，《隧道掘进爆破振动特性、预报及控制技术研究》。
28. 邓　涛，2002.9—2005.10，《水作用下各向异性致密岩石性态变化的波速响应研究》。
29. 潘洪科，2002.9—2005.12，《基于碳化作用的地下工程结构的耐久性与可靠度》。
30. 石振明，2002.9—2005.12，《软土地基路堤变形和稳定性分析与预测》。
31. Hovhannes Mesropyan（霍汉斯），2002.9—2006.5，《采用弹簧橡胶隔离器的框架钢结构的振动响应研究》。
32. 吴志平，2003.3—2006.7，《粘钢技术在平战功能转换中的应用研究》。
33. 张向霞，2003.9—2006.9，《各向异性软岩的渗流耦合本构模型》。
34. 阎小波，2003.3—2007.3，《软岩各向异性渗透特征及力学特征的试验研究》。
35. 李　燕，2003.9—2007.1，《各向异性软岩的渗流耦合分析及其工程应用》。
36. 王国波，2004.3—2007.7，《软土地铁车站结构三维地震响应计算理论与方法的研究》。
37. 尚新民，2002.7—2007.9，《止水灌浆新工法热沥青灌浆研究与应用》。
38. 林　枫，2003.3—2008.2，《软土地铁区间隧道结构抗爆承载能力的研究》。
39. 伍振志，2004.9—2008.2，《越江盾构隧道耐久性若干关键问题研究》。
40. 刘成学，2004.9—2008.4，《软岩渗流-应力耦合模型及其参数反演方法研究》。
41. 张栋梁，2004.9—2008.2，《双圆盾构隧道抗震设计的分析理论与计算方法研究》。
42. 尹　骥，2005.3—2008.12，《上海地区非饱和粉质黏土本构模型的研究》。
43. 陈　聪，2005.9—2009.7，《氯离子环境下地下混凝土结构耐久性的研究》。
44. 朱道建，2006.9—2009.9，《柱状节理岩体的力学特性及洞室围岩稳定性研究》。
45. 商金华，2006.9—2009.12，《软土地铁车站抗震计算方法与结构优化选型》。
46. 熊良宵，2006.9—2009.12，《深部层状岩体的流变特性试验及本构模型》。
47. 俞登华，2005.3—2011.1，《深埋引水隧洞围岩支护机理的研究》。
48. 丁　浩，2006.9—2011.3，《外水压力下隧道衬砌结构的计算理论与方法研究》。
49. 隋　涛，2008.9—2012.12，《软土地铁车站结构诱导缝抗震能力分析理论与方法》。
50. 张钢琴，2007.3—2013.2，《高性能 PCM 混杂纤维混凝土断裂性能微观力学模型研究》。
51. 吴创周，2008.9—2014.1，《各向异性岩石蠕变本构模型及耦合参数反分析》。

工学硕士

1. 张开俊，1987.9—1990.3，《线性分布初始地应力场和围岩参数的黏弹性反演计算》。
2. 周方明（副导师），1989.9—1992.3，《岸墙的动力响应分析研究》。
3. 彭　敏，1990.9—1993.3，《地下洞室围岩位移量测的优化布置》。
4. 林秀桂，1992.9—1995.3，《土工织物性能与外滩二期道路工程的研究》。
5. 丁文其，1992.9—1995.3，《渗流耦合效应分析与广蓄电站二期工程高压钢支管长度的研究》。
6. T. SISAY（西塞），1992.9—1995.3，《软土地层中顶管工法地面沉降的预报》。

7. 马险峰,1993.9—1996.3,《大楼地下室战时功能开发计算》。
8. 周汉杰,1994.9—1997.3,《反分析计算的误差传递及仪表选择研究》。
9. 陈 宝,1994.9—1997.3,《防汛墙结构的可靠性与模糊随机分析》。
10. 吴 蔺,1996.9—1999.3,《基坑工程监测的量测误差及其对参数反演确定影响的研究》。
11. 包玮瑜,1997.9—2000.1,《平行顶管工程中的拱效应和监测数据管理》。
12. 黄栋成,1999.9—2002.3,《公路隧道设计方法研究》。
13. 高占学,2000.9—2003.3,《隧道衬砌耐久性的研究》。
14. 萧 蕤,2000.9—2003.3,《公路隧道结构按极限状态设计的研究》。
15. 颜建平,2001.9—2004.3,《软土隧道荷载分部规律的研究》。
16. 黄 慷,2001.9—2004.3,《水底盾构隧道结构耐久性可靠度理论及设计方法研究》。
17. 俞登华,2002.9—2005.3,《黄浦江防汛墙结构材料长期强度的研究》。
18. 柳 昆,2002.9—2005.3,《现代城市地下空间规划理论新思路与实践》。
19. 雷 刚,2002.9—2005.3,《软土地铁建筑物抗震设计简化计算方法的研究》。
20. 罗丽娜,2003.9—2006.3,《碳纤维补强条件下公路隧道衬砌计算方法的研究》。
21. 余 凡,2003.9—2006.3,《连拱隧道计算方法研究》。
22. 江芳芳,2004.9—2007.3,《双圆盾构隧道衬砌抗震计算的原理和方法的研究》。
23. 莫一婷,2004.9—2007.3,《盾构隧道衬砌接头的构造与耐久性的研究》。
24. 吴 俊,2004.9—2007.3,《平战功能转换中粘钢加固技术应用的研究》。
25. 戴 胜,2005.9—2008.3,《越江盾构隧道耐久性分析与评估体系研究》。
26. 李 鹏,2005.9—2008.3,《软岩渗流应力耦合分析参数反演的理论与方法》。
27. 周大举,2005.9—2008.3,《基于可靠度理论的碳纤维加固公路隧道衬砌计算方法的研究》。
28. 李 煜,2006.9—2009.3,《粉质黏土在不同吸力下的特性及其应用研究》。
29. 张 尧,2006.9—2009.3,《渗流耦合作用下围岩的时效特性》。

工程硕士

1. 陈志斌,1998.9—2003.7,《水泥土搅拌桩维护结构的作用原理及其工程应用的研究》。
2. 吴炳来,1998.9—2003.10,《检测技术与软土深基坑工程的动态施工》。
3. 刘清才,1998.9—2003.10,《土钉支护的工法及工程研究》。
4. 杜志刚,1998.9—2003.10,《水泥搅拌桩复合地基加固软土的作用机理及其应用研究》。
5. 阮力群,1998.9—2004.3,《内撑式维护结构的设计与侧向位移的控制》。
6. 王录民,1999.3—2003.8,《浅圆仓粮食侧压力理论分析与实测研究》。
7. 杨 磊,1999.3—2004.9,《化学植筋法用于钢筋混凝土加层梁柱节点的抗震试验研究》。
8. 王胜利,2005.3—2008.9,《防护结构抗爆炸震塌防护措施试验研究》。

第二篇 杨林德教授学术论文代表作

I 岩土工程问题的反分析研究

天荒坪抽水蓄能电站试验洞的位移反分析研究*

杨林德[1]　朱合华[1]　何裕仁[2]　瞿金敏[2]

(1. 同济大学地下建筑与工程系，上海　200092；2. 能源部华东勘测设计院，杭州　310000)

摘要　为查明天荒坪抽水蓄能电站地下厂房所在位置围岩初始地应力场的情况，沿厂房的拟设轴线开挖了模型试验洞，量测了围岩位移与洞周收敛位移，并据以进行了反分析计算。文中所用的数值计算法为边界单元性，包括弹性问题和黏弹性问题的反演计算，所得初始地应力的方向及量值与以其他方法测得的结果符合较好。

关键词　反分析；水电站；试验洞；初始地应力

Deformation Back Analysis of Test Tunnel of Tianhuangping Pumped Storage Project

YANG Linde[1]　ZHU Hehua[1]　HE Yuren[2]　QU Jinmin[2]

(1. Department of Geotechnical Engineering, Tongji University, Shanghai 200092, P. R. China;
2. East China Hydroelectric Power Investigation A Design Institute, Hangzhou 310000)

Abstract　In order to ascertain the initial stress field in rock around the under ground power house of Tianhuangping project, a test tunnel was excavated along its longitudinal axis and deformation in the surrounding rock and convergence deformation on the boundary of the opening were measured. Back analysis on elasticity was proceeded based on the measurements by BEM. Results agreed with those measured by other methods.

Keywords　back analysis; hydropower station; test tunnel; initial earth stress

1 前言

　　天荒坪抽水蓄能电站位于浙江省天目山区中部，综合地形与工程地质特征，决定选用地下厂房方案。地下厂房设计位置的围岩为块状均质含砾流纹质熔凝灰岩，岩质新鲜坚硬，完整性尚好，地层层厚 10～30 cm，属单斜构造，倾向山里，陡倾角，利于稳定。上覆岩层深厚，相对埋深达 200 m 以上。主要节理有四组，走向倾角分别为：① N5°～20°E,SE<50°～77°；② N5°～

---

*岩土工程学报(CN：32-1124/TU)1992 年收录

15°W,NE<34°~43°；③ N38°~67°E,NW(或 SE)<40°~55°；④ N40°55′W,SE(或 NE)<61°~84°。其中①、②组节理为主节理，规律性较强。厂房附近有两条断层，其中主要断层 $f(101)$ 的产状为 N25°E,NW65°,宽 15 cm,主要由石英脉充填。地质探洞掘进中发生过岩爆，爆落岩片一般厚 2~5 cm,大者 7~10 cm。地下水在个别地点沿裂隙呈脉状渗流，涌水量不大。

为查明厂房所在位置围岩初始地应力场的情况，沿厂房的拟设轴线开挖掘了模型试验洞，量测了围岩位移与洞周收敛位移，并据以进行了反分析计算。所得结果与以其他方法测定的力作用方向间的夹角较小，开挖后围岩稳定性仍较易保证。

2 位移反分析计算原理

三维问题的反分析计算采用正反分析法。设初始地应力场为均布应力场，并将应力分量记为 $p_{ij}(i,j=1,2,3)$，则对弹性问题可由优化原理写出反演确定围岩初始地应力分量与 E,m 值的基本方程为

$$\sum_{k=1}^{n}\left[D^{K}-\left(\sum_{i,j=1}^{3}p_{ij}d_{ij}^{0}\right)^{K}\right][d_{ij}^{0}]^{K}=0(i,j=1,2,3) \tag{1}$$

式中　n——量得的相对位移值的总数；

　　　D^K——第 K 个相对位移实测值（同时包括洞周收敛位移量测值与围岩内部测点之间的相对位移量测值）；

　　　d_{ij}^0——由 $p_{ij}=1$ 引起的量测方向上测点之间的相对位移的计算值。如假设竖向初始地应力分量等于自重，并将式(1)改写为

$$\sum_{k=1}^{n}\left[ED^{K}-\left(\sum_{i,j=1}^{3}p_{ij}d_{ij}^{0'}\right)^{K}\right][d_{ij}^{0'}]^{K}=0(i,j=1,2,3) \tag{2}$$

则由上式可同时反算出初始地应力与围岩的 E 值。式中，$d_{ij}^{0'}=Ed_{ij}^{0}$，d_{ij}^{0} 与 $d_{ij}^{0'}$ 均采用直接边界单元法进行计算。

二维问题的反分析计算采用逆反分析法。假设地层性态符合图 1 所示的三单元黏弹性模型，则对二维问题有

$$\{\varepsilon\}=\left(\frac{1}{E_1}+\frac{1}{E_2+\eta_2 D}\right)[A]|\sigma| \tag{3}$$

式中，$D=\mathrm{d}/\mathrm{d}t$；$|\varepsilon|=[\varepsilon_x,\varepsilon_z,\gamma_{xz}]^T$；$|\sigma|=[\sigma_x,\sigma_z,\tau_{xz}]^T$；

$$[A]=\begin{bmatrix} 1-\mu^2 & -\mu(1+\mu) & 0 \\ -\mu(1+\mu) & 1-\mu^2 & 0 \\ 0 & 0 & 2(1+\mu) \end{bmatrix}。$$

若洞室的应力边界条件保持不变，并假设围岩 μ 值不随时间而变化，则 σ_{ij} 将与时间无关，且可导得随时间而变化的等效弹性模量 $(E_1)_i$ 的表达式为

$$(E_1)_i=\cfrac{1}{\cfrac{1}{E_1}+\cfrac{\left[1-\exp\left(-\cfrac{E_2}{\eta_2}t_i\right)\right]}{E_2}} \tag{4}$$

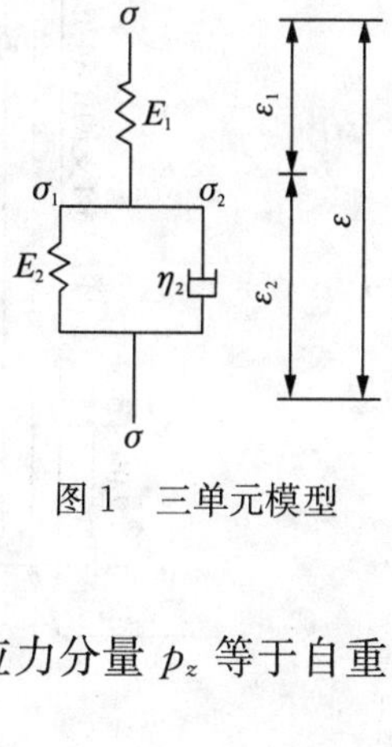

图 1　三单元模型

将平面问题的初始地应力分量记为 p_x,p_z,p_{xz}，并假设竖向初始地应力分量 p_z 等于自重应力，则由虚拟应力法可对任意时步 $t=t_m$ 建立反演计算方程组

$$\left.\begin{array}{l}\sum_{j=1}^{N}(A_{ss}^{ij}p_j^s+A_{sn}^{ij}p_j^n)-\frac{1}{2}(\sin 2\beta_i)p_x+(\cos 2\beta_i)p_{xz}=-\frac{1}{2}(\sin 2\beta_i)p_z\\ \sum_{j=1}^{N}(A_{ns}^{ij}p_j^s+A_{m}^{ij}p_j^n)+(\sin^2\beta_i)p_x-(\sin 2\beta_i)p_{xz}=-(\cos^2\beta_i)p_z\\ \sum_{j=1}^{N}(C_{ls}^{kj}p_j^s+C_{ln}^{kj}p_j^n)-(E_1)_m\Delta_{lk}\mid t=t_m=0(i=1,2,\cdots,N;k=1,2,3)\end{array}\right\} \quad (5)$$

式中 N——边界单元总数;

β_i——单元 i 的局部坐标 $\bar{x}$ 轴与总体坐标系 x 轴之间的夹角;

$\Delta_{lk}\mid t=t_m$——t_m 时刻洞周相对收敛位移或域内任意两点之间的相对位移的量测值;

$(E_1)_m$——$t=t_m$ 时刻的等效弹性模量。进行三个时刻的反演计算,得出不同时刻的 $(E_1)_m$ 值,即可由式(4)建立求解 E_1,E_2,η_2 的方程组。

三维问题计算采用的边界单元为 4 节点等参单元,二维问题计算采用的边界单元为直线常单元。

3 试验洞位移量测

模型试验洞沿地下厂房的拟选轴线布置。沿试验洞轴线共设置了 5 个量测断面,分别记为Ⅰ—Ⅰ、Ⅱ—Ⅱ、Ⅲ—Ⅲ、Ⅳ—Ⅳ、Ⅴ—Ⅴ(图2)。试验过程中,机械式多点位移计量取了围岩变位,以收敛位移计量取了洞周相对收敛位移。图 2 中 PD15—1 支洞原为地质探洞,试验中用于预埋试验洞左侧的机械式多点位移计。预埋洞与模型试验洞平行,专门用于埋设量测仪表。在典型量测断面上预埋、现埋多点位移计的布置及收敛位移量测点的设置示于图3,空间与平面洞周相对位移量测线布置示于图 4。预埋机械式多点位移计测得的最大位移值为 3.943 mm(Ⅳ—Ⅳ断面 9 号孔),收敛位移计量得的侧壁之间的最大收敛位移为 2.51 mm(Ⅳ—Ⅳ断面3—4测线),考虑量测值损失量后为 5.02 mm。洞周的变形趋势是侧壁向洞内位移,拱顶略为上抬。

在反演计算过程中,通过试运算对由现场量得的位移量做了合理性分析,在剔除一些不合理的数据后,确定了最终据以反演计算的信息量(表1—表4)。研究表明对于试验洞围岩位移

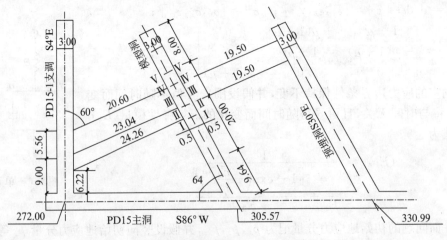

图 2　模型洞预埋洞平面图　　长度(单位:m)

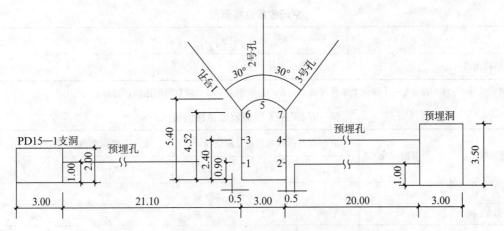

图 3　Ⅳ—Ⅳ 断面位移计埋设及测点布置图（单位：m）

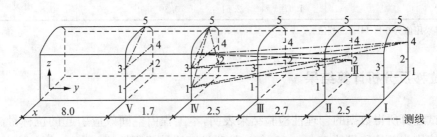

图 4　空间与平面洞周收敛位移测线示意图（单位：m）

的量测，机械式多点位移计的读数比较稳定，并可保持理想的精度。洞周收敛位移的量测精度随所选用的仪器而异，目前使用的仪器（包括一些进口的仪器）在位移量较小时多数难以满足必要的精度要求。

表 1　　　　　　　　　　　　侧壁预埋多点位移计测值

孔号	位移计测值/mm								
	孔深=0.7 m	0.75 m	0.83 m	1.25 m	1.30 m	2.50 m	2.60 m	5.00 m	5.20 m	6.50 m
Ⅰ—1			2.766		2.612		1.468			1.021
Ⅱ—2	3.134			2.370		1.433		0.940		
Ⅱ—6		3.059			(3.184)		2.201		1.213	
Ⅱ—11		2.979			(3.603)		1.941		0.512	

注：1. 孔深从模型洞壁面算起；2. 括号中的值反算中未采用。

表 2　　　　　　　　　　　　测点与孔壁相对位移测值

孔号	相对位移测值/mm				
	孔深=0.20 m	1.30 m	2.60 m	5.20 m	15.00 m
Ⅳ—1	0.000	−0.006	−0.048	−0.438	−1.000
Ⅳ—2	0.000	0.086	−0.072	−0.148	−0.319

注：1. 孔号见图 3；2. 采用现埋多点位移计量测。

表3　　　　　　　　　　　　　空间收敛位移侧值　　　　　　　　　　　　　　　　　mm

测线	4^1—6^w	2^{tt}—6^w	4^1—1^w	2^1—1^w	4^1—3^w	2^1—3^w
位移测值/mm	1.13	0.89	0.98	0.90	1.00	0.88

注：测线编号 4^1—6^w 表示Ⅰ—Ⅰ断面上4号收敛点与Ⅳ—Ⅳ断面上6号收敛点间的连线，余同。

表4　　　　　　　　　　Ⅳ—Ⅳ、Ⅴ—Ⅴ断面收敛位移侧值

量测时间	计算时间/d	Ⅳ—Ⅳ断面收敛位移量测值/mm			Ⅴ—Ⅴ断面收敛位移量测值/mm		
		3—5	3—4	4—5	1—2	1—5	2—5
7月7日	$t=0$	0.41	1.17	0.21			
7月11日	$t=4$	1.09	1.17	0.21			
8月2日	$t=26$	1.45	2.51	0.26			
8月14日		1.47	2.51	0.30	2.25	0.89	1.56

注：三维计算采用值为8月14日的测值。

4　位移反分析计算结果

反演试运算所得数据的合理性检验结果表明，本工程由空间效应引起的位称量测值损失量的平均值均为总位移量的50%～52%，比按弹性理论计算所得的30%大。这主要有试验洞周围存在比较密集的裂隙组，影响了围岩的性态，量测仪表与开挖面很难处于同一平面上，以及各测点离开挖面的距离也不尽相同等方面的原因。有关研究表明，对于不同的工程和不同的情况，由空间效应引起的收敛位移量测值平均损失量将有不同的比例。

如将收敛位移量测值的平均损失量系数取为50%，并假设竖向初始地应力分量 $p_z=\gamma H$，则由三维反分析计算所得的结果为

$E=6.076$ GPa，$\mu=0.23$，

$p_x=5.635$ MPa，$p_y=23.500$ MPa，$p_z=6.429$ MPa，

$p_{xy}=0.062$ MPa，$p_{yz}=1.999$ MPa，$p_{xz}=0.274$ MPa

主应力值为 $\sigma_1=23.726$ MPa，$\sigma_2=6.301$ MPa，$\sigma_3=5.537$ MPa。主应力作用方向列于表5。

表5　　　　　　　　　　主应力方向的坐标角、方位角与倾角

主应力	x	y	z	方向角	倾角	备注
σ_1	89.71°	6.6°	83.5°	N29.7°W	6.5°	1. 坐标轴见图4；
σ_2	68.4°	96.2°	22.5°	N75.8°E	67.5°	2. 仰倾角为正，反之为负
σ_3	158.4°	92.1°	68.6°	S57.0°W	21.4°	

由Ⅳ—Ⅳ收敛断面的二维反分析计算所得的结果为

$E=61.348$ GPa，$\mu=0.23$，

$p_x=4.023$ MPa，$p_z=6.429$ MPa，$p_{xz}=4.888$ MPa

由于存在节理裂隙，使得 E 值随时间而变化，长期变形模量约为 $E=39.20-45.08$ GPa。设用三单元模型描述围岩的流变性态，则由式(4)可得

$E_1=61.348$ GPa，$E_2=110.740$ GPa，$\eta_2=36.875\times10^6$ GPa·s。

经比较,三维问题与二维问题的反演计算结果基本相符。

5 计算成果分析

我们对前述计算成果作如下讨论:

5.1 位移量测值的平均损失系数

掌子面上现埋多点位移计与收敛位移量测值的损失量,按弹性理论算得的相当于损失量的系数值为 0.3,本工程实测系数为 0.43～0.53,由试运算结果的数据合理性检验得到的平均值为 0.5～0.52。影响这个数值的因素甚多,除前已述及的因素外还有洞形和开挖过程等。该系数值实际上反映了各种因素的综合效应,故对各个具体工程,有必要通过试验得出综合平均损失系数值,以使由位移监控量测得的数据可用于设计计算。本工程所得的数据,对岩性和工程地质构造似的地层中的洞室有参考价值。

5.2 泊松系数

本工程在 $\mu=0.18\sim0.27$ 的取值范围内对泊松系数的合理取值进行了试运算,由数据合理性检验得出 $\mu=0.23$ 与软岩情况相仿。这一结论对相同类型的围岩有参考价值。

5.3 最大初始地应力的作用方向

地层中能够保存的在地质史上经受的构造应力,一般与地形地貌有关。天荒坪抽水蓄能电站厂房拟选位置在邻近制高点的同侧。由于该处制高点边线的方向大致与河谷走向平行,加上山脊在两个方向上都有很长的延伸,这就构成了在顺山坡走向的方向上保留残余构造应力的条件。反演计算得出的最大初始地应力作用方向近似与山坡走向平行的结论显然是合理的,可作为一般规律供其他工程借鉴。

5.4 垂直初始地应力分量的取值

尽管假设垂直初始地应力分量等于自重应力是有根据的,但是由于自重应力的分布规律与地形有关,因此垂直初始地应力分量的量值不一定满足关系式 $p_z=\gamma H$ 如按三维有限元法计算自重应力场时所得的结果选取 p_z 这样可能更加合理。

5.5 初始地应力中残余构造应力的比例

残余构造应力在初始地应力总值中所占的比重,看来与周围地区的地貌特征及埋深的关系极大。本工程山体肥厚,且山脊在顺河谷走向的方向上有较长的延伸,故构造应力所占的比重较大,达到 90%。这一特征对浅地层中的初始应力场的研究有参考价值。

5.6 侧压力系数

由三维问题的反分析计算可知 $p_y/p_z\approx3.65$,与其他工程相应的研究结果相仿。

5.7 三维问题的变形模量

计算得出三维问题的变形模量仅有 6.076 GPa,显得偏小。产生这种情况的原因,主要是在试验过程中量得的空间收敛位移量都较大。鉴于最大初始地应力的作用方向与洞轴近于平行,且量值较大。洞室开挖后因密集表面节理的闭合而增大纵向收敛位移量是可能的。但因密集节理仅在试验洞周围出现,主厂房洞室开挖后围岩纵向变形量估计仍将小于按简单比例关系计算所得的值。

6　结论

由上述分析可知,由反演计算所得的结果与现场情况基本相符。此外,这些数值与采用三孔交会法或室内试验所得的数据也基本一致。由此可见,在洞室围岩的稳定性分析中,反演理论是可供实践采用的一种有效方法。

应予指出,提高收敛位移量测值的精确度对提高反演计算法的推广价值有着重要的意义。虽然收敛位移易于量测,且可结合施工监控加以实施,但是本工程的实践表明,我国目前已有的收敛位移计在位移量较小时一般都不能满足精度要求。这说明研制新的仪表和改进量测技术已成为推广这类方法的当务之急。

参考文献

[1] 杨林德,黄伟,王聿. 初始地应力位移反分析计算的有限单元法[J]. 同济大学学报,1985(4).
[2] 杨林德. 确定矿山巷道初始地应和方法的研究[J]. 同济大学学报,1986(2).
[3] 杨林德. 初始地应力研究的历史与发展方向[J]. 隧道与地下工程,1987(2).
[4] 杨林德. 反演分析法的原理及其在岩土工程中的应用[J]. 水利发电,1989(3):48-50,38.
[5] Linde Yang, R, L. Sterling Back Analysis of Rock Tunnel Using Boundary Element Method[J]. Journal of Geotechnical Bingineering, August, 1989, Vol. 115(8), EI, 91010092716.

广州抽水蓄能电站地下厂房位移预报研究*

杨林德[1] 朱合华[1] 陆宏策[2]

(1. 同济大学地下建筑与工程系,上海 200092;2. 广东省水电勘测设计院,广州 510180)

摘要 本文针对广州抽水蓄能电站大型地下厂房(主厂房与主变室)围岩变形的位移预报与施工监控问题,研究了计算模型的建立,计算参数的选择,位移预报原理,位移量测系统和施工监控准则,根据得出的主要计算结果分析了洞室围岩的稳定性,结合工程实践全面系统地建立了位移预报的理论和方法。这类方法对其他同类硬岩地下工程的设计有参考价值。然而由于这类研究方法尚不多见,因此在应用于其他工程的时候,其量测系统的设置和一些数据的取值还需继续研究与完善。

关键词 地下厂房;二维弹塑性有限元;位移预报;施工监控;围岩稳定

Displacement Monitoring Study of the Underground Plant of the Pumping Storage Power Station in Guangmou

YANG Linde[1]   ZHU Hehua[1]   LU Hongce[2]

(1. Department of Geotechnical Engineering, Tongji University, Shanghai 200092, China;
2. Guangdong Investigation and Design Institute, Guangzhou 510180, China)

Abstract This paper dealt with the displacement monitoring during the excavation of large caverns in rock, including measuring system arrangement, displacement forecast principle, stability analysis criterion, etc, and described the monitoring process used at the Pumping Storage Power Station in Guangzhou. The principle and method for monitoring presented in the paper arc general ones. They could be used for other projects with similar situation and will be further developed in the future.

Keywords underground plant; 2 - D elastoplastic FEM; displacement perdition; construction monitoring; surrounding rock stability

1 概述

广州抽水蓄能电站是大亚湾核电站的配套工程,位于广东省从化县吕田乡境内,与广州市相距约 140 km,是我国目前正在兴建的最大的抽水蓄能电站。第一期工程装机容量 120 kW,

---

* 岩石力学与工程学报(CN:42 - 1397/O3)1992 年收录

由上水库、下水库、调压井、引水隧洞和地下厂房等部分组成。地下厂房主要包括主厂房和主变开夹室,分别为 146.5 m×21 m×44.54 m(长×宽×高)和 138.24 m×17.24 m×27.40 m 的大型地下洞室,轴线相互平行,走向北东 80°,净间距厚 35 m。

地下厂房区位于主峰高程为 1 200 m 的南昆山北侧,其地层岩性主要为燕山三期中粗粒黑云母花岗岩和燕山四期细粒花岗岩、煌斑岩体、方解石脉及石英脉等。岩脉宽度一般为几十厘米至 1～2 m,地质史上岩浆期后曾有中低温热液沿一些断层、裂隙充填和交代蚀变作用发生,形成蚀变花岗岩、断层、裂隙和蚀变带常呈风化和槽状风化,形成散粒状结构的砂砾土,是本工程的主要工程地质问题。

地下厂房深埋于花岗岩体内,山顶高程为 570～680 m,厂房顶高程约 240 m,上覆山体厚度达 330～440 m。主厂房共分布有六条断层蚀变带,累计宽度 1.9 m,仅占主厂房全长的 1.3%;主变室分布有三条断层蚀变带,累计宽 1.97 m,占主变洞全长的 1.4%。地下水主要是脉状水,活动不强烈,岩石透水性较小,因此,地下厂房围岩的工程地质条件较好,可分类为硬岩地下洞室。

在排风支洞、主厂房和主变室都设置了围岩位移观测断面,设置在排风支洞的量测断面称试验断面,测值主要用于初始地应力和围岩参数的反演计算,设置在主厂房和主变室的量测断面称观测断面,主要用于开挖中围岩稳定性的监测。本文主要依据反演计算的结果[1]对主厂房和主变室的观测断面作位移预报和进行施工监控。

位移预报研究中选用的计算参数为:(1)岩体参数:变形模量 $E=39.6$ GPa,泊松比 $\mu=0.18$,内聚力 $c=13.6$ GPa,内摩擦角 $\varphi=38°$,单轴抗拉强度 $R_c=85.0$ MPa;(2)初始地应力:设置如图 3 所示的坐标系统,则构造应力的分量为 $\sigma_x^t=4.59$ MPa,$\sigma_y^t=2.09$ MPa,$\tau_{xy}^t=1.96$ MPa;原点高程处自重应力的分量为 $\sigma_x^R=2.55$ MPa,$\sigma_y^R=11.60$ MPa,$\tau_{xy}^R=0.00$;二维初始地应力场分量的表达式为 $\sigma_x^0=7.14-5.7\times10^{-3}y$,$\sigma_y^0=13.69-2.6\times10^{-2}y$,$\tau_{xy}^0=1.96$。式中,$y$ 单位为 m,应力单位为 MPa,有限元计算中还考虑了自重应力随地表起伏而发生的变化;(3)锚喷支护参数:每延米锚杆支护截面积的折算厚度为 4.41×10^{-3} m,弹性模量为 2 100.0 GPa;喷层厚度 0.15 m,弹性模量 1.82 GPa,泊松比 0.2。

2 位移预报量测系统

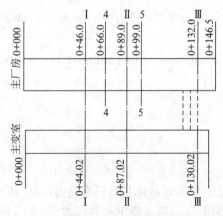

图 1 主厂房和主变室观测断面示意
Fig. 1 Monitoring sections in the generator and transformer chamber

地下洞室位移量测仪表主要有收敛计和多点位移计两类,前者用于量测洞周收敛位移量,后者用于量测围岩体各点之间的相对位移量。对于大型地下洞室工程,收敛位移量测一般较为困难,合适的方法是设置多点位移计量测围岩各点之间的相对位移量。

多点位移计的设置方法有预埋和现埋两类。预埋多点位移计可量测围岩变位的全过程,但在深埋洞室中较难设置;现埋多点位移计易于随时设置,但无法量测仪表设置前围岩体已经发生的位移量。本工程采用的是后一种方法,主厂房和主变室量测仪表的设置断面如图 1 所示,典型断面的仪表设置如图 2 所示。

在主厂房设置了三个主观测断面(记为Ⅰ-Ⅰ,

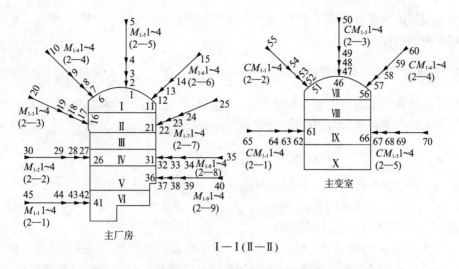

图 2 主厂房和主变室典型观测断面仪表设置示意图
Fig. 2 Montoring meter arrangment on secoions Ⅰ—Ⅰ and Ⅱ—Ⅱ

Ⅱ-Ⅱ,Ⅲ-Ⅲ)和两个辅助观测断面(记为 4-4,5-5);共布设 26 套位移计,在六个开挖层中的分布为第 1 层 8 套,第 2 层 10 套,第 3 层 4 套,第 5 层 2 套,第 6 层 2 套。在主变室设置了三个观测断面,共布设多点位移计 13 套,其中第 1 层 6 套,第 2 层 5 套,第 4 层 2 套。采用的多点位移计均为四点式位移计,各点距洞壁的深度分别为 1—1.64 m,3—3.59 m,5.8—8.56 m,11.6—23,4 m,如表 2 所示。

3 位移预报计算原理

3.1 计算模拟技术

鉴于地下厂房区工程地质条件良好,断层、裂隙不发育,岩体完整性好,计算中将围岩体视为连续介质。由于断面尺寸很大,开挖过程中围岩将不可避免地出现非线性区和屈服区,计算过程中围岩介质被视为弹塑性体。有限元法的计算区域和按自重应力计算时的边界条件见图 3。

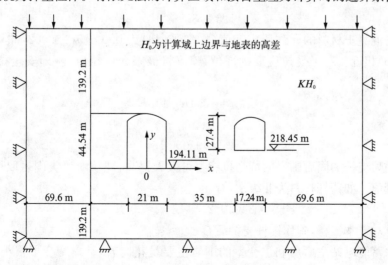

图 3 计算区域与边界条件(自重应力时)
Fig. 3 Area and boundary conditions for the calculation of displacements due to gravity

在位移预报的计算过程中采用了"空气单元"模拟分步开挖顺序,如图 2 所示。此外,还考虑了锚喷支护的效应。

3.2 测点位移量与应变量的计算

有限元法计算给出的位移量一般是单元结点的位移量,需由位移插值获得任意测点的位移值。采用 8 结点等参单元时,任意点 k 的位移 $u(x_k,y_k)$ 可借助形函数 $N_i(\xi_k,\eta_k)$ 表示为

$$u(x_k,y_k) = \sum_{i=1}^{t} N_i(\xi_k,\eta_k)u_i(x_i,y_i) \tag{1}$$

式中　u_i——单元结点 $i(i=1,\cdots,8)$ 的位移值;
　　　x_i,y_i——单元结点 i 的总体坐标;
　　　x_k,y_k——任意点 k 的总体坐标;
　　　ξ_k,η_k 为任意点 k 的单元局部坐标。八结点等参单元的形函数 N_i 的表达式及由 (x_k,y_k) 求 (ξ_k,η_k) 的迭代计算式可参见有关文献。[2] 任意测点应变量的插值求解计算式可以用矩阵式表示为

$$\varepsilon(x_k,y_k) = \sum_{i=1}^{t} B_i(\xi_k,\eta_k)u_i(x_i,y_i) \tag{2}$$

式中,B_i 为应变转换阵,ε 为任意点 k 的应变量阵。

3.3 安全位移量与安全应变量的确定

在观测断面可以获取的现场量测信息,一般有位移量和应变量两类。施工监控的主要工作,就是随时观测这些量的量值和变化速率,看其是否超过预定的允许值,以判断围岩是处于稳定状态还是需要增设支护。

岩体的极限应变值与岩性、岩体组构及应力状态等因素有关,实验研究结果得出的数值比较离散。鉴于洞壁围岩处于或接近于双向应力状态,建议对坚硬围岩将极限允许压应变值(即安全压应变量)$\varepsilon_{\max}^{\text{压}}$ 取为单轴抗压强度与变形模量的比值,并取安全系数为 1.3[3],有:

$$\varepsilon_{\max}^{\text{压}} = R_c/1.3E \tag{3}$$

对于本工程,

$$\varepsilon_{\max}^{\text{压}} = 85.0/1.3 \times 3.9 \times 10^4 \approx 0.0016$$

该数值与混凝土材料的允许压应变值(均匀受力时为 0.0015～0.002,非均匀受力时为 0.002～0.006)相近。对于受拉应变的部位,建议将极限允许拉应变(即安全拉应变)值 $\varepsilon_{\max}^{\text{拉}}$ 取为

$$\varepsilon_{\max}^{\text{拉}} = 0.1R_c/1.3E \tag{4}$$

对于本工程,

$$\varepsilon_{\max}^{\text{拉}} \approx 0.00016$$

考虑到锚喷支护加固后围岩的抗张拉能力可大大提高,建议对这类围岩取用与钢筋一致的允许拉应变值。如锚杆材料为 Ⅱ 级钢,有

$$\varepsilon_{\max}^{\text{拉}} = 340.0/2.1 \times 10^5 \approx 0.0016 \tag{5}$$

由此可见对于本工程,施作锚杆支护后有 $\varepsilon_{\max}^{\text{拉}} \approx \varepsilon_{\max}^{\text{压}}$

广州抽水蓄能电站主厂房和主变室的围岩主要是花岗岩,其蠕变变形很小,可以略去不计。但为了安全起见,建议在施工监控阶段将允许极限应变值折减,以适当考虑可能存在的时

效的影响。折减系数取为 0.75,经折成后的允许极限拉、压应变值为

$$\varepsilon_{max}^{拉} = 0.75 \times 0.0016 = 0.0012 = \varepsilon_{max}^{压} \tag{6}$$

安全位移量有允许收敛变位量和允许围岩体相对位移量两类。断面尺寸较小时,例如铁路隧道和公路隧道,选用的安全位移量一般是允许收敛位移量。对于大型地下洞室,可供确定这类量值的经验数据尚不充分,且量测技术较为复杂,易受施工过程干扰,因此采用这类量值作为施工监控的依据并不现实。对于这类地下工程,例如水电站地下厂房,以围岩体各点之间的相对位移量作为施工监控的依据则是可行的。实践表明,在开挖过程中,这类变位一般可由多点位移计辨识。围岩体各点之间的允许相对位移值(即安全应变量),可假设测点之间的应变为均匀应变而按下式取值:

$$[\Delta l] = l \cdot \varepsilon_{max} \tag{7}$$

式中　l——相邻测点间的距离;
　　　ε_{max}——安全应变量。

一般说来,ε_{max} 既可以为 $\varepsilon_{max}^{拉}$,也可以为 $\varepsilon_{max}^{压}$ 但是由于相对收缩位移一般不会超过允许值,因而具有实用价值的安全应变量是 $\varepsilon_{max}^{拉}$。

位移速率(或应变速率)也是判断洞室围岩是否已经稳定的重要指标。我国《锚杆喷射混凝土支护技术规范》提出以收敛速率小于 0.15 mm/d 或拱顶位移速率小于 0.1 mm/d 作为围岩基本稳定的判据[4],原则上对硬岩地层中大型地下洞室的施工监控也有参考价值。然而,由于硬岩地层中这类现象仅在断层破碎带出现,且如能以合适的方法及时施作支护,变形仍可很快稳定,因而对于硬岩地层中的地下洞室,可仅以位移是否已经稳定作为是否需要增设支护的判据。具体规定位移速率的限值,实用价值并不大。

4　位移预报计算的主要结果

对有代表性的典型量测断面进行了二维弹塑性有限元计算,所得结果有各开挖阶段围岩应力的分布,洞壁位移的分布,以及多点位移计主要测点的相对位移量等。由于篇幅所限,这里仅给出与多点位移计测值有关的结果。

多点位移计的设置位置和测点编号示于图 2,典型开挖阶段测点与洞壁之间可能发生的相对位移值列于表 1,单位为 mm。表中 A 列为扣除量测仪表设置前由各层开挖引起的位移损失量后的变形值,B 列为未扣除损失 S 的变形值;相应测点之间的位移值,可由简单减法获得。计算表明,在测点发生的最大相对位移值为 3 mm,上、下游洞壁之间发生的最大相对位移值约为 10 mm。

在硬岩地下工程中,锚喷支护的效果在有限元法的计算结果中反映都不明显,本工程应力的变化量约为 5%,位移的变化量约为 2%,故表中未列出有锚喷支护时的计算结果。

5　围岩稳定性监控准则

5.1　位移监控准则

前面已经给出可用于施工监控的围岩的安全位移量和安全应变量。

研究表明,在洞周围形成可靠的承载环是使围岩保持稳定的关键[3],施工监控的准则是监测在锚杆长度所及范围内的围岩,观察其发生的应变值(主要是张应变值)是否超过限度。如

满足要求,可以认为围岩处于稳定状态;如不满足要求,应考虑继续施作锚杆支护以加固围岩。

在施工过程中,可将监测允许相对应变值改为监测允许相对位移量。如测点之间的距离为 3 m,则有

$$[\Delta l]^{伸} = l \cdot \varepsilon_{max}^{拉} = 3\,000 \times 0.001\,2 = 3.6(mm) = [\Delta l]^{压} \tag{8}$$

5.2 监控量测成果分析

考虑到Ⅱ—Ⅱ观测断面位于主厂房与主变室的中段,受端部空间约束效应的影响较小,且该断面的多点位移计都严格按照设计要求及时埋设,故以下以Ⅱ—Ⅱ观测断面的实测数据为主进行分析。与此同时,对在Ⅰ—Ⅰ断面出现的变形异常情况也将进行必要的讨论。

表 1 第五、六开挖阶段各测点与洞壁间的相对变位值

Table 1 Relative displacements between points at excavation stages 5 and 6

	第五开挖阶段				第六开挖阶段		
序号	测点	测值/mm		序号	测点	测值/mm	
		A	B			A	B
1	2—1	0.304	0.304	1	2—1	0.308	0.308
2	3—1	0.794	0.794	2	3—1	0.804	0.804
3	4—1	1.835	1.835	3	4—1	1.837	1.837
4	5—1	3.210	3.210	4	5—1	3.131	3.131
5	7—6	0.083	0.081	5	7—6	0.083	0.081
6	8—6	0.309	0.305	6	8—6	0.309	0.305
7	9—6	0.381	0.346	7	9—6	0.364	0.328
8	10—6	0.503	0.503	8	10—6	0.433	0.433
9	12—11	0.318	0.205	9	12—11	0.321	0.208
10	13—11	0.837	0.561	10	13—11	0.844	0.568
11	14—11	1.295	1.092	11	14—11	1.309	1.106
12	15—11	1.921	1.963	12	15—11	1.940	1.983
13	17—16	0.158	0.159	13	17—16	0.160	0.161
14	18—16	0.379	0.333	14	18—16	0.384	0.338
15	19—16	0.719	0.417	15	19—16	0.722	0.420
16	20—16	6.994	0.435	16	20—16	0.976	0.417
17	22—21	0.292	0.230	17	22—21	0.293	0.231
18	23—21	0.727	0.195	18	23—21	0.731	0.499
19	24—21	1.540	0.811	19	24—21	1.556	0.827
20	25—21	2.591	1.181	20	25—21	2.683	1.576
21	16—21	−6.560	−5.697	21	16—21	−7.819	−6.955
22	27—26	0.161	0.195	22	27—26	0.165	0.199
23	28—26	0.439	0.533	23	28—26	0.449	0.542
24	29—26	0.824	1.092	24	29—26	0.847	1.052
25	30—26	1.447	2.002	25	30—26	1.537	2.093

(续表)

第五开挖阶段			第六开挖阶段		
序号	测点	测值/mm || 序号	测点	测值/mm	
		A	B			A	B
26	32—31	0.187	0.147	26	32—31	0.184	0.171
27	33—31	0.509	0.474	27	33—31	0.502	0.467
28	34—31	0.962	0.908	28	34—31	0.961	0.908
29	35—31	1.715	1.697	29	35—31	1.825	1.807
30	26—31	−7.247	−9.033	30	26—31	−10.185	−11.971
31	37—36	0.281	0.246	31	37—36	0.287	0.252
32	38—36	0.766	0.670	32	38—36	0.783	0.687
33	39—36	1.354	1.176	33	39—36	1.450	1.273
34	40—36	1.848	1.570	34	40—36	2.430	2.152
				35	42—41	0.217	0.207
				36	43—41	0.591	0.564
				37	44—41	1.074	1.053
				38	45—41	1.655	1.854
				39	47—46	0.239	0.231
				40	48—46	0.735	0.708
				41	49—46	1.563	1.506
				42	50—46	2.818	2.707
				43	52—51	0.061	0.054
				44	53—51	0.185	0.163
				45	54—51	0.256	0.192
				46	55—51	0.402	0.191
				47	57—56	0.111	0.125
				48	58—56	0.351	0.391
				49	58—56	0.630	0.720
				50	60—56	1.078	1.284

1991年1月21日为止在主厂房和主变室的Ⅰ—Ⅱ、Ⅱ—Ⅱ断面上的多点位移计设置情况见表2,典型位移量测成果见表3和表4。表中所列数据为洞壁相对于测点发生的位移量,正号表示向自由方向的位移,负号正好相反。

由表列数据可见,测值与预报位移值量级基本一致。经过简单的几何关系分析,算出测点之间的相对位移值并与位移监控准则相对照,可判定多数测点之间(包括附近地区)的围岩处于稳定状态。其中出现的仅有的反常现象,是 M1—2、M2—6 的测值较大:起因仪表设置位置有断层通过,且由位置相仿的 M1—8、M2—2,M2—8 测得的最大变形仅 1~3 mm,故可认为这并非普遍规律,而是局部构造地质条件影响的结果。

表2　　　　　　　　地下厂房原型现测仪表埋设资料一览表（Ⅰ—Ⅰ，Ⅱ—Ⅱ断面）
Table 2　　　　　Meters and measuring point positions on sections（Ⅰ—Ⅰ，Ⅱ—Ⅱ断面）

仪表编号	测点深度/m				桩号	孔口高程/m	测孔倾角	安装日期
	1	2	3	4				
M1—2	1.10	3.00	5.80	11.6	0+46.9	214.50	0	90.10.18
M1—8	1.10	3.00	5.80	11.6	0+46.0	214.50	0	90.10.18
M2—1	1.10	3.00	6.00	11.6	0+89.0	208.18	0	
M2—2	1.10	3.00	6.00	11.6	0+89.0	214.50	0	90.10.18
M2—3	1.21	3.14	8.21	21.3	0+89.0	227.72	25	90.6.29
M2—4	1.58	3.17	8.21	23.4	0+89.0	234.65	43	89.10.29
M2—5	1.64	3.59	8.56	23.4	0+89.0	238.65	90	89.10.29
M2—6	1.14	3.51	8.57	22.5	0+89.0	236.65	43	89.10.29
M2—7	1.14	3.16	8.22	21.3	0+89.0	227.50	21	90.6.29
M2—8	1.10	3.00	6.00	11.6	0+89.0	214.50	0	90.10.18
M2—9	1.10	3.00	6.00	11.6	0+89.0	200.31	0	
CM2—2	1.00	3.00	7.00	18.0	0+89.02	242.35	42	
CM2—3	1.00	3.00	7.00	20.0	0+89.02	245.85	90	
CM2—4	1.00	3.00	7.00	18.0	0+89.02	242.5	42	

表3　　　　　　　　第六层开挖毕时主厂房仪表实测位移值（91.1.21）
Table 3　　　Displacement values measured in situ in generator chamber（after stage 6：on Jan, 21 1991）

仪表编号	点号 测值/mm			
	1	2	3	4
M1—2	0.48	2.70	8.22	8.64
M1—8	1.49	0.03	0.68	1.01
M2—2	1.23	1.41	0.80	2.20
M2—3	0.37	−0.03	0.27	1.57
M2—4	−0.70	−0.10		−0.80
M2—5		2.26	0.22	
M2—6	3.46	6.26	5.64	6.15
M2—7	0.70	0.47	−0.05	−0.03
M2—8	2.25	0.43	0.96	3.41
M2—9	0.03	0.11	0.22	0.29

应当指出，表3和表4所列的测值并未计入仪表埋设前由各层开挖引起的位移损失量和在本层开挖时由掘进面空间效应造成的损失量，计算时应予适当考虑，对于前者，建议对本工程按位移预报计算的结果由分步开挖的位移量差值确定增大系数；对于后者，全断面或两台阶开挖时损失量的比例一般为0.2左右（系本工程实测结果，理论值约为0.3），多台阶开挖时可按相邻仪表测值变化的比例确定，研究表明，对于本工程，考虑上述因素后围岩仍处于稳定状态，此外，本文所得结论以在洞周已及时设置铺喷（网）支护为前提。

表 4　　　　　　　　主变室第一层开挖中仪表实测位移值作(91.1.21)
Table 4　Displacement values measured in situ in transformer chamber (after stage '1-on Jan. 21, 1991)

仪表编号	点号			
	测值/mm			
	1	2	3	4
CM2—2	0.29	0.24	−0.22	−0.20
CM2—3	0.36	−0.73	0.21	0.0
CM2—4	0.43	−0.71	1.46	0.21

6　讨论

本文叙述的位移预报原理与施工监控准则，对软弱岩体中的地下工程原则上也适用。根据作者的研究[3,5]，在洞周形成可靠的承载环是使洞室围岩保持稳定的关键。在锚杆长度所及的范围内，围岩（硬岩或软岩）各点之间的应变量或相对位移量都不大于允许值，洞室才能保持稳定。洞顶下沉或收敛位移的增长，可主要由承载环以外的围岩继续发生变形而引起，不一定是洞周承载环本身继续发生变形的结果，因此，观察洞周承载环范围（锚杆长度所及范围）内围岩的相对位移量及其位移速率是否超过允许值，是施工监控的主要目标，也是确定是否需要支护的依据。

参考文献

[1] 莫海鸿,杨林筠,陆宏策,朱合华.竖向线性分布初始地应力的反馈分析 岩土力学数值方法的工程应用[M].上海：同济大学出版社,1990.
[2] 杨林德,朱合华.地层三维黏弹性问题反分析计算[J].岩土工程学报,2014.
[3] 杨林德,莫海鸿.围岩受力变形的特征与稳定性分析[J].隧道与地下工程,1991(2)：1-7.
[4] 程良豪.喷射混凝土[M].北京：中国建筑工业出版社,1990.
[5] 莫海鸿,杨林德.硬岩地下洞室围岩的破坏机理[J].岩石工程师,1991,3(2)：1-7.

地下洞室围岩位移量测的优化布置*

杨林德 彭 敏 马险峰
(同济大学地下建筑与工程系,上海 200092)

摘要 以常见的圆形和直墙拱形洞室为对象,借助边界元方法模拟计算的结果得出不同条件下地下洞室围岩中位移场的分布规律和泊松系数、弹性模量、初始地应力分布,洞形和尺寸等因素的影响,然后根据使各测线位移量测相对误差为最小的原则。对位移量测仪表布置的优化方案提出了建议,与传统方法相比较,文中提出的方法有较强的理论基础,便于克服主观因素的影响。

关键词 地下洞室;位移量测;优化布置

1 引言

20 世纪 70 年代以来,为了较为准确地获得设计地下结构的参数(例如地层参数 E,μ 等),人们研究了位移反分析方法,这类方法以由现场量测获得的位移量为依据,通过反演分析确定设计计算所需的参数,在运用这类方法的工程实际中,建立有效的位移量测系统,使反演计算结果的误差较小是较为重要的环节。此外,20 世纪 80 年代以来,在逐步获得发展的地下洞室监测技术及信息化设计技术中,位移量量测也是其主要部分,因此,对位移量测方案进行优化设计研究有较大的意义。

地下洞室围岩的位移量测主要有洞周收敛位移量测和围岩内部的相对位移量测两类。由于理论研究尚不充分,目前测点布置主要依据经验,使其不可避免地受主观因素的影响,导致测值偏小、误差偏大等不良后果,对信息化设计的正确性和可靠性带来不利影响。1991 年吕爱钟等[3]得出在精度相同的条件下,隧道表面收敛位移量测值的相对误差比岩体内部相对位移的量测小一个数量级的结论,欠缺的是在研究过程中只考虑了泊松比的影响,而未全面考虑实际工况的变化。此外,刘怀恒提出利用最小二乘法或局部平滑处理技术对量测数据进行处理,以期对围岩稳定性的长期监测有较好的结果,但将这类技术用于反分析计算的研究尚未见有报道。

本文拟先根据数理统计原理建立测线优化布置的判断原则,然后借助边界元计算的结果分析工程范围内位移场分布规律的影响因素(包括围岩力学性质、初始地应力、洞形及其尺寸等)并据此提出不同现场条件下围岩位移量测线优化布置方法的建议,使其可为实际工程服务。

---
*同济大学学报(自然科学版)(CN:31-1267/N)1995 年收录

2 基本原理[4]

假设量测误差仅来自仪器的读数误差,则有

$$\varepsilon_r = x - a \tag{1}$$

式中 x——量测值;
a——真值;
ε——由读数误差引起的实际量测误差。鉴于对确定的量测仪器,ε_i 都有一定的限值,故如令由读数误差引起的最大量测误差为 δ,将有

$$|\varepsilon_r| \leqslant \delta \tag{2}$$

由此可将仪器读数误差引起的量测估的相对误差 e 表示为

$$e = \delta/x \tag{3}$$

若对某一位移量进行多次重复测量,则 e 可均值表示为

或

$$e = \frac{1}{n}\sum_{i=1}^{n}\frac{\delta}{x_i} = \frac{\delta}{n}\sum_{i=1}^{n}\frac{1}{x_i} \tag{4}$$

或

$$e = \sqrt{\frac{1}{n}\sum_{i=1}^{n}\left(\frac{\delta}{x_i}\right)^2} = \delta\sqrt{\frac{1}{n}\sum_{i=1}^{n}\frac{1}{x_i^2}} \tag{5}$$

式中 x_i——量测值;
n——重复测量的次数。

因 δ 为定值。故如令

$$e^* = \left(\frac{1}{n}\sum_{i=1}^{n}\frac{1}{x_i^2}\right)^{\frac{1}{2}} \tag{6}$$

则 e^* 的大小可直接反映相对误差值的大小。

假设在地下洞室的某一量测断面上共设置有 $i=1\sim m$ 条位移量测线,每条测线上有 $=1\sim n$ 个相对位移量测值,记为 u 则对测线 i 的某次量测,可写出其相对误差的均位 e_i 的计算式为

$$e_i = \delta\left(\frac{1}{n_i}\sum_{j=1}^{n_i}\frac{1}{u_{ij}^2}\right)^{1/2} \tag{7}$$

$$e_i^* = \left(\frac{1}{n_i}\sum_{j=1}^{n_i}\frac{1}{u_{ij}^2}\right)^{1/2} \tag{8}$$

显而易见,在所有测线中 e_i 值(或 e_i^* 值)最小或较小的方向,是最宜或较宜布置位移量测线的方向。

3 圆形洞室位移量测线的优化设置

不失一般性,首先假设圆形隧道的断面处于二维平面应变受力状态,周围地层的初始地应力为均布应力,主应力作用方向为水平方向和竖直方向,量值分别为 p_x、p_y 假设围岩处于弹性受力状态。则由基尔希解可得围岩任意点径向位移的计算式为

$$u = \frac{(1+u)(1-u)}{E}\left[\frac{p_x+p_y}{2}\left(r+\frac{a^2}{r}\right)+\frac{p_x-p_y}{2}\left(r+\frac{4a^2}{r}-\frac{a^4}{r^3}\right)\cos2\theta\right]$$
$$-\frac{(1+u)u}{E}\left[\frac{p_x+p_y}{2}\left(r-\frac{a^2}{r}\right)-\frac{p_x-p_y}{2}\left(r-\frac{a^4}{r^3}\right)\cos2\theta\right] \tag{9}$$

式中符号的含义见图1。以下分析位移量的影响因素。

3.1 初始主应力的影响

令

$$\frac{\partial u}{\partial \theta} = -\frac{1+u}{E}(p_x - p_y)\left[r - \frac{a^4}{r^3} + (1-u)\frac{4a^2}{r}\right]\sin 2\theta = 0 \tag{10}$$

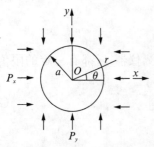

图1 圆形隧道的受力状态

可得当 $\theta = 0°,90°,180°,270°$ 和 $360°$ 时,位移值可取得极值。不难证明当 $p_x > p_y$ 时,水平方向的位移为极大值,竖负位移为极小值;$p_x > p_y$ 时,情况刚好相反;$p_x = p_y$ 时,相应位置上围岩的径向位移处处相等。这一结论可推广为在通常情况下,最大初始主应力的作用方向是位移量测线的优化设置方向。应予指出,位移量极小并不等同于位移量的绝对值为最小。有时这类位移量表示的是与极大值方向相反的位移量,因此理论上应认为仍可考虑在最小初始主应力的作用方向上设置位移量测线。鉴于在与发生最大位移的位移相邻的部位上发生的位移量通常也较大,故除初始主应力作用方向外,对圆形断面在其余方向上设置位移量测线时宜均匀对称布置。

3.2 弹性模量及泊松比的影响

不难证明位移量与弹性模量成反比,洞径增大时洞周表面发生的位移量随之增大,但两者的增长量不成正比关系,泊松比由小变大时,位移量常先呈增长趋势,达一定值后又转为下降。由此可见通常情况下,上述三种因素对位移量测方案的优化布置不发生影响。

3.3 收敛位移与域内位移

由式(9)可以证明圆形隧道直径两端之间发生的收敛位移量大于同一直径方向上可由多点位移计采集的、在域内两点之间发生的相对位移量。可见如将收敛位移量测信息作为反演计算或信息化设计的依据,可望得到精确度较高的结果。

4 直墙拱形隧道位移量测线的优化设置

由于迄今尚未得到直墙拱形隧道围岩位移的解析解,以下主要依据由边界元法模拟计算所得的结果进行讨论。

4.1 初始地应力对位移场的影响

如图2所示的隧道断面在令最大初始主应力的作用方向与水平轴正向之间的夹角为 $\alpha = 0°,22.5°,45°,67.5°$ 和 $90°$ 等5个值后分别进行了计算。结果表明 $\alpha = 0°$ 时,在与最大初始主应力一致的方向,各测点的位移值均较同一深度上其他测线和应测点的测值大,而在最小主应力方向上,测点的位移值则较小,但不是最小;$\alpha = 90°$ 时,最大主应力方向上测线 L_2 的位移最大。测线 L_6 及最小应力方向上测点的位移值较小。对于 $\alpha = 22.5°$ 和 $67.5°$ 两类情况,研究过程中改按图3所示的测

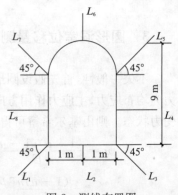

图2 测线布置图

线布置进行了计算。结果表明 $\alpha=67.5°$ 时仍为测线的位移值最大。测线 L_6 及水平方向上测线 L_4、L_8 的位移值较小；$\alpha=22.5°$ 和 $\alpha=45°$ 时，最大主应力方向上的位移较大(不一定是最大)。最小主应力方向上的位移较小(不一定是最小)。

由此可知，一般在常见高跨比条件下，如果最大初始主应力的作用方向与立边墙或平底板的表面垂直，则在这一方向上围岩发生的位移量可望达到最大值；最大初始主应力作用方向与曲拱表面垂直或斜交时，如在这一方向上围岩变形受到的约束较小(跨度较大或高度较大时)，则这一方向的变形量仍可较大，反之则将较小。

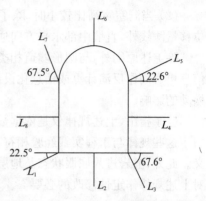

图 3　$\alpha=22.5°$ 和 $67.5°$ 时测线布置图

计算结果表明洞室形状及地层弹性参数保持不变，初始地应力分量彼此大小相等并成等比例变化时。围岩地层各测点的位移值也以同一比例相应增长或减小，即位移值与初始地应力大小成正比。初始地应力分量不相等时。一般说来在这种情况下，影响围岩变形特征的因素主要是初始主应力的作用方向。

4.2　弹性模量及泊松比对位移场的影响

不难证明隧道开挖后围岩各点发生的位移值与地层岩体的综合弹性模量成反比。在令 $p_x=200$ MPa，$p_y=100$ MPa，$p_{xy}=0$，$E=1\times10^3$ MPa 和 $\mu=0.05, 0.15, 0.25, 0.35$ 及 0.45 等 5 个不同的值后对图 2 所示的隧道进行了计算，结果表明在沿最大初始主应力作用方向布置的测线上各测点的位移值都较大，但并非最大；在沿最小初始主应力方向布置的测线上位移值都较小，但并非最小。由此可知，与圆形隧道相比较，由 μ 值变化引起的位移场变化的规律同时兼有由洞形引起的影响。

4.3　洞形对位移场的影响

洞形对直墙拱形洞室围岩位移场的影响主要有两类：洞室宽高比的影响，以及洞室尺寸大小的影响，由于洞室宽高尺寸成比例地变化时，位移场的变化规律与圆形洞室相同，故以下只讨论宽高比的影响。

地下工程洞室的宽高比一般为 $1/0.6\sim1/2.5$，进行研究时选择以下四种宽高比进行了计算：$D/H=1/0.6, 1/1.0, 1/2$ 和 $1/2.5$。材料参数选为 $E=1\times10^4$ MPa，$\mu=0.25$，宽度 D 取 2 m，$p_x=p_y=p_{xy}=100$ MPa，结果表明在各种宽高比条件下，最大主应力方向及最小主应力方向上的位移值都较大，且随着宽高比的减小，边墙挠度增大，中间部位发生的水平向位移明显增长较快。

4.4　位移量测方案的优化布置

为了定量比较测线上可能出现的量测误差的大小，依据前述位移量测优化布置判别原理，按式(8)对各种工况所设的测线计算了相对误差的均值 (e_i^*) 通过比较分析，可得出对于直墙拱形洞室，设置位移量测线时宜遵循的优化原则是：

(1) 当洞室宽高比不小于 1 时，宜在初始主应力作用方向及洞室底部跨中垂直方向上设置测线，曲拱拱脚径向也是较理想的设置位移量测线的方向。

(2) 当洞室宽高比较小时,除了宜在最大初始主应力作用方向或与其相近的方向上设置位移量测线外,直墙中部水平方向通常也是宜于设置测线的方向。

除上述原则外,与圆形隧道相类似,拱形直墙洞室的收敛位移量测信息也比域内位移量测信息更宜用作反演计算或信息化设计的依据,仅需在采集这类信息时注意避免测值受到岩块松动的影响。

应予指出,上述规律仅是依据数值计算结果得出的结论,并未经过严格的理论证明,然而由于这些规律与工程实践经验相符,它们对实施地下洞室工程的位移量测仍有较大的指导意义。此外,围岩进入屈服状态及地层材料变形的时效性虽对上述规律也有影响,但一般不会有对上述规律作定性修改的必要[2]。

5 结语

本文对圆形及直墙拱形洞室胆岩位移量测优化布置方案所作的研究。可克服传统方法中主观因素的影响,但还有如下不足之处:

(1) 计算中采用的模型是线弹性模型并假设材料为各向同性体,而实际工程中岩体的力学性态很复杂,有待选取能反映工程实陆的模型作进一步研究。

(2) 本文在选择较佳位移量测方案时,没有考虑应用位移值作分析计算时山误差传递产生的影响,故有必要针对各类情况作进一步研究。

(3) 对直墙拱形洞室的研究,只是依据数值计算的结果进行了讨论,尚无严密的理论证明,有待探讨结合实际工程建立检验方法。

参考文献

[1] 杨林德.反演分析法的原理及其在岩土工程中的应用[S].水力发电,1989(3):48-50.
[2] 杨林德,朱合华.地层二维粘弹性反演分析[S].岩土工程学报,1991(6):18-26.
[3] 吕爱钟,王泳嘉.隧道位移反分析的测点优化布置[G]//袁建新.第四届全国岩土力学数值分析及解析方法讨论会论文集.武汉:武汉测绘科技大学出版社,1991.
[4] 杨有贵.概率统计及其在土建中的应用[M].北京:中国建筑工业出版社,1986.

Back Analysis of Initial Rock Stresses and Time-Dependent Parameters[*]

YANG L, ZHANG K, WANG Y

(Department of Geotechnical Engineering, Tongji University, Shanghai 200092, China)

1 Introduction

Finding new methods to determine initial rock stresses and material behavior parameters of a rock mass is one of the attractive subjects in rock mechanics nowadays. This paper concerns deducing formulas for back analysis calculation for time-dependent problems, including determining stress components in the surrounding rock and parameters describing the time-dependent behavior of the material. A three-element model is employed. The relative displacements and stress increments, measured at a construction site and induced by excavating, are used as basic information. Since the relative displacements and stress increments between or at some points in the measured direction are a known quantity at $t=t_i$ the stress and strain components at each point in the surrounding rock or on the boundary can be calculated for the moment by using an elastic model and therefore, some points on the $\sigma\text{-}\varepsilon$ curve can be plotted corresponding to $t=t_i$. Usually, it is difficult to make them coincide well with analytical solutions. In fact, there are many problems concerning model choice, measurement techniques and others, but if we assume that $\mu=\mu_0=$ constant and that the stress boundary conditions of a cavity remain unchanged, then for 2D plane strain problems, it is possible to find the way to establish enough equations for back analysis calculation to determine rock stresses and parameters indicating the time-dependent behavior of rock mass, so that the resultant $\sigma\text{-}\varepsilon$ curves, presenting the state corresponding to that measured in situ, coincide with the points presented by analytical results by using the constitutive law of the chosen model.

This TN will discuss the stress-strain relation corresponding to the three-element viscoelastic model at first, then deduce equations for back analysis calculation. An example and a case study will be given to illustrate the method.

2 Viscoelastic model

The three-element viscoelastic model shown in Fig. 1 is used to simulate the time-dependent behavior of the surrounding rock. The model is usually appropriate for tunneling

---

[*] Rock Mech. Min. Sci. & Geomech. Abstr 1996 收录

problems.

Under the uniaxial loading condition depicted in Fig. 1, the stress-strain relation indicated by the model is

$$\varepsilon = \left[\frac{1}{E_1} + \frac{1}{E_2 + \eta_2 D}\right]\sigma \tag{1}$$

where $D = d/dt$

Suppose that the initial load of the model is zero. By charging the model with load $\sigma = \sigma_0$ at $t = t_0$ and keeping it constant, equation (1) can be expressed as

$$\varepsilon(t) = \left\{\frac{1}{E_1} + \frac{1}{E_2}\left[1 - \exp\left(-\frac{E_2}{\eta_2} \cdot t\right)\right]\right\}\sigma_0 \tag{2}$$

The strain-time curve described by equation (2) is shown in Fig. 2.

The stress—strain relation for 2D plane strain problems can be written as[1]

$$\{\varepsilon\} = \left[\frac{1}{E_1} + \frac{1}{E_2 + \eta_2 D}\right][A]\{\sigma\} \tag{3}$$

Where

$$\{\varepsilon\} = [\varepsilon_x \quad \varepsilon_y \quad \varepsilon_z]^T$$
$$\{\sigma\} = [\sigma_x \quad \sigma_y \quad \sigma_z]^T$$
$$[A] = \begin{bmatrix} 1-\mu & -\mu(1+\mu) & 0 \\ -\mu(1+\mu) & 1-\mu^2 & 0 \\ 0 & 0 & 2(1-\mu)^2 \end{bmatrix}.$$

In the case of stress components on the boundary being kept unchanged, if $\mu = \mu_0 =$ constant, the stress components in the surrounding rock will also remain unchanged and $[A]\{\sigma\}$ in equation (3) becomes a constant matrix. Thus, we have

$$\varepsilon_x(t) = \left\{\frac{1}{E_1} + \frac{1}{E_2}\left[1 - \exp\left(-\frac{E_2}{\eta_2} \cdot t\right)\right]\right\} \times [(1-\mu^2)\sigma_x - \mu(1-\mu)\sigma_y]$$

$$\varepsilon_y(t) = \left\{\frac{1}{E_1} + \frac{1}{E_2}\left[1 - \exp\left(-\frac{E_2}{\eta_2} \cdot t\right)\right]\right\} \times [(1-\mu^2)\sigma_y - \mu(1-\mu)\sigma_x] \tag{4}$$

Equations (4) are similar to equation (2).

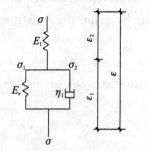

Fig. 1   Three-element model

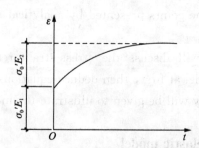

Fig. 2   Strain-time curve

3 The basic principles of back analysis calculation

A series of curves indicating the time-dependent state of the relative displacement u or the stress component increment $\Delta\sigma$ can be obtained by in situ measurement. As mentioned above, if the stress components on the boundary are kept unchanged and $\mu=\mu_0=$ constant, the stress component increment $\Delta\sigma$ in the surrounding rock will remain unchanged and consequently the $\Delta\sigma\text{-}t$ curves become straight lines parallel to the t axis. These straight lines are the basic information for the back analysis. The purpose of the back analysis calculation is to obtain the initial rock stress components, as well as the parameters E_1, E_2 and η_2. Furthermore, the $\sigma\text{-}t$, $\varepsilon\text{-}t$ and $\sigma\text{-}\varepsilon$ curves for any point in the surrounding rock or on the boundary in any direction are also able to be obtained.

Usually, the $\sigma\text{-}t$, $\varepsilon\text{-}t$ and $\sigma\text{-}\varepsilon$ curves for an arbitrary point in the surrounding rock or on the boundary in a specified direction can be depicted by a nomogram like Fig. 3. We draw an oblique line to link the origin of coordinates to a point on the $\sigma\text{-}t$ curve corresponding to $t=t_i$. This means that we can carry out the back analysis calculation by using the elastic model based on the displacements and on the stress increments measured in situ at $t=t_i$, but we have to use equivalent Young's modules $(E_1)_i$, $=\tan\alpha_i$, instead. Furthermore, we can obtain the displacements and stresses in the surrounding rock at the time t_1 by using the same model after the back analysis calculation.

Obviously, $(E_1)_i$, is a function of all the parameters describing the behavior of the material. Generally, the law of μ changing with time is very complex, but since its value usually only varies between 0.15 and 0.30, we can assume $\mu=\mu_0=$ constant below.

Again, we consider the plane strain problem and assume that the stress components on the boundary remain unchanged. In this case, Fig. 3 can be reduced to Fig. 4, and we have

$$\begin{cases} \varepsilon_x(t) = \dfrac{1}{(E_1)_i}[(1-\mu^2)\sigma_x - \mu(1-\mu)\sigma_y] \\ \varepsilon_y(t) = \dfrac{1}{(E_1)_i}[(1-\mu^2)\sigma_y - \mu(1-\mu)\sigma_x] \end{cases} \quad (5)$$

$$(E_1)_i = \dfrac{1}{\left[\dfrac{1}{E_1} + \dfrac{1}{E_2}\left[1 - \exp\left(-\dfrac{E_2}{\eta_2}\cdot t_i\right)\right]\right]} \quad (6)$$

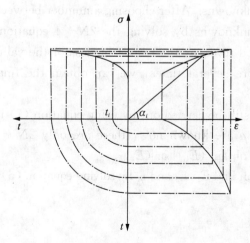
Fig. 3 Stress-strain curve ($\sigma\neq$constant)

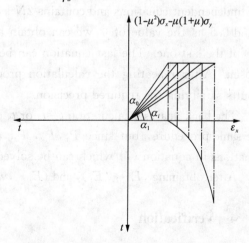
Fig. 4 Stress-strain curve ($\sigma=$constant)

Comparing equation (5) with those in elasticity, it is clear that $(E_1)_i$, has the same meaning as that of Young's modulus. That is, $(E_1)_i = \tan\alpha_i$.

Equations (5) and (6) can be used to establish the equations for the back analysis calculation. For example, we can obtain three equations for temporal points t_1, t_2 and t_3 by using the expression of ε_x in equation (5). After linear back analysis calculations for t_1, t_2 and t_3 the equations only contain three unknowns (E_1 E_2 and η_2). It can be proved that these equations have a unique solution. Since they contain exponential functions, however, only approximate solutions can be obtained.

For the linear back analysis calculation at $t = t_i$, the fictitious stress method of the BEM can be employed. Assuming the distribution of initial rock stresses to be homogeneous, the equations for the linear back analysis calculation at $t = t_1$ are obtained as follows[1, 2]

$$\sum_{j=1}^{N}(A_{ss}^{ij}P_j^s + A_{sn}^{ij}P_j^n) - \frac{1}{2}(\sin 2\beta_i)P_x + \frac{1}{2}(\sin 2\beta_i)P_y + (\cos 2\beta_i)P_{xy} = 0$$

$$\sum_{j=1}^{N}(A_{ss}^{ij}P_j^s + A_{nn}^{ij}P_j^n) - \frac{1}{2}(\sin^2\beta_i)P_x + \frac{1}{2}(\cos^2\beta_i)P_y + (\sin 2\beta_i)P_{xy} = 0$$

$$(i = 1, 2, \cdots, N)$$

$$\sum_{j=1}^{N}(C_{lm}^{kj}P_j^s + C_{ln}^{kj}P_j^n) - (E_1)_i \Delta_{lk'\,t=tt} = 0$$

$$(k = 1, 2, 3)$$

$$\sum_{j=1}^{N}(D_{Im}^{Ij}P_j^s + C_{In}^{Ij}P_j^n) = \Delta\sigma_{lk=tt}^{T} = 0 (I = F, G) \tag{7}$$

where P_x, P_y, and P_{xy} are the components of initial rock stress, A_{ij} are the boundary stress influence coefficients, D_{Ij} are the area stress influence coefficients, which means that the measured points are not on the boundary, C_{kj} are the boundary or area relative displacement influence coefficients, σ_I^T are the stress increments induced by excavating at arbitrary points I, which can be F or G in the surrounding rock in arbitrary direction T, and Δ_{lk} are the relative displacements between two points along lines k induced by excavating.

The terms Δ_{lk} and σ_I^T can be obtained by measuring in situ. Equation (7) consists of $2N + 5$ independent equations and contains $2N + 5$ unknowns. After choosing a number between 0 and 0.5 as the value of μ, we can obtain all unknowns by solving the $2N + 4$ equations except the last one. The last equation can be used to check the reasonableness of the value chosen. After repeating the calculation procedure several times, we can obtain the final results satisfying the required precision.

The back analysis calculation $t = t_2$ or t_3 can still be carried out by using equation (7) in the same procedure, but since P_x, P_y, P_{xy} and μ are known now, there are only $2N + 1$ equations in equation (7) which can be solved to obtain $(E_1)_2$ or $(E_1)_3$.

After obtaining $(E_1)_1, (E_1)_2$ and $(E_1)_3$, we can find E_1, E_2 and η_2 by solving equation (6).

4 Verification

Suppose that the cavity in Fig. 5 is in a state of plane strain and that the behavior of the rock mass can be simulated by the three-element model. It is assumed that $P_x = 19.6$ MPa, $P_y = P_{xy} = 9.8$ MPa, $E_1 = E_2 = 6.86$ GPa, $\eta_2 = 13.991$ GPaS and $\mu = 0.2$. The values of $(E_1)_i$ corresponding to the model at $t = t_i$ are listed in Table 1. The contour of the cavity is divided into 30 elements, and the stress and displacement values in the surrounding rock at $t = 0$, 1 and 2 day or days are calculated. The results of the calculation for the relative displacements between elements 14 and 20 (from center to center), 20 and 4 or 14 and 4, and stress increments at the domain point 9 in the x direction and the point 10 in the y direction are listed in Table 2. Taking them as the data measured in situ and carrying out the back analysis calculation based on them, we can obtain $P_x = 19.69$ MPa, $P_y = 9.81$ MPa, $P_{xy} = 9.78$ MPa, $E_1 = 6.854$ GPa, $E_2 = 6.681$ GPa, $\eta_2 = 13.941$ GPaS and $\mu = 0.215\,928$. By using the above values of E_1, E_2 and η_2, the values of $(E_1)_i$ at different temporal points can be calculated again and the new results so obtained are also listed in Table 1. Comparing the new results with the initial ones, we find that they are in good agreement with each other.

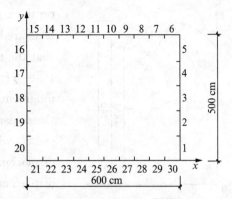

Fig. 5 Boundary elements

Table 1 $(E_1)_i$ values before and after back analysis

	T/day	(E_1) Initial	Result/GPa
1	0	6.86	6.85
2	0.5	6.72	6.71
3	1	6.58	6.58
4	2	6.34	6.33
5	5	5.74	5.73
6	30	3.97	3.95
7	100	3.45	3.41
8	1 000	3.43	3.38

Table 2 Basic information for back analysis calculation

Items	Element	Time/day			Coordinates	
		$t = t_1 = 0$	$t = t_2 = 1$	$t = t_3 = 2$	(cm)	angle
Δ_{lk}/cm	14~20	−0.597 168	−0.623 047	−0.647 888		
	20~4	−6.999 634	−7.295 776	−7.579 648		
	4~14	−3.288 513	−3.427 734	−3.561 096		
$\Delta \sigma_i^T$/MPa	Point 9	5.07	5.07	5.07	$x = 0, y = 1\,100, \alpha = 0$	
	Point 10	−2.34	−2.34	−2.34	$x = 0, y = 1\,300, \alpha = \pi/2$	

The method has been used in the back analysis calculation of a test opening in the THP Pumped Storage Power Station. The arrangement for measuring the relative displacements

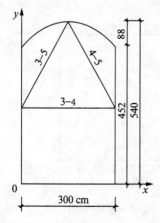

Fig. 6 Test opening section with measurement line arrangement

on the contour of a test section is shown in Fig. 6 and the measured displacements are listed in Table 3. It is assumed that the value of the vertical component of initial rock stress $P_y = \gamma H$[3] and that $\mu = 0.23$ according to engineering judgment and the data from laboratory testing. By dividing the measured displacement values by a space influence coefficient, which is obtained from a pre-burried multi-point displacement gage in the surrounding rock, the adjusted displacement values are obtained. After carrying out the back analysis calculation, we obtain $E_1 = 61.348$ GPa, $P_x = 4.02$ MPa, $P_y = 6.43$ MPa, $P_{sy} = 4.89$ MPa, $E_2 = 110.74$ GPa, and $\eta_2 = 36.875$ GPaS. The values of the initial rock stress components so obtained are very close to those from the three-hole intersecting test method, the value of E_1 coincides quite well with that obtained from in situ testing.

Table 3 Measured displacement values from the test opening of the THP pumped storage powerplant

	Displacement values/cm					
	Line 3-5		Line 3-4		Line 4-5	
Time/day	Measured	Adjusted	Measured	Adjusted	Measured	Adjusted
$T=0$	−0.041	−0.188	−0.117	−0.368	−0.021	−0.051
$T=4$	−0.109	−0.256	−0.117	−0.368	−0.021	−0.051
$T=26$	−0.145	−0.292	−0.251	−0.502	−0.026	−0.056
$T=38$	−0.147		−0.251		−0.03	

5 Discussion

1. Since the behavior of a rock mass is usually complex, it is required to use simplified models in back analysis. The three-element model could be employed for many projects in practice. It can be proved that the principle of the method mentioned above is also valid when the behavior of the surrounding rock of a cavity might be simulated by other viscoelastic models, but the equations should be changed except equations (5) and (7).

2. Although the formulas in the paper are deduced for 2D plane strain problems, the principle of the method is also appropriate for 3D problems. But it should be pointed out that the stress components on the boundary in the case must be kept unchanged too, that the relative displacement information, which is related to third direction and different from that of 2D plane strain problems, have to be included, that the least total number of Δ_{ik} should be 6 and that the equations should be changed.

Accepted for publication 25 April 1996.

References

[1] Yang L, Huang W. Finite element method of back analysis calculation of initial rock stresses[J]. Tongji University 13, 69-77, Shanghai(1985).

[2] Sakurai S A. Design approach to dimensioning underground openings[M]. Proc. 3th. Int. Conf. on Numerical Methods in Geomechanies, Sydney, 1979.

[3] Crouch S L, Starfield A M. Boundary Element Method in Solid Mechanies[M]. George Allen Unwin, London, 1983.

反演分析中量测误差的传递与仪表选择的研究*

杨林德　吴　蔺　周汉杰

(同济大学地下建筑与工程系，上海　200092)

摘要　本文通过研究仪表读数误差对位移反分析计算结果精度的影响，建立可用于在工程实践中指导量测仪表选择的准则和方法。文中除结合弹性平面应变问题的位移反分析方法给出理论证明外，对以往工程实践中量测仪表和参与反演计算的量测数据选择的合适性也作出了判断。研究结果可为信息化施工的现场监测提供指导，并有较大的意义。

关键词　地下工程；位移量测；反分析方法；仪表选择

A Study on Transmission of Reading Errors in Back Analysis and Choosing Measuring Instruments

YANG Linde　WU Lin　ZHOU Hanjie

(Department of Geotechnical Engineering, Tongji University, 200092)

Abstract　Based on the principle of back analysis for 2D plane strain problems to determine initial rock stresses and material behavior parameters of a rock mass, this paper focuses on evaluating the effect of reading errors, which happened during measuring at a construction site and were related to the accuracy of meter reading and measurement techniques, on the calculation of back analysis. The formulas to show the influence level of reading errors to the results of back analysis are derived at first, then a criterion is established to choose the proper instruments in practical engineering to measure the displacement induced by excavating with the view of back analysis. An example is given at the end to describe the displacement distribution around an opening, evaluate the influence level of reading errors to the results of back analysis, and conclude what kind of instruments can be used to measure the displacements for the purpose of back analysis.

Keywords　Underground engineering; Back analysis; Displacement measurement; Instrument choosing

1　概述

从20世纪70年代以来，建立位移反分析方法的研究已有较大的发展，并已取得系列成

---

* 土木工程学报(CN: 11-2120/TU)2000年收录

果。这类方法以由现场量测获得的位移量为依据,通过反演分析确定荷载分布和地层性态参数值,以满足设计计算的需要。在位移反分析计算中,由于现场量测信息常常包含误差,故由求解反问题获得的结果也将不可避免地包含量测误差的影响。因此,在工程实践中运用这类方法时,有必要通过优化位移量测方案及合理选择量测仪表,使反演计算结果受误差影响较小,并可为工程实践接受。

反分析方法研究中,由于测线真实位移值为未知数,故对反演计算结果合理性的判别通常借助比较同一测线处位移回算值与实测值之间的吻合程度实现。为便于分析读数误差对反演计算结果的影响,本文拟先对优化反演分析法推导位移回算值与实测值之间误差表达式,据以分析仪表读数误差在反演计算过程中的传递影响规律,然后借助算例分析对仪表优选建立判别准则,并对以往所选仪表的合理性作出判断以使反分析方法能更好地为工程实践服务。

限于篇幅,本文拟仅以地下洞室开挖问题为例进行分析,并将其简化为两维弹性平面应变问题。

2 优化反演分析法基本原理

假设某一断面的初始地应力由自重应力和均布构造应力组成,并将由自重应力引起的测线在量测方向上的位移(由相应的释放荷载引起,下同)记为 d^g,均布构造应力引起的测线在量测方向上的位移记为 d^t,测线在量测方向上的总位移记为 d^e,则有

$$d^e = d^g + d^t \tag{1}$$

将单位均布构造应力分量记为 σ_{ij}^0,则由叠加原理可知在弹性受力阶段,地层的初始地应力 σ_{ij} 可表示为

$$\sigma_{ij} = \sigma_{ij}^g + \sigma_{ij}^t \sigma_{ij}^0 \tag{2}$$

式中　σ_{ij}^g——自重应力分量;

σ_{ij}^t——均布构造应力分量的量值。

将由 $\sigma_{ij}^0 = 1$ 引起的测线在量测方向上的位移记为 $d_{ij}^0 (i,j=1,2; i \leqslant j)$,则有

$$d^e = d^g + \sum_{i,j=1}^{2} \sigma_{ij}^t d_{ij}^0 \tag{3}$$

如将 d^e 视为测线在量测方向上的实测位移值,则由式(3)即可建立反演确定初始均布构造应力分量值 σ_{ij}^t 的线性方程组。

当测线数量多于基本未知数个数时,用于求解均布构造应力 σ_{ij}^t 的方程组宜由优化理论给出,以提高计算结果的精度。

设相互独立的实测位移共有 n 个。将任一测线的实测位移值记为 $D_{(k)}$,实测位移值与位移真值之间的误差表示为 $|D_{(k)} - d_{(k)}^e|$,并根据最小二乘法原理将各测线的总误差记为

$$S^k = \sum_{k=1}^{n} [D_{(k)} - d_{(k)}^e]^2 = \sum_{k=1}^{n} \left[D_{(k)} - \left(d_{(k)}^g + \sum_{i,j=1}^{2} \sigma_{ij}^t d_{ij(k)}^0 \right) \right]^2 \quad (i \leqslant j) \tag{4}$$

将上式对 σ_{ij}^t 求偏导数,并令其等于零,可得使总误差为最小时这些物理量应满足的关系式

$$\frac{\partial S}{\partial \sigma_{ij}^t} = \sum_{k=1}^{n} \left[D_{(k)} - \left(d_{(k)}^g + \sum_{i,j=1}^{2} \sigma_{ij}^t d_{ij(k)}^0 \right) \right] d_{ij(k)}^0 = 0 \quad (i \leqslant j) \tag{5}$$

式(5)可用于构造在使总误差为最小的条件下求解均布构造应力分量 σ_{ij}^t 的方程组。为此对式

(5)进行移项处理,得

$$\sum_{k=1}^{n}\Big[\sum_{i,j=1}^{2}\sigma_{ij}^{t}d_{ij(k)}^{0}\Big]d_{ij(k)}^{0} = \sum_{k=1}^{n}\big[D_{(k)} - d_{(k)}^{g}\big]d_{ij(k)}^{0} \tag{6}$$

将式(6)以矩阵形式表示,则有:

$$[G]\{\sigma_{ij}^{t}\} = [H]\{D - d^{g}\} \tag{7}$$

式中:

$$\{D - d^{g}\} = \begin{Bmatrix} D_{(1)} - d_{(1)}^{g} \\ D_{(2)} - d_{(2)}^{g} \\ \vdots \\ D_{(n)} - d_{(n)}^{g} \end{Bmatrix}$$

$$[H] = \begin{bmatrix} d_{11(1)}^{0} & d_{11(2)}^{0} & \cdots & d_{11(n)}^{0} \\ d_{12(1)}^{0} & d_{12(2)}^{0} & \cdots & d_{12(n)}^{0} \\ d_{22(1)}^{0} & d_{22(2)}^{0} & \cdots & d_{22(n)}^{0} \end{bmatrix}$$

$$[G] = [H][H]^{T}$$

$$\{\sigma_{ij}^{t}\} = \begin{bmatrix} \sigma_{11}^{t} & \sigma_{12}^{t} & \sigma_{22}^{t} \end{bmatrix}^{T}$$

对式(7)求解,得:

$$\{\sigma_{ij}^{t}\} = [G]^{-1}[H]\{D - d^{g}\} \tag{8}$$

3 反分析计算中量测误差的传递

对任意测线 k,将式(8)代入式(3),可得

$$d_{(k)}^{e} = d_{(k)}^{g} + [d_{ij(k)}^{0}][G]^{-1}[H]\{D - d^{g}\} \tag{9}$$

式中,$d_{(k)}^{e}$ 为任一测线 k 上依据反分析结果算得的位移回算值,其余符号的含义同式(7)。

将任意测线 k 上的真实位移值记为 $D'_{(k)}$,并将其与位移回算值之间的误差记为 $\Delta'_{(k)}$,则有

$$\Delta'_{(k)} = d_{(k)}^{e} - D'_{(k)} = d_{(k)}^{g} + [d_{ij(k)}^{0}][G]^{-1}[H]\{D - d^{g}\} - D'_{(k)} \tag{10}$$

为了定量分析量测误差对 $\Delta'_{(k)}$ 的影响,将式(10)中的 $\{D - d^{g}\}$ 分解为

$$\{D - d^{g}\} = \{D' - d^{g}\} + \{\Delta\} \tag{11}$$

式中,$\{\Delta\}$ 为量测误差影响项列阵,有

$$\{\Delta\} = \begin{bmatrix} \Delta_1 & \Delta_2 & \cdots & \Delta_n \end{bmatrix}^{T}$$

将式(11)代入式(10),可得

$$\Delta'_{(k)} = d_{(k)}^{g} + [d_{ij(k)}^{0}][G]^{-1}[H]\{D' - d^{g}\} - D'_{(k)} + [d_{ij(k)}^{0}][G]^{-1}[H]\{\Delta\} \tag{12}$$

由式(12)可知由量测误差引起的计算误差 $\Delta_{(k)}$ 的计算式可写为

$$\Delta_{(k)} = [d_{ij(k)}^{0}][G]^{-1}[H]\{\Delta\} \tag{13}$$

将 $\Delta_{(k)}$ 与真实位移值 $D'_{(k)}$ 之比定义为相对误差并记为 $r_{(k)}$,则有

$$r_{(k)} = \frac{\Delta_{(k)}}{D'_{(k)}} = [d_{ij(k)}^{0}][G]^{-1}[H]\{\Delta\}\frac{1}{D'_{(k)}} \tag{14}$$

假设量测误差仅由仪表读数误差引起,并设所有测线处的读数误差均为最大读数误差,记为 $\pm\delta$,则式(14)可改写为

$$r_{(k)} = C_{(k)}\frac{\delta}{D'_{(k)}} \tag{15}$$

$$C_{(k)} = [d_{ij(k)}^0][G]^{-1}[H]\begin{Bmatrix} \pm 1 \\ \vdots \\ \pm 1 \end{Bmatrix} \quad (16)$$

式中,系数 $C_{(k)}$ 的物理意义为读数误差影响的传递系数,式中±表示测线读数误差可正可负。(16)对于实际工程的具体测线;系数 $C_{(k)}$ 为常数;$r_{(k)}$ 主要取决于 δ 与 $D'_{(k)}$ 的比值。

4 仪表读数误差影响程度的判别

由式(16)及式(7)可见 $C_{(k)}$ 的计算表达式较为复杂,其值将同时受到地层弹性参数 E、μ 值及洞形和断面尺寸的影响。不难证明读数误差传递影响系数 $C_{(k)}$ 与弹性模量 E 成正比。μ 值和洞形发生变化时,式(16)中矩阵 $[d_{ij(k)}^0]$,$[G]$ 和 $[H]$ 均将发生变化,并由此影响 $C_{(k)}$ 的值。然而由于由此产生的影响较为复杂,对各测线的影响程度也将增减不一,对其作出定量分析却很困难。本文以下拟将其归类为由数值计算引起的误差,而不再详细讨论。

如前所说,由仪表读数误差引起的反分析结果的相对误差 $r_{(k)}$ 主要取决于 δ 与 $D'_{(k)}$ 的比值。如令由数值分析引起的计算误差为 $x\%$,则总相对误差 $r'_{(k)}$ 可表示为

$$r'_{(k)} = (1+x\%)\left(1 \pm \frac{\delta}{D'_{(k)}}\right) - 100\% \quad (17)$$

如令由数值分析引起的计算误差为 $\pm 10\%$,并令 δ 与 $D'_{(k)}$ 的比值为 3%,则最大总相对误差 $r'_{(k)}$ 将达 $+13.3\%$。可见在这一前提下,由反分析计算所得的结果将可为工程实践接受。算例分析表明如将 $\dfrac{\delta}{D'_{(k)}}$ 较大的测值用作反演计算的依据,所获结果将有较大的误差。可见对实际工程进行反分析计算时,这类测值宜舍去。

本文以下拟通过算例分析论证将 $\dfrac{\delta}{D'_{(k)}}$ 定为 3% 的可行性,并将其用作仪表优选的判据。

5 算例

5.1 已知条件

图1为一直墙拱形试验洞测线布置的示意图,拱圈曲线为圆弧形,洞宽 6 m,墙高 4 m,拱高 3 m。沿周边布置有 6 条收敛位移量测线,记为 L1~L6。拱顶布置有 3 个四点式多点位移计,自洞周起测点间距分别为 2.5 m、2.5 m、5.0 m 和 5.0 m,各孔测线间夹角为 30°,起始点分别为拱顶及拱与直墙的交点。假设初始地应力场为均布应力场,$\sigma_x = 15.0$ MPa,$\sigma_y = 10.0$ MPa,$\tau_{xy} = 5.0$ MPa,地层综合弹模 $E = 25\,000.0$ MPa,泊松比 $\mu = 0.25$,由边界元方法算得的各测线的计算位移值示于表1和表2(位移以缩短为正,伸长为负)。

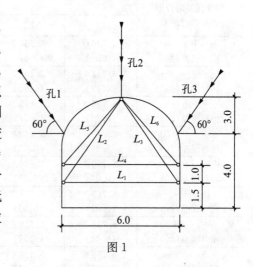

图1

表1　　　　　　　　　　　　　　收敛位移计算值　　　　　　　　　　　　　　　　　　mm

测线	L1	L2	L3	L4	L5	L6
计算值	6.769 3	5.527 1	−0.924 7	7.552 5	5.872 6	−0.375 6

表2　　　　　　　　　　　　　　域内位移计算值　　　　　　　　　　　　　　　　　　mm

孔号	测点1	测点2	测点3	测点4
1	−0.318 7	−0.648 8	−0.753 2	−0.702 9
2	−0.713 0	−0.874 5	−0.998 5	−1.060 0
3	−1.078 8	−2.073 5	−3.135 0	−3.621 8

以收敛位移采用 MKII 卷尺引伸仪进行量测(仪表读数误差为 0.03 mm)，域内位移采用百分表量测(仪表读数误差为 0.001 mm)为例进行讨论，读数误差均取为最大误差。

5.2　以收敛位移为依据的反演计算

6条收敛测线的正负误差组合共有 $2^6=64$ 种。限于篇幅，仅列出其中8种代表性组合，假想位移实测值见表3，反演计算结果及其相对误差见表4。

表3　　　　　　　　　　　　　收敛位移假想实测值　　　　　　　　　　　　　　　　　mm

测线误差组合形式	L1	L2	L3	L4	L5	L6
++++++	6.799 3	5.557 1	−0.954 7	7.582 5	5.902 6	−0.405 6
−−−−−−	6.739 3	5.497 1	−0.894 7	7.522 5	5.842 6	−0.345 6
+−−+−−	6.799 3	5.497 1	−0.894 7	7.582 5	5.842 6	−0.345 6
−++−++	6.739 3	5.557 1	−0.954 7	7.522 5	5.902 6	−0.405 6
+−−−++	6.799 3	5.497 1	−0.894 7	7.522 5	5.902 6	−0.405 6
−+++−−	6.739 3	5.557 1	−0.954 7	7.582 5	5.842 6	−0.345 6
++−++−	6.799 3	5.557 1	−0.894 7	7.582 5	5.902 6	−0.345 6
+−++−+	6.799 3	5.497 1	−0.954 7	7.582 5	5.842 6	−0.405 6

表4　　　　　　　　　　　收敛位移反演计算结果汇总表

测线误差组合形式与相对误差	位移回算值/mm					
	L1	L2	L3	L4	L5	L6
++++++	6.796 0	5.555 7	−0.956 7	7.582 0	5.903 5	−0.403 4
相对误差(%)	(0.39)	(0.52)	(3.46)	(0.39)	(0.53)	(7.39)
−−−−−−	6.742 6	5.498 7	−0.892 5	7.522 8	5.841 8	−0.347 7
相对误差(%)	(0.39)	(0.51)	(3.48)	(0.39)	(0.52)	(7.43)
+−−+−−	6.796 0	5.495 1	−0.896 1	7.582 0	5.844 8	−0.344 6
相对误差(%)	(0.39)	(0.58)	(3.09)	(0.39)	(0.47)	(8.25)
−++−++	6.742 6	5.559 3	−0.953 1	7.522 8	5.900 5	−0.406 4
相对误差(%)	(0.39)	(0.58)	(3.07)	(0.39)	(0.47)	(8.20)
+−−−++	6.769 3	5.526 4	−0.924 1	7.552 5	5.871 9	−0.375 0
相对误差(%)	(0.01)	(0.01)	(0.06)	(0.01)	(0.01)	(0.16)
−+++−−	6.769 3	5.527 7	−0.925 3	7.552 5	5.873 2	−0.376 2
相对误差(%)	(0.01)	(0.01)	(0.06)	(0.01)	(0.01)	(0.16)
++−++−	6.797 1	5.558 5	−0.893 3	7.583 8	5.902 7	−0.345 5
相对误差(%)	(0.41)	(0.57)	(3.33)	(0.41)	(0.51)	(8.01)
+−++−+	6.799 6	5.493 4	−0.958 3	7.585 4	5.847 2	−0.401 0
相对误差(%)	(0.45)	(0.61)	(3.63)	(0.43)	(0.43)	(6.76)

由表 4 可知,在多数误差组合情况下,测线 L3 和 L6 的误差都较大,鉴于测线 L3 和 L6 的 $\dfrac{\delta}{D_{(k)}}$ 值均大于 3%(其值分别为 3.24% 和 7.99%),改按仅有 L1、L2、L4 和 L5 参加的组合进行了反演计算,结果示例见表 5(误差组合为++++)。

表 5　　　　　　　　L1、L2、L4 和 L5 测线最大正误差组合下的计算结果

测线	L1	L2	L3	L4	L5	L6
位移回算值/mm	6.798 7	5.557 2	−0.923 0	7.585 3	5.903 3	−0.372 4
相对误差/%	0.43	0.54	0.18	0.43	0.52	0.88

可见当测线位移量测值较大,仪表读数误差满足 $\dfrac{\delta}{D_{(k)}}$<3% 时,反演计算结果可望有较高的精度,并可符合要求。

5.3　以域内位移为依据的反演计算

假定各孔多点位移计四个测点的读数误差正负号一致,则三个测孔读数误差的组合形式共有 $2^3=8$ 种。下面以 2 种代表性组合为例,域内假想位移实测值见表 6,反演计算结果及其相对误差见表 7。

表 6　　　　　　　　　　　域内位移假想实测值　　　　　　　　　　　　　　mm

各孔误差组合形式 (孔1 孔2 孔3)	孔号	测点 1	测点 2	测点 3	测点 4
+++	孔 1	−0.319 7	−0.649 8	−0.754 2	−0.703 9
	孔 2	−0.714 0	−0.875 5	−0.999 5	−1.061 0
	孔 3	−1.079 8	−2.074 5	−3.136 0	−3.622 8
−−−	孔 1	−0.317 7	−0.647 8	−0.752 2	−0.701 9
	孔 2	−0.712 0	−0.873 5	−0.997 5	−1.059 0
	孔 3	−1.077 8	−2.072 5	−3.134 0	−3.620 8

表 7　　　　　　　　　　　域内位移反演计算结果汇总表

各孔误差组合形式 (孔1 孔2 孔3)	孔号及 相对误差	位移回算值/mm			
		测点 1	测点 2	测点 3	测点 4
+++	孔 1 相对误差/%	−0.319 0 (0.12)	−0.649 6 (0.12)	−0.754 4 (0.16)	−0.704 3 (0.20)
	孔 2 相对误差/%	−0.713 7 (0.10)	−0.875 5 (0.11)	−0.997 2 (0.12)	−1.061 4 (0.13)
	孔 3 相对误差/%	−1.079 2 (0.03)	−2.074 3 (0.04)	−3.136 2 (0.04)	−3.623 2 (0.04)
−−−	孔 1 相对误差/%	−0.318 2 (0.16)	−0.647 9 (0.14)	−0.752 0 (0.16)	−0.701 5 (0.20)
	孔 2 相对误差/%	−0.712 3 (0.10)	−0.873 6 (0.10)	−0.997 4 (0.11)	−1.058 9 (0.10)
	孔 3 相对误差/%	−1.078 4 (0.04)	−2.072 7 (0.04)	−3.133 8 (0.04)	−3.620 4 (0.04)

由表可见,由于百分表读数误差较小,$\frac{\delta}{D'_{(k)}}$值均远小于3‰,故反演计算精度都很高,易于满足要求。

5.4 收敛位移与域内位移联合反演

以收敛测线选用L1、L2、L4和L5,域内位移全部参与反演为例进行了计算,其中读数误差均为最大正误差时所得的结果列于表8和表9。

表8　　　　　　　　　　　　联合反演下各收敛测线的计算结果

测线	L1	L2	L3	L4	L5	L6
位移回算值/mm	6.795 6	5.552 0	−0.926 8	7.581 7	5.898 5	−0.375 9
相对误差/%	0.39	0.45	0.23	0.39	0.44	0.08

表9　　　　　　　　　　　　联合反演下各域内位移的计算结果

孔号	测点1	测点2	测点3	测点4
1	−0.319 6	−0.650 9	−0.755 7	−0.705 3
相对误差/%	0.28	0.32	0.33	0.34
2	−0.716 6	−0.879 3	−1.004 2	−1.066 2
相对误差/%	0.50	0.54	0.57	0.58
3	−1.083 0	−2.081 7	−3.147 5	−3.636 4
相对误差/%	0.39	0.40	0.40	0.40

由表可见在去除$\frac{\delta}{D'_{(k)}}$值不符合要求的测线后,联合反演的计算结果也满足精度要求,但最大相对误差与收敛位移单独反演时的最大相对误差接近。可见在联合反演的情况下,收敛位移和域内位移中$\frac{\delta}{D'_{(k)}}$较大的位移值对反演精度的影响起主导作用。

6 结语

本文以直墙拱形洞室为例进行了研究,并在满足反演精度要求的前提下就仪表及反演计算中量测数据的选择原则得出了一些有价值的结论。研究表明在目前条件下,收敛位移采用MKII型卷尺引伸仪进行量测,域内位移采用百分表读数似都可满足反分析计算的精度要求。唯须注意进行反演计算时应将符合$\frac{\delta}{D'_{(k)}}$小于某一量值(例如小于3‰)的位移量用作反演计算的依据,否则有可能造成某些测线的反演精度不能满足要求。工程实践中,不难通过计算预估$D'_{(k)}$的大小满足这一要求。

参考文献

[1] 杨林德. 岩土工程问题的反演理论与工程实践[M]. 北京:科学出版社,1996.
[2] 朱合华,陈清军,杨林德. 边界元法及其在工程中的应用[M]. 上海:同济大学出版社,1997.
[3] 周汉杰. 反分析计算的误差传递及仪表选择研究[D]. 同济大学,1997.

围岩变形的时效特征与预测的研究

杨林德[1]　颜建平[1,2]　王悦照[3]　王启耀[1]

(1. 同济大学地下建筑与工程系,上海　200092；2. 上海市城市建设设计研究院,上海　200011；
3. 宜兴抽水蓄能电站电力公司,江苏　214206)

摘要　在假设围岩地层的性态服从三元件黏弹性模型揭示的规律的基础上,结合对宜兴抽水蓄能电站地下厂房试验洞位移量测数据的分析,提出一种确定地层时效特征参数和预报地层变形的方法。内容包括在考虑试验洞开挖面空间效应的影响的前提下对现埋孔的位移量进行修正,根据位移-时间关系曲线的回归方程建立任意时刻围岩地层等效弹性模量间的关系式,据以给出确定三元件黏弹性模型参数值及对洞周地层的变形进行预报的方法。研究表明位移量的预报值与回归值可较好吻合,表明这一方法可供同类工程采用。

关键词　流变特性；黏弹性模型；围岩变形预报；反分析方法

A Study on Time-Dependent Properties and Deformation Prediction of Surrounding Rock

YANG Linde[1]　YAN Jianping[1,2]　WANG Yuezhao[3]　WANG Qiyao[1]

(1. Department of Geotechnical Engineering, Tongji University, Shanghai 200092; 2. Shanghai Urban Construction Design & Research Institute, Shanghai 200011; 3. Yixing Hydro-Power Corporation, Jiangsu 214206)

Abstract　Based on the u-t curves from a test tunnel, this paper presents a method to determine the parameters related to the time-dependent properties of surrounding rock and predict the long term ground deformation. The measured data is revised to consider the space effect of excavation face, the total displacement value is treated by regression to get the expressions of displacement-time curves. After the relationship between the equivalent elastic modulus and the displacement value of surrounding rock is established, the method to determine the parameters of time-dependent properties and predict the ground deformation is put forward. The case study shows that the predicted displacement by the method is close to the measured value.

Keywords　rock rheologic; visco-elastic model; surrounding rock deformation prediction; back analysis

---

* 岩石力学与工程学报(CN:42-1397/O3)2005 年收录,上海市重点学科建设项目资助。《岩石力学与工程学报》,2005 年第 2 期

1 引言

水电站地下厂房洞室群通常规模巨大,总体地质条件较为复杂,故在设计阶段通常都在主厂房拟选位置上,沿纵轴线设置与主厂房地下洞室成一定比例的试验洞,用以量测洞周围岩由开挖引起的位移。与此同时,量测数据也常用于确定试验洞所在位置的初始地应力及围岩力学特性参数。并由此预测洞室围岩的变形,以供设计研究参考。

在节理岩体中建造地下洞室时,围岩地层的变形常随时间而增长,故在对地下洞室围岩的变形及其稳定性作预测时,有必要考虑时间因素的影响。

工程实践中,采用数值方法模拟地下洞室的施工过程时,采用位移反分析方法根据现场量测信息确定地层性态模型的参数值常可取得较好的效果。在这一领域,确定性反分析方法的研究已取得系列成果[1~5],建立非确定性反分析方法的研究近几年来已有许多成果[6~9],本文则拟主要借助宜兴抽水蓄能电站地下厂房试验洞的观测数据,提出一种确定地层时效特征参数的方法,据以对围岩地层的变形随时间而增长的性质得出规律性认识,并确定围岩长期变形效应的影响。计算结果表明,这一方法可以满足工程实践的需要。

2 基本原理

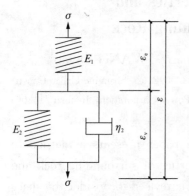

图 1 三元件黏弹性模型
Fig. 1 Three-element Viscoelatic model

研究表明,对节理岩体中的地下洞室,采用三元件黏弹性模型(见图1)揭示的关系表述洞周地层的变形随时间而增长的规律时,工程问题分析中常可取得较好的拟合效果,因而本文拟采用这一模型近似模拟洞周围岩变形的依时性特征。

有限元分析中,假设围岩地层的变形随时间而变化的规律与三元件黏弹性模型揭示的规律相符,则对均一地层中的二维平面应变问题,在应力边界条件和排水条件保持不变,且泊松比不随时间而变化的前提下,任意时刻的计算均可简化为弹性问题的分析,区别仅为需以等效弹模$(E_t)_i$取代杨氏模量。$(E_t)_i$的表达式为[1,10]:

$$\frac{1}{(E_t)_i} = \frac{1}{E_1} + \frac{1}{E_2} \cdot (1 - e^{-\frac{E_2}{\eta_2}t_i}) \tag{1}$$

式中,E_1,E_2为三元件黏弹性模型中弹性元件的弹性模量;η_2为黏性元件的黏滞系数。

以下讨论根据试验洞观测断面的监测数据建立确定三元件黏弹性模型参数值的方法。

由有限元分析的原理,可知对弹性问题的分析有:

$$[\boldsymbol{K}]\{u\} = \{\boldsymbol{F}\} \tag{2}$$

令$[\boldsymbol{K}] = E[\boldsymbol{K}']$,则上式可改写为:

$$E[\boldsymbol{K}']\{u\} = \{\boldsymbol{F}\} \tag{3}$$

式中,E为弹性模量。令式中的$E=(E_t)_i$,则上式即可用于$t=t_i$时刻的黏弹性问题的分析。

地层材料的性态符合三元件黏弹性模型揭示的规律,且应力边界条件和排水条件保持不变时,式中$[\boldsymbol{K}']$和$\{\boldsymbol{F}\}$均为常数矩阵,故对$t=t_i$与$t=t_{i+1}$时刻的计算,可有:

$$(E_t)_i[\boldsymbol{K}']\{u\}_i = (E_t)_{i+1}[\boldsymbol{K}']\{u\}_{i+1} = \{\boldsymbol{F}\}$$

由此可得

$$(E_t)_i\{u\}_i = (E_t)_{i+1}\{u\}_{i+1} \tag{4}$$

当 $t=0$ 时，由式(1)可知有 $(E_t)_0 = E_1$。因在洞室开挖初期岩体发生的变形主要是弹性变形，故如假设 $(E_t)_0$ 近似等于岩体的弹性模量 E_0，即可得到：

$$(E_t)_0 = E_1 = E_0 \tag{5}$$

建立上述关系式后，即可由式(4)得出三个不同时刻的 $(E_t)_i$ 值，并可由将其代入式(1)建立 3 个以 E_1, E_2, η_2 为未知数的方程式，用以组成方程组。可以证明方程组有唯一解[1,10]。然而由于式中存在超越函数，该方程组需以数值法求解。此外需予指出，由于开挖初期的岩体变形并非完全由弹性变形引起，采用以上方法确定的 E_1 的值通常将仅与 E_0 接近。

求得 E_1, E_2 和 η_2 后，式(4)即可用于预测任意时刻洞周围岩的位移量。

应指出，用作反分析计算依据的位移量应根据位移量观测值的回归曲线取值。

3 模型洞的布置与变形观测结果

3.1 量测断面与多点位移计的布置

宜兴抽水蓄能电站地下厂房试验洞断面尺寸为 4 m×5 m，形状为城门洞型，沿洞深分别设置了量测断面 I 和 II，每个断面有 6 个多点位移观测孔，其中 2 个为预埋孔，4 个为现埋孔。每个观测孔四个锚头的埋设位置离洞壁距离分别为 1 m, 3 m, 7 m 和 14 m(13.5 m)。为防止继续开挖时损坏观测仪器，传感器埋入孔内约 50 cm 深处。多点位移计观测孔布置如图 2 所示。

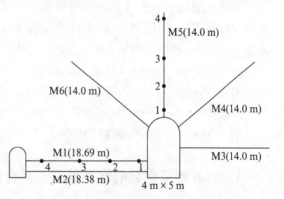

图 2 多点位移计测孔布置图(括号内为测孔长度)

Fig. 2 The layout sketch of multi-extensometers

3.2 多点位移计的量测结果

预埋孔用于观测试验洞开挖过程中围岩变形的全过程，测孔 M2 的变形量随时间而变化的关系曲线示于图 3。现埋孔在开挖面到达预定位置后设置，测孔 M3 的变形量随时间而变化的关系曲线示于图 4。其余测孔量测结果的规律分别与 M2、M3 相仿。

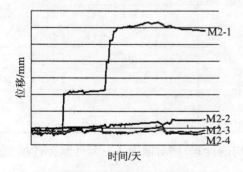

图 3 测孔 M2 位移-时间关系曲线

Fig. 3 The displacement-time curve of measuring points of M2

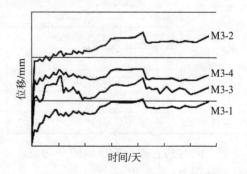

图 4 测孔 M3 位移-时间关系曲线

Fig. 4 The displacement-time curve of measuring points of M3

3.3 量测成果的修正与回归

对于现埋孔,开挖面尚未到达监测断面时,各测点均已发生位移,因而须对由这类测孔得到的观测数据进行修正。鉴于预埋多点位移计的量测成果可真实地反映围岩位移的全过程,故拟以预埋多点位移计的量测数据为依据,对现埋孔的位移量观测值建立考虑开挖面空间效应影响的计算式。

将开挖面到达观测断面前测点发生的位移量记为 δ,测点的最大位移值记为 Δ,并将由开挖面空间效应导致的位移量释放系数记为 ξ,则有

$$\xi = \frac{\delta}{\Delta} \tag{6}$$

对现埋孔的量测成果进行修正时,如将修正系数记为 η,则有

$$\eta = \frac{1}{(1-\xi)} \tag{7}$$

本研究通过引入上述系数对现埋多点位移计的观测数据进行了修正,并对经修正后的测点的位移量 Y(mm)随时间 T(d)而变化的曲线分别进行了回归,由此得到的部分测点的回归方程如式(8)~式(11)所示。

测点 M2—1　　$Y = 0.1234\ln T + 0.6596$ 　　　　(8)

测点 M3—3　　$Y = 0.0562\ln T + 0.5912$ 　　　　(9)

测点 M4—3　　$Y = 0.0327\ln T + 0.5256$ 　　　　(10)

测点 M6—4　　$Y = 0.01421\ln T + 0.5793$ 　　　　(11)

4 时效特征参数的计算结果及其合理性分析

根据地质勘察资料,将 I 断面所在位置围岩地层的弹性模量值取为 $E_0 = E_1 = 5.5\,\text{GPa}$。

对 I 断面的测点,根据前文所述的方法得出的不同时刻的等效弹模值的计算结果如表 1 所示。

表 1　　断面 1 各测点不同时刻的等效弹模值

Table 1　　the equivalent elastic modulus of some measuring points of section 1 at typical moments

时间/d			5	10	15	20	30	45	65	90	120	170
I—I断面不同测线不同测点等效弹模/GPa	M2	1	5.425	5.355	5.290	5.229	5.118	4.976	4.823	4.675	4.544	4.397
	M3	3	5.443	5.390	5.341	5.295	5.212	5.107	4.996	4.890	4.799	4.702
	M4	3	5.460	5.422	5.387	5.354	5.294	5.216	5.133	5.054	4.984	4.909
	M5	4	5.475	5.451	5.429	5.408	5.370	5.321	5.267	5.215	5.169	5.119
	M6	4	5.482	5.466	5.450	5.436	5.409	5.373	5.335	5.298	5.264	5.228
弹模平均值/Gpa			5.451	5.405	5.362	5.321	5.249	5.155	5.055	4.958	4.874	4.782

表 1 同时列有等效弹模值的平均值。如按平均值计算,则对断面 I 三元件黏弹性模型的参数值分别为:

$$E_1 = 5.49\,\text{GPa}$$
$$E_2 = 32.32\,\text{GPa}$$

$$\eta_2 = 3067.47 \text{ GPa} \cdot \text{d}$$

与之相应的长期等效弹模的收敛值为：
$$(E_t)_\infty = 4.69 \text{ GPa} \approx 0.855 E_1 \quad (12)$$

对本工程围岩长期变形的估计，拟将长期弹模取为
$$(E_t)_\infty = 0.855 E_0 \quad (13)$$

由前文所述的方法可计算出位移量的预报值，结果表明位移量预报值与回归值可较好吻合。以断面Ⅰ测点 M4—3 为例，不同时刻的等效弹模值、位移量的回归值及预测位移量如表 2 所示，由表可见二者吻合较好。

表 2　　　测点 M4—3 不同时刻的等效弹模、实测位移回归值及预测位移值比较
Table 2　　comparison between predicted and measured displacement of M4—3

时间/d	5	10	15	20	30	45	65	90	120	170
实测位移回归值/mm	0.58	0.60	0.61	0.62	0.64	0.65	0.66	0.67	0.68	0.69
等效弹模/Gpa	5.46	5.42	5.39	5.35	5.29	5.22	5.13	5.05	4.98	4.91
预测位移/mm	0.61	0.61	0.62	0.62	0.63	0.64	0.65	0.66	0.67	0.68
相对误差/%	−5.17	−1.67	−1.64	0	1.56	1.54	1.52	1.49	1.47	1.45

对实测位移回归值与预测位移之间的误差作了 F 检验，结果表明当显著性水平为 0.05 时，二者可显著接近，表明上述计算方法对本工程适用。

同济大学对宜兴抽水蓄能电站地下厂房试验洞的监测数据曾进行过反分析研究，所得结果与本文计算结果非常接近[11]，由此可证实上述计算方法的适用性。

5　结论

本文在假设围岩地层的性态服从三元件黏弹性模型揭示的规律的基础上，结合宜兴抽水蓄能电站地下厂房试验洞监测数据的分析，提出了一种确定地层时效特征参数和预报地层变形的方法。文中对现埋孔的监测位移量，提出了用于考虑试验洞开挖面空间效应影响的修正方法，并以位移-时间关系曲线的回归方程为基础建立了任意时刻围岩地层等效弹性模量值间的关系式。此外，本文还给出了根据不同时刻的等效弹模值确定三元件模型的参数和对位移量进行预报的方法。计算结果表明，位移量的预报值与回归值可较好吻合，表明这一方法可供工程实践采用。

参考文献

[1] L. YANG, K. ZHANG, Y. WANG. Back Analysis of Initial Rock Stresses and Time-Dependent Parameters[J]. Int. J. Rock Mech. Min. Sci. & Geomech. Abstr, 1996,33(6)：641-645.
[2] 杨林德,荆华. 二维粘弹性问题反分析计算的统一模型[J]. 地下空间,1993,13(4)：243-250.
[3] 杨林德,仇圣华. 基坑围护位移量及其稳定性预测[J]. 岩土力学,2001,22(3)：267-270.
[4] 陈斌,刘宁. 岩土工程反分析的最大熵原理[J]. 河海大学学报：自然科学版,2002,30(6)：52-55.
[5] 刘世君,王红春. 岩石力学参数的区间参数摄动反分析方法[J]. 岩土工程学报,2002,24(6)：760-763.
[6] 高玮,郑颖人. 一种新的岩石工程进化反分析算法[J]. 岩石力学与工程学报,2003,22(2)：192-196.
[7] 高玮,郑颖人. 基于生态竞争模型的岩土本构模型辨识新算法[J]. 岩土工程学报,2002,24(1)：93-97.

[8] 高玮,郑颖人.采用快速遗传算法进行岩土工程反分析[J].岩土工程学报,2001,23(1):120-122.
[9] 高玮,郑颖人.岩土力学反分析及其集成智能研究[J].岩土力学,2001,22(1):114-116.
[10] 杨林德.岩土工程问题的反演理论与工程实践[M].北京:科学出版社,1996.
[11] 杨林德,丁文其.江苏宜兴抽水蓄能电站地下厂房试验洞反分析研究[R].上海:同济大学的地下建筑与工程系,2001.

Some Key Problems on Stability Analysis of Underground Rock Structures[*]

YANG L D

(Department of Geotechnical Engineering, Tongji University, 1239 Siping Road, Shanghai 200092, People's Republic of China)

Abstract The rapid development of underground constructions in Chinahas raised many new issues for the research workson rock mechanics and engineering. Some of them are very significant for the recent engineering practices. This paper mainly presents the research works carried out on two issues, i. e. (1) stability analysis of the surrounding rock of large span underground structures built in complex geological condition. (2) Deformation behavior and support mechanism of deep-buried long and large rock tunnel. The stability analysis is applied to the huge caverns at the Longtan Hydroelectric Power Station. Numerical simulationson the behavior of the layered rock mass with steep dip angle are presented. A back analysis methodto obtainthe initial rock stress and material parameters and to predict the deformation of the surrounding rock mass is established, in which the geological statistics method is employed to estimate the variation range of the Young's modulus and the u-t curves measured in situ are used to determine the time-dependant parameters of the surrounding rock mass. The back analysis can be conducted efficiently and the fitness function converges quickly. The main aspects related to the second topic are discussed. Laboratory tests to reveal the effect of rock bolts are also presented. Furthermore, the importance of the research works is emphasized at the end of the paper.

1 Introduction

The rapid development in hydroelectric power, railway and highway constructions as well as deep mine exploitationsin China since 1970s has raised many new issues for the research works of rock mechanics and engineering. Some crucial problems underconcerninclude the stability of rock masssurrounding large span underground structures built in complex geological condition, particularly the stability of rock surrounding a group of caverns in hydroelectric power stations, the stability of high slopes and dam foundations as well as the geological hazards related to deep mine exploitation and deep tunnel excavation.

---

[*] Proceedings of sessions of geoshanghai, Underground Construction and ground movement.
PH(86—21)6598—3982; email: tjyanglinde@163. com.

For the structures in rock, the deformation behavior of the surrounding rock mass and the reinforcing mechanism of the hydroelectric power stations in complex geological conditions have already been studied for a long time. Many research achievements have been obtained and a lot of construction experiences have been accumulated. The installed generators for a single station have gained a sustained expansion in its total capacity in the past decade. However, to meet further required capacities, a group of huge caverns sometimes have to be built in the rock mass with complex geological conditions. It is extremely necessary to carry out accurate stability analysis of these huge caverns. The deep headrace tunnel subjected to single or combined influences of high rock stress, high seepage pressure and high temperature, etc., may affect the stability of the surrounding rock as a result of large plastic extrusion rheological deformation and shear slip along the structural plane in rock. It may also induce rock burst because of high rock stress, gas outburst due to high seepage pressure and large quantity of mud and/or water inflow in deep Karst stratum. Disastrous damage may occur as well during the construction process of the railway or expressway tunnels in mountains.

This paper aims to consolidate the state-of-the-art of the research works on the stability of the rock mass surrounding huge caverns, the back analysis techniques, the prediction technique of the surrounding rock deformation as well as the deformation behavior and reinforcing mechanism of long and large span deep tunnels. Since these subjects are all very complex, the research works conducted up to now still need be continuously put forward.

2 Stability of huge underground caverns

Over the past 30 years, many hydroelectric power stations have been constructed in China. Most of them comprise a group of huge caverns, namely, a power house, a main transformer room, several bus bar tunnels, high pressure headrace tunnels, tailrace tunnels and surge chambers, among which the power house and the main transformer room are purpose-designed for the placement of generators and transformers.

Commonly, the power house and the main transformer room are high with large span and parallel to each other with a net distance about 35 m. The bus bar tunnels pass through in between in a nearly perpendicular direction to the walls of them. The surge chambers, often taller than the power house, lie on the other side of the main transformer room. Compared with the power house, the surge tunnels are sometimes less than 35 m apart from the main transformer room. The headrace tunnels and tailrace tunnels intersect also in a nearly perpendicular direction with the lower part of the walls of the power house. It is often that a group of huge caverns have to be laid out within a limited space. The stress and deformation fields of the surrounding rock influence mutually after excavation. Due to the complexity, many factors have to be taken into consideration when analyzing the stability of the surrounding rock and determining the reinforcement treatment[9].

Since 1990s, many huge underground hydroelectricpower stations have been designed or under construction in China. For example, the total capacity of the installed generators of the Longtan Hydroelectric Station is up to 5 400 MW and its power house is 388.5 meters long, 28.5 meters wide and 74.5 meters high while its main transformer room is 405.5 meters long, 19.5 meters wide and 32.2 meters high. Their three surge shafts are (67.0—95.3) meters long, 21.575 meters wide and 89.71 meters high. The least space between the rock walls of neighbour surge chambers is only 28.5 m while the rock wall between the surge chambers and main transformer room is merely 27 meters in thickness. The Xi Luodu Hydroelectric Station is even larger. It has a total capacity of 12 600 MW of the installed generators and is separated into 2 power houses. Each power house has 6 300 MW of the generator's capacity and is built inside the two banks of the Jinsha River. Both the power houses are 430.3 meters long, 28.4 meters wide and 75.1 meters high. Compared with the Longtan Hydroelectric Station, the power house of Xi Luodu is even longer. Since the two hydroelectric power stations both comprise a number of rock caverns which are huge in dimensions, dense in distribution, and complex in spatial separation and intersection, the stability analysis of the rock caverns becomes more complicated. Since the Longtan Hydroelectric Station is excavated in a layered rock mass with steep dip angle, and the rock strata intersect obliquely with the walls of the caverns, the rock of the upper part of the high wallson the upper reaches side of the river is easy to slide along the bed clinging plane, while the rock of the upper part of the high walls on the lower reaches side of the river is easy to tip. The weak structural planes of the layered rock at roof may open and the rock walls between the surge chambers are subjected to very large compressive stress, which are thus possible to become unstable. Besides, the long length of the power house makes the distribution of initial rock stress more complex.

The finite element method (FEM) can be conveniently employed to evaluate the stability of the surrounding rock of huge caverns. It is also capable to simulate the influence of the excavation procedure as well as the reinforcement effect of the supporting system through FEM. For the calculation of the Longtan Hydroelectric Station[2] located in the stratum with steep dip angle, we spent a lot of efforts to match the direction of the bedding planes with the meshes in a 2-D analysis based on the sketched layouts of the geological model. Joint elements along the bedding planes are adopted so as to have a better reflection of the deformation behavior of surrounding rock at the arch and the splaying width of the stochastic joints. Influence analysis on different excavation procedures and evaluation of the effectiveness of the prestressed cables to reinforce the rock walls and pillars have been carried out. The prestressed cables are applied between the power house and the main transformer room, between the main transformer room and the surge chambers, and between the neighboring surge chambers. Fig. 1 is a sketched layout of the simplified geological model of a typical cross section. Fig. 2 shows the final mesh deformation and periphery displacement of the section corresponding to a typical construction procedure.

There have been several versatile softwares available for the numerical analysis in the field of geotechnical engineering. It is also possible to conduct 3-D numerical simulations for

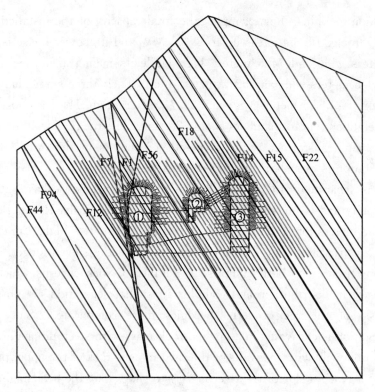

Fig. 1 The sketch layout of the simplified geological model of a typical cross section
① power house, ② main transformer room, ③ surge chamber

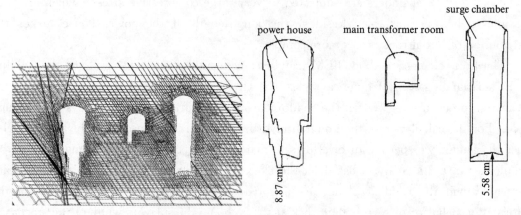

Fig. 2 The final deformation and the periphery displacement of a typical cross section (magnified 100 times)

the surrounding rock by including all the huge underground caverns. For the huge caverns of the Longtan Hydroelectric Station, 3-D simulations have been conducted for the surrounding rock based on an elasto-plastic model. Fig. 3 shows part of the meshes of the caverns.

3 Back analysis technique and prediction of surrounding rock deformation

The Fundamental of Back Analysis Technique To obtain a well consistency between the displacements measured in suit and the numerically simulated results, it is important to

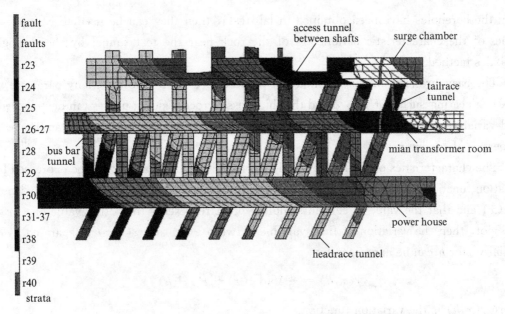

Fig. 3 Meshes for 3-D calculation on the surfaces of caverns

accurately determine the initial rock stresses, the constitutive laws for the rock mass and the corresponding parameters. They can be determined by either laboratory tests or back analysis based on the displacements measured in situ. Since most of the qualified construction corporations monitor the deformation of surrounding rock during excavation and the measured data have already contained the substantial influence of geological condition and the construction method, back analysis can be used to get more rational results.

The back analysis process is in nature the optimization process for an objective function. For the surrounding rock in an elastic-plastic state, the objective function J used to restrain the optimization process can be expressed as below by using the least square method:

$$J(P,E,\mu,C,\phi) = \min \sum_{j=1}^{N} [u - u_j]^2 \tag{1}$$

where u is the measured displacement, u_j is the calculated displacement based on the results of back analysis, N is the total number of the measured displacements. P, E, μ, C, ϕ are the expected parameters in the back analysis and they are the initial stress, elastic modulus, Possion's ratio, cohesion and internal friction angle, respectively.

A Geological Statistics Method for Estimating the Parameters of Rock Mass When using Eq. (1) to determine the expected parameters, choosing rational initialvalues of them is very crucial for conducting the optimization process efficiently. The initial values of the unknown parameters can be chosen either by the data obtained from a geological survey or by experiences. In this paper, a method for estimating the parameters of rock mass is put forward by using a geological statistics method.

Consider a test tunnel, which is connected to a very long geological trial tunnel with lateral branch tunnels, in which there are a number of scattered geological boreholes. Provide that the characteristic parameters (such as the elastic modulus) of the rock samples from the boreholes have been obtained in lab tests, then they can be used to estimate the values of the characteristic parameters of the rock near the test tunnel by the geological statistics method.

The basic principle of this method can be described[13] as follows. Many parameters in rock engineering such as E, C, ϕ and the thickness of rock bedding planes can be regarded as field variables varying with the space position. They look like a structure and have the properties of randomness.

The characteristics of the field variable's continuity and variability can be expressed by a variation function. Suppose that the field variable representing rock mass property is denoted as $z(x)$ and that the value of certain sampling point represents the actual value of $z(x)$ at this spot, then the variation of field variable between $z(x)$ and $z(x+h)$ separated by the spatial vector h can be expressed by

$$\gamma(x,h) = \frac{1}{2}\text{Var}[z(x) - z(x+h)] \tag{2}$$

where $\gamma(x,h)$ is the variation function.

For convenience of calculation, let Eq. (2) to be replaced with the square of $z(x)$'s increment:

$$\gamma(h) = \frac{1}{2}\{[z(x) - z(x+h)]^2\} \tag{3}$$

For a set of scattered points, the test variation function can be expressed as:

$$\gamma^*(h,\alpha) = \frac{1}{2N(h)}\sum_{i=1}^{N(h)}[z(x_i) - z(x_i - h)]^2 \tag{4}$$

where $N(h)$ is the statistical point number of the field variable $z(x)$ when the distance in between is h, α represents the direction.

For the analysis in practice, it is often necessary to choose an expression for fitting a set of discrete data of $\gamma^*(h)$. Many models are available to simulate the behavior of the rock parameters. The spherical model, the exponential model, the linear model, the logarithmic model and the power function model are among them, in which the spherical model (see Fig. 4) has a universal applicability and it can be expressed as:

$$\gamma(h) = \begin{cases} 0 & h = 0 \\ c_0 + c\left(\frac{3}{2}\frac{h}{a} - \frac{1}{2}\frac{h^3}{a^3}\right) & 0 < h \leqslant a \\ c_0 + c & h > a \end{cases} \tag{5}$$

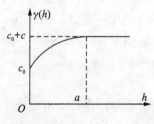

Fig. 4 The variation curve of spherical model

where a is a variation range reflecting the influence area (correlation distance) of the field variable $z(x)$; c represents the maximum value of the variation of $z(x)$ in space; c_0 is a nugget value, which is a random number related to the variation of the microstructure and the measurement error incurred in the test; $c_0 + c$ is a threshold reflecting the total variation range of $z(x)$ in a certain direction.

In engineering practice, the weighted polynomial regression can be employed to fit the discrete data of $\gamma^*(h_i)(i=1,2,\cdots,n)$ optimally based on the spherical model.

The expression of $\gamma(h)$ from the fitness analysis can quantitatively reveal the spatial variation law of the rock mass parameters. Thus it can be directly used to estimate the values of these special variation parameters. In the back analysis of the test tunnel of the Yixing Pumped Storage Power Station, the proposed technique had been employed to estimate the variation range of the elastic modulus for the surrounding rock based on the data from a geological investigation tunnel with branched boreholes and laboratory test. The back analysis results, based on the displacements measured in the test tunnel, show that the optimized solution of the elastic modulus of the surrounding rock falls within the selected range.

The measured displacements are closely related to the initial rock stresses and the elastic modulus of the surrounding rock. Once the variation range of the initial elastic modulus can be properly determined by using the geological data from boreholes, not only the initial rock stresses can be rationally determined, but also the convergence velocity of computation process can be speeded up.

u-t Curve and the Forecast of Surrounding Rock's Deformation The u-t curves (u denotes a displacement, t is time), which are usually obtained by condition monitoring during the construction of rock structures, can be used to evaluate the current stability state of the surrounding rock. It can also be used in the back analysis to determine the initial rock stresses and the material parameters. The results can subsequently be used to forecast the surrounding rock's deformation in the following construction processor to assess the stability state of surrounding rock in future.

In engineering practice, both the following excavation steps and the rheology properties of surrounding rock can cause the deformation development. In order to consider the influence of the rock rheological characteristics in the simulations, it is also necessary to estimate the values of the rheology parameters in the back analysis.

In the next part, a back analysis technique to determine the equivalent elastic modulus of surrounding rock directly by the u-t curves is to be introduced.

The existing studies show that for the tunnels in jointed rock mass the three-element model (Fig. 5) can be used to represent the regular pattern of the surrounding rock deformation versus time. Such a model can often provide a basis to get very good fitness results between the measured displacements and numerical simulated results in engineering practice. This model is employed in the present study to simulate approximately the time-dependent behavior of the surrounding rock. It has been found that when the analysis can be simplified into a plane strain problem in a homogeneous rock, the stress and drainage boundary conditions keep unvaried and the Possion's ratio

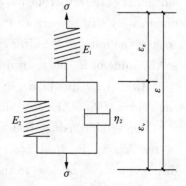

Fig. 5 Three-Element model

does not vary with time. Thus the back analysis at an instant t_i can be simplified into an elastic analysis with the only difference that the equivalent elastic modulus $(E_t)_i$ is used in the elastic formulas. The expression of $(E_t)_i$ is:

$$\frac{1}{(E_t)_i} = \frac{1}{E_1} + \frac{1}{E_2} \cdot (1 - e^{-\frac{E_2}{\eta_2} \cdot t_i}) \tag{6}$$

where $(E_t)_i$ is the equivalent elastic modulus at $t=t_i$, E_1 and E_2 are the elastic modulus in the three-element model (see Fig. 5), η_2 is the coefficient of viscosity.

The next [1] is to discuss how to establish a method to determine the parameters in this model by the measured data of a test tunnel.

For the elastic analysis in FEM, we have

$$[K]\{u\} = \{F\} \tag{7}$$

Let $[K]=E[K']$, then Eq. (7) can be expressed as:

$$E[K']\{u\} = \{F\} \tag{8}$$

where E is the elastic modulus. According to the discussion above, if let $E=(E_t)_i$ in Eq. (8), then Eq. (8) can be used for the plane strain visco-elastic analysis at $t=t_i$.

Assume that the stress and drainage boundary conditions do not change, then both $[K']$ and $[F]$ become a constant matrix. For the computation at $t=t_i$ and $t=t_{i+1}$, the following expression can be derived:

$$(E_t)_i [K']\{u\}_i = (E_t)_{i+1}[K']\{u\}_{i+1} = \{F\}$$

Then

$$(E_t)_i \{u\}_i = (E_t)_{i+1} \{u\}_{i+1} \tag{9}$$

When $t=0$, it can be deduced from Eq. (9) that $(E_t)_0 = E_1$. Since the displacement of the surrounding rock in the initial stage after excavation is mainly resulted from the elastic deformation, $(E_t)_0$ can be assumed to be approximately the elastic modulus of rock mass, i. e. E_0, so we have

$$(E_t)_0 = E_1 = E_0 \tag{10}$$

Based on the above equations, the updated value of $(E_t)_i$ can be obtained. Substituting the three module into Eq. (6), we can get three equations including E_1, E_2, and η_2 as unknowns, which can be used to establish simultaneous equations to determine the unknowns. It can be proved that the simultaneous equations have a unique solution. But since there are transcendental functions in the equations, only approximate solutions can be obtained by trial-and-error. It should be pointed out that the deformation of the surrounding rock in the initial stage after excavation is not entirely resulted from the elastic deformation, so the value of E_1 determined by the above method is only an approximate value of E_0.

After the values of E_1, E_2 and η_2 have been determined, Eq. (9) can be used to predict the deformation of the surrounding rock of a tunnel at any instant.

The established method has been applied to analyze the measured data of the test tunnel of the Yixing Pumped Storage Power Station. The results showed that the predicted displacements were close to the measured ones.

It should also be mentioned that the displacements used in the back analysis should be selected according to the regression curves of the measured displacements.

4 The deformation behavior and support mechanism of deep-buried long and large rock tunnel

Research Background　In recent years, engineers have to face many new difficult engineering technical problems in the design and construction process of hydroelectric power stations and communication tunnels in the mountain areas of China, which in turn promote the development of rock mechanics researches. A specific project may have its specific difficulties, however, most of them are related to the complexity of the geology and environment conditions. The construction of the diversion tunnels of the Jinping Second Level Hydraulic Power Station is a typical example.

The Jinping Second Level Hydraulic Power Station lies in a high mountain and deep valley area in the west part of Sichuan Province, where the terrain and the geological condition are very complicated. There are four diversion tunnels for the project under construction, which are parallel to each other. The diameter of the tunnels is 13 m, the length is around 16.6 km and they are the largest diversion tunnels in scale all over the world. The long tunnels are surrounded by Karst stratum, the depth of the most part of the tunnels is about 2 500 m, the hydraulic pressure of the surrounding rock can be larger than 10 MPa. The long and large tunnels in the deep Karst strata must be stable under the coupled action of high initial rock stress and hydraulic pressure. Engineers lack of experiences and knowledge to construct such kind tunnels. The design strategy for the tunnels is to reinforce the surrounding rock primarily by shotcrete, rock bolts, prestressed cable anchors and grouting. The concrete lining is mainly used to reduce the roughness of the tunnel surface. When the surrounding rock is stable, the roof rock stratum of the tunnels is reinforced by shotcrete and rock bolts, in the meanwhile, the lateral walls of the tunnels also have concrete lining and grouting is still used to further reinforce the surrounding rock to resist the high hydraulic pressure. The corresponding research works are still ongoing and the support mechanism for the case is still under investigation.

In the west part of China, deep-buried long and large tunnels are very common as well in expressway constructions. Sometimes they also have to be built in Karst Stratum. The technical difficulties of the tunnels are similar to those of the diversion tunnels in Jingping, which makes research works more important.

Research Project　Under a deeply buried condition, the technical difficulties in the construction of long and large diversion tunnels in Karst stratum are related to the high initial rock stress and high hydraulic pressure. The initial rock stress is mainly determined by the topography and the buried depth. The hydraulic pressure, however, is related to water level, which is controlled by the upper preserved water in the strata nearby during construction and the seepage field caused by the high water pressure in the tunnels after construction. It is obvious that for the evaluation and prediction on the stability of the surrounding rock, the investigation on the properties of rock mass under the coupled action of high initial rock stress and high hydraulic pressure can provide the basis of establishing analysis theory and method to solve the problems.

For this kind of projects, the basic research subjects on rock mechanics can be suggested as:

(1) The physical and mechanical characteristics of rock mass under high rock stress and hydraulic pressure[4][5][6][7][10][12], including the characteristics of rock under their coupled action, especially the nonlinear extrusive rheology deformation characteristics, the characteristics of plastic shear rheology of discontinuous plane in rock mass and the long-term strength of rock.

(2) The seepage-stress coupling analysis technique[3][11] under high stress and hydraulic pressure, including the analysis principle of the stability of the surrounding rock, the way to determine the relevant parameters and the corresponding numerical analysis algorithm, etc.

(3) The unloading behavior and support mechanism of surrounding rock after excavation under high rock stress and hydraulic pressure, especially the support mechanism corresponding to the nonlinear extrusive rheology deformation of rock.

(4) The optimal construction scheme[8] and support measures of the diversion tunnels.

Furthermore, there are many other problems, which need to be studied, but they will not be listed here.

Test Research on Rock Bolt Support Mechanism For the tunnels built in an expansive stratum, or deeply buried in rock mass, the shotcrete and rock bolts can reinforce the surrounding rock effectively, but the relevant research work on its load bearing mechanism is not sufficient up to now.

In order to investigate the ultimate tensile strain of rock after rock bolts are installed, laboratory tests to reveal the deformation characteristics of sandstone have been done by the CSS - 44000 electronic universal testing machine on the reinforced sandstone samples under direct tensile state. The samples are cylindrical with four parallel slots cut on the surface, which are 2.5 mm wide, 2 mm deep and separated in an equal distance. All the slots were filled by steel bar, which was 80 mm long, 2 mm in diameter and pasted in the slots by epoxy resin. The size and the test results of the reinforced sandstone samples are shown in Table 1 (sample No. 1—5, 1—6). The shapes of samples after failure are shown in Fig. 6. The direct tensile test was also performed on the samples from the same rock block but without steel bar reinforcement. The size of the samples and the test results are also shown in Table 1 (sample No. 1—1 to 1—4). The shapes of them after failure are shown in Fig. 7. The load speed in the tests was 0.01 mm/min until the samples failed.

From Table 1 we can find that the peak strength of the samples without reinforcing steel bar under the direct tensile state condition is 0.001 4 MPa~2.619 MPa, and the average of which is 1.255 MPa. The peak strength of the samples with reinforcing steel bars under the direct tensile state is 13.326 MPa~14.390 MPa with an average of 13.858 MPa. The average peak strength of the reinforced samples is around 11 times of that for the bare samples. The

Table 1   The size and test results of sandstone samples in direct tensile test

NO.	Diameter/mm	Height/mm	Peak strength (tensile)/MPa	Deformation Modulus! /GPa	Obliquity of fracture plane/(°)	Ultimate strain (με)
1—1	45.38	80.08	2.619	0.232	6	8.079
1—2	45.41	80.04	0.370	0.022	8	3.998
1—3	45.36	79.94	0.014	0.011	7	2.690
1—4	45.32	80.41	2.018	0.104	8	4.228
1—5	45.40	79.94	13.326	1.894	7	5.061
1—6	45.54	79.04	14.390	1.808	5	5.080

! The deformation modulus is the elastic modulus when the stress is equal to half of the peak strength.

peak tensile strength of the sandstone is lower in the tests, which looks as if there were soft tectonic planes in the samples. They were failed along the planes and the tensile strength of them mainly reflected the cohesion of the soft tectonic planes (Fig. 6, Fig. 7).

Fig. 6   The reinforced sandstone samples after failure   Fig. 7   The sandstone samples after failure

The deformation modulus of the samples without reinforcing steel bar under the direct tensile state is 0.011 GPa~0.232 GPa, the average of which is 0.092 GPa. That of the reinforced samples under the direct tensile state is 1.808 Gpa~1.894 GPa with an average of 1.851 GPa. The average deformation modulus of the reinforced samples is about 20 times lager than that of the bare samples. The deformation modulus of rock increased obviously by using the rock bolts.

The ultimate tensile strain of the bare samples under the direct tension is 2.690 με~ 8.709 με which has an average of 4.906 με. However, the ultimate tensile strain of the reinforced samples under the direct tensile state is 5.061 με~5.080 με with an average of 5.071 με. So the ultimate tensile strain of the two kinds of sandstone samples is very close to each other.

The test results show that the rock bolts can increase the values of E and C of the surrounding rock effectively, however, they have minor effect on the ultimate tensile strain.

5 Conclusions

The rapid development of the underground constructions in China has attracted various research efforts of rock mechanics. The stability of the surrounding rock of a group of caverns in hydroelectric stations with complex geological condition, the stability of high slopes and dam foundations as well as the geological hazards related to deep mine exploitation and deep tunnel excavation are very crucial for the constructions and long term service safety of the underground structures. The present paper discussed two critical issues, i. e. 1) the stability analysis of rock surrounding a group of huge caverns in hydroelectric stations, including the research works for the Longtan Hydroelectric Station and the techniques for back analysis and the prediction of surrounding rock deformation, 2) the deformation behavior and the support mechanism of deep-buried surrounding rock of long and large tunnel.

References

[1] An H G, Feng X T. The research of evolutionary finite element method of the stability and optimization at large cavern group[J]. Rock and Soil Mechanics, 2001,22(4): 373-377.

[2] Brace W F. Permeability of granite under high pressure[J]. J of Geophysical Research, 1968(73): 2225-2236.

[3] Chen W Z, Li S C, Zhu W S, et al. Excation optimization theory for giant underground caverns constructed in high dipping laminar strata[J]. Chinese Journal of Rock Mechanics and Engineering, 2004,23(19): 96-103.

[4] Chen B R, Feng X T, Ding X L, et al. Rheological model and perameters indentification of rock based on pattern search and least-squaer techniques[J]. Chinese Journal of Rock Mechanics and Engineering, 2005,24(2): 207-211.

[5] Drescher K, Handley M F. Aspects of time-dependent deformation in hard rock at greatdepth[J]. J of The South African Institute of Mining and Metallurgy, 2003,103(5): 325-335.

[6] Qiu S H, Yang L D. A Model of estimating thickness of layered deposits[J]. West-China Exploration Engineering, 2002,14(2): 65-67.

[7] Wang Y Y, Qi J, Yang C, et al. A study of nonlinear creep law in deep rocks[J]. Rock and Soil Mechanics, 2005,26(1): 117-121.

[8] Xing F D, Zhu Z D, Liu H L, et al. Experimental study on strength and deformation characteristics of brittle rocks under high confining pressure and hydraulic pressure[J]. J of Hehai University, 2004,32(2): 184-187.

[9] Yang L D, Yan J P, Wang Y Z, et al. Study on time-dependent properties and deformation prediction of surrounding rock[J]. Chinese Journal of Rock Mechanics and Engineering, 2005,24(2): 212-216.

[10] Yang L D, Zhu H H, Xia C C, et al. The research of the surrounding rock's deformation characteristics, the deformation prediction of main carves and deformations monitor and control value of Longtan hydraulic power station huge carves[J]. The project research report, Shanghai, July, 2003.

[11] Yang L D, Yang Z X. Coupling analyses and numeric simulations on seepage flow in anisotropic saturated soils[J]. Chinese Journal of Rock Mechanics and Engineering, 2002,21(10): 1447-1451.

[12] Zhu Z D, Zhang Y, Xu W Y, et al. Experimental studies and microcosmic mechanics analysis on marble rupture under high confining pressure and high hydraulic pressure[J]. Chinese Journal of Rock Mechanics and Engineering, 2005,24(1): 44-51.

[13] Zhu H H, Ye B. Experimental study on mechanical properties of rock creep in saturation[J]. Chinese Journal of Rock Mechanics and Engineering, 2002,21(12): 1791-1796.

岩土工程反分析方法研究的发展方向*

杨林德

(同济大学地下建筑与工程系，上海　200092)

摘要　本文叙述笔者对发展岩土工程反分析方法的见解。内容包括反分析方法在发展岩土工程学科理论中的作用，结合工程实践的需要开展研究的方法，土工问题施工力学中反分析方法的发展前景，以及目前在发展反演理论的方法与技术中面临的主要课题。这些课题主要包括计算模型与目标未知数的确定、目标函数的优化原理与算法、地质统计方法的应用途径、量测技术与方法、渗流耦合问题的反分析方法等。
关键词　反分析方法；岩土工程；施工力学

Directions in Method Studies of Geotechnical Back-analyses in China

YANG Linde

(Department of Geotechnical Engineering, Tongji University, Shanghai 200092, China)

Abstract　The paper presents the author's opinions on the development of back-analyses methods in geotechnical engineering, including the roles of back-analyses methods in subject development, the necessity to develop the techniques based on the engineering practices, the foregrounds of back-analyses methods in soil mechanics and civil engineering. In addition, major problems faced during development of back-analyses methods are presented e. g., determination of back-analyses model and unknown parameters, optimum theories and methods of objective functions, utilization approaches of geological statistic methods, measuring techniques and methods, back-analyses methods of seepage coupling.
Keywords　back-analyses methods; geotechnical engineering; construction mechanics

1　引言

对岩土工程问题的分析开展建立反分析理论与方法的研究始于20世纪70年代，迄今已有30余年的历史。目前这类研究不仅已取得丰硕成果，而且已形成方法体系并广泛应用于工程实践，对岩土工程问题的分析正在起着重要的作用。

鉴于岩土介质材料自身性质的复杂性，岩土工程设计与施工的成功长期以来都离不开经

---

* 本文摘自《全国岩土工程反分析学术研讨会暨黄岩石窟(锦绣黄岩)岩石力学问题讨论会文集》，北京：地震出版社，2007年

验判断的指导。工程设计中,各类地下工程虽然多数已形成各自的计算理论与设计方法,计算参数的合理确定却需要经验,否则计算结果常与实际发生的情况有较大的差别;工程施工中,地层开挖与支护作业的工法及程序的确定,排水措施与时机的选择,以及结构施作工艺与质量保证体系的制定等也都有赖于经验。这种情况显然不能完全满足工程实践的需要,因为不同设计、施工单位经验累积的领域和程度有差异,同类工程在不同地区或地点施做时特点有区别,以及因新建工程建设规模更大,或技术难度更高而感到设计、施工经验短缺的情况不断出现。因此,根据现有经验对岩土工程的设计与施工建立或完善分析理论和施工方法仍非常必要。

20世纪80年代以来,地下工程施工力学的研究已有较大的发展,已经建立的计算理论与方法不仅数量众多,而且研究深度已涉及施工过程的仿真模拟。然而由这些计算理论和方法得到的结果多数与工程实践仍常有距离,原因主要是仿真程度不够,还不能依据工程施工的实际情况及时调整分析模型和计算参数。反分析理论与方法的建立则可在使计算理论联系工程实践中起桥梁作用。研究建立这类理论与方法的要点是需依据工程经验选择计算模型(包括材料本构模型),并根据现场量测信息确定模型参数,以及注意使由反分析计算得出的量测信息的计算值与实测值较好相符。显而易见,引入反分析方法后由施工力学研究建立的计算方法将可用于解决工程问题,并可由此对学科理论的发展起促进作用。

反分析理论与方法的研究遇到的难题,首先是计算模型的合理选择。研究人员首先需要对工程施工过程有较好的了解,才能结合设计、施工经验形成较为合理的简化计算模型。模型宜简不宜繁已成为人们的共识,合理选择简化计算模型却有待结合工程施工实践的特点深入探讨。研究工作遇到的另一类难题是计算方法和计算技术的建立。计算模型不同,相应的计算方法和计算技术也需有差异。对计算方法和计算技术开展研究有较大难度,尤其是非线性问题和多场耦合问题的多参数优化反分析,尚有许多课题需进一步研究。

反分析理论与方法的研究早年致力于建立依据现场量测信息确定初始地应力和围岩介质的特性与参数的方法,以使计算理论可用于分析工程问题,因而对岩石力学与工程学科理论的发展有划时代的意义。目前反分析方法的研究在分析理论和应用技术方面都已取得较多成果,许多方法也已在工程实践中被采用,然而在结合工程实践开展应用研究,尤其是在探索将其推广采用于诸如软土工程等其他类型的工程时的途径与方法方面,却仍有许多难题有待继续研究。

2 结合工程实践的需要发展反演理论与方法

岩土工程问题反分析理论与方法的研究起源于工程建设发展的需要,研究过程的进展多数也都针对在工程实践中采用这类方法时遇到的理论和实际问题。

20世纪70年代以来,大跨度地下洞室工程开始在国内涌现,建设规模尤以水电站工程中由设置装机的地下厂房、主变开关室、调压井和母线洞等组成的地下洞室群为最。其中地下厂房的跨度许多超过40 m,高度约达70 m,洞室的稳定性将主要取决于围岩的稳定状态,由此使初始地应力和围岩材料特性与参数的合理确定引起人们的高度重视。作为工程技术,初始地应力和围岩材料特性与参数的确定以往都已有一些现成的方法,然因这些方法大多有费时费钱的显著缺点,实践表明许多工程并不具备采用这些技术采集设计资料的经济能力。而另一方面,20世纪80年代以来,新奥法技术已开始在国内推广应用,施工难度较大的工程大多辅以现场监测以帮助确保工程施工的安全性,由此取得的丰富的位移量监测资料,成为最初引发人们致力于通过建立位移反分析理论与方法确定工程设计计算需要的参数的动力。

位移反分析理论与方法的研究起初从最简单的工况开始,围岩特性选为服从弹性模型,反分析计算的目标未知数限于初始地应力和弹性模量值。实践表明,这类工况虽然最为简单,据以建立的理论与方法却不仅有理论意义,而且有工程应用价值。

工程实践中,隧道和地下工程的围岩的特性差异较大,可用弹性模型描述的只是其中的一部分。因此,这类成果不久即被延伸,弹性问题中初始地应力和围岩特性参数 E、μ 值同时确定的反演计算法、弹塑性问题的反演计算法和黏弹性问题的反演计算法等相继建立,并都开始在工程实践中被采用。

将这些方法用于工程实践时遇到的问题,主要包括测线布置方案的合理制定,量测仪表的合理选择,监测数据的筛选与分析,分析计算模型的确定,以及计算方法的完善等。其中既有量测技术方面的问题,又有分析理论问题。

一般说来,测线布置方案的制定和量测仪表的选择与施工或监测单位的技术水平和条件有关,其合理性的判断则应同时包含对由量测误差导致的反分析计算结果精确程度的影响的分析。这一问题起初并未引起重视,但后续的工程实践表明,有时采用的计算理论与方法并无不当,得到的计算结果却不理想,才使人们认识到建立这类理论与方法时应同时研究误差问题,包括鉴别可能引起误差的因素,分析这些因素发生作用的规律,以及论证量测误差对反分析计算结果的影响程度等。研究结果表明,除系统误差和错误外,量测误差对反分析计算结果精度的影响程度主要取决于仪表读数的误差与实际发生的位移量的比值。可见为使计算结果精度较高,应注意尽量在位移量较大的部位与方向上设置测线,并采用分辨率较高的仪表测取读数。这一研究还得出位移量较大的方向通常与初始地应力作用方向一致或相近的结论,对在工程实践中采用这类方法有较大的价值。

监测数据的筛选与分析既包含对错误量测数据的剔除,也包含对施工监测中由量测元件安装滞后引起的位移量损失值的估计。这类工作前者一般指剔除个别奇异性较大、可信度较小的数据,与后者相应的研究工作则通常难度较大,因为位移量损失值通常同时包含时间效应和空间效应的影响,很难分辨和定量分析。工程实践中,目前采用的估算位移量损失值的方法主要是经由试验测定的方法,通过理论研究和分析论证对其提出可供实用的估算方法则仍有待继续研究和探索。

工程应用中,对反分析方法采用简化计算模型十分必要,因为采取这类措施不仅可使计算过程大为简化,而且可使反分析过程目标集中,有利于较为方便和精确地获得主要目标参数值。实际上,地层开挖后围岩各点的材料性态都不相同,即使在正演计算中也不能做到完全按实际情况模拟围岩的性态,因而对反分析计算采用简化计算模型应属合乎情理。其间遇到的主要问题是简化模型的选定需要经验,由此带来主观随意性。对这类问题取得合理解需要在工程实践中累积经验,并需通过不断总结得到规律性认识。在这一方面,目前对水电站地下厂房洞室群拟选位置采用的,利用由试验洞获得的量测资料帮助确定初始地应力场分布的方法等可视为有效的辅助方法,因为试验洞一般尺度不大,围岩地质条件比较单一,并易于借助地质方法辨识围岩的特性及确定参数的合理取值范围。对其他类型的反分析问题,这类方法也应可供借鉴。

计算方法的选取与反分析方法的种类有关。目前提出的算法已经有许多种,然而除逆反分析法外,各类正反分析法采用的算法都可归类为目标函数的优化过程。这些方法虽各有特色,但他们对目标函数优化过程的引导采用的方法多数缺乏严密的理论依据,有的效果也并不理想,有待通过研究继续完善。

地下工程施工力学是实践性极强的学科分支,发展学科理论需要密切结合工程施工的实践,并应注重结合需要解决的工程问题开展研究工作。在这一领域,反分析理论与方法的研究虽已取得许多成果,有待继续研究的课题却仍还很多。除以上提到的课题外,三维问题的反演计算法,在考虑时空效应影响的前提下对工程施工的模拟和安全性监测进行动态预测和预报的方法,以及下节将要讨论的土工问题的反演理论与方法等,也都有待继续创造和完善。

3 土工问题的反演理论与施工力学

20世纪80年代以来,随着城市建设的快速发展,国内在软土地区施做的隧道和用于建造高层建筑基础、地下室及地铁车站结构等的基坑工程不断涌现,使岩土工程学科理论的发展面临许多新课题。这类工程大多在市区建造,施工过程中除需保持支护结构自身稳定和安全外,还需注意周围环境的妥善保护,包括应使附近各类地下管线均能保持完好和能安全使用,以及周围建、构筑物均不开裂和能正常使用等。

工程施工中,由基坑开挖引起的事故较多,其中既有由支护结构倒塌引起的事故,又有因围护结构和周围地层变形过大引起的周围建、构筑物严重开裂,或二者兼而有之。基坑工程事故通常造成较大的直接和间接经济损失及社会负面影响,由此引起人们极大的关注,并纷纷对基坑工程支护结构的优化选型、地层开挖和支护施作的合理方法,以及周围地层变形的控制技术等加强研究,包括致力于开展对支护结构和周围地层的变形建立位移量预报和安全性监测技术的研究等。20世纪90年代中期以来,对基坑工程的施工建立安全监测技术的研究已有较大的进展,取得经验较多,针对工程实践提出的监测和分析方法也已渐趋成熟。与此同时,对基坑支护的变形和安全性预报与控制建立分析理论与方法的研究也已取得许多成果,然因影响基坑工程施工安全的因素甚多,以及岩土工程问题自身的复杂性,完善这类理论与方法仍有许多课题有待继续研究。

对软土工程的施工建立分析理论与方法的研究有多种途径,凭借由现场监测获得的数据建立经验公式是其中之一,由此取得的成果常可对工程施工起较好的指导作用。例如对由盾构掘进引起的地表沉降,常可采用 Peck 公式描述地面沉降槽的形状等。然而经验公式的适用范围有局限性,对技术难度较大的工程常不适用,因而仍需重视建立理论分析方法的研究。

在上海地区及沿海大中城市,除周围建、构筑物密集外,软土工程施工遇到的问题多数与土体地层强度低,含水量高,压缩性强及由施工扰动引起的地层变形明显受到开挖空间的大小和时间因素等的影响有关。对这类地区基坑工程的施工,人们已对必须加强施工监测形成共识,并已对支护结构设计的计算提出一些经验方法,包括依据以往累积的经验选定计算模型等。然而在将这些计算模型用于基坑支护结构的设计计算时,仍将遇到参数值难于正确给定的困难。可以想象,对其如能借助位移反分析方法,根据由施工监测获得的数据确定周围地层的主要参数值,则这些方法可被用于较为正确地预报基坑支护的位移及其安全性。这类课题目前已取得许多成果,并已结合施工过程,对基坑支护结构及周围地层的变形与安全性的预测和预报提出如图1所示的流程。这一流程的特点,是通过对各开挖步取用不同的挖深描述空间效应对基坑支护和地层变形的影响,并将用于描述地层变形依时性特征的性态参数作为关键参数,其值由依据现场位移量测值建立的位移反分析方法确定,使计算结果可同时包含时间因素对基坑支护体系的变形和安全性评价产生的效应。这些理论成果可供同类工程建设参考,但对复杂地质条件下的深基坑工程,尤其是环境保护要求较高,或形状复杂的深基坑工程,仍有必要结合设计、施工方案的特点,对其进一步开展建立分析理论与方法的研究。

在软土地层中推进盾构隧道时,有可能因地面沉降过大而危及地面及附近建、构筑物的安全性;而在软土地基上建造公路路基和桥墩时,则有可能因工后沉降过大而影响工程的施工质量。对这些工程施工常见的问题,人们早已对其位移量的估计及安全性评价开展建立分析理论与方法的研究,包括根据监测数据揭示的规律对其建立计算模型,通过引入位移反分析方法确定软土地基的主要特性参数值,以及对位移量和安全性的预报建立动态反馈过程等。

与岩石地层中的隧道和地下工程相比较,软土地区的工程不仅有介质材料强度低、含水量高、周围地层变形明显随时间而增长,建筑结构布置紧凑、外界影响因素多、工程环境保护要求高,支护结构类型复杂、施做工艺技术要求高、难度大等特点,而且需结合具体工程的特点采用不同的计算模型,使结合工程施工开展的施工力学研究都有较大的难度,并不断面临新的课题。对这些课题开展取得优化解的研究是发展学科理论的需要,反分析理论与方法的研究当可对其提供有效的帮助。

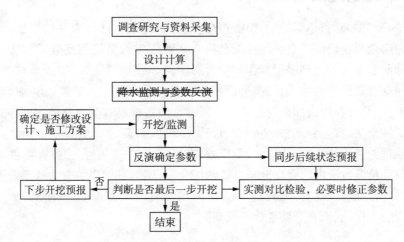

图 1　基坑开挖动态预报流程

4　反分析方法的研究课题

本节讨论反分析方法的研究课题。

反演理论的发展离不开工程实践的需要,发展反演理论也需结合工程实践。因此,对目前反演理论的研究课题拟提出以下几个发展方向。

4.1　计算模型和目标未知数的确定

岩土工程问题的分析方法有地质分析法、经验类比法和理论分析法等多种。其中有的完全依赖经验,有的辅有计算公式,有的则主要依据由理论分析计算得到的结果做出判断。采用公式或理论分析方法计算时,由于荷载和岩土介质特性参数的确定一般都带有主观随意性,计算结果与由现场量测信息得到的结果常有差异。对这类问题,位移反分析方法可提供有效的解决途径。即如能通过引入位移反分析方法确定等代荷载和地层特性参数值,则计算结果与由现场量测信息得到的结果可望有较好的一致性。然而对于工程实践中的岩土工程问题,采用何种模型进行分析计算较为合理,其中哪些参数应当或宜于选为反分析计算的目标未知数等却需专门研究。

以上课题的研究对反分析方法可被成功地用于工程实践有重要作用。一般来说,对各类岩土工程问题的分析,设计和研究人员通常都已根据经验提出一些计算方法,其中有的正确度较高,有的误差较大,反分析计算则宜将其中正确度较高的经验计算方法选为基本计算模型,并从中挑选关键参数作为反分析计算的目标未知数。例如对于上海地区饱和软土地层中的基坑工程,经验表明围护结构的受力变形性态与弹性地基上的梁或板接近,承受的侧向主动土压力的分布规律接近于朗肯主动土压力,坑底土体的被动土压力可用规范列出的 m 法表述,因而宜将围护结构的基本计算模型选为承受朗肯主动土压力作用的弹性地基梁或板,并将反分析计算的目标未知数选为与主动土压力和弹性地基特性有关的参数。而对基坑周围地层变形的预报,则需借助依据连续介质力学原理建立的分析方法进行计算,并将反分析计算的目标未知数选为与岩土介质材料性态有关的参数。

4.2 目标函数的优化原理与算法

反演理论研究中,对目标函数的优化过程建立分析理论与计算方法始终是人们关注的研究课题。因为迄今为止已经建立的位移反分析方法绝大多数是优化反分析方法,用以约束优化过程的目标函数多数是受到多因素作用综合影响的非线性函数,一般很难对其优化过程收敛性的导向建立有理论依据的关系式,使研究工作有较大的难度。在这一方面,研究人员已经进行过许多工作,并已提出诸如针对其中某一或数个参数控制其变化趋势的偏导数法,用于搜索最优解的单纯形法、黄金分割法、牛顿法、最速下降法、共轭梯度法和卡尔曼滤波法,以及基于生物进化原理的遗传算法、进化算法、数字规划法等方法。这些方法各有特色,也有可能在工程实践允许的精度范围内取得反分析计算的优化解,然而其中多数方法缺乏普遍适用性,尤其缺乏严格的理论证明。这类课题的进一步研究虽然有较大的难度,然而对完善反分析方法却是必不可少的工作,因而有必要继续开展研究。

4.3 地质统计方法的应用途径

首先讨论反演分析中地质统计方法的应用价值。如前所说,目前已经建立的反分析方法多数属于目标函数为非线性函数的优化反分析方法,而非线性目标函数的求解通常不仅过程冗长,而且常因其间包含各类因素的综合影响而难于得到满足精确度要求的计算结果。一般来说,对这类情况,对其减少目标未知数的个数或缩小其取值范围有利于使目标函数加快收敛,并易于得到满足精确度要求的反分析计算结果。而在这一方面,地质统计方法可用于减少目标未知数的个数和确定其合理取值范围,从而加速目标函数的收敛过程,因而具有较好的应用价值。

反分析方法中,地质统计方法可被用于确定地层材料的某些性态特性参数值早已有先例。例如地层材料的泊松比,研究表明对同类地层材料泊松比值的变化范围较小,反分析计算中常可根据由地质勘察得到的资料或积累的经验将其取为已知值。地质统计方法用于确定目标未知数的取值范围也已有先例,例如可参照由工程地质勘察得到的资料初步确定地层材料的弹性模量的取值范围,或根据经验对其直接选定取值范围等。这些方法可视为经验判断法,通过研究可进一步形成有一定理论依据的地质统计分析法。以水电站地下厂房试验洞的反分析计算为例。试验洞一般开口在地质探洞中,而在地质探洞中一般布置有大量地质钻孔,故可借助由在地质探洞中钻孔取样后进行的室内试验得到的大量数据,确定周围地层弹性模量的取值范围。这类方法有较大的应用价值,但目前采用的根据现有地质资料确定参数取值范围的方法一般都是较为粗糙的经验判断法,有必要通过研究建立有一定理论依据的地质统计方法。

4.4 量测技术与方法

岩土工程施工中,及时进行现场监测对确保工程施工的安全性有重要的作用。监测数据主要用于根据位移量或应力值的量测值与控制值的对比判断工程施工的安全性,必要时也可用作反分析计算的依据,以便在确定荷载和地层性态特征及其参数值后预报后续阶段工程施工和使用的安全性。

以上两类作用依靠的基本数据虽然都是由现场监测获得的位移量或应力值,但是数据种类、数量、精确度要求和监测方案却有差异。例如基坑工程安全性的监测,一般都仅需在围护结构的顶部及周围地表的关键部位设置量测点,通过监测这些测点发生的位移量及其变化规律,即可对围护结构的安全性做出判断;而在需借助反分析方法确定参数值后对后续工序的位移量及其安全性进行预报时,则需结合采用的计算方法设置监测断面和增设必要的测点,以及采用精度更高的量测仪表和方法获得数据。如在采用弹性地基梁模型计算时,需在选定的监测位置上沿深度方向在关键部位设置测点量测支护结构的水平位移;采用平面应变问题分析模型计算时,则需在选定的计算剖面上设置监测断面,获得的独立位移量的个数至少需多于3个。此外,对两类计算方法都应注意不能因量测误差过大而使反分析计算的结果不能满足精确度要求。满足这一要求不仅涉及量测方案的合理制定,而且涉及量测仪表和方法的合理选择。其中量测方案的合理制定与工程类型及采用的计算模型有关,一般可通过精心设计确定优化方案;量测仪表和方法的合理选择则需结合各类工程常见的量测技术具体分析。如在软土基坑工程中常用经纬仪量测地表水平位移及采用测斜仪测定深层土体的水平位移,其量测数据的精度易于满足判断支护结构安全性的要求,用作反分析计算的依据时则应注意在通视条件较差的情况下,应尽量减少经纬仪量测的转点,以及对测斜仪应注意适当加深埋置深度及以底部为准计算侧向位移值等。此外还需注意在位移量较大的部位设置测点及采用精确度较高的仪表,以及研制精确度更高的仪表用于施工监测。

4.5 渗流耦合问题的反分析方法

近十多年来,随着基本建设的快速发展,岩土工程问题分析中应力渗流耦合作用影响的研究,在国内正日益受到重视。这是由于在软土地区施做隧道和开挖基坑时,支护结构的稳定性常与地下水渗流有关,而在软岩地层中开挖隧道和地下工程时,又常因遭遇突水涌泥而发生灾难性事故。

地层含水对岩土介质的影响,首先是使材料软化,强度降低,压缩性增高,由此导致本构关系发生程度不同的变化;其次是在压力水头作用下产生渗流场及与其相应的应力场,并与周围地层原有的应力场迭加,共同形成耦合应力场。耦合应力场的应力水平通常高于原有应力场,从而不仅可改变岩土体的受力状态,而且可导致地层材料的性质起变化。例如对于土工问题的分析,同一地层的渗透系数常随应力水平的增高而降低,疏干地层可使其强度增高,而在承压水作用下开挖面易于失去稳定等;而对岩石地下工程,渗流耦合作用不仅可引起与土工问题的分析同样的效应,而且在埋深较大时,在高地应力和高渗透压的综合作用下,岩石材料的性态将呈明显的挤压流变和剪切流变特性。对这类岩石材料研究建立本构关系和探索稳定开挖面的支护机理,正是我国在西部开发中目前面临的岩石力学问题之一。

岩土工程应力渗流耦合问题的研究涉及诸多方面,其中包括实验技术及对现场观测资料的分析。尤其是在高地应力和高渗透压综合作用的条件下,这类研究面临的问题更为复杂。在这一方面,反分析方法当可提供帮助,然而由于渗流耦合效应受诸多因素的综合影响,对这类问题采用反分析方法确定材料本构关系及各类参数值必然会遇到许多难题,对其提出分析理论和方法的研究需要持续努力的工作。

5 结语

20 世纪 70 年代以来,随着岩土力学数值分析方法的发展,岩土工程反演理论与方法的研究不仅日益受到重视,而且已得到快速发展和取得系列成果,进而推动了对岩土工程的安全性建立预报和控制技术的研究。目前在这一领域建立的方法可谓已经构成庞大的家族,其中许多方法已可直接应用于工程实践,形势令人振奋。

在理论体系上,反演和正演理论与方法的研究成果所起的作用互为补充,共同推动着岩土工程学科理论的发展。然而在研究目标、方法和技术路线方面,两演理论与方法的研究却有明显的差异。一般说来,反分析理论与方法的研究具有更强的实践背景,因为不仅由反演分析得到的结果通常都直接用于解决或分析在工程设计和施工中面临的实际问题,而且各类地下结构采用的构造形式和施工方法,以及现场量测信息的采集方法等也都与工程实践有关。这些因素都将构成建立反分析方法的基础,或约束条件。

因此,为使反分析结果能较好符合实际情况,建立反分析方法时选择的计算模型应能反映地层和支护结构的主要受力变形特征,本构模型应能反映岩土材料性态的主要特征及其变化过程,计算方法应能追踪施工过程并能有较为合理的误差检验与控制方法。

结合具体工程建立反分析方法的研究都会有难度。因为工程类型不同,对其取得优化解的方法也将有差异,而且以上因素的影响通常相互交叉。

通常情况下,对具体岩土工程问题的分析,一般都可通过将常用的经验计算方法提炼为计算模型,并将其中的关键参数选为目标未知数构建反演分析的基本模型,辅以对目标函数的优化过程提出算法形成具有可操作性的反分析方法。其中必然包含许多困难。克服这些困难需要思路创新,因而发展反分析方法需要勇于探索,也需要勤于实践。

反分析方法的研究已取得丰硕的成果,并正继续受到人们的关注。对反分析方法有必要继续开展研究。这类研究既需重视基本理论的深化,又需重视应用技术的普及,以使取得的成果在促进岩土工程学科理论的发展中能起更大的作用。

岩土工程学科理论的研究近 30 多年来已取得巨大的进步,结合工程实践发展这门学科则仍有许多课题需要研究。期盼反演理论与方法及其工程应用的研究能取得更多成果,并能在更大的深度和广度上用于工程实践。

参考文献

[1] 仇圣华,杨林德,陈岗. 地质统计学理论在岩体参数求解中的应用[J]. 岩石力学与工程学报,2005,24(9):1545 - 1548.
[2] 孙钧,黄伟. 岩石力学参数弹塑性反演问题的优化方法[J]. 岩石力学与工程学报,1992,11(3):221 - 229.

[3] 王祥秋,杨林德,高文华.桩基极限承载力与沉降量的神经网络预测[J].地下空间,2003,23(1):33-35.
[4] 杨林德.岩土工程问题的反演理论与工程实践[M].北京:科学出版社,1996.
[5] 杨林德,时蓓玲,杨超.基坑变形及其安全性的随机预测[J].同济大学学报:自然科学版,2002,30(4):403-408.
[6] 杨林德,徐日庆,陈宝,林秀桂.上海市防汛墙岸堤变形规律的研究[J].岩土工程学报,1997,19(3):89-94.
[7] 杨志法,王思敬.岩土工程反分析原理及应用[J].岩土工程界,2004,7(5):11.
[8] 杨志法,王思敬,杨林德,王芝银,张路青.岩石工程位移反分析原理与方法[C]//中国岩石力学与工程——世纪成就[M].南京:河海大学出版社,2004:516-528.
[9] 郑永来,王振宇,钟才根,杨林德.软基路堤填土施工期的稳定性反演分析[J].岩土力学,2002,23(2):196-200.
[10] 朱合华,杨林德,桥本正.深基坑工程动态施工反演分析与变形预报[J].岩土工程学报,1998,20(4):30-35.

Ⅱ 地下结构的抗震设计研究

地铁车站的振动台试验与地震响应的计算方法[*]

杨林德[1]　杨　超[1]　季倩倩[2]　郑永来[1]

（1. 同济大学地下建筑与工程系，上海　200092；2. 上海黄浦江大桥工程建设处，上海　200090）

摘要　本文介绍了对上海市区的典型软土地铁车站结构进行的振动台模型试验，根据试验数据建立的地铁车站地震响应的分析理论和计算方法进行的研究及其取得的成果。内容包括模型试验的种类及其目的、模型土动力特性的确定及其模拟方法、模型箱构造的特点及其模拟技术、动力分析的计算原理与方法以及对试验数据进行的拟合分析及其结果采用拉格朗日差分法对振动台模型试验进行了数值拟合分析，计算结果表明土体和结构模型的加速度响应，结构模型表面的动土压力以及结构构件的应变规律的计算结果与试验结果基本吻合。

关键词　软土地铁车站；振动台模型试验；地震响应；动力数值方法

Shaking Table Test and Numerical Calculation on Subway Station Structures in Soft Soil

YANG Linde[1]　YANG Chao[1]　JI Qianqian[2]　ZHENG Yonglai[1]

(1. Department of Geotechnical Engineering, Tongji University, Shanghai 200092, China;
2. Shanghai Huangpu River Bridge Construction Company, Shanghai 200090, China)

Abstract　This paper describes not only the shaking table test on subway stations in soft soil, but the research and achievements of the analysis theory and numerical method about the seismic behavior of station structures. What is presented in the paper includes the types and targets of model test; the method of determining and simulating the dynamic properties of model soil; the style of model box and the method of simulating it; and the theory and method of dynamic numerical simulation of model test. The numerical simulation of model test is performed based on the Lagrangian difference algorithm. It is shown that the acceleration history of soil and station structure, the dynamic soil pressure on the structure and the strain of structure is consistent with the results of the test.

Keywords　subway station in soft soil; shaking table test, seismic behavior, dynamic numerical method

---

[*] 同济大学学报(自然科学版)(CN：31-1267/N)2003 年收录

神户地震使人们认识到地铁车站在地震时也可能遭受严重震害；历史上发生的大震一再表明，软土地基会增大地震的破坏作用，故对于软土地层厚达 250～300 m 的上海地区，展开建立地铁车站的抗震设计分析理论和设计方法的研究具有重要的意义。对地下结构地震响应的计算，迄今已提出多种算法，然而由于对其涉及的各类复杂因素的影响尚认识不足，不同的计算方法或模型得出的结果存在很大的差异，且很难鉴别各自的合理性。本文拟根据对软土地铁车站进行的振动台模型试验采集的数据，借助数值拟合分析，建立和检验软土地铁车站地震响应的分析理论与计算方法，以便工程设计实践参考。

1 软土地铁车站结构的振动台试验

对软土地铁车站结构进行振动台模型试验在国内尚属首次，试验过程中遇到的技术难题包括对地铁车站纵向长度的模拟，场地土的动力特性与地震响应的模拟，模型箱的构造与边界效应的模拟，以及量测元件设置位置的优选等，项目研究对这些技术难题逐一进行了研究，并都提出了行之有效的解决方法，使试验取得了可靠的数据[2-4]。

试验分自由场振动台模型试验、典型地铁车站结构和地铁车站接头结构振动台模型试验3 种。试验过程中，首先进行了自由场振动台模型试验，用以模拟自由场地土层的地震反应，据此获得模型箱内不同位置处的土的加速度响应，确定"边界效应"的影响程度和鉴别模型箱构造的合理性；然后通过典型地铁车站结构振动台模型试验了解地铁车站结构与土共同作用时地震动反应的规律与特征，为建立地铁车站地震响应的分析理论和计算方法提供试验数据。

振动台模型试验记录了在不同荷载级别的 El-Centro 波、上海人工波和正弦波激振下，加速度测点传感器的反应，依据记录结果绘出了各加载工况下的加速度反应时程图，并通过对其做富氏谱变换（FFT）得到了与之相应的测点的富氏谱；由动土压力传感器，得到了各测点在不同加载工况下的动土压力反应时程图；根据结构模型构件上布置的应变片，测得了构件应变的变化。

2 计算原理与方法

在对地下结构及其周围土体进行地震响应分析时，体系常被简化为由一系列单自由度体组合而成的多自由度体系，其动力平衡方程可表示为

$$[M]\{\ddot{u}\}+[C]\{\dot{u}\}+[K]\{u\}=\{f\} \tag{1}$$

式中 $[M],[C],[K]$——分别为体系的质量矩阵、阻尼矩阵及刚度矩阵；

$\{\ddot{u}\},\{\dot{u}\},\{u\}$——分别为加速度向量、速度向量和位移向量；

$\{f\}$——荷载向量。对于非周期性地震作用，初始时刻的结构体系的速度和位移一般为零，求解式(1)可得结构体系的瞬态反应。

本文采用快速拉格朗日差分法对式(1)求解，该法属于数值积分法，特点为在时域内将动力平衡方程转化为运动方程和应力-应变关系进行求解，将计算区域离散为二维单元，单元之间由节点联结，并将运动方程

$$m\frac{\partial \dot{u}}{\partial t}+c\dot{u}=p \tag{2}$$

写成时间步长为 Δt 的有限差分形式

$$\frac{\partial \dot{u}}{\partial t}=\frac{\dot{u}^{(t+\Delta t/2)}-\dot{u}^{(t-\Delta t/2)}}{\Delta t} \tag{3}$$

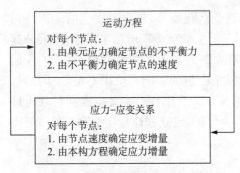

图1 快速拉格朗日差分法求解过程流程图

在每个时间步长 Δt 中,采用如图1所示的过程求解,直到地震过程结束为止。

3 振动台试验的数值拟合分析

3.1 计算简图

对地铁车站结构进行的三维计算与分析表明,横向激振条件下离端部较远的地铁车站结构可简化为平面应变问题进行分析。本文拟对离端部较远的主观测断面按平面应变问题计算,方向与激振方向平行,并与车站结构模型的纵轴垂直。计算区域以模型箱为界,底部边界在竖直方向固定,侧向边界在水平方向固定,上表面为自由变形边界。振动过程中,模型箱发生的变形,可略去不计,故侧向和底部边界在水平方向的加速度始终与台面输入波一致。计算网格划分如图2所示。

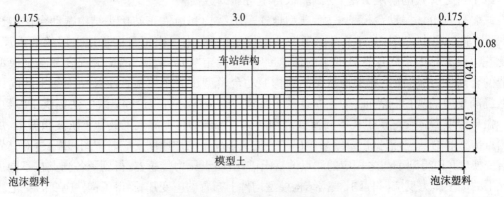

图2 计算简图的网格划分(单位:m)

模型箱内衬厚17.5 cm的泡沫塑料板,用以模拟场地土易于变形的特性。划分网格时泡沫塑料板和模型土均被离散为四边形单元,车站结构模型离散为梁单元,并在泡沫塑料板与土体、土体与车站结构之间设置了接触面单元。接触面单元由法向弹簧、切向弹簧、抗拉元件和滑片组成,滑片剪切强度采用莫尔-库仑准则检验。

3.2 材料动力特性的模型与参数

将土的非线性应力-应变关系直接用于动力响应分析时,须按其历程曲线逐步跟踪,计算工作量很大,过程也很复杂,因而目前很难实现真正的非线性分析。本文拟采用等效线性法进行计算。

对模型土的土工试验结果进行曲线拟合的研究表明,采用3参数Davidenkov模型能很好地拟合试验结果。Davidenkov模型可描述为

$$\frac{G_d}{G_{max}} = 1 - \left[\frac{(\gamma_d/\gamma_0)^{2B}}{1+(\gamma_d/\gamma_0)^{2B}}\right]^A \tag{4}$$

式中 A,B 和 γ_0——用于数据拟合的常量参数;

G_{max}——土的最大动剪切模量。试验表明,阻尼比与动剪切模量间的关系可近似用下式表示:

$$\lambda = \lambda_{max}(1-G/G_{max})^\beta \tag{5}$$

式中,λ_{max}为土体的最大阻尼比;β为λ-γ曲线的形状参数。对上海软土,$\beta=1.0$。式(4)和式(5)中的模型土的参数值示于表1。

表1　　　　　　　　　　　　　　　　模型土土性参数表

初始剪切模量/MPa	最大阻尼比 λ_{max}	剪切模量与剪应变关系曲线的参数			密度/(kg·m^{-3})	泊松比
		A	B	参考应变 γ_0		
1.1	0.35	1.26	0.44	4.3×10^{-4}	1760	0.4

振动台模型试验中结构材料的动力特性参数,拟按常规方法由将混凝土材料的静弹性模量提高给出。研究表明动弹性模量比静弹性模量高出30%～50%。将微粒混凝土的静弹性模量取为$E_s=7.0$ GPa,则动弹性模量值为$E_d=E_s \times 140\%=9.8$ GPa。

3.3　计算结果与试验结果的拟合分析

3.3.1　概述

自由场振动台模型试验表明,模型箱结构合理,其边界效应的影响未波及地铁车站结构模型所处的位置。鉴于典型地铁车站结构振动台模型试验中,用于接受激振响应信息的传感器有加速度传感器、动土压力传感器和应变片等多种,以下拟对其分别作出拟合分析。

3.3.2　加速度反应的拟合分析

(1) 加速度反应的放大系数

放大系数是指测点加速度反应的峰值与振动台台面输入的峰值之比。地铁车站结构振动台模型试验中,土体表面测点和车站结构模型下部测点的放大系数的计算结果、试验结果及相对误差分别如表2和表3所示。由表2,表3可见各加载工况下土体表面及一半厚度处测点与车站结构模型上部及下部测点的放大系数的计算结果与试验结果均吻合较好,且上海人工波各工况的拟合程度更好。

表2　　　　　　　　　　　　　　　土体表面测点的放大系数

工况	实测值	计算值	相对误差/%
EL-3	0.84	0.83	1.2
EL-7	0.47	0.31	51.6
SH-4	0.87	0.85	2.4
SH-8	0.61	0.57	7.0
SH-10	0.54	0.50	8.0

表3　　　　　　　　　　　　　　车站结构下部测点的放大系数

工况	实测值	计算值	相对误差/%
EL-3	0.83	0.84	1.2
EL-7	0.32	0.40	25.1
SH-4	0.86	0.88	2.3
SH-8	0.59	0.62	5.1
SH-10	0.58	0.60	3.5

（2）加速度反应时程与富氏谱

对地铁车站结构振动台模型试验,图3,图4给出了SH-4工况下土体表面测点的加速度反应时程及其富氏谱的计算结果及相应的试验结果,图5,图6给出了SH4工况下车站结构底部的加速度反应时程及其富氏谱的计算结果与试验结果。由图3～图6可见土体内及结构上测点的计算结果的波形、幅值与试验结果均基本吻合,两者在各频段的频率组成也均基本吻合,表明文中的计算方法可较好地模拟地铁车站模型的地震加速度响应。

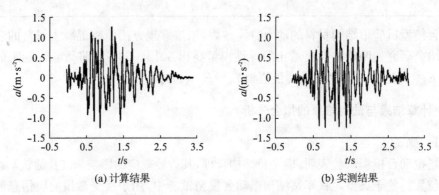

(a) 计算结果　　　(b) 实测结果

图3　土体表面测点的加速度时程计算结果与实测结果

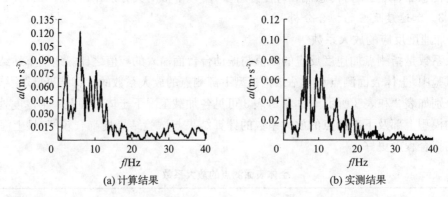

(a) 计算结果　　　(b) 实测结果

图4　土体表面测点的加速度富氏谱计算结果与实测结果

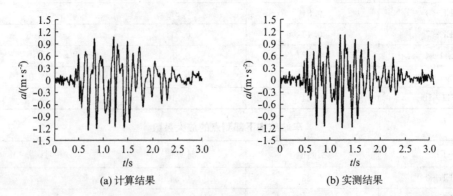

(a) 计算结果　　　(b) 实测结果

图5　车站结构模型底部测点的加速度时程计算结果与实测结果

3.3.3　车站结构模型的动土压力的拟合分析

1. 动土压力的幅值

典型地铁车站结构模型试验中,侧墙动土压力幅值的计算结果、试验结果及相对误差如表4

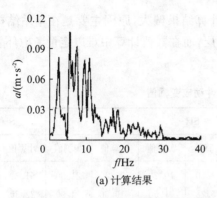
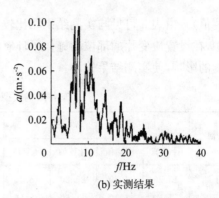

(a) 计算结果　　　　　　　　　　　(b) 实测结果

图 6　车站结构模型底部测点的加速度富氏谱计算结果与实测结果

所列。由表4可见计算结果与实测结果基本吻合,且随着输入波荷载的增强,两者的相对误差趋向增大,并在SH-10工况达到近20%。原因主要为随着输入荷载的增强,土体的应变增大,使非线性特征更加明显,采用等效线性模型分析时产生的误差逐渐增大。鉴于上海地区的地震设防烈度为7度,可认为车站结构模型侧墙的动土压力的计算结果的幅值与实测结果基本吻合。

表4　　　　　　　　　　　动土压力幅值计算值与试验结果的对比表

构件部位	SH4			SH-8			SH-10		
	计算值/kPa	实测值/kPa	相对误差/%	计算值/kPa	实测值/kPa	相对误差/%	计算值/kPa	实测值/kPa	相对误差/%
下部	1.01	0.97	4.4	2.00	1.72	16.2	1.90	2.35	19.2
中部	1.09	1.02	7.2	2.28	2.33	2.1	2.67	2.75	13.8
上部	0.66	0.59	12.1	1.88	1.62	15.8	1.98	2.01	6.5

2. 动土压力的时程

图7给出了在SH-4工况下,结构模型侧墙不同部位的动土压力时程的计算结果与试验结果。由图7可见地铁车站结构振动台模型试验中,结构模型侧墙不同部位测点的动土压力时程的计算结果的波形与试验结果基本吻合,也表明文中的计算方法可较好地模拟车站结构模型与模型土间的动力相互作用。

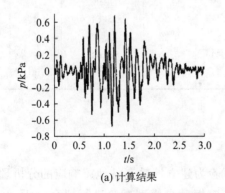
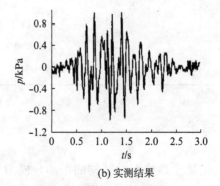

(a) 计算结果　　　　　　　　　　　(b) 实测结果

图 7　车站结构模型中部测点动土压力时程的计算结果与试验结果

3.3.4　车站结构模型的动应变

表5给出了车站结构模型不同部位构件的动应变幅值的计算结果和实测结果(主观测断

面的量测值)。由表 5 可见与实测结果相比较,计算结果偏大,原因主要是在车站结构模型制作过程中,在设置应变片的部位均施作了环氧涂层,而在数值计算中难以定量考虑环氧材料对构件刚度的影响,使实测结果偏小。

表 5　　　　　　　　　　车站结构模型构件动应变幅值

构件部位	EL-3		EL-7		SH-4		SH-8		SH-10	
	计算值	实测值	计算值	实测值	计算值	实测值	计算值	实测值	计算值	实测值
上中柱上端	15.20	6.30	25.20	15.30	11.20	10.20	38.4	21.30	51.30	27.60
上中柱下端	7.50	1.10	11.60	2.80	5.78	1.50	19.50	4.90	22.30	6.00
下中柱上端	14.80	5.10	13.50	10.60	9.70	8.10	30.80	18.00	38.50	21.00
下中柱下端	23.60	9.70	30.80	21.30	17.50	15.70	57.90	36.20	81.20	43.10
侧墙上部	7.30	3.50	10.40	7.40	5.17	5.20	19.10	12.10	26.90	15.90
侧墙下部	5.20	—	7.50	—	5.75	4.60	14.60	9.90	22.50	11.80
近侧墙拐角处顶板(S69)	4.40	1.00	6.20	2.40	2.73	1.50	13.70	4.00	18.10	5.20

车站结构模型构件的动应变幅值的实测结果表明,结构构件在各级荷载下均处于弹性受力状态。鉴于下中柱下端的应变最大,拟将各构件的动应变与相同工况下下中柱下端的动应变相比较,并将比值称为构件的相对应变。计算结果和实测结果的相对应变及其相对误差如表 6 所示。由表中可见车站结构模型各构件相对应变的计算结果与实测结果基本吻合,本文采用的计算方法也可较好地模拟车站结构模型的动力变形特性。仅其中顶板的相对误差较大,原因主要是顶板动应变的绝对值较小,使试验中的量测误差可导致较大的相对误差。

表 6　　　　　　　　　车站结构模型各构件的相对应变的对比

加载工况	上中柱上端			下中柱上端			下中柱下端	
	计算值	实测值	相对误差/%	计算值	实测值	相对误差/%	计算值	实测值
EL-3	0.64	0.65	1.54	0.50	0.53	6.00	1	1
EL-7	0.69	0.72	4.17	0.44	0.50	13.64	1	1
SH-4	0.64	0.65	1.54	0.55	0.52	5.45	1	1
SH-8	0.66	0.58	13.79	0.53	0.50	5.66	1	1
SH-10	0.63	0.64	1.56	0.47	0.48	2.13	1	1

4　结论

本文的软土地铁车站结构的振动台模型试验为建立地铁车站地震响应的分析理论和计算方法提供了试验数据。采用本文的计算方法对振动台模型试验进行拟合分析,结果表明该计算模型可较好地模拟模型土的动力特性、地铁车站与土体的动力相互作用,及地铁车站结构模型的动力响应特点。该方法较好地模拟了地铁车站的地震响应,可供工程设计实践参考。

参考文献

[1] 杨林德,李文艺,祝龙根,等.上海市地铁区间隧道和车站的地震灾害防治对策研究[R].上海:同济大学上海防灾救灾研究所,1999.
[2] 季倩倩.地铁车站结构振动台模型试验研究[D].上海:同济大学地下建筑与工程系,2002.
[3] 杨林德,陆忠良,白廷辉,等.上海地铁车站抗震设计方法研究[R].上海:同济大学上海防灾救灾研究所,2002.
[4] 杨林德,季倩倩,郑永来,等.软土地铁车站结构的振动台模型试验[J].现代隧道技术,2003,40(1):7-11.

地铁车站结构振动台试验中模型箱设计的研究

杨林德[1]　季倩倩[2]　郑永来[1]　杨超[1]

(1. 同济大学地下建筑与工程系，上海　200092；2. 上海黄浦江大桥工程建设处，上海　200090)

摘要　介绍笔者在对软土地铁车站结构进行振动台模型试验的过程中，在模型箱设计方面遇到的技术难题及其解决途径。主要包括在确定几何相似比时，通过论证分析提出了对量值极大的车站结构长度可行的简化方法，及对原型半无限体场地土的模拟范围；在选定模型箱结构的外形与构造时，借助有限元分析论证了可不与模型土发生共振的箱体构造；对箱体边界，通过对刚性侧壁内衬塑料板使模型土可较好模拟原型土的变形等。上述措施对试验获得成功起到了保障作用，对同类试验也有参考价值。

关键词　地铁车站软土振动台；模型试验；模型箱设计

Study on Design of Test Box in Shaking Table Test for Subway Station Structure in Soft Soil

YANG Linde[1]　JI Qianqian[2]　ZHENG Yonglai[1]　YANG Chao[1]

(1. Department of Geotechnical Engineering, Tongji University, Shanghai 200092, P. R. China;
2. Shanghai Huang-Pu River Bridge Construction Company, Shanghai 200090)

Abstract　This paper describes the technical difficulties and resolutions of the test box design in the shaking table test for subway station structure in soft soil. Based on the results from 3-D FEM dynamic analysis and references, a possible simplified method for the long length of subway station structures is proposed. and the reasonable area to simulate the dynamic behavior of the semi-infinite ground is determined, which are necessary to determine the geometric similarity scale for the test. It is proved by FEM analysis that the proposed shape and structure of the test box can avoid resonance with the model soil. Besides, the model soil can simulate well the deformation of ground by means of putting plastic gasket on the rigid cheek. The above-mentioned measures lay a firm foundation for the success of the test and can be referenced in the similar tests.

Keywords　subway station; soft soil; shaking table test; design of test box

1　引言

随着社会经济的快速发展,我国城市地铁建设的规模正迅速扩大,同时出于防灾减灾的需

---

* 岩土工程学报(CN: 32-1124/TU)2004 年收录

要,对软土地铁车站和区间隧道开展建立抗震设计方法的研究正得到人们的关注。计算机和数值模拟技术的快速发展,给开展建立抗震设计方法的研究提供了有效的工具,且迄今已提出几种算法[1],然而由于对其涉及的各类因素的影响考虑方法不同,由不同的计算方法或模型得出的结果之间常有较大的差异,亟需借助振动台试验鉴别其合理性。

对这类课题的研究,同济大学对软土地铁车站结构进行了振动台试验,取得了可信的资料。利用振动台试验模拟涉及半无限场地的地震响应时,用于盛土的模型箱结构的构造形式对试验结果的合理性有较大的影响。其间涉及因素较多,考虑不周时可导致试验结果与实际情况相差甚远。鉴于国内在振动台上对软土地层中的双层地铁车站结构进行模型试验尚属首次,试验工作的开展遇到了许多困难,项目研究对涉及的问题逐一开展了研究,并都提出了解决方法,其中之一就是合理选择模型箱结构的形式。试验表明本次试验采用的模型箱结构的形式合理,为取得可信的试验结果创造了条件。

2 模型箱结构的要求与组成

针对本次试验的特点,认为模型箱结构应满足以下要求:① 结构牢固,以免箱体在激振过程中失稳破坏;② 边界条件明确,并力求使模型土与边界面的接触条件可模拟原型场地土的地震响应的性状,使可根据在试验过程中采集的量测信息建立分析理论;③ 模型土数量适度,以免整个试验系统的重量超出振动台的最大承载能力;④ 避免模型箱与模型土因自振频率相近而发生共振,由此影响量测数据的利用价值。

图 1 为模型试验采用的模型箱构造的外观图。由图可见模型箱的侧向边界由以热轧等边角钢焊接而成的钢框架支撑,其内采用木板作为箱体侧壁,底部为钢板。在与水平振动方向垂直的方向上,箱体内壁均衬厚 175 mm 的聚苯乙烯泡沫塑料板;而在顺沿水平振动的方向上,则均粘贴光滑的聚氯乙烯薄膜,以减小箱壁在与土体接触面上的摩擦阻力。在模型箱底部黏

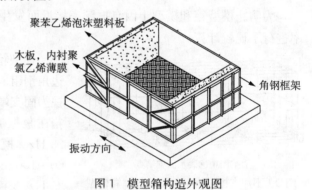

图 1 模型箱构造外观图

结了一层碎石,用以增大接触面上的摩擦阻力,以免激振时模型土体与底板间发生相对滑移。

3 模型箱的形状与尺寸

土工问题振动台模型试验中,迄今为止模型箱结构的平面形状主要有两种:圆形和矩形。其中圆形有受力特性较好,可在周长最短的情况下获得最大的面积,故可节省用料,且箱体重量较轻等优点。此外,圆形箱体周边接缝少,易于进行防水处理。与圆形相比较,容积和强度相同的矩形模型箱通常重量较大、造价较高,但在振动台台面形状为矩形的条件下,矩形模型箱可获得最大的平面尺寸,结构模型为长方体时宜于采用。鉴于地铁车站结构的外形为长方体,本次试验采用的模型箱结构的平面形状为矩形。

模型箱尺寸的确定与振动台台面的尺寸,极限承载能力,以及模型相似比例的确定系等因素有关。本次试验在同济大学振动台试验室进行,台面尺寸为 4.0 m×4.0 m,最大承载重量为 15 t,相似比例的确定则遇到两个难题。一是地铁车站结构通常长约 300 m,很难按实际尺寸模拟车站结构的长度。模型设计对此做了专项研究,通过按弹性问题对其进行三维有限元分析论证端部约束对地铁车站结构受力状态影响的范围和程度,认为车站结构模型的横断面离相近端部的距离达 0.76 倍车站宽度时,采用平面应变假设对其进行分析时误差已可忽略。因而本次试验将车站结构模型的纵向长度记为 $2W+L$(W 为车站宽度,L 为区段的长度),并认为其间区段的受力变形状态可按平面应变问题进行分析。二是原型场地土为半无限体,需予合理确定模拟范围。楼梦麟教授的研究表明,地基平面尺寸与结构平面尺寸之比大于 5 时,动力计算结果已可趋于稳定,侧向边界的影响可予忽略。另据陈跃庆等的试验结果[7],认为自由场平面尺寸与模型箱宽度之比大于 2 时,自由场加速度的放大系数变化已趋向稳定。

本次试验在综合考虑上述因素的基础上,将模型的几何相似比确定为 1/30,模型箱尺寸为 3.0 m×2.5 m×1.2 m,填土高度取为 1.0 m,其中长度方向为激振方向。由此推得的车站结构模型的纵向长度约为 75 m,与之相应的中间区段的长度为 32 m,场地上的横向宽度约为 90 m,场地土的横向宽度与地铁车站结构横截面宽度之比约为 4.2,整个试验系统的重量约为 15 t,可见均可满足以上要求。

4 模型箱结构的自振频率

为防止模型箱和模型土因自振频率接近而发生共振,对不同构造形式的模型箱的自振频率进行了比较计算。

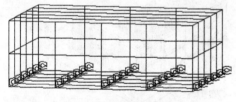

注:图中@表示固支结点
图 2 不加支撑时模型箱结构的计算模型
振动加载方向←—→
Fig. 2 The numerical model of test box without lateral supports

模型箱结构的原定形式如图 2 所示。将由热轧等边角钢组成的支撑框架的构件均简化为梁单元,底部视为固支端,其余部位的结点视为自由结点,可得模型箱在激振方向(X 向)上的一阶自振频率为 $f_{1m} \approx 23$ Hz。模型箱中土体高 1.0 m。设其剪切波速为 60~100 m/s,则模型土的一阶自振频率为 $f_{1s} \approx 15~25$ Hz,与模型箱结构的 f_{1m} 接近,故有必要进行调整,使其远离模型土的 f_{1s}。

调整 f_{1m} 的方法有两种:一是提高 f_{1m},二是降低 f_{1m}。考虑到模型箱应确保具有一定的刚度,本项试验选择了前一种方法。提高模型箱沿激振方向的 f_{1m} 的有效途径,是增强其在这一方向上抵抗变形的刚度。模型设计研究中考虑了以下两类比选方案:

① 在模型箱激振方向两侧加斜支撑,如图 3—图 5 所示。其中图 3 为在两侧中部加斜支撑,图 4 为在两侧顶部加斜支撑,图 5 为在两侧的中部和顶部均加斜支撑。斜支撑均采用与模型箱框架型号相同的角钢制作,在水平方向上的投影长度均等于 920 mm,可得沿激振方向的 f_{1m} 值分别为 44 Hz、69 Hz 和 162 Hz。

② 直接在模型箱的侧壁上增加斜支撑,如图 6 所示。由此得到的模型箱沿激振方向的 f_{1m} 等于 83 Hz。

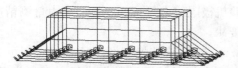
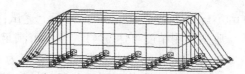

图 3 模型箱结构中部加斜支撑时的计算模型($f_{1m}\approx 44$ Hz)

Fig. 3 The numerical model of test box with sloping supports in the middle

图 4 模型箱结构顶部加斜支撑时的计算模型($f_{1m}\approx 69$ Hz)

Fig. 4 The numerical model of test box with sloping supports on top

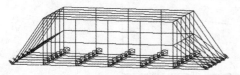
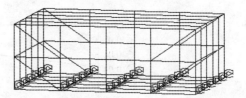

图 5 模型箱结构中部和顶部均加斜支撑时的计算模型($f_{1m}\approx 162$ Hz)

Fig. 5 The numerical model of test box with sloping supports in middle and on top

图 6 模型箱结构直接在侧壁上设斜支撑时的计算模型($f_{1m}\approx 83$ Hz)

Fig. 6 The numerical model of test box with sloping supports on sides

上述加固方案中,第一类方案虽可将模型箱沿激振方向的 f_{1m} 值提高到 100 Hz 以上,但斜支撑下部结点的刚接条件较难满足,且外观尺寸和箱体重量都大为增加;第二类方案不仅可满足远离模型土的 f_{1s} 值的要求,而且结构加工也简单易行。因而本次模型试验对模型箱按图 6 的形式增设了斜撑。

5 内衬聚苯乙烯泡沫塑料板材料的特性

泡沫塑料类属普通工业塑料,其中模塑聚苯乙烯、模塑硬质聚氯乙烯及硬质聚氨酯泡沫塑料有重量轻,弹性好,具有一定的刚度且价格相对低廉等特点。三种材料的基本物性参数如表 1 所示。本次试验拟将压缩特性最好的模塑聚苯乙烯泡沫塑料用作模型箱的内衬材料,以使模型土与边界面的接触条件可较好模拟场地土的地震响应的特点。为使边界条件明确,借助室内试验测定了这类材料的特性。

表 1 三种泡沫塑料的物性参数

产品种类	材料性能		
	密度/(kg·m^{-3})	厚度压缩10%时的压缩应力/Mpa	吸水率%/v/v
模塑聚苯乙烯	15	0.09	6.0
模塑硬质聚氯乙烯	45	0.18	2.5
硬质聚氨酯	40	0.16	3.8

5.1 弹性模量及应力-应变曲线

在常温下对利用模塑聚苯乙烯泡沫塑料板板材制作的试件进行了压缩试验,据以确定其静弹性模量及应力-应变曲线。试件横截面尺寸为 70 mm×70 mm,高度为 200 mm,形状为正方棱柱体。试验在 INSTRON 8501 电液伺服试验机上进行,极限载荷为 100 kN,压力量测精度为 0.1 N,工作行程为 10 cm,变形量测精度为 0.1 μm,要求试件横截面尺寸不大于 100 mm×

100 mm,厚度不大于 400 mm。对于上述试件,试验机极限应力可达 20 MPa,应力量测精度为 20 Pa,应变量测精度可达 5×10^{-4},均可满足精度要求。

试验采用等应变方式加载,加载速率为 2 mm/min。试验结果如图 7 所示。由图可见在 $\varepsilon < 0.3$ 时,应力-应变关系可用分段线性函数描述。对各试件的测试数据进行了回归分析,然后对各试件取均值,得:

$$\sigma = \begin{cases} 2.50\varepsilon & \varepsilon \leqslant 0.018\,1 \\ 0.12\varepsilon + 0.041\,8 & \varepsilon > 0.018\,1 \end{cases} \tag{1}$$

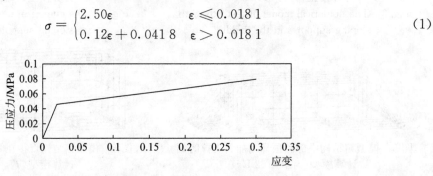

图 7　聚苯乙烯泡沫塑料板的应力应变曲线

5.2　动弹性模量

模型试验设计对泡沫塑料板在振动台模型试验中可能经受的应力应变状态作了理论估算,结果表明塑料板在试验加载过程中将始终处于初始线弹性状态,故仅需测定其在初始线弹性阶段的动弹性模量。

泡沫塑料的动弹性模量采用敲振法测定。试验装置为顶端带有集中质量块的悬臂梁构件,测定其一阶固有频率后,即可由其与振型动弹模间的关系确定泡沫塑料的动弹模。根据试验结果确定的模塑聚苯乙烯泡沫塑料的动弹模为 4.13 MPa。

6　结语

模型箱结构的形式及制作材料的合理选择对涉及半无限场地模拟的振动台模型试验至关重要。本文针对软土地铁车站结构振动台模型试验设计了一种模型箱,试验设计中对涉及的因素均作了周到的考虑。为验证设计构思的合理性,通过自由场模型(指未埋设结构模型),考察了在波形简单、频率单一、强度不同的正弦波作用下,模型土表面不同位置处的加速度反应的变化规律,结果表明模型箱用于模拟自由场振动时可获得较好的效果,从而为成功地进行地铁车站结构振动台模型试验奠定了基础。

参考文献

[1] 杨林德,李文艺,祝龙根,等.上海市地铁区间隧道和车站的地震灾害防治对策研究[R].同济大学上海防灾救灾研究所研究报告,1999.
[2] 季倩倩.地铁车站结构振动台模型试验研究[D].上海:同济大学地下建筑与工程系,2002.
[3] 杨林德,季倩倩.软土地铁车站结构的振动台模型试验[J].现代隧道技术,2003,40(1):7-11.
[4] 杨林德,陆忠良.上海地铁车站抗震设计方法研究[R].上海:同济大学上海防灾救灾研究所,2002.
[5] 楼梦麟,陈清军.侧向边界对桩基地震反应影响的研究[R].上海:同济大学,1999.
[6] 陈跃庆.结构——地基动力相互作用体系振动台试验研究[D].上海:同济大学,2001.
[7] 郑永来.材料动力特性研究[D].南京:河海大学,1997.

地铁车站结构振动台试验中传感器位置的优选*

杨林德[1]　季倩倩[2]　杨　超[1]　郑永来[1]

(1. 同济大学地下建筑与工程系，上海　200092；2. 上海黄浦江大桥工程建设处，上海　200090)

摘要　在对软土地铁车站结构进行振动台模型试验的过程中，对传感器设置位置的优选进行了研究，内容包括按三维问题的分析论证地铁车站结构在横向激振作用下的受力变形特征，据以确定可按平面应变问题进行分析的断面的分布范围及主观测断面的位置；按二维问题的分析论证地铁车站结构在横向激振作用下的变形趋势，据以确定观测断面上传感器设置的优选位置；以及在满足基本信息采集要求的前提下，对可供采用的信息采集通道进行优化分配的方法。成果对试验获得成功起到了保障作用，对同类试验也有参考价值。

关键词　传感器；位置优选；振动台模型试验；软土地铁车站

Optimization of Positions of Sensors in Shaking Table Test for Subway Station Structure in Soft Soil

YANG Linde[1]　JI Qianqian[2]　YANG Chao[1]　ZHENG Yonglai[1]

(1. Department of Geotechnical Engineering, Tongji University, Shanghai 200092, China;
2. Shanghai Huangpu River Bridge Construction Company, Shanghai 200090, China)

Abstract　The paper describes the study for optimum positions of sensors in the shaking table test for subway station structure in soft soil. The deformation features of subway station structure under the transverse vibration is proved by three-dimensional FEM analysis. On the base of the result, it is determined that includes the scope of section that satisfies the plane strain rules and the position of the main observation section. The deformation tendency of station structure is analyzed by plane strain FEM and the optimum positions of sensors in the observation section is determined. The method is proposed on the premise of satisfying the demand of basic information, which can optimize the distribution of available sampling passages. The achievements guarantee the success of the test and can be referenced by the same type test.

Keywords　sensors; optimum position; shaking table test; subway station structure in soft soil

---

*岩土力学(CN: 42 - 1199/O3)2004 年收录

1 引言

自阪神地震发生以来,国内尤其是上海对软土地铁区间隧道和车站结构开展建立抗震设计方法的研究已日益重视,并已取得多项成果。然而由于缺少有针对性的强震记录,研究者们对地震荷载作用下软土地区区间隧道和车站结构的地震响应尚缺乏感性认识,因而极有必要通过振动台模型试验了解软土地铁车站结构在地震荷载作用下动力反应的特性及其规律,同时积累试验数据,为建立软土地下结构的抗震计算理论及设计方法提供必要的资料。

同济大学对软土地铁车站结构进行了振动台试验,并取得了可信的数据。试验工作的开展遇到了许多困难,项目研究对涉及的问题逐一开展了研究,并提出了解决方法,其中之一就是传感器设置位置的优选。在这一领域进行的试验设计研究主要包括:

(1) 按三维问题的分析对地铁车站结构施加横向激振力,据以确定在沿车站结构长度方向上,结构受力变形的特征符合平面应变假设条件的部位,以确定主要监测断面的合理位置,使由其获得的量测信息可为按平面应变问题的分析建立计算理论的研究提供依据。

(2) 按二维平面应变问题的分析对地铁车站结构施加横向激振力,据以确定横断面上结构构件受力变形较大的部位,并在这些部位设置传感器,使获得的量测信息可有较大的峰值,以减小仪表读数误差对计算分析的影响。

(3) 对各类传感器数量的确定进行了研究,使可在满足基本信息采集要求的前提下,对可供采用的信息采集通道作优化分配。

2 量测信息与传感器类型的选择

本次试验的量测信息选为在振动台激振过程中,记录结构模型构件的应变值、模型土和结构的加速度值及模型土与结构之间的接触压力值,选用的传感器分别为电阻应变传感器、压电式加速度传感器及电阻应变片式土压力盒。应变片的栅长为 5×2 m,型号为 BCL120 - 10AA;压电式加速度计的型号为 CA - YD 型;土压力盒采用专供测量模型结构动态接触压力的 BY - 3 型传感器。

若将加速度传感器直接埋置在模型土中,模型土含水量较高时会影响加速度计的正常工作,且加速度计的质量密度远大于模型土的密度,在试验过程中有可能出现与土耦合振动的情况,故需将其改装。本次试验采用陈跃庆的改装方法,即将加速度计粘贴在采用有机玻璃制作的密闭盒中,尺寸依据使经改装后盒子的加速度的当量质量密度与同体积模型土的质量密度相等的原则确定。经改装后的加速度计的外观形状见图 1。

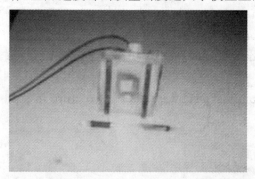

图 1 改装后的加速度传感器的外观图
Fig. 1 The aspect of the refitted acceleration sensor

3 地铁车站结构的变形趋势

3.1 端部约束对地铁结构的影响

典型地铁车站结构横断面的形式如图 2 所示。由图可见两层三跨箱形结构宽 21.24 m,高

12.39 m,中柱截面尺寸为 600 mm×900 mm,间距为 8 m,地铁车站结构的长度约达 300 m,而可供采用的模型箱长度仅约 3 m,可见如按实际尺寸模拟车站结构的长度,必将很难选定合适的相似系数。考虑到地铁车站结构在垂直于长轴方向的横向惯性力的作用下,与区间隧道间的接头结构将仅对车站两端的结构的地震响应产生较大的影响。为评估这种影响的范围和程度,按弹性问题借助三维有限元方法对车站结构的受力状态进行了数值模拟,以期确保车站结构的受力特征保持基本不变的前提下适当缩短其纵向长度的可能性。

计算长度沿纵向取 14 跨,总长 112 m,车站两端假设存在厚 20 cm 的钢筋混凝土封头板。计算区域取为长 112 m、宽 103 m、深 70 m 的立方体,其中宽度方向在车站结构的横断面上。计算中采用的场地地质剖面见图 3,土层分布及其主要物理力学特性参数见表 1。计算荷载取为相当于 2% 概率水准下的等代地震荷载(即加速度=0.049 g),并沿车站横向施加。有限元分析中,车站结构的顶底板、中楼板、墙板、端墙及底纵梁均离散为板单元,梁、柱离散为三维梁单元,周围土体离散为空间八结点块体元。对位于底部边界面上的结点,在垂直和水平方向上均设置了连杆;对在 4 个垂直于水平面的边界面上的结点均设置了竖向约束,并令水平向可自由变形;上部地表面边界为自由边界。

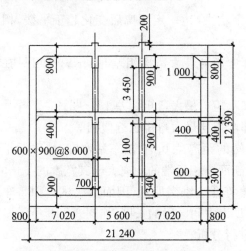

图 2 典型地铁车站结构横断面尺寸图(mm)
Fig. 2 Dimensions of cross-section of a typical subway station structure

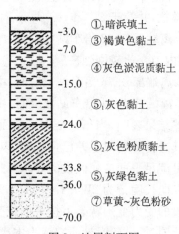

图 3 地层剖面图
Fig. 3 The Profile of soil strata

表 1 土层物理力学特性参数表
Table 1 The mechanical property parameters of soil strata

土层名称	层底埋深/m	重度/(kN·n^{-3})	弹性模量/(×10^6 Pa)	泊松比
①$_2$ 暗浜填土	3.0	18.0	1.4	0.45
③ 褐黄色黏土	7.0	17.4	2.79	0.45
④ 灰色淤泥质黏土	15.0	17.0	1.98	0.45
⑤$_1$ 灰色黏土	24.0	17.7	3.71	0.45
⑤$_2$ 灰色粉质黏土	33.8	18.1	4.77	0.45
⑤$_3$ 灰绿色黏土	37.5	19.9	6.91	0.45
⑦ 草黄~灰色粉沙	70.0	19.6	1.49	0.4

对由上述计算模型算得的地铁车站结构的内力,以水平地震作用下中柱的弯矩为例分析

其规律性。为此将沿纵向轴线共 13 个中柱的相对弯矩(以位于车站中间部位的中柱的弯矩为基准的比值)见图 4,由图可见:

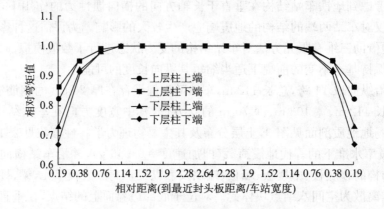

图 4　各中柱柱端相对弯矩值分布图
Fig. 4　The distribution of the relative moment at the top of the pillars

(1) 自车站结构的两端起,柱端弯矩均逐渐增大,达一定距离后变化趋于平缓,相对弯矩值成为常数,并等于 1。

(2) 离端部 0.38 倍车站宽度时,中柱端部弯矩与最大弯矩相差 5%～9%,可见在端部附近,结构内力变化较剧烈。

(3) 离端部 0.76 倍车站宽度时,中柱端部弯矩与最大弯矩相差 1%～2%。

(4) 离端部 1.14 倍车站宽度时,中柱端部弯矩与最大弯矩已近似相等。

上述结果表明,当车站结构横断面离相近端的距离达 0.76 倍车站宽度时,采用平面应变假设对其进行分析时误差已可忽略,以及当横断面离相近端的距离大于其宽度的 1 倍时,变形性态已可满足平面应变假设的要求。这类规律符合圣维南原理,因而本次试验拟将车站结构模型的纵向长度记为 $2W+L$(W 为车站宽度,L 为中间区段的长度,如图 3-10 所示),并认为中间区段的受力变形状态可按平面应变问题进行分析。

与此同时,试验设计研究认为本次振动台试验宜在沿垂直于地铁车站结构模型长轴的方向上施加水平向单向激振,并在车站结构模型离端部 0.76 倍截面宽度以远的位置上设置量测断面,同时在二端设置必要的量测元件用于监测接头结构空间效应的影响程度。

3.2　横向激振下地铁车站结构的受力变形状态

对图 2 所示地铁车站结构,采用有限元方法按平面应变问题计算了地震作用下结构表面的侧向土压力及构件的应变变化规律。场地地质剖面与土层主要物理力学特性参数与三维计算状况中相同。

有限元分析中,车站结构的顶底板、中楼板、墙板(不含与其相连的用作基坑围护结构的地下连续墙)及底纵梁均离散为梁单元(不含站台板),周围土体离散为四边形单元,如图 5 所示。计算区域呈长方形,宽 103 m,深 70 m,厚 8 m。其中宽度方向在车站结构的横断面上,厚度取为中柱轴线的间距。计算荷载取为与 2% 概率水准相当的等代地震荷载(即加速度 $a=0.049$ g),并沿车站横向施加。鉴于取用的等代地震荷载为与车站结构的纵向轴线垂直的水平地震荷载,对在 70 m 深度处的底部边界面上的有限元网格的结点,在垂直和水平方向上均设置了链杆;对在2个侧向边界面上的结点,均设置了竖向链杆,并令水平向均可自由变形;地表面为自由边界。

等代地震荷载作用下地铁车站结构的变形趋势见图6,结构构件的相对应变(梁、柱等同类构件不同部位的应变值与该类构件最大应变值的比值)及相对侧向土压力(侧墙在不同部位上的侧向土压力值与侧墙最大侧向土压力值的比值)见图7。由图可见其主要特点为:

(1) 如以地铁车站结构的底板为基准,则顶板处的剪切变位最大,中楼板处次之。而在构件挠曲程度方面,中柱明显大于顶板、中楼板和侧墙。

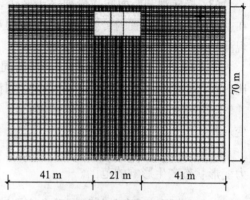

图 5 典型地铁车站结构二维有限元分析网格剖分

Fig. 5 The 2D-FEM gridding of the typical subway station structure

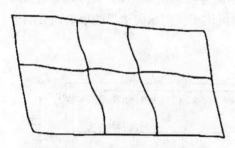

图 6 等代地震荷载作用下地铁车站结构的变形趋势

Fig. 6 The distortion trend of the subway station structure under the equivalent earthquake loading

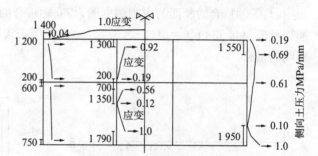

图 7 等代地震荷载作用下车站结构构件的应变及侧向土压力值的分布规律

Fig. 7 The distribution rule of the soil pressure and the component strain of the subway station structure under the equivalent earthquake loading

(2) 计算表明构件均在靠近相互间的交接点处应变较大。对于中柱,下层中柱的下端应变最大,上层中柱的上端次之;对于顶板,靠中柱处的应变最大,靠侧墙处最小;对于侧墙,靠近底板处应变最大,靠中楼板上表面次之。

(3) 计算表明,在地铁车站结构的外侧,顶板、中楼板和底板处的最大动土压力值互不相同,比较结果为底板处最大,中楼板处次之,顶板处最小。若以底板处的最大动土压力为1,则中楼板和顶楼板处分别为0.61和0.19。

4 传感器的布置方案

4.1 传感器设置位置的确定原则

根据由以上研究得到的结果,拟将传感器设置位置的确定原则选为:

(1) 在离端部距离超过车站结构跨度的部位设置横向观测断面,并主要在横断面上设置传感器。

(2) 对车站结构,横向观测断面沿中柱轴线所在位置设置,以便使量测信息的工况可与二维平面应变问题的假设基本相符。

(3) 横向观测断面的数量须多于 2 个,并以其中之一为主观测断面,余为辅助观测断面。在主观测断面上设置的传感器应多于辅助观测断面,在辅助观测断面上设置的传感器应与主观测断面位置相同,以便相互比较。

(4) 在主观测断面上,对部分构件的同一关键部位重复布设传感器(应变计),以便通过对比进一步检验在本次试验中传感器的量测精度和可靠性。

(5) 在主观测断面的中柱的关键部位同时在两侧布设应变传感器,以便对柱两侧的受力变形状态进行对比检验。

(6) 在结构模型与端墙相近的部位上布设少量传感器,以便通过对比检验端墙对结构受力变形状态产生影响的范围。

4.2 典型地铁车站结构振动台模型试验中传感器的布置方案

典型地铁车站结构模型试验中,对车站结构模型共设置了 3 个观测断面(图 8),位置均与中柱轴线重合。其中 2 个位于车站结构的中部,另一个与③轴重合。位于中部的 2 个观测断面中,与⑤轴重合的断面为主观测断面,与⑥轴重合的断面为辅助观测断面。另一观测断面离端部距离为 0.538 m($=21.24\times 0.76/30$ m),用于接收可用于鉴别纵向边界约束对地震响应影响的信息。

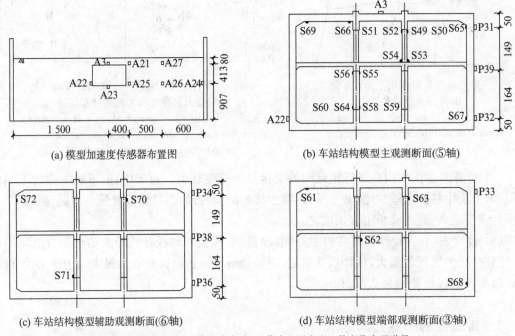

(a) 模型加速度传感器布置图
(b) 车站结构模型主观测断面(⑤轴)
(c) 车站结构模型辅助观测断面(⑥轴)
(d) 车站结构模型端部观测断面(③轴)

注:测点编号 A 代表加速度计、S 代表应变片、P 代表上压力盒、数字代表通道号

图 8 典型地铁车站结构振动台模型试验测点布置
Fig. 8 The measuring points for the shaking table test of the typical subway station

图 8 表明典型地铁车站结构振动台模型试验采集的信息为模型土和结构的加速度值,结构模型构件的应变值,以及模型土与结构之间的接触压力值。其中加速度传感器共设个 8,应变计共设 23 个,土压力盒共设 7 个。

5 结语

在模拟地震的振动台试验中,传感器的布置方式对于能否获得可信的试验结果至关重要。本文针对地铁车站结构振动台模型试验中量测信息采集进行了研究,所获成果为获得可信的试验数据提供了必要的保证,由此为地铁车站结构振动台试验的顺利进行奠定了基础,并可供今后开展涉及大型地下构筑物的振动台模型试验借鉴。

参考文献

[1] 周德培.浅埋明挖地铁车站结构的抗震性研究[J].岩土力学,1997,18(增刊):156-160.
[2] 杨林德,李文艺,祝龙根,等.上海市地铁区间隧道和车站的地震灾害防治对策研究[R].上海:同济大学上海防灾救灾研究所,1999.
[3] 杨林德,陆忠良,白廷辉,等.上海地铁车站抗震设计方法研究[R].上海:同济大学上海防灾救灾研究所,2002.
[4] 季倩倩.地铁车站结构振动台模型试验研究[D].上海:同济大学,2002.
[5] 杨林德,季倩倩,郑永来,等.软土地铁车站结构的振动台模型试验[J].现代隧道技术,2003,40(1):7-11.

地铁区间隧道抗震设计的等代地震荷载研究*

杨林德　郑永来　童　峰

(同济大学地下建筑与工程系,上海　200092)

摘要　本文在采集和分析地铁震害类型的基础上,在考虑地震荷载作用下区间隧道的受力特点及软土和结构材料的动力特性前提下,对软土地层中的地铁区间隧道的抗震设计方法的建立进行了研究。内容包括：地铁区间隧道断面的地震响应的计算,等代地震荷载的确定原则,在2％、10％和63.2％三种概率水准下的上海市区典型区间隧道断面的等代地震荷载及其的修正系数的确定等。有关成果对地铁区间隧道简化抗震设计方法的建立有参考价值。

关键词　区间隧道；抗震设计；等代地震荷载

Studyon Equivalent Earthquake Load in Seismic Design of Subway Running Tunnel

YANG Linde　ZHENG Yonglai　TONG Feng

(Dept. of Geotechnieal Engineering, Tongji University, Shanghai 200092)

Abstract　This paper deals with the calculation method for the seismic design of subway tunnel in soft clay. On the basis of typical section and geological condition of the subway tunnel in Shanghai, the earthquaker responsees for the 3 probability level, which are 2％, 10％ and 63.2％, were calculated. After having compared the results with that from assumed earthquake load distribution, a criterion to determine the equivalent earthquake load distribution was put forward and a kind of coefficient was suggested to revise the value of inner force, so that they can well coincide each other. It is helpful to establish a kind of calculation method for the seismic design of subway tunnel to simplify the culculation process.

Keyword　Running Tunnel; Seismic Design; Equivalent Earthquake Load

1 引言

神户地震发生前,世界各国对地下结构震害的预防研究较少,原因主要是以往尚无地下结构因发生地震而遭受严重破坏的先例。神户地震(1995年)首次使地铁车站和区间隧道遭受严重破坏,由此开始引起人们对这类课题的关注,世界各国尤其是日本,许多大学教授和研究

---

* 世界隧道增刊

机构纷纷针对区间隧道和地铁车站的震害类型研究导致震害的主要原因,并据以建立分析理论和建议设计方法。如 Takashi MATSUDA 等(1997) IS 在对上泽地铁站(Kamisawa Station)震害调查的基础上,对该站的震害机理进行了研究;S. Nakamura 等(1997)[8]从地层相对位移的角度对大开地铁站(Daikai Subway Station)的破坏过程进行了分析研究。与此同时,人们对地层性质和结构构造变化对震害的影响也给予了关注,认为这类因素易于导致结构发生纵向不均匀变形和由此导致震害。

我国目前的地下铁道设计规范对抗震设计并无具体规定,原因主要是研究工作开展不够,基础资料不足。1984 年,夏明耀[1]介绍了软土地下结构的抗震设计计算方法,其基本思路仍为静力法;林皋(1990、1996)[2,3]系统介绍了地下结构的抗震分析方法,并将其分为波动解法和相互作用解法(结构动力学法)两类。蒋通(1999)[4]从地基震陷及接缝变形角度,按假想的 3 种概率水准下的地震行波研究了区间隧道的抗震性能,周健(1999)[5]在对地震输入波和软土动力参数作假设的基础上,用采有效应力动力方法研究了软土隧道抗震稳定性。上述成果对我国制定软土地铁结构抗震设计指南或规范显然还远远不够,可见在这一领域开展进一步研究具有重要的意义。本文旨在对软土地层中地铁区间隧道的抗震设计研究,确定等代地震荷载的方法,使可为简化抗震设计计算方法的建立提供基础。

对结构动力响应,本文拟同时采用结构动力学法和应力波进行分析,以使结果可相互比较和验证。

2 地铁区间隧道地两响应的计算

2.1 有限元分析的计算简图

以上海地铁 2 号线陆家嘴站及石门一路站附近的区间隧道为例,前者地基土中含有液化层,后者则不含。为表述方便,以下将其分别称为区间隧道 1 和区间隧道 2。设计研究中将埋深取为平均值 15 m,断面尺寸选为标准尺寸。

鉴于资料表明上海市区的地震以水平向震动为主,及对 7 度设防地区结构仅需考虑横向振动的影响,以下计算拟仅主要考虑水平向地震波的作用。

2.1.1 基本假定

进行动力有限元分析的基本假定为:

(1) 地震动时,地层深部的运动通过隧道下方某一深度处的基岩面向上传递,使位于基岩面上方的岩土介质连同其内埋藏的隧道衬砌结构对基岩面发生相对运动。

(2) 基岩面定义为地震波速大于某一定值时的接口。

(3) 土-隧道体系的地震惯性力可转化为离散化体系上的结点力。

(4) 基岩地震动输入取自上海市地震动参数小区划研究的成果[6],并由等效线性化一维土层地震反应计算程序 LSSRL 计算获得基岩深度处(按钻孔深度取地表以下 70 m)的未来 50 年超越概率分别为 63.2%、10% 和 2% 时的地震动加速度时程输入,每个概率下有 3 个输入波[6],如图 1,2 所示。

2.1.2 计算区域与网格划分

地铁区间隧道处于半无限体地层中,横剖面上左右和下方的边界均在无穷远处。鉴于计算机容量的限制,本文拟以边界效应的影响可予忽略为前提选取计算区域。上海地铁的区间隧道为双孔隧道,孔径 1>6,2 m,两孔之间的中心距为 13 m 故在水平向,拟将计算范围取为

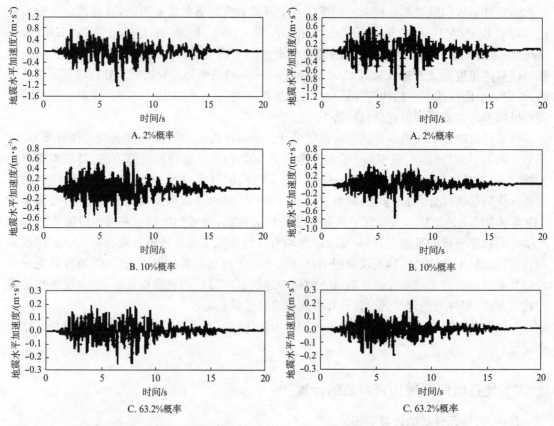

图 1 区间隧道 1 的水平向地震波（第一个加速度） 图 2 区间隧道 2 水平向地震波（第一个加速度）

自隧道轴线起算向两侧各延伸 2.5D，总宽度为 55 m；竖向计算深度则取为 70 m。

有限元分析中，计算域被离散为单元，如图 3 和图 4 所示。图中土层单元均为四边形四节点平面单元，隧道结构单元为厚 0.35 m 的梁单元。力学性质不同的土层的接口均为单元的边界，在预计应力梯度很大的隧道附近的部位加密单元网格。

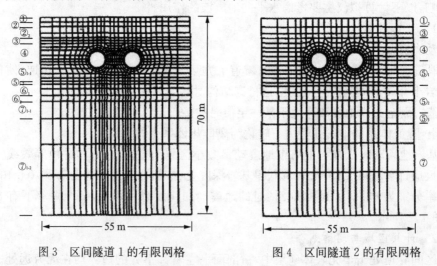

图 3 区间隧道 1 的有限网格　　　　　　　图 4 区间隧道 2 的有限网格

2.1.3 边界条件和计算参数

静力问题分析中，对左右边界的结点假设存在水平向连杆，竖直方向可自由变形；底部边界结点为铰结点；上部边界为自由变形边界。

采用结构动力学法计算时，鉴于地震输入为水平向振动，远离结构的地层的竖向变形可予忽略，因而对两侧边界的结点设置了竖向约束，对水平则允许其在向自由变形；底部结点仍为交结点，上部边界仍为自由变形边界。

应力波法计算中，对两侧边界在水平向设定为双渐近多寓透射边界，竖直方向设定为固定边界；底部边界在水平方向为自由变形，竖直方向为固定边界，用以反映没有被明显模拟的自人工边界起到无限远处为止的介质的影响；上部地表边界为自由变形边界。

土层材料动力特性参数中，动剪模量 G 和阻尼比 D 由钻孔实验资料确定，结构材料特性参数依据实验资料，将动弹模 $E_d = E_s \times 140\% = 2.83 \times 10^{10}$ Pa(E_s 为静弹模)。

2.1.4 结构最大内力响应

对两个地铁隧道结构断面的动力响应的计算分别输入了三种概率水准下的地震波，并对每种概率水准输入了 3 个波。计算结果中内力响应最大者见表 1，计算方法为直接积分法。

表 1　　　　　　区间隧道的衬拥管片的计算内力

项 目	区间隧道 1			区间隧道 2		
	2%	10%	63.2%	2%	10%	63.2%
弯矩/(kN·M)	49.6	29.1	9.41	36.4	18.4	6.58
轴力(kN)	68.5	64.7	12.9	64.4	31.3	11.3
剪力(kN)	110	40	20.9	93.0	47.0	16.8

3 等代地震荷载

3.1 等代地震荷载的确定原则

本文拟通过对图 1、图 2 所示的计算模型施加一定大小的水平加速度 EA，据以得出与之相应的降道衬砌结构发生的最大动内力值，将其与一定概率水准地震荷载作用下结构的最大动力内力响应作对比，并将二者量值相等或十分接近时的水平加速度 EA 值作为该概率水准下的等代地震荷载。

一般说来，隧道衬砌结构设计应予考虑的内力有弯矩、轴力和剪力三种，按上述原则，对这三种内力分别进行分析时，一定概率水准下将可得到三个不同的等代荷载值。鉴于工程设计中截面设计的控制因素主要是弯矩，因而本文对等代地震荷载拟主要根据弯矩确定。然因由此获得的轴力和剪力的计算值将与由结构动力学法或应力波法得到的动力内力响应有差异，故拟提出按以下方法对其计算结果进行修正：

$$\{M', N', V'\} = F(EA) \tag{1}$$

$$\{M_E, N_E, V_E\} = \{a_M, a_N, a_V\}[M', N', V']^T \tag{2}$$

其中 $F(EA)$ 为与等代水平加速度 EA 相应的等效静力内力的计算式；$M'、N'、V'$ 分别为与等代地震荷载相应的衬砌结构的最大弯矩、轴力和剪力；a_M, a_N, a_V 分别为相应概率水准下的等代弯矩、轴力和剪力的修正系数；$M_E、N_E、V_E$ 分别为相应概率水准下的最终等代弯矩、轴力和剪力。按上述方法确定 EA 时，显见有 $a_M = 1$。

将算得的 $M_E、N_E、V_E$ 分别与由静力问题的计算得到的弯矩 M、轴力 N 和剪力 V 值叠加，即得用作抗震设计依据的静动内力的合力值。

3.2 等代地震荷载与结构内力

本文采用上述方法对区间隧道 1 和区间隧道 2 的典型断面分别确定了等代地震荷载。采用结构动力学法计算时,依据原则确定的 EA 值列于表 2,与之相应的动内力值示于表 3。由表可见两个典型断面的等代水平加速度和结构内力值并不完全一致,原因主要是二者的地层条件和土性参数有差异。可见对于不同的土质条件,需通过分析计算分别确定合适的 EA 值。

表 2　　　　　　　不同概率水准下的等代水平加速度 EA　　　　　　　m/s^2

项目	2%概率水准	10%概率水准	63.2%概率水准
区间陛道 1	0.480 2	0.282 2	0.091 3
区间陛道 2	0.480 2	0.244 0	0.087 3

表 3　　　　　　　水平加速度 EA 作用下的最大结构内力值

概率水准	2%			10%			63.20%		
	弯矩/(kN·m)	轴力/kN	剪力/kN	弯矩/(kN·m)	轴力/kN	剪力/kN	弯矩/(kN·m)	轴力/kN	剪力/kN
区间降道 1	49.5	80.4	110	29.1	47.3	64.7	9.41	15.3	20.9
区间K道 2	36.2	63.2	92.6	18.4	32.1	47	6.58	11.5	16.8

表 4 为由 EA 值算得的内力值与由动力响应分析算得的内力值的比较表,由表可见最大弯矩值的比值为 1,最大剪力值的比值接近于 1,最大轴力值之比值则不足 1。据此确定的各项等代内力值的修正系数如表 5 所示。由表可见弯矩与剪力值的修正系数均为轴力修正系数则小于 1。应予指出,经修正后的内力值为该截面的最大动内力值。

表 4　　　　　　地震动力响应分析与等代地震荷载的计算内力值的比较表

概率水准	2%概率下的比值			10%概率下的比值			63.2%概率下的比值		
	弯矩	轴力	剪力	弯矩	轴力	剪力	弯矩	轴力	剪力
区间陛道 1	1	0.852	~1	1	0.845 7	~1	1	0.843 1	~1
区间隧道 2	1	1.019	~1	1	0.975 1	~1	1	0.982 6	~1

表 5　　　　　　　　等代内力的修正系数

项目	a_m	a_N	a_v
区间隧道 1	1	0.85	1
区间陛道 2	1	1	1

3.3 应力波法的等代地震荷载

为比较不同动力计算方法对确定等代地震荷载的影响,本项研究同时采用了应力波法计算了结构内力。计算区域同图 3 和图 4,由此确定的等代地震荷载值示于表 6。由表 6 可见由两类计算方法确定的等代地震荷载略有差异。

表 6　　　　　　　　　　不同概率水准下区间隧道的等代地震荷载　　　　　　　　　　m/s²

	2%	10%	63.2%
区间隧道 1	0.657	0.500	0.118
区间隧道 2	0.637	0.490	0.098

4　结语

本文依据等代地震荷载作用下结构的最大动内力与地震荷载作用下的最大纯动力内力相等的原则,对上海市区两条区间隧道的典型断面确定了三种概率水准下的等代地震荷载值。如将由上述两类方法得到的计算结果分别视为上下限,则在 2%、10% 和 63.2% 三种概率水准地震作用下,等代水平惯性力(即水平向惯性力加速度)分别为 $0.048 \sim 0.065$ g、$0.024 \sim 0.028$ g 和 $0.008\,7 \sim 0.012$ g。这一结论为今后简化抗震设计计算法的建立提供了参考依据。

对于软土中地铁区间隧道抗震问题,由于其构造和场地条件时有变化,本项研究涉及的等代荷载变化的幅值仍有待继续探讨。

参考文献

[1] 夏明耀. 软土隧道的抗震设计计算[J]. 隧道工程,1984,(1).
[2] 林皋. 地下结构抗震分析综述(上、下)[J]. 世界地震工程,1990,(2-3).
[3] 林皋. 地下结构的抗震设计方法[J]. 土木工程学报,1996(1).
[4] 蒋通. 上海市盾构法隧道的抗震设计研究报告[R]. 上海市建设技术发展基金会科研项目(A9706108-4),1999.
[5] 周键. 上海软土隧道抗震稳定性分析研究研究报告[R]. 上海市建设技术发展基金会科研项目,1997.6.
[6] 杨林德,李文艺,祝龙根,等. 上海市地铁区间隧道和车站的地震灾害与防治对策研究[R]. 上海市建设技术发展基金会科研项目研究报告,1999.
[7] Takashi Matsuda. A study on damage of underground subway structures during the 1995 hyogoken nanbu earthquake, Geotechnical engineering in recovery from urban earthquake disaster, KIG-Forum '97. 339-348.
[8] Susumu Nakamura. Investigation, analysisa and restoration of ollapsed daikai subway sttion during the 1995 hyogoken nanbu earthquake Geotechnical engineening in recovery from urban earthquake disask, KIG-Fonm '91-367-376.

地铁车站结构振动台试验及地震响应的三维数值模拟*

杨林德[1,2]　王国波[1,2]　郑永来[1,2]　马险峰[1,2]

(1. 同济大学岩土及地下工程教育部重点实验室,上海　200092；2. 同济大学地下建筑与工程系,上海　200092)

摘要　利用 FLAC^{3D} 对典型地铁车站结构振动台模型试验进行三维数值模拟,所建立的计算模型包括：(1) 计算区范围与模型箱尺寸一致；(2) 采用 Davidenkov 模型描述模型土的非线性变形特性,而结构模型采用弹性模型；(3) 由于不考虑模型箱在振动过程中的变形,因此动力边界条件取为加速度边界；(4) 地震荷载的输入与试验时地震波输入一致。计算结果包括模型土和车站结构的加速度响应规律、车站结构的动应变以及土-结构间的动土压力。计算结果与振动台试验结果吻合较好,说明采用的方法能较好地模拟模型土的动力特性,反映车站结构的动力响应及土与地铁车站结构间动力相互作用的规律。该研究工作能为建立典型软土地铁车站结构地震响应的三维计算方法提供基础。

关键词　土力学；振动台模型试验；地下结构；地震响应；动土压力；地下铁道

Shaking Table Test on Metro Station Structure and 3D Numerical Simulation of Seismic Response

YANG Linde[1,2]　WANG Guobo[1,2]　ZHENG Yonglai[1,2]　MA Xianfeng[1,2]

(1. Key Laboratory of Geotechnical and Underground Engineering of Ministry of Education, Tongji University, Shanghai 200092, China;
2. Department of Geotechnical Engineering, Tongji University, Shanghai 200092, China)

Abstract　The shaking table test on typical metro station structure is simulated by FLAC^{3D}. The calculation model includes the following four aspects. (1) The calculation area is identical with the model box. (2) The Davidenkov model is employed to simulate the dynamic nonlinear characteristics of model soil; and the structural model is regarded as in elastic state during test. (3) The dynamic boundary conditions are set as acceleration boundaries because the deformation of model box can be neglected. (4) The seismic loads accord with the waves used in the test. The test and calculation results include the rules of acceleration response of model soil and metro station structure model, the dynamic strain of metro station structure model and the dynamic soil pressure between model soil and structure model. The calculation results agree well with the test results, which shows the rationality of the proposed model. It can be used to simulate the dynamic characteristics of model soil,

---

* 岩石力学与工程学报(CN：42-1397/O3)2007 年收录

calculate the dynamic response of metro station structure and analyze the dynamic interaction between soil and structure. The study provides foundations to establish the 3D calculation method for metro station structure under seismic load in soft soil areas.

Keywords　soil mechanics; shaking table model test; underground structure; seismic response; dynamic soil pressure; metro

1　引言

近十多年来，随着地下工程数量的增多和地下结构震害的频繁出现，尤其是受到1995年神户地震的启示，人们对地下结构的抗震能力和破坏机制有了新的认识。国内外学者已开展了一系列的相关研究，主要集中于试验研究与数值模拟两个方面。

历次大震的后果表明，软土地基会增大地震作用的破坏程度，而地铁车站一旦发生严重破坏，不仅修复代价极高，而且间接损失也很大。上海市区软土地层厚达250～300 m，浅层普遍存在淤泥质黏土、淤泥质粉质黏土、粉质黏土、沙质粉土和粉沙层等，浦东和苏州河以北的广大地区尤以易于振动液化的粉质黏土、沙质粉土和粉沙地层为主，发生地震时将易于加大危害。此外，中国地震局和上海市建委已规定上海市建筑结构的地震设防烈度由6度提高到7度，可见对上海市处于软土地基中的地铁车站的抗震能力进行研究，据此建立分析理论和设计方法显得十分必要。

杨林德等率先对上海软土地区典型地铁车站结构进行了振动台模型试验。模型试验由自由场振动台模型试验和地铁车站结构振动台模型试验组成。通过试验了解了地下结构的动力响应特点以及土与地下结构间相互作用的规律。本文拟建立一个数值计算模型，包括计算范围的确定、材料本构模型的选取、动力边界条件的选用与地震荷载的输入等，对试验进行数值模拟，并用试验实测结果对数值计算结果进行对比，以验证数值模型的正确性。

2　地铁车站结构振动台模型试验

2.1　结构模型组成及尺寸

本次试验采用的车站结构模型由顶板、楼板、底板、柱子、底纵梁、侧墙和端墙等构件组成。采用微粒混凝土和镀锌钢丝分别模拟钢筋混凝土构件中的混凝土和钢筋。

车站结构模型见图1，底板平面图见图2。

2.2　传感器布置方案

典型地铁车站结构振动台模型试验中，共设置了3个观测断面，位置均与柱子轴线重合。2个位于车站结构的中部，其中之一为主观测断面，与轴⑤重合；另一个为辅助观测断面，与轴⑥重合；第3个观测断面靠近端部(与轴③重合)，接收可鉴别纵向边界约束对地震响应影响的信息。观测断面设置见图2。量测仪表包括在模型土内部、表面及车站结构模型的表面布设的加速度传感器(以字母A表示)、在模型土和车站结构间布设的动土压力盒(以字母P表示)以及在车站结构模型的构件上粘贴的电阻应变片(以字母S表示)。各观测断面上仪表的布置见图3。试验采集到的信息为模型土与车站结构模型的加速度值、模型土与车站结构间的动

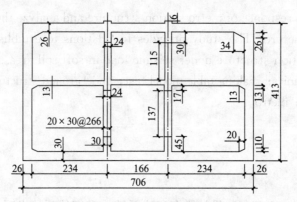

图1 车站结构模型横剖面(单位：mm)
Fig. 1 Cross-section of station structure model

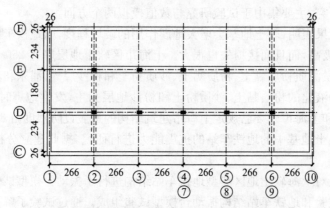

图2 地铁车站结构模型底板平面图(单位：mm)
Fig. 2 Plan of bottom of metro station structure model

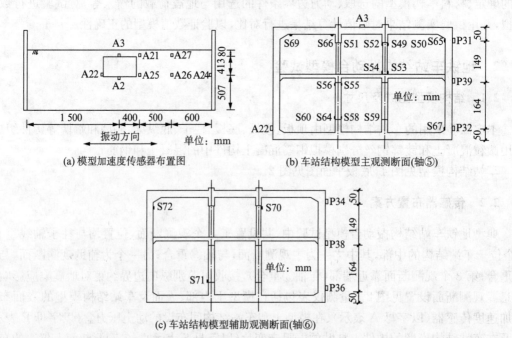

(a) 模型加速度传感器布置图

(b) 车站结构模型主观测断面(轴⑤)

(c) 车站结构模型辅助观测断面(轴⑥)

图3 典型地铁车站结构振动台模型试验测点布置
Fig. 3 Arrangement of measuring points in shaking table test on typical metro station structure

土压力值以及车站结构模型的应变值。

2.3 试验加载方式

本项试验选取了 3 种地震波作为振动台的输入波,即 El-Centro 波、上海人工波和正弦波。

试验采用单向(横剖面方向)输入激励,输入波的时间间隔和加速度峰值根据相似关系进行了调整,试验时采用的步长为 0.001 3 s。在开始激振前用小振幅的白噪预振,使土体模型密实,其后每次改变加速度输入峰值时亦均输入白噪扫描,以观测体系模型动力特性的改变情况。采用的自由场振动台模型试验加载方式见表 1。

表 1 地铁车站结构振动台模型试验加载方式
Table 1　Loading manners for shaking-table model test on typical metro station

序号	输入波类型	工况代号	加速度峰值/g
1	白噪声	WN1	0.070 0
2	正弦波	SIN2	
3	El-Centro 波	EI3	0.138 6
4	上海人工波	SH4	
5	白噪声	WN5	0.070 0
6	正弦波	SIN6	
7	El-Centro 波	EI7	0.432 0
8	上海人工波	SH8	
9	白噪声	WN9	0.070 0
10	上海人工波	SH10	0.606 0
11	白噪声	WN11	0.070 0
12	上海人工波	SH12	1.212 0
13	白噪声	WN13	0.070 0

3　FLAC^{3D}计算原理

假设地震波从模型底部向上传播,则运动方程为

$$\rho \frac{\partial \dot{u}_i}{\partial t} = \frac{\partial \sigma_{ij}}{\partial x_i} + \rho g_i \tag{1}$$

式中,ρ 为质量密度;t 为时间;x_i 为坐标分量;g_i 为重力分量;σ_{ij} 为应力矩阵分量。将连续介质离散化为四面体单元,作用力和质量均集中于节点上。由高斯散度理论有

$$\int_V v_{i,j} \mathrm{d}V = \int_S v_i n_j \mathrm{d}S \tag{2}$$

式中,n_j 为外法线单位向量分量;v_i 为节点速度分量;V 为单元体积;S 为单元节点对应面的面积。积分分别沿着四面体的体积和表面进行。

对于常应变率的四面体单元,基速度是线性变化的,对式(2)积分有

$$V v_{i,j} = \sum_{f=1}^{4} \bar{v}_i^{(f)} n_j^{(f)} S^{(f)} \tag{3}$$

式中,上标"f"表示与面 f 相联系变量的值;$\bar{v}_i^{(f)}$ 为面 f 速度分量的平均值,对于线性速度,其平均值为

$$\bar{v}_i^{(f)} = \frac{1}{3}\sum_{l=1,l\neq f}^{4} v_i^{(l)} \tag{4}$$

式中,l 为节点编号。则应变和应变张量分量分别为

$$v_{i,j} = -\frac{1}{3V}\sum_{i=4}^{4} v_i^{(l)} n_j^{(l)} S^{(l)} \tag{5}$$

$$\xi_{ij} = -\frac{1}{6V}\sum_{l=1}^{4}(v_i^l n_j^{(l)} + v_j^l n_i^{(l)})S^{(l)} \tag{6}$$

由虚功原理可推导出节点不平衡力:

$$F_i^{(l)} = \sum_{l=1}^{4}\left(\frac{\sigma_{ij}n_j^{(l)}S^{(l)}}{3} + \frac{b_i V}{4}\right) + P_i^{(l)} \tag{7}$$

式中,b_i 为体力;$P_i^{(l)}$ 为外力。则根据牛顿运动定律,对任一节点 l 有

$$\left(\frac{\partial v_i(t)}{\partial t}\right)^{(l)} = \frac{F_i^{(l)}(t)}{M^{(l)}} \tag{8}$$

式中,$M^{(l)}$ 节点 l 的集中质量。用中心差分析似表示速度对时间的导数,则由上式可得到节点 l 的速度、位移和单元应变增量的表达式:

$$\left. \begin{array}{l} v_i^{(l)}(t+\Delta t/2) = v_i^{(l)}\left(t-\dfrac{\Delta t}{2}\right) + \dfrac{F_i^{(l)}(t)}{M^{(l)}}\Delta t \\[2mm] v_i^{(l)}(t+\Delta t) = u_i^l(t) + \Delta t v_i^{(l)}\left(t+\dfrac{\Delta t}{2}\right) \\[2mm] \Delta\varepsilon_{ij} = \dfrac{1}{2}(v_{i,j} + v_{j,i})\Delta t \end{array} \right\} \tag{9}$$

式中,Δt 为计算时步,$u_i^l(t)\big|_{t=0} = 0$。

假定应力-应变关系可表示为

$$\sigma_{ij} = D(\sigma_{ij},\ \varepsilon_{ij},\ \kappa) \tag{10}$$

式中,D 为给定函数;κ 为考虑荷载历史的参数。则应力增量为

$$\Delta\sigma_{ij} = D(\sigma_{ij},\ \varepsilon_{ij}\Delta t,\ \kappa) \tag{11}$$

在每一时步内,将其与前一时刻的应力分量累加可得新的应力分量,进入下一时步的计算。

4 计算模型

4.1 计算区范围与网格划分

计算区范围与模型箱尺寸一致。其中沿激振方向净长 3.0 m(含两侧泡沫塑料板,各厚 175 mm),宽 2.5 m,深 1.0 m。采用实体单元对塑料板、模型土以及车站结构划分三维网络,其中泡沫塑料板和模型土的网络如图 4 所示,车站结构模型的网络如图 5 所示。

车站结构为两层三跨的框架结构,其尺寸为:横向宽 0.72 m(沿激振方向),左、中、右跨的净跨度分别为 0.21,0.18 和 0.21 m,左、右边墙厚 0.03 m;纵向长 2.36 m(柱子排列方向),柱间净距 0.24 m,共 8 根柱子,前、后板厚均为 0.02 m;高 0.4 m,上、下柱高分别为 0.12 和 0.21 m。

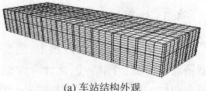

(a) 车站结构外观

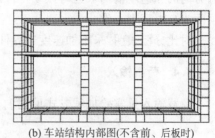

(b) 车站结构内部图(不含前、后板时)

图 4 泡沫塑料板和模型土计算模型　　图 5 车站结构的计算模型
Fig. 4 Calculation models of foam plastic plate and model soil　Fig. 5 Calculation model of metro station

顶、底板厚 0.03 m(横向)×0.02 m(纵向)。车站结构模型的左、右边墙距左、右两侧塑料板均为 0.965 m，车站结构模型的前、后板距模型箱前、后板的距离分别为 0.10 和 0.04 m，埋深 0.1 m。

4.2 材料本构模型

对模型土进行动力试验[12]表明：模型土的动应力-应变关系遵循应变软化规律，动剪切模量随动剪应变的增加而降低，阻尼比则随动剪应变的增加而增加，其关系可用 Davidenkov 模型描述为

$$\left.\begin{array}{l} G_d/G_{max} = 1 - \left[\dfrac{(\gamma_d/\gamma_r)^{2B}}{1+(\gamma_d/\gamma_r)^{2B}}\right]^A \\ \lambda/\lambda_{max} = 1 - G_d/G_{max} \end{array}\right\} \quad (12)$$

式中：A，B 均为拟合常数；γ_r 为参考剪应变；r_d 为瞬时动剪应变；G_d 和 λ 分别为瞬时动剪切模量和阻尼比；G_{max} 和 λ_{max} 分别为最大动剪切模量和最大阻尼比。

本次试验选取褐色粉质黏土作为制作模型土的原料，Davidenkov 模型参数由试验[12]确定，如表 2 的所示。经试验测得泡沫塑料板的动弹性模量为 G_f = 4.13 MPa，质量密度 ρ_f = 15 kg/m³，泊松比 v_f = 0.4。

表 2　模型土土性参数表
Table 2　Parameters of model soil

G_{max}/MPa	λ_{max}	Davidenkov 模型参数			密度 ρ/(kg·m⁻³)	泊松比
		A	B	γ_γ		
11	0.35	1.26	0.44	4.3×10⁻⁴	1.760	0.4

实测结果表明，车站结构模型始终处于弹性工作状态，其动力特性参数拟按常规方法由将混凝土材料的静弹性模量提高给出。研究表明，动弹性模量比静弹性模量高出 30%～50%。将微粒混凝土的静弹性模量取为 E_s = 7.0 GPa，则动弹模量值为 $E_d = E_s × 140% = 9.8$ GPa。

4.3 边界条件

在振动台模型试验过程中,模型箱侧壁刚度很大,在振动过程中其变形可忽略不计,且模型箱底板与侧板刚结,因此计算时侧向边界取为加速度值已知的边界,即模型土 4 个侧面沿激振方向的加速度值均取为与振动台台面的输入加速度一致。模型土底面为竖向固定的边界,顶面为自由变形边界。

对比分析表明,采用加速度边界计算得到的结果与实验结果的吻合程度较好。

4.4 荷载输入

荷载输入见实验加载方式见表 1。

5 计算结果与分析

5.1 加速度响应

1. 加速度放大系数

加速度传感器仅在主观测断面布设见图 3(a)。以土体表面测点 A21 和结构下部测点 A22 为例,将测点加速度反应的峰值与振动台台面输入波的峰值之比定义为加速度反应放大系数。各加载工况下测点加速度反应放大系数的实测结果和三维数值计算结果分别见表 3 和表 4。由表可见,各加载工况下二者吻合较好。在 SH12 工况下:模型土表面测点 A21 的计算结果与实测结果有一定的误差,原因可能是这时地震动输入峰值过大,土的动剪切模量衰减较大,从而使试验过程中模型土的应力-应变关系曲线与 Davidenkov 模型的曲线偏离较大。

表 3 模型表面测点 A21 的加速度放大系数
Table 3 Acceleration amplification coefficient at measuring point A21 on model surface

加载工况	实测结果	计算结果	相对误差/%
E13	0.83	0.88	5.7
E17	0.31	0.34	8.8
SH4	0.85	0.90	5.6
SH8	0.57	0.61	6.6
SH10	0.50	0.55	9.1
SH12	0.42	0.47	10.6

表 4 车站结构模型下部测点 A22 的加速度放大系数
Table 4 Acceleration amplification coefficient at measuring point A22 at the lower of station structure model

加载工况	实测结果	计算结果	相对误差/%
E13	0.90	0.92	2.20
E17	0.32	0.35	8.60
SH4	0.83	0.88	5.70
SH8	0.60	0.64	6.25
SH10	0.52	0.57	8.80
SH12	0.38	0.42	9.80

2. 加速度时程曲线及其富氏谱

图 6，图 7 分别为 SH4 工况下测点 A21 的加速度反应时程及其富氏谱的计算结果与实测结果，图 8，图 9 分别为 SH4 工况下测点 A22 的加速度反应时程及某富氏谱的计算结果与实测结果。由图可见，二者的波形，幅值与实测结果均基本吻合，各频段的频率组成也基本一致，表明提出的计算方法能较好地模拟土体和车站结构的地震响应规律。

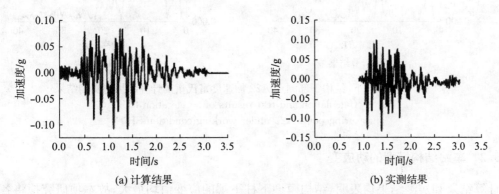

图 6　SH4 工况下，测点 A21 加速度时程曲线的计算结果与实测结果
Fig. 6　Calculation and results of acceleration time history at measuring point A21 under working condtion SH4

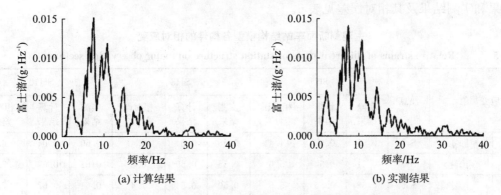

图 7　SH4 工况下，土体表面测点 A21 加速度富氏谱的计算结果与实测结果
Fig. 7　Calculation and test results of acceleration FFT at measuring point A21 on soil surface under working condition SH4

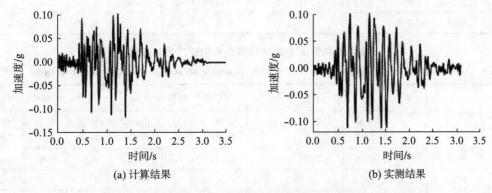

图 8　SH4 工况下，测点 A22 加速度时程曲线的计算结果与实测结果
Fig. 8　Calculation test results of acceleration time history at measuring point A22 under working condtion SH4

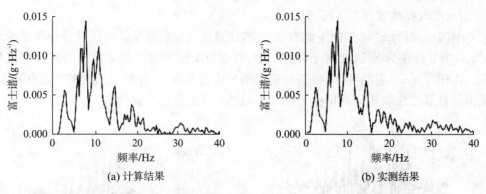

(a) 计算结果 (b) 实测结果

图 9　SH4 工况下,结构下部测点 A22 加速度富氏谱的计算结果与实测结果
Fig. 9　Calculation and test results of acceleration FFT at
measuring point A22 under working condition SH4

5.2　车站结构模型的动应变

计算结果和实测结果均表明,结构模型下柱下端的应变值均最大,故本项研究拟将各构件的动应变与相同工况下下柱下端的动应变的比值称为构件的相对应变。主观测断面上各测点相对应变的计算结果和实测结果及其相对误差如表 5 所示,辅助断面上各测点相对应变的计算结果和实测结果及其相对误差见表 6。

表 5　主观测断面车站结构模型各构件的相对应变
Table 5　Relative strains of different parts of station structure on major observation sections

应变部位		测点	SH4			SH8			SH10		
			实测结果	计算结果	相对误差/%	实测结果	计算结果	相对误差/%	实测结果	计算结果	相对误差/%
上柱	上端	S49	0.65	0.68	4.4	0.58	0.64	9.4	0.60	0.64	6.3
	下端	S53	0.51	0.54	5.6	0.55	0.59	6.8	0.62	0.67	7.5
下柱	上端	S55	0.52	0.55	5.5	0.50	0.54	7.4	0.61	0.67	7.0
	下端	S58	1.00	1.00		1.00	1.00		1.00	1.00	
拐角	侧墙上部	S65	0.48	0.50	4.0	0.49	0.51	3.9	0.45	0.47	4.3
	侧墙下部	S67	0.45	0.47	4.3	0.43	0.45	4.4	0.42	0.44	4.5
	顶板	S69	0.47	0.51	7.8	0.46	0.80	6.1	0.43	0.47	8.5

表 6　辅助观测断面车站结构模型各构件的相对应变
Table 6　Relative strains of different parts of station structure on accessorial observation sections

应变部位		测点	SH4			SH8			SH10		
			实测结果	计算结果	相对误差/%	实测结果	计算结果	相对误差/%	实测结果	计算结果	相对误差/%
上柱	上端	S70	0.66	0.70	5.7	0.61	0.65	6.2	0.64	0.68	5.9
下柱	下端	S71	1.00	1.00		1.00	1.00		1.00	1.00	
拐角	侧墙上部	S72	0.50	0.53	5.7	0.52	0.55	5.5	0.51	0.55	7.3

由表 5 和表 6 可见,主观测断面和辅助测断面上各测点相对应变的计算结果与实测结果

吻合很好,说明该方法能较好地模拟结构的动力变形特性。

5.3 土-结构间的动土压力

1. 动土压力幅值

典型地铁车站结构模型试验中,主观测断面与辅助观测断面车站结构右边墙动土压力幅值的计算结果、实测结果及相对误差分别见表7和表8所示。

表 7　　主观测断面上各测点动土压力幅值的计算结果与实测结果
Table 7　Calculation and test results of dynamic soil pressure on amjor observation sections

构件部位	测点	SH4			SH8			SH10		
		实测值/kPa	计算值/kPa	相对误差/%	实测值/kPa	计算值/kPa	相对误差/%	实测值/kPa	计算值/kPa	相对误差/%
下部	P31	0.97	1.02	4.9	1.72	1.82	5.5	2.35	2.49	6.0
中部	P39	1.02	1.06	3.8	2.33	2.45	4.9	2.75	2.92	5.8
上部	P32	0.59	0.63	6.3	1.62	1.77	8.5	2.01	2.22	9.5

表 8　　辅助观测断面上各测点动土压力幅值的计算结果与实测结果
Table 8　Calculation and test results of dynamic soil pressure on accessorial observation sections

构件部位	SH4			SH8			SH10		
	实测值/kPa	计算值/kPa	相对误差/%	实测值/kPa	计算值/kPa	相对误差/%	实测值/kPa	计算值/kPa	相对误差/%
下部	0.77	0.82	6.1	1.31	1.41	7.1	1.92	2.07	7.2
中部	0.81	0.86	5.8	1.81	1.92	2.7	2.53	2.70	6.3
上部	0.70	0.75	6.7	1.26	1.39	9.4	1.71	1.89	9.5

由表可见,主观测断面和辅助观测断面上各测点的计算结果与试验结果基本吻合。

2. 动土压力时程

图10给出了SH4工况下,车站结构右边墙中部测占P39动土压力时程的计算结果与实测结果。由图可见,二者也基本吻合,表明文中的计算方法能较好地模拟车站结构与模型土之间的动力相互作用。

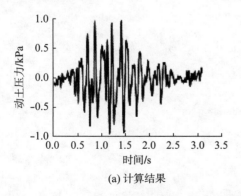
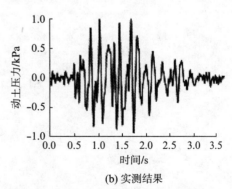

(a) 计算结果　　　　　　　　　　　(b) 实测结果

图 10　SH4工况下,车站结构模型辅助观测断面测点P39动土压力时程的计算结果与实测结果
Fig. 10　Calculation and test results of dynamic soil pressure at measuring point P39 on the accessorial observation

6 结论

利用建立的数值计算模型对上海软土地地铁车站结构振动台模型试验进行了数值拟和分析,其中采用 Davidenkov 模型描述模型土的非线性动力特性,动力边界条件采用加速度边界条件模拟,计算得到了车站结构模型和模型土的加速度响应土-结构间的动土压力值以及车站结构模型的动应变值,并将计算结果与实测结果进行了比较。实测结果与数值计算结果吻合较好,论证了所提出数值模型的合理性,从而为建立软土地地铁车站结构三维地震响应的数值计算方法奠定了基础。

参考文献

[1] CHE A, IWATATE T. Shaking table test and numerical simulation of seismic response of metro structures[J]. Structures under Shock and Impact Ⅶ, 2002, 11: 367-376.

[2] LI Z N, LI Q S, LOU M L. Numerical studies on the effects of the lateral boundary on soil-structure interaction in homogeneous soil foundations[J]. Structural Engineering and Mechanics, 2005, 20(4): 421-434.

[3] 刘晶波,李彬,谷音. 地铁盾构隧道地震反应分析[J]. 清华大学学报:自然科学版, 2005, 45(6): 757-760.

[4] 徐龙军,谢礼立,胡进军. 地下地震动工程特性分析[J]. 岩土工程学报, 2006, 28(9): 1106-1111.

[5] YUKIO T, IKLO T. Seismic soil-structure interaction of cross sections of flexible underground structures subjected to soil liquefaction[J]. Soils and Foundations, 2003, 43(2): 69-87.

[6] 赵大鹏,宫必宁,晏成明. 大跨度地下结构振动性态试验研究[J]. 重庆建筑大学学报, 2002, 24(5): 52-57.

[7] 车爱兰,岩楣敞广,葛修润. 关于地铁地震响应的模型振动试验及数值分析[J]. 岩土力学, 2006, 27(8): 1293-1298.

[8] 杨林德,李文艺,祝龙根,等. 上海市地铁区间隧道和车站的地震灾害与防治对策研究[R]. 上海:同济大学,上海防灾救灾研究所, 1999.

[9] 杨林德,陆忠良,白廷辉,等. 上海地铁车站抗震设计方法研究[R]. 上海:同济大学,上海防灾救灾研究所, 2002.

[10] 杨林德,杨超,季倩倩. 地铁车站的振动台试验与地震响应的计算方法[J]. 同济大学学报:自然科学版, 2003, 31(10): 1135-1140.

[11] 杨林德,季倩倩,郑永来,等. 地铁车站结构振动台试验中模型箱设计的研究[J]. 岩土工程学报, 2004, 26(1): 75-78.

[12] 季倩倩. 地铁车站结构振动台模型试验研究[博士学位论文][D]. 上海:同济大学, 2002.

软土地层中地铁车站结构形式对抗震性能的影响*△

杨林德[1,2]　商金华[1,2]　宋作雷[3]　朱道建[1,2]

(1. 同济大学岩土及地下工程教育部重点实验室，上海　200092；2. 同济大学地下建筑与工程系，上海　200092；3. 山东省东营市政工程设计院，山东　257091)

摘要　为研究地铁车站结构的地震反应特性，结合上海某地铁车站的抗震性能分析，采用有限差分程序FLAC对车站的几种结构形式进行了数值模拟。研究结果表明：保持地铁车站截面的对称性对结构的抗震有利；当结构截面不能保持对称时，在截面形式突变的位置设置沉降缝，能够提高结构的抗震性能；车站与周边开发部位连接处侧墙的开孔尺寸对开孔处柱子及开孔下方车站连续墙内力影响显著。

关键词　地铁车站；软土地层；地震动响应；抗震性能

Study on Aseismatic Ability of Subway Station on Soft Soil

YANG Linde[1,2]　SHANG Jinhua[1,2]　SONG Zuolei[3]　ZHU Daojian[1,2]

(1. Key Laboratory of Geotechnical and Underground Engineering of Ministry of Education, Tongji University, Shanghai 200092, China;
2. Department of Geotechnical Engineering, Tongji University, Shanghai 200092, China;
3. Dongying Municipal Engineering Design Institute, Shandong 257091, China)

Abstract　In order to study the structure of complicated metro station seismic response features, combined with the seismic performance analysis of Shanghai JiangWan metro station on the 10 th, several structural form of numercial is simulated by FLAC. The results show that: to maintain the cross-section form of overall structure symmetry, it can improve the aseismatic ability of metro station; when cross-section of the structure can not maintain symmetry, in the form of mutations in section installed settlement joint, and can improve the aseismatic ability of structure; for the narrow subway stations, at a certain distance along the longitudinal seam seismic settings, divide the structrue into several segments, can reduce the interal force effectively in the metro station under seismic loading forces, and improve the aseismatic ability of subway station; the infection of the hole in juncture is markable to the pillar in the hole and the continuous wall.

Keywords　subway station; soft soil; seimic response; aseismatic ability

---

*同济大学学报(自然科学版)(CN：31-1267/N)2009年收录

1 引言

伴随地下工程数量的增多及地下结构震害的出现,尤其是 1995 年日本阪神地震造成地铁车站的严重破坏,地下工程的抗震性能已越来越受到人们关注。

震后灾害研究表明,软土地基会增大地震的破坏作用。上海市软土地层厚达 250 m×300 m,浅层普遍存在淤泥质黏土、淤泥质粉质黏土、粉质黏土、沙质粉土和粉沙层等,浦东和苏州河以北的广大地区尤以易于振动液化的粉质黏土、沙质粉土和粉沙地层为主,发生地震时容易造成地铁车站的破坏[2]。地铁车站人流量大,一旦遭到破坏,人员难以逃离,且修复代价极高,由此造成重大的人员伤亡和经济损失。

随着城市地下空间利用日益受到重视,复杂地铁车站结构正逐步出现。如正在建设的上海市轨道交通某地铁车站,外包尺寸达到 490.6 m×55 m,其中包含与车站相连的连体商场。复杂的结构形式和庞大的建设规模,对地铁车站结构的抗震性能将产生显著影响。因此,开展地铁车站的结构形式对其抗震性能影响的研究非常必要。

近几年来,国内外学者对地下结构的地震动响应,以及破坏机理展开了深入的研究,特别是在试验研究与数值模拟方面已经取得了许多成果。同济大学率先对上海市软土地区典型地铁车站结构进行了振动台试验,并以实验为依据,建立了数值计算模型,用于软土地层中地下结构的地震响应分析。本文拟通过对上海市某包含商业开发部位的地铁车站进行数值模拟,分析其地震响应特征,并提出提高抗震性能的建议及措施。

2 地铁车站的结构形式及计算断面

2.1 地铁车站的结构形式

地铁车站由两部分组成,如图 1 所示。其中右侧二层三跨结构为车站结构,基坑埋深 16.5～19.27 m,采用地下连续墙围护结构,墙深 30～35 m,明挖法施工。其余是地下空间商业开发部分,为地下一层结构,基坑埋深 7.8～8.8 m,采用钻孔灌注桩加搅拌桩作为围护结构,灌注桩长约 17 m,搅拌桩长约 16 m,逆作法施工。车站及开发部位共宽 46.5 m。

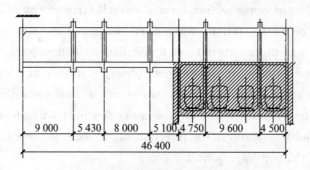

图 1 车站结构计算断面图(单位:mm)
Fig. 1 Cross-section of the station structure

车站结构与开发部位间设有沉降缝,连接处每四跨柱距有一跨侧墙,其余三跨开孔,留作交通通道。

2.2 计算断面与计算方案

对车站结构拟按照平面应变问题进行计算,计算断面见图 1。

图中左侧单层结构为商业开发部位,右侧两层三跨结构为地铁车站,在连接处设置沉降缝,连接处每四跨保留一跨侧墙,三跨开孔。

主要研究连接处开孔尺寸对车站抗震性能的影响、截面对称性对抗震性能的影响、连接处沉降缝对车站抗震性能的影响,按下面四种结构方案计算:

方案一,对原设计结构形式进行计算,连接处设有沉降缝,每 4 跨保留 1 跨侧墙,3 跨开孔;

方案二,将连接处结构改为每 4 跨保留 3 跨侧墙,1 跨开孔;

方案三,车站与开发部位连接处不设置沉降缝,其余与方案一相同;

方案四,去除开发部位,只保留对称的车站结构,车站侧墙无开孔。

内力计算采用有限差分程序 FLAC。对于沉降缝,采用在开发部位和车站结构连接处设置铰接的方式进行模拟,从而达到隔断两部分之间弯矩传递的目的。开孔的侧墙按抗弯刚度不变的原则,通过降低材料参数转化为平面梁单元。

3 计算模型

3.1 计算范围与网格划分

结构两侧取 2 倍结构宽度,深度取 70 m,故取 232.5 m×70 m 为计算范围。

土体划分为有限差分网格,结构离散为梁单元。计算网格见图 2。

图 2 地铁车站结构二维动力分析网格
Fig. 2 The dynamic calculation model of subway station

3.2 边界条件

上部为自由变形边界;侧向采用自由场吸收边界,边界网格与主网格间设置法向和切向的牛顿黏壶,用以吸收地震波在边界上的反射;底部采用固定边界。

3.3 本构模型

上海地区的软土在动荷载作用下非线性特征显著,动剪切模量随动剪应变的增加而降低,由同济大学所做的室内试验可知其间关系可采用 Davidenkov 模型表述[1],即

$$G_d/G_{\max} = 1 - \left[\frac{(\gamma_d/\gamma_r)^{2B}}{1+(\gamma_d/\gamma_r)^{2B}}\right]^A \tag{1}$$

式中,A,B,γ_r 为拟合参数;G_d 为动剪切模量;$G_{\max}$ 为最大动剪模量,取值可依据场地土的密度

(ρ)及剪切波速(c_s)按式(2)计算：

$$G_{\max} = \rho \cdot c_s^2 \tag{2}$$

计算中地基土所采用的计算参数见表1。

表1　计算模型中地基土各层参数
Table 1　The parameter of soil layers

地层编号	土层名称	各层厚度	弹性模量/MPa	剪切波速/(m·s^{-1})	Davidenkov 模型参数			密度/(kg·m^{-3})	泊松比
					A	B	$\gamma_{\gamma}(\times 10^{-4})$		
1	灰色沙质粉土夹淤泥质粉质黏土	10.50	22.4	160	0.690 9	0.553	15.5	1 830	0.32
2	灰色淤泥质粉质土	6.30	7.5	160	0.577 3	0.648 7	20.4	1 680	0.29
3	灰色粉质黏土	5.70	11.5	220	1.204 6	0.452 7	7.1	1 800	0.35
4	暗绿色粉质黏土	3.50	20.0	220	1.204 6	0.452 7	7.1	1 990	0.32
5	草黄色沙质粉土	1.50	28.0	251	1.204 6	0.452 7	7.1	1 900	0.29
6	草黄色粉质黏土	4.20	21.0	249	1.204 6	0.452 7	7.1	1 920	0.28
7	草黄色沙质粉土	2.30	28.0	251	0.690 9	0.553	15.54	1 900	0.28
8	灰色粉质黏土	21.00	24.0	290	1.204 6	0.452 7	7.1	1 800	0.28
9	灰色粉质黏土与黏质粉土互层	未钻透	36.0	290	1.204 6	0.452 7	7.1	1 880	0.32

结构按弹性受力状态考虑，混凝土动弹性模量比静弹性模量高出30%~50%，故动力计算时将其取为1.4倍静弹模。计算参数见表2所示。

表2　混凝土参数
Table 2　The paramete of concrete

标号	重度/(kN·m^{-3})	静弹性模量/MPa	动弹性模量/MPa	泊松比
C30	25.0	3.0×10^{-4}	4.2×10^{-4}	0.2

3.4　地震动输入及介质阻尼

地震动输入取自上海市地震动参数小区划研究的成果，并由等效线性化一维土层地震反应计算程序 LSSRL 计算获得地下70 m深度处，未来50年超越概率为10%的地震动加速度时程。输入的地震波加速度时程曲线见图3。

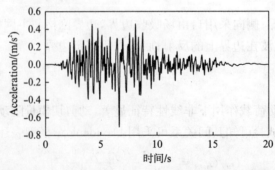

图3　超越概率为10%时地下70 m处上海人工地震波加速度时程曲线
Fig. 3　The acceleration time history of sesmic wave

3.5 计算模型的检验

为验证计算结果的可靠性,利用前述计算模型,对同济大学所做的地铁车站结构振动台试验进行了计算。

在振动台底座输入持续时间为 3 s,加速度峰值为 6.06 m/s² 的上海人工波,位于车站模型侧墙底部外侧的测点 A22 加速度时程的实测值及其计算值,见图 4、图 5;加速度富氏谱的计算结果及实测值,见图 6、图 7。

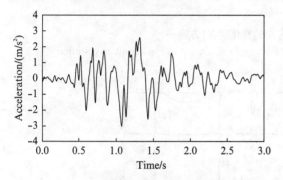

图 4 A22 点加速度实测值
Fig. 4 Test results of acceleration time history at measuring point A22

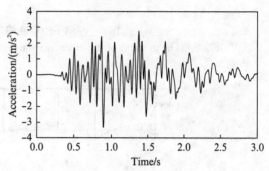

图 5 A22 点加速度计算值
Fig. 5 Calculation results of acceleration time history at measuring point A22

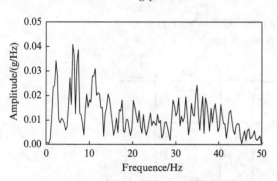

图 6 A22 点加速度富氏谱实测值
Fig. 6 Test results of acceleration FFT at measuring point A22

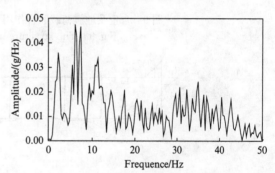

图 7 A22 点加速度富氏谱计算值
Fig. 7 Calculation results of acceleration FFT at measuring point A22

A22 测点加速度的实测峰值为 3.01 m/s²,计算峰值为 3.30 m/s²。计算结果与实测结果基本吻合,且误差在 10% 以内。由图 6、图 7 中曲线形式可见,加速度富氏谱计算结果表现出的各频段的频率组成与实测值也基本一致,表明提出的计算方法能较好模拟土体和车站结构的震动响应规律。

4 计算结果及分析

4.1 计算结果

图 8 给出了方案一中左侧下边墙底端的弯矩变化时程。利用各构件弯矩时程中的最大值,绘制了各方案动力响应的弯矩图(图 9,图 12),并将地震荷载作用下结构内力与自重荷载作用下结构内力相比较,给出了各工况内力增加率表(表 3,表 6),以供设计参考。

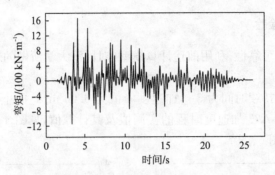

图 8　左侧下边墙底端弯矩的变化时程（方案一）
Fig. 8　The moment of left maintain-wall time history calculation model of subway station

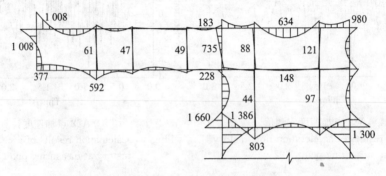

图 9　自重及地震荷载联合作用下结构弯矩图（kN·m）（方案一）
Fig. 9　The structure moment of programme 1

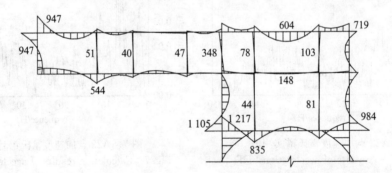

图 10　自重及地震荷载联合作用下结构弯矩图（kN·m）（方案二）
Fig. 10　The structure moment of programme 2

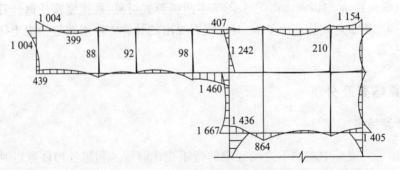

图 11　自重及地震荷载联合作用下结构弯矩图（kN·m）（方案三）
Fig. 11　The structure moment of programme 3

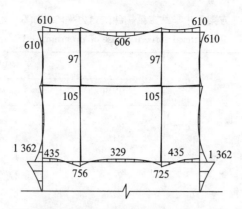

图 12　自重及地震荷载联合作用下的结构弯矩图(kN·m)(方案四)
Fig. 12　The structure moment of programme 4

表 3　　　　　　　　　方案一中车站主要构件的内力平均增加率
Table 3　　　　　　　　The interal force increase of programme 1

		平均增加率		
		弯矩	轴力	剪力
车站	顶板	48%	16%	76%
	底板	49%	12%	36%
	左侧下边墙	37%	12%	32%
	右边墙	64%	45%	59%
	开孔部柱子	122%	7%	187%
	柱子	90%	9%	82%

表 4　　　　　　　　　方案二中车站主要构件的内力平均增加率
Table 4　　　　　　　　The interal force increase of programme 2

		平均增加率		
		弯矩	轴力	剪力
车站	顶板	45%	22%	68%
	中板	59%	16%	97%
	左侧下边墙	96%	11%	32%
	右边墙	43%	37%	67%
	开孔部柱子	121%	11%	104%
	柱子	125%	7%	62%

4.2　结果分析

连接处从每四跨保留 1 跨侧墙变为每四跨保留 3 跨侧墙,开孔部位处柱子和开孔部位下方车站连续墙的内力变化显著。方案一中开孔部位处柱子弯矩值为 735 kN·m,下方连续墙底端弯矩值为 1 660 kN·m。方案二中分别是 348 kN·m 和 1 105 kN·m,是方案一的 47% 和 67%。开孔尺寸变化与否,各构件在自重及地震荷载作用下其内力较自重荷载作用下都有很大程度提高,部分构件内力增加甚至超过 100%,例如开孔部位处的柱子,其弯矩值增加了 122%。

表 5　方案三中车站主要构件的内力平均增加率
Table 5　The interal force increase of programme 2

		平均增加率		
		弯矩	轴力	剪力
车站	顶板	42%	14%	74%
	底板	61%	11%	31%
	左侧下边墙	29%	15%	30%
	右边墙	70%	47%	52%
	开孔部柱子	47%	7%	171%
	柱子	42%	7%	77%

表 6　方案四中地铁车站各构件内力的平均增加率
Table 6　The interal force increase of programme 2

		平均增加率		
		弯矩	轴力	剪力
车站	顶板	27%	10%	8%
	底板	21%	12%	8%
	边墙	32%	52%	25%
	柱子	24%	9%	

由此可见,开孔尺寸对车站结构内力有显著影响,减小开孔尺寸能提高其抗震性能。但开孔尺寸修改前后在地震荷载作用下的结构内力较自重荷载作用下都有大幅度提高,表明这种带开发部位的结构形式对地下车站抗震不利。

开发部位与车站连接处不设沉降缝,造成与连接处相邻构件的内力较有沉降缝时剧烈增长。地震荷载作用下,设有沉降缝的方案一,开孔部位处柱子弯矩为 735 kN·m;不设沉降缝时,开孔部位处柱内弯矩为 1 242 kN·m。后者是前者的 1.7 倍。设有沉降缝时,车站左侧下边墙上端弯矩为 228 kN·m;不设置沉降缝时该值为 1 460 kN·m。后者是前者的 6.4 倍。

可见,在截面形式突变的部位设置沉降缝能够大幅降低截面变化处构件的内力,从而提高结构的抗震性能。

去除开发部位,只保留车站主体,在自重及地震荷载作用下结构的内力与仅有自重荷载作用下相比较,其增长率基本都在 30% 以内,这表明平顺、规则的截面形式有利于提高结构的抗震性能。

5　结论

(1) 结构形式对称有利于提高地铁车站结构的抗震性能,地铁车站结构应尽量保持截面的对称性。

(2) 当结构截面不能保持对称时,可通过在截面形式突变的位置设置沉降缝,提高结构的抗震性能。

(3) 车站与开发部位连接处侧墙的开孔尺寸对截面内力影响显著,减小开孔尺寸能提高其抗震性能。

地震荷载作用下地铁车站结构的实际响应与平面应变模型的地震响应存在一定差异,故有必要对地铁车站和相邻商业开发部位地震响应的三维数值模型分析进行尝试。平面应变模型的分析结果目前具有重要的参考价值。

参考文献

[1] 王国波. 软土地铁车站结构三维地震响应计算理论与方法的研究[博士学位论文][D]. 上海:同济大学,1993.
[2] 杨林德,陆忠良,白廷辉,等. 上海地铁车站抗震设计方法研究[R]. 上海:同济大学,上海防灾救灾研究所,2002.
[3] Hashash Y M A, Hook J J, Schmidt B, et al. Seismicdesign and analysis of underground structure[J]. Tunneling and Underground Space Technology, 2001,16: 247-293.
[4] Sang-Hyeok Nam, Ha-Won Song, et al. Seismic analysis of underground reinforced concrete structures considering elasto-plastic interface element with thickness[J]. Engineering Structures, 2006,28: 1122-1131.
[5] Huo H, Bobet A, et al. Analytical solution for deep rectangular structures subjected to far-fieldd shear stresses[J]. Tunnelling and Underground Space Technology, 2006,21: 613-625.
[6] 车爱兰,岩楯敞广,葛修润. 关于地铁地震响应的模型振动试验及数值分析[J]. 岩土力学,2006,27(8): 1293-1298.
[7] 季倩倩. 地铁车站结构振动台模型试验研究[博士学位论文][D]. 上海:同济大学,2002.

冲击波荷载下大楼地下室的三维动力分析*

杨林德 马险峰
(同济大学地下建筑与工程系,上海 200092)

摘要 大楼地下室的战时功能开发是人防工程平战功能转换技术研究的重要内容,对其进行抗力验算则是这项技术的关键。据此,将直接积分的三维有限元法应用于冲击波荷载下大楼地下室的动力响应的分析,讨论了单元类型、网格密度、时间步长等对计算结果的影响,通过对加固前后的强度进行验算,得出了一些规律性认识和有价值的结论。

关键词 地下室;冲击波荷载;三维动力响应

Three Dimensional Analysis of Basement under Dynamic Load of Nuclear Blast

YANG Linde   MA Xianfeng
(Department of Geotechnical Engineering, Tongji University, Shanghai 200092)

Abstract In this paper, three dimensional FEM is adopted to analyze there action of basement under dynamic load of nuclear blast. After discussing the influence of element type, mesh density and time step on the precision and stability of the calculation, a calculation model of the example basement is constructed to check the strength of it before and after consolidation. Some regular and valuable conclusions are also drawn.

Keywords Basement; Dynamic load of nuclear blast; Three dimensional dynamic reaction

随着城市建设的发展,结合多层及高层房屋的建设建造的为数众多的地下室,已成为城市地下空间的重要组成部分,大楼地下室构件有强度高、密闭性好等优点,具有较高的战备价值。鉴于大楼地下室在设计建造时大多未能考虑战时功能的发挥,故有必要对其开展战时功能开发技术的研究。

由于设计目的、标准不同,普通地下室和人防地下室存在许多差异,如建筑布置、强度条件和密闭要求不同等,其中结构强度的差异是应考虑的主要问题之一。本文借助三维有限元方法对某地下室在核冲击波作用下的动力响应作了分析,并在提出加固改造方案后进行了验算,得出一些规律性认识。

1 地下室抗爆分析原理

1.1 核武器荷载图式

多数地下室属于顶部无覆土的浅埋结构,规范规定可主要考虑作用在其上的空气冲击波

---

*同济大学学报(自然科学版)(CN:31-1267/N)1998年收录

及土中压缩波。在组成地下室的部件中,顶板承受冲击波的入射超压 ΔP,其图形为突加平台荷载或有升压时间的平台型荷载,如图1所示,侧墙承受土中压缩波,图形为有升压时间的平台型荷载;底板荷载由地基反力引起,可取为与顶板荷载类似的图形。

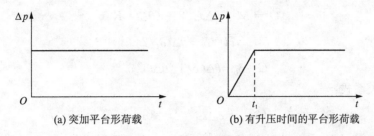

(a) 突加平台形荷载　　(b) 有升压时间的平台形荷载

图1　地下室动荷载形状图

Fig. 1　Dynamic loading diagram of basement

1.2 动力问题有限元分析的基本方程

假设一结构物有 n 个自由度,每个自由度上有一集中质量,分别记为 $m_1, m_2, \cdots, m_n$,在外荷载 $R_i(t)(i=1,2,\cdots,n)$ 作用下,结构发生强迫振动。根据达朗贝尔(d'Alembert)原理,可将动力问题的平衡方程写为

$$M\ddot{\delta} + K\delta = R \tag{1}$$

式中,M 为角质量矩阵;K 为弹性刚度矩阵,阶数均为 $n \times n$;δ 为位移列阵,δ_i 为在第 i 个自由度上发生的随时间而变化的位移。考虑阻尼影响时,动力方程的一般形式为

$$M\ddot{\delta} + C\dot{\delta} + K\delta = R \tag{2}$$

式中,C 为 $n \times n$ 阶阻尼矩阵。

1.3 Wilson-θ 法[1]

对方程(2)的求解目前多用振型叠加法和直接积分法,对于承受冲击波荷载的结构,后者较为合适,本文采用的是其中较为常用的 Wilson-θ 法。

将 t 时刻结构各节点的位移、速度、加速度分别记为 $\delta_t, \dot{\delta}_t$ 和 $\ddot{\delta}_t$,则对 $t+\tau(\tau=\theta\Delta t)$ 时,结构各节点的位移、速度和加速度可由泰勒级数展开为

$$\delta_{t+\tau} = \delta_t + \theta\Delta t\dot{\delta}_t + \frac{(\theta\Delta t)^2}{2}\ddot{\delta}_t + \frac{(\theta\Delta t)^3}{6}\dddot{\delta}_t + \cdots \tag{3}$$

$$\dot{\delta}_{t+\tau} = \dot{\delta}_t + \theta\Delta t\ddot{\delta}_t + \frac{(\theta\Delta t)^2}{2}\dddot{\delta}_t + \cdots \tag{4}$$

假定在 $\theta\Delta t$ 时间内加速度呈线性变化(见图2),则有

$$\dddot{\delta}_t = \frac{1}{\theta\Delta t}[\ddot{\delta}_{t+\tau} - \ddot{\delta}_t] \tag{5}$$

将式(5)代入式(3)、式(4),可得

$$\delta_{t+\tau} = \delta_t + \theta\Delta t\dot{\delta}_t + (\theta\Delta t)^2(2\ddot{\delta}_t + \ddot{\delta}_{t+\tau})/6 \tag{6}$$

$$\dot{\delta}_{t+\tau} = \dot{\delta}_t + \theta\Delta t(\ddot{\delta}_t + \ddot{\delta}_{t+\tau})/2 \tag{7}$$

在 $t+\tau$ 时刻,由式(2)得到

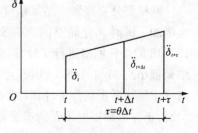

图2　加速度线性变化规律图

Fig. 2　Linear acceleration

$$M\ddot{\delta}_{t+\tau} = R_{t+\tau} - K\delta_{t+\tau} - C\dot{\delta}_{t+\tau} \tag{8}$$

将式(6)、式(7)代入式(8),整理后得

$$\ddot{\delta}_{t+\tau} = \overline{Q}^{-1}(R_{t+\tau} - C\overline{H} - K\overline{G}) \tag{9}$$

$$\overline{Q} = M + \theta\Delta t C/2 + (\theta\Delta t)^2 K/6 \tag{10}$$

$$\overline{H} = \dot{\delta}_t + \theta\Delta t \ddot{\delta}_t/2 \tag{11}$$

$$\overline{G} = \delta_t + \theta\Delta t \dot{\delta}_t + (\theta\Delta t)^2 \ddot{\delta}_t/3 \tag{12}$$

由图 2 可知有关系式:

$$\ddot{\delta}_{t+\Delta t} = \ddot{\delta}_t + (\ddot{\delta}_{t+\tau} - \ddot{\delta}_t)\Delta t/\theta\Delta t = (1 - 1/\theta)\ddot{\delta}_t + \ddot{\delta}_{t+\tau}/\theta \tag{13}$$

将由式(9)中求出的 $t+\tau$ 时刻的加速度 $\ddot{\delta}_{t+\tau}$ 代入上式,即可求出 $\ddot{\delta}_{t+\Delta t}$,通过将式(3)、式(4)中的 $\theta\Delta t$ 换成 Δt 而得到 $\delta_{t+\Delta t}$,$\dot{\delta}_{t+\Delta t}$,然后令 $t+\Delta t$ 为新的 t,重复上述步骤,直到求出满意结果。

2 典型工程的计算分析[2]

2.1 工程概况

以上海某商场地下室为例进行分析。该商场采用框架结构,地上 5 层,地下 1 层,建筑面积约 2.4 万 m^2,地下室外形近似为矩形,平面尺寸为 7.9 m×56.5 m,层高 7.0 m,内有 7.5 m×7.5 m 的柱网,形成箱形结构,底板、顶板和侧墙均为现浇钢筋混凝土,底板厚 400 mm,顶板厚 300 mm,侧墙厚 450 mm。柱多为 600 mm×600 mm 的方柱,分隔墙厚度较小,与顶、底板未形成刚性连接,计算中予以略去。

2.2 计算模型

2.2.1 单元类型

共采用 3 种单元:板单元、梁单元和弹性支承单元,板单元同时承受平面内及垂直于板面的荷载。对顶板、底板、侧墙及临空墙均用板单元模拟,其厚度与其短边长度之比为 0.04～0.072,均小于 0.1,符合薄板条件。梁单元用于柱和梁的模拟,属性为空间梁单元,每个单元的 2 个节点各有 6 个自由度,包括 3 个方向的位移和转角。为使板单元与梁单元变形协调,划分网格时注意了使梁与板在公共边界上节点完全重合,以及柱与板在连接处节点重合,为考虑地基土对底板的作用,在每个底板单元的节点上设置弹性支承单元,其作用相当于连接 1 个具有位移刚度和绕轴转动刚度的弹簧。

2.2.2 网格划分

网格划分直接影响结果精度与计算工作量。一般来说,划分越细密,结果越精确,但同时也增加了机时和存储空间。本文对四边简支矩形薄板的静、动力问题分 2×2,4×4,8×8,16×16 的 4 种网格进行了计算,并将计算结果与解析解作了对照,结果表明网格数为 2×2 时结果偏小约 31.4%,4×4 时偏小约 10%,16×16 时结果与解析解已相当接近,改变板的边长与单元形状后重新作了计算,结果表明计算精度只与板单元与整板的相对大小有关;单元数相同时,正方形和矩形单元的精度较高。由于采用 4×4 单元时微机容量已溢出,故改为 2×2 单元计算,并按上述比例,将计算结果乘以修正系数 α=1.457。

对梁单元也作了类似的分析,结果表明采用 2 个单元时节点力、位移均已同解析解一致,因

此可将梁分成2个单元。整个工程的网格划分见图3。

2.2.3 外荷载

1. 荷载移置

地下室所受的冲击波超压或土中压缩波均是作用在板单元上的均布力,计算时将其转化为等效节点荷载,公式为

$$R^e = \int_{-1}^{1}\int_{-1}^{1} N^T \overline{P} |J| \, ds \, dt \quad (14)$$

因板单元形状一般为正方形或矩形,故近似认为荷载移置的结果是将作用在单元上的总力平均分配到4个节点上。对少量的三角形单元,也按将外力平均分配到3个节点上的近似方法处理。

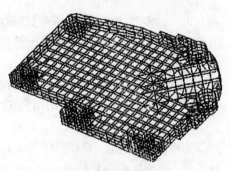

图3 网格划分
Fig.3 FEM mesh

2. 荷载取值

按《人民防空地下室设计规范》的规定,将作用在地下室顶板上的冲击波超压取为有升压时间的平台形荷载,$\Delta P_m = 0.05$ MPa,升压时间为 0.025 s,侧墙上作用的土中压缩波荷载为 0.029 MPa,底板荷载由弹性支承反映。

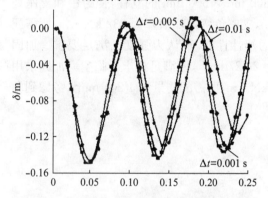

图4 不同时步下挠度随时间的变化曲线
Fig.4 Flexibility-time curref or different Δt step

2.2.4 时步对精度影响的讨论

直接积分法分析动力问题时,时步的选取将直接决定计算结果的稳定性和精度,因程序采用无条件稳定的 Wilson-θ 法求积分,故仅需从精度出发考虑时步的选取。

本文以四边简支方形板为例对时步的影响进行了研究。算例取自文献,计算时取了4种时步:0.01 s,0.005 s,0.001 s 和 0.000 5 s。图4为算得的跨中挠度随时间而变化的曲线,比较表明时步取为 0.01 s(约为结构自振周期的1/10)时,第1个峰值发生的时间及大小都已较为精确,鉴于第1个峰值常起控制作用,故在计算中可将时步取为构件自振周期的1/10左右,对本工程,顶底板周期为 $T=0.03$ s,侧墙为 $T=0.023$ s,故取时步为 0.002 5 s。

2.3 计算结果分析

验算结构强度时,快速加载条件下可考虑材料强度的提高,按规范,混凝土的提高系数为 1.5,Ⅱ级钢筋为 1.35。

2.3.1 顶板

顶板大多为支承在柱网及梁上的双身板,尺寸为 7.5 m×7.5 m,在2个圆形的楼梯间处为大跨度板,尺寸约为 15.0 m×10.0 m,成为顶板中最为薄弱的环节,在冲击波作用下,其跨中弯矩的第1个峰值出现在 0.095 s 处,量值为 510 kN·m,根据这一值反算求得板中配筋应为 5 884 mm²,而实际板中配筋仅为 3 142 mm²,显然不能满足要求,7.5 m×7.5 m 的板,跨中弯矩为 108 kN·m,也小于板的抗力。

2.3.2 底板

冲击波荷载作用下,底板各节点处发生了向下的位移,最大值在与柱相连的节点上,其峰值

为 1.99 cm, 表明结构发生了深陷, 底板内力的变化规律大致同顶板, 弯矩最大值仍在大跨度板跨中, 峰值为 392 kN·m, 验算所需配筋量为 2 701 mm², 而实际配筋量为 2 454 mm², 不满足要求。

2.3.3 侧墙

侧墙厚度最大, 其上作用的荷载也最小, 计算结果表明, 最大弯矩的峰值发生在 0.087 5 s 处, 其值为 182 kN·m, 小于结构的抗力。

2.3.4 临空墙

矩形楼梯间的临空墙, 厚度仅 200 mm, 其上作用有冲击波反射超压, 计算表明最大弯矩峰值为 210 kN·m, 所需配筋为 3 201 mm², 而实际配筋仅为 12@100, $A_s = 1 731$ mm², 远远达不到要求。

2.3.5 柱

构成地下室柱网的中柱多数是 600 mm×600 mm 的方柱, 纵向钢筋为 20Φ25, 面积 $A_s = 9 817$ mm²。在动载作用下, 它能承受的轴向压力为 $N = \phi(\gamma_{df} f_c A + \gamma_{dl} f_y A_s) = 13.6$ MN, 而计算所得柱中的轴力峰值为 13.5 MN, 因此不需加固。

2.4 加固方案与效果

对顶底板中的大跨部分, 沿跨中增设了 2 根 600 mm×600 mm 的立柱, 使跨中和支座处的弯矩值降低。顶板跨中弯矩峰值降为 316 kN·m, 支座负弯矩峰值降为 332 kN·m, 所需配筋分别为 3 142 mm² 和 3 152 mm², 考虑到结构的塑性性能, 可认为强度已满足要求。加固后, 底板弯矩峰值减为 308 kN·m, 所需配筋量为 2 127 mm², 已满足要求。临空墙加固采用在跨中增设两道剪力墙支承, 弯矩值变为 79.2 kN·m, 所需配筋量为 1 204 mm², 考虑到塑性性能, 可以认为结构达到了要求。

3 结论

由以上讨论可得如下结论：

（1）大楼地下室具有很大的防护潜力, 目前大楼地下室结构整体刚度及强度都很高, 构件尺寸也都较大, 尤其是高层建筑地下室, 底板厚度达 1~2 m, 且埋深较深, 再加上周围岩土介质的约束, 使其具有很高的抗力, 计算结果表明只需对薄弱环节适当加固, 就能满足等级人防工程的强度要求。

（2）主体结构中, 顶板是较为薄弱的部分, 尤其是其中跨度较大的部分, 对其增设立柱或承重墙以减小跨度, 可取得满意的效果。

（3）矩形楼梯间的临空墙是较为薄弱的环节, 需着重加固, 计算表明, 圆形楼梯间的受力性能较好。

（4）用直接积分法计算结构动力响应问题时, 时步的选取直接影响计算的稳定性和精度。对于无条件收敛的 Wilson-θ 法, 当时步取为结构基振周期的 1/10 时, 其第 1 个峰值已能达到工程要求。

参考文献

[1] 曹志远. 板壳振动理论[M]. 北京：中国铁道出版社, 1986.
[2] 马险峰. 大楼地下室战时功能开发的研究[D]. 上海：同济大学地下建筑与工程系, 1996.

隧道与地下空间抗震防灾的若干思考*

杨林德

(同济大学土木工程学院地下建筑与工程系,上海 200092)

摘要 自阪神地震以后,地下空间结构的抗震设计问题已越来越受到人们的重视。本文通过对历次地震中地下工程震害情况的介绍,总结了各类地下结构震害的特点;结合上海地铁某车站方案设计的计算结果,分析了地下连体结构的抗震能力及其抗震设计要点;介绍了设计中常用的几种抗震设计计算方法,提出了根据地下建筑使用功能和重要性的差异确定其抗震设防目标的理念,并对地下结构的抗震构造措施进行了阐述。

关键词 地下空间结构;抗震设计;抗震设防目标;抗震构造措施

Some Opinions on Seismic Design of Tunnel and Underground Space

YANG Linde

(Department of Geotechnical Engineering, Tongji University, Shanghai 200092, China)

Abstract The seismic design of tunnel and underground space structure has become more and more attractive since. The Great Hanshin Earthquake. The situations of seismic disaster of tunneland underground space structures up to now were summarized, including their characteristics. After that, the seismic capacity and the key seismic design points of underground connecting structures were analyzed based on the calculation results of a station of Shanghai Metro as an example, several available calculation methods of seismic design were described, a new ideal of seismic fortification goal was proposed, and the details of seismic design for tunnel and underground space structurewere presented.

Keywords underground spacestructure; seismic design; seismic fortification goal; detailsof seismic design

1 引言

很长时间以来,同地面建(构)筑物相比,地下空间结构的震害并未引起人们的重视。究其原因,一方面是地下空间结构振动幅度相对较小,同时受到周围地层的约束,较难发生地震破坏;另一方面是地下结构工程的大规模建设历史尚浅,且多建于大中型城市,而这期间在大都市没有发生大的地震,因此大多数地下结构并未受到强震的考验。后者也常使人误以为地下

---

*隧道建设(CN:41-1355/U)2013年收录

空间结构的抗震能力都很好。

这一观念在1995年的阪神地震之后发生了改变。在阪神地震中,除了地下管道外,地下铁道、地下停车场、地下商业街等大量地下结构也发生了破坏,有的甚至是严重破坏。2008年汶川地震中,四川灾区有多座公路隧道和地铁隧道出现了不同程度的破损,进一步使人们认识到,地震对隧道与地下空间结构造成损害是客观存在,潜在地震灾害对地下结构的安全使用有可能构成严重威胁。近年来全球各地强震频发,在这一背景下,地下结构的抗震研究工作也就显得日益重要。

2 地下空间结构的震害形式

2.1 阪神地震前的震害形式

在阪神地震之前的历次地震中,地下铁道等建筑物的严重震害记录较为少见,地下构筑物的严重震害多见于地下管道。例如,1906年美国旧金山地震、1923年日本关东地震和1933年长滩地震均曾有输水管、煤气管或煤气装置破坏的记录[1];1975年海城地震中,营口市(8度区)150多公里管道破坏372处,配水管网大量漏水[2];1976年唐山地震中,唐山市给水系统全部瘫痪,秦京输油管道发生5处破坏[3];1985年墨西哥城地震导致不同材质的各种管道均发生破坏,其中煤气干管断裂导致了煤气爆炸、火灾等次生灾害,加重了生命财产损失[4]。从管道系统的破坏情况来看,接头部位是其遭受地震影响的薄弱环节。

同管道系统相比,其他类型地下结构的震害程度则明显轻微得多。同样在唐山地震中,刚建成的天津地铁(地震烈度7~8度)未出现明显损坏,仅沉降缝部位施工面层局部出现脱落或裂缝[5]。总长17.7万m的开滦煤矿井巷工程主体结构震害轻微,其中,断面形状尺寸或坡度发生变化部位、不同支护材料交界处、地质条件复杂段和采空区附近震害相对较重[6-7]。天津市部分人防工程位于8度或9度区的滨海相沉积层中,除表层土强度稍大外均为淤泥质土或粉土,地震中人防地道出现环向裂缝,局部出现纵向裂缝,接头转角处发生了多处断裂和错动并导致漏水,个别未覆土的人防通道出现局部坍塌[8]。

2.2 阪神地震震害形式

1995年阪神地震中,除地下管道外,神户市内采用明挖法建造、上覆土层较浅的地下铁道、地下停车场和地下商业街等大量地下结构受到了不同程度的影响。其中,神户高速铁道的大开站破坏情况极为典型,受灾程度也最为严重。

除地铁车站外,部分地下商业街出现水暖电系统的破坏和装饰面层脱落破损(如神户市内三宫地下街等),部分地下停车场出现裂纹、断裂、装配件变形、混凝土剥落等问题(如三宫第2地下停车场),部分公路、铁路隧道出现裂纹和混凝土剥落等程度较轻的破坏现象(如铁路山阳新干线六甲隧道、神户电铁东山隧道和北神特快隧道等)[9]。

以下叙述地铁车站的典型震害。

2.2.1 大开车站

大开车站采用明挖法修建,长120 m,侧式站台。有两种断面类型:标准段断面和中央大厅段断面。标准段断面多为站台部分,是1层2跨结构;中央大厅段断面为2层4跨结构,地下一层是检票大厅,地下二层为站台。底板、侧墙和中柱均为现浇钢筋混凝土结构,中柱间距为3.5 m。覆土厚度标准段为4~5 m,中央大厅段为2 m。地震中站台部分标准段断面23根中柱几乎完全倒塌,导致顶板坍塌和上覆土层大量沉降,最大沉降量约2.5 m。大开车站站台部分断面变形见图1,震害情况见图2。2层构造地下2层的6根中柱中,两侧3根中柱被损

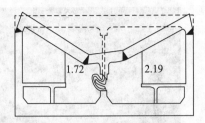

图 1 大开车站断面变形示意图
Fig. 1 Cross section deformation of Obiraki subway station

图 2 大开车站震害实景图
Fig. 2 Seismic damage of Obiraki subway station

坏,剩下 3 根只受到轻微损坏。

除大开车站,另有部分地铁车站的混凝土中柱损坏严重,典型的破坏形式为剪切破坏和斜向龟裂。

2.2.2· 上泽站

市营地铁上泽站全长 400 m,月台长 125 m。横截面在线路方向上分 3 层 2 跨和 2 层 2 跨 2 种形式。下层柱采用钢构柱者未遭破坏,其他混凝土中柱均损坏严重,出现了典型的剪切破坏和斜向的龟裂。

上泽车站 C 断面破坏状况(西侧面)见图 3,G2 断面破坏状况(西侧面)见图 4,中柱毁坏情况见图 5。

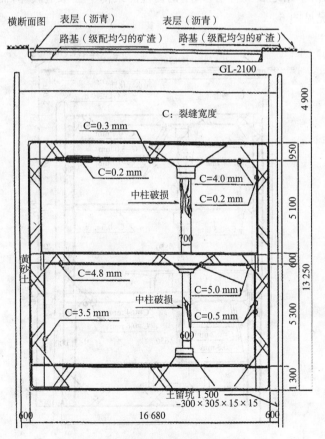

图 3 上泽车站 C 断面破坏情况图
Fig. 3 Damage of C cross-section of Kamisawa station

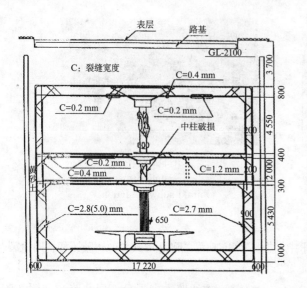

图 4 上泽车站 G2 断面破坏情况图
Fig. 4 Damage of G2 cross-section of Kamisawa station

图 5 上泽车站中柱毁坏情况
Fig. 5 Damage of middle column of Kamisawa station

2.2.3 三宫车站

在市营地铁三宫车站地震灾害中,采用钢构柱的结构中柱未遭破坏,而其他混凝土中柱损坏严重,其破坏状况见图 6。

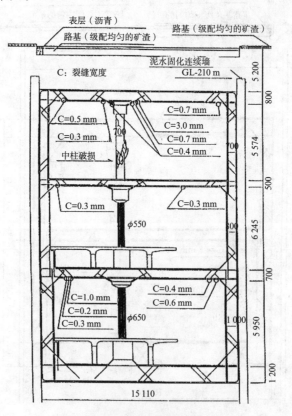

图 6 市营地铁三宫车站破坏状况图
Fig. 6 Damage of middle column of Sannomiya station

2.3 汶川地震震害形式

2008年汶川地震造成了震区多座公路、铁路隧道和地铁隧道发生破损。其中仅四川灾区就有56座公路隧道出现不同程度的损坏,震害主要形式包括洞口滑坡、洞门端墙和翼墙开裂、初期支护变形、二次衬砌开裂、洞周围岩坍塌、冒顶掉块、涌水、底鼓或铺砌开裂、隆起等[10-11]。典型破坏情况见图7—图9。其中洞门端墙和翼墙开裂多因构件间未采用钢筋连接,初期支护变形、衬砌开裂、洞周围岩坍塌等多由对周围松散地层未进行有效加固引起,发生底鼓或铺砌开裂、隆起等震害主要是未根据抗震设防要求并参照工程地质条件在底部设置仰拱。

成都地铁1号线在建盾构区间隧道在地震中出现了管片错台、个别接缝裂损等。管片错台情况见图10。

图7 洞门端墙开裂
Fig. 7 Cracking between lining and head wall

图8 洞内坍塌
Fig. 8 Surrounding rock collapse

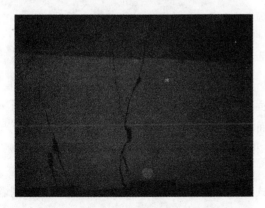

图9 衬砌开裂
Fig. 9 Multi transverse cracks

图10 管片错台
Fig. 10 Stagger joint displacement imposed by surrounding ground

3 地下综合体及其抗震能力

进入21世纪后,地下空间作为不可再生的有限资源,其开发利用开始强调整体规划,以提高利用率。地下空间的建设规模越来越大,结构型式也越来越丰富,其中结合地铁车站进行周边地下空间的综合开发已成为地下轨道交通发展的新趋势。这种模式的投资风险较小,综合效益高,可以有效地改善城市交通环境,对结构物的整体规划布置也较为有利。但按照这一模式进行建设,为满足交通要求,势必要在车站结构的一侧甚至两侧边墙进行开孔,从而削弱车站结构侧向抗震构件的抗震能力。同时车站整体结构型式不易规则,地震作用的传递体系比较复杂,也为这类结构的抗震设计工作增加了难度。

为了研究地下空间综合开发形成的连体结构的抗震性能及其影响因素,本文以上海地铁江湾体育中心站的原设计方案为基础,借助对结构作局部调整以形成计算方案,通过计算结果的对比,分析侧墙开孔率、沉降缝、结构型式、交界面构件刚度等因素对地下综合体抗震性能的影响。车站结构设计方案见图 11。

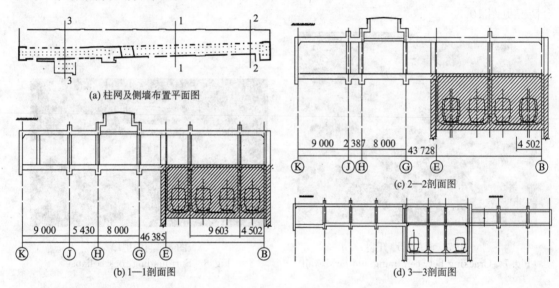

图 11　车站原设计方案

Fig. 11　Project of a subway station

3.1　计算方案

计算方案的形成原则为:以剖面 1—1～剖面 3—3 为基础形成计算方案,包括对剖面 1—1 的地铁车站结构的侧墙设置 3 种不同的开孔面积,对开发区采用对称结构或增加挖深至与车站底部齐平,及分析不设沉降缝及增大与中柱相连的地连墙厚度的影响等。

计算方案有如下 12 种。

(1) 方案一:按原设计 1—1 剖面的结构形式进行计算。即车站与开发部位连接处的侧墙在纵向每 4 跨保留 1 跨侧墙,3 跨开孔。

(2) 方案二:将 1—1 剖面的车站与开发部位连接处的侧墙结构,改为在纵向每 4 跨保留 2 跨侧墙、2 跨开孔后进行计算。

(3) 方案三:将 1—1 剖面的车站与开发部位连接处的侧墙结构,改为在纵向每 4 跨保留 3 跨侧墙、1 跨开孔后进行计算。

(4) 方案四:将 1—1 剖面的车站与开发部位连接处的侧墙结构,改为不开孔后进行计算。

(5) 方案五:按原设计 2—2 剖面的结构形式进行计算,连接处侧墙结构的特点为在纵向每 3 跨保留一跨侧墙,2 跨开孔。

(6) 方案六：对 3—3 剖面按原设计结构形式进行计算，开孔形式为在纵向每 3 跨保留一跨侧墙，2 跨开孔。

(7) 方案七：对原设计 1—1 剖面的结构形式，按在地铁车站与开发部位连接处不设沉降缝进行计算。

(8) 方案八：去除方案一中的开发部位，只保留对称的车站结构，并按侧墙无开孔进行计算。

(9) 方案九：将方案八中的地铁车站，变成在车站两侧上部对称开发的结构进行计算，侧墙不开孔。

(10) 方案十：将方案九中的开发部位变成地下两层后进行计算，底层边墙、底板、立柱的尺寸及材料均与上层相同。

(11) 方案十一：将方案一中的开发部位变为地下两层进行计算，底层边墙、底板、立柱的尺寸及材料均与上层相同。

(12) 方案十二：将方案一中开发部位与车站间的地连墙厚度改为 120 cm 后进行计算，其余结构均与方案一相同。

上述计算方案中，方案一、方案五、方案六用于评价原设计方案的抗震性能，方案一—方案四用于分析侧墙开孔的影响，方案七用于研究不设沉降缝对原设计方案抗震性能的影响，方案八至方案十一用于研究地铁车站及开发部位的结构形式对其抗震性能的影响，方案十二用于研究交界面构件刚度对结构抗震性能的影响。

3.2 计算结果分析

采用土层-结构时程分析法对上述十二种计算方案分别进行了计算。地震动输入按 DG/TJ08—2064—2009《地下铁道建筑结构抗震设计规范》[12]的规定，采用未来 50 年超越概率为 10％时，上海地区地表以下 70 m 深度处的人工水平地震加速度时程；结构尺寸及建筑材料特性参数按原设计方案确定或参照选用；土层材料的静动力特性参数根据地质钻孔资料按上述规范取值。

根据计算结果，针对地下连体结构的抗震性能与设计，可以得出如下结论：

(1) 应适当控制侧墙开孔面积。本工程侧墙开孔面积小于其总面积的 50％时，地震作用下的结构内力响应与未开孔相比没有出现明显增加，因此可将 50％作为侧墙开孔率的初步控制指标，当侧墙开孔率超过 50％，应对结构作抗震补强。

(2) 侧墙开孔方式宜规则均匀。即应采用等间距开孔的方式，如每隔一跨开一孔。

(3) 宜加强交界面构件的刚度。加强开发区与地铁车站结构的交界面构件的刚度，如采取增厚隔墙或地下连续墙、增大立柱刚度或加固相邻地基等措施，对于提高连体结构的抗震性能都具有积极意义，尤其是开孔面积较大时，可先考虑采取这些措施。

(4) 交界面邻侧宜设置诱导缝或沉降缝。这一措施可大大改善结构抗震性能，但设缝容易发生渗漏水等问题，因此应对抗震性能和功能要求进行综合考虑和专题研究。

(5) 体型简单的结构抗震性能强。因此，结构布置应力求简单、规则、对称、平顺，并具有良好的整体性，结构形状和构造不宜沿建筑纵向经常变化。

4 地下结构抗震设计的计算方法

20 世纪五六十年代以后，随着地下建筑建设的增多，地下结构的抗震设计开始进入人们的视野。起初对地震影响的考虑处于较为初级的阶段,主要思路可分为两种:一种是从安全系数的角度进行考虑,即在设计中增大安全系数;另一种是借鉴采用地面结构的抗震计算方法,即等效侧力法[13]。

随着相关技术的进一步发展,一些新概念和更加符合地下结构动力响应实际的设计计算理论和方法被提了出来,部分方法已得到模型试验的验证。下面介绍几种设计中常用的计算方法,其中土层-结构时程分析法对平面应变和空间结构的分析都适用,其余均为多适用于平面应变问题的简化算法。

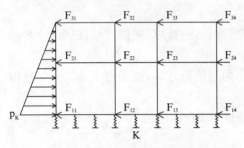

图 12　双层三跨软土地铁车站结构等效侧力法计算简图

Fig. 12　Calculating diagram of equivalent pseudo-static method

4.1　等效侧力法

等效侧力法又称惯性力法、拟静力法,它的计算原理是将地下结构的地震反应简化成作用在节点上的等效水平地震惯性力的作用效应,从而采用结构力学方法计算结构的动内力[14]。同地面结构不同的是,地下结构的抗震计算还需要考虑周围地层的等效动土压力。DG/TJ08—2064—2009《地下铁道建筑结构抗震设计规范》推荐的软土地铁车站结构等效侧力法的计算简图如图 12 所示。

4.2　等效水平地震加速度法

等效水平地震加速度法的计算原理是采用静力计算模型,将地下结构的地震反应简化为沿垂直向线性分布的等效水平地震加速度的作用效应,从而将地下结构的动力响应计算转化成静力问题[15]。上海规范[18]推荐的双层三跨软土地铁车站结构等效水平地震加速度分布如图 13 所示。

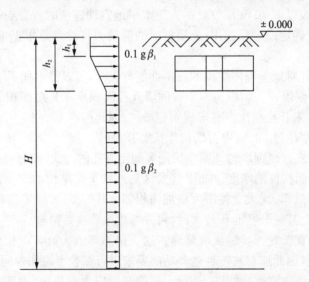

图 13　双层三跨软土地铁车站结构等效水平地震加速度分布

Fig. 13　Distribution of acceleration employed by Equivalent Horizontal Earthquake Acceleration method

4.3　反应位移法

反应位移法认为地震中地下结构跟随周围地层一起运动,当地层中地下结构存在的范围内不同位置处产生相对位移时,地下结构会随之产生变形,变形达到一定程度时即会造成地下结构物破坏。因此地层中结构物的相对位移可用于体现主要的地震效应。根据这一原理,反应位移法首先计算出周围地层的位移,然后将土层动力反应位移的最大值作为强制位移施加于结构上,然后按静力原理计算内力[12][16]。其中,土层动力反应位移最大值可通过输入地震波的动力有限元法来计算确定。反应位移法等效荷载见图14。

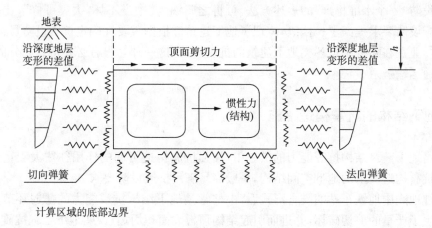

图 14　反应位移法等效荷载
Fig. 14　Equivalent load of displacement response method

4.4　土层-结构时程分析法

土层-结构时程分析法的原理,是将结构和周围地层视为共同受力的整体,通过直接输入地震加速度记录,分别计算结构物和岩土体在各时刻的位移、速度、加速度、应变和内力,进而验算场地稳定性,及进行结构截面设计[12][17]。其计算结果通常是建立等效侧力法、等效水平地震加速度法和反应位移法等近似计算方法的基础[14][18]。从振动台试验的检验结果看,本方法能够合理地模拟地下建筑结构的实际地震响应,但岩土材料的动力特性宜通过试验测定。

5　地下结构抗震设防目标

地下空间通常是不可再生的资源,损坏后一般需要原地修复,技术难度和成本高,耗费工期较长,因此在设计时,应结合工程使用性能要求,充分考虑潜在地震灾害影响,并制定设置合理的抗震设防目标,避免或减轻地震对重要地下建筑造成破坏。

按照传统的抗震设计理念,很多设计师认为地下结构的抗震设防要求应比地面结构低,因为根据《建筑抗震设计规范》(GB 50011—2001),附建式大楼地下室的抗震设防目标低于相应的地面建筑。然而地下建筑种类较多,有的服务于人流、车流,有的服务于物资储藏,有的用于其他目的,使用功能和重要性均有很大差异,对抗震安全性的要求不应相同,因此对各类地下结构的抗震设防也应有不同的要求。这一点在现行《建筑抗震设计规范》(GB 50011—2010)总则1.0.1条中已有体现。随着城市建设的快速发展,单体地下建筑的规模日益增大,类型增多,有必要在工程设计中对其抗震设防目标逐一进行研究。

在各类地下结构中,对城市地铁工程应提出较高的抗震设防要求。这是因为地铁工程在维持城市正常运转中地位十分重要,而此类工程的局部严重破坏会导致整体系统运行中断和失效,同时持续渗水将导致结构承载力降低和设备受损,在地下水位较高的区域地铁隧道不宜带缝工作,以及原地修复成本高、工期长、对城市居民日常生活影响大等。基于以上考虑,上海市在2010年1月颁布实施的《地下铁道建筑结构抗震设计规范》中规定:当遭受相当于本地区抗震设防烈度的地震影响时,主体结构不受损坏或不需进行修理可继续使用;当遭受高于本地区抗震设防烈度的罕遇地震影响时,结构的损坏经一般性修理仍可继续使用[12]。参照地面结构抗震设防"三个水准标准"的表述方法,可将之归纳为"中震不坏,大震可修",比一般地面结构的抗震设防要求提高了一挡级,体现了地下建筑应根据重要性确定抗震设防目标的理念。现阶段各行业正在陆续制订各类地下建筑的抗震规范,这一理念很有必要得到充分体现,尤其是各类交通运输隧道。

6 地下结构的抗震构造措施

在提高地下建筑结构抗震能力的措施中,加强抗震构造可起的作用往往大于重视抗震计算。满足抗震构造要求的地下空间结构,一般容易满足抗震设防要求。

由阪神地震中地铁车站的震害形式看,中柱常是地下结构抗震能力的薄弱环节。大量中柱两端发生了严重的剪切破坏,并进而引起结构顶板大面积坍塌,说明地下工程抗震设计中不能忽视柱的剪切强度和延性设计,而应仿照地面房屋建筑设计的要求,构建强柱弱梁的结构体系,并加强结构的抗侧力构件。

地下结构刚度突变的部位,如接头转角或形状、尺寸不同的断面的交界处,地震作用时容易出现应力集中,因而更容易产生破坏。这一点在历次地震中已多次得到验证。为避免这一现象,地下结构应力求体型简单、外形平顺,侧向刚度宜均匀变化,竖向抗侧力构件的截面尺寸和材料强度宜自下而上逐渐减小,避免抗侧力结构的侧向刚度和承载力突变。

现行《建筑抗震设计规范》(GB50011—2010)对地下结构的抗震构造措施提出了一系列的指导意见[18]。其中指出,钢筋混凝土地下建筑结构宜采用现浇结构。需要设置部分装配式构件时,应使其与周围构件可靠连接。钢筋混凝土框架结构构件的最小尺寸,应至少符合同类地面建筑结构构件的规定,其中尤应注意构件跨度宜参照一般规律确定。地下建筑结构的楼板需要开孔时,孔洞宽度应不大于该层楼板宽度的30%。钢筋混凝土框架柱箍筋宜根据抗震要求加密,中柱纵向钢筋最小总配筋率、钢筋锚固长度等,均宜采取与其抗震等级相同的地面结构的加强措施予以加强。

地下结构周围地基存在液化土层时,应对地基采取注浆加固或换土等措施,消除或减小地下结构上浮的可能性。当未采取消除液化的措施时,则应考虑增设抗拔桩使其保持抗浮稳定。当地下建筑结构与薄层液化土层相交时,可不做地基抗液化处理,但应通过计算适当加强结构,并在结构承载力及其抗浮稳定性的验算中考虑土层液化的影响。当施工中采用深度大于20 m的地下连续墙作为围护结构的地下建筑结构遇到液化土层时,可不做地基抗液化处理,但其承载力及抗浮稳定性的验算应考虑外围土层液化的影响。

7 结论与讨论

历史上地震对隧道与地下空间结构已造成震害是客观存在的事实,潜在地震灾害对城市地区的生命、财产安全以及地下结构的安全使用可能构成严重影响,必须予以重视。

在地下空间结构的设计中,应重视抗震设计研究,避免或减轻震害,包括注意积累抗震设计经验,尤应注意结构型式与抗震构造的优化。地下结构应力求体型简单,并具有良好的整体性,纵向、横向外形应平顺,剖面形状、构件组成和尺寸不沿纵向经常变化,使其抗震能力提高。

实践证明,满足抗震构造要求的地下空间结构,一般容易满足抗震设防要求。因此,提高地下建筑结构的抗震能力应以加强抗震构造为主,重视抗震计算为辅。结构应采用强柱弱梁的构件体系,抗侧力构件宜均匀布置,刚度宜均匀变化。

参考文献

[1] 北京市建筑工程学校. 煤气及热力管道工程抗震构造措施[J]. 建筑技术,1977(Z4):135-138.
[2] 苏幼坡,马亚杰,刘瑞兴. 城市生命线地震震害相互影响[J]. 河北理工学院学报,2001,23(2):84-89.
[3] 杨文忠. 在唐山地震中生命线系统的破坏及其恢复[J]. 地震工程与工程振动,2006(3):188-189.
[4] William Stockton,范文献. 墨西哥地震与城市建筑[J]. 世界科学,1986(9):26-27.
[5] 秦东平,韩纪强. 地铁隧道抗震分析[C]//天津市土木工程学会第七届年会优秀论文集. 天津:天津市市政工程设计研究院,2005.
[6] 开滦煤矿井巷支护震后状况调查报告[J]. 煤炭科学技术,1977(8):19-23.
[7] Coal Mines Planning and Design Institute,Ministry of Coal Industry. 唐山地震开滦煤矿井巷工程的震害[J]. 地震工程与工程振动,1982(1):67-76,87.
[8] 中国科学技术协会. 土木工程学科发展报告[M]. 北京:中国科学技术出版社,2009.
[9] 于翔. 地铁建设中应充分考虑抗地震作用—阪神地震破坏的启示[J]. 铁道建筑技术,2000(6):37-40,5.
[10] 王明年,崔光耀,林国进. 汶川地震灾区公路隧道震害调查及初步分析[J]. 西南公路,2009(4):45-50.
[11] 高波,王峥峥,袁松,等. 汶川地震公路隧道震害启示[J]. 西南交通大学学报,2009(3):42-47,80.
[12] 上海市工程建设规范. DG/TJ08—2064—2009 地下铁道建筑结构抗震设计规范[S]. 上海:[s. n.],2009.
[13] 郑永来,杨林德,李文艺,等. 地下结构抗震[M]. 上海:同济大学出版社,2005.
[14] 郑永来,杨林德,李文艺,等. 地下结构抗震[M]. 2版. 上海:同济大学出版社,2011.
[15] 商金华,杨林德. 软土场地地铁车站抗震计算的等代地震加速度法[J]. 华南地震,2010,30(1):6-15.
[16] 禹海涛,袁勇,张中杰,等. 反应位移法在复杂地下结构抗震中的应用[J]. 地下空间与工程学报,2011,7(5):857-862.
[17] 李建亮,赵晶,李福海,等. 结构抗震设计时时程分析法的分析研究[J]. 四川地震,2011(4):25-28.
[18] 中华人民共和国住房和城乡建设部. GB 50011—2010 建筑抗震设计规范[S]. 北京:中国建筑工业出版社,2010.

Ⅲ 地下结构设计计算理论

新奥法施工与复合支护的计算*

杨林德　丁文其

(同济大学地下建筑与工程系，上海　200092)

摘要　本文根据新奥法施工的特点叙述了复合支护结构的构造和施作过程，对其分析了承载机理，提出了洞周承载环和高强度抗力点的概念，并在指出喷层与内衬主要承受与围岩变形的依时性特征有关的形变压力和自重荷载的基础上，依据变形协调条件对其建立了设计计算方法。算例验证表明本文提出的方法可望获得较为符合实际的结果。

关键词　复合支护；承载环；高强度抗力点；形变压力；黏弹性模型

The Construction of NATM and the Calculation Method of Composite Lining

YANG Linde　DING Wenqi

(Department of Geotechnical Engneering, Tongji University, Shanghai 200092)

Abstract　In this paper, according to the characteristic of NATM, the structure and construction process of the composite lining is discribed, after the mechanism is studied, the conception of opening circumference bearing ring and high strength resistance force point is raised. This paper also points out that the main load of the composite lining is the deformation pressure, which is related to the time-dependent character of the surrounding rock, then by using the deformation coordination condition, a calculation method which suits composite lining is established. The case study illustrates that the method raised by this paper can obtain practice suitable results.

Keywords　composite lining; bearing ring; high strength resistance force point; deformation pressure; viscoelastic model

1　引言

20 世纪 60 年代以来，新奥法技术已在世界各地的矿山、交通隧道、水工隧洞和其他地下建筑

---

* 岩石力学与工程学报(CN：42-1397/O3)1998 年收录

工程的设计施工中逐渐获得推广采用。这类方法认为围岩具有自支承能力,支护的作用首先是加固和稳定围岩。工程施工时,一般先向洞壁施作柔性薄层喷射混凝土,必要时同时设置锚杆,并通过重复喷射增厚喷层,以及在喷层中增设网筋稳定围岩。围岩变形趋于稳定后,再施作内衬永久支护。施工过程中,通常都辅以位移量监测监视围岩的稳定状态,使在位移量或位移速率较大时可及时采取措施(增厚喷层或增设锚杆等)加强支护,以使洞室保持稳定,并确保施工安全。

采用这类方法施工时,形成的衬砌通常由二层或三层结构层组成,故常称为复合支护。通常情况下,复合支护与围岩紧贴的结构层常为喷射混凝土层或锚喷联合支护,中间层为喷射混凝土层或喷网层,内层则常为整体式混凝土衬砌或喷射混凝土衬砌(均可布设少量钢筋)。本文主要研究采用新奥法技术施工时支护结构的受力状态、承载机理和较为合理的设计计算方法。

2 复合支护的承载机理

首先讨论复合支护使围岩保持稳定的机理。众所周知,新奥法施工的优点是可充分发挥围岩的作用,使围岩主要依靠自身的承载能力保持稳定。可见对复合支护承载机理的讨论,主要是分析这类支护在发挥围岩自支承能力中所起的作用。

2.1 围岩体任意截面的极限承载力

任意截面的极限承载力是对支护结构进行承载力检验的基础。

经过简单的计算,即可发现与岩体相比较,支护材料自身能提供的承载能力通常非常有限,施作支护后围岩体在各截面上的承载能力仍主要取决于岩体材料的强度。支护的作用主要是改变围岩应力场和位移场的分布和性质,使其趋于安全;并提供承载能力较强的高强度抗力点,使其不易发生脆性破坏,设计计算中可取用较小的安全系数。后一类作用对使其承载能力提高所起的作用更直接。

施作支护可改变围岩应力场和位移场的分布和性质已为人们所熟悉,故本文拟仅讨论高强度抗力点的概念。所谓高强度抗力点,是指在潜在破坏面上存在的稳定点。例如穿越弱面的锚杆,虽然在弱面受拉或受剪时这类构件能对弱面提供的抗拉承载力和抗剪承载力都非常有限,但因钢筋很难拉断或剪断,故其存在将可使弱面不致因某个薄弱环节突然破坏而影响原有承载能力的充分发挥。这类作用即为锚杆支护对弱面提供了高强度抗力点。喷层自身的承载能力常常并不比围岩材料强,然因喷层一般在地层开挖后施作,材料排列紧密,且可采用多次喷射工艺不断加厚,故可经受部分围岩变形的作用,并常可满足承载力要求。这类现象即为喷层对围岩提供了高强度抗力点。设置网筋的喷层含有钢筋,故通常都可对围岩截面提供实际高强度抗力点。可以想象,如果能对关键弱面合理设置高强度抗力点(例如每一弱面二个),围岩体各截面承载能力的发挥即可接近其限值,对设计计算提供地质资料时即可取用较小的安全系数,以使稳定性分析可体现支护对围岩的加固作用。

2.2 围岩破坏的发展与洞周承载环

围岩破坏一般自洞周开始,首先出现的破坏通常是张性破裂,接着是塑性剪切流动破坏[1],如能及时施作支护,使在洞周形成处于稳定状态的承载环,洞室围岩即可保持稳定。

形成洞周承载环的方式有两种。第一种方式是施作锚喷网支护加固围岩,使洞周围岩原有承载能力可充分发挥,并可经受在应力重分布过程中形成的量值较大的洞周应力场和位移场的作用。洞周围岩因设置支护导致的设计承载力的提高,相当于在锚杆所及的范围内形成了承载能力较强的承载环(以下称为第一类承载环)。应予指出,承载环以外的围岩未经加固,如其处于剪切屈服状态,则仍有过量应力存在。过量应力将同时向围岩内部及洞周承载环迁移,洞周承载环应能同时承受由围岩内部传来的过量应力,洞室才能保持稳定。这类形成承载环的方法,一般适用于中等强度以上的围岩。

形成承载环的第二种方式是施作衬砌结构,或施作由喷(网)层和衬砌结构共同组成的复合结构,使衬砌结构或复合结构成为洞周承载环(以下称为第二类承载环)。这类承载环可在应力水平较高或石质较差时采用,并具有明显的结构性特征:产生塑性挤压流动或剪切流动的围岩对承载环形成荷载,承载环应能经受荷载的作用。承载环可对围岩提供反向支护力,使围岩受力状态由不利于稳定的双向受力状态改变为有利于稳定的三向受力状态,从而促使围岩易于保持稳定。

由包含喷(网)层的复合结构构成的承载环同时兼有第一类承载环的受力机理。

3 复合结构的计算原理

本文主要针对形成第二类承载环的复合结构建立计算理论,提出的方法对经锚喷支护加固构成第一类承载环的情形也适用。对后者,计算方法即为常规有限元方法,仅需对经锚杆支护直接加固的洞周围岩取用提高后的 C、Φ 值。

大量长期观测资料表明在软弱地层或节理岩体中,隧道围岩的变形一般都具有流变性特征,使在采用复合支护作为隧道结构时,各层支护将因施作时间不同而处于不同的变形状态,并承受与各自的变形状态相应的形变压力。其中第一层支护设置时间最早,发生的变形量和承受的形变压力最大,其承载能力将较充分地发挥;中间各层支护一般都在实测变形量过大,变形速率发展过快,或前一层支护承载能力的发挥已接近极限时(其外观表现为喷层出现裂缝等)施作,承受的荷载应为与自施作本次支护时起发生的变形量相应的形变压力。通常情况下,隧道围岩发生的变形和承受的地层压力最大,第一层支护次之,最后修筑的内衬结构层的变形和受力都最小。

3.1 荷载与内力的计算

以下假设复合支护结构由二层组成,围岩材料的流变性态服从(或简化为服从)三元件黏弹性模型,受力变形分析可简化为二维平面应变问题,据以叙述对各层支护作荷载和内力计算的原理。支护结构分层多于两层时,计算原理可类推。此外,初始地应力等外荷载的确定方法和常规计算方法相同,不再赘述。

3.1.1 复合支护结构的黏弹性有限元分析

对二维平面应变问题,假设应力边界条件保持不变和泊松比不随时间而变化,有

$$\{\varepsilon\} = \left[\frac{1}{E_1} + \frac{1}{E_2}\left(1 - e^{-\frac{E_2}{\eta_2}t_i}\right)\right][A]\{\sigma\} \tag{1}$$

$$[A] = \begin{bmatrix} 1-\mu^2 & -\mu(1+\mu) & 0 \\ -\mu(1+\mu) & 1-\mu^2 & 0 \\ 0 & 0 & 2(1+\mu) \end{bmatrix} \tag{2}$$

式中,E_1,E_2 为弹性模量;η_2 为黏滞系数;$\{\sigma\}$ 及 $[A]$ 均为常量矩阵。

对二维平面应变黏弹性问题，在假设条件下如令 $\dfrac{1}{E_{t_i}}=\dfrac{1}{E_1}+\dfrac{1}{E_2}\left(1-e^{-\frac{E_2}{\eta_2}t_i}\right)$，即可将其简化为线弹性问题的计算。其中包含的三元件模型的材料性态参数，可由文献所述的位移反分析方法确定。由有限元分析的原理，可知在 t_i 时刻的结点荷载 $\{P(t_i)\}$ 和结点位移 $\{\delta(t_i)\}$ 之间有关系式：

$$\{P(t_i)\}=[K(t_i)]\cdot\{\delta(t_i)\} \tag{3}$$

式中，$[K(t_i)]$ 表示 t_i 时刻的总刚度矩阵，其元素为 E_{t_i} 的函数；$\{P(t_i)\}$ 即为释放荷载，并为常数。

由式(3)可见在算得结点荷载向量 $\{P(t_i)\}$ 后，即可由式解得 t_i 时刻各结点的位移 $\{\delta(t_i)\}$，并进而求得各单元的应变 $\{\varepsilon(t_i)\}$ 和应力 $\{\sigma(t_i)\}$。

3.1.2 第一层支护的内力

将围岩地层发生的位移量记为 $\delta_0(t_i)$，第一层支护发生的位移量记为 $\delta_1(t_i)$，第二层支护发生的位移量记为 $\delta_2(t_i)$，并将围岩开挖完成时刻记为 $t_i=t_0$，设置第一层支护的时刻记为 $t_i=t_1$，设置第二层支护的时刻记为 $t_i=t_2$，第二层支护设置后变形已趋于稳定的时刻记为 $t_i=t_3$。第一层支护设置时刻第一层支护发生的位移量为 $\delta_1(t_1)=0$；第二层支护设置时刻第一层支护发生的位移量为 $\delta_1(t_2)$，第二层支护发生的位移量为 $\delta_2(t_2)=0$；第二层支护的变形趋于稳定后第一层支护发生的总位移量为 $\delta_1(t_3)$，第二层支护发生的总位移量为 $\delta_2(t_3)$。则第二层支护设置时刻第一层支护发生的位移量为 $\Delta\delta_1^1=\delta_1(t_2)-\delta_1(t_1)=\delta_1(t_2)$；第二层支护的变形趋于稳定后第一层支护发生的位移量为 $\Delta\delta_1^2=\delta_1(t_3)-\delta_1(t_1)=\delta_1(t_3)$。

将第一层支护在二类典型工况下的位移量记为 $\Delta\delta_1^j$（$j=1$ 或 2，$j=1$ 表示第二层支护设置时刻的工况，$j=2$ 表示第二层支护的变形已趋于稳定的工况），并将第一层支护结构各单元的刚度矩阵记为 $[k_1]^e$，单元结点内力记为 $\{\Delta F_1^j\}^e$，单元各结点的位移记为 $\{\Delta\delta_1^j\}^e$（$j=1$ 或 2，含义与前相同），并假设支护材料的蠕变变形可忽略不计，则有：

$$\{\Delta F_1^j\}^e=[k_1]^e\{\Delta\delta_1^j\}^e \tag{4}$$

可见在由式(3)求得任意结点的位移后，即可由上式算得两类工况下第一层支护结构各单元的，与形变压力相应的结点内力和任意截面的内力。

3.1.3 第二层支护的荷载和内力

如仍采用如前所述的符号体系，并将变形趋于稳定后第二层支护发生的位移量记为 $\Delta\delta_2^2$，则有

$$\Delta\delta_2^2=\delta_2(t_3)-\delta_2(t_2) \tag{5}$$

与式(4)相仿，对变形趋于稳定后的第二层支护结构的单元，有

$$\{\Delta F_2^j\}^e=[k_2]^e\{\Delta\delta_2^j\}^e \tag{6}$$

式中，$[k_2]^e$ 为第二层支护结构的单元的刚度矩阵；$\{\Delta F_2^j\}^e$ 为单元结点内力；$\{\Delta\delta_2^j\}^e$ 为单元各结点的位移。由此即可得到第二层支护结构各单元的，与形变压力相应的结点内力和任意截面的内力。

采用以上方法计算复合支护的内力时，矩阵 $\{\Delta\delta_1^j\}^e$ 及 $\{\Delta\delta_2^j\}^e$ 中的元素可由 $\Delta\delta_1^j$ 及 $\Delta\delta_2^j$ 得到，仅需注意释放荷载均应作用在洞室围岩的周边，且因设置支护而需对单元总数和总刚度矩阵作调整。显而易见，采用这类方法进行计算时仍有一定的近似性，然因其分析过程可较好追踪复合支护的施作过程，所获计算结果可望与实际情况较为接近。此外，如能对支护设置的不同阶段借助反分析计算对围岩材料分别确定三元件模型的参数，所获结果将更可与实际接近。

3.2 截面设计原理

复合支护结构与围岩共同工作,其受力变形特点与地面结构的构件有较大的差别,因而在作截面设计时,不能沿用地面结构构件的计算理论和公式。

在对复合支护结构作截面设计时,主要应确保使其处于弹性受力状态,以形成可用于支承围岩的第二类承载环。具体验算项目及方法为:

(1) 抗剪能力验算:可采用 Druker-Prager 准则或莫尔-库伦准则作验算,并在有限元计算中同时完成;

(2) 抗压能力验算:主要验算截面材料的承压能力是否足够,并因围岩可对支护结构的变形提供侧向约束,在作检验计算时可不考虑构件发生纵向挠曲的影响;

(3) 抗拉能力验算:结构截面出现拉应力时,设定拉应力全部由钢筋承担,据以计算配筋率;

(4) 洞周径向张应变验算:主要用于对围岩承载力作验算。如不满足要求,应设置径向系统锚杆。

4 算例验证

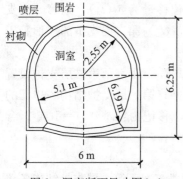

图 1 洞室断面尺寸图(m)

设图 1 所示的洞室可简化为平面应变问题,围岩初始地应力场为自重应力场。假设围岩材料的性态服从三元件黏弹性模型[4][5],其参数为:$E_1=E_2=3\times10^4$ MPa,$\eta_2=1\,100$ GPa·d,$\mu=0.24$,$\gamma=25.3$ kN·m³。喷层及衬砌混凝土材料处于弹性状态,厚度分别为 0.15 m 和 0.3 m,相应的材料性态参数为:$E=2.6\times10^4$ MPa,$\mu=0.166\,7$,$\gamma=25$ kN·m³。锚杆采用 $\phi22$,间距 2 m,长 3 m 的钢筋施作。计算时锚杆与喷层采用弹性杆单元模拟,衬砌采用梁单元模拟。洞室埋深为 60 m,洞室开挖方法为全断面一次开挖法。将左、右和下方的计算范围均取为 60 m,上部取至地表后划分有限元计算网格。将洞室开挖完成的时刻记为 $t_0=0$,喷层(一次支护)施作时刻为 $t_1=5$ d,衬砌(二次支护)施筑完毕时刻为 $t_2=30$ d,$t_3=300$ d 时围岩及各层支护的变形均已趋于稳定。

依据上述原理进行分析和计算,变形趋于稳定时的计算结果示于图 2—图 7。其中图 2—图 4 为结点位移图,图中括号内数字分别为水平和垂直向的位移,图 5—图 7 为复合支护结构

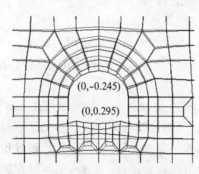

图 2 洞周围岩结点位移图(mm)

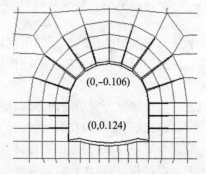

图 3 第一层支护结构结点位移图(mm)

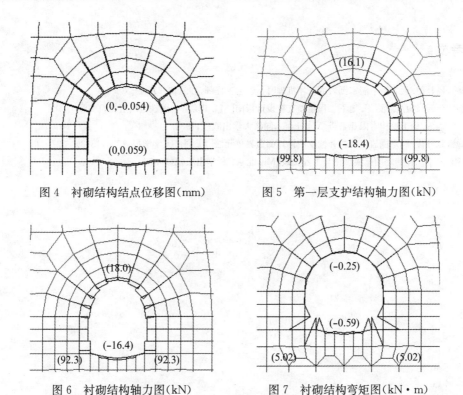

图 4　衬砌结构结点位移图（mm）

图 5　第一层支护结构轴力图（kN）

图 6　衬砌结构轴力图（kN）

图 7　衬砌结构弯矩图（kN·m）

的内力分布图，图中括号内数字分别为轴力和弯矩。由图可见采用复合支护后第一层支护的变形明显小于围岩的变形，内层衬砌的变形又明显小于第一层支护的变形，使内衬结构受力最小，第一层支护次之，围岩受力最大，有利于发挥围岩的自支承能力，并因稳定状态最不利的内衬结构受力最小而易于在洞周形成可靠的承载环，使洞室易于保持稳定。

依据上述结果对支护结构及围岩分别作了稳定性验算，结果表明洞室处于稳定状态。

5　结语

本文在对洞室围岩稳定性的判断提出洞周承载环概念后对复合支护结构的受力分析提出了一种计算方法，包括：① 根据复合支护结构的构造和施作过程的特点，认定喷层和内衬结构的内力主要由形变压力和自重荷载产生；② 形变压力的形成及其分布规律与围岩变形的依时性特征有关，而围岩材料的变形随时间而发展的性态可视为服从或简化为服从三元件黏弹性模型；③ 对由形变压力和材料自重联合产生的复合支护的内力借助变形条件建立了计算方法。

关于材料性态模型的假设对整体性中等的围岩较为符合实际，对软弱围岩则是一种工程近似。鉴于较为复杂的模型一般都难于付诸实用，采用这类简化假设将使本文建立的方法有较大的实用价值。

地层材料的性态服从（或假设近似服从）三元件黏弹性模型揭示的规律时，模型参数可依据由施工监测得到的位移-时间曲线借助反分析方法确定，计算原理和公式可参见文献[4]和[5]；对围岩强度需按洞周径向张应变检验的论证分析和验算公式，文献[1]列有详细介绍，本文不再赘述。

参考文献

[1] 莫海鸿,杨林德.硬岩地下洞室围岩的破坏机理[J].岩土工程师,1991,3(2):1-7.
[2] 郑颖人,董云飞,徐振远,等.地下工程锚喷支护设计指南[M].北京:中国铁道出版社,1988.
[3] 孙均,汪炳鉴.地下结构有限元解析[M].上海:同济大学出版社,1986.
[4] 杨林德,张开俊.洞室围岩二维黏弹性反演计算的边界单元法[J].同济大学学报,1990,18(3):327-333.
[5] 杨林德.岩土工程问题的反演理论与工程实践[M].北京:科学出版社,1996.

高压引水隧洞衬砌按渗水设计的研究 *

杨林德[1] 丁文其[1] 陆宏策[2]

(1. 上海同济大学地下建筑与工程系,上海 200092;2. 广东省水利电力勘测设计研究院,广州 510635)

摘要 本文在由室内试验获得渗透系数随应力水平而变化的关系式的基础上,借助渗流体积力考虑渗流场的力学效应,建立了裂缝混凝土衬砌和渗水围岩地层中渗流场与应力场的耦合计算模型,并根据衬砌混凝土裂缝出现和开展后的受力变形的特征,提出了一种可供高压引水隧洞衬砌配筋采用的计算方法,并将其应用于广蓄电站二期工程高压引水隧洞衬砌的设计研究。

关键词 渗流体积力;耦合分析;高压引水隧洞;渗水混凝土衬砌

1 引言

广蓄电站二期工程的高压引水隧洞为直径 8.0~8.5 m 的圆形隧洞,全长千余米。如能在考虑渗流影响的基础上研究建立可减少隧洞衬砌配筋量的计算方法,则将不仅有助于减少工程设计的盲目性,而且可在确保工程结构使用安全性的前提下降低造价,并将有利于促进设计理论的发展。

由于混凝土材料自身具有一定的渗水性特征和在衬砌中难免出现裂缝等原因,围岩地层在经历一段时间后必将存在由高压内水头产生的渗流场。实践表明在高压隧洞的裂缝和施工缝等部位可发生严重的渗漏(其值可占总渗漏量的 95% 以上),故当衬砌混凝土按限裂设计时,混凝土衬砌和围岩将都是渗水介质,水流在这些介质中可形成稳定的渗流场,使围岩和衬砌经受由渗流产生的附加体积力。

本文在建立渗流场计算模型后,对裂缝混凝土衬砌和渗水围岩地层中存在的渗流体积力进行了定量计算,并依据由室内试验获得的渗透系数随应力水平而变化的关系式考虑了应力场对渗流场的影响,由此建立渗流场与应力场的耦合计算模型,并将其应用于广蓄电站二期工程渗水高压引水隧洞衬砌的设计研究。此外,文中还提供了一种按渗水设计的可供高压引水隧洞衬砌配筋采用的计算方法。

2 基本方程

2.1 饱和、非饱和渗流基本微分方程

对于稳定渗流问题,饱和、非饱和状态的基本微分方程[1]为:

---

* 岩石力学与工程学报(CN:42-1397/O3)1997 年收录

$$\frac{\partial}{\partial x}\left(K(H)\frac{\partial H}{\partial x}\right)+\frac{\partial}{\partial y}\left(K(H)\frac{\partial H}{\partial y}\right)+\frac{\partial}{\partial z}\left(K(H)\frac{\partial H}{\partial z}\right)=0 \qquad (1)$$

式中,$K(H)$ 在非饱和区为非饱和渗透系数,在饱和区则为饱和渗透系数。

对二维平面问题,其微分方程和初边值条件[2]可表示为

$$\begin{cases} \dfrac{\partial}{\partial x}\left(M \cdot K_X \dfrac{\partial H}{\partial x}\right)+\dfrac{\partial}{\partial z}\left(M \cdot K_Z \dfrac{\partial H}{\partial z}\right)+Q\varepsilon=0 \\ H(x,z)\big|_{\Gamma_1}=H_1(x,z) \quad (x,z\in\Omega) \\ M \cdot K_X \dfrac{\partial H}{\partial x}\dfrac{\mathrm{d}z}{\mathrm{d}x}+M \cdot K_Z \dfrac{\partial H}{\partial z}\dfrac{\mathrm{d}x}{\mathrm{d}s}\bigg|_{\Gamma_2}=M \cdot K_n \dfrac{\partial H}{\partial n}\bigg|_{\Gamma_2}=q \end{cases} \qquad (2)$$

式中,H,H_1 别为渗流场水头和 Γ_1 类边界上的已知水头;M 为含水层平均厚度;K_x,K_z 分别为 x 方向和 z 方向的渗透系数;$Q\varepsilon$ 为单位时间、单位面积的灌水量(令为正)或泄水量(取为负);q 为 Γ_2 类边界单位宽度上的渗水补给量。

上述偏微分方程的定解问题可转变为泛函求极值的问题。将泛函令为地下水渗流计算区的总势能,则由泛函求极值与欧拉方程等价的原理可导得有限元计算的基本方程,据以求得各结点的水头值。

2.2 渗流体积力

渗流体积力与水压力梯度成比例[3],故如将渗水头 H 表示为

$$H=Z'+\frac{P}{\gamma} \qquad (3)$$

则对二维平面问题,有

$$X=-\frac{\partial P}{\partial x}=-\gamma\frac{\partial H}{\partial x}$$

$$Z=-\frac{\partial P}{\partial z}=-\gamma\frac{\partial H}{\partial z}+r \qquad (4)$$

式中,Z' 为位置水头;P 为水压力;γ 为水容重;X、Z 分别为在水平方向和竖直方向上的渗流体积力;r 为浮力,在水下空间为一常数,并有 $r=\gamma$。

2.3 岩体弹塑性有限元分析

二维问题的有限元计算采用增量变刚度迭代法,材料性态按弹塑性体考虑,屈服准则选为特鲁克-普拉格准则。对线弹性问题的计算有

$$[K]\cdot\{\delta\}=\{P\} \qquad (5)$$

增量加载时,平衡方程的通式为

$$[K]_{i-1}\cdot\{\Delta\delta\}_i=\{\Delta P\}_i \qquad (6)$$

而

$$\{\delta\}_i=\{\delta\}_{i-1}+\{\Delta\delta\}_i$$
$$\{\varepsilon\}_i=\{\varepsilon\}_{i-1}+\{\Delta\varepsilon\}_i \qquad (7)$$
$$\{\sigma\}_i=\{\sigma\}_{i-1}+\{\Delta\sigma\}_i$$

最后得到的位移、应变和应力即为弹塑性应力分析的结果。

对弹性区域中的单元,其单元刚度矩阵为

$$[K]^e = \iiint_V [B]^T [D]_e [B] dV \tag{8}$$

对塑性区域中的单元,第 i 次迭代计算中任意单元的刚度矩阵为

$$[K]^e_{i-1} = \iiint_V [B]^T [D_{ep}] \cdot [B] dV \tag{9}$$

2.4 应力状态对渗流场影响的计算

应力状态对渗流场影响的计算主要靠对渗透系数引入与应力水平有关的修正系数实现。由对室内试验结果的统计分析可知在工程常见的应力水平范围内,岩石和混凝土材料的渗透系数随应力而变化的规律可表示为如下的负指数函数形式:

$$K = K_0 \cdot e^{-\alpha\sigma} \tag{10}$$

式中的回归系数 α 和 K_0 均为可同时反映岩体材料特性和应力状态对渗透系数影响的综合系数。由于目前尚不清楚剪应力对渗透系数的影响程度,本项研究假设在整个渗流耦合作用过程中渗透主轴与应力主轴始终保持一致。

3 耦合分析原理

渗流场作用效果的耦合主要靠荷载的耦合实现。计算时先通过渗流场计算求得各单元结点的水头值,进而求出相应的渗流体积力及等效结点力,并将它叠加到与初始地应力相应的荷载项上。求得应力值后依据当前应力水平修正渗透系数,并按以上步骤进行重复计算。上述过程经迭代多次后可趋于稳定。

4 高压引水隧洞衬砌按渗水设计的研究

4.1 基本假设

广蓄电站二期工程高压引水隧洞全长千余米,沿途Ⅰ、Ⅱ类围岩约占82%,Ⅲ、Ⅳ类围岩约占18%,与各类围岩相应的衬砌总长都不短,在分析中都将其归类为平面应变问题。

鉴于高压引水隧洞衬砌结构的主要荷载为水荷载,计算中对Ⅰ、Ⅱ类围岩中的衬砌均假设与地层的初始接触应力为零,即认为地层开挖后围岩变形均瞬时发生;对Ⅲ、Ⅳ类围岩,则取为在假设洞室开挖后立即施作衬砌(即释放荷载取为100%)的条件下,按连续介质力学模型计算所得的地层与衬砌间的接触应力的20%(Ⅲ类围岩)～30%(Ⅳ类围岩),以包容由围岩地层变形的弹塑性及(或)时效特征引起的衬砌结构的内力。这类荷载习称形变压力,研究表明实际发生的形变压力有可能比假设数据略高,然而由于这类荷载的作用方向与渗流体积力相反,计算中取用低值可使结构偏于安全。

完建工况通常不起控制作用,故分析中仅对高压引水隧洞的充水运营开始工况、正常充水运营工况和放空检修工况等三种工况进行了计算。内水头值对高压引水隧洞的设计起控制作用,计算中对正常充水运营工况将其取为610 m,对充水运营开始工况取为725 m(此时衬砌与围岩中并无渗流体积力),对放空工况则取为零。与上述水头值相应的引水隧洞为与岔管相连的下平洞。由于在这一部位未见有Ⅳ类围岩出现,本项研究仅对Ⅰ～Ⅲ类围岩进行了计算与分析。

计算中采用的材料参数汇总于表1,渗透系数则取用按公式计算所得的值。

表 1　　　　　　　　　　　材料性态参数表

材料类型	E/MPa	μ	C/MPa	$\Phi/(°)$
Ⅰ类围岩	3.9×10^4	0.20	12	52.43
Ⅱ类围岩	2.8×10^4	0.24	11	50.19
Ⅲ类围岩	1.7×10^4	0.26	6	45
300号混凝土	3.0×10^4	0.1667	3.2	38.66

4.2 计算结果分析

由计算所得的位移场与应力场的分布可知衬砌结构各截面在充水开始工况及充水运营工况中经受的内力均为拉应力，在放空工况中承受的内力则都是压应力。后者并未超过混凝土材料的承压能力，而前两种工况在各截面上的拉应力值都已超过 $300^{\#}$ 混凝土材料的抗拉强度，可见必将由此将导致衬砌结构开裂。

为便于对截面厚度与配筋量确定的讨论作定量分析，将Ⅰ类围岩地层中典型隧洞衬砌有限元计算网格的划分及对受力强度起控制作用的 447 号单元的结点编号示于图 1，单元左右两侧横截面上结点承受的正应力的作用方向示于图 2，各类工况下的正应力值列于表 2，单元上下两侧在充水开始工况和正常充水运营工况中的拉应变值列于表 3。

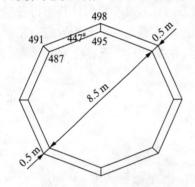
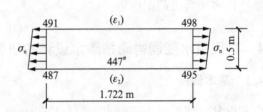

图 1　Ⅰ类围岩中隧洞衬砌的有限元　　　图 2　Ⅰ类围岩中 447 号单元左右两侧的
　　　网格与 447 号单元的结点编号法　　　　　　向应力与上下两侧应变的示意

表 2　　　　　　Ⅰ类围岩中 447 号单元左右两侧各结点的法向应力值（MPa，拉为＋）

σ_n 工况 \ 结点号	491	487	495	498
充水运营开始	2.484	3.465	2.285	3.255
正常充水运营	1.418	0.792	2.024	1.427
放空检修	-1.236	-0.048	-0.048	-1.347

表 3　　　　　　　　　Ⅰ类围岩中 447 号单元上下两侧的拉应变值

工况	491～498		487～495	
	位移差/m	ε_1	位移差/m	ε_2
充水运营开始	0.000 314	0.000 182	0.000 342	0.000 199
正常充水运营	0.000 119	0.000 07	0.000 073	0.000 042

4.3 配筋量的确定

内水压力作用下,裂损衬砌的变形趋势是与围岩贴紧,裂缝宽度不可能按地面结构构件的规律大量持续扩展,因而只要钢筋处于弹性受力状态,结构仍可保持持久稳定。因而对于本工程,位于Ⅰ~Ⅲ类围岩中的衬砌按构造要求单边设置受拉钢筋已可满足使衬砌结构保持稳定的要求。因为应力场计算结果表明对本工程的充水开始工况和充水运营工况,Ⅰ~Ⅲ类围岩中衬砌结构截面的最大拉应力值约为 $\sigma_c = 3.2$ MPa,相应的相对拉应变量虽都已超过混凝土材料的极限拉应变值 0.000 1,然而在截面上设置的钢筋却仍处于弹性受力状态,并仍有很大的富余量(Ⅱ级钢筋的屈服应变值约为 0.001 7)。

计算表明对完整坚硬的Ⅰ、Ⅱ类围岩,增加截面厚度对提高渗水衬砌的承载能力其实作用不大,因为合理配筋量确定的控制因素是连续介质体位移场的分布,与结构自身刚度关系不大。可见对Ⅰ、Ⅱ类围岩中的高压引水隧洞衬砌,将截面厚度减薄为 50 cm 或 40 cm 都是合适的。需予注意的是当隧洞穿越宽度较大的断层破碎带时,仍应按上述原则对环向受力筋和纵向分布筋都适当加强,使可借助附近岩体的承载潜力帮助这些地段的衬砌结构保持稳定。

5 结语

本文对高压引水隧洞混凝土衬砌的设计提出的关于稳定渗流场与应力场耦合的计算理论和方法及关于配筋量计算的讨论,比较真实地模拟了高压引水隧洞实际发生的受力变形情况,不仅对本工程取得了较大的经济效益,而且对今后开展有关理论与工程设计的研究也有参考价值。

参考文献

[1] 张有天.有地表入渗的岩体渗流分析[J].岩石力学与工程学报,1991,10(2).
[2] 薛禹群.地下水动力学原理[M].北京:地质出版社,1986.
[3] 张有天.岩体渗流与工程设计,岩石力学新进展[M].沈阳:东北工学院出版社,1989.

各向异性饱和土体的渗流耦合分析和数值模拟*

杨林德[1]　杨志锡[2]

(1. 同济大学地下建筑与工程系,上海　200092；2. 上海交通大学建筑工程学院,上海　200030)

摘要　将饱和土体视为均质、连续的各向异性弹塑性多孔介质,根据虚位移原理推导出饱和土体内各向异性渗流直接耦合的有限元法计算公式。针对直接耦合法所生成的病态方程采用 MATLAB 语言编写出平面条件下的计算程序,对各向异性弹性多孔介质中 Mandel 效应进行数值模拟分析。计算结果验证了本文直接耦合有限元法的正确性和适用性。

关键词　耦合；渗流；各向异性；有限元法

Coupling Analyses and Numeric Simulations on Seepage Flow in Anisotropic Saturated Soils

YANG Linde[1]　YANG Zhixi[2]

(1. Department of Geotechnical Engineering, Tongji University, Shanghai 200092, China；
2. College of Building Engineering, Shanghai Jiaotong University, Shanghai 200030, China)

Abstract　Based on the principle of virtual displacements, the direct coupling formulae of FEM in the anisotropic saturated soils with the assumptions of homogeneous and continuous elasto-plastic porous media are derived. The FEM programs in MATLAB are implemented for the ill-posed equation which is formed in the direct coupling method. The comparisons between the computed and analytic results on the Mandel effect in the anisotropic elastic porous media are illustrated and the validity and applicability of the mentioned FEM are demonstrated.

Keywords　coupling; seepage flow; anisotropy; FEM

1　引言

　　对于饱和软土的渗流耦合分析,Sandhu 和 Wilson(1969)假定孔隙水及土体颗粒不可压缩,根据变分原理推出 Biot 方程的有限元法计算公式[1]；Christian 和 Boehmer(1970)采用有限元法和有限差分法相结合的方法求解 Biot 方程[2]。国内沈珠江(1977)首先将 Biot 理论的有限元法应用于土体固结分析[3]；殷宗泽等(1978)根据流量平衡的概念,结合虚位移原理得到

---

* 岩石力学与工程学报(CN：42 - 1397/O3)2002 年收录,国家自然科学基金资助项目(59878038)

了类似的结果[4];龚晓南(1981)假设等价接点流量等于等价接点压缩量,推出 Biot 方程[5];张有天(1989)等对岩土渗流力学的研究也作出了重要贡献[6]。上述学者的工作均以 Biot 理论为基础,假定岩土介质为均质、连续、各向同性体。

考虑到土体的地质沉积作用,本文将饱和土体视为均质、连续、各向异性的弹塑性多孔介质,将有效应力系数视为二阶张量,根据虚位移原理推导出各向异性饱和土体直接耦合的有限元法计算公式,采用 MATLAB 语言编写出直接耦合法有限元计算程序,并对各向异性弹性多孔介质中广义 Mandel 效应进行了数值模拟,其计算结果与该模型的解析解吻合得很好,从而验证了本文直接耦合有限元法的正确性和适用性。

2 各向异性耦合场的基本方程

由于饱和土体内位移场和渗流场是两个具有不同运动规律的物理力学环境,所以要描述其耦合响应的数学模型也应包含位移场和渗流场的控制微分方程及其对应的边界条件和初始条件。下面,分别介绍本文所用到的应力场的基本方程、渗流场的基本方程、边界条件和初始条件。

2.1 应力场的基本方程

在直角坐标系中,以张量形式表示的饱和土体的平衡方程为

$$\Delta \sigma_{ij,j} + \Delta F_i = 0 \tag{1}$$

同时,各向异性土体在外部条件作用下的力学响应还受到土体本构关系、小变形条件下几何方程的约束,并遵循与渗流场相互作用的广义 Terzaghi 有效应力原理,即

$$\Delta \sigma_{ij} = D_{ijkl}^{ep} \Delta \varepsilon_{kl} - \alpha_{ij} \Delta p \tag{2}$$

$$\Delta \varepsilon_{ij} = \frac{1}{2}(\Delta u_{i,j} + \Delta u_{j,i}) \tag{3}$$

$$\Delta \sigma_{ij} = \Delta \sigma'_{ij} - \alpha_{ij} \Delta p \tag{4}$$

2.2 渗流场的基本方程

根据质量守恒定律,在土体颗粒及地下水不可压缩的条件下,可得

$$\Delta v_{i,i} + \alpha_{ij} \Delta \varepsilon o_{ij}^u = 0 \tag{5}$$

其中,渗流场地下水渗流速度服从 Darcy 定律,即有下面的公式:

$$\Delta v_i = -\frac{K_{ij}}{\gamma_w} \int_t^{t+\Delta t} (p_{,j} + f_j) \mathrm{d}t \tag{6}$$

2.3 边界条件和初始条件

如图 1 所示,位移边界条件可表示为

$$\Delta u_i = \overline{u}_i \qquad 在 S_u 上 \tag{7}$$

应力边界条件为

$$\Delta T_i = \Delta \sigma_{ij} n_j \qquad 在 S_\sigma 上 \tag{8}$$

渗流场的 Dirichlet 边界条件为

$$\Delta p_i = \Delta \overline{p} \qquad 在 S_p 上 \tag{9}$$

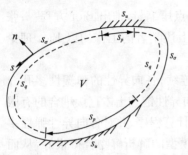

图 1 边界条件
Fig. 1 Boundary conditions

渗流场的 Neumann 边界条件为

$$\Delta q = \Delta w_j n_j \quad \text{在 } S_q \text{ 上} \quad (10)$$

初始条件为

$$\sigma_{ij}\big|_{t=0} = \sigma_{ij}^0, \quad p_i\big|_{t=0} = p_i^0, \quad u_i\big|_{t=0} = u_i^0 \quad (11)$$

方程式(1)~(11)均以拉应力为正，地下水流出土体单元为负。式中：σ_{ij} 为总应力张量，ε_{ij} 为应变张量，F_i 为饱和土体的体积力矢量，u_i 为位移矢量，p 为孔隙水压力，v_i 为孔隙水相对于土体颗粒的平均位移矢量，D_{ijkl}^{ep} 为饱和土体排水后的弹塑性变形模量，α_{ij} 为各向异性有效应力系数，f_i 为地下水的体积力，K_{ij} 为渗透系数张量，γ_w 为地下水的重度，T_i 为边界表面应力矢量，n_j 为边界表面的外法线矢量，q 为地下水单位时间通过单位边界表面的流量。

3 耦合场的有限元方程

根据虚位移原理可以推知，体系的外力在满足几何协调条件的虚位移 $\delta_{(\Delta u_i)}$ 上的总虚功等于零。如此，土体的运动平衡方程式(1)与应力的边界条件方程式(8)的等效积分"弱"形式可表示为下面的公式：

$$\int_V -\Delta\sigma_{ij}\delta(\Delta\varepsilon_{ij})\mathrm{d}V + \int_V \Delta F_i\delta(\Delta u_i)\mathrm{d}V + \int_{S_\sigma} \Delta T_i\delta(\Delta u_i)\mathrm{d}S = 0 \quad (12)$$

同理，地下水运动的连续性方程式(5)与流量边界条件方程式(10)的等效积分"弱"形式可进而表示为

$$\int_V -\Delta v_i\delta(\Delta p_{,i})\mathrm{d}V + \int_V \alpha_{ij}\Delta\varepsilon_{ij}\delta(\Delta p)\mathrm{d}V + \int_{S_q} \Delta q\delta(\Delta p)\mathrm{d}S = 0 \quad (13)$$

将所研究的土体剖分成有限个单元体，取结点位移增量 $\{\Delta \bar{u}\}$ 和结点孔隙水压力增量 $\{\Delta \bar{p}\}$ 为基本未知变量，则对于每一个离散单元，由形函数 N_u，N_p 插值可得到单元内任一点的位移增量 $\{\Delta \bar{u}\}$ 和孔隙水压力增量 $\{\Delta \bar{p}\}$，它们分别为

$$\{\Delta u\} = [N_u]\cdots\{\Delta \bar{u}\} \quad (14)$$

$$\{\Delta p\} = [N_p]\cdots\{\Delta \bar{p}\} \quad (15)$$

式中，

$$[N_u] = \begin{bmatrix} \cdots & N_{ux}^i & 0 & 0 & \cdots \\ \cdots & 0 & N_{uy}^i & 0 & \cdots \\ \cdots & 0 & 0 & N_{uz}^i & \cdots \end{bmatrix}, \quad [N_p] = \begin{bmatrix} \cdots & N_{px}^i & \cdots \\ \cdots & N_{py}^i & \cdots \\ \cdots & N_{pz}^i & \cdots \end{bmatrix}$$

式中，i 表示单元的第 i 个结点。

由方程式(14)，(15)可得单元内任一点的应变增量 $\{\Delta\varepsilon\}$ 和孔隙水压力梯度增量 $\{\Delta I\}$，它们分别表示为

$$\{\Delta\varepsilon\} = [B_u]\cdot\{\Delta \bar{u}\} \quad (16)$$

$$\{\Delta I\} = [B_p]\cdot\{\Delta \bar{p}\} \quad (17)$$

式中：

$$[B_u] = \begin{bmatrix} \cdots & N_{u,x}^i & 0 & 0 & \cdots \\ \cdots & 0 & N_{u,y}^i & 0 & \cdots \\ \cdots & 0 & 0 & N_{u,z}^i & \cdots \\ \cdots & N_{u,y}^i & N_{u,x}^i & 0 & \cdots \\ \cdots & 0 & N_{u,z}^i & N_{u,y}^i & \cdots \\ \cdots & N_{u,z}^i & 0 & N_{u,x}^i & \cdots \end{bmatrix}, [B_p] = \begin{bmatrix} \cdots & N_{p,x}^i & \cdots \\ \cdots & N_{p,y}^i & \cdots \\ \cdots & N_{p,z}^i & \cdots \end{bmatrix}。$$

因此，由虚位移的任意性，可得到位移场和渗流场的平衡方程分别为

$$[\overline{K}_u]\{\Delta \overline{u}\} - [L]\{\Delta \overline{p}\} = \{\Delta F_S\} + \{\Delta F_V\} \tag{18}$$

$$-[L]^T\{\Delta \overline{u}\} - \frac{1}{\gamma_w}\int_0^t [\overline{K}_p]\{\Delta \overline{p}\}\mathrm{d}t = \{\Delta p_S\} \tag{19}$$

式中：

$$[\overline{K}_u] = \int_V [B_u]^T[D][B_u]\mathrm{d}V,$$

$$[L] = \int_V [B_u]^T\{\alpha\}[N_p]\mathrm{d}V,$$

$$[\overline{K}_p] = \int_V [B_p]^T[K][B_p]\mathrm{d}V,$$

$$\{\Delta F_S\} = \int_{S_\sigma} [N_u]^T\{\Delta T\}\mathrm{d}S,$$

$$\{\Delta F_V\} = \int_V [N_u]^T\{\Delta F\}\mathrm{d}V,$$

$$\{\Delta p_S\} = \int_{S_q} \Delta q[N_p]^T\mathrm{d}S。$$

方程式(19)隐含时间变量 t，根据 Sandhu 和 Ranbir[7]提出时间函数 $f(t)$ 在区间 $[t, t+\Delta t]$ 为线性变化的假设，即

$$\int_t^{t+\Delta t} f(\tau)\mathrm{d}\tau = \theta \Delta t f(t+\Delta t) + (1-\theta)\Delta t f(t) \tag{20}$$

式中，θ 为取决于在时间间隔 $[t, t+\Delta t]$ 内函数 $f(t)$ 变化的加权因子。参考文献[8]已经证明，当 $\theta \geqslant 1/2$ 时，任何关于时间函数 $f(t)$ 的积分方法均无条件稳定收敛。

因此，将变量 t 在时间域内离散，方程式(18)，式(19)可简写为

$$\begin{bmatrix} \overline{K}_u & -L \\ -L^T & -\theta\Delta t \frac{1}{\gamma_w}\overline{K}_P \end{bmatrix} \begin{Bmatrix} \Delta \overline{u} \\ \Delta \overline{p} \end{Bmatrix}\bigg|_{t+\Delta t} = \begin{Bmatrix} \Delta F_S + \Delta F_V \\ \Delta p_s + (1-\theta)\Delta t \Delta p_V \end{Bmatrix} \tag{21}$$

式中，$\{\Delta p_V\} = \frac{1}{\gamma_w}[\overline{K}_P]\{\Delta \overline{p}\}\big|_t$。

方程式(21)即为考虑地下水渗流耦合作用的力学控制方程，由该方程的总耦合矩阵表达式可以看到：当影响矩阵 $[L]$ 为零矩阵时，该方程为描述应力场和渗流场的非耦合型控制方程；当影响矩阵 $[L]$ 为非零矩阵时，则方程式(21)为描述应力场和渗流场两类不同物理力学现象的耦合型控制方程。

4 耦合算例

根据方程式(21)所描述的地下水渗流直接耦合型有限元方程，当考虑到应力场和渗流场

各个物理变量的取值范围和物理意义时,该方程的条件数为介于 $10^{18} \sim 10^{25}$ 的大数,这一特点无疑给程序处理带来很大的难度。为此,本文采用 MATLAB 语言面向对象技术编写用于渗流耦合分析的有限元程序。

MATLAB 的图形图像功能对有限元法的前后可视化处理可提供良好的开发环境,而平衡方程的建立及计算方法的选择在 MATLAB 环境中用几个简单的命令语句即可实现。此外,MATLAB 对稀疏矩阵的支持功能非常强大,它不仅可提供求解稀疏矩阵的通用格式,而且还增加了许多可供选择的计算方法。对于渗流耦合型方程(21),采用 MATLAB 语言的编程不仅可以使其稳定可靠的矩阵算法和图形处理技术节省大量计算测试时间,而且能模拟各类渗流耦合物理模型及其力学响应。经调试表明,基于 MATLAB5.x 环境下的有限元程序简洁明晰,对严重病态稀疏矩阵具有非常好的稳定性。为验证该计算程序的正确性,作者对 Mandel 应力传递效应进行了数值模拟。

Mandel 效应(1955)表明:在一定的条件下,固结土层内的孔隙水压力不是消散,而是上升,局部区域孔隙水压力会超过外加荷载值的特殊现象。Mandel 效应的理论解释建立在各向同性弹性多孔介质基础上,文献[9]将该理论推广到各向异性弹性多孔介质领域。图 2 为 Mandel 平面应变模型示意图,在图示的边界条件下,文献[9]推导出 $z=0$ 的水平面内孔隙水压力和 $x=0$ 的垂直平面内竖向位移随时间变化的表达式,它们分别为

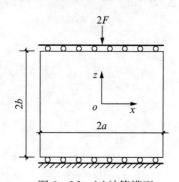

图 2 Mandel 计算模型

Fig. 2 Mandel scomputation model

$$p(x,t) = \frac{2F}{aA_1}\sum_{i=1}^{\infty}\frac{\sin\beta_i}{\beta_i - \sin\beta_i\cos\beta_i} \cdot \left(\cos\frac{\beta_i x}{a} - \cos\beta_i\right)\exp\left(-\frac{\beta_i^2 c_1}{a^2}t\right) \qquad (22)$$

$$u_z(z,t) = -\frac{F}{a}\frac{D_{11}}{D_{11}D_{33}-D_{13}^2} \cdot \left[1 + 2\left(\frac{A_2}{A_1}-1\right)\sum_{i=1}^{\infty}\frac{\sin\beta_i\cos\beta_i}{\beta_i-\sin\beta_i\cos\beta_i}\exp\left(-\frac{\beta_i^2 c_1}{a^2}t\right)\right]z \qquad (23)$$

$$\alpha_{ij} = [\alpha_x \quad \alpha_y \quad \alpha_z \quad 0 \quad 0 \quad 0]^{\mathrm{T}} \qquad (24)$$

式中:

$$\frac{\tan\beta_i}{\beta_i} = \frac{A_1}{A_2};$$

$$A_1 = \frac{\alpha_x^2 D_{33} - 2\alpha_x\alpha_z D_{13} + \alpha_z^2 D_{11}}{\alpha_z D_{11} - \alpha_x D_{13}} + \frac{D_{11}D_{33}-D_{13}^2}{D(\alpha_z D_{11} - \alpha_x D_{13})};$$

$$A_2 = \frac{\alpha_z D_{11} - \alpha_x D_{13}}{D_{11}};$$

$$D = \frac{k_s^2}{(1-n)k_s - (2D_{11}+D_{33}+2D_{12}+4D_{13})/9};$$

$$D_{11} = \frac{E_x(E_z - v_{zx}^2 E_x)}{(1+v_{yx})(E_z - v_{yx}E_z - 2v_{zx}^2 E_x)};$$

$$D_{12} = \frac{E_x(v_{yx}E_z - v_{zx}^2 E_x)}{(1+v_{yx})(E_z - v_{yx}E_z - 2v_{zx}^2 E_x)};$$

$$D_{13} = \frac{v_{zx}E_x E_z}{(E_z - v_{yx}E_z - 2v_{zx}^2 E_x)};$$

$$D_{33} = \frac{(1-v_{yx})E_z^2}{(E_z - v_{yx}E_z - 2v_{zx}^2 E_x)};$$

$$\alpha_x = \alpha_y = 1 - \frac{D_{11} + D_{12} + D_{13}}{3k_s};$$

$$\alpha_z = 1 - \frac{2D_{13} + D_{33}}{3k_s};$$

式中，E_x，E_z 分别为饱和土体 x，z 方向的排水弹性模量；k_s 为饱和土体排水体积变形模量；n 为孔隙度；c_1 为 x 方向的固结系数；v_{yx}，v_{zx} 分别表示排水状态下土体的泊松比。

因此，参考上面的图2，可分别选择计算参数如下：
$E_x = 10.5$ MPa　$E_z = 16.5$ MPa　$G_{zx} = 9.4$ MPa　$k_s = 24.6$ MPa　$v_{yx} = 0.21$　$v_{zx} = 0.3$
$n = 0.2$　$K_x = 0.25$ cm/d　$K_z = 0.02$ cm/d　$c_1 = 2.3 \times 10^{-7}$ m^2/s。

将这些参数分别代入上述计算公式，即可得到各向异性有效应力系数为：$\alpha_x = 0.727$，$\alpha_z = 0.655$，$\alpha_{xz} = 0$。

取 $a = 1$ m，$b = 1$ m，$F = 1.0 \times 10^5$ Pa，采用 10×10 的四边形等参元，程序计算坐标点 $(0,0)$ 的孔隙水压力 p 与时间 t 的双对数曲线如图3所示，坐标点 $(0,1)$ 的位移 u_z 与时间 t 的半对数曲线如图4所示。

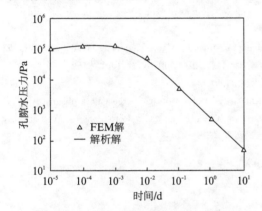

图3　$(0,0)$点孔隙水压力-时间曲线
Fig. 3　Pore pressure history at center $(0,0)$

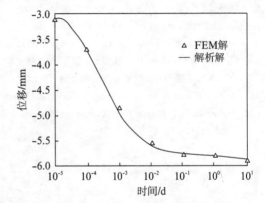

图4　$(0,1)$点竖向位移-时间曲线
Fig. 4　Evolution of vertical displacement at point $(0,1)$

5　结束语

软土工程中，土体在变形和强度特性方面一般都表现明显的各向异性特征，只是程度不同而已。此外，土体常具有明显的弹塑性性质，且其程度常受地层含水及其状态的影响。深基坑工程中，位于基坑内外的地层土体通常不仅明显具有各向异性特征，而且显然受有非稳定渗透场的作用，故用于分析受力变形状态的计算理论应同时考虑以上因素的综合影响。可见在当前深基坑工程大量涌现的情况下，对本文提出的课题进行研究非常必要。

天然沉积土具有各向异性特性早已人们所熟知，但在土力学中对其展开深入研究却是近20年来的事情。迄今国内外学者已在试验研究的基础上提出不少用于描述各向异性土体的变形和强度规律的表达式，但还仍有待完善。在分析理论方面，对各向异性土体的弹塑性状态建立渗流耦合分析理论和计算方法的研究，及结合基坑工程的特点在这一领域开展的理论和工程应用研究也都有较大意义。

本文在推导地下水渗流耦合作用的有限元计算公式中，既考虑地下水渗流的各向异性，同时也考虑土体内 Biot 有效应力分布的各向异性。Mandel 模型等数值计算验证了基于 MATLAB 环境的有限元法对直接耦合法所形成的严重病态方程和非对称稀疏矩阵的稳定算法具有非常广泛的适用性。

参考文献

[1] Sandhu Eiubir S, Wilson Edward L. Finite element analysis of seepage in elastic media[J]. J. Eng. Mech. Div. ASCE,1969,95(3):641-652.

[2] Christian John T, Boehmer Jan Willem. Plane strain consolidation by finite elements[J]. J. Soil Mech. Founmd. Div. ASCE,1970,96(4):1435-1457.

[3] 沈珠江. 用有限单元法计算软土地基的固结变形[J]. 水利水运科技情报,1977,(1):7-23.

[4] 殷宗泽,徐鸿江,朱泽民. 饱和黏土平面固结问题有限单元法[J]. 华东水利学院学报,1978,(1):71-82.

[5] 龚晓南. 软土地基固结有限元分析[硕士学位论文][D]. 杭州:浙江大学,1981.

[6] 张有天,王镭,陈平. 边界元方法及其在工程中的应用[M]. 北京:中国水利水电出版社,1989.

[7] 德赛 C S,克里斯琴 J T. 岩土工程数值方法[M]. 卢世深,潘善德,王锺琦,等译. 北京:中国建筑工业出版社,1981.

[8] Booker J R, Small J C. An investigation of the stability of numeric solutions of Biot's equations of consolidation[J]. Int. J. Solids Structures,1975(11):907-917.

[9] Abousleiman Y, Cheng A H D, Cui L, et al. Mandel's problem revistited[J]. Geotechnique,1996,46(2):197-195.

[10] Brand E W, Brenner R P. 软黏土工程学[M]. 叶书麟,宰金璋,译. 北京:中国铁道出版社,1991.

[11] Rao S S. 工程中的有限元法[M]. 傅子智,译. 北京:科学出版社,1991.

[12] Cui L, Cheng A H D, Kaliakin V N, et al. Finite element analyses of anisotropic poroelastic problems[A]. In: Siriwardane K, Zaman J ed. Computer Methods and Advances in Geomechanics[C]. Rotterdam: A. A. Balkema, 1994:1567-1572.

软岩渗透性、应变及层理关系的试验研究[*]

杨林德　闫小波　刘成学

(同济大学地下建筑与工程系,上海　200092)

摘要　在土木、水利以及核废料处置工程中,应力状态对岩石渗透性的影响已逐渐成为一个无法回避的问题。通过瞬态压力脉冲法测试了全应力-应变过程中泥质粉砂岩和褐红色泥岩等2种典型软岩的渗透系数。试验结果表明：① 泥质粉砂岩的渗透系数在弹性阶段随轴向应变发展逐渐减小,在随后的塑性及破坏阶段逐渐增大;垂直于层理方向上的渗透系数大于平行于层理方向上的渗透系数；② 褐红色泥岩的渗透系数在塑性阶段随轴向应变发展逐渐减小,而在蠕变阶段基本不变;垂直于层理方向上的渗透系数和平行于层理方向上的渗透系数无明显差异。结合试验中同时得到的应力-应变曲线,可以认为：在弹性变形阶段,泥质粉砂岩的渗透系数主要受孔隙和微裂隙控制,而在塑性变形阶段和峰后变形阶段,渗透系数主要受裂隙影响;褐红色泥岩的渗透系数在整个应变过程中同时受孔隙和微裂隙的影响,两者的作用没有明显差别。

关键词　软岩；全应力-应变；渗透系数；各向异性；试验研究

Experimental Study on the Permeability of Anistropic Soft Rock

YANG Linde　YAN Xiaobo　LIU Chengxue

(Department of Geotechnical Engineering, Tongji University, Shanghai 200092, China)

Abstract　In civil engineering, hydraulic engineering and nucleus wastes disposal engineering, great attention is being devoted to the influence of stress state on rock permeability. The permeability of clayey siltstone and brown mudstone were investigated by the transient pulse technique in the complete stress-strain progress. The results show that: ① The permeability of clayey siltstone decreases in the stage of elastic deformation but increases in the stage of plastic deformation and the fractured phases; The permeability on the direction vertical to the bedding plane is larger than that on the direction parallel to the bedding plane. ② The permeability of brown mud stone decreases in the stage of plastic deformation but keep stable in the stage of creep deformation; The permeability on the direction vertical to the bedding plane is similar to the permeability on the direction parallel to the bedding plane. Combined with the curves of stress and train, it can be deduced that: in the stage of elastic deformation the permeability of clay siltstone is mainly influenced by pores and small cracks and in the stage of plastic deformation and the fractured phases it is

---

[*] 岩石力学与工程学报(CN：42-1397/O3)2007 年收录

manly influenced by small crack; In the whole deformation process the permeability of brown mud stone is influenced by pores and small cracks, whose effect are not distinguishable.

Keywords　soft rock; complete stress-strain process; permeability; anisotropy; experimental study

1　引言

目前在渗流场与应力场的耦合分析中,一般都把渗透系数作为常数处理。在低应力状态下,不考虑渗透性的变化,工程可能会保持稳定;但在高应力状态下,如果不考虑渗透性的变化则可能引起灾难性后果。1959 年法国 Malpasset 大坝溃决的主要原因之一,就是未认识到坝基岩体的渗透性在不同的应力状态下相差了近 2 个数量级,而没有进行排水设计[1]。近年来,在放射性物质深埋处置工程中也实测到不同应力状态下岩石的渗透系数可变化 1～2 个数量级[2]。可见应力水平对渗透性的影响已成为一个无法回避的问题。

相对砂和土,岩石的渗透性比较小,测试技术稍复杂,这使得对其研究开展地也较晚。Brace(1968)最早提出并应用了瞬态压力脉冲法测试岩石的渗透系数,研究了高围压和孔压下花岗岩的渗透性变化规律,得出渗透系数随围压增大而减小的结论[3]。Gangi(1978)[4]、Walsh(1981)[5]等针对围压及有效压力对裂隙岩体渗透性的影响进行了试验研究。李世平(1994)首次研究了全应力-应变过程中砂岩渗透系数的变化,通过对试验数据的拟合,他认为在全应力-应变过程中不同的区段内,渗透系数和应变分别满足不同的多项式[6]。韩宝平(1998)[7]、李树刚(2001)[8]、卢平(2002)[9]等人针对其他不同岩性的岩石也进行了类似的试验,并总结了相应的渗透性变化规律。

随着研究的深入,人们逐渐认识到岩石的渗透能力是受多种因素影响的。作为由矿物晶粒、胶结物和孔隙、裂隙缺陷组成的非匀质材料,在外力和孔隙水压力的作用下,水流通道的面积和连通程度都会改变。对于软岩,由于饱水后会出现软化甚至崩解,因此其渗透性的变化规律更加复杂;此外,沉积岩固有的层理性使软岩在垂直及平行层理方向上可能呈现不同的渗透能力。本文通过室内试验,测试了两种软岩在全应力-应变过程中的渗透系数,对其变化规律及各向异性特征进行了分析总结,并对渗透性变化机理进行了探讨。

2　试验概况

2.1　测试原理

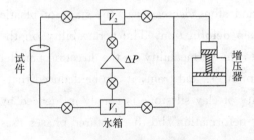

图 1　瞬态压力脉冲法示意图
Fig. 1　Sketch map of transient pulse technique

瞬态压力脉冲法是通过测量试件两端水压力差随时间变化过程来计算渗透系数的一种测试计算方法。测试时将圆柱形试件两端分别与一个封闭的水箱连接,当试件内部孔隙压力和两个水箱的压力平衡后,突然降低一个水箱的压力,此时在试件内部形成一维渗流,直至两水箱压力达到新的平衡,如图 1 所示。此过程的数学表达式可整理为式(1):

$$\frac{\partial^2 P}{\partial x^2} - \frac{\mu S_s}{k}\frac{\partial P}{\partial t} = 0 \qquad 0 < x < l \text{ 且 } t > 0 \tag{1}$$

对式(1)的求解有近似解法、图解法和反分析法。当试件的压缩系数远大于水的压缩系数、比储留系数 S_s 近似为 0 时,渗透系数 K 可由式(2)求得[10]:

$$K = c_f V H \rho g \alpha /(2A) \tag{2}$$

式中,c_f 为渗流液体的压缩系数;V 为稳压水箱的体积;H 为试件长度;ρ 为渗流液体的密度;A 为试件横截面积;α 为 $\ln\Delta P\text{-}t$ 坐标中曲线的斜率。

2.2 试验仪器与方法

试验在电液伺服岩石力学测试系统 MTS815.02 上进行。该试验系统最大输出轴力为 1 700 kN,最大输出围压和孔隙水压均为 45 MPa。三套压力输出系统均可以进行独立闭合伺服控制。伺服控制系统已升级为 TeststarⅡ数控系统,可以在微机上设置试验参数并自动完成数据采集记录。

试验前用胶带和塑胶薄膜将饱和的试件侧面密封缠绕,以防止渗流过程中发生侧向泄露。将密封好的试件放置在压力室中后,先施加 1~2 kN 的轴力,使试件和上压头刚好接触,然后施加 4.0 MPa 的围压,并在试件上下两端同时施加 3.8 MPa 的孔隙水压。再迅速将试件下端的孔隙水压力降至 2.3 Pa,使试件两端形成 1.5 MPa 的压力差,它将使试件内部形成一维渗流。当压力差不再随时间变化时,再施加下一级轴向荷载或变形。

2.3 试件种类与数量

试验所用岩石采自云南思小高速公路隧道建设工地,分别为泥质粉砂岩和褐红色泥岩。制作试件时分别在垂直和平行于层理两个方向取样,每种岩石、每个方向各取 3 块,共 12 块试件。试件规格为长 80 mm、直径 50 mm。试件的编号及其岩性、与层理面的关系见表 1。试验前采用自由浸水法对试件进行了饱和处理。

表1　　　　　　　　　　渗透系数计算结果

岩性	与层理面关系	编号	峰值应力/(MPa)	峰值应变	渗透系数范围/(m·s^{-1})
泥质粉砂岩	平行	70#	9.41	0.014 5	(1.06~1.39)×10^{-9}
		85#	8.52	0.013 0	(0.99~1.50)×10^{-9}
		95#	9.35	0.017 1	(1.09~2.51)×10^{-9}
	垂直	101#	10.1	0.010 5	(1.51~3.47)×10^{-9}
		102#	9.76	0.012 3	(1.16~3.83)×10^{-9}
		110#	7.56	0.011 5	(1.86~3.85)×10^{-9}
褐红色泥岩	平行	163#	—	—	(0.98~1.82)×10^{-13}
		167#	3.86	0.016 4	(0.28~0.57)×10^{-13}
		168#	3.22	0.022 7	(0.27~0.69)×10^{-13}
	垂直	172#	4.43	0.012 2	(0.73~1.55)×10^{-13}
		176#	—	—	(0.83~3.09)×10^{-13}
		177#	—	—	(0.20~0.91)×10^{-13}

2.4 试验结果

根据试验系统采集记录到的从渗透开始 100 s 内试件上下两端的孔隙压力差,计算得出不同轴向应力(应变)下各试件的渗透系数,见表1。

3 试验结果分析

图2为泥质粉砂岩和褐红色泥岩分别在平行及垂直于层理方向上轴向应力、渗透系数与轴向应变的典型关系曲线。从图2中可以看出,泥质粉砂岩和褐红色泥岩呈现出不同的变化规律。

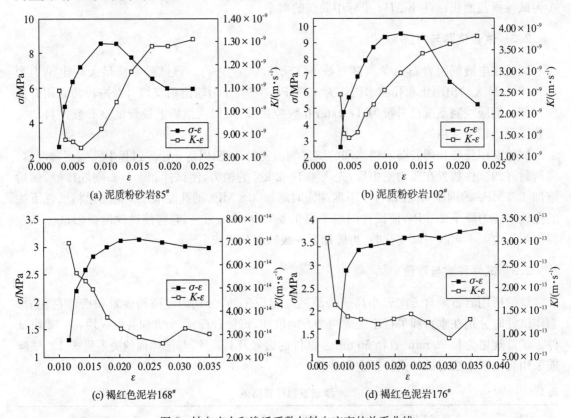

(a) 泥质粉砂岩85#

(b) 泥质粉砂岩102#

(c) 褐红色泥岩168#

(d) 褐红色泥岩176#

图2 轴向应力和渗透系数与轴向应变的关系曲线
Fig. 2 Curves of relationship between axial strain, coefficient of permeabilityand stress

3.1 渗透系数与轴向应变的关系

3.1.1 泥质粉砂岩

在4 MPa围压下,泥质粉砂岩的渗透系数-轴向应变曲线可以分为4个阶段:(1)在初始压缩变形阶段,渗透系数随轴向应变增大而急剧减小;(2)在随后的压缩变形阶段内,渗透系数继续减小,但减小幅度较小,这个阶段比较短暂;(3)随着轴向应变的进一步增大,渗透系数开始逐渐增大;(4)在试件到达峰值应力后,渗透系数仍在增加,但增加速率有所减慢。在整个应力-应变过程中,渗透系数变化范围在(0.99～3.85)×10^{-9} m/s之间。

值得指出是,前两个阶段即渗透系数随应变增大而减小的阶段相对较短,有个别试件的渗透系数从压缩开始就随应变的增大而增大。

3.1.2 褐红色泥岩

在4 MPa围压下,褐红色泥岩呈现蠕变特征,峰值应力并不十分明显。褐红色泥岩渗透系数随变形的发展可大致可分为两个阶段：(1)在进入蠕变阶段前，渗透系数逐渐减小；(2)在进入蠕变阶段后，渗透系数基本不再变化，甚至略有波动。相对于泥质粉砂岩，褐红色泥岩的渗透系数比较小，变化范围在$(0.20\sim3.09)\times10^{-13}$ m/s 之间。

3.2 渗透系数的各向异性特征

3.2.1 泥质粉砂岩

比较不同层理方向上的渗透系数可以发现，泥质粉砂岩在垂直于层理方向上的渗透系数在$(0.99\sim2.51)\times10^{-9}$ m/s 范围内，而平行于层理方向上的渗透系数在$(1.16\sim3.85)\times10^{-9}$ m/s 范围内。因此可以认为泥质粉砂岩的渗透性具有一定的各向异性特征，垂直于层理方向上的渗透系数是平行于层理方向上渗透系数的 1.17~1.53 倍。

3.2.2 褐红色泥岩

褐红色泥岩的渗透系数离散性较大，单个试件渗透系数的最小值之间相差了近 4 倍，最大值相差近 5 倍。在垂直和平行于层理方向上，褐红色泥岩的渗透系数无明显差别，都在$(0.20\sim3.09)\times10^{-13}$ m/s 范围内。

4 软岩渗透性变化机理分析

对于土中水的渗流，一般认为主要通道是土中的孔隙，渗透性由孔隙面积控制，并符合达西渗流定律；在应力场与渗流场的耦合分析中，土体被看作为多孔连续介质。对于岩体中水的渗流，一般认为以裂隙渗流为主，渗透性主要受裂隙宽度和裂隙分布密度影响；在进行耦合分析时，多把岩体看作非连续介质或等效连续介质[11]。但对于结构完整的岩块，孔隙和微裂隙常常很难区分开来，在岩块变形过程中，孔隙也会逐渐贯通成为裂隙，因此从机理上对渗透性的变化规律作出定量分析存在一定困难。特别对于软岩，遇水后会发生软化，微观结构发生剧烈改变，更增加了问题的复杂性。下面结合全应力-应变曲线，分别对两种软岩在变形过程中渗透系数变化的机理进行初步探讨。

4.1 泥质粉砂岩

对于脆性岩石试件，三轴压缩状态下应力-应变曲线一般分为 4 个区段，依次为：微裂隙压密闭合阶段、弹性工作阶段、微裂隙发展的塑性性状阶段及峰后破坏阶段[12]。除前两个区段区分不明显外，试验得出的泥质粉砂岩应力-应变曲线基本符合这种划分。与渗透系数-轴向应变的关系曲线相比较，可以看出两者之间存在对应关系：在第一个阶段，岩块被压缩挤密，孔隙体积减小，同时微裂隙闭合，因此渗透系数减小；在随后的弹性变形阶段中，因为微裂隙已闭合不再变化，而孔隙被进一步压缩，因此渗透系数继续减小，但幅度较小；当试件进入塑性阶段后，微裂隙逐渐开始贯通、扩展，渗透系数开始增大；在达到峰值应力后，出现贯通的剪切面，裂隙会进一步扩展，但在变形过程中，原有的裂隙可能形成错动，因此渗透系数增加速度减缓。

由此可见，对于脆性的泥质粉砂岩，在应力水平较低、属于弹性变形时，渗流的主要通道是微裂隙和孔隙，符合连续多孔介质的特点；而当应力水平较高、出现塑性变形时，渗流的主要通道则是微裂隙，此时在进行流固耦合分析时，不宜再将其作为多孔连续介质。

4.2 褐红色泥岩

相对泥质粉砂岩,褐红色泥岩中的黏土矿物蒙脱石含量较高。蒙脱石所占成岩矿物比例和黏性流动特征有直接关系[13]。

从试验得出的应力-应变曲线可以看出,浸水饱和的褐红色泥岩呈现出明显的蠕变特征。由于试验中测点较少,直线变形阶段即弹性阶段并不明显,曲线大致可划分为塑性变形和蠕变两个区段。同样可以看出,应力-应变关系曲线和渗透系数-应变关系曲线之间也存在对应关系。在塑性变形阶段,试块内的孔隙体积被压缩减小,微裂隙被挤密闭合,渗透系数随之减小;在蠕变阶段,一方面新的微裂隙不断产生,微裂隙密度增大,但另一方面,不断扩展的微裂隙使水分子和矿物组分的接触面积加大,水化反应更加彻底,敏感黏土矿物的水化膨胀使得微裂隙宽度减小,甚至堵塞。两方面对渗透性能的贡献彼消此长,使得在蠕变阶段渗透系数基本不再变化,而略有起伏。

因此可以认为,在褐红色泥岩的压缩变形过程中,孔隙和微裂隙很难区别开来,两者同时对渗透系数的变化发生影响。

5 结语

本文通过试验得到了泥质粉砂岩及褐红色泥岩试件在全应力-应变过程中的渗透系数,分析了各自渗透系数的变化规律,并对变化机理作了初步探讨。结果表明,渗透性和岩性有着密切关系。在细观层面,软岩渗透系数的变化规律有更复杂的原因,渗透系数和应变(或空隙率)之间不存在唯一确定关系。试验结果对进一步研究软岩工程流固耦合分析具有参考意义。

参考文献

[1] Londe P. The Malpasset Dam Failure[J]. Engineering Geology, 1987, 24: 295-229.

[2] 王恩志,韩小妹,黄远智. 低渗岩石非线性渗流机理研究[J]. 岩土力学,2003,24(增):120-124.

[3] Brace W F, Walsh J B, Fangos W T. Permeability of Granite under High Pressure[J]. Journal of Geophysical Research, 1968, 73(6): 2225-2236.

[4] Gangi A F. Variation of Whole and Fractured Porous Rock Permeability with Confining Pressure[J]. Int. J. Rock Mech. Min. Sci. Geomech. Abstr, 1978, 110(5): 645-658.

[5] Walsh J B. Effect of Pore Pressure and Confining Pressure on Fracture Permeability[J]. Int. J. Rock Mech. Min. Sci. Geomech. Abstr., 1981, 18(5): 429-435.

[6] 李世平,李玉寿,吴振业. 岩石全应力应变过程对应的渗透率-应变方程[J]. 岩土工程学报,1995,17(2):13-19.

[7] 韩宝平,冯启言,于礼山,等. 全应力应变工程中碳酸盐渗透性研究[J]. 工程地质学报,2000,8(2):127-128.

[8] 李树刚,钱鸣高,石平五. 煤样全应力应变工程中的渗透系数-应变方程[J]. 煤田地质与勘探,2001,29(1):22-24.

[9] 卢平,沈兆武,朱贵旺,等. 岩样应力应变全程中的渗透性表征与试验研究[J]. 中国科学技术大学学报,2002,32(6):678-684.

[10] 李小春,高桥学,吴智深,等. 瞬态压力脉冲法及其在岩石三轴试验中的应用[J]. 岩石力学与工程学报,2001,20(增):1725-1733.

[11] 蔡美峰. 岩石力学与工程[M]. 北京:科学出版社,2002.

[12] 徐志英. 岩石力学[M]. 北京:水利电力出版社,1986.

[13] 刘特洪,林天健. 软岩工程设计理论与施工实践[M]. 北京:中国建筑工业出版社,2001.

岩石地下结构稳定性分析中的若干关键课题的研究*

杨林德　丁文其

(同济大学地下建筑与工程系，上海　200092)

摘要　随着我国的快速发展,我国岩石力学的研究面临许多新课题,其中绝大多数是最近工程实践中的关键性问题。本文主要集中于两个方面的研究：一是建造于复杂地质环境下的大跨度地下结构的围岩稳定性分析,一是深埋长大隧道围岩的变形特征和支护机理的研究。对于第一个主题,除一般情况的介绍外,还对龙滩水电站的巨型地下洞室围岩的稳定性进行了分析,特别是对带有陡峭角的成层围岩的模拟,建立了初始应力场和材料参数以及围岩变形预测的反演技术。其中利用地质统计法估计杨氏模量的变化范围,以及利用现场测试的 $\mu\varepsilon t$ 曲线确定围岩与时间有关侧参数,保证反分析能快速完成并取得较好的拟合效果。对于第二个主题,列出了该领域的主要课题,通过试验验证了锚杆的作用,而且在文章的结尾强调了该研究工作的重要性。

关键词　复杂地质条件地下结构；围岩；稳定性分析；反分析

1　引言

20世纪70年代以来,随着水利水力资源的大力开发,铁路、高速公路的快速建设,以及深埋矿床的逐步开采,我国岩石力学的研究面临许多新课题。其中较为突出的有复杂地质条件下大跨度地下结构,尤其是地下洞群围岩的稳定问题,高边坡、坝基的稳定问题,深部矿床开采或深埋隧道施工而面临的地质灾害问题等。对岩石地下结构,复杂地质条件下水电站建设中地下洞群围岩的变形特征及其支护机理的研究,早已引起人们的重视。近10多年来,随着装机容量的不断加大,出现了在地质条件较复杂的地层中建设巨型洞群的情况,使对这类问题开展研究显得更有必要。深埋隧道常受高地应力、高渗透压和高温等因素的单独或综合作用的影响,导致岩体因发生量值较大的塑性挤压变形和沿结构面的剪切流动而易于失稳。

与此同时,高地应力作用下岩体易于发生岩爆,高渗透易于引发瓦斯突出,以及深埋地层属岩溶底层时易于大量涌水突泥等。这些问题在我国西部山区的铁路和高速公路建设中经常发生,故有必要加强研究。

本文拟根据这些情况,介绍对巨型地下洞群围岩的稳定性、反分析方法与围岩变形的预报、反分析方法与围岩变形的预报等课题开展研究的情况。

2　巨型地下洞群围岩的稳定性

随着水力资源的大力开发,我国正在建造数量众多的水电站工程。这类工程多将发电机

---

* 浙江隧道与地下工程

组和变压器设置在地下,由此形成由主厂房、主变洞、母线洞、高压引水隧洞、尾水隧洞、调压井和尾水支洞等组成的地下洞室群。其中主厂房、主变洞常是跨度较大、高度较高、长度较长的平行洞室,其间净间距仅约 35 m,并有母线洞在其中垂立穿越。调压井位于主变洞的另一侧,高度高于主厂房,与主变洞间的净间距有时甚至小于 35 m。高压引水隧洞、尾水隧洞常在主厂房二侧侧壁下部与其相交,方向近于垂直。可见上述组成部分需在很小的范围内集中布置,地层开挖后围岩的应力和变形状态必然相互影响,使在围岩稳定性分析和加固措施确定的研究中需要考虑的因素增多,情况比单一洞室复杂得多。

近 10 多年来,国内正在设计和建造规模更大的地下水电站工程,使地下洞室群规模更大。如龙滩水电站的总装机容量达到 5 400 MW,主厂房尺寸为 388.5 m(长)×28.5 m(宽)×74.5 m(高),主变洞为 405.5 m×19.5 m×32.2 m,三个调压井为 (67.0 m～95.3 m)×21.575 m×89.71 m,井间岩壁最小厚度仅为 28.5 m,与主变洞间的岩壁厚度仅 27 m。溪洛渡水电站规模更大,总装机容量达 12 600 MW,左右岸各设 1 个主厂房,总装机容量各为 6 300 MW,主厂房尺寸达 430.3 m×28.4 m×75.1 m,与龙滩水电站相比长度更长。可见两者都有洞室多、尺寸大、布置密集、立体交叉等显著特点,因此地下洞群围岩的稳定性面临许多更复杂的岩石力学问题。如龙滩水电站位于倾斜角较大的山坡中,周围地层为陡倾角岩层,主厂房长度较长使初始地应力的分布规律更加复杂,陡倾角岩层与主厂房斜交使上游侧岩层易于顺层滑动,下游侧岩层易于倾覆,顶部岩层的弱面易于张开,调压井间的岩壁易于发生压屈失稳等问题。

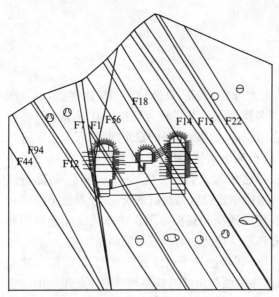

图 1　典型断面地质概化模型示意图

巨型洞群围岩的稳定性可通过采用有限元方法进行预报计算检验。这类计算可同时模拟开挖过程的影响和支护系统对稳定围岩的作用。对于龙滩水电站所处的陡倾角地层,计算中注意在建立地质概化模型的基础上,网格划分中将单元的长度方向选为顺沿层面的方向,并在这一方向上设置节理单元,可较好反映拱部围岩变形的行特点及随机节理的张开量。研究过程中对洞室群开挖过程的合理性和预应力锚索加固洞间岩壁(主厂房与主变洞之间,主变洞与调压井之间及相邻调压井之间)的效果进行了对比计算,由此为预报计算奠定了基础。图 1 为计算中对典型剖面采用的地质概念化模型的示意图,图 2 为该剖面典型工况下洞周位移的示意图。

由于目前在数值分析方面已有许多大型软件可供采用,使对巨型地下洞群的围岩按三维整体问题进行计算已有可能,因而对龙滩水电站的巨型洞群,按三维弹塑性问题进行了计算。图 3 为计算中采用的局部网格的示意图。

3　反分析方法与围岩变形的预报

对岩石地下结构的围岩进行稳定性分析时,合理确定初始地应力和地层材料的本构模型

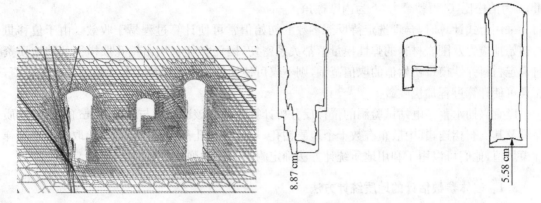

图 2　典型剖面最终网格变形及洞周位移（放大 100 倍）

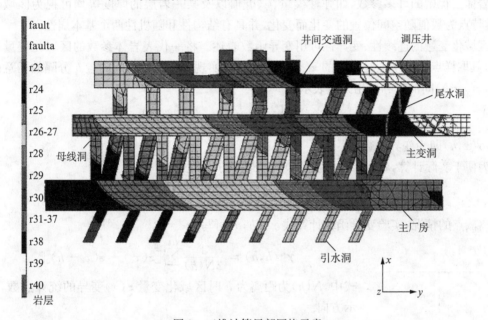

图 3　三维计算局部网格示意

及其参数值,是使计算结果能较好符合实际情况的前提。初始地应力和地层材料的性质及其参数值可通过试验确定,也可利用由现场量测得到的位移值,通过反分析方法确定。由于工程施工中对围岩的位移量进行监测已普遍受到重视,以及位移量通常同时包含实际工程地质条件和施工方法等因素的综合影响,采用位移反分析方法确定这些参数常可更快地得到合理的结果。

位移反分析方法的计算过程通常是目标函数的优化过程。对处于弹塑性受力状态的围岩,根据最小二乘法原理可将用于约束优化过程的目标函数 J 表示为

$$J(P,E,\mu,C,\Phi) = \min \sum_{j=1}^{N}[u-u_j]^2 \tag{1}$$

式中　u——位移量的量测值；

　　　u_j——位移量的回算值；

　　　N——位移量测值的总数。

P,E,μ,C,Φ——分别为反分析计算中的待定参数,其中 P 为初始地应力,E 为弹性模

量，μ 为泊松比，C 为黏聚力，Φ 为内摩擦角。

采用上式计算时，合理选定待反演参数的初始值常可使计算过程易于收敛。由于位移量与初始地应力及围岩材料的弹性模量值都关系密切，因而如能利用由钻孔取样得到的地质资料确定材料弹性模量初始值的取值范围，则不仅可使初始地应力的确定易于得到合理的取值，而且可使计算过程加快收敛。

以宜兴抽水蓄能电站试验洞的位移反分析计算为例。该试验洞与长约 2 km 的 PD6 地质探洞及其支洞相连，其中散布有数十个地质钻孔，对这些钻孔都已通过室内试验取得岩样的弹性模量值，他们可以用于利用地质统计方法确定附近岩体的弹性模量的估计值。

3.1 岩体参数估计的地质统计方法

岩体工程中的许多参数，如弹性模量、C、Φ 值以及某一岩层的厚度等均可视为区域化变量，其特点为数值随空间位置的变化而变化，并具有结构性和随机性两个基本属性。

区域化变量的连续性、变异性可用变异函数表述。将一代表岩体参数的区域化变量记为 $z(x)$，其取样点的样本值是该点的 $z(x)$ 的一次具体实现。于是以空间向量 h 分隔的任意两点 $z(x)$，$z(x+h)$ 间的变异可用方差表示为

$$\gamma(x,h) = \frac{1}{2} Var[z(x) - z(x+h)] \tag{2}$$

式中，$\gamma(x,h)$ 即为变异函数。

为便于实际计算，将式(2)变为 $z(x)$ 的增量平方的形式，即令

$$\gamma(h) = \frac{1}{2}\{[z(x) - z(x+h)]^2\} \tag{3}$$

对于离散点的情况，实验变异函数计算式 $\gamma^*(h,a)$ 可写为

$$\gamma^*(h,a) = \frac{1}{2N(h)} \sum_{i=1}^{N(h)} [z(x_i) - z(x_i - h)]^2 \tag{4}$$

式中，$N(h)$ 为距离为 h 时区域化变量 $z(x)$ 变异的统计点数，a 表示方向。

实际问题分析中，常需对离散的 $\gamma^*(h)$ 数据进行拟合。用于岩体参数拟合的模型有球状模型、指数模型、线性模型、对数模型和幂函数模型等，其中球状模型(图4)具有普遍适用性，表达式为

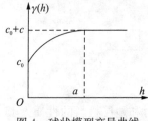

图 4　球状模型变异曲线

$$y(h) = \begin{cases} 0 & h = 0 \\ c_0 + c\left(\frac{3}{2} \cdot \frac{h}{a} - \frac{1}{2} \cdot \frac{h^3}{a^3}\right) & 0 < h \leqslant a \\ c_0 + c & h > a \end{cases} \tag{5}$$

式中　a——变程，反映区域化变量在 $z(x)$ 变化的影响范围(相关距离)或变异速率；

c——拱高，表示 $z(x)$ 空间结构变化的极大值；

c_0——为块金值，为由微观结构变化和实验及量测误差决定的一种随机变化成分；

$c_0 + c$——基台值，反映一定方向上 $z(x)$ 结构变化与随机变化的总的变化幅度。

实际工作中，可采用加权多项式回归法，对 $\gamma^*(h_i)(i=1,2,\cdots,n)$ 按球状模型最优拟合。

由拟合分析得到的 $\gamma(h)$ 的表达式能定量地揭示岩体参数的空间变异规律，故可直接用于参数的空间估计。对宜兴抽水蓄能电站试验洞的位移反分析计算，采用这一方法得出了试验

洞所在部位的岩体弹性模量的估计值,据以对其确定了弹性模量初始值的变化范围。位移反分析计算的结果表明,岩体弹性模量值的优化解恰好在选定的变化范围内。

3.2 μ-t 曲线与围岩变形的预报

岩石地下结构施工中,由现场监测得到的曲线(μ—位移值,t—时间)既可用于判断当前围岩的稳定状态,也可用于通过反分析计算确定初始地应力和地层材料的参数值以后,利用数值方法对后续工况的围岩变形作预报计算,并根据计算结果判断届时围岩的稳定状态。

工程实践中,围岩变形的增长可由地层继续开挖产生,也可来自围岩材料的流变特征。为使数值计算结果能同时体现材料流变特征的影响,进行位移反分析时应同时确定流变参数的估计值。

以下介绍一种根据 μ-t 曲线直接确定等效弹模值的反分析法。

研究表明,对节理岩体中的地下洞室,采用三元件黏弹性模型(图5)揭示的关系表述洞周地层的变形随时间而增长的规律时,工程问题分析中常可取得较好的拟合效果。因而本文拟采用这一模型近似模拟洞周围岩变形的依时性特征。

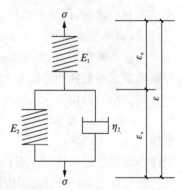

图 5 三元件黏弹性模型

有限元分析中,假设围岩地层的变形随时间而变化的规律与三元件黏弹性模型揭示的规律相符,则对均一地层中的二维平面应变问题,在应力边界条件和排水条件保持不变,且泊松比不随时间而变化的前提下,任意时刻的计算均可简化为弹性问题的分析,区别仅为需以等效弹模$(E_t)_i$取代杨氏模量。$(E_t)_i$的表达式为:

$$\frac{1}{(E_t)_i} = \frac{1}{E_1} + \frac{1}{E_2} \cdot \left(1 - e^{-\frac{E_2}{\eta_2}t_i}\right) \tag{6}$$

式中 E_1, E_2——三元件黏弹性模型中弹性元件的弹性模量;

η_2——黏性元件的黏滞系数。

以下讨论根据试验洞观测断面的监测数据建立确定三元件黏弹性模型参数值的方法。

由有限元分析的原理,可知对弹性问题的分析有

$$[K]\{\mu\} = \{F\} \tag{7}$$

令$[K]=E\{K'\}$,则上式可改写为

$$E[K']\{\mu\} = \{F\} \tag{8}$$

式中,E为弹性模量。令$E=(E_t)_i$,则上式即可用于$t=t_i$时刻的黏弹性问题的分析。

地层材料的性态符合三元件黏弹性模型揭示的规律,且应力边界条件和排水条件保持不变时;式中,$[K']$和$\{F\}$均为常数矩阵,故对$t=t_i$与$t=t_{i+1}$时刻的计算,可有

$$(E_t)_i[K']\{\mu\}_i = (E_t)_{i+1}[K']\{\mu\}_{i+1} = \{F\}$$

由此可得

$$(E_t)_i\{\mu\}_i = (E_t)_{i+1}\{\mu\}_{i+1} \tag{9}$$

当$t=0$时,由式(6)可知有$(E_t)_0 = E_1$。因在洞室开挖初期岩体发生的变形主要是弹性变形,故如假设$(E_t)_0$近似等于岩体的弹性模量E_0,即可得到:

$$(E_t)_0 = E_1 = E_0 \tag{10}$$

建立上述关系式后,即可由式(9)得出三个不同时刻的$(E_t)_i$值,并可将其代入式(6)建立

3个以 E_1、E_2、η_2 为未知数的方程式,用以组成方程组。可以证明方程组有唯一解。然而由于式中存在超越函数,该方程组需以数值法求解。此外需指出,由于开挖初期的岩体变形并非完全由弹性变形引起,采用以上方法确定的 E_1 的值通常将仅与 E_0 接近。

求得 E_1、E_2 和 η_2 后,式(9)即可用于预测任意时刻洞周围岩的位移量。

需要指出得是,用作反分析计算依据的位移量应根据位移量观测值的回归曲线取值。

4 深埋长大引水隧洞和洞室群安全性预测的理论与方法

4.1 研究背景

近十多年来,我国西部地区水利水力资源的开发正在加速。其中各个工程遇到的工程技术难题互有区别,但许多都与地质条件的复杂性有关,由此推动岩石力学研究的发展。在雅砻江流域,锦屏二级电站的开发必须在埋深极大的岩溶地层中建造长大隧洞,使隧洞和洞室群必须满足在高地应力、高水压力的耦合作用下保持稳定的要求。而对这类工况,国内和国际工程界都尚缺乏经验和知识储备。

锦屏水电站位于深山峡谷地区,地形地质条件都很复杂。水电站共有四条平行的引水隧洞,洞径 13 m,长度 16.6 km,是世界上规模最大的引水隧洞。隧洞埋深达 2 500 m,承受的外水压力大于 10 MPa。预设计隧洞结构以喷锚支护为主,辅以注浆措施加固围岩,衬砌主要用于减小隧洞壁面的糙度。围岩较好的隧洞地段(约占隧洞总长度的一半),顶拱部位仅设喷锚支护作为永久支护,同时采用注浆措施加固围岩抵挡外水压力,因而围岩的长期稳定性是隧洞设计时需研究的主要问题。

我国西部地区高速公路建设中,也常遇到深埋长大隧道,有的也需要在岩溶地层中建造。这类隧道面临的技术难题与锦屏水电站的引水隧洞相仿,因而对这岩石力学问题展开研究有普遍意义。

4.2 研究课题

深埋条件下,岩溶地层中的长大引水隧洞面临的地质问题主要与高地压力、高水压有关。其中高地压力取决于埋深;压力水头在施工阶段通常与在邻近地层中赋存的上部贮水相联系,工程完建后则同时取决于由隧洞充水导致的渗流场。可见对深埋隧洞围岩稳定性的评价和预报,高围岩、高水压耦合条件下岩石及其结构面的性态的特征,是对其建立分析理论与方法的基础。对这类工程,岩石力学问题的研究课题主要有:

(1)高地应力、高水压作用下岩体的物理力学特性,包括岩石与岩体结构面的力学、渗透及其耦合性质,尤其是非线性挤压流变及其长期强度的性质。

(2)高地应力、高水压下岩体的渗流耦合分析方法,包括应力-渗流耦合作用下围岩稳定性分析的控制方程,参数确定的方法,以及数值分析的算法等。

(3)高地应力、高水压下围岩开挖的卸荷效应与支锚机理,尤其是与围岩的非线性挤压变形相应的支锚机理。

(4)引水隧洞开挖步骤与支护措施的优化方案。

此外还有很多问题有待研究,不再列举。

4.3 锚杆支护作用的试验研究

对在膨胀性地层和深埋地层中建造的隧道,锚杆支护和喷射混凝土支护常可有效地用于加固围岩,但对其承载机理,则迄今研究工作仍不充分。

为了测定施加锚杆后工程岩石在张拉破坏状态下的极限张应变值,对砂岩的加筋岩石试样进行了在拉伸条件下的变形特性试验。试验在 CSS-44000 电子万能试验机上完成。试样采用圆柱体,圆柱形外表面等间距开凿四条槽,槽深 2 mm,宽 2.5 mm,圆柱形钢筋用环氧树脂粘在槽里。钢筋直径为 2 mm,长 80 mm,岩样参数及试验结果见表 1(1-5,1-6 号试样),试件形状如图 6 所示。为了对比,在同一岩块上取样后对未加筋岩样进行了直接拉伸试验,岩样参数及试验结果也列于表 1(1-1—1-4 号试样)。试验的加载速率为 0.01 mm/min。直至试件拉伸破坏。

图 6　加筋试件拉断后的情形

图 7　加筋试件断面

表 1　　　　　　　　　　　　　　岩样直接拉伸试验有关参数

编号	岩性	直径/mm	高度/mm	峰值强度/MPa	变形模量/GPa
1-1		45.38	80.08	2.619	0.232
1-2		45.41	80.04	0.370	0.022
1-3	砂岩	45.36	79.94	0.014	0.011
1-4		45.32	80.41	2.018	0.104
1-5		45.40	79.94	13.326	1.894
1-6		45.54	79.04	14.390	1.808

岩样编号	岩性	断面类型	断面与岩样轴线夹角/(°)	断裂位置(距筒支端距离)/mm	极限应变/$\mu\varepsilon$
1-1		C	6	15	8.079
1-2		C	8	30	3.998
1-3	砂岩	C	7	16	2.690
1-4		C	8	24	4.228
1-5		C	7	20	5.061
1-6		C	5	40	5.080

断面类型:A 为岩石完全拉断;B 为岩石部分拉断,部分结构面破坏;C 为岩石结构面完全破坏。变形模量为 50% 值强度时的弹性模量。

从表 1 可以看出，不加筋试件直接拉伸的峰值强度从 0.014～2.619 MPa，平均峰值强度为 1.255 MPa；加筋试件直接拉伸的峰值强度从 13.326～14.390 MPa，平均峰值强度为 13.858 MPa，加筋试件直接拉伸的平均峰值强度是不加筋试件的 11.042 倍。由于砂岩试件结构面明显，试件破坏都属于完全结构面破坏，试件的峰值强度反映的基本上是结构面的内聚力，故峰值强度较低。

不加筋试件直接拉伸的变形模量 0.011～0.232 GPa，平均为 0.092 GPa；加筋试件直接拉伸的变形模量 1.808～1.894 GPa，平均变形模量为 1.851 GPa。加筋试件直接拉伸的平均变形模量为不加筋试件的 20.120 倍，平均变形模量提高非常明显。

不加筋试件直接拉伸的极限应变为 $2.690\ \mu\varepsilon$～$8.709\ \mu\varepsilon$，平均极限应变为 $4.906\ \mu\varepsilon$；加筋试件直接拉伸的极限应变从 $5.061\ \mu\varepsilon$～$5.080\ \mu\varepsilon$，平均极限应变为 $5.071\ \mu\varepsilon$ 加筋试件直接拉伸极限应变离散性很接近。

参考文献

[1] 安红刚,冯夏庭.大型洞室群稳定性与优化的进化有限元方法研究[J].岩土力学,2001,22(5)：706-710.

[2] Brace W F. Permeability of granite under high pressure[J]. Journal of Ceophysical Research, 1968, No. 73, pp. 2225-2236.

[3] 陈卫忠,李术才,朱维申.急倾斜层状岩体中巨型地下洞室群开挖施工理论与优化研究[J].岩石力学与工程学报,2004,23(19)：96-103.

[4] 陈炳瑞,冯夏庭,丁秀丽,等.基于模式搜索的岩石流变模型参数识别[J].岩石力学与工程学报,2005,24(2)：207-211.

[5] Drescher K, Handley M F. Aspects of time-de-pendent deformation in hard rock at great depth[J]. The South African Institute of Mining and Metallurgy, 2003, 103(5)：325-335.

[6] 仇圣华,杨林德.层状矿床厚度估计模型的研究[J].西部探矿工程,2002,14(2)：65-67.

[7] 王永岩,齐珺,杨彩虹,魏佳.深部岩体非线性蠕变规律研究[J].岩土力学,2005,26(1)：117-121.

[8] 邢福东,朱珍德,刘汉龙,等.高围压高水压作用下脆性岩石强度变形特性试验研究[J].河海大学学报：自然科学版,2004,32(2)：184-187.

[9] 扬林德,颜建平,王悦照,等.围岩变形的时效待征与预测的研究[J].岩石力学与工程学报.2005,24(2)：212-216.

[10] 杨林德,朱合华,夏才初,张子新.围岩变形特性的、主要洞室变形预测及变形监控标准建议值研究[R].研究报告,2003,上海.

[11] 扬林德,杨志锡.各向异性饱和土体的渗流耦合分析和数值模拟[J].岩石力学与工程学报,2002,21(10)：1447-1451.

[12] 朱珍德,张勇,徐卫亚,等.高围压高水压条件下大理岩断口微观机理分析与试验研究[J].岩石力学与工程学报,2005,24(1)：44-51.

[13] 朱合华,叶斌.饱水状态下隧道围岩蠕变力学性质的试验研究[J].岩石力学与工程学报,2002,21(12)：1791-1796.

开裂及接缝渗漏条件下越江盾构隧道管片混凝土氯离子运移规律研究

杨林德[1,2]　伍振志[1,2]　时蓓玲[3]　李　鹏[1,2]　戴　胜[1,2]

（1. 同济大学地下建筑与工程系，上海　200092；2. 同济大学岩土及地下工程教育部重点实验室，上海　200092；3. 上海港湾工程设计研究院，上海　200032）

摘要　钢筋混凝土结构耐久性失效多由侵蚀性物质导致钢筋锈蚀引起，而裂缝和渗漏会加速这一劣化过程。在 Matlab 环境下编写有限元程序计算分析了开裂管片混凝土中氯离子运移分布规律以及裂缝深度与钢筋起锈时间的关系。研究表明：裂缝的出现改变了管片混凝土中氯离子的运移分布规律，且采用一维 Fick 定律计算裂缝附近处氯离子运移是不合理的；钢筋起锈时间随裂缝深度的增加而缩短，两者之间呈非线性关系，钢筋起锈时间与完整性之间较好的吻合 3 参数 logistic 函数关系。建立了管片接缝渗漏情况下，接缝渗漏液与管片混凝土中氯离子运移的耦合模型，并探讨了模型的数值计算方法。结合算例的计算表明：接缝渗漏会加快管片混凝土中氯离子运移，从而促进钢筋的锈蚀。

关键词　管片；裂缝；渗漏；氯离子运移；越江盾构隧道；耐久性

Study on the Chloride Migration in Segment Concrete of River-Crossing Shield Tunnels with Cracks and Joint Leakage

YANG Linde[1,2]　WU Zhenzhi[1,2]　SHI Beiling[3]　LI Peng[1,2]　DAI Sheng[1,2]

(1. Department of Geotechnical engineering, Tongji University, Shanghai 200092, China; 2. Key Laboratory of Geotechnical and Underground Engineering of Ministry of Education, Tongji University, Shanghai 200092, China; 3. Shanghai Harbor Engineering Design and Research Institute, Shanghai 200032, China)

Abstract　The durability failure of reinforced concrete structures is always caused by rust of reinforced bar due to the corrosion of aggressive substance and the procedure was likely to be accelerated where cracks and leakage occured. A FEM program was developed in Matlab environment to study the chloride migration and rust of reinforced bars in cracked segment concrete. It was shown: cracks would alter the migration of chloride in segment concrete and it was not reasonable to calculate the migration of Chloride near cracks by one-dimensional Fick law; the rust time of reinforced bars would be reduced with the increase of the crack depth in terms of nonlinearity, and the logistic function with 3 parameters could well express the relationship between rust time and integrity. A coupling model was proposed for the

---

* 岩土工程学报(CN：32-1124/TU)2008 年收录，基金项目：国家自然科学基金资助项目(50678135)

chloride migration in segment joint and segment concrete, and corresponding numerical method was developed. It was shown that joint leakage would speed up the chloride migration in segment concrete and then accelerated the rust of reinforcing bars.

Keywords segment; crack; leakage; chloride migration; river-crossing shield tunnel; durability

1 引言

钢筋混凝土结构耐久性失效多由侵蚀性物质导致钢筋锈蚀引起,而裂缝和渗漏会加速这一劣化过程。裂缝往往成为有害介质的快速入侵通道,诱发混凝土耐久性问题。在考虑建筑物的耐久性与寿命时,世界各国有关规范的普遍做法是,规定了一个允许裂缝宽度值,即只要裂缝宽度小于允许值,结构就具有要求的耐久性[1-3]。针对裂缝宽度对钢筋混凝土结构耐久性的影响,文献[4-6]进行了理论和试验研究。鉴于混凝土裂缝处钢筋锈蚀问题的复杂性和对其认识的局限,仅仅通过限制最大裂缝宽度来保证结构的耐久性,是有其主观局限性的。因此有必要针对裂缝的其他指标的影响开展研究,为此,文献[7]采用模糊数学方法对裂缝的宽度、方位、分布密度等因素对混凝土结构耐久性的损伤进行了评估。

盾构隧道混凝土管片在制作、施工、运营过程中均会产生裂缝[8],这些裂缝在后期大多会自愈合,不会对管片结构的耐久性造成显著影响,然而过大的施工荷载或运营期纵向不均匀沉降伴随次生应力而导致的裂缝,尤其是拉应力作用下不稳定扩展的裂缝,其宽度会对管片混凝土耐久性造成显著影响。当裂缝宽度足以对耐久性造成影响时,在高水压作用下,越江盾构隧道迎水(土)面裂缝中将存在固定强度的"污染源"。此时,随着裂缝深度的增加,相当于减小了管片保护层的厚度,同时也使裂缝处侵蚀由一维变成二维,裂缝深度对管片结构耐久性的影响将不可忽略。

接缝渗漏会使管片混凝土中侵蚀物运移变为二维问题,且管片混凝土与接缝中侵蚀物运移相互耦合,使得计算管片混凝土中的侵蚀物运移较为复杂。

隧道管片背水(土)面主要受碳化腐蚀。根据对上海地铁一号线地下连续墙[9]和打浦路越江隧道的现场碳化检测数据进行预测计算,这些地下结构100a的碳化深度都远小于其保护层厚度。因此,对现今施工质量更好的高性能混凝土管片,碳化的影响可忽略。然而氯盐引起的钢筋腐蚀在世界范围内对钢筋混凝土基础设施造成极大破坏,且其腐蚀速度大于碳化腐蚀。鉴于以上考虑,本文仅研究迎水(土)面裂缝对管片氯离子侵蚀的影响。为此借助Matlab软件平台编写有限元程序,模拟开裂管片混凝土中氯离子运移分布规律,研究钢筋起锈时间和裂缝深度的关系。此外,还建立管片接缝渗漏情况下,接缝与管片混凝土中氯离子运移的耦合模型,并探讨模型的数值计算方法。

2 开裂混凝土中氯离子运移规律研究

当前,一般采用一维Fick定律来预测氯离子在混凝土中的扩散,其控制方程为

$$\frac{\partial C}{\partial t} = D \frac{\partial^2 C}{\partial^2 x} \tag{1}$$

式中 t——时间;

x——位置；

D——扩散系数；

C——氯离子含量，以氯离子占混凝土重量的百分比表示。

假定混凝土结构表面氯离子浓度恒定，混凝土结构相对暴露表面为半无限介质，在任意时刻，相对暴露表面无限远处的氯离子浓度为初始浓度，则式(1)的常用解析解为[10]

$$C = C_0 + (C_s - C_0)\left[1 - erf\left(\frac{x}{2\sqrt{Dt}}\right)\right] \quad (2)$$

式中 C_s——混凝土表面氯离子浓度；

C_0——氯离子初始浓度；

erf——误差函数：

$$erf(x) = \frac{2}{\sqrt{\pi}}\int_0^x e^{-\beta^2}\mathrm{d}\beta \quad (3)$$

由式(2)可得钢筋锈蚀时间的计算公式为

$$T_0 = \frac{D_0^2}{4D}\left[erf^{-1}\left(1 - \frac{C_{cr} - C_0}{C_s - C_0}\right)\right]^{-2} \quad (4)$$

式中 C_{cr}——混凝土氯离子浓度临界值；

D_0——混凝土保护层厚度。

2.1 开裂混凝土氯离子运移二维有限元模型

以上模型是以无裂缝混凝土为研究对象。在工程实际中，混凝土开裂不可避免，故对开裂混凝土中氯离子运移规律开展研究，具有重要的实用价值。

Rodriguez[11]认为，氯离子在混凝土中的扩散系数与裂缝的宽度(0.08～0.68 mm)无关，文献[12]研究表明，除水灰比非常低的混凝土，氯离子扩散系数一般不受裂缝的影响。因此，本次研究中拟忽略裂缝对氯离子扩散系数的影响，认为氯离子在开裂混凝土中扩散时，裂缝形成自由表面，扩散由一维问题变成二维问题(计算模型见图1)。假定 x、y 方向的扩散系数相同，则混凝土中氯离子扩散方程可表示为

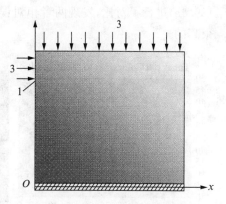

图 1 氯离子扩散计算模型

Fig. 1 Model for chloride penetration

$$\frac{\partial C}{\partial t} = D\left(\frac{\partial^2 C}{\partial^2 x} + \frac{\partial^2 C}{\partial^2 y}\right) \quad (5)$$

由于实际情况中裂缝的形态非常复杂，为简便起见，现仅考虑单条裂缝的影响，并假定裂缝垂直于管片表面开始扩展。边界条件的选取方法如下：钢筋和保护层接触面按 Neumann 边界条件处理，其他边界按 Dirichlet 边界条件处理。

在边界条件下，方程(5)的解析解难以求出，因此编写了有限元程序 CPCC(Chloride Penetration in Cracked Concrete)对其进行数值求解。CPCC 程序系基于 Matlab 编写，可与 Matlab 的 PDE 工具箱兼容，调用其工具箱的子函数，同时该程序拓展了 PDE 工具箱的功能，引入了其他单元类型，并且可用于多相问题的耦合计算。

2.2 算例

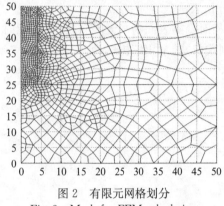

图 2 有限元网格划分
Fig. 2 Mesh for FEM calculation

上海长江隧道钢筋混凝土管片保护层厚度为 50 mm,假定其迎水(土)面表面氯离子含量为 0.18%,不计混入氯离子含量,氯离子扩散系数为 $D=5\times10^{-13}$ m²/s,氯离子临界含量为混凝土重量的 0.15%。现取 50 mm×50 mm 正方形区域为计算区域(有限元网格划分如图 2 所示),时间加载步长取 0.1a,裂缝深度加载步长取 1 mm。显然,任意时刻,原点(0,0)(图 1)处氯离子的浓度最大,因此钢筋在该点最先发生锈蚀(点蚀),定义该点钢筋锈蚀时间为钢筋起锈时间 T。现采用 CPCC 程序模拟不同裂缝深度情况下,管片混凝土中氯离子的运移规律以及钢筋起锈时间 T 随裂缝深度 d 的变化关系。

图 3 和图 4 分别为运移时间 $t=100$a 时,无裂缝和开裂管片混凝土中($d=25$ mm)氯离子浓度分布云图。为验证有限元程序计算的可靠性和精度,现将无裂缝时,$t=100$a 情况下,CPCC 程序和解析式(2)计算的氯离子浓度分布数据进行了对比,发现两者吻合较好。另将无裂缝情况下,CPCC 程序计算的钢筋起锈时间($T=138.7$a)及按式(4)计算的精确解($T=139.1$a)进行了对比,发现两者相对误差仅为 0.29%。以上都表明有限元程序计算的精度是很高的。

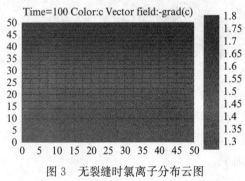

图 3 无裂缝时氯离子分布云图
Fig. 3 Chloride distribution in intact concrete

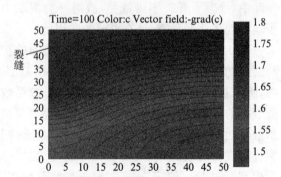

图 4 开裂管片混凝土中氯离子分布云图($d=25$ mm)
Fig. 4 Chloride distribution in cracked concrete ($d=25$ mm)

由图 3 和图 4 可知,混凝土未开裂时,其同一水平剖面上氯离子浓度相同。而裂缝的出现改变了混凝土中氯离子的分布,加快氯离子的运移。这种现象在靠近裂缝处比较明显,而在远离裂缝处氯离子分布和无裂缝时差别不大。因此,在计算混凝土裂缝附近处氯离子运移分布时,采用一维和二维 Fick 定律计算的差别很大,在远离裂缝端,两者计算的差别在可接受的范围。

图 5 是钢筋起锈时间 T 与裂缝深度 d 的关系曲线。可见,随着 d 的增加,钢筋起锈时间 T 缩短,两者之间呈非线性关系,在后期,到达锈蚀浓度的时间显著加快。因此,采用一维 Fick 定律来计算开裂混凝土中的钢筋锈蚀时间是不合理的,其误差会随 d 的增加而加大。在本例中,当 d 达到 9 mm 时,计算钢筋起锈时间 T 误差达到 5.41%,已不能满足精度要求。

为进一步明确管片裂缝深度对钢筋起锈时间的关系,有必要建立两者之间的数学关系。假定开裂混凝土中钢筋起锈时间 T 是裂缝深度 d、保护层厚度 D_0 以及无裂缝时钢筋起锈时间 T_0 的函数,即

$$T = f(d, D_0, T_0) \tag{6}$$

经反复试算、拟合分析,发现 T/T_0 与 $(D_0-d)/D_0$(笔者定义为完整度,integrity)较好的吻合三参数 logistic 函数关系,即

$$\frac{T}{T_0} = \frac{a}{1 + \left[\frac{1}{k}\left(1 - \frac{d}{D_0}\right)\right]^b} \tag{7}$$

式中,k,a,b 为待定常数,T_0 可按式(4)计算。

现分别以 $\frac{T}{T_0}$、$\frac{(D_0-d)}{D_0}$ 为横、纵坐标,对 $\frac{T}{T_0} \sim \frac{(D_0-d)}{D_0}$ 曲线进行拟合可得:$k=0.531\,8$,$a=1.437$,$b=-1.447$,相关系数 $R^2=0.999\,9$,拟合曲线和原曲线对比情况见图 6。可见,建立的数学模型精确度很高,具有一定的参考价值。

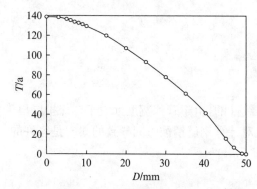

图 5 钢筋起锈时间与裂缝深度的关系曲线

Fig. 5 Relationship between rust time of rebar and crack depth

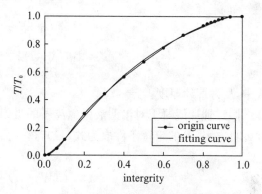

图 6 拟合曲线和原曲线对比

Fig. 6 Comparison of fitting and origin curve

3 接缝渗漏条件下管片混凝土中氯离子运移规律研究

当管片接缝出现渗漏现象时,氯离子的运移可用两个耦合的方程来描述:一个方程是描述溶质在管片接缝中的运移,一个是描述溶质在管片混凝土中的运移,两者利用界面上的通量或浓度的连续性来耦合。其运移模型如图 7 所示(图中 D_0 表示保护层厚度)。对类似问题,即裂隙岩体中的溶质运移,文献[13-15]进行了研究。这些研究都假定岩体裂隙为无限长带形区域,也仅考虑了裂隙中溶质向岩体骨架的扩散,因此可采用解析法研究。而在本问题中,除要考虑接缝中溶质的扩散,迎水(土)面溶质向管片混凝土内部的扩散也不容忽略,此外,管片的厚度是有限的。因此在接缝渗漏情况下,问题复杂得多。

选取图 7 所示的坐标系,假定接缝中水流速度 u 为常数,则接缝中氯离子运移方程可表示为

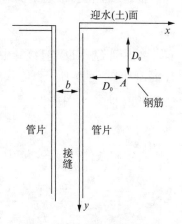

图 7 接缝-管片混凝土体系

Fig. 7 Joint-segment concrete system

$$R_d \frac{\partial C'}{\partial t} = D_T \frac{\partial^2 C'}{\partial y^2} - u \frac{\partial C'}{\partial y} - \frac{2J_d}{b} \tag{8}$$

式中 C'——接缝渗漏液中氯离子浓度;

　　　b——接缝张开量;

　　　J_d——垂直于 y 向的扩散通量;

　　　D_T——水动力弥散系数;

　　　R_d——阻滞因子。

管片混凝土内部的氯离子扩散方程为

$$\frac{\partial C}{\partial t} = D_x \frac{\partial^2 C}{\partial x^2} + D_y \frac{\partial^2 C}{\partial y^2} \tag{9}$$

式中 C——管片混凝土中的氯离子浓度;

　　　D_x, D_y——分别为管片混凝土 x,y 向氯离子表观扩散系数(亦称有效扩散系数)[16]。

取迎水(土)面地下水的氯离子浓度为 $C_0' = 1$(相对浓度),则方程(8)的定解条件可表示为

$$\begin{cases} C'(y,0) = 0 \\ \left[-D_T \dfrac{\partial C'}{\partial y} + uC' \right]\bigg|_{y=0} = u \\ \dfrac{\partial C'(y,t)}{\partial y}\bigg|_{y=L} = 0 \end{cases} \tag{10}$$

式中,L 为管片厚度。

假定管片混凝土对渗漏液中氯离子的吸附是线性的,由于管片宽度远大于其保护层厚度,故可将方程(9)的定解条件取为式(11),这一简化对计算钢筋锈蚀时间导致的误差是容许的:

$$\begin{cases} C(0,y,t) = C'(y,t) \cdot C_s \\ C(W,y,t) = 0 \\ C(x,y,0) = 0 \\ C(x,0,t) = C_s \end{cases} \tag{11}$$

式中 W——管片宽度;

　　　C_s——管片迎水(土)面表面氯离子浓度。

接缝壁上的扩散通量 J_d 可用 Fick 第一定律表示:

$$J_d = -D_x \frac{\partial C}{\partial x}\bigg|_{x=0} \tag{12}$$

考虑到 $D_x \ll D_T$,且接缝中溶质对流占优,因此计算接缝中氯离子运移时,可忽略其向管片混凝土的运移项,于是式(8)变为下式所示的对流-弥散方程(Advection-dispersion equation,简写为 ADE):

$$R_d \frac{\partial C'}{\partial t} = D_T \frac{\partial^2 C'}{\partial y^2} - u \frac{\partial C'}{\partial y} \tag{13}$$

在定解条件(10)下,方程(13)的解析解为[17]:

$$C' = 1 - \sum_{m=1}^{\infty} \frac{2uL\alpha_m \left[\cos\left(\frac{\alpha_m x}{L}\right) + \frac{uL}{2D_T} \sin\left(\frac{\alpha_m x}{L}\right) \right]}{D_T \left[\alpha_m^2 + \left(\frac{uL}{2D_T}\right)^2 + \frac{uL}{D_T} \right]} \cdot \frac{\exp\left[\frac{ux}{2D_T} - \frac{u^2 t}{4D_T R_d} - \frac{\alpha_m^2 D_T t}{L^2 R_d} \right]}{\left[\alpha_m^2 + \left(\frac{uL}{2D_T}\right)^2 \right]} \tag{14}$$

式中,α_m 是方程 $\alpha_m \cot(\alpha_m) - \dfrac{\alpha_m^2 D_T}{vL} + \dfrac{uL}{4D_T} = 0$ 的正根。

管片接缝渗漏液渗流速率可近似由Darcy求出：

$$u = k \cdot \frac{H+B}{B} \quad (15)$$

式中　H——隧道上方江水深度；

　　　B——隧道覆土深度；

　　　k——隧道上覆土层渗透系数。

参考文献[15]取$D_T=7.8\times10^{-5}\text{cm}^2/\text{s}$，$R_d=1$，管片厚度$L=65$ cm，经计算取$u=0.15$ cm/d。由于解析式(14)的形式非常复杂，难于直接应用，因此笔者拟在Matlab环境下编写有限元程序PADE(Program for ADE)对定解条件(10)下，方程(13)进行数值求解。

PADE程序的算法流程如图8所示。在采用该程序进行计算时，应选定合理的y、t步长S_y、S_t，以避免解的上溢和振荡现象。

经计算，管片接缝底端溶质相对浓度随时间的变化关系曲线(穿透曲线)如图9所示。

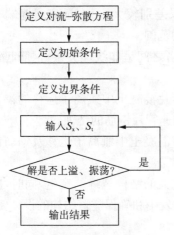
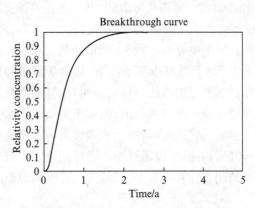

图8　PADE程序算法流程图
Fig. 8　Flow chat of PADE program

图9　接缝底端氯离子相对浓度-时间曲线
Fig. 9　Relationship between relative concentration of lower joint and time

现计算管片混凝土内部的氯离子运移。取时间加载步长$\Delta t=0.1$a，$D_x=D_y=5\times10^{-13}\text{m}^2/\text{s}$，采用程序CPCC计算$C(x,y,t)$及钢筋起锈时间(由图6可知，钢筋在$A$点首先发生点蚀)。由于接缝壁上的浓度$C'(y,t)$不是常数，而是随时间而变化。为此处理方法是：采用PADE程序计算$C'(y,t)$，将接缝边界节点任一时步$[(k-1)\Delta t,k\Delta t]$ $(k=1,2,3\cdots)$内的浓度值取为时步中间时刻$(k-1/2)\Delta t$的值，并将每一时步计算的浓度值作为下一时步的初始值而进行叠加。经计算，A点$C-t$曲线如图10所示。

由图9可知，接缝底端溶质浓度达到$C_0'=1$的时间为2.5a左右，这一时间远小于钢筋的起锈时间T，因此可假定接缝中氯离子初始浓度为1。相对于起锈时间，这一简化导致的误差是可以容许的。现将$C'(y,t)=1$代入(11)式，采用程序

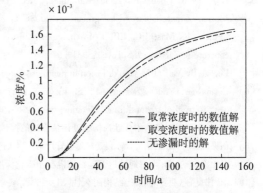

图10　A点浓度-时间关系曲线
Fig. 10　Relationship between concentration at point A and time

CPCC对方程(9)进行数值求解,并将A点氯离子浓度随时间的变化关系曲线绘于图10。为研究接缝渗漏对管片混凝土氯离子运移的影响,亦将接缝无渗漏情况下(同混凝土无裂缝情况),A点氯离子浓度—时间关系曲线示于图10。

由图10可知,两种浓度取值下,有限元数值计算的结果非常接近,只是任意时刻,接缝渗漏液氯离子取常浓度时的解均稍大于取变浓度时的解。同时,两种情况下钢筋起锈时间均为106a左右,与接缝无渗漏时的起锈时间(139.1a)相比缩短了近1/4。

4　结论与建议

(1) 采用自行编写的有限元程序进行模拟分析表明,裂缝的出现改变了管片混凝土中氯离子的运移分布规律,加快了氯离子的运移。这种现象在靠近裂缝处非常明显,但在远离裂缝处氯离子运移分布和无裂缝时差别不大。因此采用一维Fick定律计算裂缝附近氯离子扩散是不合理的,其计算结果与二维Fick定律计算的结果差别较大,而在远离裂缝端采用一维Fick定律计算氯离子运移是可取的,其误差在可接受的范围。

(2) 随着裂缝深度的增加,钢筋起锈时间缩短,两者之间呈非线性关系,钢筋起锈时间与完整度之间较好的吻合3参数logistic函数关系。

(3) 建立了管片接缝渗漏条件下,接缝渗漏液和管片混凝土中氯离子运移的耦合模型并探讨了模型的数值求解方法。计算表明,接缝渗漏会加速管片钢筋的锈蚀。

以上研究在理论上是可行的,但鉴于裂缝及渗漏对混凝土中氯离子运移及钢筋锈蚀影响的复杂性,应结合试验研究对以上研究成果进行验证和完善。

针对越江盾构隧道,应通过精心设计和施工以避免大的结构裂缝的产生,同时,应确保防水结构体系的耐久性和可靠度,以减少接缝渗漏现象的发生和确保隧道结构的设计使用寿命。

参考文献

[1] 刘庆宽,王楠,王海龙.钢筋混凝土结构耐久性及裂缝问题研究的现状[J].石家庄铁道学院学报,2002,15(3):9-13.
[2] Kim A. T. Vul, Mark G. Stewart. Predicting the likelihood and extent of reinforced concrete corrosion-induced cracking[J]. Journal of structural engineering, 2005,131(11):1681-1689.
[3] Li Zong-jin, Chau CK, Zhou Xiangming. Accelerated assessment and fuzzy evaluation of concrete durability[J]. Journal of materials in civil engineering, 2005(4):257-263.
[4] Francois R, Maso J C. Effect of damage in reinforced concrete on carbonation and chloride penetration[J]. Cement & concrete research, 1988,18(6):961-970.
[5] Locoge P, Massat M. Ion diffusion in micro-cracked concrete[J]. Cement & concreteresearch, 1992,22(2):431-438.
[6] CorinaMaria Aldea, Surendra P. Shah. Alan Karr. Effect ofcracking on water and chloride permeability of concrete [J]. Journal of material in civil engineering, 1999,9(8):181-187.
[7] 曹双寅.裂缝对结构耐久性损伤程度评估方法的探讨[J].工业建筑,1992,22(1):8-12.
[8] 伍振志,杨林德,时蓓玲,等.裂缝对隧道管片结构耐久性影响及其模糊评价[J].地下空间与工程学报,2007,3(2):224-228.
[9] 汤永净,李文卿.上海地铁地下连续墙混凝土碳化深度预测模型[J].同济大学学报:自然科学版,2007,35(1):1-5.
[10] 金伟良,赵羽习.混凝土结构耐久性[M].北京:科学出版社,2002.
[11] Rodriguez O G. Influence of cracks on chloride ingress intoconcrete[J]. A CImaterials journal, 2003,100(2):95-107.
[12] Wang Kejian, Jansen Daniel C, Shah S P. Permeability study of cracked concrete[J]. Cement and concrete research, 1999,27(3):381-393.

[13] 朱学愚,谢春红.地下水运移模型[M].北京:中国建筑工业出版社,1990.
[14] Tsang D H, Friend E O, Sudicky E A. Contaminant transport in fractured porous media: analytical solution for a single fracture[J]. Water Resource research, 1981,17(3): 555-564.
[15] 周志芳,王锦国.裂隙介质水动力学[M].北京:中国水利水电出版社,2004.
[16] 唐晓武,史成江,林廷松等.混合粉质黏土和疏浚土填埋场防渗垫层的环境土工特性研究[J].岩土工程学报,2005,27(6): 626-631.
[17] Van Genuchten M T. Analytical Solution for chemical transport with simultaneous adsorption, zero-order production and first-order decay[J]. Journal of hydrology, 1981,49(1): 213-233.
[18] 唐晓武,罗春泳,陈云敏,等.黏土环境岩土工程特性对填埋场衬垫防渗标准的影响[J].岩石力学与工程学报,2005,24(8): 1396-1401.

多因素作用下混凝土材料抗碳化性能的试验研究*

杨林德[1]　潘洪科[2]　祝彦知[2]　伍振志[1]

(1. 同济大学岩土及地下工程教育部重点实验室，上海　200092；2. 中原工学院土木建筑工程系，郑州　450007)

摘要　应力对混凝土材料及结构的耐久性有较大影响，同时，工程结构大多处于多种耐久性劣化因素的共同作用之下，目前这些方面的研究工作还很不够。论文综合考虑外荷载、环境腐蚀介质、材料性状及龄期等因素的影响，并从中选取有代表性的因素如应力大小、CO_2作用、水灰比、碳化龄期等，设计试验方案，进行混凝土材料的碳化试验。试验结果表明混凝土碳化速率随时间缓慢减小；拉应力对混凝土碳化有促进作用，而压应力则对碳化起到抑制作用；一定范围内，水灰比越大，则碳化速率越快。经过对试验数据的拟合回归，建立了多因素交叉影响下的碳化模型公式，经工程验证，结果较满意。

关键词　多因素作用；混凝土材料；碳化模型；耐久性

Experimental Study of Concrete Material's Carbonization-Resistance Under Combined Action of Durability Factors

YANG Linde[1]　PAN Hongke[2]　ZHU Yanzhi[2]　WU Zhenzhi[1]

(1. Key Laboratory of Geotechnical and Underground Engineering of Ministry of Education, Tongji University, Shanghai 200092, China; 2. Department of Civil Engineering and Architecture, Zhongyuan University of Technology, Zhengzhou 450007, China)

Abstract　Stress makes a marked influence on concrete material and structures' durability, synchronously, most engineering structures are dominated by the combined action of several durability deterioration factors, and the above research work is very absent at present. This paper considers synthetically the impact of external load, environmental corrosion medium, material properties and operation ages, choosing representative factors from them, such as stress state and levels, CO_2 corrosion, water ratio of concrete and carbonation time, the paper designs and makes indoor quick concrete carbonation experiment. The test result shows: concrete's carbonation rate decreases with time slowly; tension stress can accelerate carbonation rate of concrete while compression stress controls that; in a certain range, carbonation rate of concrete increases with water ratio. Carbonation model is set up based on crossed influence of multi-factors by fitting and regressing the test data. After validated by engineering example, the model is reasonable.

Keywords　multi-factors action; concrete material; carbonation model; durability

---

* 建筑材料学报(CN: 31-1764/TU)2008 年收录

1 前言

建筑工程结构的耐久性问题日益成为工程界和学术界关注的焦点。目前对混凝土结构耐久性的研究取得的成果主要集中在材料层次方面,而工程实际中由混凝土材料构筑的各种构件或结构(尤其是地下结构)往往处于各种复杂的受力状态中,甚至裂缝条件下,此时构件(或结构)的耐久性必然会与无外力作用下材料的耐久性有所不同,关于这方面的研究还很为不够;此外,混凝土材料自身的品种、掺和料及配比等状况也是各不相同的,外界环境介质条件的影响也各有差异,对于这种综合考虑荷载、材料、环境腐蚀介质、龄期等因素对耐久性的影响进行的研究工作还鲜有人开展。故此,作者考虑多种应力状态和水平,以及不同的混凝土水灰比情形,进行各种龄期的碳化试验,以期得到上述几种因素影响下混凝土耐久性劣化的规律,并建立相应的碳化模型公式。

国内外的众多学者对混凝土的碳化已经做了很多的研究工作,文献[1]中列出了现有的十余种碳化深度预测的数学模型[2-6]。仔细分析这些模型,可以看出它们的实质是一致的,其共同点是都认为碳化深度与时间的平方根成正比,即 $X_C = k\sqrt{t}$。公式未考虑碳化系数 k 随时间的变化特点和规律。此外,这些模型没有考虑多因素综合作用对碳化的影响,某些模型公式中的多个系数是在考虑某个影响因素单独作用并假设其他因素不变时依次进行试验或分析得到的。再者,现有的碳化模型大多未从力学和结构的角度考虑其对碳化速率的影响,某些考虑到应力因素的经验模型也主要表现在对应力状态和大小的影响规律的分析上,而缺少对应力水平因素影响的研究。本文拟通过试验建立考虑应力、水灰比及加筋因素交叉影响下的碳化深度模型公式,试验时考虑碳化过程生成的难溶盐对微孔隙的堵塞作用及其对进一步碳化的影响,以期最终建立考虑时间因素和应力及其他因素交叉影响下的碳化公式。

2 试验设计

2.1 试验材料及配合比

采用普通 425 水泥;掺和料为粉煤灰 FⅡ(其主要性能指标见表 1);花王减水剂 SK-1;砂石等级中,砂:河砂,细度模数 2.6,中砂Ⅱ区;石:碎石,5~31.5 mm 连续级配。

水泥:砂:石:掺和料:减水剂=130:213:319:24:1,试件水灰比分为 0.4,0.48,0.55 三种。

试验条件为[7]:CO_2 浓度为 $(20\pm5)\%$,温度 $(20\pm5)℃$,湿度 $(70\pm5)\%$。

2.2 试件制作及试件种类

由于混凝土结构自然状态下碳化的时间漫长,为短期内获得试验数据进行分析,决定采取加速碳化试验的方式进行试验。

试块尺寸为 100 mm×100 mm×400 mm,试件设计为牛腿型,采用后张预应力法加力模式,通过在预留孔内安设螺杆和螺帽,结合应力传感器以实现施加不同大小拉、压应力的目的。为保证牛腿与试块相接的薄弱部位加力时的安全,经验算在此处截面埋置加强钢筋一排(3根)。图 1 和图 2 分别为试件侧面图及试件成品照片。

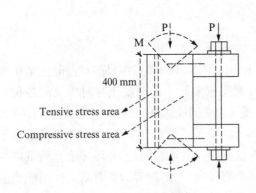 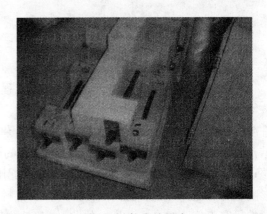

图 1 试件侧面示意图 　　　图 2 试件成品照片
Fig. 1 Schematic of specimen's flank　　Fig. 2 The photo of specimen

试验分拉应力、压应力和无应力三种状态进行,每种状态并考虑不同的应力水平。

如图 1,依据圣维南原理,将牛腿处施加之荷载 P 等效移植到试件主体上,移植后的结果等价为一个同向同大小的荷载 P 加上一个弯矩 M。按照材料力学的方法,计算得到:当 P 分别取 0.3 kN、0.7 kN、1.0 kN、2.0 kN 时,试件拉应力区截面内的应力 σ_t 的对应值为 0.15 MPa,0.36 MPa,0.5 MPa,1.02 MPa;试件压应力区截面内的应力 σ_c 的值为 -0.21 MPa,-0.49 MPa,-0.7 MPa,-1.4 MPa。

表 1　　　　　　　　　　粉煤灰的主要性能指标
Table 1　　　　　　　　Key characteristics criterion of fly ash

Item	Fineness/%	Water requirement ratio/%	SO_3 content/%	Ignition loss/%	Moisture content/%
Numeric value	<8.0	<105	<3	<6.0	<1

试验共制作 8 组试件(每组 3 个),其中,内置 1 根 φ16 mm 锈蚀试验钢筋的试件和内置 2 根 φ16 mm 钢筋的试件各 1 组,不设内置钢筋的试件 6 组。内置钢筋的 2 组试件均通过牛腿端螺杆施加 2.0 kN 的预应力,不设钢筋的 6 组试件除 2 组施加 1.0 kN 应力外,其余各组分别施加 0.3 kN、0.7 kN、2.0 kN、0 kN(即不施加应力)的荷载。试件在碳化箱内的碳化龄期分别取为 6,12,24,31,45,62,69,76,97 天,碳化深度的检测采用 1% 的酚酞试剂。

3　试验结果

图 3—图 5 为部分试件在各工况下(不同应力水平、水灰比、碳化龄期)试验所得到的碳化深度-时间的曲线图。

4　试验分析

由试验数据可见,碳化深度随时间而不断增长,先期增长速度较大,后期渐缓。为了用数学表达式描述碳化深度与时间的确切关系,对各不同条件下的碳化-时间试验数据曲线分别进行回归,经反复试算、分析,其关系可以描述为

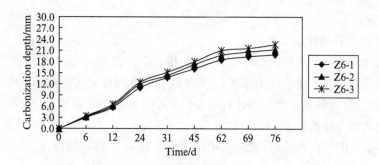

图 3 不施加荷载时试件碳化深度随时间变化曲线图
Fig. 3 The graph of carbonation with time when no loading

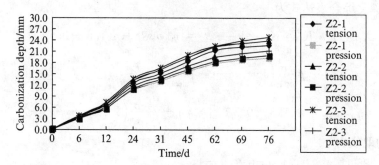

图 4 施加荷载 0.7 kN 时试件碳化深度随时间变化曲线图
Fig. 4 The graph of carbonation with time when brought to bear 0.7 kN

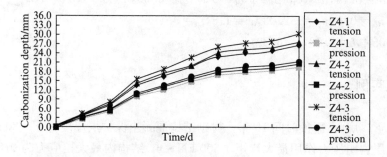

图 5 施加荷载 2.0 kN 时试件碳化深度与强度随时间变化曲线图(加筋)
Fig. 5 The graph of carbonation with time when brought to bear 2.0 kN

$$X = c/(a \cdot t + b)\sqrt{t} \tag{1}$$

同时,为更清晰地表明应力水平对碳化的影响,以各种应力水平为自变量进行回归拟合,得到应力对碳化的影响系数 K_σ 的表达式。考虑拉应力与压应力的不同影响方式,设:

$$K_{\sigma_t} = 1 + p_t \frac{\sigma}{\sigma_t},\ 或\ K_{\sigma_c} = 1 + p_c \frac{\sigma}{\sigma_c} \tag{2}$$

式中 σ_t, σ_c——抗拉和抗压极限强度,试验中分别取 1.45 MPa 和 26 MPa;

p_t, p_c——待拟合确定的参数。

同样,为描述混凝土水灰比对碳化的影响,采取以各种水灰比值作为自变量进行回归拟合的方法,得到水灰比对碳化的影响系数 K_{sh}(或表示为 K_s)的表达式。经多次拟合、试算得 K_{sh} 的最适当的形式为

$$K_{sh} = ms + n, \tag{3}$$

式中　s——水灰比 w/c 的值；

　　　m,n——待拟合确定的参数。

然而，实际的情形是上述各因素将综合作用、相互交叉影响，也即上面求得的应力、水灰比等影响系数并非恒定的，主要表现为水灰比和应力水平将相互交叉影响 K_σ 和 K_{sh} 的取值，而时间因素对它们的取值影响甚微。因此有必要设立交叉影响修正系数 α、β 来研究这种交叉影响现象，对上述结果进行修正。

此外，当混凝土中埋设钢筋时，相应的碳化速度系数 K 也将有所改变，设钢筋影响系数为 η，经分析，得到：对于拉应力区：$\eta_t=0.94$；对于压应力区：$\eta_c=1.02$。

最后，考虑上述交叉影响，通过对试验数据的综合分析和拟合（文献[8]对此作了详细说明），得到碳化深度综合表达式为

$$X_t = \eta_t \cdot K_{sh} \cdot K_\sigma \cdot \frac{c}{at+b}\sqrt{t} = \eta_t[ms\beta_t + n(1.5-0.5\beta_t)] \times \left[1+p_t\frac{\sigma}{\sigma_t}\left(1-\alpha_t\frac{s-s_0}{s_0}\right)\right]\frac{c}{at+b}\sqrt{t} \quad (4)$$

$$X_c = \eta_c[ms\beta_c + n(1.5-0.5\beta_c)] \times \left[1+p_c\frac{\sigma}{\sigma_c}\left(1+\alpha_c\frac{s-s_0}{s_0}\right)\right]\frac{c}{at+b}\sqrt{t} \quad (5)$$

式中，各参数的取值为

当 $\sigma/\sigma_t<0.25$ 时，$m=0.74, n=0.7$；$\beta_t=1$，

当 $\sigma/\sigma_t\geq 0.25$ 时，$m=0.66, n=0.74$；$\beta_t=0.89$；

$\sigma_c=0$ 时，$m=0.74, n=0.7$；$\beta_c=1$，$\sigma_c\neq 0$ 时，$m=0.66, n=0.74, \beta_c=0.89$。

$p_t=0.52, \alpha_t=0.3, p_c=-2.03, \alpha_c=1.5, s_0=0.4$；

$a=-0.0054, b=2.98, c=6.89$。

5　工程实例

某大型地下厂房，已服役时间 15 年。衬砌结构混凝土保护层厚度为 $C=20$ mm，经计算，衬砌结构受地层岩土压力作用最大弯矩 1 600 kN·m，结构内最大拉应力为 0.82 MPa，结构混凝土浇筑时水灰比为 0.45。由上面的经验回归公式(4)（因此处只考虑最大碳化深度，故有减缓碳化速率作用的压应力不予考虑），当 $t=15$ 年时，可以计算得：$X_t(15)=10.6$ mm。

为检验地下厂房的耐久性现状，在各洞室抽查了几个钢筋混凝土衬砌部位的碳化情况，结果显示平均碳化深度为 9.5 mm，与计算结果相差不大。

当 $X_t=C=20$ mm 时，则该地下工程的衬砌结构混凝土保护层已完全碳化，并开始对钢筋产生锈蚀作用，应采取预防措施以免威胁工程安全和正常使用。

6　结语

(1) 碳化深度随时间单调增长，其增长速率先期较快，随后慢慢减小，碳化速率系数与碳化时间相关联，也即碳化深度值与时间之间并非完全表现为目前得到广泛认可的简单的平方根的关系。

(2) 应力水平对混凝土碳化速率有明显影响，拉应力的存在对混凝土碳化有促进作用，拉

应力越大，这种促进作用越强；压应力则对混凝土起到抑制作用，且抑制作用是随着压应力的增大而增强的。

（3）水灰比对混凝土碳化速率的影响也较明显，一般水灰比愈大，则碳化速率愈快。

（4）通过试验建立的碳化模型公式能对混凝土结构的碳化耐久性进行较好地评估和预测，可以在工程实际中起到参考和借鉴的作用，并进一步完善模型的合理性。

参考文献

[1] 李检保. 混凝土碳化及其碳化后力学性能试验与分析[D]. 同济大学申请硕士学位论文, 1997.
[2] Papadakis V G, Vayenas C G, Fardis M N. Fundamental modeling and experimental investigation of concrete carbonation[J]. ACI Material Journal, 1999(88): 363–373.
[3] 朱安民. 混凝土碳化与钢筋混凝土耐久性[J]. 混凝土, 1992(6): 18–22.
[4] 龚洛书, 柳春圃. 混凝土的耐久性及其防护补修[M]. 北京：中国建筑工业出版社, 1990.
[5] 牛荻涛, 陈亦奇, 于澍. 混凝土结构的碳化模式和碳化寿命分析[J]. 西安建筑科技大学学报, 1995, 27(4): 365–369.
[6] 阿列克谢耶夫. 钢筋混凝土结构中钢筋腐蚀与保护[M]. 黄可信, 吴兴祖, 译. 北京：中国建筑工业出版社, 1983.
[7] 中华人民共和国建设部. GBJ 82—85 普通混凝土长期性能和耐久性试验方法[S]. 北京：中国建筑工业出版社, 1985.
[8] 潘洪科. 基于碳化作用的地下工程结构的耐久性与可靠度[D]. 同济大学申请博士学位论文, 2005.

黄浦江水系防汛墙结构长期强度评估*

杨林德　俞登华　耿大新

(同济大学地下建筑与工程系，上海　200092)

摘要　本文研究上海市区黄浦江防汛墙的结构材料的长期强度。黄浦江水系绵长数百公里，长期强度的影响因素也多，很难做到逐个评价。考虑到黄浦江属感潮河道，本文将靠近吴淞口的水体、土体及防汛墙结构作为研究对象，以使侵蚀性物质的含量、潮位涨落及研究结果均有较好的代表性。文中通过现场和室内试验测定了水体和土体中有害物质的含量以及材料的强度，从中得出了规律性认识，为抗震评估提供了依据。

关键词　抗震设计；防汛墙；混凝土长期强度；混凝土耐久性

The Long-Term Strength Evaluation of the Floowall Structure Beside Huangpu Rivers

YANG Linde　YU Denghua　GENG Daxin

(Department of Geotechnical Engineering, Tongji University, Shanghai 200092, China)

Abstract　This paper is to evaluate the long-term strength of the floodwall concrete material along Huangpu River in Shanghai, which is to serve the reexamination of the seismic stability of the floodwall. In order to determine the value of the strength and figure out its variation role, the experiments both in lab and at site were proceeded, including to test the content of baleful components in water and soil and the concrete strength of the floodwall at different part, then the variation role was analyzed. Since Huangpu River is hundreds kilometers long and the long-term strength of the floodwall concrete material is influenced by many factors, it is difficult to evaluate the strength for each place and the floodwalls near Wusongkou were chosen as a representative. It is because that here the content of baleful components in water and soil is near to the most and that the tide is the strongest along the river. The results show that the research strategy employed in the paper is proper and the material is in a good condition to keep its long-term strength.

Keywords　Seismic design; floodwall; long-term strength of concrete; durability of concrete

1　引言

上海市区的地震设防烈度由 6 度提高为 7 度后，防汛墙结构在设计基准期内的抗震稳定

---

* 同济大学学报(自然科学版)(CN：31-1267/N)2006 年收录

性需予重新评估,其中涉及防汛墙结构材料长期强度的取值。一般来说,检验计算中结构材料的强度可按工程设计图纸标明的材料规格确定,然而由于防汛墙结构是在河道两岸建造的挡水构筑物,投入使用后周围环境条件复杂,且黄浦江水系水下部分的防汛墙结构多建于20世纪50—60年代,使用时期已接近原定设计基准期50年,其材料强度极有可能已发生变化,故有必要通过试验对其专门研究。

对现有防汛墙结构材料强度的评估,本文拟借助室内试验测定黄浦江水系和饱和软黏土地层中侵蚀性物质的含量,结合前人的研究成果估计其对墙体材料特性的影响程度,同时通过现场试验及室内实验测定墙体材料的碳化深度及强度,并结合设计资料研究墙体强度随时间的变化规律,据以评估防汛墙结构的强度条件和长期稳定性。

2 防汛墙结构长期强度的影响因素

研究表明混凝土材料的长期强度主要受侵蚀性物质的物理化学作用、碳化作用、环境条件、施工质量及使用年限等因素的影响。其中侵蚀性物质将使材料性能恶化和强度降低;碳化作用可使混凝土保护层丧失保护钢筋免于锈蚀的能力;环境条件的影响同时来自潮汐和空气中侵蚀性物质的含量;施工质量的优劣对混凝土材料的性质常有直接的影响;使用年限的影响常为在工程完建后的数年时间内,材料强度随时间而缓慢增长,以后随着时间的推移,材料性能在侵蚀环境的影响下持续恶化。

如按水上区、浪溅区和水下区对潮汐作用下的防汛墙体区分,则除时间因素外,对上海市区水上区混凝土材料强度的影响因素主要是大气成分和碳化作用,水下区主要是水体或土壤中侵蚀性物质的含量,浪溅区则兼有两类因素的影响。其中大气成分和碳化作用影响的规律与地面露天构件相同,侵蚀性物质的影响则首先取决于环境水和土壤中侵蚀性物质的种类(氯离子、硫酸根离子和镁离子等)与浓度。

3 防汛墙结构材料长期强度评估的策略与方法

上海市区黄浦江水系绵长数百公里,沿线工程地质、水文地质和环境条件情况复杂多变,由此使防汛墙结构材料长期强度评估的研究工作量极大,很难做到对其逐个全面评价。考虑到黄浦江水系属感潮河道,水体和河床土体中的侵蚀性物质主要来自海水,其含量吴淞口最高,在接近长江入海口的部位更高,因而本项课题拟将靠近吴淞口的黄浦江和蕴藻浜下游段的水体、土体及防汛墙结构作为研究对象,根据对这一地段的防汛墙结构材料开展的研究得出规律性认识。因此在课题研究中,土样取样地点选在长江口,并取江底土样进行测试;水样取样地点则选在吴淞口,宝杨路码头,丹东路码头以及十六铺码头等有代表性的地点。鉴于侵蚀性物质的含量在这些部位均在允许范围内,由此对黄浦江水系防汛墙的环境条件得出了均处于正常状态的结论。碳化深度和材料强度测定方面,课题研究任务在场北码头、吴淞口水文站、崇明长兴横沙车客渡码头、临江路渡口码头、嫩江路渡口码头、丹东路渡口码头和黄埔公园等典型地点进行了现场试验,并对其中场北码头和黄埔公园采回试样进行了室内试验,及均注意了对水上区、浪溅区和水下区分别进行试验,以使试验结果可基本反映黄浦江水系防汛墙结构目前的状态。

测试方法方面,考虑到防汛墙结构属于生命线工程,不允许采用破坏性方法测试,因此本文拟采用酚酞试液测定碳化深度,混凝土材料强度在现场同时采用回弹法和超声法测定,对采集的试样则同时采用回弹法、超声法和钻芯法进行检测。

为了考虑时间因素的影响,查找了大量工程原始建造资料,据以结合检测数据进行了分析。

4 试验结果及分析

4.1 侵蚀性物质的含量

由上海市水文总站提供的吴淞口典型水质资料如表1所示,本项研究中水样和土样的测试结果见表2。

表1　　　　　　　　侵蚀性有害离子含量的监测数据汇总表(吴淞口水文站)　　　　　　单位:mg/L

		1月	4月	7月	10月
1998	Mg^{2+}	32.1	12.2	9.23	14.8
	Cl^-	72.1	28.1	42.3	53.4
	SO_4^{2-}	87.9	38.4	44.7	45.6
1999	Mg^{2+}	17.7	21.9	10	4.4
	Cl^-	77.3	163	23.4	34.3
	SO_4^{2-}	61.6	64.9	28.9	21.6
2000	Mg^{2+}	8	20.7	7.53	2.19
	Cl^-	68	193	9.6	15.2
	SO_4^{2-}	36.1	83.6	21.1	24
2001	Mg^{2+}	13.6	40.8	10.2	10.9
	Cl^-	37.5	401	41.7	51.9
	SO_4^{2-}	51	70.1	60.5	43.7

表2　　　　　　　　　　　防汛墙服役环境中有害离子检测数据汇总表

取样地点	水样/(mg·L^{-1})				土样/(mg·kg^{-1})			
	十六铺码头	丹东路码头	宝杨路码头	崇明隧道出口处	竹园口东1	竹园口东2	竹园口西1	竹园口西2
试验时间	2003.04		2001.07		2002.09			
含水量	—	—	—	—	38.2%		34.5%	
Cl^-	61.7	66.6	34.2	56.1	589	561	38	376
SO_4^{2-}	54.7	53.1	—	—	50.1	—	37	—
Mg^{2+}	6.54	6.06	—	—	30.5	—	45.1	—

根据《岩土工程勘察规范》(GB 50021—2001)的规定,Ⅰ类环境当 Mg^{2+} 含量为1 000~2 000 mg/L时,腐蚀等级定为弱等,而测试结果表明土样和水样中的镁离子含量均远小于此值,故镁离子不可能对防汛墙结构混凝土材料构成危害性侵蚀,尤其是在有氯离子和硫酸根离子同时存在的情况下。

对于混凝土结构物,对土中和水中硫酸根离子允许浓度的限值还没有统一的规定,一般认为可设定为250~450 mg/L,故由测试结果可见,硫酸根离子也不会对防汛墙混凝土构成危害性侵蚀。

氯离子是对钢筋混凝土结构物的耐久性影响最大的侵蚀性物质之一,常能使混凝土中的钢筋过早锈蚀。混凝土中氯离子的允许临界浓度与混凝土中氢氧根离子的含量有关,一般认为当氯离子与氢氧根离子浓度的比值小于0.6时,氯离子不会对混凝土的耐久性构成威胁。

以上海市宝山区某水泥厂生产的水泥为例,研究表明采用该厂产品时,氯离子的临界浓度C_{Cl^-}为:

$$C_{Cl^-} = 0.6 \cdot C_{OH^-} = 0.197 \text{mol/L} = 6\,981.3 \text{ mg/L} \tag{1}$$

式中,C_{OH^-}——氢氧根离子浓度。上述结果表明,采用这类产品且环境介质中的Cl^-浓度大于临界浓度6 981.3 mg/L时,混凝土中的钢筋才会受到氯离子的侵蚀,故在现有环境条件下氯离子对普通硅酸盐钢筋混凝土结构物尚不能构成侵蚀威胁。

综合以上分析,可见在上海市区土中和水中镁离子、硫酸根离子和氯离子的含量都很小,它们不可能对防汛墙混凝土构成危害性侵蚀。

4.2 碳化深度

现场测定的防汛墙混凝土碳化深度如表3所示。

表3 防汛墙混凝土碳化深度测试结果

测区位置	建造年份	混凝土标号	测点位置	测点个数	碳化深度/mm 最小值	最大值	平均值
蕴藻浜场北码头下游端防汛墙内侧	1992	150#	水上区	13	0.0	5.0	1.5
东泾水闸胡庄桥两侧防汛墙外侧	1990.07	200#	水上区	6	2.0	6.0	4.0
			水位变动区	14	1.5	4.0	3.0
蕴藻浜爱辉路	1998.06	C20	水上区	7	2.0	5.5	3.0
吴淞口水文站段防汛墙及附近混凝土	1988.01	200#	水上区	18	1.0	4.0	3.0
			水位变动区	42	0.0	5.0	1.5
嫩江路轮渡站	1988.9	200#	水位变动区	21	0.0	2.0	1.0

由表3可见各测试点防汛墙结构的建造年份有差异。为定量估计使用年限内混凝土材料的碳化程度,对其按设计基准期进行了预测。

研究表明已测得工程结构的碳化深度值时,可按式(2)预测若干年后的碳化深度值。

$$X_2 = X_1 \sqrt{\frac{c_2 t_2}{c_1 t_1}} \tag{2}$$

式中 X_1, X_2——分别为t_1, t_2时刻的混凝土碳化深度;

c_1, c_2——分别为与t_1, t_2时刻相应的空气中二氧化碳的浓度。

如令$c_1 = c_2$,并将设计基准期分别令为50年和100年,则可算得各测试地点水上区和浪溅区的碳化深度值,如表4所示。

由表3可见,防汛墙现有结构平均碳化深度均小于5 mm,最大碳化深度均小于6 mm。其中嫩江路轮渡站的碳化深度更小,原因是其表面原有粉刷层。

表4表明对上海市区的防汛墙结构,按式(2)推算时,100年混凝土材料的最大碳化深度不超过25 mm,而《水工混凝土结构设计规范(DL/T 5057—1996)》对使用环境为三类的防汛

表 4　　　　　　　　　　　　防汛墙混凝土碳化深度预测结果

测区位置	建造年数	测点位置	碳化深度/mm					
			最大值			平均值		
			2003年	50年	100年	2003年	50年	100年
蕴藻浜场北码头下游端防汛墙内侧	11	水上区	5.0	10.7	15.1	1.5	3.2	4.5
东高泾水闸胡庄桥两侧防汛墙外侧	13	水上区	6.0	11.8	16.6	4.0	7.8	11.1
		水位变动区	4.0	7.8	11.1	3.0	5.9	8.3
蕴藻浜爱辉路	5	水上区	5.5	17.4	24.6	3.0	9.5	13.4
吴淞口水文站段防汛墙及附近混凝土	15.5	水上区	4.0	7.2	10.2	2.0	3.6	5.1
		水位变动区	5.0	9.0	12.7	1.5	2.7	3.8
嫩江路轮渡站	15	水位变动区	2.0	3.7	5.2	1.0	1.8	2.6

墙结构规定的保护层厚度为 30 mm,可见目前规范规定的保护层厚度似已可满足设计基准期为 100 年的要求。但与现行设计基准期为 50 年相比,安全程度则有减弱。

4.3　材料强度的测定结果及其影响的估计

现有防汛墙结构材料强度试验的主要结果如表 5 所示。

表 5　　　　　　　　　　　　防汛墙混凝土强度主要测试结果

编号	测试地点	建造年数	区域	混凝土标号	初始强度/MPa	测定强度/MPa		
						回弹法	超声法	钻芯法
1	蕴藻浜场北码头上场侧工地的下游端防汛墙体内侧	13年	水上区	150#	13.0	34.8	31.2	35.6
2	蕴藻浜场北码头下游侧工地,拆除中防汛墙体外侧	13年	浪溅区	150#	13.0	33.3	39.2	
3	东高泾水闸胡庄桥东端两侧防汛墙外侧	13年	浪溅区	200#	18.0	37.5	35.1	
4	蕴藻浜爱辉路下游侧	5年	水上区	C25	25.0	52.0	>50	
5	吴淞口水文站段防汛墙	15.5年	浪溅区	200#	18.0	33.5	37.7	
6	临江路轮渡站	8.5年	浪溅区	200#	18.0	41.3		
7	嫩江路轮渡站	15年	浪溅区	200#	18.0	53.2		
8	丹东路轮渡站	5.5年	浪溅区	C25	25.0	50.0		
9	黄浦公园人民英雄纪念碑苏州河侧防汛墙	12.5年	水下区	250#	23.0			81.2

对表 5 所列数据进行对比分析可见采用回弹法测得的材料强度基本可信,并且实测强度大大高于由混凝土设计标号推定的初始强度,增幅高达 100%以上。原因主要有:

(1) 混凝土材料的初始强度高于设计强度。

(2) 结构构件在潮位上涨时被水浸泡,混凝土打注后养护条件较好,材料后期强度发展较充分。

（3）混凝土构筑物使用环境与地面结构相仿,材料性能恶化程度极小。

为便于对混凝土材料的强度随时间而变化的规律进行分析,将表5所示的测试结果填入图1。由图可见防汛墙结构混凝土材料的强度随时间而增长的规律大致与由以往研究得到的结果相仿,然而由于各项实测试验均缺材料初始强度的纪录,因而很难建立材料强度随时间而变化的关系式。

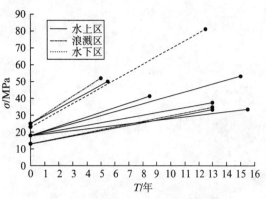

图1　防汛墙混凝土时间-强度关系图

5　结语

上海市区黄浦江水系绵长数百公里,对其两岸防汛墙结构材料的长期强度很难做到逐个全面评价。考虑到黄浦江水系属感潮河道,因而本项课题将靠近吴淞口侵蚀性物质含量较高的黄浦江和蕴藻浜下游段的水体、土体及防汛墙结构作为研究对象,以使研究结果具有较好的代表性。测试方法方面,考虑到防汛墙结构属于生命线工程,本文仅采用酚酞试液测定碳化深度,混凝土材料强度在现场仅采用回弹法和超声法测定,对采集的试样则同时采用钻芯法进行检测。为了考虑时间因素的影响,查找了工程施工的原始资料,据以结合检测数据进行了分析。

经试验研究和分析,本文得出的主要结论包括：黄浦江水体和上海地区地基土层中的侵蚀性物质的含量均在允许范围以内,防汛墙结构的环境条件处于正常状态;碳化作用对这类构件的影响较小,规范对其规定的混凝土保护层厚度已可满足设计基准期100年的要求;在类似环境下,可直接采用回弹法检测防汛墙结构材料的强度;防汛墙结构材料的强度随时间而变化的规律与地面混凝土结构的材料基本一致;对防汛墙结构抗震稳定性的检验,涉及材料强度时建议仍按原定的设计标号和规范取值。

参考文献

[1]　项明.浅析沿海水工混凝土结构耐久性[J].水利管理技术,1996(1)：36-37.
[2]　于伟忠,王高明.沿海水工混凝土结构物腐蚀及修补状况的分析研究[J].水利水运科学研究,1996(2)：180-188.
[3]　亢景富.混凝土中硫酸盐侵蚀研究中的几个基本问题[J].混凝土,1995(3).
[4]　高占学.隧道衬砌耐久性的研究[D].同济大学申请硕士学位论文,2003(3).
[5]　杨华舒,褚福涛.水工建筑物老化评评价中的两个基本问题探讨[J].昆明理工大学学报,Vol.25,No.5,2000(10)：27-30.
[6]　中华人民共和国国家标准 JGJ/23—2001　回弹法检测混凝土抗压强度技术规程[S].北京：中国建筑工业出版社,2001.
[7]　杨林德,高占学.公路隧道混凝土衬砌结构耐久性设计的研究[J].公路隧道,2002(5)：1-7.
[8]　胡玉初,鹿立云.上海吴淞导堤混凝土方块破坏情况调查质量评估及修补方案[R].南京水利科学研究院材料结构研究所,1991(4)(资料来源于上海市水利工程设计研究院).
[9]　行小军.浅析水工建筑物混凝土的碳化、冻融破坏及防治[J].西北水力发电,2002(2).
[10]　李为杜.混凝土无损检测技术[M].上海：同济大学出版社,1989.
[11]　杨林德.本市重要部位防汛墙段抗震能力的评估研究[R].项目研究报告,2003.

第三篇　砚弟诸君学术论文代表作

I 岩土工程问题的反分析

深基坑工程动态施工反演分析与变形预报*

朱合华[1]　杨林德[1]　桥本正[2]

(1. 同济大学地下建筑与工程系,上海　200092;2. 日本大阪土质试验所,大阪)

摘要　本文提出了动态施工反演分析的思想,即在常规的反分析过程中引入逐步开挖和逐道支撑的动态施工因素,以求仿真模拟工程实际情况,进而为相继施工阶段的变形预报提供可靠保证。文章基于任意施工阶段间围护墙体变形与内支撑梁轴力的增量测值和施工 FEM 优化反演分析法,反推了各土层的弹性模量系数,给出了作用在墙体两侧的土压力分布,并预报各相继施工阶段的墙体和土体变形、内力及内支撑梁轴力。工程应用实例表明,本文研究结果对变形控制设计、施工安全性预报与评价具有重要价值。

关键词　深基坑开挖;动态施工模拟;反演分析;侧向土压推定;变形预报

Back Analysis of Construction of Deep Excavation and Deformation Prediction

ZHU Hehua[1]　YANG Linde[1]　HASHIMOTO Tadashi[2]

(1. Department of Geotechnical Engineering, Tongji University, Shanghai 200092, P. R. China;
2. Geo-research Institute of Osaka, Japan)

Abstract　This paper presents the idea of back analysis with developing process, i. e., a construction process of excavation and support in parts is introduced into the common back analysis, thus providing a reliable guarantee for predicting the deformation in succession construction stages. Based on the incremental measured data between two abitrary stages, such as the horizontal deformation of the retaining wall and the axial force of the braced truss, by use of the back-analysis method of FEM with the function of construction simulating, the elastic modulus of several soil layers is back-calculated, the lateral pressures on the wall is evaluated, and the horizontal deformation of the retaining wall and soil ground, and the axial force of the brace in succession stages are forecasted. The given case study shows that the research results are valuable to the design of deformation controlling, the prediction and evaluation of safe construction.

Keywords　deep excavation; simulation of construction process; back analysis; lateral pressure evaluation; deformation forecasting

---

* 岩土工程学报(CN:32 - 1124/TU)1998 年收录

1 前言

传统的基坑围护结构体系依然是按照墙体受力强度及整体稳定性来进行控制设计的。但施工前的设计往往无法预料施工过程中复杂多变的地质和环境条件等不利因素的影响,而且随着建筑物层数的增加,基坑开挖深度愈来愈深,它对传统的设计方法也提出了新的要求。以变形大小作为控制手段的设计方法正受到普遍的重视。变形控制设计包括设计初期的变形预测分析和施工过程中的动态分析。为真正做到变形控制设计,在目前的条件下,必须解决动态施工过程中的变形预测问题。

一般采用有限元技术作为变形控制设计的主要计算方法,它适用于各种施工过程的模拟分析。但在作有限元分析时土体参数难以确定,施工前的预测分析是依照经验来给定的,而施工过程中的动态分析则可借助反演方法来推定。本文提出了动态施工反演分析方法,首先它在常规的反分析过程中引入逐步开挖和逐道支撑的动态施工因素,其次它可以反映动态施工过程中任意施工阶段间的增量量测信息。本文以任意施工阶段间的结构变形和内力的现场测值为依据,采用施工FEM优化反演分析法,确定分层土体的弹性参数,进而反推墙体两侧的土压力,并预报各相继施工阶段的墙体和土体变形、内力及内支撑梁轴力,以指导现场信息化施工设计。

2 施工过程的模拟与量测数据分析

2.1 施工过程的数值模拟

基坑工程的动态施工过程,除了其围护墙体结构的初始施作外,主要包括土体在平面上的分区和剖面上的分层开挖、内支撑结构的逐道设置、预加荷载的逐级施加、墙体结构的逐次锚固以及临时性支撑结构的逐道撤除,此外,还存在于基坑最终开挖深度之下的底部注浆加固和井点降水等辅助性控制阶段。因此,随着工程的进展,一方面墙体的变形与内力在不断增加,土体的地表沉降与坑底隆起呈增大趋势;另一方面,作用在墙体上的水平侧压力则随着结构变形的增加在减小。这就是说,现行将水平侧压力作为静止不变的荷载来输入的各种简化设计方法都存在其固有的缺陷与不足。为了模拟上述不同的施工过程,必须建立围护结构墙体-横向内支撑-土体的共同作用模型,将施工工况分成若干有代表性的阶段,采用有限元数值法,实现动态施工过程的仿真运算。

在一般条件下,上述各施工过程的变化可以用下列式子来描述:

$$([K_0]+[\Delta K_i])\{\Delta \delta_i\} = \{\Delta F_{ir}\}+\{\Delta F_{ia}\} \quad (i=1,L) \tag{1}$$

式中 L——施工阶段总数;

$[K_0]$——施工前土体与墙体结构的初始总刚度;

$[\Delta K_i]$——施工过程中土体和结构刚度的增减量,用以描述挖去土体单元及设置或撤除支撑、锚固结构单元的刚度;

$\{\Delta F_{ir}\}$——开挖释放产生的增量边界结点力列阵,初次开挖由土体自重、地下水荷载、地面荷载等确定,其后的各开挖步由当前应力状态来决定;

$\{\Delta F_{ia}\}$——施工中所施加的附加结点荷载列阵;

$\{\Delta\delta_i\}$——任一施工阶段所产生的增量位移列阵。

任一施工阶段 i 的位移 $\{\delta_i\}$ 和应力 $\{\sigma_i\}$ 为

$$\{\delta_i\} = \sum_{\ell=1}^{i} \{\Delta\delta_\ell\}$$

$$\{\sigma_i\} = \{\sigma_0\} + \sum_{\ell=1}^{i} \{\Delta\sigma_\ell\} \quad (i=1,L) \tag{2}$$

式中,σ_0 为初始应力,$\Delta\sigma_\ell$ 为任一施工阶段的增量应力。

对于每一施工过程中土体介质的非线性计算情形,一般按常刚度增量迭代法运算,其具体的计算式如下表示:

$$[K_{i0}]\{\Delta\delta_i^{jk}\} = \{\Delta F_i^{jk}\}$$
$$(i=1,L;j=1,M;k=1,N) \tag{3}$$

$$\{\delta_i\} = \sum_{\ell=1}^{i}\sum_{j=1}^{M} \{\Delta\delta_\ell^{j}\}$$

$$\{\sigma_i\} = \{\sigma_0\} + \sum_{\ell=1}^{i}\sum_{j=1}^{M} \{\Delta\sigma_\ell^{j}\} \quad (i=1,L;j=1,M) \tag{4}$$

式中,M,N 分别为增量步数和迭代步数,$\{\Delta F_i^{jk}\} = \sum_e \int_{V_e} \{B\}^T \{\Delta\sigma^a\} dV$,$\{\Delta\sigma^a\}$ 为增量非线性应力,$\{B\}$ 为应变矩阵。

2.2 墙体及内支撑结构的施工模拟

深基坑围护结构体系由挡土墙体和内支撑结构组成,其受力、变形一般呈空间状态。在现行设计阶段,由于空间分析受到诸多因素的制约,我们仍然采用平面框架结构加剖面问题的分析方法。对于那些对称性结构和分布荷载情形,或者非连续的墙体结构,如钻孔灌注桩型式的墙体结构,可采用平面或轴对称问题来进行分析。

在有限元法分析过程中,一般采用板单元或梁单元模拟围护墙体结构,而用梁单元或杆单元来模拟内支撑体系,有关结构单元刚度矩阵可参见文献[1]。如上所述,在基坑施工过程中,墙体结构作为初始刚度考虑,内支撑梁则随着施工过程的进展而逐道施作,当开挖至预定标高施作主体结构时,又需要由下而上撤除用作临时性支护的内支撑结构。为反映这一先施作再撤除的动态过程,上面采用 ΔK_i 来模拟其增减变化量。在施工过程中内支撑梁轴力的变化量由下式表示

$$N_i = N_{i-1} + K_{Ni} \cdot (u_i - u_{i-1}) \tag{5}$$

其中

$$N_0 = 0, K_{Ni} = \beta \frac{2E_i A_i}{SL} \tag{6}$$

式中 K_{Ni}——第 i 道内支撑梁的轴向刚度;

E_i, A_i——梁材料的模量和截面积;

L——开挖宽度;

S——内支撑间距;

β——刚度折减系数,它取决于施工误差、圈梁的变形以及混凝土蠕变引起的内支撑梁刚度降低,一般取 $\beta=0.5\sim1.0$,对于混凝土材料则有 $\beta=(1-\varepsilon_c)/(1+\phi_c)$;

ϕ_c——蠕变系数；

ε_c——干燥收缩应变值。

为模拟墙体与土体间的相互作用，计算过程中宜引入古德曼(Goodman)单元，其法向刚度 k_n 按地层的刚度系数择定，切向刚度 k_s 的选择需满足墙体与土体易于滑动的条件，一般取 $10\ \text{kN/m}^3$。

2.3 现场量测与数据处理分析

2.3.1 现场量测与数据源

基坑开挖过程中的现场量测信息化是施工、设计的一个重要方面，也是保证工程施工安全的一个必不缺少的手段。众所周知，每一种围护技术及设计方法都是以一定的假设条件(如地层参数、计算模型、边界条件等)为基础的。当设计者对这些条件的比较把握准确，计算理论正确，施工质量又得到保证时，基坑围护就容易获得成功。但实际上，地层条件复杂多变，围护机理也非一个模式，施工过程又存在许多不确定因素，随着时间的推移，有些因素还在不断变化，这就决定了仅依靠理论分析和经验估计难以完成经济可靠的基坑设计与施工。为此，施工监测就显得十分重要。通过合理准确的施工监控信息，不仅可以进一步优化设计方案，指导施工，而且可以实时监控工程的稳定性状况。

深基坑工程现场监测工作主要包括与围护结构有关的量测、与周围土体有关的量测和与周围环境影响有关的量测。本文仅讨论与围护结构有关的量测，其主要量测项目有墙体结构的水平倾斜角、横向内支撑梁的轴向力以及墙背面的水、土压力等。由墙体的水平倾斜角推算出的水平变形和弯矩，可用来验证围护结构设计、指导坑内开挖、保证施工安全。鉴于其量测结果的可靠性，它也成为反演分析的一个主要数据源。

2.3.2 量测数据处理

来自现场的量测数据常常由于测点间距设置过大或测点受到破坏而引起量测点数不够充足，或者需要向其他物理量(如变形，弯矩等)转换时，宜作插值处理，而且由于量测数据本身的读数误差等的影响，还需对离散的数据作平滑分析。利用墙体水平倾斜角来推算其水平变形和弯矩，一般是假定墙体最下端的水平方向固定，分别通过数值积分和数值微分的方法获得。具体由下式定义：

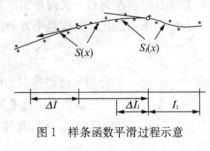

图 1 样条函数平滑过程示意

$$u(x) = \int_a^x \theta(z)\mathrm{d}z \quad M(x) = EI\frac{\mathrm{d}\theta(x)}{\mathrm{d}x} \tag{7}$$

式中　θ——水平倾斜角；

$u(x)$——点 x 相对于 $x=a$ 处的位移；

M——相应的弯矩；

EI——其弯曲模量。

当量测点间距小于 0.5 m 时，来自仪器的量测误差(一般仪器的量测精度为 2×10^{-5} rad)因积分和微分传递不大，无需进行拟合分析；但当量测点间距大于 0.5 m 或因某些量测点受到破坏，常求助于拉格朗日插值或样条函数(spline function)插值的方法来进行数据处理，下面给出样条函数插值的方法：

$$S(x) = \int_a^x \theta(x_i) + \sum_{k=1}^{3} c_{ik}(x-x_i)^k \tag{8a}$$

$$x_i \leqslant x \leqslant x_{i+1}(i=1,2,\cdots,n-1), a \leqslant x_1 \leqslant x_n \leqslant b \tag{8b}$$

式中 $\theta(x_i)$——测点 x_i 处量测值；

$S(x)$——相应的插值；

c_{ik}——插值系数；

a,b——插值区间。

将式(8)代入式(6)可得任意点的插值位移为

$$u(x) = S_x + \sum_{k=i+1}^{j} S_{x_k} - S_a \quad (x_j \leqslant x \leqslant x_{j+1}) \tag{9a}$$

其中，

$$S_x = \int_{x_j}^{x} S(z-x_j)\mathrm{d}z,$$

$$S_{x_k} = \int_{x_{jk}}^{x_{k+1}} S(z-x_k)\mathrm{d}z,$$

$$S_a = \int_{x_{ji+1}}^{a} S(z-x_{i+1})\mathrm{d}z.$$

同样有任意点弯矩为

$$M(x) = EI[c_{i1} + c_{i2}(x-x_i) + c_{i3}(x-x_i)^2] \quad (x_i \leqslant x \leqslant x_{i+1}) \tag{9b}$$

一般由环境条件和人为读数引起的误差在实际量测过程中是无法避免的，因此，在使用上述样条函数插值时需要利用最小二乘法对其作进一步的回归分析。这里，我们建议采用一次走查平滑法(one-pass method)[2]，它适用于量测数据量随时间逐渐累加的情形。如图 1 所示，该方法首先由左到右一次搜查实测数据并确定平滑区间，然后依次在每个小区间内近似确定拟合的样条函数式。其残差平方和由下式决定：

$$R = \sum_{x_k \in \Delta I_1 + I_1} [S(x_k) - \theta_k]^2 + w \sum_{x_k \in \Delta I + I} [S_1(x_k) - \theta_k]^2 \tag{10}$$

式中 $\Delta I, I$——分别为已经搜索的区间和当前搜索区间；

$\Delta I_1, I_1$——分别为与 I 重叠的区间和待搜索区间；

w——权数，可取 $w=1$，具体平滑方法见附录。

3 动态施工反演分析

3.1 量测信息与待求参数的选择

在进行深基坑开挖设计分析时，土体的本构力学模型及参数的确定是一个十分重要的问题。通常计算参数是由室内试验、现场测试或已有工程经验判断来确定的，但实际工程表明，由这些方法确定的计算参数并不能很好地反映土—结构作用的实际性状，因此，一类以围护墙体实测位移和内支撑梁轴力为基础的反演分析方法得到了发展，并在工程中推广应用。

反演分析输入的基础信息来自现场量测。在深基坑施工过程中，如上所述可以测得各类量测值，其中位移量测信息是土体的所有力学特征，围护结构刚度及周围环境条件的综合反映，从理论上可以由位移量测值来推定土体变形模量和侧压力系数。我们还发现，内支撑轴力也在很大程度上反映了土体侧向压力的大小与变化。因此本研究仅选择位移和结构内力(包括由墙体位移转换而来的弯矩)作为量测信息。这两类信息具有一定的可靠性、直观性和易采集性。

反演分析存在三个系统识别问题,即土体本构力学模型系统、边界条件系统和参数系统的识别。本构力学模型的正确选择是反演分析的基础,边界条件的合理确定是反演分析中利用有限元等数值方法进行正演计算必不可少的条件,而选择待分析参数是反演分析中的关键,它直接影响到反演计算结果的精度。关于土体本构力学模型,在目前的状况下一般依据土层条件来确定,通常可供选择的有弹性模型、弹塑性模型、黏弹性模型、非线性弹性模型以及弹—粘塑性模型;关于有限元计算区域边界条件,通常需要根据现场地形、地质条件以及在开挖扰动范围之外来圈定边界,并且按位移约束条件来处理,或者在边界位置设置无界元模拟计算区域外的弹性刚度贡献;关于待求参数,应根据所选择的力学模型和问题的主要方面来择定。在以基坑开挖作为研究对象时,主要选择侧压力系数、地层弹性抗力系数(一维分析)或弹性模量(两维分析)及渗流、固结系数作为未知量。

3.2 施工反演分析方法

以量测信息的输入为基础,选择确定的土体本构力学模型、计算方法与边界条件,来反推待求物理力学参数的方法,即反演分析法。在常规的反演分析中,均忽视了施工过程对反演计算结果的影响,人为地造成了一些计算上的误差。由于基坑施工工序的特殊性,量测结果是随着工况的变化而变化,呈现一种动态的响应过程。因此,有必要将反演过程与施工模拟过程结合起来考虑,建立一整套动态施工反演分析方法,它要求在每一个反演过程中,均包含到达目前量测阶段的整个施工过程的变化模拟。

3.2.1 目标函数与 Simplex 最优化方法

深基坑动态施工反演过程的量测信息拟采用墙体水平向变形、弯矩及内支撑轴力。因此,关于待求未知量 $\underline{X}$ 的最小二乘目标函数可如下定义:

$$J(\underline{X}) = \sum_{i=1}^{3} \omega_i J_i / J_{i0} \tag{11}$$

其中,
$$J_1 = \sum_{i=1}^{K_1} (\Delta u_i - \Delta u_i^1)^2, \quad J_{10} = \sum_{i=1}^{K_1} (\Delta u_i)^2$$

$$J_2 = \sum_{i=1}^{K_1} (\Delta M_i - \Delta M_i^1)^2, \quad J_{20} = \sum_{i=1}^{K_1} (\Delta M_i)^2$$

$$J_3 = \sum_{i=1}^{K_2} (\Delta N_i - \Delta N_i^1)^2, \quad J_{30} = \sum_{i=1}^{K_2} (\Delta N_i)^2$$

式中 $\underline{X}$——未知量列阵,如弹性模量 E,初始侧压力系数 K_0 及接触面刚度系数等;

$\Delta u_i, \Delta u_i^1$——分别为任意两施工阶段间相对于墙体最下端支点的水平变形计算值和实测值增量;

$\Delta M_i, \Delta M_i^1$——分别为任意两施工阶段间墙体弯矩的计算值和实测值增量;

$\Delta N_i, \Delta N_i^1$——分别为任意两施工阶段间内支撑轴力的计算值和实测值增量;

K_1, K_2——分别为变形测点数和内支撑道数;

ω_i——加权常数(如取 $\omega_1 = \omega_2 = \omega_3 = 1$)。

待求未知量 $\underline{X}$ 逼近于 $\underline{X}^*$ 时，式(11)达到最小值，即

$$\lim_{\underline{X} \to \underline{X}^*} J(\underline{X}) \quad (\underline{X} \text{ 满足非负条件}) \tag{12}$$

对式(12)进行求解的最优化方法分为无导数求解法和有导数求解法两类，本文采用无导数搜索法——Simplex法，其具体求解过程参见文献[3]。

3.2.2 墙体任意位移和弯矩的计算

| 对策与控制技术 | 动态施工反演 | 现场动态量测 | 变形预报 |

为反映施工过程的动态响应，需要给出量测点任意位置设置和任意施工阶段的量测信息增量。对于墙体结构，采用梁单元来模拟，则由有限元法计算事先获知每一梁单元两端结点的水平位移和弯矩，梁单元编号由下至上。设任一单元上的测点 x_i，其两端点的水平位移为 u_1，u_2，则按线性插值得

$$u_i = u_1 + \frac{x_i - x_1}{x_2 - x_1}(u_2 - u_1) \tag{13}$$

式中，x_1，x_2 分别为单元结点距地表面的距离，u 为相对于墙体最下端支点的位移。对于每个单元上任意测点 x_i 弯矩 M_i 有

$$M_i = M_1 + Q_1 \cdot (x_1 - x_i) \tag{14}$$

式中，M_1，Q_1 分别为结点 1 的弯矩和剪切力。

设任意两个施工阶段 L_1，L_2 ($L_1 < L_2$)的位移和弯矩测值分别为 u_i^l，M_i^l ($l=L_1, L_2$)，则其增量计算值为

$$\Delta u_i = u_i^{L_2} - u_i^{L_1} \quad \Delta M_i = M_i^{L_2} - M_i^{L_1} \tag{15}$$

3.2.3 横向内支撑梁轴力的计算

横向内支撑随施工过程的推进而逐步设置，因此设置支撑前因开挖而产生的变形在计算中应予扣除。任意施工阶段的内支撑轴力由式(6)确定，设任意两个施工阶段 L_1，L_2 ($L_1 < L_2$)的轴力为 $N_i^{L_1}$，$N_i^{L_2}$，则其增量为

$$\Delta N_i = \Delta N_i^{L_2} - \Delta N_i^{L_1} \tag{16}$$

当 $L < L_2$ 时，取 $\Delta N_i^{L_2} = \Delta N_i^L$。

4 变形预报与监控

以上提出了动态施工反演分析的思想，它将施工过程融入参数反演分析之中，起到了仿真计算模拟的目的。然而，参数的反演分析仅仅是本文研究目的之一，由于诸多难以预料的原因，如地层地质条件的不可预见性，土体本构力学模型的复杂性，等等，给参数分析带来了困难。但如果模糊这些不确定因素，在原有给定的力学模型和边界条件前提下再利用反演计算得到的状态参数作预报分析，则不仅使得反演得到的参数更具有实用价值，而且也给反演分析法注入了更多的生命力。

在工程地质条件基本保持不变的情况下，根据施工过程采用反演分析法可以预测不同施工断面或同一施工断面的不同施工阶段，例如，利用已经量测到的数据反推各土层的弹性系数，继而预报相继各施工阶段的墙体变形，地表面的沉降和坑底的隆起、周围管线的变位，进一步依据变形控制标准值提出相应的对策和控制措施。其具体过程如表 1 所示：

5 算例验证与工程应用

5.1 算例验证

模型地层如图 2 所示,由地表起分 5 层土,各层弹性模量由表 1 给出。假定地下水位为 3 m,开挖深度 18.7 m,墙体长度为 28 m。分 4 次开挖,设 3 道支撑,每次开挖之后立即支撑。为验证上述动态施工反演方法的可行性,假定由计算给出了第 2~4 次开挖步间的墙体水平变形曲线和内支撑轴力值,并以此为反演计算输入信息,反演得到的各地层模量列于表 1。真实弹性模量与反演计算值间相对误差小于 0.3‰,目标函数及各参数收敛过程见图 3(a)—(f)。

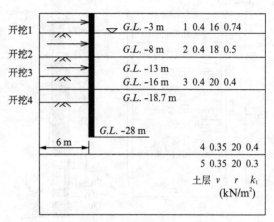

图 2 模型地层与基坑施工条件

表 1　　　　　　　　　　土层弹性模量　　　　　　　　　　（MPa）

弹模	土层 1	土层 2	土层 3	土层 4	土层 5
真值	10.0	20.0	30.0	80.0	200.0
初始值	5.0	10.0	10.0	50.0	150.0
计算值	9.998	20.06	29.98	80.13	200.02
误差(‰)	0.02	0.30	0.27	0.163	0.01

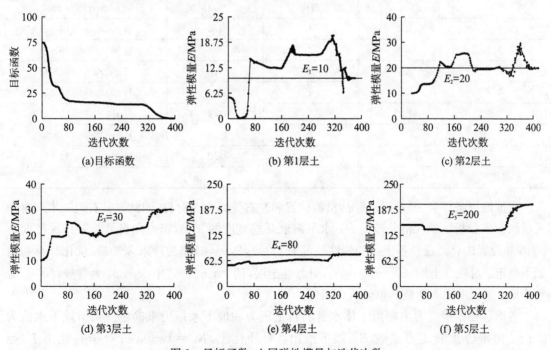

图 3　目标函数、土层弹性模量与迭代次数

5.2 工程应用

1. 工程概况与解析条件

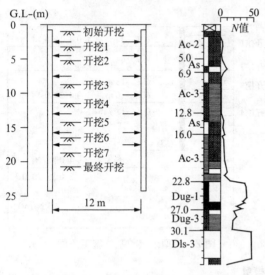

图 4 工程地质条件与施工条件

某地铁车站基坑开挖工程,用于施工监控的量测断面的地层条件与施工条件如图 4 所示。由地表面起至 22.8 m 深度范围内为冲积而形成的黏土与砂土层,22.8 m 以下为非常坚硬的砂砾石洪积层,其标准惯入系数 N 值为 $1\sim69$,由上至下共分 8 层土,呈黏性土和沙性土相间分布。基坑开挖深度为 20.7 m,宽 12 m,主要是在冲积层中进行,分 9 次开挖,每次开挖深度 3.0 m 左右。

采用圆形钢管桩围护,盖挖逆作法施工。初始开挖之后于最上部铺设 0.4 m 厚的盖板。在开挖的同时施作横向钢内支撑梁,每 2.5 m 左右设置 1 道支撑,总共 7 道,各次开挖深度和横向内支撑参数见表 2。用于墙体围护的圆形钢管桩尺寸为 $\Phi 500\times 16$ mm,长 24.5 m,惯性矩为 4.809×10^{-4} m^4/m。

表 2 开挖与横向内支撑参数

开挖		初始		
次数	深度	道数	深度	尺寸/mm
	0.8	盖板	0.4	I-600×190×16
1	3.2	1	1.9	H-300×300×10×15
2	5.2	2	4.6	H-300×300×10×15
3	8.6	3	7.3	H-300×300×10×15
4	11.2	4	10.0	H-300×300×10×15
5	14.1	5	13.1	H-350×350×12×19
6	16.5	6	15.6	H-350×350×12×19
7	18.7	7	18.2	H-350×350×12×19
最终	20.7			

根据地层条件和工程环境情况,量测位置和左右受载大致对称,因此取其右边一半作有限元反演数值分析。单元剖分范围为:水平向取开挖宽度的 3 倍,竖直向自最终开挖深度向下 50 m 处设置边界。选择各土层的弹性模量 $E_i(i=1,2,\cdots,8)$ 作为待求未知量,优化计算初值如下确定:对砂性土层,$E_i=a_1+a_2N_i$;对黏性土层,$E_i=a_3q_{ui}$。其中,a_1—a_3 为常数,N_i,q_{ui} 分别为第 i 层标准惯入系数和单轴抗压强度。

各地层初始地应力主要由土体本身的自重压力和地下水压力来确定。初始地下水位为 3.1 m,初始静止侧压力系数 K_0 如下给出:对沙性土,$K_0=1-\sin\varphi$;对于黏性土 $K_0=(OCR)^{0.3}-0.5$。其中,φ 为地层有效内摩擦角,OCR 为固结比,墙体与土体间插入的接触单元切向与法向刚度分别为 $k_s=0.01$ MPa/m,$k_n=100$ MPa/m。

与反演分析相关的其他输入的地层参数来自现场测试和室内常规实验,见表3。

表3 各地层土性参数

土层名	N值	γ_t	ν	q_u(kPa)	K_0
Ac-2	2	16.7	0.43	60.0	0.75
As	5	17.0	0.43	42.0	0.61
Ac-3	1	15.6	0.43	86.0	0.57
As	5	18.5	0.43	92.0	0.61
Ac-3	6	17.9	0.43	171.0	0.57
Dug-1	37	20.0	0.35	—	0.41
Duc-3	20	19.0	0.35	43.0	0.40
Dls-3	69	22.0	0.35	—	0.33

2. 量测数据及其处理

由现场接得到的实测数据为墙体水平倾斜角和内支撑轴力,如图5所示。墙体倾斜角的测点自地表面起每0.5 m间隔设置,沿墙体全长均匀分布,初始开挖结束、盖板施作完成后开始记录。由实测得到的倾斜角按样条函数转化为墙体水平变形和弯矩,图5为第3次开挖结束时墙体的水平倾斜角、水平位移与弯矩,图中分别给出了平滑和未平滑转化的结果,由于测点设置较密,两者之间并未表现出明显的区别,但由于端点处的约束条件,转化而来的端部弯矩值呈奇异性变化。

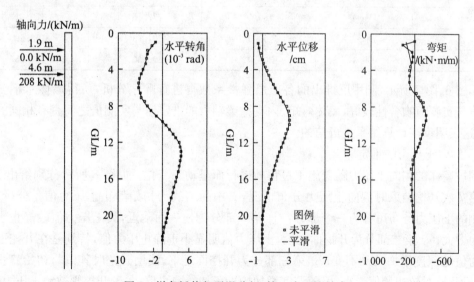

图5 样条插值与平滑分析(第3次开挖结束)

如表2所示,第2、7次开挖结束之前,分别设置了2道和6道支撑,其中,第1道支撑梁在整个施工过程中(直至最终开挖阶段)与墙体托开,实测轴力为零,即此道支撑不起作用。第3次开挖终止时第2道支撑轴力为208 kN/m,实测最大轴力为380 kN/m,与墙体最大变形位置相对应,即第5道支撑、距地表13.1 m位置。

3. 反演结果分析

下面基于墙体变形和内支撑轴力的测值分两种情形反求为反求共 8 层土体的弹性模量。情形 1 为挖深 8.6 m,第 3 次开挖结束,情形 2 为挖深 18.7 m,第 7 次开挖结束。由于实测值从初始开挖和盖板施作完成后开始记录,相应的反演计算必须扣除盖板施作完工之前产生的位移和力的响应。

各土层弹性模量的反演计算结果列于表 4。将计算值与初始设定值比较可知,以地表面起至开挖底面附近各土层弹性系数变化较为明显,其中第 3 层土体(Ac-3 黏土层)变化最为显著,以该层的标准惯入系数 N 值来看,其为软弱层,因而弹性系数偏小。对于由第 3 次和第 7 次开挖结束时的实测数据推定的各土层弹性系数,两者之间并无较大的不同,与初始设定值相比其变化趋势基本一致;反推出的墙体最下端点附近及其下面各地层的弹性系数与初始给定值相比变化不大,其主要原因在于:所处地层位置无实测数据,即使有变形值也很小,因而其弹性系数的变化对目标函数影响不大,优化过程很难反映这些弹性系数的变化程度。

表 4 各土层弹性模量初始值与反推值

土层序号	土层名称	初始值/MPa	反推值/MPa 第 3 次开挖	反推值/MPa 第 7 次开挖
1	Ac-2	18.0	14.80	20.79
2	As	14.0	11.60	18.92
3	Ac-3	12.9	4.64	3.72
4	As	14.0	17.07	11.13
5	Ac-3	25.5	23.86	18.17
6	Dug-1	180.0	177.15	179.21
7	Duc-3	100.0	101.73	103.69
8	Dls-3	300.0	300.30	299.35

如图 6、图 7 所示,利用反推出的各土层弹性系数再进行顺序分析,所得墙体水平变形的推定值与实测值吻合性较好,墙体弯矩、内支撑梁轴力的推定值与实测值之间具有相同的变化趋势,这表明反演计算结果是可信的。

4. 侧向土压力的推定

围护墙体的侧向土压力随着施工过程的进行而呈动态变化。如图 8 所示分别给出了第 3 次与第 7 次开挖结束时侧向土压力分布情况,其中的斜线为初始静止土压力值。分析表明:墙背侧的土压力分布可分为三个部分:① 第一部分为地表面附近,其土压力值较静止土压力值略为增大;② 第二部分为开挖面之上,土压力值明显小于静止压力值,特别是在开挖面附近土压力值随深度增加几乎不变;③ 第三部分为开挖面之下,浅层开挖时其值与初始静止值相近,深层开挖时较初始值为小,但随深度增加接近于初始静止值;关于开挖侧被动土压力值,无论是浅层还是深层开挖,其最大值发生于距开挖面一定位置处,且超过初始静止压力值,但在最大值位置之上与开挖面之下的土压力值小于其初始值。

由上分析可知,实际上墙背面侧向土压力值分布可分为三折线段形式,其中开挖面之上的部分可视作均匀分布。开挖侧土压力值则可以由静止土压力和土层弹塑性抗力的叠加来模拟。

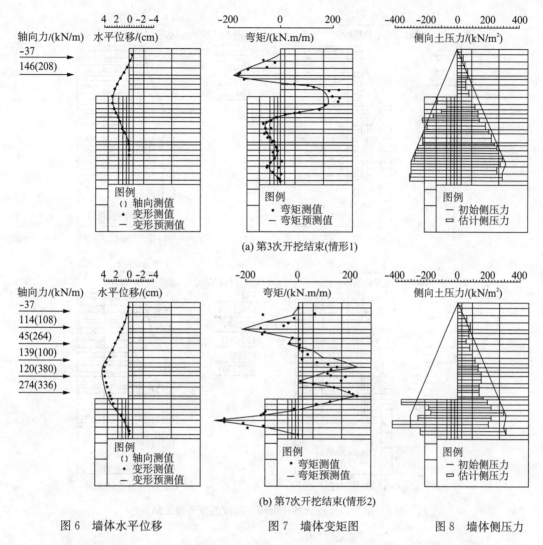

图6 墙体水平位移　　图7 墙体变矩图　　图8 墙体侧压力

5. 变形预报分析

在第3次开挖结束时,量测出一组墙体变形和内支撑梁的轴力。为此,采用上述动态施工反演的方法,即可预报相继各施工阶段的变形,用来及时地指导施工,并根据需要采取相应的控制措施。如图9(a)-(d)为第4～7次开挖结束时的变形预报结果,与实测值比较表明:预报值具有较高的准确度,其最大值发生位置和大小基本接近,如第4次开挖预报值与实测值分别为37.6 mm、34.9 mm,第5次开挖则为42.6 mm、43.5 mm。但从图9(c),(d)来看,第6、7次开挖的预报与实测变形最大值相差较大,其原因在于:当第6、7次开挖结束时反演给出了最大变形发生位置第5层土体(Ac-3黏土层)的不同弹性模量(见表4)。作者认为,其原因在于弹性模量是应变状态的函数,对于不同的开挖深度,其弹性系数是个变化量。解决这一问题的有效途径是采用反映应变状态的非线性本构模型,待求的未知量应为各土层弹性模量的初始值。

应该指出:本文研究工作从理论上来说有待进一步完善,从实用角度来说所给出的变形预报结果已满足工程应用要求。

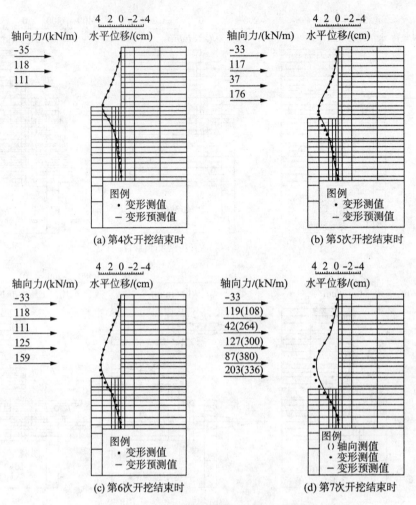

图 9 第 3 次开挖后各相继施工阶段的变形预报结果

6 结论

本文采用两维 FEM 仿真数值模拟分析手段,从现场量测、数据处理到动态施工反演分析、土压力推定、变形预报,提出了一整套的动态控制设计方法,主要得到以下几点结论:

(1) 利用样条函数插值及一次走查平滑法,不仅可以消除量测数据的读数误差、弥补量测点的不足,而且能有效地将量测到的数据转换成其他物理量,如将墙体水平倾角转换为变形和弯矩。

(2) 将动态施工模拟融入反演分析过程中,提出了动态施工反演分析方法,可以利用任意施工阶段间增量量测信息,反推当前施工状态下的物理力学参数,借以预测相继施工阶段的施工力学响应。

(3) 采用两维 FEM 反演分析的方法,可以反推计算出作用在围护墙体背面侧与开挖侧的土压力分布规律和大小。结果表明:背面侧水平土压力值分布可分为三折线段形式,其中开挖面之上部分可视作均匀分布。开挖侧土压力值则可以由静止土压力和土层弹塑性抗力的叠加来模拟。

(4) 研究结果表明,利用动态施工反演计算结果,随时可以预测相继施工阶段围护结构的变形和地表沉降、坑底隆起以及周围管线的变位,为变形控制技术的实施提供了有力的保证。

参考文献

[1] 李润方,王建军. 结构分析程序 SAP5 原理及其应用[M]. 重庆:重庆大学出版社,1992.
[2] 市田浩山,吉本富士市. スプライン函数とその応用. 东京:教育出版,1979.
[3] 渡部力,各取亮,小国力. Fortran 77による数値計算ソフトウワア[M]. 东京:丸善株式会社,1989.

附录 样条函数最小二乘平滑方法

由环境条件和人为读数引起的误差在实际量测过程中是无法避免的,因此,在采用样条函数插值时需要利用最小二乘法对其作进一步的平滑分析。最小二乘法是将所有的实验数据一次进行回归处理。然而,量测读数一般是随时间变化依次得到的,有必要跟踪数据进行平滑处理。一次走查平滑法(one-pass method),是适应这类数据处理的有效方法之一。如图 1 所示,该方法首先由左到右一次搜查实验数据并确定平滑区间,然后依次在每个小区间内近似确定拟合的样条函数式。如图 1 所示,在 $I_1=[t,t_1]$ 和 $I_1=[t,t_1]$ 内分别采用下列近似样条函数

$$S(x) = S(s) + m_0(x-s) + c_1(x-s)^2 + c_2(x-s)^3 \quad (a)$$

$$S_1(x) = S(t) + m(x-t) + d_1(x-t)^2 + d_2(x-t)^3 \quad (b)$$

式中,s,t 为坐标值点;t_1 点由区间 I 和 I_1 之内数据量大致相等的条件来决定;$m_0=S'(s)$,$m=S'(t)$;常数 c_1,c_2 和 d_1,d_2 均由最小二乘法计算确定。

其残差平方和为

$$R = \sum_{x_k \in \Delta I_1 + I_1} [S(x_k) - \theta_k]^2 + w \sum_{x_k \in \Delta I + I} [S_1(x_k) - \theta_k]^2 \quad (c)$$

式中 $\Delta I, I$——分别为已经搜索的区间和当前搜索区间;

$\Delta I_1, I_1$——分别为与 I 重叠的区间和待搜索区间,w 为权数,可取 $w=1$。

由式(c)可知,它不仅考虑了当前区间的数据,而且计算包括了过去区间 ΔI 和未来区间 I_1 的数据。如果不计入未来的数据,平滑计算的近似函数将出现不稳定性。由式(b)知,与区间 I 右端相关的导数 m 仅仅由该区间内的数据确定,而区间 $\Delta I, \Delta I_1$ 内的点则决定了近似函数的平滑程度。

基坑变形的随机预测*

时蓓玲[1]　杨林德[2]

(1. 上海第三航务工程局科学研究所,上海　200032;2. 同济大学地下建筑与工程系,上海　200092)

摘要　在基坑开挖过程中,由于诸多不确定性因素的存在,使得基坑的变形存在较大的随机性,本文将基坑的土体与支护结构等视作一不确定性系统,考虑土体的流变性,用反分析方法建立基坑变形预测的计算模型,为施工决策提供有益信息。分析过程中以线性黏弹性本构模型对计算模型进行工程简化,实际工程算例的结果证明了本文方法的可靠性。

关键词　流变;反分析;随机预测

1 引言

本文将基坑及支护结构视作一不确定性系统,认为基坑变形的随机性是系统内部诸多因素共同作用的结果。引起基坑变形的不确定性的因素主要有:(1) 土体介质的物理、几何性状的离散性;(2) 施工进度;(3) 基坑内降水及土体加固的质量;(4) 超载的不确定性;(5) 环境条件的影响。反分析方法就是通过现场实测信息推知土性参数,据此预测基坑可能发生的变形,达到对开挖施工进行动态控制的目的。由于反馈控制不可能抓住所有因素,而只能将与变形控制密切相关的参数作为研究的主要因素。因此本文将以下因素作为研究的重点:

1.1 现场位移量测数据的变化规律

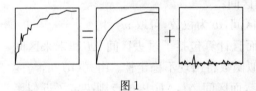

图1

图1为一用于描述由基坑开挖引起的地层移动随时间而发展的规律的典型实测曲线。这类曲线并不是理想的光滑曲线,而是明显呈锯齿状的折线。由于位移监测过程中包含施工因素的干扰,曲线中还因包含个别"异常数据"而出现跳跃现象。作为工程简化,可将实测位移—时间曲线分解为两部分的叠加:趋势项与随机项,并在分离的过程中剔除实测曲线中的"异常数据",如图1所示,即

$$u(t) = u^*(t) + \varepsilon(t) \tag{1}$$

式中　$u(t)$——位移量测值;

$u^*(t)$和$\varepsilon(t)$——分别为位移趋势项与随机项。

1.2 土体的流变性及土体材料性态模型的选择

目前土力学中关于土体介质的本构模型多达数百种,本文所采用的反分析方法要求采用

---

* 工程力学增刊

的本构模型即能较好地反映上海地区软黏土的流变特性,又具有明确的物理意义。文献[2]等的研究结果表明在一定应力水平和相同排水条件下这些曲线都在较大程度上呈现黏弹性性态,本文作者也曾以 Kelvin-Voigt 模型模拟土体力学特性,对上海地区的基坑工程实例进行的反分析研究[3]得到了与实测位移-时间曲线很吻合的结果。鉴于以上研究结果,本文选用 Kelvin-Voigt 黏弹性模型作为土体的本构模型,如图 2 所示。其基本关系式为

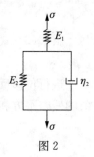

图 2

$$\varepsilon(t) = \left\{ \frac{1}{E_1} + \frac{1}{E_2} \left[1 - \exp\left(-\frac{E_2}{\eta_2} t\right) \right] \right\} \sigma_0 \qquad (2)$$

式中的 E_1, E_2 和 η_2 为反分析参数,根据线性黏弹性对应性原理,取等效"综合弹性模量"$\overline{E}(t)$:

$$\frac{1}{\overline{E}(t)} = \frac{1}{E_1} + \frac{1}{E_2} \left[1 - \exp\left(-\frac{E_2}{\eta_2} t\right) \right] \qquad (3)$$

即三个黏弹性参数可以通过对综合弹性模量 $\overline{E}(t)$ 的反分析而获得

$$\varepsilon(t) = \frac{1}{\overline{E}(t)} \sigma_0 \qquad (4)$$

2 计算模型的建立

2.1 位移趋势项与随机项的分离

本文采用多项式函数根据最小二乘法提取位移趋势项,由此将位移量 $u(t)$ 表达为

$$u(t) = Y = \hat{Y} + \varepsilon = a_0 + a_1 t + a_2 t^2 + \cdots + \varepsilon \qquad (5)$$

式中 $\hat{Y} = u^*(t)$——趋势项;

ε——随机项,$a_0, a_1, a_2, \cdots, a_n$ 为待定系数,n 为阶数,$(1 < n < k)$,k 为测值个数,阶数 n 可由 F 检验确定。可得位移随机项序列为

$$\{e\} = Y - \hat{Y} = \{e_1, e_2, \cdots, e_k\}^{-1} \qquad (6)$$

假设

(1) $\{e\} \sim N(0, \sigma^2 I)$

其中 $\sigma^2 I = \sigma^2 \begin{bmatrix} 1 & & 0 \\ & \ddots & \\ 0 & & 1 \end{bmatrix} = \begin{bmatrix} \sigma^2 & & 0 \\ & \ddots & \\ 0 & & \sigma^2 \end{bmatrix}_{k \times k}$,$\sigma^2$ 为 e 的方差,其无偏估计为 $\hat{\sigma}^2 = \frac{Q_e}{k-n-1}$,

e_i 具有相同方差 σ^2,即 $Var(e_i) = \sigma^2, i = 1, 2, \cdots, k$

(2) e_i 互不相关,即 $Cov(e_i, e_j) = 0, i \neq j$

于是有 $Var(Y) = \sigma^2 I$

2.2 基于蒙特卡罗法的随机反分析

基坑计算域的总控制方程为 $[K]\{u\} = \{F\}$ (7)

当把基坑变形视作动态随机过程时,结点位移由趋势项与随机项组成,而刚度阵也成为一随机变量矩阵,可分解为相应于位移趋势项的均值刚度矩阵和随机波动部分,即

$$\{u\} = \{u_0\} + \{\Delta u\} \qquad (8)$$

$$[K] = [K_0] + [\Delta K] \qquad (9)$$

$$([K_0]+[\Delta K])(\{u_0\}+\{\Delta u\})=\{F\} \tag{10}$$

由式(3)、式(4),控制方程可写为

$$\bar{E}(t_i)[K^*]\{u\}=\{F\} \tag{11}$$

进行位移反分析时采用最小二乘目标函数,即令由反分析计算得到的位移计算值与实测值的残差平方和为最小:

$$J(X)=J(x_1,x_2,\cdots,x_m)=\min\sum_{i=1}^{n}(u_i-u_i^*)^2 \tag{12}$$

$$g_j(X)\geqslant 0 \quad (\text{约束条件}) \tag{13}$$

式中 X——$X=x_1,x_2,\cdots,x_m$ 为反分析参数,m 为总个数;

u_i,u_i^*——分别为位移计算值和量测值;

n——测点总数。对于任一测点,其位移随时间的变化可描述为相应于时间序列 $\{t_1,t_2,\cdots,t_k\}^T$ 的位移序列 $\{u_1,u_2,\cdots,u_k\}^T$,并存在相应于这两个序列的"综合弹性模量"序列 $\{\bar{E}_1,\bar{E}_2,\cdots,\bar{E}_k\}^T$。综合弹性模量也可分为两部分:

$$\bar{E}_i=\bar{E}_{i0}+\Delta\bar{E}_i \tag{14}$$

式中 $\bar{E}_{i0}$——相应于位移趋势项的平均综合弹性模量;

$\Delta\bar{E}_i$——相应于位移随机项的综合弹性模量波动部分。

由式(6)可在位移趋势项的基础上,对测点 l 的随机项 e_l 用蒙特卡罗方法进行随机抽样,从而得到随机位移量 $u_l(t_i)$ 的抽样,第 j 次抽样为

$$u_l^{*j}(t_i)=\hat{Y}_l(t_i)+e_l^j(t_i) \quad (j=1,2,\cdots,m, m \text{ 为样本总数}) \tag{15}$$

对于 t_i 时刻位移的第 j 次抽样建立目标函数:

$$J^j=\min\sum_{l=1}^{n}(u_l^j-u_l^{*j})^2 \tag{16}$$

根据现有资料,量测数据误差基本服从正态分布,设时刻 t_i 的位移量测值为 u_i,n 次抽样的均值为 $\bar{u}_i$,方差为 σ^2,则对于 u_i 的第 j 次抽样,有

$$u_i^{*j}=\bar{u}_i+\varepsilon_i^j(i=1,2,\cdots,n, j=1,2,\cdots,m) \tag{17}$$

式中,n 为量测值总数,m 为样本数。均值 $\bar{u}_i$ 取位移—时间曲线的趋势项,ε_i^j 为服从 $N(0,\sigma_i)$ 的第 j 次抽样随机数。由式(11),得

$$\{u^j\}=\frac{1}{\bar{E}^j}[K^*]^{-1}\{F\} \tag{18}$$

令

$$\{V\}=[K^*]^{-1}\{F\}=\{v_1 v_2 \cdots v_N\} \quad (N \text{ 为方程组阶数}) \tag{19}$$

由式(18)、式(19)得

$$u_l^j=\frac{v_l}{\bar{E}^j} \tag{20}$$

将式(20)代入式(16),得

$$J^j=\min\sum_{l=1}^{n}\left(\frac{v_l}{\bar{E}^j}-u_l^{*j}\right)^2 \tag{21}$$

由 $\dfrac{\partial J^j}{\partial \bar{E}}=0$,得

$$\bar{E}^j = \frac{\sum_{l=1}^{n} v_l}{\sum_{l=1}^{n} u_l^{*j}} \tag{22}$$

由以上推导可知对于第 $j+1$ 次抽样，不需要再进行一遍式(19)的求解，而仅需将式(22)中的位移抽样值替换为 $j+1$ 次抽样值即可。这说明线性黏弹性对应性原理的应用弥补了蒙特卡罗方法计算工作量庞大的缺点。本文所采用的抽样方法为极限近似法，样本容量由下式控制

$$m = \left(\frac{\lambda_\alpha \sigma}{\varepsilon}\right)^2 \tag{23}$$

式中，ε 为误差，λ_α 为与显著水平 α 相对应的正态差。由以上反分析过程得到 $\bar{E}^j(t_i)$ 后，可由两种方法分离出流变参数 $\bar{E}_1^j$、$\bar{E}_2^j$ 和 η_2^j。

方法一：将相应于时间序列 $t_1, t_2, \cdots, t_k$ 的综合弹性模量序列 $\bar{E}_1, \bar{E}_2, \cdots, \bar{E}_k$ 分别代入式(3)，建立 k 阶矛盾方程组，用 Marquardt 法求其最小二乘解；

方法二：取与三个时刻 t_{k1}, t_{k2}, t_{k3} ($t_{k1} < t_{k2} < t_{k3}$) 相应的综合弹性模量 $\bar{E}_{k1}, \bar{E}_{k2}, \bar{E}_{k3}$，代入式(3)，建立由三个方程式组成的方程组，可以证明，由方程组得到的超越方程具有唯一解[3]。

最后经统计分析得到三个流变参数的均值与方差。

2.3 基于蒙特卡罗法的位移随机预测

由随机反分析得到黏弹性参数的概率分布后，可根据其统计特征值进行蒙特卡罗随机抽样，并根据有限元正分析得到任意时刻 t_i 的预测位移样本值，并经统计分析得到预测位移的概率分布。在此过程中，为避免蒙特卡罗法计算量大的弱点，仍采用式(18)～式(22)的简化过程，不再赘述。

2.4 位移安全性预报

在位移量预测的基础上，可以以概率形式预报基坑的安全性，安全性的判据即位移量的警戒值 u' 可参考有关规定。基坑位移量低于 u' 的概率为

$$P(u \leqslant u') = \frac{1}{\sqrt{2\pi}\sigma} \int_{-\infty}^{u'} \exp\left[-\frac{1}{2}\left(\frac{u-\mu}{\sigma}\right)^2\right] du = \Phi\left(\frac{u-\mu}{\sigma}\right) \quad (\mu \text{ 为均值}) \tag{24}$$

3 工程实例分析

上海市某工程基坑的典型剖面如图 3 所示，基坑开挖深度为 5.6 m，围护结构为水泥土搅拌桩，桩长 17 m，有限元网格如图 4 所示，墙体某测点水平位移的实测位移—时间曲线示于图 5。以下用本文方法对第 3～12 天的实测曲线进行随机参数反分析，并对 12 天以后的可能位移进行随机预测。

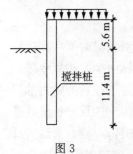

图 3

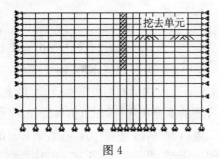

图 4

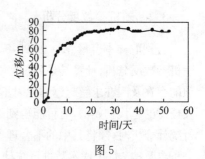

图 5

3.1 提取随机项

取 $k=3$，对曲线以多项式

$$u(t) = a_0 + a_1 t + a_2 t^2 + a_3 t^3 + \varepsilon$$

逼近，则由最小二乘原理可得

$$\{\hat{A}\} = \begin{Bmatrix} \hat{a}_0 \\ \hat{a}_1 \\ \hat{a}_2 \\ \hat{a}_3 \end{Bmatrix} = \begin{Bmatrix} 3.12259 \times 10^1 \\ 4.63891 \times 10^1 \\ -1.35625 \times 10^{-1} \\ 1.24849 \times 10^{-3} \end{Bmatrix}$$

计算结果列于表1，随机项及其概率分布如图6、图7所示。

表1

时刻 t_i/天	实测值 u_i/mm	趋势值 u_i/mm	随机项 e_i/mm
3	36	36.1054	−0.1045
5	53	52.4199	0.5801
6	57	57.3731	−0.3731
7	60	60.7576	−0.7576
8	64	62.9956	1.0044
9	64	64.5147	−0.5147
10	66	65.7390	0.2610
11	67	67.0935	−0.0935
12	69	69.0030	−0.0030
$E[e]=1.E-8$			$Var[e]=0.3012$

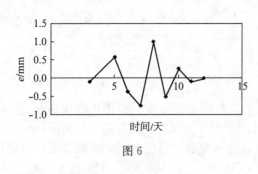

图6

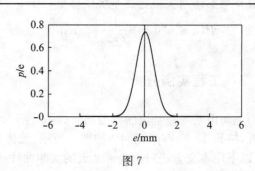

图7

3.2 随机参数反分析

分别取样本容量 $M=10,25,50,100,200,500,1000,2000,3000$，对上述位移-时间序列进行随机参数反分析，计算结果列于表2。表中 M_0 为有效样本数，由于随机抽样中少数小概率随机项的存在及因在求解超越方程时不适当的迭代初值有可能导致无解，因此对于任意的随机抽样及任意的迭代初始值，有可能得到不合理的反分析参数（如负值等），在对所得到的反分析参数进行统计分析时，须将其中的不合理参数进行剔除，M_0 值即为计算结果有效的样本总数，最后的反分析参数按 M_0 个样本数进行统计分析。计算结果表明，当 $M>100$ 时，结果已趋向稳定。

表 2

样本总数 M	有效样本数 M_0	E_1 均值	E_1 方差	E_2 均值	E_2 方差	η_2 均值	η_2 方差
10	10	12.158 4	3.152 7	4.877 8	0.213 5	31.450 0	6.921 8
25	25	11.414 0	3.908 6	4.952 1	0.269 7	35.220 2	7.074 6
50	50	10.463 6	3.311 2	4.941 8	0.445 1	39.311 4	8.457 4
100	99	10.276 4	4.562 1	4.936 4	0.483 8	38.928 3	7.825 3
200	197	10.443 6	3.975 2	4.958 6	0.418 3	39.222 9	6.862 5
500	494	10.290 6	3.851 0	4.959 0	0.438 7	39.652 8	6.275 6
1 000	991	10.324 2	3.217 6	4.958 2	0.440 4	39.605 4	6.283 0
2 000	1 980	10.339 6	3.445 7	4.957 8	0.440 6	39.589 9	6.290 1
3 000	2 965	10.338 3	3.223 0	4.957 6	0.440 2	39.606 4	6.203 8

为了研究反分析结果的方差与时间的关系,分别取 $t=1,5,10,30$,计算了四个不同时刻的反分析综合弹性模量 $\bar{E}(t_i)$ 的均值和标准差,结果列于表 3,Kelvin-Voigt 模型的流变参数计算结果列于表 4。综合弹性模量随时间变化的曲线如图 8 所示,图中虚线表示考虑标准差的预测值上限和下限。由表 3 与图 8 可见,综合弹性模量的标准差随着时间的增长而减小,也就是说,在基坑开挖的初期,可能发生的位移表现出较大的不确定性,随着时间的推移,位移量的不确定性逐渐减小。表 4 中的结果表明了方差对参数反分析结果的影响,即位移随机项的标准差越大,反分析参数的标准差也越大。

表 3

时间/天	$E(\bar{E})$/MPa	$Var[\bar{E}]$	$E[u]$	$Var[u]$
0	11.247	10.234	24.612	111.786
5	5.419	0.855	49.338	149.818
10	4.271	0.378	62.791	154.132
30	3.493	0.183	77.149	140.472

表 4

位移标准差	$E[E_1]$	$Var[E_1]$	$E[E_2]$	$Var[E_2]$	$E[\eta_2]$	$Var[\eta_2]$
0.10	9.310	0.410	5.215	0.035	37.924	2.481
0.25	9.475	1.132	5.172	0.114	38.190	3.256
0.50	8.287	3.415	5.005	0.366	39.291	6.908
1.00	10.648	4.303	4.175	1.414	44.279	9.123
1.50	12.613	7.158	3.348	1.850	47.907	17.976
2.00	22.253	16.976	2.836	2.049	50.012	22.809

3.3 位移的随机预测

取样本总数 $M=1 000$,对位移进行随机预测的计算结果如图 9 所示。可以看出预测结果与实测值吻合得很好。进一步的研究[1]还表明,当位移随机项为零时,预测结果与不考虑随机性的确定性预测结果一致,不再赘述。

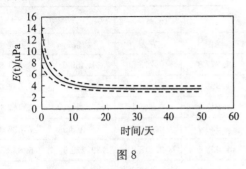

图 8

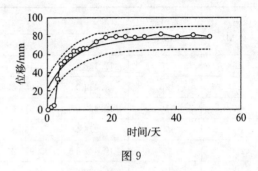

图 9

3.4 安全性预报

根据文献[4],当基坑近旁无建筑物或地下管线时,取位移量的警戒值 $u' = F \cdot h = 1.2\% \cdot 5.6\,\text{m} = 67.2\,\text{mm}$,由图 9 可知,预测位移量的均值与标准差分别为 78.5 mm 与 12.2 mm,由式(22),基坑位移量低于 u' 的概率为

$$P(u \leqslant u') = \frac{1}{\sqrt{2\pi}\sigma}\int_{-\infty}^{u'} \exp\left[-\frac{1}{2}\left(\frac{u-\mu}{\sigma}\right)^2\right]du = \Phi\left(\frac{u'-\mu}{\sigma}\right) = \Phi(-0.91) = 0.1814$$

也就是说,基坑预测位移量低于警戒值的概率为 0.1814,需在施工中采取防范措施。在该工程施工过程中,由于采取了减小超载等措施,确保了基坑的安全。

以本文方法对该工程的其他 15 个测点的位移量进行了预测分析,并以一期工程的实测数据为基础,对二期工程基坑的可能变形进行了预测分析,均取得了很好的结果[1]。

4 结论

本文用随机反分析方法对基坑开挖过程中的位移量进行随机预测,并采用线性黏弹性本构模型简化分析过程。位移实测值的随机项标准差对位移预测有一定影响,标准差越大,则位移预测值的变异性越大,而当位移随机项标准差为零时,位移随机预测的结果与基于位移趋势项的确定性预测结果一致。这说明:

(1)基坑位移的确定性预测是随机预测中的一种特殊情况,或者说是一种不存在的量测误差的"理想情况"。

(2)虽然量测误差为零的"理想情况"是不存在的,然而在实际位移检测中,应尽量降低量测误差以减小位移随机项方差,这样可以减小位移预测值的方差,并因此而减小预测位移量的不确定性,这对施工决策是有利的。

参考文献

[1] 时蓓玲. 基坑变形的随机预测与安全性预报[D]. 上海:同济大学博士学位论文,1996.
[2] 孙均,史玉成. 饱和软黏土流变属性及其在地基与地下工程中的应用研究[R]. 项目研究报告,同济大学岩土工程研究所,1993.
[3] 时蓓玲,杨林德,曹正康,方世敏. 土体流变特性与基坑支护的监控量测[J]. 地下空间,Vol. 15, No. 3, 1995(9).
[4] 刘建航,侯学渊. 软土市政地下工程施工技术手册[M]. 北京:中国建筑工业出版社,1990.

基坑围护结构系统动态模式反演分析*

熊祚森[1]　黄宏伟[2]　杨林德[2]　徐日庆[2]

(1. 上海市普陀区住宅发展局,上海　200333；2. 同济大学地下建筑与工程系,上海　200092)

摘要　本文依据基坑围护结构系统演化发展过程中状态变量的实测资料进行该系统的动态模式反演,然后对这一模型进行检验及反演更新,得到能最大程度上解释基坑围护结构系统动态行为的模型,最后依据得到检验的动态模式进行系统动态预报以及确定其可预报区间。

关键词　状态变量；动态模式；反演；检验；预报

1　引言

基坑围护结构系统是一个极其复杂的不确定的灰色系统[2]。从现场得到的实测数据可以被认为是该系统外观表征——也是描述该系统的状态变量的输出值[1]。它们的变化体现了基坑围护结构系统内部复杂因素之间的相互作用,因而也显示了该系统的演化发展。虽然不知道描述这一系统的动态模式的具体形式,但可依据它的一系列特解即该系统演化发展过程中状态变量的实测资料来反演其动态模式,本文正是基于这一想法,利用实测资料反演出能最大程度上解释基坑围护结构系统动态行为的模式,并依此进行系统动态行为的分析。

2　基坑围护结构系统动态模式的建立

设基坑围护结构系统的状态变量随时间演化的动态模式可以表示为

$$\frac{\mathrm{d}y_i}{\mathrm{d}t} = f_i(y_1(t), y_2(t), \cdots, y_n(t)) \quad (i = 1, 2, \cdots, n) \tag{1}$$

$f_i(y_1(t), y_2(t), \cdots, y_n(t))$为$y_1(t), y_2(t), \cdots, y_n(t)$的非线性函数,$n$为状态变量的个数,可以由系统的分维数来确定[1]。根据实测资料,有关于式(1)的一系列特解：

$$y_1(t_l), y_2(t_l), \cdots, y_n(t_l) \quad (l = 1 \sim m) \tag{2}$$

式(2)中,t_l为实测时刻,$y_i(t_l)$表示y_i在t_l时刻的实测值,m为实测序列长度。将式(1)写成由式(2)表达的一阶中心差分形式,设$f_i(y_1, y_2, \cdots, y_n)$是$k$项的代数和：

$$\frac{y_i(t_{l+1}) - y_i(t_{l-1})}{t_{l+1} - t_{l-1}} = \sum_{j=1}^{k} g_{ij}(y_1, y_2, \cdots, y_n) p_{ij} \quad (l = 2 \sim m-1, i = 1 \sim n) \tag{3}$$

$p_{i1}, p_{i2}, \cdots, p_{ik}$分别为$f_i(y_1, y_2, \cdots, y_n)$的相应的$f_i(y_1, y_2, \cdots, y_n)$个未知参数,$g_{i1}, g_{i2}, \cdots, g_{ik}$分别为$y_1, y_2, \cdots, y_n$可能的非线性(包括线性)函数。式(3)是阶数为$m-2$的方程组,当它不小于$k$时,便可求出这些$k$个未知参数。

---

*工程力学增刊1998年收录

由于系统演化的复杂性,反演得到的基坑围护结构系统动态模式是否真正反映了该系统演化发展情况,还须进一步检验。反演误差 ε_{il} 的存在,可将式(3)写成

$$\frac{y_i(t_{l+1}) - y_i(t_{l-1})}{t_{l+1} - t_{l-1}} = \sum_{j=1}^{k} g_{ij}(y_1, y_2, \cdots, y_n) p_{ij} + \varepsilon_{ij} \quad (i = 1 \sim n, l = 2 \sim m-1) \quad (4)$$

式(4)的右端分为两项,第一项是趋势项,第二项是随机误差项。下面就这两项对基坑围护结构系统动态模式进行检验。

2.1 趋势项检验

趋势项检验就是考察非线性表达式 $f_i(y_1, y_2, \cdots, y_n)$ 中各项 $g_{ij}p_{ij}$ 对基坑围护结构系统演变的影响。为了定量比较,可用 t 检验来判别。建立如下的统计量:

$$t_{ij} = \frac{p_{ij}}{S_{p_{ij}}}, \quad (i = 1, 2 \cdots, n; j = 1, 2, \cdots, k) \quad (5)$$

式(5)中,$S_{p_{ij}}$ 是 $g_{ij}p_{ij}$ 的样本标准差。建立假设

$$H_0 : p_{ij} = 0, \quad (j = 1, \cdots, k) \quad (6)$$

若统计量的绝对值与临界值 $t_{\alpha/2}(m-2-k)$ 相比有

$$|t_{ij}| > t_{\alpha/2}(m-2-k) \quad (7)$$

成立,则否定假设 H_0,说明非线性表达式 $f_i(y_1, y_2, \cdots, y_n)$ 中第 j 项 $g_{ij}p_{ij}$ 对系统演变有显著的影响;反之,假设 H_0 成立,$g_{ij}p_{ij}$ 对系统演变没有显著的影响。在完成检验后,剔除那些对系统演变没有作用或作用甚微的项,这样得到更理想的动态模式方程。

2.2 随机误差项检验

这一项的检验是考察随机误差项 ε_{il} 是否服从期望值接近 0、方差接近为固定值的正态分布,即

$$E(\varepsilon_{il}) = 0, \quad D(\varepsilon_{il}) = \sigma^2 = \text{constant}, \quad (l = 2 \sim m-1) \quad (8)$$

在大样本的情况下随机误差项服从正态分布是成立的[3],因而主要是对其分布的参数进行假设检验。给出统计量

$$t_i = \frac{1}{S_i(m-2)} \sum_{l=2}^{m-1} \varepsilon_{il} \sqrt{m-3} \quad (9)$$

式中,S_i 是随机项 ε_{il} 的样本标准差。建立假设

$$H_0 : E(\varepsilon_{il}) = 0 \quad (10)$$

在显著性水平下 α,若统计量的绝对值与临界值 $t_\alpha(m-3)$ 相比有

$$|t_i| > t_\alpha(m-3) \quad (11)$$

成立,则否定假设,说明随机项不遵从式(8)的概率分布;反之则肯定假设,随机项遵从式(8)的概率分布。

3 基坑围护结构系统动态行为的预报

当基坑围护结构系统动态模式式(1)得到了检验后,便可依据它进行基坑动态行为的预报。根据数值积分,是很容易作到的。另外,还可以求得反演与预报控制区间:

$$f_i(y_1(t), y_2(t), \cdots, y_n(t)) - \sigma < \frac{dy_1}{dt} < f_i(y_1(t), y_2(t), \cdots, y_n(t)) + \sigma \quad (12)$$

且对这种可预报区间的可靠度为 $1-\alpha$,σ 可由下式来估计

$$\hat{\sigma} = \sqrt{\frac{1}{m-2}\sum_{l=2}^{m-1}\left(\varepsilon_{il} - \frac{1}{m-2}\sum_{l=2}^{m-1}\varepsilon_{il}\right)^2} \tag{13}$$

4 工程应用实例

上海富容大厦基坑工程开挖 5.6 m,围护结构在东西两侧采用钻孔灌注桩结合单排止水搅拌桩的形式,在另外两侧采用的是宽 3.2 m 的格栅式深层搅拌桩墙体。在文献[1]中,通过对基坑围护系统性态特征分析得到了描述该系统所需要的最小状态变量个数为 2～3 个。针对本工程实例,以围护墙体西侧中间墙顶水平位移 s 及其墙后地面沉降 d 为状态变量,依据其实测资料,建立起系统演化发展的动态模式。先将这两个状态变量前面 16 天的观测数据(图1、图2)作无量纲化处理

$$y_1(t_l) = \frac{d(t_l)}{\sum_{l=1}^{16} d(t_l)} \quad y_1(t_l) = \frac{s(t_l)}{\sum_{l=1}^{16} s(t_l)}, \quad (l=1\sim16) \tag{14}$$

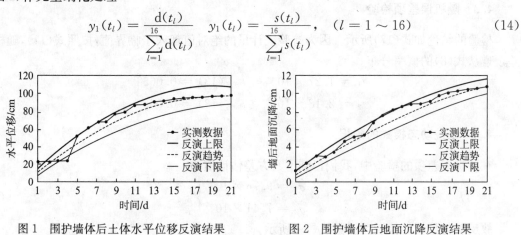

图 1　围护墙体后土体水平位移反演结果　　　图 2　围护墙体后地面沉降反演结果

4.1 系统动态模式的建立

假设上述状态变量所遵循的动态模式如下:

$$\begin{aligned}\frac{\mathrm{d}y_1}{\mathrm{d}t} &= g_{11}y_1 + g_{12}y_2 + g_{13}y_1^2 + g_{14}y_2^2 + g_{15}y_1y_2 + g_{16}y_1^{-1} + g_{17}y_2^{-1} + \\ &\quad g_{18}y_1^{-2} + g_{19}y_2^{-2} + g_{1,10}y_1y_2^{-1} + g_{1,11}y_1^{-1}y_2 + g_{1,12}y_1^{-1}y_2^{-1} + g_{1,13}y_2 \\ \frac{\mathrm{d}y_1}{\mathrm{d}t} &= g_{21}y_1 + g_{22}y_2 + g_{23}y_1^2 + g_{24}y_2^2 + g_{25}y_1y_2 + g_{26}y_1^{-1} + g_{27}y_2^{-1} + \\ &\quad g_{28}y_1^{-2} + g_{29}y_2^{-2} + g_{2,10}y_1y_2^{-1} + g_{2,11}y_1^{-1}y_2 + g_{2,12}y_1^{-1}y_2^{-1} + g_{2,13}\end{aligned} \tag{15}$$

设置反演精度为 10^{-6},检验水平为 0.25。在检验中,对基坑围护结构系统动态模式无显著影响非线性项应该加以剔除。剔除后再进行反演更新,限于篇幅,本文仅列出最后的一次的检验情况。

4.2 趋势项检验

得到可继续接受检验的动态模式——式(16),其检验结果如表 1 所示。从表 1 可看出,非线性各项的检验统计量都大于临界值,按照式(7)。说明这些项基坑围护结构系统演化发展有显著影响,动态模式式(16)的解释程度达到了要求。

$$\left.\begin{aligned}\frac{dy_1}{dt} &= 3.409y_2 - y_2^2 + 0.853y_1^{-1} + 1.567y_2^{-1} - 0.4352y_1^{-1}y_2^{-1} - 4.31 \\ \frac{dy_2}{dt} &= -0.025y_2^2 - 0.169y_1y_2^{-1} - 0.324y_1^{-1}y_2 + 0.597\end{aligned}\right\} \quad (16)$$

表1　　　　　　反演趋势项检验结果　　临界值 $tt = t_{0.25/2}(m-k-2) = 2.72$

非线性项	统计量 t_{ij}	检验结果	非线性项	统计量 t_{ij}	检验结果
$3.409y_2$	24.3	$|t_{ij}|>tt$	-4.31	8.06	$|t_{ij}|>tt$
$-y_2^2$	3.26	$|t_{ij}|>tt$	$-0.025y_2^2$	-3.71	$|t_{ij}|>tt$
$0.853y_1^{-1}$	-2.75	$|t_{ij}|>tt$	$-0.169y_1y_2^{-1}$	-5.46	$|t_{ij}|>tt$
$1.567y_2^{-1}$	-3.28	$|t_{ij}|>tt$	$-0.324y_1^{-1}y_2$	3.52	$|t_{ij}|>tt$
$0.435y_1^{-1}y_2^{-1}$	-4.01	$|t_{ij}|>tt$	0.597	6.01	$|t_{ij}|>tt$

4.3 随机误差项检验

检验的结论如式(17)所示。因为检验统计量的绝对值都入于临界值，按照式(11)，随机误差项遵从式(8)的概率分布。

$$\left.\begin{aligned}t_1 &= 1.27 \times 10^{-9} < t_{0.25}(13) = 0.065 \\ t_2 &= 2.18 \times 10^{-9} < t_{0.25}(13) = 0.065\end{aligned}\right\} \quad (17)$$

4.4 系统动态模式的预报

在随机误差项的检验中，我们得到了其方差估计值为

$$\left.\begin{aligned}\hat{\sigma}_1 &= 9.76 \times 10^{-4} \\ \hat{\sigma}_2 &= 7.41 \times 10^{-4}\end{aligned}\right\} \quad (18)$$

故反演与预报的控制区间如式(19)所示。

$$\left.\begin{aligned}&3.409y_2 + 0.853y_1^{-1} + 1.567y_2^{-1} - 0.4352y_1^{-1}y_2^{-1} - 4.31 - 9.76 \times 10^{-4} < \frac{dy_1}{dt} < \\ &3.409y_2 + 0.853y_1^{-1} + 1.567y_2^{-1} - 0.4352y_1^{-1}y_2^{-1} - 4.31 + 9.76 \times 10^{-4} \\ &-0.025y_2^2 - 0.169y_1y_2^{-1} - 0.324y_1^{-1}y_2 + 0.597 - 7.41 \times 10^{-4} < \frac{dy_2}{dt} < \\ &-0.025y_2^2 - 0.169y_1y_2^{-1} - 0.324y_1^{-1}y_2 + 0.597 + 7.41 \times 10^{-4}\end{aligned}\right\} \quad (19)$$

得到了检验的系统动态模式式(16)及反演区间式(19)，就可以根据已知的前16天的状态变量实测数据进行反演分析并对其后5天的演化发展进行预报。计算的结果当然是量纲化了状态变量，于是还要按式(14)反换算成状态变量的真值。便于比较，最终反演出来的的系统动力学演化的趋势项及其控制区间(区间的大小表明了随机误差项的波动范围—反演上下限表示)也列入图1、图2中。从中可见，反演趋势项与实测数据较为吻合，故动态模式式(16)基本上反映了基坑围护结构系统演化发展情况；而反演上下限之间的区域又体现了这种演化发展的波动范围，反演和预报的结果较为理想。

5　结论与建议

(1) 根据状态变量的实测数据可以反演基坑围护结构系统在开挖过程中所遵从的动态模

式,而这一模式是否真正反映了该系统的演化发展情况,必须进行检验。检验的内容包括趋势项与随机误差项。

(2) 根据经过检验了的基坑围护结构系统动态模式,可以进行系统动态预报以及确定其可预报区间,本文的工程实例证实了这一方法的可靠性。

(3) 基坑是一项非常复杂的工程课题,整个开挖过程中,基坑围护结构系统并不遵从一个固定的动态模式,建议针对较复杂的开挖工况,更多地选取状态变量并不断地更新动态模式。

参考文献

[1] 黄宏伟.基坑围护结构系统的性态及其状态变量[J].岩土力学,第 18 卷第 3 期,1997(9):7-12.
[2] 黄建平,衣育红.利用观测资料反演非线性动力学模型[J].中国科学 B 辑,1991(3):331-336.
[3] 陈玉祥,张汉亚.预测技术与应用[M].北京:机械工业出版社,1985.
[4] 黄金枝,徐冰.深基坑围护体系方案决策系统研究[J].工程力学(增刊),1995.

软土深基坑围护结构变形的三维有限元分析[*]

高文华[1]　杨林德[2]

(1. 湘潭工学院土木系,湖南湘潭　411201；2. 同济大学地下建筑与工程系,上海　200092)

摘要　本文基于考虑横向剪切变形的Mindlin厚板理论,建立了深基坑围护结构变形的三维有限元分析模型,并编制了相应的计算程序。该模型能模拟地基的流变性态、支撑方式的变化、板-土之间的接触摩擦以及基坑分步开挖过程,可按墙体位移的变化自动修正土压力。计算实例表明,本文建立的三维有限元分析模型可考虑围护墙体位移因基坑开挖而引起的空间效应以及由地基流变而引起的时间效应,可以计算墙体任意时刻任意位置的变形,是一种简便而又实用的三维分析方法。

关键词　深基坑；三维有限元模型；地基模型；围护结构；厚板理论

Three-Dimensional Finite Element Analysis of Deformation of The Retaining Structure of Deep Foundation Pit in Soft-Clay

GAO Wenhua[1]　YANG Linde[2]

(1. Xiangtan Polytechnic University, Xiangtan 411201；
2. Department of Geotechnical Engineering, Tongji University, Shanghai 200092, P. R. China)

Abstract　In this paper, three-dimensional finite element model was set up to study the deformation of the retaining structure of deep foundation pit on the basis of Mindlin's thick plate theory that takes into account transverse shear deformation. A finite element program was developed. The model can simulate rheogram of ground, different patterns of supports, contact friction between plate and clay, processes of excavation, and can revise soil pressure automatically according to displacements of wall. The results show that the model can consider the space effect of deformation of retaining wall due to excavation and the time effect due to rheology of foundation. The deformation of wall at any time in everywhere can be calculated based on the developed FE program. It is shown that the model is practical and convenient for three-dimensional analysis.

Keywords　deep foundation pit; three-dimensional finite element model; foundation model; retaining structure; thick plate theory

---

[*] 工程力学(CN：11-2595/O3)2000年收录

1 引言

软土深基坑围护结构变形的分析与计算是基坑研究的重要方面,它不但可用来指导基坑的设计与开挖,而且由于支护墙体的变形与坑周土体的变形密切相关,还可用来指导坑周环境的维护。

对于基坑支护受力变形的计算,目前经常采用的方法是弹性地基梁法和二维平面应变问题分析法。其中前者在理论上已有较多发展,国内也有许多应用经验,有的并有创造。然而由于软土地层自身的复杂性和方法本身的局限性,两类方法至今仍有许多问题难以解决。例如水土压力的确定,地基时效特征的模拟,以及支护的空间效应影响的考虑等等,目前在理论上还尚无成熟的方法,从而使得计算结果与实际发生的情况有较大的差异。为此,本文拟从Mindlin 厚板理论出发,建立可用于软土深基坑围护结构变形的分析理论与计算方法。

2 基本原理

2.1 基本假定

围护墙体为有限长、两端及底部有一定边界约束条件的弹性板;开挖面以下土体为厚层均匀各向同性体;支撑结构为有一定弹性刚度的弹簧。

2.2 计算分析模式

1. 计算模型

图 1 为围护结构计算分析简图,基坑每一侧围护墙体简化为设有横向支撑的软土地基上的竖向板;非开挖侧作用有水土压力和由地面超载产生的侧压力;两侧挡土墙对墙体的约束简化为固定边界;顶部边界为自由边界;底部边界简化为弹性支承边界,插入持力层后处理为固定边界;在开挖侧设置的横撑对墙体的支承作用简化为弹簧;坑底以下被动抗力区的土体以提供地基刚度的形式与板共同作用;墙体与土层之间设置有接触面单元,用以考虑墙体与土层之间因材料不同而存在的受力性态的差异的影响。该模型可模拟基坑分步开挖过程和地基的流变性态,可考虑围护墙体位移的空间效应以及由地基流变引起的时间效应。

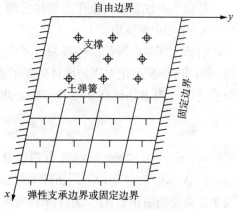

图 1 支护结构计算分析简图

2. 支护墙体侧土压力

侧土压力的合理确定是进行基坑支护结构受力变形正确计算的前提。目前较为常用的库仑、朗金土压力公式都是从土力学角度出发,由土的极限平衡条件所导得,没有考虑结构变形的影响。对于带有支撑的基坑开挖,由于墙体的位移受到限制,作用于挡墙的侧土压力既不是静止土压力,也不是主动土压力或被动土压力,而是一个随墙体水平位移不同变化的量。

研究表明,如果墙体在非开挖侧土压力作用下向开挖侧产生位移 δ,则非开挖侧作用在墙

体上的土压力 p_α 将从静止土压力 p_0 减去 $K_h\delta$；其极限值为主动土压力 p_a，则

$$p_\alpha = p_0 - K_h\delta \geqslant p_a \tag{1}$$

式中　p_α——作用在非开挖侧墙体上的土压力(kN/m^2)；

　　　p_0——作用在墙体上的静止土压力(kN/m^2)；

　　　p_a——作用在墙体上的主动土压力(kN/m^2)；

　　　K_h——地基水平基床系数(kN/m^3)，按 m 法予以确定初值；

　　　δ——墙体水平位移(m)。

同理，墙体在土压力作用下向开挖侧发生位移 δ 时，则开挖侧作用在墙体上的土抗力 p_β 因墙体位移 δ，将从静止土压力 p_0 增加 $K_h\delta$，其极限值为被动土压力 p_P。

$$p_\beta = p_0 + K_h\delta \leqslant p_P \tag{2}$$

式中　p_P——被动土压力；

　　　p_β——作用在开挖侧坑底以下墙体上土体的水平抗力集度(kN/m^2)其他参数含义同式(1)。

由于侧土压力的计算依赖于墙体的变位值，而获取墙体变位值又需求解以土压力等为外荷载的结构平衡方程，因此，需要经过多次迭代运算，并对土压力不断进行修正，才能获得所求的土压力值。考虑到基床系数 K_h 的取值范围较大，且随土体流变而发生变化[1]，故土压力的修正可采用调整 K_h 值的大小实现，条件为非开挖侧的土压力必须大于或等于主动土压力，同时开挖侧坑底以下墙体上土体的水平抗力集度必须小于或等于被动土压力，即：$P_\alpha \geqslant P_a$ 且 $P_\beta \geqslant P_p$。迭代计算的终止条件，可设定为令前后两次计算所得的土压力值之差小于某个给定的小数。即：$|P_\alpha^{i+1} - P_\alpha^i| \leqslant \varepsilon$。

按以上方法算得的土压力值与实测土压力值相当接近，是一种较为可取的方法。

3. 墙体力学模型

将软土深基坑围护墙体视为一竖放在软土地基上的厚板。采用可考虑横向剪切变形影响的 Mindlin 厚板理论对围护墙体的变形进行分析。根据 Mindlin 厚板理论[2]，平板的变形可由中面挠度 w 及其法线绕 x 轴和 y 轴的两个转角 θ_x 和 θ_y 所决定，且有

$$\theta_x = \frac{\partial w}{\partial x} - \varphi_x, \quad \theta_y = \frac{\partial w}{\partial y} - \varphi_y \tag{3}$$

式中，φ_x 和 φ_y 分别是 xz、yz 平面内由剪切作用产生的中面法线的转角。

记 X_x, X_y 为曲率；X_{xy} 为扭转率；γ_{xz}, γ_{yz} 为横向剪应变；M_x, M_y 为单位宽度内的弯矩；M_{xy} 为单位宽度内的扭矩；Q_x, Q_y 为单位宽度内的剪力，则有

$$[\hat{\varepsilon}] = \begin{bmatrix} X_x \\ X_y \\ X_{xy} \\ \gamma_{xz} \\ \gamma_{yz} \end{bmatrix} = \begin{bmatrix} -\frac{\partial \theta_x}{\partial x} \\ -\frac{\partial \theta_y}{\partial y} \\ -\left(\frac{\partial \theta_y}{\partial x} + \frac{\partial \theta_x}{\partial y}\right) \\ \gamma_{xz} \\ \gamma_{yz} \end{bmatrix} = \begin{bmatrix} -\left(\frac{\partial^2 w}{\partial x^2} - \frac{\partial \varphi_x}{\partial x}\right) \\ -\left(\frac{\partial^2 w}{\partial y^2} - \frac{\partial \varphi_y}{\partial y}\right) \\ -\left(2\frac{\partial^2 w}{\partial x \partial y} - \frac{\partial \varphi_x}{\partial y} - \frac{\partial \varphi_y}{\partial x}\right) \\ \varphi_x \\ \varphi_y \end{bmatrix} \tag{4}$$

对于均质、各向同性的厚板，广义应力和广义应变之间的关系为

$$[\hat{\sigma}_f] = \begin{bmatrix} M_x \\ M_y \\ M_{xy} \end{bmatrix} = \frac{Et^3}{12(1-\mu^2)} \begin{bmatrix} 1 & \mu & 0 \\ \mu & 1 & 0 \\ 0 & 0 & \frac{1-\mu}{2} \end{bmatrix} \begin{bmatrix} X_x \\ X_y \\ X_{xy} \end{bmatrix} = [\hat{D}_f][\hat{\varepsilon}_f] \tag{5}$$

$$[\hat{\sigma}_s] = \begin{bmatrix} Q_x \\ Q_y \end{bmatrix} = \frac{Et}{2(1+\mu)k} \begin{bmatrix} 1 & 0 \\ 0 & 1 \end{bmatrix} \begin{bmatrix} \varphi_x \\ \varphi_y \end{bmatrix} = [\hat{D}_s][\hat{\varepsilon}_s] \tag{6}$$

将式(5)和式(6)合并有

$$[\hat{\sigma}] = \begin{bmatrix} \hat{\sigma}_f \\ \hat{\sigma}_s \end{bmatrix} = \begin{bmatrix} \hat{D}_f & 0 \\ 0 & \hat{D}_s \end{bmatrix} \begin{bmatrix} \hat{\varepsilon}_f \\ \hat{\varepsilon}_s \end{bmatrix} = [D][\hat{\varepsilon}] \tag{7}$$

式中,k 为剪切修正系数,通常取 $k=1.2$。有限元分析中,围护墙体离散为单元,单元类型选为 8 结点平板等参单元。由虚位移原理,可得板单元刚度分块矩阵的表达式:

$$[K_{ij}] = \iiint_\Omega [B_i]^T [D][B_j] \mathrm{d}\Omega = \iint \left\{ \frac{t^3}{12} [B_{fi}]^T [\hat{D}_f][B_{fj}] + t[B_{si}]^T [\hat{D}_s][B_{sj}] \right\} \mathrm{d}x\mathrm{d}y \tag{8}$$

式中,括号内第一项为弯曲刚度矩阵,第二项为剪切刚度矩阵。

其中

$$[B_{fi}] = \begin{bmatrix} 0 & -\frac{\partial N_i}{\partial x} & 0 \\ 0 & 0 & -\frac{\partial N_i}{\partial y} \\ 0 & -\frac{\partial N_i}{\partial y} & -\frac{\partial N_i}{\partial x} \end{bmatrix}, \quad [B_{si}] = \begin{bmatrix} \frac{\partial N_i}{\partial x} & -N_i & 0 \\ \frac{\partial N_i}{\partial y} & 0 & -N_i \end{bmatrix}$$

4. 地基模型

基坑监测资料表明,围护墙体和周围软土地层的变形随时间发生变化,具有明显的时效性[3][4],因此,软土地层中的基坑开挖过程宜采用可考虑时间因素的黏性模型。研究表明在应力边界和排水条件保持不变的情况下,地层性态可用线性黏弹性模型模拟。

扎列茨基于 1967 年综合了弗洛林(1948)的体力原理、比奥的固结理论和陈宗基(1957)的流变理论,对非饱和土假定:气体溶于水中,与渗透着的水一道以相同的流速自由通过空隙,由于土的结构性,土骨架压缩与膨胀的蠕变速度不同,扎列茨基得到了竖向集中力 p 作用于半空间表面时,表面任一点处固结与蠕变与耦合沉降的一般表达式。对矩形区域,利用等积变换可获得竖向均布荷载 p 作用于半空间表面矩形域 $\Omega(2a \times 2b)$ 时,表面 Ω 以外任一点 $M(x,y)$ ($|x| \geqslant a$ 或 $|y| \geqslant b$,距 Ω 中心 $r = \sqrt{x^2+y^2}$)在任一时刻 t 固结与蠕变耦合沉降 $s(r,t)$ 的近似解答[5]。

$$s(r,t) = \frac{pb}{\pi Gr}(1+\tilde{k})\{a+(1-2\mu)F(t)\} \tag{9}$$

$$\tilde{k}\{y(t)\} = \int_0^r k(t-\tau)y(\tau)\mathrm{d}\tau \tag{10}$$

式中 $\tilde{k}$——线性积分算子;

$k(t-\tau)$——土骨架的线性遗传蠕变核函数;

$F(t)$——与土固结有关的函数;

G,μ——土骨架的瞬时剪切模量和泊桑比。

若只考虑蠕变,不考虑固结,则 $F(t)=0$,式(9)变为

$$s(r,t) = \frac{pb}{\pi Gr}(1+\tilde{k})a \tag{11}$$

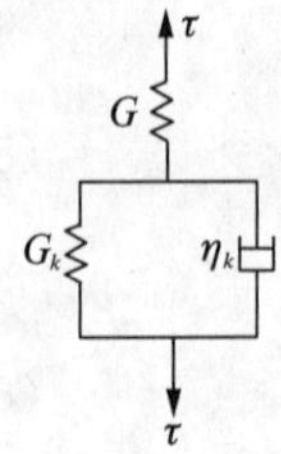

上式对于饱和土和非饱和土都能适应。

研究表明,对于基坑开挖问题的分析,某一开挖阶段在应力边界和排水条件不变的前提下,地基特性符合 Kelvin-Voigt 黏弹性模型[4](图2),其蠕变方程的积分表达式为

$$\gamma = \frac{1}{G}\left[\tau(t) + \int_0^t k(t-v)\tau(v)\mathrm{d}v\right] \tag{12}$$

图 2 Kelvin-Voigt 模型

式中 γ——剪应变;
$\tau(t)$——剪应力;$k(t-v)$ 和 G 含义同上。

当土体在应力边界和排水条件不变的前提下发生蠕变时,$\tau(t)$ 保持不变,即 $\tau(t)=\tau_0$,则式(12)变为:

$$\gamma = \frac{\tau_0}{G}\left[1 + \int_0^t k(t)\mathrm{d}t\right] \tag{13}$$

另一方面,由模型理论,可获得 Kelvin-Voigt 黏弹性模型的蠕变方程:

$$\gamma = \left[\frac{1}{G} + \frac{1}{G_k}\left(1 - \mathrm{e}^{-\frac{G_k}{\eta_k}t}\right)\right]\tau_0 \tag{14}$$

将式(13)、式(14)合并后代入式(11),经积分后得:

$$s(r,t) = \frac{pab}{\pi G r}\left[1 + \frac{G}{G_k}\left(1 - \mathrm{e}^{-\frac{G_k}{\eta_k}t}\right)\right] \tag{15}$$

式中 p——矩形区域($2a \times 2b$)内的均布荷载(MPa);
$2a, 2b$——矩形的长短边长(m);
G——土骨架的瞬时剪切模量(MPa);
G_k——Kelvin-Voigt 模型的剪切模量(MPa);
η_k——剪切黏滞系数(MPa·天);
r——距矩形中心的距离(m)。

模型中参数 G、G_k、η_k 的值根据现场位移监测资料由位移反分析法获得。式(15)反映出地基的沉降是距离和时间的函数。当 $t=0$ 时,$s(r,t)$ 为瞬时弹性沉降。当 $t \to \infty$ 时,$s(r,t)$ 为最终沉降。

若第 j 个土单元的面积为 F_j,当取 $p=1/F_j$ 时,则 t 时刻在 j 单元单位荷载作用下,引起 i 结点的沉降 δ_{ij} 可按式(15)计算,由此可求得 t 时刻地基柔度矩阵 $[\delta]_t$。由于 $[k_s]=[\delta]^{-1}$,故通过求逆,可方便地求得不同时刻的地基刚度矩阵。

将式(15)用于计算竖向地基板的地基柔度时,可假定坑底以下的土体为均匀各向同性体。式中的 P 表示地基在水平向的矩形区域内由竖向地基板所施加的水平向荷载。

5. 支撑结构的处理

深基坑的支撑可简化为弹性支承杆件。由于考虑的是三维问题,每道支撑可以采用不同材料、不同截面积。因此,对钢支撑和钢筋混凝土支撑混合使用的支撑体系也能计算。

设第 n 道支撑的第 i 根支撑的截面积为 A_i,其长度的一半为 L_i,材料的弹性模量为 E_i,则其支撑刚度为

$$K_{ii} = \frac{E_i A_i}{L_i} \tag{16}$$

6. 板—土三维接触问题的模拟

基坑工程中,在土体介质与地下连续墙的接触面上,当剪应力大于其抗剪强度时,将会引

起土体与墙体之间的相对移动,特别是用槽壁法修筑的连续墙,由于墙体与土体之间残留着一层泥皮起润滑作用,使墙面抗剪强度降低,这就会使土体与墙之间的相对移动更易产生[6]。为了模拟这种情况,在土体与连续墙之间设置了接触面单元。接触面采用16结点等参元,插值函数与板单元相同。

运用虚位移原理,可得接触面单元刚度矩阵的表达式:

$$[k]_\sigma = \int_v [B]^T[D][B]\mathrm{d}v = \int_v ([L]^{-1}[B'])^T([L][D'][L])([L]^{-1}[B'])\mathrm{d}v = \int_v [B']^T[D'][B']\mathrm{d}v \tag{17}$$

对于厚度为 h 的等厚单元,在等参坐标 $\xi-\eta$ 下有

$$[k]_\sigma = \int_{-h/2}^{h/2} \left[\int_{-1}^{1} \int_{-1}^{1} [B']^T[D'][B'] \, |J| \, \mathrm{d}\xi \mathrm{d}\eta \right] \mathrm{d}z \tag{18}$$

式中　$|J|$——雅可比行列式;

　　　$[B']$——应变矩阵;

　　　$[L]$——坐标变换矩阵;

　　　$[D']$——弹性矩阵,且:

$$[D'] = \begin{bmatrix} k_n & 0 & 0 \\ 0 & k_{sx} & 0 \\ 0 & 0 & k_{sy} \end{bmatrix}$$

式中　k_n——z'方向上接触面的压缩劲度;

　　　k_{sx}——x'方向上接触面的剪切劲度;

　　　k_{sy}——y'方向上接触面的剪切劲度,其值由实验确定。

7. 基本方程及其求解

设地基的支撑作用由地基刚度矩阵$[K_s]$表示,横撑的支撑刚度矩阵为$[K_R]$,地下连续墙板的刚度矩阵为$[K_p]$,接触单元的刚度矩阵为$[K_c]$,可写出在非开挖侧水土压力超载作用下,由横撑和被动区地基共同支撑的地下连续墙板的整体平衡方程:

$$[K_s + K_R + K_p + K_c][U] = [R] \tag{19}$$

式中　$[U]$——墙体的位移向量;

　　　$[R]$——荷载向量,包括作用在非开挖侧墙体上的水土压力、地面超载和支撑的预加轴力等。

由于$[K_s]$是时间 t 的函数,$[R]$与位移相关,故式(19)需采用迭代法求解。

3　计算程序

根据上述理论推导,作者用 FORTRAN 语言编制了计算程序,并验证了程序的正确性。

4　计算分析

本文以上海某基坑工程一侧的地下连续墙为例进行计算。根据地质勘察报告,该基坑范围内土层从地面往下依次为褐黄色黏质粉土(5.4 m);灰色沙质粉土(12.0 m);灰色黏土(2.0 m);和灰色砂质黏土(6.5 m)。基坑开挖分四层进行,围护结构方案采用地下连续墙加三道钢管支

撑,地下连续墙长 73.1 m,厚 0.8 m。基坑开挖深度为 12.3 m,墙体插入土中的深度为 10.3 m,墙深为 22.6 m。

4.1 计算参数

主要计算参数取值如下：钢筋混凝土地下连续墙弹模 $E_w=3.0\times10^7$ kPa,泊松比 $\mu=0.15$;支撑钢管弹模 $E_p=2.1\times10^8$ kPa;接触面法向压缩刚度 $K_n=2\times10^4$ kPa/m,接触面切向剪切刚度 $K_s=1.44\times10^3$ kPa/m;土骨架瞬时剪切模量 $g=8.6\times10^3$ kPa,Kelvin-Voigt 模型的剪切模量 $g_k=1.22\times10^3$ kPa,Kelvin-Voigt 模型的剪切黏性系数 $\eta_k=3\times10^4$ kPa·d,各开挖步地基发生蠕变变形的时间均取为 20 天;静止土压力系数 $K_0=0.7$,基床系数初值 $K=1500$ kN/m³,土体平均重度 $\gamma=18.3$ kN/m³,土体平均内摩擦角 $\varphi=15.5°$,土体平均内聚力 $c=9.5$ kPa;地面超载 $q=20$ kN/m²。

4.2 计算结果分析

图 3 为开挖结束后墙体水平位移等值线图,其形状似一"船形",位移最大值出现在基坑开挖面附近,越靠近墙体两端,等值线越密集,梯度越大,空间作用越明显。越靠近跨中,空间作用越弱。该图直观地反映了墙体水平位移的空间效应。研究表明：墙体两端空间效应影响带的宽度与基坑长度之比约为 1∶8。

图 4 为开挖结束时墙体某一剖面处水平位移时间延误而发生的变化。随着时间的延长,墙体水平位移增大,但增大的速率减小。该图清楚地反映了墙体水平位移因地基流变而引起的时间效应。图中还与最大实测值及二级有限元计算值进行了对比,由图可见本文计算值与实测值较为接近。

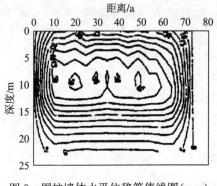

图 3 围护墙体水平位移等值线图(mm)

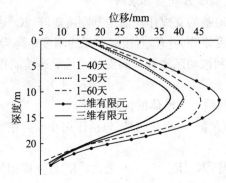

图 4 围护墙体水平位移随时间的变化

5 结语

(1) 本文提出的三维有限元分析模型可模拟基坑分步开挖过程、支撑方式的变化、地基的流变效应、板—土之间的接触摩擦,可以计算挡土墙上任意时刻、任意位置的变形。为软土深基坑支护受力变形的时空效应分析提供了一种有效的简便方法。

(2) 地基模型中各参数值的合理确定是正确进行深基坑支护受力变形时空效应分析的前提,应依据现场量测信息由位移反演分析得出。

（3）关于接触单元中各有关参数的取值,本文是在对各有关参考文献进行综合分析的基础上得出的,若能由实验直接得出,其计算结果将会更加符合实际。

参考文献

[1] 刘建航,侯学渊. 基坑工程手册[M]. 北京：中国建筑工业出版社,1997.
[2] DRJ 欧文,E 辛顿. 塑性力学有限元——理论与应用[M]. 曾国平,译. 北京：兵器工业出版社,1989.
[3] 夏冰,夏明耀. 上海地区饱和软土的流变特性研究及基坑工程的流变时效分析[J]. 地下工程与隧道,1997,(3)：11 - 18.
[4] 时蓓玲,杨林德,曹正康,等. 基坑开挖过程中的土体流变性与变形预测[C]. 工程力学(增刊),1996,159 - 163.
[5] 宰金珉,宰金璋. 高层建筑基础分析与设计[M]. 北京：中国建筑工业出版社,1993.
[6] 孙钧. 地下工程设计理论与实际[M]. 上海：上海科学技术出版社,1996.

Displacement Back Analysis of Rock Slope and Its Application*

XU Riqing   YANG Lin de   WANG Mingyang

(Department of Geotechnical Engineering, Tongji University, Shanghai 200092, P. R. China)

Abstract The identification of visco-elasticity model and deformation forecast were studied in the paper. An identification method of visco-elasticity model was established in which Maxwell model, Kelvin model, Kelvin-Voigt model and Burgers model were taken into consideration. Combined parameters back analysesed and boundary condition, forecast parameters were determined to forecast behaviors of rock masses. A historic case, Three Gorges Shiplock excavation of Yangtse River, was studied with the way conbined parameters back analysesed and model idenfication. The results demonstrated that this method is quite effective to predict behaviors of shiplock under excavation.

Keywords   back analysis; parameter identification; model characteristics; visco-elasticity

1 Introduction

During excavation in rock masses, due to uncertainty of forces, uncertainty of geotechincal materials and uncertainty of the model reflecting behaviors of materials, ordinary analysis, in which its model parameters are mainly determined from laboratory tests, cannot obtain as good results as expected. On the other hand, back analysis, in which its model parameters are determined from measured information in situ, can better simulate behaviors of geotechincal materials.

Calculating parameters obtained with back analysis are equivalent parameters, which comprehensively reflect many factors such as behaviors of materials, engineering construction etc. At the level of present technique, back analysis is an effective method for engineering practice. Under the control of many uncertainties, it does not mean to achieve good results by using complex model. On contrary, using simple model could acquire results, which are good agreement with measured ones in most cases.

In the paper, visco-elasticity models are going to be taken on the identification of model and then they are used to forecast deformation. An identification method of visco-elasticity model is established in which Maxwell model, Kelvin model, and Kelvin-Voigt model are taken into consideration. Combined parameter back analyses and boundary condition, forecast parameters

---

* Proceeding of Rock Mechanics and Environmental Geotechnology were determined by which forecast of material behaviors is made. A history case, Three Gorges Shiplock excavation of Yangtse River, was examined with a 2D-FEM program called SUNBACK. F[1] which was developed for visco-elasticity models of back analysis.

2 General form of viscoelasticity models

If taking rock masses as media of viscoelasticity, the strain at any time can be expressed as part of elasticity and part of viscosity, that is

$$\{\varepsilon(t)\} = \{\varepsilon^e(t)\} + \{\varepsilon^v(t)\} \tag{1}$$

Where: $\{\varepsilon^e(t)\}$ is elasticity strain, $\{\varepsilon^v(t)\}$ is viscosity strain. They can be respectively expressed as

$$\{\varepsilon^e(t)\} = \frac{1}{E_0}[C_0]\{\sigma(t)\} \tag{2}$$

$$\{\varepsilon^v(t)\} = \frac{1}{E(t)}[C_0]\{\sigma(t)\} \tag{3}$$

substituting eqn (2) and eqn (3) into eqn (1), so stresses can be written in following form

$$\{\sigma(t)\} = \frac{1}{1 + E_0/E(t)}[D]\{\varepsilon(t)\} \tag{4}$$

where E_0 is elasticity modulus, $E(t)$ is fluid modulus, $[D]$ is elasticity matrix, $[C_0] = E_0[D]^{-1}$. At any time, FEM equilibrium equation can be written as

$$\sum_e \int_V [B]^T \{\sigma(t)\} dV = \{P(t)\} \tag{5}$$

where $[B]$ is the strain matrix, $\{P(t)\}$ is nodal force vector, substituting eqn (4) into eqn (5), and $\{\varepsilon(t)\} = [B]\{u(t)\}$, $\{u(t)\}$ is displacement vector at any time, we can have

$$E_t[K^*]\{u(t)\} = \{P(t)\} \tag{6}$$

where $[K^*] = \frac{1}{E_0}[K]$, E_t is equivalent modulus, its expression is

$$E_T = \frac{E_0 E(t)}{E_0 + E(t)} \tag{7}$$

The fluid modulus $E(t)$ and equivalent modulus of four fluid models are listed at table 1. When supposing μ constant, viscoelasticity problem is changed into elasticity problem for calculating displacement at any time.

3 Back analysis of equivalent modulus

If obtained measured displacement $u^*(t)$ at time t, the equivalent modulus E_T can be determined by back analysis method. Actually this is simplified into back analysis of linear elasticity problem. To direct back analysis, objective function is established as following

$$J = \min \sum_1^n [u_i(t) - u_i^*(t)]^2 \tag{8}$$

where n is number of measured point, $u_i(t)$ is calculated value, $\mu_i^*(t)$ is measured values.

Table 1   **Viscoelasticity models and parameters**

Model	Visco-elasticity modulus $E(t)$	Equivalent modulus E_t	Parameter Number
Maxwell	η_1/t	$E_0 / \left(\dfrac{E_0}{\eta_1} t + 1 \right)$	2
Kelvin	$E_1 / \left[1 - \exp\left(-\dfrac{E_1}{\eta_1} t \right) \right]$	$E_1 / \left[1 - \exp\left(-\dfrac{E_1}{\eta_1} t \right) \right]$	2
Kelvin-Voigt	$E_1 / \left[1 - \exp\left(-\dfrac{E_1}{\eta_1} t \right) \right]$	$E_1 / \left[\dfrac{E_0 + E_1}{E_0} - \exp\left(-\dfrac{E_1}{\eta_1} t \right) \right]$	3
Burgers	$E_1 / \left\{ \dfrac{E_1}{\eta_2} t + \left[1 - \exp\left(-\dfrac{E_1}{\eta_1} t \right) \right] \right\}$	$E_1 / \left\{ \dfrac{E_1}{E_0} + \dfrac{E_1}{\eta_2} t + \left[1 - \exp\left(-\dfrac{E_1}{\eta_1} t \right) \right] \right\}$	4

When target function minimized, corresponding modulus is equivalent modulus. Program SUNBACK.F[1] is used to computer E_T.

4   Determination of parameters of models

There are different numbers of model parameters to different viscoelasticity models. There are two parameters in Maxwell model and Kelvin model respectively, three parameters in Kelvin-Voigt model, and four parameters in Burgers model. Taking Kelvin-Voigt model as an example to show how to determined parameters. Equivalent modulus of Kelvin-Voigt model is involved in following equation

$$\frac{1}{E_j} = \frac{1}{\dfrac{E_o + \left[1 - \exp\left(\dfrac{-E_1 t_j}{\eta_1} \right) \right]}{E_1}} \quad j = 1, 2, 3, \cdots \tag{9}$$

in which there are three parameters E_0, E_1, η_1. Three equations are needed to determined this parameters, so three equivalent modulus E_j at times $t_j (j = 1, 2, 3)$ must be obtained. It is impossible to obtain analytic solution for equations, but it is easy to obtain optimizing solution. In this paper, program IDEN.F[1] is used to determining parameters, E_0, E_1, η_1.

5   Identification of viscoelasticity models

Supposing a family of models M to be determined and belong to some certain class K, that is

$$M: \{m_1, m_2, m_3 \cdots m_k\} \tag{10}$$

and can obtain best estimation of parameters, $P_1(m_1), p_2(m_2), \cdots P_3(m_3)$, in which m_k is the dimension of parameter vector. The problem is how to make best choice of model M_{opt}. Obviously, before the identification of model, pricnples must be set up. Although different researcher would establish different principles according to different research purposes, main principles should be same, for instance, simplicity and accuracy. Fuzzy identification function, $D(M_i)$, will be developed according to the principles of simplicity and accuracy as following

$$D(M_i) = k_s S_i + k_a A_i \quad (i = 1, 2, \cdots, k) \quad (11)$$

where k_s and k_a are fuzzy weighted parameters describing simplicity and accuracy respectively. S_i and A_i are fuzzy measurement describing simplicity and accuracy respectively. For instance, simplicity can be expressed with numbers of model parameters and accuracy can be expressed with subordinate function of error. So best model M_{opt} can be determined as following

$$M_{opt} = M_i \text{ when } D(M_i) = \min[D(M_i)] \quad (i = 1, 2, \cdots, k) \quad (12)$$

6 Application of practice engineering

The project of Yangtse three gorges is the most famous project in China. The length of shiplock stretch 6 442 m, up to Ci Tang Bao, down to Ba He Kou, in which the length of upper reach pilotage road is 2 113 m, shiplock chamber is 1 607 m, the length of lower reach pilotage road is 2 722 m. Generall water head is 113 m. Double continuous five-step shiplock is arranged. The size of single shiplock is 280 m × 34 m × 5 m. The biggest deep of excavation is 170 m, which located at the head of third shiplock. There is middle wall between double shiplocks(see Fig. 1). Its wide is between 55~57 m.

To study permanent deformation after the project completed, 20 - 20 section located at 79 m from head of third shiplock was choused. Slope height after excavation is 166 m. The biggest excavation width is 336 m. Initial stress of rock masses:

$$\sigma_x = 4.534\,4 + 0.011\,29H,$$
$$\sigma_y = 4.386\,7 + 0.011\,84H,$$
$$\sigma_z = 1.462\,9 + 0.030\,31H$$
$$\tau_{xy} = 0.414\,2 + 0.000\,02H, \quad \tau_{yz} = 0.849\,0 + 0.000\,73H, \quad \tau_{zx} = 0.046\,2 + 0.000\,02H$$

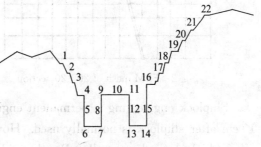

Fig. 1 number of key point of 20 - 20 section after excavation

where x—shiplock crosswise, y—shiplock axial section, z—vertical section. Strengths of rock and deformation indexes are listed at table 2.

Table 2 Experimental physical parameters of the rock at various weathering states

weathering	unit of weight/ (kN·m^{-3})	wet compressive strength/ MPa	tensile strength/ MPa	elasticity modulus/ GPa	poisson ratio
newly	27.0	100	1.5	40	0.22
weakly	26.8	50	1.0	15.0	0.24
strongly	26.5	20	0.5	1.0	0.30
completely	25.0	1	/	0.1	0.35

Elasticity model is employed in back analysis of excavation deformation. FEM mesh of 20 - 20 section was showed as fig 2. Calculation area is divided into n smell areas, in which

$n-1$ for loose area and one for uneffected area. There are different moduli in one area. If initial modulus is $E_i^o(t)$, degradation coefficient of modulus of excavation c_i, modulus in loosen area is $c_i E_i^o(t)$. So target function can be transformed to be function of degradation coefficient, that is

$$J = J(c_1, c_2, \cdots, c_i, \cdots, c_n) \tag{13}$$

according to c_i, we can know the content of elasticity modulus degradation. Figure of displacement vector showed as Fig. 3. Lift slope move up and right; right slope move up and lift. Middle wall moves empty surface. Whole slope surface rebound unloading. Calculation results show main stress near excavation surface vertical to excavation surface. Compressive stress in some parts are changed into tensile stress. Secondary main stress parallel almost to excavation surface. Lift stress in triangle area under plat of slope and right slope and the back of vertical wall becomes tensile-compressive state. Double compressive state in middle wall is close to zero stress state and tensile stress or double tensile stress in part area. There is stress concentrate in the corner of shiplock chamber. This results agree with ones did by others[2] before.

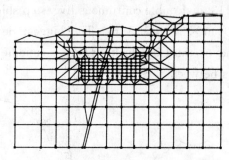 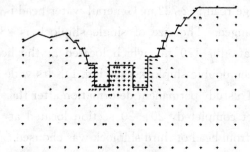

Fig. 2　FEM mesh of 20-20 section　　　Fig. 3　disp. Vector of 20-20 section

Shiplock engineering is permanent engineering. Level displacement should be less than 10 cm after shiplock is normally used. How much is level displacement later? Does will it affect shiplock work normally? People paid much attention to this question. In this paper, forecast calculation of deformation later stage is made based on back analysis of visco-elasticity model.

(a) Identification of visco-elasticity Besed on measured curve, elasticity modulus can be back analysesed. Then parameters of visco-elasticity model can be determined with the computer program mentioned above and calculation results are shown at table 3. Errors between calculated values and measured ones can be obtained at same time. After that, best model can be chosen according to eqn (12). Calculation results show at table 4.

(b) Forecast results and analysis deformation later stage see table 5. The results demonstrated that the deformation of shiplock slope at later stage is very small. It will not cause important effects to shiplock. Shiplock slopes will trend to stability.

7　Summary and conclusions

In this study, the method of identificiton of visco-elasticity model was put forward to

Table 3   Parameters of models and error

model	parameters	weathering compeletely	weathering strongly	weathering weakly	weathering no
Maxwell	E_0	0.4006E06	0.6009E06	0.1502E07	0.3983E07
	η_1	0.2574E10	0.3861E10	0.9653E10	0.5122E11
	error	0.5689E-2	0.5689E-2	0.8248E-2	0.6653E-2
Kelvin	E_1	0.3920E06	0.5880E06	0.1466E07	0.3920E07
	η_1	0.1002E07	0.1503E07	0.3748E07	0.9344E07
	error	0.5078E-2	0.5078E-2	0.8918E-2	0.5085E-2
Kelvin-Voigt	E	0.4017E06	0.6026E06	0.1507E07	0.3985E07
	E_2	0.1590E07	0.2385E07	0.5963E07	0.2811E08
	η	0.1590E10	0.2385E10	0.5963E10	0.2811E11
	error	0.4323E-2	0.4323E-2	0.6878E-2	0.5079E-2

note: E(Pa), η(Pa·day).

Table 4   Identification function D(t) for various physical models

model	weathering compeletely	weathering strongly	weathering weakly	weathering weakly
Maxwell	0.5889	0.5889	0.8448	0.6853
Kelvin	0.5278	0.5278	0.9118	0.5285
Kelvin-Voigt	0.4723	0.4723	0.7178	0.5379
Model chosen	Kelvin-Voigt	Kelvin-Voigt	Kelvin-Voigt	Kelvin

note: $D(t)=k_s S+k_a A$, where $k_s=0.01$, $k_a=100$, S is numbers of models, $A=$error.

Table 5   Displacement of key point after 50 years of project completed

No. of key point	nodal point	horizontal disp/cm	vertical disp/cm	No. of key point	nodal point	horizontal disp/cm	vertical disp/cm
1	248	3.373	0.499	12	163	2.467	1.166
2	234	2.591	0.486	13	107	1.068	1.203
3	214	2.423	0.535	14	110	−0.293	0.366
4	193	2.544	0.459	15	166	−2.027	0.082
5	154	2.316	0.407	16	220	−2.645	0.047
6	98	1.103	0.739	17	241	−2.473	0.479
7	101	−0.394	2.403	18	256	−2.646	0.518
8	157	−0.703	3.337	19	274	−2.713	0.681
9	196	1.776	3.309	20	285	−3.334	0.675
10	199	2.578	1.939	21	293	−3.908	0.514
11	201	3.020	1.220	22	301	−2.997	0.102

note: No. of key point see Fig. 2

change the way in which a model is usually fixed before back analysis. The parameters of model were separately determined so that it can somewhat overcome the disadvantage of back analysis. The result demonstrated that this method is very effective to simulate the behaviors of rock masses under excavation.

References

[1] Xu Riqing. Back analysis methods of characteristics of soil and/or rock masses under excavation[R]. Postdoctoral report of Tongji University, in Chinese, 1996,8.
[2] Yangtse water conservancy Committee of ministry of water conservancy[R]. Research report of key technical research special project of high and steep slopes of three gorges shiplock, in Chinese, 1995,12.

地质统计学理论在岩体参数求解中的应用*

仇圣华[1] 杨林德[2] 陈岗[2]

(1. 上海城建集团住安建设发展股份有限公司，上海 200031；2. 同济大学地下建筑与工程系，上海 200092)

摘要 岩体参数具有结构性和随机性的空间变异特征，导致了岩体参数具有不确定性。应用地质统计学理论建立了岩体参数变异规律的数学模型，采用加权多项式回归法在计算机上自动拟合求得变差函数；经交叉验证，优选出理想的实验变差函数参数值。根据理想的实验变差函数参数值，实现岩体参数的普通克立格估计，从而求出研究区域内岩体参数值。实际应用表明，建立的模型可靠，开发的软件可行，计算的结果正确，为岩体参数的科学计算提供了一种有效方法。

关键词 岩土力学；岩体参数；数学模型；变差函数；区域化变量

Application of Geostatistics in Determining Rock Mass Parameters

QIU Shenghua[1]　YANG Linde[2]　CHEN Gang[1]

(1. Zhu'an Construction and Development Corp., Ltd., Shanghai Urban Construction Group, Shanghai 200031, China; 2. Department of Geotechnical Engineering, Tongji University, Shanghai 200092, China)

Abstract Rock mass parameters have the properties of structural and random spatial variance, which result in uncertainty of the parameters. Geo statistics is applied to establish the mathematical model of variation of rock mass parameters. The experimental variance function is obtained by applying weighted polynomial reduction in computer. The ideal parameter values of experimental variance function are determined via cross validation. The ordinary KrigIng estimation of rock mass parameters is realized according to these values, and the rock mass parameters in the study field are worked out. Applications show that the established model is reliable, the developed software is feasible and the results are correct.

Keywords rock and soil mechanics; rock mass parameter; mathematical model; variance function; regional variable

1 引言

岩体是地质体的一部分，是长期地质作用的产物，其中存在着褶皱、破裂结构面，局部还含有软弱夹层等构造，岩体参数具有很强的结构性。但由于岩体在其形成和后期的施工作用中

---

* 岩石力学与工程学报(CN：42 - 1397/O3)2005 年收录

常常受到不规则的多种复杂因素影响,岩体参数表现出随机性和不确定性[1-3],即岩体参数具有结构性和随机性的空间变异特征,该特征是导致岩体参数具有不确定性的根源。在岩体工程中,依据岩体参数的空间变异特征,科学合理地求出岩体参数值具有十分重要的意义。

岩体工程中的许多参数,如弹性模量、孔隙度、相对密度、c,Φ值以及某一岩层的厚度等均可视为区域化变量,其数值随空间位置的变化而变化,且具有结构性和随机性两个基本属性。区域化变量可反映岩体参数不同程度的连续性、不同种类的变异性以及空间变化的可迁性等特征。该理论中的变异函数,能较好地描述区域化变量的上述特征[4-7]。

2 岩体参数变异规律的数学模型

设一代表岩体参数的区域化变量 $z(x)$,其取样点样本值仅是该点 $z(x)$ 的一次具体实现。于是任意两点 $z(x),z(x+h)$ 间的变异可以用方差表示[8,9],其表达式为

$$\gamma(h) = \frac{1}{2}Var[z(x) - z(x+h)] \quad (1)$$

式中,Var 为方差。

实验变差函数 $\gamma^*(h)$ 为

$$\gamma^*(h) = \frac{1}{2N(h)}\sum_{i=1}^{N(h)}[z(x_i - z(x_i+h)]^2 \quad (2)$$

常见的变差函数理论模型有:球状模型、指数模型、线性模型、对数模型和幂函数模型等。最常用的是球状模型[3,8],其表达式为

$$\gamma(h) = \begin{cases} 0 & (h=0) \\ c_0 + c\left(\frac{3}{2}\frac{h}{a} - \frac{1}{2}\frac{h^3}{a^3}\right) & (0 < h \leqslant a) \\ c_0 + c & (h > 0) \end{cases} \quad (3)$$

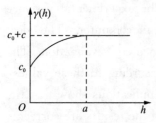

图 1 球状模型变差函数图
Fig. 1 Variance function of sphenical model

式中:a——变程,反映区域化变量 $z(x)$ 变化的影响范围(相关距离)或变异速度;

c——拱高,是 $z(x)$ 空间结构变化的极大值;

c_0——块金值,是由微观结构变化、实验及量测误差所决定的一种随机变化成分;

$c+c_0$——基台值,反映一定方向上 $z(x)$ 结构变化与随机变化的总的变化幅度(当 $c_0=0$ 时,c 为基台值)。

球状模型变差函数图如图 1 所示。

3 实验变差函数的计算与理论拟合

实验变差函数 $\gamma^*(h)$ 的计算与理论拟合是在对数据进行预处理的基础上进行的,它包含实验变差函数的计算、理论变差函数的拟合和交叉验证 3 个模块[6,8,10]。

3.1 实验变差函数 $\gamma^*(h)$ 的计算

该模块主要计算 $\gamma^*(h)$ 的各参数值,$\gamma^*(h)$ 采用式(2)计算。在实际应用中,考虑到区域

内钻孔地质资料属于非列线又不等间隔的数据构形,一般先将数据组合成角度组,如图2所示。

首先,设 α 方向的角度允许误差限为 $d\alpha$,也就是说在 $\alpha\pm d\alpha$ 内的数据都可以看成沿 α 方向的数据($d\alpha$ 一般取两相邻方向夹角的1/4,最大不能超过两相邻方向夹角的一半);然后,将数据点按区间 $[kh-\varepsilon(h),kh+\varepsilon(h)]$ 组合成距离组,用距离在 $[kh\pm\varepsilon(h)]$ 内的新有数据对来计算 $\gamma^*(kh)$。计算时,为了使得两钻孔点的距离接近于 kh 起

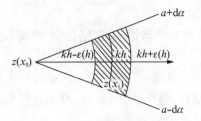

图2 非列线又不等间隔的数据构形图
Fig. 2 Non-nomographic and varying-interval data configuration

作用越大,引进权系数 $d_{ij}^{(k)}$ 来进行修正,且 $d_{ij}^{(k)}=1-\left[\dfrac{h_j-kh}{\varepsilon(h)}\right]^2$。

由此可知,凡是落在角度范围($\alpha\pm d\alpha$)及距离范围 $[kh\pm\varepsilon(h)]$ 内(图2中的扇形阴影部分)的数据点都可以认为是点在 α 方向上、距离为 kh 的数据点,其计算公式为

$$\gamma^*(kh)=\dfrac{\sum\limits_{i=1}^{l}\sum\limits_{j=1}^{M_i}d_{ij}^{(k)}[z(x_i)-z(x_i+h_j)]^2}{\sum\limits_{i=1}^{l}\sum\limits_{j=1}^{M_i}d_{ij}^{(k)}} \quad (k=1,2,\cdots,K) \tag{4}$$

式中:$d_{ij}^{(k)}$ 为权系数;h_j 为某钻孔点距 x_i 点的实际距离,且 $kh-\varepsilon(h)<h_j\leqslant kh+\varepsilon(h)$;$M_i$ 为与 x_i 的距离在 $[kh-\varepsilon(h),kh+\varepsilon(h)]$ 内的点数;l 为滞后距为 kh 时的有效数据点数。

该模块主要实现地层的走向和倾向2个方向的实验变差函数的计算。

3.2 理论变差函数的拟合

实验变差函数按球状模型用加权多项式回归法进行拟合,求出球状模型相应的参数值,绘出理论变差函数曲线。

3.3 交叉验证

该模块主要是对理论变差函数模型进行最优性检验,一方面是检验理论变差函数曲线与实验变差函数离散点的拟合情况,另一方面是分析其在岩体参数求解中的应用效果。目前,虽然检验的方法有多种,但最常用的是通过求得的理论模型用克立格估计来求出某些样本的估计值,并求出其与观测值误差平方的均值,以此均值的大小来衡量变差函数拟合的优劣。在交叉验证过程中主要计算参数如下:

偏差值 e_i:

$$e_i=z_i-z_i^* \tag{5}$$

偏差均值 m_e:

$$m_e=\dfrac{1}{n}\sum_{i=1}^{n}e_i \tag{6}$$

均方差 σ_e^*:

$$\sigma_e^*=\sqrt{\dfrac{1}{n-1}\sum_{i=1}^{n}(e_i-m_e)^2} \tag{7}$$

此外,还要绘制出交叉验证直方图(即偏差分布直方图),根据参数值和直方图选出最优理论变差函数模型。

4 普通克立格估计的实现

普通克立格估计,就是根据区域内已知样本点对某一待估块段的区域化变量 z_i^* 进行估计,是个线性、无偏、最小方差估计[6,8,10]。普通克立格估计的实现必须满足如下条件:

4.1 无偏性条件

$$\sum \lambda_i = 1 \quad (i=1,2,\cdots,n) \tag{8}$$

式中,λ_i 为普通克立格权系数。

4.2 估计方差最小条件

在满足无偏性条件下,估计方差满足:

$$\sigma_E^2 = 2\sum_{i=1}^n\sum_{j=1}^n \lambda_i\lambda_j \bar{c}(x_i,x_j) + \bar{c}(v,v) - 2\sum_{i=1}^n \lambda_i(x_i,v) \tag{9}$$

令 $F = \sigma_E^2 - 2\mu\left(\sum_{i=1}^n \lambda_i - 1\right)$,应用拉格朗日乘数法和二阶平稳假设 $c(h) = c(0) - \gamma(h)$,可得

$$[K][\lambda] = [M_2] \tag{10}$$

其中,

$$[\lambda] = \begin{bmatrix} \lambda_1 \\ \lambda_2 \\ \vdots \\ \lambda_n \\ -\mu \end{bmatrix} \quad [M_2] = \begin{bmatrix} \bar{c}(v_1,V) \\ \bar{c}(v_2,V) \\ \vdots \\ \bar{c}(v_n,V) \\ 1 \end{bmatrix}$$

$$[K] = \begin{bmatrix} \bar{c}(v_1,v_1) & \bar{c}(v_1,v_2) & \cdots & \bar{c}(v_1,v_n) & 1 \\ \bar{c}(v_2,v_1) & \bar{c}(v_2,v_2) & \cdots & \bar{c}(v_2,v_n) & 1 \\ \vdots & \vdots & & \vdots & \vdots \\ \bar{c}(v_n,v_1) & \bar{c}(v_n,v_2) & \cdots & \bar{c}(v_n,v_n) & 1 \\ 1 & 1 & 1 & 1 & 0 \end{bmatrix}$$

应用交叉验证后得到的理想变差函数参数值,结合式(10),求出各样本点的权系数,则待估块段的估计值为

$$z_1^* = \sum \lambda_i z_i \tag{11}$$

式中,z_i 为第 i 个样本点真值。

本模型以网格中心作为网格的质量中心,网格间距依需要进行选择。

5 工程实例

5.1 工程概况

某地下工程主要由上水库、下水库、输水系统、地下厂房洞室群和地面开关站等组成,地下厂房洞室群位于输水系统的中部,主要洞室有主副厂房洞、主变洞、尾水闸门廊道、母线洞、交

通洞和出线洞等。主副厂房开挖尺寸约为170 m×22 m×50.7 m(长×宽×高);厂房轴向为N30°E,地面高程为315～373 m,上覆岩体厚度为270～328 m,地层围岩为岩屑砂岩夹泥质粉砂岩,深部岩体以微风化～新鲜为主,岩质中硬。地层分布倾向平缓,厂房围岩属Ⅲ～Ⅳ类,成洞条件较差。为确定该地下厂房围岩地层材料弹性模量,对该区域进行了勘探[11,12]。

5.2 应用分析

根据上述求解岩体参数的思想,首先将该区域内已有钻孔资料建成一个数据文件,通过对地层产状分布情况研究后,应用插值法补充了部分钻孔及资料,建立了一个含有99个钻孔的数据文件;然后,绘出了该区域内厂房所在地层材料弹性模量分布直方图。由此可知,该区域地层材料弹性模量的最小值为4.55 MPa,最大值为9.1 MPa。区间间隔取0.9 MPa时,弹性模量值近似服从正态分布。

(1) 当EW和SN方向分别取45 m和30 m的滞后距时,求得EW和SN方向的实验变差函数值;然后,采用加权多项式回归法求出x,y方向的变差函数曲线参数值分别为:$a_{1x}=$ $a_{1x}=238.7745, c_{1x}=0.2635099, c_{01x}=0.4559225$,$x$方向的变差函数最大值为$0.8108996$;$a_{1y}=252.841, c_{1y}=0.1972842, c_{01y}=0.3960483$,$y$方向的变差函数最大值为$0.6835064$。

(2) 当EW和SN方向分别取60 m和50 m的滞后距时,求得EW和SN方向的实验变差函数值;然后,采用加权多项式回归法求出x,y方向的变差函数曲线参数值分别为:$a_{2x}=228.1357, c_{2x}=0.1449854, c_{02x}=0.5520354$,$x$方向的变差函数最大值为$0.7853947$;$a_{2y}=242.1207, c_{2y}=0.205738, c_{02y}=0.387302$,$y$方向的变差函数最大值为$0.6485403$。

通过交叉验证后得出上述2组变差函数下的偏差最小值分别为$-2.333748,-2.353482$;偏差最大值分别为$1.032138,1.017982$;偏差均值分别为$6.743595×10^{-3}, 7.094379×10^{-3}$;偏差方差分别为$0.3505421, 0.3532089$。

可见,在前一组变差函数参数值下得到的偏差均值的绝对值、方差都比后一组的要小。因此,前一组变差函数参数值比较理想。根据建立的求解方法,应用求得的理想变差函数值,输入区域内某块段左下角点坐标(40 476 187 mm,3 465 640 mm),则可计算出该点所在块段的岩石地层材料参数——弹性模量的平均值为7.777 787 MPa。

6 结论

通过应用地质统计学理论,建立了岩体参数求解的新方法,并得出了如下结论:
(1) 在岩体参数求解中,理论模型为球状模型的变差函数能得到较好的应用。
(2) 应用加权多项式回归法在计算机上自动拟合变差函数时,能得到理想的参数值。
(3) 通过交叉验证,可以优选出理想的变差函数曲线的参数值。
(4) 实际应用表明,建立的模型可靠,开发的软件可行,计算的结果正确,为岩石参数的科学计算提供了一种有效方法。

参考文献

[1] 重庆建筑工程学院,同济大学.岩体力学[M].北京:中国建筑工业出版社,1979.
[2] 周维垣.高等岩石力学[M].北京:水利电力出版社,1993.

[3] 杨林德,朱合华,袁勇,等.岩土工程问题的反演理论与工程实践[M].北京:科学出版社,1996.
[4] 儒尔奈耳 A G,尤布雷格茨 C H J.矿业地质统计学[M].侯竞儒,黄竞先,译.北京:冶金工业出版社,1982.
[5] 王仁铎,胡光道.线性地质统计学[M].北京:地质出版社,1988.
[6] 孙洪泉.地质统计学及其应用[M].徐州:中国矿业大学出版社,1990.
[7] 张征,刘淑春,鞠硕华.岩土参数空间变异性分析原理与最优估计模型[J].岩土工程学报,1996,18(4):40-47.
[8] 仇圣华,杨林德.层状矿床厚度模型的研究[J].西部探矿工程,2002,14(4):65-67.
[9] 徐超,杨林德.岩土参数的空间变异性分析[J].上海地质,1996,15(4):16-19.
[10] 仇圣华,杨林德.岩体不确定性参数求解方法的研究[J].地下空间,2001,21(3):192-197.
[11] 仇圣华,杨林德,王悦照等.地下厂房试验洞的黏弹性反分析[J].同济大学学报(自然科学版),2003,31(9):1024-1028.
[12] 仇圣华.成层正交各向异性围岩反分析方法的研究[博士学位论文][D].上海:同济大学地下建筑与工程系,2002.

各向异性应力-渗流耦合问题的反分析*

吴创周[1]　杨林德[1]　刘成学[2]　李鹏[3]

(1. 同济大学地下建筑与工程系，上海　200092；2. 深圳市地铁集团有限公司，广东深圳　518026；
3. 格拉茨技术大学应用力学研究所，奥地利 格拉茨)

摘要　在岩土工程实践中，对诸如各向异性岩体的应力-渗流耦合分析等复杂问题，建立用于同时确定多类参数的反分析方法有重要意义。本文以位移量测信息为基础信息，对其通过对基于复变量微分法的优化算法(Levenberg-Marquit 法)引入异步长因子矩阵 $Y^{(k)}$，建立了同时反演确定初始地应力、围岩性态参数和渗透系数的协同优化变步长反演算法。通过对不同的参数借助搜索迭代过程确定不同的步长因子系数，异步长因子矩阵可使在峰值附近不收敛的参数重新选择搜索方向，使其收敛至精确值。算例表明异步长因子矩阵可成功地用于协调各类参数敏感性之间的差异，从而有效改进多参数耦合反演的收敛性和收敛速度，使算法具有更好的适应性和有效性，为岩土工程的复杂问题的求解提供一种方法。

关键词　各向异性岩石；渗流应力耦合分析；优化反分析

Back Analysis of Coupled Seepage-Stress Fields in Anisotropic Rocks

WU Chuangzhou[1]　YANG Linde[1]　LIU Chengxue[2]　LI Peng[3]

(1. Department of Geotechnical Engineering, College of Civil Engineering, Tongji University, Shanghai 200092, China; 2. Shenzhen, Guangdong 518026, China; 3. Graz University of Technology, Austria, Graz)

Abstract　A new method for determination of parameters simultaneously in the coupled seepage-stress analysis in anisotropic rock is essential for large-scalecavern shape selection, stability analysis, and rocksupport system design. Based on the L-M optimization method, amodified method has put forward by employing anew step factor matrix $Y^{(k)}$, in order to calculate both of the parameters of rock mass modulus (E), the in situ stress (P) and the permeability coefficient (K) in the back analysis. Compared with traditional step factor in optimizational gorithm, the new step factor matrix $Y^{(k)}$ can change the step factors respectively according to the different sensitivity of parameters, with which a new algorithm is established on MATLAB platform. Two examples has verified the method's feasibility and validity in the coupled seepage-stress analysis in a anisotropic rock tunnel engineering, and the result demonstrate that the modified method with new step factor can improve convergence of iterative algorithm obviously which cannot be solved withtraditional step factor.

Keywords　anisotropic rock; coupled seepage-stress analysis; backanalysis

---

*岩土力学(CN：42-1199/O3)2013 年收录

1 引言

岩土工程实践,尤其是深部特大型水利枢纽工程实践中,由应力-渗流耦合作用引起的围岩稳定问题,常成为制约工程安全的关键问题。以雅砻江锦屏二级电站为例,引水隧洞由 4 条直径 13 m 的平行隧洞组成,平均长度 16.625 km,最大埋深 2 525 m,地应力高达 20～54 MPa,最大外水压力近 10.2 Mpa,使引水隧洞处在高地应力、高渗透压环境的深部岩体中,围岩极易在高地应力-高渗透压的耦合作用下发生塑性挤压流动及岩爆等现象。这类工程的稳定性问题涉及围岩的各向异性特征,而各向异性岩体多类参数的获取是开展耦合问题分析的技术关键,反分析方法则是解决这类问题的有效途径之一。

现有优化反分析方法中,Levenberg-Marquit 方法[1-4]较其他方法在反演计算速度与精度方面具有明显的优势,但对各向异性岩体耦合分析的多类参数同时反演问题,采用这类方法进行反分析计算仍将遇到不收敛和收敛速度慢方面的困难。因此,开展各向异性岩体应力-渗流耦合场的多类参数反分析方法的研究,具有重要的意义和价值[8]。

本文针对各向异性围岩应力渗流场多类参数的耦合反演问题[6-9],以位移量测信息为基础信息,通过对基于复变量微分法的优化算法(Levenberg-Marquit 法)引入变步长因子矩阵 $Y^{(k)}$,建立了多参数(初始地应力、围岩性态参数和渗透系数)协同优化的变步长反演算法。算例表明异步长因子矩阵可用于协调各类参数敏感性之间的差异,从而有效改进多参数耦合反演的收敛性和收敛速度。作者还在各向异性应力渗流耦合分析的有限元方程的基础上,编制了 Matlab 环境下各向异性岩体应力渗流参数耦合反分析计算程序,包括可同时考虑渗流主轴与应力主轴不重合对应力渗流耦合分析的影响。

2 应力渗流耦合分析的基本原理

2.1 本构方程

岩体在三向应力状态下的应力、应变分量为

$$\{\sigma\} = [\sigma_x, \sigma_y, \sigma_z, \tau_{xy}, \tau_{yz}, \tau_{zx}]^T$$
$$\{\varepsilon\} = [\varepsilon_x, \varepsilon_y, \varepsilon_z, \gamma_{xy}, \gamma_{yz}, \gamma_{zx}]^T \tag{1}$$

其应力-应变关系式则可表示为

$$\{\varepsilon\} = [C]\{\sigma\} \tag{2}$$

式中,[C]为柔度矩阵,对一般岩体是含有 36 个常数的 6×6 阶矩阵。对正交各向异性弹性体,则有

$$[C] = \begin{bmatrix} \dfrac{1}{E_x} & -\dfrac{v_{xy}}{E_y} & -\dfrac{v_{xz}}{E_z} & 0 & 0 & 0 \\ -\dfrac{v_{yx}}{E_x} & \dfrac{1}{E_y} & -\dfrac{v_{yz}}{E_z} & 0 & 0 & 0 \\ -\dfrac{v_{zx}}{E_x} & -\dfrac{v_{zy}}{E_y} & \dfrac{1}{E_z} & 0 & 0 & 0 \\ 0 & 0 & 0 & \dfrac{1}{G_{xy}} & 0 & 0 \\ 0 & 0 & 0 & 0 & \dfrac{1}{G_{yz}} & 0 \\ 0 & 0 & 0 & 0 & 0 & \dfrac{1}{G_{zx}} \end{bmatrix} \tag{3}$$

其中包含 9 个独立的弹性常数。

对正交各向异性连续介质,由达西定律可得

$$\begin{cases} V_x = -\left(K_{xx}\dfrac{\partial H}{\partial x} + K_{xy}\dfrac{\partial H}{\partial y} + K_{xz}\dfrac{\partial H}{\partial z}\right) \\ V_y = -\left(K_{xy}\dfrac{\partial H}{\partial x} + K_{yy}\dfrac{\partial H}{\partial y} + K_{yz}\dfrac{\partial H}{\partial z}\right) \\ V_z = -\left(K_{xz}\dfrac{\partial H}{\partial x} + K_{yz}\dfrac{\partial H}{\partial y} + K_{zz}\dfrac{\partial H}{\partial z}\right) \end{cases} \tag{4}$$

式中　K——渗透系数;

　　　V——渗流速度;

　　　H——压力水头。

岩石的渗透特性与孔隙联系紧密,Louis[6]根据钻孔压水试验成果提出经验公式:

$$K = K_0 \exp(-\alpha\sigma) \tag{5}$$

式中,K_0 为初始渗透系数,σ 为应力张量,α 为与岩性有关的常数。

当应力主轴与渗透主轴不重合时,李燕[7]给出了渗透主轴方向的主渗透系数分别为

$$\dfrac{k_x}{k_{x0}} = \left\{1 - \dfrac{1}{2}\left(\dfrac{9(1-v^2)^2}{2}(\pi\Delta\varepsilon_y)^2\right)^{\frac{1}{3}}\right\}^2 \tag{6}$$

$$\dfrac{k_y}{k_{y0}} = \left\{1 - \dfrac{1}{2}\left(\dfrac{9(1-v^2)^2}{2}(\pi\Delta\varepsilon_y)^2\right)^{\frac{1}{3}}\right\}^2 \tag{7}$$

$$\Delta\varepsilon_y = \dfrac{1}{2E}\left[(1-v)(\Delta\sigma'_x - \Delta\sigma'_y) - (1+v)\cos 2\theta(\Delta\sigma'_x + \Delta\sigma'_y)\right] \tag{8}$$

$$\Delta\varepsilon_y = \dfrac{1}{2E}\left[(1-v)(\Delta\sigma'_x - \Delta\sigma'_y) - (1+v)\cos 2\theta(\Delta\sigma'_x + \Delta\sigma'_y)\right] \tag{9}$$

式中　σ_i——主应力($i=1,2,3$);

　　　k_i——主渗透系数;

　　　k_{i0}——初始主渗透系数;

　　　ox, oy——渗透主轴;

　　　ox', oy'——应力主轴;

　　　θ——应力主轴与渗透主轴之间的夹角(图1)。

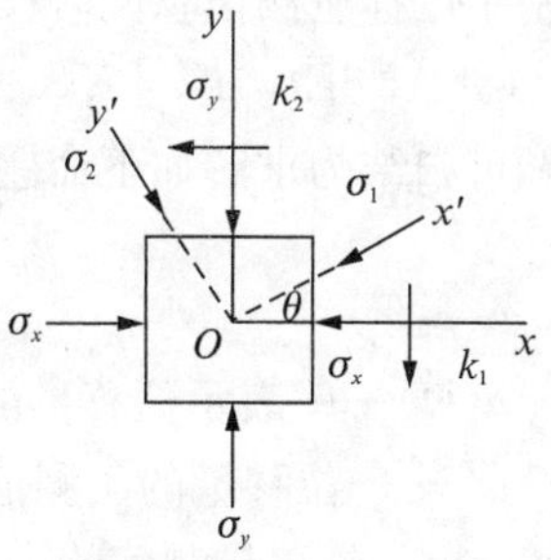

2.2 应力-渗流耦合控制方程及有限元方程

应力-渗流耦合分析理论已有较多研究成果[5-9],本文拟仅根据文献简要叙述。假设围岩体均质各向异性、连续,符合小变形假设,岩体颗粒和孔隙水不可压缩,表征单元体的物理量均遵循平均化原理,渗流场内无源无汇,孔隙水流为稳态层流,服从广义 Darcy 定律,孔隙气压力可以忽略,耦合问题分析中应力场的控制方程为

图 1　应力主轴与渗透主轴不重合[8]

Fig. 1　Non-coincident principal stress and permeability directions[8]

$$\sigma_{ji,j} + b_j = 0 \quad (i,j = 1,2) \tag{10}$$

对开挖问题的分析,位移边界条件可表示为

$$\sigma_{ij}n_j = \overline{S_j} \tag{11}$$

式中　n_j——边界的方向余弦;

　　　$\overline{S_j}$——已知边界应力,即由开挖引起的释放荷载。达西定律的二维形式为

$$\begin{cases} V_x = -\left(K_{xx}\dfrac{\partial H}{\partial x} + K_{xy}\dfrac{\partial H}{\partial y}\right) \\ V_y = -\left(K_{xy}\dfrac{\partial H}{\partial x} + K_{yy}\dfrac{\partial H}{\partial y}\right) \end{cases} \quad (12)$$

渗流连续性方程的二维形式为

$$\frac{\partial}{\partial x}\left(K_{xx}\frac{\partial H}{\partial x}+K_{xy}\frac{\partial H}{\partial y}\right)+\frac{\partial}{\partial y}\left(K_{xy}\frac{\partial H}{\partial x}+K_{yy}\frac{\partial H}{\partial y}\right)=0 \quad (13)$$

渗流场的 Dirichlet 边界条件

$$H(x,y,z,t)\mid_{s_1}=\bar{\varphi}(x,y,z,t) \quad (14)$$

开挖问题分析中,以矩阵形式表示的有限元方程为[5-7]

$$[K]\{\delta\}=\{P\} \quad (15)$$

各向异性非稳定渗流场连续性方程的矩阵表达式:

$$\{V\}=-[K][\partial]^T\{M\}H \quad (16)$$

2.3 反演参数和目标函数

各向异性岩体应力-渗流耦合分析涉及的参数由初始地应力、围岩材料的物性参数和渗流特性参数组成,面广量大。对二维平面应变问题,假设在自重应力与构造应力的综合作用下初始地应力分量仅随高程而变化,则初始地应力分量的个数为 5 个,记为 $A_i(i=1,\cdots,5)$;在平面应变弹性状态下,围数参数为各岩层的 $E_{h(i)}$、$\mu_{h(i)}$ 和 $E_{v(i)}$、$\mu_{v(i)}$,共有 $4n$ 个(n 为地层数);围岩渗流特性参数为各岩层的主渗透系数 $K_{h1(i)}$,$K_{v1(i)}$,$\cdots$,共有 $3n$ 个(n 仍为地层数)。

应力渗流耦合反分析中,如将泊松系数视为常数,并仅考虑各岩层的主渗透系数 $k_{h1(i)}$、$k_{v1(i)}$,则 5 平面应变条件下反分析计算目标未知数的总数为 $4n+5$ 个。

基于位移量测信息同时反演确定初始地应力、各向异性弹性模量和渗流系数的方法。如令 $\{X\}=[A_i\ \ E_x^j\ \ E_y^j\ \ K_x^j\ \ K_y^j]^T$,$(i=1,\cdots,5;j=1,2,\cdots,n)$,可知渗流耦合场的参数反分析问题可归结为求解如下命题的极小值问题[1]:

$$J(X)=\min\sum_{i=1}^{m}[u_i(X)-u_i^*]^2 \quad (17)$$

式中 $u(X)$——表示位移量的计算值;
u_i^*——位移量的实测值;
m——位移量测值的个数。

2.4 改进的 Levenberg-Marquit 优化方法

复变量微分法由 Lybess 和 Moler[1] 提出,并已应用于航天飞行器结构分析、位移灵敏度及温度场分析、边坡抗剪强度参数分析和岩石力学参数灵敏度分析等[2-4]。将其用于应力渗流耦合问题的参数反分析[5,9] 则尚未见有报道。

对于任一实变量 x 的实函数 $u(x)$,构造一复变量 $x+ih$(h 取为一极小实数,如 $h=10^{-20}$)。与其相应的复函数 $u(x+ih)$,可按 Taylor 级数展开为

$$u(x+ih)=u(x)+ih\frac{\mathrm{d}u}{\mathrm{d}x}-\frac{h^2}{2}\frac{\mathrm{d}^2u}{\mathrm{d}x^2}-i\frac{h^3}{3!}\frac{\mathrm{d}^3u}{\mathrm{d}x^3}+\cdots \quad (18)$$

由于 h 为一极小实数,略去式(18)二阶以上的高阶项,并令等式两边实部及虚部的对应项相等,可得

$$\text{Re}[u(x+ih)] = u(x) \tag{19}$$

$$\text{Im}[u(x+ih)] = h\frac{du}{dx} \tag{20}$$

式(20)可改写成

$$\frac{du}{dx} = \frac{\text{Im}[u(x+ih)]}{h} \tag{21}$$

由式(19)、式(21)可知，如将 $u(x+ih)$ 视为复位移，则复位移的实部即为位移量的试算值，虚部则可方便地用于计算表征试算值变化趋向的偏导数，即式(26)按最小二乘准则建立目标函数，即寻找一组最优参数 X^*，使得式(17)中的目标函数取得极小值：

$$J(X^*) = \min J(X) = \min \sum_{i=1}^{m}(u_i(X) - \overline{u_i})^2 \tag{22}$$

$J(X^*)$ 的 Levenberg-Marquit 法的迭代方程为

$$X_k = X_{k-1} - (D_{k-1}^T D_{k-1} + \mu_k I)^{-1} D_{k-1}^T (u_m(X_{k-1}) - \overline{u}_m) \tag{23}$$

$$J(X_k) \leqslant \varepsilon \tag{24}$$

式中 $u_m(X_{k-1}), \overline{u}_m$ ——分别为位移量的计算值与实测值列阵；

ε ——用于控制误差的任意小数；

D_{k-1} ——偏导数矩阵。即

$$D_{k-1} = \begin{bmatrix} \frac{\partial u_1}{\partial x_1} & \frac{\partial u_1}{\partial x_2} & \cdots & \frac{\partial u_1}{\partial x_n} \\ \frac{\partial u_2}{\partial x_1} & \frac{\partial u_2}{\partial x_2} & \cdots & \frac{\partial u_2}{\partial x_n} \\ \cdots & \cdots & \cdots & \cdots \\ \frac{\partial u_m}{\partial x_1} & \frac{\partial u_m}{\partial x_2} & \cdots & \frac{\partial u_m}{\partial x_n} \end{bmatrix}_{k-1} \tag{25}$$

通过复变量微分法式(21)计算矩阵式(25)的各元素。通过式(23)令 $k=1,2,\cdots$，反复迭代，直到 $J(X_k) \leqslant \varepsilon$，则 X_k 即为最优解 X^*。

Hartley 对式(23)进行了改进，通过增加步长因子 $a^{(k)}$ 增加解的稳定性和消除初值的影响，迭代方程为

$$X_k = X_{k-1} + a^{(k)}(D_{k-1}^T D_{k-1} + \mu_k I)^{-1} D_{k-1}^T (u_m(X_{k-1}) - \overline{u}_m) \tag{26}$$

$$X_k = X_{k-1} + a^{(k)} p^{(k)} \tag{27}$$

$$p^{(k)} = [(D_{k-1}^T D_{k-1} + \mu_k I)^{-1} D_{k-1}^T (u_m(X_{k-1}) - \overline{u}_m)] \tag{28}$$

然而对于多类参数共同反演问题，增加步长因子 a 往往仍不能有效控制参数在峰值附近的收敛性。因为步长因子 $a^{(k)}$ 只能改变步长大小，不能改变搜索方向，很难通过改变因子 $a^{(k)}$ 满足要求。为了增加迭代格式对于多类参数共同反演问题的适应性，针对上述问题，本文提出对迭代式(26)，改为引入异步长因子矩阵 $Y^{(k)}$ 代替 $a^{(k)}$。经改进的迭代式为

$$X_k = X_{k-1} + Y^{(k)}[(D_{k-1}^T D_{k-1} + \mu_k I)^{-1} D_{k-1}^T (u_m(X_{k-1}) - \overline{u}_m)] \tag{29}$$

式中的异步长因子矩阵可表示为

$$Y^{(k)} = \begin{bmatrix} a_1 & \cdots & 0 \\ \vdots & \ddots & \vdots \\ 0 & \cdots & a_m \end{bmatrix}_n \tag{30}$$

$$J(x^{(k)} + Y^{(k)} p^{(k)}) < J(x^{(k)}) \tag{31}$$

式(30)中矩阵主对角线上的元素 $a_1 \cdots a_m$ 为与各反演参数相应的步长因子，m 为反演参数总数，n 为步长搜索次数，式(31)中 $p^{(k)}$ 为最小二乘迭代步长。

不同的参数对应各自不同的步长因子 a_i。对于不收敛或收敛缓慢的参数，调整相应的步长因子 a_i 即可使矩阵 $Y^{(k)}$ 不但能改变步长大小，而且能改变搜索方向。根据地应力、弹性模量和渗透系数等参数的敏感性的差异调节搜索方向，即可改善解的收敛性。

以下讨论 a_i 的确定方法。研究表明对于待反演参数属于同一类型且个数较少（如不超过 4 个）的简单问题，可将所有 a_i 取为同一常数 a_0，矩阵退化为一个常数，成为同步长因子，形式同式(26)。其中 a_0 可借助式(32)通过试探搜索确定，相应 $Y^{(k)}_{(n)}$ 的表达式见式(33)。迭代搜索中可先按令 $q>1$ 对其赋值，其中 n 为步长搜索次数。通过计算不断搜索寻找，直到该迭代步收敛，$Y^{(k)}_{(n)}$ 即为所求值。当所给的 q 值不能使该迭代步收敛，则需调整 q 值或增加搜索次数（即提高 n 值的上限）后，重新进行搜索计算。

$$a_0 = 1, \frac{1}{q}, \frac{1}{q^2}, \cdots, \frac{1}{q^{n-1}} \quad (32)$$

$$Y^{(k)}_{(n)} = \begin{bmatrix} a_0 & \cdots & 0 \\ \vdots & \ddots & \vdots \\ 0 & \cdots & a_0 \end{bmatrix} = \begin{bmatrix} 1/q^{n-1} & \cdots & 0 \\ \vdots & \ddots & \vdots \\ 0 & \cdots & 1/q^{n-1} \end{bmatrix} \quad (33)$$

对于待反演参数分属两类及两类以上且参数个数较多（如超过 4 个）的复杂问题，可采用上述异步长因子矩阵，对不收敛参数的步长因子 a_i 进行调整，使 $a_i \neq a_0$（其余步长因子仍均为 a_0）。用于确定 a_i 的搜索过程和用于确定 a_0 的搜索过程相同，如式(34)所示，区别在于 p 值的取值与 q 不同。异步因子矩阵 $Y^{(k)}_{(n)}$ 的表达式见式(35)，其中 a_0 和 a_i 的搜索公式分别见式(32)和式(34)。

$$a_i = 1, \frac{1}{p}, \frac{1}{p^2}, \cdots, \frac{1}{p^{n-1}} \quad (34)$$

$$Y^{(k)}_{(n)} = = \begin{bmatrix} a_0 & 0 & \cdots & 0 \\ 0 & \ddots & & \vdots \\ \vdots & & a_0 & 0 \\ 0 & \cdots & 0 & a_i \end{bmatrix}_n = \begin{bmatrix} \frac{1}{q^{n-1}} & 0 & \cdots & 0 \\ 0 & \ddots & & \vdots \\ \vdots & & \frac{1}{q^{n-1}} & 0 \\ 0 & \cdots & 0 & \frac{1}{p^{n-1}} \end{bmatrix}_n \quad (35)$$

通常可先令 $p=1.0\sim2.0$，如不收敛，可扩大 p 值取值范围，使 $p=2\sim10$，直至该迭代步收敛。p 值大小的合理性决定于 a_i 值的搜索速度，经验表明 p 值取值小时计算较慢，取值大则逼近最优步长因子速度快，但取值过大也可能从而错过最优步长因子，使问题搜索计算不收敛。

本文给出的这一方法的特色，是改变 p 值不仅可改变步长，而且可改变搜索方向，使迭代计算可找到更稳定的路径逼近最优值。

3 算例验证

3.1 正分析计算

以雅砻江锦屏二级水电站 1#引水隧洞为背景，假设试验隧洞埋深为约 1 300 米，开挖断面 6 m×8 m，洞形为直墙割圆拱，如图 2 所示。围岩由三种岩性的地层组成。假设隧洞开挖后围岩处于弹性受力状态，并考虑渗流应力耦合效应，对开挖后隧洞围岩的应力场和位移场进行了计算。材料的物理力学参数见表 1。

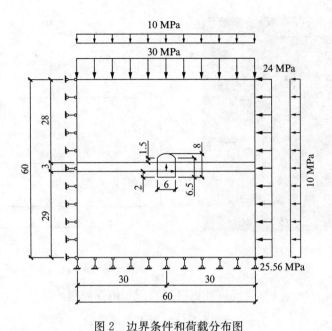

图 2 边界条件和荷载分布图
Fig. 2 Distribution of boundary condition and load

表 1 物理力学参数表
Table 1 Parameters in calculation

岩层性质		重度/(kN·m^{-3})	弹性模量(∥)/GPa	弹性模量(⊥)/GPa	渗透系数(∥)/(m·s^{-1})	渗透系数(⊥)/(m·s^{-1})
岩层 1	绿片岩	27.2	15	8.0	8.221×10^{-8}	7.723×10^{-8}
岩层 2	破碎带	24.0	1.1	1.8	1.917×10^{-7}	1.917×10^{-7}
岩层 3	大理岩	26.1	16	22	6.253×10^{-8}	6.253×10^{-8}

根据有限元计算的要求,将计算范围取为 60 m×60 m。初始地应力参照实际工程地质条件简化为上部边界均布压力 30 MPa,侧向边界梯形荷载 24～25.55 MPa(图 2);渗流水压力在顶部和侧向边界处均令为均布压力 10 MPa。位移边界条件中,左侧和底部边界为固定边界,右侧边界和上部边界为可施加荷载的自由面边界;渗透边界条件方面,区域的顶部和隧洞周边为透水边界,两侧和底部边界为不透水边界。

计算分析采用的有限元网格如图 3 所示,假设的测点布置和测线编号见图 4。由图可见共设 7 个测点,形成 9 条测线。

由正演分析得到的各条测线的收敛位移值(计算位移)见表 3,计算中考虑了开挖效应,并按一步开挖到位计算。

3.2 反演分析

1. 同步长反演

假设表 3 所示的收敛位移量的计算值为由开挖引起的位移量的量测值,并设 E_{h1},E_{v1},E_{h2},E_{v2} 为待反演参数,其余参数为已知值。反演过程采用作者自行编制的多类参数协同反分析程序计算,并采用同步长因子迭代格式。$Y_{(n)}^{(k)}$ 的表达式为式(36),迭代 30 步收敛至精确解。其中弹性模量的迭代过程见图 5,由反演计算得到的参数值及量测位移的回算值见表 2 和表 3。

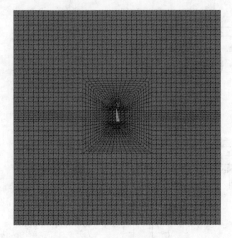

图 3　有限元网格
Fig. 3　FEM grid

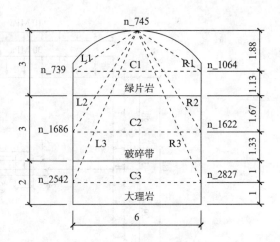

图 4　测点布置
Fig. 4　Layout of Measuring point

由表可见与假设量测值相比较,由反演计算得到的回算值误差很小。

表 2　　反演参数值(同步长反演)
Table 2　　Parameter values in back analysis (same step)

参数取值	E_{h1}/kPa	E_{v1}/kPa	E_{h2}/kPa	E_{v2}/kPa
反算初始值	1×10^6	1×10^6	1×10^6	1×10^6
回算值	15×10^6	8×10^6	1.1×10^6	1.8×10^6
参数试验值	15×10^6	8×10^6	1.1×10^6	1.8×10^6
相对误差	<0.01%	<0.01%	<0.01%	<0.01%

表 3　　计算位移与回算位移(同步长反演)
Table 3　　Displacement of back analysis (same step)

测线编号		计算位移(量测位移)	回算位移	相对误差
1	L1	19.847	19.856	0.10%
	C1	21.428	21.447	0.09%
	R1	30.531	30.563	0.10%
2	L2	38.805	38.833	0.07%
	C2	47.537	47.577	0.08%
	R2	52.181	52.231	0.10%
3	L3	37.676	37.693	0.05%
	C3	39.485	39.502	0.04%
	R3	31.388	31.404	0.05%

$$Y_1^{(k)} = \begin{bmatrix} a_0 & 0 & 0 & 0 \\ 0 & a_0 & 0 & 0 \\ 0 & 0 & a_0 & 0 \\ 0 & 0 & 0 & a_0 \end{bmatrix}_n = \begin{bmatrix} \dfrac{1}{2^{n-1}} & 0 & 0 & 0 \\ 0 & \dfrac{1}{2^{n-1}} & 0 & 0 \\ 0 & 0 & \dfrac{1}{2^{n-1}} & 0 \\ 0 & 0 & 0 & \dfrac{1}{2^{n-1}} \end{bmatrix}_n \tag{36}$$

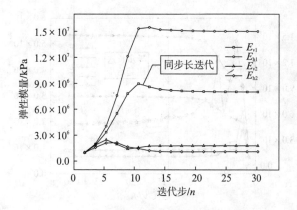

图 5　弹性模量迭代过程图
Fig. 5　Iterative process of the elastic modulus

2. 异步长反演

仍假设表 3 所示的收敛位移量为由开挖引起的位移量的量测值，并设 E_{h1}，E_{v1}，E_{h2}，E_{v2} 和渗透系数 K_2（算例假定 $K_2(/\!/)=K_2(\bot)=K_2$）两类参数为待反演参数，其余参数为已知值。当采用同步长搜索时，$p=q=2$，$Y_1^{(k)}$ 见式（37）；采用异步长搜索时，$p=2$，$q=3$，$Y_2^{(k)}$ 见式（38）。

$$Y_1^{(k)} = \begin{bmatrix} a_0 & 0 & 0 & 0 & 0 \\ 0 & a_0 & 0 & 0 & 0 \\ 0 & 0 & a_0 & 0 & 0 \\ 0 & 0 & 0 & a_0 & 0 \\ 0 & 0 & 0 & 0 & a_i \end{bmatrix}_n = \begin{bmatrix} \dfrac{1}{2^{n-1}} & 0 & 0 & 0 & 0 \\ 0 & \dfrac{1}{2^{n-1}} & 0 & 0 & 0 \\ 0 & 0 & \dfrac{1}{2^{n-1}} & 0 & 0 \\ 0 & 0 & 0 & \dfrac{1}{2^{n-1}} & 0 \\ 0 & 0 & 0 & 0 & \dfrac{1}{2^{n-1}} \end{bmatrix} \quad (37)$$

$$Y_2^{(k)} = \begin{bmatrix} a_0 & 0 & 0 & 0 & 0 \\ 0 & a_0 & 0 & 0 & 0 \\ 0 & 0 & a_0 & 0 & 0 \\ 0 & 0 & 0 & a_0 & 0 \\ 0 & 0 & 0 & 0 & a_i \end{bmatrix}_n = \begin{bmatrix} \dfrac{1}{2^{n-1}} & 0 & 0 & 0 & 0 \\ 0 & \dfrac{1}{2^{n-1}} & 0 & 0 & 0 \\ 0 & 0 & \dfrac{1}{2^{n-1}} & 0 & 0 \\ 0 & 0 & 0 & \dfrac{1}{2^{n-1}} & 0 \\ 0 & 0 & 0 & 0 & \dfrac{1}{3^{n-1}} \end{bmatrix} \quad (38)$$

反演迭代首先采用同步长系数矩阵 $Y_1^{(k)}$，迭代至第 10 步时开始不收敛，程序停止运行。然后调用式异步长因子矩阵 $Y_2^{(k)}$，对渗透系数 K_2 改用 $p=3$ 进行计算，迭代 30 步收敛至精确解（图 6）。

由反演计算得到的参数值及量测位移的回算值见表 4 和表 5。由表可见调用异步长因子矩阵进行迭代计算后，渗透系数误差从 25.7% 降低至 0.42%，弹性模量误差从 5.4% 降低至 0%，位移误差从 0.38% 降低至 0.08%。可见误差很小，异步长因子矩阵对这类课题的反分析计算十分有效。

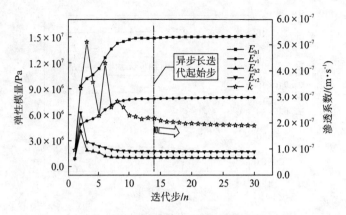

图 6 弹性模量和渗透系数迭代过程图
Fig. 6 parameter values in back analysis

表 4 反演参数值（异步长反演）
Table 4 Parameter values in back analysis (different step)

参数取值	E_{h1}/MPa	E_{v1}/MPa	E_{h2}/MPa	E_{v2}/MPa	k/(m·s^{-1})
反算初值	1×10^6	1×10^6	1×10^6	1×10^6	1×10^{-6}
参数试验值	15×10^6	8×10^6	1.1×10^6	1.8×10^6	1.917×10^{-7}
同步迭代回算值	14.6×10^6	7.7×10^6	1.12×10^6	1.86×10^6	2.41×10^{-7}
相对误差	2.7%	3.9%	1.8%	5.4%	25.7%
异步迭代回算值	15×10^6	8×10^6	1.1×10^6	1.8×10^6	1.925×10^{-7}
相对误差	<0.01%	<0.01%	<0.01%	<0.01%	0.42%

表 5 回算位移（异步长反演）
Table 5 Displacement of back analysis (different step)

测线编号		计算位移（量测位移）	回算位移（同步长）	相对误差	回算位移（异步长）	相对误差
1	L1	19.847	19.885	0.19%	9.856	0.09%
	C1	21.428	21.473	0.21%	21.445	0.08%
	R1	30.531	30.622	0.30%	30.559	0.09%
2	L2	38.805	38.917	0.29%	38.834	0.07%
	C2	47.537	47.716	0.38%	47.575	0.08%
	R2	52.181	52.358	0.34%	52.227	0.09%
3	L3	37.676	37.723	0.12%	37.697	0.06%
	C3	39.485	39.586	0.26%	39.506	0.05%
	R3	31.388	31.472	0.27%	31.406	0.06%

4 结语

岩土工程实践中，由应力-渗流耦合作用引起的问题常成为制约工程安全的关键问题，而各向异性岩体多类参数的获取是开展耦合问题分析的技术关键。因此，开展各向异性岩体应力-渗流耦合场的多类参数反分析方法的研究具有重要的意义。

本文针对各向异性围岩应力渗流场多类参数的耦合反演问题,以位移量测信息为基础信息,通过对基于复变量微分法的优化算法(Levenberg-Marquit 法)引入变步长因子矩阵 $Y^{(k)}$,建立了多参数(初始地应力、围岩性态参数和渗透系数)协同优化的变步长反演算法。异步长因子矩阵可使在峰值附近不收敛的参数重新选择搜索方向,使其收敛至精确值。算例表明异步长因子矩阵可成功地用于协调各类参数敏感性之间的差异,从而有效改进多参数耦合反演的收敛性和收敛速度,使算法具有更好的适应性和有效性。

参考文献

[1] Lyness J N, Moler C B. Numerical differentiation of analytic functions[J]. SIAM Journal of Numerical Analysis, 1967,4: 202-210.
[2] Martins J R R A. A Coupled-adjoint method for high-fidelity aero-structural optimization[D]. Stanford University, Stanford, 2002.
[3] Gao X W, Liu D D, Chen P C. Internal stresses in inelastic BEM using complex-variable differentiation[J]. Computational Mechanics, 2002,28: 40-46.
[4] Gao X W, He M C. A new inverse analysis approach for multi-region heat conduction BEM using complex-variable-differentiation method[J]. Engineering Analysis with Boundary Elements, 2005: 788-795.
[5] 王媛,刘杰. 裂隙岩体非恒定渗流场与弹性应力场动态全耦合分析[J]. 岩石力学与工程学报,2007,26(6): 1150-1157.
[6] Louis C. Introduction al'hydraulique desroches[M]. Orleans, Bureau Recherches Geologique Miniers, 1974.
[7] 李燕. 各向异性软岩的渗流耦合分析及其工程应用[D]. 上海,同济大学,2007.
[8] 杨林德等. 岩土工程问题安全性的预报与控制[M]. 北京:科学出版社,2009.
[9] 刘成学,杨林德,李鹏. 基于复变量微分法的岩石力学参数灵敏度分析[J]. 地下空间与工程学报,2009,5(5): 960-964.

Ⅱ 地下结构抗震防灾

爆炸波在饱和土中与障碍物相互作用的解析法*

王明洋[1]　杨林德[1]　钱七虎[2]

(1. 同济大学地下建筑与工程系,上海　200092；2. 工程兵工程学院,南京　210007)

摘要　对爆炸作用下饱和水土介质中的状态方程进行了适当的简化,解析得到了突加衰减三角形冲击荷载作用下,爆炸波遇到刚性障碍物的反射系数及障碍物的运动规律。

关键词　爆炸波；三相饱和水土；反射系数；障碍物

Analytical Method of Explosive Loadling Interacion with Obstacle in Saturated Soil

WANG Mingyang[1]　YANG Lingde[1]　QIAN Qihu[2]

(1. Department of Geotechnical Engineering, Tongji University, Shanghai 200092;
2. Nanjing Engineering Institute, Nanjing 210007)

Abstract　The equation of state of saturated soil medium has been simplified reasonably under explosive wave in this paper. The reflecting factor of loading on obstacle and the motion regularity of obstacle are obtained from analytic method under the sudden decay triangle shock loading.

Keywords　explosive wave; saturated soil; reflecting factor; obstacle

近年来,饱和土的运动特性越来越受到工程界的重视[1-4],然而这种方法只能借助于数值解,给工程设计运用带来很大的方便。在适宜于工程应用的解析分析方面,文献[5]曾就系问题展开过研究,给出了再等应变卸载下,用两条直线来逼近加载曲线的简化本构关系,详细分析了爆炸波在自由场的传播规律及浅埋结构上荷载的确定方法。文献[6]对加载曲线用两条直线加以逼近,卸载或按等应变卸载或按第二加载直线卸载,给出了自由场的传播规律的近似解。

1 介质简化模型

由有关研究可知[1],三相饱和土的本构关系如图 1 所示,可分两个阶段来描述,当爆炸波压力小于或等于第一分界应力 p_a 时,可以用黏塑性模型加以描述,此时,加卸载路径不一样,

---

* 同济大学学报(自然科学版)(CN: 31-1267/N)1997 年收录

这一阶段的动力变形规律类似于非饱和土；当爆炸波压力大于第一分界应力 p_a 而小于第二分界 p_b 时，可用非线性黏弹性模型加以描述，此时，加、卸载路径不一，但方程具有相同的形式。

第一分界应力 p_a 的大小与空气含量有最直接的联系，文献[2]根据试验给出了上海地区淤泥质饱和土 p_a 的近似估算公式如下：

$$p_a = 25\,250\Delta - 175\,000\Delta^2 \tag{1}$$

式中　p_a——第一临界应力，单位 kPa；

Δ——初始空气含量，由式(1)可知，Δ 越小，则分界应力越小。

应力波在介质中传播时，波阵面上的热损失与介质状态方程 $p=p(v)$ 曲线的曲率大小密切相关，对于气态组分含量不大的饱和土，状态方程 $p=p(v)$ 曲线接近于直线，爆炸波在这类介质中传播时，熵的变化不大，波阵面上热损失不大，用线性函数来取代介质的加、卸载曲线图，可以使采用拉格朗日坐标表示的基本运动方程式得到简化。随着气态组分含量的增加，曲线曲率加大，必须用多条直线来加以逼近，才能保证精度，分段线性函数的逼近增加了求解的复杂性，另外黏性的考虑也使求解复杂化，对这些因素的影响本文暂不加研究。

在图1的状态曲线中，近似用两直线逼近加载曲线。其中第一段从初始压力变化到 p_a，第二段从 p_a 到 p_b，卸载和再次加载如图2所示。

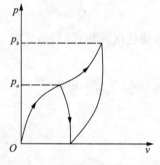 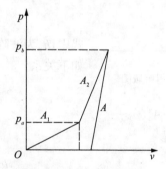

图1　三相饱和水土的本构关系　　图2　简化的介质本构关系

加载方程(假设初始压力为零)为

$$p = -A_1^2(v - v_0) \quad (0 < p \leqslant p_a) \tag{2}$$

$$p = -A_2^2(v - v_a) + p_a \quad (p_a \leqslant p \leqslant p_b) \tag{3}$$

卸载和再次加载的规律为

$$p = -A^2(v - v_r) + p_r \tag{4}$$

式(2)—式(4)中：v, v_0 分别为比容和初始比容；比容 v 与介质密度 ρ 的关系式为 $v = \dfrac{1}{\rho}$，v_r, p_r 分别为初次压缩时所达到的比容和压力值；A_1, A_2 和 A 分别为介质加卸载声阻抗，由试验确定。由图2求解问题时取 $A_1 < A_2 \leqslant A$。

2　自由场传播规律

在一维平面爆炸波作用下，拉格朗日坐标系 (h, t) 中，连续介质动力学基本方程为

$$\frac{\partial u}{\partial h} - \frac{\partial v}{\partial t} = 0 \tag{5}$$

$$\frac{\partial u}{\partial t}+\frac{\partial p}{\partial h}=0 \tag{6}$$

式中,u 为介质质点运动速度。设介质初始截面 $h=0$ 上作用有如下荷载:

$$p=p_m(1-t/\theta) \tag{7}$$

式中　p_m——荷载峰值;
　　　θ——荷载正压作用时间,设 $p_b>p_m>p_a$。

由于加卸载关系是线性的,在波阵面后方介质的运动方程由式(5),式(6)转化为

$$\frac{\partial^2 p}{\partial h^2}-\frac{1}{A^2}\frac{\partial^2 p}{\partial t^2}=0 \tag{8}$$

则波阵面上质点所受压力及运动速度通解为

$$p=F_1(h-At)+F_2(h+At) \tag{9}$$
$$Au=F_1(h-At)-F_2(h+At) \tag{10}$$

式中,F_1 和 F_2 为任意的可微函数;A 为介质声阻抗,它等于弱扰动的传播速度。解域图如图3所示。根据冲击波阵面上的关系

$$p=\dot{h}_\varphi^2(v_0-v) \tag{11}$$
$$u=\dot{h}_\varphi(v_0-v) \tag{12}$$

式中,$\dot{h}_\varphi$ 为波阵面传播速度。将式(11)、式(12)与式(3)联立,得如下关系:

$$p=\lambda\dot{h}_\varphi^2/(A_2^2-\dot{h}_\varphi^2),u=\lambda\dot{h}_\varphi/(A_2^2-\dot{h}_\varphi^2) \tag{13}$$

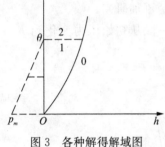

图 3　各种解得解域图

式中,$\lambda=-p_a+A_2^2(v_0-v_a)$。

由式(13)得

$$p=\dot{h}_\varphi u \tag{14}$$

将式(9)、式(10)代入式(14)得

$$(A+\dot{h}_\varphi u)F_2(h+At)=-(A-\dot{h}_\varphi)F(h-At) \tag{15}$$

令 $\alpha=(a-\dot{h}_\varphi)/(A+\dot{h}_\varphi)$,则式(15)变为

$$F_2(h+At)=-\alpha F_1(h-At) \tag{16}$$

对于区域1,利用冲击波阵面线上的关系

$$h_\varphi=\int_0^t \dot{h}_\varphi dt \tag{17}$$

则式(16)在波阵面上近似为

$$F_{2,1}(h_\varphi+At)=-\alpha F_{1,1}[-\alpha(h_\varphi+At)] \tag{18}$$

由边界条件式(7)可得

$$F_{1,1}(-At)-\alpha F_{1,1}(-\alpha At)=p_m(1-t/\theta) \tag{19}$$

式中,$F_{x,y}$ 中的 x 代表函数号,y 代表区域号,式(19)的解为

$$F_{1,1}=\frac{p_m}{1-\alpha}+\frac{p_m t}{(1-\alpha^2)\theta A}=\frac{p_m}{1-\alpha}\left[1+\frac{t}{(1+\alpha)\theta A}\right] \tag{20}$$

故 $F_{1,1}$ 及 $F_{2,1}$ 为如下函数:

$$F_{1,1}(h-At) = \frac{p_m}{1-\alpha}\left[1 + \frac{h-At}{(1+\alpha)\theta A}\right] \tag{21}$$

$$F_{2,1}(h+At) = -\frac{p_m\alpha}{1-\alpha}\left[1 - \frac{\alpha t}{(1+\alpha)\theta} - \frac{h\alpha}{(1+\alpha)\theta A}\right] \tag{22}$$

因此,由式(9)、式(10)得区域1的解

$$p = p_m\left(1 - \frac{t}{\theta} + \frac{1+\alpha^2}{1-\alpha^2}\frac{h}{\theta A}\right) \tag{23}$$

$$u = \frac{p_m}{A}\left(\frac{1+\alpha}{1-\alpha} - \frac{1+\alpha^2}{1-\alpha^2}\frac{t}{\theta} + \frac{h}{\theta A}\right) \tag{24}$$

当爆炸波传至某一深度 $t=\theta$ 时,出现进一步卸载区,在解域图上为区域2,由边界条件

$$p(0,t)\big|_{h=0} = 0 \tag{25}$$

在区域2中,式(18)变为

$$F_{1,2}(-t) - \alpha F_{1,2}(-\alpha t) = 0 \tag{26}$$

其通解为

$$F_{1,2}(t) = K/t \tag{27}$$

式中,K 为待定系数,由区域1,2边界处的连续条件确定,由边界1,2的速度连续

$$u^{(1)}_{t=\theta} = u^{(2)}_{t=\theta} \tag{28}$$

式中,上标1,2代表区域号。

由式(24)及式(27)、式(10)可以解得

$$K = \frac{p_m(h^2 - \theta^2 A^2)}{2\theta A}\left(\frac{2\alpha}{1-\alpha^2} + \frac{h}{\theta A}\right) \tag{29}$$

故,由式(9)、式(10)得区域2的解

$$p = \frac{p_m h(h^2 - \theta^2 A^2)}{\theta A(h^2 - A^2 t^2)}\left(\frac{2\alpha}{1-\alpha^2} + \frac{h}{\theta A}\right) \tag{30}$$

$$u = \frac{p_m t(h^2 - \theta^2 A^2)}{\theta A(h^2 - A^2 t^2)}\left(\frac{2\alpha}{1-\alpha^2} + \frac{h}{\theta A}\right) \tag{31}$$

α 由文献确定。知道了 α,解域1及解域2的解就可以根据式(23)、式(24)及式(30)、式(31)求得。

3 爆炸波遇刚性障碍物时障碍物上的荷载

设在垂直于运动方向上,介质是无限的,在截面 $h=h^*$ 处有一刚性障碍物,沿波法向作用到障碍物上。对三向饱和水土,可以忽略波对障碍物的环流有关的边缘效应。需要寻求的是作用在障碍物上的波荷载以及障碍物的运动情况,考虑地表面反射影响将另文讨论。

如图4所示,在 h-t 平面内的各种解域图上,可以将入射冲击波阵面上(也就是区域1与区域0的边界)的解,写成式(11)及式(3)。区域1的解写成式(23)、式(24)。

(1) 若 $p(h^*,t) > p$,则解域2内反射波阵面上和阵面前方的介质状态是位于一条卸载直线上,因此,反射波的阵面速度等

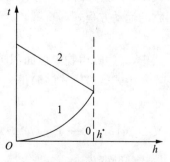

图4 波与障碍物相互作用时 h-t 平面内的各种解域图 (数字1,2代表区域号)

于声阻抗 A。

$$\dot{h}_\varphi = \sqrt{\frac{p-p_1}{v-v_1}} = -A \tag{32}$$

式中,p_1,v_1 分别代表区域 1 内的压力与比容。

在反射波阵面上满足下一条件:

$$p + \dot{h}_\varphi u = p_1 + \dot{h}_\varphi u_1 \tag{33}$$

由式(32)得

$$p + Au = p_1 + Au_1 \tag{34}$$

在解域 2 内(图 4)

$$p = F_{1,2}(h - At) + F_{2,2}(h + At) \tag{35}$$

$$Au = F_{1,2}(h - At) - F_{2,2}(h + At) \tag{36}$$

波阵面方程为

$$h = 2h^* - At \tag{37}$$

由式(34)—式(36),可知

$$F_{1,2}(h - At) = F_{1,1}(h - At) \tag{38}$$

障碍物的荷载为

$$p = F_{1,2} + F_{2,2} \tag{39}$$

$$Au = F_{1,2} - F_{2,2} \tag{40}$$

联立解式(38)、式(40),得在 $h = h^*$ 处的荷载为

$$p = 2F_{1,2}(h^* - At) - Au(h^*, t) = 2F_{1,1}(h^* - At) - Au(h^*, t) = 2[p_1(h^*, t) - F_{2,1}(h^*, t)] - Au(h^*, t) \tag{41}$$

式中,u 为障碍物速度,它等于与它相邻土粒子速度,故反射系数为

$$K(t) = \frac{2[p_1(h^*, t) - F_{2,1}(h^*, t)]}{p_1(h^*, t)} \tag{42}$$

因 $F_{2,1}(h^*, t) < 0$,由式(22)得,故反射系数 >2.

当波到达时,障碍物上方的荷载为

$$p = 2[p_1(h^*, t) - F_{2,1}(h^*, t)] \tag{43}$$

障碍物下方的荷载为

$$p^* = A^* u \tag{44}$$

式中,A^* 为障碍物下方介质的声阻抗,等于下方介质弱扰动声速,假设为常数,由此得出障碍物的运动方程式:

$$m\dot{u} = p - p^* \tag{45}$$

式中,m 为障碍物单位面积质量.

由式(43)—式(45)得

$$m\dot{u} = 2[p_1(h^*, t) - F_{2,1}(h^*, t)] - (A + A^*)u \tag{46}$$

又 $2[p_1(h^*, t) - F_{2,1}(h^*, t)] = \frac{2p_m}{1-\alpha}\left\{1 + \frac{h^* - At}{(1+\alpha)\theta A}\right\} = \frac{2p_m}{1-\alpha}\left\{1 + \frac{h^*}{(1+\alpha)\theta A} - \frac{1}{1+\alpha}\frac{t}{\theta}\right\}$

故式(46)变为

$$\dot{u} + \beta_1 u + \beta_2 t + \beta_3 = 0 \tag{47}$$

其中

$$\beta_1 = (A+A^*)/m; \quad \beta_2 = 2p_m/[m\theta(1-\alpha^2)]; \quad \beta_3 = -2p_m\{1+h^*/[(1+\alpha)\theta A]\}/[(1-\alpha)m]$$

在 $u(0)=0$ 的条件下对方程式积分,得障碍物的速度为

$$u(t) = (-\beta_3/\beta_1) - (\beta_2/\beta_1)(\beta_1 t - 1) + \gamma \exp(-\beta_1 t) \quad \gamma = -\beta_2/\beta_1^2 - \beta_3/\beta_1 \quad (48)$$

障碍物的加速度为

$$\dot{u}(t) = -\beta_2/\beta_1 - \gamma\beta_1 \exp(-\beta_1 t) \tag{49}$$

障碍物的速度开始增加,而后减小,在 $t=t^*$ 时达到最大值

$$t^* = [\lg(\beta_2 - \beta_1\beta_3) - \lg\beta_2]/(\beta_1 \lg\beta_1) \tag{50}$$

(2) 若传递到 $h=h^*$ 截面上的 $p(h^*,t) < p_a$,但是反射时它又变得大于 p_a,此时解域1区,入射波的阵面速度 $\dot{h}_\varphi = A_1$,则区域1内的解只需将令 $\alpha = (A-A_1)/(A+A_1)$ 代入到式(23)、式(24)便可得

$$p = p_m\{1 - t/\theta + [(A^2 + A_1^2)/(2A_1A^2)](h/\theta)\} \tag{51}$$

$$u = (p_m/A)\{A/A_1 + h/(A\theta) - [(A^2 + A_1^2)/(2A_1A)](t/\theta)\} \tag{52}$$

反射波的阵面速度 $\dot{h}\varphi$ 是变量,接近于 A,假设反射波的阵面速度 $\dot{h}\varphi = A$,从波阵面上的关系,可以求出区域1转入区域2的函数为

$$F_{1,1}(h-At) = [(A_1+A)/(2A_1)][1+(h-At)(A_1+A)/(2A^2\theta)]_{p_m} \tag{53}$$

由此,可以得出障碍物的运动方程式(36),其中

$$\beta_1 = (A^* + A)/m$$
$$\beta_2 = p_m[(A_1+A)^2/(2A_1Am\theta)];$$
$$\beta_3 = -p_m(A_1+A)[1+(A_1+A)h^*/(2A^2\theta)]/(mA_1)$$

在相应的 β_1,β_2 和 β_3 值下,障碍物的速度由式(49)给出.

参考文献

[1] 张洪武,钟万勰. 土壤与结构相互作用动力有限元分析及 DIASS 程序系统[J]. 防护工程,1992,15(1): 1-12.
[2] 王作民. 饱和土力学性质试验研究[J]. 防护工程,1993,16(2): 1-10.
[3] 钱七虎,王明洋. 三相介质饱和土自由场中爆炸波的传播规律[J]. 爆炸与冲击,1994,14(2): 97-104.
[4] 钱七虎,王明洋,赵跃堂. 三相饱和水土中爆炸波在障碍物上的反射荷载(1)[J]. 爆炸与冲击,1994,14(3): 225-230.
[5] Ляхов Г М,Полякоъа П И. Волнъв плотных средах и нагрузки на сооружения[M]. Москва: Недра,1967.
[6] Сагомонян А Я. Волны напряжения в сплошных средах[M]. Москва: Издательство Московского Универсгситста,1985.
[7] 王明洋,钱七虎. 爆炸波作用下准饱和土的动力模型研究[J]. 岩土工程学报,1995,17(6): 103-110.
[8] 王明洋,钱七虎. 爆炸波在递增硬化介质中的传播近似模型及分析解[J]. 工程兵工程学院学报,1995,10(3): 41-49.

厦门东通道海底隧道防火研究

刘 伟　曾 超　涂 耘　黄红元

(1. 重庆交通科研设计院，重庆　400067；2. 厦门市路桥建设投资总公司，厦门　361026)

摘要　通过对厦门东通道为代表的海底隧道的火灾特点、火灾规模、火灾曲线、结构保护措施分析，得出了如下主要结论与建议：水下公路隧道火灾具有不可预见、环境特殊、救援困难、后果危害大等特点，因此，在指导思想与防火措施有其自身特点和要求；在考虑水下公路的火灾控制规模时，应因隧制宜，就厦门东通道而言，进行隧道结构防火设计时载重卡车火灾所需要考虑的最危险火灾，其最高温度为 1 000 ℃～1 200 ℃，最大热释放率为 50 MW～100 MW，对于 300 MW 以上的危险品车辆考虑专门的交通管制手段，并采用 RABT 火灾曲线进行结构防火设计；对隧道衬砌结构的防火最有效的保护措施主要有：在隧道内安装自动喷淋灭火系统、在隧道的重要地段安装防火板等防火隔热层。

关键词　厦门东通道；海底隧道；衬砌结构；防火

Study on Fire Preventing Technology for Subsea Tunnel of Xiamen East Passage

LIU Wei　ZENG Chao　TU Yun　HUANG Hongyuan

(1. Chongqing Communication Research and Design Institute, Chongqing, 400067, China;
2. Xiamen Road and Bridge Construction and Investment Company, Xiamen, 361026, China)

Abstract　Based on the study of fire characteristic, fire curve and structure protecting measures of subsea tunnel in Xiamen east passage, some conclusions and suggestions are carried out as follows: a. Because of the unexpected fire type and scale, specific circumstances, difficulty of rescuing and serious results of subsea tunnel fire, there are some different idea and measures with other tunnels. b. About the scale of subsea tunnel fire, there are special background for every tunnel. The most dangerous fire for design is 1 000～1 200 ℃ and HRR is 50～100 MW for the subsea tunnel in Xiamen east passage. Time and temperature cure RABT is suitable for structure design. The fire of HRR is above 300 MW, the measures of managing and controlling are necessary. c. The applied most efficient measures are auto-sprinkling and fireproof smear and fireproof board for protecting tunnel structure.

Keywords　xiamen east passage; subsea tunnel; support structure; fire preventing

1 工程概况

厦门东通道隧道位于厦门市刘五店、五通规划港区(5 万吨级泊位以上)内,连接厦门市本岛和同安区陆地,是一项规模宏大的跨海工程(图 1)。隧道全长 5 900 m,跨海部分约 3 800 m,通道按双向六车道设计,计算行车速度为 80 km/h,兼具公路和城市道路双重功能。该通道的建设将对厦门市特别是同安区乃至闽东南地区的社会经济发展具有十分重要的作用。

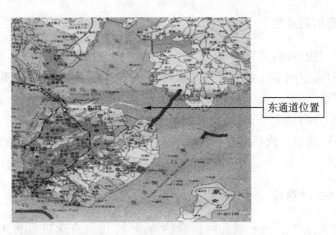

图 1　厦门东通道海底隧道的地理位置图

设计采用设置服务隧道的三管隧道方案,隧道最大纵坡为 3.0%,最小纵坡为 0.3%。跨海部分基本位于微风化花岗岩地段,但穿越几处风化深槽,对施工有一定难度,根据勘探报告,海域段Ⅱ类围岩长度分别为:左线 219 m,右线 97 m;Ⅳ、Ⅴ类围岩长度分别为:左线 3 311 m,右线 3 564 m;因此不良地质所占比例较少,海域地质较好。浅滩及陆地基本处于全、强风化花岗岩地带,地质相对较差。但隧道所穿全强风化和弱微风化花岗岩渗透系数都较小,且隧道表面覆盖一层较厚的高岭土隔水层,有利于隧道建设。隧道采用钻爆法施工,这在我国水下隧道建设尚属首例,有诸多问题值得研究,其中隧道火灾对结构的影响及防护的研究是一个重要的课题。

2 水下公路隧道火灾特点及危害

通过对国内外的公路隧道火灾事故分析和研究,结合相关的火灾模型试验,得出水下公路隧道火灾有如下特点:

2.1 火灾的不可预见性

隧道火灾多由车辆火灾引发,车辆火灾又因车载货物的不确定,同时存在发生多种类型火灾的概率,而不同类型火灾其发展蔓延规律、扩散速度各不相同,因而具有不可预见性。

2.2 火灾环境的特殊性

由于隧道呈狭长形,内部空间较小,近似于封闭空间,很难进行自然排烟。火灾发生后,隧道中空气不足,多产生不完全燃烧,烟雾较大,热量难散发,起火点附近能见度低。在这一特殊的空间环境下,成灾时间短,失火爆发成灾的时间一般为 5～10 min,大部分火灾的持续时间与隧道内的环境有关,一般在 30 min 和几个小时之间。同时,机械排烟设施启动后,空气流动加快,燃烧猛烈,火灾蔓延迅速并加热空气,顺风向时空气温度可达 1 000 ℃,炽热的空气在它经过途中可把热传递到易燃或可分解的材料上。火焰从一个燃料的火源"跳跃"相当的隧道长度,传到下一个燃料点,火灾会产生浓度很高的 CO 及很高的空气温度,并容易造成隧道拱顶混凝土崩落。

2.3 火灾救援的困难性

长隧道近似于封闭空间,道路狭窄,火灾发生后容易造成车辆堵塞,且长隧道不同于城市公路隧道,没有相对固定的车流量和车行高峰期,火灾发生时,隧道中的人员及车辆数量、堵塞状况和疏散十分困难。同时,由于能见度低,救援面窄,火灾扑救路线单一,且可能与人员车辆疏散路线、烟气流动方向发生冲突,加之火灾类型、发展蔓延规律不确定,消防水源有限,隧道内车辆堵塞状况不可预见。火场温度过高时,隧道拱顶混凝土有烧塌崩落的危险,这些都使灭火救援的难度加大。

2.4 火灾后果的严重性

水下隧道的火灾除了具有一般公路隧道的特点外,还具有火灾危害大和火灾发生后难以修复的特点。火灾使衬砌混凝土强度降低,衬砌结构的整体性受到破坏。主要表现在烧坏支护结构拱部及边墙,拱部较边墙严重,一般衬砌损坏厚度为 10～20 cm,为隧道衬砌总厚度的 1/3～1/2。严重情况会造成拱顶掉落,边墙倒塌,进而造成隧道的部分坍塌。这对结构考虑承受相当水压的水下隧道是难以接受的,因为结构的拆除可能带来灾难性后果。

3 火灾规模分析

反映火灾规模最重要的参数是热释放率(HRR),其对公路隧道的建设和运营费用影响巨大。《公路隧道设计规范》(JTJ 026—2004)[1]中对隧道防灾风速的规定主要基于发生 20 MW 的火灾情况下的通风要求,对山岭隧道而言是可以接受的,但对水下隧道情况有所不同。近 20 年国内外进行了大量的实验和计算机模拟,以确定可能发生在隧道及其他地下建筑中的火灾规模和火灾类型,研究的重点就是在不同情况下火灾的热释放率。

表 1 中的热释放率值[2-5]是由火灾测试、理论计算得出的数据,也包括规范和提议中的数据。荷兰在这方面考虑比较完善,不仅给出了火灾规模、热释放率,还对火灾的情况进行了详细的叙述。表 2[6]是荷兰对纵向通风隧道火灾场景的规定。表 3[6]是不同类型车辆在隧道内燃烧可达到的最高温度及最大热释放率。从表中可以看出,对以汽车为交通对象的公路隧道可能存在的隧道火灾大致可分为大型、中型、小型三种类型。从国内外统计资料来看,公路隧道内发生火灾的概率比高速公路要小,平均每年每 30 km 隧道内发生一次事故;从火灾规模来看,90%的火灾都属于小型火灾,故山岭隧道防火设计的目标是 20 MW 的火灾。与山岭隧道相比,水下隧道就需提高设计标准,因为火灾导致的裂缝会引起水的泄漏,如果崩塌就会对隧道造成毁灭性的灾害。

表1　　热释放率的测量和推荐值

火灾类型	HRR/MW						
	社会机构推荐值				火灾测试		专家报告
	PIARC 布鲁塞尔 1987	RABT (D) 1994	CETU(F) 推荐 1996/1997	NFPA502 (USA) 1998	EUREKA 研究：实际火灾	Memorial：采用的火灾规模	Oresund 隧道 1994
小轿车	5	…	2.5	5	1.5~2	…	2.5
大轿车	…	…	5	…	…	…	…
厢式客车	…	…	…	…	5~6	…	…
1~2 辆小轿车	…	…	…	…	…	…	…
2~3 辆小轿车	…	…	8	…	…	…	…
1 辆厢式车	…	…	15	…	…	…	…
1 辆公共汽车	…	…	…	…	29~34	…	…
1 辆巴士或卡车（无危险货物）	20	20~30	20	20	…	20	15
载重卡车	…	…	30	…	100~130	…	…
有泄漏的油罐车	100	50~100	200	100	…	…	120(LPG：高达 150)
燃烧 400 升油料	…	…	…	…	…	50	…
燃烧 800 升油料或危险货物	…	…	…	…	…	100	…
2 844 kg 混杂货物（木材、轮胎、塑料制品）	…	…	…	…	15~17	…	…

表2　　荷兰纵向通风隧道的火灾热释放率及场景

火灾规模	热释放率/MW	火灾场景	备注
小型火灾	6.1	—1 辆小轿车完全燃烧 —估计火灾持续时间：25 分钟 —火源几米内烟雾温度低于 150 ℃ —风速为 1.5 m/s —如果增压机火灾时完好，小修理就可使用 —火源几米内就可进行灭火 —对隧道内部损坏不大 —墙壁呈煤烟色的很少	
中型火灾	100	—装载木材的货车完全燃烧 —距火源 50 m 处的烟雾温度约为 800 ℃ —风速 1.5 m/s —穿着消防服能在距火源 20 m 处灭火 —隧道内部有损坏，呈烟灰色 —预计火灾下游 150~300 m 处有增压机掉落	城市隧道或禁止危险货物运输的二级公路隧道
大型火灾	300	—装有 50 m³ 汽油的油罐车完全燃烧 —估计火灾持续时间 2 h —当风速增至 3 m/s，且穿着消防服能在距火源 10~20 m 处灭火 —可考虑使用水枪 —火灾下游 20 m 处烟雾温度高达 1 400 ℃ —火灾下游 300~500 m 处的增压机都受到损坏 —火灾下游很大距离的隧道内部受到较大的损坏，当风速增大时，距离更长	用于危险货物运输隧道的普通标准

表 3　不同类型车辆在隧道内燃烧可达到的最高温度及最大热释放率

车辆类型	最高温度/℃	最大热释放率/MW
小汽车	400～500	3～5
公共汽车/运货汽车	700～800	15～20
载重卡车	1 000～1 200	50～100
油罐车	1 200～1 320	300

自 1949 年美国纽约长 2 250 m 的霍兰隧道发生火灾以后，无论哪个国家在水下隧道中都禁止装载危险货物的车辆通过。目前进出厦门岛除了将要建设的东通道隧道，还有厦门大桥和海沧大桥两条进出岛通道，因此完全有条件利用另两条通道来运输危险货物；还有危险货物的运输也可采用专用车引导通过，故在厦门东通道隧道的防火设计可不考虑油罐车等危险火灾。

结合我国国情考虑，我国公路隧道的防火目标是：隧道内防火设施的设定只能限定在车辆自身油箱火灾水平以下的范围内以及车载普通货物火灾，那些能导致发生恶性爆炸和火灾的车辆，则应杜绝进入隧道或采取管制措施。因此，参考表 2、表 3 就可确定，在进行隧道结构防火设计时，载重卡车火灾所需要考虑的最危险火灾，其最高温度为 1 000 ℃ - 1 200 ℃，最大热释放率为 50 MW～100 MW，对于 300 MW 以上的危险品车辆考虑专门的交通管制手段。

4　水下隧道火灾曲线的选用

尽管各国在测试建筑构件的耐火极限方面一直采用 ISO 834 标准规定的时间-温度曲线，但像汽车燃料或车辆所运载的石油化工产品、液化石油气等碳氢化合物或其他化学物质的燃烧释放率、火场的温度梯度与可能达到的最高温度环境与该升温曲线所描述的情况有很多差异。因此，隧道的结构设计与耐火保护就需要与这种情况相适应。为此，欧洲各国发展了一系列不同隧道火灾类型的时间-温度曲线[7]，如图 2 所示。

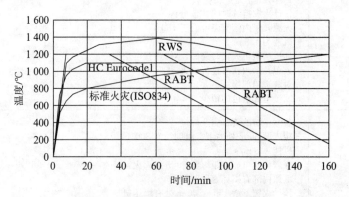

图 2　不同类型火灾的时间-温度曲线

ISO 834 火灾曲线是国际标准化组织建议的建筑构件抗火试验曲线，由于其通用性，在进行防火涂料、防火板等的防火试验也常采用，而许多隧道工程师也常采用它来研究隧道火灾。

RWS 曲线是 1979 年在荷兰 TNO 实验室的研究结果基础上研究出来的，它假设在最不利的火灾情况下，潜热值为 300 MW 的油罐车火灾持续燃烧 120 min，并假设在 120 min 以后消防人员已经将火势控制,接近火源并开始熄灭火源,该曲线主要模拟油罐车在隧道中的燃烧情况。最初温度迅速上升,并随着燃料的减少而逐步下降。在瑞士,由于过山隧道更长且远离消防队,采用 RWS 曲线时,设计时间延长到 180 min。法国采用的隧道升温曲线与 RWS 类似,但规定其最高温度为 1 300 ℃。

碳氢化合物燃烧曲线(HC Eurocode1)主要模拟火灾发生在较为开放的地带,热量可以散发。

RABT 曲线是德国有关研究机构通过一系列真实的隧道火灾实验研究结果发展而来的。温度在 5 min 之内快速升高到 1 200 ℃,在 1 200 ℃处持续 90 min,在随后的 30 min 内温度快速下降。这种实验曲线比较真实地模拟了隧道火灾的特点:隧道的空间相对封闭,热量难以扩散,火灾初期升温快,有较强的热冲击,随后由于缺氧快速降温。对于热释放率 50 MW~100 MW 的火灾采用 RABT 火灾曲线是适宜的,因此建议厦门东通道作为水下隧道进行结构防火设计时采用 RABT 火灾曲线。

5 衬砌结构的防火保护措施研究

水下公路隧道防火应贯彻以防为主、以人为本、"因隧制宜"的思想,其防火目标是:(1) 隧道内的人员能够自主逃生并进入安全区;(2) 救援灭火工作应该在尽可能安全的条件下进行;(3) 应该采用能够防止大规模经济损失的防护措施。为达到上述目标,对隧道衬砌结构的防火保护措施主要有:

5.1 在隧道内安装自动喷淋灭火系统

尽管各国对隧道内安装自动喷淋灭火系统意见不够统一,但从日本、澳大利亚等国情况看使用是正常的,且在火灾出现时发挥了作用。从隧道火灾的特点可知,隧道火灾发生、发展的时间很短,只有自动喷淋灭火系统可 5 min 之内开始有效工作,为人员的逃生、救援、消防争取时间,对降低火灾温度很有帮助,是一种十分有效的手段。关键是自动喷淋灭火系统长期运营的可靠性,以及运营过程中的设备维护。

5.2 提供不计入结构剖面要求的额外混凝土厚度

就是假定附加的混凝土厚度可用作牺牲层,以维持其结构的整体性,从而阻止隧道衬砌在火灾中的失效。一般情况下,火灾引起的隧道衬砌损坏厚度为 10~20 cm,为隧道衬砌总厚度的 1/3~1/2。而英法海峡隧道火灾之后,在损害最严重的地方,原来 450 mm 厚的混凝土只剩下 40 mm。据消防队的报告,混凝土爆裂炸伤了消防队员,混凝土碎石阻塞了安全疏散道路,灼热的混凝土则烧伤了消防员的足底。而且增厚混凝土还会加大隧道断面的尺寸,很不经济。一般不主张采用增加混凝土的厚度来提高隧道结构的耐火性能。

5.3 在混凝土混合料中添加纤维

过去有在混凝土混合料中添加纤维(聚丙烯纤维或增强钢筋纤维)以提高其耐火性能的观点,但最新关于混凝土耐火性能的研究表明,即使在混凝土配料中加入聚丙烯纤维或增强钢筋纤维也不能降低水蒸气的压力,相应地对减少爆裂的作用也非常小。这种方案也不能有效阻止混凝土在烈火中的爆裂,事故之后,恢复衬砌的维修工作也是必不可少的。因而,也不是一种有效的结构防火方法。

5.4 在隧道衬砌表面涂抹防火涂料

把隧道防火涂料涂喷在隧道拱顶和侧壁的表面,起到防火隔热保护作用,防止隧道内钢筋混凝土在火灾中迅速升温而降低强度,避免混凝土爆裂、衬砌内钢筋破坏失去支撑能力而导致隧道的垮塌。我国从20世纪90年代末开始研究隧道防火涂料。防火涂料按厚度可分为薄涂型和厚浆型;按防火机理可分为阻燃隔热型和膨胀隔热型;按用途可分为混凝土防火涂料、饰面型防火涂料、电缆防火涂料、透明防火涂料等。据国内一些防火涂料资料,较厚的防火涂层可起到一定的保护作用。对防火涂料的要求:防火隔热效果好,施工方便;对混凝土表面附着力好,且性能优良;无毒、无气味,属环保型涂料;经施工能掩盖混凝土粗糙表面,并具有一般的装饰性能。

5.5 在隧道的重要地段安装防火板等防火隔热层

防火板的厚度容易确定,随后的应用就能保证满足检验过的建筑结构的技术要求进行。而且,板材通过机械方式固定,在安装正确,没有任何变形产生的情况下,来自驰过的车辆的吸力和风力对它都影响很少。板材的理化性能完全不受过往车辆燃油废气的影响,也不受渗水的影响。事实上,在东通道这类水下隧道里,防火板不仅能起到防水层的作用,保证水流入排水系统,而不是滴在路面上。而且,板材能保证潮湿隧道中的保护表面不产生凝结水,且能吸收少量湿气,干燥时散发到空气中去。水分的吸收和散发都不会对板材的性能产生影响。一般情况下,板材系统不需要维修保养。如果需要检验某部分混凝土结构时,只要轻松地移开保护板即可,检验完毕再恢复它的位置。防火板不仅能提供防火被覆,其光滑表面降低隧道的壁面摩阻系数节约通风费用,其白色墙面的反射率为0.7,此时的路面亮度可提高10%,从而节约照明费用。

对后四种保护措施,采用专用大型通用有限元分析软件对隧道衬砌和一定范围内围岩火灾时的瞬态温度场进行仿真,并研究隧道边界尺寸、水压力、衬砌厚度对衬砌温度分布的影响。结果表明,增加混凝土厚度及添加纤维都不足以解决问题,但可作为安全储备,应用防火涂料或防火板是理想的防火方法。故推荐采用防火涂料或防火板作为厦门东通道隧道的防火保护措施。

6 结论与建议

通过对以厦门东通道为代表的海底隧道火灾特点、火灾规模、火灾曲线、结构保护措施分析,加深了对海底隧道防火及结构防灾的认识,得出了如下主要结论与建议:

(1) 水下公路隧道火灾具有不可预见、环境特殊、救援困难、后果危害大等特点,因此在指导思想与防火措施有其自身特点和要求;

(2) 在考虑水下公路的火灾控制规模时,应因隧制宜,就厦门东通道而言,进行隧道结构防火设计时载重卡车火灾所需要考虑的最危险火灾,其最高温度为1 000 ℃~1 200 ℃,最大热释放率为50 MW~100 MW,对于300 MW以上的危险品车辆考虑专门的交通管制手段,并采用RABT火灾曲线进行结构防火设计;

(3) 对隧道衬砌结构的防火最有效的保护措施主要有:在隧道内安装自动喷淋灭火系

统,在隧道的重要地段安装防火板等防火隔热层。

参考文献

[1] 交通运输部. JTJ026.1—1999 公路隧道通风照明设计规范[S]. 北京:人民交通出版社,1999.
[2] Prof. Dr.-lng. HAACK A, Dr.-lng. MEYEROLTMANNS STUVA W. Ventilation for fire and smoke control: Recommended design fires[M]. PIARC, 1999.
[3] Carvel R O, Bear A N, Jowitt P W, Drysdale D D. Variation of heat release rate with forced longitudinal ventilation for vehicle fires in tunnels[J]. Fire Safety Journal of UK, 2001,36: 569-596.
[4] Heselden A J M. Studies of fire & smoke behavior relevant to tunnels[M]. CP/66/78 Fire Research Station, UK, 1978.
[5] Hertz K D. Limits of spalling of fire-exposed concrete[J]. Fire Safety Journal, 2003(38): 103-116.
[6] FIT European Thematic Network. Fire Safe Design, Road Tunnels[R]. Draft contribution to FIT WP3 report, September 2003.
[7] 倪照鹏,陈海云. 国内外隧道防火技术现状及发展趋势[J]. 交通世界,2003(2).
[8] 中华人民共和国建设部国家标准. 建筑设计防火规范[S]. 北京:人民交通出版社,2003.

从大客流运营角度谈地铁车站的建筑布置优化设计*

葛世平

（上海申通地铁集团有限公司，上海　201103）

摘要　本文以轨道交通大客流交通建筑的理念，从地铁车站的设备和管理用房布置原则、影响乘客行进的站内设施布置要点以及换乘车站的换乘设施设置三方面对地铁车站的建筑布置进行了探讨，力求使地铁车站的建筑布置真正体现交通建筑的特征，即设备区布置紧凑、方便管理，公共区保证乘降安全、舒适，客流疏导通畅、迅速。

关键词　轨道交通；大客流运营；车站建筑；优化设计

From the Operational Point of View to Talk about Subway Station Passenger Flow of the Building Layout Optimization Design

GE Shiping

(Shanghai Shentong Metro Group Co., Ltd., 201103)

Abstract　In this paper, rail traffic in the construction of the concept of passenger traffic, from the subway station equipment and management of space layout principles, thus jeopardizing the road passenger station facilities as well as the layout of the main points of the transfer facilities, transfer stations set up three buildings face the subway station layout is discussed, and strive to make the architectural layout of metro station truly reflects the architectural characteristics of the traffic, that is, equipment zone layout compact, easy management, and public areas to ensure by lowering safety, comfort, ease passenger flow smooth and swift.

Keywords　rail transportation; large passenger flow operator; station building; optimal design

1　引言

由于地铁车站投资规模大、建设周期长，地下土建结构一旦建成后很难再作改造，因此地铁车站的建设需要强化大客流交通建筑的理念，摆脱传统民用建筑固有观念的束缚。目前，国内从事地铁车站建筑设计的人员对地铁车站的交通特征不够熟悉，尤其是对地铁车站的实际运营情况不够了解。在车站设计时往往对大客流的行为特征考虑不够，以致车站使用功能不

---

* 城市轨道交通研究(CN：31-1749/U)2010年收录

够理想；车站设计方案由于对客流预测教条地应用，无法应对远期不可预测的客流变化及各种突发状况。为推进地铁车站的建筑布置最大限度地满足乘客的使用功能，并充分考虑到运营管理中人性化的乘客服务理念，地铁车站建筑布置设计应进一步优化。

2 地铁车站设备和管理用房的分类及平面布置原则

2.1 地铁车站设备和管理用房分类

（1）地铁车站设备用房主要有通风与空调系统设备用房、强弱电系统设备用房、给排水与消防系统设备用房。在设备用房中面积最大的是通风与空调系统设备用房，含区间通风机房、环控机房、冷水机房、环控电控室、小通风机房等。强弱电系统设备用房主要有降压变电所、牵引变电所、配电室、通信用房（含通信机械室及电源室）、信号用房、公网引入室。给排水及消防系统设备用房有消防泵房、污水泵房及废水池等。

（2）地铁车站管理用房一般设有车站控制室、服务中心、站长室、交接班室（兼会议室、餐厅）、警务室、更衣室、男女厕所、管理区厕所、茶水间、清扫间、垃圾堆放点。

2.2 车站设备管理用房设置原则

（1）地铁车站设备用房的平面布置主要是根据各系统的工艺要求而定，房间布置必须满足车站设备的使用功能。环控电控室应靠近环控机房而设，小通风机房靠近新风道及排风道，可以与环控机房合并布置；通信、信号用房靠近车站控制室而设，降压变电所宜设在站台冷水机组一端，牵引变电所尽量设在站台层；照明配电室站台、站厅各设二间，靠近公共区；污水泵房设在厕所的下方，废水池设在站台层的最低端，墙面保留控制柜、管道安装条件。

（2）地铁车站管理用房的平面布置主要是根据车站运营需要，同时考虑乘客的人性化服务理念而定。车站控制室设在站厅层客流多的一端，服务中心尽可能设在出入口闸机附近；站长室设在车站控制室旁，警务室靠近站厅公共区集中设置；男、女公厕设在公共区非付费区内；交接班室、管理区厕所、茶水间、更衣室都设在站厅管理区内部；清扫间站厅、站台层各设一间，可利用楼扶梯下部空间；垃圾堆放点结合出入口公厕布置。

（3）地铁车站设备管理用房在满足工艺和运营需要的前提下归类布置，将有人值班的设备管理用房尽量设于车站的同一端。设备管理用房分别设于车站的两端，并呈大、小头形状的布置；根据车站实际运营情况，车站的大、小系统运行特征和列车的运营时间有关，一般夜间车站停运时，车站环控大系统停止运行，只有少数管理用房仍需使用空调系统。因此，应将停运后仍需要使用环控小系统的设备管理用房集中布置，以达到合理节能的使用效果。

3 方便乘客通行的站内设施布置要点

地铁车站作为交通建筑，乘客流线是否顺畅是评价车站功能好坏的重要指标之一。传统的车站建筑布置要求楼扶梯对称布置、结构柱等间距、等跨度布置，这样往往会制约建筑平面的布置，造成流线不畅，如车站出入口通道、楼扶梯与立柱位置以及其他设施的布置不合理，不利于站内大客流的集散。车站的垂直提升能力与楼、扶梯的数量、宽度以及设置的位置和方向有关，合理布置地铁车站的楼、扶梯设施，可以提高车站的垂直提升能力、加快乘客的安全疏散。

3.1 车站出入口及站内通道设置

车站出入口、通道与站厅连接必须顺直、通畅,同时要特别注意车站立柱设置必须避让出入口通道的客流主要方向。

交通建筑的特点就是要求流线顺畅,便于乘客疏散。车站出入口部位附近往往设有自动售票机、充值机等设备,如果通道设置不合理,进出站客流就容易引起拥挤、冲撞。地铁车站按规范通道设计的最大通过能力是单向 5 000 人/(h·m),双向 4 000 人/(h·m)。在实际运营中,由于站内的客流交叉、乘客的拥挤密度对通道的通过能力有很大影响(据现场测算为 1 500~2 000 人/(h·m),如果车站的通道上设有结构柱或者其他设施的话,通道的通行能力更要大打折扣。

(1) 调整出入口通道转折布置,畅通客流流线。

某车站的出入口通道转折 3 次(如图 1 所示),进出站的乘客却必须转 4 次弯才能够进出站,如果按图中阴影部分进行调整通道,虽然占地增加了一小块,但乘客在出入口通道转折一次便可进出站厅,客流流线更为顺畅,便捷。

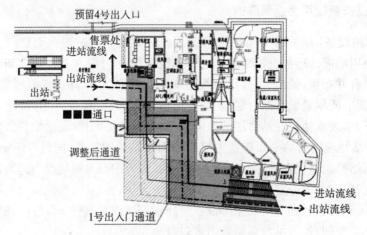

图 1 某车站出入口平面布置图

(2) 调整柱网平面布置,避免客流拥挤。某车站站厅立柱等跨设置(图 2),正对出入口通道有一立柱,立柱左侧是自动售票机及加值机,立柱右侧净距较小,扣除建筑装修后净距更小。

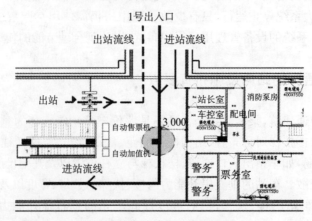

图 2 某车站站内立柱设置图

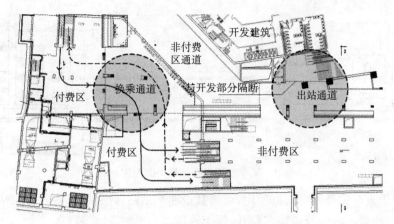

图 3　某车站站内换乘通道布置图

在高峰时段通道内购票乘客容易造成拥挤,不易疏散人群,可调整柱网或将出入口右移,使立柱避让通道。某车站站厅(图 3)左侧换乘通道立柱设置如适当加大跨度、减少立柱数量并按乘客行走流线设置后,即可提高乘客在通道内的通过能力;而右侧出入口通道因立柱设置不合理,明显会影响乘客的疏散能力。

3.2　车站楼扶梯设置

现行地铁设计规范对于车站楼扶梯选用的最大通过能力为:双向混行 3 200 人/(h·m),自动扶梯为 9 600 人/(h·m),在运营中由于乘客行为复杂性和车站运营的非理想状态,实际通过能力往往达不到规范中的标准。前一时期,有些地铁车站过分压缩车站建筑面积导致公共区面积偏小、垂直空间客流疏散能力不足,部分换乘车站甚至只好将无障碍电梯布置在换乘节点上,严重制约大客流的通行。对于换乘车站来说,车站楼扶梯一般是根据换乘客流特征进行布置,即按车站实际运营的要求进行。

1. 合理布置建筑平面,在规范允许范围内尽量增加楼扶梯数量

根据地铁运营经验,楼扶梯设置不好会成为制约通过能力的瓶颈,影响客流安全疏散能力。为适应将来可能的地铁客流增加并从人性化的公众服务理念出发,提高车站的垂直提升能力,车站应尽可能合理设置充足的楼、扶梯;楼扶梯的总宽度是根据客流预测计算而得出,其总宽度决定乘客安全疏散的时间。

(1) 楼扶梯疏散能力应考虑远期大客流、应急疏散大量集中客流。上海在建地铁车站大都是六节编组的车辆,站台设两组楼、扶梯即可满足规范要求(在 6 分钟内站台上一列车的乘客必须紧急疏散完毕);由于城市人口增速过快,运营高峰时楼扶梯的客流疏散能力不足;在遭遇突发事件或火灾,楼、扶梯作为唯一的逃生通道,紧急疏散时有可能发生踩踏或堵塞楼扶梯的险情。

(2) 楼扶梯的疏散能力必须适应远期客流的变化。轨道交通客流预测具有不确定性,车站周边区域功能的改变会导致进出站客流的突变,中心城区改造办公商业化倾向在加剧。

(3) 楼扶梯设置必须注意深埋车站的纵向疏散,保证乘客的安全。由于各种条件制约,某些车站埋深大,乘客疏散时提升高度大,从而会加长紧急疏散时间。

(4) 在不加长车站长度的前提下,站台层中部便可增设一组疏散梯,提高车站的垂直提升能力(图 4)。传统设计通常将无障碍垂直电梯设在站台中部,站台上便无法设置三组楼扶梯。

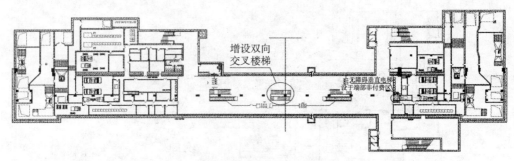

图 4 某车站增设楼扶梯平面图实例

考虑到无障碍垂直电梯是特定人群使用,可将其设在车站站台层端部,做到对应站厅层设在非付费区,亦可与检票入站的其他乘客分开,便于管理。

(5) 从网络的角度,结合进出站客流的特征、市郊结合部车站的客流潮汐特征明显,晚高峰返程站台侧应适当加宽,并选取足够通过能力的楼扶梯组合布置。

2. 合理选择楼梯形式,根据具体情况组合楼扶梯设置

(1) 在站台至站厅层之间的楼扶梯应尽可能设置成直跑楼扶梯;在某些车站综合开发区域如果由于用地紧张,实在无法设置直跑楼扶梯时,可设双跑楼扶梯。单跑楼扶梯顺直、通畅,可以将乘客直接输送至站厅层,安全可靠,乘客在楼扶梯上视野开阔,不容易引起停滞拥堵,而多跑楼梯在休息平台处不可避免地造成乘客停滞、拥堵,在高峰时段容易造成乘客跌倒以致发生危险。

(2) 侧式站台楼、扶梯可分开呈独立设置,在站台总宽度不变的前提下增加楼、扶梯处的有效站台宽度,从而缓解站台上乘客的拥堵。一般岛式站台总宽度较大,楼、扶梯往往并排在一起布置,而单侧式站台楼、扶梯并在一起布置会占用有效站台宽度,特别是在楼、扶梯处客流会形成拥堵。楼、扶梯可分开呈独立设置,在客流不大的车站在保证 2.5 m 宽的有效站台宽度的前提下,可以减小侧式站台总宽度从而减少工程规模。

3. 合理布置楼梯位置,避免立柱及其他建筑构件影响楼、扶梯梯口处通过能力

在建筑设计时仔细推敲车站的站厅层、站台层的柱网与楼扶梯位置,避免立柱及其他建筑构件影响楼扶梯梯口处通过能力。

传统柱网的地铁车站一般以等跨居布置(图5),站台立柱常会占据楼扶梯口位置,影响乘客上下楼、扶梯,人为地造成楼扶梯口拥挤,对乘客疏散极为不利。而如图5右侧平面调整楼扶梯位置或柱网跨度后,在梯口部位柱子便不会与人流形成冲撞。

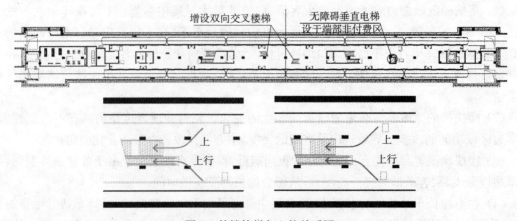

图 5 某楼扶梯与立柱关系图

3.3 车站换乘设施设置要点

换乘车站的客流特征：客流集聚效应换乘车站的客流往往大于一般车站；换乘客流来自各线车站的瞬时下客，乘客集中度会远大于一般车站的进站客流。如三线换乘枢纽，高峰时期可能有六列车辆同时到达车站；站内的换乘客流远大于进出站的客流。

一般站台间的换乘设施在初期均可满足客流通过能力，但作为百年工程的地铁车站无法准确预测若干年后的客流情况，在进行车站换乘设施设置时应考虑站台间换乘和通过站厅换乘的两种方式，预留将来高峰期站台换乘不足时组织客流单向换乘的功能。

通常换乘楼扶、梯的设置须考虑的要求：① 通道换乘楼、扶梯的布置应符合客流流向，典型站厅换乘车站站厅、站台间的垂直提升能力是关键；② 两车站站台搭接换乘如"T"、"L"、"十"形换乘方式，站台作为换乘通道的一部分，站台的宽度应满足候车与换乘客流的双重要求；③ 车站换乘楼梯的平台控制换乘客流的通过能力，平台宽度应适当加大；④ 站厅换乘节点残疾人电梯的布置应尽量避开大量换乘客流流线；⑤ 应对换乘客流的不确定性，车站应预留远期组织单向换乘客流的可能。

3.3.1 车站换乘楼、扶梯的设置分类

换乘车站通常采用站台-站台换乘、站台-站厅换乘、通道换乘几种方式。根据车站平面布置，车站站台-站台换乘共分为对称的"十"字形、"T"形、"L"形、和同站台4种换乘形式。除同站台、同方向换乘的形式之外，其他的换乘形式都必须有高度提升，因此换乘车站度涉及换乘楼、扶梯和换乘通道这两种换乘设施。

站台间的换乘方式特点：① 对称"十"字形换乘楼梯设于两个站台的中部，换乘客流分布比较均匀，有利于站台上乘客的安全；② 由于"T"形换乘换乘点位于站台一端，站台须考虑换乘客流的通道功能；③ 对于侧式站台的换乘站应分析客流的潮汐特征，在相应的站台宽度、楼扶梯通过能力上应有相应的考虑；④ 上下二层重叠的站台设置楼扶梯直达时，乘客须辨别方向，站厅里易引起混乱。

1. 对称"十"字形换乘楼扶梯布置

对称"十"字形换乘指两个车站站台互相成"十"字形交叉设置在上、下两层，通过站台之间的楼梯进行换乘。

（1）岛式车站对称"十"形换乘（岛-岛"十"字换乘）时，楼梯为站台之间唯一换乘点。站台间设置双向"十"字换乘梯，可以增加换乘楼梯的通过能力。如图6所示为三岛"十"字换乘的

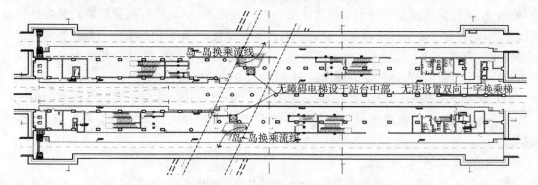

图6 岛-岛"十"字换乘车站楼扶梯布置实例图

平面图,由于中部设置了无障碍电梯,换乘楼梯只能单向换乘,乘客在站台上容易造成拥堵。如果将无障碍电梯移至站台端部,便可设置双向"十"字换乘楼梯。

(2) 岛式车站站台与侧式站台"十"形换乘(岛-侧"十"字形换乘)时,在站台间具有两个换乘点,同时换乘客流分布比较均匀,是一种比较理想的车站换乘形式。如图7所示为利用侧式站台两侧的空间作为下层岛式站台站厅,两侧站厅及侧式站台两侧需通过下层岛式站台进行沟通。下层岛式站台进站楼、扶梯兼作换乘梯,该楼扶梯设置时必须考虑足够的通过能力。

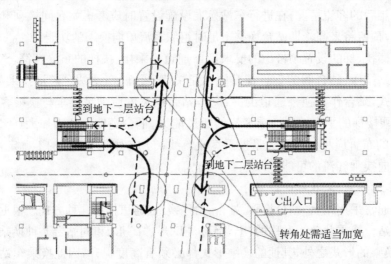

图7 侧-岛"十"字换乘车站楼扶梯布置实例图

(3) 侧式车站站台与侧式站台"十"字形换乘(侧-侧"十"字形换乘)时,在四个侧式站台之间可以形成四个换乘点,从客流均匀角度来讲是具有一定优势,但由于过于分散客流沟通不便,一般不大采用。

2. "T"形换乘楼、扶梯布置

"T"形换乘指两个车站站台互相成"T"形设置在上下两层,通过站台间的楼梯进行换乘。

(1) 岛式车站"T"形换乘(岛-岛"T"形换乘)时,通常设置两跑双分换乘楼梯,换乘楼梯为站台之间唯一换乘点。横向站台上可以双向通行,垂直方向的站台只有一个通行方向。垂直方向的楼梯宽度和中间平台决定乘客的通行能力,此种情况下要尽量做大垂直方向站台上楼梯及中间平台的宽度并减少梯口处的障碍物,保证乘客的顺利通行(图8)。

(2) 岛式车站站台与侧式站台"T"形换乘(岛-侧"T"形换乘)时,两站台在之间产生两个换乘点。侧式站台两侧乘客分别通过岛式站台上的换乘楼、扶梯进行换乘。侧式站台往往总宽度有限,尤其是在楼扶梯处通常按照有效站台宽度设置,因此进出站客流与换乘客流会产生集中拥堵。为解决这个问题可以将通道处楼、扶梯外移,或者将楼、扶梯分开布置从而增加此处有效站台宽度,并将车站相交处墙体的阳角切除,方便乘客通行(图9)。

(3) 侧式站台与侧式站台"T"形换乘(侧-侧"T"形换乘)时,在两个车站站台范围内无法设置换乘楼梯,须扩大侧式站台二侧地下空间设置换乘楼梯。这种形式换乘分散,一般不采用。

3. "L"形换乘楼、扶梯布置

站台2站台"L"形换乘指两个车站站台互相成"L"形设置在上、下两层,通过站台至站台间的楼梯进行换乘。

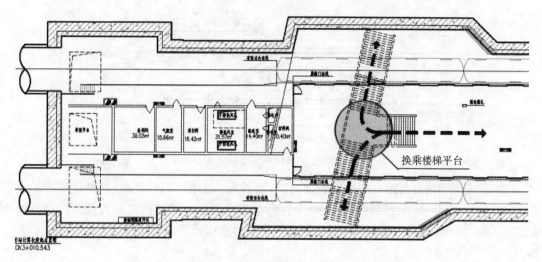

图 8 岛-岛"T"形换乘实例图

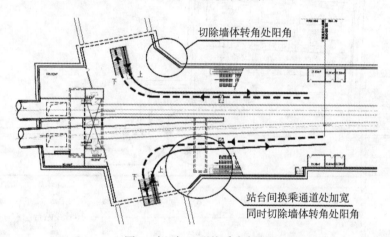

图 9 侧-岛 T 形换乘实例图

(1) 岛式车站站台-站台"L"形换乘(岛-2 岛"L"形换乘)时,与岛-岛 T 形换乘类似,两站台之间为一点换乘,所不同的是两站台只有一个通行方向,因而其换乘楼梯宽度显得更加重要。

岛-岛"L"形换乘车站换乘楼梯设在站台的端部,站台上的换乘客流势必要由全站台向换乘端集聚,需要合理布置站台上的楼、扶梯及其他设施,让站台换乘端留出充足的集散空间。将进站楼扶梯调整方向后,换乘端站台空间比较宽敞,有利于乘客的换乘(图10);同时预留远期组织客流单向换乘的可能(图11)。

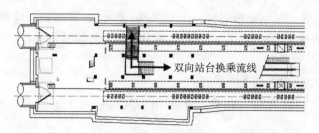

图 10 岛-岛 L 形双向换乘楼扶梯布置实例图

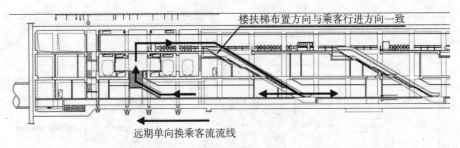

图 11　岛-岛 L 形单向换乘楼扶梯布置实例图

（2）岛式车站站台与侧式车站站台之间"L"形换乘（岛-侧"L"形换乘）这种换乘方式虽然具有二个换乘点，但换乘点同时集中在两个在两个车站站台远端。在此站台范围内设置换乘楼梯时，须扩大侧式站台二侧地下空间，加大侧式站台宽度设置换乘楼梯。如图 12 所示。

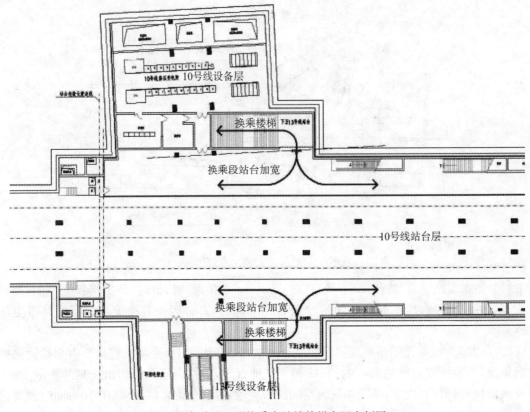

图 12　岛-侧"L"形换乘车站楼扶梯布置实例图

（3）侧式车站与侧式车站站台—站台 L 形换乘（侧-侧 L 形换乘），这种换乘方式虽然必须在四个端部设置四个换乘楼梯，在侧式站台内有限宽度设置换乘楼梯比较困难，一般较少采用这种站型。

4. 同站台换乘楼扶梯布置

同站台换乘形式一般有岛式站台水平同站台换乘以及上下重叠的双岛式同站台换乘两种。

（1）水平同站台换乘形式有两个岛式站台，如图 13 所示。根据常规的线路上下行规则两条线路上的反方向换乘的乘客可以实现同站台换乘；而二线同方向换乘的乘客则必须通过楼扶梯到站厅进行换乘。车站的楼扶梯既要设置足够宽度同时满足出入站及换乘客流的要求，同时还必须处理好楼梯的平面布置及上下方向，减少客流对冲。

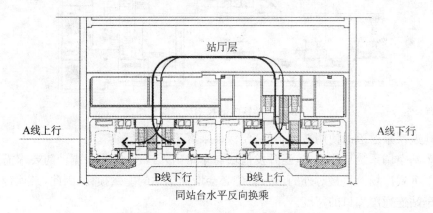

图 13　水平同站台换乘实例剖面图

（2）上下重叠的双岛式同站台换乘有两种布置方式，如图 14 所示。各方向换乘客流不需到站厅，直接在站台间进行换乘。同站台上、下同方向换乘情况下，两线之间反方向换乘的客流必须要通过楼、扶梯提升后再进行换乘，换乘客流在站台上会形成客流交叉，形成梯口部的拥堵，而采用同站台反向换乘设置后，各方向的换乘客流则不会引起交叉，较好地解决了拥堵问题。

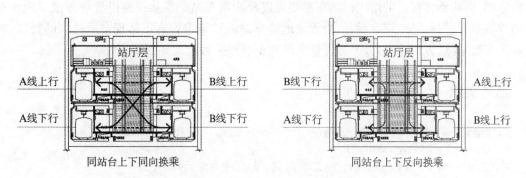

图 14　上下重叠同站台换乘实例图

3.3.2　车站换乘通道的设置

通过换乘通道进行换乘的车站与通过楼扶梯直接换乘的车站相比，乘客走行距离相对较长，车站站台的拥挤压力反而有所减缓，换乘通道的设置就显得相对重要。

（1）地铁车站内部换乘通道设置要点

地铁内部换乘通道一般连接两个车站站厅之间，与地铁外部关系不大，只要处理好换乘通道与二个站厅之间的关系即可。换乘通道应尽可能设置在站厅的中部位置，使乘客步行距离缩短，与站厅连接处不可有正对着通道的障碍物。如图 15 所示。

（2）与周边地下综合开发空间相结合的换乘通道设置要点

目前，越来越多的地铁车站与综合开发相结合。在城市中心区也涉及新建地铁与已建建筑的配合协调问题。首先，地铁换乘通道要保证地铁内部的使用和管理功能，要求与开发建筑保持独立性。其次，开发建筑、地铁间的相关通道建设时应协调进行，上部开发建筑的地下结

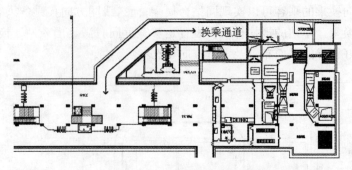

图 15　地铁内部换乘通道实例图

构不应对地铁换乘通道的使用造成不便,要保证乘客流线不受影响。

地下车站空调系统耗能很大,当开发地块与车站出入口连通时,根据消防要求需要结合出入口设置下沉式广场。直接对外的出入口势必会增加车站的能量损耗,因此,必须合理控制开发地块与车站连通出入口的宽度。

4　结语

综上所述,随着我国经济和社会的发展和城市化进程的加快,作为以交通功能为主的地铁车站,车站的建筑布置应该以乘客的需求为本,应牢牢树立以轨道交通大客流交通建筑的理念,总体上遵循"基于客流疏散能力"原则来具体确定设计方案,从地铁车站的设备和管理用房布置原则、影响乘客行进的站内设施布置要点以及换乘车站的换乘设施设置等方面对地铁车站的建筑布置进行系统、综合设计,力求使地铁车站的建筑布置真正体现交通建筑的特征,即设备区布置紧凑、方便管理,公共区保证乘降安全、舒适,客流疏导通畅、迅速。

参考文献

[1]　上海市建设委员会科学技术委员会. 上海地铁一号线工程[M]. 上海：上海科学技术出版社,1998.
[2]　GB 50157—2003　地铁设计规范[S].
[3]　葛世平. 从运营角度谈城市轨道交通的总体设计[J]. 城市轨道交通研究,2004(2)：13.
[4]　李三兵,陈峰,李程垒. 对地铁站台集散区客流密度与行进速度的关系探讨[J]. 城市轨道交通研究,2009(12)：34.

地下铁道震害与震后修复措施*

季倩倩　杨林德
（同济大学地下建筑与工程系，上海　200092）

摘要　在1995年日本阪神地震中，地下铁道第一次遭到严重毁坏，尤其是大开站震害最为严重。本文对地下铁道车站、地下铁道明挖区间隧道和盾构隧道的震害特点作了全面总结。随后，依据震害的表现形式，对车站结构震害原因进行了简单分析。根据文中陈述，得出结论，中柱和混凝土管片是地下铁道结构的抗震薄弱环节，对其抗震性能的设计应引起重视。最后，对地下铁道的震后修复措施亦有所介绍。

关键词　震害；地下铁道；隧道；修复措施

Seismic Damage and Restoration Measures of Subway

JI Qianqian　YANG Linde
(Department of Geotechnical Engineering, Tongji University, Shanghai, 200092)

Abstract　In 1995 Hyogoken Nambu earthquake of Japan, subway structure was firstly severely damaged, especially Daikai subway station. Present paper comprehensively summary subway structure seismic damage features, including subway stations, cut- and - cover tunnel lines and shield tunnel lines. it is concluded that center columns and R. C. segments of subway are easily failed due to earthquake. Judging from the damage pattrn, structure damage mechanisms are also simply analyzed. Finally, the joutline of restoration work of subway structures is introduced.

Keywords　earthquake damage; subway; tunnel; restoration measures

1　前言

随着经济的迅速发展，为满足城市对交通日益增长的要求，地铁工程建设正在国内迅速发展。在北京、上海、广州和深圳等城市，地下铁道的建设已成为市政建设中的一项重要内容，而且，其他一些大中型城市也已将地铁作为未来城市主要交通工具而纳入市政建设议程。地铁是重要的生命线工程，为确保其安全和正常运行，对其进行防灾减灾研究工作显得尤为必要。

通常认为，地下构造物受周围土体约束，在地震时随其一起运动，而且，地下结构整体比重

---

* 灾害学(CN：61-1097/P)2001年收录，上海市建设技术发展基金资助(A9706108-3)

通常小于周围土体，使得结构受地震作用引起的惯性力也较小，所以除特殊场合外，一般认为地震对地下建造物的影响很小。1995 年日本阪神地震之前，在世界范围历次地震中，虽有关于地下线形结构及小型供水系统结构遭受地震破坏的报道，但关于地铁震害的报道非常少见，且损坏程度较轻。例如，1976 年的唐山大地震（$M_L 7.8$）中，刚建成的天津地铁仅在沉降缝部位出现施工面层局部脱落或裂缝的现象，未发现有任何明显损坏，经受住了地震的考验（天津地震烈度 7～8 度）；1985 年墨西哥地震（$M_L 8.1$）中，建在软弱地基上的地铁侧墙与地表结构相交部位发生分离破坏现象。

在阪神地震数年前，有抗震工程学者曾指出：关于地下结构物，虽然还无严重震害事例，但从地上结构物受震破坏的经验来看，可以设想其有出现震害的可能，对此应有必要准备。数年后此话不幸言中，1995 年阪神地震中，神户市地铁系统第一次遭到严重破坏。阪神地震的教训说明：随着对地下空间大规模开发和利用，大都市发生强烈地震时，地下构筑物周围地基变形很大，可能使结构的一些薄弱环节遭受地震破坏，给构筑物的整体抗震性能造成影响；同时，地下铁道延伸范围宽广，其间场地土的特性复杂多变，一些区域土层在地震中发生液化、震陷等破坏亦会对地下铁道造成间接的影响。因此，对地下铁道抗震性能的研究应引起重视。

"前车之鉴、后事之师"，从以往地震中，抽出地下铁道结构典型破坏事例进行分类和系统研究，是研究此类复杂问题的一个可行方法。本文主要针对地下铁道车站、地下铁道明挖区间隧道和盾构隧道的震害特点进行了总结，根据震害的表现形式，对其失效原因做了初步分析，可为地下铁道的抗震设计提供一定借鉴；同时，对地下铁道的震后修复措施也做了简单介绍，以供将来国内地下铁道震害的修复工作有所参考。鉴于目前国内外地下铁道震害较少，文中资料主要以 1995 年日本阪神地震为主。

2 地下铁道车站的震害

2.1 地铁车站震害特点

在阪神地震中，神户市地下铁道多数车站有震害现象发生，尤其是大开站和上泽站，破坏最为严重，混凝土中柱开裂倒塌、顶板和楼板断裂坍塌、侧墙开裂等破坏现象随处可见。其他车站的中柱、顶板、楼板和侧墙部位亦有破坏现象，但总体来说，破坏较为轻微。总结各车站破坏现象，有以下特点：

（1）震害严重的地铁车站多建造于 20 世纪 60 年代，抗震设计方法有不完善之处。

（2）混凝土中柱损坏严重，很多中柱的混凝土保护层开裂脱落，纵向钢筋弯曲外凸，箍筋接头开脱，造成中柱纵向长度缩短，最为严重的是一些中柱完全丧失了承载能力，导致其他构件承载能力不足而破坏，如顶板折弯、坍塌。

（3）与混凝土中柱损坏严重相比，钢管混凝土中柱基本上没见到有震害现象。

（4）箱形结构的中柱与顶板相接部位的刚性节点有较多震害现象，可见贯穿顶板的垂直裂缝，严重之处，混凝土脱落，钢筋外漏。

（5）侧墙混凝土表面有龟状裂缝，严重部位，表层混凝土脱落，可见内部钢筋。

（6）对于多层箱形结构，顶层构件的震害数量比底层或下层要多，且损坏程度也更为严重。

尤其引人注意的是，在遭受震害的各结构构件中，混凝土中柱破坏现象最为突出。虽然各车站震害程度不同，但具体到某个车站来说，混凝土中柱损坏程度比其他构件要为严重。因此,有理由认为,对于箱形地铁车站结构,混凝土中柱结构是薄弱环节,对其设计方法应高度重视。下面根据混凝土中柱的震害表现形式,对震害原因做简单讨论。

2.2 混凝土中柱震害原因

2.2.1 弯曲破坏

造成中柱弯曲破坏的一个主要原因是其弯曲延性不足。大开、上泽等地铁车站建设年代较早,虽然设计抗弯强度安全系数很高,但仍低于弹性设计理论中遭遇到预期地震烈度所需强度,延性的不足意味着混凝土中柱在反复循环载荷作用下,经过几个周期变形后,强度明显下降,塑性铰区域内的混凝土压应力大于其无侧限抗压能力,造成混凝土保护层剥落,进而对搭接的箍筋失去约束作用,无法控制核心混凝土的横向变形,导致压碎区向核心区域扩展,纵向钢筋屈曲,强度迅速降低,最后中柱因无法承载而破坏。图1描述了这种破坏模式的过程,图2为大开站23号中柱的实际破坏情况。

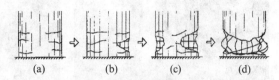

图1 中柱弯曲破坏过程

图2 大开站23号中柱弯曲破坏

2.2.2 剪切破坏

中柱剪切破坏受多种复杂因素影响,混凝土的剪力传递、沿弯曲-剪切斜裂缝处骨料的咬合程度、箍筋水平连接产生的桁架机制等都影响混凝土中柱截面的抗剪强度。如果产生桁架机制的箍筋发生屈服,弯曲-剪切裂缝宽度和数量将迅速扩展,由骨料咬合作用产生的混凝土抗剪机理强度也随之折减,造成混凝土剥落,纵向钢筋受剪而弯曲,结果使中柱发生脆性剪切破坏。这种破坏模式的描述见图3,图4和图5分别为长田站和上泽站中柱剪切破坏情况。多数中柱出现剪切破坏的一个直接原因是:在结构设计时,中柱作为铰约束进行分析,但实际上,轴向钢筋深固于纵梁内部而形成刚性约束,导致弯矩和剪力大于设计值;另外,为承受较大轴力,纵向钢筋配筋率较高,使弯曲刚度增大,而抗剪强度降低。

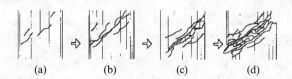

图3 中柱剪切破坏过程

2.2.3 弯剪联合作用破坏

在强烈地震作用下,由于中柱纵向钢筋过早被切断,抗弯强度降低,在离中柱固定端一定位置处形成塑性铰区域。在此区域内,弯曲-剪切裂缝宽度的增加使骨料间通过咬合所传递的抗剪能力丧失,从而发生弯曲-剪切破坏。图6为典型的弯剪联合作用破坏。

图 4　长田站中柱剪切破坏　　　图 5　上泽站中柱剪切破坏　　　图 6　大开站中柱弯剪联合破坏

3　明挖区间隧道的震害

明挖区间隧道的典型结构形式为单层双跨箱形结构，因而震害表现形式与地下铁道车站有很多相似之处，但总体受灾程度比车站要轻微一些。总结其震害，有以下特点：

（1）覆土较浅区段，隧道震害较为严重，如阪神电铁一段覆土较浅（2～3 m）的区间，约 920 根中柱上下端部位处的混凝土保护层脱落，在线路内可见由脱落混凝土堆成的土堆。

（2）隧道中柱受灾程度比其他构件严重，尤其是在与灾害严重车站相接区间隧道内，如在高速长田站和大开站间靠近大开一侧，约 2/3 的中柱出现剪切破坏，破坏现象非常集中。

（3）区间段接缝部位有明显垂直裂缝出现，部分混凝土剥落，可见内部钢筋，漏水现象严重。

（4）隧道侧壁中央和靠近上下两拐角部位，有多条沿纵向延伸的明显裂缝，最大延伸距离长达 100 m，裂缝最大宽度为 12～17 mm，其出现在靠近大开站一侧，另外在一些区段内还可见侧墙内鼓现象。

（5）与受灾严重车站相连的区间隧道段内，顶板与底板间的相对位移较大，如在高速长田站和大开站间，在靠近大开站一侧约 140 m 范围内，顶底板间相对位移达 6 cm 以上，最大可达 20 cm，而在高速长田站一侧，相对位移不足 2 cm。

总结上述特点，可得出如下结论：除与车站相似，中柱在设计上存有缺憾而造成大量中柱弯曲、剪切破坏外，明挖区间隧道震害的另一显著特点是：在隧道区间段接缝部位震害严重，造成这种破坏的原因可能是隧道纵向变形过大或由于场地土液化造成其在纵向上有不均匀沉降发生。还应引起注意的是，在与震害严重的车站相接区段内，灾害严重。这种现象可推测为车站与隧道间的接头为应力迁移提供了通道，造成相临结构受到附加荷载而使其设计承载能力不足或加剧了其破坏程度，但是，究竟是由于区间隧道的破坏而加剧了车站的震害，还是相反的过程，无法只根据现象得出结论，有待理论计算进行解释。

4　盾构区间隧道震害

神户市盾构地铁隧道仅 0.4 km，覆土厚 9～14 m，主要在洪积砂砾层中穿过，采用混凝土管片，在其内表面喷射厚 250 mm 的混凝土作为二次衬砌。盾构隧道在震后很快就投入了运营，从行驶的电车内观察，基本上没发现有震害。由于这段盾构隧道修建于 20 世纪 80 年代，投入运营时间较短，且穿越地层状况良好，延伸距离也较短，使得其震害较轻，因此不能完全说明盾构隧道的抗震性能。为对地下铁道盾构隧道抗震能力提供借鉴，下面根据神户市五条排污盾构隧道和鸣尾御影排污盾构隧道的震害，总结其震害特点为：

(1) 建在冲积黏土和冲积沙土地基上的盾构隧道，震害明显严重，隧道段有不均匀沉降出现，在震后几天内，由于管片间裂缝而导致的漏水现象加剧。

(2) 混凝土管片接头处混凝土脱落，渗漏现象严重，有些部位因防水材料老化而震落，亦导致漏水现象发生。

(3) 采用钢制管片隧道内，可见混凝土二次衬砌表面有环向和纵向裂缝，环向裂缝间距一般为管片长度的整数倍，纵向裂缝沿隧道全长出现，在隧道横断面上，这些裂缝位于与弧顶夹角 ±60° 和弧底夹角 ±30° 部位（图 7），裂缝处有漏水现象。

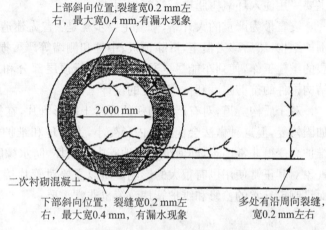

图 7 盾构隧道破坏示意图

(4) 在一段未来得及喷射二次混凝土衬砌的隧道内，看不到钢制管片表面有损伤和渗漏现象，但能够看到其出现过轻微错动痕迹，这说明，由于混凝土内衬和钢制管片间柔性不同，导致混凝土内衬出现裂缝和在管片接头部位发生漏水现象。

(5) 在与其他结构相接部位，混凝土管片的震害程度相对严重。

上述震害特点可说明，对于盾构隧道，混凝土管片间连接部位螺栓强度和防水层的柔性对盾构隧道的抗震性能非常关键，同时，应注意由于腐蚀和老化作用造成管片连接部位强度的降低；对于钢制管片，应考虑如何处理好其与衬砌混凝土间柔度不相配问题，一些学者建议考虑采用加筋的混凝土作为二次衬砌。

5 地下铁道震后修复措施

地下铁道属于重要生命线工程，在地震发生后，如何对震害进行快速有效的修复，尽早投入使用，对救灾人员的运送和维护人民的正常生活有重要意义。下面将对阪神地震后，神户市采用的常用修复措施作一简单介绍。

混凝土中柱损害严重，受灾数量巨大，对其进行修复加固工作是一项主要内容，一般采用如下方法进行修复：

(1) 对上轻微裂缝，注入环氧树脂进行加固。

(2) 若外表混凝土层脱落，但内部核心混凝土完好，箍筋和纵向钢筋没有弯曲损坏，先除去外表被破坏的混凝土，用厚 6 mm 的钢板围护，然后焊接竖直接缝，钢板与中柱混凝土间留有 12.5～25 mm 的空隙，向内填充无收缩水泥砂浆。

(3) 一些中柱破坏较为严重，混凝土层剥落，钢筋弯曲外凸，先除去破碎的混凝土，向钢筋笼内添加 H 型钢,然后用钢板围护,采用(2)中方法进行修复。

(4) 对箍筋脱落,纵向钢筋断裂,丧失了承载能力的中柱,采用钢管混凝土复合中柱替代原有中柱。

由于修复工期要求紧,无法进行全面精确的地震响应分析,修复工作只根据一般抗震设计计算结果和经验性的加大安全系数的方法进行,但总体原则是,为避免中柱发生脆性坍塌,修复后的中柱应比原中柱有更好的延性和抗剪强度,以确保其在今后的地震中保持完好。

虽然多数车站的楼板和侧壁有裂缝出现,但并没有发展到使结构发生破坏的程度,故对其主要采用注入环氧树脂进行修复加固。

震害最为严重的大开站,修复主要步骤是:首先建造柱列式地下连续墙(SMW)作为基坑围护结构,然后移去覆土,拆除顶板、中柱和侧墙等严重损坏的构件,在未毁坏的底板上进行底层的重建工作,使列车能尽早通过,最后进行顶层部分和地面出入口的修建,重建时注意加大结构构件的抗剪强度和抗弯强度的设计工作。

对于盾构隧道,对有严重损伤的混凝土扇形管片,在损坏部位的内侧安装特制钢环管片来加固修复,但这种做法会使隧道内径变小,为管理和维护留有隐患。隧道一旦在投入使用后,维护会变得非常困难,即使没有在地震中被损坏,防水橡胶的老化和管片内钢筋及螺栓的腐蚀现象对其正常使用也有很大的影响。所以需要对管片接头和防水橡胶层抗震性能进行研究,而且制定日常的检修和维护管理政策也非常重要。

6 小结

在阪神地震中,地下铁道第一次在大范围内遭到损坏,这说明在一定条件下,地下构筑物有可能遭到严重震害,这应唤起对地下构筑物抗震设计的重视。据地下铁道震害特点可以得知,与地表一些建筑毁灭性震害相比,地下铁道震害较轻,其在整体上还是有较强的抗震性能,但由于存在一些结构薄弱环节,会导致有震害发生,因此,应加强对这些部位的抗剪、抗弯性能的设计和研究。同时,地下结构埋置于一定深度的土体内,对其修复较为困难,而且一些部位的震害不易及时发现,导致在震后一段时间内出现严重的渗漏现象。这些问题的解决需要对地下结构震害的破坏机理作出合理的解答,这需要做进一步大量的研究工作。

参考文献

[1] H Iida, T Hiroto, N Yoshida, et al. Damage to Daikai Subway Station [J]. Special Issue of Soil and Foundation, 1996.

[2] Japanese Geotechnical Society. Select photographs on the damage caused by the 1995 Hyogoken-Nambu earthquakes [J]. Special Issue of Soil and Foundation, 1996.

[3] Committee of Japan Civil Engineering Society of Civil Engineers. The 1995 Hyogoken-Nambu earthquakes: Investigation into damage to civil engineering structure[M]. 1996.

基于小波分析的隧道衬砌结构动力响应规律研究*

王祥秋[1,2]　杨林德[2]　高文华[1]

(1. 湖南科技大学土木工程学院，湘潭　411201；2. 同济大学地下建筑与工程系，上海　200092)

摘要　阐述了隧道衬砌结构动力有限元分析的小波解析方法与黏弹性边界条件，采用弹簧-阻尼单元模拟黏-弹性边界条件；建立了相应的有限元分析模型，并利用现场振动测试成果，对京广线朱亭隧道在提速列车振动荷载作用下的动力响应特性进行分析研究，得出了衬砌结构各特征点处的振动位移、加速度、弯矩、剪力与轴力的时程响应规律，将计算结果与现场测试成果进行对比分析证明本文所提出的分析方法是合理的。研究成果对进一步分析提速铁路隧道衬砌结构的动力稳定性具有重要意义。

关键词　提速列车；衬砌结构；小波分析；黏弹性边界；动力分析

Research on the Dynamic Response Laws os the Lining Structure of Tunnels Based on Wavelet Analysis

WANG Xiangqiu[1,2]　YANG Linde[2]　GAO Wenhua[1]

(1. Department of civil engineering, Hunan University of science and technology, Xiangtan 411201, China；
2. Department of geotechnical engineering, Tongji University, Shanghai 200092, China)

Abstract　A method of wavelet analysis about the dynamic FEM of the tunnel's lining structure and a visc-elastic boundary condition were expounded. The spring-damper element was adopted to simulate to the visc-elastic boundary condition. And then, a model of FEM was established. Based on the results of in-situ vibration measurement, the dynamic properties of ZHUTING tunnel on the JINGGUAN line were analysed under the vibration loading of the elevating train. The time-response laws such as vibration displacement, acceleration, moment, axial force and shear force were obtained about characteristic spots on the lining structure. Comparing the calculating results with the in-situ datum, it is shown that the methods were proposed in this paper are reasonably. The researching results provide a major premise for analysis of structure stability of tunnel by reason of the elevating speed of train.

Keywords　elevating train；structure of tunnel；analysis of wavelet；visc-elastic boundary；dynamic analysis

---

*岩石力学与工程学报(CN：42 - 1397/O3)2005 年收录，湖南省教育科学研究基金资助项目(B30207)；上海市重点研究基金资助项目

1 引言

运行速度提高之后,列车通过隧道时,由于线路不平顺引起的列车振动荷载对隧道衬砌结构的影响较之普通列车进一步加剧,对隧道衬砌结构的动力稳定性提出了更高的要求。因此对提速铁路隧道结构的动力稳定性进行分析研究具有十分重要的意义。本文以现场测试成果为基础,对京广线朱亭隧道衬砌结构的动力响应特性进行分析研究。目前动力有限元分析的计算方法根据解析域的不同分为三类:时域分析法、频域分析方法和振型迭加法[1,2];

这些方法均适用于分析确定性的平稳振动特性。由于列车振动荷载受诸多不确定性因素的影响,具有较强的随机性,由此而产生的隧道结构动力响应也具有明显的随机性。无法将其全过程用一确定的函数进行表达。作为非平稳的随机过程,列车振动引起的附加荷载包含多种振动频率的荷载分量。目前有关列车振动荷载的相关研究大都采用时、频域分析方法[3-6]。本文以小波分析为基础,对隧道结构的振动输入信号利用小波包进行多频段分解,结合有限元方法研究各频段振动分量作用于结构的动力响应规律。

2 动力分析的小波解析

隧道结构可视为具有 N 个自由度的结构体系,对于具有 N 个自由度的结构,其动力分析有限元控制微分方程为[7]:

$$[M]\{\ddot{u}\}+[C]\{\dot{u}\}+[K]\{u\}=-[M]\{\Gamma\}a_0(t) \tag{1}$$

式中 $[M],[C],[K]$——分别为隧道-围岩体系总的质量矩阵、阻尼矩阵和刚度矩阵;

$\{\ddot{u}\},\{\dot{u}\},\{u\}$——分别为隧道-围岩体系的加速度、速度和位移向量;

$\{\Gamma\}$——N 阶单位矩阵,即 $\{\Gamma\}=\{1,1,\ldots,1\}_{N\times 1}^T$;

$a_0(t)$——由列车运行引起的振动加速度;

N——隧道-围岩体系的自由度数。

假设隧道-围岩体系的结构阻尼为黏滞阻尼,并作如下变换将物理坐标化为模态坐标

$$\{x(t)\}=\sum_{i=1}^{N}\{\Phi^{(i)}\}\eta_i(t) \tag{2}$$

式中 $\{\Phi^{(i)}\}$ 为第 i 阶标准正交振型向量振型。

将式(2)代入方程(1),两边同乘 $[\Phi]^T$,方程可解耦为 N 个独立的方程:

$$\ddot{\eta}_i+2\xi_i\omega_i\dot{\eta}_i+\omega_i^2\eta_i=a_ia_0(t) \quad (i=1,2,\ldots,N) \tag{3}$$

式中 ξ_i——对应于第 i 阶振型的阻尼比;

ω_i——隧道-围岩体系无阻尼自由振动的第 i 个圆频率;

$$a_i=\{\Phi^{(i)}\}^T[M][\Gamma]。$$

假设零初始条件,则方程(3)的解为

$$\eta_i(t)=\frac{1}{\omega_{di}}\int_0^\infty a_ia_0(t)e^{-\xi_i\omega_i(t-\tau)}\cdot\sin\omega_{di}(t-\tau)d\tau \tag{4}$$

式中,$\omega_{di}=\omega_i(1-\xi_i^2)^{\frac{1}{2}}$ 为隧道-围岩体系有阻尼圆频率。

利用小波包变换将列车振动加速度的输入信号按频段分解,可得:

$$a_0(t) = \sum_{j=-\infty}^{-1} a_j(t) = \sum_{j=-\infty}^{-1} \sum_{k=-\infty}^{+\infty} C_{j,k} \psi_{j,k} \tag{5}$$

式中　$\psi_{j,k}$——二进制小波;

　　$a_j(t)$——分解到第 j 尺度的重构信号,其频率范围为$[v_{1j}, v_{2j}]$,周期范围为$[T_{1j}, T_{2j}]$,且

$$\begin{cases} v_{1j} = 2^{j-1}/\Delta t \\ v_{2j} = 2^j/\Delta t \end{cases} \quad \begin{cases} T_{1j} = 2^{-j}\Delta t \\ T_{2j} = 2^{-j+1}\Delta t \end{cases} \tag{6}$$

由式(4)可得到在振动分量 $a_j(t)$ 作用下隧道-围岩体系在第 i 个自由度上的模态位移响应为

$$\eta_i^j(t) = \frac{1}{\omega_{di}} \int_0^\infty a_i a_j(t) e^{-\xi_i \omega_i(t-\tau)} \cdot \sin\omega_{di}(t-\tau)\mathrm{d}\tau \tag{7}$$

由式(2)可得到在振动分量 $a_j(t)$ 作用下隧道-围岩体系在各自由度上的位移响应为

$$\{x^j(t)\} = \sum_{i=1}^N \{\Phi^{(i)}\}\eta_i^j(t) \tag{8}$$

3　黏弹性边界条件

在对地下结构进行动力有限元分析时,通常采用黏性边界条件,但因黏性边界只具有一阶精度,且仅考虑了对散射波能量的吸收,不能模拟半无限地基的弹性恢复性能,在低频作用下可能发生整体漂移,即存在低频稳定性问题。有鉴于此,Deeks 等人采取与黏性边界推导过程相类似的方法,在假定二维散射波为柱面波形式的基础上提出了黏-弹性人工边界。因本文所研究的隧道围岩属于黏弹性介质,故本文拟采用黏弹性边界作为动力有限元分析的边界条件,有关黏弹性边界条件的基本理论与参数推导过程请参见文献[8-10]。

黏-弹性边界设置的基本方法是在截断边界上同时施加黏性阻尼器和线性弹簧,边界单元的黏弹性参数分别为:

$$C_b = \rho c_s, \quad K_b = G/2r_b \tag{9}$$

式中　c_s——剪切波在连续介质中的传播速度,且有 $c_s = \sqrt{\dfrac{G}{\rho}}$;

　　G——连续介质的剪切模量;

　　ρ——连续介质的质量密度;

　　r_b——任意边界单元至振动作用点的直线距离。

由式(9)确定人工边界所施加的物理元件参数,可以完全消除散射波在人工边界的反射。与黏性边界相比,黏弹性边界的优点在于不仅可以较好地模拟隧道围岩的辐射阻尼,而且也能模拟远场地球介质的弹性恢复性能,具有良好的低频稳定性。

4　实例分析

4.1　工程条件

朱亭隧道位于京广线株洲县境内,工程地质条件复杂,岩层以粉砂质页岩、石英砂岩、条带状板岩为主,其中隧道顶部以粉砂质页岩、石英砂岩为主,隧道底部以条带状板岩为主。分析

断面里程为：DIIK 1 673＋979.6，距离进口端 8.6 m。隧道采用复合式衬砌支护，衬砌平均厚度 45 cm，隧道仰拱至轨道底面间采用碎石道碴填充。根据地质勘探资料以及隧道设计资料，可知各岩层、道床及隧道衬砌结构的主要物理力学参数指标如表1所示。

表 1 材料主要物理力学参数
Table 1 Mechanical parameters of materials

材料名称	弹性模量/MPa	泊松比	容重/(kN·m^{-3})	黏聚力/kPa	内摩擦角/°
粉砂质页岩	365.4	0.31	20.5	35.9	25.8
石英砂岩	1 548.3	0.28	23.2	48.3	36.7
条带状板岩	2 875.7	0.24	25.2	124.8	45.2
道碴	1 962.0	0.3	24.0	98.1	40.0
混凝土	25 500.0	0.2	24.0	294.3	60.0

4.2 有限元网格

为简化分析过程，近似的将隧道结构视为平面应变弹塑性问题进行研究，其有限元分析断面与现场条件一致。其中隧道围岩及道碴（视为碎散介质）采用平面四结点等参单元，混凝土衬砌采用两结点梁单元进行模拟。岩体采用弹塑性 DP 屈服准则，混凝土衬砌采用线弹性本构模型。

根据隧道所处的地层条件，可近似将其视为埋置于半无限体中的地下结构进行研究。其横剖面左右及下部边界均延伸至无穷远处，根据一般力学原理，切取有限的围岩范畴作为分析计算区域，同时引入适当的人工边界以消除边界效应的影响。具体的计算区域取为沿水平方向自隧道轴线起向两侧各约延伸 5D（D 为隧道最大直径 11.0 m），总计算宽度为 110 m，竖向计算深度取为隧道底面以下 80 m。具体的有限元计算网格如图 1 所示。

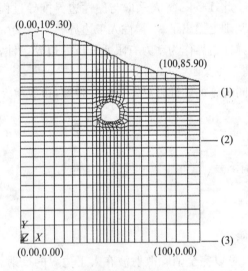

图 1 隧道动力有限元网格
Fig. 1 Dynamic FEM mesh of tunnel

4.3 边界条件

为了消除振动波在边界上的反射，此处引入如前所述的人工黏-弹性边界条件，并采用弹簧-阻尼（Spring-Damper）单元进行模拟，其单元的模型结构如图2所示。其中 c_b 与 k_b 分别为单元的黏性与弹性参数，这两个参数的具体取值取决于黏弹性边界单元在分析边界上所处的位置及其该处隧道围岩的物理力学参数。在建立有限元分析模型时，应结合边界单元所处的具体位置利用式(9)和表(1)所述的物理力学参数计算确定。为了简化起见，将计算范围内的岩体视为各向同性的介质，在有限元计算网格边界各节点的水平与竖直方向分别联结一个弹簧-阻尼单元(图2)。

4.4 振动加速度

通过现场测试可得朱亭隧道轨道竖向振动加速度时程曲线如图3所示。

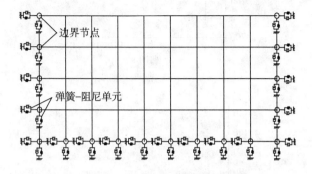

图 2 边界节点与弹簧-阻尼单元
Fig. 2 boundary nodes and spring-damper elements

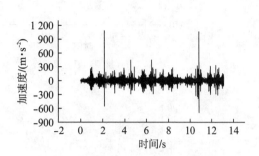

图 3 轨道竖向加速度时程曲线
Fig. 3 vertical acceleration time history curve of track

利用 Matlab 小波包分析工具可将其分解为若干组振动频率不同的加速度振动信号作为有限元分析的输入信号。受篇幅所限,有关小波分析的内容在此不再赘述。

4.5 计算结果与分析

为了检验前述分析方法的正确性,比较衬砌结构各特征点动力响应计算结果与实测成果的差异,利用前述有限元模型、小波解析方法与列车竖向振动加速度时程曲线,计算黏弹性边界条件下衬砌结构各振动参量的动力响应曲线如图4所示。

由图4所示(其中实线代表实测值;虚线代表计算值)衬砌结构各振动参量的时程曲线可知,隧道衬砌结构各特征点处的振动位移、加速度时程曲线的计算结果与现场实测(加速度与位移)成果吻合的比较好。

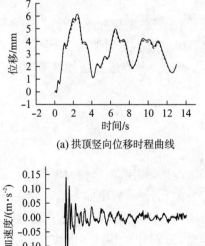

(a) 拱顶竖向位移时程曲线

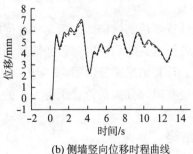

(b) 侧墙竖向位移时程曲线

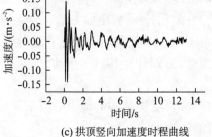

(c) 拱顶竖向加速度时程曲线

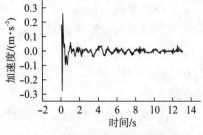

(d) 侧墙竖向加速度时程曲线

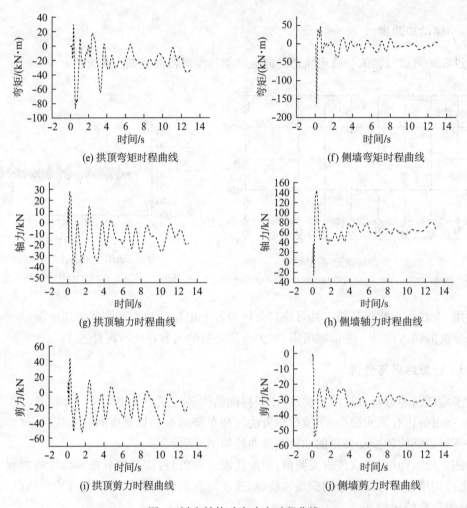

图 4 衬砌结构动力响应时程曲线
Fig. 4 dynamic response time history curves of lining structure

只是计算所得的衬砌结构振动加速度时程曲线比较平滑,响应频率较低;而实测所得的衬砌结构各特征点处的加速度时程曲线呈锯齿状,响应频率较高,这可能是由于测试过程中信号干扰所至。计算结果充分说明,基于小波包变换方法和选择黏弹边界条件对隧道衬砌结构进行动力响应有限元分析是符合工程实际的。

5 结语

本文基于小波变换与提速列车振动荷载的现场试成果,利用黏-弹性边界条件对提速列车振动荷载作用下隧道衬砌结构的动力响应规律进行有限元分析,得出如下基本结论:

(1) 列车振动加速度属于非平稳的随机过程,很难用一确定的函数表达式进行模拟,采用小波分析方法将其分成若干组不同频率的加速度信号,分别计算其对结构动力响应不失为一种有效的方法。

(2) 隧道围岩属于黏弹性介质,采用黏弹性边界分析隧道结构的动力响应不仅可以避免振动波在边界上的反射,同时也符合围岩介质本身的特性。

(3) 对提速列车隧道衬砌结构动力响应规律进行分析研究,对进一步分析提速之后隧道结构的动力稳定具有重要意义。

参考文献

[1] 张璞.列车振动荷载作用下上下近距离地铁区间交叠隧道的动力响应分析[D].上海:同济大学,2001.
[2] 唐友刚.高等结构动力学[M].天津:天津大学出版社,2002.
[3] Cox S J, Wang A. Effect of track stiffness on vibration levels in railway tunnels[J]. Journal of sound and vibration, 2003,237(2):565-573.
[4] 张玉娥,白宝鸿.高速铁路隧道列车振动响应数值分析方法[J].振动与冲击,2001,20(3):91-93.
[5] Metrikine A V, Vrouwenvelder A C W M. Surface ground vibration due to a moving train in a tunnel: Two-Dimensional Model[J]. Journal of Sound and Vibration, 2000,234(1):43-66.
[6] 高峰,关宝树.列车荷载对长江沉管隧道的影响[J].铁道学报,2001,23(3):117-120.
[7] 段雪平,朱宏平.地震作用下结构动力响应的小波分析[J].华中理工大学学报,2000,28(11):75-78.
[8] 高峰.地下结构动力分析若干问题研究[D].成都:西南交通大学,2003.
[9] Deeks A J, Randolph M F. Axisymmetric time-domain transmitting boundaries[J]. Journal of Engineering Mechanics, ASCE, 120(1):25-42.
[10] 刘晶波,昌彦东.结构-地基动力相互作用问题分析的一种直接方法[J].土木工程学报,1998,31(3):55-64.

Scattering of Plane P, SV or Rayleigh Waves by a Shallow Lined Tunnel in an Elastic Half Space*

LIU Qijian**　ZHAO Mingjuan　WANG Lianhua

(College of Civil Engineering, Hunan University, Changsha, Hunan 410082, P. R. China)

Abstract　Based on the plane complex variable theory and the image technique, an analytical solution is presented for scattering of plane harmonic P, SV or Rayleigh waves by a shallow lined circular tunnel in an elastic half space. The major contribution of this study is the treatment of the orthogonality of the boundary conditions along the half surface and the cavity wall. In terms of the image technique, the scattered waves by the half surface are simulated as transmitting from the image source of the origin of the tunnel. Using two different conformal mapping functions, we obtained the complex-valued stresses and displacements of the elastic medium and the liner in the image domain, respectively. The boundary value problem results in a set of infinite algebraic equations. The accuracy of the present approach is verified by comparing the present solution results with the available published data. Parametric study indicates that the embedment depth, the shear modulus and the thickness of the liner have significant influences on the dynamic response of the liner and the medium.

Keywords　wave scattering; plane P, SV or rayleigh waves; shallow lined tunnel; elastic half space; plane complex variable method

1　Introduction

Due to the severe damages in the experienced earthquakes, numerous attentions focused on the seismic analysis of underground structures[1-3]. It is well recognized that dynamic stress concentration of the lined tunnels to earthquake loadings arises from the multiple scattering of waves by the inclusions and the half surface[4]. It may be investigated by the analytical and numerical methods. As the effective tools to deal with problems involving local inhomogeneities of irregular geometry and arbitrary shapes, the numerical methods are those such as the finite element method (FEM) and the boundary element method (BEM). Because the far-field radiation conditions can be automatically satisfied, BEM[5-11] for scattering of stress waves are widely used in recent decades.

In contrast to the numerical methods, the analytical methods can only treat problems of linear elastic medium with regular and simple geometry. However, they may explore the

---

* Soil Dynamics and Earthquake Engineering, 上海市建设技术发展基金资助(A9706108-3)
** Corresponding author. Tel: +86-731-88822722; Fax: +86-731-88822815; E-mail address: Q. Liu@hnu.edu.cn

physical nature of particular problems and serve as the best benchmarks of the numerical methods. Generally speaking, the key issue in the analytical methods on the scattering of seismic waves by a cavity in an elastic half space is the orthogonality of the boundary conditions along the half surface and the cavity wall. In order to deal with the problem, a group of precise solutions have been proposed[12-15]. These solutions provide the integral form of the Hankel wave functions from the cylindrical coordinate to the rectangular coordinate. However, extremely complicated numerical implementations are required for the existence of the singularity in the resulted integral expressions. Lin et al discussed the singularity in the integral and found that the singularity is a removable (or named apparent) singularity, which can be calculated explicitly[16]. On the other hand, the approximate analytical methods have been well considered on scattering of elastic waves by the half-space surface[17-23]. The approximation is to replace the half surface by the convex or concave circular surface of large radius. Then the addition theorem is applied to transform the cylindrical functions in the solution from one polar coordinate system to the other. However, the application of the approximate methods involves a limitation of mathematical tightness. Due to the properties of Bessel functions[24,25], the approximation of the half surface by a circle of large radii indicates the relaxation of the zero-stress filed conditions. Therefore, from the viewpoint of mathematical precision, the approximation does not fully satisfy the boundary conditions[16,23].

The aim of this paper is to provide an analytical method for scattering of plane waves by a circular lined tunnel in an elastic half space. On the basis of the plane complex variable method and the image technique, the proposed method is basically different from the previous precise solutions[12-16]. The complex variable method for static stress concentration[26] was first applied to the dynamic response of an irregularly shaped cavity by Liu et al[27]. Recently, the method has extended to the porous media[22,28,29]. Following the idea and formulas of the published literatures[27], general complex-valued expressions for the stresses and displacements of the elastic medium and the liner are obtained. Then, two different conformal mapping functions are introduced to transform the physical planes to two image concentric rings. Furthermore, the boundary conditions and the continuous conditions of the medium-liner interface are taken into account to formulate the boundary value problem. Thus, the orthogonality of the boundary conditions along the half surface and the cavity wall may be tackled straightforwardly. Finally, parametric study is performed to investigate the effects of the liner's embedment depth, thickness and shear modulus on the dynamic of the medium-liner system. The method described in this study may also extend to the scattering problems involving half surface and embedded inclusions in poroelastic half-space media since it is general.

2 Computational model and governing equations

A vertical cross-section of the essentially two-dimensional problem and the adopted coordinate systems are shown in Fig. 1. An infinitely long lined cylindrical tunnel with inner radius R_1 and outer radius R_2 is located in a homogenous, isotropic and linear elastic half space. The axis of the tunnel is assumed to be parallel to the half surface at depth h below the surface. The elastic medium is defined by Lamés constants λ_1 and μ_1, and density ρ_1. The liner is assumed to be elastic with Lamés constants λ_2 and μ_2, and density ρ_2. The excitation is introduced as harmonic plane waves propagating under an angle γ with the vertical axis with the circular frequency ω. The factor $e^{i\omega t}$ is omitted and understood in the following analysis. The subscripts $i=1, 2$ are used to identify the parameters of the elastic medium and the liner, respectively. In this study, we consider not only the incident seismic excitations by plane P and SV waves, but also a surface Rayleigh (R) wave propagating along the direction $x>0$, as shown in Fig. 1.

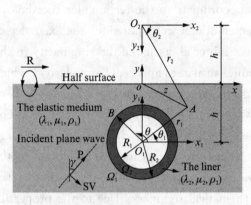

Fig. 1 The geometry of the proposed model

Applying Helmholtz decomposition, the displacement vectors $\vec{u}_i=(u_i,v_i)(i=1,2)$ can be written as functions of two potentials $\phi_i(x,y,\omega)$ and $\psi_i(x,y,\omega)$ by[30,31]

$$u_i = \frac{\partial \phi_i}{\partial x} + \frac{\partial \psi_i}{\partial y} \tag{1}$$

$$v_i = \frac{\partial \phi_i}{\partial y} - \frac{\partial \psi_i}{\partial x} \tag{2}$$

where ϕ_i and ψ_i denote the total wave potentials in the half elastic medium ($i=1$) and the liner ($i=2$), respectively.

Obviously, the wave potentials ϕ_i and ψ_i satisfy

$$\nabla^2 \phi_i + k_{Li}^2 \phi_i = 0 \tag{3}$$

$$\nabla^2 \varphi_i + k_{Ti}^2 \psi_i = 0 \tag{4}$$

where $k_{Li}=\omega/c_{Li}$ and $k_{Ti}=\omega/c_{Ti}$ are the wave numbers of P waves and SV waves of the medium and liner, respectively}; $c_{Li}=\sqrt{(\lambda_i+2\mu_i)/\rho_i}$ and $c_{Ti}=\sqrt{\mu_i/\rho_i}$ are the propagation velocities of P and SV waves, respectively; ∇^2 denotes Laplace operator.

3 Wave potentials of the medium and the liner

3.1 Wave potentials of the medium

3.1.1 Wave potentials in the free fields

(1) Incident P waves For the case of P waves at oblique incidence with the amplitude ϕ_0, the incident wave potentials ϕ^i, the reflected P wave potentials ϕ^r and the reflected SV wave potentials ψ^r can be written as

$$\phi^i = \phi_0 \exp[ik_{L1}(x\sin\gamma + y\cos\gamma)] \tag{5}$$

$$\phi^r = A_1 \exp[ik_{L1}(x\sin\gamma - y\cos\gamma)] \tag{6}$$

$$\psi^r = A_2 \exp[ik_{T1}(x\sin\beta - y\cos\beta)] \tag{7}$$

where $\beta = \arcsin(\sin\gamma/\kappa)$ is the reflected angle of SV wave; $\kappa = c_{L1}/c_{T1}$ is the ratio of the wave velocity; $i = \sqrt{-1}$ and A_1 and A_2 are the coefficients satisfying the boundary conditions[32].

(2) Incident SV waves For SV wave incidence with an amplitude of ψ_0, two cases are well known to occur potentially according to the comparison of the incident angle γ with the so-called critical angle θ_{cr}, which is defined as

$$\theta_{cr} = \arcsin(1/\kappa) \tag{8}$$

If the incident angle γ is smaller than θ_{cr}, the incident wave potential ψ^i and the reflected wave potentials ϕ^r and ψ^r are given as

$$\psi^i = \psi_0 \exp[ik_{T1}(x\sin\gamma + y\cos\gamma)] \tag{9}$$

$$\phi^r = C_1 \exp[ik_{L1}(x\sin\alpha - y\cos\alpha)] \tag{10}$$

$$\psi^r = C_2 \exp[ik_{T1}(x\sin\gamma - y\cos\gamma)] \tag{11}$$

where $\alpha = \arcsin(\kappa\sin\gamma)$ is the reflected angle of wave; C_1 and C_2 are the well-known coefficients[32].

If γ is larger than θ_{cr}, no P wave will be reflected and the reflected SV wave will be accompanied by surface wave. The reflected SV wave is described by Eq. (11), whereas the surface wave is given as

$$\phi^r = C_1 \exp[\gamma_1 y + ikx] \tag{12}$$

where $\gamma_1 = -ik_{L1}\cos\alpha$ and $k = k_{L1}\sin\alpha$.

(3) Incident Rayleigh waves The incident Rayleigh waves can be represented as a pair of components of P and SV waves and defined by[11, 33]

$$\phi^i = \frac{A_r}{ik_r} \exp[ik_r x + y\sqrt{k_r^2 - k_{L1}^2}] \tag{13}$$

and

$$\psi^i = -A_r \frac{2k_r^2 - k_{T1}^2}{2k_r^2 \sqrt{k_r^2 - k_{T1}^2}} \exp[ik_r x + y\sqrt{k_r^2 - k_{T1}^2}] \tag{14}$$

where A_r is the amplitude; k_r denotes the Rayleigh wave number and can be determined by the well-known Rayleigh equation[30,31,33]

$$(2k_r^2 - k_{T1}^2)^2 = 4k_r^2 \sqrt{k_r^2 - k_{L1}^2} \sqrt{k_r^2 - k_{T1}^2} \tag{15}$$

It should be noted that there are no reflected waves by the half surface for the incidence of Rayleigh waves. The reason is that the traction free conditions may be automatically satisfied for the incident Rayleigh waves.

3.1.2 The scattered wave potentials

Due to the presence of the lined cavity, the incident waves and the reflected waves will be scattered by the cavity and the half surface. The scattered wave potentials by the cavity surface are represented by potentials ϕ_{11}^s and ψ_{11}^s, respectively. Owing to the vibrations by the scattered waves of ϕ_{11}^s and ψ_{11}^s, additional scattered waves by the half surface generate and are denoted as ϕ_{12}^s and ψ_{12}^s. In the light of the idea of Gregory[12, 13] and the image method, the scattered waves ϕ_{12}^s and ψ_{12}^s can be envisaged as transmitting from the origin o_2 (see Fig. 1), which is the mirror image source of the origin o_1 at the axis of the cavity by the half surface. Accordingly, the potentials ϕ_{11}^s and ψ_{11}^s by the cavity and the potentials ϕ_{12}^s and ψ_{12}^s by the half surface can be expressed in terms of wave function expansions as

$$\phi_{11}^s = \sum_{n=-\infty}^{\infty} a_n H_n^{(1)}(k_{L1} r_1) e^{in\theta_1} \tag{16}$$

$$\psi_{11}^s = \sum_{n=-\infty}^{\infty} b_n H_n^{(1)}(k_{T1} r_1) e^{in\theta_1} \tag{17}$$

$$\phi_{12}^s = \sum_{n=-\infty}^{\infty} c_n H_n^{(1)}(k_{L1} r_2) e^{-in\theta_2} \tag{18}$$

$$\psi_{12}^s = \sum_{n=-\infty}^{\infty} d_n H_n^{(1)}(k_{T1} r_2) e^{-in\theta_2} \tag{19}$$

where $H_n^{(1)}(*)$ denotes the first kind of Hankel function of the order n, a_n, b_n, c_n and d_n are arbitrary expansion coefficients to be determined, θ_1 and θ_2 are the polar coordinate angles as

$$e^{i\theta_1} = \frac{\overrightarrow{O_1 A}}{|O_1 A|} = \frac{z_i + ih}{|z_i + ih|} \tag{20}$$

$$e^{i\theta_2} = \frac{\overrightarrow{O_2 A}}{|O_2 A|} = \frac{z_i - ih}{|z_i - ih|} \tag{21}$$

where $z = x + iy$ is the complex variable and its conjugate is defined as $\bar{z} = x - iy$.

3.1.3 The total wave potentials in the elastic medium

The total wave potentials of the elastic medium ϕ_1 and ψ_1 can be written as

$$\phi_1 = \phi^i + \phi^r + \phi_{11}^s + \phi_{12}^s \tag{22}$$

$$\psi_1 = \psi^i + \psi^r + \psi_{11}^s + \psi_{12}^s \tag{23}$$

3.2 Wave potentials of the liner

In the liner, the total wave fields ϕ_2 and ψ_2 are

$$\phi_2 = \sum_{n=-\infty}^{\infty} (e_n H_n^{(1)}(k_{L2} r_1) + f_n H_n^{(2)}(k_{L2} r_1)) e^{in\theta_1} \tag{24}$$

$$\psi_2 = \sum_{n=-\infty}^{\infty} (g_n H_n^{(1)}(k_{T2} r_1) + h_n H_n^{(2)}(k_{T2} r_1)) e^{in\theta_1} \tag{25}$$

where $H_n^{(2)}(*)$ denotes the second kind of Hankel function of the order n, e_n, f_n, g_n and h_n are unknown coefficients to be determined.

4 Complex-valued expressions of stress and displacement

4.1 The conformal mapping function

In this section, we use the mapping function to transform the physical region onto an image region represented by variables $\zeta = \xi + i\eta$ and $\bar{\zeta} = \xi - i\eta$. For the elastic medium, the Möbius transformation[32] is applied to map conformally region Ω_1 in z-plane (see Fig. 1) onto a ring region Γ_1 in ζ-plane

$$z_1 = w_1(\zeta) = -it \frac{1+\zeta}{1-\zeta} \tag{26}$$

where $t=h\dfrac{1-\alpha^2}{1+\alpha^2}$ and α is given by $\alpha=\dfrac{h}{R_2}-\sqrt{\left(\dfrac{h}{R_2}\right)^2-1}$.

Likewise, another conformal function $w_2(\zeta)$ is introduced to map region Ω_2 onto a ring region Γ_2

$$z_2 = w_2(\zeta) = -ih + R_2\zeta/\alpha \tag{27}$$

In the image plane as shown in Fig. 2, ring region Γ_1 is bounded by two concentric circles, $|\zeta|=\alpha$ and $|\zeta|=1$. Ring region Γ_2 is also bounded by two concentric circles, $|\zeta|=\alpha$ and $|\zeta|=\alpha_1=\alpha R_1/R_2$, respectively. It is obvious that there is a joint boundary, $|\zeta|=\alpha$, by regions Γ_1 and Γ_2. Consequently, as shown in Fig. 2, circles $|\zeta|=1$, $|\zeta|=\alpha$ and $|\zeta|=\alpha_1$ in the image domain correspond to the half surface, the medium-liner interface and the internal surface of the liner, respectively. Furthermore, the derivatives of two conformal mapping functions are not zero in regions Γ_1 and Γ_2 to guarantee the single property of mapping.

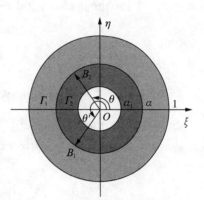

Fig. 2 Image plane after conformal transformation

4.2 General expressions of the displacements and stresses of the elastic medium and liner

Based on the complex variable method in the elastodynamics, the stresses and displacements can be expressed in terms of the wave potentials with complex variables[27-29]. The displacement components u_i and v_i ($i=1$ for the medium and $i=2$ for the liner) in the Cartesian system can be written as

$$u_i + iv_i = 2\dfrac{\partial}{\partial z_i}(\phi_i - i\psi_i) \tag{28}$$

$$u_i - iv_i = 2\dfrac{\partial}{\partial \bar{z}_i}(\phi_i + i\psi_i) \tag{29}$$

In polar system, the displacements u_{ri} and $v_{\theta i}$ ($i=1$ for the medium and $i=2$ for the liner) can be written as

$$u_{ri} + iv_{\theta_i} = 2\dfrac{\partial}{\partial z_i}(\phi_i - i\psi_i)e^{-i\chi} \tag{30}$$

$$u_{ri} - iv_{\theta i} = 2\dfrac{\partial}{\partial \bar{z}_i}(\phi_i + i\psi_i)e^{i\chi} \tag{31}$$

where χ denotes the rotating angle from the coordinate system xoy to $\rho o\theta$, it can be calculated by

$$e^{i\chi} = \dfrac{\zeta}{\rho}\dfrac{w'_i(\zeta)}{|w'_i(\zeta)|} \tag{32}$$

where $\zeta=\rho e^{i\theta}$ and ρ is the norm of ζ, θ is the polar angle of ζ.

Meanwhile, the stress components σ_{xi}, σ_{yi} and σ_{xyi} ($i=1$ for the medium and $i=2$ for the liner) in Cartesian coordinate are given by

$$\sigma_{xi} + \sigma_{yi} = -2k_{Li}^2(\lambda_i + \mu_i)\phi_i \tag{33}$$

$$\sigma_{yi} + i\sigma_{xyi} = -k_{Li}^2(\lambda_i + \mu_i)\phi_i - 4\mu_i \frac{\partial^2}{\partial z_i^2}(\phi_i + i\psi_i) \tag{34}$$

$$\sigma_{yi} - i\sigma_{xyi} = -k_{Li}^2(\lambda_i + \mu_i)\phi_i - 4\mu_i \frac{\partial^2}{\partial \bar{z}_i^2}(\phi_i - i\psi_i) \tag{35}$$

Similarly, the stresses of the medium and liner in the polar coordinate system, σ_{ri}, $\sigma_{\theta i}$ and $\sigma_{r\theta i}$ ($i=1$ for the medium and $i=2$ for the liner) are obtained by

$$\sigma_{ri} + \sigma_{\theta i} = -2k_{Li}^2(\lambda_i + \mu_i)\phi_i \tag{36}$$

$$\sigma_{ri} - i\sigma_{r\theta i} = -k_{Li}^2(\lambda_i + \mu_i)\phi_i + 4\mu_i \frac{\partial^2}{\partial z_i^2}(\phi_i + i\psi_i)e^{2i\chi} \tag{37}$$

$$\sigma_{ri} + i\sigma_{r\theta i} = -k_{Li}^2(\lambda_i + \mu_i)\phi_i + 4\mu_i \frac{\partial^2}{\partial \bar{z}_i^2}(\phi_i - i\psi_i)e^{-2i\chi} \tag{38}$$

Substituting Eqs. (26) and (27) into Eqs. (28)~(38), we rewrite the complex-valued stresses and displacements with complex variables ζ and $\bar{\zeta}$ in the image domain as follows

$$u_i + iv_i = 2\frac{1}{\overline{w_i'(\zeta)}} \frac{\partial}{\partial \bar{\zeta}}(\phi_i - i\psi_i) \tag{39}$$

$$u_i - iv_i = 2\frac{1}{w_i'(\zeta)} \frac{\partial}{\partial \zeta}(\phi_i + i\psi_i) \tag{40}$$

$$u_{ri} + iv_{\theta i} = (u_i + iv_i)e^{-i\chi} = 2\frac{\bar{\zeta}}{\rho|w_i'(\zeta)|} \frac{\partial}{\partial \bar{\zeta}}(\phi_i - i\psi_i) \tag{41}$$

$$u_{ri} - iv_{\theta i} = (u_i - iv_i)e^{i\chi} = 2\frac{\zeta}{\rho|w_i'(\zeta)|} \frac{\partial}{\partial \zeta}(\phi_i + i\psi_i) \tag{42}$$

$$\sigma_{yi} + i\sigma_{xyi} = -k_{Li}^2(\lambda_i + \mu_i)\phi_i - 4\mu_i \frac{1}{w_i'(\zeta)} \frac{\partial}{\partial \zeta}\left[\frac{1}{w_i'(\zeta)} \frac{\partial}{\partial \zeta}(\phi_i + i\psi_i)\right] \tag{43}$$

$$\sigma_{yi} - i\sigma_{xyi} = -k_{Li}^2(\lambda_i + \mu_i)\phi_i - 4\mu_i \frac{1}{\overline{w_i'(\zeta)}} \frac{\partial}{\partial \bar{\zeta}}\left[\frac{1}{\overline{w_i'(\zeta)}} \frac{\partial}{\partial \bar{\zeta}}(\phi_i - i\psi_i)\right] \tag{44}$$

$$\sigma_{ri} + i\sigma_{r\theta i} = -k_{Li}^2(\lambda_i + \mu_i)\phi_i + 4\mu_i \frac{\bar{\zeta}^2}{\rho^2} \frac{1}{\overline{w_i'(\zeta)}} \frac{\partial}{\partial \bar{\zeta}}\left[\frac{1}{\overline{w_i'(\zeta)}} \frac{\partial}{\partial \bar{\zeta}}(\phi_i - i\psi_i)\right] \tag{45}$$

$$\sigma_{ri} - i\sigma_{r\theta i} = -k_{Li}^2(\lambda_i + \mu_i)\phi_i + 4\mu_i \frac{\zeta^2}{\rho^2} \frac{1}{w_i'(\zeta)} \frac{\partial}{\partial \zeta}\left[\frac{1}{w_i'(\zeta)} \frac{\partial}{\partial \zeta}(\phi_i + i\psi_i)\right] \tag{46}$$

where the subscripts $i=1, 2$ identify the corresponding parameters for the medium and liner, respectively.

5 Formulations of the boundary value problem

In order to determine the unknown coefficients a_n, b_n, c_n, d_n, e_n, f_n, g_n and h_n, the boundary conditions and the continuous conditions at the medium-liner interface should be considered.

At the free ground surface, the zero-stress boundary conditions can be written as

$$\sigma_{y1} = \sigma_{xy1} = 0 \; (y=0) \tag{47}$$

Along the circumference of the internal surface of the liner, the free stress boundary conditions can be expressed as

$$\sigma_{r2} = \sigma_{r\theta 2} = 0 \; (r_1 = R_1) \tag{48}$$

Physically, the contact conditions at the medium-liner interface is extensively complex. There are commonly three kinds of interface models, such as perfectly jointed, partial and full-slip contacts according to the relative positions of the liner and the surrounding medium. Due to the main purpose of the present study is the treatment the orthogonality of the boundary conditions along the half surface and the cavity wall, we consider the soil-liner interface simply as the perfectly bonded contact which has been utilized for the soil-substructure interaction by many researchers[4,16,34]. In this case, the continuity of the stress and displacement at the medium-liner interface ($r_1 = R_2$) results in

$$u_{r1} = u_{r2} \tag{49}$$

$$v_{\theta 1} = v_{\theta 2} \tag{50}$$

$$\sigma_{r1} = \sigma_{r2} \tag{51}$$

$$\sigma_{r\theta 1} = \sigma_{r\theta 2} \tag{52}$$

Substituting Eqs. (43) and (44) into (47), we obtain

$$\sigma_{y1} + i\sigma_{xy1} = -k_{L1}^2(\lambda_1 + \mu_1)\phi_1 - 4\mu_1 \frac{1}{w_1'(\zeta)} \frac{\partial}{\partial \zeta}\left[\frac{1}{w_1'(\zeta)} \frac{\partial}{\partial \zeta}(\phi_1 + i\psi_1)\right] = 0 \tag{53}$$

$$\sigma_{y1} - i\sigma_{xy1} = -k_{L1}^2(\lambda_1 + \mu_1)\phi_1 - 4\mu_1 \frac{1}{\overline{w_1'(\zeta)}} \frac{\partial}{\partial \bar{\zeta}}\left[\frac{1}{\overline{w_1'(\zeta)}} \frac{\partial}{\partial \bar{\zeta}}(\phi_1 - i\psi_1)\right] = 0 \tag{54}$$

Substitution of Eqs. (45)~(46) into Eq. (48) results

$$\sigma_{r2} + i\sigma_{r\theta 2} = -k_{L2}^2(\lambda_2 + \mu_2)\phi_2 + 4\mu_2 \frac{R_2^2 \bar{\zeta}^2}{R_1^2 \alpha^2} \frac{1}{\overline{w_2'(\zeta)}} \frac{\partial}{\partial \bar{\zeta}}\left[\frac{1}{\overline{w_2'(\zeta)}} \frac{\partial}{\partial \bar{\zeta}}(\phi_2 - i\psi_2)\right] = 0 \tag{55}$$

$$\sigma_{r2} - i\sigma_{r\theta 2} = -k_{L2}^2(\lambda_2 + \mu_2)\phi_2 + 4\mu_2 \frac{R_2^2 \zeta^2}{R_1^2 \alpha^2} \frac{1}{w_2'(\zeta)} \frac{\partial}{\partial \zeta}\left[\frac{1}{w_2'(\zeta)} \frac{\partial}{\partial \zeta}(\phi_2 + i\psi_2)\right] = 0 \tag{56}$$

Likewise, substituting Eqs. (41)-(42) into Eqs. (49)-(50), we obtain

$$u_{r1} + iv_{\theta 1} = 2 \frac{\bar{\zeta}_1}{\alpha |w_1'(\zeta_1)|} \frac{\partial}{\partial \bar{\zeta}_1}(\phi_1 - i\psi_1) = u_{r2} + iv_{\theta 2} = 2 \frac{\bar{\zeta}}{\alpha |w_2'(\zeta)|} \frac{\partial}{\partial \bar{\zeta}}(\phi_2 - i\psi_2) \tag{57}$$

$$u_{r1} - iv_{\theta 1} = 2 \frac{\zeta_1}{\alpha |w_1'(\zeta_1)|} \frac{\partial}{\partial \zeta_1}(\phi_1 + i\psi_1) = u_{r2} - iv_{\theta 2} = 2 \frac{\zeta}{\alpha |w_2'(\zeta)|} \frac{\partial}{\partial \zeta}(\phi_2 + i\psi_2) \tag{58}$$

where $\zeta_1 = \alpha e^{\theta'}$ denotes the complex argument of point B_1 in the image plane.

Substituting Eqs. (45) and (46) into Eqs. (51)-(52) gives

$$\sigma_{r1} + i\sigma_{r\theta 1} = -k_{L1}^2(\lambda_1 + \mu_1)\phi_1 + 4\mu_1 \frac{\bar{\zeta}^{O2}}{\alpha^2} \frac{1}{\overline{w_1'(\zeta^O)}} \frac{\partial}{\partial \bar{\zeta}^O}\left[\frac{1}{\overline{w_1'(\zeta^O)}} \frac{\partial}{\partial \bar{\zeta}^O}(\phi_1 - i\psi_1)\right]$$

$$= \sigma_{r2} + i\sigma_{r\theta 2} = -k_{L2}^2(\lambda_2 + \mu_2)\phi_2 + 4\mu_2 \frac{\bar{\zeta}^2}{\alpha^2} \frac{1}{\overline{w_2'(\zeta)}} \frac{\partial}{\partial \bar{\zeta}}\left[\frac{1}{\overline{w_2'(\zeta)}} \frac{\partial}{\partial \bar{\zeta}}(\phi_2 - i\psi_2)\right] \tag{59}$$

$$\sigma_{r1} - i\sigma_{r\theta 1} = -k_{L1}^2(\lambda_1 + \mu_1)\phi_1 + 4\mu_1 \frac{\zeta^{O2}}{\alpha^2} \frac{1}{w_1'(\zeta^O)} \frac{\partial}{\partial \zeta^O}\left[\frac{1}{w_1'(\zeta^O)} \frac{\partial}{\partial \zeta^O}(\phi_1 + i\psi_1)\right]$$

$$= \sigma_{r2} - i\sigma_{r\theta 2} = -k_{L2}^2(\lambda_2 + \mu_2)\phi_2 + 4\mu_2 \frac{\zeta^2}{\alpha^2} \frac{1}{w_2'(\zeta)} \frac{\partial}{\partial \zeta}\left[\frac{1}{w_2'(\zeta)} \frac{\partial}{\partial \zeta}(\phi_2 + i\psi_2)\right] \tag{60}$$

Because mapping functions $w_1(\zeta)$ and $w_2(\zeta)$ are basically different, point B in the physical plane corresponds to B_2 for the liner and B_1 for the elastic medium in the image plane, respectively (see Fig. 2). The polar angle of vector $\overrightarrow{OB_2}$ will remain the same value of

$\overrightarrow{OB_1}$ in the physical plane (see Fig. 1). However, the polar angle of vector $\overrightarrow{OB_1}$ is θ' after mapping with $w_1(\zeta)$ as shown in Fig. 2. The relationship between θ' and θ is

$$\theta'(\theta) = \arg\left[\frac{iR_2 e^{i\theta} + h - t}{iR_2 e^{i\theta} + h + t}\right] \tag{61}$$

In Eqs. (57)~(60), it's obvious that $u_{r1}, v_{\theta 1}, \sigma_{r1}$ and $\sigma_{r\theta 1}$ are functions of θ', while $u_{r2}, v_{\theta 2}, \sigma_{r2}$ and $\sigma_{r\theta 2}$ are functions of θ. Substituting Eqs. (22)~(25) into Eqs. (53)~(60) and considering Eq. (61), we obtain

$$\sum_{i=1}^{8}\sum_{n=-\infty}^{\infty} K_n^{ij} X_n^i = R_j \quad (j = 1, \cdots, 8) \tag{62}$$

where $X_n^1 = a_n$, $X_n^2 = b_n$, $X_n^3 = c_n$, $X_n^4 = d_n$, $X_n^5 = e_n$, $X_n^6 = f_n$, $X_n^7 = g_n$, $X_n^8 = h_n$. Terms K_n^{ij} ($i, j = 1, \cdots, 8$) and R_j ($j=1,\cdots,8$) are presented in Appendix A.

It shows that K_n^{ij} and R_j are functions of the polar angle of θ in the image plane. Multiplying both sides of Eq. (62) with $e^{-is\theta}$ and integrating over the interval $(-\pi, \pi)$, we get

$$\sum_{i=1}^{8}\sum_{n=-\infty}^{\infty} K_n^{ijs} X_n^i = R_j^s \quad (j = 1, \cdots, 8 \quad s = 0, \pm 1, \pm 2, \cdots) \tag{63}$$

where $K_n^{ijs} = \frac{1}{2\pi}\int_{-\pi}^{\pi} K_n^{ij} e^{-is\theta} d\theta$, $R_j^s = \frac{1}{2\pi}\int_{-\pi}^{\pi} R_j e^{-is\theta} d\theta$.

Obviously, Eq. (63) contains a set of infinite linear algebraic system with respect to the unknown expansion coefficients and may be solved straightforwardly.

6 Convergence test and validation

The infinite system of Eq. (63) has to be truncated to a prescribed order n = N. To perform the convergence study, we consider the dynamic stress concentration factor (DSCF) $\sigma_{\theta i}^*$ along the cavity ($i=1$ for the medium side and $i=2$ for the liner side) and the non-dimensional frequency $\bar{\eta}$ of the incident waves are introduced as follows:

$$\sigma_{\theta i}^* = \frac{\sigma_{\theta i}}{\sigma_0} \tag{64}$$

$$\bar{\eta} = \frac{\omega R_2}{\pi c_{T1}} \tag{65}$$

where $\sigma_{\theta 1}$ and $\sigma_{\theta 2}$ are the tangential stresses at the medium-liner interface ($r_1 = R_2$) of the medium and the liner; $\sigma_0 = -(\lambda_1 + 2\mu_1) k_{L1}^2 \phi_0$.

For the convenience of expression, the tangential stresses along the external and internal surfaces of the liner are denoted as $\sigma_{\theta 2}^O$ and $\sigma_{\theta 2}^I$ and defined as

$$\sigma_{\theta 2}^O = -k_{L1}^2(\lambda_1 + \mu_1)\phi_1 - 2\mu_1 \frac{\bar{\zeta}^2}{\alpha^2}\frac{1}{w_1'(\zeta)}\frac{\partial}{\partial \bar{\zeta}}\left[\frac{1}{w_1'(\zeta)}\frac{\partial}{\partial \bar{\zeta}}(\phi_1 - i\psi_1)\right] -$$
$$2\mu_1 \frac{\zeta^2}{\alpha^2}\frac{1}{w_1'(\zeta)}\frac{\partial}{\partial \zeta}\left[\frac{1}{w_1'(\zeta)}\frac{\partial}{\partial \zeta}(\phi_1 + i\psi_1)\right] \tag{66}$$

$$\sigma_{\theta 2}^I = -k_{L2}^2(\lambda_2 + \mu_2)\phi_2 - 2\mu_2 \frac{\bar{\zeta}^2}{\alpha^2}\frac{1}{w_2'(\zeta)}\frac{\partial}{\partial \bar{\zeta}}\left[\frac{1}{w_2'(\zeta)}\frac{\partial}{\partial \bar{\zeta}}(\phi_2 - i\psi_2)\right] -$$
$$2\mu_2 \frac{\zeta^2}{\alpha^2}\frac{1}{w_2'(\zeta)}\frac{\partial}{\partial \zeta}\left[\frac{1}{w_2'(\zeta)}\frac{\partial}{\partial \zeta}(\phi_2 + i\psi_2)\right] \tag{67}$$

$$\sigma_{\theta 2}^I = -2(\lambda_2 + \mu_2)k_{L2}^2 \phi_2 \tag{68}$$

The constructed computer programs are performed on a personal computer with an Intel Pentium CPU of G630@2.70GHz. The consumed time of CPU for each working condition is less than 25 s. Fig. 3 shows the relationship between the DSCFs $\sigma_{\theta 1}^*$ along the medium-liner interface of the medium side for different truncation number N with $\bar{\eta}=0.5$ and $\bar{\eta}=2.0$ for the vertically incident P waves. The geometric and material parameters of the system are chosen as: $h=7.5$ m, $R_2=5.0$ m, $R_2/R_1=1.1$, $\mu_1=3.26\times10^7$ Pa, $\rho_1=1\,932$ kg/m³, $\nu_1=1/3$, $\mu_2=0.8\mu_1$, $\rho_2=0.8\rho_1$, $\nu_2=0.8\nu_1$. It is seen that both parts of $\sigma_{\theta 1}^*$ has good convergence for both low and high incident frequencies. Fig. 3 shows that the convergence is obvious for the case of the low frequency incidence when N=5 and N=9 for the high frequency. Therefore, the correctness of the numerical results depends significantly on the truncation of N and the incident frequency. In the following analysis, N will be set as 7 for the low frequency case, whereas 11 for the high frequency incidence.

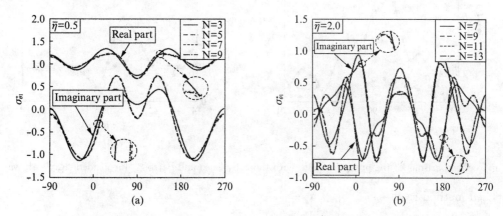

Fig. 3 Convergence test for low frequency (a) and high frequency (b)

To validate the present approach, a comparison of the proposed solution results with those by the indirect boundary integral equation approach by Luco and Barros[9] is performed. Fig. 4 shows the comparisons of the hoop stresses at the medium-liner interface for vertically incident P and SV waves, respectively. Moreover, the present results of stresses along the cavity wall and displacements at the half surface for the incident Rayleigh waves are also compared with those by Luco and Barros[9], as shown in Fig. 5. Results have been normalized by the amplitudes U_P, U_T and U_r, which are defined as

$$U_P = ik_{L1}\phi_0 \tag{69}$$

$$U_T = ik_{T1}\psi_0 \tag{70}$$

$$U_r = Ar\left(1 - \frac{2k_r^2 - k_{T1}^2}{2k_r^2}\right) \tag{71}$$

It should be noted that material properties of the liner are chosen as the same of the half-plane medium for comparison, because the liner is absent in the test example by Luco and Barros[9]. Fig. 4 and 5 indicate that the numerical results obtained here are in good agreement with those available in literature[9], which provides further confidence in the accuracy of the

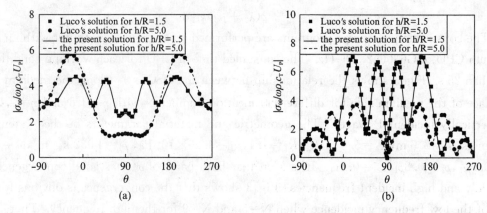

Fig. 4 Comparisons present results with Luco and Barros for incident P (a) and SV wave (b).

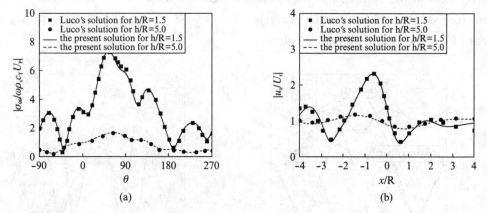

Fig. 5 Comparisons of the present results with those by Luco and Barros[9] for incident Rayleigh-waves proposed method results.

7 Numerical results and discussions

In this section, a parametric study is performed to investigate the effects of the embedment depth, the shear modulus and the thickness of the liner on the dynamic responses of the medium-liner system. Due to the space limitations, only vertically incident P waves are considered. The influence factors are normalized as the embedment ratio $\alpha = h/R_2$, the liner-medium shear modulus ratio $\chi = \mu_2/\mu_1$ and the thickness ratio $\beta = R_2/R_1$, respectively. Besides the tangential stresses along the cavity surface and displacements of the half surface, the radial stress σ_r along the medium-liner interface normalized as $\sigma_r^* = \sigma_r/\sigma_0$ is also demonstrated. The parameters of the system are chosen as: $\bar{\eta} = 0.5$, $R_2 = 5.0$ m, $\rho_1 = 1\,932$ kg/m³, $\rho_2 = 0.8 \times 1\,932$ kg/m³, $\nu_1 = 1/3$, $\nu_2 = 0.8 \times 1/3$.

Fig. 6 shows the shapes of the DSCFs along the interface of the medium, the external and internal surfaces of the liner depend greatly on the value of α. Figs. 6(a)-(c) indicate that maximum values of the DSCFs move from the top to the bottom of the cavity with the increasing of α. Moreover, Fig. 6(d) indicates that the amplitudes of the non-dimensional radial stress $|\sigma_r^*|$ vary intensively with α. As shown in Fig. 7, the horizontal and the vertical displacements at the half surface increase rapidly as α increases. The dynamic resonance emerges along the half surface with the increase of the embedment depth of the liner. Therefore, it can be practically concluded that the dynamic concentration at the half surface

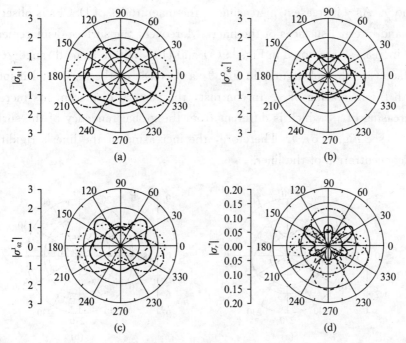

Fig. 6　The influences of α on the DSCFs of the medium at the cavity interface (a), the external surface of the liner (b), the internal surface of the liner (c) and $|\sigma_r^*|$ (d) for vertically incident P waves ($\chi=0.8$, $\beta=1.1$). (Solid line, $\alpha=1.5$; dash line, $\alpha=3.0$; dot line, $\alpha=6.0$; dash dot line, $\alpha=9.0$)

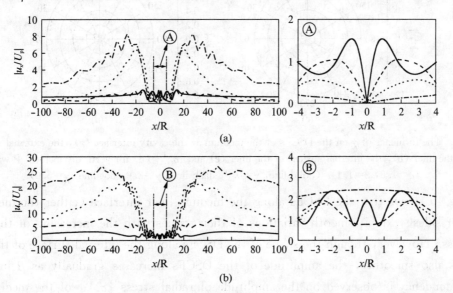

Fig. 7　The influence of α on the horizontal (a) and vertical (b) displacements at the half surface for vertically incident P waves ($\chi=0.8$, $\beta=1.1$). (Solid line, $\alpha=1.5$; dash line, $\alpha=3.0$; dot line, $\alpha=6.0$; dash dot line, $\alpha=9.0$)

will be globally amplified with the increasing of α. Furthermore, within a small range of x/R at the half surface behind the shadow of the tunnel, the horizontal displacements decrease with the increasing of α (see the enlarged sub-figure in Fig. 7). However, the opposite trend is observed for the vertical displacements.

Figs. 8 and 9 show that dynamic responses of the medium and liner with the shear modulus ratio χ. As χ increases, increasing of the magnitudes of DSCFs is observed on both the external and internal surfaces of the liner. Moreover, the surface displacements decrease slightly as χ increases, as shown in Figs. 9(a) and (b). Within a small range $\chi \in [-4,4]$ at the half surface (see the sub-figures in Fig. 9, a decrease of the horizontal displacements is observed with the increasing of χ. In contrast, the vertical displacements increase slightly with the increasing of χ, which is different from the global tendency of the surface vertical displacements (see Fig. 9(b).). Therefore, the increasing of the liner's rigidity results in great stress concentration of the liner.

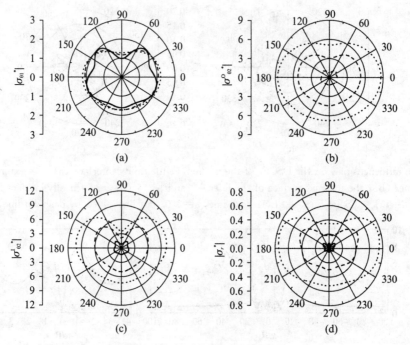

Fig. 8 The influence of χ on the DSCFs of the medium at the cavity interface (a), the external surface of the liner (b), the internal surface of the liner (c) and $|\sigma_r^*|$ (d) for vertically incident P waves ($\alpha=1.5$, $\beta=1.1$). (Solid line, $\chi=0.8$; dash line, $\chi=3.0$; dot line, $\chi=5.0$)

Fig. 10 shows that the DSCFs along the medium-liner interface (either the medium or the liner sides) exhibit smooth variations of their values with the increasing of the liner's thickness. However, though the shape of the DSCFs along the internal surface of the cavity exhibits also smoothly, the amplitude of the DSCFs increases gradually as β increases. Similar tendency is observed on the amplitude of radial stress $|\sigma_r^*|$ of the medium-liner interface. Furthermore, the displacements at the half surface are almost independent to \beta as shown in Fig. 11.

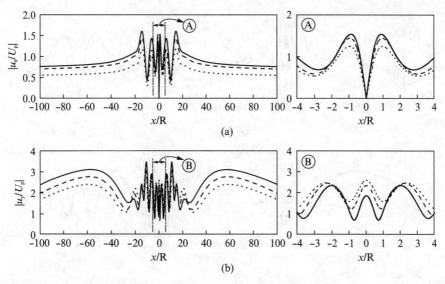

Fig. 9 The influence of χ on the horizontal (a) and vertical (b) displacements at the half surface for vertically incident P waves ($\alpha=1.5$, $\beta=1.1$). (Solid line, $\chi=0.8$; dash line, $\chi=3.0$; dot line, $\chi=5.0$)

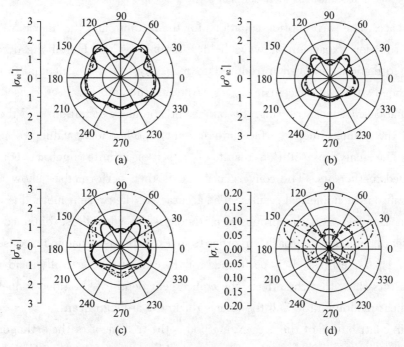

Fig. 10 The influence of β on the DSCFs of the medium at the cavity interface (a), the external surface of the liner (b), and the internal surface of the liner (c) and $|\sigma_r^*|$ (d) for vertically incident P waves ($\alpha=1.5$, $\chi=0.8$). (Solid line, $\beta=1$; dash line, $\beta=1.1$; dot line, $\beta=1.15$; dash dot line, $\beta=1.2$)

8 Conclusions

Using the complex variable method, the analytical approach has been developed to solve the scattering of harmonic plane P, SV or Rayleigh waves by a lined circular tunnel in an

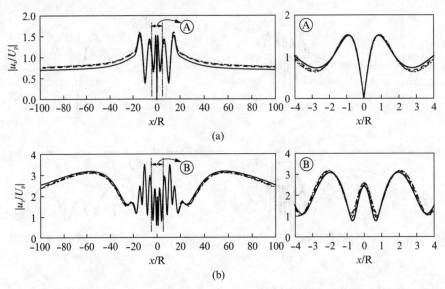

Fig. 11 The influence of β on the horizontal (a) and vertical (b) displacements at the half surface for vertically incident P waves ($\alpha=1.5, \chi=0.8$). (Solid line, $\beta=1$; dash line, $\beta=1.1$; dot line, $\beta=1.15$; dash dot line, $\beta=1.2$)

elastic half space. The wave motion equations for the medium and the liner have been solved as the wave function expansion of wave field potentials by the Helmholtz decomposition. Möbius transformation has been introduced to map physically the medium onto an image plane surrounded with two concentric circles. Another function has been chosen to map the liner onto an adjacent concentric ring. By taking the boundary conditions and the continuous conditions of the medium-liner interface into account, the boundary value problem has been formulated. The analytical solution results in a set of infinite algebraic equations with complex-valued coefficients. The convergence test is then performed to show the effect of truncation limit on the numerical results. The accuracy of the present method is incorporated by the comparison between the proposed method results with those obtained by indirect boundary integral equation approach. In order to investigate the dynamic response of the soil-liner system, a parametric study is performed for the case of the vertically incident P waves. Numerical results show that the effects the embedment depth of the lined tunnel, the liner-to-medium shear modulus ratio and the liner's thickness are significant.

The main contribution of the present method is the treatment of the orthogonality of the boundary conditions along the half surface and the cavity wall by different coordinate systems. Consequently, the present method has some advantages for the scattering of plane seismic waves by the circular lined cavity in the half space. Firstly, it is an exact one without the relaxation of the half surface by a circle of large radius. Secondly, the present solution contains no singular integrals and requires less numerical implementation. Moreover, the proposed method is general and may extend to the scattering of seismic waves by a lined tunnel in a half space with a regular topography, such as semi-circular canyon, provided that the corresponding conformal mapping function is chosen properly.

9 Acknowledgment

The study was supported by the National Natural Science Foundation of China under Grant No. 50808075 and the Fundamental Research Funds for the Central Universities of China. The authors are grateful to Prof. Dimitri E. Beskos and the anonymous reviewers for their thoughtful and constructive comments to improve the paper.

References

[1] Hashash Y M A, Hook J J, Schmidt B, et al. Seismic design and analysis of underground structures[J]. Tunnelling and Underground Space Technology, 2001,16: 247-293.

[2] Pakbaz M C, Yareevand A. 2-D analysis of circular tunnel against earthquake loading[J]. Tunnelling and Underground Space Technology, 2005,20: 411-417.

[3] Moore I D, Guan F. Three-dimensional dynamic response of lined tunnels due to incident seismic waves[J]. Earthquake Engineering and Structural Dynamics, 1996,25: 357-369.

[4] Pao H Y, Mow C C. The diffraction of elastic waves and dynamic stress concentrations[M]. Crane-Russak: New York, 1973.

[5] Zimmerman C, Stern M. Boundary element solution of 3-D wave scatter problems in a poroelastic medium[J]. Engineering Analysis with Boundary Elements, 1993,12: 223-240.

[6] Stamos A A, Beskos D E. 3-D seismic response analysis of long lined tunnels in half-space[J]. Soil Dynamics and Earthquake Engineering, 1996,15: 111-118.

[7] Liang J W, You H B, Lee V W. Scattering of SV waves by a canyon in a fluid-saturated, poroelastic layered half-space, modeled using the indirect boundary element method[J]. Soil Dynamics and Earthquake Engineering, 2006,26: 611-625.

[8] Barros F C P, Luco J E. Diffraction of obliquely incident waves by a cylindrical cavity embedded in a layered viscoelastic half-space[J]. Soil Dynamics and Earthquake Engineering, 1993,12: 159-171.

[9] Luco J E, Barros F C P. Dynamic displacements and stresses in the vicinity of a cylindrical cavity embedded in a half-space[J]. Earthquake Engineering and Structural Dynamics, 1994,23: 321-340.

[10] Yu C W, Dravinski M. Scattering of plane harmonic P, SV and Rayleigh waves by a completely embedded corrugated elastic inclusion[J]. Wave Motion, 2010,47: 156-167.

[11] Dravinski M, Yu C W. Peak surface motion due to scattering of plane harmonic P, SV, or Rayleigh waves by a rough cavity embedded in an elastic half-space[J]. Journal of Seismology, 2011,15: 131-145.

[12] Gregory R D. An expansion theorem applicable to problems of wave propagation in an elastic half-space containing a cavity[J]. Proceedings of the Cambridge Philosophical Society, 1967,63: 1341-1367.

[13] Gregory R D. The propagation of waves in an elastic half-space containing a cylindrical cavity[J]. Proceedings of the Cambridge Philosophical Society, 1970,67: 689-710.

[14] Martin P A. Scattering by defects in an exponentially graded layer and misuse of the method of images[J]. International Journal of Solids and Structures, 2011,48: 2164-2166.

[15] Martin P A. Scattering by a cavity in an exponentially graded half-space[J]. Journal of Applied Mechanics, 2009,76: 031009-1-031009-4.

[16] Lin C H, Lee V W, Todorovska M, et al. Zero-stress, cylindrical wave functions around a circular underground tunnel in a flat, elastic half-space: Incident P-waves[J]. Soil Dynamics and Earthquake Engineering, 2010,30(10): 879-894.

[17] Lee V W, Cao H. Diffraction of SV waves by circular cylindrical canyons of various depths[J]. Journal of Engineering

Mechanics, ASCE, 1989,115(9): 2035-2056.

[18] Lee V W, Karl J. Diffraction of SV waves by underground, circular, cylindrical cavities[J]. Soil Dynamics and Earthquake Engineering, 1992,11: 445-456.

[19] Lee V W, Trifunac M D. Response of tunnels to incident SH-waves[J]. Journal of Engineering Mechanics, ASCE, 1979,105: 643-659.

[20] Davis C A, Lee V W, Bardet J P. Transverse response of underground cavities and pipes to incident SV waves[J]. Earthquake Engineering and Structural Dynamics, 2001,30: 383-410.

[21] Smerzini C, Aviés J, Paolucci R, et al. Effect of underground cavities on surface earthquake ground motion under SH wave propagation[J]. Earthquake Engineering and Structural Dynamics, 2009,38: 1441-1460.

[22] Jiang L F, Zhou X L, Wang J H. Scattering of a plane wave by a lined cylindrical cavity in a poroelastic half-plane[J]. Computers and Geotechnics, 2009,36: 773-786.

[23] Liang J W, Ba Z N, Lee V W. Diffraction of plane SV waves by a shallow circular-arc canyon in a saturated poroelastic half-space[J]. Soil Dynamics and Earthquake Engineering, 2006,26: 582-610.

[24] Abramowitz M, Stegun I A. Handbook of mathematical functions, with formulas, graphs, and mathematical tables [M]. National Bureau of Standards: Washington, DC, 1964.

[25] Watson G N. A Treatise on the Theory of Bessel Function[M]. University Press, Cambridge, 1962.

[26] Muskhelishvili N I. Some Basic Problems of the Mathematical Theory of Elasticity, trans. from 4 th Edn. (in Russian) by J. R. M. Radok, University of Groningen, Netherlands, Noordhoff, New York 1963.

[27] Liu D K, Gai B Z, Tao G Y. Applications of the method of complex functions to dynamic stress concentration[J]. Wave motion, 1982,4: 293-304.

[28] Wang J H, Zhou X L, Lu J F. Dynamic stress concentration around elliptic cavities in saturated poroelastic soil under harmonic plane waves[J]. International Journal of Solids and Structures, 2005,42: 4295-4310.

[29] Wang J H, Lu J F, Zhou X L. Complex variable function method for the scattering of plane waves by an arbitrary hole in a porous medium[J]. European Journal of Mechanics-A/Solids, 2009,28: 582-590.

[30] Achenbach J D. Wave Propagation in Elastic Solids[M]. North-Holland, Amsterdam, 1973.

[31] Graff K F. Wave Motion in Elastic Solids[M]. University of Ohio Press, Columbus, OH, 1973.

[32] Aki K, Richards P G. Quantitative Seismology[M]. 2nd. University Science Books, 2002.

[33] Mal A K, Singh S J. Deformation of elastic solids[M]. Prentice-Hall, New Jersey, 1991.

[34] Manolis G D, Beskos D E. Boundary Element Methods in Elastodynamics[M]. Unwin Hyman, London, 1988.

[35] Verruijt A. Deformations of an elastic half plane with a circular cavity[J]. International Journal of Solids and Structures, 1998,35: 2795-2804.

Appendix A

This appendix contains expressions for K_n^{ij} and R^j in Eq. (62):

$$K_n^{11} = -(\lambda_1 + \mu_1)k_{L1}^2 H_n^{(1)}(k_{L1}|w_1+ih|)\left(\frac{w_1+ih}{|w_1+ih|}\right)^n - \mu_1 k_{L1}^2 H_{n-2}^{(1)}(k_{L1}|w_1+ih|)\left(\frac{w_1+ih}{|w_1+ih|}\right)^{n-2} \tag{A1}$$

$$K_n^{21} = -i\mu_1 k_{T1}^2 H_{n-2}^{(1)}(k_{T1}|w_1+ih|)\left(\frac{w_1+ih}{|w_1+ih|}\right)^{n-2} \tag{A2}$$

$$K_n^{31} = -(\lambda_1 + \mu_1)k_{L1}^2 H_n^{(1)}(k_{L1}|w_1-ih|)\left(\frac{w_1-ih}{|w_1-ih|}\right)^{-n} - (-1)^n \mu_1 k_{L1}^2 H_{n-2}^{(1)}(k_{L1}|w_1-ih|)\left(\frac{w_1-ih}{|w_1-ih|}\right)^{-n-2} \tag{A3}$$

$$K_n^{41} = -(-1)^n i\mu_1 k_{T1}^2 H_{n-2}^{(1)}(k_{T1}|w_1-ih|)\left(\frac{w_1-ih}{|w_1-ih|}\right)^{-n-2} \tag{A4}$$

$$K_n^{51} = 0 \tag{A5}$$

$$K_n^{61} = 0 \tag{A6}$$

$$K_n^{71} = 0 \tag{A7}$$

$$K_n^{81} = 0 \tag{A8}$$

$$R^1 = 0 \tag{A9}$$

$$K_n^{12} = -(\lambda_1 + \mu_1) k_{L1}^2 H_n^{(1)}(k_{L1} |w_1 + ih|) \left(\frac{w_1 + ih}{|w_1 + ih|}\right)^n -$$
$$\mu_1 k_{L1}^2 H_{n+2}^{(1)}(k_{L1} |w_1 + ih|) \left(\frac{w_1 + ih}{|w_1 + ih|}\right)^{n+2} \tag{A10}$$

$$K_n^{22} = i\mu_1 k_{T1}^2 H_{n+2}^{(1)}(k_{T1} |w_1 + ih|) \left(\frac{w_1 + ih}{|w_1 + ih|}\right)^{n+2} \tag{A11}$$

$$K_n^{32} = -(\lambda_1 + \mu_1) k_{L1}^2 H_{-n}^{(1)}(k_{L1} |w_1 - ih|) \left(\frac{w_1 - ih}{|w_1 - ih|}\right)^{-n} -$$
$$(-1)^n \mu_1 k_{L1}^2 H_{-n+2}^{(1)}(k_{L1} |w_1 - ih|) \left(\frac{w_1 - ih}{|w_1 - ih|}\right)^{-n+2} \tag{A12}$$

$$K_n^{42} = (-1)^n i\mu_1 k_{T1}^2 H_{-n+2}^{(1)}(k_{T1} |w_1 - ih|) \left(\frac{w_1 - ih}{|w_1 - ih|}\right)^{-n+2} \tag{A13}$$

$$K_n^{52} = 0 \tag{A14}$$

$$K_n^{62} = 0 \tag{A15}$$

$$K_n^{72} = 0 \tag{A16}$$

$$K_n^{82} = 0 \tag{A17}$$

$$R^2 = 0 \tag{A18}$$

$$K_n^{13} = 0 \tag{A19}$$

$$K_n^{23} = 0 \tag{A20}$$

$$K_n^{33} = 0 \tag{A21}$$

$$K_n^{43} = 0 \tag{A22}$$

$$K_n^{53} = -(\lambda_2 + \mu_2) k_{L2}^2 H_n^{(1)}(k_{L2} |w_2 + ih|) \left(\frac{w_2 + ih}{|w_2 + ih|}\right)^n +$$
$$\mu_2 k_{L2}^2 \frac{R_2^2}{R_1^2 \alpha^2} \frac{\overline{\zeta}^2}{\overline{w_2'(\zeta)}} \frac{\overline{w_2'(\zeta)}}{w_2'(\zeta)} H_{n+2}^{(1)}(k_{L2} |w_2 + ih|) \left(\frac{w_2 + ih}{|w_2 + ih|}\right)^{n+2} \tag{A23}$$

$$K_n^{63} = -(\lambda_2 + \mu_2) k_{L2}^2 H_n^{(1)}(k_{L2} |w_2 + ih|) \left(\frac{w_2 + ih}{|w_2 + ih|}\right)^n +$$
$$\mu_2 k_{L2}^2 \frac{R_2^2}{R_1^2 \alpha^2} \frac{\overline{\zeta}^2}{\overline{w_2'(\zeta)}} \frac{\overline{w_2'(\zeta)}}{w_2'(\zeta)} H_{n+2}^{(1)}(k_{L2} |w_2 + ih|) \left(\frac{w_2 + ih}{|w_2 + ih|}\right)^{n+2} \tag{A24}$$

$$K_n^{73} = -i\mu_2 k_{T2}^2 \frac{R_2^2}{R_1^2 \alpha^2} \frac{\overline{\zeta}^2}{\overline{w_2'(\zeta)}} \frac{\overline{w_2'(\zeta)}}{w_2'(\zeta)} H_{n+2}^{(1)}(k_{T2} |w_2 + ih|) \left(\frac{w_2 + ih}{|w_2 + ih|}\right)^{n+2} \tag{A25}$$

$$K_n^{83} = -i\mu_2 k_{T2}^2 \frac{R_2^2}{R_1^2 \alpha^2} \frac{\overline{\zeta}^2}{\overline{w_2'(\zeta)}} \frac{\overline{w_2'(\zeta)}}{w_2'(\zeta)} H_{n+2}^{(2)}(k_{T2} |w_2 + ih|) \left(\frac{w_2 + ih}{|w_2 + ih|}\right)^{n+2} \tag{A26}$$

$$R^3 = 0 \tag{A27}$$

$$K_n^{14} = 0 \tag{A28}$$

$$K_n^{24} = 0 \tag{A29}$$

$$K_n^{34} = 0 \tag{A30}$$

$$K_n^{44} = 0 \tag{A31}$$

$$K_n^{54} = -(\lambda_2 + \mu_2) k_{L2}^2 H_n^{(1)}(k_{L2} |w_2 + ih|) \left(\frac{w_2 + ih}{|w_2 + ih|}\right)^n +$$
$$\mu_2 k_{L2}^2 \frac{R_2^2}{R_1^2 \alpha^2} \frac{\zeta^2}{w_2'(\zeta)} \frac{w_2'(\zeta)}{w_2'(\zeta)} H_{n-2}^{(1)}(k_{L2} |w_2 + ih|) \left(\frac{w_2 + ih}{|w_2 + ih|}\right)^{n-2} \tag{A32}$$

$$K_n^{64} = -(\lambda_2+\mu_2)k_{L2}^2 H_n^{(2)}(k_{L2} \mid w_2+ih \mid)\left(\frac{w_2+ih}{\mid w_2+ih \mid}\right)^n +$$
$$\mu_2 k_{L2}^2 \frac{R_2^2 \zeta^2}{R_1^2 \alpha^2} \frac{w_2'(\zeta)}{w_2'(\zeta)} H_{n-2}^{(2)}(k_{L2} \mid w_2+ih \mid)\left(\frac{w_2+ih}{\mid w_2+ih \mid}\right)^{n-2} \tag{A33}$$

$$K_n^{74} = i\mu_2 k_{T2}^2 \frac{R_2^2 \zeta^2}{R_1^2 \alpha^2} \frac{w_2'(\zeta)}{w_2'(\zeta)} H_{n-2}^{(1)}(k_{T2} \mid w_2+ih \mid)\left(\frac{w_2+ih}{\mid w_2+ih \mid}\right)^{n-2} \tag{A34}$$

$$K_n^{84} = i\mu_2 k_{T2}^2 \frac{R_2^2 \zeta^2}{R_1^2 \alpha^2} \frac{w_2'(\zeta)}{w_2'(\zeta)} H_{n-2}^{(2)}(k_{T2} \mid w_2+ih \mid)\left(\frac{w_2+ih}{\mid w_2+ih \mid}\right)^{n-2} \tag{A35}$$

$$R^4 = 0 \tag{A36}$$

$$K_n^{15} = k_{L1} \frac{\overline{\zeta^0}}{\alpha} \frac{\overline{w_1'(\zeta^O)}}{\mid w_1'(\zeta^O) \mid} H_{n+1}^{(1)}(k_{L1} \mid w_1+ih \mid)\left(\frac{w_1+ih}{\mid w_1+ih \mid}\right)^{n+1} \tag{A37}$$

$$K_n^{25} = -ik_{T1} \frac{\overline{\zeta^0}}{\alpha} \frac{\overline{w_1'(\zeta^O)}}{\mid w_1'(\zeta^O) \mid} H_{n+1}^{(1)}(k_{T1} \mid w_1+ih \mid)\left(\frac{w_1+ih}{\mid w_1+ih \mid}\right)^{n+1} \tag{A38}$$

$$K_n^{35} = (-1)^n k_{L1} \frac{\overline{\zeta^0}}{\alpha} \frac{\overline{w_1'(\zeta^O)}}{\mid w_1'(\zeta^O) \mid} H_{-n+1}^{(1)}(k_{L1} \mid w_1-ih \mid)\left(\frac{w_1-ih}{\mid w_1-ih \mid}\right)^{-n+1} \tag{A39}$$

$$K_n^{45} = -i(-1)^n k_{T1} \frac{\overline{\zeta^0}}{\alpha} \frac{\overline{w_1'(\zeta^O)}}{\mid w_1'(\zeta^O) \mid} H_{-n+1}^{(1)}(k_{T1} \mid w_1-ih \mid)\left(\frac{w_1-ih}{\mid w_1-ih \mid}\right)^{-n+1} \tag{A40}$$

$$K_n^{55} = -k_{L2} \frac{\overline{\zeta} \overline{w_2'(\zeta)}}{\alpha \mid w_2'(\zeta) \mid} H_{n+1}^{(1)}(k_{L2} \mid w_2+ih \mid)\left(\frac{w_2+ih}{\mid w_2+ih \mid}\right)^{n+1} \tag{A41}$$

$$K_n^{65} = -k_{L2} \frac{\overline{\zeta} \overline{w_2'(\zeta)}}{\alpha \mid w_2'(\zeta) \mid} H_{n+1}^{(2)}(k_{L2} \mid w_2+ih \mid)\left(\frac{w_2+ih}{\mid w_2+ih \mid}\right)^{n+1} \tag{A42}$$

$$K_n^{75} = ik_{T2} \frac{\overline{\zeta} \overline{w_2'(\zeta)}}{\alpha \mid w_2'(\zeta) \mid} H_{n+1}^{(1)}(k_{T2} \mid w_2+ih \mid)\left(\frac{w_2+ih}{\mid w_2+ih \mid}\right)^{n+1} \tag{A43}$$

$$K_n^{85} = ik_{T2} \frac{\overline{\zeta} \overline{w_2'(\zeta)}}{\alpha \mid w_2'(\zeta) \mid} H_{n+1}^{(2)}(k_{T2} \mid w_2+ih \mid)\left(\frac{w_2+ih}{\mid w_2+ih \mid}\right)^{n+1} \tag{A44}$$

$$R^5 = \frac{2}{\alpha} \frac{\overline{\zeta^O}}{\mid w_1'(\zeta^O) \mid} \frac{\partial}{\partial \overline{\zeta^O}} [\phi^i + \phi^r - i(\psi^i + \psi^r)] \tag{A45}$$

$$K_n^{16} = -k_{L1} \frac{\zeta^O w_1'(\zeta^O)}{\alpha \mid w_1'(\zeta^O) \mid} H_{n-1}^{(1)}(k_{L1} \mid w_1+ih \mid)\left(\frac{w_1+ih}{\mid w_1+ih \mid}\right)^{n-1} \tag{A46}$$

$$K_n^{26} = -ik_{T1} \frac{\zeta^O w_1'(\zeta^O)}{\alpha \mid w_1'(\zeta^O) \mid} H_{n-1}^{(1)}(k_{T1} \mid w_1+ih \mid)\left(\frac{w_1+ih}{\mid w_1+ih \mid}\right)^{n-1} \tag{A47}$$

$$K_n^{36} = -(-1)^n k_{L1} \frac{\zeta^O w_1'(\zeta^O)}{\alpha \mid w_1'(\zeta^O) \mid} H_{-n-1}^{(1)}(k_{L1} \mid w_1-ih \mid)\left(\frac{w_1-ih}{\mid w_1-ih \mid}\right)^{-n-1} \tag{A48}$$

$$K_n^{46} = -i(-1)^n k_{T1} \frac{\zeta^O w_1'(\zeta^O)}{\alpha \mid w_1'(\zeta^O) \mid} H_{-n-1}^{(1)}(k_{T1} \mid w_1-ih \mid)\left(\frac{w_1-ih}{\mid w_1-ih \mid}\right)^{-n-1} \tag{A49}$$

$$K_n^{56} = k_{L2} \frac{\zeta w_2'(\zeta)}{\alpha \mid w_2'(\zeta) \mid} H_{n-1}^{(1)}(k_{L2} \mid w_2+ih \mid)\left(\frac{w_2+ih}{\mid w_2+ih \mid}\right)^{n-1} \tag{A50}$$

$$K_n^{66} = k_{L2} \frac{\zeta w_2'(\zeta)}{\alpha \mid w_2'(\zeta) \mid} H_{n-1}^{(2)}(k_{L2} \mid w_2+ih \mid)\left(\frac{w_2+ih}{\mid w_2+ih \mid}\right)^{n-1} \tag{A51}$$

$$K_n^{76} = ik_{T2} \frac{\zeta w_2'(\zeta)}{\alpha \mid w_2'(\zeta) \mid} H_{n-1}^{(1)}(k_{T2} \mid w_2+ih \mid)\left(\frac{w_2+ih}{\mid w_2+ih \mid}\right)^{n-1} \tag{A52}$$

$$K_n^{86} = ik_{T2} \frac{\zeta w_2'(\zeta)}{\alpha \mid w_2'(\zeta) \mid} H_{n-1}^{(2)}(k_{T2} \mid w_2+ih \mid)\left(\frac{w_2+ih}{\mid w_2+ih \mid}\right)^{n-1} \tag{A53}$$

$$R^6 = \frac{2\zeta^O}{\alpha \mid w_1'(\zeta^O) \mid} \frac{\partial}{\partial \zeta^O} [\phi^i + \phi^r + i(\psi^i + \psi^r)] \tag{A54}$$

$$K_n^{17} = (\lambda_1+\mu_1)k_{L1}^2 H_n^{(1)}(k_{L1} \mid w_1+ih \mid)\left(\frac{w_1+ih}{\mid w_1+ih \mid}\right)^n -$$
$$\mu_1 k_{L1}^2 \frac{\overline{\zeta^O}^2}{\alpha^2} \frac{\overline{w_1'(\zeta^O)}}{w_1'(\zeta^O)} H_{n+2}^{(1)}(k_{L1} \mid w_1+ih \mid)\left(\frac{w_1+ih}{\mid w_1+ih \mid}\right)^{n+2} \tag{A55}$$

$$K_n^{27} = i\mu_1 k_{T1}^2 \frac{\overline{\zeta^{O2}}\overline{w_1'(\zeta^O)}}{a^2 \overline{w_1'(\zeta^O)}} H_{n+2}^{(1)}(k_{T1}|w_1+ih|)\left(\frac{w_1+ih}{|w_1+ih|}\right)^{n+2} \tag{A56}$$

$$K_n^{37} = (\lambda_1+\mu_1)k_{L1}^2 H_n^{(1)}(k_{L1}|w_1-ih|)\left(\frac{w_1-ih}{|w_1-ih|}\right)^{-n} -$$
$$(-1)^n \mu_1 k_{L1}^2 \frac{\overline{\zeta^{O2}}\overline{w_1'(\zeta^O)}}{a^2 \overline{w_1'(\zeta^O)}} H_{-n+2}^{(1)}(k_{L1}|w_1-ih|)\left(\frac{w_1-ih}{|w_1-ih|}\right)^{-n+2} \tag{A57}$$

$$K_n^{47} = (-1)^n i\mu_1 k_{T1}^2 \frac{\overline{\zeta^{O2}}\overline{w_1'(\zeta^O)}}{a^2 \overline{w_1'(\zeta^O)}} H_{-n+2}^{(1)}(k_{T1}|w_1-ih|)\left(\frac{w_1-ih}{|w_1-ih|}\right)^{-n+2} \tag{A58}$$

$$K_n^{57} = -(\lambda_2+\mu_2)k_{L2}^2 H_n^{(1)}(k_{L2}|w_2+ih|)\left(\frac{w_2+ih}{|w_2+ih|}\right)^n +$$
$$\mu_2 k_{L2}^2 \frac{\overline{\zeta^2}\overline{w_2'(\zeta)}}{a^2 \overline{w_2'(\zeta)}} H_{n+2}^{(1)}(k_{L2}|w_2+ih|)\left(\frac{w_2+ih}{|w_2+ih|}\right)^{n+2} \tag{A59}$$

$$K_n^{67} = -(\lambda_2+\mu_2)k_{L2}^2 H_n^{(2)}(k_{L2}|w_2+ih|)\left(\frac{w_2+ih}{|w_2+ih|}\right)^n +$$
$$\mu_2 k_{L2}^2 \frac{\overline{\zeta^2}\overline{w_2'(\zeta)}}{a^2 \overline{w_2'(\zeta)}} H_{n+2}^{(2)}(k_{L2}|w_2+ih|)\left(\frac{w_2+ih}{|w_2+ih|}\right)^{n+2} \tag{A60}$$

$$K_n^{77} = -i\mu_2 k_{T2}^2 \frac{\overline{\zeta^2}\overline{w_2'(\zeta)}}{a^2 \overline{w_2'(\zeta)}} H_{n+2}^{(1)}(k_{T2}|w_2+ih|)\left(\frac{w_2+ih}{|w_2+ih|}\right)^{n+2} \tag{A61}$$

$$K_n^{87} = -i\mu_2 k_{T2}^2 \frac{\overline{\zeta^2}\overline{w_2'(\zeta)}}{a^2 \overline{w_2'(\zeta)}} H_{n+2}^{(2)}(k_{T2}|w_2+ih|)\left(\frac{w_2+ih}{|w_2+ih|}\right)^{n+2} \tag{A62}$$

$$R^7 = -(\lambda_1+\mu_1)k_{L1}^2(\phi^i+\phi^r) +$$
$$\frac{4\mu_1 \overline{\zeta^{O2}}}{a^2 \overline{w_1'(\zeta^O)}} \frac{\partial}{\partial \overline{\zeta^O}}\left\{\frac{1}{\overline{w_1'(\zeta^O)}}\frac{\partial}{\partial \overline{\zeta^O}}[\phi^i+\phi^r-i(\psi^i+\psi^r)]\right\} \tag{A63}$$

$$K_n^{18} = (\lambda_1+\mu_1)k_{L1}^2 H_n^{(1)}(k_{L1}|w_1+ih|)\left(\frac{w_1+ih}{|w_1+ih|}\right)^n -$$
$$\mu_1 k_{L1}^2 \frac{\zeta^{O2} w_1'(\zeta^O)}{a^2 w_1'(\zeta^O)} H_{n-2}^{(1)}(k_{L1}|w_1+ih|)\left(\frac{w_1+ih}{|w_1+ih|}\right)^{n-2} \tag{A64}$$

$$K_n^{28} = -i\mu_1 k_{T1}^2 \frac{\zeta^{O2} w_1'(\zeta^O)}{a^2 w_1'(\zeta^O)} H_{n-2}^{(1)}(k_{T1}|w_1+ih|)\left(\frac{w_1+ih}{|w_1+ih|}\right)^{n-2} \tag{A65}$$

$$K_n^{38} = (\lambda_1+\mu_1)k_{L1}^2 H_n^{(1)}(k_{L1}|w_1-ih|)\left(\frac{w_1-ih}{|w_1-ih|}\right)^{-n} -$$
$$(-1)^n \mu_1 k_{L1}^2 \frac{\zeta^{O2} w_1'(\zeta^O)}{a^2 w_1'(\zeta^O)} H_{n-2}^{(1)}(k_{L1}|w_1-ih|)\left(\frac{w_1-ih}{|w_1-ih|}\right)^{-n-2} \tag{A66}$$

$$K_n^{48} = -i(-1)^n \mu_1 k_{T1}^2 \frac{\zeta^{O2} w_1'(\zeta^O)}{a^2 w_1'(\zeta^O)} H_{n-2}^{(1)}(k_{T1}|w_1-ih|)\left(\frac{w_1-ih}{|w_1-ih|}\right)^{-n-2} \tag{A67}$$

$$K_n^{58} = -(\lambda_2+\mu_2)k_{L2}^2 H_n^{(1)}(k_{L2}|w_2+ih|)\left(\frac{w_2+ih}{|w_2+ih|}\right)^n +$$
$$\mu_2 k_{L2}^2 \frac{\zeta^2 w_2'(\zeta)}{a^2 w_2'(\zeta)} H_{n-2}^{(1)}(k_{L2}|w_2+ih|)\left(\frac{w_2+ih}{|w_2+ih|}\right)^{n-2} \tag{A68}$$

$$K_n^{68} = -(\lambda_2+\mu_2)k_{L2}^2 H_n^{(2)}(k_{L2}|w_2+ih|)\left(\frac{w_2+ih}{|w_2+ih|}\right)^n +$$
$$\mu_2 k_{L2}^2 \frac{\zeta^2 w_2'(\zeta)}{a^2 w_2'(\zeta)} H_{n-2}^{(2)}(k_{L2}|w_2+ih|)\left(\frac{w_2+ih}{|w_2+ih|}\right)^{n-2} \tag{A69}$$

$$K_n^{78} = i\mu_2 k_{T2}^2 \frac{\zeta^2 w_2'(\zeta)}{a^2 w_2'(\zeta)} H_{n-2}^{(1)}(k_{T2}|w_2+ih|)\left(\frac{w_2+ih}{|w_2+ih|}\right)^{n-2} \tag{A70}$$

$$K_n^{88} = i\mu_2 k_{T2}^2 \frac{\zeta^2 w_2'(\zeta)}{a^2 w_2'(\zeta)} H_{n-2}^{(2)}(k_{T2}|w_2+ih|)\left(\frac{w_2+ih}{|w_2+ih|}\right)^{n-2} \tag{A71}$$

$$R^8 = -(\lambda_1+\mu_1)k_{L1}^2(\phi^i+\phi^r) +$$
$$\frac{4\mu_1 \zeta^{O2}}{a^2 w_1'(\zeta^O)} \frac{\partial}{\partial \zeta^O}\left\{\frac{1}{w_1'(\zeta^O)}\frac{\partial}{\partial \zeta^O}[\phi^i+\phi^r+i(\psi^i+\psi^r)]\right\} \tag{A72}$$

盾构隧道抗震设计计算的解析解

张栋梁[3,2]　杨林德[1,2]　谢永利[3]　刘保健[3]

(1. 同济大学 岩土及地下工程教育部重点实验室，上海　200092；2. 同济大学 地下建筑与工程系，上海　200092；3. 长安大学 特殊地区公路工程教育部重点实验室，西安　710064)

摘要　基于拟静力假定，采用平面弹性理论的复变函数方法，利用土与结构间的力和位移协调条件，推导出地震中自由场土体剪应变最大时刻土–结构间不滑移和完全滑移两种接触条件下，圆形衬砌动内力的解析解，并与数值算例进行对比。结果表明，该解析解具有较好的精度，是简便、实用的计算方法。

关键词　隧道工程；复变函数；保角变换；盾构隧道；抗震设计计算

Analytical Solution for Aseismic Design Calculation of Shield Tunnels

ZHANG Dongliang[3,2]　YANG Linde[1,2]　XIE Yongli[3]　LIU Baojian[3]

(1. Key Laboratory of Geotechnical and Underground Engineering of Ministry of Education, Tongji University, Shanghai 200092, China;
2. Department of Geotechnical Engineering, Tongji University, Shanghai 200092, China;
3. Key Laboratory for Special Area Highway Engineering of Ministry of Education, Chang'an University, Xi'an, Shaanxi 710064, China)

Abstract　Based on quasi-static assumption, an analytical procedure is presented for evaluating the dynamic stresses in linings of shield tunnels under no slip and full slip contacting condition between structure and surrounding soil when the shear strain of free-field arrives at the maximum value during earthquake. Using force and displacement continuous conditions between structure and surrounding soil, the complex variable function and conformal transformation of plane elastic theory are used to derive the analytical solution. According to comparison, the analytical solution matches the numerical solution well. It is a simple, convenient and practical calculation method.

Keywords　tunneling engineering; complex variable function; conformal transformation; shield tunnels; aseismic design calculation

---

* 岩石力学与工程学报(CN:42-1397/O3)2008年收录

1 引言

目前,我国地铁建设飞速发展。阪神地震表明地下结构可能遭受严重震害,且破坏后修复的难度和代价较大。但迄今为止,我国尚无地下结构抗震方面的设计规范,因而适时开展地下结构抗震设计计算方法研究具有重要的现实意义。国外地下结构抗震研究较早。20 世纪 70 年代初,日本土木工程师协会建议对采用明挖法建造的矩形隧道采用 Mononobe-Okabe 动土压力方法进行抗震设计。这种方法最初用于地面挡土结构,它假定地震时挡土结构产生足够大的侧向位移以致其背后形成"屈服主动土楔"[1]。但地下结构由于受周围土介质的约束,不易产生足以形成"屈服主动土楔"的变形。20 世纪 70 年代,美国建设 BART 时,提出地下结构应能承受地震时周围介质强加给它的变形,同时不丧失其承受原来静荷载能力的自由场位移法[2]。但该方法不能考虑土-结构间的相互作用。近年来,能考虑土、结构非线性以及土-结构相互作用的动力有限元方法受到了国内外学者的青睐[3-6]。但该方法费时费力,不易为工程设计人员接受。J. N. Wang[2] 采用拟静力法,推导了土-结构间不滑移和完全滑移两种接触条件下结构内力的最大值。J. Penzien 和 C. L. Wu[7] 采用应力函数法推导了两种接触条件下结构分布内力解答。拟静力法不能反映结构地震响应的时程,但能够解得地震中土体剪应变最大时刻结构的内力,是一种简便、实用的抗震设计计算方法。

国内这方面的研究兴起于阪神地震以后,多集中于数值分析,而缺乏简便、实用的设计计算方法研究[8]。本文基于拟静力假定,采用平面弹性理论的复变函数方法,推导了两种接触条件下结构动内力的解答,并与数值算例进行了对比。

2 盾构隧道抗震设计计算的解析解

复变函数法以其在解决孔口问题方面的优势,在地下工程领域得到了广泛的应用[9-12]。本文利用弹性理论中孔口问题的基本解答[13-14],研究剪切波垂直入射时地下结构的横向抗震问题。如图 1 所示,其中:γ_{ff} 为自由场中地下结构埋深处的最大剪应变,G_s 为与之相应的剪切模量,τ_i 为土-结构间的相互作用力。推导公式时作如下简化假定:

(1) 土体为均匀各向同性介质。
(2) 地下结构的埋深较大。
(3) 拟静力假定,即假定地下结构在无限远处受常剪应力或常剪应变作用。

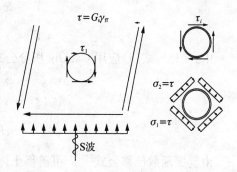

图 1 拟静力法模型
Fig. 1 Quasi-static method model

2.1 土-结构间不滑移时结构动内力的解析解

2.1.1 土体孔口的径向位移

采用变换式 $z=\omega(\zeta)=R/\zeta$ 可将 z 平面内带圆形孔口的无限介质映射为 ζ 平面内单位圆。复变势函数及变换后应力边界条件分别为

$$\left.\begin{aligned}\varphi_0(\sigma) &= \sum_{k=1}^{\infty} a_k \sigma^k \\ \psi_0(\sigma) &= \sum_{k=1}^{\infty} b_k \sigma^k \\ \varphi(\zeta) &= \frac{1+\mu}{8\pi}(X+iY)\ln\zeta + B\omega(\zeta) + \varphi_0(\zeta) \\ \psi(\zeta) &= -\frac{1-\mu}{8\pi}(X-iY)\ln\zeta + (B'+iC')\omega(\zeta) + \psi_0(\zeta)\end{aligned}\right\} \quad (1)$$

$$\left.\begin{aligned}\varphi_0(\sigma) &= \sum_{k=1}^{\infty} a_k \sigma^k \\ \frac{1}{2\pi i}\int_\sigma \frac{\varphi_0(\sigma)}{\sigma-\zeta}d\sigma &+ \frac{1}{2\pi i}\int_\sigma \frac{\omega(\sigma)}{\omega'(\sigma)} \cdot \frac{\overline{\varphi_0'(\sigma)}}{\sigma-\zeta}d\sigma + \frac{1}{2\pi i}\int_\sigma \frac{\overline{\psi_0(\sigma)}}{\sigma-\zeta}d\sigma = \frac{1}{2\pi i}\int_\sigma \frac{f_0}{\sigma-\zeta}d\sigma \\ f_0 &= i\int(\overline{X}+i\overline{Y})ds - \frac{X+iY}{2\pi}\ln\sigma - \frac{1+\mu}{8\pi}\cdot(X-iY)\frac{\omega(\sigma)}{\omega'(\sigma)}\sigma \\ &\quad - 2B\omega(\sigma) - (B'-iC')\overline{\omega(\sigma)}\end{aligned}\right\} \quad (2)$$

土体无限远处受剪应力 τ 作用，边界条件为

$$\left.\begin{aligned}\sigma_1 &= \tau, \quad \sigma_2 = -\tau, \quad \alpha = \pi/4 \\ B &= (\sigma_1+\sigma_2)/4 = 0 \\ B'-iC' &= -(\sigma_1-\sigma_2)e^{2i\alpha}/2 = -i\tau\end{aligned}\right\} \quad (3)$$

土体孔口受相互作用的剪应力 τ_i 作用，面力分量及其在坐标轴上的投影和为

$$\left.\begin{aligned}\overline{X} &= l\sigma_x + m\tau_{xy} = -\frac{dx}{ds}\tau_i \\ X &= 0\end{aligned}\right\} \quad (4a)$$

$$\left.\begin{aligned}\overline{Y} &= l\tau_{xy} + m\sigma_y = \frac{dy}{ds}\tau_i \\ Y &= 0\end{aligned}\right\} \quad (4b)$$

由式(1)—式(4)应用 Cauthy 积分公式可解得

$$\left.\begin{aligned}\varphi(\zeta) &= \varphi_0(\zeta) = i(\tau-\tau_i)R\zeta \\ \psi_0(\zeta) &= i(\tau-\tau_i)R\zeta^3 \\ \psi(\zeta) &= i\tau R\frac{1}{\zeta} + i(\tau-\tau_i)R\zeta^3\end{aligned}\right\} \quad (5)$$

由复变函数位移公式[13,14]可解得土体孔口的径向位移：

$$\mu_\rho(\theta) = \frac{1+\mu}{E}[4(1-\mu)\tau - (3-4\mu)\tau_i]R\sin(2\theta) \quad (6)$$

$$\Delta D_s = \mu_\rho(\theta) + \mu_\rho(\theta+\pi) = \frac{2(1+\mu)}{E}[4(1-\mu)\tau - (3-4)\tau_i]R\sin(2\theta) \quad (7)$$

$$\Delta D_{s,\max} = \frac{2(1+\mu)}{E}[4(1-\mu)\tau - (3-4)\tau_i]R \quad (8)$$

2.1.2 结构的径向位移

图 2 所示结构受力等效于法向、切线分布力：

$$p_n(R,\theta) = p\cos(2\theta), \quad p_t(R,\theta) = p\sin(2\theta) \quad (9)$$

由结构力学的弹性中心法可解得

(1) p_n 作用时：

$$\left.\begin{aligned} N_n(\theta) &= -pR\cos(2\theta)/3 \\ V_n(\theta) &= -2pR\sin(2\theta)/3 \\ M_n(\theta) &= -pR^2\cos(2\theta)/3 \end{aligned}\right\} \quad (10)$$

$$\Delta D_{l\max}^{sn}(R,0) = \frac{2pR^4}{9E_lI_l}(1-v_1^2) \quad (11)$$

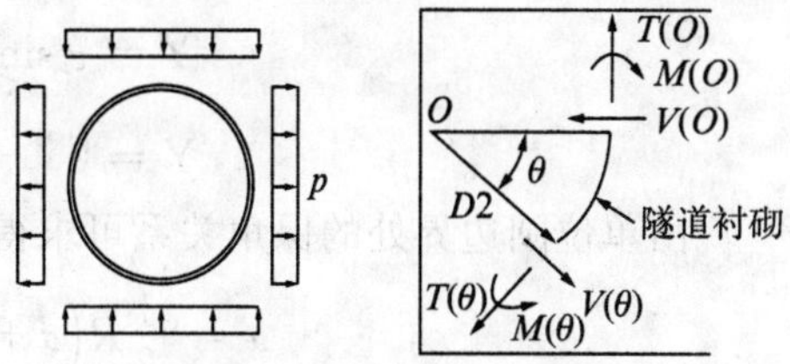

图 2　结构受力及其内力正负号规定

Fig. 2　Forces acting on structure and their sign specification

(2) p_t 作用时：

$$\left.\begin{aligned} N_t(\theta) &= -2pR\cos(2\theta)/3 \\ V_t(\theta) &= -pR\sin(2\theta)/3 \\ M_t(\theta) &= -pR^2\cos(2\theta)/6 \end{aligned}\right\} \quad (12)$$

$$\Delta D_{l\max}^{st}(R,0) = \frac{pR^4}{9E_lI_l}(1-v_1^2) \quad (13)$$

(3) p_n, p_t 同时作用时：

$$\left.\begin{aligned} N(\theta) &= -pR\cos(2\theta) \\ V(\theta) &= -pR\sin(2\theta) \\ M(\theta) &= -pR^2\cos(2\theta)/2 \end{aligned}\right\} \quad (14)$$

$$\Delta D_{l\max}^{s}(R,0) = \frac{pR^4}{3E_lI_l}(1-v_1^2) \quad (15)$$

内力及角度正负号规定见图 2。将上述公式中 θ 用 $\theta+\pi/4$ 替换即得结构处于纯剪切状态时内力。

2.1.3　结构内力解答

土-结构间力和位移协调条件分别为

$$p = \tau_i \quad (16)$$

$$\Delta D_{s\max} = \Delta D_{l\max}^{s} \quad (17)$$

由式(9)、式(16)、式(17)可解得结构的径向位移和内力：

$$\left.\begin{aligned} \Delta D_{l\max}^{s} &= \frac{4(1-\mu)R\gamma_{ff}}{1+\alpha_s} \\ \alpha_s &= \frac{6E_lI_l(1+\mu)(3-4\mu)}{R^3E(1-v_1^2)} \end{aligned}\right\} \quad (18)$$

$$\left.\begin{aligned} N(\theta) &= -\frac{3E_lI_l\Delta D_{l\max}^{s}}{R^3(1-v_1^2)}\cos\left[2\left(\theta+\frac{\pi}{4}\right)\right] \\ V(\theta) &= -\frac{3E_lI_l\Delta D_{l\max}^{s}}{R^3(1-v_1^2)}\sin\left[2\left(\theta+\frac{\pi}{4}\right)\right] \\ M(\theta) &= -\frac{3E_lI_l\Delta D_{l\max}^{s}}{2R^2(1-v_1^2)}\cos\left[2\left(\theta+\frac{\pi}{4}\right)\right] \end{aligned}\right\} \quad (19)$$

2.2　土-结构间完全滑移时结构动内力的解析解

土-结构间完全滑移时，土体孔口的面力分量及其在坐标轴上的投影和为

$$\left.\begin{aligned} \overline{X} &= \tau_i\sin(2\alpha)\cos\alpha = \tau_i\frac{2xy}{R^2}\frac{dy}{ds} \\ X &= 0 \end{aligned}\right\} \quad (20a)$$

$$\left.\begin{array}{l}\overline{Y} = \tau_i \sin(2\alpha)\sin\alpha = -\tau_i \dfrac{2xy}{R^2}\dfrac{\mathrm{d}x}{\mathrm{d}s} \\ Y = 0\end{array}\right\} \quad (20\mathrm{b})$$

由单位圆边界处的保角关系可求得

$$\left.\begin{array}{l} x = \dfrac{1}{2}R\left(\sigma+\dfrac{1}{\sigma}\right),\mathrm{d}x = \dfrac{1}{2}R\left(1-\dfrac{1}{\sigma^2}\right)\mathrm{d}\sigma \\ y = \dfrac{i}{2}R\left(\sigma-\dfrac{1}{\sigma}\right),\mathrm{d}y = \dfrac{i}{2}R\left(1+\dfrac{1}{\sigma^2}\right)\mathrm{d}\sigma\end{array}\right\} \quad (21)$$

按节 2.1 中同样步骤可推得土-结构间完全滑移时的复变势函数和孔口径向位移：

$$\left.\begin{array}{l}\varphi(\zeta) = \varphi_0(\zeta) = i\left(\tau-\dfrac{\tau_i}{2}\right)R\zeta \\ \psi_0(\zeta) = i\left(\tau-\dfrac{\tau_i}{3}\right)R\zeta^3 \\ \psi(\zeta) = i\tau R\dfrac{1}{\zeta}+i\left(\tau-\dfrac{\tau_i}{3}\right)R\zeta^3\end{array}\right\} \quad (22)$$

$$\Delta D_{s\,\mathrm{max}}^{\mathrm{sn}} = \dfrac{2(1+\mu)}{E}\left[4(1-\mu)\tau-\dfrac{5-6\mu}{3}\tau_i\right]R \quad (23)$$

用 $\Delta D_{s\,\mathrm{max}}^{\mathrm{sn}}$, $\Delta D_{l\,\mathrm{max}}^{\mathrm{sn}}$ 分别替换式(17)中的 $\Delta D_{s\,\mathrm{max}}$, $\Delta D_{l\,\mathrm{max}}^{s}$ 即可解得

$$\left.\begin{array}{l}\Delta D_{l\mathrm{max}}^{\mathrm{sn}} = \dfrac{4(1-\mu)R\gamma_{ff}}{1+\alpha_s^{\mathrm{sn}}} \\ \alpha_s^{\mathrm{sn}} = \dfrac{3E_l I_l(1+\mu)(5-6\mu)}{R^3 E(1-v_1^2)}\end{array}\right\} \quad (24)$$

$$\left.\begin{array}{l}N_\mathrm{n}(\theta) = -\dfrac{3E_l I_l \Delta D_{l\mathrm{max}}^{\mathrm{sn}}}{2R^3(1-v_1^2)}\cos\left[2\left(\theta+\dfrac{\pi}{4}\right)\right] \\ V_\mathrm{n}(\theta) = -\dfrac{3E_l I_l \Delta D_{l\mathrm{max}}^{\mathrm{sn}}}{R^3(1-v_1^2)}\sin\left[2\left(\theta+\dfrac{\pi}{4}\right)\right] \\ M_\mathrm{n}(\theta) = -\dfrac{3E_l I_l \Delta D_{l\mathrm{max}}^{\mathrm{sn}}}{2R^2(1-v_1^2)}\cos\left[2\left(\theta+\dfrac{\pi}{4}\right)\right]\end{array}\right\} \quad (25)$$

3 算例

以上海市地铁 2 号线某盾构区间隧道为例。隧道衬砌外径 6.5 m，内径 5.9 m，管片厚 0.3 m。两孔中心距为 13 m。平均埋深 12 m，最小埋深 8 m。首先进行静力分析，然后在此基础上进行动力分析，包括自由场及土-结构体系相互作用分析。结构两侧各取 6 倍双孔隧道总宽度，计算宽度共计 254 m。计算深度取为 70 m。采用黏弹性人工边界。计算模型见图 3。

图 3 计算模型
Fig. 3 Calculating model

土体静力计算采用 Mohr-Coulomb 模型,参数见表 1。动力计算采用 Davidenkov 模型：

$$\frac{G_d}{G_{max}} = 1 - \left[\frac{(\gamma_d/\gamma_c)^{2B}}{1+(\gamma_d/\gamma_c)^{2B}}\right]^A \tag{26}$$

表 1　　　　　　　　　　　　　土层参数表

Table 1　　　　　　　　Parameters of soil layers

土层名称	埋深/m	弹性模量/MPa	黏聚力/kPa	内摩擦角/(°)	剪切波速/(m·s^{-1})
填土	1.8	3.500	14.0	14.00	130
粉质黏土	3.4	4.210	19.0	18.00	114
淤泥质粉质黏土	7.7	3.520	12.0	20.50	120
淤泥质黏土	18.0	2.190	14.0	11.50	151
粉土	28.0	4.190	15.0	17.25	213
粉质黏土	37.0	7.930	40.5	20.50	265
砂质粉土	59.0	14.235	0.5	33.00	315
粉细砂	70.0	15.450	0.0	33.50	325

参数依据室内动三轴试验结果[15],初始剪切模量由表 1 中土层剪切波速计算得到。结构用梁单元离散,采用弹性模型,参数按混凝土标号选取。土-结构间不滑移时,不设置接触面。完全滑移时,设置 Coulomb 型接触面。其中,法向刚度由 MuirWood 公式确定：

$$K_r = \frac{3E_s}{(1+\mu)(5-6\mu)R} \tag{27}$$

式中,E_s 为与 γ_{ff} 对应的动弹性模量。

切向刚度 K_s 取为 $K_r/3$。黏聚力取周围土层的 c 值,摩擦角取为 0°。地震输入采用上海人工波[15],对应的最大加速度为 0.74 m/s²,如图 4 所示。阻尼采用 5%的瑞利比例阻尼。

由数值分析得到的自由场中结构埋深处的最大剪应变,依据上述解析解可求得结构动内力,叠加上静内力后与结构合内力数值解进行对比。其中数值解为结构上、下端点(点1,2)水平向相对位移最大时刻 t_c 结构合内力,如图 5 所示。

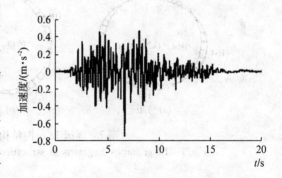

图 4　上海人工波[15]

Fig. 4　Shanghai man-made earthquake wave[15]

埋深 12 m 时,土-结构间不滑移和完全滑移两种条件下结构内力图分别如图 6、7 所示。弯矩图中虚线为弯矩包络值。埋深 12 和 8 m 时,土-结构间不滑移条件下,结构内力解析解与数值解的比较分别如图 8、9 所示。不滑移时结构内力最大值见表 2。埋深 12 m 时,弯矩解析解与数值解的相对误差小于 3.2%,剪力的相对误差小于 6.8%。埋深 8 m 时,弯矩的相对误差小于 9.6%,剪力的相对误差小于 10%。两种情况下解析解均低估了结构中的轴力,相对误差略大于 10%。

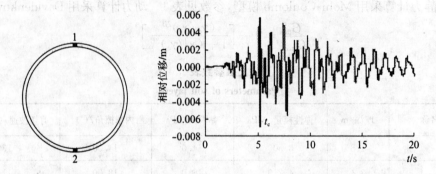

图 5 结构上、下端点水平向相对位移时程(埋深 12 m)
Fig. 5 Timehistory of horizontal relative displacement between upper and lower points of structure(buried depth of 12 m)

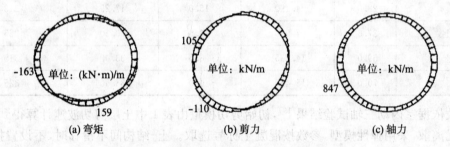

(a) 弯矩　　　　　　　　(b) 剪力　　　　　　　　(c) 轴力

图 6 埋深 12 m 时结构内力图(不滑移)
Fig. 6 Inner forces diagrams of structure when buried depth of 12 m(no slip)

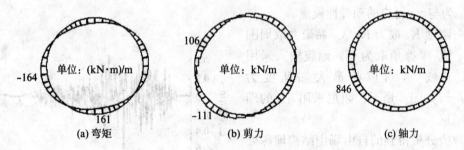

(a) 弯矩　　　　　　　　(b) 剪力　　　　　　　　(c) 轴力

图 7 埋深 12 m 时结构内力图(完全滑移)
Fig. 7 Inner forces diagrams of structure when buried depth of 12 m(full slip)

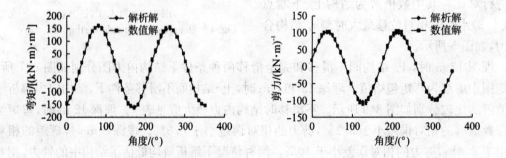

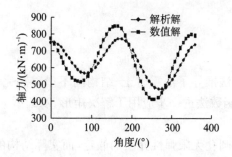

图 8 埋深 12 m 时结构内力比较(不滑移)
Fig. 8 Comparison of structure inner forces when buried depth of 12 m(no slip)

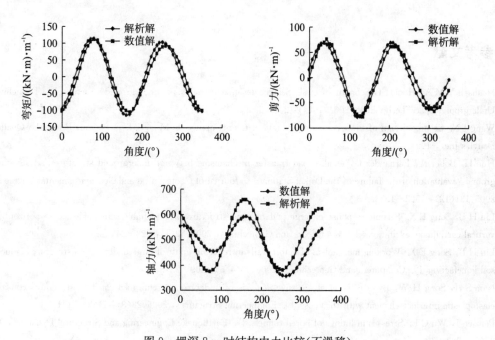

图 9 埋深 8 m 时结构内力比较(不滑移)
Fig. 9 Comparison of structure inner forces when buried depth of 8 m(no slip)

表 2 不滑移时结构内力最大值
Table 2 The maximum values of structure in nerforces (noslip)

埋深/m	最大正弯矩			最大负弯矩		
	解析解/(kN·m·m⁻¹)	数值解/(kN·m·m⁻¹)	相对误差/%	解析解/(kN·m·m⁻¹)	数值解/(kN·m·m⁻¹)	相对误差/%
12	158	159	−0.6	−158	−163	−3.2
8	112	109	2.7	−114	−104	8.8

埋深/m	最大正剪力			最大负剪力			轴力		
	解析解/(kN·m·m⁻¹)	数值解/(kN·m·m⁻¹)	相对误差/%	解析解/(kN·m·m⁻¹)	数值解/(kN·m·m⁻¹)	相对误差/%	解析解/(kN·m⁻¹)	数值解/(kN·m⁻¹)	相对误差/%
12	101	105	−4.0	−103	−110	−6.8	770	847	−10.0
8	70	77	−10.0	−76	−76	0.0	592	658	−11.1

4 结论

(1) 本文采用复变函数法推导了地震时土-结构间不滑移和完全滑移两种接触条件下结构动内力的解答,为将复变函数法进一步应用于解决矩形、双圆型等其他更加复杂结构的动内力问题奠定了基础。

(2) 推导公式时作了带圆孔无限弹性介质的假定,而实际结构的埋深有限。算例表明,当埋深减小时,解析解与数值解间的差异略为增大。当埋深减小至 4/3 倍结构直径时,弯矩和剪力最大值的相对误差仍不超过 10%,可以满足工程精度的要求,表明本文解析解的简便、实用性。

参考文献

[1] Hashash Y M A, Hook J J, Schmidt B, et al. Seismic design and analysis of underground structure[J]. Tunneling and Underground Space Technology, 2001,16(4): 247-293.

[2] Wang J N. Seismic design of tunnels: a simple state-of-the-art approach[M]. [S. l.]: Parsons Brinkerho Quade and Douglas Inc., 1993.

[3] Huo H, Bobet A, Fernandez G, et al. Load transfer mechanisms between underground structure and surrounding ground: evaluation of the failure of the Daikai Station[J]. Journal of Geotechnical and Geoenvironmental Engineering, 2005,131(12): 1522-1533.

[4] Liu H B, Song E X. Seismic response of large underground structures in liquefiable soils subjected to horizontal and vertical earthquake excitations[J]. Computers and Geotechnics, 2005,32(4): 223-244.

[5] Liu H B, Song E X. Working mechanism of cutoff walls in reducing uplift of large underground structures induced by soil liquefaction[J]. Computers and Geotechnics, 2006,33(4/5): 209-221.

[6] Nam S H, Song H W, Byun K J, et al. Seismic analysis of underground reinforced concrete structures considering elastoplastic interface element with thickness[J]. Engineering Structures, 2006,28(8): 1122-1131.

[7] Penzien J, Wu C L. Stresses in linings of bored tunnels[J]. Earthquake Engineering and Structural Dynamics, 1998, 27(3): 283-300.

[8] 庄海洋,陈国兴. 软弱地基浅埋地铁区间隧洞的地震反应分析[J]. 岩石力学与工程学报,2005,24(14): 2506-2512.

[9] Verruijt A. A complex variable solution for a deforming circular tunnel in an elastic half plane[J]. International Journal for Numerical and Analytical Method in Geomechanics, 1997,21(2): 77-89.

[10] Verruijt A. Deformation of an elastic half plane with a circular tunnel[J]. International Journal of Solids and Structures, 1998,35(21): 2795-2804.

[11] Exadaktylos G E, Liolios P A, Stavropoulou M C. A semi-analytical elastic stress displacement solution for notched circular openings in rocks[J]. International Journal of Solids and Structures, 2003,40(5): 1165-1187.

[12] Huo H, Bobet A, Fernandez G, et al. Analytical solution for deep rectangular structures subjected to far-field shear stresses[J]. Tunneling and Underground Space Technology, 2006,21(6): 613-625.

[13] 吴家龙. 弹性力学[M]. 北京:高等教育出版社,2002.

[14] 徐芝纶. 弹性力学[M]. 北京:高等教育出版社,1990.

[15] 杨林德,李文艺,祝龙根,等. 上海市地铁区间隧道和车站的地震灾害与防治对策研究[R]. 上海:同济大学,上海防灾救灾研究所,1999.

上海地区重力式防汛墙抗震稳定性研究*

耿大新[1]　杨林德[2]

(1. 华东交通大学 土木建筑学院，南昌　330013；2. 同济大学 地下建筑与工程系，上海　200092)

摘要　在考虑水-土-结构的动力相互作用的基础上，采用黏弹塑性模型、弹性梁单元及带转动自由度的接触面单元分别模拟饱和软黏土、钢筋混凝土构件及土-结构间接触面的力学特性，建立了饱和软土地区防汛墙结构地震反应时程分析的计算模型及其求解方法，并利用建立的分析理论与方法，对上海地区典型的重力式防汛墙结构的抗震稳定性借助数值模拟进行了评估，计算结果表明，重力式防汛墙在地震作用下位移较大，并有整体失稳的危险。

关键词　重力式防汛墙；水-土-结构动力相互作用；抗震稳定性

Study on Seismic Stability of Gravity Quaywall in Shanghai

GENG Daxin[1]　YANG Linde[2]

(1. College of Civil Engineering and Architecture, East China Jiao Tong University,
Nanchang 330013, P. R. China;

2. Department of Geotechnical Engineering, Tongjing University, Shanghai 200092, P. R. China)

Abstract　Base on the analysis of water-soil-structure dynamic interaction, mechanical model and its calculation method are set up to simulate the seismic response of quaywall in saturated soil. In the mechanical model, visco-plastoelastic model, elastic beam elements and nonlinear elastic contact elements with rotary freedoms are adopted to simulate saturated soil, reinforced concrete components and the interfaces between soil and flexible structure respectively. With the established theory and methods, the seismic stability of gravity quaywall is evaluated by numerical simulation. The results show that, under earthquake the displacement of gravity quaywall will be large larger, and it has a risk of overturning.

Keywords　gravity quaywall; water-soil-structure dynamic interaction; seismic stability

国内外许多地震学家和工程地震学家就墨西哥地震(1985 年 9 日 19 日，Ms7.8)、日本阪神地震(1995 年 1 月 17 日，Ms7.4)等造成如此巨大的伤亡和财产损失进行研究，发现地表软土覆盖层引起地震动明显放大，使振型频率落在地震动放大频段内的建筑物遭受的破坏比基岩处大得多[1]。上海市区软土地层厚达 250～300 m，发生地震时易由此加大危害。近年来大量的学者对上海地区的软土及其地震响应进行了大量的研究。杨超、杨林德、季倩倩[2,3,4]等

---

*华东交通大学学报(CN：36-1035/U)2010 年收录，基金项目：上海市建设技术发展基金(A0106154)与铁路环境振动与噪声教育部工程研究中心开放基金联合资助

人结合饱和软黏土进行的动三轴试验,利用边界面模型理论建立了软黏土的黏弹塑性动力本构模型,并结合地铁振动台试验对上海地铁车站的动力响应进行了细致的分析。黄雨[5,6]等人基于一维场地地震反应的等效线性化频域分析方法,建立了上海软土场地的动力分析模型,以 El Centro 地震波为例,重点分析了上海地区场地土的地震反应加速度反应和频谱特征。楼梦麟[7]等人应用模态摄动法求解水平分层均匀土层的地震反应,通过大量的数值计算,讨论上海软土土性变化对土层基本周期和表面地震加速度反应的影响。周健[8]等人在软土室内动力试验和有限元有效应力动力反应分析基础上,考虑软土振动孔压上升及消散、震陷、土-结构动力相互作用,研究了地下结构地震土压力的简化算法。防汛墙系修筑在河道两侧的挡水构筑物,是上海市抗洪减灾的生命线工程。地震来临时,地基的振动引起水、土、结构的振动,由于三者自振特性的差异,使之不能同步振动,从而引起附加的动水压力和动土压力。然而近年的研究多集中在软土动力特性及地下或地表结构的动力响应,岸墙属半埋地下结构研究较少。但从以往多次地震调查来看,岸墙在经历一次或多次地震后发生破坏是一个比较突出的问题[9],它不但带来大量的经济损失和人员伤亡,而且极有可能引发次生灾害。因此极有必要结合土质条件对其抗震稳定性开展研究。本文拟以重力式防汛墙为例,将之简化为二维平面应变问题,在考虑水-土-结构相互作用的基础上,采用直接动力时程分析,探讨饱和软土地区防汛墙地震动力反应的特点,并评估墙体的抗震稳定性。

1 防汛墙结构体系动力分析基本方程

1.1 基本假设

防汛墙前水体较小,动水压力对结构地震响应的影响较动土压力的影响要小。墙体的破坏大都是由于土压力过大或土体液化等因素引起的。本文拟对水体按不可压缩模型处理,将土体视作固液两相介质,采用 Biot 动力固结方程描述饱和软黏土的性态,在土体与结构之间设置接触面,以此模拟水、土、结构间的动力相互作用对重力式防潮汛墙结构整体抗震稳定性的检验,结合动力计算结果研究防汛墙结构的整体抗滑稳定性安全系数的变化规律。为简化分析,作如下假设:

(1) 防汛墙结构在轴线方向的长度足够大,可以作为平面应变问题进行研究。

(2) 防汛墙结构位于深度有限的土层中,土层下方为基岩,地震波自基岩面垂直向上输入,基岩运动为水平、垂直两向运动。

(3) 防汛墙前水体不可压缩,结构不透水,不产生孔隙水压力。

1.2 动力平衡方程

在地震荷载作用下,防汛墙结构体系的动力响应是一个典型的流固耦合问题。结构的动力反应虽然复杂,但仍可简化成一个多自由度体系,其振动方程可利用 Lagrange 方程[10]得到。设 $\{q\}$、$\{\dot{q}\}$ 分别代表整个结构的结点位移向量和结点速度向量,以 $\{p\}$ 表示水作用于墙体各节点的动水压力向量。以 T、V 表示防汛墙结构体系的动能和势能,则有

$$
\begin{aligned}
T &= \frac{1}{2}\{\dot{q}\}^T[M]\{\dot{q}\} \\
V &= \frac{1}{2}\{q\}^T[K]\{q\} + \{q\}^T\{p\}
\end{aligned}
\tag{1}
$$

式中 $[M]$——结构体系的质量矩阵;

$[K]$——结构体系的刚度矩阵。

从式(1)可以看出,势能中除固体的应变能外,增加了动水压力做的功。在受迫振动的情况下,应当考虑结构体系的阻尼力的作用。假设阻尼力$[f_s]$的大小与应变速度成正比,即

$$[f_s] = [C][\dot{q}] \tag{2}$$

则非保守力做的总虚功δW_{nc}可以写为

$$\delta W_{nc} = ([F] - [C][\dot{q}])[\delta q] \tag{3}$$

式中,$\{F\}$为结构承受的外荷载向量。

令$[Q] = [F] - [C][\dot{q}]$,并将式(1)代入多自由度体系的 Lagrange 运动方程,得防汛墙结构体系的受迫振动方程为

$$[M]\{\ddot{q}\} + [C]\{\dot{q}\} + [K]\{q\} = \{F\} - \{p\} \tag{4}$$

由于水体的不可压缩性,其连续性方程为

$$\frac{\partial \dot{u}}{\partial x} + \frac{\partial \dot{v}}{\partial y} + \frac{\partial \dot{w}}{\partial z} \tag{5}$$

式中,$\dot{u}, \dot{v}, \dot{w}$分别为水质点在$x$、$y$、$z$向的速度。

假定由于墙体振动引起的水流扰动为无旋运动,则必存在扰动速度势$\varphi(x, y, z, t)$,它与流速的关系为

$$\dot{u} = \frac{\partial \varphi}{\partial x}, \dot{v} = \frac{\partial \varphi}{\partial y}, \dot{w} = \frac{\partial \varphi}{\partial z} \tag{6}$$

把式(6)代入式(5),得

$$\frac{\partial^2 \varphi}{\partial x^2} + \frac{\partial^2 \varphi}{\partial y^2} + \frac{\partial^2 \varphi}{\partial z^2} = 0 \tag{7}$$

由式(7)可以看出,扰动势函数满足拉普拉斯方程。略去对流项与黏性项后,由非恒定流的伯努利方程可得压强p与φ之间的关系为

$$p = -\rho \frac{\partial \varphi}{\partial t} \tag{8}$$

由式(7)、式(8)可知,扰动压强p也满足拉普拉斯方程,即

$$\frac{\partial^2 p}{\partial x^2} + \frac{\partial^2 p}{\partial y^2} + \frac{\partial^2 p}{\partial z^2} = 0 \tag{9}$$

对于防汛墙结构体系,边界条件如下:

(1) 墙体临水面,临水墙面与该处的水具有相同的法向速度,即有

$$\left. \frac{\partial \varphi}{\partial n} \right|_{面} = v_{n,f} \tag{10}$$

式中,$v_{n,f}$为墙面任一点的法向速度,它在墙面是连续函数。

(2) 在水面处,不考虑扰动流引起的水面波动,则在水面上恒有

$$p|_{水面} = -\rho \left. \frac{\partial \varphi}{\partial t} \right|_{水面} = 0 \tag{11}$$

(3) 河底,假设河底为刚性层,不考虑淤积层的吸收作用,有

$$\left. \frac{\partial \varphi}{\partial n} \right|_{河底} = 0 \tag{12}$$

(4) 当水离墙很远时,水流的扰动压强应趋于零,所以有:

$$\left.\frac{\partial \varphi}{\partial x}\right|_{x\to\infty} = \left.\frac{\partial \varphi}{\partial y}\right|_{x\to\infty} = \left.\frac{\partial \varphi}{\partial z}\right|_{x\to\infty} = \rho\left.\frac{\partial \varphi}{\partial t}\right|_{x\to\infty} = 0 \quad (13)$$

式中,x 为防汛墙墙面的法线方向,指向水体一侧。

式(7)—式(13)为动水压力的控制方程组。

墙面节点动水压力向量 $\{p_f\}$ 可表示为墙面节点加速度的线性组合,即

$$\{p_f\} = [D]\{\ddot{q}_f\} \quad (14)$$

式中 $[D]$——动水压力影响矩阵,D_{ij} 表示在迎水面第 j 结点沿某一坐标轴方向施加单位加速度时在第 i 结点处引起的动水压力值,显然,$[D]$ 的维数远低于质量阵 $[M]$ 的维数;

$\{\ddot{q}_f\}$——防汛墙临水面结点的加速度向量,对于空间问题,一个节点有三个方向的加速度分量。

式(4)中的 $\{p_f\}$ 是作用在墙面上的动水压力向量,为了转换成式(4)中的节点力向量,需乘一维数转换矩阵 $[s]$,即

$$\{p\} = [s]\{p_f\} = [s][D]\{\ddot{q}_f\} \quad (15)$$

令 $\{\ddot{q}_f\} = [A]\{\ddot{q}\}$,则式(15)可以写成

$$\{p\} = [s][D][A]\{\ddot{q}\} \quad (16)$$

令

$$[\Delta M] = [s][D][A] \quad (17)$$

式中,$[\Delta M]$ 为动水压力形成的附加质量阵,为非对角阵的满阵。

将式(16)和式(17)代入式(4)得

$$([M] + [\Delta M])\{\ddot{q}\} + [C]\{\dot{q}\} + [K]\{q\} = \{F\} \quad (18)$$

式(4)及式(18)均为防汛墙结构体系的动力平衡方程。从式中可以看出,当不考虑水的压缩性,采用集中质量法求解时,动水压力的作用可简化为相应结点上的附加荷载或附加质量阵。由于动力问题的复杂性,因此拟对防汛墙的动力模拟采用数值模拟,计算时将动水力以附加荷载形式施加于相应的质点上。

2 工程概况及计算网格

2.1 计算网格

典型的重力式防汛墙结构如图 1 所示,水体通常水位为 +2.20 m,地震高水位为 +5.74 m,地震低水位为 +0.76 m。由图可见防汛墙结构与半无限地层相连,横剖面上左、右及下部边界均在无穷远处。确定计算范围时,在水平方向拟将水体一侧取为 20 m,土体一侧 50 m;竖向上表面取至地表及河底,河底坡度为 1∶6,底部取至地质钻孔的孔底标高 −20 m,沿纵轴线方向取为 1 m。采用 FLAC^{2D} 进行计算,数值模拟中,对地层土体及防汛墙结构均采用四边形实体单元进行离散;墙前护坡采用梁单元模拟,在结构与土体、护坡与河底的接触面上则设置了接触面单元,计算网格如图 2 所示。

2.2 边界条件

防汛墙结构抗震稳定性分析的计算同时包括静力计算和地震动力分析。静力计算主要形成地基中的自重应力场,计算时两侧采用水平约束边界,下部采用竖向约束边界。地震动力分析时,由于采用有限长度的地层模拟半无限地层,两侧边界均取为自由场边界,即在计算网格

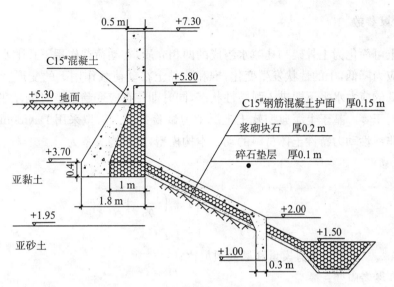

图 1　典型重力式防汛墙结构简图

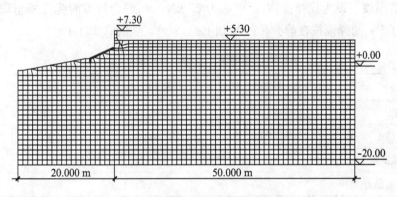

图 2　典型重力式防汛墙计算网格

的两侧边界处各增设一列与边界等高的黏性网格,通过其与静力边界的耦合作用模拟周边外延介质对能量的吸收特性。黏性网格提供的不平衡力直接施加在主网格的边界上,用于吸收地震波保持其不反射性;下部边界输入地震波,考虑上海软土对高频波的滤波作用及对低频波的放大作用,地震波采用以低频为主最大加速度为 0.1 g 的上海人工波[11],如图 3 所示,竖向地震波取为水平向地震波的 1/2。

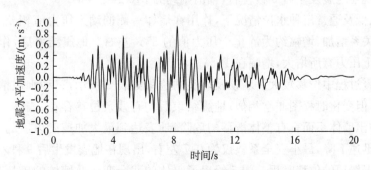

图 3　水平向输入地震波加速度时程曲线

2.3 计算参数

饱和软土可简化为土骨架和孔隙水组成的两相介质,在动荷载作用下孔隙水压力上升,土骨架的有效应力降低,土的性状发生变化,饱和软黏土在动荷载作用下的变形特性十分复杂,特点为在很低的应力水平下即进入弹塑性状态,同时即使在应变趋于零时也存在能量耗散,阻尼比并不趋向于零。基于上海典型软土土层动力试验数据[2,4],拟采用 Davidenkov 模型描述上海软土的非线性动力特性土体材料的动力本构模型,其本构关系为

$$G_d/G_{\max} = 1 - \left[\frac{\left(\frac{|\gamma|}{\gamma_0}\right)^{2B}}{1+\left(\frac{|\gamma|}{\gamma_0}\right)^{2B}}\right]^A \tag{19}$$

$$\lambda/\lambda_{\max} = 1 - G_d/G_{\max}$$

式中 $G_{\max}$,$\lambda_{\max}$——最大动剪模量和最大阻尼比;

γ_0——参考应变;

A,B——回归参数,与土性有关。

重力式防汛墙假设为线弹性体,重度取为 25 kN/m³,静力计算时弹性模量取为 C30 混凝土的弹模 30 GPa,动弹模按在静弹模的基础上提高 30% 赋值取 39 GPa。

表 1　典型防汛墙地基土体的动力特性参数[11]

土层	初始动剪模量/MPa	最大阻尼比	参数 A	参数 B
亚黏土	24.30	0.25	1.26	0.79
灰色亚砂土	27.66	0.26	0.90	0.92
灰色淤泥质亚黏土	29.77	0.24	1.36	0.79
灰色淤泥质黏土	27.20	0.24	1.36	0.78

3　计算结果与分析

地震波在向上传播过程中有明显的放大效应。通常水位下,地表反应加速度的峰值出现在地震发生后 8 秒左右,大小约为 180 gal;但墙体加速度的反应波较土体而言,主频较高,加速度峰值也出现在地震发生后 8 秒左右,幅值则约为 210 gal。

在地震高、低及通常三种水位情况下,作用在墙体一侧的动土压力值相差不大,且均近似随深度呈线性关系增加,增幅约为静止土压力值的 35% 左右。地震结束后,作用在墙体上的土压力较静止土压力有所增大,增幅在 10% 左右。

墙体在地震过程中位移较大。墙顶及墙底的位移如表 2 所示,三种水位情况下墙体的位移量虽然不同,但变化时程图非常相似;地震结束后均有残余位移存在,墙体有绕趾部前倾的趋势;就整个防汛墙体系而言有整体滑移的危险,地表达到最大加速度以后的 1 秒内,防汛墙的整体稳定性迅速下降,最小安全系数仅为 0.7 左右,出现在地震发生后 9 秒左右。图 4 给出通常水位情况下墙顶的位移时程。图 5 给出了墙体的残余变形及墙体的破坏趋势,图 6 给出防汛墙体系最小安全系数的变化时程。

表2　　　　　　　　　　　重力式防汛墙地震动力反应特征位移值

水位	墙顶最大位移/cm	墙顶残余位移/cm	墙底最大位移/cm	墙底残余位移/cm
通常水位	20.83	15.15	11.40	4.80
地震低水位	30.44	22.71	10.89	4.65
地震高水位	15.34	12.56	12.28	5.37

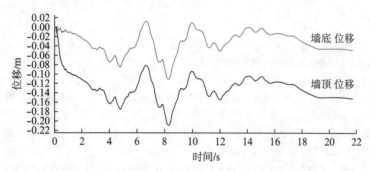

图4　通常水位情况下防汛墙墙体位移时程图(位移以背离河道为正)

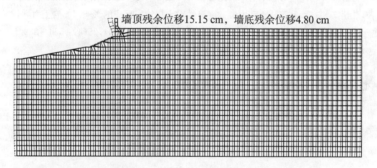

图5　通常水位情况下重力式防汛墙残余变形图(变形放大10倍)

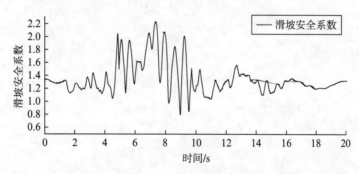

图6　通常水位情况下重力式防汛墙整体稳定安全系数变化时程

由以上分析可以看出,重力式防汛墙的抗震(抗滑移)稳定性明显不符合设防要求,年修时宜在墙趾前贴墙增设板桩将其加固,新建或改建时不宜再采用这类防汛墙。

4　结论

本文考虑了水-土-结构的相互作用,对一典型的重力式防汛墙进行了有效应力数值模拟,得出了以下结论：在地震作用下，墙体会向水体一侧发生较大位移，有前倾的趋势，并会有残余位移出现。在地震过程中，结构体系的整体稳定安全系数随地震加速度（方向指向河体一侧）的增高而减小，但有一定的滞后效应。在地表最大反应加速度过后1秒内，整体稳定安全系数降到最低，不足1，结构有发生整体滑移的危险。在不同水位的情况下，墙体的地震反应有较大的不同，这主要体现在墙体的位移量和整体稳定安全系数上。从结果来看，当河床处于高水位运行时，防汛墙的抗震稳定性比通常水位和低水位情况高。

参考文献

[1] 徐永林,熊里军. 上海地表软土层、细砂层的地震波反应[J]. 中国地震,2003(1)：84-88.
[2] 杨超,杨林德,季倩倩. 软黏土在循环荷载作用下动力本构模型的研究[J]. 岩土力学,2006(4)：609-614.
[3] 杨林德,杨超. 地铁车站的振动台试验与地震响应的计算方法[J]. 同济大学学报(自然科学版),2003(10)：1135-1140.
[4] L D Yang, G B Wang, et al. A Study on the Dynamic Properties of Soft Soil in Shangha[J]. Soil and Rock Behavior and Modeling (GSP 150) 194,62(2006)：466-473.
[5] 黄雨,周红波. 上海软土的动力计算模型[J]. 同济大学学报(自然科学版),2000,28(3)：359-363.
[6] 黄雨,叶为民,唐益群,陈天聆. 上海软土场地的地震反应特征分析[J]. 地下空间与工程学报,2005(5)：773-777.
[7] 楼梦麟,严国香,沈建文,文峰. 上海软土动力参数变异性对土层地震反应的影响[J]. 岩土力学,2004,25：1368-1372.
[8] 周健,董鹏,池永. 软土地下结构的地震土压力分析研究[J]. 岩土力学,2004,25(4)：554-559.
[9] EQE Summary Report[R]. The January 17, 1995 Kobe Earthquake, 1995(4).
[10] R W Clough, J Penzien, Dynamics of structures[M]. McGraw-Hill Inc. 1975.
[11] 祝龙根,杨林德. 上海地铁区间隧道地基土动力性质试验研究[R]. 项目研究分报告,2000.

5级人防口部粘钢封堵接头抗爆试验研究*

吴志平[1] 杨林德[2]

(1. 上海应用技术学院土木工程系,上海市漕宝路120号 200233;
2. 同济大学地下建筑与工程系,上海市四平路1239号 200092)

摘要 本文通过粘钢实现一典型汽车库人防口部封堵的设计方案,并用有限元分析软件对其进行三维有限元动力数值分析,并对原设计方案进行相似设计后,对粘钢接头结构试验模型在核爆炸压力模拟器中进行模爆试验,得到沿竖向支座钢板的位移和应变时程曲线,并和有限元数值解进行了对比,其结果均较吻合,通过沿竖向支座钢板的应变分布规律得到钢板-混凝土界面之间的粘结应力;验证了粘钢接头结构在5级人防爆炸冲击波下可安全使用,说明了设计模型在5级人防爆炸冲击波下是实用的,由此论证这类技术用于平战功能转换的可能性和优越性。研究成果不仅具有学术价值,而且有应用前景。

关键词 人防口部;功能转换;粘钢;爆炸荷载;冲击波;界面应力分布

The Anti-Blast Experimental Study on the Grade-5 Gateway of Defence Structur Closed up by Strengthened with Steel Plate

WU Zhiping[1] Yang Linde[2]

(1. Department of Civil Engineering, Shanghai Institute of Technology 200233, China;
2. Department of Geotechnical Engineering, Tongji University, Shanghai 200092, China)

Abstract By similar design to the joint structure of bonded steel plate to carry out a on-site test in the nuclear blast pressure imitate container, three dimensional FEM is adapted to a gateway of defense structure of a typical garage closed up by steel plates, obtaining the displacement and strain to move in response to the timing of nodesof vertical abutment steel plate, and the numerical results agree with the analytical results with reasonable reliability. And by way of the strain distribute regularity to obtain steel plate-concrete interface cohesive stress distribute. Proving the joint structure of bonded steel plate can be safely used, and explained design model is practical when suffered grade 5 civil air defensive blast shock wave, In the meantime, the method is proved to be possible and optimal for functional transformation from peacetime to wartime.

Keywords grade-5 civil air defense; the gateway of defense structure; steel reinforced plates; explode load; shock wave; interface stress distribute

---

* 爆炸与冲击(CN:51-1148/O3)2008年收录

1 引言

目前许多已建和在建的地下工程,如地下铁道、地下商业街、地下汽车库等,由于平时使用的要求,不得不使口部尺寸开得较大,为保证临战前地下工程迅速转换为等级人防工事,在平时的设计和施工阶段,必须做好出入口的转换设计。口部转换设计主要有口部的快速封堵技术和口部的预留技术。设计性能可靠、施作方便的连接与固定节点构造与工艺将使功能转换易于实现。鉴于粘钢加固技术在加固补强工程中已显示具有多种优越性,且已广泛应用于承受静载结构构件的加固,以及对在冲击动载作用下结构构件的加固也已有一些试验和理论分析结果,因而将其用于加强承受核爆冲击荷载作用的结构亦将具有可行性。本项研究将其用于形成出入口封堵、预留构件与原有构件的连接节点,并提出了通过粘钢实现出入口封堵的设计方案,采用这类技术形成的功能转换方案具有高速、高强、施工方便灵活、综合经济效益好等优点。故将有较好的发展前途.[4-16]

试验模型由一块水平钢板和两块竖向支座钢板组成的承载构件,通过结构胶和混凝土墙粘接连接,其中水平钢板长 0.8 m,宽 0.3 m,厚 10 mm,竖向支座钢板均长 0.8 m,高 0.18 m,厚 10 mm,混凝土墙均长 0.8 m,高 0.8 m,厚 0.1 m。模型放入半径为 0.6 m 的核爆炸压力模拟器中,模型和模拟器之间以黄沙充填,如图 1 和图 2 所示。

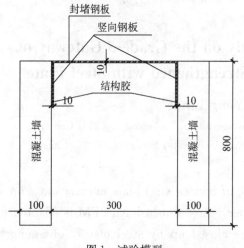

图 1 试验模型
Fig. 1 Experimental model

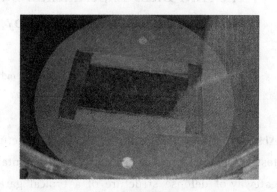

图 2 试验模爆器
Fig. 2 Experimental explosive simulator

2 材料

模型中的粘接胶强度试验采用双面搭接结构,试件如图 3 所示,试件共 3 个,钢板和粘结剂材料均为模型材料。粘钢压缩剪切试验结果如表 1 所示。

表 1 粘钢压缩剪切试验结果
Table 1 Glue the steel compress and sheartest result

试件	1	2	3
最大负荷/kN	15.47	16.63	21.11

(续表)

试件	1	2	3
压剪强度/MPa	12.89	13.86	17.59
平均压剪强度/MPa		14.78	

混凝土墙 C30,配筋如图 4 所示；试件混凝土弹模和抗压强度如表 2 所示。

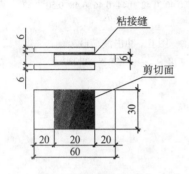
图 3 试验形状和尺寸
Fig. 3 Experimental shape and magnitude

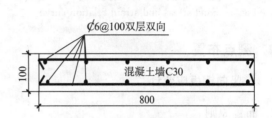
图 4 混凝土墙配筋图
Fig. 4 Concrete wall disposed reinforcing steel diagram

表 2　　　　　　　　　试件混凝土弹模和抗压强度
Table 2　　　　　　　Concreteelasticmodules and compression strength

混凝土强度等级	浇筑日期	试验时间	试块尺寸/(mm×mm×mm)	弹性模量/MPaa	实际立方体抗压强度/MPa	
					单块	平均
C30	2006-03-11	2006-05-09	150×150×150	3.086×10^{10}	34.4 33.7 35.4	34.5

试件砂的物理力学参数如表 3 所示,砂的应力、应变关系曲线如图 5 所示。

表 3　　　　　　　　　试件砂的物理力学参数
Table 3　　　　　　　Sandphysical mechanicsparameter

材料	弹性模量/(MPa)	容重/(g·cm^{-3})	干容重/(g·cm^{-3})	含水率
细砂	88.9×10^6	1.392	1.383	1%

3　爆炸荷载

(1) 假定爆炸荷载产生的压力能同时均匀地作用在封堵钢板上。

(2) 试验中共布置了 2 个压力空压传感器,如图 5 中细砂中白色的两点,在试验中有一个通道数据异常,另一个获得了可靠的数据。依据试验结果,可得到各测点在不同的加载工况下的空气压力反应时程图。根据布置的空压传感器得到 5 级人防爆炸冲击波型的压力波形如图 6 所示。

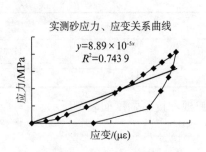

图 5　砂的应力、应变关系曲

Fig. 5　Sand stress and strain relation curve

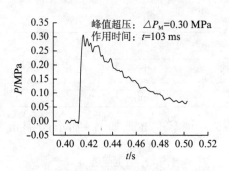

图 6　冲击波荷载

Fig. 6　Impact waveload

4　测点布置

4.1　竖向钢板应变计

1. 布置原则

量测元件拟布置在靠中间部位以避免边界效应以及其响应变化量较大的部位。

2. 布置位置

布置位置见图 7 和图 8,相邻的两排最上部的应变计纵向间距为 15 mm,其余间距为 45 mm,横向间距为 50 mm。量程为 $0\sim 1\,000\,\mu\varepsilon$。

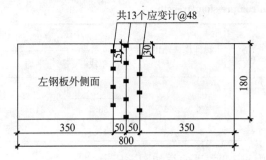

图 7　左侧竖向钢板应变计布置图

Fig. 7　The strain gauge arrangement on the left side part vertical steel plate

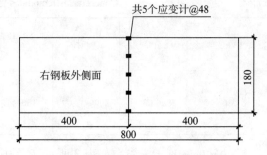

图 8　右侧竖向钢板应变计布置图

Fig. 8　The strain gauge arrangement on the right side part vertical steel plate

4.2　封堵钢板位移计

封堵钢板位移响应的观测位移计:量程在 0.01～5 mm 范围,布置见图 9。

4.3　数据采集系统

应具备自动采集功能,类型待定。空压传感器通道数 2 个,应变计通道数 18 个左右,位移计通道数 4 个,总计约 24 个通道。

5　5 级人防爆炸冲击波的试验成果

5 级人防爆炸试验结束后,将过渡段内的栅板打开后看到结构模型如图 10 所示,用放大镜进行了观察,发现沿混凝土-粘结胶界面一条细小的裂缝,约 30 cm 长,在图示 0～6 之间,经过对混凝土表面凿毛后检测未见裂缝沿深度方向发展,如图 11(a)和 11(b)所示。可见粘钢接头结构在 5 级人防爆炸冲击波下可安全使用。

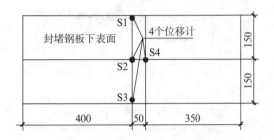

图 9　封堵钢板位移计布置图
Fig. 9　The displacement gauge arrangement on the block up steel plate

图 10　5 级人防爆炸冲击波下结束后的粘钢接头结构
Fig. 10　The join structure reinforced by steel plate under the grade-5 impact waveload

(a)混凝土表面凿毛后数字 1～3 之间
(a) Spud out concrete surfaces between 1～3

(b)混凝土表面凿毛后 5～6 之间
(b) Spud out concrete surfaces between 5～6

图 11　凿毛后混凝土表面
Fig. 11　Concrete surfaces after treatment

5.1　封堵钢板位移响应

封堵钢板跨中和支座位移响应分别如图 12 和图 13 所示,试验跨中的最大位移发生在 0.419 秒时,最大峰值位移为 4.37 mm,有限元计算结果跨中的最大位移发生在 0.416 秒时,最大峰值位移为 3.7 mm,达到峰值后试验值比有限元值衰减速度要快。试验支座的最大位移发生在 0.416 s 时,最大峰值位移为 1.90 mm,有限元计算结果支座的最大位移发生在 0.425 s 时,最大峰值位移为 1.59 mm,达到峰值后试验值比有限元值衰减速度要快。

5.2　竖向钢板应变响应

沿竖向钢板布置的各测点的应变时程曲线分别如图 14—图 18 所示,试验最大应变峰值在竖向钢板的上端,左侧钢板最大应变发生在 0.415 s 时,为 404 $\mu\varepsilon$,右侧钢板最大应变发生在 0.415 s 时,为 512 $\mu\varepsilon$,有限元计算结果最大应变发生在 0.415 s 时,为 348 $\mu\varepsilon$。

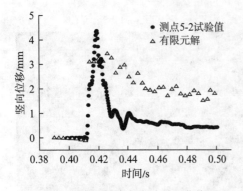

图 12 封堵钢板跨中位移时程曲线图
Fig. 12 A medium node of sealing and blocking up steel plate to move in response to the timing

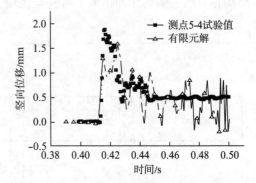

图 13 封堵钢板支座位移时程曲线图
Fig. 13 An abutment node of sealing and blocking up steel plate to move in response to the timing

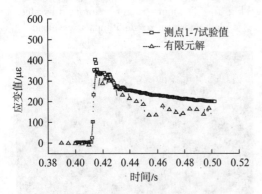

图 14 左侧竖向钢板离上端 15 mm 处节点应变时程曲线图
Fig. 14 The straincurve in response to the timing of a node of 15 mm deviate from the upper end on the left side vertical steel plate

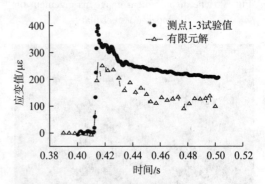

图 15 左侧竖向钢板离上端 18 mm 处节点应变时程曲线图
Fig. 15 The straincurve in response to the timing of a node of 18 mm deviate from the upper end on the left side vertical steel plate

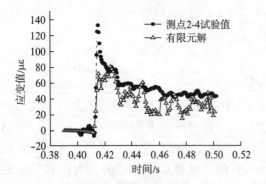

图 16 左侧竖向钢板离上端 30 mm 处节点应变时程曲线图
Fig. 16 The straincurve in response to the timing of a node of 30 mm deviate from the upper end on the left side vertical steel plate

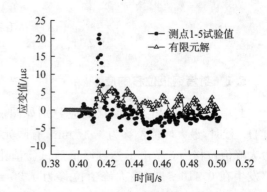

图 17 左侧竖向钢板离上端 100 mm 处节点应变时程曲线图
Fig. 17 The straincurve in response to the timing of a node of 100 mm deviate from the upper end on the left side vertical steel plate

6 5级人防爆炸冲击波的试验成果分析

6.1 竖向钢板最大应变分布

根据前面分析,竖向钢板最大应变发生在 0.415 s 时,因此可得到 0.415 s 时沿竖向钢板的最大应变分布如图 19 所示,有限元有限元计算结果最大应变为 348 $\mu\varepsilon$,左侧钢板最大应变为 404 $\mu\varepsilon$,右侧钢板最大应变为 512 $\mu\varepsilon$,有限元结果比左侧试验值偏小 16%,比右侧试验值偏小 47%,其他离上端距离较远位置教吻合。

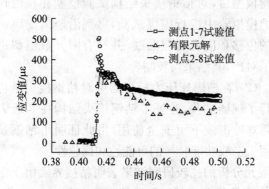 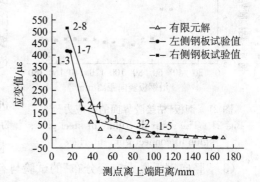

图 18 右侧竖向钢板离上端 15 mm 处节点应变时程曲线图

Fig. 18 The straincurve in response to the timing of a node of 15 mm deviate from the upper end on the right side vertical steel plate

图 19 0.415 s 时沿竖向钢板的最大应变分布图

Fig. 19 The strain distribute follow the vertical steel plate at the time of 0.415 s

6.2 竖向钢板-粘接胶界面剪应力分布

对于沿钢板竖向截取的任意一微段 Δx 而言,如图 20 所示,根据截面的平衡关系式可以得到

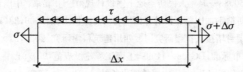

图 20 任意微分段 Δx 上的应力分布

Fig. 20 The stress distribute of arbitrarily differential calculus segment

$$\tau b \mathrm{d}x + \sigma b t = (\sigma + \mathrm{d}\sigma)bt \tag{1}$$

$$\sigma = E\varepsilon \tag{2}$$

式中 τ——钢板-粘接胶界面剪应力;
σ——钢板竖向正应力;
E——钢板弹性模量;
ε——钢板竖向正应变;
t——钢板厚度;
b——钢板宽度。

由式 1 和式 2 可求得

$$\tau = tE \frac{d\varepsilon}{dx} \tag{3}$$

由式(3)可求得钢板-粘接胶界面的剪应力分布如图 21 所示。

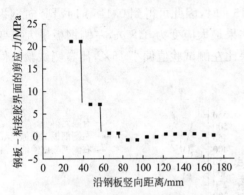

图 21 钢板-粘接胶界面的剪应力分布
Fig. 21 The shear distribute of steel plates glue to connect gum interface

7 结论

(1) 通过对原设计方案进行相似设计得到了试验模型后,对粘钢接头结构试验模型在核爆炸压力模拟器中进行模爆试验,得到沿竖向支座钢板的位移和应变时程曲线,并和有限元数值解进行了对比,其结果均较吻合。

(2) 在核爆炸压力模拟器中对粘钢接头结构进行了现场试验,验证了粘钢接头结构在 5 级人防爆炸冲击波下可安全使用,由此证明了粘钢技术用于平战功能转换的可能性和优越性。

(3) "竖向钢板最大应变分布"的试验与有限元分析的比较研究结果表明粘接界面由于钢板端部形状变化而在钢板端部附近产生应力集中现象是造成粘接裂缝的主要原因。

参考文献

[1] 总参工程兵部科研三所. 同济大学,山东省人防办,人防工程口部预留技术研究[M]. 1991.
[2] 总参工程兵部人防办公室. 人防工程口部平战功能转换建筑结构设计参考图集[M]. 1992.
[3] 人民防空工程结构设计手册编写组. 人民防空工程结构设计手册[M]. 国家人防办编写.
[4] 张庆贺,范建奎. 人防工程口部平战功能转换技术[J]. 地下空间,1990,10(4).
[5] 马险峰,杨林德. 普通地下室平战功能转换的研究[J]. 地下空间,95,4.
[6] 中华人民共和国建设部. GB 50038—94 人民防空地下室设计规范[S]. 北京:中国计划出版社,1994.
[7] 吴志平,杨林德. 接触单元分析粘钢加固梁和板的界面应力[J]. 防护工程,2006,28(1):25-28.
[8] 吴志平,杨林德. 人防口部粘钢封堵接头抗爆研究[J]. 四川建筑科学研究,2007,2.
[9] 地基基础设计规范[M]. 上海市标准,DGJ08—11999,上海工程建设规范,90-91.
[10] Szilard R(美国). 板的理论和分析[M]. 北京中国铁道出版社,1984,510-530.
[11] 清华大学. 地下防护结构[M]. 北京:中国建筑工业出版社,1982.
[12] 中华人民共和国建设部. GB 500038—2003 人民防空地下室设计规范[S]. 北京:中国计划出版社,2003.
[13] 郑永来. 材料动力特性研究—混凝土和岩土类材料动态特性研究[D]. 南京:河海大学博士学位论文,1997.
[14] 亨利奇. 爆炸动力学及其应用[M]. 北京:科学出版社,1987.
[15] 贺虎成,唐德高. 爆炸冲击波作用下碳纤维布加固构件抗弯特性研究[J]. 解放军理工大学学报,2002,06,68-73.
[16] 柳锦春,方秦. 爆炸荷载作用下内衬钢板的混凝土组合结构的局部效应分析[J]. 兵工学报,2004,25(1),773-776.

Ⅲ 地下结构设计计算理论
地下结构耐久性研究

越江盾构隧道防水密封垫应力松弛试验研究*

伍振志[1,2]　杨林德[1]　季倩倩[3]　戴　胜[1]　莫一亭[1]

(1. 同济大学地下建筑与工程系,上海　200092；2. 上海隧道工程股份有限公司,上海　200092；
3. 上海长江隧桥建设发展有限公司,上海　201209)

摘要　分析了越江盾构隧道接缝防水密封垫止水机理及耐久性失效成因,基于橡胶接触应力松弛的经时老化模型,针对上海长江隧道三元乙丙弹性密封垫开展了加速热氧老化试验,研究了其接触应力松弛行为,预测了密封垫作为防水材料的使用寿命。
关键词　越江盾构隧道；防水密封垫；热氧老化；应力松弛；经时老化模型

Experimental Study on Stress Relaxation of Waterproof Gasket of River-Crossing Shield Tunnel

WU Zhenzhi[1,2]　YANG Linde[1]　JI Qianqian[3]　DAI Sheng[1]　MO Yiting[1]

(1. Department of Geotechnical engineering, Tongji University, Shanghai 200092, China；
2. Shanghai Tunnel Engineering Co. Ltd, Shanghai 200092, China；
3. Shanghai Yangzi River Tunnel and Bridge Construction and Development Limited Corporation, Shanghai 210209, China)

Abstract　Based on an analysis of the waterproof mechanism and cause of durability failure, a time-dependent aging model concerning the contact stress relaxation of waterproof material was developed and accelerated thermal oxidization test on the ethylene–propylene–diene monomer (EPDM) gasket employed in Shanghai Yangtze river tunnel was conducted. The behavior of contact stress relaxation of gasket was studied and its service life as a waterproof material was predicted.

Keywords　river-crossing shield tunnel; waterproof gasket; thermal oxidization; stress relaxation; time-dependent aging model

1　引言

盾构法隧道的防水不仅关系到隧道使用功能的正常发挥,而且会导致城市地表沉降等环

---
*建筑材料学报(CN:31-1764/TU)2009年收录

境岩土问题[1],甚至会加速管片混凝土钢筋的锈蚀[2]。由于盾构法隧道采用拼装式衬砌,衬砌接缝防水成为隧道防水的重点。对越江盾构隧道,由于衬砌管片受高水压作用,确保接缝防水材料防水性能的耐久性至关重要。

迄今,针对盾构隧道防水材料耐久性的已有一些研究成果,但大多以拉伸力学指标来评价防水材料的耐久性。如文献[3-4]以硬度、伸长率、拉伸强度等指标来评价防水材料的耐久性;文献[5-6]则通过测定自然暴露、人工加速老化后,防水材料的硬度及拉伸力学指标的衰减来评价防水材料的耐久性。

笔者认为,根据接缝防水材料在工作状态下的力学状况及其防水机理,采用扯断强度、扯断延伸率等指标来反映橡胶的耐久性尚有待商榷。从密封垫的防水机理来看,通过研究其接触应力松弛行为的时变特性来评价其防水性能的耐久性及预测其作为防水材料的使用寿命更为合理。

鉴于以上分析,论文拟对盾构隧道接缝防水密封垫止水机理及耐久性失效成因进行探讨,并基于橡胶接触应力松弛的时变模型,针对上海长江隧道三元乙丙接缝防水密封垫开展热氧老化加速试验,研究其接触应力松弛行为,并据以预测其作为防水材料的使用寿命。

2 接触应力松弛时变模型

根据密封垫的静态密封原理,密封垫在工作状态下的材料性能类似于高黏体系,它具有把压力传递到接触面的特性。橡胶密封垫受到一定的压力时,会对接触面产生接触应力 σ,当接触应力与水压 P_w 满足(1)式时,可认为密封垫密封完好[7]。

$$\sigma \geqslant m \cdot P_w \tag{1}$$

式(1)中:m 为防水密封垫系数,与防水密封垫的材质、形状、耦合面表面状况有关。

一般评价橡胶材料的耐久性可考虑以下几方面因素[8]:耐候性;耐热性;耐气体性、耐臭氧性;耐化学性(酸、碱、盐);耐生物性(微生物);耐磨耗;耐动力疲劳性;耐干湿疲劳性;耐水性、耐湿性;耐蠕变性、耐应力松弛性。显然采用所有这些指标来评价防水密封材料的耐久性是不现实的,根据隧道内的使用环境,橡胶密封垫在使用过程中所发生的老化主要是热氧老化,同时受机械应力和地下水、霉菌等的作用[9]。橡胶受力主要是以压应力为主,因此从衡量耐久性指标的止水功能着眼,以长期的接触面应力的变化来判断管片接缝防水密封材料的耐久性最为合理和适用。

密封垫在长期受压应力作用下,会产生应力松弛老化现象,从而使密封垫防水能力下降。所谓应力松弛是指在固定的温度和形变下,材料内部的应力随时间增加而逐渐衰减的现象,其动力学曲线可用下式描述[10]:

$$f(P) = B \cdot \exp(-kt^\alpha) \tag{2}$$

式(2)中:$f(P)$ 为任意时刻 t 性能 P_t 与初始性能 P_0 的比值,即 $f(P)=P_t/P_0$;B,α 为与温度 T 无关的常数;k 为与温度 T 有关的速度常数

$$k = A \cdot \exp(-E/RT) \tag{3}$$

式中　A——碰撞因子;

E——老化过程的表观活化能;

R——气体常数;

T——老化温度,K。

将(3)式代入式(2)可得

$$f(P) = B/10^x \tag{4}$$

式(4)中：$x = 10^{(B_0 + B_1/T + B_2 \lg t)}$，$B_0 = \lg \dfrac{A}{2.303}$；$B_1 = \dfrac{E}{2.303R}$；$B_2 = \alpha$。

式(4)即为橡胶接触应力松弛的经时老化模型。可见，橡胶的接触应力性能会随老化温度的升高而加速降低。因此，可用短期高温作用来模拟橡胶在长期环境温度下的老化过程。

3 密封垫应力松弛试验研究

3.1 试验目的

上海长江隧道接缝防水采用的是三元乙丙橡胶和遇水膨胀橡胶两道防水体系，如图1所示。其中起主要防水作用的是三元乙丙弹性密封垫，遇水膨胀橡胶主要起阻隔污泥的作用。

本次试验拟通过热氧老化加速试验，模拟上海长江隧道主要防水材料——三元乙丙弹性密封垫接触应力（压应力）松弛规律，预测其用作防水材料时的使用寿命。

3.2 试验材料及装置

3.2.1 试验材料

本次试验采用的密封垫为上海长江隧道采用的谢斯菲尔德型三元乙丙弹性密封垫（图2）。由于上海长江隧道接缝防水采用了2条密封垫，考虑到对称性，为节省试验材料，本次试验拟取单条密封垫作为试件。因此，试验中接触应力值为实际情况下，隧道接缝位移（为试验接缝位移的2倍）所对应的接触应力。

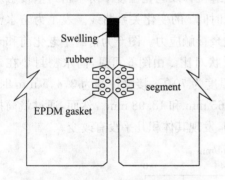
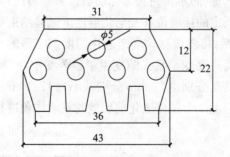

图1 上海长江隧道衬砌防接缝防水系统 　　图2 三元乙丙弹性密封垫截面尺寸（单位：mm）
Fig. 1 Sketch map of waterproof system　　Fig. 2 Sectional dimension of EPDM gasket

3.2.2 试验仪器和装置

试验的主要仪器和装置包括：

(1) 夹具。由上下盖板、螺母及螺栓组成（图3），其中下盖板开有凹槽，用于模拟管片密封槽对密封垫的侧限作用，通过螺栓紧固上下盖板，以提供管片对防水橡胶的压缩作用，接缝位移大小通过上下盖板之间插入定制的钢垫片来控制，垫片厚度即为接缝缝隙。

(2) 电热恒温鼓风干燥箱。采用上虞市路通有限公司生产的101-A型鼓风干燥箱（温度波动度≤±0.5℃，温度均匀度≤±2%），用于模拟密封垫热氧老化环境。

(3) CMT6104型微机控制万能试验机。该仪器可以采用微机控制加载方式和自动采集测试数据，用于测定试件在不同接缝位移条件下的接触应力。

图 3 夹具装置
Fig. 3 Clamping for confining and compressing gasket

3.2.3 试验内容及步骤

本项试验拟研究三元乙丙密封垫在热氧气老化(老化温度 70 ℃、90 ℃和 110 ℃)及不同接缝位移(Joint open displacement,简称 Jod)条件下的接触应力松弛规律。试验步骤如下：

(1) 试验时先将密封垫试件置于夹具中,并采用紧固螺栓固定,拧紧螺栓使上下盖板之间的接缝位移达到设计缝宽,为精确控制接缝位移,在上下盖板之间插入与设计缝宽等厚的钢板垫片。

(2) 将试件压缩至设计接缝位移后放入烘箱中,在设定的温度下进行热氧老化。

(3) 将老化至预定时间的试件取出,松开螺栓,采用万能试验机上测定试件在既定缝宽下(采用上下盖板之间的钢垫片控制)的接触应力。测试时,万能试验机缓慢加载,加载速度为 0.5 mm/min。

每种工况拟开展 2 组试验,以 2 组数据的平均值作为试验结果。若 2 组数据差别较大,则加做第 3 组,并以其中最接近的 2 组数据的均值作为试验结果。

3.3 试验结果及分析

图 4 为密封垫在老化前压缩曲线。图 5 为不同接缝位移及老化温度下防水密封垫接触应力性能 σ/σ_0(防水密封垫老化前后接触应力比)随老化时间 t 的变化关系曲线。表 1 为防水密封垫在既定的接缝位移及老化温度下试验结束后的残余接触应力。图 6 为密封垫老化前和老化 15 d 后(接缝位移 3 mm,老化温度 70 ℃)的截面形状对比。由图 6 可见,防水密封垫在老化后截面高度变小且孔隙发生了显著变形。当老化温度为 70 ℃,接缝位移为 3,4,5 mm 时,密封垫高度分别由 22 mm 分别减小为 17.10 mm、18.65 mm 和 18.98 mm。然而,通过量筒排水法对以上 3 个试件老化前后橡胶基质体积进行量测,发现其体积几乎没有改变。

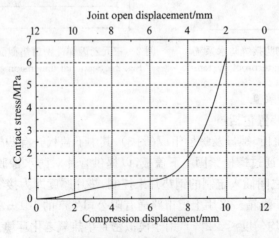

图 4 密封垫老化前压缩曲线
Fig. 4 Compression curve of gasket before aging

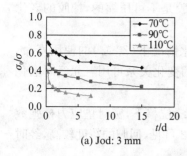 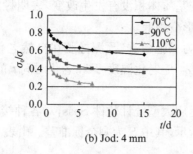 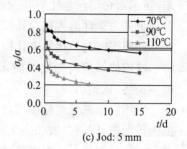

(a) Jod: 3 mm　　　　(b) Jod: 4 mm　　　　(c) Jod: 5 mm

图 5　σ_t/σ_0 与老化时间的关系曲线

Fig. 5　σ_t/σ_0 vs aging time

表 1　　　　　　　　　　防水密封垫老化后残余接触应力

Table 1　　　　　　　　Residual contact stress of elastic gasket after aging

residual stress/MPa	joint open displacement/m	aging temperature/℃	aging time/d
1.488	3		
0.993	4	70	15
0.565	5		
0.754	3		
0.630	4	90	15
0.341	5		
0.409	3		
0.378	4	110	7
0.214	5		

由图 4 可见,密封垫的接触应力会随压缩量的增加而增大,当压缩量较小时,接触应力与压缩量近似呈线性关系,当压缩量达到某一值时,压缩曲线上会出现一个明显的拐点,其后随压缩量的增加,接触应力增量加大,并出现急剧增长的趋势,显示出明显的应变硬化规律。夹具接缝位移为 3、4、5 mm 时,对应的接触应力分别为 3.382 Mpa、1.764 Mpa、0.999 Mpa。

由图 5(a)～(c)可知,各种工况下,老化初期,防水密封垫的初始接触应力松弛较快,其后松弛速率逐渐降低并呈收敛趋势;对既定的接缝位移,应

图 6　密封垫老化前后截面形状对比

Fig. 6　Sectional shape comparison before and after aging

力松弛速率随老化温度的升高而增大。但是,在老化温度和老化时间相同的条件下,防水密封垫老化后的残余应力会随接缝位移的减小而增大(表 1)。因此,适当减小管片接缝位移,可延长密封垫作为防水材料的使用寿命。

防水密封垫在老化后高度变小且孔隙形状变化显著(图 6),表明橡胶在老化后产生了不可恢复变形(塑性变形)。通过对比 3 种接缝位移条件下弹性密封垫老化后的高度可见,在老化温度和老化时间相同的条件下,接缝位移越小,压缩应力越大,橡胶的塑性变形也越大。但

是,防水密封垫在老化后其橡胶基质体积没有发生改变,表明橡胶是不可压缩的,橡胶的老化仅是由其力学性能劣化及孔隙形变引起。

现根据密封垫热氧老化应力松弛数据,预测橡胶在自然老化情况下(20 ℃)的使用寿命。防水橡胶接触应力老化性能 σ/σ_0 随老化温度 T 和老化时间 t 的变化关系可用三元经时老化模型描述,见式(4)。

采用以上三元老化模型,运用大型统计软件 Spss,对各种接缝位移下,密封垫应力松弛数据进行回归,回归参数如表2所示,其中 S 为剩余标准差。由表2可见,回归的精度较高,经时老化模型具有较好的参考价值。

表2 三元老化模型回归参数
Table 2 Regression parameter of time-depedent model

joint open displacement/mm	B	B_0	B_1	B_2	S
3	1.06	3.873	−1 548.732	0.189	0.037
4	1.21	3.113	−1 296.176	0.161	0.013
5	1.36	3.117	−128.237	0.167	0.029

假定密封垫在自然老化情况下的环境温度为 20 ℃(293 K),用式(4)计算可得接缝位移为 3,4,5 mm 时(对应实际隧道管片接缝位移分别为 6,8,10 mm),三元乙丙密封垫使用 100 a 后的接触应力松弛系数分别为 0.565 6、0.656 9 和 0.679 8,其对应的接触应力分别为 1.913、1.159 和 0.679 MPa。

4 上海长江隧道防水材料的耐久性

上海长江隧道管片接缝位移一般不超过 10 mm(对应于试验中接缝位移 5 mm),根据以上试验结果,在该接缝位移下,上海长江隧道三元乙丙橡胶密封垫在自然热氧老化 100 a 后,接触应力为 0.679 MPa。而隧道上方江水及覆土深度总和不超过 50 m,考虑到土层对水头的折减作用,管片迎水土面水压(不超过 0.5 MPa)应小于橡胶密封垫老化 100 a 后的接触应力。因此,在仅考虑热氧老化影响,上海长江隧道三元乙丙弹性密封垫能满足 100 a 的使用寿命要求。

5 结语

(1) 从盾构隧道管片接缝防水密封垫的受力状况及防水机理着眼,以接触应力松弛的时变特性来表征其防水性能的耐久性最为合理和适用。

(2) 各种工况下防水密封垫的初始接触应力松弛速率较大,其后松弛速率逐渐降低并呈收敛趋势;对既定的接缝位移,应力松弛速率随老化温度的升高而增大;在老化温度和老化时间相同的条件下,密封垫老化后的残余应力会随压缩量的增加而增大。因此,适当减小管片接缝位移,可增加密封垫作为防水材料的使用寿命。

(3) 密封垫在老化后其橡胶基质体积没有发生改变,表明橡胶是不可压缩的,橡胶的老化仅是由其力学性能劣化及孔隙形变引起。

(4) 三元经时老化模型能较好地反映防水密封垫的老化规律,回归的精度较高,具有较好的参考价值。

（5）在仅考虑热氧老化环境影响的情况下，上海长江隧道三元乙丙橡胶密封垫能满足100 a的使用寿命要求。

参考文献

[1] 郑永来,李美利,王明洋,等.软土隧道渗漏对隧道及地面沉降影响研究[J].岩土工程报,2005,27(2)：243-247.
[2] 伍振志.越江盾构隧道耐久性若干关键问题研究[D].上海：同济大学,2007.
[3] 中国建筑工程总公司.地下防水工程施工质量标准[S].北京：中国建筑工业出版社,2007.
[4] Herbert S, Andreas T W. Influence of heat ageing on one-part construction silicone sealants[M]. ASTM Special Technical Publication, 1990(1069)：193-208.
[5] 邓超,丁苏华,李谷云,等.防水密封材料耐久性研究[J].中国建筑防水材料,1995(1)：9-16.
[6] 李海燕,赵淑琴,徐上,等.膨胀橡胶在秦岭隧道的防水应用研究[J].中国铁道科学,2001,22(4)：69-73.
[7] 樊庆功,方卫民,苏许斌.盾构隧道遇水膨胀橡胶密封垫止水性能试验研究[J].地下空间,2002,22(4)：335-338.
[8] 黄慷.水底盾构隧道结构的耐久性及其可靠度设计的理论方法[D].上海：同济大学,2004.
[9] 李咏今.隧道拼装式衬砌橡胶密封垫使用期的预测[J].现代隧道技术,2002(增刊)：482-486.
[10] 李咏今.动力学曲线拟合的经验公式及其参数估计的计算机方法[J].橡胶工业,1991,38(11)：680-685.

地下结构混凝土渗透特性试验研究*

陈 聪[1,2]　杨林德[1]

(1. 同济大学地下建筑与工程系，上海　200092；2. 武汉地铁集团有限公司，武汉　430030)

摘要　根据地下结构承受水压及构件存在裂缝的情况，采用自制混凝土试块模具、自制可控开裂混凝土装置、自制可控压力水头装置、裂缝测宽仪组成的试验系统，在不同水压、氯离子浓度、裂缝宽度以及浸泡时间等工况下进行了开裂混凝土渗透特性试验。试验结果表明：当其他试验条件相同时，压力水头下与自然浸泡状态下的氯离子运移规律有明显的差异，压力水头作用下混凝土各层自由氯离子含量均有明显的提高；存在控制氯离子浸泡溶液运移的裂缝宽度阈值，且该阈值不受水头压力大小的影响。该试验方法可作为同类研究的借鉴和参考。

关键词　地下结构；渗透特性；开裂；水压力；试验研究

Experimental Research on Concrete Permeability of Underground Structure

Chen Cong[1,2]　Yang Linde[1]

(1. Department of Geotechnical Engineering, Tongji University, Shanghai 200092, China;
2. Wuhan Metro Group Co., Ltd., Wuhan 430030, China)

Abstract　In accordance with bearing water pressure and cracking, using test system made up by self-made concrete sample mould, self-made controlled cracking device, self-made controlled water pressure device, and crack width measuring instrument, experiments for permeability of cracked concrete are carried out under the conditions of different water pressures, concentrations of chloride ion, crack widths and soaking times. The experiment results show that chloride ion content of concrete increases significantly with the increasing of water pressure when the other experimental conditions are same; and the migration laws are different; and crack width thresh old which is independent of water pressure controls the migration of chloride ion. This method can provide a reference for similar study.

Keywords　underground structure; permeability; cracking; water pressure; experimental research

1　引言

氯离子向混凝土内部运移是一个复杂的过程，包括渗透作用、扩散作用、吸附作用以及热、电

---

* 岩土力学(CN：42-1199/O3)2011 年收录

迁移等。对于地下结构，因其埋置于水、土环境中，结构受到压力水头的作用，研究氯离子向地下结构混凝土内部的运移过程需考虑压力水头的影响，因此，使氯离子运移过程的研究更为复杂。

近代科学关于混凝土强度的细观研究以及大量工程实践所提供的经验都说明，混凝土结构出现裂缝是不可避免的。对于地下结构，笔者对盾构隧道进行的调查表明，管片同样存在裂缝。混凝土中的裂缝常常相互联通，由此增加了混凝土的渗透性。而渗透性的增加又将使更多的水分、氧气和氯离子进入混凝土，使其进一步劣化。这类交替过程可加快混凝土结构的劣化，因而了解混凝土裂缝与渗透特性的关系尤为必要。

目前，已有一些快速评价混凝土抗渗性的试验方法，但还没有一种方法可以用来评价混凝土对任意介质的抗渗性[1]。在近20年里，学者们提出了许多试验方法，大量文献[2-9]对渗透性试验的方法、原理、使用范围以及评价方法等作出了研究，各国也制定了相关试验标准。作者拟采用非稳态扩散法，主要基于以下3点考虑：① 相对于其他试验方法，非稳态扩散法具有较高精确性，能够满足科学研究的需要；② 非稳态扩散法最接近氯离子在混凝土内扩散、渗透的真实情况，且与实际使用环境下氯离子的渗透性有较好的相关关系；③ 本项试验采用自制设备试验，非稳态扩散法借助自然浸泡，试块在自然浸泡过程中能够方便地使用研制的试验设备进行相关试验。

因此，本文研究的重点即针对地下结构混凝土承受水压及存在裂缝的情况，采用自制混凝土试块模具、自制可控开裂混凝土装置、自制可控压力水头装置、裂缝测宽仪组成的试验系统，按照不同水压、氯离子浓度、裂缝宽度以及浸泡时间等工况进行压力水头下开裂混凝土渗透特性试验。

2 试验方案

2.1 试验原理

通过将开裂混凝土试块在加压NaCl溶液中自然浸泡，使氯离子在其中发生非稳态渗流，达到一定时间后，取出试块，烘干后将其沿垂直于NaCl溶液渗透方向的层面（与试块表面或裂缝开裂面平行的层面）逐层切片、磨粉，并由化学分析方法得到沿渗透深度方向混凝土中氯离子的含量，据此得到氯离子含量与渗透距离间的关系以及水压、氯离子浓度和裂缝宽度对其渗透特性的影响规律。

2.2 试验设备

主要试验设备为自制混凝土试块模具、自制可控开裂混凝土试块装置、自制可控压力水头装置、裂缝测宽仪。自制混凝土试块模具用于制作混凝土试块，自制可控开裂混凝土试块装置用于对混凝土试块在控制条件下制作裂缝，自制可控压力水头装置用于施加可控压力水头，裂缝测宽仪用于实时观测裂缝宽度。

2.2.1 混凝土试块模具

本项试验采用厚度较薄的圆环形混凝土试块和实心长方体混凝土试块两种试块。其中长方体试块长×宽×高尺寸为标准尺寸200 mm×100 mm×100 mm，可采用标准模具制作。圆环形混凝土试块的尺寸外径ϕ200 mm、内径ϕ50 mm、厚度为80 mm，需采用自制模具制作，自制模具由圆形底板、侧壁圆环、箍环和PVC管组成，如图1、图2所示。其中图1为圆环形混凝土试块模具组成部件图，图中从左到右依次为圆形底板、侧壁圆环、箍环和PVC管，图2为其装配图，为保证模具具有足够的刚度，圆形底板及测向圆环采用铸铁制作，箍环为铝环，

图 1　圆环形混凝土试块模具组成部件图
Fig. 1　Diagram of mould formation for toroidal concrete block

图 2　圆环形混凝土试块模具装配图
Fig. 2　Assembly drawing of mould for toroidal concrete block

PVC 管为塑料制品。

2.2.2　可控开裂混凝土装置

可控开裂混凝土试块装置由膨胀螺栓、PVC 管和夹具组成,其中膨胀螺栓的部件有膨胀块、膨胀片、垫片和螺栓等,如图3、图4所示。

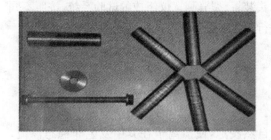

图 3　膨胀螺栓组成部件图
Fig. 3　Diagram of mould formation for expanding bolt

图 4　膨胀螺栓与夹具视图
Fig. 4　View of expanding bolt and fixture

图 3 为膨胀螺栓组成部件图。图中左半部分自上而下依次为膨胀块、垫片和螺栓,右半部分为 6 块膨胀片,合拢后构成膨胀孔。组装后的情况图示于图 4,由图可见,螺栓插在膨胀块中,垫片与膨胀块相连,膨胀块就位于由膨胀片围成的膨胀孔中,膨胀片外为内环 PVC 管,L 型扳手用于调节夹具螺栓。

可控开裂混凝土试块安装后的装配图见图 5,圆环形混凝土试块外环壁设有外环 PVC 管,夹具套于外环 PVC 管外侧。图 6 为可控开裂混凝土装置组装图。

可控开裂混凝土试块装置通过使膨胀孔膨胀制作试件初始裂缝,并利用外部夹具约束膨胀孔的膨胀变形调节裂缝宽度。

操作时通过拧紧螺栓推动膨胀块,进而挤压膨胀孔,使圆环形混凝土试块经受环向拉应力,超过抗拉强度时,试块开裂,形成径向裂缝。夹具可对试块施加约束力,通过拧紧和放松夹具螺栓调节松紧程度,从而达到调节裂缝宽度的目的。

2.2.3　可控压力水头装置

可控压力水头装置由压力气缸、空气压缩机和空气调压阀门组成,如图 7 所示。

由图可见,系统中空气压缩机、空气调压阀门和压力气缸依此串联,连接顺序依次为空气

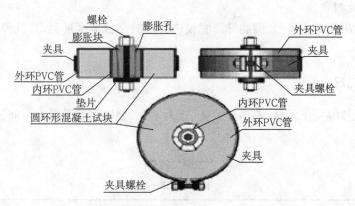

图 5 可控开裂混凝土试块装配图
Fig. 5 Assembly drawing of controlled concrete cracking device

图 6 可控开裂混凝土试块装置组装图
Fig. 6 Assembly drawing of controlled concrete cracking device

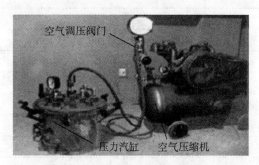

图 7 可控压力水头装置组装视图
Fig. 7 Assembly drawing of controlled water pressure device

压缩机出气口→空气调压阀门进气口→空气调压阀门出气口→压力气缸进气口。连接部位需用密封条密封,防止因气体泄漏导致压力装置难以稳压。

可控压力水头装置组成部件连接如图8所示。

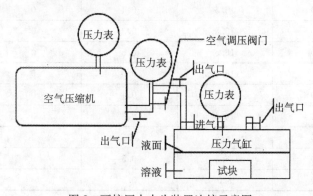

图 8 可控压力水头装置连接示意图
Fig. 8 Junction sketch of controlled water pressure device

可控压力水头装置由空气压缩机产生高压气体,通过空气调压阀门调节压力后流入压力气缸,使压力气缸内的压力达到预设气压并保持稳定。压力汽缸中盛放 NaCl 溶液,混凝土试块浸泡在溶液液面以下,通过调节气压即可模拟不同压力水头下的非稳态渗流。

2.2.4 裂缝测宽仪

本次试验拟采用DJCK-2型裂缝测宽仪进行实时裂缝宽度量测,其量程为2 mm,精度为0.02 mm。

2.3 试验工况

本次试验拟按混凝土标号、氯离子浓度、压力水头、裂缝宽度及浸泡时间分为22种试验工况,如表1所示。

表1 试验工程表
Table 1 Test conditions

工程编号	影响因素				
	混凝土标号	氯离子浓度 $\omega/\%$	压力水头 P/MPa	裂缝宽度 $d/\mu m$	浸泡时间/d
1	C50	3.0	0.0	0	14
2	C50	3.0	0.1	0	14
3	C50	3.0	0.3	0	14
4	C50	3.0	0.5	0	14
5	C50	16.5	0.0	0	14
6	C50	16.5	0.0	20～100	14
7	C50	16.5	0.1	0	14
8	C50	16.5	0.1	20～100	14
9	C50	16.5	0.3	0	14
10	C50	16.5	0.3	20～100	14
11	C50	16.5	0.5	0	14
12	C50	16.5	0.5	20～100	14
13	C30	16.5	0.0	0	14
14	C30	16.5	0.1	0	14
15	C30	16.5	0.3	0	14
16	C30	16.5	0.5	0	14
17	C70	16.5	0.0	0	14
18	C70	16.5	0.1	0	14
19	C70	16.5	0.3	0	14
20	C70	16.5	0.5	0	14
21	C50	16.5	0.5	0	21
22	C50	3.0	0.5	0	21

注:裂缝宽度为0 μm时采用长方体试块,其余均为圆环形试块。

由表可见,选用的混凝土强度等级为C30、C50和C70共3种。其中C30为普通混凝土,C50为高性能混凝土,C70为高强度混凝土。混凝土配合比均按《普通混凝土配合比设计规程》[10]和实际地铁混凝土管片配合比确定。

氯离子浓度选为3%、16.5%。其中3%用于模拟海洋环境,16.5%用于加速氯离子渗透。

浓度选取参考《水运工程混凝土试验规程》[11]和 NT build443[12]确定。

压力水头参考上海地铁盾构隧道、越江隧道及厦门翔安海底隧道的埋深,选为 0.1、0.3、0.5 MPa。其中 0.1 MPa 模拟地铁埋深,0.3 MPa 模拟越江隧道埋深,0.5 MPa 模拟海底隧道埋深。

参考上海长江隧道衬砌结构整环试验测试分析资料及相关研究,拟采用 20、40、60、80、100 μm 共 5 种不同裂缝宽度进行试验。

浸泡时间综合考虑试验周期和氯离子检测,拟采用 14 d 和 21 d 两种浸泡时间。

2.4 混凝土配合比

鉴于试块采用原材料制作,因而混凝土配合比参考《普通混凝土配合比设计规程》[10]和上海地铁 7 号线工程混凝土管片推荐配合比确定,如表 2 所示。其中 C30 和 C70 的配合比参考前者确定,C50 的配合比来自后者。

表 2 混凝土配合比
Table 2 Concrete mix ratios

强度等级	单位体积材料用量/(kg·m^{-3})						
	水泥	水	砂	碎石	矿粉	粉煤灰	高效减水剂
C30	380	179	680	1 149	0	0	4.56
C70	428	154	669	1 139	0	0	5.14
C50	299	164	669	1 139	86	43	5.14

3 试验结果分析

试验结果包括不同水压、氯离子浓度、裂缝宽度以及浸泡时间时各层混凝土自由氯离子浓度数据。限于篇幅,本节根据试验实测结果,仅从压力水头和试块裂缝开裂宽度两个方面分析其对氯离子渗透特性的影响。

3.1 压力水头对氯离子渗透特性的影响

图 9 为不同强度等级混凝土、不同压力水头条件下自由氯离子浓度的分布曲线。

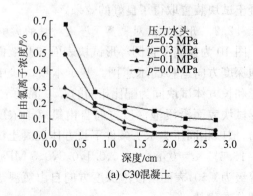

(a) C30 混凝土

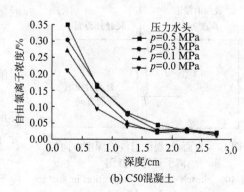

(b) C50 混凝土

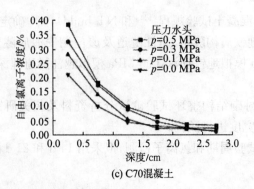

(c) C70混凝土

图 9 不同压力水头氯离子浓度分布曲线($w=16.5\%$, $d=0\ \mu m$)

Fig. 9 Curves of Cl-ion concentration versus distance under different water pressures($w=16.5\%$, $d=0\ \mu m$)

由图可知,对于相同强度等级混凝土,随着压力水头的增大,各层氯离子含量随之增加。不同强度等级混凝土中,C30、C50 及 C70 混凝土 0.5 MPa 压力水头下比自然浸泡状态下自由氯离子总含量的增加率分别为 309%、169% 及 193%。图中还可以看出,各强度等级混凝土压力水头影响区域多集中在 ≤10 mm 范围内,大于 10 mm 深度,自由氯离子含量变化并不明显,而比较各层自由氯离子含量,压力水头下浅层深度 0~5 mm 处的氯离增加的幅度高于其他各层,浅层氯离子浓度累积最为明显。

3.2 裂缝宽度对氯离子渗透特性的影响

3.2.1 裂缝开裂特征

本次试验采用可控开裂混凝土试块装置制作了 20 组裂缝,其中宽 20,40,60,80,100 μm 的 5 种裂缝各 4 组。实测裂缝宽度值为圆环形混凝土试块上表面和下表面裂缝宽度值的平均值,上、下表面裂缝宽度值则为各表面沿开裂路径 10 组裂缝量测开裂宽度的平均值。

试块裂缝开裂宽度实测值表明,除工况 6 中裂缝宽度为 100 μm 的混凝土试块上、下表面裂缝宽度差值达 18 μm 外,各试块上、下表面裂缝宽度差值均小于 5 μm。同时,试块裂缝开裂宽度的实测值与开裂宽度目标值间相差均小于 5 μm。混凝土试块上、下表面均匀开裂,说明可控开裂混凝土试块装置张拉性能稳定,可以得到稳定的混凝土开裂面。表明自制混凝土试块模具和可控开裂混凝土试块装置取得了良好的效果。

3.2.2 开裂宽度对氯离子渗透特性的影响

图 10 为氯离子自圆环形试块表面和开裂面沿浸泡深度方向运移的示意图。鉴于本项试验中圆环形和长方体试块同为配比相同的 C50 混凝土,圆环形试块表面沿浸泡深度方向自由氯离子浓度的分布,拟以相同压力水头条件下长方体混凝土试块($w=16.5\%$, $d=0\ \mu m$, $p=0,0.1,0.3,0.5$ MPa,强度等级为 C50)表面沿浸泡深度方向自由氯离子浓度的分布代替。

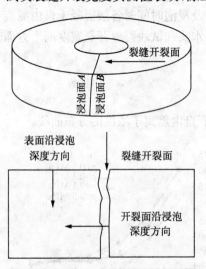

图 10 表面、开裂面沿浸泡深度方向氯离子运移示意图

Fig. 10 Sketch of Cl-ion migration in surface and cracked surface direction

为了便于将不同的试验结果进行比较,本文定义表面沿浸泡深度方向自由氯离子总含量为 1,开裂面沿浸泡深度方向自由氯离子总含量用相对含量表示,如式(1)所示。

$$y_i = \frac{C_{\text{crack}}}{C_{\text{surface}}} \tag{1}$$

式中,y_i 为开裂面沿浸泡深度方向自由氯离子相对含量;C_{crack} 为开裂面沿浸泡深度方向自由氯离子总含量;C_{surface} 为表面沿浸泡深度方向自由氯离子总含量。

图 11 为 C50 混凝土在不同开裂宽度、压力水头条件下的自由氯离子浓度分布曲线。

图 11 中每组数据均列出了未浸泡试块的曲线以作对比。由图可知,在相同压力条件下(0,0.1,0.3,0.5 MPa),不同裂缝开裂宽度氯离子浓度曲线分布具有相同的特点,裂缝宽度(0,20,40,60,80,100 μm)浓度曲线可以分为两组:

① 开裂宽度≥0.059 mm,开裂面沿浸泡深度方向自由氯离子相对含量为 $0.97 \leqslant y_i \leqslant 1.15$,即开裂面与表面沿浸泡深度方向自由氯离子总浓度几乎相等,且二者分布曲线很大程度上相似。试验数据表明:开裂宽度≥0.059 mm 时,氯离子在开裂面沿浸泡深度方向运移不受开裂宽度的影响,且与表面沿浸泡深度方向运移几乎相同。

② 开裂宽度≤0.042 mm,开裂面沿浸泡深度方向自由氯离子相对含量为 $0.20 \leqslant y_i \leqslant 0.31$,即开裂面沿浸泡深度方向自由氯离子总浓度与远小于表面,且前者各层自由氯离子浓度远小于后者。试验数据表明,开裂宽度≤0.042 mm 时,氯离子在开裂面沿浸泡深度方向运移受开裂宽度的影响,且远小于表面沿浸泡深度方向运移。

氯离子进入开裂面并沿浸泡深度运移经过如下过程:浸泡溶液进入裂缝并沿裂缝开裂面运移-氯离子随浸泡溶液运移同步到达开裂面表面-氯离子在开裂面沿浸泡深度方向运移。若比较开裂面和表面沿浸泡深度方向自由氯离子浓度分布,进一步分析试块裂缝开裂宽度对氯离子浸泡溶液并沿裂缝开裂面运移的影响,可以得到以下结论:

① 开裂宽度≤0.042 mm,氯离子在开裂面沿浸泡深度方向运移远小于表面沿浸泡深度方向运移。氯离子浸泡溶液运移受到裂缝宽度的控制,裂缝宽度限制氯离子浸泡溶液沿裂缝开裂面运移。

② 开裂宽度≥0.059 mm,氯离子在开裂面沿浸泡深度方向运移与表面沿浸泡深度方向运移几乎相同。氯离子浸泡溶液液相运移不受裂缝宽度的控制,裂缝宽度对氯离子浸泡溶液沿裂缝开裂面运移没有影响。

③ 存在控制氯离子浸泡溶液运移裂缝宽度阈值 $M(0.042 \text{ mm} \leqslant M \leqslant 0.059 \text{ mm})$:小于该阈值裂缝宽度限制氯离子浸泡溶液沿裂缝开裂面运移,大于该阈值则裂缝宽度对氯离子浸泡溶液沿裂缝开裂面运移没有影响。

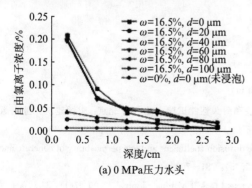

(a) 0 MPa 压力水头

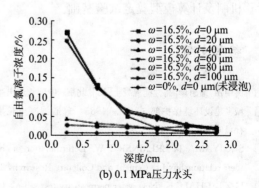

(b) 0.1 MPa 压力水头

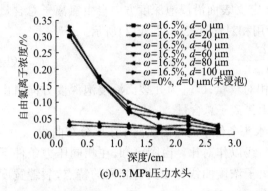
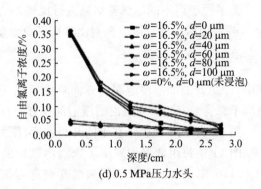

(c) 0.3 MPa压力水头　　　　　　　　　　　　(d) 0.5 MPa压力水头

图 11　不同开裂宽度氯离子深度分布曲线

Fig. 11　Curves of Cl-ion concentration versus distance with different crack widths

④ 各压力条件下(0,0.1,0.3,0.5 MPa),裂缝宽度阈值 M 对氯离子浸泡溶液运移影响呈现相似规律性,裂缝宽度阈值 M 的存在不受水头压力大小的影响。

4　结论

(1) 当其他试验条件相同时,压力水头下与自然浸泡状态下的氯离子运移规律有明显的差异,压力水头作用下混凝土各层自由氯离子含量均有明显的提高。其中,压力水头影响区域多集中在混凝土深度 0~10 mm 范围内,且深度 0~5 mm 处的氯离子增加的幅度高于其他各层,浅层氯离子浓度累积最为明显。

(2) 在相同压力条件下,不同裂缝开裂宽度氯离子浓度分布曲线分为两组:开裂宽度 ≥ 0.059 mm,开裂面与表面沿浸泡深度方向自由氯离子总浓度几乎相等,且二者分布曲线很大程度上相似;开裂宽度 ≤ 0.042 mm,开裂面沿浸泡深度方向自由氯离子总浓度与远小于表面,且前者各层自由氯离子浓度远小于后者。

(3) 存在控制氯离子浸泡溶液运移裂缝宽度阈值 M(0.042 mm ≤ M ≤ 0.059 mm):小于该阈值裂缝宽度限制氯离子浸泡溶液沿裂缝开裂面运移,大于该阈值则裂缝宽度对氯离子浸泡溶液沿裂缝开裂面运移没有影响。

(4) 各压力条件下(0,0.1,0.3,0.5 MPa),裂缝宽度阈值 M 对氯离子浸泡溶液运移影响呈现相似规律性,裂缝宽度阈值 M 的存在不受水头压力大小的影响。

本文进行的地下结构混凝土的渗透特性试验研究将为进一步研究地下结构混凝土氯离子运移机制及计算模型奠定试验基础。

参考文献

[1] 吴中伟,廉惠珍. 高性能混凝土[M]. 北京:中国铁道出版社,1999.

[2] 城乡建设环境保护部. GBJ82—1985 普通混凝土长期性能和耐久性能试验方法[S]. 北京:中国建筑工业出版社,1985.

[3] SUGIYAMA T, BREMNER T W. Determination of chloride diffusion coefficient and gas permeability of concrete and their relationship[J]. Cement and Concrete Research, 1996, 26(5): 781-790.

[4] LI Z J, CHAI C K. New water permeability test scheme for concrete[J]. ACI Materials Journal, 2000, 97(1): 84-90.

[5] KHATRI R P, SIRIVIVATNANON V. Methods for the determination of water permeability of concrete[J]. ACI Materials Journal, 1997,94(3): 257-261.
[6] DHIR R K, SHAABAN I G, CLAISSE P A C. Preconditioning in-situ concrete for permeation testing, Part 1: Initial surface absorption[J]. Magazine of Concrete Research, 1993,45(163): 13-18.
[7] DHIR R K. Near-surface characteristics of concrete: Prediction of carbonation resistance[J]. Magazine of Concrete Research, 1989,41(148): 137-143.
[8] DHIR R K, HEWELETT P C, CHAN Y N. Near-surface characteristics of concrete: Assessment and development of in-situ test methods[J]. Magazine of Concrete Research, 1987,39(141): 183-195.
[9] CABRERA J G, LYNSDALE C J. A new gas permeameter for measuring the permeability of mortar and concrete[J]. Magazine of Concrete Research, 1988,40(144): 177-182.
[10] 中国建筑科学研究院. JGJ 55—2000 普通混凝土配合比设计规程[S]. 北京：中国建筑工业出版社,2000.
[11] 天津港湾工程研究院,南京水利科学研究院. JTJ 207—97 水运工程混凝土试验规程[S]. 北京：人民交通出版社,1999.
[12] NORDTEST NT BUILD 443. Accelerated chloride penetration[S]. Finland: Nord test, 1995.

公路隧道偏压效应与衬砌裂缝研究*

潘洪科　杨林德　黄慷

（同济大学地下建筑与工程系，上海　200092）

摘要　衬砌裂缝是公路隧道施工中常见病害之一。结合某隧道各项监控量测数据和隧道实际地质情况，对裂缝产生的各种原因及其发展变化从力学角度进行正、反演分析和归纳。讨论隧道设计规范的适用范围，并与实测及反演方法进行比较，同时提出合理的设计施工方案。接着实例分析了某断面二次衬砌内力状况，进行强度校核以解释其裂缝成因。经综合分析及力学计算，存在较大偏压是隧道衬砌产生裂缝的主要原因。最后，提出综合处理隧道裂缝的具体措施，方案实施后，效果满意。

关键词　裂缝；监测；成因；反分析

The Research on Unsymmetrical Load Effect and Lining Cracksof One Highway Tunnel

PAN Hongke　YANG Linde　HUANG Kang

(Department of Geotechnical Engineering, Tongji University, Shanghai 200092, China)

Abstract　Phenomenon of lining cracks is one of the familiar diseases during highway tunnel construction. Basedon the monitoring dataand actual tunnel's geology situations of one highway tunnel, causes for the cracks and their development are generalized by the means of direct and back analysis from the view of mechanics. The application range of tunnel design norm is discussed and compared with the method of sitemonitoring or back analysis; meanwhile, the reasonable design and construction project is suggested. Then, the internal force condition of the second liner lain in one section is analyzed as a sample, which is checked up as an intensity index, aiming to explain the cracks. Result of synthetically analyzing and mechanics computing turns out that the unsymmetrical load is the main cause of the cracks on tunnel lining. Finally, syntheticallydisposal measures proposed in this paper shows the effect is satisfactory after it being enforced.

Keywords　cracks; monitoring; cause of formation; back analysis

1　概述

某隧道设计为上、下行分离的整体式双跨四车道连拱隧道，长 255 m，最大埋深 63 m。隧

---

* 岩石力学与工程学报(CN：42 - 1397/O3)2005 年收录

道围岩为灰色、褐黄色砂岩或泥岩,节理、裂隙发育,局部呈强风化碎石状,地质条件较差。隧道进、出口段埋深较浅,山体坡度缓缓上升,整个隧道各处埋深不一致,呈现明显的偏压态势。隧道典型断面如图1所示,设计净跨为10.525 m、净高7.2 m,单跨采用单心圆,边墙侧为曲线,中墙为直线,中墙厚2 m,隧道有效净宽9.75 m,有效净高5 m,隧道纵坡—5.015%。隧道开挖采用三导坑先墙后拱法,下行线先行贯通,上行线开挖近三个月后发现边墙及中隔墙二衬混凝土上出现大小不等的众多裂缝(上、下行线都有),尤以隧道进出口段为甚,并且裂缝仍在发展变化。裂缝形状各异,垂直、倾斜、纵向、数条交叉、成X形或较大裂缝由一组小斜缝组成的都有,多数呈现明显的剪切错断分布。针对上述情况,决定加设临时钢架支撑以防止进一步变形,同时加强施工管理,并对开挖过程进行监控量测。根据监测信息反馈分析隧道结构的受力、变形情况,及时调整施工方案。

国内外对偏压隧道的形成特点、模型试验、稳定分析及衬砌开裂与加固等方面均已有较多的研究[1-9],但从监测信息反馈角度进行力学反演分析以确定裂缝机理并提出防治措施的研究尚不多见。

2 结构裂缝的展布与监测

现场布设了22个具有代表性的裂缝观测点,采用钢弦式频率振动裂缝计及水泥钢钉和千分表监测裂缝宽度的变化。测点编号为L1～L22,布置位置见表1。为更好地把握隧道受力、变形特征,同时监测了土压力、钢筋应力、拱顶下沉、围岩收敛位移和地表变形等,各监测仪器展布位置参见图1。裂缝监测数据表明,在隧道的不同位置,裂缝呈现不同的变化发展情形,L1,L5,L6,L11,L13,L15,L17,L18,L19,L20,L22测点裂缝宽度基本稳定(除去个别测量误差,变化范围皆已稳定在±0.2 mm内,变化率稳定在±0.002 mm/d);L8,L9,L14,L16裂缝宽度波动减小;L2,L3,L4,L7,L10,L12,L21裂缝宽度波动增大。采取加强支撑及严格施工规程等措施后,总体来说裂缝变化幅度不大。限于篇幅,此处仅选几个测点的记录表示变化特征(见表1)和趋势(图2)。

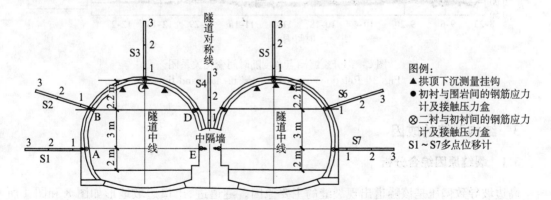

图1 典型隧道结构断面示意图
Fig. 1 The sketch map of typical tunnel section

表 1 部分裂缝测点布置及裂缝特征
Table 1 Disposal of part crack monitoring sites and cracks' character

编号	位置	产状及特征	裂缝宽度总体变化趋势	增长最大值/mm		收缩最大值/mm	
L2	下行 K259+849 中隔墙	上部向洞外倾斜,下部直立,宽 0.5~1 mm,长 3.2 m	略有波动	0.257 0		−0.186 0	
L7	下行 K259+834 中隔墙	包括一组倾斜裂缝,整体近直立,张开 3mm,右侧向外鼓出 4(上)~2(下)mm,最长者延伸至拱顶处。	先期增大,后较稳定	径向	轴向	径向	轴向
				1.163 0	0.156 0	−0.040 0	−0.127 0
L8	下行 K259+816 中隔墙	近直立,上窄下宽,终止于中墙上部,最大宽度 8 mm	波动变化,总体略减	0.419 3		−0.146 7	
L12	上行 K259+831 中隔墙	直立(结合逢),张开 0.6 mm,右侧向外鼓出 2.8(上)~4(下)mm,终止于拱腰。	波动变化,略有增大	径向	轴向	径向	轴向
				0.581 2	0.695 0	无	无
L16	上行 K259+805 中隔墙	近直立(结合缝),上宽(7 mm)下窄(4 mm),延伸至拱顶	总体略减	无		−1.257 0	
L18	下行 K259+636 边墙	近水平,位置 K259+635~640,波状,宽 0.5~2 mm,长约 2.2 m	较稳定	0.287 0		−0.144 0	
L21	下行 K259+785 中隔墙	近直立,位置 K259+783~787,波状,宽 1~2 mm,长约 3 m	略有波动略增	0.996 2		无	
L22	下行 K259+765 中隔墙	近直立,位置 K259+762~768,波状,宽 1~2 mm,长约 2.8 m	较稳定	0.156 4			

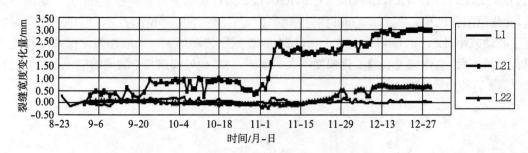

图 2 部分裂缝测点宽度随时间变化关系图
Fig. 2 Relations of part cracks' breadth and time

3 结构裂缝的成因

3.1 裂缝原因综合分析

高边坡导致偏压是该隧道出现裂缝的主要原因。隧道进、出口边坡地形如图 3 和图 4 所示,其特点是进、出口段埋深较浅(最小埋深约 5 m),存在一埋深逐步增大的坡度(坡角 35°~40°),并且除沿隧洞轴向的仰坡外,山体还存在倾向朝向上行线的斜坡。现场监测中发现,洞口仰坡观测点有下滑移动趋势,而上行线进口段约 50 m 内皆可见明显的衬砌钢格栅发生向洞外弯曲和偏移现象,并伴有向中隔墙一侧的扭曲变形,两者趋势吻合,表明高边坡松散土体引起偏压。从监测数据统计和发展变化情形看,在采取刚架支撑和边坡处理措施等平衡偏压方法后隧道变形明显得到控制，现场监测断面中土压力监测数据也显示了较大偏压的存在。

隧道进行结构设计时按规范计算围岩压力[8]，即令：$q=0.45\times 2^{6-s}\times\gamma\times w$，该式须在深埋且无明显偏压存在的隧道才适用。由实际地形可见，在该隧道进、出口段皆存在较长一段隧洞其距地表埋深较浅(为5~20 m)，且隧道明显存在较大偏压。故对该隧道尚不能完全按深埋隧道计算。

其次，地层加固不及时也是裂缝产生原因之一。由于边坡较高且坡度大，加之上覆土体又较松散，原设计方案拟先通过锚固边坡缓减偏压后再开挖；而实际情况是，隧道施工进行几个月后，洞口边坡及仰坡的锚固支护工作才开始进行。此外，由于雨水冲刷及机械施工振动等原因造成边坡土体产生一定的下滑力及荷载的不稳定。在隧道施工前期，曾出现进口左侧边坡大滑动而推倒施工完毕的中隔墙的事故。

再次，在实际施工时也存在某些问题，如盲目赶进度而支撑跟进不及时，衬砌拆模过早，某些地方锚杆施加过稀，超前地质预报工作不够等。监测数据显示，当隧道开挖卸荷经过监测断面附近或支护跟进不及时的时候，该断面处变形位移也明显增大。另外，开挖时围岩实际地质情况与原勘探资料也难免有出入，这就要求在施工中依据监控量测信息反馈指导建设。

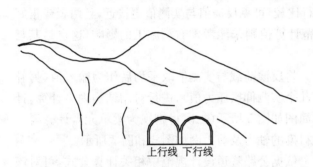

图3　隧道进口边坡地形示意图
Fig. 3　The sketch map of tunnel's entry slope

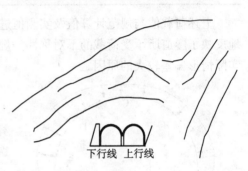

图4　隧道出口边坡地形示意图
Fig. 4　The sketch map of tunnel's exit slope

3.2 典型断面力学分析

按规范计算围岩压力得：垂直均布压力 $q=245.9$ kPa，水平向压力 $e=61.5$ kPa。

以某典型监测断面实测围岩压力为例，监测仪器布置参见图1(此处取左洞即上行线进行受力分析)。因衬砌压力是关于时间的函数，此处取最后一次所实测压力值为准。计算结果及实测值见表2。

表2　典型断面围岩压力的实测值与按规范计算值
Table 2　The site monitoring load value and calculating one by criterion in typical section

测点位置编号	A	B	C	D	E
实测压力值/kPa	886	752	505	1 175	987
计算压力值/kPa	245.9	245.9	245.9	245.9	245.9

本文采用同济曙光软件(GeoFBA)[9]反演计算衬砌结构荷载，并正算推求其结构内力值，以校核其结构强度，并解释裂缝原因。对于非典型断面，若可获得结构位移、变形、内力等数据，可以同样方法进行反演计算和正算校核，或参照相似典型断面进行取值与判断。

岩土体参数按Ⅱ至Ⅲ类围岩取值：弹模 $E=4.5$ GPa，泊松比 $\mu=0.35$，摩擦角 $\phi=40°$，围岩容重为 $\gamma=22$ kN/m³；二次衬砌模型为曲梁，弹模 $E=28\,500$ MPa，横截面积 $A=0.5$ m²，容

重 $\gamma=25$ kN/m³,惯性矩 $I=0.01$ m⁴。

以实际监控量测的围岩位移为输入值,对荷载进行反演分析[10]。反演方法为(有限元)正反分析法,也即视初始地应力引起的力学效应(量测位移或应力增量等)为已知值,地应力或材料特性参数为目标未知数,依弹性叠加原理建立方程组,通过不断修正未知数的试算值逼近和求得优化解。此处地应力取为外加荷载模式,优化算法为单纯形法,荷载最初值取实测围岩压力值,设置步长为1,收敛值 0.000 1,计算结果见表3。

表3 典型断面结构荷载反演分析结果
Table 3 Load back analysis result in typical section

项目 \ 监测部位	A	B	C	D	E
位移/mm	0.47	0.42	0.31	0.65	0.48
荷载/kPa	802	626	438	991	835
与实测压力取平均值	844	689	470	1 083	911

上述荷载值与规范计算值及实测值进行比较,可见反演值与实测值更接近,且两者皆很好地反映了隧道所承受荷载的不对称性。规范计算值则未能考虑右洞施工的影响,这也是其与实际情形偏差较大的原因之一。

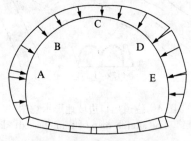

图 5 典型断面(左洞)二次衬砌压力
分布(压力单位:kPa)
Fig. 5 The load distribution of the second
lining in typical section (the left tunnel)

将反演荷载与实测值取平均后作为输入值(另补充几个实测仰拱压力值),进行衬砌结构内力计算,计算简图如图5所示(二次衬砌视为梁单元),计算得二次衬砌的轴力及剪力图如图6和图7所示。

依据公路隧道设计规范中相关计算公式,可对该量测断面内二次衬砌截面剪力设计值进行计算。二衬压力值取上述规范计算值。经算,二衬截面轴力最大设计值为 $K_N=4\ 125$ kN,二衬截面剪力最大值为 $K_Q=1\ 125$ kN。

由结构轴力和剪力图可见,由于隧道偏压的存在,结构轴力和剪力也呈现不对称,该断面轴力基本能满足设计要求(最大计算轴力值发生在仰拱处为 1 883 kN);但中隔墙处剪力明显不能满足(该处截面承受最大剪力值已达 1 487 kN),从而导致该处被剪切破坏出现裂缝。

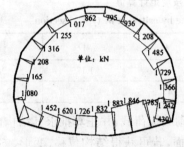 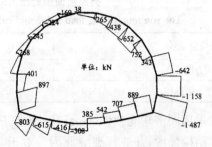

图 6 典型断面(左洞)轴力模拟图　　图 7 典型断面(左洞)剪力模拟图
　　(图中数值单位:kN)　　　　　　　　(图中数值单位:kN)
Fig. 6 Simulating figure of shafting force　Fig. 7 Simulating figure of shearing force
　　　　in typical section　　　　　　　　　　in typical section

4 结构裂缝的防治

根据以上对裂缝成因的分析及各裂缝实际发展情形的观察,对该隧道提出如下处理意见。

(1) 加快对隧道边坡的治理,减小隧道所承受的偏压荷载。对进口边坡还可削掉部分松散土体进行卸压处理,并回填洞顶和背向边坡侧低洼处。

(2) 对于隧道内基本稳定的裂缝以及细小的影响不大的裂缝,进行表面修补和局部补强。具体处理地段依对监测数据的分析而定。

(3) 对于仍在变动和发展的裂缝,特别是处于中隔墙上的水平裂缝和贯穿性大裂缝,应采用预应力锚杆(索)等方法来平衡偏压,增加围岩和衬砌强度,控制裂缝的继续发展。

(4) 凿槽嵌钢拱架。对于大裂缝或环向贯穿性裂缝,还可采取沿裂缝处或其邻近凿开衬砌表面混凝土,在其下再嵌入工字钢架以有力地加强该局部支撑,改善受力结构。

(5) 建议加强隧道上行线原支护方案,可依据实测及反演数据重新进行配筋和结构设计。

(6) 此外,建议在隧道进口地表岩土暴露部位采用喷射混凝土进行封闭,以防地表积水大量渗入;在隧道埋深不大的部位,可以采用地表注浆的方法加固破碎的围岩。

5 结论与建议

(1) 公路隧道设计规范是一个基于经验的综合统计性的工程类比方法,多年来为我国隧道设计、施工做出了重大贡献,但规范有其适用性,要视具体隧道地形地质条件和开挖情况而异。另外,规范计算结构荷载时未能考虑左右洞开挖的相互影响,对连拱隧道尤其应注意。

(2) 隧道衬砌实测围岩压力及由其他监测信息反演得到的衬砌荷载并不呈现均布状态,这与按规范计算结果明显不同,因此在进行隧道设计和施工时应结合规范推荐法和实际量测信息进行有限元受力分析,真正做到新奥法之"信息化施工",对于明显承受偏压的隧道及埋深较浅的隧道尤应如此。

(3) 治理隧道裂缝应结合监测到的裂缝发展变化特征和隧道地质情况进行结构受力分析,查找原因,综合整个隧道各裂缝情形,分别而全面地提出合理措施予以治理。要有全局观,避免考虑不周。

参考文献

[1] Lackner R, Mang H A. Cracking in shotcrete tunnel shells[J]. Engineering Fracture Mechanics, Volume: 70, Issue: 7-8, May 2003: 1047-1068.
[2] Wu Y P. Unsymmetrical load effect in tunnel support design[J]. Xi'an Gonglu Jiaotong Daxue Xuebao/Journal of Xi'an Highway University, 2001,21(4): 55-60.
[3] Hisatake M. Back analysis in tunneling[J]. International Journal of Rock Mechanics and Mining Sciences & Geomechanics Abstracts, 1995,32(3): 117A.
[4] 杨小礼,李亮,刘宝琛.偏压隧道结构稳定性评价的信息优化分析[J].岩石力学与工程学报,2002,21(4):484-488.
[5] 邓刚.半荷载结构法检算浅埋(偏压)隧道结构之探讨[J].现代隧道技术,2002,39(3):29-34.
[6] 钟新樵.土质偏压隧道衬砌模型试验分析[J].西南交通大学学报,1996,(6),602-606.
[7] 王立忠,郭东杰.偏压隧道二次应力场分析及应用[J].力学与实践,2000,22(4):25-28.
[8] 浙江省交通设计院.JTJ 026—90 公路隧道设计规范[S].北京:人民交通出版社,1990.
[9] 朱合华,丁文其,李晓军.同济曙光岩土及地下工程设计与施工分析软件[CP].同济大学,2002.
[10] 杨林德.岩土工程问题的反演理论与工程实践[M].北京:科学出版社,1996.

崇明越江盾构隧道工程耐久性失效风险研究*

黄 慷 杨林德

(同济大学地下建筑与工程系,上海 200092)

摘要 在前期论证阶段对工程实施过程中可能遇到的各类风险进行定量化评估,是项目科学决策的一条重要途径。文章对拟建的上海崇明越江通道工程的盾构隧道结构进行了耐久性失效风险评估。首先通过对环境的分析,进行了风险因素的识别及分类,并基于对大量数据的统计分析,利用类比、实测等方法对各类风险因素的影响程度进行了评估和预测;其次是采用故障树(FTA)方法进行半定量评价,得出了各风险因素的相对排序,据此建立了最大风险因素作用的数学模型,利用蒙特-卡罗模拟法(MC)计算了管片构件耐久性失效风险值;最后通过对管片结构体系各类风险因素的层次化分析(AHP),确定了隧道结构的耐久性失效风险定级。此外,还提出了耐久性失效风险的防治措施及对策。

关键词 越江通道;隧道结构;风险评估;耐久性;故障树法;蒙特-卡罗法;层次分析法

A Study of the Risk Assessment of Shield Lining Durability of Chongming Yangtze River-Crossing Project

HUANG Kang YANG Linde

(Department of Geotechnical Engineering, Tongji University, Shanghai 200092)

Abstract During the engineering feasibility study period, risk assessment is an important approach to the scientific decision-making of the project. Risk assessment of the structure durability of the shield tunnel in Chongming Yangtze River-crossing project is introduced in this paper. Firstly based on the analysis of environment, all risk factors are identified and classified, based on the statistical analysis of a large amount of data, the degree of influence of each risk factor are evaluated and predicted by using the method of analogy and simulation. Secondly the relative sequence of each risk factor is arranged by fault tree analysis semi-quantitative method (FTA). Based on the mathematic model of the maximum risk factor, the paper calculates the durability failure probability (risk) of the segmental lining by Monte-Carlo method (MC). Finally the risk grade of the structure durability in the designed working life is determined by the analytical hier-archy process (AHP). Some countermeasures of durability failure are also proposed in this paper.

Keywords chongming yangtze river-crossing project; tunnle structure; risk assessment; durability; FTA; MC; AHP

---

* 现代隧道技术(CN:51-1600/U)2004年收录

1 引言

上海崇明越江通道工程位于长江入海口处,是我国沿海大通道的重要组成部分。该工程[1]以隧道形式穿越长江南港,长约 8.5 km(浦东五号沟至长兴岛),以桥梁形式跨越北港,长约 9.5 km(长兴岛至崇明),江苏海门与崇明之间由崇海大桥相连。隧道段[2]采用盾构法施工,拟建双向六车道,设计车速为 100 km/h,分设上下行两条线路。在浦东、江中和长兴岛上分设 1~3 号工作井。隧道衬砌拟采用错缝拼装的单层装配式钢筋混凝土管片结构,基本参数为:内径 ϕ13.8 m,厚度 70 cm,环宽 2 m。

由于该工程投资巨大,技术难度高,在其建设使用过程中不可避免地面临着各种风险。为此,同济大学、英国 ARUP 公司、交通部四航院等三单位承担了该工程的风险评估研究任务。基于技术可行性及工程可造性,对工程设计、施工及运营中可能遇到的各类风险分列为 17 个专题进行风险评估研究。本文仅讨论专题 5——盾构隧道结构耐久性。

结构物的耐久性是指其在设计使用年限内,不需投巨资加固即能保持安全、适用及外观要求的能力。与大气环境下的工业与民用建筑结构相比较,影响地下结构耐久性的因素既有可能来自内部空气环境,又有可能来自外部土壤环境的侵蚀性,因此更为复杂。由于本工程位于长江入海口处,水文和工程地质条件以及营运环境均较特殊,结构设计基准期已要求达到 100 年,故立专题研究十分必要。

广义的风险分析理论是结构可靠度方法和结构损伤冗余设计的合理延伸与综合,特点为通过综合结构失效的原因及其造成的后果,反映结构在设计、建造、服役、报废的全寿命过程中的动态随机特性。本文拟仅针对长江口区江底软土地层中的钢筋混凝土盾构隧道这一结构形式及其所处特定环境,在分析耐久性影响因素的基础上,对隧道结构使用设计年限内的耐久性能进行评估,并给出风险定级,为项目决策及设计采取相应的防治措施提供依据。

影响盾构隧道结构耐久性能的风险因素来自诸多方面。按作用方式可分为结构性影响因素和环境性影响因素两大类,后者又可分为营运环境及侵蚀性环境。设计基准期由 50 年延至 100 年也会产生较大的影响,针对崇明越江通道工程的特殊环境,对所有影响因素可按其性质隶属归类,如图 1。

关于结构性因素人们以往研究较多,且由结构承载能力失效引起的风险一般均很小,如在结构设计中按经验方法考虑,均能达到规范要求的结构安全度。所以引起结构耐久性失效的风险因素主要来自环境性因素及设计基准期延长引起的有关设计参数的变化。

2 结构耐久性失效风险的统计分析及影响程度预测

2.1 营运环境影响因素

崇明越江通道工程位于长江口区,在隧道营运期间,该处的沉船荷载、河势变迁、纵向不均匀沉降和结构渗流等因素均会对管片结构的耐久性能产生直接或间接的影响,必须加以评估及预测。

隧址所在处穿越的南港航道与北槽深水航道均是长江主航道,平均日进出船只约 63 艘次。据统计,2000 年全国发生的撞船事故共 269 宗[3],四成为杂货船,其中 6% 为油船。另由上海海监局的统计,由碰撞引起溢油 100 t 的事故发生概率为 5 年 1 次。由此推算,各类船只

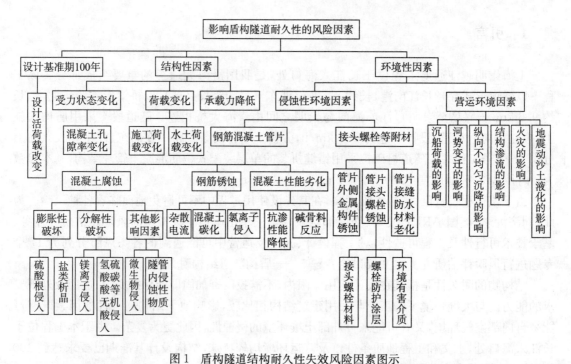

图 1 盾构隧道结构耐久性失效风险因素图示

Fig. 1 Diagram of risk assessment of the shield tunnel stucture durability

较大的相撞事件为每年 3.3 次,严重时会发生沉船事故。故本工程应计入沉船荷载并加强航运管理以减少此类事故发生。

通过对长江口水域河势变迁的产生机理及近 160 年来的变迁资料分析,并结合有关数字化冲淤定量分析成果,结果显示河床演变相对稳定。三峡工程的建成使用,对河床的稳定也是极为有利的。

由于工程所在区域已存在较明显的地面沉降现象,如 2001~2050 年间高桥与长兴岛预计差异沉降达 145 mm[4],加之土层的不均匀性及上覆土层变化的影响,隧道纵向不均匀沉降不可忽视。故应采取措施以避免过量的纵向不均匀沉降所引发的隧道渗水漏泥或结构局部破坏。

该隧道进出口段上覆土层为沙质粉土,渗透性能良好,江底段均为黏土或淤泥质黏土[4]。由于江水中的侵蚀性离子含量涨潮时将高于隧道埋深处地下水中的指标,进出口段的江水渗流将使隧道管片腐蚀加速。故应加强注浆防水层、做好进出口段防水等,以降低此类风险的发生。

其他如地震动沙土液化以及火灾等因素对结构的影响,经相关专题研究,均为弱等评级,适当采取措施后均可使风险降低至可接受程度。

2.2 侵蚀性环境影响因素

引起隧道结构耐久性失效风险的直接原因来自侵蚀性环境。由于侵蚀性介质的作用,会使管片钢筋及接头螺栓锈蚀、混凝土腐蚀、管片密封防水材料老化,从而使结构产生耐久性失效。

在管片与土壤的接触面上,导致管片破坏的风险因素主要为 Cl^-、SO_4^{2-}、Mg^{2+} 等介质的含量,以及 HCO_3^- 及游离的 CO_2 的侵入。当 Cl^- 渗入混凝土保护层并扩散至钢筋表面,达到临界浓度并击穿钝化膜时,或 HCO_3^- 及 CO_2 渗入混凝土导致钢筋保护层完全碳化,都会使钢筋锈蚀。散杂电流的存在将加快锈蚀的速度。SO_4^{2-}、Mg^{2+}等渗入管片混凝土及土层中微生物的作用,则会使混凝土材料产生腐蚀性破坏,加上混凝土本身材料劣化,将会加速结构破坏,最终导致构件丧失承载能力。

长江口区的地层由冲积作用形成,大量历史数据均表明地层中侵蚀性化学物质的含量通常很少。笔者2002年8月对越江通道所处地层钻孔取样后进行了实测,结果[5]也证实了这一结论。根据资料[6]的推算,导致钢筋表面钝化膜破坏的Cl^-临界浓度为6 981.3 mg/L,而实测Cl^-的最大含量仅为1 558.3 mg/L,远小于临界浓度。SO_4^{2-}、Mg^{2+}的含量分别为139.2 mg/L、125.3 mg/L,依据有关标准评定,也均为弱等侵蚀等级。此外,地下水中的HCO_3^-及CO_2含量均较大气环境条件下的含量小得多,故在管片与土层的接触面上碳化程度将较轻。土层中的微生物及散杂电流的影响程度也都将较小。

而在隧道内部管片与空气的接触面上,因主要来自外界新鲜空气,其中Cl^-及其他有害化学物质的含量低,在保证通风系统正常工作的前提下,运行条件将与一般大气环境下的钢筋混凝土构件相同,导致钢筋锈蚀的原因,将主要来自混凝土保护层的碳化。

管片的接头螺栓并不与土壤接触,且由于面层的施作,螺栓与隧道内的大气基本隔绝,如采用氟化乙烯树脂涂层,可使其使用寿命有望达到100年。[7]而现有的高分子类防水材料的使用寿命难以达到100年,故建议立项专题研究。

3 结构耐久性失效风险的量化分析

通过以上对结构耐久性失效风险因素的类比统计分析,得出了结构耐久性失效风险的定性化结论。本节将对结构耐久性失效风险做定量化分析。

3.1 结构耐久性失效风险因素的相对排序

采用故障树(FTA)法分析,可求得各风险对结构体系耐久性失效作用程度的相对排序。

首先,视各风险因素为结构耐久性失效风险事故树的基本事件X_i,共21个,分别为:管片制作质量缺陷、管片材料缺陷、注浆防水层渗漏、隧管内空气温湿度的变化、螺栓腐蚀、外侧金属构件锈蚀、预埋件腐蚀、杂散电流传播、地下水中膨胀性离子超标、隧管内空气中膨胀性离子超标、地下水中分解性离子超标、隧管内空气中分解性离子超标、管片内面层质量不合格、隧管内空气中Cl^-含量超标、地下水中Cl^-含量超标、隧管内空气CO_2含量浓度超标、地下水中游离的CO_2及HCO_3^-含量超标、电器设备漏电源漏电、土壤环境中混凝土微生物腐蚀、隧管内侧混凝土微生物腐蚀、管片构件受力状态改变。

其次,根据以上各基本事件之间的逻辑关系可写出故障树的结构函数如下:

$$T = X_{14}(X_1 + X_2 + X_1 + X_2 + X_{13}) + X_{15}(X_3 + X_1 + X_2 + X_2) + X_{16}(X_4 + X_1 + X_2 + X_{13}) + X_{17}(X_3 + X_1 + X_2) + X_{18}X_8 + X_9(X_3 + X_1 + X_2 + X_{21}) + X_{10}(X_4 + X_1 + X_2 + X_{13} + X_{21}) + X_{11}(X_3 + X_1 + X_2 + X_{21}) + X_{12}(X_4 + X_1 + X_2 + X_{13} + X_{21}) + (X_{19} + X_{20}X_4) + (X_4 + X_5) + X_6 + (X_4 + X_7) \tag{1}$$

在故障树分析中,常把能使顶事件发生的基本事件的集合称为割集合。如果割集合中任一基本事件不发生就会造成顶事件不发生,则该割集合称为最小割集合[8]。展开该故障树结构函数,可得该树最小割集合为:

$\{X_{14}X_1, X_{14}X_2, X_{14}X_1, X_{14}X_2, X_{14}X_{13}, X_{15}X_3, X_{15}X_1, X_{15}X_2, X_{16}X_4, X_{16}X_1, X_{16}X_2,$

$X_{16}X_{13}, X_{17}X_3, X_{17}X_1, X_{17}X_2, X_{18}X_8, X_9X_3, X_9X_1, X_9X_2, X_9X_{21}, X_{10}X_4, X_{10}X_1, X_{10}X_2,$
$X_{10}X_{13}, X_{10}X_{21}, X_{11}X_3, X_{11}X_1, X_{11}X_2, X_{11}X_{21}, X_{12}X_4, X_{12}X_1, X_{12}X_2, X_{12}X_{13}, X_{12}X_{21}, X_{19},$
$X_{20}X_4, X_4, X_5, X_6, X_7\}$

基本事件的结构重要度取决于其在故障树结构中的位置,可根据基本事件在故障树最小割集合中出现的次数评价其结构重要度。依此定义为

$$I_\phi(i) = \frac{1}{k}\sum_{j=1}^{m}\frac{1}{R_j} \tag{2}$$

式中 $I_\phi(i)$——第 I 个基本事件的结构重要度;

k——故障树包含的最小割集合的数目;

m——包含第 I 个基本事件的最小割集合的数目;

R_j——包含第 I 个基本事件的第 j 个最小割集合中基本事件数目。

最后,按各基本事件的结构重要度的计算值大小,可得出其风险的相对排序为

内因:$X_1 > X_2 > X_3 > X_{13} > X_{21} > X_5 > X_7 > X_{20} > X_8 > X_4 > X_{14} > X_{15} > X_{10} > X_{12} > X_9 > X_{11}$

外因:$X_{16} > X_{17} > X_6 > X_{18} > X_{19}$

由此可见,导致管片结构体系失效的内因中,最为重要的是混凝土管片自身质量必须得以保证,其次是注浆防水层及管片内侧面层的施作质量。外因中处于首位的是隧管中空气的环境条件及内外侧介质中有害离子 Cl^- 的含量,远较其他各类侵蚀性离子的影响程度严重。CO_2 及 HCO_3^- 等是混凝土碳化的直接影响因素,故其在事故树中结构重要度居次位。

3.2 管片构件耐久性失效风险的定量化计算

由 FTA 的分析结果及 3.2 节对侵蚀性环境影响因素的分析,考虑到长江口处因咸潮上溯导致江水盐度的大幅提高(如 1978~1979 年咸潮使崇明跃进农场处北支江水的平均含氯度达 6 825 mg/L)[9],隧道建成后也难免局部渗漏,故设定隧道外侧按 Cl^- 浓度达到临界浓度从而使钢筋钝化膜破坏作为构件耐久性的失效模式。构件内侧的失效模式,拟设定为由 CO_2 侵蚀导致的混凝土保护层碳化。建立的极限状态方程分别为

$$Z_{d1}(t) = R_{d1}(t) - S_{d1}(t) < 0 \quad (0 < t \leqslant T) \tag{3}$$

$$Z_{d2}(t) = R_{d2}(t) - S_{d2}(t) < 0 \quad (0 < t \leqslant T) \tag{4}$$

式中 $Z_{d1}(t)$——由 Cl^- 侵蚀使管片外侧钢筋钝化膜破坏导致钢筋锈蚀的功能函数;

$Z_{d2}(t)$——由混凝土碳化使保护层失效而使钢筋锈蚀的功能函数;

$R_{d1}(t)$——Cl^- 的临界浓度,本例令为平稳随机过程,$Cl_c(t) = Cl_c$,服从均值方差,则与水泥品种等有关;

$S_{d1}(t)$——Cl^- 浓度,令为平稳随机过程,$Cl(t) = Cl$,按数据[9]经 x^2 拟合的优度检验,服从 $F(Cl) = f(Cl - 774.1)/523.9$;

$R_{d2}(t)$——钢筋保护层厚度,可视为一平稳机过程,$C(t) = C$,服从 $F(C) = f(C - 50)/6.5$;

$S_{d2}(t)$——混凝土碳化深度,如下式:

$$S_{d2}(t) = \alpha(t)^l \tag{5}$$

式中,α 是混凝土碳化速度系数,在假定仅与混凝土强度等级相关的前提下,资料[10]给出了它的经验公式:

$$\alpha = K_d K_{ei} K_t (24.48/\sqrt{f_{cu}} - 2.74) \tag{6}$$

式中，K_d、K_{ei}、K_t 分别为地区、室内外环境、养护时间影响系数，取为 0.8、1.97、1.50；f_{cu} 为混凝土立方抗压强度，取如下的经时历变模型：

$$F(f_{cu}) = f\{(f_{cu} - 1.4529e^{-0.0246(\ln t - 1.7154)^2} 53.4/(0.0305t + 1.2368)6.0\} \tag{7}$$

式中，λ 为混凝土碳化指数[11]，服从：

$$F(\lambda) = f\{(\ln\lambda + 0.652)/0.153\} \tag{8}$$

采用蒙特-卡罗法（MC）可求得设计使用年限为 100 年时的管片构件耐久性失效风险为

$$\begin{aligned} p_f &= \max_{t \in (0,100)} \{p_{fd}(t)\} \approx p_{fd}(100) \\ &\approx p\{Z_{d1}(100) \leqslant 0\} + p\{Z_{d2}(100) \leqslant 0\} \\ &= 0.0175 \end{aligned} \tag{9}$$

3.3 结构耐久性失效风险的层次化分析

由于搜集的数据有限且某些风险因素难以建立数学模型模拟，同时各风险因素作用的后果也尚未计入，故仅由以上有限的量化分析结果，尚难以对整个结构的耐久性失效风险作出评价。为得到结构整体耐久性失效风险系数及分级，可采用层次分析法（AHP）[12]进行综合评定。

第一步将风险因素划分为三个层次。

第一层次分为：钢筋锈蚀、混凝土腐蚀、金属构件腐蚀、混凝土性能劣化。

第二层次分别为：Cl^- 侵蚀、混凝土碳化、杂散电流、膨胀性破坏、分解性破坏。其他因素：管片结构接头螺栓、土壤环境中的金属构件、隧管内部外露预埋件、抗渗性、碱-骨料反应。

按引起第二层次事件发生的途径找出第三层次事件如下：地下水 Cl^- 含量、空气 Cl^- 含量、Cl^- 在混凝土中的扩散速度、Cl^- 临界浓度、管片混凝土水灰比及水泥品种、环境温湿度、空气 CO_2 浓度、地下水中 HCO_3^- 含量、直流设备漏电/螺栓与钢筋骨架接触；地下水 SO_4^{2-} 含量、盐类析晶、Mg^{2+} 及 Cl^- 含量、地下水中 Mg^{2+} 含量、H_2S 等的含量、地下水中碳酸含量、土中微生物侵蚀、隧管内有害气体、通行车辆化学物漏洒；螺栓钢材性能、保护涂层、与大气隔绝程度、管片漏水情况、土层含水量变化、地下水 pH 值、金属电阻率、腐蚀性离子含量、隧管内环境温湿度变化、空气中侵蚀性离子、涂层制作质量；原材料的选择、水灰比和最佳水泥用量、外加剂、混凝土中碱性物质含量、骨料中活性矿物、水分含量、粉煤灰等材料的采用。

第二步对各层次因素分别构造判断矩阵，按相对重要性给出各层次因素权重值 $w_i * (i = 1 \sim 5)$。然后按风险概率分级（$0 \sim 1$ 分为 5 级）表及风险后果非效用值（$0 \sim 1$，分为 5 级）表，由有经验的专家进行评分，从而取得量化指标。

为使采集的数据具有普遍性，在本次风险评估中被调查的专家对象共有 21 名，涵盖教学、科研、设计、施工各方面的专业人士。其中包括正副教授 6 名（研究方向为地下结构的 3 名、工程结构耐久性的 3 名）；研究结构耐久性的博士研究生 4 名、硕士生 2 名；从事地下工程设计的工程师 5 名；从事地下工程施工的工程师 4 名。

该专家组主要对各层次风险因素发生概率以及权重、各级后果的发生概率进行评分，而在整理数据时，对于个别明显异常的数据均予以剔除。如将风险系数 R 定义为：$R = P_f + C_f - P_f C_f$（其中 P_f 表示项目失效的概率，C_f 表示项目风险的后果非效用值），则可通过整理后的专家评分值按以下方法计算各层次风险因素的风险系数，最终得到结构体系耐久性失效风险的定级。

由以上专家给出的底层各风险因素发生概率 $P_{f-3},*$、各级后果 $C_{f-3,-j}$ 及其出现概率 $P_{cf,-j}(j=1\sim5)$ 的分值,如取 P_{f-3} 是各个风险因素的发生概率,C_{f-3} 为风险因素各级后果非效用值的加权平均值,即:

$$C_{f-3} = (C_{f-3,-1}P_{cf,-1} + C_{f-3,-2}P_{cf,-2} + \cdots + C_{f-3,-5}P_{cf,-5})/5 \tag{10}$$

则可计算第三层次风险因素的风险系数:

$$R_3 = P_{f-3} + C_{f-3} - P_{f-3}C_{f-3} \tag{11}$$

同理,第二层次风险因素的风险系数可按下式计算:

$$R_2 = P_{f-2} + C_{f-2} - P_{f-2}C_{f-2} \tag{12}$$

式中:

$$P_{f-2} = (w_{3,1}P_{f-3,1} + \cdots + w_{3,n}P_{f-3,n})/n \tag{13}$$

$$C_{f-2} = (w_{3,1}C_{f-3,1} + \cdots + w_{3,n}C_{f-3,n})/n \tag{14}$$

第一层次及总风险因素的风险系数可由下式计算:

$$R_1 = \sum_{i=1}^{n} w_{2,i} R_{2,i} \tag{15}$$

式中,$w*$ 为各风险因素的权重值,n 为风险因素的个数。经计算得出的第一层次风险因素的风险系数值见表 1,由此风险系数表可求得管片结构体系耐久性失效风险系数,$R=0.27$。

表 1　　　　　　　　盾构隧道管片结构耐久性风险系数
Table 1　　　　Risk coefficients of the structure durability of shield tunnel segments

序号	因素组 1	风险系数 R_1	权重	排序
1	钢筋锈蚀	0.37	0.4	1
2	混凝土腐蚀	0.25	0.3	3
3	金属构件腐蚀	0.26	0.2	2
4	混凝土性能劣化	0.16	0.1	4

3.4 结构耐久性失效风险评级

根据管片结构体系耐久性失效风险系数 $R=0.27$ 评定,风险等级应为二级,即后果较轻,但应适当采取措施。由管片构件耐久性失效风险的定量计算结果为 1.75×10^{-2},耐久性失效风险严重度的定级为 Ⅲ,根据美国国防部的系统安全纲要[13]的评定标准,灾害风险指标为 3B,风险决策准则为:不希望发生,由高层管理决策是接受或拒绝风险。

综合以上分析结果,做出如下结论:管片结构系统耐久性失效风险可定为二级,但鉴于本工程的重要性,应采取多方面的措施,使结构达到设计基准期的要求。

4 结构耐久性失效风险防治对策及结语

根据结构系统风险评级,可采取如下防治措施:由于设计基准期延长为 100 年而现有规范未作相关规定,设计参数中影响最大的是可变荷载,建议按 50 年设计值乘上 1.1 系数修正后采用;适当加厚主体结构保护层厚度[6];采用惰性骨料(可由粉煤灰、微硅石及其他添加剂组成)作为混凝土拌和料,并将水灰比限制在 0.35 以下,可使管片混凝土达到高强度及低渗透性;添加高炉矿渣,但同时应改进灌浆工艺与增加初期强度以克服干缩裂纹的缺陷,则可使管片结构混凝土保持高密实度、阻止盐分渗透,并可抑制混凝土内部温度及随之而产生的温度裂纹效应。

为提供盾构管片防腐蚀的多道防线,则应选取能够保持长期稳定性、防水性的注浆材料,并加强注浆防水层的质量检查;采取结构措施防止渗流并加强营运期通风除湿,保持隧管内环境;随着时间的推移,还应考虑采取多阶段的保护策略,跟踪侵蚀性杂物的活动情况;确定主要传递机理并控制各项参数,以提供适当的保护屏障;必要时应考虑更换构件以延长结构使用寿命。

本文针对崇明越江通道工程使用环境及盾构隧道结构的特点,全面分析了导致结构耐久性失效的各级风险因素,首次提出了管片构件耐久性失效风险的计算方法,并计算了设计使用年限100年的风险值,进行了定性及半定量评价,给出了结构耐久性风险评级,提出了综合防治措施。随着国民经济的发展,大型工程的建设量正日趋增大,可以预见风险评估业必将形成行业化。于此类工作在我国尚处于起步阶段,目前还无相关的方法及标准,且本专题的工作目前在我国尚无先例,故所采取的方法不妥之处难免,有待进一步发展与完善。

参考文献

[1] 上海城建设计院.上海市崇明越江通道工程可行性研究(主报告)[R].上海:2003-01.
[2] 上海市隧道工程轨道交通设计研究院.崇明越江通道(隧道方案)工可阶段技术标准方案专题论证报告[R].上海:2002-11.
[3] 中华人民共和国海事局.水上交通事故年报2000[R].北京:人民交通出版社,2001.
[4] 上海市地质调查研究院.上海市崇明越江通道(东线)工程地质调查报告[R].上海:2001-05.
[5] 同济大学等.长江口江边底泥分析测试报告(环重实[2002]第021号)[R].上海:2002-08.
[6] 杨林德,高占学.公路隧道耐久性研究现状及保护层厚度研究[J].公路隧道,2002,(5):1-7.
[7] 工藤泉.耐久性与防蚀性的研究——东京湾越湾公路盾构隧道[J].郭树棠,译.隧道译丛,1994,(10):20-28.
[8] 梅启智,廖炯生,孙惠中.系统可靠性工程基础[M].北京:科学出版社,1992.
[9] 阮仁良.上海市水环境研究[M].北京:科学出版社,2000.
[10] 牛荻涛.混凝土结构的碳化模式和碳化寿命分析[J].西安建筑科技大学学报,1995,27(4):365-369.
[11] 金伟良,赵羽习.混凝土结构耐久性[M].北京:科学出版社,2001.
[12] 王卓甫.工程项目风险管理——理论、方法与应用[M].北京:中国水利水电出版社,2003.
[13] Military Standard-System Safety Program Requirements[S]. Mil-Std-882C, 1993.

Micromechanical Modeling and Fracture Energy of the Hooked-End Steel Fiber Reinforced Concrete

ZHANG G Q[1,2] JU J W[1,3] YANG L D[2]

(1. Dept. of Hydraulic&Environmental Engineering, Zhengzhou University, Zhengzhou 450002, P. R. China;
2. Department of Geotechnical Engineering, Tongji University, Shanghai 200092, P. R. China;
3. Dept. of Civil and Environmental Engineering, University of California, Los Angeles, CA 90095, U. S. A)

Abstract This paper presents a probabilistic micromechanical framework for analyzing crack bridging stress-displacement in short steel hooked-end fiber reinforced Concrete, featuring the fiber length/diameter, with varying fiber volume and varying snubbing coefficients. The proposed formulation is constructed based on the randomly located, randomly oriented distribution of steel fibers. This random nature accounts for the dominant features of the composite failure mechanisms. The composite fracture energy dissipation may be obtained from the area under the tension-softening curve. The fracture energy dissipations contributed by the fiber interfacial debonding and fiber pullout of both the straight-parts and the *hooked-end element* are systematically investigated. Further, the fiber bridging micromechanical mechanism and the bridging stress-displacement are accommodated. The fracture energy dissipation attributable to the hooked-end element is shown to be smaller than that of the straight element, but still remains significant. Comprehensive comparisons between the constant shear model predictions and experimental data manifest significant improvements when the *hooked-end* effects are incorporated into the composite fracture energy dissipation analyses.

Keywords micromechanics; hooked-end steel fibers; fiber-reinforced concrete; fiber pullout; fiber debondingm; crack bridging; stress-displacement; fracture energy

1 Introduction

Fiber pullout in cementitious composites has been extensivelystudied by many researchers, such as Wecharatana and Shah (1983), Ward and Li (1990), Cartié, Cox and Fleck (2004), et al. A multitude of researchers conducted fiber pullout tests using different techniques to characterize the fiber-matrix interfacial bond properties in fiber reinforced cementitious composites. Jiang et al. (1984) believed that the shear stress-slip relationship is of a local nature or that this relationship is not unique but instead dependent on the location. By contrast, Edwards and Yannopoulos (1979) stated that the maximum bond stress value would not vary whether it was from a loaded end or a crack face in a concrete member; Mirza

---

* International Journal of DamageMechanics (ISSN: 1056-7895)2013 年收录

and Houde (1979) reported similar findings. Namur and Naaman (1989) assumed that the bond-slip (σ-s) relationship is that of a material property, consequently, also agreed that it is location-independent.

In quasi-brittle materials such as cementitious composites and certain brittle matrixcomposites reinforced with short fibers, the tensile behavior after peakstrength is represented by a tension-softening curve. This curve describes the relationship between the decreasing traction andthe crack-opening, where the area under the post-peak curve indicates the critical fracture energy release rate of the material. It has been shown that development of the fracture process zone and hence the R-curve behavior is controlled by the tension-softening curve (Li and Liang, 1986). Further, the tensionsofteningcurve is related to structural properties such as the modulus of rupture and shear strength of beams (Hillerborg, 1985; Li and Ward, 1989).

There are two major motivations for the development of constitutive models associating the microstructural parameters to the mechanical behavior of fiber composites. Oneis to guide the optimization of material behavior by tailoring the types and forms ofthe constituent components. The other is to predict the mechanical response ofend products composed of such materials. The topic of pre-peak stress-strain behavior andassociated mechanical properties of fiber composites (particular those continuous aligned fiberreinforcement) has been investigatedcomprehensively (e. g. , Aveston et al. , 1971; Gopalaratnam and Shah, 1987), while the post-peaktension-softening behavior of fiber-reinforced composites has not been adequately scrutinized. Nevertheless, the work of fracture due to the bridging of discontinuous-but-aligned fibers in brittle matrix composites was studied by Kelly and McMillan (1986). Fracture due to discontinuous andrandom fibers was studied by Wetherhold (1989).

This paper presents a probabilistic micromechanical framework of the tension-softening behavior of short steel hooked-end fibers reinforced concrete. The proposed formulationis constructed based on the randomly located, randomly oriented distributionof steel fibers. This random nature accounts for the dominant features of the composite failure mechanisms, which include the fiber interfacial debonding (cf. Ju and Ko, 2008, 2009; Ju and Yanase, 2008) and the fiber pullout. The constant shear model discussed in this paper of the fiber interface takes an angle effect to the matrix crack plane during the fiber pullout process. The composite fracture energy dissipation may be obtained from the area under the tension-softening curve. The primary objective of this research is to understand the behavior of a fiber in the reinforced concrete during fracture, while taking into consideration the fiber orientation, fiber distribution, fibers length and fiber length/diameter aspect ratio. The modeling of fiber pullout of a straight element from the concrete, the fiber bridging micro-mechanical mechanism, the bridging stress-displacement for constant shear model, the modeling of fiber pullout for the hooked-end element from the concrete, and the composite fracture energy dissipation model are systematically presented. Finally, the model predictions of the tension-softening curves for steel fiber reinforced concrete, based onvarious microstructural parameters, are comprehensively comparedwith our laboratory experimental data to illustrate the salient features and characteristics of the proposed framework.

2 Modeling of fiber pullout for a straight element from cementitious composites

This section seeks to characterize and improve the understanding and modeling of fracture energy of steel fiber-reinforced concrete based on the combined micromechanical-computational framework. The hooked-end steel fibers are used as reinforcements for the cementitious matrix to enhance fracture toughness and energy absorption capacity, and at the same time reduce the cracking sensitivity of the matrix. The cement-based composites generally exhibit the characteristics of brittle matrix composites, such as when the failure of the matrix precedes the fiber failure or pullout, thus permitting the fibers to bridge a propagating crack. The toughening effect occurs as a result of several types of fiber-matrix interactions that lead to energy absorption in the fiber-bridging zone of fiber-reinforced cementitious composites.

In general, fibers can bridge the crack surfaces, decrease the stress intensity factor, and increase the energy dissipation through the progressive fiber pull-out mechanism. It is worth noting that this mechanism significantly influences the total fracture energy absorption during crack propagation. Therefore, the fiber-matrix interfacial bond strength strongly affects the ability of fibers to stabilize crack propagation in the matrix. Although the actual amount of fracture energy absorption associated with each mechanism for an individual fiber may not be significant, a large number of fibers bridging over an extended length can contribute to a significant fracture toughening effect on the steel fiber-reinforced cementitious composites. Generally, the process of energy absorption mechanisms in steel fiber-reinforced cementitious composites, which include the fiber bridging, fiber debonding, and fiber pullout mechanisms as a crack propagates across the fiber through the matrix. Fiber pullout plays an important role as it governs the behavior of steel fiber-reinforced concrete after the cracking of the matrix.

2.1 Single hook end fiber pull-out

Li and Chan (1994) conducted tests of straight-end fibers by pulling individual fibers out of the cement matrix. Numerous models associating the pull-out test results with the fiber matrix bond characteristics have been developed, however, previous models did not take the effect of the hooked end into account.

Incorporation of hooked-end steel fibers into a cementitious-based matrix has been found to improve several key composite properties such as the fracture toughness, pseudo strain hardening, shear strength as well as impact and fatigue resistance (Zhang and Li, 2002). Modeling the fiber pullout of the hooked-end part requires basic understanding of the mechanical properties and behaviors of the hooked end. The hooked end plays a significant role in a crack bridge model, as it has an anchoring effect that prevents both the interlocking fibers from pulling out and the crack from opening; cf. Fig. 1. The two parts of these fibers—the straight element and the hooked ends—display different behaviors when pulled out of a cement matrix and micromechanical models need to account for the differences.

2.2 Elastic bond and frictional bond effect

Gopalaratnam and Shah (1987) obtained one-dimensional solutions to the fiber pull-out problem, taking into consideration gradual debonding. Debonding takes place when the maximum shear stress reaches the elastic bond strength (τ_s). The shear stress in the debonded region is determined by

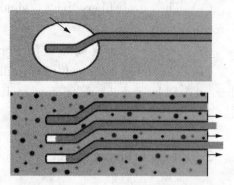

Fig. 1 The hooked-end steel fibers

the frictional bond strength (τ_i). Both elastic bond strength τ_s and frictional bond strength τ_i are assumed to be constant during the pull-out process. In most cases, the pull-out analysis can be simplified by neglecting the elastic stress field. The frictional bond strength (τ_i) varies with the slippage distance (s) between the fiber and the matrix during the process of pull-out; cf. Wang et al. (1988).

2.3 Comparing strength-based and fracture-based debonding modes

In strength-based approaches (Lawrence, 1972; Gopalaratnam and Shah, 1987; Naaman et al., 1991a,b; Leung and Li, 1992), debonding is assumed to occur once the limit of interfacial bond strength is exceeded. In fracture-based approaches (Stang et al., 1990; Morrison et al., 1988; Leung, 1992), the debonded interfacial zone is regarded as a tunnel crack which grows in length once the limit interfacial toughness is surpassed at the crack tip. When a fiber-reinforced cementitious composite is subjected to a tensile load and undergoes fracture, the steel fibers may undergo various stages of interaction with the cement matrix. When the external load is low, the fiber-matrix interface remains well bonded. This is followed by a stage of partial debonding when the load increases beyond the capacity of the critical interfacial bond properties. Resistance of the applied load comes partly from the elastic bond and on the bonded segment of the fiber and partly from the frictional bond on the debonded segment of the fiber. When the entire embedded length is completely debonded, the fiber may start to be pulled out. At this final stage, the fiber stress is mainly resistant due to frictional shear stress between the fiber and the matrix.

2.4 Model assumptions

The following assumptions have been adopted to facilitate the micromechanical model development of fracture energy of steel fiber-reinforced cementitious composites.

(1) The matrix crack plane keeps planar.

(2) Thematrix deformation is negligible during fiber pull-out.

(3) The hooked-end steel fibers have 3D randomdistributions in both locations and orientations.

(4) The steel fibers are straight between the hooks.

(5) The steel fibers have cylindricalgeometry for both straight and hook-ended elements.

(6) The fiber-matrix bond is frictional and the elastic bond strength is negligible.

(7) The effect of steel fiber pull-out from the matrixat an oblique angle can be characterized by a snubbing friction coefficient, f, based on experimental observations (Li et al., 1991).

3　Fibers bridging effect

Fibers can be custom-shaped to anchor inside the matrix and thereby resist progressive fiber debonding and pull-out at a crack face, thus improving the fracturetoughness of concrete. The pulling forces produced by the crack opening will initiate the evolutionary interfacial fiber debonding from the loading sideand propel it through the entireembedded length, until the single fiber fully debonds. During this progressive debonding stage, when the stresses in the fiber exceed the yield stress, the fiber develops plastic deformation and dissipatesplastic energy, which in turn increases the amount of fracturetoughness of the composites. Subsequent to the completed fiber debonding or the local sliding force exceeding the interfacial frictional force, the fiber begins to experience progressive pull-out from the surrounding cementitious matrix. We first analyze the straight part of the fiber (between the hooked ends). Based on the concept of debonding against a frictional strength of τ and the concept of an inclined fiber acting as a rope passing over a frictional pulley against a snubbing coefficient, f, Li (1993) derived the fiber bridging stress by integrating the individual contribution of fibers located at various centroidal distances (z) from the matrix crack and at various orientations (ϕ) relative to the tensile loading direction. For a composite with the fiber volume fraction (V_f) and fibers length (L_f), diameter (d_f), the bridging stress (σ_B) can be expressed as the function of cracking opening (δ).

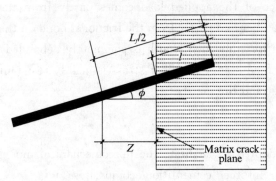

Fig. 2　A fiber crossing a matrix crack

Fig. 2 (cf. Li et al., 1991) shows a fiber length (L_f) arbitrarily located within its centroid at a distance z from the matrix crack plane, and with an orientation angle ϕ to the tensile loading axis. Only fibers with a positive embedded length (l), defined by

$$l = \frac{L_f}{2} - \frac{z}{\cos\phi} \tag{1}$$

This implies the crack interception condition is

$$\phi \leqslant \arccos\frac{2z}{L_f} \tag{2}$$

The number of fibers bridging across a given matrix crack plane clearly depends on the distribution of z and ϕ. For a uniformly random distribution, the probability density function

$p(z)$ of the centroidal distance z is simply

$$p(z) = \frac{2}{L_f}, \quad \text{for} \quad 0 \leqslant z \leqslant \frac{L_f}{2} \tag{3}$$

The 3D random orientation of fibers in the matrix implies that a fiber end has an equal likelihood of being located at any point on a hemisphere. Further, the probabilitydensity function $p(\phi)$ of the inclining angle ϕ is

$$p(\phi) = \sin\phi, \quad \text{for} \quad 0 \leqslant \phi \leqslant \pi/2 \tag{4}$$

The effect of fiber orientation on the toughening of steel tiber-reinforced concrete

Norman and Robertson (2003) investigated the effect of fiber orientation on the toughening of cementitious composites by short steel fibers using specimens with well-aligned and randomly oriented fibers. The procedures they performed included fiber pull-out (including snubbing) and fiber-matrix debonding to the fibers adjacent to the bridging fracture plane. Fig. 3 shows the steel fibers bridging the crack and fiber pull-out at several locations during our laboratory testing. Complete steel fiber pull-out occurred for nearly all fibers that were perpendicular to the fracture plane or had at least one embedded end that was less than the critical length into the matrix. Moreover, the fiber-matrix debonding occurred for nearly all fibers sufficiently close to the crack plane regardless of fiber orientation or whether the fibers intersected the crack plane.

Mandel et al. (1987) and Huang (1990) studied the applicability of linear elastic fracture mechanics to short steel fiber-reinforced cementitious composites. From these studies, it is evident that short fibers tend to increase the size of the process zone around the crack tip, since it must remain smaller than the specimen dimensions in order to obtain valid plane-strain fracture toughness. Fibers that are not quite perpendicular to the fracture plane provide the greatest toughening; these fibers are pulledout completely and make a significant contribution to fracture toughness due to energy dissipation. Those steel fibers at higher angles provide less toughening, rendering nearly equal contributions from fiber pull-out and fiber-matrix debonding.

Fig. 3 Fibers bridging the crack and fibesr pull-out at several locations under the 3-point bending test

4 The bridging stress-displacement for constant shear model

The pre-peak and post-peak bridging stress-displacement relations derive from the bridging mechanism associated with the randomly located and randomly oriented discontinuous steel hooked-end fibers in the cementitious composites. The post-crack strength and fracture energy are examined in light of scaling micromechanical parameters such as the fiber snubbing coefficient, fiber diameter, aspect ratio, fiber volume fraction, and interface bond strength. Models for the debonding of a fiber embedded in cementitious composites are proposed and analyzed. The pull-out process is accompanied only by the constant frictional shear acting in between the fiber-matrix interfaces.

For convenience, we refer to the frictional sliding across the opening crack as the crack bridging stress-displacement curve (σ_B-δ). The rising part of the bridging stress-displacement curve is mainly associated with the fiber-matrix interface process. The pre-peak part of the curve plays a considerable role in governing the magnitude and the existence of steady first crack strength as well as the presence (or absence) of multiple cracking, though it is unfortunately not directly measurable in the case of multiple cracking (Li, 1990a; Li and Leung, 1991). This paper presents a theoretical study of the complete ascending and descending branches of the bridging stress-displacement curve (σ_B-δ) for randomly located discontinuous steel fiber-reinforced cementitious composites. These solutions depend on which scaling laws of the bridging stress-displacement curve and the composite fracture energy are used with respect to the fiber, matrix, and fiber-matrix interface interaction properties.

4.1 Approximate analysis of single fiber pullout (P-δ)

In this section, the straight element of the fiber will be considered first, followed by the effect of the hooked-end elements. We start by considering an isolated straight steel fiber, loaded at its end with a force P and resisted by a constant frictional bond τ at the interface along its concrete embedded length l. By ignoring the elastic bond, the length of the slip-activated zone where τ acts on the fiber can be calculated based on the simple force equilibrium.

When an elastic fiber embedded in a stiff matrix is pulled with an axial force P at its end $x=l$, where l is the embedded length, Li (1992) proposed that the slippage $s(x)$, axial strain $\varepsilon(x)$, and axial force $F(x)$, respectively, at any point x along the length of fiber is governed by

$$s(x) = s(0) + \int_0^x \varepsilon(x') dx' \tag{5}$$

$$\varepsilon(x) = \frac{4}{\pi d_f^2 E_f} F(x) \tag{6}$$

$$F(x) = \int_0^x \pi \tau d_f [1 + \varepsilon(x')] dx' \tag{7}$$

Here, $F(x=l)=P$, and x is measured from the embedded end of the fiber, as shown in Fig. 4.

These equations are utilized to obtain the peak load when full debonding occurs:

$$P_{\text{peak}} = \frac{1}{4} \pi d_f^2 E_f \left[\exp\left(\frac{4\tau l}{d_f E_f}\right) - 1 \right] \tag{8}$$

and the displacement of the loaded end at the peak load is

$$\delta_{\text{peak}} = \frac{d_f E_f}{4\tau}\left[\exp\left(\frac{4\tau\ell}{d_f E_f}\right) - 1\right] - \ell \quad (9)$$

The axial strain is computed as

$$\varepsilon(x) = \exp\left(\frac{4\tau\ell}{d_f E_f}\frac{x}{\ell}\right) - 1 \quad (10)$$

For $\dfrac{(l/d_f)}{(E_f/\tau)} \ll 1$, the axial strain may be linearized and the load P and displacement δ can then be related. Since (E_f/τ) is typically two to three order larger (in terms of magnitude) than (l/d_f) for discontinuous fibers, any error introduced

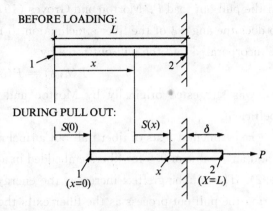

Fig. 4 Illustrations of a direct fiber pull-out problem

by this linearization process is typically less than 1% (Li, 1990b). The relationship between P and δ is expressed as

$$P(\delta) = \pi\sqrt{\frac{E_f d_f^3 \tau \delta}{2}}, \quad \text{for} \quad \delta \leqslant \delta_0 \quad (11)$$

where d_f is the fiber diameter, E_f is the elastic modulus of the fiber, and $\delta_0 = \dfrac{2l^2\tau}{E_f d_f}$.

Eq. (11) corresponds to the displacement δ when debonding is completed along the full length of the embedded fiber segment. After debonding reaches the embedded end without any rupture, the fiber pull-out process continues and, as a result, the pull-out load decreases. Again, assuming that there is a constant frictional bond while ignoring the elastic stretching of the fiber at this stage, the pull-out force is associated to the load point displacement by

$$P(\delta) = \pi\tau\ell d_f\left[1 - \frac{\delta - \delta_0}{\ell}\right], \quad \text{for} \quad \ell \geqslant \delta > \delta_0 \quad (12)$$

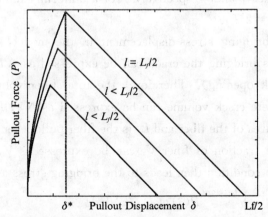

Fig. 5 The schematics of the single fiber pull-out force P versus the pull-out displacement δ relationship, for various embedded fiber lengths l

Fig. 5 shows the schematics of the single fiber pull-out force P versus the pull-out displacement δ relationship, for various embedded fiber lengths l. Here, δ^* corresponds to the pull-out displacement at the fiber's peak load when the embedded length is equal to one half of the fiber length. Eq. (11) and Eq. (12) are for fibers pulled out in a direction along the fiber axis. For randomly distributed discontinuous steel fiber-reinforced concrete, the non-aligned fibers will have an angle effect on the pull-out load P. Morton and Groves (1976) and Li (1990b) found that as P increases so does the angle ϕ of the fiber's inclination to the loading axis. This "snubbing effect" can be incorporated into the pull-out force by

$$P(\delta;\phi) = P(\delta;\phi=0)e^{f\phi} \tag{13}$$

and was suggested originally by Morton and Groves (1976), where f is the snubbing coefficient.

Experimental tests of fiber pull-out at inclined angles of up to 80° result in an f value of 0 and an f value of 0.6 for fibers embedded in a normal-strength mortar matrix (Wu and Li, 1992). The snubbing effect increases the energy dissipation due to the bending of the fiber during the pull-out process as the fiber exits the matrix. The snubbing factor g is defined in terms of the snubbing coefficient f:

$$g = \frac{2}{4+f^2}(1+e^{\pi f/2}) \tag{14}$$

where f is between 0 and 1, and g ranges from 1 to 2.32 (Li, 1992).

4.2 Pre-peak bridging stress-displacement curve (σ_B-δ)

The bridging stress-crack opening relationship (σ_B-δ) occurs when the fibers bridge across the matrix crack. In this model, fibers are only held in the matrix by friction and not with an elastic interfacial bond. It is also assumed that the fibers have interfacial friction low enough so that all fibers can be pulled out without breakage. For a composite with the fiber volume fraction V_f, Li et al. (1991) showed that the composite σ_B-δ curve can be predicted by integrating the contributions of (only) those individual fibers that cross the matrix crack plane, assuming that the steel fibers are distributed homogeneously and expressed as

$$\sigma_B(\delta) = \frac{4V_f}{\pi d_f^2} \int_{\phi=0}^{\pi/2} \int_{z=0}^{(L_f/2)\cos\phi} P(\delta)p(\phi)p(z)dzd\phi \tag{15}$$

where $p(\phi)$ and $p(z)$ = the probability density functions of the orientation angle and the centroidal distance of the fibers from the crack plane, respectively. For a uniformly random distribution, we write $p(\phi)=\sin\phi$ and $p(z)=2/L_f$.

According to the definition of crack bridging stress-displacement in the model, the volume of the concrete in which the fiber is bridging the crack can be expressed as $A_c L_f$, where L_f is the fiber pullout length (crack opening). Therefore, the total fiber volume fraction bridging the crack inside the concrete crack volume can be expressed as $N_f A_f L_f$, where N_f is the number of fiber, A_f is the area of the fiber and L_f is the fiber pullout length (crack opening). Accordingly, the volume fraction of fiber V_f can be expressedas $V_f = N_f A_f L_f / A_c L_f$. Use of the force equilibrium condition then leads to the bridging stress as

$$\sigma_B(\delta) = N_f \frac{P(\delta)}{A_c} = \frac{4V_f}{\pi d_f^2} \int_{\phi=0}^{\pi/2} \int_{z=0}^{(L_f/2)\cos\phi} P(\delta)p(\phi)p(z)dzd\phi \tag{16}$$

When Eq. (15) is normalized by σ_0, the equation can be rewritten in the form

$$\tilde{\sigma}_B(\delta) = \frac{8}{\pi \tau L_f d_f} \int_{\phi=0}^{\pi/2} \int_{z'=0}^{\cos\phi} P(\delta)\sin\phi dz' d\phi \tag{17}$$

where $\tilde{\sigma}_B = \dfrac{\sigma_B}{\sigma_0}$, $\sigma_0 = \dfrac{V_f \tau}{2}\left(\dfrac{L_f}{d_f}\right)$ and $z' = \dfrac{z}{\left(\dfrac{L_f}{2}\right)}$.

For the pre-peak stress-displacement curve (i. e., $0 < \delta < \delta^*$), there are two main contributions from individual fibers. For those fibers located or oriented in such a way as to have a long embedded length l, the major contribution is fiber debonding. For all other fibers, their major contribution is fiber slippage. Fibers in the first group pass into the second group as δ increases. For the first group of fibers, it is important to recognize that Eq. (11) holds as long as

$$0 < \delta < \delta_0 = \frac{2l^2 \tau}{E_f d_f} = \frac{2\tau}{E_f d_f}\left(\frac{L_f}{2} - \frac{z}{\cos\phi}\right)^2 \tag{18}$$

where the embedded length l has been re-expressed in terms of the fiber length L_f, the centroidal location z, and the orientation ϕ of a particular fiber. After transformation and normalization, this becomes $0 < z' < z_0 \cos\phi$, where

$$z_0 = 1 - \left[\left(\frac{E_f}{\tau}\right)\left(\frac{d_f}{L_f}\right)\tilde{\delta}\right]^{1/2} \tag{19}$$

Therefore, for this group of fibers, the contribution to the bridging stress is

$$\tilde{\sigma}_B(\delta)\big|_{\text{debond}} = \frac{8}{\pi \tau L_f d_f} \int_{\phi=0}^{\pi/2} \int_{z'=0}^{z_0 \cos\phi} P(\delta) \sin\phi \, dz' d\phi \tag{20}$$

where $P(\delta)$ is expressed in Eq. (11). The upper integration limit for z' in Eq. (20) ensures that only those non-fully debonded fibers are considered in this contribution. For the second group of fibers, slippage occurs; Eq. (12) holds as long as we satisfy $\delta_0 < \delta \leqslant l = \left(\dfrac{L_f}{2} - \dfrac{z}{\cos\phi}\right)$ or $z_0 \cos\phi < z' \leqslant (1-\tilde{\delta})\cos\phi$. For this group of fibers, the contribution to the bridging stress therefore reads

$$\tilde{\sigma}_B(\delta)\big|_{\text{slipping}} = \frac{8}{\pi \tau L_f d_f} \int_{\phi=0}^{\pi/2} \int_{z'=z_0 \cos\phi}^{(1-\tilde{\delta})\cos\phi} P(\delta) \sin\phi \, dz' d\phi \tag{21}$$

where $P(\delta)$ is expressed in Eq. (12). The lower integration limit of z' in Eq. (21) ensures that only fully debonded fibers are considered in this contribution. The upper integration limit ensures that those fibers fully slipped out of the matrix play no further role in the bridging stress.

By combining these two contributions for any given $0 < \delta < \delta^*$, the equation can be written as $\tilde{\sigma}_B(\tilde{\delta}) = \tilde{\sigma}_B(\tilde{\delta})\big|_{\text{debond}} + \tilde{\sigma}_B(\tilde{\delta})\big|_{\text{slipping}}$ and becomes

$$\tilde{\sigma}_B(\tilde{\delta}) = g\left[\tilde{\delta}^2 - \frac{2}{3}\tilde{\delta}^* \tilde{\delta}^3 + 2\left(\frac{\tilde{\delta}}{\tilde{\delta}^*}\right)^{\frac{1}{2}} - \frac{4}{3}\left(\frac{\tilde{\delta}^3}{\tilde{\delta}^*}\right)^{\frac{1}{2}} - \frac{\tilde{\delta}}{\tilde{\delta}^*}\right], \quad \text{for} \quad 0 \leqslant \tilde{\delta} \leqslant \tilde{\delta}^* \tag{22}$$

For $\tilde{\delta}^* \ll 1$, the bridging stress-displacement relationship can be reduced to the simplified form:

$$\tilde{\sigma}_B(\tilde{\delta}) = g\left[2\left(\frac{\tilde{\delta}}{\tilde{\delta}^*}\right)^{\frac{1}{2}} - \frac{\tilde{\delta}}{\tilde{\delta}^*}\right], \quad \text{for} \quad 0 \leqslant \tilde{\delta} \leqslant \tilde{\delta}^* \tag{23}$$

where $\tilde{\delta} = \dfrac{\delta}{\left(\dfrac{L_f}{2}\right)}$, and $\tilde{\delta}^* = \left(\dfrac{\tau}{E_f}\right)\left(\dfrac{L_f}{d_f}\right)$.

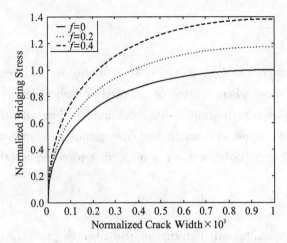

Fig. 6 The relationship between the normalized bridging stress and the normalized crack width for three different snubbing factor values at the pre-peak stage

Eq. (23) corresponds to the maximum attainable (normalized by $L_f/2$) value of δ_0 for the fiber with the longest embedment length of $L_f/2$. The snubbing effect allows the energy dissipation to increase due to the fiber bending during the pull-out process as the fiber exits the matrix. The snubbing factor g is defined in terms of the snubbing coefficient f. Fig. 6 shows the relationship between the normalized bridging stress and the normalized crack width for three different snubbing factor values at the pre-peak stage. In general, the peaks of the σ_B-δ curves occur slightly prior to δ^*. For $\delta^* \ll 1$, the maximum bridging stress approximately scales with $g\sigma_0$. This also corresponds to the highest value in the post-peak stress-displacement curve. Li (1990b) and Li and Leung (1991) stated that this maximum bridging stress controls the existence of the first crack steady state and hence, the reliability of the material. From this point of view, it is preferable to have large values of f, V_f, τ and L_f/d_f. However, these parameters, which lead to high bridging stress, also induce the possibility of fiber rupture and thus eliminate the possibility of energy absorption through fiber pull-out.

4.3 Post-peak bridging stress-displacement curve(σ_B-δ)

For $\delta > \delta^*$, all fibers will slip or experience pull-out. We follow the same procedure as Eq. (15) to Eq. (20) while eliminating all fibers that have fully slipped out from the matrix; the bridging stress may be written as

$$\tilde{\sigma}_B(\delta)|_{\text{slipping}} = \frac{8}{\pi\tau\left(\frac{L_f}{d_f}\right)d_f^2}\int_{\phi=0}^{\pi/2}\int_{z'=0}^{(1-\tilde{\delta})\cos\phi} P(\delta)\sin\phi dz' d\phi \tag{24}$$

An evaluation of this integral leads to

$$\tilde{\sigma}_B(\tilde{\delta}) = g\left[(1-\tilde{\delta})^2 + \frac{2}{3}\tilde{\delta}^*(1-\tilde{\delta}^3)\right] \tag{25}$$

Since $\tilde{\delta}^* \ll 1$, the second term may be dropped without loss of accuracy, and the post-peak stress-displacement curve can be stated as

$$\tilde{\sigma}_B(\tilde{\delta}) = g(1-\tilde{\delta})^2, \quad \text{for} \quad 1 > \tilde{\delta} > \tilde{\delta}^* \tag{26}$$

where additional terms involving $\tilde{\delta}^*$ and higher orders have been neglected, in order to be valid when $\tilde{\delta}^* \ll 1$. Eq. (26) computes the post-peak part of the σ_B-δ curve. Fig. 7 shows the relationship between the normalized bridging stress and the normalized crack width for three different snubbing factor values at the post-peak stage.

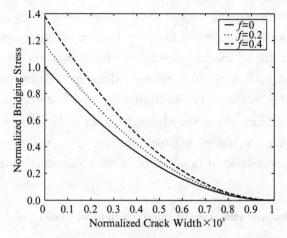

Fig. 7 The relationship between the normalized bridging stress and the normalized crack width for three different snubbing factor values at the post-peak stage

5 Modeling of fiber pullout for the hooked-end element from concrete matrix

The hooked-end part also contributes significantly to the composite fracture energy and toughness. This section presents a parametric study that considers the influences of elastic moduli of fibers and the matrix, the fiber-matrix interfacial bond strength, the fiber volume fraction as well as the fiber orientation in the matrix. The hooked-end section of the fiber plays a major role in resisting crack propagation. In reality, it is difficult to analyze from the experimental results which fiber bridging mechanisms-debonding or pull-out-contribute more to the total amount of the composite fracture energy. Consequently, only the hooked-end part will be investigated in this section. The total composite fracture energy will be a combination of the properties of the straight part and the hooked-end part of the fiber.

When a hooked-end part is being pulled out perpendicular to the crack plane as exhibited in Fig. 8, there is an additional normal force acting on the surface of the fiber, provided by matrix wedge near the fiber exit point due to the change of direction in the fiber pull-out mechanism. A complementary friction is still developed between fiber and matrix during the fiber pullout. The influence of this friction on the bridging force depends

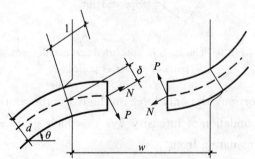

Fig. 8 A hooked-end element is bridging the crack

on the interfacial properties of the fiber and the matrix. In this section the interfacial friction is assumed to be constant during the fiber pullout. Further, our micromechanical model takes into consideration the bending of the hooked end.

For clarity, the crack opening notation will change from δ tow in this section. Morton and Groves (1974) studied the effect of fiber bending on bridging stress and concluded that the bridging force provided by the anchored fiber is the sum of the two vector components as displayed in Fig. 8; i. e. , a debonding component along the axis of the fiber and the bending component perpendicular to the fiber direction. The above descriptions suggest that fiber inclination can lead to an increase in the bridging force and higher stress on the fiber due to bending, thus resulting in higher fracture energy. An analytical model based on a cantilevered beam representation of the fiber is adapted here to analyze the pull-out load of a steel fiber.

Derivation of the hooked-end element micromechanical model

The fiber is separated into two free bodies in the middle of the crack. Similar to the approach proposed by Katz and Li (1995), each part of the fiber is simulated as an elastic beam, partially supported on a matrix foundation and partially cantilevered as exhibited in Fig. 9. Following Morton and Groves (1974), the deflection at the free end, δ, and free portion length, l, can be expressed in term of the crack width, w, and the fiber diameter, d_f, as follows:

$$\delta = \frac{1}{2}w\sin(\theta) \text{ and } l = \frac{1}{2}[d_f\tan(\theta) + w\cos(\theta)] \tag{27}$$

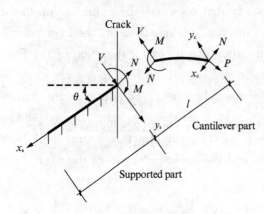

Fig. 9 The loads of supported and cantilevered parts of a fiber as pulled

The cantilevered part of the beam is subjected to the axial load N and the shear load P. The supported part is subject to the axial load N, shear load V, and bending moment M, all of which are transferred from the cantilevered part.

Timoshenko and Gere (1961) studied the bending of a bar on a continuous elastic foundation such that when the bar is deflected the intensity of the continuously distributed reaction at every section is proportional to the deflection at that section. For an unloaded portion, the only force on the bar is the continuously distributed reaction from the side of the foundation of intensity ky, in which y is the deflection and k is the modulus of concrete. Emanating from

$$EI_f \frac{d^4 y}{dx^4} = -ky \tag{28}$$

the general solution can be represented as

$$y = e^{\lambda x}[A\cos(\lambda x) + B\sin(\lambda x)] + e^{-\lambda x}[C\cos(\lambda x) + D\sin(\lambda x)]. \tag{29}$$

The deflection of the support as a result of the shear load V and the bending moment M thus takes the form

$$y_s = \frac{2\lambda}{k}e^{-\lambda x_s}[(V+\lambda M)\cos(\lambda x_s) - M\lambda \sin(\lambda x_s)] \qquad (30)$$

where $\lambda = \sqrt[4]{\dfrac{k}{4E_f I_f}}$. The term k represents the stiffness of the matrix foundation, and E_f and I_f are the modulus of elasticity and moment of inertia of the fiber, respectively. For the cantilevered part of the fiber, the moment in the fiber can be rendered in terms of bending load P and axial load N at the fiber end $x_c = 0$:

$$M(x_c) = -E_f I_f \frac{d^2 y_c}{dx_c^2} = -Ny_c + Px_c. \qquad (31)$$

Solving Eq. (31) with boundary condition $y_c = 0$ at $x_c = 0$, the deflection along the cantilevered part can be written as

$$y_c = 2C\sinh(mx_c) + \frac{P}{N}x_c \qquad (32)$$

where $m = \sqrt{\dfrac{N}{E_f I_f}}$. We now combine Eq. (30), Eq. (32), and the following two boundary conditions:

$$\frac{dy_s}{dx_s}(x_s = 0) = \frac{dy_c}{dx_c}(x_c = l) \qquad (33)$$

$$y_s(x_s = 0) + y_c(x_c = l) = \delta \qquad (34)$$

to arrive at

$$P = \frac{\delta}{K_2} \text{ and } M = -2K_1 PN\sinh(ml) \qquad (35)$$

Where

$$K_1 = \left\{-\frac{4\lambda^2 N^2}{k}[m\cosh(ml) + \lambda\sinh(ml)] - 2Nm\cosh(ml)\right\}^{-1} \qquad (36)$$

$$K_2 = -\frac{4\lambda}{k}K_1 N[m\cosh(ml) + \lambda\sinh(ml)] + 2K_1\sinh(ml) + \frac{l}{N}. \qquad (37)$$

Note that $V = P$; the unknown moment M, bending load P and integration constant C can be rephrased as a function of the axial load N, fiber deflection δ, and cantilevered length l. Here, δ and l relate to crack opening w and inclined angle θ by Eq. (27). The axial load N relates to the crack opening w for a given fiber matrix interfacial bond strength τ and chemical bond energy G_d as given by Lin et al. (1999) as

$$N = \frac{\pi}{2}\left[(1+\eta)E_f d_f^3 \left(\tau w + \frac{2G_d}{1+\eta}\right)\right]^{\frac{1}{2}} e^{f\theta}, \quad \text{for} \quad 0 \leqslant w \leqslant w_{fd} \qquad (38)$$

$$N = \pi d_f \tau (L_{fh} - w + w_{fd})e^{f\theta}, \quad \text{for} \quad w_{fd} < w < L_{fh} + w_{fd} \qquad (39)$$

where w_{fd} is the crack opening corresponding to full debonding of the shorter embedment length L_{fh} of the fiber:

$$w_{fd} = \frac{4\tau L_{fh}^2(1+\eta)}{E_f d_f} + \left[\frac{32G_d L_{fh}^2(1+\eta)}{E_f d_f}\right]^{\frac{1}{2}} \qquad (40)$$

where $\eta = V_f E_f / V_m E_m$. For the steel fiber-matrix interfaces, G_d is equal to zero because there is no significant chemical bond effect between the steel fiber and the concrete. For a given fiber anchor angle, sufficient fiber embedment length, as well as fiber-matrix interface properties, the axial load N can be calculated by Eq. (38) with a given crack opening displacement w.

Next, assume that maximum tensile stress due to axial pullout load and bending load occurs at the fiber exit point. Such an assumption is acceptable because even the maximum moment along the matrix foundation is located a short distance from the crack tip, but the axial load is reduced along this distance due to the bond, which in turn compensates for the increase in the bending stress. The difference between real maximum stress and the stress calculated at the fiber exit point is less than 5% (Zhang and Li, 2002). The maximum tensile stress in the fiber can be calculated by

$$\sigma_m = \frac{Md_f}{2I_f} + \frac{4N}{\pi d_f^2}. \tag{41}$$

Hence, if $\sigma_m = \sigma_f$, the fiber will break. Finally, the corresponding fiber bridging force $F(w)$ can be calculated as

$$F(w) = P(w)\sin\theta + N(w)\cos\theta \tag{42}$$

where P and N are the bending and axial loads. Both the bending mechanism and the axial (friction) stress exist during the pullout process. Since the fiber is the anchor at the crack tip, the fiber must start bending as soon as the pullout force is applied. Further, the axial frictional stress at the fiber matrix interface occurs when the fiber starts to slip. The bridging stress-displacement can be simplified, following the same methodology from the straight element part. We arrive at

$$\sigma_B(w) = \frac{4V_f}{\pi d_f^2} \int_{\phi=0}^{\pi/2} \int_{z=0}^{L_{fh}\cos\phi} F(w) p(\phi) p(z) \mathrm{d}z \mathrm{d}\phi \tag{43}$$

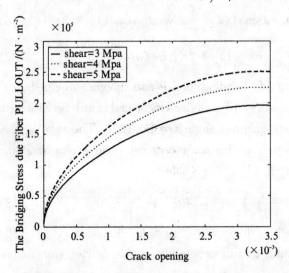

Fig. 10 The bridging stress vs. the crack opening displacement caused by the hooked-end element with different values of interfacial shear stress

where L_{fh} is the fiber embedded length of only the hooked-end element. However, the probability density function $p(z)$ of the centroidal distance z is simply $p(z) = 1/L_{fh}$, because the entire hooked-end fiber element length is taken into consideration. The probability density function $p(\phi)$ of the inclining angle is still given by $p(\phi) = \sin(\phi)$.

Fig. 10 shows the bridging stress (caused only by the hooked-end element) versus the crack opening displacement with different values for interfacial shear stress, with an embedment length of approximately 5.5 mm, a fiber aspect ratio of 45, 0.5% fiber volume fraction, the fiber anchor angle at 45 degrees, and a snubbing coefficient equal to zero. Fig. 10 also indicates that the bridging stress for the composite increases with increasing interfacial bond strength.

6 Composite fracture energy

The fracture energy for randomly oriented and randomly located short steel fiber-reinforced cementitious composites can be estimated by summing the contributions from the fiber pullout and fiber-matrix debonding of the straight elements and the hooked-end elements.

6.1 Fracture energy due to fiber pull-out (straight element)

This part of the fracture energy can be estimated by integrating the post-peak stress-displacement curve with δ up to $L_f/2$. Note that we have $\tilde{\delta}^* \ll 1$. The fracture energy due to the fiber pull-out can be calculated as follows

$$G_c = \int_0^{L_f/2} \tilde{\sigma}_B(\tilde{\delta}) \sigma_0 \, d\delta \tag{44}$$

where $\tilde{\sigma}_B(\tilde{\delta}) = g(1-\tilde{\delta})^2$ and $\tilde{\delta} = \dfrac{\delta}{\left(\dfrac{L_f}{2}\right)}$; namely, we have

$$G_c = \int_0^{L_f/2} g \left[1 - \frac{\delta}{\left(\dfrac{L_f}{2}\right)} \right]^2 \sigma_0 \, d\delta \tag{45}$$

where $\sigma_0 = \dfrac{V_f \tau}{2}\left(\dfrac{L_f}{d_f}\right)$. We arrive at the composite fracture energy due to the fiber pull-out as

$$G_c = \frac{1}{12} g \tau_0 V_f d_f \left(\frac{L_f}{d_f}\right)^2. \tag{46}$$

Eq. (46) is expressed in terms of the fiber aspect ratio L_f/d_f.

6.2 Fracture energy due to fiber debonding (straight element)

This part of the fracture energy can be estimated by integrating the pre-peak stress-displacement curve with respect to δ, starting from Eq. (44) with $\tilde{\sigma}_B(\tilde{\delta}) = g\left[2\left(\dfrac{\tilde{\delta}}{\tilde{\delta}^*}\right)^{\frac{1}{2}} - \dfrac{\tilde{\delta}}{\tilde{\delta}^*}\right]$:

$$G_r = \int_0^{\delta^*} g \left(2\left(\frac{\tilde{\delta}}{\tilde{\delta}^*}\right)^{\frac{1}{2}} - \frac{\tilde{\delta}}{\tilde{\delta}^*} \right) \sigma_0 \, d\delta \tag{47}$$

The composite fracture energy due to the fiber debonding takes the form

$$G_r = \frac{5}{24} g \tau V_f d_f \left(\frac{L_f}{d_f}\right)^2 \tilde{\delta}^*. \tag{48}$$

Comparing this with Eq. (46) reveals that this part of the fracture energy is negligibly small in terms of $\tilde{\delta}^*$ during the post-peak pull-out process.

6.3 Fracture energy due to a hooked-end element

When the fiber is anchored in a hooked-end, bending mechanisms and axial stress increase the total composite fracture energy. Steel hooked-end fibers out-perform straight fibers, in terms of improving the bridging mechanism and fracture energy. The fracture energy due to the hooked-end element can be estimated by integrating the bridging stress-displacement curve with respect to w up to L_{fh}:

$$G_h = \int_0^{L_{fh}} \sigma_B(w) \, dw \tag{49}$$

with the bridging stress $\sigma_B(w)$ given in Eq. (43).

The fracture energy caused by the pull-out of the hooked-end anchor is significantly higher when compared with the fracture energy due to the fiber debonding mechanism. If fibers keep their anchor shape during the pullout process, the matrix can be destroyed in the fiber anchor area during the pullout, which can be observed experimentally. If the matrix is not altered, the fiber would be continuously deformed during it slipping and undergo both bending and axial (frictional) stress. Both mechanisms can be qualified as mechanical anchorage, which dissipates significant amount of energy and contributes to the total fracture energy of a composite.

7 Experimental result comparisons and discussions

In this section, we present the fiber pullout analysis employing both the PCS_m (Banthia and Trottier, 1994, 1995a, b) and ACI 544 Committee (1996) definitions for the fracture energy of fiber reinforced concrete. The composite fracture energy calculated after the peak load is reached, in accordance with the PCS_m guidelines. Instead of trying to find the first crack from the experimental data, which can yield inaccurate results, it is more convenient to identify the peak load from the experiment within an acceptable range of data. The theoretical fracture energies for the composites derived from the constant shear model are now compared with the experimental data of steel fiber reinforced concrete. The constant frictional shear (τ) is assumed to be 3 MPa, which can be obtained from the steel fiber pull-out test (Li, 1992). The Young's modulus of the fiber (E_f) and the matrix (E_m) equals 200 GPa and 30 GPa, respectively. The fracture energy absorbed by a particular specimen is computed from the area under the load-deflection curve.

In our experimental program, three identical beam samples of $6'' \times 6'' \times 21''$ were mixed, for each fiber volume fraction of 0%, 0.5%, 1.0% and 1.5%, for the fiber aspect ratios of 45 and 80 (using Dramix steel hooked-end fibers). For the aspect ratio of 80, the fiber diameter was 0.75 mm and 60 mm in length. A total of 24 beam specimens were mixed and tested in our laboratory. The maximum aggregate size was selected as 0.75''; the water/cement ratio was specified as 0.45; the nominal specified 28-day compressive strength was 4 000 psi. We observe that the higher the fiber aspect ratio is in the experiments, the higher the composite fracture energy becomes. Further, Fig. 11 shows the brittle nature of three samples of plain concrete beams undergoing the flexural test (three-point-bending test).

The fracture energies from the experiments can be obtained from computing the area under the load-deflection curve, as exhibited in Table 1, with varying fiber volume fractions

(0.5%, 1%, 1.5%). For varying snubbing coefficients (0, 0.2, 0.4, 0.6), the proposed model predictions show that the energy dissipation due to fiber debonding is overwhelmingly less than the energy dissipation due to fiber pull-out. If we compute the fracture energy of the constant shear model due to the straight-part only (featuring steel hooked-end fiber), Table 1 renders that the model predictions deviate from the experimental data by 50.4% to 18.8% (or by 51.1% to 20%), for the fiber volume fraction of 0.5% (or 1%) and the snubbing coefficient varying from 0 to 0.6, respectively.

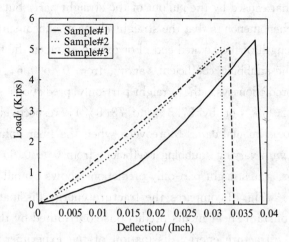

Fig. 11 The load-deflection curves of plain concrete beams (0% fiber volume fraction)

Table 1 also shows the fracture energy predictions from the straight-part and the hooked-end element for each specified fiber volume fraction and snubbing coefficient. The model predictions exhibit that the fracture energy caused by pullout of the hooked-end is lower than

Table 1 The predicted fracture energies for the constant shear model contributed by the straight part and the hooked-end element for the Dramix steel fiber aspect ratio of 45, with varying fiber volume fractions (0.5%, 1%, 1.5%) and snubbing coefficients (0, 0.2, 0.4, 0.6), in comparison with our experimental data

Fiber Volume Fraction/%	Snubbing Coefficient f	Fracture Energy G_r/(N·mm) (Debonding) Straight Part Only	Fracture Energy G_c/(N·mm) (Pullout) Straight Part Only	Fracture Energy/(N·mm) (Debonding + Pullout) Straight Part Only	Fracture Energy/(N·mm) (Debonding + Pullout) Hooked-End Only	Total Fracture Energy/(N·mm) Straight Part & Hooked-End	Fracture Energy/(N·mm) from Experiments
0.5	0	54.2	39 980.4	40 034.6	14 703	54 737.6	80 653
0.5	0.2	63.6	46 890.0	46 953.6	16 075	63 028.6	80 653
0.5	0.4	74.9	55 250.9	55 325.8	17 606	72 931.8	80 653
0.5	0.6	88.6	65 405.2	65 493.8	19 318	84 811.8	80 653
1	0	108.4	79 960.7	80 069.1	31 364	111 433.1	163 626.8
1	0.2	127.1	93 780.0	93 907.1	34 290	128 197.1	163 626.8
1	0.4	149.8	110 501.8	110 651.6	37 557	148 208.6	163 626.8
1	0.6	177.3	130 810.4	130 987.7	41 208	172 195.7	163 626.8
1.5	0	162.6	119 941.1	120 103.7	50 108	170 211.7	200 529
1.5	0.2	190.7	140 670	140 860.7	54 783	195 643.7	200 529
1.5	0.4	224.6	165 752.6	165 977.3	60 001	225 978.3	200 529
1.5	0.6	265.9	196 215.6	196 481.5	65 835	262 316.5	200 529

that caused by the pullout of the straight part, but still remains significant. The reason for this phenomenon is that the straight element embedment length is much higher than the embedment length of the hooked-end. For example, when the fiber volume fraction is 0.5% (or 1%) with the snubbing coefficient varying from 0 to 0.6, the composite (combined) fracture energy predictions vs. the straight-part-only predictions show major error reduction by 36.2% to 72.6% (or by 37.5% to 73.8%), respectively, in comparison with the corresponding experimental data. Moreover, when the fiber volume fraction increases to 1.5% in Table 1 (with varying snubbing coefficient from 0 to 0.6), the composite fracture energy predictions vs. the straight-part-only predictions shows overall error reduction as well.

Fig. 12 compares the fracture energy dissipation of the experiments with those of the constant shear model predictions contributed by the straight-part only, and Fig. 13 compares the fracture energy dissipation of the experiments with those of the constant shear model predictions contributed by both the straight-part and the hooked-end element, when the fiber aspect ratio is 45 featuring varying volume fraction (0%, 0.5%, 1%, 1.5%) and varying snubbing coefficient (0, 0.2, 0.4, 0.6).

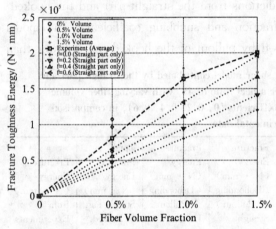

Fig. 12 Comparison of the experimental fracture energy dissipation with those of the constant shear model contributed by the straight-party only when the fiber aspect ratio is 45

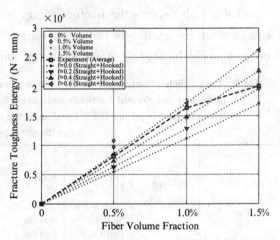

Fig. 13 Comparison of the experimental fracture energy dissipation with those of the constant shear model contributed by both the straight-party and the hookedend element when the fiber aspect ratio 45

Similarly, for each specimen, Table 2 displays the amount of fracture energy dissipations caused by both the fiber debonding and the fiber pull-out mechanisms for the fiber aspect ratio of 80 due to the straight-part only, the hooked-end only, and the combined straight-part and hooked-end contributions, as well as the experimental data for three fiber volume fractions (0.5%, 1%, 1.5%). For varying snubbing coefficients (0, 0.2, 0.4, 0.6); the proposed model predictions again show that the energy dissipation due to fiber debonding is negligible compared with the energy dissipation due to fiber pull-out. Table 2 renders that the constant shear model predictions for the straight part deviate from the experimental data by 48.8% to 16.2% (or by 43.9% to 8.3%), for the fiber volume fraction of 0.5% (or for 1%) and the snubbing coefficient varying from 0 to 0.6, respectively.

Table 2 The predicted fracture energies for the constant shear model contributed by the straight part and the hooked-end element for the Dramix steel fiber aspect ratio of 80, with varying fiber volume fractions (0.5%, 1%, 1.5%) and snubbing coefficients (0, 0.2, 0.4, 0.6), in comparison with our experimental data

Fiber Volume Fraction/%	Snubbing Coefficient f	Fracture Energy G_r/ (N·mm) (Debonding) Straight Part Only	Fracture Energy G_c/ (N·mm) (Pullout) Straight Part Only	Fracture Energy/ (N·mm) (Debonding +Pullout) Straight Part Only	Fracture Energy/ (N·mm) (Debonding +Pullout) Hooked-End Only	Total Fracture Energy/ (N·mm) Straight Part & Hooked-End	Fracture Energy/ (N·mm) from Experiments
0.5	0	241.3	97 015.9	97 257.9	16 738	113 995.9	189 934.7
0.5	0.2	283.8	113 782.8	114 066.5	18 294	132 360.5	189 934.7
0.5	0.4	334.3	134 071.2	134 405.5	20 031	154 436.5	189 934.7
0.5	0.6	395.8	158 711.5	159 107.3	21 972	181 079.3	189 934.7
1	0	483.9	194 031.9	194 515.7	35 704	230 219.7	346 925.7
1	0.2	567.5	227 565.6	228 133	39 023	267 156	346 925.7
1	0.4	668.7	268 142.4	268 811	42 728	311 539	346 925.7
1	0.6	791.6	317 423	318 214.6	46 870	365 084.6	346 925.7
1.5	0	725.8	291 047.8	291 773.6	57 041	348 814.6	331 179.6
1.5	0.2	851.2	341 348.3	342 199.6	62 344	404 543.6	331 179.6
1.5	0.4	1 003	402 213.5	403 216.6	68 264	471 480.6	331 179.6
1.5	0.6	1 187.4	476 134.5	477 321.9	74 881	552 202.9	331 179.6

By comparison, when the fiber volume fraction increases to 1.5%, the computed fracture energy of the constant shear model due to the straight-part illustrates that the model predictions deviate from the experimental data by 3.3% to 44.1%, for the snubbing coefficient varying from 0 to 0.6, respectively. The model predictions again indicate that, as the snubbing effect increases, the energy dissipation from the constant shear model becomes noticeably higher.

From Table 2, we again observe that the energy dissipation caused by pullout of the hooked-end is lower than that caused by the pullout of the straight part, but still remains significant. When the fiber volume fraction is 0.5% (or 1%) with the snubbing coefficient varying from 0 to 0.6, the composite (combined) fracture energy predictions vs. the straight-part-only predictions show major error reduction by 18.1% to 71.27% (or by 23.4% to 54.7%), respectively, in comparison with the corresponding experimental data. However, for the fiber volume fraction of 1.5%, the composite energy dissipation model predictions for the aspect ratio of 80 render overestimated results vs. the experimental data. The reason for this phenomenon is primarily due to the somewhat lower mixing quality, workability and excessive number of fibers in the experiments for the 1.5% fiber volume fraction with the fiber aspect ratio of 80. Therefore, we recommend the optimal range of the fiber volume fraction to be from 0.75% to 1%.

8 Conclusions

This paper presents a micromechanical framework for analyzing crack bridging stress-displacement in steel hooked-end fiber reinforced cementitious composites, featuring the fiber aspect ratios of 45 and 80, varying fiber volume fractions of 0%, 0.5%, 1% and 1.5%, and varying snubbing coefficients of 0, 0.2, 0.4 and 0.6. The fracture energy dissipations contributed by the fiber debonding and fiber pullout of the straight-part and the hooked-end element aresystematically investigated in details. The fracture energy dissipation attributable to the hooked-end element is smaller than that of the straight element, but still remains significant. Comprehensive comparisons between the constant shear model predictions and experimental data manifest significant improvements when the hooked-end effects are incorporated into the total (composite) fracture energy dissipation predictions. Based on the experimental data and micromechanical predictions, we recommend the optimal range of the fiber volume fraction to be from 0.75% to 1%. In a forthcoming paper, we will present an improved micromechanical framework for analyzing crack bridging stress-displacement in steel hooked-end fiber reinforced cementitious composites by considering the linear slip-hardening interfaces.

References

[1] Aveston J, Cooper G A, Kelly A. Single and multiple fractures in the properties of fiber composites[M]. Conf. Proc. National Physical Lab., IPC Science and Technology Press, Surrey, U.K., 1971: 15-26.

[2] Banthia N, Trottier J F. Concrete reinforced with deformed steel fibers, Part I: Bond-slip mechanisms[M]. ACI Material J., 1994,91(5): 346-356.

[3] Cartié D R, Cox B N, Fleck N A. Mechanisms of crack bridging by composite and metallic rods[J]. Composites Part A: Applied Science and Manufacturing, 2004,35: 1325-1336.

[4] Edwards A D, Yannopoulos P J. Local bond stress to slip relationships for hot rolled deformed bars and mild steel plain bars[J]. ACI J., 1979,76: 405-420.

[5] Gokoz U, Naaman A E. Effect of strain rate on the pull-out behavior of fibers in mortar[J]. Int. J. Cement Composites, 1981,3(3): 187-202.

[6] Gopalaratnam V S, Shah S P. Failure mechanisms and fracture of fiber reinforced concrete[M]. Fiber Reinforced Concrete Properties and Applications, SP-105, American Concrete Institute, Detroit, 1987: 1-25.

[7] Hillerborg A. The theoretical basis of a method to determine the fracture energy G_F of concrete[J]. Materials and Structures, 1985,18: 291-296.

[8] Huang Q J. Micromechanical modeling of the fracture behavior of second-phase reinforced cementitious materials[D]. Ph. D. thesis, MIT, 1990.

[9] Jiang D H, Shah S P, Adonian A T. Study of the transfer of tensile forces by bond[J]. ACI J., 1984,81: 251-259.

[10] Ju J W, Ko Y F. Micromechanical elastoplastic damage modeling of progressive interfacial arc debonding for fiber reinforced composites[J]. Int. J. Damage Mechanics, 2008,17(4): 307-356.

[11] Ju J W, Ko Y F, Zhang X D. Multi-level elastoplastic damage mechanics for elliptical fiber-reinforced composites with evolutionary fiber debonding[J]. Int. J. Dam. Mechanics, 2009,18(5): 419-460.

[12] Ju J W, Yanase K. Elastoplastic damage micromechanics for elliptical fiber composites with progressive partial fiber

debonding and thermal residual stresses. Theoretical and Applied Mechanics, 2008,35(1-3): 137－170.

[13] Katz A, Li V C. Bond Properties of Micro-Fibers in Cementitious Matrix[J]. Materials Research Society Symposium Proceedings, 1995,370: 529－537.

[14] Kelly A, McMillan N H. Strong Solids[M]. Clarendon Press, Oxford, 1995.

[15] Lawrence P. Some theoretical considerations of fiber pull-out from an elastic matrix[J]. J of Materials Science, 1972, 7: 1－6.

[16] Leung C K Y. Fracture-based two-way debonding model for discontinuous fibers in elastic matrix[J]. ASCE J. Eng. Mech. , 1992,118: 2299－2317.

[17] Leung C K Y, Li V C. Effect of fiber inclination on crack bridging stress in brittle fiber reinforced brittle matrix composites[J]. J Mech. & Phys. Solids, 1992,40(6): 1333－1362.

[18] Li V C. Non-linear fracture mechanics of inhomogeneous quasi-brittle materials [R]. in Non-Linear FractureMechanics. ed. M. E Wriek, Springer-Verlag Wien, New York, 1990: 143－192.

[19] Li V C. The effect of snubbing friction on the first crack strength of flexible fiber reinforced composites[M]. in Proc. 8th European Congress of Fracture: FractureBehavior and Design of Materials and Structures, Vol. II, ed. D. Firrao, Chameleon Press, London, 1990: 738－745.

[20] Li V C. Post-crack scaling relations for fiber reinforced cementitious composites[J]. ASCE J of Materials in Civil Eng. , 1992,4(1): 41－57.

[21] Li V C. Micromechanics to structural engineering-the design of cementitious composites for civil engineering applications[J]. JSCE J of Structure Mech. Earthquake Eng. , 1993,10(2): 37－48.

[22] Li V C, Leung C. Tensile failure modes of random discontinuous fiber reinforced brittle matrix composites[M]. in Fracture Processes in Concrete, Rock and Ceramics, ed. J. G. M. van Mier, J. G. Rots & A. Bakker, Chapman & Hall, London, 1991: 285－294.

[23] Li V C, Liang E. Fracture processes in concrete and fiber reinforced cementitious composites[J]. ASCE J of Engineering Mechanics, 1986,112(6): 566－586.

[24] Li V C, Wang Y, Backer S. A micromechanical model of tension-softening and bridging toughening of short fiber reinforced brittle matrix composites[J]. J of Mechanics and Physics of Solids, 1991,39(5): 607－625.

[25] Li V C, Ward R. A novel testing technique for post-peak tensile behavior of cementitious materials[M]. Fracture Toughness and Fracture Energy, Balkema, 1989: 183－195.

[26] Lin Z, Kanda T, Li V C. On interface property characterization and performance of fiber reinforced cementitious composites[J]. J Concrete Science and Engineering, RILEM, 1999,1: 173－184.

[27] Maage M. Fibre bond and friction in cement and concrete[M]. Paper 6.1, pp. 329－336, RILEM Symposium on Testing and Test Methods of Fibre Cement Composites//The Construction Press, Hornby, England, 1978.

[28] Mandel J A, Wei S, Said S. Studies of the properties of the fiber-matrix interface in steel fibre reinforced mortar[J]. ACI Material J. , 1987,84: 101－109.

[29] Mirza S M, Houde J. Study of bond stress-slip relationships in reinforced concrete[J]. ACI J. , 1979,76(1): 19－46.

[30] Morrison J, Shah S P, Jenq Y S. Analysis of the Debonding and Pullout Process in Fiber Composites[J]. ASCE J of Engineering Mechanics, 1988,114(2): 277－294.

[31] Naaman A E, Namur G G, Alwan J M, Najm H S. Fiber pullout and bond slip. I: Analytical study[J]. ASCE J of StructuralEngineering, 1991,117(9): 2769－2790.

[32] Naaman A E, Namur G G, Alwan J, Najm H. Analytical Study of Fiber Pull-Out and Bond Slip. II. Experimental validation[J]. ASCE J of Structural Engineering, 1991,117(9): 2791－2800.

[33] Namur G G, Naaman A E. Bond stress model for fiber reinforced concrete based on bond stress slip relationship[J]. ACI Material J. , 1989,86(1): 45－57.

[34] Norman D A, Robertson R E. The effect of fiber orientation on the toughening of short fiber-reinforced polymers[J]. J of Applied Polymer Science, 2003,90(10): 2740－2751.

[35] Stang H, Li Z, Shah S P. The pull-out problem-the stress vs. fracture mechanics approach[J]. ASCE J. Eng. Mech. , 1990,116(10): 2135－2150.

[36] Timoshenko S P, Gere J M. Theory of elastic stability[M]. 2nd ed. McGraw-Hill, New York, 1961.

[37] Wang Y, Li V C, Backer S. Modeling of fiber pull-out from cement matrix[J]. Int. J Cement Composites & Lightweight Concrete, 1988,10(3): 143-150.

[38] Wang Y, Li V C, Backer S. Tensile properties of synthetic fiber reinforced mortar [J]. J Cement and ConcreteComposites, 1990,12(1): 29-40.

[39] Wang Y, Li V C, Backer S. Tensile failure mechanisms in synthetic fiber reinforced mortar[J]. J MaterialsScience, 1991,26: 565-575.

[40] Ward R, Li V C. Dependence of flexural behavior of fiber reinforced mortar on material fracture resistance and beam size[J]. ACI Material J., 1990,87(6): 627-637.

[41] Wecharatana M, Shah S P. A model for predicting fracture resistance of fiber reinforced concrete[J]. Cement and Concrete Research, 1983,13(6): 819-829.

[42] Wetherhold R C. A probabilistic formulation for fracture energy of continuous fiber/brittle matrix composites[J]. J Material Science Letters, 1989,8: 576-577.

[43] Wu H C, Li V C. Snubbing and bundling effects on multiple crack spacing of discontinuous random fiber-reinforced brittle matrix composites[J]. J. Am. Ceram. Soc., 1992,75(12): 3487-3489.

[44] Zhang J, Li V C. Monotonic and fatigue performance in bending of fiber-reinforced engineered cementitious composite in overlay system[J]. Cement and Concrete Research, 2002,32(6): 415-423.

岩石力学

各向异性岩石纵、横波的波速比特性研究*

邓 涛[1]　杨林德[2]

(1. 福州大学土木工程学院，福州　350002；2. 同济大学地下建筑与工程系，上海　200092)

摘要　通过对板岩、千枚岩、糜棱岩和变质砂岩等4种各向异性岩石在平行和垂直层理或板理的3个正交方向上进行大量的纵、横波波速试验，并结合对相关文献中已有岩石波速数据的深入分析，提出岩石介质纵、横波波速比的各向异性效应。这种效应广泛存在，其发育程度受到岩石类别的控制。在试验所用的4种岩石中，板岩和千枚岩的波速比的各向异性明显，而糜棱岩和变质砂岩则不甚发育。波速比的各向异性特征主要表现为垂直层理方向上的波速比普遍小于平行层理方向，且两方向波速比的相对增量还随着垂直层理方向上的波速比的增大而逐步减小。基于横观各向同性弹性介质的波速方程，还进一步通过具体算例对这一特征进行较好的理论分析。
关键词　岩石力学；各向异性；波速比

Characteristics of Velocityratio of P-Wave and S-Wave for Anisotropic Rocks

DENG Tao[1]　YANG Linde[2]

(1. College of Civil Engineering of Fuzhou University, Fuzhou 350002; 2. Department of Geotechnical Engineering, Tongji University, Shanghai 200092, China)

Abstract　By measuring the velocities of the P-wave and S-wave in three orthotropic directions including paralleland vertical directions to the stratum of the rock samples for slate, phyllite, mylonite and metasandstone, and based on the wave velocities of other rocks from the relevant studies, the anisotropic effect of wave velocity ratio of the P-wave and S-wave for most rocks is put forward. The anisotropic effect is controlled by the lithologic characteristics, and apparent for slate and phyllite, while not for the other two kinds of rocks, mylonite and metasandstone. The wave velocity ratio vertical to the stratum of the rock samples is usually less than that in parallel direction, and the relative increment of wave velocity ratio between the vertical direction and the parallel direction decreases as the wave velocity ratio in vertical direction gradually increases. By treating the rock as the transverse isotropic elastic medium and using numerical test of the wave velocity function, the property is theoretically validated.
Keywords　rock mechanics; anisotropy; wave velocity ratio

* 岩石力学与工程学报(CN：42－1397/O3)2006年收录

1 引言

岩石材料的纵、横波波速比 V_p/V_s 与岩性之间的关系研究多年来一直得到了学者们的重视。早在1963年,G. R. Pickett 就提出岩石材料的波速比 P_v/S_v 与岩性存在较严格的对应关系,如石灰岩的波速比一般为1.9,白云岩为1.8。R. H. J. Tatham[1]研究了岩石细观结构对波速比的影响,并认为岩石内裂隙、孔隙的几何形状与矿物成分共同影响着岩石材料的波速比,波速比与岩性的关系就是岩石内裂隙或孔隙的几何形状、分布同岩性的关系。王让甲[2]将波速比与岩性的关系研究进一步拓展到火成岩和变质岩领域,并计算了花岗岩、安山岩和大理岩等12种岩石的波速比及其分布的置信区间。除此之外,利用波速比来计算岩石材料的动弹模、泊松比等参数也是一项比较重要的工作。以此为基础,国内外许多学者[3-7]还对岩石材料的静、动力学参数之间进行比较研究,并详细地讨论了动静参数的差别与岩性、含水量等因素之间的相互关系。然而,对这些研究成果进行进一步的分析时就会发现,无论是在讨论岩石材料的波速比同岩性的关系方面还是在利用波速比计算岩石的动力学参数方面,已有的研究均未注意到岩石材料的各向异性问题。

本文拟从各向异性岩石的纵、横波波速试验出发,对各向异性对岩石纵、横波波速比的影响及其力学机制进行探讨,以期从波速比的角度来丰富对岩石各向异性特征的认识。

2 岩样的波速比试验

2.1 试验概况

试验所用的岩石样品取自云南元磨高速公路隧道围岩,共有板岩、千枚岩、变质砂岩和糜棱岩等4种岩石。试验岩样的各向异性小构造明显,板岩内的板理、千枚岩中的片理均较发育,具有明显的板状和千枚状构造;糜棱岩中的条带状构造和砂岩中的纹理也比较明显。岩样共有两种规格:一种为直径5 cm、高10 cm的圆柱体,一种为边长10 cm的正方体。岩样的制备均按与板理、层理平行或垂直的3个正交方向进行切割和打磨,其中1,2两方向与岩样的板理、层理相平行,并相互正交;3方向则垂直于板理、层理。各方向分别简记为 dir_1,dir_2 和 dir_3。另外,试验岩样中的线理和隐微裂隙等小构造也较发育,3个方向中 dir_2 大多与这些小构造相垂直,而 dir_1 则普遍与它们相平行。试验岩样的基本水理、物理性质见表1。波速试验采用穿透法,声波仪为同济大学声学所研制的高精度声波测试仪——U-Sonic 超声检测系统,见图1。波速试验时信号的采样频率取为20 MHz,使走时测量的精度 Δt 可达 $0.05~\mu s$。纵波换能器主频为750 kHz,采用适量凡士林耦合。横波换能器主频为500 kHz,采用锡箔进行耦合。试验温度为室内正常温度,岩样处于干燥和零应力状态。试验过程和数据处理均按《工程岩体试验方法标准》(GB/T 50266—99)[8]严格施行。所得岩样的波形曲线见图2。

图 1 U-Sonic 超声检测系统
Fig. 1 U-Sonic detection system

表 1　　试验岩样的基本物性参数
Table 1　　Basic physical parameters of rock samples

岩样	干密度/(g·cm⁻³)		吸水率/%		饱和吸水率/%		孔隙率/%		备注
	分布范围	均值	分布范围	均值	分布范围	均值	分布范围	均值	
板岩	2.71~2.73	2.72	0.08~0.38	0.25	0.14~0.45	0.31	0.37~1.17	0.82	砂岩具有轻微重结晶作用
板岩	2.63~2.80	2.71	0.03~0.31	0.14	0.04~0.35	0.17	0.12~0.94	0.46	
千棱岩	2.62~2.69	2.65	0.06~0.19	0.12	0.07~0.20	0.14	0.19~0.52	0.37	
砂岩	2.68~2.73	2.71	0.03~0.13	0.09	0.04~0.13	0.10	0.10~0.37	0.27	

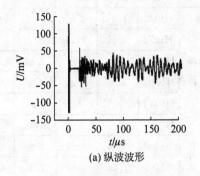 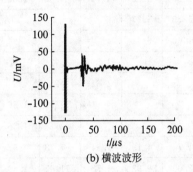

(a) 纵波波形　　(b) 横波波形

图 2　岩样 B11Z1 的波形图
Fig. 2　Wave form of fock samole B11Z1

2.2　试验结果与讨论

在获得纵、横波波速后,将纵波波速与横波波速相除即可得岩样在 dir_1,dir_2 和 dir_3 三个方向上的波速比 r_1,r_2 和 r_3,其结果见表 2。表 2 中 δ_{13} 和 δ_{23} 分别为 r_1 和 r_2 相对于 r_3 的百分增量。

2.2.1　波速比各向异性效应的广泛性

由表 2 可知,4 种岩样在 dir_1,dir_2 和 dir_3 三个方向上的波速比均不相同,大部分岩样 3 个方向波速比之间的差别还比较大,明显地表现出波速比的各向异性效应;并且岩石的类别不同,波速比各向异性的发育程度也不相同。试验岩样中以板岩、千枚岩两种岩石的波速比各向异性最为明显,而砂岩、糜棱岩则不甚发育。如从各方向波速比均值的增量来看,对于板岩的 dir_1 和 dir_2 两个方向来说,其相对于 dir_3 方向的增量分别为 13.84%,7.55%,而对于砂岩却仅有 3.27%和 1.96%。

波速比各向异性效应的存在也可从尤明庆和苏承东[9]的波速试验结果推出。他们利用纵波探头分别对角闪斜长片麻岩的岩块和岩样进行了 ss,mm 和 ll 三个方向的纵横波速测试,其相应的波速比结果见图 3。如图 3 所示,对于角闪斜长片麻岩的岩块而言,ss 方向相对于 mm 方向上波速比的增量为 11.40%,相对于 ll 方向的增量为 7.42%,3 个方向的波速比差别显著,各向异性明显。

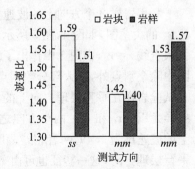

图 3　斜长片麻岩 3 个方向的波速比[9]
Fig. 3　Wave velocity ration of plagioclase Gneiss in three directions[9]

表 2 试验岩样 3 个方向上的波速比
Table 2 Wave velocityration sin three directions of rock samples

岩样规格	岩样编号	dir$_1$ r_1	dir$_1$ δ_{13}/%	dir$_2$ r_2	dir$_2$ δ_{13}/%	dir$_3$ r_3	岩样规格	岩样编号	dir$_1$ r_1	dir$_1$ δ_{13}/%	dir$_2$ r_2	dir$_2$ δ_{13}/%	dir$_3$ r_3
立方体	B8	2.04	36.91	1.61	8.05	1.49	立方体	H6-1	1.71	3.01	1.64	−1.20	1.66
立方体	B9-1	1.62	−1.82	1.63	−1.21	1.65	立方体	H6-4	1.66	4.40	1.61	1.26	1.59
立方体	B9-2	1.98	27.74	2.08	34.19	1.55	立方体	H6-5	1.65	5.77	1.60	2.56	1.56
立方体	B10	1.66	1.84	1.63	0.00	1.63	立方体	H5	1.68	5.00	1.63	1.87	1.60
立方体	B13	2.03	22.29	1.79	7.83	1.66	立方体	H1	1.77	12.03			1.58
圆柱体	B11Z1	1.65	5.77				圆柱体	H10Z1	1.61	2.55			
圆柱体	B11Z2	1.66	6.41				圆柱体	H10Z2	1.61	2.55			
圆柱体	B11H1			1.59	1.92		圆柱体	H10H1			1.57	0.00	
圆柱体	B11H2			1.61	3.21		圆柱体	H10H2			1.58	0.64	
圆柱体	B11V2					1.56	圆柱体	H10V1					1.58
圆柱体	B11V3					1.56	圆柱体	H10V2					1.56
立方体	Y15-1	1.74	4.19	1.54	−7.78	1.67	立方体	S14-1	1.59	4.61	1.60	5.26	1.52
立方体	Y15-2	2.05	28.93	1.78	11.95	1.59	立方体	S14-2	1.56	0.65	1.55	0.00	1.55
立方体	Y17-2	1.73	9.49	1.72	8.86	1.58	圆柱体	S4Z1					1.53
圆柱体	Y4Z	1.60	6.67				圆柱体	S4H2			1.57	2.61	
圆柱体	Y4H			1.54	2.67		圆柱体	S4V1	1.58	3.27			
圆柱体	Y4V					1.50	圆柱体	S5V					1.50
圆柱体	Y6Z1	1.78	11.95				圆柱体	S5H			1.53	2.00	
圆柱体	Y6Z2	1.70	6.92				圆柱体	S5Z1	1.58	5.33			
圆柱体	Y6H			1.55	−2.52								
圆柱体	Y6V					1.59							

注：B 为板岩；H 为千枚岩；y 为糜棱岩；S 为砂岩。

2.2.2 波速比各向异性效应的主要特征

利用岩样 3 个方向上的波速比数据，还可作出波速比 r_1，r_2 及其相对增量 δ_{13} 和 δ_{23} 与波速比 r_3 的关系图，如图 4，图 5 所示。为便于比较，在图 4 中补充了 dir$_3$ 的波速比 r_3 与它自身的关系直线 $r=r_3$，在图 5 中作出了 r_3 相对于自身的增量 $\delta_{33}=0$ 的直线。由图 4 和图 5 可知，两图中除个别点外，绝大部分数据点都分布在 $r=r_3$ 和 $\delta_{33}=0$ 两条直线的上方，这表明就整体而言试验岩样在垂直层理方向上的波速比 r_3 普遍小于平行层理方向上的波速比 r_1 和 r_2，这一差异尤以 dir$_1$ 和 dir$_3$ 两个方向之间最为明显。如岩样 B8 在 dir$_1$ 上的波速比为 2.04、在 dir$_3$ 上的波速比为 1.49，两者相差幅度可达 36.91%。岩石材料中垂直层理方向上的波速比小于平行层理方向，这一特征也可由刘斌等[10]的试验数据引申而出。为此，只需将该文在围压为 25 MPa、温度为 20℃ 的条件下取得的斜长角闪岩、片麻岩和蛇纹岩等岩石试件的纵横波波速数据，从波速比的角度加以分析即可，其相应结果见图 6，图 7。两图中 x 方向平行于线理，y 方向在层理面内并与线理垂直，z 方向垂直于层理；r_x，r_y 和 r_z 分别为 x，y 和 z 三个方向的纵横波波速比，δ_{xz}，δ_{yz} 和 δ_{zz} 分别为 r_x，r_y 和 r_z 与 z_r 的相对增量，其中 $\delta_{zz}=0$；同图 4、图 5 一样，也分别在图 6 和图 7 中画出 $r=r_z$ 和 $\delta_{zz}=0$ 两条直线。显然,由图 6、图 7 中的数据分布可知,垂直于层理方向上的波速比总是小于平行层理方向,这一特征与本文的试验结果相同。

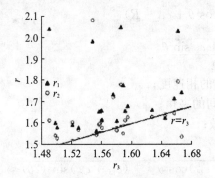

图 4 试验岩样 3 个方向波速比的相互关系
Fig. 4 Relation between the three wave velocity ratios of rock sapls

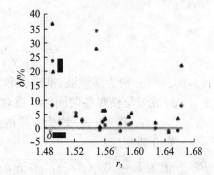

图 5 试验岩样波速比增量的相互关系
Fig. 5 Relation between wave velocity ratios and their increment percent of rock samples

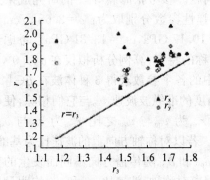

图 6 3 个方向波速比的相互关系[10]
Fig. 6 Relation among three wave velocity ratios[10]

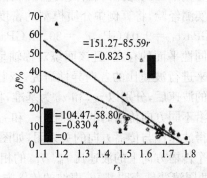

图 7 波速比与增量的相互关系[10]
Fig. 7 Relation between wave velociry ratios and their relative increment[10]

比较图 5、图 7 中的数据分布,还会发现随着垂直层理的 dir_3 或 z 方向上的波速比的增加,其余两个平行层理方向上的波速比其相对增量均在一定程度上呈现出了逐步减小的趋势,这一趋势在图 7 中表现得十分明显,其线性相关指数可分别达到 -0.8235 和 -0.8304。这表明当垂直层理方向上的波速比较小时,平行层理方向上的波速比与之差别较大,而当垂直层理方向上的波速比较大时,则它与平行层理方向上的波速比之间的差别将变小,亦即波速比的各向异性程度将随着波速比的增大而逐步减弱。

应该说明的是,刘斌等[10]的试验结果也是岩石材料波速比各向异性效应广泛存在的有力例证之一。

3 波速比各向异性特征的理论分析

由于试验岩样均具有明显的层理、板理等成层小构造,本文拟将岩石材料简化为横观各向同性弹性介质,并应用该类介质中的声波传播理论来对岩样波速比的各向异性特征作一理论探讨。弹性动力学的已有研究[11,12]表明,横观各向同性弹性介质中共存在着准纵波、准横波(准 S_V 波)和水平偏振横波(S_H 波)3 种类型的体波,其相应的波速方程分别为

$$v_{\mathrm{qp}}^{2}=\frac{1}{2\rho}(c_{11}\sin^{2}\theta+c_{33}\cos^{2}\theta+c_{44}+R) \quad (1)$$

$$v_{\mathrm{qsv}}^{2}=\frac{2}{2\rho}(c_{11}\sin^{2}\theta+c_{33}\cos^{2}\theta+c_{44}-R) \quad (2)$$

$$v_{\mathrm{sh}}^{2}=\sqrt{\frac{c_{44}\cos^{2}\theta+c_{66}\sin^{2}\theta}{\rho}} \quad (3)$$

式中　$v_{\mathrm{qp}},v_{\mathrm{qsv}},v_{\mathrm{sh}}$ 分别为准纵波、准横波和 S_{H} 横波的相速度；

θ——为波矢与横观各向同性介质对称轴之间的夹角；

$c_{11},c_{13},c_{33},c_{44}$ 和 c_{66}——均为介质的弹性常数；

ρ——为介质密度；

R——值为 $R=\sqrt{[(c_{11}-c_{44})\sin^{2}\theta-(c_{33}-c_{44})\cos^{2}\theta]^{2}+(c_{13}+c_{44})\sin^{2}(2\theta)}$

由式(1)~(3)可知，横观各向同性弹性介质中3种体波的波速与声波的传播方向 θ 和 c_{11},c_{13} 等介质的弹性参数密切相关。为便于研究，本文拟在设定介质弹性参数的基础上通过具体的算例来深入地探讨岩样波速比的各向异性问题。参考张海澜等[13]的研究成果并结合作者的实测经验，将算例中介质模型的密度和5个弹性参数分别取为：$\rho=2.68\mathrm{~g/cm^{3}},c_{11}=45.06\mathrm{~GPa},c_{13}=9.04\mathrm{~GPa},c_{33}=30.02\mathrm{~GPa}$ 和 $c_{44}=10.17\mathrm{~GPa},c_{66}=13.81\mathrm{~GPa}$。考虑到介质中各向同性平面的存在，且该面绕对称轴呈旋转对称的特点，算例分析拟仅在 $\theta\in[0°,90°]$ 的范围内来进行波速比的各向异性研究。利用算例中的各个参数求得3种体波在 $\theta\in[0°,90°]$ 范围内的波速后，分别以 v_{qsv} 和 v_{sh} 为基准，将相同角度的准纵波波速 v_{qp} 与它们相除，便可计算出声波沿不同方向传播时的波速比 r_{psv} 和 r_{psh}，其中 r_{psv} 为 v_{qp} 与 v_{qsv} 之比，r_{psh} 为 v_{qp} 与 v_{sh} 之比。由此可得波速比与传播方向的关系图，如图8所示。若以对称轴方向上的波速比为基准，还可得到各个传播方向上的波速比 $r_{\mathrm{psv}},r_{\mathrm{psh}}$ 的相对增量 δ_{psv} 和 δ_{psh} 随传播方向不同而发生的变化见图9。两图清楚地表明，随着声波的传播方向逐渐偏离对称轴，波速比 r_{psv} 和 r_{psh} 均明显地表现出了各向异性特征。如当 $\theta=0°$ 时，r_{psv} 为1.718；随着 θ 的增大，其值逐步变小；直至 $\theta=33.3°$ 时，降到最小值1.530；然后随着角度的增大，r_{psv} 又逐渐增加，一直到90°时达到最大值2.105，相应增幅为22.53%。与 r_{psv} 相比较，波速比 r_{psh} 随传播方向的变化情况与 r_{psv} 基本相同，也表现出明显的各向异性。

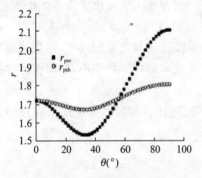 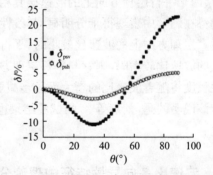

图8　波速比与传播方向的相互关系
Fig. 8　Relation between wave velocity ratios and direction of acoustic propagation

图9　波速比增量与传播方向之间的关系
Fig. 9　Relation between relative increment of wave velocity ratios and direction of acoustic propagation

从理论上而言，由于试验岩样的制备均为按与板理、层理平行或垂直的的3个正交方向进行切割和打磨，并有 $\mathrm{dir}_1,\mathrm{dir}_2$ 平行于岩样的板理、层理，dir_3 垂直于板理、层理这一特点，这就使得岩样在 $\mathrm{dir}_1,\mathrm{dir}_2$ 两个方向上的波速比就相当于横观各向同性介质中各向同性面内的波速比,而 dir_3 上的波速比则可视为沿对称轴方向上的波速比。这一特征表现在本试验中就是与层理相垂直的 dir_3 上的波速比普遍小于平行于层理的 dir_1, dir_2 两个方向。图 8、图 9 中声波沿 0°方向传播时的波速比远小于沿 90°方向传播的波速比就较为形象地揭示了这一点。

必须指出的是,在本试验结果中与层理相平行的 dir_2 上的波速比在整体上表现为与 dir_1 有较大差异,而与垂直层理的 dir_3 上的波速比却较为接近,这一结果的出现可能与 dir_2 多垂直于岩样内呈轻微至中等发育程度的线理或微张至紧闭的小裂隙等小构造有关。

4 结语

本文通过室内板岩、千枚岩、砂岩和糜棱岩四种各向异性岩石的纵波波速和横波波速的波速比试验,并结合对已有的关于斜长角闪岩、片麻岩和蛇纹岩等各向异性岩石的纵、横波波速研究资料的进一步分析,在应用横观各向同性线弹性介质的声波传播方程进行算例分析的基础上,可得到以下结论与认识:

(1)岩石纵波波速和横波波速波速比的各向异性效应在岩石材料中广泛存在。岩石类别制约着波速比各向异性的发育程度。在本文试验所用的 4 种岩石中,板岩和千枚岩两种岩石波速比的各向异性效应比较明显,而砂岩和糜棱岩则较弱。斜长角闪岩、片麻岩和蛇纹岩等 3 种岩石的波速比的各向异性效应也比较发育。

(2)岩石波速比的各向异性效应在平行和垂直于层理、板理的两个方向上较为明显,并集中表现为垂直层理方向上的波速比普遍小于平行层理方向,且波速比的各向异性程度将随着垂直层理方向上的波速比的增大而逐步减弱。

(3)就探讨岩石材料波速比各向异性效应的存在性而言,基于横观各向同性弹性介质的算例分析与本文试验结果基本一致,这表明在具有层理、板理等成层构造的岩石中波速比的各向异性从理论上来讲也是存在的。在利用这类岩石的纵波波速和横波波速的波速比数据进行岩性判断或计算动力学参数时应慎重。

参考文献

[1] Thatam R H J. vp/vs and lithology[J]. Geophysics,1982,3:336-344.
[2] 王让甲.声波岩石分级和岩石动弹性力学参数的分析研究[M].北京:地质出版社,1997.
[3] Tutuncu A N, Sharmma M M. Relating static and ultrasonicl aboratory measurement to acoustic log measurement in tight gas sands[R]. SPE 24689,1993:299-311.
[4] 葛洪魁,黄荣樽,庄锦江,等.三轴应力下饱和水砂岩动静态弹性参数的试验研究[J].石油大学学报(自然科学版),1994,18(3):41-47.
[5] Yale D P, Jamieson W H. Static and dynamic rock mechanical properties in the Hugoton and Panoma field, Kanxas [R]. SPE 27939,1995:209-219.
[6] 林英松,葛洪魁,王顺昌.岩石动静力学参数的试验研究[J].岩石力学与工程学报,1998,17(2):216-222.
[7] 许波涛,尹健民,王煜霞.岩石干湿状态下动静弹模关系特征及工程意义[J].岩石力学与工程学报,2001,20(增):1755-1757.
[8] 中华人民共和国国家标准编写组. GB/T 50266—99 工程岩体试验方法标准[S].北京:中国计划出版社,1999.
[9] 尤明庆,苏承东.利用纵波探头测量横波速度的试验[J].岩石力学与工程学报,2003,22(11),1841-1843.
[10] 刘斌,席道瑛,葛宁洁,等.不同围压下岩石中泊松比的各向异性[J].地球物理学报,2002,45(6):880-890.
[11] 徐仲达.地震波理论[M].上海:同济大学出版社,1996.
[12] 罗斯 J L.固体中的超声波[M].何存富,吴斌,王秀彦译.北京:科学出版社,2004.
[13] 张海澜,王秀明,张碧星.井孔的声场和波[M].北京:科学出版社,2004.

各向异性软岩的变形与渗流耦合特性试验研究*

李 燕[1]　杨林德[2]　董志良[1]　张功新[1]

(1. 中交四航工程研究院有限公司，广州　510230；2. 同济大学地下建筑与工程系，上海　200092)

摘要　根据泥质粉砂岩和泥岩在垂直和平行于层理面的条件下进行的三轴压缩和渗流试验，得到了不同围压及岩石成层条件下泥质粉砂岩和泥岩的弹性模量，建立了基于层理面夹角和围压的软岩弹性模量控制方程。渗透张量与应力的耦合关系是各向异性渗流耦合分析的关键问题，通过引入应力主轴与渗透主轴非一致时渗透张量与应力的响应关系，建立了各向异性渗透张量与应力耦合的控制方程，并对比了试验数据与计算结果，为各向异性软岩渗流应力耦合分析模型的建立奠定了理论基础。

关键词　各向异性；软岩；渗流耦合；变形

Experimental Research on Characteristic of Deformation and Hydromechanical Coupling of Anistropic Rock

LI Yan[1]　YANG Linde[2]　DONG Zhiliang[1]　ZHANG Gongxin[1]

(1. Engineering Technology Research Institute of CCCCForthHarbor Engineering Bureau, Guangzhou, Guangdong 510230, China;

2. Department of Geotechnical Engineering, Tongji University, Shanghai 200092, China)

Abstract　Based on triaxial compression and permeability test of brown mudstone and clayey siltstone perpendicular to and parallel with bedding planes, the change rule of elastic moduli of brown mudstone and clayey siltstone is obtained. And elastic modulus expression of soft rock is proposed with different confining pressures and angles of bedding plane. Coupling relation between permeability tensor and stresses is key problem in hydromechanical coupling analysis of anistropic rock. The stress-dependent permeability tensor of soft rock is introduced where principal stresses do not coincide with the principal permeabilities, so control equation of stress-permeability relationship is presented. Measured data and calculation results are compared. And these can be used in the research of the model of hydromechanical coupling in anisotropic soft rock.

Keywords　anisotropy; soft rock; hydromechanical coupling; deformation

---

*岩土力学(CN：42-1199/O3)2009年收录，基金项目：国家自然科学基金项目(No. 50378069)

1 引言

地下水对软岩的作用是一个历史长久而又涉及众多因素的复杂问题,机制上水对岩石变形的影响首先开始于不连续面的物质成分、结构构造特征的变化。岩石遇水后,水分子沿着岩石孔隙、裂隙渗透到矿物颗粒之间,从而使岩石发生物理及化学的变化,比如含有大量蒙脱石、高岭石和水云母等矿物的黏土岩,以及一些片状结构岩石(如片岩),遇到水后由于矿物膨胀在岩石内部产生不均匀的应力,导致岩石颗粒不均匀性的分解或崩解,使得不同方向的渗透特性发生较大变化,表现出各向异性渗流的特性。研究表明[1],即使在初始状态下地下水发生各向同性渗流,但在岩体受力变形后地下水肯定产生各向异性渗流。Bear[2]表明,随着围压增大,岩石中孔隙、裂隙通道不断压缩变小,不但引起流体渗流速率减小,同时渗流路径也发生明显变化。

本文通过泥质粉砂岩和泥岩分别在垂直和平行于层理面的方向上取样,进行三轴压缩试验和渗流试验,探讨了围压及岩石成层条件对软岩弹性模量的影响效应。针对软弱岩体各向异性渗流的特性,通过引入应力主轴与渗透主轴非一致时,渗透系数与应力的响应关系,建立了各向异性渗透系数与应力耦合的控制方程。

2 各向异性软岩的变形特性

2.1 各向异性岩体变形特性的影响因素

由于岩石包含有性质不同、大小不等和各向异性的不连续面,并处于复杂的应力环境中,导致岩石表现出复杂的变形特征。总体而言,影响岩石各向异性变形特性的主要因素为:

(1) 岩性和结构面性质,主要指影响岩石性质的矿物种类、风化和蚀变条件、粒径、颗粒间的黏结、造岩颗粒的形状和成分等,结构面性质指结构面开度、间距等。

(2) 岩石的环境场特征,主要指应力场、渗流场和温度场的特性,主要包括应力状态特征(围压)、大小和方向,温度和地下水状态等。

(3) 试验方法,其中包括荷载(或应力)的加载方法、荷载大小、加载次数和卸载后恢复时间等。

2.2 各向异性软岩弹性模量的特征

岩石由多种矿物颗粒组成,并包含分布复杂的节理、裂隙等,是非均质不连续体。对于石英砂岩、大理岩和花岗岩等未风化的岩石,可认为是均匀致密的。三轴试验表明,岩样在线性变形阶段的加载、卸载,其弹性模量无明显变化,并且与围压的关系并不紧密。对于砂岩、泥岩、页岩这类沉积岩,岩石的孔隙度大、胶结程度差、裂隙切割显著,受应力环境影响较大。尤庆明[3]、刘特洪[4]分别对粉砂岩、泥岩和沙质页岩进行不同围压下的三轴压缩试验,结果曲线见图1。这是由于这类软弱岩石内部存在一个完整的弹性结构和若干裂隙,轴向压缩过程中,裂隙之间可能发生有摩擦的滑移。显然,围压较高时发生滑移的裂隙较少,因而岩样产生的轴向变形也就较小,从而具有较高的弹性模量。综上所述,围压对于不同岩石的影响效应差别很大。对于整体性好、均匀的岩石,围压的变化与岩体各向异性变形参数的关系并不密切;但是对于砂岩、泥岩这类沉积软岩,围压的升高和降低可极大地影响弹性模量的各向异性。因此,围压是软弱岩体变形模量的重要影响因素。

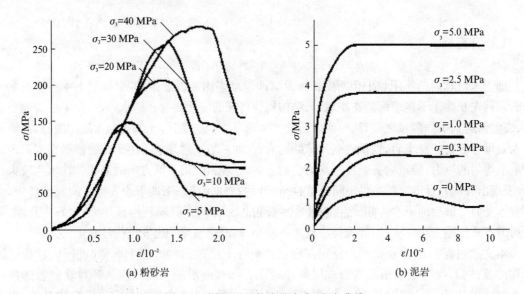

(a) 粉砂岩   (b) 泥岩

图 1 不同围压下软岩的应力-应变曲线

Fig. 1 Stress-strain curves of soft rock with different confining pressures

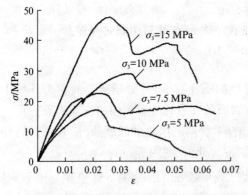

图 2 褐红色泥岩在不同围压下的应力应变曲线

Fig. 2 Stress-strain curves of brown mudstone with different confining pressures

岩体受力方向与层理面的夹角,即不同成层条件,是变形模量的另一个重要影响因素,为进一步量化在不同成层条件和围压下软岩的弹性模量的变化规律,从云南思小高速公路曼歇 2 号隧道采集了泥质粉砂岩和褐红色泥岩,分别在平行于层理面和垂直于层理面的方向上取样,试样规格均为长 80 mm、直径为 50 mm 的圆柱体。图 2 是褐红色泥岩在不同围压下的全应力-应变曲线,图 3 和图 4 显示了泥质粉砂岩和褐红色泥岩在围压为 10.5 MPa 情况下在垂直和平行于层理面方向上的三轴压缩曲线,可得出以下规律:

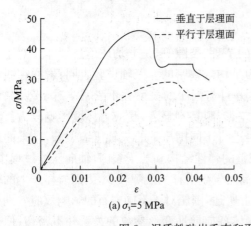 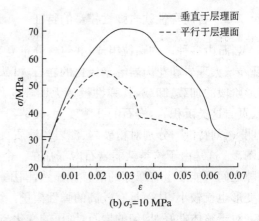

(a) σ_3=5 MPa   (b) σ_3=10 MPa

图 3 泥质粉砂岩垂直和平行与层理面的应力-应变曲线

Fig. 3 Stress-strain curves of clayey siltstone perpendicular to and parallel with bedding planes at different confining pressure

（1）层理面的方位对弹性模量的影响较大，泥岩在垂直于层理面的弹性模量是平行方向上的 1.0～1.9 倍，泥质粉砂岩也显示出相同的特征，这表明，对于这种软岩不同方向上的弹性模量差距较大，各向异性变形特性明显。

（2）围压对弹性模量的影响显著，围压升高时可降低产生滑移裂隙的机会，或减少发生滑移裂隙的数量，从而使轴向变形相应减少，可提高弹性模量。

上述特点表明，层理面方位和围压是软岩弹性模量的两大控制因素。基于以往的研究，本文建立的基于层理面夹角和围压的软岩弹性模量关系式为

$$E = A\sigma_3^2 + B\sigma_3 + C \qquad (1)$$

式中 A, B, C——均为拟合常数；
$\quad\quad E$——弹性模量；
$\quad\quad \sigma_3$——围压。

式(1)的拟合常数及与试验结果的拟合曲线见表 1 和图 5、图 6。

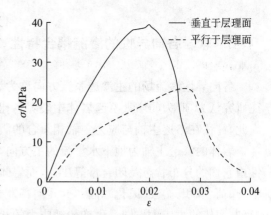

图 4 褐红色泥岩垂直和平行与层理面的应力-应变曲线（$\sigma_3 = 5$ MPa）

Fig. 4 Stress-strain curves of brown mudstone perpendicular to and parallel with bedding planes at different confining pressures ($\sigma_3 = 5$ MPa)

表 1 拟合常数及相关系数

Table 1 Fitting constants and correlation coefficients

岩性	与层理面的关系	拟合常数			相关系数
		A	B	C	
泥质粉砂岩	垂直	4.09	32.26	1 698.55	0.976
	平行	6.05	6.31	1 452.73	0.979
褐红色泥岩	垂直	9.43	−57.51	1 721.64	0.993
	平行	5.69	19.54	1 068.54	0.994

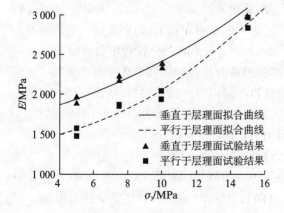

图 5 泥质粉砂岩拟合曲线

Fig. 5 Fitting curves of clayey siltstone

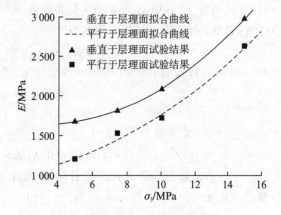

图 6 褐红色泥岩拟合曲线

Fig. 6 Ftting curves of brown mudstone

3 软岩各向异性的渗流耦合特性

各向异性渗流场的主渗透系数方向称为渗透主轴,应力场的主应力方向为应力主轴。以往研究认为,应力的增大引起岩体中裂隙和孔隙闭合量的减少,从而使得岩体渗透性的降低,因此,往往在渗透主轴与应力主轴相重合的假设基础上进行。

岩体的渗透主轴为地下水渗流的主方向,流动的主要通道是岩体中的裂隙、孔隙,渗透特性由它们的分布状态及闭合量等决定,而岩体中裂隙、孔隙受其生成环境(应力、温度、造岩矿物、卸荷、沉积、熔蚀、风化)等影响,几何特性十分复杂。工程岩体中各点的应力场环境也千差万别,岩体的主应力方向是由初始地应力的状态决定,一般假设为竖直及水平方向。当岩体工程开挖时主应力的方向随工程的开挖而发生变化,尤其是洞周围岩的主应力常与水平方向呈一定夹角。

因而对于实际工程岩体2个主轴重合的假定不成立,本文针对渗透主轴与应力主轴不重合的情况下,研究岩体中渗透系数与应力水平的关系。

对于多孔介质,Hubbert[7]针对直径为 d 的均匀玻璃圆球组成的理想孔隙介质提出:

$$k = Nd^2 \left(\frac{\rho g}{\mu}\right) \tag{2}$$

式中　k——渗透系数;
　　　N——与固体颗粒形状及组成形式有关的无量纲数值;
　　　d——与介质中空穴尺寸有关或平均颗粒尺寸有关的几何因子;
　　　μ——动力黏滞系数;
　　　ρ——密度;
　　　g——重力加速度。

根据 Kozeny 理论得到 Nd^2 项,引用 Timoshenko 方法,得到渗透系数和应力的关系[8]:

$$\frac{k}{k_0} = \left\{1 \mp \frac{1}{2}\left[\frac{9(1-\nu^2)^2}{2}\left(\frac{\pi\Delta\sigma}{E}\right)^2\right]^{\frac{1}{3}}\right\}^2 \tag{3}$$

当应力主轴与渗透主轴重合时,坐标系见图 7,渗透系数的张量形式为

$$\frac{k_i}{k_{i0}} = \sum_{j=1, j\neq i}^{3}\left\{1 - \frac{1}{2}\left[\frac{9(1-\nu^2)^2}{2}\pi(\Delta\varepsilon_j)^2\right]^{\frac{1}{3}}\right\}^2 \quad (i=1,2,3) \tag{4}$$

$$\Delta\varepsilon_i = \frac{1}{E}\left(\Delta\sigma_i - \nu\sum_{j=1, j\neq i}^{3}\Delta\sigma_j\right) \quad (i=1,2,3) \tag{5}$$

式中　σ_i——主应力($i=1,2,3$);
　　　ε_i——主应变;
　　　k_i——主渗透系数;
　　　k_{i0}——初始主渗透系数。

当应力主轴与渗透主轴不重合时,渗透主轴为 ox、oy,应力主轴为 ox'、oy',坐标系见图 8,渗透主轴 ox 方向的主渗透系数为

$$\frac{k_x}{k_{x0}} = \left\{1 - \frac{1}{2}\left[\frac{9(1-\nu^2)^2}{2}(\pi\Delta\varepsilon_y)^2\right]^{\frac{1}{3}}\right\}^2 \tag{6}$$

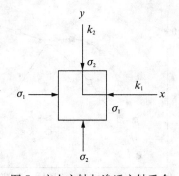 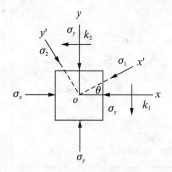

图 7 应力主轴与渗透主轴重合
Fig. 7 Coincident principal stress and permeability directions

图 8 应力主轴与渗透主轴不重合
Fig. 8 Non-coincident principal stress and permeability directions

$$\frac{k_y}{k_{y0}} = \left\{1 - \frac{1}{2}\left[\frac{9(1-\nu^2)^2}{2}(\pi\Delta\varepsilon_x)^2\right]^{\frac{1}{3}}\right\}^2 \tag{7}$$

其中：

$$\Delta\varepsilon_y = \frac{1}{2E}\left[(1-\nu)(\Delta\sigma'_x - \Delta\sigma'_y) - (1+\nu)\cos2\theta(\Delta\sigma'_x + \Delta\sigma'_y)\right] \tag{8}$$

$$\Delta\varepsilon_x = \frac{1}{2E}\left[(1-\nu)(\Delta\sigma'_x - \Delta\sigma'_y) + (1+\nu)\cos2\theta(\Delta\sigma'_x + \Delta\sigma'_y)\right] \tag{9}$$

式中，θ 为应力主轴与渗透主轴的夹角。

与此同时，进行了软岩各向异形的渗流试验研究，岩样采自云南思小高速公路隧道建设工地，岩性为泥质粉砂岩和褐红色泥岩，岩样制备时，分别在垂直于岩石层理面和平行于层理面2个方向取样，岩样加工为直径为50 mm左右、高度为80～84 mm不等的圆柱体，泥质粉砂岩和褐红色泥岩，在垂直于层理方向及平行于层理方向的渗透系数见表2，部分岩样的应力与应变、渗透系数与应变的试验曲线见图9～12。

表 2 软岩在垂直和平行于层理面方向的渗透系数范围
Table 2 Range of permeability coefficient of soft rock perpendicular to and parallel with bedding planes

岩性	轴向与层理面的关系	编号	渗透系数范围/(m·s^{-1})
泥质粉砂岩	平行	70	$(1.06\sim1.39)\times10^{-9}$
	平行	85	$(0.95\sim1.50)\times10^{-9}$
	平行	95	$(1.09\sim2.51)\times10^{-9}$
	垂直	101	$(2.25\sim3.47)\times10^{-9}$
	垂直	102	$(1.16\sim3.83)\times10^{-9}$
	垂直	110	$(1.86\sim3.85)\times10^{-9}$
褐红色泥岩	平行	164	$(0.98\sim2.82)\times10^{-13}$
	平行	166	$(0.28\sim1.57)\times10^{-13}$
	平行	168	$(0.27\sim0.69)\times10^{-13}$
	垂直	173	$(0.73\sim1.82)\times10^{-13}$
	垂直	175	$(0.83\sim3.21)\times10^{-13}$
	垂直	177	$(0.20\sim0.91)\times10^{-13}$

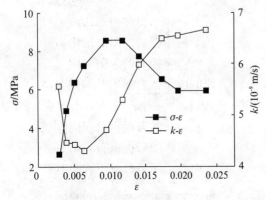

图 9 泥质粉砂岩平行层理 σ-ε 及 k-ε 关系曲线
Fig. 9 σ-ε and k-ε relation curves of clayey siltstone parallel with bedding planes

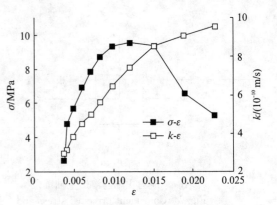

图 10 泥质粉砂岩垂直于层理 σ-ε 及 k-ε 关系曲线
Fig. 10 σ-ε and k-ε relation curves of clayey siltstone perpendicular to bedding planes

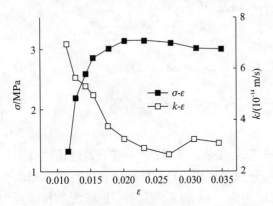

图 11 褐红色泥岩平行层理 σ-ε 及 k-ε 关系曲线
Fig. 11 σ-ε and k-ε relation curves of brown mudstone parallel with bedding planes

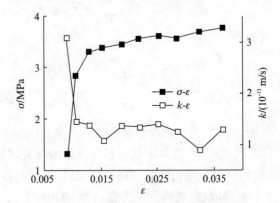

图 12 褐红色泥岩垂直于层理 σ-ε 及 k-ε 关系曲线
Fig. 12 σ-ε and k-ε relation curves of brown mudstone perpendicular to bedding planes

式(6)—式(9)为多孔介质渗透系数与层理面夹角、应力的关系式，其中褐红色泥岩和泥质粉砂岩的渗透可认为主要发生在岩石孔隙中，较符合多孔介质渗流模型。假设褐红色泥岩的初始渗流状态为各向同性，即 $k_{x0} = k_{y0}$，外界应力变化是导致各向异性渗流的主要诱因，由式(6)—式(9)得到岩石平行和垂直于层理面的渗透性，即 $\theta = 0°$ 和 $\theta = 90°$ 时 k_y/k_x 的比值，并与褐红色泥岩试验结果进行对比，由图 13、14 可看出，基于层理面夹角的各向异性渗流模型与褐红色泥岩的试验结果吻合程度较好，泥质粉砂岩也显示出相同的规律。

4 结论

(1) 层理面的方位对弹性模量的影响较大，本试验表明，泥岩在垂直于层理面的弹性模量是平行方向上的 1.0～1.9 倍。对于不同大小及岩性的试样，这个比例会有所变化，泥质粉砂岩也显示出相同的特征，这表明对于软岩弹性模量与层理面方位的关系密切，各向异性变形特性明显。

(2) 围压对弹性模量的影响显著，围压升高时，可降低产生滑移裂隙的机会或减少发生滑移裂隙的数量，从而轴向变形相应减少，可提高弹性模量。

(3) 通过泥质粉砂岩和褐红色泥岩的渗透性试验，可认为褐红色泥岩的渗流主要通过岩

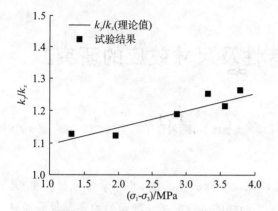

图 13 褐红色泥岩在平行于层理面的渗透性对比
Fig. 13 Comparison of permeability of brown mudstone parallel with bedding planes

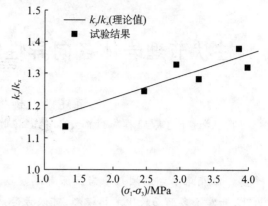

图 14 褐红色泥岩在垂直于层理面的渗透性对比
Fig. 14 Comparison of permeability of brown mudstone perpendicular to bedding planes

石的孔隙,符合多孔介质渗流模型,试验结果与理论公式进行对比,结果显示基于层理面夹角的各向异性渗流耦合模型与试验结果吻合较好,泥质粉砂岩也显示出相同的规律。

参考文献

[1] 杨天鸿,唐春安,徐涛. 岩石破裂过程的渗流特性——理论、模型与应力[M]. 北京:科学出版社,2004.
[2] BEAR J, TSANG C F. MARSILY de GHISLAIN. Flow and continament transport in fractured rock[M]. Academic Press Inc. , 1993.
[3] 尤明庆. 岩石试样的杨氏模量与围压的关系[J]. 岩石力学与工程学报,2003,22(1):53-60.
[4] 刘特洪,林天健. 软岩工程设计理论与施工实践[M]. 北京:中国建筑工业出版社,2001:96105.
[5] HUBBERT M K. The theory of ground-water motion[J]. Journal of Geology, 1940,48:785-944.
[6] BAI M, ELSWORTH D. Modeling of subsidence and stress-dependent hydraulic conductivity for intact and fractured porous media[J]. Rock Mechanics and Rock Engineering, 1994,27(4):209-234.
[7] BAI M, MENG F, ELSWORTH D. Analysis of Stress-dependent Permeability in Nonorthogonal Flow and Deformation Fields[J]. Rock Mechanics and Rock Engineering, 1999(32):195-219.
[8] 李燕. 各向异性软岩的渗流耦合分析及其工程应用[D]. 上海:同济大学,2007.
[9] 闫小波. 软岩各向异性渗透特征及力学特征的试验研究[D]. 上海:同济大学,2007.
[10] BAI M, ELSWORTH D. Modeling of subsidence and stress-dependent hydraulic conductivity for intact and fractured porous media[J]. Rock Mechanics and Rock Engineering, 1994,27(4):209-234.

柱状节理岩体各向异性特性及尺寸效应的研究*

朱道建[1,2]　杨林德[1,2]　蔡永昌[1,2]

(1. 同济大学地下建筑与工程系，上海　200092；2. 同济大学岩土及地下工程教育部重点实验室，上海　200092)

摘要　白鹤滩水电站坝基基岩及深部洞室围岩以柱状节理岩体为主，其力学特性极其复杂。为此，开发了多弱面软化本构模型，可以方便地定义和描述多组斜交节理面的力学属性和屈服后的软化特性。并考虑柱状节理岩体内部介质的非均匀性，从细观角度建立了整体力学属性满足 Weibull 分布的概率模型，在对概率分布参数进行敏感性分析的基础上，结合刚性承压板试验结果，确定了反映现场岩体结构的概率分布参数。同时，采用 Voronoi 算法构建了无规则性和随机性排列的四面体、五面体和六面体柱面的随机模型，综合该三方面因素对柱状节理岩体的各向异性特性展开研究，得出了不同方向承载性能和变形特性的差异。对不同尺寸下多组试块进行了分析计算，获取了不同方向的弹性模量和抗压强度随试块尺寸的变化曲线，证明柱状节理岩体还具有明显的尺寸效应，并确定了其特征尺度。

关键词　岩石力学；柱状节理岩体；各向异性；概率模型；Voronoi 算法；尺寸效应

Study on the Characteristic of Anisotropy and Size Effect of Columnar Jointed Rock Mass

ZHU Daojian[1,2]　YANG Linde[1,2]　CAI Yongchang[1,2]

(1. Department of Geotechnical Engineering, Tongji University, Shanghai 200092;
2. Key Laboratory of Geotechnical and Underground Engineering of Ministry of Education,
Shanghai 200092, China)

Abstract　The mechanic properties of columnar jointed rock mass, which is the main composition of dam foundation and deep rock cavern at Baihetan Hydroelectric Power Station, are very complex. In order to study the characteristic of anisotropy of columnar jointed rock mass, three factors are considered comprehensively. First, A mixed multi-weakness planes softening constitutive model was built. It can be used to define mechanics properties of multiply joint weakness planes and describe the characteristic of softening after failure. Second, according to the heterogeneity of columnar jointed rock mass, a probability model was established through assigning mechanical parametersthroughout the numerical specimens by following Weibull distribution function. On the base of sensitivity analysis of probability distribution parameters and the test result of rigid pressure-bearing plate, the

---

* 岩石力学与工程学报(CN: 42 - 1397/O3)2009 年收录，基金项目：国家自然科学基金资助项目(50678135)

reasonable distribution parameters that fit the rock-mass structure in-situ is computed. Third, column section of jointed rock mass is composed by Tetrahedron, Pentahedron and Hexahedron randomly and irregularly. Voronoi algorithm is used to achieve the randomness of geometric shape and irregularity of arraying order. Taking into account all these factors, bearing capacity and deformation characteristics in different direction are obtained. The results turned out to be obviously distinct in different directions. At the same time, multiple test blocks with different sizes were analyzed, andcurves of equivalent elastic modulus and unconfined compressive strength in different direction changing with size were acquired. Obvious size effect was proved to be existed in columnar jointed rock mass and the feature size was determined.

Keywords　rock mechanics; columnar jointed rock mass; anisotropy; probability model; voronoi algorithm; size effect

1　引言

岩石类材料是一种具有复杂力学性质的非均匀准脆性材料，本文所研究的柱状节理岩体更具有其自身的特殊性质。以往较多的研究将此类准脆性材料受力后的变形和断裂过程的非线性归结为弹塑性，仅用宏观上的弹塑性理论来表述。然而，这种基于经典力学理论的力学模型忽略了岩石材料内部细观结构的非均匀性，仅考虑材料力学特性的非线性特征，不足以表达岩石变形整个过程所表现的复杂性。事实上，在一个统一的变形场中，微破裂不断产生的原因除了荷载不均、形态不够光滑等结构因素形成的应力集中外，更主要的是细观单元体力学性质的不均匀性。所谓岩石介质的非均匀性，就是岩石力学性质（如弹性模量，强度等）在空间上分布的非连续性。如果将外力施加在岩石试样上，那么由于岩石结构的非均匀性，在岩石试样内出现的应力分布是相当复杂的，即岩石中的应力分布也相应表现出高度的非均匀性。就细观尺度而言（一般指组成岩石的晶粒、微裂缝等尺度），岩石是一种典型的非均匀材料。因此，可以认为材料的非线性特征与其细观非均匀性有直接联系[1]。

白鹤滩水电站工程属于西南部金沙江之上的特大水电工程，其坝基基岩及深部洞室围岩均以柱状节理岩体为主，前期进行了大量的现场试验，耗费了大量的人力、物力和时间，但试验数据非常离散，例如承压板试验，出现有两试验点相隔仅 2 m，试验结果相差却有一倍之多的情况。这给试验结果的分析和参数选取带来了非常大的困难。同时，试验结果显示，同一地点岩体竖向变形模量明显小于横向，表现出了明显的各向异性特性。因此，在稳定性分析过程中如何合理有效地描述其各向异性特性是本工程的重中之重。如果将细观力学的思想应用到岩石破坏问题中，假定细观尺度的单元力学性质服从某种既定的分布，并沿用连续介质力学方法描述单元的行为，通过弹性模量和强度等力学性质的弱化或退化描述单元由于节理面和微裂隙引发的损伤，由不同属性的细观单元在空间上的不同分布形成整体模型的各向异性特性，再引入合理的本构模型来描述宏观上多组节理面的存在表现出的力学特性，并考虑节理分布的随机性，以此来分析柱状节理岩体这类特殊脆性材料的变形破坏情况效果将更好。

本文首先从细观角度来研究柱状节理岩体，成功实现了其材料力学参数在数量统计和空间上按照 Weibull 分布函数随机分布的概率模型；其次，在宏观上开发了合理的本构模型来描述多节理面的力学属性和屈服后的软化特性;再次,采用 Voronoi 算法构建了无规则性和随机性排列的四面体、五面体和六面体柱面的随机模型;最后,综合上述因素对柱状节理岩体的受力变形特性进行了计算分析,合理描述了其各向异性特性,并研究了柱状节理岩体的尺寸效应,更好地对柱状节理岩体力学特性进行了阐述,从而为相关实际工程作参考和指导工作。

2 复合型多弱面软化模型的建立

本文所建立的复合型多弱面软化模型属于弹塑性本构模型,该模型从两方面对节理岩体进行了复合:

(1) 将节理岩体材料视为由岩体和节理组成的一种广义宏观复合材料,岩体和节理材料分别服从自身的应力——应变本构关系并设置了反映自身属性的评价指标,可分别进行相关属性的赋值。

(2) 岩体材料采用弹塑性本构关系,其屈服准则是将 Mohr-Coulomb 和 Hoek-Brown 强度屈服准则[2,3]复合嵌入本构模型中,通过设定引入的屈服因子,可根据工程情况合理方便地选择相应的屈服准则。而硬化/软化阶段则根据不同的强度屈服准则,对相关的塑性参数指标进行软化曲线设置。

由于岩体的抗拉强度远不及其抗压强度,因此在应用 Mohr-Coulomb 强度屈服准则的同时,引入了抗拉强度屈服准则[4],即当岩体所承受的拉应力超过其抗拉强度时,岩体材料即发生拉破坏,同时还可以考虑材料的双线性特性。

模型中考虑了三组独立的节理弱面,每组节理面可以任意正交或斜交。可以按照工程的需要,设置所需的节理面位置和数目。各节理面均设置独立的局部坐标系[5],参考基面为 X-Y 坐标平面,节理面与基面形成的夹角为节理面倾角,节理面法向向量在基面内的投影与 Y 轴正向所形成的夹角为节理面倾向[5]。

各节理面强度屈服准则均采用 Mohr-Coulomb 和受拉屈服的综合型强度屈服准则,采用该强度准则使节理面参数的确定简易化,可直接由现场试验数据获取。同时,对节理面也考虑了双线性特性,如图 1 中的 AB 段和 BC 段,均满足复合型强度屈服准则,但两阶段与各自设置的塑性参数值有关,而 CD 段则为受拉屈服段[6]。

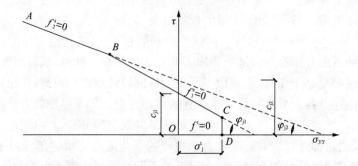

图 1 节理面强度屈服准则
Fig. 1 Strength yield criteria about joint plane

节理面和岩体的软化特性均通过引入软化参数来进行设置,它主要与材料的塑性变形有关。其中,节理面参数 k_j^s 和 k_j^t 主要与节理面塑性剪切应变和拉应变相关,其数学表达式为:

$$\Delta k_j^s = \frac{1}{3}\sqrt{2(\Delta\varepsilon_{3'3'}^{Ps})^2 + (\Delta\varepsilon_{1'3'}^{Ps})^2 + (\Delta\varepsilon_{2'3'}^{Ps})^2} \tag{1}$$

$$\Delta k_j^t = \Delta\varepsilon_{3'3'}^{Pt} \tag{2}$$

式中 $\Delta\varepsilon_{i'3'}^{Ps}$——节理面局部坐标系内各主方向应变增量，$i=1,2,3$；

$\Delta\varepsilon_{3'3'}^{Pt}$——节理面拉应变增量。

采用 VC++ 语言在 FLAC³ᴰ 的自写本构平台下进行二次开发，嵌入 FLAC³ᴰ 程序后则可进行节理岩体的计算研究及工程应用。本模型的特点是将节理岩体看成是由节理和岩体组成的一种广义复合材料，可对节理和岩体单独定义材料属性。两种材料均是弹塑性本构关系，但岩体材料可以通过设定其屈服因子选择 Mohr-Coulomb 或 Hoek-Brown 强度屈服准则。节理面则考虑了多组弱面的情况，同一单元内最多可设置三组相互正交或斜交的节理面，节理面强度屈服准则均服从 Mohr-Coulomb 强度准则，同时可考虑节理材料的双线性特性，该特性可通过设定材料因子确定是否考虑其双线性特性。岩体材料和节理材料的软化特性均通过引入与应变相关的软化参数来进行描述，进入软化阶段后随着塑性变形的增大自动更新材料参数值。

3 柱状节理岩体随机概率模型

3.1 Weibull 分布概率密度函数

为了描述柱状节理岩体材料性质的非均匀性，假定组成材料细观单元的力学性质满足 Weibull 分布，该分布可以按照如下分布密度函数来定义：

$$f(\sigma_c) = \frac{m}{\sigma_0}\left(\frac{\sigma_c}{\sigma_0}\right)^{m-1}\exp\left(-\frac{\sigma_c}{\sigma_0}\right)^m \tag{3}$$

式中，σ_c 代表满足该分布参数（例如强度、弹性模量、泊松比等）的数值；而 σ_0 是一个与所有单元参数平均值有关的参数，但其数值并不是该平均值。形状参数 m 定义了 Weibull 分布密度函数的形状。我们把 σ_0 和 m 称为材料的 Weibull 分布参数，对于材料的每个力学参数都必须在给定其 Weibull 分布参数的条件下按照式（3）给定的随机分布赋值。当 m 分别为 2.0、4.0 和 8.0 时，Weibull 分布密度函数的曲线如图 2 所示。Weibull 分布参数 m 反映了参数的离散程度，当其由小到大变化时，材料细观单元强度分布密度

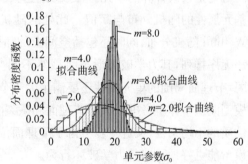

图 2　不同均质度 m 时单元参数的分布密度函数

Fig. 2　Distribution density function when different value of m

函数由矮而宽到高而窄变化，细观单元强度分布变得较为集中，材料强度的均质性较为均匀，材料内部所包含的大部分细观单元近乎相同，接近于给定的参数[1]。显然，常数 m 反映了数值模型中材料结构的均质性，我们称之为均质度，m 越大，组成材料细观单元越趋于均匀。

3.2 Weibull 分布随机数的生成

利用 [0,1] 区间上均匀分布的随机数可以产生任意分布的随机数。主要的方法有反函数法，舍选法，离散逼近法，极限近似法和随机变量函数法等，常用的有反函数法和舍选法，这里就不一一介绍了。

对于细观力学模型基元属性按 Weibull 分布随机分布,首先需生成满足 Weibull 分布的随机数。Weibull 分布概率密度函数的变换形式为

$$f(x) = \alpha\beta^{-\alpha}x^{\alpha-1}\exp\left(-\left(\frac{x}{\beta}\right)^{-\alpha}\right) \tag{4}$$

对上式进行积分,即可得 Weibull 分布函数为

$$F(x) = \int f(x)\mathrm{d}x = \int\left\{\alpha\beta^{-\alpha}x^{\alpha-1}\exp\left[-\left(\frac{x}{\beta}\right)^{-\alpha}\right]\right\}\mathrm{d}x = 1-\exp\left[-\left(\frac{x}{\beta}\right)^{-\alpha}\right] \tag{5}$$

反函数变换:

$$u = 1-\exp\left(-\frac{x}{\beta}\right)^{-\alpha} \tag{6}$$

如果 u 为[0,1]区间上的随机数,可以得到 WEIBULL 分布的随机数的计算公式[7]:

$$x = \beta[-\ln(1-u)]^{1/\alpha} \tag{7}$$

式中,α 和 β 分别对应公式(3)中的 m 和 σ_0,此处进行变化是为了进行数学计算的方便和理解。

通过上述转换,利用 FLAC^{3D} 程序中的 FISH 语言,其自带 URAND 函数,通过该函数生成[0,1]区间上的随机数,再通过 FISH 语言按上述方法完成转化过程,即可顺利生成满足 Weibull 分布的随机数。

3.3 基元的随机分布与赋值

所谓的"基元",即是细观模型的最小破裂单位,基元不但包含了介质物理力学性质特征,同时也是数值计算的单元。在成功地生成了满足 Weibull 分布随机数的基础上,主要是实现基元属性的随机分布与赋值。此处的随机分布,不仅要求基元力学属性在数量统计上满足 Weibull 随机分布,同时还包括空间上的随机分布,因为同样的概率分布在空间上的有序排列和无序排列,其力学破坏形态将截然不同[7]。由于柱状节理岩体节理面众多,且力学属性较弱,节理面周围的单元属性还要满足大于节理面所在的单元的力学属性。总的来说,随机概率模型既从整体上考虑了大量节理面和微裂隙的存在对整体模型强度的弱化效应,即基元力学性质的不均匀性,又进一步考虑了节理面位置处和周边岩体弱化程度上的逻辑关系,使该概率模型能更好地描述其力学破坏行为。

基于上述几方面的要求,FISH 语言实现的基本思路为:(1) 采用循环函数,循环次数为基元的总体个数,随机生成与单元个数相等的 Weibull 随机数;(2) 机选择基元的 ID 号,逐个随机赋予各基元的力学参数值;(3) 赋值过程中设置条件语句,条件一为:生成的 ID 号若出现相当的情况,则再重新生成,直至随机生成的 ID 号与已赋单元 ID 不等;条件二为:如已赋值某条节理面位置处的单元属性,则赋予与该节理面单元相邻的单元时,则需判断两者的大小关系,出现节理面周边单元小于节理面单元属性时,则重新选择 Weibull 随机数,直至满足大于时为止。同样,如果先赋予节理面周边的单元属性,后赋予节理面位置处的单元属性,同样进行相应的判断。如图 3,为细观模型力学属性随机分布的三维视图。

不变,岩体整体强度逐渐提高,其垂直位移量同样是呈逐渐递减趋势。相比较两者的计算结果,垂直位移量随两参数的变化趋势均服从指数型函数,但参数 σ_0 的敏感性较大,均质度系数相对偏小。

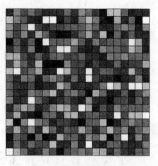

(a) 基元属性分布剖面图　　(b) 基元属性三维空间分布图

图 3　细观模型基元属性三维空间分布图
Fig. 3　3D views of random distribution of meso-model element properties

3.4　概率模型分布参数的确定

采用细观模型来模拟柱状节理岩体,其内部的微裂隙及节理面等结构面造成岩体的弱化采用计算单元的力学属性按照 Weibull 分布随机赋值,从而从细观角度更好地描述了柱状节理岩体内部复杂多变的岩性。采用该方法来处理柱状节理岩体时,关键点是确定合理的概率模型分布参数,使数值模型与现场的柱状节理岩体尽可能接近。

本文采用的方法是通过建立细观模型来拟合现场承压板试验,对多个试验点的试验结果进行一一拟合,得出一系列的与各试验点吻合的概率模型分布参数。在此基础上,对概率分布参数进行统计分析及相关处理,确定出能代表多数试验点的概率模型分布参数的终值。

1. 参数的敏感性分析

由于试验点个数众多,在对各试验点拟合计算其概率分布参数之前,我们对 Weibull 分布的均质度系数 m 和参数 σ_0 进行了影响性分析,主要从两方面进行了讨论。其一是研究了同一种岩性时,其不同的均值度系数,对岩体受力变形的影响。其二是研究了相同的均值度系数 m,岩性强度各不同,此时对岩体受力变形的影响。在对这两个关键性参数分析的基础上,了解各自的敏感性,将对后续工作有很大的帮助。

基于上述的分析目的,进行了大量不同概率分布模型的变形计算,图 4 为材料参数 σ_0 取 22 GPa,不同均质度系数 m 时,岩体垂直位移的变化曲线图。由图可知,随着均质度系数 m 的不断增加,岩体整体强度逐渐提高,在相同荷载作用下,变形量呈逐渐减小趋势。图 5 为均质度系数 m 均为 7.0,不同的材料参数 σ_0 时,岩体竖向变形量的变化曲线图。由图可知,随着 σ_0 取值的不断增大,均值度系数 m 则相对偏小。拟合函数采用指数型二元一次函数:

$$y = A1 \times e^{(-x/t1)} + A2 \times e^{(-x/t2)} + y0 \tag{8}$$

其拟合结果分别为

$$y = 0.42e^{(-m/10.92)} + 1.41e^{(-m/2.06)} + 3.83 \tag{9}$$

$$y = 32.24e^{(-\sigma_0/3.55)} + 10.864e^{(-\sigma_0/15.09)} + 1.52 \tag{10}$$

2. 概率分布参数的确定

现场刚性承压板首先在试验部位清除爆破松动层,手工凿制成 $\Phi 60$ cm 的圆形平面,用砂轮磨平,作为试验面;试验面周围 1 m 范围亦大体凿制平整,以满足试验边界条件。清洗试验面及其边界岩体,进行地质描述、拍照。刚性承压板面积为 2 000 cm²;最大试验荷载为 8 MPa

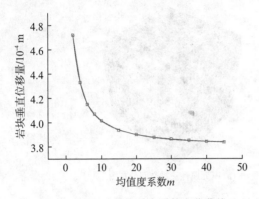 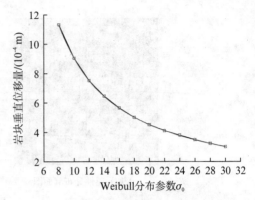

图 4 岩体变形随均质度系数变化曲线
Fig. 4 Variable curve of rock mass vertical displacement with homogeneity

图 5 岩体变形随参数 σ_0 变化曲线
Fig. 5 Variable curve of rock mass vertical displacement with parameter σ_0

或 10 MPa，分 5 级采用逐级一次循环法加压，采用 4 只千分表对称布置在承压板的四个方位，测量岩体变形，加载后立即测读变形值，以后每隔 10 分钟测读一次，当承压板上四个测表相邻两次读数差与同级压力下第一次变形读数和前一级压力下最后一次变形读数差之比小于 5% 时，则认为变形稳定；再加（卸）下一级荷载[9]。

以其中某试验点为例，如图 6 所示，为现场刚性承压板试验的试验面，按上述要求处理完试验面后，即可按照试验要求施加试验荷载。图 7 为拟合刚性承压板试验所建立的三维细观模型，模型是半径为 25.25 cm，高为 100 cm 的圆柱体。整体模型划分网格单元 66 080 个，节点 80 426 个，每个单元边长约 1 cm。单元的力学属性在数量和空间上均按 Weibull 概率分布函数随机分配。荷载施加面为模型上顶面，边界条件周边均约束法向变形，而底部设置为固定边界[10]。

图 6 现场刚性承压板试验面
Fig. 6 Surface of field rigid bearing plate test

图 7 三维细观计算模型
Fig. 7 3D meso-computing model

现场试验荷载分 5 级施加，最大荷载为 10 MPa，试验的初步结果为节理岩体垂直方向压缩模量为 7.85 GPa，岩体最终变形量约为 0.47 mm。

现场试验点中Ⅲ1 级岩体试验点共 14 个，Ⅲ2 级岩体试验点共 10 个。通过对各试验点的试验结果进行数值拟合计算，得到了满足各试验点条件的概率模型参数，如图 8，为现场试验和拟合计算后的应力-变形曲线对比图。

由表 1 可知：

Ⅲ1 级中较好岩体的弹性模量均值的平均值为 28.26 GPa，其概率模型参数可取为：参数

表 1 各试验点概率参数拟合结果
Table 1 Fitting result of probability parameters about field test

岩体级别	岩性	参数 σ_0	均质度系数 m	均值/GPa
Ⅲ1级	较好	30	2.8,4.5,10,12,15,20	26.69,27.38,28.54,28.74,28.99,29.21
	一般	22	1.9,2.2,8.0	19.55,19.56,20.75
		20	3.0,5.5	17.86,18.47
	较差	14	1.8,8.0	12.51,13.19
		12	2.8	10.74
Ⅲ2级	一般	22	10,10,20	20.92,20.92,21.41
		20	1.5,2.2	17.59,17.71
	较差	12	3.0,3.0,4.5	10.73,10.73,10.94
		10	2.5,4.2	8.87,9.10

σ_0 取 30,均质度系数 m 取 8.0;

Ⅲ1级中一般岩体的弹性模量均值的平均值为 19.24 GPa,其概率模型参数可取为:参数 σ_0 取 21,均质度系数 m 取 4.0;

Ⅲ1级中较差岩体的弹性模量均值的平均值为 12.15 GPa,其概率模型参数可取为:参数 σ_0 取 13,均质度系数 m 取 5.5;

Ⅲ2级中一般岩体的弹性模量均值的平均值为 19.71 GPa,其概率模型参数可取为:参数 σ_0 取 21,均质度系数 m 取 5.0;

Ⅲ2级中较差岩体的弹性模量均值的平均值为 10.07,其概率模型参数可取为:参数 σ_0 取 11,均质度系数 m 取 4.2。

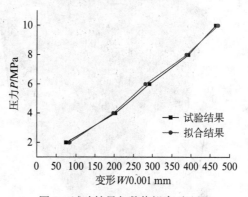

图 8 试验结果与数值拟合对比图
Fig. 8 Comparison of testing and fitting results of pressure-deformation curves

4 柱状节理岩体各向异性特性

柱状节理岩体主要是由于岩浆喷发后,遇空气后冷凝面以特殊排列形式分布冷却而形成的。由于岩石非均质,导致该过程中发生了对流和冷却压缩的不均匀性,从而造成了柱面的不规则性,形成含有四面体、五面体和六面体等不规则形式的柱面。本文在研究柱状节理的各向异性特性[9,10]时,充分考虑了三方面的因素:(1)柱面形状的不规则性和分布的随机性;(2)能合理描述多节理弱面力学特性的本构模型的开发;(3)众多节理面的存在引起的岩体强度的弱化和非均匀性。

对于柱面形状的不规则性和分布的随机性,本文结合 Voronoi 图的生成算法和编程软件成功地开发实现。Voronoi 图是一个关于空间划分的基础结构,在材料力学中经常用以研究晶体的力学特性[11],其算法在此不作详细介绍,应用和开发流程为:首先将 Voronoi 图的生成算法在 VC++中编程实现,可以在一定区域内生成满足设定要求的 Voronoi 图;其次,将 Autocad 作为图形输出界面,输出生成的 Voronoi 图,同时可获取图形的几何坐标。再次,利用3DEC软件能方便生成节理面和切割节理面的优点,实现柱状节理的三维化[12];编写接口程序将3DEC生成的富含节理面的体转入性特性进行研究:(1)恒定的加载速度下,水平向和垂直向分别加载时,其最终承载力的差异;(2)恒定的外荷载,受压变形求得水平向和垂直向的等效弹性模量的差异值。

如图11,当对计算模型垂直向和水平向作用恒定速度时,两方向表现出了不同的承载力。水平向最大承载力为714 MPa,垂直向最大承载力为621 MPa,表现出明显的差异。达到最大承载力后,随着变形的继续增加,模型整体进入软化,承载性相关前处理软件进行网格剖分;最后,建立与FLAC^{3D}的程序接口,将划分后的单元转入FLAC^{3D},进行受力变形计算。为了消除模型在宽度和高度方向长度的不同而造成的影响,以Ⅲ1级一般岩体为例,模型尺寸取为1 m×1 m×1 m。如图9,为随机生成的Voronoi多边形柱状节理岩体模型,图10为节理面的分布形式。

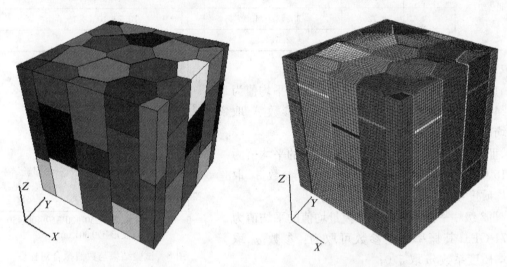

图 9　柱状节理岩体模型及三维网格划分
Fig. 9　Model of jointed rock mass and 3D grid

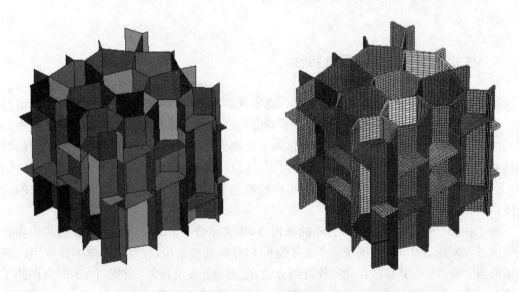

图 10　节理面的分布形式
Fig. 10　Distribution of joint surface

多弱面节理模型采用本文开发的复合型多弱面软化模型,可以合理描述众多节理面的分布形式及赋予相应的单元属性,而岩体的弱化和非均匀性,采用前文介绍的随机概率模型的建立方法和拟合确定的概率参数进行设置,从而综合地考虑了柱状节理岩体多方面因素的影响,进而可以更好地描述其各向异性的力学性质[13]。

主要从以下两个方面对柱状节理岩体的各向异性特性进行研究:(1)恒定的加载速率下,水平向和垂直向分别加载时,其最终承载力的差异;(2)恒定的外荷载,受压变形求得水平向和垂直向的等效弹性模量的差异值。

如图11所示,当对计算模型垂直向和水平向作用恒定速度时,两方向表现出了不同的承载力。水平向最大承载力为714 MPa,垂直向最大承载力为621 MPa,表现出明显的差异。达到最大承载力后,随着变形的继续增加,模型整个进入软化,承载性能总体下降。

当施加恒定的外荷载时,水平向和垂直向最变形量也存在较大差异。见图12,为施加外荷载6 MPa时,模型垂直向和水平向变形收敛的曲线图,最终水平向压缩变形量为1.57×10^{-4} m,而垂直向最终压缩变形量则达2.82×10^{-4} m,较水平向变形其增幅近80%。

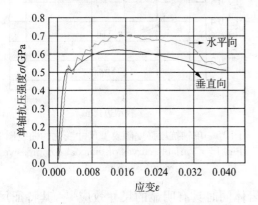 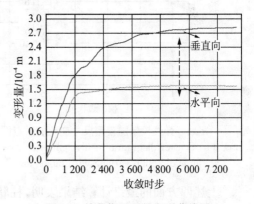

图11 恒定速率下的应力-应变曲线图
Fig. 11 Stress-strain curves under constant loading rate

图12 外载作用下的变形曲线图
Fig. 12 Deformation curves under external loads

通过采用Voronoi算法构造柱状节理岩体,并开发了合理有效的本构模型,同时考虑了节理岩体的非均匀性,综合该三方面的因素,对柱状节理岩体的各向异性特性进行了相应的研究,计算结果符合现场的试验测试结果,证明了该研究方法的合理性。需要指出的是,水平向两方向之间的承载力和变形差异不大,主要是水平向和垂直向之间的差异非常显著。

5 柱状节理岩体的尺寸效应

依次选取柱状节理岩体的模型尺寸为:1.0 m×1.0 m,2.0 m×2.0 m,4.0 m×4.0 m,6.0 m×6.0 m,每一尺寸选取10组随机计算模型[12],如图13。对模型不同方向进行单轴压缩计算,由计算获取的应力和应变值求解模型各方向的等效弹性模量。

如图14,为计算后不同尺寸试块X向等效弹性模量的散点图,试块尺寸为1.0 m×1.0 m时,等效弹性模量波动区间较大,计算值分散,随着尺寸的逐渐增大,波动区间逐渐减小,当试块尺寸为4.0 m×4.0 m时,等效弹模计算值已经较接近。同样,在Y向和Z向也表现出同样的规律,但总体上Y向与X向差异较小。结果表明:柱状节理岩体表现出了明显的尺寸效应,随着试块尺寸增大,等效弹模趋于稳定。

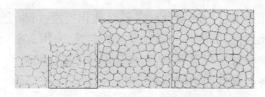

图 13 不同尺度下柱面形状及排列方式图

Fig. 13 Shape of cylinder section and arrangement way with different scales

对试块各方向施加恒定的速度，以考察不同尺寸下，其单轴抗压强度的差异，如图 15，随着尺寸的增大，模型各方向的承载性能也呈递减趋势，当模型边长为 4.0 m×4.0 m，承载性能也趋于稳定。而水平 X 向和 Y 向较接近，与垂直向 Z 向差异较大。

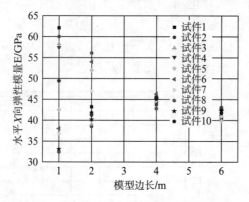

图 14 弹性模量随模型尺寸变化的散点图

Fig. 14 Scatter diagram of equivalent elastic modulus in x-direction varying with model size

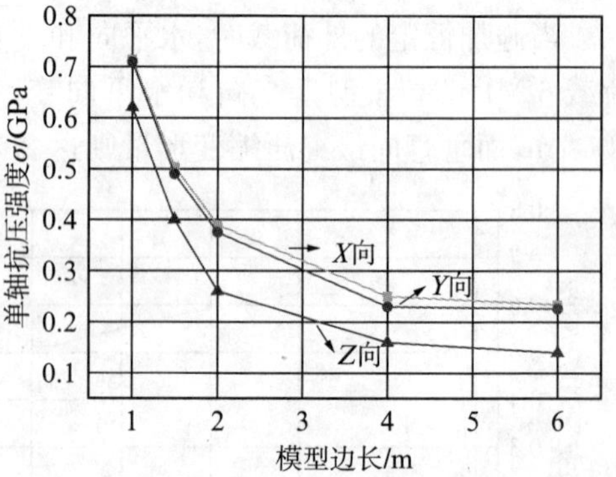

图 15 单轴抗压强度随模型尺寸变化的曲线图

Fig. 15 Variable curves of uniaxial compressive strength with model size

上述两方面的最终计算结果表明，柱状节理岩体同时具有明显的尺寸效应[14]，其特征尺度可认定为 4.0 m×4.0 m。

6 结论

研究柱状节理岩体的方法很多，对于众多节理面切割岩体的情况，一般来说，离散元可以更方便地来描述节理面分布情况。但本文采用连续介质来研究柱状节理岩体，主要考虑了以下几方面的原因：(1) 考虑岩体材料的非均匀性，从细观角度将计算模型划分为满足基元尺寸的单元后，总体网格数量很大，采用离散元方法计算效率将大大下降；(2) 后期进行大型地下厂房开挖的稳定性计算时，整体模型达上千米之多，采用离散元计算该大型工程不太现实，而采用连续体来进行计算，已是很成熟的技术。(3) 对于开发的复合型多弱面软化模型，是针对连续介质开发的，此处也是对该模型的应用效果和设置方法作检验和确认。

通过建立复合型多弱面软化模型，并考虑柱状节理岩体内部的非均匀性，建立了整体力学属性满足 Weibull 分布的概率模型，同时结合 Voronoi 算法综合考虑了节理面几何形态的无规则性和随机性，对柱状节理岩体的各向异性特性和尺寸效应进行了研究，结果表明水平向和垂直向整体强度和等效弹模都存在较大差异，表现出了明显的各向异性，且随着模型尺寸的变化，试块整体强度呈递减趋势，并逐渐趋于稳定，也具有明显的尺寸效应。这与现场勘察结果非常吻合，说明本文所建立的方法能够合理有效地描述柱状节理岩体的各向异性特性及尺寸效应[15]，这对后期细部关键部位的变形受力分析及整体工程的稳定性研究均具有较高的指导意义和参考价值。

参考文献

[1] 唐春安，朱万成. 混凝土损伤与断裂——数值试验[M]. 北京：科学出版社. 2003.

[2] HART R, CUNDALL P, LEMOS J. Formulation of a three-dimensional distinct element model—part Ⅱ. mechanical calculations for motion and interaction of a system composed of many polyhedral blocks[J]. International Journal of Rock Mechanics and Mining Sciences and Geomechanics Abstracts，1988,25(3)：117-125.

[3] CUNDALL P, CARRANZA-TORRES C, HART R. A new constitutive model based on the Hoek-Brown criterion[C]// Proceedings of the 3rd International Symposium of FLAC and FLAC^{3D} Numerical Modeling in Geomechanics. Sudbury：[s. n.], 2003：17-25.

[4] Itasca Consulting Group Inc. . FLAC^{3D}(fast Lagrangian analysis of continua in 3-dimension)user's manual(version 2.10)[R]. Minneapolis：Itasca Consulting Group Inc. ，1997.

[5] GERRARD C M. Elastic models of rock masses having one, two and three sets of joints[J]. Int. J. Rock Mech Min Sci & Geomech Abstr, 1982,19(1)：15-23.

[6] Marti J P Cundall. Mixed Discretization Procedure for Accurate Modelling of Plastic Collapse[J]. Int. J. Num. & Analy. Ethods in Geomech. ，1982(6)：129-139

[7] 石安池，唐鸣发，周其健. 金沙江白鹤滩水电站柱状节理玄武岩岩体变形特性研究[J]. 岩石力学与工程学报. 2008,27(10)：2079-2086.

[8] 谢和平，陈忠辉. 岩石力学[M]. 北京：科学出版社，2004：60-62.

[9] 梁正召，唐春安，张永彬，等. 准脆性材料的物理力学参数随机概率模型及破坏力学行为特征[J]. 岩石力学与工程学报，2008,27(4)：718-727.

[10] 朱道建，杨林德，黄建勇. 厦门海底隧道地表沉降控制效果分析及其预测[J]. 岩石力学与工程学报，2007,26(11)：2356-2362.

[11] 沈满德，余圣甫，王宁. 蒙特卡罗法模拟晶粒生长过程中的Voronoi模型[J]. 机械工程材料，2006,30(3)：11-13.

[12] 宁宇，徐卫亚，郑文棠，等. 柱状节理岩体随机模拟及其表征单元体尺度研究[J]. 岩石力学与工程学报. 2008,27(6)：1202-1208.

[13] 胡大伟，朱其志，周辉，等. 脆性岩石各向异性损伤和渗透性演化规律研究[J]. 岩石力学与工程学报. 2008,27(9)：1822-1827.

[14] 杨圣奇，徐卫亚. 不同围压下岩石材料强度尺寸效应的数值模拟[J]. 河海大学学报(自然科学版)，2004,32(5)：578-582.

[15] 尤明庆，邹友峰. 关于岩石非均质性与强度尺寸效应的讨论[J]. 岩石力学与工程学报，2000,19(3)：391-395.

锦屏绿片岩分级加载流变试验研究*

石振明[1,2]　张　力[1]

(1. 同济大学地下建筑与工程系，上海　200092；2. 同济大学岩土及地下工程教育部重点实验室，上海　200092)

摘要　对锦屏二级水电站引水隧洞围岩进行了分级加载流变试验，分析了试验过程中出现的现象、试样轴向、侧向应力应变关系，以及利用伯格斯模型求得的流变模型参数。分析结果表明，各试样总应变量轴向大于侧向，而各式样总流变量侧向大于轴向，流变和应变表现出不一致性；各级流变的流变量随各级应力的增加在逐级增加，各级流变的轴向流变量和侧向流变量占轴向总流变量和侧向总流变量的百分比是相似的；各试样的各级瞬时变形的弹模是不断增大的，符合岩石流变试验的一般性规律；在轴向和侧向两个方向上存在明显的各向异性，侧向能更快速和灵敏地反映应力变化引起的流变特性的改变；各流变参数均能正常反映绿片岩流变规律，伯格斯模型能较好地模拟锦屏绿片岩单轴流变特性。

关键词　绿片岩；流变试验；伯格斯模型；流变参数；各向异性

Study on Rheological Test of Jinping Greenschist Under Step Load

SHI Zhenming[1,2]　ZHANG Li[1]

(1. Department of Geotechnical Engineering, Tongji University, Shanghai 200092, China;

2. Key Laboratory of Geotechnical and Underground Engineering of Ministry of Education,

Tongji University, Shanghai 200092, China)

Abstract　Rock rheology tests were carried out on greenschist specimens from auxiliary tunnel of Jinping Ⅱ Hydropower Station by step loading method. Phenomenon of the tests and the specimen axial and lateral stress-strain relationship as well as the flow obtained using the Burgers model varying parameters were analysised. The results showed that all samples' strain on axial were greater than the lateral, while the rheology on lateral is larger than the axial, then the rheology and strain showed inconsistency. The rheological of all levels increased follow the increasing of every stress levels. The axial rheology and lateral rheology of Each level takes the similar percentage of the total strain value on axial and lateral. Instantaneous deformation elastic model at all levels of each specimen is increasing, and comply with the general laws of rock rheology tests. Obvious anisotropy exists both in axial and lateral direction, and the phenomenon on the lateral can be more rapid and sensitive reflection the rheological properties caused by the stress changes. The rheological parameter

---

* 同济大学学报(自然科学版)(CN：31-1267/N)2011年收录，基金项目：国家自然科学基金委员会、二滩水电开发有限公司雅砻江水电开发联合研究基金项目(5057908850639090)

can reflect the greenschist rheological law, and the Burges Model can be a better simulation the uniaxially rheological properties of Jinpin greenschist.

KEYWORDS　green schist；rheological test；burgers Model；rheological parameters；anisotropy

1　引言

单轴流变试验是岩石流变特性研究中最基本的试验手段之一,我们对岩石深刻的认识都是从岩石单轴流变着手,关于岩石单轴流变试验国内外学者选择软岩和硬岩针对不同影响条件做了大量的试验并进行了分析研究[1-10],李永盛等(1995)[2],对大理岩、红砂岩、粉砂岩和泥岩四种不同岩性的软岩进行了单轴压缩蠕变和松弛试验。彭苏萍(2001)[3]以显德汪矿主输送大巷为研究对象,针对"三软"煤层巷道围岩大变形、难支护的具体情况,进行了泥岩的三轴压缩流变试验。杨春和(1999、2003)[4,5],通过对单轴、三轴盐岩变应力路径的应力松弛与蠕变试验进行研究。朱合华等(2002)[6],对任胡岭隧道凝灰岩进行了干燥和饱水状态下的单轴压缩蠕变试验。李化敏等(2004)[7],利用自行研制的 UCT-1 型蠕变试验装置,采用单调连续加载和分级加载方式,对河南南阳南召大理岩进行了单轴压缩蠕变试验。范庆忠等(2005)[8],以对山东东部的红砂岩为例,采用重力加载式流变仪,在分级加载条件下对岩石的蠕变特性进行了单轴压缩蠕变试验研究。崔希海等(2006)[9],利用重力驱动偏心轮式杠杆扩力加载式流变仪,对红砂岩进行了单轴压缩蠕变试验研究。

以往的研究总结了各种应力路径、不同含水量等条件下的软、硬岩单轴流变规律,但是绿片岩兼具硬岩和软岩的部分特性,其抗压强度对于盐岩和其他软岩较高,对大理岩、花岗岩又较低,对流变特性的某些方面与软岩和硬岩都有较大不同,所以选用绿片岩做流变试验,一方面也是为了研究其本身流变特性,也与其他软岩、硬岩的流变特性进行比较,积累相关经验;另一方面,诸多试验中大多从单一方向(轴向或者侧向)着手研究岩石的流变特性,但是很少有学者从轴向和侧向两个方向对岩石的单轴流变特性进行研究。为了得到绿泥石片岩的单轴流变特性,我们需要在垂直层理(轴向)和平行层理(侧向)两个方向上进行研究才能得到更为客观的岩石流变特性。

本文采用对试样进行逐级加荷载流变试验并在轴向和侧向分别采集流变试验数据,得到各级流变参数,比较分析岩石单轴流变在各方向上的流变特性。

2　试验设备及试验方法

2.1　试验装置

绿片岩单轴压缩蠕变试验在同济大学 CSS—1950 型双轴压缩流变试验机上完成。该试验机采用机电伺服机构提供垂直方向加载。加载能力:垂直方向为 500 kN(压)负荷精度为 1‰示值。试验机所配的引伸计采用 4 个差动变压器作传感器,可以同时测量试样两侧垂直轴和水平轴标距内的变形,变形量测范围为±3 mm,精度为 0.5%示值。

图 1　同济大学 CSS—1950 型双轴压缩流变试验机

2.2 试样特征

图 2 取样现场照片

试验所采用的 T_1^1 绿片岩取自锦屏二级水电站辅助交通洞 B 洞西端 6 号横通道,取样里程约为 BK3+065,该位置的埋深约为 1 600 m,其自重应力约为 42 MPa,现场取样位置如图 2 所示。绿片岩具片状构造,常有灰白色大理岩条带及透镜体,层理比较发育,层理的产状为倾向 296°、倾角 88°。绿片岩一般情况下属于硬质岩,自然状态下平均单轴抗压强度约为 70 MPa,但是本文所用绿片岩属于超高地应力状态下的软岩,夹杂大理石条带不均,单轴抗压强度约为 60 MPa。

2.3 试验方案

将绿片岩制作为尺寸均为 100 mm × 100 mm × 100 mm 的方形试件(图 3),放入单轴流变试验机的试验平台,并调整好中心位置,使岩样的轴线与试验机加载中心线相重合。按 0.01 MPa/s 的加载速率,通过司服系统给岩样施加至预定的轴压值,当轴压加载至设定的第一级应力水平时,测试岩样轴向应变和侧向应变与时间的关系。试验中当观测到的位移增量小于 0.01 mm/h,即认为因加载该级轴压所产生的蠕变已基本趋于稳定,进入下一级加荷。重复上述操作步骤,直到最高级水平应力时或者使岩样发生流变破坏时,此时取出岩样,描述岩样状态或者破裂形式。根据试验所测得的不同应力水平

图 3 试样照片

下轴向应变和侧向应变与时间以及应力的试验数据,进行整理分析,以得出在加轴压和不同轴压情况下的岩石流变特性。本试验原准备试样为六块(0♯、1♯、2♯、3♯、4♯和 5♯),除去 1♯ 试样为试验前调试仪器、获取试验经验所用试样,剩余的 5 块试样中试验结果较为理想的试样只有 0♯ 和 3♯ 试样,故只对这两个试样进行具体分析。表1、表2 为 0♯ 试样和 3♯ 试样的加载情况表。

表 1　　　　　　　　　　　　　　0♯试样加载概况表

等级	荷载/MPa	持续时间/h
1	9.8	47.54
2	20.0	47.20
3	30.3	45.96
4	40.4	0.32

表2　　3#试样加载概况表

等级	荷载/MPa	持续时间/h
1	9.9	47.37
2	20.1	49.83
3	30.4	47.11
4	40.5	48.04
5	45.6	1.33

3　试验结果

3.1　应变-时间分析

通过对试验采集数据的整理得到各试样流变全过程曲线、分级流变曲线、应力-应变曲线和流变数据统计表格。其中图4、图5为0#试样和3#试样的流变全过程曲线,即应变-时间曲线,图6、图7为0#试样和3#试样的分级流变曲线,即应变-时间曲线,表3、表4分别为0#试样和3#试样流变量、应变量情况分析表。

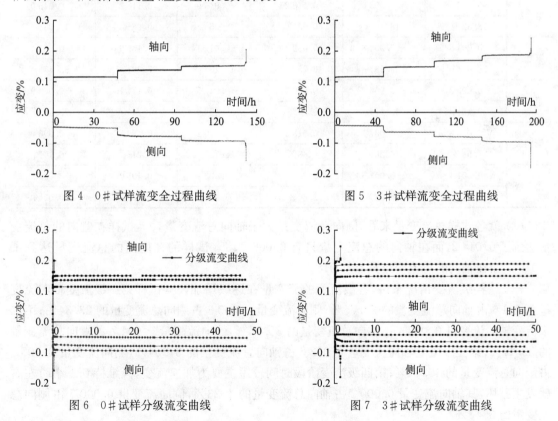

图4　0#试样流变全过程曲线　　　　图5　3#试样流变全过程曲线

图6　0#试样分级流变曲线　　　　图7　3#试样分级流变曲线

从图4~图7和表3、表4可以得出:

(1)就各试样总应变量来讲,轴向变形大于侧向变形,0#试样在轴向的总应变量达到了0.163 1,而在侧向的总应变量只有0.108 7,3#试样的在轴向的总应变量达到了0.195 0,而在侧向的总应变量只有0.099 9。

表3　　　　　　　　　　　　　0#试样流变量、应变量情况分析表

	各级流变分量		各级应变分量		各级截止时应变量	
	轴向	侧向	轴向	侧向	轴向	侧向
第一级	0.001 6 22.75%	−0.003 3 23.34%	0.116 0 71.12%	−0.051 1 47.02%	0.116 0 71.12%	−0.051 1 47.02%
第二级	0.002 4 35.36%	−0.004 7 33.17%	0.022 4 13.75%	−0.027 3 25.11%	0.138 4 84.87%	−0.078 4 72.13%
第三级	0.002 6 37.54%	−0.005 7 40.14%	0.013 9 8.49%	−0.015 0 13.79%	0.152 3 93.36%	−0.093 4 85.92%
第四级	0.000 3 4.35%	−0.000 5 3.17%	0.010 8 6.63%	−0.015 3 14.08%	0.163 1 100.00%	−0.108 7 100.00%

表4　　　　　　　　　　　　　3#样流变量、应变量情况分析表

	各级流变分量		各级应变分量		各级截止时应变量	
	轴向	侧向	轴向	侧向	轴向	侧向
第一级	0.003 3 18.62%	−0.003 6 18.46%	0.118 2 60.63%	−0.045 0 45.05%	0.118 2 60.63%	−0.045 0 45.05%
第二级	0.004 8 26.89%	−0.004 8 24.53%	0.032 7 16.75%	−0.017 4 17.43%	0.150 9 77.38%	−0.062 4 62.47%
第三级	0.005 3 29.45%	−0.006 0 30.77%	0.020 2 10.35%	−0.017 5 17.48%	0.171 1 87.74%	−0.079 9 79.95%
第四级	0.006 8 37.94%	−0.007 1 36.26%	0.018 5 9.48%	−0.016 1 16.15%	0.189 6 97.21%	−0.096 0 96.11%
第五级	0.001 1 6.17%	−0.001 6 8.33%	0.005 5 2.80%	−0.003 9 3.93%	0.195 0 100.00%	−0.099 9 100.00%

（2）就各式样总流变量来看,侧向总流变量大于轴向总流变量,0#试样在侧向的总流变量达到了0.014 2,而在轴向的总流变量只有0.006 9,3#试样的在侧向的总流变量达到了0.019 5,而在轴向的总流变量只有0.018 0。

（3）就各级流变情况来讲,各级流变的流变量在逐级增加,3#试样第一级流变轴向流变量0.001 6占轴向总流变量的22.75%,侧向流变量0.003 3占侧向总流变量的23.34%;第二级流变轴向流变量0.002 4占轴向总流变量的35.36%,侧向流变量0.004 7占侧向总流变量的33.17%;第三级流变轴向流变量0.002 6占轴向总流变量的37.54%,侧向流变量0.005 7占侧向总流变量的40.14%;第四级流变阶段时间较短主要为加速流变,只维持0.1小时左右就发生破坏,其轴向流变量0.000 3占轴向总流变量的4.23%,侧向流变量0.000 5占侧向总流变量的3.17%。

0#试样第一级流变轴向流变量0.003 3占轴向总流变量的18.62%,侧向流变量0.003 6占侧向总流变量的18.46%;第二级流变轴向流变量0.004 8占轴向总流变量的26.89%,侧向流变量0.004 8占侧向总流变量的24.53%;第三级流变轴向流变量0.005 3占轴向总流变量的29.45%,侧向流变量0.006 0占侧向总流变量的30.77%;第四级流变轴向流变量0.006 8

占轴向总流变量的 37.94%,侧向流变量 0.007 1 占侧向总流变量的 36.26%;第五级流变阶段时间较短主要为加速流变,只维持 1.1 小时左右就发生破坏,其轴向流变量 0.001 1 占轴向总流变量的 6.17%,侧向流变量 0.001 6 占侧向总流变量的 8.33%。

另外,从以上数据我们还可以得出:虽然各级流变在轴向和侧向流变量上来讲存在较大差异,但是,各级流变的轴向流变量和侧向流变量占轴向总流变量和侧向总流变量的百分比是相似的,这就是说各级时间内在轴向和侧向两个方向上的各级流变占各方向上流变总量的百分比是很接近的,而且 0#试样和 3#试样在这一点上表现出同样的规律性。0#试样轴向总流变量占轴向总应变量 4.23%,侧向则为 13.04%;3#试样轴向总流变量占轴向总应变量 9.22%,侧向则为 19.50%。

3.2 应力-应变分析

图 8,9 分别为 0#试样和 3#试样应力-应变关系曲线,从图 8,9 可以得出:

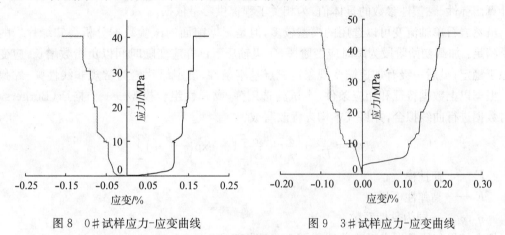

图 8　0#试样应力-应变曲线　　　　图 9　3#试样应力-应变曲线

(1) 每级荷载在加载开始阶段都有瞬时变形阶段,在每级荷载的剩余时间内都不同程度的发生蠕变,在应力水平较低时流变 0#和 3#试样的流变现象均不明显,这是由于该绿片岩试样的单轴流变阈值在 25 MPa 左右,在应力低于 25 MPa 的情况下流变并不明显,在应力大于 25 MPa 时,0#试样在轴向和侧向均表现出较为明显的流变阶段,而 3#试样仅在轴向表现较为明显,侧向表现并不明显,可能因为 3#试样影响侧向应变的微裂隙在从第二级荷载加载到第三级荷载过程中由加载引起的附加动荷载导致应变量增加较大,在第三级应变稳定后静荷载较小导致裂缝发展停滞在较高荷载水平,第三级流变不明显,在荷载再次增高时才产生较大变形。

(2) 0#试样在施加初级荷载时,轴向和侧向应力-应变曲线均呈向上凹状,众所周知,岩石在成岩过程中经历了众多地应力条件的改变,使岩石材料本身存在很多微裂隙,这一曲线特征可以说明这一阶段是岩石的裂隙压密阶段;第二阶段 0#试样的各级瞬时变形的弹模是不断增大的,这也符合岩石流变试验的一般性规律,但是应该明白的是,根据岩石此阶段的弹性模量的变化并不是真正的"弹性",岩石处于微裂缝的稳定发展状态时,其表现为弹性模量基本不变,在各级加载过程中应力应变曲线表现为直线;当下一级荷载增加时,前一级的压密作用导致微裂缝的发展越发困难,岩石弹性模量增大。

3#试样从其应力-应变关系图来看其规律性不如 0#试样规律性好,虽然也出现轴向和侧向应力-应变曲线均呈向上凹状，并表明其岩石裂隙压密阶段特性，但是第一阶段的轴向流变和第三第四阶段侧向流变并不明显，其侧向弹模变化也不明显。

（3）在加速流变阶段出现微裂缝的贯通，其最终破坏通常是在最后一级荷载刚完成加载，其流变量开始迅速增加的阶段，在最高级荷载的快速加载下，岩石内部本已高度发展的微裂缝贯通，产生较大的宏观裂缝，并最终导致岩石破坏。

4 单轴流变模型及参数分析

目前研究岩石流变的模型主要有：开尔文模型、麦克斯韦尔模型、伯格斯模型、西原模型、积分型流变本构模型等。根据不同岩体的力学特性和流变特性选用不同的岩石流变模型，并根据实际情况对于系数参数进行适当的选用和推导可以得出适应不同岩石的流变规律的流变模型，通过与实际数据的拟合、对比进行参数的调整，最终确定模型类型、参数形式，并通过拟合计算出弹性、黏塑性参数的具体值，为相关工程提供参考依据。

虽然岩石单轴流变可以选用的模型较多，但是根据前面的试验数据分析得知绿片岩的特性要满足：加载初始阶段为瞬时应变阶段；每级轴压下试样应变随时间以负指数增长，应变速率趋于稳定；最后一级有加速蠕变现象这三点基本条件，确定绿片岩为常规非线性弹-黏弹性体。根据以上数据特征和相应条件，本试验选用弹-黏弹性组合模型——伯格斯（Burgers）模型对数据进行曲线拟合，并将其本构方程改写成：

$$\varepsilon(t) = \frac{\sigma}{E_0} + \frac{\sigma}{\eta_1}t + \frac{\sigma}{E_1}\left[1 - \exp\left(-\frac{E_1}{\eta_2}t\right)\right]$$

式中 E_0——弹性模量；
E_1——黏弹性模量；
η_1, η_2——同为黏性系数。

拟合结果与原数据点对比曲线如图10和图11所示。

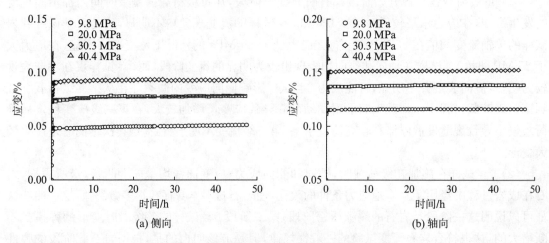

图10 0#试样试验点与拟合曲线对比图

经拟合后得到各试样的流变参数如表5、表6所示。

通过对图10、图11和表5、表6的分析可知：除破坏荷载级别外，随着应力增加每级荷载对应的流变参数呈规律性变化，流变参数 E_0 随着轴向应力的增加在大于20 MPa轴压的情况

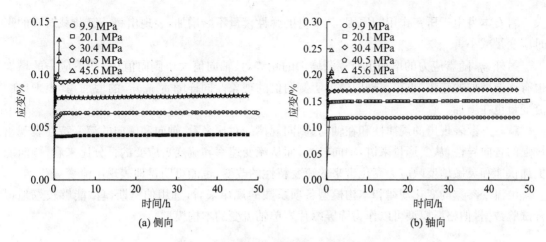

(a) 侧向　　　　　　　　　　(b) 轴向

图 11　3#试样试验点与拟合曲线对比图

表 5　　　　　　　　　　3#试样模型拟合参数表格

试样	σ/MPa	E_0/MPa	E_1/MPa	η_1/(MPa·h)	η_2/(MPa·h)
3#侧向	10	1 953	240	500 000	36 000
	20	436	1 166	500 000	205 200
	30	471	2 101	750 000	442 800
	40	496	2 981	800 000	896 400
	45	35	33	281	61 200
3#轴向	10	2 568	86	250 000	7 200
	20	171	637	400 000	140 400
	30	198	1 673	600 000	345 600
	40	234	2 380	800 000	648 000
	45	38	34	368	302 400

表 6　　　　　　　　　　0#试样模型拟合参数表格

试样	σ/MPa	E_0/MPa	E_1/MPa	η_1/(MPa·h)	η_2/(MPa·h)
0#侧向	10	743	291	200 000	39 600
	20	386	841	250 000	133 200
	30	383	2 214	375 000	500 400
	40	36	31	250	90 000
0#轴向	10	891	96	500 000	7 200
	20	182	747	500 000	75 600
	30	223	1 896	750 000	381 600
	40	27	23	207	104 400

下呈现出逐渐增大的趋势，从 0#试样和 3#试样的观察来讲，E_0 在侧向大于在轴向的值；E_1 的值表现出随应力的增大逐渐增大的趋势，同样侧向大于轴向值。虽然 E_0、E_1 的值不断增大，但是其对应的本构模型系数 σ/E_0 和 σ/E_1 是随着应力的增大逐渐增大的，则表现出随着应力级别的升高，这也表现在实际数据点和拟合结果上，曲线的稳定蠕变阶段的曲线斜率不断增

大。岩石本身由于压密作用的原因,其本身的弹性模量不断增加,表现出每一级荷载对应的瞬时应变量减小。

另外,η_1 随着应力的增加也有逐渐增加的趋势,且轴向值大于侧向值;η_2 随着应力的增加也有逐渐增加的趋势,也存在轴向值大于侧向值的现象。同样随着 η_1、η_2 的增加,其表现出的流变量也在增加。

就各参数表现出的规律性和在轴向、侧向规律的对比来看,轴向和侧向的流变特性表现出较强的各向异性,从变形量来讲,轴向较大,而从流变速率和流变占应变的百分比来看,侧向能更加快速和灵敏地反映应力变化带来的流变特性的改变,也能更明显地表现出流变规律。

由流变参数的变化规律和本构模型各项系数的规律来看,选用伯格斯模型能够较好地拟合试验数据,伯格斯模型可以作为锦屏绿片岩单轴流变的本构模型。

5 结论

通过对 0#试样和 3#试样的试验和数据分析,我们可以得到以下结论:

(1) 各试样总应变量轴向大于侧向,而各式样总流变量侧向大于轴向,流变和应变表现出不一致性。各级流变的流变量随各级应力的增加在逐级增加,并最终发生流变速度的突然加快,导致试样破坏。

(2) 虽然各级流变在轴向和侧向流变量上来讲存在较大差异,但是,各级流变的轴向流变量和侧向流变量占轴向总流变量和侧向总流变量的百分比是相似的,各级时间内在轴向和侧向两个方向上的各级流变占各方向上流变总量的百分比很接近。

(3) 试样在施加初级荷载时,轴向和侧向应力-应变曲线均呈向上凹状,根据一般性规律判断,可以说明这一阶段是岩石的裂隙压密阶段,而且各试样的各级瞬时变形的弹模是不断增大的,符合岩石流变试验的一般性规律。

(4) 从单轴流变的基本数据来看,在轴向和侧向两个方向上存在明显的各向异性,主要体现在流变量上,也是岩石本身材料的各项异性导致岩石应力应变特性各向异性的主要表现形式。

(5) 绿片岩单轴流变试验在岩石侧向能更加快速和灵敏地反映应力变化带来的流变特性的改变,也能更明显地表现出流变规律。各流变参数均能正常反应绿片岩流变规律,伯格斯模型能较好地模拟锦屏绿片岩单轴流变特性。

(6) 岩石流变试验耗时长,试验费用高,对试验机精度要求高,本文备用的六块试样,通过试验只有两块试样的结果较为满意,较难对参数实现综合统计,故未提出各试样参数的离散性的分析。

参考文献

[1] 孙钧. 岩土材料流变及其工程应用[M]. 北京:中国建筑工业出版社,1999.

[2] 李永盛. 单轴压缩条件下四种岩石的蠕变和松弛试验研究[J]. 岩石力学与工程学报,1995,14(1):39-47.

[3] 彭苏萍,王希良,刘咸卫,等. "三软"煤层巷道围岩流变特性研究[J]. 煤炭学报,2001,26(2):149-152.

[4] YANG Chunhe, BAI Shiwei. Analysis of stress relaxation behaviour of salt rock[C]//Proceedings of the 37 th U.S. Rock Mechanics Symposium. New York:John Willey & Sons,1999:935-938.

[5] 杨春和,曾义军,吴文,等.深层盐岩本构关系及其在石油钻井工程中的应用研究[J].岩石力学与工程学报,2003,22(10):1678-1682.

[6] 朱合华,叶斌.饱水状态下隧道围岩蠕变力学性质的试验研究[J].岩石力学与工程学报,2002,21(12):1791-1796.

[7] 李化敏,李振华,苏承东.大理岩蠕变特性试验研究[J].岩石力学与工程学报,2004,23(22):3745-3749.

[8] 范庆忠,高延法.分级加载条件下岩石流变特性的试验研究[J].岩土工程学报,2005,(11):1273-1276.

[9] 崔希海,等.岩石流变特性及长期强度的试验研究[J].岩石力学与工程学报,2006,25(5).

[10] 杨彩红,王永岩,李剑光,等.含水率对岩石蠕变规律影响的试验研究[J].煤炭学报,2007,32(7):695-699.

锦屏二级水电站绿片岩双轴压缩蠕变特性试验研究

熊良宵[1,2]　杨林德[1,2]　张尧[1,2]　沈明荣[1,2]　石振明[1,2]

(1. 同济大学岩土及地下工程教育部重点实验室，上海　200092；2. 同济大学地下建筑与工程系，上海　200092)

摘要　利用岩石双轴流变试验机对锦屏二级水电站辅助洞的绿片岩进行不同加载路径、不同应力水平下的双轴压缩蠕变试验，将一维Burgers模型推广到双轴受压状态，对试验曲线进行辨识。结果表明，轴向和侧向的蠕变规律与加载方式有很大关系，当以定侧压比同时加轴向和侧向荷载时，轴向和侧向应变基本随荷载的增加而增加，而采用定侧压的加载方式时，侧向应变则随轴向荷载的增加而逐渐减小。采用Burgers模型拟合试验曲线时，其理论值与试验结果比较接近，因此，Burgers模型比较适合描述绿片岩的黏弹性流变特征，研究得到的双轴压缩蠕变参数也可供锦屏二级水电站深埋隧洞的设计参考。

关键词　岩石力学；双轴压缩蠕变试验；水电站；绿片岩；流变模型

Experimental Study on Creep Behaviors of Greenschist Specimen from Jinping Second Stage Hydropower Station Under Biaxial Compression

XIONG Liangxiao[1,2]　YANG Linde[1,2]　ZHANG Yao[1,2]
SHEN Mingrong[1,2]　SHI Zhenming[1,2]

(1. Key Laboratory of Geotechnical and Underground Engineering of Ministry of Education, Tongji University, Shanghai 200092, China;
2. Department of Geotechnical Engineering, Tongji University, Shanghai 200092, China)

Abstract　The biaxial compression creep tests on greenschist specimens from auxiliary tunnel of Jinping Second Stage Hydropower Station were carried out. There were many kinds of loading paths and many different stress levels in the tests. The one-dimensional Burgers model was developed into biaxial compression state. And the creep parameters of greenschist under biaxial compression were determined by Burgers model. The results show that the loading path has important effect on the axial and lateral creep laws. If the axial and lateral loads are exerted simultaneously with fixed ratio, the axial and lateral strains will ascend with increasing axial and lateral stresses. But if the axial load is exerted gradually with fixed lateral stress, the lateral strain will descend with increasing axial stresses. The comparison between Burgers model and experimental curves shows that Burgers model is applicable for determining the viscoelastic rheological parameters of greenschist. These parameters are helpful for the design of deep cavern of Jinping Second Stage Hydropower Station.

---

* 岩石力学与工程学报(CN：42-1397/O3)2008年收录，基金项目：国家自然科学基金委员会，二滩水电开发有限责任公司雅砻江水电开发联合研究基金重点项目(50639090)

Keywords rock mechanics; biaxial compression creep test; hydropower station; greenschist; rheological model

1 引言

目前,国内外关于岩石单轴和三轴流变特性试验的研究成果颇多,而关于岩石双轴压缩状态流变特性的成果[1-10]则相对比较少。其实,对于岩石地下工程而言,在一些特定情况下,岩石也会处于双向压缩状态($\sigma_1 \geqslant \sigma_2, \sigma_3 = 0$)。如隧道(洞)开挖过后,内边界部分位置的围岩就近似处于双轴受压状态,即$\sigma_3 \approx 0$。研究此种应力状态下的流变特性对分析内边界围岩的长期稳定性有着重要意义,因此,有必要开展岩石的双轴压缩蠕变试验及其理论分析。

双轴压缩蠕变试验结果与加载方式和应力水平有很大关系。双轴压缩蠕变特性主要有两种加载方式,即定侧压加载和定侧压比同时加载,如刘光廷等[11]采用的是定侧压加载方式,即先施加侧压,后逐级增加轴压;李铀等[12]采用的是定侧压比同时加侧压和轴压。实际上,应当根据工程岩体的受力方式选择合理的加载方式和应力水平。此外,选用合理的流变模型对分析双轴压缩蠕变试验结果也有很大关系,选用的模型应当考虑σ_2的影响。双轴压缩蠕变特性试验实际上相当于真三轴蠕变特性试验的一种特定情况,因此,可以将流变模型由一维推广到三维,再将$\sigma_3 = 0$代入可得到双轴受压状态下的分析模型。

鉴于此,笔者利用同济大学岩石双轴流变仪(CSS—1950)对锦屏二级水电站辅助洞的绿片岩进行系统的双轴压缩流变试验,研究不同加载路径、不同应力水平下绿片岩的双轴蠕变特性,并将一维Burgers模型推广到双轴压缩状态,对试验结果进行辨识对比。通过对该试验进行系统的研究,可为今后岩石双轴流变特性的研究提供有益的参考,得到的蠕变参数也可作为锦屏二级水电站深埋隧洞的设计研究依据。

2 试验设备及试验方法

2.1 试验装置

绿片岩双轴压缩蠕变试验在CSS—1950型双轴压缩流变试验机上完成。该试验机采用机电伺服机构提供垂直与水平方向加载。加载能力:垂直方向为500 kN(压),水平方向为300 kN(压),负荷精度为1‰示值。试验机所配的引伸计采用4个差动变压器作传感器,可以同时测量试样两侧垂直轴和水平轴标距内的变形,变形量测范围为±3 mm,精度为0.5‰示值。

2.2 试样特征

试验所采用的T_1^j绿片岩取自锦屏二级水电站辅助交通洞B洞西端6号横通道,取样里程约为BK3+065,该位置的埋深约为1 600 m,其自重应力约为42 MPa,现场取样位置如图1所示。绿片岩具片状构造,常有灰白色大理岩条带及透镜体,层理比较发育,层理的产状为倾向296°、倾角88°。绿片岩属于硬质岩,干燥状态下平均单轴抗压强度约为70 MPa。

2.3 试验方法

双轴压缩蠕变试验有两种加载方式:(1)定侧压加载,即先将侧压加到预定值,再逐级施加轴压。(2)定侧压比加载,即按一定的比例同时逐级加侧压和轴压。荷载方向与层理之间的关系如图2所示,其轴向荷载与层理平行,而侧向荷载与层理垂直,此种加载方式与图1所示的现场岩石受力状态也是吻合的。

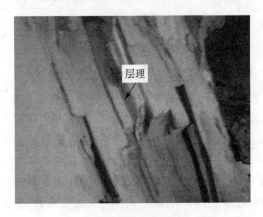

图1 现场取样位置
Fig. 1　In-situ sampling position

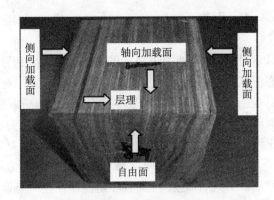

图2 荷载方向与层理之间的关系
Fig. 2　Relation between orientation of load and bedding

试验分组见表1。表1中,1#,2#试样采用1/2的定侧压比同时加侧压和轴压,分4级加载;3#试样采用先加侧压,待变形稳定后,再逐级加轴压;4#试样采用先加侧压到达预定值,后立即逐级加轴压,共分4级;5#和6#试样采用1/4的定侧压比同时加侧压和轴压,分2级加载;7#试样采用1/3的定侧压比同时加侧压和轴压,分3级加载。

表1　　　　　　　　　　　　试验分组
Table 1　　　　　　　　　　Experimental groups

试样编号	含水状态	轴向荷载/kN	侧向荷载/kN	试样尺寸(长×宽×高)/(mm×mm×mm)
1#	干燥	445.7	223.1	99.5×97.7×102.0
2#	干燥	397.8	199.4	102.9×103.1×103.3
3#	干燥	149.9	100.5	101.1×103.9×103.3
4#	干燥	447.6	104.7	102.5×102.9×100.9
5#	干燥	397.1	100.5	102.9×103.0×100.9
6#	干燥	445.4	112.4	99.7×98.9×101.6
7#	干燥	447.5	150.1	102.9×102.6×102.2

2.4 试验步骤

双轴压缩蠕变试验步骤为:(1)将试样放在夹具上摆正,调整水平轴和上下横梁,使上下横梁与试样接触。(2)布置位移计,并调节位移计上的调零螺钉和测量放大器上的调零按钮,使变形量接近于0,并读取初读数。(3)均按表1设定侧向、轴向加载水平以及加载速率,当以定侧压比同时加载时,侧向和轴向加载速率也保持相同的比例,以保证侧向和轴向荷载同时到达预定值。(4)在第1级应力水平下的蠕变加载完成后,改加至设定的第2级应力水平,并维持这一应力水平恒定的条件下测试试样的蠕变变形。(5)在第3级或更高级应力水平下,重复上述操作步骤,直至试验结束。

3 试验结果

3.1 应变-时间关系

以定侧压比为 1/2 加载的 1# 和 2# 试样的蠕变试验曲线分别见图 3 和图 4，不同应力水平下的轴向和侧向流变量见表 2。

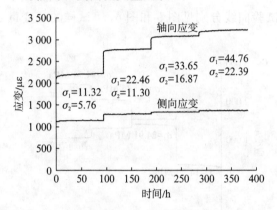

图 3　1# 试样蠕变试验曲线
Fig. 3　Creep testing curves of specimen #1

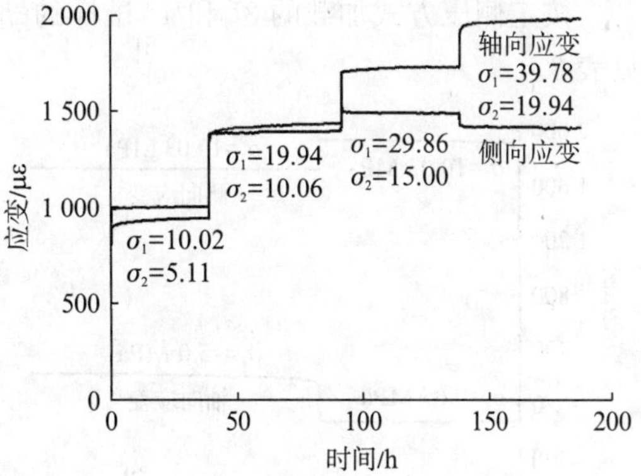

图 4　2# 试样蠕变试验曲线
Fig. 4　Creep testing curves of specimen #2

表 2　1# 和 2# 试样的流变量
Table 2　Rheological values of specimens #1 and #2

试样编号	σ_1/MPa	σ_2/MPa	轴向流变量/$\mu\varepsilon$	侧向流变量/$\mu\varepsilon$
1#	11.32	5.76	169	32
	22.46	11.30	87	25
	33.65	16.87	79	7
	44.76	22.39	78	4
2#	10.02	5.11	92	22
	19.94	10.06	87	18
	29.86	15.00	79	−45
	39.78	19.94	78	−50

由图 3、图 4 和表 2 可知，当以定侧压比同时加侧压和轴压时，轴向应变和侧向应变均随着荷载等级的增加而增加，同时，轴向和侧向的应变增量相对于上一级均有所减小。这主要是因为在施加第 1 和第 2 级荷载时，试样的内部孔隙开始被压闭合，试样的瞬时弹性变形较大，而在施加第 3 和第 4 级荷载时，内部孔隙已基本被压闭合，在同等的应力增量下，试样的瞬时弹性变形逐渐减小，而绿片岩属于硬质岩，瞬时弹性变形在蠕变变形中占很大的比例，因此，随着荷载等级的增加，应变增量有相对减小的趋势。而 2# 试样的蠕变变形规律与 1# 试样有所不同，主要反映在第 3 和第 4 阶段，侧向应变则随时间的增加而逐渐减小，出现了负应变增量现象，当施加完第 3 级荷载的瞬时，侧向应变增加至 1 535 $\mu\varepsilon$，之后在 92.97～138.90 h 的第 3 阶段，侧向应变有不断减小的趋势，在第 3 级结束时刻，侧向应变减小为 1 490 $\mu\varepsilon$，而当施加完第 4 级荷载后，侧向应变则减小为 1 456 $\mu\varepsilon$，第 4 阶段结束时减为 1 416 $\mu\varepsilon$。

出现侧向应变增量为负值的现象主要是因为在施加到第 3 和第 4 级荷载时,轴向与侧向荷载之间的差值很大,轴向荷载引起试样往侧向的膨胀变形量大于侧向荷载的压缩变形增量。因此,侧向出现负的应变增量现象是正常的。而 1# 试样未出现这种现象,这可能是由于岩石的不均匀性导致 1# 和 2# 试样的泊松比有所不同,在对 1# 试样施加第 3 和第 4 级荷载时,轴向荷载引起侧向的膨胀变形量小于侧向荷载的压缩变形量,因此,侧向应变仍随着荷载等级的增加而增加。

按定侧压方式加载的 3# 和 4# 试样的蠕变试验曲线分别见图 5 和图 6,4# 试样的流变量见表 3。

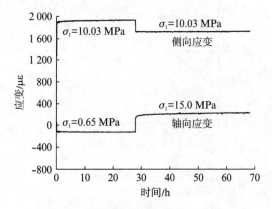

图 5　3# 试样蠕变试验曲线(σ_2 恒定)
Fig. 5　Creep testing curves of specimen 3# with constant σ_2

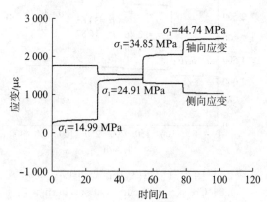

图 6　4# 试样蠕变试验曲线(σ_2 恒定)
Fig. 6　Creep testing curves of specimen 4# with constant σ_2

表 3　4# 试样的流变量

Table 3　Rheological values of specimens #4

σ_1/MPa	σ_2/MPa	轴向流变量/$\mu\varepsilon$	侧向流变量/$\mu\varepsilon$
14.99	10.05	211	13
24.91	10.25	208	−30
34.85	10.46	92	−32
44.74	10.46	88	−44

由图 5、图 6 和表 3 可知,当先加侧向荷载,然后再逐级施加轴向荷载时,轴向应变随着荷载等级的增加而增加,而侧向应变则呈不断减小的趋势。这主要是因为固定侧向荷载后,逐级施加轴向荷载会引起侧向的膨胀,从而导致侧向应变逐级下降。表 3 中给出的侧向应力有所变化,主要是由逐级施加轴向荷载所引起的,同时其变化量还是相对较小的,变化幅度在试验机精度范围内,因此,对分析不会造成太大的影响。

对比图 3—图 6 可知,双轴压缩蠕变试验的加载方式不同,轴向和侧向的蠕变变形规律也不同。实际上,随着开挖面的推进,隧道(洞)围岩的主应力往往是同时上升和下降的。因此,相比先加侧压、后逐级施加轴压的加载方式,定侧压比同时施加或者同时加卸轴压、侧压的加载方式更符合工程岩体的实际受力方式。但定侧压加载方式对于研究不同加载路径下岩石的流变特性还是有价值的。

以定侧压比为 1/4 加载的 5# 和 6# 试样的蠕变试验曲线分别见图 7 和图 8。

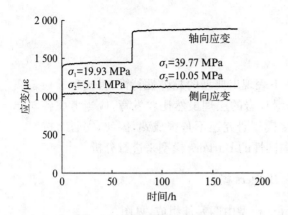

图 7　5# 试样蠕变试验曲线
Fig. 7　Creep testing curves of specimen 7#

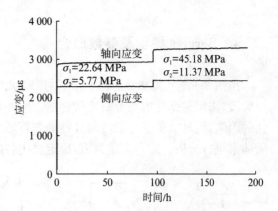

图 8　6# 试样蠕变试验曲线
Fig. 8　Creep testing curves of specimen 6#

由图 7、图 8 可知,当以定侧压比为 1/4 同时加轴压和侧压时,5# 和 6# 试样所施加的荷载水平虽然不同,但轴向和侧向的蠕变规律基本一致,轴向和侧向应变均随着荷载等级的增加而增加。

以定侧压比 1/3 加载的 7# 试样的蠕变试验曲线见图 9。

由图 9 可知,当以定侧压比 1/3 同时施加轴压和侧压时,轴向和侧向蠕变规律基本与定侧压比为 1/2 和 1/4 时的规律一致,且在第 3 阶段,侧向应变也出现了负增量现象。

3.2　应力-应变关系

由于以定侧压比加载的试样的应力-应变关系特征基本一致,因此,只对 1# 试样的应力-应变关系进行分析,结果见图 10。

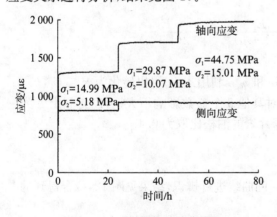

图 9　7# 试样蠕变试验曲线
Fig. 9　Creep testing curves of specimen 7#

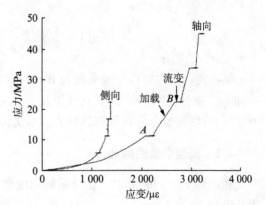

图 10　1# 试样应力-应变曲线
Fig. 10　Stress-strain curve of specimen 1#

由图 10 可知,在施加初级荷载时,轴向和侧向应力-应变曲线均呈向上凹状,表现为岩石的裂隙压密阶段,如图中的 OA 段。在施加第 2 级或者更高级荷载时,轴向和侧向应力-应变曲线服从线性规律如图中的 AB 段,但不同荷载等级的应力-应变曲线斜率明显不同,整个蠕变试验过程中弹性模量是变化的。

4 Burgers 模型及参数拟合

由图 3—图 9 可知,绿片岩在双轴压缩状态下表现出典型的黏弹性特性,且出现了稳态蠕变阶段,采用黏弹性模型分析比较合适。另外,绿片岩的层理虽然比较发育,应当考虑各向异性的因素,但目前关于考虑各向异性的岩石蠕变模型研究还不是很成熟,因此,先暂时按照均质体来进行分析。综合上述原因,决定采用各向同性的 Burgers 模型来进行分析。

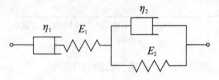

图 11 Burgers 模型
Fig. 11 Burgers model

4.1 Burgers 模型

Burgers 模型由四元件组成,见图 11。

Burgers 模型的一维和三维蠕变方程分别为

$$\varepsilon = \left\{\frac{1}{E_1} + \frac{t}{\eta_1} + \frac{1}{E_2}\left[1 - \exp\left(-\frac{E_2}{\eta_2}t\right)\right]\right\}\sigma \quad (1)$$

$$e_{ij} = \frac{S_{ij}}{2G_1} + \frac{S_{ij}}{2G_2}\left[1 - \exp\left(-\frac{G_2}{\eta_2}t\right)\right] + \frac{S_{ij}}{2\eta_1}t \quad (2)$$

式中 E_1——瞬时弹性模量;
E_2——黏弹性模量;
η_1,η_2——黏滞系数。

式(2)两边同时加上球应变张量 $\delta_{ij}\varepsilon_m$ 后,可以得到岩石的蠕变应变。

双轴受压状态下岩石的轴向应变的表达式为

$$\varepsilon_1(t) = \frac{1}{9K}(\sigma_1 + \sigma_2) + \frac{2\sigma_1 - \sigma_2}{6G_1} + \frac{2\sigma_1 - \sigma_2}{6G_2}\left[1 - \exp\left(-\frac{G_2}{\eta_2}t\right)\right] + \frac{2\sigma_1 - \sigma_2}{6\eta_1}t \quad (3)$$

其中,

$$K = \frac{E_1}{3(1-2\mu)}, G_1 = \frac{E_1}{2(1+\mu)}, G_2 = \frac{E_2}{2(1+\mu)} \quad (4)$$

式中 μ 为泊松比。

根据式(3),需要拟合的参数为 K,G_1,η_1,G_2 和 η_2。利用式(4)可以转化为求取 E_1,E_2,μ,η_1 和 η_2。根据齐明山[13]的研究可知,μ 值大小对其他 3 个参数影响不大,可以先假定 μ 为一个常值,然后再拟合分析得到其数值。本文将绿片岩的泊松比取为 0.4。

4.2 模型参数的拟合

利用 Burgers 模型对 1# 试样的轴向应变-时间曲线进行辨识,结果见图 12,拟合得到的参数见表 4。

由图 12、表 4 可知,采用 Burgers 模型对试验数据进行拟合时,理论曲线与试验数据比较吻合,且相关系数也比较高,这说明采用 Burgers 模型是合适的。笔者也采用 Burgers 模型对其他试样的试验数据进行了拟合,拟合曲线与试验数据吻合程度也同样比较高,但限于篇幅原因,本文不再列出其他试样的拟合结果。

5 结论

利用 CSS—1950 岩石双轴流变仪对锦屏二级水电站辅助交通洞 B 洞的绿片岩进行了不

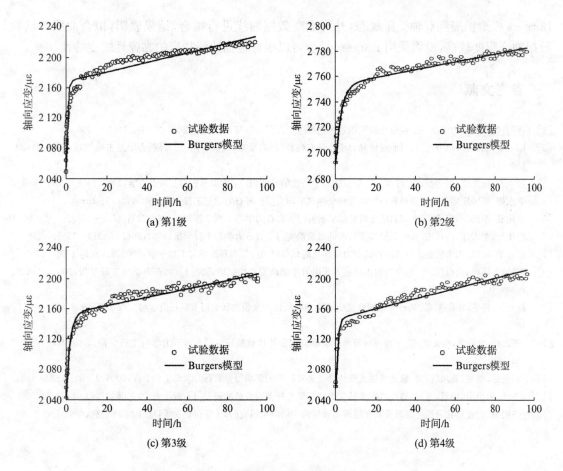

图 12 试验数据与模型曲线的对比
Fig. 12 Comparison between experimental data and model curves

表 4　1# 试样 Burgers 模型拟合参数值
Table 4　Values of fitting parameters of specimen #1 by Burgers model

σ_1/MPa	σ_2/MPa	K/GPa	G_1/GPa	η_1/(GPa·h)	G_2/GPa	η_2/(GPa·h)	相关系数
11.32	5.76	7.32	1.57	4 498.0	23.8	14.4	0.933
22.46	11.30	11.10	2.38	18 353.0	93.1	262.0	0.958
33.65	16.87	14.94	3.20	30 337.6	152.6	284.4	0.959
44.76	22.39	19.06	4.09	27 725.0	211.8	207.7	0.952

同加载路径、不同加载水平的双轴压缩蠕变试验,主要得到以下结论:

(1) 加载路径对试验结果的影响比较大,以固定侧压比同时加载时,轴向和侧向应变基本随着荷载等级的增加而增加;若采用定侧压加载方式时,轴向应变随着荷载等级的增加而增加,而侧向应变则呈不断减小的趋势。

(2) 泊松效应对双轴压缩蠕变试验结果的影响很大。当施加的荷载等级比较高时,轴向荷载引起侧向膨胀变形量有可能大于侧向荷载的压缩变形增量,从而导致侧向应变出现负增量的现象。

(3) 绿片岩的双轴压缩蠕变试验曲线呈黏弹性特征,且出现稳态蠕变阶段。通过将一维

Burgers 模型扩展到双轴受压状态,并对蠕变数据曲线进行拟合,结果表明,拟合曲线与试验数据吻合程度较高,说明采用 Burgers 模型可以很好地描述绿片岩的黏弹性蠕变特性。

参考文献

[1] 孙钧. 岩石流变力学及其工程应用研究的若干进展[J]. 岩石力学与工程学报,2007,26(6):1081 - 1106.

[2] 徐卫亚,杨圣奇,褚卫江. 岩石非线性黏弹塑性流变模型(河海模型)及其应用[J]. 岩石力学与工程学报,2006,25(3):433 - 447.

[3] 徐卫亚,杨圣奇,谢守益,等. 绿片岩三轴流变力学特性的研究(Ⅱ):模型分析[J]. 岩土力学,2005,26(5):693 - 698.

[4] 李永盛. 单轴压缩条件下四种岩石的蠕变和松弛试验研究[J]. 岩石力学与工程学报,1995,14(1):39 - 47.

[5] 李化敏,李振华,苏承东. 大理岩蠕变特性试验研究[J]. 岩石力学与工程学报,2004,23(22):3745 - 3749.

[6] 范庆忠,李术才,高延法. 软岩三轴蠕变特性的试验研究[J]. 岩石力学与工程学报,2007,26(7):1381 - 1385.

[7] 朱合华,叶斌. 饱水状态下隧道围岩蠕变力学性质的试验研究[J]. 岩石力学与工程学报,2002,21(12):1791 - 1796.

[8] 李铀,朱维申,白世伟,等. 风干与饱水状态下花岗岩单轴流变特性试验研究[J]. 岩石力学与工程学报,2003,22(10):1673 - 1677.

[9] 赵延林,曹平,文有道,等. 岩石弹黏塑性流变试验和非线性流变模型研究[J]. 岩石力学与工程学报,2008,27(3):477 - 486.

[10] 王志俭,殷坤龙,简文星,等. 三峡库区万州红层砂岩流变特性试验研究[J]. 岩石力学与工程学报,2008,27(4):840 - 847.

[11] 刘光廷,胡昱,陈凤岐,等. 软岩多轴流变特性及其对拱坝的影响[J]. 岩石力学与工程学报,2004,23(8):1237 - 1241.

[12] 李铀,朱维申,彭意,等. 某地红砂岩多轴受力状态蠕变松弛特性试验研究[J]. 岩土力学,2006,27(8):1248 - 1252.

[13] 齐明山. 大变形软岩流变性态及其在隧道工程结构中的应用研究[博士学位论文][D]. 上海:同济大学,2006.

锚杆支护加固围岩机理的试验研究

俞登华　杨林德

(同济大学地下建筑与工程系，上海　200092)

摘要　随着国民经济的迅速发展，水力资源的大规模开发，大规模的水电工程日益增多。以雅砻江锦屏一级、二级及南水北调西线为代表的西部水利水电工程在高山峡谷和深部岩体中修建，具有超长、超埋深、超高地应力、超高外水压的特点，而引水隧洞是水电站建设的关键工程，因此极有必要对深埋引水隧洞的支护机理进行研究。

　　本文对锦屏二级水电站的绿片岩和大理岩以及其他两种典型岩性的普通岩样及加锚岩样，进行了直接拉伸试验，并对比分析了加筋岩样的峰值抗拉强度、抗拉弹性模量、极限拉应变和泊松比等力学特性的变化，发现岩石试样在加锚后抗拉弹性模量较加锚前提高了2~10倍，峰值抗拉强度较加锚前提高了3~10倍，泊松比和极限拉应变变化不大。

　　根据试验结果对锚杆加固围岩的机理进行了研究，发现锚杆支护使得围岩承载能力提高至少可有三个途径，即：加固锚杆可提高围岩材料的峰值抗拉强度；加固锚杆可减小锚固区围岩的拉压变形和剪切变形；锚杆可增加围岩材料的延性，在设计计算中可采用较小的安全系数，从而提高了允许强度。

关键词　深部岩体；引水隧洞；围岩支护

Experimental Study of Rock Bolting Mechanism of Surrounding Rock

YU Denghua　YANG Linde

(Department of Geotechnical Engineering, Tongji University, Shanghai 200092, China)

Abstract　With the rapid development of national economy and the large-scale exploitation of waterpower resources, more and more large-scale hydroelectric projects were built. Hydroelectric projects in west china which built in deep rock mass of the high mountains, such as the first stage and second stage of the Jinping hydropower station on Yalong River and the western route project of the south-to-north water diversion, have the characteristic of super long, super cover depth, super high ground stress and super high water pressure. Because the diversion tunnel is the key project of the hydroelectric project, it is necessary to do study on the lining mechanism of the deep diversion tunnel.

　　The direct tensile tests on the normal samples and the reinforced samples of the greenschist and marble taken from the second stage of the Jinping hydropower station and the other two kinds of rock were carried out. The contrast of the normal and reinforced samples in the mechanics character such as the maximum compression strength, compression modulus of elasticity and Poisson's ratio indicated that the reinforced samples have 3~10 times compression modulus of elasticity, 2~10 times compression strength and the very nearly same Poisson's ratio contrasted with the normal samples.

According to the result of the test, this paper researched the mechanism of rock bolt reinforcing the surrounding rock. There are three way through which the rock bolt reinforces the surrounding rock: the reinforced rock bolt improves the maximum compression strength of the surrounding rock mass; the reinforced rock bolt decreases the tensilecompressive strain and the shearing strain of the surrounding rock mass; the reinforced rock bolt improves the ductility of the surrounding rock mass, the design and the calculation can use the lesser safety factor to improve the allowable strength.

Keywords deep rock mass; diversion tunnel; surrounding rock lining

1 概述

对于锦屏二级电站深埋引水隧洞围岩的支护形式,设计单位采用锚喷支护支顶,辅以二次高压灌浆进一步加固围岩的方案。这类支护形式的可行性已为施工隧洞的成功实践证实,其作用机理的研究则有待深入。

本文拟通过对深部岩体的加锚岩样进行拉伸试验,及将试验结果与常规力学特性及剪切强度室内试验结果对比,研究锚杆支护加固围岩的机理,以论证采用的支护结构型式的合理性。其中加锚岩样的拉伸试验用于比较岩样在加锚前后其拉伸力学特性(弹性模量、泊松比和极限抗拉强度)的变化,进而分析锚杆加固岩体的机理。

由于试验设备和试验技术方面的原因,岩石拉伸试验相对于岩石压缩试验要复杂和困难得多,而以往的岩石抗拉试验,无论是直接拉伸还是劈裂试验,大多只局限于测定到岩石拉伸破坏为止的抗拉强度,而有关拉伸变形特性的试验研究成果极少,尤其是加筋岩石在拉伸条件下的变形特性试验更少。

本研究通过自行设计和加工的金属连接件将试样和拉伸试验机连接进行加锚和不加锚岩样的直接拉伸试验,据以研究锚杆支护加固岩体的机理。

2 试样分类与制备

岩样的直接拉伸试验在 CSS-300 型万能试验机上完成。试验中采用了轴向引伸计和应变计来分别量测岩样的轴向和环向变形。

为了研究不同岩性岩样在加锚后的力学特性的变化,本试验对砂岩、花岗岩、绿片岩和大理岩共 4 种岩性的岩样分别开展了室内试验,其中砂岩岩样采自宜兴抽水蓄能电站试验洞;花岗岩岩样采自广州龙头山隧洞左洞 K1+350 里程处;绿片岩、大理岩岩样采自锦屏二级电站辅助洞 B 洞。

参照水利水电工程岩石试验规范的要求,加工成直径 50 mm,高 100 mm 的圆柱体岩样。每个测试项目制备 3 个岩样。对本试验而言,考虑需要对比岩样加锚前后的力学性能,每个测试项目至少制备 6 个岩样。

为了体现试验条件与现场情况的一致性,本试验采用在岩样侧边粘结钢筋的方法模拟锚杆加固岩样的作用,如图3、图6所示。

假设实际工程中1 m² 范围内布置1根直径25 mm 的锚杆,试验则选取4根直径为2 mm 的钢筋制作试件,使可模拟工程实际情况。

加筋试样在加工时,用切割机开出4条槽,其位置沿圆柱周边每隔90°一条,每条槽宽略大于2 mm,深略大于2 mm,钢筋用504胶水粘结于槽内。

4种不同岩性试样的制备数量及加锚试样的数量示于表1。

表1　　　　　　　　　　　　　　拉伸试验岩样表

编号	岩性	采样地点	岩样块数	试样个数	备注
1	砂岩	宜兴抽水蓄能电站	2	12	6个不加锚、6个加锚
2	花岗岩	广州龙头山隧道	2	12	6个不加锚、6个加锚
3	绿片岩	锦屏二级水电站辅助洞	2	18	6个不加锚、12个加锚
4	大理岩	锦屏二级电站辅助洞	2	12	6个不加锚、6个加锚

3 试验方法与分组

3.1 试验方法

目前对岩石进行的拉伸试验主要有直接拉伸试验和劈裂试验两种。直接拉伸试验,夹具直接夹持岩样,要求夹具和岩样间摩擦力足够大,且要求拉力方向和岩样轴心同轴,在试验过程中非常容易出现岩样脱落和由偏心荷载导致断面不垂直轴心的情况,操作难度较大;劈裂试验需要通过理论公式换算得到岩样抗拉强度,且要求试验时所施加的线荷载必须通过试样圆心,并与加载的两点连成一直径,要求在破坏时其破裂面亦通过该试样的直径,否者试验结果将存在较大的误差。

为能得到较精确的试验结果,同时又降低试验难度,作者对进行岩石试样直接拉伸试验的设备进行了改造,自行设计了一个金属连接件,将岩样粘结在该连接件上,通过该连接件对岩石试样施加拉力进行拉伸试验,直至岩样受拉破坏。金属连接件的构造尺寸见图1。

岩石试样是用504胶水粘结在连接件上,由于拉块由钢材经机器精密加工而成,且有试件定位槽,只要岩石试样用岩石双端面磨光机加工,断面平整度符合试验规定的要求,就能保证岩石试件在试验过程中的偏心在允许的

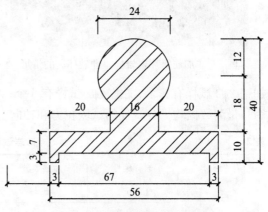

图1　金属连接件构造尺寸图

误差范围内。粘结完的岩石试样如图2所示,与连接件粘结完成后的加锚试样如图3所示。

将粘结好的试样侧边粘贴上应变计,安放好引伸计,再通过试验机自带的夹具夹持在试验机上。绿片岩试样夹持在试验机上的情形如图4所示。

拉伸试验开始后,试验机的加载速率为0.01 mm/min,缓慢加载,以1 kN为步长逐级施加荷载直至破坏,读取各级荷载下应变计的应变值,测值不少于10组。

图 2　与连接件粘结完成后的岩样

图 3　与连接件粘结完成后的加锚试样

图 4　加筋绿片岩试样夹持在试验机上

CSS-300 型万能试验机具有数据的自动采集功能,试验应力和引伸计应变通过试验机所配备计算机自动数据采集系统得到。拉伸破坏后的试样如图 5 和图 6 所示。

3.2　试样分组

4 种不同岩石试样的试验分组如表 2—表 5 所示。由表可知,砂岩不加锚试样共有 6 个,加锚 $4\phi2$ 试样有 6 个;花岗岩不加锚试样共有 6 个,加锚 $4\phi2$ 试样有 6 个;绿片岩不加锚试样共有 6 个,

图 5　非加筋绿片岩岩样拉伸破坏后的情形

图 6　加筋砂岩岩样拉伸破坏后的情形

加锚 $2\phi2$ 试样有 6 个,加锚 $4\phi2$ 试样有 6 个;大理岩不加锚试样共有 6 个,加锚 $4\phi2$ 试样有 6 个。量测数据均为各试样的试验拉力和轴向变形,对大理岩试件还量测了环向变形。

表 2　砂岩试验分组表

岩块编号	岩样编号	加锚数量	岩块编号	岩样编号	加锚数量
S-1	L-S-1-1		S-2	L-S-2-1	
	L-S-1-2			L-S-2-2	
	L-S-1-3			L-S-2-3	
	L-S-1-4	$4\phi2$		L-S-2-4	$4\phi2$
	L-S-1-5	$4\phi2$		L-S-2-5	$4\phi2$
	L-S-1-6	$4\phi2$		L-S-2-6	$4\phi2$

表 3　　花岗岩试验分组表

岩块编号	岩样编号	加锚数量	岩块编号	岩样编号	加锚数量
H-1	L-H-1-1		H-2	L-H-2-1	
	L-H-1-2			L-H-2-2	
	L-H-1-3			L-H-2-3	
	L-H-1-4	4φ2		L-H-2-4	4φ2
	L-H-1-5	4φ2		L-H-2-5	4φ2
	L-H-1-6	4φ2		L-H-2-6	4φ2

表 4　　绿片岩试验分组表

岩块编号	岩样编号	加锚数量	岩块编号	岩样编号	加锚数量
L-3	L-L-3-1		L-4	L-L-4-1	
	L-L-3-2			LL-4-2	
	L-L-3-3			L-L-4-3	
	L-L-3-4	2φ2		L-L-4-4	2φ2
	L-L-3-5	2φ2		L-L-4-5	2φ2
	L-L-3-6	2φ2		L-L-4-6	2φ2
	L-L-3-7	2φ2		L-L-4-7	2φ2
	L-L-3-8	2φ2		L-L-4-8	2φ2
	L-L-3-9	2φ2		L-L-4-9	2φ2

表 5　　大理岩试验分组表

岩块编号	岩样编号	加锚数量	岩块编号	岩样编号	加锚数量
D-6	L-D-6-1		D-7	L-D-7-1	
	L-D-6-2			L-D-7-2	
	L-D-6-3			L-D-7-3	
	L-D-6-4	4φ2		L-D-7-4	4φ2
	L-D-6-5	4φ2		L-D-7-5	4φ2
	L-D-6-6	4φ2		L-D-7-6	4φ2

4　试验结果

4.1　砂岩试验

通过对 12 个砂岩岩样进行直接拉伸试验，可测得岩样在各级荷载下的应力和应变值，并得到岩样的应力-应变曲线。其中试样 L-S-1-1—L-S-1-6 的应力-应变曲线如图 7—图 12 所示。

根据试验得到的数据文件，不难算得岩样的弹性模量及极限抗拉强度。计算结果汇总于表 6。由表 6 可知：

（1）不加筋砂岩岩样直接拉伸的弹性模量为 0.011～0.254 GPa，平均为 0.133 GPa；加筋岩样直接拉伸的弹性模量为 0.978～1.894 GPa，平均为 1.448 GPa。加筋岩样直接拉伸的平

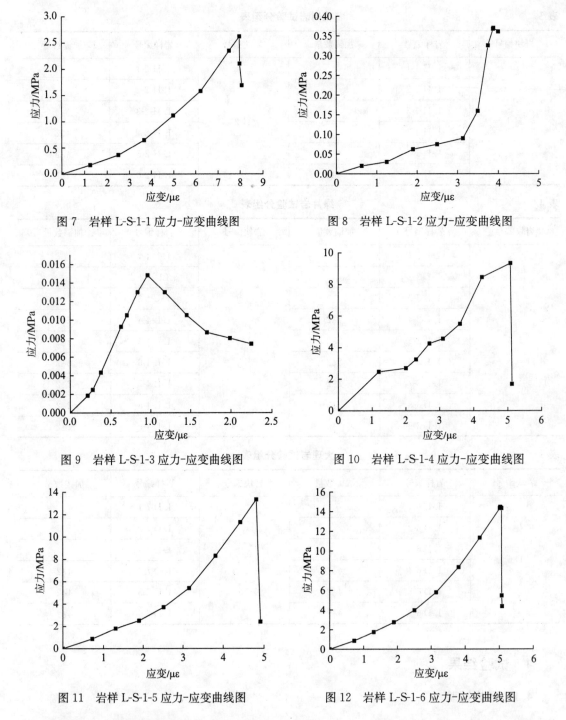

图 7 岩样 L-S-1-1 应力-应变曲线图

图 8 岩样 L-S-1-2 应力-应变曲线图

图 9 岩样 L-S-1-3 应力-应变曲线图

图 10 岩样 L-S-1-4 应力-应变曲线图

图 11 岩样 L-S-1-5 应力-应变曲线图

图 12 岩样 L-S-1-6 应力-应变曲线图

均弹性模量为不加筋试件的 10.887 倍,提高比较明显。

(2) 不加筋砂岩岩样直接拉伸的峰值抗拉强度为 0.015~2.619 MPa,平均为 1.180 MPa;加筋岩样直接拉伸的峰值抗拉强度为 9.124~14.445 MPa,平均为 11.997 MPa。加筋岩样直接拉伸的平均峰值抗拉强度是不加筋试件的 10.167 倍,提高也比较明显。

(3) 不加筋砂岩岩样直接拉伸的极限拉应变为 $0.963 \sim 8.079~\mu\varepsilon$,平均为 $4.597~\mu\varepsilon$;加筋岩样直接拉伸的极限拉应变为 $4.002 \sim 5.080~\mu\varepsilon$,平均为 $4.681~\mu\varepsilon$。可见加筋前后岩样平均极

表6　　　　　　　　　　　　　　砂岩岩样直接拉伸试验结果

岩样编号	加锚数量	弹性模量/GPa	抗拉强度/MPa	极限拉应变/με
L-S-1-1		0.232	2.619	8.079
L-S-1-2		0.011	0.370	3.998
L-S-1-3		0.254	0.015	0.963
L-S-2-1		0.022	2.357	7.967
L-S-2-2		0.104	0.396	3.886
L-S-2-3		0.175	1.321	2.690
平均值		0.133	1.180	4.597
L-S-1-4	4φ2	1.101	9.345	5.080
L-S-1-5	4φ2	1.431	13.602	4.812
L-S-1-6	4φ2	0.978	14.445	4.903
L-S-2-4	4φ2	1.472	12.140	5.061
L-S-2-5	4φ2	1.894	13.326	4.228
L-S-2-6	4φ2	1.808	9.124	4.002
平均值		1.448	11.997	4.681

限拉应变变化不大。

4.2 花岗岩试验

通过对 12 个花岗岩岩样进行直接拉伸试验,可测得岩样在各级荷载下的应力和应变值,并得到岩样的应力-应变曲线。其中试样 L-H-1-1—L-H-1-6 的应力-应变曲线如图 13—18 所示。

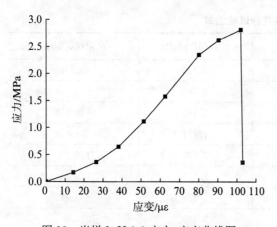

图 13　岩样 L-H-1-1 应力-应变曲线图

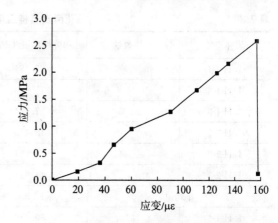

图 14　岩样 L-H-1-2 应力-应变曲线图

根据试验数据算得的岩样的弹性模量及极限抗拉强度汇总于表 7。由表 7 可知:

(1) 不加筋花岗岩岩样直接拉伸的弹性模量为 13.918~25.481 GPa,平均为 17.806 GPa;加筋岩样直接拉伸的弹性模量为 36.572~66.379 GPa,平均为 49.586 GPa。加筋岩样直接拉伸的平均弹性模量为不加筋试件的 2.785 倍,提高比较明显。

(2) 不加筋花岗岩岩样直接拉伸的峰值抗拉强度为 1.123~3.492 MPa,平均为 2.276 MPa;加筋岩样直接拉伸的峰值抗拉强度为 8.401~10.147 MPa,平均为 8.736 MPa。加筋岩样直

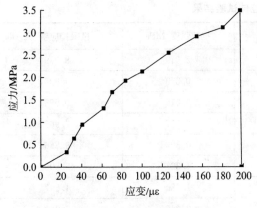

图 15 岩样 L-H-1-3 应力-应变曲线图

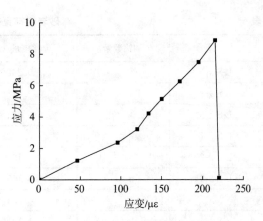

图 16 岩样 L-H-1-4 应力-应变曲线图

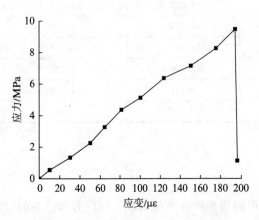

图 17 岩样 L-H-1-5 应力-应变曲线图

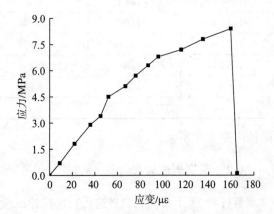

图 18 岩样 L-H-1-6 应力-应变曲线图

表 7 花岗岩岩样直接拉伸试验结果

岩样编号	加锚数量	弹性模量/GPa	抗拉强度/MPa	极限拉应变/$\mu\varepsilon$
L-H-1-1		25.481	2.813	102.115
L-H-1-2		15.678	2.581	157.126
L-H-1-3		17.124	3.492	197.158
L-H-2-1		18.478	1.471	78.578
L-H-2-2		16.157	2.175	128.126
L-H-2-3		13.918	1.123	80.168
平均值		17.806	2.276	169.712
L-H-1-4	4ϕ2	39.158	8.868	215.267
L-H-1-5	4ϕ2	45.367	9.472	194.167
L-H-1-6	4ϕ2	55.687	8.401	159.287
L-H-2-4	4ϕ2	36.572	10.147	264.196
L-H-2-5	4ϕ2	66.379	6.182	98.167
L-H-2-6	4ϕ2	54.355	9.348	158.124
平均值		49.586	8.736	181.535

接拉伸的平均峰值抗拉强度是不加筋试件的 3.838 倍,提高比较明显。

(3) 不加筋花岗岩岩样直接拉伸的极限拉应变为 80.168～197.158 με,平均为 169.712 με;加筋岩样直接拉伸的极限拉应变为 98.167～264.196 με,平均为 181.535 με。可见加筋前后岩样平均极限拉应变变化不大。

4.3 绿片岩试验

通过对 18 个绿片岩岩样进行直接拉伸试验,可测得岩样在各级荷载下的应力和应变值,并得到岩样的应力-应变曲线。其中试样 L-L-3-1—L-L-3-9 的应力-应变曲线如图 19—图 27 所示。

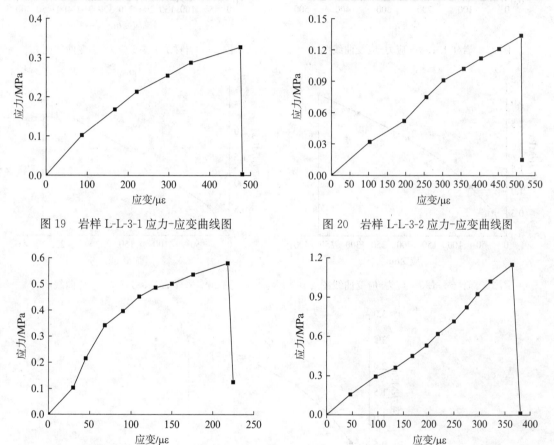

图 19　岩样 L-L-3-1 应力-应变曲线图　　图 20　岩样 L-L-3-2 应力-应变曲线图

图 21　岩样 L-L-3-3 应力-应变曲线图　　图 22　岩样 L-L-3-4 应力-应变曲线图

根据试验数据算得的岩样的弹性模量及极限抗拉强度汇总于表 8。由表 8 可知:

(1) 不加筋绿片岩岩样直接拉伸的弹性模量为 0.287～2.245 GPa,平均为 1.248 GPa;加筋 2φ2 岩样直接拉伸的弹性模量为 1.481～5.167 GPa,平均为 3.269 GPa;加筋 4φ2 岩样直接拉伸的弹性模量为 4.067～9.125 GPa,平均为 6.455 GPa。加筋 2φ2 岩样直接拉伸的平均弹性模量为不加筋试件的为 2.619 倍,加筋 4φ2 岩样直接拉伸的平均弹性模量为不加筋试件的 5.172 倍,提高比较明显。

(2) 不加筋绿片岩岩样直接拉伸的峰值抗拉强度为 0.134～0.794 MPa,平均为 0.411 MPa;加筋 2φ2 岩样直接拉伸的峰值抗拉强度为 0.978～2.105 MPa,平均为 1.399 MPa;加筋 4φ2 岩样直接拉伸的峰值抗拉强度为 2.545～3.162 MPa,平均 2.750 MPa。加筋 2φ2 岩样直接拉

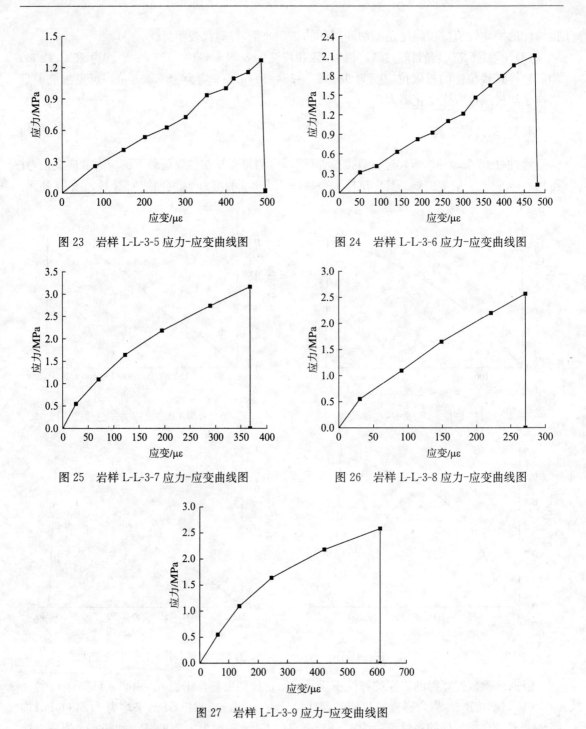

图23 岩样 L-L-3-5 应力-应变曲线图

图24 岩样 L-L-3-6 应力-应变曲线图

图25 岩样 L-L-3-7 应力-应变曲线图

图26 岩样 L-L-3-8 应力-应变曲线图

图27 岩样 L-L-3-9 应力-应变曲线图

伸的平均峰值抗拉强度是不加筋试件的 3.404 倍,加筋 4ϕ2 岩样直接拉伸的平均峰值抗拉强度是不加筋试件的 6.691 倍,提高也比较明显。

(3) 不加筋绿片岩岩样直接拉伸的极限拉应变为 218.194～512.148 $\mu\varepsilon$,平均为 384.991 $\mu\varepsilon$;加筋 2ϕ2 岩样直接拉伸的极限拉应变为 324.159～799.648 $\mu\varepsilon$,平均为 467.586 $\mu\varepsilon$;加筋 4ϕ2 岩样直接拉伸的极限拉应变为 271.356～611.055 $\mu\varepsilon$,平均为 452.931 $\mu\varepsilon$。可见,加筋前后岩样平均极限拉应变变化不大。

表 8 绿片岩岩样直接拉伸试验结果

岩样编号	加锚数量	弹性模量/GPa	抗拉强度/MPa	极限拉应变/με
L-L-3-1		0.725	0.327	475.123
L-L-3-2		0.287	0.134	512.148
L-L-3-3		2.245	0.579	218.194
L-L-4-1		2.124	0.794	378.168
L-L-4-2		0.356	0.148	459.157
L-L-4-3		1.748	0.487	267.158
平均值		1.248	0.411	384.991
L-L-3-4	2φ2	3.254	1.148	364.214
L-L-3-5	2φ2	2.794	1.267	487.121
L-L-3-6	2φ2	4.271	2.105	476.215
L-L-4-4	2φ2	2.648	0.978	354.157
L-L-4-5	2φ2	1.481	1.248	799.648
L-L-4-6	2φ2	5.167	1.647	324.159
平均值		3.269	1.399	467.586
L-L-3-7	4φ2	8.214	3.162	367.839
L-L-3-8	4φ2	9.125	2.566	271.356
L-L-3-9	4φ2	4.067	2.582	611.055
L-L-4-7	4φ2	5.436	2.790	520.603
L-L-4-8	4φ2	4.364	2.545	584.925
L-L-4-9	4φ2	7.523	2.852	361.809
平均值		6.455	2.750	452.931

4.4 大理岩试验

通过对 12 个大理岩岩样进行直接拉伸试验，可测得岩样在各级荷载下的应力和应变值，并得到岩样的应力应变曲线。其中试样 L-D-6-1—L-D-6-6 的应力-应变曲线如图 28—图 33 所示。

根据试验数据算得的岩样的弹性模量及极限抗拉强度总于表 9。由表 9 可知：

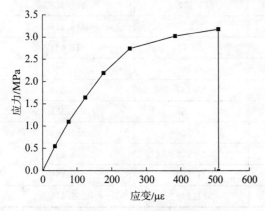

图 28 岩样 L-D-6-1 应力-应变曲线图

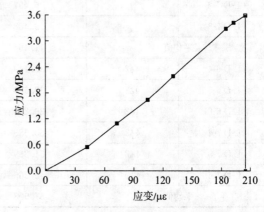

图 29 岩样 L-D-6-2 应力-应变曲线图

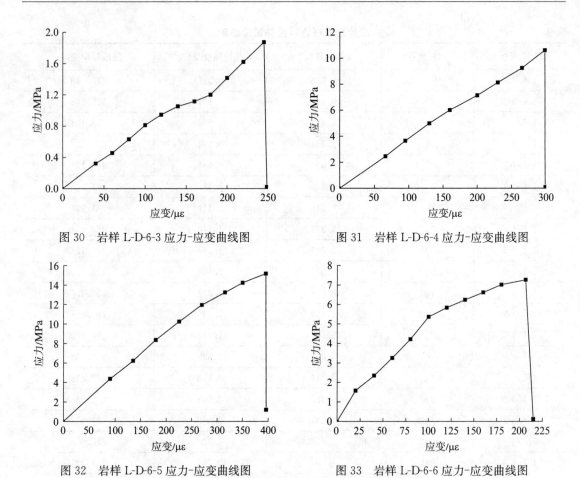

图 30 岩样 L-D-6-3 应力-应变曲线图　　　图 31 岩样 L-D-6-4 应力-应变曲线图

图 32 岩样 L-D-6-5 应力-应变曲线图　　　图 33 岩样 L-D-6-6 应力-应变曲线图

表 9　　　　　　　　　　大理岩岩样直接拉伸试验结果

岩样编号	加锚数量	弹性模量/GPa	抗拉强度/MPa	极限拉应变/$\mu\varepsilon$
L-D-6-1		10.852	3.183	510.554
L-D-6-2		18.351	3.589	205.335
L-D-6-3		8.126	1.871	245.364
L-D-7-1		15.467	2.678	167.268
L-D-7-2		6.497	3.157	467.168
L-D-7-3		9.488	2.275	316.155
平均值		11.464	2.792	318.641
L-D-6-4	4ϕ2	38.149	10.597	298.467
L-D-6-5	4ϕ2	32.678	15.167	395.258
L-D-6-6	4ϕ2	29.298	7.268	206.522
L-D-7-4	4ϕ2	53.688	9.566	287.164
L-D-7-5	4ϕ2	31.269	13.238	368.267
L-D-7-6	4ϕ2	42.366	11.597	259.168
平均值		37.908	11.239	302.474

（1）不加筋大理岩岩样直接拉伸的弹性模量为 6.497～18.351 GPa，平均为 11.464 GPa；

加筋岩样直接拉伸的弹性模量为 29.298~53.688 GPa，平均为 37.908 GPa。加筋岩样直接拉伸的平均弹性模量为不加筋试件的 3.307 倍，提高比较明显。

(2) 不加筋大理岩岩样直接拉伸的峰值抗拉强度为 1.871~3.589 MPa，平均为 2.792 MPa；加筋岩样直接拉伸的峰值抗拉强度为 7.268~13.238 MPa，平均为 11.239 MPa。加筋岩样直接拉伸的平均峰值抗拉强度是不加筋试件的 4.025 倍，提高比较明显。

(3) 不加筋大理岩岩样直接拉伸的极限拉应变为 167.268~510.554 $\mu\varepsilon$，平均为 318.641 $\mu\varepsilon$；加筋岩样直接拉伸的极限拉应变为 206.522~395.258 $\mu\varepsilon$，平均为 302.474 $\mu\varepsilon$。可见加筋前后岩样平均极限拉应变变化不大。

4.5 试验结果汇总

根据上述试验数据的分析结果，岩石试样在加锚后，弹性模量较加锚前提高了 2~10 倍，峰值抗拉强度较加锚前提高了 3~10 倍(表 10)，极限拉应变变化不大。

表 10　　加筋岩样弹性模量和峰值抗拉强度提高倍数表

岩性	加锚数量	弹性模量提高倍数	峰值抗拉强度提高倍数
砂岩	4φ2	10.887	10.167
花岗岩	4φ2	2.785	3.838
绿片岩	2φ2	2.619	3.404
绿片岩	4φ2	5.172	6.691
大理岩	4φ2	3.307	4.025

5　锚杆支护下的围岩剪应力

本节拟分析在锚杆支护条件下，围岩剪应力的变化。

假设围岩的应力应变状态可以按照平面应变问题来分析。

考虑锚杆加固区域内围岩内任意一个微元四边形 ABCD，设其两边长为 d_x, d_y。为简单起见，把两个坐标轴取得与两边重合，如图 34 所示。

由于隧洞开挖而形成的释放荷载作用在洞周围岩上，为了分析这种荷载引起的剪应力，设微元四边形 ABCD 仅受 Y 方向的拉应力作用 σ_y，作用方向如图 34 所示。

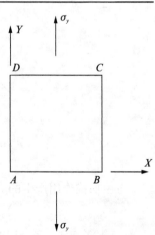

图 34　岩样内一微元四边形应力状态图

由弹性力学可知平面应变问题分析的物理方程为

$$\varepsilon_x = \frac{1-\mu^2}{E}\left(\sigma_x - \frac{\mu}{1-\mu}\sigma_y\right) \quad (1)$$

$$\varepsilon_y = \frac{1-\mu^2}{E}\left(\sigma_y - \frac{\mu}{1-\mu}\sigma_x\right) \quad (2)$$

$$\gamma_{xy} = \frac{1}{G}\tau_{xy} \quad (3)$$

式中，其中剪切模量 $G = \dfrac{E}{2(1+\mu)}$。

根据图 35 的应力状态，微元四边形仅受 Y 方向应力作用，则令 $\sigma_x = 0$，代入式(1)和式

(2),得

$$\varepsilon_x = \frac{\mu + \mu^2}{E}\sigma_y \tag{4}$$

$$\varepsilon_y = \frac{1-\mu^2}{E}\sigma_y \tag{5}$$

根据式(4)和式(5)可得

$$\Delta_x = \varepsilon_x d_x = -\frac{\mu+\mu^2}{E}\sigma_y d_x \tag{6}$$

$$\Delta_y = \varepsilon_y d_y = \frac{1-\mu^2}{E}\sigma_y d_y \tag{7}$$

假设在 y 方向加锚后，岩体弹性模量是不加锚岩体弹性模量的 $k(k\geqslant 1)$ 倍，即 $E'=kE$；岩体受力不变。岩体加锚后，岩体的弹性模量增大，在相同应力作用的情况下，岩体在加锚方向的变形会变小。

岩体内一微元四边形的应力应变状态如图 35 所示。在没有加锚的情况下，微元四边形 $ABCD$ 在受应力作用后形状变化为 $AB'C'D'$；在 Y 方向加锚的情况下，微元四边形 $ABCD$ 在受应力作用后形状变化为 $AB'C''D''$。

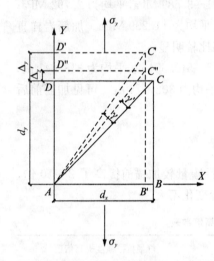

图 35 岩体内一微元四边形的应力应变状态

根据式(6)和式(7)，由图 35 可知，不加锚时产生的剪应变 r 和加锚时产生的剪应变 r' 为

$$r = \angle BAC' - \angle BAC = \tan^{-1}\frac{d_y+\Delta_y}{d_x+\Delta_x} - \tan^{-1}\frac{d_y}{d_x} =$$

$$\tan^{-1}\frac{1+(1-\mu^2)\dfrac{\sigma_y}{E}}{1-(\mu+\mu^2)\dfrac{\sigma_y}{E}}\cdot\frac{d_y}{d_x} - \tan^{-1}\frac{d_y}{d_x} \tag{8}$$

$$r' = \angle BAC'' - \angle BAC = \tan^{-1}\frac{d_y+\Delta_y'}{d_x+\Delta_x} - \tan^{-1}\frac{d_y}{d_x} =$$

$$\tan^{-1}\frac{1+(1-\mu^2)\dfrac{\sigma_y}{kE}}{1-(\mu+\mu^2)\dfrac{\sigma_y}{E}}\cdot\frac{d_y}{d_x} - \tan^{-1}\frac{d_y}{d_x} \tag{9}$$

将由加锚作用产生的剪应变的缩小量记为 $\Delta\gamma$，则有

$$\Delta\gamma = \gamma - \gamma' = \tan^{-1}\frac{1+(1-\mu^2)\dfrac{\sigma_y}{E}}{1-(\mu+\mu^2)\dfrac{\sigma_y}{E}}\cdot\frac{d_y}{d_x} - \tan^{-1}\frac{1+(1-\mu^2)\dfrac{\sigma}{kE}}{1-(\mu+\mu^2)\dfrac{\sigma_y}{E}}\cdot\frac{d_y}{d_x} \tag{10}$$

令 $d_x = d_y$，则有

$$\Delta\gamma = \gamma - \gamma' = \tan^{-1}\frac{1+(1-\mu^2)\dfrac{\sigma_y}{E}}{1-(\mu+\mu^2)\dfrac{\sigma_y}{E}} - \tan^{-1}\frac{1+(1-\mu^2)\dfrac{\sigma_y}{kE}}{1-(\mu+\mu^2)\dfrac{\sigma_y}{E}} \tag{11}$$

将 $\Delta\gamma$ 视为 k 的函数，则有

$$\Delta\gamma = f_{(k)} = \tan^{-1}\frac{1+(1-\mu^2)\frac{\sigma_y}{E}}{1-(\mu+\mu^2)\frac{\sigma_y}{E}} - \tan^{-1}\frac{1+(1-\mu^2)\frac{\sigma_y}{kE}}{1-(\mu+\mu^2)\frac{\sigma_y}{E}} \quad (12)$$

$$f'_{(k)} = \frac{(1-\mu^2)\frac{\sigma_y}{E}\left[1-(\mu+\mu^2)\frac{\sigma_y}{E}\right]}{\left[1-(\mu+\mu^2)\frac{\sigma_y}{E}\right]+\left[1+(1-\mu^2)\frac{\sigma_y}{kE}\right]^2} \cdot \frac{1}{k^2} \quad (13)$$

将函数 $f_{(k)}$ 在 k_0 处按泰勒级数展开，则有

$$f_{(k)} = f(k_0) + f'_{(k_0)}\frac{k-k_0}{1!} + f''_{(k_0)}\frac{(k-k_0)^2}{2!} + \cdots + f^{(n)}_{(k_0)}\frac{(k-k_0)^n}{n!} \quad (14)$$

因为 $k \geqslant 1$，所以可令 $k_0 = 1$，取泰勒展开式的前两项，则有

$$f_{(k)} = f_{(1)} + f'_{(1)}(k-1) \quad (15)$$

易知：

$$f_{(1)} = 0 \quad (16)$$

$$f'_{(1)} = \frac{(1-\mu^2)\frac{\sigma_y}{E}\left[1-(\mu+\mu^2)\frac{\sigma_y}{E}\right]}{\left[1-(\mu+\mu^2)\frac{\sigma_y}{E}\right]^2 + \left[1+(1-\mu^2)\frac{\sigma_y}{E}\right]^2} \quad (17)$$

将式(16)和式(17)代入式(15)，得

$$\Delta\gamma = \frac{(1-\mu^2)\frac{\sigma_y}{E}\left[1-(\mu+\mu^2)\frac{\sigma_y}{E}\right]}{\left[1-(\mu+\mu^2)\frac{\sigma_y}{E}\right]^2 + \left[1+(1-\mu^2)\frac{\sigma_y}{E}\right]^2} \cdot (k-1) \quad (18)$$

根据本章的试验结果可知，泊松比 μ 的数量级为 10^{-1}，弹性模量的数量级为 10^{10} Pa，拉应力 σ_y 数量级为 10^6 Pa，因此 $(\mu+\mu^2)\frac{\sigma_y}{E}$ 比 1 小 5 个数量级，$(1-\mu^2)\frac{\sigma_y}{E}$ 比 1 小 4 个数量级，所以可近似认为

$$\frac{\left[1-(\mu+\mu^2)\frac{\sigma_y}{E}\right]}{\left[1-(\mu+\mu^2)\frac{\sigma_y}{E}\right]^2 + \left[1+(1-\mu^2)\frac{\sigma_y}{E}\right]^2} \approx \frac{1}{1+1} = \frac{1}{2} \quad (19)$$

将式(19)代入式(18)，则有

$$\Delta\gamma = \frac{(1-\mu^2)}{2} \cdot \frac{\sigma_y}{E} \cdot (K-1) \quad (20)$$

因岩体的剪应变满足 $\gamma = \frac{\tau}{G} \leqslant [\gamma]$，而剪应变的缩小可等效于岩体剪切模量的提高，从而起到提高岩体抗剪切能力的作用，增强围岩的稳定性。

6 锚杆支护加固围岩的机理

根据上述试验结果和理论分析，作者认为可从以下三个方面归纳锚杆支护加固围岩的机理。

1. 锚杆支护可提高围岩的抗拉强度

试验资料表明，加锚岩样的峰值抗拉强度可提高 3～10 倍，可见锚杆支护能提高围岩沿加

锚方向的抗拉强度。抗拉强度的提高，将使围岩不易发生张拉破坏。同时对于深埋岩体而言，在隧洞施工过程中，岩爆是一种常见的工程现象，具有较大的破坏性。围岩抗拉强度的提高可减少岩体的张拉破坏，由此减少岩爆发生的可能性，从而增强围岩的稳定性。

2. 锚杆支护可通过减少围岩变形提高其承载能力

根据试验，施作锚杆支护后围岩在加锚方向的弹性模量可提高 2～10 倍，从而可使围岩在加锚方向的张拉变形减小，围岩的稳定性提高。

锚杆加固岩体后，岩体弹性模量的提高也可减小剪切变形的增长，相当于增强了岩体的抗剪强度，从而提高围岩的稳定性。

3. 锚杆支护通过增加围岩材料的延性提高其承载能力

经锚杆支护加固后，围岩材料的延性增强，使围岩的实际承载能力可充分发挥，设计计算中可取用较小的安全系数，相应提高了围岩材料的允许强度。

外水压下隧道围岩与衬砌的随机有限元分析[*]

丁 浩[1,2,3]，蒋树屏[2,3]，杨林德[1]

(1. 同济大学 地下建筑与工程系，上海 200092；2. 重庆交通科研设计院 隧道工程所，重庆 400067；
3. 隧道建设与养护技术交通行业重点实验室，重庆 400067)

摘要 为探讨在外水压力作用下隧道围岩和衬砌的力学承载特性，以龙潭隧道为依托，进行了随机有限元数值模拟。模拟采用了响应面法和蒙特卡罗模拟的手段，并进行了响应面方程拟合和概率敏感性及相关性的计算分析。分析结果表明，在外水压力的作用下，隧道衬砌的破坏形式以受压破坏为主，提高围岩弹性模量较衬砌弹性模量对改善衬砌承载外水压的力学性能更为有效。并在此基础上指出，外水压下的衬砌设计和隧道施工应考虑下述因素：围岩可以分担外水压力的承载特性、地层结构法的计算模型、注浆具有堵水和加固的双重效果。

关键词 隧道；衬砌；围岩；外水压力；随机有限元

Stochastic Finite Element Analysis of Surrounding Rock and Lining of Tunnels Underexternal Water Pressure

DING Hao[1,2,3]　JIANG Shuping[2,3]　YANG Linde[1]

(1. Department of Geotechnical Engineering, Tongji University, Shanghai 200092, China；2. Department of Tunnel Engineering, Chongqing Communications Research & Design Institute, Chongqing 400067, China；3. Key Laboratory of Communications of Tunnel Construction & Maintenance Technology, Chongqing 400067, China)

Abstract In order to investigate the bearing behaviors of surrounding rock and lining of tunnels under external water pressure, the numerical simulation based on the stochastic finite element method (SFEM) is conducted to analyze the behaviors of Longtan tunnel. In SFEM, the response surface method (RSM) and the Monte-Carlo method are adopted. In the analysis, the following calculations are made: i) fitting responsive surface equation, ii) analysis on probability sensitivities and correlations. It is shown that the failure mode of the lining under external water pressure is mainly compressive failure; the increase of theelastic modulus of surrounding rock is more effective than that of the lining. Based on the analysis, in lining design and tunnelconstruction under external water pressure, the following factors should be considered the bearing characteristics of surroundingrock, the calculation model of layer structure method and the grouting effects including water plugging and reinforcement.

Keywords tunnel; lining; surrounding rock; external water pressure; stochastic finite element

---

[*] 岩土工程学报(CN：32-1124/TU)2009 年收录

1 引言

随着环保意识的增强和隧道修筑技术的提高,控制排放的隧道防排水技术在越来越多的工程实践[1-3]中得以应用,但也出现了一些技术问题,如抗水压衬砌的设计就是一个十分突出的关键问题。对此的研究也取得了一些成果,例如高新强[4]分析了外水压力的主要取值方法,周乐凡等人[5-6]采用基于荷载-结构法的计算模型、模型试验等手段着重研究二次衬砌承受外水压力前后的力学特性,郭小红等人[7-9]则采用基于荷载-结构-弹性梁法对隧道二次衬砌的抗水压能力与衬砌断面形状、衬砌厚度、外水压的大小等因素的关系进行了研究。上述研究表明,采取有关措施提高衬砌强度是提高衬砌抗水压能力的主要措施。

但根据新奥法理论,尽管外水压力主要作用在二次衬砌上,可周边的围岩仍会共同参与力学作用。因此抗水压衬砌的设计,并不能忽略围岩的力学贡献。那么在外水压力的作用下,究竟改善围岩的强度和衬砌的强度两者之中,谁的力学效应更为明显呢?为弄清此问题,本文以在建的龙潭隧道工程为例,舍弃了常规的确定性有限元数值计算,而采用 RSM 法(Response Surface Method)和 Monte-Carlo 法,基于随机有限元理论,进行了数值模拟。分析结果表明,为提高二次衬砌的抗外水压的能力,改善围岩力学性能的效果更为明显,而仅仅只提高衬砌强度甚至会适得其反,并提出了实际应对的工程措施,以供借鉴。

2 有限元理论的选用

众所周知,确定性有限元理论和随机有限元理论均是分析隧道支护结构安全的主流方向。但事实上,当探讨某个自变量(如围岩弹性模量等)对表征隧道衬砌结构安全的因变量(如衬砌最大拉应力等)的影响时,采用确定性有限元理论与随机有限元理论相比,存在几个突出问题:

(1)前者反映的自变量梯度信息仅只是局部信息,而后者可考虑因变量在某一自变量整个随机参数空间内的所有梯度值,因而后者能更好地反映这一自变量对因变量的影响程度。

(2)为获得足够数据,前者需输入大量变化参数,而后者可依靠程序自动实现对自变量的概率输入,因此人为工作相对简单。

(3)前者对自变量的选取多采用有限差分法,忽略了变量之间的相互作用影响;而后者可同时改变所有自变量,且能考虑变量之间的相关性,因此其分析结果更为合理。

鉴此,本文选用随机性有限元理论进行下述研究。

3 计算方法

当前,常用的随机有限元计算方法包括一次二阶矩法、JC 法、RSM 法、Monte-Carlo 法等。前两种方法的应用前提是能用显式表达自变量与因变量的关系函数,但实际上,隧道围岩与结构的相互作用极其复杂,再考虑外水压力的作用,无法实现显式表达。而 RSM 法将各随机变量看作试验因子,用有限次结构计算的结果来拟合一个响应面以代替未知的真实的关系函数,并给出明确表达式,从而可在此基础上进一步分析。响应面的表达式一般为

$$g(X) = a_0 + \sum_{i=1}^{n} a_i X_i + \sum_{i=1}^{n} b_i X_i^2 + \sum_{i \neq j}^{n} \sum_{j=1}^{n} c_{ij} X_i X_j \tag{1}$$

式中 X_i——基本随机变量；

a_0, a_i, b_i, c_{ij}——待定系数。

对于随机变量的试验点选取，可采用中心指数设计法和 Box-Behnken 矩阵抽样法[10]。对于存在二次项的响应面方程，后者取样次数要少于前者。

至于 Monte-Carlo 法，其理论基础是大数定理，它的应用范围几乎没有限制，但同样需要显式关系函数，且需耗费大量机时，因而也较少采用。

故此，本文先基于 RSM 法得出显式函数，再采用 Monte-Carlo 法实现了随机有限元分析，其步骤具体如下：

（1）生成确定性有限元数据库。

（2）确定随机输入变量和输出变量。

（3）采用 Box-Behnken 法进行输入变量的试验点设计。

（4）进行仿真循环，计算对应随机输入变量空间样本点的随机输出变量的数据。

（5）拟合响应面方程。

（6）基于响应面方程进行 Monte-Carlo 随机模拟。

4 数值计算与分析

4.1 依托工程简况

龙潭隧道位于湖北宜昌市境内，长 8 693+8 620 m，最大埋深约 800 m。隧道出口端长约 4 000 m 地层均为奥陶系碳酸盐岩地层，本段沿可溶岩与非可溶岩界面形成强岩溶带，并发育管道式地下河。在隧道掘进至 ZK72+726～756 时，遇断层溶蚀段，围岩以"泥夹石"充填物为主，且左洞一侧还与地下暗河存在水力联系，水量丰富，地下水位高于隧道洞顶约 100 m。

4.2 计算模型

选取 ZK72+752 断面为典型断面，进行了全施工过程的确定性有限元分析。计算过程贯穿隧道开挖至二次衬砌承受外水压力的整个施工过程，共 6 个阶段。其中，前 5 个阶段按"地层-结构"法模拟隧道从原始地应力状态到施作二次衬砌，第六阶段采用水岩分算法[11]模拟二次衬砌承受外水压力（图 1），折减系数取 0.4，即拱顶外水压力为 0.4 MPa。计算参数中，对于注浆锚杆、型钢等支护措施采用提高围岩弹性模量、黏聚力和摩擦角的方法[12]进行等效，未考虑超前预注浆的影响。

利用上述计算生成的确定性有限元数据库，着重对第六阶段的数据库模型进行了随机有限元计算。

图 1 水岩分算法计算模型
Fig. 1 Calculating model separating external water pressure and surrounding rock

4.3 随机变量的确定

结合研究主要目的及常规经验[13]，在不影响分析精度的前提下，为简化计算仅将变异性相对较大的参数设置为随机输入变量。对变异性较小的参量,如混凝土和岩体的容重、线胀系数及泊松比、几何尺寸等均按定值处理。对混凝土及岩体弹模、抗剪强度参数等变异性一般较大的参数按随机变量考虑,确定涉及岩体、衬砌混凝土 2 种材料共 6 个参数为随机输入变量,其随机分布及其特征值见表 1,各变量统计特征主要根据室内试验及前人的研究成果[13]综合确定。

表 1 随机输入变量统计特征
Table 1 Statistical nature of random input variables

介质材料	变量名称	分布类型	均值	标准差	变异系数
围岩	弹性模量 TM_YS	正态分布	5.5 GPa	0.88 GPa	0.16
	黏聚力 C_YS	正态分布	1.1 MPa	0.11 MPa	0.1
	摩擦角 FI_YS	正态分布	38.66°	6.19°	0.16
衬砌	弹性模量 TM_GXW	正态分布	31 GPa	2.64 GPa	0.085 3
	黏聚力 C_GXW	正态分布	2.5 MPa	0.375 MPa	0.15
	摩擦角 FI_GXW	正态分布	53.8°	10.76°	0.2

确定性有限元分析的结果表明,最能表征抗水压衬砌安全度的物理量是最大拉应力与最大压应力,因此选取这两者为随机输出变量,探讨在外水压力下上述 6 个因素对它们的影响。

4.4 响应面方程拟合与 Monte-Carlo 模拟

基于 RSM 法的思想,采用 ANSYS 软件,编制了 APDL 程序,分别拟合了二次衬砌所有单元中最大拉应力与最大压应力的显式表达式。计算中,先对两个随机输出变量进行 Box-Cox 变换[10]见式(2),再根据 Box-Cox 变换的参数 λ 最终确定合理的变换函数。

$$Y_i^* = \begin{cases} \dfrac{Y_i^\lambda - 1}{\lambda}, & \lambda \neq 0 \\ \ln(Y_i), & \lambda = 0 \end{cases} \tag{2}$$

式中 Y_i——第 i 次样本循环时得到的随即输出变量;

Y_i^*——变换后的数值;

λ——Box-Cox 参数。

例如,对最大拉应力响应面进行 Box-Cox 变换时,参数 λ 为 0.7,接近 1,故方程拟合不需采用任何变换函数,见式(3);而对最大压应力响应面进行 Box-Cox 变换时,确定采用指数变换函数,见式(4)。式中 S_{1max} 表示最大拉应力,S_{3max} 表示最大压应力,EXP 表示指数函数,其余符号意义见表 1。

$$S_{1max} = 1.4 - 0.4 \times (1.0 \times 10^{-3} \times TM\_YS - 5.8) + 0.1 \times (8.4 \times C\_YS - 9.2) + 0.1 \times$$
$$(3.5 \times 10^{-4} \times TM\_GXW - 10.8) + 0.2 \times (1.0 \times 10^{-3} \times TM\_YS - 5.8)^2 + 0.1 \times$$
$$(0.1 \times FI\_YS - 5.8)^2 - 0.3 \times (1.0 \times 10^{-3} \times TM\_YS - 5.8) \times (8.4 \times C\_YS - 9.2) \tag{3}$$

$$EXP(S_{3max}) = 4.2 - 9.5 \times 10^{-2} \times (1.0 \times 10^{-3} \times TM\_YS - 5.8) + 5.2 \times 10^{-2} \times$$
$$(3.5 \times 10^{-4} \times TM\_GXW - 10.8) + 0.2 \times (8.6 \times 10^{-2} \times FI\_GXW - 4.6) -$$
$$8.6 \times 10^{-2} \times (8.6 \times 10^{-2} \times FI\_GXW - 4.6)^2 - 1.7 \times 10^{-2} \times$$
$$(8.6 \times 10^{-2} \times FI\_GXW - 4.6) \times (2.5 \times C\_GXW - 6.2) \tag{4}$$

基于式(3)、(4)的响应面方程,进行了 100 万次 Monte-Carlo 模拟,得到结果见图 2,其中 S_{1max} 均值为 1.66 MPa,标准差为 0.54 MPa,S_{3max} 均值为 63.83 MPa,标准差为 11.9 MPa。由

此说明，文中所述条件下，外水压下衬砌的破坏形式主要表现为受压破坏，同时伴随有受拉破坏。

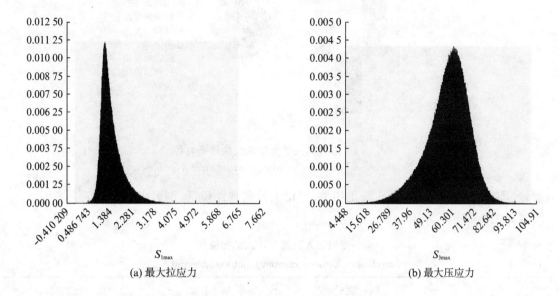

(a) 最大拉应力　　　　　　　　　　　　(b) 最大压应力

图 2　随机输出变量的概率分布

Fig. 2　Probability distribution of random output variables

4.5　敏感性与相关性分析

图 3、图 4 分别给出了在显著性水平为 0.025 的情况下，影响衬砌最大拉应力和最大压应力的显著因素和非显著因素。

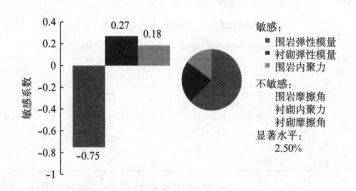

图 3　随机输入变量与 S_{1max} 的敏感关系

Fig. 3　Sensitive relationships between random input variables and S_{1max}

由图 3 可看出，对 S_{1max} 影响最大的因素是围岩的弹性模量，接着依次是二次衬砌的弹性模量、围岩的黏聚力，而围岩的摩擦角、衬砌的内聚力和摩擦角则为不敏感因素。

图 4 表明，对 S_{3max} 影响最大的因素是二次衬砌的摩擦角，接着依次是围岩的弹性模量、二次衬砌的弹性模量、二次衬砌的摩擦角，而围岩的黏聚力、围岩的摩擦角则为不敏感因素。

为进一步探讨，又对上述较敏感变量进行了线性相关分析。其中表 2 表明，围岩弹性模量与 S_{1max} 负相关，即增大围岩弹性模量有利于减小 S_{1max}，线性相关系数为 −0.74。而衬砌弹性

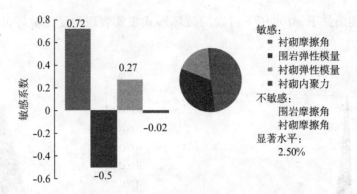

图 4 随机输入变量与 S_{3max} 的敏感关系
Fig. 4 Sensitive relationships between random input variables and S_{3max}

模量、围岩内聚力均与衬砌 S_{1max} 正相关，即增大衬砌弹性模量、围岩内聚力反而会增大 S_{3max}，线性相关系数分别为 0.20,0.24。

表 2 随机输入变量与 S_{1max} 的相关性
Table 2 Correlations between random input variablesand S_{1max}

敏感次序	随机输入变量	敏感系数	线性相关系数
1	围岩弹性模量	−0.75	−0.74
2	衬砌弹性模量	0.27	0.20
3	围岩内聚力	0.18	0.24

表 3 则表明，衬砌摩擦角和弹性模量均与 S_{3max} 正相关，即增大衬砌摩擦角、弹性模量反而会增大 S_{3max}，线性相关系数分别为 0.72,0.26。而围岩弹性模量与 S_{3max} 负相关，即增大围岩弹性模量也有利于减小 S_{3max}，线性相关系数为 −0.65。

表 3 随机输入变量与 S_{3max} 的相关性
Table 3 Correlations between random input variablesand S_{3max}

敏感次序	随机输入变量	敏感系数	线性相关系数
1	衬砌摩擦角	0.72	0.72
2	围岩弹性模量	−0.50	−0.65
3	衬砌弹性模量	0.27	0.26
4	衬砌内聚力	−0.02	−0.01

注意到，表 2 和表 3 中的共同因素包括围岩弹性模量和衬砌弹性模量，且前者变化对输出变量的敏感度更高。此外，两者与随机输出变量的相关性相反。

4.6 工程措施探讨

根据上述随机有限元分析，对衬砌拉、压应力的最大值均较敏感的因素依次是围岩弹性模量和衬砌弹性模量。并且，围岩弹性模量越大，外水压下的衬砌拉、压应力的最大值越小，而衬砌弹性模量越大，拉、压应力的最大值反而越大。这点可借鉴具有层间压力的双层组合环的弹性力学模型(图 5)来深入理解。在图中，若内环为完全刚体，则内环将承担全部的层间压力；若内环的弹性模量远大于外环的弹性模量，则层间压力将主要由内环承担，内环的应力集中程度将远高于外环;若内环的弹性模量与外环的弹性模量接近,则内、外环会有良好的协调变形,外环能"分担"更大比例的层间压力,并且两者力学性能越接近,内环的应力集中程度就会越弱。

事实上,隧道衬砌结构(类似于图 5 中的内环)与围岩(类似于图 5 中的外环)的弹性模量相差一般已很大,因而在此基础上,如仅仅只提高衬砌的强度,就会造成两者力学性能的差距越明显,围岩对外水压力(类似于图 5 中的层间压力)的分担作用就越小。

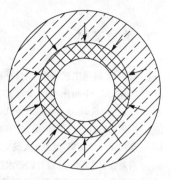

图 5 双层组合环的弹性模型
Fig. 5 Elastic model for composite loops of two layers

从另外一个角度看,新奥法的核心思想之一就是,围岩是荷载、建筑材料和承载结构的统一体。因此,仅仅提高衬砌的强度并采用荷载结构法进行设计的这种理念却恰恰忽视了这点,未能充分利用围岩的承载性能。尤其在外水压力的作用下,其设计模式与施工方法更应突出围岩的这种可以"分担外水压力"的承载结构特性。

所以,一味通过加厚衬砌、提高混凝土标号等来提高衬砌强度,却不较好地改善围岩的力学性能,是一种片面措施,有时甚至适得其反,降低外水压下衬砌的安全度。事实上,在以往的高水压隧道施工中,常常仅仅考虑注浆的堵水作用,而忽视了注浆圈对承受水压的力学贡献,认为外水压力完全由衬砌承担。从而,采取了堵水注浆、加厚衬砌、提高衬砌混凝土标号等措施,但运营一段时间后,衬砌就出现了不同程度的裂缝病害现象。这一方面反映出注浆堵水的施工质量耐久性不高,另一方面其实就是上述片面措施不尽合理之处的工程实例佐证。

因此,基于上述分析,对高水压隧道建设应摒弃仅仅提高衬砌强度的片面措施,衬砌设计应按地层-结构模式进行计算;对围岩预注浆不仅需要考虑堵水效果,还需注重加固围岩的作用;施工中可考虑全断面帷幕超前预注浆,或先用 CS 双液浆堵水、后用超细水泥单液浆加固的二次注浆,或分层注浆[14]等措施,这样既保障了注浆堵水质量,又提高了加固围岩的耐久性。只有这样,才能充分发挥围岩的承载性能,有效确保外水压下衬砌的安全度。

5 结语

(1) 采用随机有限元理论,结合响应面法和 Monte-Carlo 模拟,是一种有效的分析不同因素对衬砌结构安全影响程度的随机有限元计算方法。

(2) 在文中所述条件下,承受外水压力的衬砌破坏形式以受压破坏为主,同时伴随有受拉破坏。

(3) 围岩弹性模量和衬砌弹性模量均为衬砌最大拉、压应力的较敏感因子,且前者的敏感程度更大。

(4) 围岩弹性模量和衬砌弹性模量与衬砌最大拉、压应力的相关性相反,前者均表现为正相关,后者均为负相关。

(5) 一味加强衬砌强度,而忽视围岩可以"分担外水压力"的承载结构特性的思路是片面的,有时甚至适得其反。

(6) 外水压下的衬砌设计应按地层-结构模式进行计算,施工中可考虑实施既能保障注浆堵水质量,又能提高加固围岩耐久性的注浆措施。这样,才能充分发挥围岩的承载性能,有效确保外水压下衬砌的安全度。

参考文献

[1] 蒋忠信. 隧道工程与水环境的相互作用[J]. 岩石力学与工程学报,2005,24(1):121-126.
[2] GIRNAU Gunter. Water in Construction[C] // Proceedings of the International Congress on Tunnels and Water. Madrid:Spanish Tunnelling Association,1988:1181-1187.
[3] 白山云,蒋树屏,丁浩,等. 岩溶地质特长隧道的关键技术问题及对策[C] // 中国公路学会编. 第三届全国公路科技创新高层论坛论文集. 北京:人民交通出版社,2006:85-90.
[4] 高新强,仇文革. 隧道衬砌外水压力计算方法研究现状与进展[J]. 铁道标准设计,2004,(12):84-87.
[5] 周乐凡. 考虑外水荷载作用的铁路隧道衬砌结构设计研究[D]. 北京:铁道科学研究院,2003.
[6] 周乐凡,梅志荣,陈礼伟. 考虑水荷载作用的铁路隧道衬砌结构设计[J]. 中国铁道科学,2005,26(6):98-101.
[7] 郭小红,梁巍. 穿越水库底部的全封闭隧道结构设计[J]. 公路交通技术,2002,增刊:78-81.
[8] 高新强,仇文革. 深埋单线铁路隧道衬砌高水压分界值研究[J]. 岩土力学,2005,26(10):1675-1680.
[9] Z Mi & Xiao Dong W. The design of waterproof lining for railway tunnels[C] // Proceedings of the International Congress on Tunnels and Water. Madrid:Spanish tunnelling association,1988:1283-1288.
[10] 小飒工作室. 最新经典 ANSYS 及 Workbench 教程[M]. 北京:电子工业出版社,2004.
[11] 王梦恕. 地下工程浅埋暗挖技术通论[M]. 合肥:安徽教育出版社,2004.
[12] 朱维申,李术才,陈卫忠. 节理岩体破坏机理和锚固效应及工程应用[M]. 北京:科学出版社,2002.
[13] 李敏. 海底隧道衬砌结构可靠度研究[D]. 北京:北京交通大学,2005.
[14] TSENG Dar-Jen, TSAI Bin-Ru, CHANG Lung-Chen. A case study on ground treatment for a rock tunnel with high groundwater ingression in Taiwan[J]. Tunnelling and Underground Space Technology, 2001,16:175-183.

陡倾角层状岩体中地下洞室围岩变形研究

王启耀[1]　杨林德[2]　赵法锁[3]

(1. 长安大学建筑工程学院，陕西 西安　710061；2. 同济大学土木工程学院，上海　200092；
3. 长安大学地质与测绘工程学院，陕西 西安　710054)

摘要　考虑到层状岩体顺层滑移和弯曲变形的特点，作者将 Cosserat 介质理论引入到大型地下洞室的开挖模拟中，基于 Matlab 编制了考虑偶应力的有限元程序。通过对一个简单地下洞室模型的模拟分析，得到如下结论：洞周围岩的变形随层面间距的增大而减小，洞室变形的不对称性在层面间距越小的情况下越明显；大型洞室高边墙的位移随层面倾角先增大后减小，反倾向一侧的位移在倾角为 60°达到最大，而顺倾向侧边墙在 30°达到最大；在洞室的同一高度处，当岩层倾角缓时顺倾向侧洞周位移要大于反倾向侧的位移，而当倾角变陡后，顺倾向侧洞周位移要小于反倾向侧的位移；层面的切向刚度对洞周位移影响很大，洞周位移随切向刚度系数的减小而迅速增大，但切向刚度系数减小到一定程度后将趋于稳定。数值模拟表明用 Cosserat 介质来模拟层状岩体是合适而且方便的。

关键词　层状岩体；Cosserat 介质理论；大型地下洞室；围岩变形

Study on Deformation of Huge Underground Opening Excavated in Layered Rock Mass with Steep Dip Angle

WANG Qiyao[1]　YANG Linde[2]　ZHAO Fasuo[3]

(1. School of Civil Engineering, Chang'an University, Xi'an 710061, China；
2. School of Civil Engineering, Tongji University, Shanghai 200092, China；
3. School of Geology Engineering and Geomatics, Chang'an University, Xi'an 710054, China)

Abstract　Considering the special characteristics of steep inclined layered rock, the authors introduce Cosserat continuumtheory to simulate excavating huge underground openings in layered rock mass. A program based on this theory was written in Matlab, in which couple stress is taken into account. Through modeling a simple underground opening excavated in layered rock mass, we can get following conclusions. With the decreasing of space between layers, the deformation of surrounding rock increases and tends to more unsymmetrical. With the increasing of dip angle, the deformation increases first but then decreases, and when the dip angel is 60°, the deformation of anti-inclined wall come to a head, whereas the

---

* 长安大学学报(自然科学版)(CN：61-1393/N)2006 年收录
收稿日期：2005-03-18
基金项目：国家电力公司科技攻关项目(KJ00-03-23-02)；长安大学科技发展(0305-1001)

maximum deformation of the other side wall is got when the dip angel is 30°. At the same height of the opening, the deformation of inclined wall is larger than that of anti-inclined wall when the dip angle is gently, whereas the deformation of anti-inclined wall is smaller than that of inclined wall when the dip angel is steep. The deformation is effected by the shear stiffness greatly, but when it reduces to certain degree, the deformation will be stable. The numerical modeling indicates the Cosserat continuum theory is suitable for simulating excavating underground opening in layered rock mass, and it is simple and convenient.

Keywords layered rock mass; cosserat continuumtheory; huge underground opening; deformation of surrounding rock

1 引言

陡倾角层状岩体具有层状和陡倾角的特点，围岩的变形情况较为复杂[1]。以往对层状岩体的数值模拟一般有两种方法，一是直接用接触面单元或薄层单元模拟层面，二是将层状岩体等效成横观各向同性体。这些传统的方法，不管是直接用节理单元还是等效模型，都没有考虑层状岩体易于弯曲变形的特点，得到的结果不能很好地反映实际情况。

Cosserat 介质理论是研究具有一定特征结构的介质在外界荷载作用下变形和破坏等问题的连续介质理论，在 20 世纪 80 年代开始应用于岩土工程问题。Adhikary、Dyskin、佘成学、陈胜宏等人运用 Cosserat 介质理论分析了层状岩体边坡或节理岩体的弯曲变形破坏[2]~[4]，表明 Cosserat 介质层状岩体模型在模拟层状岩体时是有效和简便的，并且由于该理论考虑了岩体的抗弯能力，对于层状岩体的弯折、倾倒、屈曲变形破坏的模拟具有其他等效连续介质模型不可比拟的优点。但是以往的研究大多仅限于层状岩体边坡，对于大型地下洞室研究较少，本文采用该理论对大型地下洞室开挖围岩的变形特征及影响因素开展研究。

2 二维 Cosserat 介质理论

二维的 Cosserat 介质理论假定：层面平整、间距相等且力学特征一致，岩层的滑动与弯曲变形为小变形，可近似认为是平面应变问题，层厚与待分析的对象的尺寸相比很小，不考虑时间因素的影响。

二维 Cosserat 连续介质中，每一个点具有两个平动自由度和一个转动自由度，每个微元体除了受到常规应力作用外，还有偶应力，见图 1，偶应力引起的变形以曲率表示[5]。

设局部坐标系 xoy 中，x 方向平行层面，y 方向垂直层面。根据静力平衡条件，可以得到二维的 Cosserat 介质微元体的平衡方程如下：

$$\begin{cases} \dfrac{\partial \sigma_x}{\partial x}+\dfrac{\partial \tau_{xy}}{\partial y}+f_x=0 \\ \dfrac{\partial \tau_{yx}}{\partial x}+\dfrac{\partial \sigma_y}{\partial y}+f_y=0 \\ \dfrac{\partial m_x}{\partial x}+\dfrac{\partial m_y}{\partial y}+\tau_{yx}-\tau_{xy}+m=0 \end{cases} \quad (1)$$

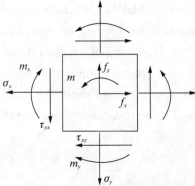

图 1 二维 Cosserat 微元体

式中 σ_{ij}——单元应力；
m_i——单元偶应力；
f_i——体积力；
m——体积力偶。

局部坐标系中层状岩体的弹性本构关系可写为

$$\{\sigma\} = [D_e]\{\varepsilon\}$$

其中的弹性矩阵$[D_e]$可以根据偶应力只与曲率有关，应力只与应变有关的假定，采用广义虎克定律及应变叠加原理导出，表示如下：

$$[D_e] = \begin{bmatrix} A_{11} & A_{12} & 0 & 0 & 0 & 0 \\ & A_{22} & 0 & 0 & 0 & 0 \\ & & G_{11} & G_{12} & 0 & 0 \\ & & & G_{22} & 0 & 0 \\ & \text{symm} & & & B_1 & 0 \\ & & & & & 0 \end{bmatrix} \quad (2)$$

式中：

$$A_{11} = \frac{E}{1 - v^2 - \dfrac{v^2(1+v)^2}{1 - v^2 + \dfrac{E}{bk_n}}},$$

$$A_{12} = \frac{\dfrac{v}{1-v}}{\dfrac{1-v-2v^2}{E(1-v)} + \dfrac{1}{bk_n}},$$

$$A_{22} = \frac{1}{\dfrac{1-v-2v^2}{E(1-v)} + \dfrac{1}{bk_n}},$$

$$\frac{1}{G_{11}} = \frac{1}{G} + \frac{1}{bk_s}, \quad G_{11} = G_{12} = G_{21},$$

$$G_{22} = G_{11} + G, \quad B_1 = \frac{Eb^2}{12(1-v^2)}\left(\frac{G - G_{11}}{G + G_{11}}\right)$$

式中 E——完整岩体的弹性模量；
v——泊松比；
b——层厚；
G——完整岩体的剪切模量；
k_n, k_s——别是节理的法向和切向刚度。

因为层面间距b可由地质调查确定，由上面各式可知 Cosserat 介质单元的弹性本构关系只含有四个参数：有关层间岩石的参数 E 和 v，有关层面的参数 k_s 和 k_n。而这些参数又都是最简单的本构模型也必需的材料参数，所以 Cosserat 介质与显示节理模型或其他等效模型相比并没有变复杂，但采用这一模型却更能体现层状岩体的特性。

根据这一模型，作者利用 Matlab 编制了相应的有限元计算程序，计算实例和实际应用结果表明程序是正确的[6]。

3 地下洞室变形特征及影响因素

层状岩体中大型地下洞室的开挖，不可避免地会遇到岩体弯曲变形的情况[7]：当岩层水平或者为缓倾角时,洞室的变形主要集中在拱部,岩层极易发生弯折破坏;当岩层倾角较陡时,围岩高边墙的变形则更为突出,顺倾向侧边墙岩体易于顺层面滑动,反倾向侧岩体则易于发生弯折破坏。因此将 Cosserat 介质理论引入地下洞室开挖的模拟是非常合适的。因为层状岩体的 Cosserat 模型的本构关系已经考虑了岩层厚度、岩层倾角及层面参数等因素,所以可以运用一个简单的计算模型来研究各种因素对洞室围岩变形的影响。

3.1 计算模型

为了略去地形、洞室间的相互影响,本文以一个独立的大型地下洞室一次开挖来研究层状岩体中大型洞室围岩的变形特征及其影响因素。假设洞室宽 30 m,边墙高 60 m,拱高 10 m,埋深 150 m,地表水平,洞室所处的围岩为层状岩体,不考虑支护。计算范围左右边界取到距洞轴线 150 m,下部边界取到 200 m,边界为位移约束边界,左右边界 x 方向位移及转动为零,下部边界 y 方向位移及转动为零,顶部自由。由于应用 Cosserat 介质理论,岩体按均匀连续介质处理,层状岩体层面的间距和倾角通过本构关系来体现,有限元计算网格的剖分无需再考虑层状岩体的层厚和倾角,可使用相同的网格剖分,见图 2。

为了研究层状岩体的层厚、层面倾角、岩块及层面力学参数、地应力水平等对地下洞室围岩变形和稳定性的影响,假设岩体泊松比 $v=0.26$,容重 $\gamma=25$ kN/m^3,层面法向刚度系数 $k_n=1\times10^8$ kPa/m,待研究项目的参数按表 1 各列进行变动,其余的参数以表中第三行为准。

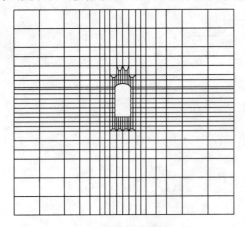

图 2 计算模型网格剖分图

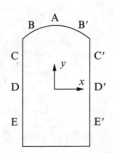

图 3 位移输出点位置

表 1 待研究项目参数取值表

考虑项目	层厚 b/m	倾角 α/(°)	弹模 E/GPa	层面切向刚度 K_s/(kPa/m)	侧压力系数 k_0	洞室跨度 l/m
1	0.5	0	1	1	0	10
2	1	30	10	1×10^2	0.5	20
3	2	60	20	1×10^4	1	30
4	4	90	40	1×10^6	1.5	40

计算结果以位移形式输出,输出点的位置见图 3,输出位移 X 方向以向右为正,向左为负,Y 方向以向上为正,向下为负。

3.2 计算结果与分析

作者运用编制的程序对计算模型按表 1 进行了计算,结果表明对于陡倾角层状岩体中的大型地下洞室高边墙围岩的变形要明显大于拱部的变形,边墙的稳定问题更为突出。根据计算所得偶应力结果得知偶应力在洞室反倾向侧要远远大于顺倾向侧(图 4),洞室边墙的变形顺倾向侧主要为顺层面的滑动,而反倾向侧主要为弯曲变形,所得洞室高边墙变形的结果见图 5—图 10。

从计算结果可以看出边墙岩体的变形具有明显的不对称性,顺倾向侧边墙位移要小于反

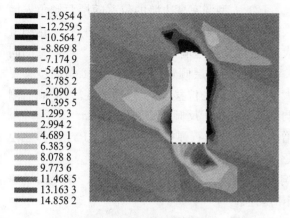

图 4 洞周偶应力分布图

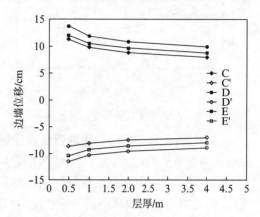

图 5 层厚对洞周变形的影响

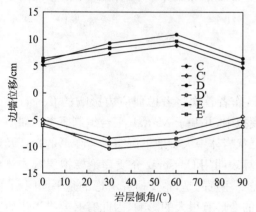

图 6 层面倾角对洞周变形的影响

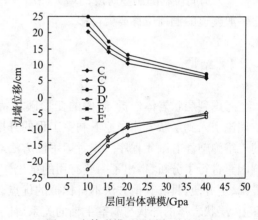

图 7 岩体弹模对洞周变形的影响

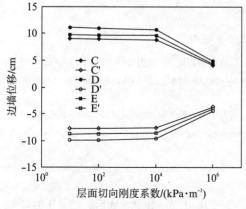

图 8 层面切向刚度对洞周变形的影响

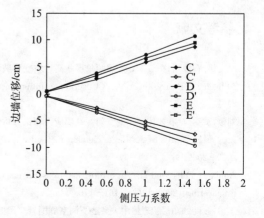

图 9 地应力对洞周变形的影响

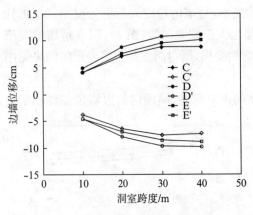

图 10　洞室跨度对洞周变形的影响

倾向侧的位移。根据对影响洞室围岩变形因素的计算结果分析，可以得到如下结论。

（1）洞周围岩的变形随层面间距的增大而减小，洞室变形不对称性在层面间距越小的情况下越明显。

（2）大型洞室高边墙的位移随层面倾角先增大后减小，反倾向一侧的位移在倾角为 60°达到最大，而顺倾向侧边墙在 30°达到最大。在洞室的同一高度处，当岩层倾角缓时顺倾向侧洞周位移要大于反倾向侧的位移，而当倾角变陡后，顺倾向侧洞周位移要小于反倾向侧的位移。

（3）洞周位移随层间岩块的弹性模量的增大而减小，岩石弹模在小于 20 GPa 时，弹性模量对洞周变形影响很大，大于 20 GPa 后影响逐渐减弱。

（4）层面的切向刚度系数对洞周位移影响很大，洞周位移随切向刚度系数的减小而迅速增大，但切向刚度系数减小到一定程度后将趋于稳定。

（5）地应力与洞周位移近似为线性关系，地应力越大，位移越大。

（6）洞周位移随洞室跨度的增大而增大，但增加幅度逐渐减小，大型的地下洞室洞周位移比一般隧道的洞周位移要大得多。

4　结语

考虑到层状岩体弯折、倾倒的变形破坏特征，作者首次将考虑偶应力影响的 Cosserat 介质理论引入到层状岩体中地下洞室工程的开挖模拟中，并基于 Matlab 平台编制了考虑偶应力的二维弹塑性有限元程序。作者运用该方法对层状岩体中大型地下洞室围岩变形的特征及影响因素进行了分析，得出了一些有用的结论。计算表明用 Cosserat 介质理论模拟层状岩体更准确、更方便，具有其他方法不可比拟的优点。需要注意的是，本文研究考虑的是平面问题，实际上，层状岩体的产状与洞室主轴的关系对围岩的变形有很大的影响，因此有必要进一步研究三维 Cosserat 介质理论在地下洞室开挖中的应用。

参考文献

[1] 冯文凯,石豫川,柴贺军,等.缓倾角层状高边坡变形破坏机制物理模拟研究[J].中国公路学报,2004,17(2)：32-36.
[2] Adhikary D P, Dyskin A V. A Coserat continuum model for layered materials[J]. Computers and geotechnics, 1997, 20(1)：15-45.
[3] 刘俊,黄铭.层状岩体开挖的空间弹性偶应力理论分析[J].岩石力学与工程学报,2000,19(3)：276-280.
[4] Providas E, Kattis M A. Finite element method in plane Cosserat elasticity[J]. Computers and Structures, 2002, 80：2059-2069.
[5] Adhikary D P, Guo H. An orthotropic Cosserat elastic-plastic model for layered rocks[J]. Rock Mechnics and Rock Engineering, 2002, 35(3)：161-170.
[6] 王启耀.陡倾角层状岩体中大型地下洞室群围岩变形的预ished与控制[D].上海：同济大学地下建筑与工程系,2004.
[7] 张天军,李云鹏.顺层围岩地下洞室的粘弹性稳定[J].长安大学学报(自然科学版),2004,24(4)：55-58.

考虑应力重分布的深埋圆形透水隧洞弹塑性解*

刘成学[1,2,3]　杨林德[1,2]　李　鹏[1,2]

(1. 同济大学地下建筑与工程系，上海　200092；2. 同济大学岩土及地下工程教育部重点实验室，
上海　200092；3. 深圳市地铁有限公司，深圳　518026)

摘要　引进应力调整系数考虑岩体应力重分布的影响，针对渗流作用下深埋圆形隧洞求得了塑性半径和弹塑性应力解析解。通过该解答与考虑及不考虑渗流影响的弹性解进行实例对比表明：应力重分布的影响不能忽略。应力重分布使得环向应力增大，径向应力减小。渗透作用使得应力比不考虑渗透时减小，且在远离隧洞一定距离处径向应力超过环向应力。当内水水头较小时，塑性半径比不考虑渗流时略大，且塑性半径随着内水水头的增大而逐渐减小直到塑性区消失。

关键词　应力场；应力重分布；圆形隧洞；渗流场；弹塑性力学

Elastic-Plastic Analytical Solution of Deep Buried Circle Tunnel Considering Stress Redistribution*

LIU Chengxue[1,2,3]　YANG Linde[1,2]　LI Peng[1,2]

(1. Department of Geotechnical Engineering, Tongji University, Shanghai 200092, China;
2. Key Laboratory of Geotechnical and Underground Engineering of Ministry of Education, Tongji
University, Shanghai 200092, China; 3. Shenzhen Metro co Ltd, Shenzhen 518026, China)

Abstract　In order to reflect the effects of stress redistribution, the stress adjustment coefficient is introduced in this paper to develop the elastic-plastic analytical solution of deep buried circle tunnel. The developed solution is compared with the elastic solution with and without the consideration of the seepage filed, and it is found considering stress redistribution is necessary. The stress redistribution will increase the circumferential stress and decrease the radial stress. If the seepage field is considered, the stress will be underestimated, and the radial stress will exceed the circumferential stress at some positions far from the tunnel center. When the inner head is small, considering the seepage field will underestimate the plastic radius, which decreases with the enlarging of inner head until the plastic zone disappears eventually.

Keywords　stress field; stress redistribution; circle tunnel; seepage field; elastic-plastic mechanics

---

* 工程力学(CN：11-2595/O3)2009 年收录

地下水渗流以渗透体积力作用于岩土体，因而影响到岩土体应力场与位移场的分布，对于高水头条件下的深埋地下隧洞而言，地下水渗流的影响尤其不能忽视。地下隧洞的解答[1-7]以往多是在不考虑地下水渗流的情况下求得的。考虑渗流的影响，以各因素轴对称假定为前提，文献[8]首次求得了深埋地下隧洞的弹性解答。文献[9]将该课题的研究推进一步，推导出深埋地下隧洞位移及应力的弹性及弹塑性解答。但是该解答没有考虑岩体的弹塑性变形所引起岩体应力重分布的影响，因而理论上是不严密的，数学上也无法求得唯一确定的塑性半径。将岩体视为弹塑性材料，就应当考虑由于岩体塑性性能发挥所引起塑性圈的出现，及其相应的岩体应力场重分布。应力场重分布不仅涉及塑性区内应力调整，而且还将引起弹性区应力的变化。本文通过引入应力调整系数，考虑应力重分布作用及渗流影响，求得了深埋圆形透水隧洞弹塑性解析解。

1 弹性应力解答

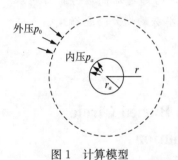

图 1 计算模型

Fig. 1 Calculation model

无限大均质弹性体内一圆形隧洞如图 1 所示，内径为 r_a，内水水头为 h_a，内压为 p_a；无限远处的水头为 h_0，外压为 p_0，其轴对称渗流场方程为

$$\frac{\partial^2 H}{\partial r^2} + \frac{1}{r}\frac{\partial H}{\partial r} = 0 \tag{1}$$

其解答为

$$H(r) = C_1 \ln r + C_2 \tag{2}$$

其中的待定常数 C_1 和 C_2 的确定需利用边界条件：

$$H(r)_{r=r_a} = h_a \tag{3}$$

$$H(r)_{r\to\infty} = h_0 \tag{4}$$

为方便求解，边界条件式(4)应改写为

$$H(r)_{r=\alpha r_a} = h_0 \tag{5}$$

其中 α 为一很大的数。最终可得

$$H(r) = \frac{1}{\ln\alpha}\left(h_a \ln\frac{\alpha r_a}{r} + h_0 \ln\frac{r}{r_a}\right) \tag{6}$$

由此可得到渗透体积力为

$$f_r = -\gamma_w \frac{\mathrm{d}(\xi H)}{\mathrm{d}r} = \frac{\gamma_w \xi (h_a - h_0)}{r \ln\alpha} \tag{7}$$

其中：ξ 为岩石有效孔隙水压力系数；γ_w 为水的重度。假定隧洞周围岩体为均质体，忽略自重，建立微元体的平衡微分方程为

$$\frac{\mathrm{d}\sigma_r}{\mathrm{d}r} - \frac{\sigma_r - \sigma_\theta}{r} + \frac{\gamma_w \xi (h_a - h_0)}{r \ln\alpha} = 0 \tag{8}$$

式中 σ_r 和 σ_θ 分别为径向应力和环向应力，规定拉应力为正，压应力为负，文中所有应力均为有效应力，后面不再重复说明。应力边界条件为

$$(\sigma_r)_{r=r_a} = -p_a \tag{9}$$

$$(\sigma_r)_{r\to\infty} = -p_0 \tag{10}$$

同样，为方便求解，边界条件式(10)改写为

$$(\sigma_r)_{r=\beta r_a} = -p_0 \tag{11}$$

其中 β 为一很大的数。根据上述平衡微分方程和边界条件,文献[9]求得应力弹性解答为

$$\sigma_r = K_1 + K_2(r_a/r)^2 - K_3 \ln r \tag{12}$$

$$\sigma_\theta = K_4 - K_2(r_a/r)^2 - K_3 \ln r \tag{13}$$

其中 K_1, K_2, K_3, K_4 为常数,计算表达式如下

$$K_1 = \frac{E(-A_1 + A_2\beta^2)}{(1+\mu)(1-2\mu)(\beta^2-1)} - \frac{\gamma_w \xi(h_a - h_0)}{2\ln\alpha} \tag{14}$$

$$K_2 = \frac{E(A_1 - A_2)\beta^2}{(1+\mu)(1-2\mu)(\beta^2-1)} \tag{15}$$

$$K_3 = \frac{\gamma_w \xi(h_a - h_0)}{2(1-\mu)\ln\alpha} \tag{16}$$

$$K_4 = \frac{E(-A_1 + A_2\beta^2)}{(1+\mu)(1-2\mu)(\beta^2-1)} - \frac{\mu\gamma_w \xi(h_a - h_0)}{2(1-\mu)\ln\alpha} \tag{17}$$

$$A_1 = \frac{(1+\mu)(1-2\mu)}{E}\left[\frac{\gamma_w \xi(h_a - h_0)}{2\ln\alpha}\left(\frac{\ln r_a}{1-\mu} + 1\right) - p_a\right] \tag{18}$$

$$A_2 = \frac{(1+\mu)(1-2\mu)}{E}\left[\frac{\gamma_w \xi(h_a - h_0)}{2\ln\alpha}\left(\frac{\ln(\beta r_a)}{1-\mu} + 1\right) - p_0\right] \tag{19}$$

其中:E 为岩体弹性模量;μ 为泊松比。

2 弹塑性应力解答

考虑到洞周岩体塑性变形性能发挥引起应力重分布,引入应力调整系数 λ,假定重分布后弹性区岩体应力如下

$$\sigma_r = K_1 + \lambda K_2(r_a/r)^2 - K_3 \ln r \tag{20}$$

$$\sigma_\theta = K_4 - \lambda K_2(r_a/r)^2 - K_3 \ln r \tag{21}$$

式中,常数 K_1—K_4 仍按式(14)—式(17)计算。

应予指出,重分布应力须仍满足平衡微分方程及相应应力边界条件。容易验证,式(20)及式(21)仍能使平衡方程式(8)成立,此处从略。此外,由于当 $r=\beta r_a$(β 为一很大的数)时,$(r_a/r)^2$ 趋近于零,观察调整前后径向应力表达式(12)和表达式(20),不难推断:因式(12)能满足边界条件式(11),则式(20)定能满足边界条件式(11)。

考虑岩体塑性变形性能后,塑性区的岩体应力应满足洞壁处应力边界条件式(9)。

对于塑性区岩体,满足屈服条件,假定岩体服从 Mohr-Coulomb 屈服准则,即

$$\sigma_{\theta p} = \frac{1+\sin\varphi}{1-\sin\varphi}\sigma_{rp} - \frac{2c\cos\varphi}{1-\sin\varphi} \tag{22}$$

式中,c 和 φ 分别为岩体的黏聚力和内摩擦角。

由于塑性区岩体仍满足平衡微分方程,故联立式(22)与式(8),最终可解得

$$\sigma_{rp} = B - (p_a + B)(r/r_a)^{\frac{2\sin\varphi}{1-\sin\varphi}} \tag{23}$$

$$\sigma_{\theta p} = -\frac{1+\sin\varphi}{1-\sin\varphi}(p_a + B)(r/r_a)^{\frac{2\sin\varphi}{1-\sin\varphi}} + \frac{(1+\sin\varphi)\gamma_w \xi(h_a - h_0)}{2\sin\varphi\ln\alpha} + c\cot\varphi \tag{24}$$

式中 B 为常数,计算公式为

$$B = \frac{(1-\sin\varphi)\gamma_w \xi(h_a - h_0)}{2\sin\varphi\ln\alpha} + c\cot\varphi \tag{25}$$

容易验证,式(23)能使边界条件式(9)得到满足。假定塑性区半径为 R_p,由于塑性区与弹性区交界面处应力连续,则根据式(20)—式(24)联立可求得 4 个未知数 λ、R_p、σ_{rp} 和 $\sigma_{\theta p}$。

令 $r=R_p$,将式(20)与式(21)相加,并将式(23)与式(24)代入则可以得到

$$K_1+K_4-2K_3\ln R_p = \frac{2[B-(p_a+B)(R_p/r_a)^{\frac{2\sin\varphi}{1-\sin\varphi}}-c\cos\varphi]}{1-\sin\varphi} \tag{26}$$

这是关于塑性半径 R_p 的超越方程,需试算或迭代求解。解得后代入式(23)与式(24)可得塑性区应力。将式(20)与式(23)联立,可求得

$$\lambda = \frac{B-(p_a+B)(R_p/r_a)^{\frac{2\sin\varphi}{1-\sin\varphi}}+K_3\ln R_p-K_1}{K_2(r_a/R_p)^2} \tag{27}$$

将式(27)代入式(20)与式(21)可得弹性区应力。

如令 $\lambda=1$,则退化为文献[9]不考虑应力重分布的弹性解答。文献[9]由 4 式(式(12)、式(13)、式(23)和式(24))联立来求三个未知数 R_p、σ_{rp} 和 $\sigma_{\theta p}$,事实上无法求得唯一确定的解。因此不考虑应力重分布的影响,不仅理论上不够严密,而且在数学上也会求出矛盾的解答。这也说明视岩体为弹塑性材料计算岩体应力时考虑其重分布是必要的。

令式(20)与式(21)相等,可得:

$$r=r_0=r_a\sqrt{\frac{2K_2}{K_4-K_1}} \tag{28}$$

此时 $\sigma_r=\sigma_\theta$。r_0 的大小反映了径向应力与环向应力接近的快慢,当 $h_a/h_0<1$ 时,$K_4<K_1$,r_0 无解,当 $h_a/h_0=1$ 时,$K_4=K_1$,$r_0\to\infty$,σ_r 和 σ_θ 将随 r 的增大而越来越接近于 $-p_0$,即退化为经典弹性解。而当 $h_a/h_0>1$ 时,由于 $\mu<0.5$,$K_4>K_1$,当 $r<r_0$ 时 $\sigma_r>\sigma_\theta$;当 $r=r_0$ 时 $\sigma_r=\sigma_\theta$;当 $r>r_0$ 时 $\sigma_r<\sigma_\theta$;这说明随着 r 的增大,σ_r 和 σ_θ 的相对大小出现交换。当 $r>r_0$ 时,径向应力绝对值超过环向应力。此外,r_0、R_p、λ 均随 α 增大而增大;从 α 的意义来看,α 越大,计算结果越接近实际,误差越小,当 h_a/h_0 较大时尤其如此。计算表明取 $\alpha=1.0\times10^{10}$ 可满足精度要求。

3 实例计算

下面用计算实例说明应力重分布对渗透作用下洞周岩体应力的影响。计算时,将本文弹塑性解与文献[9]弹性解以及不考虑渗透作用的经典厚壁圆筒弹性解进行对比,以揭示其规律。不考虑渗透作用的经典厚壁圆筒模型,将内水压力视为面力施加在洞壁上,其弹性应力解析解[1]如下:

$$\sigma_{r0}=-\frac{\beta^2 r_a^2/r^2-1}{\beta^2-1}p_a-\frac{1-r_a^2/r^2}{1-1/\beta^2}p_0 \tag{29}$$

$$\sigma_{\theta 0}=-\frac{\beta^2 r_a^2/r^2+1}{\beta^2-1}p_a-\frac{1+r_a^2/r^2}{1-1/\beta^2}p_0 \tag{30}$$

相应的塑性半径按照修正 Fenner 公式[10]计算,将内水压力视为支护压力,可得到塑性半径计算式:

$$R_{p0}=r_a\left[\frac{(p_0+c\cot\varphi)(1-\sin\varphi)}{p_a+c\cot\varphi}\right]^{\frac{1-\sin\varphi}{2\sin\varphi}} \tag{31}$$

为便于比较,选取计算参数与文献[9]相同:内径 $r_a=2$ m,无穷远处水头为 $h_0=50$ m,应力 $p_0=10$ MPa,隧洞内水压力 $p_a=0$ MPa,岩体弹性模量 $E=2\,000$ MPa,泊松比 $\mu=0.25$,黏

聚力 $c=1.0$ MPa，内摩擦角 $\varphi=40°$，岩石有效孔隙水压力系数 $\xi=1.0$，选取 $\alpha=\beta=1.0\times10^{10}$。依次取洞内水头与无穷远处水头比值 $h_a/h_0=0, h_a/h_0=0.5, h_a/h_0=1.0, h_a/h_0=2.0, h_a/h_0=5.0, h_a/h_0=9.0$，按三种方法计算所得洞周应力如图 2 所示。图中 σ_{r0} 与 $\sigma_{\theta 0}$、σ_{r1} 与 $\sigma_{\theta 1}$、σ_{r2} 与 $\sigma_{\theta 2}$ 分别表示经典弹性解、文献[9]弹性解与本文弹塑性解。按本文方法求得塑性区半径 R_p 和应力调整系数 λ 及按修正 Fenner 公式所得塑性区半径 R_{p0} 与 h_a/h_0 的无量纲关系曲线如图 3 所示。计算得到的 $r_0/r_a - h_a/h_0$ 关系如表 1 所示。

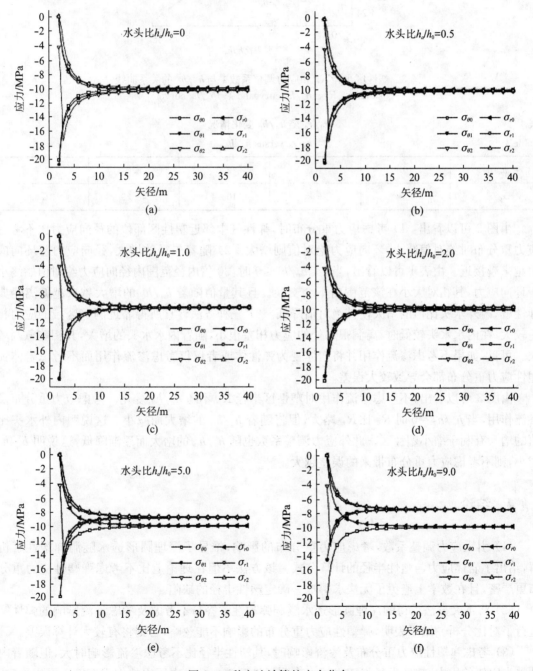

图 2 三种方法计算的应力分布

Fig. 2 Stress distribution by three methods

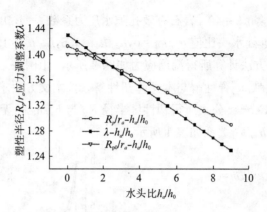

图 3 塑性区半径 R_p 和应力调整系数 λ 与 h_a/h_0 的关系曲线
Fig. 3 $R_p - h_a/h_0$ curve and $\lambda - h_a/h_0$ curve

表 1　　　　　　　　　　　　　　r_0/r_a 随 h_a/h_0 变化情况
Table 1　　　　　　　　　　　　　r_0/r_a versus h_a/h_0

h_a/h_0	0	1.0	2.0	5.0	9.0
r_0/r_a	无解	$+\infty$	103.4	48.39	31.83

由图 2 可以看出：1) 考虑应力重分布时，弹性区中邻近塑性区部位的径向应力比不考虑应力重分布时绝对值减小，环向应力绝对值则增大。2) 随着矢径的增大，径向应力与环向应力越来越接近。由表 1 可以看出，当 $1 \leqslant h_a/h_0 \leqslant 9$ 时，30 倍内径范围内径向应力绝对值始终小于环向应力，其相对大小在该范围内不会交换。且其量值随着 h_a/h_0 的增大越来越偏离经典弹性解，内外水头比值的增大使其绝对值降低。3) 三种方法计算所得靠近洞壁区域的应力相差较大；在内水水头较低时，离洞很远处的应力相差很小，随着内水水头的增大，其相差急剧增大。可见，如果不考虑渗流作用并将岩体视为弹性体或者仅仅考虑渗流作用而不考虑岩体弹塑性应力重分布都会导致较大误差。

由图 3 可以看出，不考虑渗流作用时塑性区半径 R_{p0} 不随 h_a/h_0 变化。考虑应力重分布及渗流作用，当 $h_a/h_0 = 0$ 时 R_p 比 R_{p0} 略大，但将随着 h_a/h_0 的增大而减小。这说明内外水头比值的增大有利于缩小塑性区。此外应力调整系数也随 h_a/h_0 的增大而逐渐降低，这说明 h_a/h_0 越小，则不考虑应力重分布带来的误差越大。

4 结论

（1）引入应力调整系数，考虑应力重分布的影响，推导了深埋圆形透水隧洞弹塑性解析解，给出了岩体应力与塑性半径的计算公式。该方法不但在理论上比不考虑弹塑性应力重分布更严密，且在数学上避免了无法求得唯一确定塑性半径的缺陷。

（2）将本文方法求得的深埋圆形透水隧洞弹塑性解答与不考虑及考虑渗流影响的弹性解进行了对比分析。结果表明，弹塑性应力重分布的影响不能忽略，否则将有较大计算误差。

（3）考虑弹塑性应力重分布及渗流影响时，其塑性半径比不考虑渗流影响时大，但随着内外水头比值的增大，塑性半径将随之减小直到塑性区消失。内水压力的作用有助于围岩稳定。应予指出，这种作用不是无限的，当内外水头比值增大到一定程度以后，可能重新出现塑性区。

参考文献

[1] 徐芝纶. 弹性力学[M]. 北京：高等教育出版社，2000：85-90.
[2] 孙钧，侯学渊. 地下结构[M]. 北京：科学出版社，1991：132-168.
[3] 蔡美峰，何满潮，刘东燕. 岩石力学与工程[M]. 北京：科学出版社，2002：203-226.
[4] Jiang Y, Yaneda H, Tanabashi Y. Theoretical estimation of loosening pressure on tunnels in soft rocks[J]. Tunneling and Underground Space Technology，2001，16：99-105.
[5] 宋俐，张永强，俞茂宏. 压力隧洞弹塑性分析的统一解[J]. 工程力学，1998，15(4)：57-61.
[6] 王亮，赵均海，李小伟. 岩质圆形隧洞围岩应力场弹塑性新解[J]. 工程地质学报，2007，15(3)：422-427.
[7] 任青文，张宏朝. 关于芬纳公式的修正[J]. 河海大学学报，2001，29(6)：109-111.
[8] Пониматкин П У. Расчет круговой обделкн туннедя с учетом ф идьтрвции чсрез обдсдку и зону укрспмтедьной цсмснгаиии[J]. ГДротехническосСтроитспвство，1972(5)：35-38.
[9] 李宗利，任青文，王亚红. 考虑渗流场影响深埋圆形隧洞的弹塑性解[J]. 岩石力学与工程学报，2004，23(8)：1291-1295.
[10] 凌贤长，蔡德所. 岩体力学[M]. 哈尔滨：哈尔滨工业大学出版社，2002：269-271.

Seepage-Stress Coupling Constitutive Model of Anisotropic Soft Rock*

ZHANG Xiangxia[1,2]　　YANG Linde[2]　　YAN Xiaobo[2,3]

(1. ResearchCenter for Urban Safety and Security, KobeUniversity, 1-1 Rokkodai-cho, Nada-ku, Kobe 657-8501, Japan; 2. Key Laboratory of Geotechnical and Underground Engineering of Ministry of Education, Tongji University, Shanghai 200092, China; 3. College of Civil Engineering, FuzhouUniversity, Fuzhou 350002, China)

Abstract　To provide a seepage-stress coupling constitutive model that can directly describe the seepage-stress coupling relationship, a series one-dimensional seepage-stress coupling testson two kinds of soft rock (Argillaceous siltstone and Brown mudstone) were performed by using MTS-815.02 tri-axial rock mechanics test system, with which the stress-strain relation curves according to the seepagevariationwere obtained. Based on the experimental resultsandby employingHooke's law, the formulation of the coefficient of strain-dependent permeability was presented and introduced to establish a coupling model. In addition, the mathematical expression and theincremental formulation for coupling model were advanced, in which five parameters a, b, m, ε_0 and k_0 that can be respectively determined by using the experimental results are included. The calculation results show that theproposedcoupling model is capable of simulatingthe stress-strain relationship with considering the seepage-stress coupling in the nonlinear elastic stage of two kinds of soft rock.

Keywords　seepage-stress coupling; constitutive model; the coefficient of permeability; stress-strain relation; soft rock

1　Introduction

The coupling between the process of the fluid flow and the stress/deformation in geomaterial has become an increasingly important subject in soil mechanics and engineering design in recent years, mainly due to the modeling requirements for the design and performance assessment of underground facilities such as storage for liquid, waste deposits and traffic rules in which fluids play an important roles.[1,2] Especially in China, plan of as "underground space engineering" and "southwest development" carried in recent yeas have resulted in an increasing of projects of large-scale structure being constructed in different geotechnical conditions with complex configurations such as saturated soft rock with water effects. The numerical analysis of the interaction of these processes requires a suitablemathematical model.

The soil/watercoupling theory was firstlyproposed by TERZAGHI[3] in 1925 as one-dimensional consolidationtheory of soil, followed later generalized by BIOT[4,5] to three-dimensionalcondition theory. Since then, there has been an increasing amount of literatures on the theoretical and experimental studies on the seepage-stress coupling in geomaterial[6-10].

---

* Journal of Central South University (CN: 43 - 1516/TB)2009 年收录

The seepage-stress coupling models have been developed according to the poroelasticity theory and the coupling sets of conservation equation needs to be solved. However, in light of recent ever increasing complexity in the coupling models, the issue has grown in importance that the solution of the complicated coupling sets of conservation equation is not computationally efficient and generally causes some calculation problems such as the accumulation of the error[11].

In the face of this problem, a new method to consider the seepage-stress coupling in the constitutive modelwasfirstly proposed. Acoupling constitutive model to directly describe the seepage-stress coupling relationshipwas established, and the correspondinglymathematical expression was obtained. The proposed coupling constitutive model is proved feasible by comparing the simulating curves of the stress-strain relation with the test results of one-dimensional seepage-stress coupling tests on two kinds of soft rock.

2 Experimental findings

A series of one-dimensional seepage-stress-strain tests on two kinds of anisotropic soft rock (Argillaceous siltstone and Brown mudstone) were performed by using MTS-815.02 tri-axial rock mechanics test system at Rock mechanics laboratory in ChinaUniversity of Mining & Technology in Xuzhou. By using this test system, the stress-strain relation curves according to the coefficient of permeability variation can be obtained.

The research is based on the project of the Sixiao Highway, and rock samples takenfrom in-suit include two kinds of soft rock: Argillaceous siltstone is taken from the Madi River No. 1 Tunnel and Brown mudstone is from Daganba Tunnel. Test samplesfrom two kinds of rock are coredin two orthogonal directions in blocks. One coring direction is perpendicular to the bedding planewhereas the other direction isparallel to the bedding plane, the parameters of which are shown in Table 1.

Table 1   **Physical parameter of rock samples**

Rock sample	Axial to the bedding stratum	Rock sample/NO.	Diameter/mm	Height/mm
Argillaceous siltstone	Parallel	70#	49.47	82.86
		85#	49.51	82.64
		100#	49.55	82.22
	Perpendicular	101#	49.70	80.78
		102#	49.66	85.86
		110#	49.62	81.50
Brown mudstone	parallel	163#	49.63	83.32
		167#	49.62	82.80
		168#	49.56	83.76
	Perpendicular	172#	49.65	83.66
		176#	49.51	79.17
		177#	49.69	82.01

Fig. 1 and Fig. 2 respectively show the relation curves between deviatoric stress, axial strain and the coefficient of permeability of two kinds of saturated soft rock samples based on the experimental results. The abscissa expresses the axial strain (ε_1). The left ordinate expresses the deviatoric stress (σ_1-σ_3) for the rock samples, where σ_1 is maximum principal stress, σ_3 is minor principal stress. The right ordinate expressesthe coefficient of permeability K for the rock samples, which can be obtained based on the experimental results measured by using the pulse method with transient. In Fig. 1 and Fig. 2, the σ-ε curves describe the relationship between the deviatoric stress (σ_1-σ_3) and axial strain (ε_1), and the K-ε curvesdescribe the relationship between the coefficient of permeability K and axial strain (ε_1).

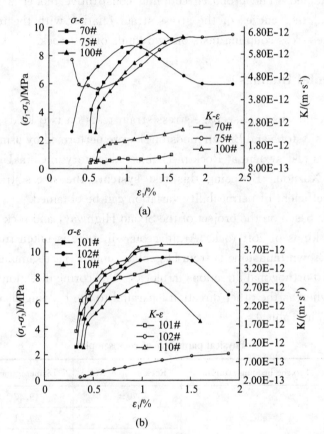

Fig. 1 Relation curves of stress, strain and the coefficient of permeability for argillaceous sitstone
(a) Axial of the sample is parallel to the bedding plane
(b) Axial of the sample is perpendicular to the bedding plane

Note that test principle and Physical properties of the studied rock formations are presented in detail elsewhere (Yang Linde, 2007)[12].

As seen in Fig. 1 and Fig. 2, for two kinds of soft rock, the axial strain is increasing with the deviatoric stress increasing. As for the relationship of the coefficient of permeability and the strain, Fig. 1 shows that, for the argillaceous siltstone, the coefficient of permeability is increasing with the axial strain increasing, while for the brown mudstone shown in Fig. 2, with the increasing of the axial strain, the coefficient of permeability is

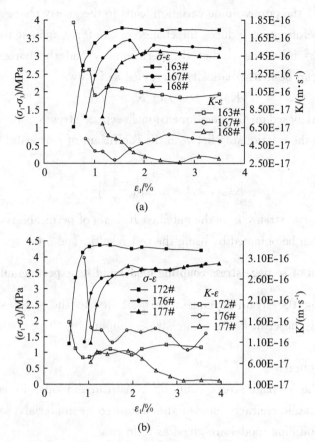

Fig. 2 Relation curves of stress, strain and the coefficient of permeability for brown mudstone

(a) Axial of the sample is parallel to the bedding plane

(b) Axial of the sample is perpendicular to the bedding plane

correspondingly decreasing. The different but regularlyvariation of the relationship between the coefficient of permeability and the axial strain for different soft rock[12] shows that the deviatoric stress, the axial strain and the coefficient of permeability are inter-dependent. The seepage-stress coupling model to directly describe the seepage-stress coupling relationship is obtained byintroducing the coefficient of the strain-dependent permeability to the stress-strain equation and the coefficient of thestrain-dependent permeability can be expressed byusing the axial strain.

3 Seepage-stress coupling model and its experimental verification

By theoretically analyzing the seepage-stress coupling mechanism, based on the above-mentioned one-dimensional seepage-stress coupling experimental results, the mathematical formulation of one-dimensional seepage-stress coupling constitutive model is proposed.

3.1 Strain-dependent Permeability

The influence of the porous medium deformation on the flow in pores can be analyzed from two aspects: 1) the pore volume variation leads to thequality change of the flow filled in pores; 2) the pore deformation induces the change of the force against the flow. The macro-manifestation of this influence is that the permeability and the corresponding coefficient arevariable, which can be mathematically expressed as follows[13-18]

$$K_{ij} = f(\sigma_{ij}) \text{ or } K_{ij} = f(\varepsilon_{ij}) \tag{1}$$

In this research, based on the one-dimensional seepage-stress coupling test, by using the regression analysis, the relationship between the coefficient of permeability and axial strain is proposed as

$$K(\varepsilon_1, k_0) = a\exp\left(\frac{-\varepsilon_1}{b}\right) + k_0 \tag{2}$$

where ε_1 is the axial strain, k_0 is the initial coefficients of permeability, a and b are the test parameters, which can be obtained by using the test results, and a is expressed in LT^{-1}.

3.2 Expression of seepage-stress coupling model and its experimental verification

By incorporating the strain-dependent permeability to the stress-strain equation, the expression to directly describe the seepage-stress coupling in the constitutive model can be obtained.

3.2.1 Assumption

To establish the seepage-stress coupling constitutive model in accordance with the mechanical and hydraulic characteristic of the saturated geomaterial, some assumptions on the seepage-stress coupling model are given as following:

(1) For the saturated geomaterial, the pore air pressure can be negligible;

(2) Solid material is homogeneous, continuous and incompressible;

(3) Pore water is steady, non-viscous and incompressible flow, which obeys to the Darcy's Law;

(4) Physical quantities of REV (representative elementary volume) is representative;

(5) No sources andsinks in seepage field;

(6) There are one-one relationship between strain, stress and the coefficient of permeability.

3.2.2 Mathematical expression

Based on the above assumption, the seepage-stress coupling relationship can be expressed as follows:

$$\sigma = f(\varepsilon, K(\varepsilon)) \tag{3}$$

Considering the nonlinear behaviour of uniaxial sample under the compression of stress which increases uniformly, in present study, the general Hooke's Law is employed to establish the nonlinear seepage-stress coupling constitutive equation of the soft rock. One way to describe such a model would be written as

$$\sigma = G(\varepsilon) \cdot K(\varepsilon, K_0) \tag{4}$$

where K_0 is the initial coefficient of permeability, ε is the strain of the solid material, $K(\varepsilon, K_0)$ is the function of the coefficient of strain-dependent permeability, $G(\varepsilon)$ is a function to express the relationship between the stress and strain-dependent permeability.

For one-dimensional seepage-stress coupling experiment, the equation of the function $G(\varepsilon)$ can be obtained as

$$G(\varepsilon_1) = m(\varepsilon_1 + \varepsilon_0) \qquad (5)$$

where ε_1 is the axial strain, ε_0 is the initial strain of the sample, m is testparameter and expressed in FTL^{-3}.

Note that the initial strain of the rock sample should be considered due to the given axial and radial pressure to seal the test sample in the transverse plane and radial direction. On the other hand, the fracture growing is some what resisted due to the given axial and radial pressure, which can induce some error on the test results.

By inserting equations (2) and (5) into equation (4), one-dimensional seepage-stress coupling constitutive model can be derived

$$\sigma_d = (\sigma_1 - \sigma_3) = m(\varepsilon_1 + \varepsilon_0) \cdot \left[a\exp\left(\frac{-\varepsilon_1}{b}\right) + k_0 \right] \qquad (6)$$

where k_0 is the initial coefficient of permeability, ε_0 is the initial strainof the sample.

By differentiating equation (6), the incremental formulation of the seepage-stress coupling constitutive model, that is relationship between the stress increment and the strain increment can be obtained as follows

$$d\sigma_1 = E'_t d\varepsilon_1 \qquad (7)$$

where E'_t is the tangent modulus and can be expressed as

$$E'_t = am\left[1 - \frac{1}{b}(\varepsilon_1 + \varepsilon_0)\right]\exp\left(-\frac{\varepsilon_1}{b}\right) + mk_0 \qquad (8)$$

In initial state $\varepsilon_1 = 0$, the initial value of E'_t will be as

$$E'_{t0} = am\left[1 - \frac{\varepsilon_0}{b}\right] + mk_0 \qquad (9)$$

Equation (9) is the initial tangent modulus.

3.2.3 Experimental verification

There are five parameters in the proposed model, in which ε_0 and k_0 are respectively the initial strainand the initial coefficients of permeability of the sampleand a, b and m are test parameters, which all can be determined by using the test results. In this research, for argillaceous stone and brown mudstone, the correspondingly values of parameters are shown in Table 2.

It can be seen that in the different direction of the soft rock, the values of parameters are different but the order of magnitude of which are same. While for the different soft rock, the values of parameters are obviously different, especially for the value of a, m and k_0, the order of magnitude of which for two kinds of soft rock are different.

Fig. 3 shows that the fitting curves of the stress-strain relationship by using the seepage-stress coupling equation (7) and the test results for argillaceous siltstone. It can be seen that the fitting curves using the proposed model well simulate the experimental results. Fig. 4 shows the fitting curves of the stress-strain relationship by using the seepage-stress coupling

Table 2   Parameter value in the stress-strain coupling constitutive model

Rock sample	a	b	m	k_0	ε_0
70#					
85#	-1.5×10^{-9}	0.058	2.5×10^{12}	2.7×10^{-12}	0.16
100#					
101#					
102#	-0.38×10^{-9}	0.058	2.8×10^{12}	2.8×10^{-12}	0.32
110#					
163#					
167#	4×10^{-16}	0.35	1.38×10^{17}	2.5×10^{-17}	-0.68
168#					
172#					
176#	3.8×10^{-16}	0.28	2.3×10^{17}	2.3×10^{-17}	-0.6
177#					

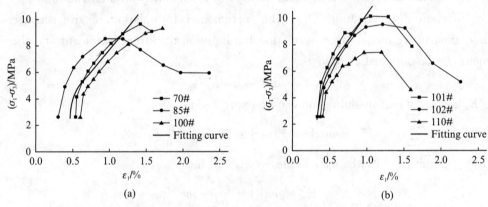

Fig. 3 Contrasting between the fitting curves and the test results for Argillaceous siltstone
(a) Axial of the sample is parallel to the bedding plane
(b) Axial of the sample is perpendicular to the bedding plane

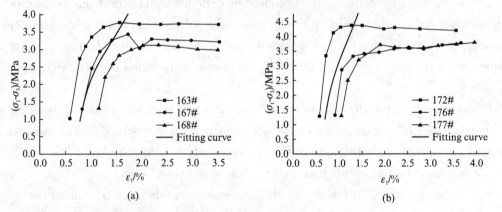

Fig. 4 Contrasting between the fitting curves and the test results for Brown mudstone
(a) Axial of the sample is parallel to the bedding plane
(b) Axial of the sample is perpendicular to the bedding plane

equation (7) and the test results for brown mudstone, indicating that the fitting curves and the test results are in good agreement. It can be concluded that the use of the proposed model can well describe the seepage-stress coupling in constitutive model directly.

4 Conclusions

(1) A series one-dimensional seepage-stress coupling tests on two kinds of soft rockare performed and the stress-strain relation curves according to the seepage variationare obtained, from which the formulation of the coefficient of strain-dependent permeability is presented.

(2) One simple method to directly describe the seepage-stress coupling relationship isproposed, and the corresponding mathematical expression for coupling constitutive modelis established, in which there are five parameters that can be determined by using the test results. For different soft rock, the values of parameters are obviously different. The correspondingincremental formulation for coupling modelisdeveloped.

(3) All test results are simulated by using the proposed model, and the results show that the proposed coupling model can describe the stress-strain relationship of the nonlinear elastic stage of these two kinds of soft rock.

(4) The stress-strain relationship in the plastic stage should be described by using the piecewise defined functions. On the other hand, the model is based on the tests of two kinds of soft rock while not for all geomaterial. The increasing description will be subject to the further investigation.

References

[1] PENG Fangle, LI Jianzhong. Modeling of state parameter and hardening function for granular materials[J]. Journal of Central South University of Technology, 2004,11(2): 176-179.

[2] PENG Fangle, LI Jianzhong. Elasto-plastic constitutive modeling for granular materials[J]. Journal of Central South University of Technology, 2004,11(4): 440-444.

[3] TERZAGHI K. Soil mechanics based on soil physics[M]. Vienna: Franz Deuticke, 1925.

[4] BIOT M A. General theory of three dimensional consolidations[J]. Journal of Applied Physics, 1941,12(5): 155-164.

[5] BIOT M A. General solution of the equation of elasticity and consolidation for a porous material[J]. Journal of Applied Mechanics, 1956,23(1): 91-96.

[6] TSANG C F, STEPHANSSON O, HUDSON J A. A discussion of thermo-hydro-mechanical (THM) processes associated with nuclear waste repositories[J]. International Journal of Rock Mechanics and Mining Sciences, 2000,37(1-2): 397-402.

[7] SAVAGE W Z, BRADDOCK W A. A model for hydrostatic consolidation of pierre shale[J]. International Journal for Rock Mechanics and Mining Sciences & Geomechanics Abstracts, 1991,28(5):345-354.

[8] JIAO Y, HUDSON J A. The fully-coupled model for rock engineering systems[J]. International Journal of Rock Mechanics and Mining Sciences and Geomechanics Abstracts, 1995,32(5):491-512.

[9] LIU J, ELSWORTH D, BRADY B H. Linking stress-dependent effective porosity and hydraulic conductivity fields to

RMR[J]. International Journal of Rock Mechanics and Mining Sciences, 1999, 36(5): 581 - 596.

[10] LI Pei-chao, KONG Xiang-yan, LU De-tang. Mathematical models of flow-deformation coupling for porous media [J]. Journal of Hydrodynamics, 2003, 18(4): 419 - 426. (in Chinese)

[11] JING L. A review of techniques, advances and outstanding issues in numerical modeling for rock mechanics and rock engineering[J]. International Journal of Rock Mechanics and Mining Sciences, 2003, 40(3): 283 - 353.

[12] YANG Lin-de, YAN Xiao-bo, LIU Cheng-xue. Experimental study on relationship among permeability, strain and bedding of soft rock[J]. Chinese Journal of Rock Mechanics and Engineering, 2007, 26(3): 473 - 477. (in Chinese)

[13] RAVEN K G, GALE J E. Water flow in a natural fracture as a function of stress and sample size[J]. International Journal of Rock Mechanics and Mining Sciences and Geomechanics Abstracts, 1985, 22(4): 251 - 261.

[14] BAI M, ELSWORTH D. Modeling of subsidence and stress-dependent hydraulic conductivity for intact and fractured porous media[J]. Rock Mechanics and Rock Engineering, 1994, 27(4): 209 - 234.

[15] WAITE M E, GE S, SPETZLER H. A new conceptual model for fluid flow in discrete fractures: An experimental and numerical study[J]. Journal of Geophysical Research, 1999, 104(B6): 13049 - 13060.

[16] BAI M, MENG F, ELSWORTH D, ROEGIERS J C. Analysis of stress-dependent permeability in nonorthogonal flow and deformation fields[J]. Rock Mechanics and Rock Engineering, 1999, 32(3): 195 - 219.

[17] ZHANG J, BAI M, ROEGIERS J C, LIU T. Determining stress-dependent permeability in the laboratory[C]// Proceedings of 37th US Rock Mechanics Symposium. Colorado: Rotterdam, Balkema, 1999: 341 - 347.

[18] ZHANG J, BAI M, ROEGIERS J C. Dual-porosity poroelastic analysis of well bore stability[J]. International Journal of Rock Mechanics and Mining Sciences, 2003, 40(4): 473 - 483.

土力学与地基加固

Centrifuge Modelling of Geotechnical Processes in Soft Ground Using Pragmatic Approaches

MA X F[1]　HOU Y J[2]　CAI Z Y[3]　XU G M[3]

(1. Key laboratory of Geotechnical and Underground Engineering of Ministry of Education,
Tongji University, Shanghai, China;
2. China Institute of Water Resources and Hydropower Research, Beijing, China;
3. Nanjing Hydraulic Research Institute, Nanjing, China)

Abstract　In the current construction boom, engineers are increasingly encountering challenging projects which demand reliable performance and safety predictions prior to design and construction. Centrifuge modelling has been widely accepted as competent in helping decision making related to geotechnical processes. Pragmatic approaches in simulating deep excavations, tunnelling and reclamation in soft ground are discussed, including the pre-excavation method, alternatives to model volume loss and the grouting effect in tunnelling, effective ways to install sand compaction piles and simulation of complicated construction processes for use in reclamation. Some of the approaches are discussed in comparison with in-flight simulations requiring advanced robots, and attempts are made to understand the reliability and limits of those approaches, aiming to provide valuable reference materials for potential future applications.

Keywords　centrifuge modelling; soft soil; excavation process; tunnelling; pragmatic approach

1　Introduction

1.1　Industrialbackground

Urbanisation has rapidly increased globally in recent years, especially in emerging countries like China. The area expansion and population increase in cities has burdened existing municipal structures and caused various problems which need to be addressed as a priority. As a consequent countermeasure, the construction of infrastructure and lifelines in China and some other developing countries has been conducted on a massive scale to relieve the impact of urbanisation on cities. Metro networks, highways, cross-water projects, traffic terminals etc. are among the most commonly built facilities. According to the 12th Five Year Planning for Comprehensive Traffic and Transportation System in China (NDRC, 2012), more than 28 cities in China are currently constructing metro lines with operating metro lines already totaling 1 500 km, while in 5 years, the construction of another 1 500 km of metro lines will be launched. In Shanghai, the total length of metro lines exceeds 400 km after 15 years of construction, and another 380 km of metro lines are planned to be completed before 2020(Ying 2011).

In the continuing construction boom, many projects are unprecedented in terms of size and complexity, construction difficulties and environmental restrictions. Engineers are increasingly encountering very deep excavations in complicated urban environments, including large diameter tunnelling in close proximity to underground structures, and various constructions in soft ground which requires improvement. For example, the Yangtz-River tunnel in Shanghai dug by slurry shield exceeds 15 m in diameter (Huang 2008); the excavation depth in soft ground in the densely built city centreof Shanghai has exceeded 40 m (Ma et al, 2010); the cross-sea project near Hong Kong and Macau includes complicated reclamation ona very soft sea bed which needs reliable improvement (Ma et al, 2011). The challenges are obvious and vast in that many design factors are at the upper limit of or beyond the standards, for which engineers lack experience. To ensure the safety and serviceability of the structures, efforts have to be made to predict the behavior by analysing processes prior to construction, for which varied measures are usually taken, including theoretical study, numerical analyses and even model tests. With the expansionin scale and complexity of projects, physical modelling has played an increasingly important role in decision making, as it is more reliable and straightforward in many cases than theoretical or numerical analysis due to requiring less hypotheses and assumptions. Centrifuge modelling is particularly prominent and advantageous as it reproduces the in-situ stress field, and thus can "make significant contributions in modeling site-specific situations" (Craige 1988). Numerous publications on case studies of successful centrifuge modelling of projects have covered most areas of geotechnical engineering and, undoubtedly, centrifuge modelling has been widely accepted as a powerful methodology to meet the challenges of geotechnical engineering against the background described here.

1.2 Recent development of centrifuge facilities in China

Coinciding with the construction boom in China, geotechnical centrifuge facilities are experiencing rapid development. Fig. 1 shows the increase of geotechnical centrifuge numbers in China from the 1980s. In the ten years after the first geotechnical centrifuge was developed in the Yangtz-River Scientific Research Institute, 9 facilities were completed, most of which were developed in hydraulic engineering research institutions. The main topics of centrifuge modelling in this period related to dam construction or other hydraulic engineering structures. Afterwards, the development of geotechnical centrifuges slowed down for about 10 years until 2001, when Southwest Jiaotong University developed a 100 gton centrifuge. The development boom of geotechnical centrifuges revived once again and more than 10 facilities have been completed in recent years in various institutions around China.

A comparison between the chronological data of centrifuge development in Japan (Fig. 2) and that in China may be interesting, as Japanese centrifuges have continuously and rapidly increased in number from the mid 1980s. However, private companies have contributed

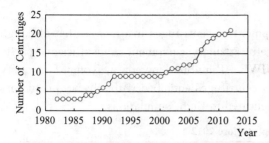
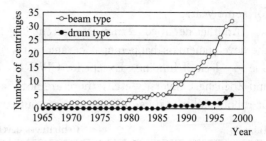

Fig. 1　Increase in number of centrifuges in China with years

Fig. 2　Chronological data on the number of centrifuges in Japan (after Kimura 1998)

greatly to the increase in centrifuge numbers in Japan, while in China, centrifuges were developed by universities and public research institutions. Nevertheless, the trend is similar in that geotechnical centrifuges develop rapidly when the construction industry booms.

Table 1 shows details of some geotechnical centrifuges in China up to 2012. Among the early geotechnical centrifuges developed in China 30 years ago, the largest two were both in hydraulic research institutions. The China Institute of Water Resources and Hydropower Research (CIWRH) houses the 450 gton machine, which had been the largest in China for almost 20 years, and the Nanjing Hydraulic Research Institute (NHRI) holds the 400 gton machine. The reason for the size is understandable as both are required to deal with large scale projects, i.e. dams higher than 200 m or levees of several hundred meters length etc. The modelling performed in these facilities aims to evaluate the safety and stability of big projects or failure mechanisms under ultimate conditions. In recent years, centrifuges have been further developed in universities with varied needs for research work.

Fig. 3 shows the number of journal papers about centrifuge modelling published in the main Chinese domestic journals (including the Chinese journal of geotechnical engineering, geomaterial mechanics, the Chinese journal of rock mechanics and engineering and the Chinese journal of civil engineering). The coincidence between the increase in papers and the development of centrifuges is clear. Although there is no further data on the content of the journal papers, it is understood that papers related to real projects outnumbered pure academic research papers. It is not difficult to understand why, considering the rapid construction rate of various projects and the great need arising from project sites. Presumably, this trend for industry based tests outnumbering academic tests will continue

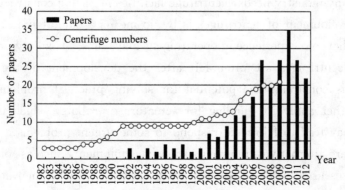

Fig. 3　Journal papers on centrifuge modelling published in China

for some years.

Another detail concerning the recent development of centrifuges in China is that although the development is happeningat a rapid rate, useful auxiliary equipment is insufficient, partly due to a lack of funding. Except for CIWRH, NIWR, Tsinghua University, Tongji University and Zhejiang University etc. , there are not many centrifuges equipped with advanced actuators or robots and it is thus difficult to carry out complicated in-flight simulations.

Table 1　　　　　　　　　　Centrifuges developed before 2012

Owner	Radius/m	Maximum acceleration/g	Maximum Payload/kg	Capacity /(g-t)	Year of completion
Yangtze-River Scientific Research Institute	3.0	300	600	180	1982
Nanjing Hydraulic Research Institute	2.0	250	200	50	1989
China Institute of Water Resources and Hydropower Research	5.03	300	1 500	450	1991
Nanjing Hydraulic Research Institute	5.0	200	2 000	400	1992
Tsinghua University	2.0	250	200	50	1992
Southwest Jiaotong University	2.7	200	100 g, 200 kg; 200 g, 100 kg	100	2002
Chang'an University	2.7	200	100 g, 600 kg; 200 g, 300 kg	60	2004
Tongji University	3.0	200	100 g, 1 500 kg; 200 g, 750 kg	150	2006
Zhejiang University	4.5	150	150 g, 2 700 kg	400	2008
Yangtze-River Scientific Research Institute	3.7	200	200 g, 1 000 kg	200	2008
Chengdu University of Technology	5.0	250	250 g, 2 000 kg	500	2009
Dalian University of Technology	diameter: 1.4	600			2007
Nanjing Hydraulic Research Institute	2.7	200	200 g, 300 kg; 100 g, 600 kg	60	2010
Institute of Engineering Mechanics, China Earthquake Administration	5.5	100	3 000	300	2012

Summarising the above situation, particularly in China, shows that agreat need for centrifuge modelling has arisen coinciding with the rapid development of vast construction projects. Pushed by industry needs, centrifuge facilities are being constructed at a fast rate. However, the development of centrifuges is by no means a one-off practice, especially for institutions who have no experience in operating such systems. Auxiliary or support systems for geotechnical centrifuges are often left after the development of the centrifuge main machine, and this constrains the potential for solving practical problems on sites. One method is to further apply for funding for actuators or robots, which is inevitably time consuming and may lead to failure to respond to some urgent problems arising from sites. However, there are alternatives to buying expensive equipment, such as solving problems by simulating processes using whatever current system is available with innovative simplifications and pragmatic approaches.

This paper presents some case studies and practical aspects of simulating geotechnical processes, including deep excavations, tunnelling and sand compaction pilesin the hope that the methodologies provided will be valuable reference materials.

2 Pragmatic methods to simulate braced excavations in soft ground

2.1 Techniques to simulate excavations in soils

As has been mentioned in the previous section, with the vast number of construction projects ongoing in cities, deep excavation has become one of the most common practices in urban construction. Studies relating to deformation and stability have long been the main topics of geotechnical engineering and one of the main areas in centrifuge modelling. As early as the 1970s, Lyndon and Schofield (1970) investigated the failure pattern of pre-excavated clay ground by increasing centrifugal acceleration, and reports on varied ways to simulate excavation have subsequently been published, which are well summarised by Gaudin(2002), Lee(2010), Lam (2010) et al. It has been agreed that the techniques used to simulate excavation in centrifuge tests can be categorised into three groups: (1) simple 1 g excavation prior to centrifugal acceleration (one-off operation or cyclic operation to simulate staged excavation); (2) heavy fluid discharge; (3) robotic excavation such as adopting an in-flight scraper. Technique (1) is the simplest of the three, while the drawback is that the load-unload cycle generates a different stress path in the model to that on site. In-flight excavation including the latter two techniques has overcome the shortcoming relating to the stress path, however, for technique (2), the inconsistency of K_0 in the model with that on site and the inability to simulate the passive earth pressure in the excavation area are difficult to be addressed (Lee 2010).

In practice, when it comes to using centrifuge modelling to observe the whole process of a real excavation project, prudent decisions should be made when choosing which method should be used, even though it is no doubt that in-flight excavation, especially robotic excavation, is preferable. In many cases, especially in newly built centrifuge laboratories, the difficulties in both technique and the economicsof developing an in-flight excavator have impeded the application of advanced simulating methods. Due to the lack of an advanced robot, many researchers are forced to resort to simpler methods. Although, even in caseswhere an excavator is available, when the simulated process includes complicated sequences and geometries, this complexity may cause massive difficulties to the performance of the actuator, and make simulations unrealistic although in theory there should have been no problems. Using a 41 m deep excavation (Ma 2010) as an example, using a middle-sized centrifuge, 100 g or higher acceleration should be set, with full use of the strong box. The use of 9 layers of struts will inevitably make the excavation space constrained and as a result the geometry can hardly accommodate the supporting gadgets. All these factors affect the reliability and the accuracy of the system.

This probably explains why the simple methodology of using pre-excavation under 1 g has been adopted in China, where many simulations are related to specific ongoing projects (L. C. Yang et al 2006; Ma et al 2010; Liang et al 2012, X. Yuan et al 2012). However, in the application of the pre-excavation scheme, it should beremembered that the load-unload cycles cause unrealistic stress paths in the soil, and spurious wall deformationcan occur. The question then is to what extent the simple method can be relied on. Is it totally unreliable or can the error be analysed and some confidence in the results be acquired within a margin of error? To verify this problem and answer the question, there are several methodsavailable, of which the most straightforward is to conduct two parallel testson the same model, in which one uses in-flight excavation and the other uses pre-excavation. However, due to the complexity of simulating deep excavations with large amounts of props and constraints, it is not so simple to do so. The alternative would be a comparison between a pre-excavation simulation and field measurements. It is also helpful to carry out numerical analysis on both in-flight excavations and pre-excavations and compare the results. In this method, a typical deep excavation would be taken as an example for observation and verification of the above questions, by comparing the test and field measurements, and also numerical analyses.

2.2 Pre-excavation centrifuge modelling and field measurements

The centrifuge modelling of a 40 m deep braced excavation was reported by Ma et al 2010. The plan of the project is shown in Fig. 4 and Fig. 5 shows the site view during construction. The modelling took in a section 174 m long and 23 m wide, which was regarded as being under plane strain conditions. The soil profile is shown in Fig. 6, and is soft ground. Further details of the project can be found in Ma etal (2010).

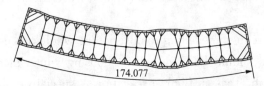

Fig. 4 Plan of the excavation project

Fig. 5 Site photograph of the excavation

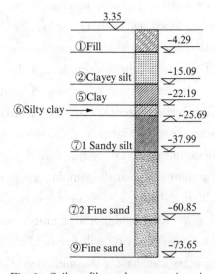

Fig. 6 Soil profile at the excavation site

The model is shown in Fig. 7. During the test, particular attention was paid to ensuring the correct installation of model props after manual excavation at each stage. One end of the prop was fixed on a plate which functioned as the symmetrical axis, and the other end touched the wall surface. As the distance between the wall and the axis of symmetry would change slightly after each stage of excavation, an adjustable prop end was designed to allow the length of the prop to suit the updated distance by screwing forward or backward. The result of the adjustment was that the end of the props could just reach the surface without much interaction. During reacceleration, the wall bulged toward the prop and then internal forces were mobilised, which is the same as in real sites, where either preloading in struts or early propping produces a similar situation.

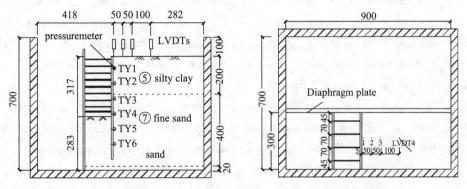

Fig. 7 Sketch of centrifuge modelling of a deep excavation

Wall displacement during the test is shown in Fig. 8 and data from the field is shown in Fig. 9. The comparison indicates that the test result demonstrated a similar deformation pattern to that measured on site. A notable point is that the maximum displacement in the test and the measurement on the site are not the same, as the value is greater than 8 cm in the

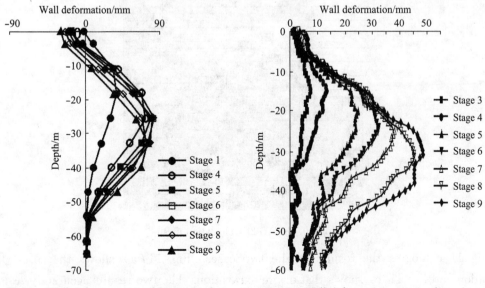

Fig. 8 Wall deformation in the test results   Fig. 9 Wall deformation measured on site

test and 5 cm in field measurement. However, further investigation unveiled that the field data began at stage 3, meaning that data from the first two steps, which was probably 3 cm, was missing. A clear trend was observedwhere the bulging peak moved downward during the whole process and maximum deformation was observed arounda depth of 30 m.

2.3 Numerical analysis of both pre-excavation and in-flight excavation

To make further observations on the difference between in-flight excavation and pre-excavation, numerical analysis was carried out using the FLAC 2D programme. Parallel calculations were conducted based on the same mesh digitalised from the centrifuge model described in the foregoing chapter. The mesh was plane strain, with dimensions of 90 cm wide and 60 cm high. In total there were 9 excavation stages coinciding with 9 layers of props. The acceleration level was set to be 120 g. During numerical analysis, in-flight excavation was easily simulated by applying and keeping 120 times gravity on the whole mesh during the process, and excavating the relevant mesh followed by adding props. The pre-excavation simulation is labour intensive in that cyclic load-unload cycles have to be simulated. The process rigorously followed the centrifuge test, which started with a 1 g excavation, followed by loading to the prescribed depth at 120 g in each stage, and then the prop element was placed in the planned location, the length of which was set to fit the gap left by deformation. The whole mesh was then subject to 120 times gravity. Unloading to 1 g was again carried out in order to prepare the next cycle.

The model ground consisted of two different soils, displayed in a light and dark colour respectively in Fig. 10. The soil parameters were set according to the information in the above chapter. For the purpose of simplicity, the Mohr-Coulumb model was used for the soils.

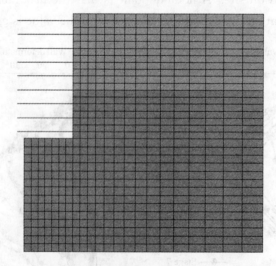

Fig. 10 FLAD-2D calculation mesh

Fig. 11 compares the results of the two cases. Fig. 11(a) shows that of in-flight excavation and Fig. 11(b) shows that of pre-excavation. The two results accurately resemble each other, indicating that no substantial differences were observed.

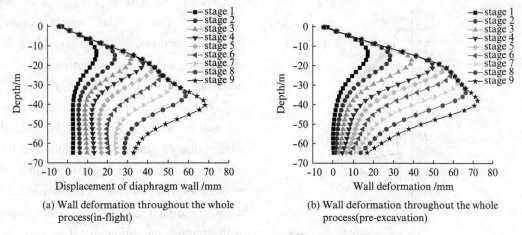

Fig. 11 Wall deformation at each stage

To compare in detail, Fig. 12 shows the wall deformation in the two cases at each stage in the same graph. The difference is clearly shown and obviously such differences are acceptable. If the result of in-flight excavation is taken as the "real" or "standard" result, the pre-excavation result demonstrated a difference within 20%. Such errors are acceptable in many cases when predicting behaviour.

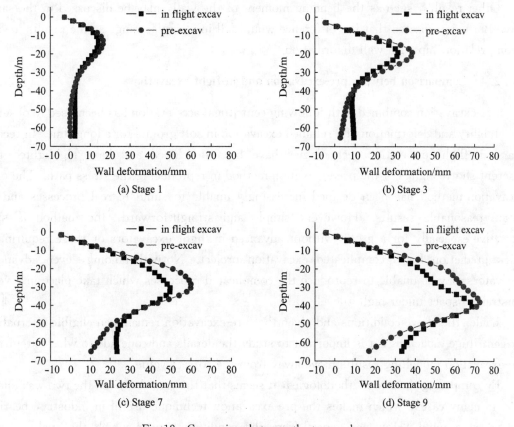

Fig. 12 Comparison between the two analyses

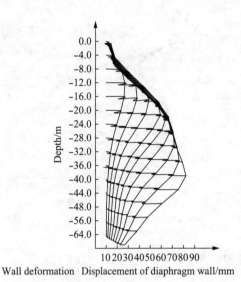

Fig. 13 Wall displacement trails during the process

Fig. 13 illustrates the trails of wall movement during the whole loading-unloading process. Altogether 15 points along the wall were monitored and the horizontal lines on the graph indicate the trails of each point. In each excavation cycle, the wall moved rightward at all depths in the accelerating (loading) phase, followed by a reverse in the unloading stage until the acceleration reached 1 g. The movement of the wall during 1 g excavation is not notable in the figure, indicating that 1 g excavation syield very small displacements. The wall movedto the right again in the accelerating process, causing even larger displacements than in the previous cycle. It was noted that when all the final locations of the wall movement were connected in each cycle, the enclosure displayed a curvature similar to that seen in the in-flight excavation, within an error margin of around 20%.

Other results, such as the bending moment of the wall, may be discussed in the same way. But it is expected that the difference would fall in a similar range as the results have a strong relationship with wall deformation.

2.4 Comparison between pre-excavation and in-fight excavation

Pre-excavation combined with following centrifugal acceleration has been used to observe the stability and deformation of a retained excavation in soft ground for a long time. In recent years, in-flight excavation technologies have been developed and have highlighted the inherent shortcomings of the pre-excavation method in reproducing the stress path. The pre-excavation method has been deemed increasingly unable to simulate real processes and to obtain reasonable results. However, simple and straightforward, the method is still attractive especially for a group without advanced in-flight excavators or those requiring a quick prediction for a complicated excavation project. Notwithstanding, even advanced excavators may be unable to reproduce the complicated processes which take place in a very constrained space under high g level.

Under the above conditions and given that pre-excavation remains an eligible alternative for centrifuge modelling, it is important to study the details and conclude to what extent the pre-excavation modelling results move away from the correct value.

By comparing the two methodologies, it seems that the error between the two was under 20% in many cases, which makes the pre-excavation technique useful in industry, bearing the error in mind. However, apart from the conditions under which the analysis was performed in the paper, prudent recalculation is recommended.

3 Tunnelling effects in soft ground

The modelling technology for tunnelling in soils has been well summarised and reviewed by Meguid et al. (2008) and Lee et al. (2010). The reported technologies can be broadly divided into two categories: one is mainly concerned with face stability, which is a three dimensional effect, and the other is to study the volume loss effect in the transverse section of the tunnel, which can be regarded as plane strain condition. There have also beenreports of a miniature tunnelling machine which can simulate the two effects together (Notomo et al 1994). This very innovative machine improved the similarity of the model to the prototype and very interesting test results have been reported, which are highly useful to engineers. However, so far the reported tests have only been conducted in sand layers and the highest g level was under 25 g, indicating that the prototype tunnel diameter was less than 3 m as the diameter of the model was 10 cm.

Face stability and the related deformation problems can be simulated by changing compressed air or heavy fluid pressure acting on a flexible face of a rigid tube (Yeo et al 2010, Chambon et al 1991). There are also movable rigid faces housed in a rigid shell to simulate the support effect at the head (Kamata et al 2003). In this paper, however, attentions are paid mainly to the transverse section of a tunnel, which is mainly a plane strain problem. Some simple and practical ways to simulate volume loss and grouting effects are discussed.

3.1 Alternative approaches to simulate volume loss

As has been summarised by Meguid (2008) and Lee (2010), several methods of simulating volume loss during tunnelling have been validated, including compressed air pressure, heavy fluid, polystyrene foam and organic solvent, miniature TBM and a mechanically adjustable tunnel model. Among them, heavy fluid control is the most preferable due to its simplicity, workability and relatable effects.

The success of simulating volume loss in tunneling lies in the accuracy of controlling the volume change around the tunnel section. In practice, possible volume loss can change from 0.5% to 5%, and a change of even 1% in volume loss may lead to big change in settlement or even stability. In the Schofield centre at Cambridge University, a volume control system has been developed for use in centrifuge modelling of tunnelling (Jacobos 2002, Marshall 2009).

The system consists of an actuator and sealed cylinder system shown in Fig. 14. The actuator moves the piston within the sealed cylinder and pulls a volume of fluid out of the model tunnel. It comprises a 24VDC electric motor that powers a linear drive with a stroke of 300 mm via a 1:100 reduction gearbox. A 250 mm long potentiometer is used to measure the movement of the piston.

The system proved to be powerful and accurate, however, where this system is not

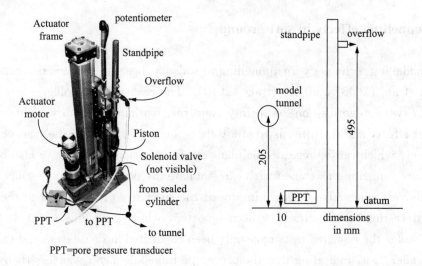

Fig. 14 Volume loss control system (Marshall 2009)

available, the following alternative may be worthy of consideration. Considering the deformation mechanism shown in Fig. 15 for a tunnel in clay, Osman et al (2006) developed a relationship between volume loss and tunnel support pressure based on the total energy conservation hypothesis, which can be expressed by the following equation:

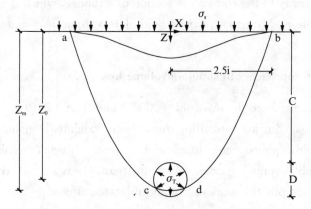

Fig. 15 Volume loss and tunneling (Osman et al 2006)

$$\int_{-1.25z_0}^{1.25z_0} (\sigma_S - \sigma_T)\, v_{z=0}\, dx + \int_A \gamma v\, dA = \int_A t\varepsilon_S\, dA \tag{1}$$

where σ_S and σ_T are surface surcharge pressure and tunnel support pressure respectively, v is the vertical displacement, γ is the unit weight of the soil, t is the shear strength mobilised under working conditions, A is the area of the displacement mechanism shown in Fig. 16 and ε_s is the shear strain. The volume loss can be calculated in practice (Mair et al 1993) by

$$V_L = \frac{\sqrt{2\pi}\, i s_m}{\pi \dfrac{D^2}{4}} \tag{2}$$

where s_m is the maximum vertical displacement on ground surface, i is the distance from the tunnel centreline to the point of inflexion of the trough. The vertical displacement in the whole area, ν, can be expressed by a function of s_m and ε_s and can be derived together with the shear stress, t, by reading off a representative shear stress-strain curve. Then by iterations of parameters to deciding the shape of the area and the maximum tunnel support pressure can be found according to upper bound plasticity analysis (see Osman et al. 2006).

The above method allows for volume loss control by controlling the tunnel support pressure, and one convenient way to achieve this is using the standpipe.

The pressure in the connected end of the standpipe is decided by the height of the fluid head. So when the fluid inside the membrane surrounding the tunnel model is connected to a standpipe, the support pressure inside the membrane can be controlled by adjusting the height of the pipe. The procedure was therefore set to the following: The fluid was poured into the gap between the membrane and the tunnel, then the tunnel model was embedded into clay or sand and the fluid was connected through a valve to a standpipe with a specific height calculated by the above method according to a prescribed volume loss. When the volume loss was required, the valve was opened to let the fluid overflow to achieve a balance between the standpipe and the membrane bag.

The tunnel model in Fig. 16 shows an example of creating volume loss using the simple method. The tunnel was separated into three parts, and each part was independently controlled for volume loss, to make it possible to simulate progressive excavation and carry out further parametric studies by setting different volume losses in each compartment. The standpipes on the left of the figure were set to have different heights which corresponded to volume losses of 0.5%, 1.0% and 1.5% respectively according to Osman's method.

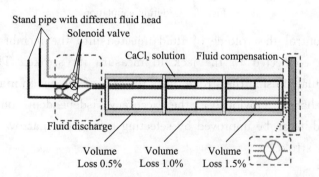

Fig. 16 Simple simulation of volume loss

The details of the test are skipped over here, except for the result which is shown in Fig. 17. It is clear that large volume losses produced larger ground settlements, while neighboring volume loss inevitably affected the settlement of a given segment.

3.2 Simulation of grouting effects

The grouting process is crucial in shield tunnelling to control the impact on the environment and minimise the settlement of the ground. However, in centrifuge modelling, it is very difficult to recreate grouting physically around the tunnel model as the difficulties of

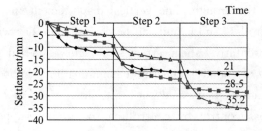

Fig. 17 Test results relating to different volume loss

grouting under high g level in a severely constrained spaceare enormous.

A resolution may be achieved by producing an expansion effect inside the membrane bag surrounding the tunnel model instead of making efforts to simulate the physical process of real grouting. Fig. 18 shows an example scheme. The idea is simple and somewhat similar to the process of producing volume loss, in that while volume loss simulation involves extraction of fluid from the membrane, the grouting simulation involves injecting fluid into the membrane. To achieve this, the system includes ahydraulic cylinder and an in-flight jack as shown in Fig. 18, as well as solenoid valves blocking the membrane side and the cylinder side. In tests with grouting, the jack is activated to push the fluid inside the cylinder toward the tunnel side to inject them into the membrane.

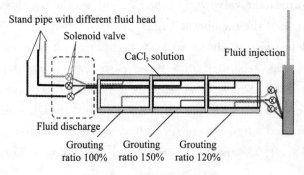

Fig. 18 Grouting simulation

In order to control the volume of fluid injected into the membrane, a displacement transducer can be connected to the jack to measure its stroke. The volume of fluid injectedcan be calculated using the stroke times the area of the piston in the cylinder which is be known beforehand. Obviously, the accuracy isdependent on the displacement measurements, and it can be improved by selecting a long and narrow cylinder and careful measurementof the stroke.

4 Soft ground improvement using SCPs and reclaimed islands

4.1 Sand compaction pile modelling

Cross sea projects and reclaimed airports near the sea are among the most noteworthy projects around the world currently. Completion of several cross sea projects in Japan, Korea, China and European countries has accelerated the application of some ground improvement technologies, in which sand compaction piles (SCP) are among the main soil improvement technology for reclamation. Physical modelling of SCPs has been reviewed by Kusakabe (2002) and Lee (2010) in which the latter updated the former according to recent publications. In both reviews comprehensive papers from worldwide published resources were summarised and analysed, among which was important criteria for classification according to the installation method of SCP models. Earlier references mostly adopted 1 g installation, including pluviating dry sand into pre-drilled holes and inserting frozen miniature columns of saturated sand into pre-drilled holes, termed as the 'frozen pile method' by Lee (2001). Later research challenged in-flight installation of SCPs in centrifuge tests, among which the NUS group succeeded in beam centrifuge while the ETH group developed a system in a drum centrifuge. Comparison between 1 g installation and in-flight installation indicates that the latter demonstrated a stiffer improved ground. This was stated to be attributed to coupling effects between the sand pile and the surrounding ground, i.e. a stronger interaction between the sand pile and the ground occurred during the in-flight installation, and thus increased the strength and the stiffness of the ground.

Obviously, the in-flight installation of model SCPs is preferable both in theory and in practice, however, to achieve this, a cleverly designed in-flight robot is indispensable and even though, there remain problems when dealing with large amount of piles and complicated loading processes.

A compromise between a simpler installation scheme and reasonable test results may be considered. It is possible to achieve this compromise in order to improve pile-ground coupling during 1 g installation. The point is to imitate the piling process on site, in which one of the most important actions is compacting the sand during penetration. To achieve this, a simple set of tools was developed, which consisted of an aluminum tube and a piston-like rod able to penetrate into the tube and compact the sand inside. The inner diameter of the tube was designed in consideration of the required diameter of the SCP and the expansion effect during installation. The rod penetrating into the tube had a piston in the end that matched the inner diameter of the tube so that it could be used to compact the sand inside the tube smoothly.

To improve efficiency and reduce random factors from manual compaction during installation, the gadgets shown in Fig. 21 were developed. The hammer was used to compact the sand and could move vertically by rotating the wheels connected through a transmission mechanism such asa crank drive. The hammer could be moved through guides in two directions. Fig. 19 shows the installed SCPs.

Fig. 19 Installed model surface

To achieve better simulation of SCPs, a preliminary trial installation was carried out to decide the suitable diameter of the tube and compaction ratio of the filled sand column. The trials showed that a SCP with a diameter of 14 mm could be reasonably created using a tube of 12 mm diameter when the sand filled into the tube was compacted at a ratio of 15/10,

Fig. 20　Check of the SCPs after the project　　Fig. 21　SCP installing gadget

which meant compacting a sand column of 15 mm height inside the tube down to 10 mm high.

4.2　Reclaimed islands, a complicated construction process

Reclamation work is often involved in cross-sea and near-sea projects, consisting of complicated construction processes. Taking the reclaimedisland in the Hong Kong-Zhuhai-Maccu cross-sea project as an example, Fig. 22 shows the plan of the reclamation, which was enclosed by thin wall cylindrical steel pipes with a 22 m diameter. The soil around the base of the pipes was replaced with a sand layer to improve the bearing capacity. Massive ground treatment was conducted around the area, including installing plastic drainage boards and sand compaction piles (Fig. 23). An embankment was constructed outside the sea wall by backfilling with gravel and sand layers. Inside the reclaimed area, 5 layers of sand were banked in sequence and, to accelerate settlement, groundwater was pumped out until the consolidation ratio reached 80% during building of the embankment.

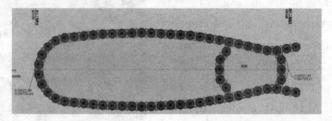

Fig. 22　Plan of the reclaimed island

Centrifuge modelling was a challenge as the described preparation sequence is very complicated, as a result, simplifications were made, of which only plastic drainage board treatment and pumping of ground water are highlighted here.

Non-woven fabric was used to simulate the plastic drainage board because of its similarity in permeability. In the model preparation, the non-woven fabric was inserted into

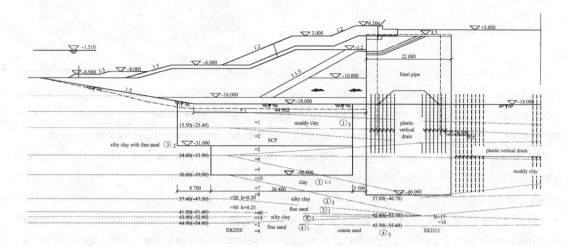

Fig. 23　Section of the reclaimed island

the soils after they were each cut into strips of 2 mm width and 233 mm length. Penetration was carried out with the help of long needles, shown in Fig. 24.

To simulate pumping of underground water, it was almost impossible to put a small pump in the model and operate it under centrifugal acceleration as high as 120 g, so gravity drainage was used to achieve lowering of the ground water. In the wall of the model box, porous stones were placed over the drainage holes which were drilled beforehand to a depth equaling the level of the lowered water table. A sand layer in the model was placed at the same depth as the porous stone. A plastic tube was connected to the porous stone and drainage from the tube could be controlled by a solenoid valve.

Modelling was conducted using the above methods, and the development of settlement in the reclaimed ground is shown in Fig. 25. The curve displays a clearly staged development due to the presence of 5 layers of banking, and further development due to lowering of the ground water. The rebound of the settlement was caused by the termination of the water pumping, indicating a reasonable result which is referable for design.

Fig. 24　Installation of non-woven fabric strips

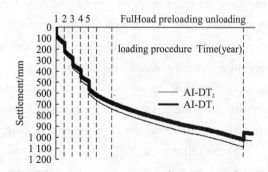

Fig. 25　Development of settlement during the process

5 Summary

Geotechnical centrifuge experiments have seen rapid development in recent years against a background of a flourishing construction industry. New facilities are emerging and cases of upgrading existing ones are also reported. Development of auxiliary equipment, or new measures make it possible to simulate more complicated processes. On the other hand, it is common that the centrifuge facilities, especially new ones, have a lack of advanced actuators and as industry demands simulations of site-specific problems which usually involve complicated geometries and processes, even advanced robots would be insufficient to faithfully simulate site conditions. Naturally, developing pragmatic approaches is necessary to simulate whole processes by adopting simple measures but ensuring reliability in results.

This paper reviewed and discussed some approaches used in simulating geotechnical processes in soft ground. The findings are as follows.

(1) In simulating braced excavations in soft ground, the pre-excavation simulation method still proves useful in investigating the overall performance and the stability of complicated deep excavations under the discussed conditions. Validation was carried out on this simple method through comparing field measurements and parallel numerical analyses on both in-flight excavation and pre-excavation. The influence of spurious stress paths in the pre-excavation approach was observed in detail and the results showed that under analysis conditions the error will probably be under 20%.

(2) The conditions under which the results of pre-excavation are valid should be clear. Further studies should be conducted when new materials are involved as the load-unload propertiesmay be different and thus affect the results. Careful measures should be taken in such a test, such as manual excavation and prop location. However, with a clear understanding of the stress cycles and possible results, this method can be applied to other geotechnical process simulations such as soil embankments.

(3) An alternative method of simulating volume loss in tunnelling was suggested and tried. This method was based on the relationship between volume loss and tunnel support pressure, which has been confirmed. Preliminary tests adopting this method showed a reasonable result, which was acceptable qualitatively. The grouting effect was also simulated by injecting fluid into the membrane bag surrounding the tunnel, and some practical points of operation were discussed.

(4) For SCP installation, a set of simple tools was developed. Efforts were made to increase coupling between the soil and the sand pile. A section was cut to expose the sand pile after the test and the result was encouraging.

(5) Simulation of the complicated processes of a reclaimed island project was carried out. Some simplifications or countermeasures in simulating the plastic drainage board, dewatering process and embankment process were introduced. The result of the case study displayed an understandable trend, which is valuable for use in design.

6 Acknowledgements

Part of the researches in this paper was supported by National Natural Science Foundation of China (number: 41272290), and National Key Technology R & D Program (number: 2011BAG07B02) respectively, and thanks are given here.

References

[1] Chambon P, Corte J F, Garnier J. Face stability of shallow tunnels in granular soils[C] // Proceedings of an International Conference on Centrifuge. A. A. Balkema, Rotterdam, 1991: 99-105.

[2] Craig W H. On the uses of a centrifuge[C] // Proc. Conf. Centrifuge '88, 1-6, Balkema, Rotterdam, 1988.

[3] Gaudin C, Garnier J, Gaudicheau P & Rault G. Use of a robot for in-flight excavation in front of an embedded wall[C] // Proc. 7th Int. Conf. on Physical Modelling in Geotechnics, July 2002, Newsfoundland, Canada, 2002: 77-82.

[4] Huang R. Overview of Shanghai Yangtze-River Tunnel Project[C] // Geotechnical Aspects of Underground Construction in Soft Ground, April 2008, Shanghai, China, 2008: 29-44.

[5] Jacobsz S W. The effects of tunnelling on piled foundations[M]. London: University of Cambridge, 2002.

[6] Kamata H, Masimo H. Centrifuge model test of tunnel face reinforcement by bolting[J]. Tunnelling and Underground Space Technology, 2003,18(2): 205.

[7] Kimura T. Development of geotechnical centrifuges in Japan[C] // Proc. Conf. Centrifuge '98, 945-954, Balkema, Rotterdam, 1998.

[8] Kusakabe O. Modelling soil improvement methodsin soft clay[C] // In Proceedings of the International Conferenceon Physical Modelling in Geotechnics (ICPMG'02), July 2002, St. John's, Newfoundland, Canada, 2002: 31-40.

[9] Lam S Y. Ground Movementsdueto Excavation in Clay: Physical and Analytical Models[M]. London: University of Cambridge, 2010.

[10] Lee F H, Almeida M S S, Indraratna B. Physical modelling of soft ground problems[C] // Proc. 7th Int. Conf. on Physical Modelling in Geo-technics. July 2010, Zurich, Switzland, 2010: 45-66.

[11] Lee F H, Ng Y W, Yong K Y. Effects of installationmethod on sand compaction piles in clay in the centrifuge[J]. Geotechnical Testing Journal, 2001,24(3): 314-323.

[12] Liang F Y, Zhu F, Song Z, Li Y S. Centrifugal model test research on deformation behaviors ofdeep foundation pit adjacent to metro stations, Rock and Soil Mechanics, 2012,33(3): 657-664.

[13] Lyndon A & Schofield A N. Centrifuge model test of short term failure in London clay[J]. Geotechnique, 1970,20(4): 440-442.

[14] Mair R J, Taylor R N, Bracegirdle A. Subsurface settlement profiles above tunnels in clays[J]. Géotechnique, 1993, 43: 315-320.

[15] Marshall A M. Tunneling in sand and its effect on pipelines and piles[M]. London: University of Cambridge, 2009.

[16] Ma X F, Zhang H H, Yu Long, Bolton M D, Lam S Y. Case study on a deep excavation in soft ground by centrifuge model tests[C] // Proc. 7th Int. Conf. on Physical Modelling in Geotechnics. July 2010, Zurich, Switzerland, 2010: 487-492.

[17] Ma X F, He L Q, Zhang C L, Wu X Y, Zhang X. Centrifuge modeling on construction and long-term settlement of reclaimed island-practical approaches[C] // First Asian Workshop on Physical Modelling in Geotechnics. Nov 2011, Bombay, India, 2011: 229-236.

[18] Meguid M A, Saada O, Nunes M A, Mattar J. Physical modeling of tunnels in soft ground: A review[J]. Tunneling and Underground Space Technology, 2008,23: 185-198.

[19] NDRC, China National Development and Reform Commission. The 12th National Planning on Comprehensive Traffic

and Transportation System[R]. issued on 23rd July 2013(in Chinese).

[20] Nomoto T, Mito K, Imamura S, Ueno K, Kusakabe O. A miniature shield tunnelling machine for a centrifuge[C]// Proceedings of International Conference on Centrifuge '94, Singapore, 1994: 699-704.

[21] Osman A S, Bolton M D, Mair R J. Predicting 2D ground movements around tunnels in undrained clay[J]. Geotechnique, 2006,56(9): 597-604.

[22] Yang L C, Zhou S H. Comparison and Selection of Enclosure Structure Schemesof Certain Metro Deep Foundation Pit in Nanjing[J]. Chinese Journal of Underground Space and Engineering, 2006,2(3): 453-458.

[23] Yeo C H, Hegde A, Lee F K. Centifuge modeling of steel pipe umbrella arch for tunneling in clay[C]// Proceedings of the International Conference on Physical Modelling in Geotechnics. July 2010, Zurich, Switzland: 611-616.

[24] Ying M. Focus on the development of Shanghai metro system[J]. Traffic and Transportation, 2011(4): 1-3. (in Chinese)

[25] Yuan X, Gong Q M. Factors Influencing Deformation Wall in Deep Excavation Based of Underground Diaphragmon Centrifugal Model Test[M]. Journal of Civil, Architectural&Environmental Engineering, 2012,34(3): 39-46.

Full-Scale Testing and Modeling of the Mechanical Behavior of Shield TBM Tunnel Joints*

DING Wenqi[1,2]　PENG Yicheng[1,2]　YAN Zhiguo[1,2]　SHEN Biwei[1,2]
ZHU Hehua[1,2]　WEI Xinxin[1,2]

(1. Department of Geotechnical Engineering, Tongji University, Shanghai, China;
2. Key Laboratory of Geotechnical and Underground Engineering of Ministry of
Education, Tongji University, Shanghai, China)

Abstract　For shield TBM (Tunnel Boring Machine) tunnel lining, the segment joint is the most critical component for determining the mechanical response of the completelining ring. To investigate the mechanical behavior of the segment joint in a water conveyance tunnel, which is different from the vehicle tunnel because of the external loads and the high internal water pressure during the tunnel's service life, full-scale joint tests were conducted. The main advantage of the joint testsover previous ones was the definiteness of the loads appliedto the joints using a unique testing facility and the acquisition of the mechanical behavior of actual joints. Furthermore, based on the test results and the theoretical analysis, a mechanical model of segment joints has been proposed, which consists of all important influencing factors, including the elastic-plastic behavior of concrete, the pre-tightening force of the bolts and the deformations of all joint components, i.e., concrete blocks, bolts andcast iron panels. Finally, the proposed mechanical model of segment joints has been verified by the aforementioned full-scale joint tests.

Keywords　shield TBM tunnel; segment joint; full-scale; mechanical model; joint test

1 Introduction

Due to the evolution ofconstruction techniques and the development oftunnel boring machines (TBM), the shield-driven tunneling method has been widely adopted for the construction of metro tunnels, road tunnels and water conveyance tunnels under different conditions, such as thinsoil coverage and high ground and water pressures. In shield TBM tunnels, segmental linings connected by bolts are generally employed to facilitate the erection of a complete lining ring and the reduction of the constructiontime. Given the complex structure of segmental lings, structural response of these linings should be investigated carefully to optimize its design and obtain the maximum safety at minimum cost.

---

* STRUCTURAL ENGINEERING AND MECHANICS (ISSN: 1225-4568) 2013 年收录

In engineering practice, experimental tests and numerical simulations are often conducted to investigate the structural response of segmental linings, including complete-ring tests (Munfahna et al., 1992; Asakura et al., 1992; Wang et al., 2001; Nakamura et al., 2001, 2003; Blom, 2002; Lu et al., 2006; Molins and Arnau, 2011; Yan et al., 2013), segment joint tests (Lu and Cui, 1987; He et al., 2011; Yan et al., 2012) and 2D/3D numerical analysis (Shin, 2008). In complete-ring tests, the structural response of the tunnel lining ring under different load conditions can be simulated, thestructural safety of the lining ring can be evaluated, while in segment joint tests, the key parameter, i.e., the bending stiffness of segment joints, K_θ, can be obtained ancrytical studies (Lee et al., 2001; Liao et al., 2008; Ding et al., 2004) and numerical simulations (Vervuurt et al., 2002; Klappers et al., 2006; Arnau and Molins, 2011). Considering the high cost of experimental tests, a theoretical model for determining the bending stiffness of segment joints is important in the design of segmental linings. During the last decade, some models have been established to calculatethe bending stiffness of segment joints (Zhang et al., 2000; Zhu, 2006). However, few models have considered the elastic-plastic behavior of materialsand the deformation of certainjoint components. Furthermore, all of the abovetests and analytical studies mainly focus on segment joints adopted in metro tunnels or road tunnels. However, due to the high internal water pressure, the structure of segment joints in water conveyance tunnels is different from that in other shield TBM tunnels.

In this paper, full-scale tests on the specific segment joint used in a water conveyance tunnel were conducted to investigate its mechanical behavior. Moreover, a new model for calculating the bending stiffness of this type of segment joint was proposed, which is superior to the previous mechanical model in considering the elastic-plastic behavior of concreteand the deformation of concrete and cast iron panels. Finally the validity of the proposed model was demonstrated by comparing the calculated results with the test results.

2 Full-scale joint tests

2.1 Background

The Qingcaosha water project, which will provides approximately 70% of the total water consumed in Shanghai, China, is an ambitious project involving a reservoir on the Changxing Island, two water conveyance tunnels and some booster pump stations. The water conveyance tunnels are designed asshield TBM tunnels with specific segment joint structure, which cross the Yangtze River and link the Changxing Island to the northeast part of thecity. Each tunnel is 7.23 km long and is located approximately 30 m under the water table of the Yangtze River. Therefore, the tunnel structure bears significant external water and earth pressures and must also bear the internal water pressure during the service stage. The complicated load conditions and the specific segment joint structure increase the interest in studying the structural response of the tunnel linings to improve the design and the construction techniques employed for segmental tunnel linings.

2.2 Lining structure and test specimens

The lining structure of each ring consists of 6 segments (3 standard segments, A, 2 adjacent segments, B, and 1 key segment, K) with an external diameter of 6.8 m, a thickness of 0.48 m and a width of 1.5 m, as exhibited in Fig. 1(a). The segments in the same ring are connected with 4 M36 short and straight bolts of grade 8.8 in two circumferential bolt pockets. The side closest to the adjacent segment of the circumferential bolt pocket is made of cast iron panel to satisfy the stiffness requirement of the water conveyance tunnel, as exhibited in Figs. 1(b) and 2.

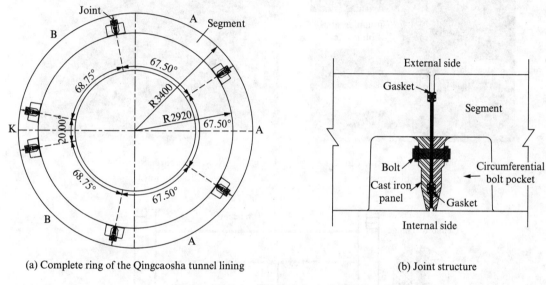

(a) Complete ring of the Qingcaosha tunnel lining (b) Joint structure

Fig. 1 The structure of the tunnel lining

The reinforcement and the structural dimensions of thesegments in the tests are the same as the actual segments, and they were both fabricated in the same factoryto ensure that they were of identical quality. It should be noted that the circumferential dimension of thesegment in the tests is a key parameter in minimizing the influence of the support on the joint's mechanical behaviors and reducing the cost of the tests. A series of FEM analyses were conducted to obtain the appropriate circumferential dimension of the segments (1/3 length of the actual segment), as exhibited in Fig. 2. The end of the segment near the support was covered with steel plates to prevent the segment from local damage during the tests.

2.3 Test set-up and programme

As exhibited in Fig. 3, the newly developed test facility consisting of self-balancing frames, hydraulic jacks, steel supports and an operation system and is approximately 4 000 mm wide, 3 000 mm high and 3 000 mm thick. A series of tests on the mechanical response of shield TBM tunnel linings, such as bending stiffness tests on segment joints, the shear stiffness tests on radial or circumferential joints and tests on the moment transfer coefficient between the lining rings can be conveniently conducted using this test facility by adjusting loading modes. For the bending stiffness test on segment joints, lateral and vertical hydraulic jacks were applied to simulate the axial forces and moments around the segment joints, respectively, as exhibited in Fig. 4.

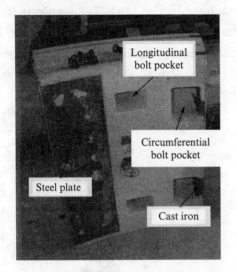

Fig. 2 Specimens employed in the full-scale joint tests

Fig. 3 Newly developed testing facility for full-scale joint tests

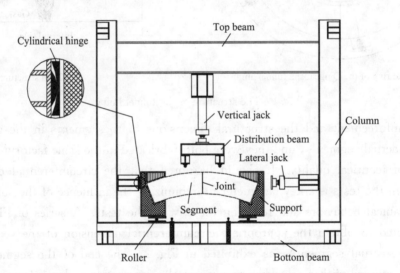

Fig. 4 Schematic of the bending stiffness test on segment joints

As exhibited in Fig. 5, the joint openings were measured by displacement sensors (V_1 - V_4) instrumented on the segment external and internal side, respectively. The axial strain of the bolts was measured by strain gauges (HT1 and HT2), which were embedded into a hole drilled at the center of the bolts. As exhibited in Fig. 6, the circumferential concrete strain near the external side and internal side around the joint were measured by six strain gauges (Z_1 - Z_6), respectively.

To obtain the bending stiffness and structural response of the segment joints in different

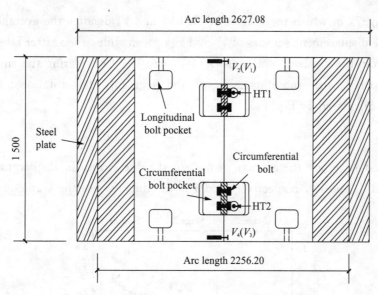

Fig. 5　Schematic diagram of the displacement sensors and bolt strain gauges (unit: mm)

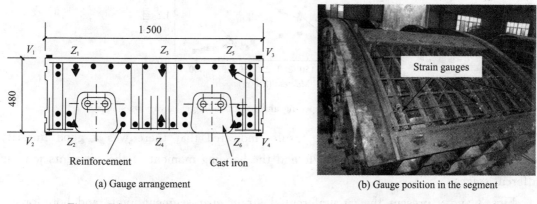

(a) Gauge arrangement　　　　　　　　(b) Gauge position in the segment

Fig. 6　Schematic diagram of circumferential concrete strain gauges in the segment

construction stages, three combinations of the axial forces and moments were employed in the tests, as listed in Table 1. The first combination represents the stage of segment erection (i.e., stage 1); the second combination represents the initial stage of segment bearing soil pressure (i.e., stage 2), and the third combination represents the operation stage (i.e., stage 3). Furthermore, the maximum magnitude of these loads employed in the tests was the same as that experienced under the actual work conditions of the tunnel.

Table 1　　　　　　　　Load conditions in different stage of joint tests

	Stage1	Stage2	Stage3
N/kN	207	362	518
$M/(\text{kN}\cdot\text{m})$	0~168.5	168.5~294.9	294.9~404.5

2.4　Test results and discussions

The opening of the segment joints measured by displacement sensors ($V_1 - V_4$) are presented in Fig. 7, in which the scatter labeled V_2 and V_4 denotes the average of measured values from the displacement sensors of V_2 and V_4; meanwhile, the scatter labeled V_1 and V_3 denotes that from the displacement sensors of V_1 and V_3. Considering the small opening of the joint compared with the dimension of the segment, the rotational angle can be approximately calculated by Eq. (1).

$$\theta = \frac{\delta_{V_2,V_4} - \delta_{V_1,V_3}}{h} \tag{1}$$

where δ_{V_2,V_4} and δ_{V_1,V_3} are the average of measured values from the displacement sensors of V_2 and V_4, and V_1 and V_3, respectively and h is the thickness of the segment.

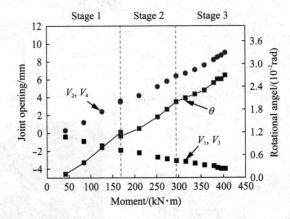

Fig. 7 Variation of joint opening and rotational angel in various stages

As exhibited in Fig. 7, the test results indicated that there was a good linearity relationship between the rotational angle and the bending moment of the segments joint in different stages.

Figs. 8 and 9 present the circumferential strain near segment joints and bolt forces, respectively. It is observed that aforementioned concrete strains and bolt forces had a linear relationship with the bending moment of the joint. It should be noted that the relative large

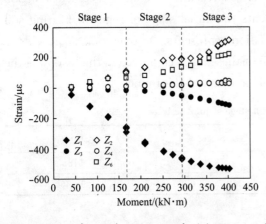

Fig. 8 Circumferential strain near the joint measured from gaugesin various stages

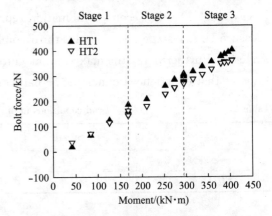

Fig. 9 Relationship between bolt forces and bending moment in various stages

discreteness of values measured by strain gauges embedded in the segment may attributes to the impairment caused by concrete pouring and vibrating in the process of segment fabrication.

3 Model for calculating the bending stiffness of segment joints

3.1 Assumptions

The following assumptions are employed for proposing a model for calculating the bending stiffness of segment joints:

(1) The rotation and deformation of the segment surfaces forming the joint are very small compared with the size of the segment;

(2) To calculate the rotational angle of the joint, its surface is a plane before and after bending;

(3) At a joint, the bolt is assumed to bear a tension force, and the concrete block only resiststhe compression force;

(4) The stiffness of the gasket (sealing rubber) is ignored because the force in the gasket is small compared with that in the concrete.

3.2 Stress-strain relationships of materials

(1) Segment concrete

According to the code for the design of concrete structures in China (GB 50010—2002), the stress-strain relationship of segment concrete is expressed by:

$$\left. \begin{array}{l} \sigma_c = f_c \left[1 - \left(1 - \dfrac{\varepsilon_c}{\varepsilon_0} \right)^2 \right] \quad (\varepsilon_c \leqslant \varepsilon_0) \\ \sigma_c = f_c \quad (\varepsilon_0 \leqslant \varepsilon_c \leqslant \varepsilon_{cu}) \end{array} \right\} \quad (2)$$

where σ_c is stress in concrete; f_c is compressive strength of concrete; ε_c is strain in concrete; ε_0 is strain when σ_c reaches f_c and ε_{cu} is the maximum compressive strain in concrete.

(2) Bolt

The bolts used to connect the segments are considered to be an ideal elastic-plastic material, and its tension force can be calculated by:

$$\left. \begin{array}{l} \sigma_b = \sigma_0 + E_b \varepsilon_b \quad (\sigma_b < f_b) \\ \sigma_b = f_b \quad (\sigma_b \geqslant f_b) \end{array} \right\} \quad (3)$$

where σ_b is stress in the bolt; σ_0 is pre-stress in the bolt; E_b is elastic modulus; ε_b is strain in the bolt and f_b is yield stress of the bolt.

3.3 Mechanical model of the segment joint

The detailed structure of the joint is exhibited in Fig. 10. A mechanical model of the joint is established according to the guidelines for designing the shield tunnel lining (ITA, 2000), in which the bolts are treated as reinforcement and the forces in the gasket are ignored.

Based on the strain distribution in Fig. 10, the following equation can be obtained:

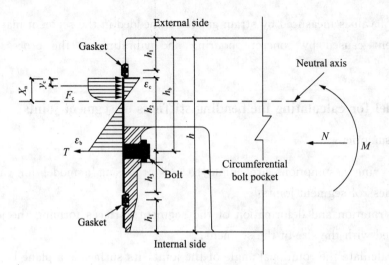

Fig. 10 Balance of force in the joint area

$$\frac{\varepsilon_b}{\varepsilon_c} = \frac{h_2 - X_n}{X_n} \tag{4}$$

where ε_c is the maximum compression strain in the concrete block; ε_b is the tension strain in the bolt; h_2 is the distance between the gasket and the center of the bolt and X_n is the distance between the gasket and the neutral axis.

According to force and moment equilibrium conditions at the joint, we can obtain:

$$N = F_c - T \tag{5}$$

$$M = T\left(h_b - \frac{h}{2}\right) + F_c\left(h_2 - h_b + \frac{h}{2} - y_c\right) \tag{6}$$

The meanings of h_2, h and h_b are indicated in Fig. 10. The force in the bolt, T, can be calculated by Eq. (7). In Eq. (7), T_0 is the pre-tightening force in the bolt (refer to Eq. (3)). Furthermore, based on the force and moment equivalent principle in the concrete compression zone of the segment joint (refer to Fig. 10), F_c and y_c can be determined according to the value of ε_c: a) $\varepsilon_c < \varepsilon_0$, the first expression of σ_c is employed (refer to Eq. (2)), and F_c and y_c can be calculated by Eq. (8); b) $\varepsilon_0 \leqslant \varepsilon_c \leqslant \varepsilon_{cu}$, the second expression of σ_c is employed, and F_c and y_c can be determined by Eq. (9).

$$\left.\begin{array}{ll} T = T_0 + A_b E_b \varepsilon_b & (\sigma_b < f_b) \\ T = A_b f_b & (\sigma_b \geqslant f_b) \end{array}\right\} \tag{7}$$

$$\left.\begin{array}{l} F_c = f_c B X_n \left(\dfrac{\varepsilon_c}{\varepsilon_0} - \dfrac{\varepsilon_c^2}{3\varepsilon_0^2}\right) \\ \\ y_c = \dfrac{X_n\left(\dfrac{1}{3} - \dfrac{\varepsilon_c}{12\varepsilon_0}\right)}{1 - \dfrac{\varepsilon_c}{3\varepsilon_0}} \end{array}\right\} \tag{8}$$

$$\left.\begin{array}{l} F_c = f_c B X_n \left(1 - \dfrac{\varepsilon_0}{3\varepsilon_c}\right) \\ \\ y_c = X_n \left[1 - \dfrac{\dfrac{1}{2} - \dfrac{1}{12}\left(\dfrac{\varepsilon_0}{\varepsilon_c}\right)^2}{1 - \dfrac{\varepsilon_0}{3\varepsilon_c}}\right] \end{array}\right\} \tag{9}$$

where B is the width of a segment. In the above equations, the basic variables are X_n, ε_n and ε_b, which can be solved by Eqs. (4)-(6). However, y_c, F_c and T in Eqs. (5) and (6) are functions of X_n, ε_c and ε_b as present in Eqs. (7)-(9). Therefore, to find a solution, iterations are needed.

3.4 Deformation model of the segment joint

Under the positive bending momentand axial force, the concrete segment will have a flexural deformation similar to that of a simple beam. As exhibited in Fig. 11(a), near the external side of the segment, a compression zone forms, and while at near the internal side, there is an opening zone.

Fig. 11(b) exhibited the deformation model of the segment joint. Δ_c is the deformation of the compression zone, and it will be discussed in Section 3.5; Δ_b is the deformation of the bolt, $\Delta_b = l_b \varepsilon_b$; δ_1 is the deformation at the external side of a segment, which can be determined by Δ_c and Δ_b according to the plane-surface assumption (refer to Section 3.1); and δ_c is the deformation at the internal side of a segment at the midline of the cast iron panel;

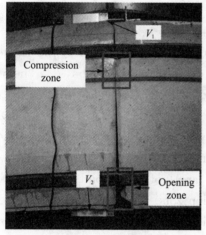
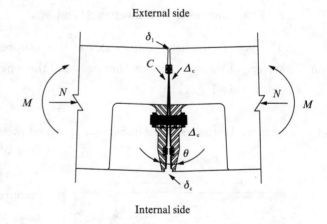

(a) Side view of segments being tested (b) Side view of the schematic diagram of the deformation

Fig. 11 Side view of the deformation pattern of the segment

Fig. 12(a) shows the deformation of the cast iron panel during the full-scale joint tests. Due to the constraint effect of the bolt, the deformation around the midline of the cast iron panel is relatively small and approximately equal to that of the bolt. Toward the internal side of the joint, the deformation linearly increases with the distance from the middle line.

Fig. 12(b) represents the deformation model of the area around the bolt pocket. Based on the assumption about δ_2 (see Fig. 12) and the symmetry of the segments, the deformations of joint at the internal side can be calculated as:

$$\delta_2 = \delta_c + 2w_{\max} \frac{c_h}{b_h} \qquad (10)$$

where $w_{\max}$ is the maximum deformation of the cast iron panel with the tensile force in the bolts; c_h is the distance between the center of the cast iron panel and the internal side of the

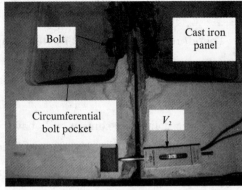
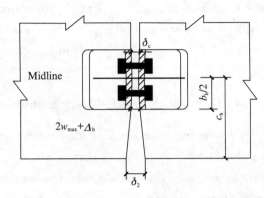

(a) Segment in tests viewed from the internal side   (b) Schematic diagram of deformation from the internal side

Fig. 12 Deformation pattern of the segment from the internal side

segment.

Then, the rotational angle, θ, of the joint can be calculated by:

$$\theta = \arctan\frac{\delta_1 + \delta_2}{h} \tag{11}$$

3.5 Evaluation of key parameters Δ_c and w_{max}

In this paper, the deformation, Δ_c, of the compression zone is determined by the strain on the surface of the compression zone, ε_c, and the length of the disturbed region, l_{cc}. Then, Δ_c at point C (see Fig. 11(b)) is:

$$\Delta_c = 2l_{cc}\varepsilon_c \tag{12}$$

The way to evaluate ε_c is given in Section 3.3, and the way to evaluate l_{cc} is described below.

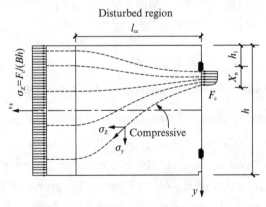

Fig. 13 Principal stress trajectories in the disturbed region

When a compressive force is applied to a small area of the joint surface, a compression zone is formed, in which the compression stress changes significantly, as exhibited in Fig. 13. The closer to the load point, the more complex the distribution of the stresses is. From the Fig. 13, it can be observed that the circumferential stress, σ_z, is the largest at the joint surface. After a certain distance from the load point, it becomes uniform and uniaxial, i.e., $\sigma_z = F_c/(Bh)$ and $\sigma_y = 0$. According to Saint-Venant's principle, the disturbed region extends over a length approximately the thickness of the segment h (Collins and Mitchell, 1991). In this study, the value of l_{cc} is investigated based on finite element analysis (FEA). From FEA, Δ_c can be obtained. Then, with the known value of σ_c, l_{cc} can be calculated from Eq. (12). In the FEA, the concrete segment is considered to be an elastic-plastic material, and the properties adopted are listed in Table 2.

Table 2　　　　　　　　　　　　　Material properties adopted in FEA

Material	Elastic module/MPa	Poisson's ratio	Yield stress/MPa
Concrete (C55)	3.55×10^4	0.167	25.3

A series of FEAs were conducted, and the numerical results indicated that the values of l_{cc} were mainly influenced by h, h_1 and X_n. Therefore, three dimensionless quantities are defined: $\eta = l_{cc}/h$, $\zeta = h_1/h$ and $\xi = X_n/h$. The relationships between η, ζ and ξ are exhibited in Fig. 14. Based on Fig. 14, the value of l_{cc} can be determined according to the values of h, h_1 and X_n.

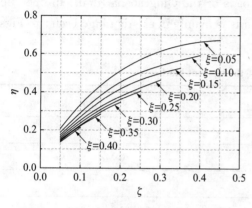
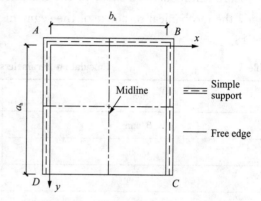

Fig. 14　Relationship between η, ζ and ξ　　　Fig. 15　Simplified edges of a cast iron panel

Furthermore, given the cast iron panel is thin, it is simplified as a square plate $ABCD$ with sides a_h and b_h and a uniform thickness h_h, as exhibited in Fig. 15. It is simply supported along AB, BC and AD, but free along CD. A uniform load, q, is applied to the entire surface. The plate has an isotropic bending stiffness of D. Along the boundary line CD, the maximum displacement occurs at the midpoint of CD, which can be calculated by the following formula (Johnson, 1986):

$$w_{max} = \eta_p \frac{q h_h^4}{D} \tag{13}$$

where q is the uniform load, $q = \dfrac{T}{a_h b_h}$; D is bending stiffness of the cast iron panel, $D = \dfrac{E_h h_h^3}{12(1-\nu^2)}$; h_h is the average thickness of the cast iron panel; ν is Poisson's ratio for cast iron; a value of 0.3 is adopted and η_p is a coefficient of 0.012 85 according to the Handbook of Building Structural Statistics (1998).

3.6　Procedure for calculating the bending stiffness

The procedure for calculating the bending stiffness, K_θ, can be summarized as follows:
(1) Solve ε_c and ε_b using Eqs. (3), (4), (5), (6) and (7);
(2) Calculate Δ_c from Eq. (12) and $\Delta_b = l_b \varepsilon_b$;
(3) Calculate w_{max}, δ_3 and θ from Eqs. (10), (11) and (13);
(4) Calculate K_θ.

4 Comparison between the tests and the calculation results

4.1 Parameters adopted for the calculation

In this section, the actual applied member forces were used in the equations to calculate the tension force in the bolts and the deformations of the segment joint. The parameters adopted in the proposed segment joint model are listed in Tables 3—5. The calculated values are compared with the test results. Given that the maximum loads employed in the tests and the theoretical model are equal to the designed loads of the Qingcaosha tunnel in operation stage, the mechanical response of the segment joints is mainly in elastic range (refer to Figs. 16—18).

Table 3   Calculation parameters of the segment block

Item	Value
B/mm	1 497
h/mm	480
h_2/mm	184
h_b/mm	280
h_c/mm	142
f_c/MPa	25.3

Table 4   Calculation parameters of the bolt

Item	Value
A_b/mm^2	4 069.4
l_b/mm	114
f_b/MPa	640
E_b/MPa	2.1×10^5
T_0/kN	133.2

Table 5   Calculation parameters of the cast iron panel

Item	Value
E_b/MPa	2.0×10^5
a_h/mm	260
b_h/mm	260
h_h/mm	32.7
c_h/MPa	480

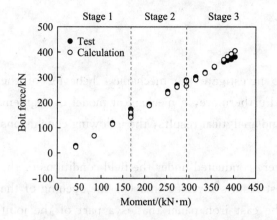

Fig. 16 Relationship between the tension force in bolts and the moment of the test and calculation values

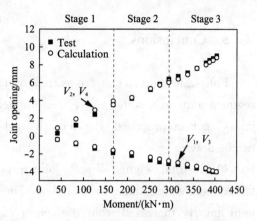

Fig. 17 Relationship between the joint openings and the moment of the test and calculation values

4.2 Tension force in the bolt

A comparison between the calculated values and the test results of the tension force in the bolt is shown in Fig. 16. It can be observed that the calculated values agree well with the test results. The maximum error is approximately 7%.

4.3 Joint openings

In Fig. 17, the calculated joint openings, δ_1 and δ_2, are compared with the test values. It can be observed that there is good agreement between them.

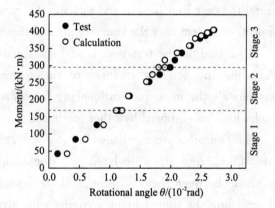

Fig. 18 Relationship between the rotational angle and the moment of the test and calculation values

4.4 Rotational angle and bending stiffness of the joint

Fig. 18 presents the calculated values and the test results of the rotational angle. By comparison, it is proven that they are consistent and agree well. The maximum error is approximately 9%. Furthermore, as observed in Fig. 18, the bending moment is in proportion to the rotational angle of the joint, when the axial load is keeping constant. The bending stiffness, obtained from the tests and calculations are listed in Table 6. It can be observed that the calculated values agree well with the test results.

Table 6 Comparison between the bending stiffness (K_θ) of segment joints obtained with the proposed model and those obtained experimentally

N/kN	Test/(kN·m/rad)	Calculation/(kN·m/rad)
207	12 400	14 000
362	14 300	13 700
518	14 600	12 100

5 Conclusions

Full-scale joint testswere carried out to investigate the mechanical behavior of the segment joint in a water conveyance tunnel. Furthermore, a mechanical model of segment joints has been proposed. Based on the tests and analytical results, the following conclusions can be drawn.

(1) In total, eight full-scale joint tests were conducted under the field conditions of the Qingcaosha water tunnel in Shanghai. The test results revealed that (a) the opening of the joint linearly increased from the center of the cast iron panel that is a part of the joint connection system on the internal side of the segment; (b) the relationship between bending moment and the rotational angle of the joint was linear before cracks occurred in the concrete around the cast iron panel; and (c) for the conditions tested, the weaker part of the joint connection system was the concrete around the cast iron panel.

(2) Based on the test results and the theoretical analysis, a new mechanical model for calculating the bending stiffness of the segment joint has been proposed. The method considers all the important influencing factors, especially the deformation of the cast iron panel which was ignored by other methods.

(3) The proposed mechanical model was applied to the conditions of the full-scale joint tests. Comparing the calculated and the measured bending stiffness indicates that the agreement between them is quite good. It is suggested that the proposed model can be used for designing the tunnel lining systems with structures similar to those investigated in this study.

6 Acknowledgements

This research work is sponsored by the National Natural Science Foundation of China (50878149), the National Basic Research Program of China (973 Program: 2011CB013800), the Kwang-Hua Fund for the College of Civil Engineering of Tongji University, the Fundamental Research Funds for the Central Universities andthe Program for Changjiang Scholars and Innovative Research Team in University (PCSIRT, IRT1029).

The authors would also like to express their gratitude to Prof. J. C. Chai at Saga University, Japan. During his stay at Tongji University as a Kwang-hua Lecture Professor, he made several constructive suggestions for revising/modifying this paper. Shanghai Qingcaosha Investment Construction Development Co., Ltd, Shanghai Municipal Engineering Design General Institute, and Shanghai Tunnel Engineering & Rail Transit Design and Research Institute are also acknowledged for helping conduct the full-scale joint tests.

References

[1] Arnau O and Molins C. Experimental and analytical study of the structural response of segmental tunnel linings based on an in situ loading test. Part 2: Numerical simulation[J]. Tunnelling and Underground Space Technology, 2011,26(6): 778-788.

[2] Asakura T, Kojima Y, Ando T and SATO Y. Analysis of the behavior of tunnel lining-experiment and simulation on double track tunnel lining[J]. Quarterly Reports of Railway Technical Research Institute in Japan, 1992,33(4): 266-273.

[3] Blom C B M. Design Philosophy of Concrete Linings for Tunnels in Soft Soils[D]. Technische Universiteit Delft, Delft, Netherlands, 2002.

[4] Collins M P and Mitchell D. Prestressed Concrete Structures[M]. Prentice Hall, Englewood Cliffs, New Jersey.

[5] Ding W Q, Yue Q Z, Tham G L, Zhu H H, Lee C F and Hashimoto T. Analysis of shield tunnel[J]. International Journal for Numerical and Analytical Methods in Geomechanics, 2004,(58): 57-91.

[6] He C, Feng K and Su Z X. Development and application of loading test system of prototype structure for underwater shield tunnel with large cross-section[J]. Chinese Journal of Rock Mechanics and Engineering, 2011,30(2): 254-266.

[7] Johnson D. Advanced Structural Mechanics[M]. Thomas Telford Limited, London, 2000.

[8] Klappers C, Grübl F and Ostermeier B. Structural analyses of segmental lining-coupled beam and spring analyses versus 3D-FEM calculations with shell elements[R]. Proceedings of the ITA-AITES 2006 World Tunnel Congress, Seoul, April 2006.

[9] Lee K M, Hou X Y, Ge X W and Tang Y. An analytical solution for a jointed shield-driven tunnel lining, International Journal for Numerical and Analytical Methods in Geomechanics, 2001,25: 365-390.

[10] Liao S M, Peng F L and Shen S L. Analysis of shearing effect on a tunnel induced by load transfer along longitudinal direction. Tunnelling and UndergroundSpace Technology, 2008,23: 421-430.

[11] Lu L, Lu X and Fan P. Full-ring experimental study of the lining structure of Shanghai changing tunnel. Proceedings of the 4th International Conference on Earthquake Engineering, Taiwan, October 2006.

[12] Lu T S and Cui T J. Test and Research on Lining Radial Joint Stiffness[J]. Underground Engineering and Tunnels, 1987,8(4): 21-25.

[13] Ministry of Construction P. R. China. GB 50010—2002 Code for design of concrete structures[S]. China Architecture & Building Press, Beijing, 2002.

[14] Molins C and Arnau O. Experimental and analytical study of the structural response of segmental tunnel linings based on an in situ loading test. Part 1: Test Configuration and Execution[J]. Tunnelling and Underground Space Technology, 2011,26(6): 764-777.

[15] Munfahna Michaelp, Dellap. Full scale testing of tunnel liner[R]. Proceedings of the International Congress 'Towards New Worlds in Tunnelling', Acapulco, May, 1992.

[16] Nakamura H, Nakagawa Y, Okamoto N, Mizita S and Nakao T. Utilization examination of a shield driven tunnel of large rectangular shape[J]. Proceedings of Tunnel Engineering, JSCE, 2001,11: 351-356.

[17] Nakamura H, Kubota T, Furukawa M and Nakao T. Unified construction of running track tunnel and crossover tunnel for subway by rectangular shape double track cross-section shield machine[J]. Tunneling and Underground Space Technology, 2003,18(2): 253-262.

[18] Shin J H. Numerical modeling of coupled structural and hydraulic interactions in tunnel linings[J]. Structural Engineering and Mechanics, 2008,29(1): 1-16.

[19] Vervuurt A H J M, Van der Veen C, Gijsbers F B J and Den Uijl J A. Numerical simulations of tests on a segmented tunnel lining[M]. 3rd. DIANA World Conference, Tokyo, October, 2002.

[20] Wang R L, Song B, Wang Q and Zheng B. Lining experiment and structure analysis of bi-circular shield tunnel with staggered joint splice on segments[J]. Underground Engineering and Tunnels, 2001,1: 12-15.

[21] Working Group No. 2, International Tunneling Association (ITA). Guidelines for the Design of Shield Tunnel lining

[J]. Tunnelling and Underground Space Technology, 2000, 15(3): 303–331.
[22] Working group of Handbook of Building Structural Statics. Handbook of Building Structural Statics[M]. Second edition. China Architecture & Building Press, Beijing, 1998.
[23] Yan Z G, Zhu H H, Ju J W and Ding W Q. Full-scale fire tests of RC metro shield TBM tunnel linings[J]. Construction and Building Materials, 2012, 36: 484–494.
[24] Yan Z G, Zhu H H and Ju J W. Behavior of reinforced concrete and steel fiber reinforced concrete shield TBM tunnel linings exposed to high temperatures[J]. Construction and Building Materials, 2013, 38: 610–618.
[25] Zhang H M, Guo C and Fu D M. A study on the stiffness model of circular tunnel prefabricated lining[J]. Chinese Journal of Geotechnical Engineering, 2000, 22(3): 309–313.
[26] Zhu W, Zhong X C and Qin J S. Mechanical analysis of segment joint of shield tunnel and research on bilinear joint stiffness model[J]. Rock and Soil Mechanics, 2006, 27(12): 2154–2158.

Advances on the Investigation of the Hydraulic Behaviour of Compacted GMZ Bentonite*

YE W M[1,2]　BORRELL N C[1]　ZHU J Y[1]　CHEN B[1]　CHEN Y G[1]

(1. Key Laboratory of Geotechnical and Underground Engineering of Ministry of Education,
Tongji University, Shanghai 200092, China;
2. United ResearchCenter for Urban Environment and Sustainable Development,
the Ministry of Education, Shanghai 200092, China)

Abstract　Studies on hydraulic behaviour of GMZ bentonite have been performed since 1980s. Based on a review of the former studies, achievements on experimental and theoretic results obtained on the hydraulic aspects of compacted GMZ bentonite are presented in this paper. Results show that, for high suctions (>4 MPa) the water retention capacity of compacted GMZ bentonite is almost independent of the constraint conditions; for low suctions (<4 MPa) the confined samples resulted in significant low water retention. Temperature effects on water-retention depend on constraint conditions and suction. For unconfined samples, the water content decreases with temperature increase at high suctions, while increases as temperature increases at low suctions. Under confined conditions, the water retention capacity is reduced by temperature rise. The hysteresis behaviour is not obvious. Based on the test results, a revised water retention model was developed for considering the temperature effect. The saturated hydraulic conductivity of the densely compacted GMZ bentonite decreases as dry density and temperature increases. Models for prediction of saturated hydraulic conductivity have been developed and verified. With consideration of temperature influence on water viscosity and the effective flow cross-sectional area of porous channels, the model can satisfactorily reflect the temperature effects. The unsaturated hydraulic conductivity of confined densely compacted GMZ bentonite samples decreases first and then increases with suction decrease from an initial value of 80 MPa to zero. The decrease can be attributed to the large pore clogging due to soft gel creation by exfoliation process. The unsaturated hydraulic conductivity of compacted GMZ bentonite under unconfined conditions is higher than that of under confined conditions. Under confined conditions, the unsaturated hydraulic conductivity of the highly compacted GMZ bentonite increases with temperature rise. The temperature effect becomes more significant at higher suctions (above 20 MPa). This can be explained by changes of water viscosity and changes of effective cross-section areas of flow channels. With consideration of temperature effects and microstructure changes a revised model for prediction of unsaturated

---

* Engineering Geology (ISSN: 0013-7952) 2014 年收录
Corresponding author　Prof. YE Weimin　Tel: +86-21-6598-3729　Fax: +86-21-6598-2384
E-mail: ye_tju@tongji.edu.cn

hydraulic conductivity of compacted GMZ01 bentonite was proposed. Verification indicates that the proposed model can give good prediction of the unsaturated hydraulic conductivity of densely compacted GMZ01 bentonite under confined conditions in a suction range of 0 – 70 MPa. But some deviation occurs in higher suctions (>70 MPa).

Keywords high-level radioactive waste disposal; engineering barrier; GMZ bentonite; water-retention property; hydraulic conductivity; temperature effects

1 Introduction

In many countries employing nuclear power, deep geological storage or disposal is an intensively studied option for the long-term confinement of heat-emitting, high level nuclear waste (Gens, 2003). The conceptual design of repositories for high level nuclear waste generally envisages the placing of radioactive waste canisters in either horizontal drifts or vertical large diameter boreholes. Canisters are surrounded by engineered barriers made up of compacted expansive clays. This clay-based isolation system has multiple purposes of providing mechanical stability for the waste canister (by absorbing stresses and deformations); serving as a buffer around it; sealing discontinuities in the emplacement boreholes and drifts; and delaying the water infiltration from the host rock. The latter function is important, because it postpones the contact between groundwater and the waste as long as possible. Bentonite has generally been chosen as buffer and backfill materials for engineered barrier because of its high swelling capacity, low permeability, micro-porous structure and good sorption properties.

The engineered clay barrier and adjacent host rock will be subjected to the heating effect of the nuclear waste, and also to various associated hydraulic and mechanical phenomena that interact in a complex way. In addition, compacted bentonite is initially unsaturated, and will therefore be subjected to hydration from the surrounding rock, triggering further coupled thermo-hydro-mechanical (THM) phenomena. In order to achieve a safe and robust repository design, it is necessary to have a good understanding of the processes that occur in the near field and of their evolution over time.

Up to now, several kinds of bentonites have been selected as materials for engineered barrier in HLW repositories. The MX-80 bentonite has been selected in many disposal concepts as backing and sealing material, such as in Sweden (Nakashima, 2006), Finland (Dixon, 2000), Germany (Herbert and Moog, 1999) and France (Hurel and Marmier, 2010). The FEBEX bentonite has been extracted from the Cortiji de Archidona deposit, in the zone of Serrrata de Níjar (Almería, Spain) and has been selected by ENRESA (the Spanish Agency for Radioactive Waste Management) as suitable material for the backfilling and sealing of HLW repositories (Lloret and Villar, 2007). Besides the two bentonites, the Kunigel-V1 and FoCa bentonite are proposed as potential buffer material in Japan and in France (Imbert and Villar, 2006; Tang et al., 2008), respectively.

The preliminary long-term plan for the implementation of China's high-level radioactive waste repository (Wang et al., 2006) suggests that a high-level radioactive waste repository will be built in the middle of the 21st Century. At present, the preliminary concept of HLW repository in China is a shaft-tunnel structure, located in saturated zones in granites. The Gaomiaozi (GMZ) bentonite has been considered as a possible material for the construction of engineered barrier in the recent Chinese program of radioactive waste disposal at great depth (Liu et al., 2001; Ye et al. 2009a).

Concerning the hydraulic behaviour, engineered barrier made of compacted bentonite is often considered to limit the transfer of water and radioactive matters below an acceptable level. As the bentonite is usually compacted at low water content, it is initially unsaturated and undergoes very high suctions; it is progressively wetted by water from the host formation. Because the wetting process is accompanied by the bentonite swelling, even without considering the thermal effect due to the heat emitted from the waste canister, the water transfer through the bentonite barrier is coupled to mechanical phenomena related to bentonite swelling. In addition, owing to the extremely large stiffness of the host formation (granite for instance), the bentonite wetting takes place in quasi constant volume condition.

Thus, the hydraulic property of the compacted bentonite used as engineered barrier material is one of the key properties for the design of such a disposal system. This explains the large number of studies that have been performed in this area: Dixon et al. (1987), Nachabe (1995) and Liu and Wen (2003) tested the permeability of saturated compacted bentonites and analysed the related influencing factors; Villar (2000, 2002) and Komine (2004) reported different empirical relations between dry density and saturated permeability of compacted bentonite; Komine (2004) predicted the saturated permeability of bentonite based on changes in the porosity. For the unsaturated bentonite, after an investigation to the unsaturated permeability of the mixture of the Kunigel V1 bentonite and Hostun sand under confined conditions, Loiseau (2001) found that for suction lower than 23 MPa, the unsaturated permeability increases with suction decrease, while for suction higher than 23 MPa, the unsaturated permeability decreases as suction decreases. Under both confined and unconfined conditions, Cui et al. (2008) tested the unsaturated permeability of the mixture of Kunigel-V1 bentonite/Hostun sand based on the instantaneous profile method, and found that as suction decreases, the unsaturated permeability decreases to a certain value and then turns to increase.

In addition, Haug and Wong (1992) tested a bentonite of two densities, 1.67 mg/m^3 and 1.81 mg/m^3, with water content comprised between 6 and 19%; they showed that the initial water content did not affect the hydraulic conductivity at saturated state. Romero et al. (1999) studied the water permeability, water retention of compacted Boom clay; they interpreted the obtained results based on the mercury intrusion porosimetry (MIP) observations. Loiseau et al. (2002) determined the hydraulic conductivity of a heavily compacted bentonite-sand mixture (70% Kunigel V_1-30% Hostun sand); they observed that in saturated condition, the permeability depends on the hydraulic gradient; under unsaturated condition, this dependence was found stronger because of the more significant interaction between clay and water. Hoffmann et al. (2007) studied the hydro-mechanical behaviour of a bentonite pellet mixture, showing that the saturated hydraulic conductivity and the swelling pressure appeared to be mainly controlled by the overall dry density of the sample rather than the initial grain size distribution.

From a practical point of view, for a geological repository involving bentonite-based engineered barriers, the first question raised is the time needed for the full saturation of bentonite barriers (Ye et al., 2009a). Addressing this question requires a good understanding of the complex water transfer process within the barriers. Most of numerical methods developed for this purpose use the hydraulic conductivity-suction relationship (Delage et al., 1998a; Delage et al., 1998b; Cui et al., 2008). If this relationship has been relatively well studied for various reference bentonites as MX 80, FoCa 7, Kunigel V1, etc., it is not the case for the Chinese bentonite, GMZ bentonite.

In view of these points, in this paper the basic hydraulic properties of GMZ bentonite are presented. In addition, the achievements on experimental and theoretic results obtained from compacted GMZ bentonite are put forward and discussed based on a review of the former studies. At last, the problems that should be solved and the key points that should be investigated are suggested for GMZ bentonite in the future.

2 Basic properties of GMZ bentonite

Gaomiaozi (GMZ) bentonite is a sodium bentonite, which originates from Inner Mongolia, China, 300 km northwest from Beijing. There are 160 million tons with 120 million tons Na-Bentonite reserves in the deposit and the mine area is about 72 km^2 (Liu et al., 2001). GMZ Bentonite is bedded, with a soapy texture and waxy appearance. The mineralization was a process of interaction between the firstly formed continental volcanic sediment and then suffering from interaction with ground water and weathering (Liu and Wen, 2003).

Preliminary researches have been conducted on the swelling, mechanical, hydraulic and thermal properties of GMZ bentonite. Results have shown that GMZ bentonite is a good buffer/backfill material for its relatively high thermal conductivity ($K=1.51$ W/(m·K) at a dry density of 1.6 mg/m^3 and a water content of 26.7%) (Ye et al., 2010), quite low water permeability (at saturated state, $k=1.94\times10^{-13}$ m/s at a dry density of 1.6 mg/m^3 and a temperature of 25 ℃) (Wen, 2006), a relatively high unconfined compression strength (1.74 MPa at a dry density of 1.6 mg/m^3 and a water content of 23.6%), and quite a high swelling pressure (3.17 MPa at a dry density of 1.6 mg/m^3) (Liu et al., 2001). Chen et al. (2006) completed the experimental investigation by determining the water retention curves of the GMZ bentonite and showed its high retention capacity which is necessary for ensuring the containment function of the engineered barrier systems.

Table 1 presents the mineralogical properties of the GMZ bentonite, as well as other reference bentonites: the Kunigel-V1, FoCa, MX-80 and FEBEX. These bentonites contain mainly montmorillonite, which is an essential mineral to ensure sealing properties. Beside the montmorillonite, there is quartz, which is also an important mineral for its particular influence on thermal conductivity (Tang et al., 2008).

Table 1　　　　　　　　Mineral composition of some Bentonites (Cui et al., 2011)

Mineral	Kunigel V1	FoCa	MX80	FEBEX	GMZ
Montmorillonite/%	46~49	80 (interstratified smectite/kaolinite)	79	92±3	75.4
Plagioclase/%	—		9.2	2±1	
Pyrite/%	0.5~0.7		—	0.02±0.01	
Calcite/%	2.1~2.6	1.4	0.8	Traces	0.5
Dolomite/%	2.0~2.8			0.60±0.13	
Gypsum/%	—	0.4		0.14±0.01	
Halite/%	—			0.13±0.02	
Analcite/%	3.0~3.5				
Mica/%	—		<1		
Feldspar/%	2.7~5.5		2.0	Traces	4.3
Cristobalite/%	—	—		2±1	7.3
Kaolinite/%	—	4	—	—	0.8
Quartz/%	29~38	6	2.8	2±1	11.7
Field organic	0.31~0.34	—	0.1	0.35±0.05	—

Table 1 shows that the montmorillonite content of the GMZ bentonite is lower than that of the MX-80 bentonite and the FEBEX bentonite but it is higher than that of the Kunigel-V1 bentonite. Good correlations can be established between the montmorillonite content and the CEC values. Indeed, the higher the montmorillonite content, the larger the CEC; the FEBEX bentonite with the highest montmorillonite content has the largest values of CEC. The Cation Exchange Capacity (CEC) of some bentonites is showed in Table 2 (Ye et al., 2010).

Table 2　　　　　　　　Cation exchange capacity of some bentonites (Ye et al., 2010)

Sample	CEC (meq/100 g)	Exchangeable cation (meq/100 g)			
		$E(K^+)$	$E(Na^+)$	$E(1/2Ca^{2+})$	$E(1/2Mg^{2+})$
GMZ	77.30	2.51	43.36	29.14	12.33
FEBEX	111+9	22.2+1.8	25.53+2.07	42.18+3.42	31.08+2.52
MX-80	78.7+4.8	1.3+0.2	66.8+4	6.6+0.33	4+0.3
Kunigel-V1	73.2	0.9	40.5	28.7	3.0

The physical properties of some bentonites are presented in Table 3. Compared to other bentonites, GMZ bentonite has high montmorillonite content, which gives it a high Cations

Exchange Capacity (CEC=77.30 meq/100 g), a large plasticity index (I_p=275), and a large specific surface area (S=570 m^2/g). Note also that the main base cations are Na and Ca.

Table 3　　　　　　　　Physical properties of some bentonites (Cui et al., 2011)

Parameter	Kunigel V1	FoCa	MX80	FEBEX	GMZ
Particle <2 μm/%	64.5	—	60	68	60
CEC/(meq/100 g)	73.2	54	82.3	102	77.30
Base cations exchange	Na-Ca	Ca	Na	Ca-Mg	Na-Ca
w_L/%	474	112	519	102	313
w_P/%	27	50	35	53	38
I_P	447	62	484	49	275
ρ_s/(mg·m^{-3})	2.79	2.67	2.76	2.70	2.66
S/(m^2·g^{-1})	687	300	522	725	570

As it can be seen in Table 3, the liquid limit of the GMZ bentonite is 313%, the plastic limit is 38% and the specific gravity is 2.66. The cation exchange capacity is 62.59 – 82.06 meq/100 g, and the major exchangeable cations are Na$^+$ (29.66 – 38.48 meq/100 g), Ca^{2+} (19.73 – 23.18 meq/100 g), Mg^{2+} (8.74 – 13.40 meq/100 g) and K$^+$ (0.47 – 1.01 meq/100 g) (Wen, 2006). The external specific surface is 33.9 m^2/g and the total specific surface is 570 m^2/g.

3　Water retention curves (WRCs)

To investigate soil-water characteristics of densely compacted GMZ bentonite, WRCs were determined both under confined and unconfined conditions at different temperatures. The WRCs of the GMZ bentonite at room temperature (20 ℃) were measured using the vapour phase technique and the osmotic technique by Chen et al. (2006) (Fig. 1). The result shows that, starting from the initial suction of 4.2 MPa, the difference between different confining conditions becomes less significant as the suction increases. However, for suctions lower than 4 MPa, the confined sample gives much lower water content: at the lowest suction (0.013 MPa) measured the difference in water content is as large as 140%.

Concerning the effect of temperature on the soil-water characteristics, preliminary results show that the water retention capacity of the highly-compacted GMZ bentonite decreases as temperature increases, regardless of the constraint conditions (Ye et al., 2009b).

The water retention curves of unconfined densely compacted GMZ bentonite samples following wetting path at temperatures are presented in Fig. 2.

Fig. 2 indicates that the temperature influence on water retention depends on suction. At high suctions, the water content decreases as temperature increases. While at low suctions,

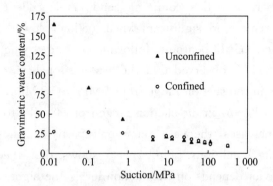 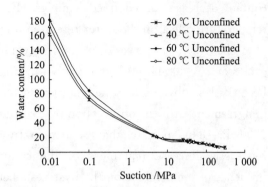

Fig. 1 WRC of the GMZ bentonite with dry density of 1.7 g/cm³ under confined and unconfined conditions at room temperature (Chen et al. 2006)

Fig. 2 SWRCs of compacted GMZ bentonite under unconfined conditions (20, 40, 60 and 80 ℃) (Wan et al., 2013)

the water content increases as temperature increases, and the maximum gravimetric water content can be higher than 180%.

Possible explanations to these phenomena could be that, for high suctions, increasing temperature leads more absorbed water to become free water and thereby to move from intra-aggregate pores into inter-aggregate pores. Meanwhile, the macro-pores changed little at these suction levels. Excessive water accumulated in the macro-pores will flow out in order to maintain a constant degree of saturation corresponding to the imposed suction, as a result, the water retention capacity of bentonite decreases. While for low suctions, the volume change behaviour of macro-pores plays an important role in the water retention capacity. As the GMZ bentonite is a Na-bentonite, the double diffuse layer in this material can significantly affect the expansion of pores upon hydration. As the double diffuse layer repulsion between clay particles increases with increasing temperature, the water retention capacity is thereby increased (Ye et al., 2009b).

The water retention curves of confined compacted GMZ bentonite following wetting path at different temperatures are presented in Fig. 3. It can be observed that, under confined conditions, the water retention capacity decreases as temperature rises. Moreover, this temperature influence strongly depends on suction. The maximum influence happens at a suction value around 10 MPa and then decreases as suction increases. When the suction is close to zero (0.01 MPa), the temperature effect is hardly observed. A possible explanation of this observation is that the lateral swelling stress applied to the compacted bentonite sample increases with suction decrease under confined conditions. Meanwhile, decreasing suction could not make more water moving into large pores, as most of the pores have already been filled with water. Therefore, at low suctions, water retention capacity is less affected by temperature with suction decrease.

Fig. 2 and Fig. 3 reveal that the temperature effect depends strongly on the constraint conditions. That is, at high suctions, water content decreases as temperature increases regardless of the confining conditions. On the contrary, at low suctions (lower than 7 MPa), increasing temperature engenders water content increase for unconfined samples but water content decrease for confined samples. Furthermore, this confining condition-dependent temperature effect on the water retention property is more significant when suction is lower.

The hysteresis curves of unconfined compacted GMZ bentonite following wetting/drying cycles at 20, 40 and 60 ℃ are shown in Fig. 4. It is observed that the hysteresis behavior becomes less obvious with temperature increase in the suction range from 4 MPa to 38 MPa, in agreement with the observation by Ye et al. (2009b) in the suction range from 38 MPa to 130 MPa. This indicates that, as temperature increases, the water retention capacity and the hysteresis decrease regardless of the confining conditions. Fig. 4 also shows that the influence of temperature on the hysteresis behavior depends on the suction level: the higher the temperature, the less obvious the hysteresis behavior.

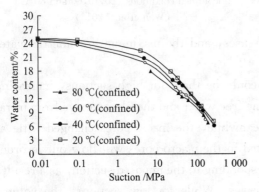

Fig. 3 SWRCs of compacted GMZ bentonite under confined conditions (20, 40, 60 and 80 ℃) (Ye et al., 2012)

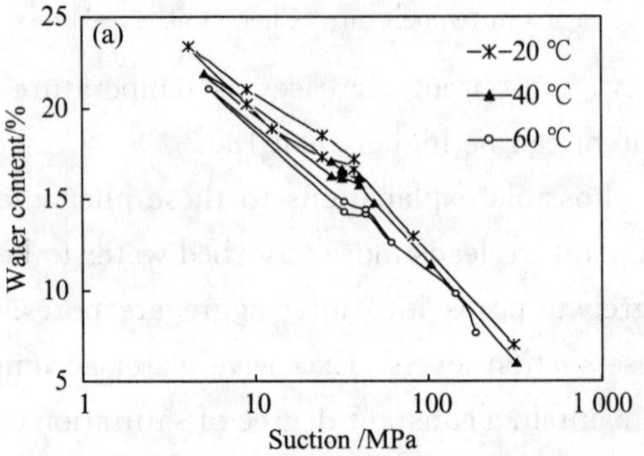

Fig. 4 Hysteresis behavior of unconfined GMZ bentonite at 20, 40 and 60 ℃ temperatures (Ye et al., 2012)

For modeling the soil water retention behavior of compacted GMZ bentonite with consideration of temperature effects, based on a comprehensive review of literatures (Brooks and Corey 1964; van Genuchten 1980; Fredlund and Xing 1994; Leij et al. 1997; Sánchez, 2004; Jacinto et al., 2009), Wan et al. (2013) extended the equation (Eq. (1) proposed by Fredlund and Xing (1994)) for description of water retention curves at room temperature (20 ℃) to temperature effects.

$$w = C(\psi) \frac{w_{sat}}{\left\{ \ln\left[e + \left(\frac{\psi}{a} \right)^n \right] \right\}^m} \tag{1}$$

Where ψ (MPa) is suction; ψ_r (MPa) is a suction corresponding to the residual water content (309 MPa was employed in Wan et al. (2013)); w_{sat} is the water content in the saturated state: $w_{sat} = 0.25$; parameter a is considered as the air entry value; m is related to the asymmetry of the curve around the inflection point; parameter n affects the slope of the SWRC in the de-saturation zone. $C(\psi)$ is a correction function defined as:

$$C(\psi) = 1 - \frac{\ln\left(1 + \frac{\psi}{\psi_r}\right)}{1 + \frac{1\,000}{\psi_r}} \tag{2}$$

To extend Eq. (1) to the temperature effect, the temperature effect on saturated water content w_{sat} should be included. Wan et al. (2013) proposed the following equation based on experimental data of saturated water content of GMZ bentonite at different temperatures:

$$w_{sat} = w_{sat}^0 + \zeta(T - T_0) \tag{3}$$

Where $T_0 = 293$ K is the reference temperature, w_{sat}^0 is the saturated water content at T_0 and ζ is a coefficient related to the temperature with a fitted value of -0.000096.

At the same time, analysis of SWRCs of compacted GMZ bentonite at 20 ℃, 40 ℃ and 60 ℃ indicates that for suctions higher than the air-entry value, the SWRCs at different temperatures are almost parallel, suggesting that parameters m and n (in Eq. (1)) of the SWRCs are hardly affected by temperature (Wan et al., 2013).

Based on these, Wan et al. (2013) established the following equation to describe the water retention curves of the densely compacted GMZ bentonite (1.7 mg/m³) with consideration of temperature effects:

$$w = C(\psi) \frac{w_{sat}(T)}{\left\{\ln\left[e + \left(\frac{\psi}{a(T)}\right)^n\right]\right\}^m} \tag{4}$$

Where $w_{sat}(T)$ is determined when dealing with Eq. 3, $w_{sat}(T) = 0.25 + 0.00018(T - 20 - 273.4)$. Parameters m and n are determined by fitting the SWRC at 20 ℃. For the confined compacted GMZ bentonite with the dry density of 1.7 mg/m³, $m = 0.5864$ and $n = 0.8086$. With SWRCs of compacted GMZ bentonite under confined conditions at 20, 40 and 60 ℃, corresponding air-entry values can be determined and fitted (Wan et al, 2013).

$$a(T) = -4.1474\text{Ln}(T - 273) + 20.395 \tag{5}$$

Eq. (4) was verified with the SWRC of compacted GMZ bentonite at 80 ℃ and the water retentioncurves obtained by Lloret and Villar (2007) on FEBEX bentonite with a dry density of 1.65 g/cm³ under confined conditions at temperatures 22 and 40 ℃. Results indicate that the relevance of the model developed in describing the water retention properties of compacted GMZ bentonite at different temperatures under confined conditions (Wan et al., 2013).

4 Hydraulic conductivity

During the long-term operation of repository, for the safety of the repository system, it is of primary importance to ensure their hydraulic conductivity to be as low as possible.

It is well recognized that hydraulic conductivity of compacted bentonite can be influenced by many factors such as mineral composition, density (the geometric properties and tortuous degrees of the pore channels), fluid properties (viscosity, chemistry) and temperature, etc. (Ye et al., 2009a; Ye et al., 2009b).

Wen et al. (2006) measured the saturated hydraulic conductivity of the GMZ bentonite with different dry densities and temperatures (Table 4). Results show that the saturated hydraulic conductivity (k_{sat}, m/s) of GMZ bentonite decreases with dry density and temperature increases. These results agree with that of Lloret and Villar (2007).

Table 4　　　　Saturated hydraulic conductivity of GMZ bentonite (Wen, 2006)

ρ_d/(g·cm^{-3})	Temperature/(℃)	k_{sat}/(m·s^{-1})
1.4	25	1.12×10^{-12}
	60	1.87×10^{-12}
	90	2.91×10^{-12}
1.6	25	1.94×10^{-13}
	60	3.61×10^{-13}
	90	5.75×10^{-13}
1.8	25	9.99×10^{-14}
	60	1.99×10^{-13}
	90	3.00×10^{-13}

With self-made apparatus (Fig. 5), Ye et al. (2013a) obtained saturated hydraulic conductivity of densely (1.70 g/cm³) compacted GMZ bentonite at temperatures. Based on these, the following equation was proposed as a revision model for prediction of the saturated hydraulic conductivity of the compacted GMZ bentonite considering temperature influences on both water viscosity and effective flow cross area (apparent porosity) in its porous channels (Ye et al., 2013a):

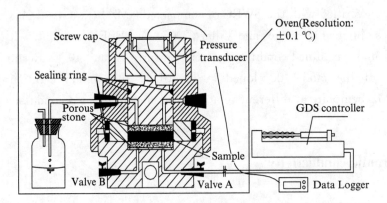

Fig. 5　Experimental setup for swelling pressure and saturated hydraulic conductivity test with temperature control (Ye et al., 2013a)

$$k_s = \frac{k_{in}(T)\rho_w g}{\eta(T)} = \frac{\exp(-45.703 + 0.005\,4 \times (T-273))\rho_w g}{0.000\,260\,1 + 0.001\,517\exp[-0.034\,688 \times (T-273)]} \quad (6)$$

Where k_s is saturated hydraulic conductivity, k_{in} intrinsic hydraulic conductivity, η water viscosity, T temperature, ρ_w water density and g acceleration of gravity.

With this equation, the values of saturated hydraulic conductivity at 50 and 60 ℃ can be calculated. Fig. 6 shows the comparison between calculation and measurement. It is observed that, for the compacted GMZ bentonite, the proposed model can well reflect the temperature influences on the saturated hydraulic conductivity.

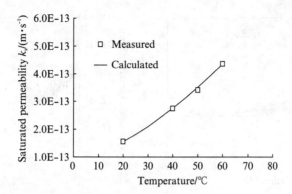

Fig. 6 Comparison between calculation and measurement for the saturated conductivity of the compacted GMZ bentonite at temperatures (Ye et al., 2013a)

Ye et al. (2009a) measured the unsaturated hydraulic conductivity of the GMZ bentonite at a density of 1.7 g/cm³ under confined conditions using a self-designed cell (Fig. 7).

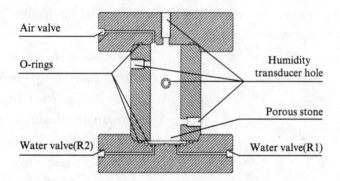

Fig. 7 Schematic layout of the infiltration cell (Ye et al., 2009a)

The instantaneous profile method, which needs the simultaneous monitoring of suction and volumetric water content profiles in a soil, was employed for determination of the unsaturated hydraulic conductivity. The evolution of the unsaturated hydraulic conductivity measured with suction is presented in Fig. 8. When suction is reduced from the starting point about 80 MPa to zero, the unsaturated hydraulic conductivity firstly decreases (68 MPa $<s<$ 80 MPa) and then increases (0 MPa $<s<$ 70 MPa) when suction decreases. The decrease can be attributed to the large pore clogging due to soft gel creation by the exfoliation process. The hydraulic conductivity of GMZ bentonite is about 2×10^{-14} m/s at 80 MPa suction and 7×10^{-15} m/s at 70 MPa suction (Ye et al., 2009a). At zero suction the value is about 10×10^{-13} m/s.

Niu (2008) investigated the unsaturated hydraulic conductivity of the densely compacted GMZ bentonite under unconfined conditions. Results (Fig. 9) show that the unsaturated hydraulic conductivity is in a larger range of 1.0×10^{-12} and 1.0×10^{-15} m/s and it develops gently with suction except for slight fluctuations both at the initial and the final stages of the experiment.

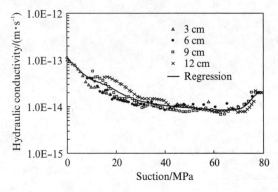
Fig. 8 Evolution of hydraulic conductivity of the GMZ bentonite with suction under confined conditions (Ye et al., 2009a)

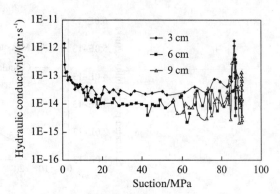
Fig. 9 Evolution of hydraulic conductivity of the GMZ bentonite with suction under unconfined conditions (Niu, 2008)

Figs. 8 and 9 reveal that, for the same suction, the unsaturated hydraulic conductivity of compacted GMZ bentonite under unconfined conditions is higher than that of under confined conditions. This is possibly induced by the difference in the mechanism of microstructural changes during hydration under different confining conditions.

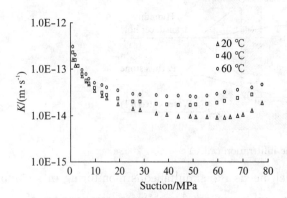
Fig. 10 Evolution of unsaturated hydraulic conductivity with suction for the confined GMZ bentonite at temperatures (Ye et al., 2012)

To assess the influence of temperature on the unsaturated permeability of the highly compacted GMZ bentonite, the unsaturated hydraulic conductivity of the confined specimen at 20 ℃ (Ye et al., 2009b) were compared to those measured at 40 ℃ and 60 ℃ (Ye et al., 2012) (Fig. 10). It can be seen that under confined conditions, the unsaturated hydraulic conductivity of the highly compacted GMZ bentonite increases with temperature rise. Moreover, the rate of change also decreases as temperature increases. The temperature effect becomes more significant at higher suctions (above 20 MPa). In the range of lower suctions (less than 20 MPa), it is observed that the lower the suction the less the temperature effect. The possible explanation is that for lower suctions the moisture absorbed by the bentonite is mainly associated with microstructure changes and the temperature effect on the microstructure is not significant.

This temperature effect can be explained by changes of water viscosity (Duley and Domingo, 1943; Hopmans and Dane, 1986; Constantz and Murphy, 1991), water density, and to some extent the intrinsic hydraulic conductivity. The water viscosity has been found to be the most significant factor (Delage et al., 2000). To remove the influence of temperature on water viscosity, the relative hydraulic conductivity is introduced to allow for a better analysis of the influence of temperature on hydraulic conductivity. Relationships between the relative permeability and degree of saturation (S_r) of the confined GMZ at 40 ℃ and 60 ℃ are given in Fig. 11. It can be observed that when Sr is higher than 0.57, the hydraulic conductivity at 60 ℃ is similar to that observed at 40 ℃. This means that in this range of degree of saturation the influence of temperature on permeability is mainly due to the influence on water viscosity. On the contrary, when S_r is lower than 0.57, the

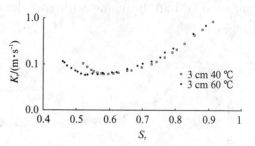

Fig. 11 Relationship between K_r and S_r of the confined GMZ at 40 ℃ and 60 ℃ (Ye et al., 2012)

relative permeability at 40 ℃ is found higher than that at 60 ℃. Interestingly, this threshold corresponds to a suction of 60 MPa, and from Fig. 10 it can be observed that when $s >$ 60 MPa the hydraulic conductivity decreases with suction decrease. In this suction range hydration leads to progressive macro-pores closing thus to a decrease in hydraulic conductivity. This macro-pore closing process can be assumed to be more significant at higher temperature because of softer clay aggregates and lower water viscosity, explaining a lower relative permeability at 60 ℃ than at 40 ℃. As the relative hydraulic conductivity has been found independent of temperature when $S_r > 0.57$ (Fig. 12), it can be supposed that the macro-closing process ended when $S_r > 0.57$; in other words, the influence of temperature on pore structure became insignificant in this range.

Based on Fig. 10 - 11 and microstructure variations obtained from MIP test, a revised fractal model for prediction of unsaturated hydraulic conductivity of compacted bentonite with consideration of temperature effects and microstructure changes was developed by Ye et al. (2013b).

$$k_w = k_s(T) k_r(s, T) = k_s(T) \times A \times B \left(\frac{s(T)}{a(T)} \right)^{-\lambda \left(n+1+\frac{2}{\lambda} \right)} \quad (7)$$

Where, $k_s(T)$ is saturated hydraulic conductivity of compacted GMZ bentonite with consideration of temperature effects, which can be calculated by equation (5). Parameter A is the influencing factor of microstructure changes, B is the influence coefficient of the effective degree of saturation on the variation of void ratio. For the compacted GMZ01 bentonite specimen tested: $B = 0.515$. Based on the measured unsaturated hydraulic conductivity of densely compacted GMZ01 bentonite with a dry density of 1.7 mg/m³ under confined conditions at temperatures 40 ℃ and 60 ℃ in Fig. 11, parameters A and n were fitted: $n = -5.371$ and $A = 0.51$. With MIP observations, the value of the fractal dimension $D = 2.712$ and the fractal dimension coefficient $\lambda = 0.288$.

Then, equations (3) and (4), as well as the fitted values of parameters A, n and λ were substituted into equation (12), the unsaturated hydraulic conductivity of the compacted GMZ01 bentonite at 20 ℃ was determined. After that, the calculated unsaturated hydraulic conductivity was compared to the measured ones in Fig. 9.

Equation (6) can be used for prediction of unsaturated hydraulic conductivity of compacted GMZ01 bentonite with consideration of temperature effects and microstructure changes.

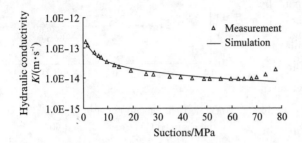

Fig. 12 Comparison between the prediction and measurement at 20 ℃ temperature(Ye et al., 2013b)

Verification result (Fig. 12) indicates that equation (6) can give good prediction of the unsaturated hydraulic conductivity of densely compacted GMZ01 bentonite under confined conditions in a suction range of 0 – 70 MPa. But deviation occurs in higher suctions (>70 MPa). This deviation may result from the inter-aggregate pores clogging (Ye et al., 2009b), which probably induced by the soft gel created by exfoliation process that occurs around the macro-pores during aggregate hydration. While, the revised model eq (6) has not considered this gel creating process. Further development is needed to take into account of this phenomenon.

5 Conclusions

The GMZ bentonite has been selected as a potential material for engineered barrier in the Chinese program of geological nuclear waste disposal. Studies on hydraulic behaviour of GMZ bentonite have been performed since 1980s. Based on a review of the former studies, achievements on experimental and theoretic results obtained on the hydraulic behaviour of compacted GMZ bentonite are presented in this paper.

Concerning the water retention properties of GMZ bentonite, at high suctions (> 4 MPa) the water retention capacity is independent of the confining condition, and at low suctions (<4 MPa) the confined condition resulted in significant low water retention. Under unconfined conditions, the temperature effect at high suctions is different from that at low suctions. At high suctions, the water content decreases with temperature increase, while at low suctions the water content increases as temperature increases. Under confined conditions, the water retention capacity is reduced by temperature rise. This temperature effect was found suction dependent. The hysteresis behaviour of unconfined compacted bentonite was found reduced with temperature increase. Note that the hysteresis behaviour is not obvious on the whole. An equation was proposed to describe the water retention curves of the densely compacted GMZ bentonite, and a revised water retention model was developed for considering the temperature effect. Comparison between the calculated results and the experimental data shows the relevance of the model developed in describing the water retention properties of compacted GMZ bentonite at different temperatures under confined conditions.

Results show that the saturated hydraulic conductivity of the GMZ bentonite decreases with dry density and temperature increases. Models for prediction of it have been developed and verified. When considering both the temperature influence on water viscosity and the effective flow cross-sectional area of porous channels, the model can satisfactory account for the temperature effects.

The unsaturated hydraulic conductivity of GMZ bentonite was determined using the instantaneous profile method. Results show that the unsaturated hydraulic conductivity of GMZ bentonite decreases first from $2 \cdot 10^{-14}$ m/s to $7 \cdot 10^{-15}$ m/s and then increases to $10 \cdot 10^{-13}$ m/s with suction decrease from an initial value of 80 MPa to zero. The decrease can be attributed to the large pore clogging due to soft gel creation by exfoliation process. Indeed, as in the beginning water transfer is primarily governed by the network of large pores and these large pores are progressively decreasing in quantity and in size, the hydraulic conductivity decreases. After completion of this large-pore clogging by gel creation, a normal conductivity increase with suction decrease was observed. The unsaturated hydraulic conductivity of compacted GMZ bentonite under unconfined conditions is higher than that of under confined conditions. This is possibly induced by the difference of the mechanism of microstructural changes during hydration under different confining conditions. Under confined conditions, the unsaturated hydraulic conductivity of the highly compacted GMZ bentonite increases with temperature rise. Moreover, the rate of change also decreases as temperature increases. The temperature effect becomes more significant at higher suctions (above 20 MPa). The possible explanation is that for lower suctions the moisture absorbed by the bentonite is mainly associated with microstructure changes and the temperature effect on the microstructure is not significant. This temperature effect can be explained by changes of water viscosity. When the degree of saturation is higher than 0.57, the influence of temperature on permeability is mainly due to the influence on water viscosity.

Compared to the studies on the other bentonites in the world, investigation on the GMZ bentonite using as a buffer/backfill material is still in its primary stage. Although some achievements have been made on the investigation of the hydraulic behaviour of GMZ bentonite, there are still some issues that should be the key ones to be explored in the future. For example, the hydraulic behaviour of the contact surface between the GMZ bentonite and the host rock (granite in the Chinese geological disposal for nuclear waste) has been scarcely studied. The migration of radionuclide in compacted bentonite and sealing properties of the GMZ bentonite-based materials under THM coupled conditions also should be investigated.

6　Acknowledgments

The authors are grateful to the National Natural Science Foundation of China (Projects No. 41030748), China Atomic Energy Authority (Project [2011] 1051), Program for Changjiang Scholars and Innovative Research Team in University (PCSIRT, IRT1029).

References

[1] Chen B, Qian L X, Ye W M, Cui Y J, Wang J. Soil-water characteristic curves of Gaomiaozi Bentonite[J]. Chinese Journal of Rock Mechanics and Engineering, (21): 1054-1058.

[2] Constantz J, Murphy F. The temperature dependence of ponded infiltration under isothermal conditions[J]. J Hydrol, 1991, 122: 119-128.

[3] Cui Y J, Tang A M, Loiseau C, Delage P. Determining the unsaturated hydraulic conductivity of a compacted sand-bentonite mixture under constant-volume and free-swell conditions[J]. Physics and Chemistry of the Earth, 2008, 33: 462-471.

[4] Delage P, Cui Y J, Yahia Aissa M, De Laure E. On the unsaturated hydraulic conductivity of a dense compacted bentonite[J]. Proc. of unsat '98, Beijing, 1998(1): 344-349.

[5] Delage P, Howat M, Cui Y J. The relationship between suction and swelling properties in a heavily compacted unsaturated clay[J]. Engineering Geology, 1998, 50: 31-48.

[6] Delage P, Sultan N, Cui Y J. On the thermal consolidation of Boom clay[J]. Can Geotech J, 2000, 37(2): 343-354.

[7] Dixon D A, Cheung S C H, Gray M N, Davidson B C. The hydraulic conductivity of dense clay soils[J]. Proceedings of the 40th Canadian Geotechnical Conference, Regina, Saskatchewan-Canada, 1987: 389-396.

[8] Dixon D A. Pore water salinity and the development of swelling pressure in bentonite-based buffer and backfill materials[R]. POSIVA Report 2000-04, Posiva Oy, Helsinki, Finland, 2000.

[9] Duley F L, Domingo C E. Effect of water temperatura on rate of infiltration[J]. Soil Sci Soc proc, 1943, 31: 129-131.

[10] Fredlund D G, Xing A. Equations for the soil-water characteristic curve[J]. Canadian Geotechnical Journal, 1994 (31): 521-532.

[11] Gens A. The role of geotechnical engineering in nuclear energy utilization: special lecture[R]. Proc. 13th Eur. Conf. Soil Mech. Geotech. Eng., Prague, 2003, 3: 25-67.

[12] Haug M D, Wong L C. Impact of molding water contention hydraulic conductivity of compacted sand-bentonite[J]. Canadian Geotechnical Journal, 1992, 29: 253-262.

[13] Herbert H J, Moog H C. Cation exchange, interlayer spacing, and water content of MX-80 bentonite in high molar saline solutions[J]. Engineering Geology, 1999, 54: 55-65.

[14] Hoffmann C, Alonso E E, Romero E. Hydro-mechanical behaviour of bentonite pellet mixtures[J]. Physics and Chemistry of the Earth, 2007, 32: 832-849.

[15] Hopmans J, Dane J. Temperature dependence of soil hydraulic properties[J]. Soil Sci Soc Am J, 1986, 50: 4-9.

[16] Hurel C, Marmier N. Sorption of europium on a MX-80 bentonite sample: experimental and modelling results. Journal of Radioanal Nuclear Chemistry, 2010, 284: 225-230.

[17] Imbert C, Villar M V. Hydro-mechanical response of a bentonite pellets/powder mixture upon infiltration[J]. Applied Clay Science, 2006, 32: 197-209.

[18] Komine H. Simplified evaluation on hydraulic conductivities of sand-bentonite mixture backfill[J]. Applied Clay Science, 2004, 26(1-4): 13-19.

[19] Liu Y M, Xu G Q, Liu S F. Study on the Basic Property of Gaomiaozi Bentonite, Inner Mongolia[M]. China Nuclear Industry Audio And Visual Publishing House, Beijing, 1-20 (in Chinese), 2001.

[20] Liu Y M, Wen Z J. An investigation of the physical properties of clayey materials used in nuclear waste disposal at great depth[J]. Mineral rocks, 2003, 23(4): 42-45 (in Chinese).

[21] Lloret A, Villar M V. Advances on the knowledge of the therm-hydro-mechanical behaviour of heavily compacted FEBEX bentonite[J]. Physics and Chemistry of the Earth, 2007, 32: 701-715.

[22] Loiseau C. Transferts d'eau et couplages hydromécaniques dans les barriers ouvragées[D]. CERMES/ENPC, France, 2001.

[23] Loiseau C, Cui Y J, Delage P. The gradient effect on the water flow through a compacted swelling soil. Proc[J]. 3rd International Conference Unsaturated Soils, UNSAT 2002 Recife, Brazil, Balkema, 2002(1): 395-400.

[24] Nachabe H M. Estimating hydraulic conductivity for models of Soils with Macro-pores. Journal of Irrigation and Drainage Engineering, 1995,121(1): 95-102.

[25] Nakashima Y. H_2O self-diffusion coefficient of water-rich MX-80 bentonite gels[J]. Clay Minerals, 2006,41: 659-668.

[26] Niu W J. Study on unsaturated permeability of densely compacted bentonite under free swelling conditions[D]. Tongji University, Shanghai (in Chinese), 2008.

[27] Romero E, Gens A, Lloret A. Water permeability, water retention and microstructure of unsaturated compacted Boom clay[J]. Engineering Geology, 1999,54: 117-127.

[28] Tang A M, Cui Y J, Le T T. A study on the thermal conductivity of compacted bentonites[J]. Applied Clay Science, 2008,41: 181-189.

[29] Villar M V. Caracterización termo-hydro-mecánica de una bentonita de Cabo de Gata[D]. Universidad Complutense de Madrid. Madrid (in Spanish), 2000.

[30] Villar M V. Thermo-hydro-mechanical characterization of a bentonite from Cabo de Gata. A study applied to the use of bentonite as sealing material in high level radioactive waste repositories[M]. Publicación Técnica ENRESA, Madrid, Spain, 2002.

[31] Wan M. Study on Soil-water Characteristics and Permeability of Highly Compacted GMZ Bentonite with Temperature Control. Doctorate thesis (in Chinese), 2010.

[32] Wan M, Ye W M, Chen Y G, et al. Temperature effects on the water retention properties of compacted GMZ01 bentonite[J]. Canadian Geotechnical Journal (under revision), 2013.

[33] Wang J, Sui R, Chen W, et al. Deep geological disposal of high-level radioactive wastes in China[J]. Chinese Journal of Rock Mechanics and Engineering, 2006,25(4): 649-658.

[34] Wen Z J. Physical property of China's buffer material for high level radioactive waste repositories[J]. Chinese Journal of Rock Mechanics and Engineering, 2006,25: 794-800 (in Chinese).

[35] Ye W M, Cui Y J, Qian L X, et al. An experimental study of the water transfer through confined compacted GMZ bentonite[J]. Engineering Geology, 2009(108): 169-176.

[36] Ye W M, Wan M, Chen B, et al. Effect of temperature on soil-water characteristics and hysteresis of compacted Gaomiaozi bentonite[J]. J of Central South Univ of Tech, 16(5): 821-826.

[37] Ye W M, Chen Y G, Chen B, et al. Advances on the knowledge of the buffer/backfill properties of heavily-compacted GMZ bentonite[J]. Engineering Geology, 2010(116): Issues 1-2, 12-20.

[38] Ye W M, Wan M, Chen B, et al. Temperature effects on the unsaturated permeability of the densely compacted GMZ01 bentonite under confined conditions[J]. Engineering Geology, 2012(126): 1-7.

[39] Ye W M, Wan M, Chen B, et al. Temperature effects on the swelling pressure and saturated hydraulic conductivity of the compacted GMZ01 bentonite[J]. Environmental Earth Science, (68): 281-288.

[40] Ye W M, Wan M, Chen B, et al. An Unsaturated Hydraulic Conductivity Model for Compacted GMZ01 Bentonite with Consideration of Temperature[J]. Environmental Earth Sciences, 2013. DOI: 10.1007/s12665-013-2599-1.

高碱性溶液对高庙子(GMZ)膨润土溶蚀作用的研究*

陈 宝 张会新 陈 萍

(同济大学岩土及地下工程教育部重点实验室，上海 200092)

摘要 在高放性核废物地质处置库中，碱性孔隙水长期入渗可能会对膨润土的缓冲封闭性能产生不良影响。为了研究高碱性溶液对膨润土的溶蚀作用及其机理，本文用 NaOH 溶液模拟高碱性孔隙水，对初始干密度为 1.70 g/cm³ 的高庙子(GMZ)膨润土试样进行渗透侵蚀，并借助 X 射线衍射(XRD)和能谱分析(EDS)测试，对侵蚀后各试样的矿物成分和 Mg 元素的含量的变化进行测定分析。结果表明：GMZ 膨润土含有蒙脱石、石英、斜长石和微斜长石(或方石英)，且主要有效组分为蒙脱石；在试验过程中，经高碱性溶液的侵蚀，试样的主要原生矿物的种类没有减少，也没有检测到新物质的生成，但膨润土试样中的蒙脱石和 Mg 元素的含量随着侵蚀碱性溶液浓度的增大而降低，这说明在高碱性溶液的侵蚀作用下，膨润土中的蒙脱石发生了溶解。因此，碱性孔隙水的长期入渗会对膨润土产生溶蚀作用，进而降低膨润土的膨胀性能，增大膨润土的有效孔隙比和渗透性，最终削弱了膨润土的缓冲封闭性能。

关键词 土力学；膨润土；高碱性；X 射线衍射；蒙脱石；溶蚀

Geochemical Interations Betweencompacted Gaomiaozi (GMZ) Bentonite And Hyper-alkaline Solution

CHEN Bao ZHANG Huixin CHEN Ping

(Key Laboratory of Geotechnical and Underground Engineering of Ministry of Education, Tongji University, Shanghai 200092)

Abstract The high-alkaline pore fluid mayaffect buffer and sealing properties ofbentonite over a long-term period in the geological radioactive waste repository. In order to investigate the dissolution and its mechanism of bentonite by hyper-alkaline pore water, the permeability and erosion tests, which use NaOH solutions to simulate the hyper-alkaline pore water, are carried out forthe compacted Gaomiaozi (GMZ) bentonite samples with an initial dry density of 1.70 g/cm³; then X-ray diffraction (XRD) and energy dispersive spectrometer (EDS) are applied to investigate the alteration of mineral components and Mg content of samples. Test results present that: (1) Montmorillonite, quartz, albite and microcline (or cristobalite) are components of GMZ bentonite; and montmorillonite is the main effective component. (2) No original minerals vanish and secondary minerals produce are observed during the experiments

---

* 岩石力学与工程学报(CN: 42-1397/O3)2012 年收录

simulating period, but values of montmorillonite and Mg content of bentonite samples decrease with the increase of concentration of the hyper-alkaline solution, which indicates the dissolution of montmorillonite under the erosion of the hyper-alkaline solutions. Therefore, under long-term infiltration of hyper-alkaline pore water, bentonite dissolves, which results in the reduce of the swelling potential, amplification of the effective porosity and permeability, and finally the buffer and sealing capability of bentonite droping.

Keywords bentonite; hyper-alkaline; XRD test; montmorillonite; dissolution

1 引言

膨润土具有高膨胀性、低渗透性和强离子吸附性能,因而被许多国家首选为高放性核废物地质处置库的缓冲/回填材料。在处置库的万年设计年限内,处置库建设的主要建造材料——混凝土将衰退分解,并与地下水作用形成高碱性孔隙水,在相对短期内,高碱性孔隙水的pH值可能会大于13。高碱性孔隙水会随着地下水迁移扩散至与其接触的膨润土,可能会造成膨润土矿物成分的变化,进而对膨润土的缓冲封闭性能产生影响[1-6]。因此,研究高碱性孔隙水对膨润土的化学溶蚀作用,据此从微观机制上研究碱性孔隙水对膨润土缓冲封闭性能的影响,具有极其重要的意义。

J. A. Chermak[7]在对高碱性溶液对膨润土矿物成分的影响的研究中得出,在膨润土和高碱性孔隙水的整个反应过程中,膨润土矿物的变化起着关键作用。反应环境因素(pH值、温度、时间等)的差异会导致生成的次生矿物的不同,宏观表现为造成膨润土缓冲封闭性能改变的程度的不同。D. Deneeled等[5,8-9]通过X射线衍射(XRD)试验,对在不同温度、不同反应时间等条件下经碱溶液侵蚀的试样进行矿物成分分析,发现在碱溶液长期渗透侵蚀作用下,膨润土中的有效成分蒙脱石不断溶解,并产生相应的次生矿物。O. Karnland等[10]采用不同浓度的$NaOH-NaCl$和$Ca(OH)_2-CaCl_2$溶液对MX-80膨润土试样进行渗透侵蚀,并对渗透后的试样进行XRD测试发现,经碱溶液渗透的试样,其主要组分(蒙脱石和石英)发生溶解。D. Savage等[11-12]用PRECIP软件,针对25 ℃和70 ℃条件下,碱性孔隙水组分的变化、蒙脱石的溶解机制、次生矿物的生成和变化等进行了数值模拟研究,结果表明,高碱性溶液会造成膨润土中原生矿物,特别是主要有效成分(蒙脱石)的溶解,同时生成不具膨胀性的次生矿物,从而导致膨润土孔隙率的增大,进而提高了膨润土的渗透性,并且高碱性孔隙水的浓度主导着膨润土的改变。

R. Fernández等[13]将碱溶液对膨润土的侵蚀划分为3个阶段:水泥衰退产生的碱性物质随地下水渗入膨润土形成碱性孔隙水阶段;原生矿物,特别是蒙脱石和硅化物的溶解阶段;高碱性溶液的渗透阶段。其中在第二阶段中,蒙脱石的溶蚀导致第三阶段膨润土渗透性的明显增加,缓冲封闭性能被显著破坏。在对渗透后试样进行XRD分析也印证了碱溶液对膨润土有效成分蒙脱石产生的溶蚀,且温度越高,溶蚀越明显;并且NaOH溶液的溶蚀作用比$Ca(OH)_2$溶液的更明显;并用PHREEQC模拟验证了试验结论。

我国预选高庙子(GMZ)钠基膨润土为高放性核废物地质处置库的缓冲/回填材料,因GMZ膨润土与国外研究的膨润土在土质、矿物组分及矿物组分的含量等方面均有较大的差别,因此,针对高碱性溶液对GMZ膨润土性能影响的机制分析和溶蚀作用的研究很有必要,但目前国内对这方面的研究几乎没有,尚处于起步阶段。故本文选用 GMZ 膨润土为研究对象,用不同浓度的 NaOH 溶液模拟可能出现的不同 pH 值的高碱性孔隙水,借助自主研制的适用于碱溶液入渗的膨胀渗透仪,对高压实的膨润土试样进行渗透侵蚀,并对侵蚀后的试样进行 XRD 试验和能谱分析(EDS)试验,研究高碱性溶液对 GMZ 膨润土化学成分变化的影响,进而从微观机制上对碱溶液侵蚀对 GMZ 膨润土缓冲封闭性能的影响研究。

2 试样制备与试验方案

2.1 试样制备

2.1.1 试验材料

根据国外的工程经验,用于核废物地质处置库建设的膨润土,干密度一般为 1.65~1.75 g/cm³,故本文试验选用初始干密度为 1.70 g/cm³ 的 GMZ 钠基膨润土为研究对象。GMZ 膨润土的基本物理化学性质如表 1[16-17]所示。

表 1　　GMZ 膨润土的基本物理化学性质[16-17]
Table 1　　Basic physico-chemical properties of GMZ bentonite[16-17]

相对密度 G_s	pH	液限 /%	塑限 /%	总比表面积 /(m²·g⁻¹)	主要交换离子及含量/mmol·g⁻¹				主要矿物质量百分比/%			
					Na^+	Ca^{2+}	Mg^{2+}	K^+	蒙脱石	石英	长石	方石英
2.66	8.68~9.86	276	37	570	0.433 6	0.291 4	0.123 3	2.51	75.4	11.7	4.3	7.3

混凝土长期衰退并与地下水混合形成的碱性孔隙水主要为 $Ca(OH)_2$ 溶液,但因 GMZ 膨润土和我国核废物处置库预选址地区地下水中的阳离子主要为钠离子[15],在一定时间期限内,渗入膨润土缓冲层的钙离子浓度相比高庙子钠基膨润土内部原有的钠离子而言仍较少,并且 OH^- 等碱性离子对膨润土缓冲/回填性能的影响远高于 Ca^{2+} 离子的作用[9,13]。故本文试验选用浓度分别为 0.1,0.3 和 0.6 mol/L 的 NaOH 溶液模拟高碱性孔隙水,对膨润土试样进行渗透侵蚀,并以蒸馏水入渗试样为参照进行对比分析。

2.1.2 试样制备

采用 CSS - 44300 型 300 kN 微机控制电子万能试验机,以 0.1 mm/min 的垂向速率压制成直径为 5 cm,高度为 1 cm 的圆柱形试样,且试样的初始干密度为 1.70 g/cm³。

2.1.3 碱溶液渗透

根据渗透溶液的 pH 值对试样进行编号,如表 2 所示。采用自主研制的适用于碱溶液入渗的膨胀渗透仪依次开展渗透侵蚀试验,仪器示意图如图 1 所示。

表 2　　试样编号和溶液的 pH 值
Table 2　　Sample number and pH value of solution

试样编号	渗透溶液	pH 值
1	蒸馏水	7.0
2	0.1 mol/L 的 NaOH 溶液	13.0
3	0.3 mol/L 的 NaOH 溶液	13.5
4	0.6 mol/L 的 NaOH 溶液	13.8

高放射性核废物地质处置库一般建设在距地表 500～1 000 m 深的合适岩体中[14],而我国处置库建设的预选场地为海拔 1 400～1 700 m 的甘肃北山地区[15],综合考虑预选场地的海拔高度和处置库的深度,自然状态下处置库的温度接近常温水平。因此本文选择 25 ℃常温下开展渗透侵蚀试验。当试验进行到第 10 d 时,各试样的渗透系数基本稳定[18],此时认为渗透侵蚀试验结束。

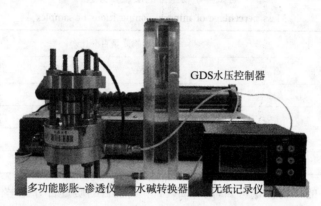

图 1 适用于碱性溶液入渗的膨胀渗透仪示意图
Fig. 1 Schematic diagram of swelling-permeameter suitable to hyper-alkaline infiltration

2.2 XRD 试验

根据不同物质所对应的衍射角不同,可通过 XRD 试验确定试样中具有确定晶格结构化合物的种类,衍射强度峰值则是化合物含量的直观反映。

本文采用 D/max-rA 12 kW 旋转阳极 X 射线粉末衍射仪,对粉末试样进行扫描分析。根据 JY/T 009—1996 转靶多晶体 X 射线衍射方法通则和 PDF2 粉末衍射数据库,采用石墨弯晶单色器对预制成粉末状试样进行扫描分析,其技术指标为:X 射线为 CuKα(0.154 18 nm),管电压为 40 kV,管电流为 100 mA,扫描速度为 8°(2θ)/min,采数步宽为 0.02°(2θ)。

具体试验步骤为:首先,待渗透试验达到稳定后(约 10 d)取出试样,放入烘箱烘干并用密封袋密封保存;在 26.0 ℃温度,58.0%相对湿度条件下,过圆心按扇形切取 2～3 g 块状试样,研磨成粒度小于 20 μm 的粉末,以保证试样的均匀性;将粉末试样装入装样台,开始对试样进行扫描测试,并采用 Jade 软件对扫描结果进行数据分析处理。

3 试验结果与分析

3.1 试样的矿物成分

经 XRD 测试分析得到,试样的主要矿物组分为蒙脱石、石英、斜长石和少量的微斜长石。各矿物组分所占的质量百分数如表 3 所示,对比表 1 和表 3 中各主要矿物组分及其质量百分比含量可知,经蒸馏水入渗的试样,其主要矿物组分(蒙脱石、石英和斜长石)的百分含量与原状土样差别不大。试验检测到试样中含有微量的微斜长石,不含有方石英。根据 XRD 衍射误差的分析,一般而言,矿物含量大于 40%时,相对偏差小于 10%;矿物含量为 20%～40%时,相对偏差小于 20%;矿物含量为 5%～20%时,相对偏差小于 30%;矿物含量小于 5%时,相对偏差小于 40%。而表 1 中方石英的含量为 7.3%,表 3 中微斜长石的含量为 3%～5%,按照常规 X 射线衍射误差范围的分析，试验检出微斜长石而未检出方石英应在误差范围内。另外，膨润土的取土批次或膨润土矿藏位置的不同等，也可能是造成矿物含量微小差别的原因。实际上，膨润土缓冲/回填性能主要来源于其有效成分（蒙脱石），并且蒙脱石在各膨润土试样中均占 60% 以上，因此本文主要考虑碱溶液对膨润土试样中蒙脱石含量的影响。

表 3　　各试样矿物组分的质量百分数
Table 3　　Mass percentage of mineral compositions of samples

试样编号	矿物质量百分比/%			
	石英	蒙脱石	斜长石	微斜长石
1	15	74	8	3
2	20	67	8	5
3	22	66	7	5
4	19	62	16	3

对比试样 1~4 的矿物含量可知，试样 1~4 中蒙脱石的质量百分比呈依次减小趋势，但均在 60% 以上；试样的主要矿物组分没有变化。根据 D. Savage 等[11]的研究，碱溶液侵蚀膨润土会造成膨润土主要矿物成分（蒙脱石）的溶解，并会生成相应的次生矿物。但在本文试验过程中，未检测出新物质的生成。因此，可以说明，高碱性溶液会对膨润土的主要有效成分（蒙脱石）产生溶蚀作用，但在一定时期内，没有次生矿物的生成，或者生成的次生矿物处于无定形状态[19]。

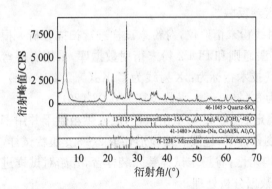

图 2　试样的总衍射图谱和各矿物组分衍射图谱
Fig. 2　X-ray diffraction(XRD) map of sample and the components

3.2　试样的 X-射线衍射图谱

经蒸馏水入渗后的试样所对应的各矿物成分的 XRD 衍射图谱与总图谱的对应关系如图 2 所示。其余各组试样的 XRD 衍射图谱对应关系与图 2 所示曲线相似。蒙脱石矿物的 XRD 衍射第一个峰值所对应的衍射角为 5°~7°，与总图谱上的第一个峰值对应。

对经不同浓度溶液入渗侵蚀的试样进行 XRD 测试分析，衍射总曲线如图 3 所示，其中试样中蒙脱石的衍射曲线如图 4 所示。

试样 1~4 衍射峰值强度所对应的衍射角分别为 5.68°，5.84°，5.84° 和 6.70°，在 5°~7° 范围内。试样中蒙脱石的衍射峰值强度分别为 6 450，5 536，4 814 和 3 650 CPS，且衍射峰值所对应的角度随着碱溶液浓度的增大略微右移。但将各试样的试验数据按照石英的 101 衍射峰进行标定不难发现，蒙脱石的峰值起始角度与终止角度基本一致，仅是峰顶的位置有所偏移，可能是受数据采集分析过程中的个别异常点的影响。

为排除取样和测试等试验误差对 XRD 测试结果准确性的影响，本文试验还分别对渗透试样 1~4 的不同位置再次采样，重复进行 XRD 测试用作平行参照分析，对比试样的总衍射曲线和试样中蒙脱石的衍射曲线分别如图 5、图 6 所示。

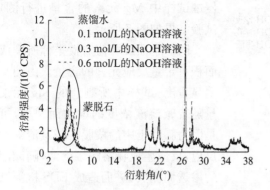
图 3 经不同浓度溶液入渗后试样的衍射曲线
Fig. 3 X-ray diffraction(XRD) curves of samples submitted to permeation of solutions with different concentration

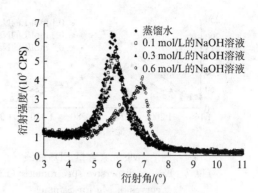
图 4 各试样中蒙脱石的衍射曲线
Fig. 4 X-ray diffraction(XRD) curves of montmorillonite of samples

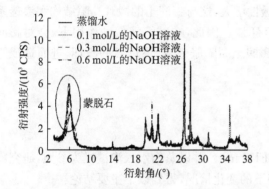
图 5 对比试样中各组分含量的 X 射线衍射曲线
Fig. 5 X-ray diffractioncurvesof compositions of compared samples

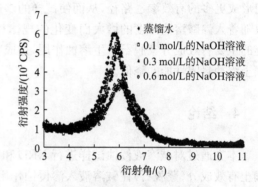
图 6 对比试样中蒙脱石含量的 X 射线衍射曲线
Fig. 6 X-ray diffraction(XRD) curves of montmorillonite of compared samples

由图 5、图 6 可见,对比试样的衍射峰值强度所对应的衍射角分布基本一致,均在 5°～7°范围内,但衍射峰值基本没有偏移。相同浓度碱溶液侵蚀作用下蒙脱石衍射峰值强度的总体范围和不同浓度碱溶液侵蚀作用下蒙脱石衍射峰值强度的变化规律(见图 3、图 4)基本保持一致,试样的衍射峰值强度随入渗碱溶液浓度的增大而降低。

由上述 XRD 测试结果可知,蒙脱石的衍射峰值强度随着侵蚀碱溶液浓度的增大而降低,说明在碱溶液入渗侵蚀作用下,膨润土中的有效成分(蒙脱石)发生了溶解,其中碱溶液的浓度是影响蒙脱石溶解程度的一个重要因素[6,11-12]。

3.3 EDS 能谱分析结果

由表 1 和表 3 可知,膨润土试样的主要组分石英(方石英)、斜长石、微斜长石和蒙脱石的化学式分别为:SiO_2,$(Na,Ca)Al(Si,Al)_3O_8$,$K(AlSi_3)O_8$ 和 $(Na,Ca)_{0.33}(Al,Mg)_2(Si_4O_{10})(OH)_2 \cdot nH_2O$。膨润土试样的各组分中,只有蒙脱石含有 Mg 元素,因此,通过检测各试样中 Mg 元素的含量可对各试样中蒙脱石的含量变化进行验证分析。

膨润土试样中 Mg 元素的含量可借助能谱仪进行能谱分析试验(EDS)得到。本文试验采用 Hitachi H-9000NAR 高分辨透射电镜所附带的 EDS 能谱分析仪,对不同浓度碱溶液入渗

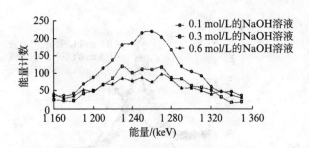

图 7 Mg 元素含量 EDS 曲线
Fig. 7 Energy dispersive spectrometer (EDS) curves of Mg for Samples

侵蚀试样中 Mg 元素的含量进行测定，试验结果如图 7 所示。

图 7 中曲线峰值与横坐标所围成的面积可定量反应元素的含量。由图 7 可明显看出，试样中所剩余的 Mg 元素含量随着碱溶液浓度的增大而减小，可能是因为膨润土中的蒙脱石与碱溶液发生反应，反应生成物溶解于溶液，随碱溶液的渗透而流失，进而造成 EDS 检测试样中 Mg 元素的减少。

蒙脱石是膨润土具有高膨胀性和低渗透性的关键因素，蒙脱石的溶解会造成膨润土双电层的破坏，进而造成膨润土膨胀力的降低，这与膨润土的最终膨胀力随着入渗碱溶液浓度的增大而降低的变化规律相符[18]。另外，膨润土中蒙脱石的溶解会增大试样的孔隙率，在试样中间形成更多的有效渗透路径，从而使试样的渗透性增大，这与膨润土的微观孔隙结构和渗透系数随着入渗碱溶液浓度的增大而变化的规律相符[18]。因此，在碱溶液侵蚀作用下，会对膨润土的主要有效成分蒙脱石产生溶蚀作用，造成膨润土高膨胀性、低渗透性的破坏，进而造成膨润土缓冲封闭性能的降低。

4 结论

本文通过对碱溶液侵蚀试样进行 XRD 和 EDS 试验，并以蒸馏水入渗试样为参照，研究膨润土有效成分（蒙脱石）在碱溶液入渗侵蚀作用下的变化情况，得到以下主要结论：

（1）膨润土中主要矿物成分为蒙脱石、石英（方石英）、斜长石和微斜长石，其中各膨润土试样中蒙脱石的质量百分含量均在 60% 以上，石英、斜长石和微斜长石（或方石英）不具有膨胀性，且含量较少，因此蒙脱石为膨润土的主要有效组分。

（2）经不同浓度碱溶液的侵蚀作用，膨润土中蒙脱石的含量降低，但主要矿物组分种类没有发生较大变化，且在试验过程中，没有检测到次生矿物的生成。因此可以说明，高碱性溶液会对膨润土的主要有效成分（蒙脱石）产生溶蚀作用，但在一定时期内，没有次生矿物的生成，或者生成的次生矿物处于无定形状态。

（3）膨润土中蒙脱石的衍射峰值强度所对应的衍射角均在 5°～7°范围内，且衍射峰值强度随着入渗溶液浓度的增大而降低。经 pH 值为 7.0，13.0，13.5 和 13.8 的碱溶液入渗，试样所对应的衍射角峰值为 6 500～3 500 CPS 范围内，且随着入渗碱溶液 pH 值的升高而降低。

（4）EDS 检测到膨润土中 Mg 元素的含量随着入渗碱溶液浓度的增大呈现递减趋势，而根据膨润土的化学组成分析，仅有蒙脱石中含有 Mg 元素，因此可以说明，碱溶液入渗侵蚀造成了膨润土中蒙脱石的溶解，与 XRD 的测试结果一致，从而验证了高碱性溶液对膨润土的溶蚀作用。

（5）膨润土中蒙脱石因高碱溶液的入渗而发生溶解，破坏了膨润土的部分双电层结构，降低了膨润土的膨胀能力；增大试样的有效孔隙比，拓宽溶液的渗透路径，提高膨润土的渗透性，研究结果与不同浓度碱溶液侵蚀作用造成 GMZ 膨润土的膨胀力、孔隙结构和渗透系数的变化规律一致。因此可以推测，高碱性溶液入渗引起膨润土缓冲封闭性能的降低，可能是因为高碱性溶液对膨润土主要有效组分(蒙脱石)的溶蚀作用造成的。

参考文献

[1] Atkinson A. The time dependence of pH within a repository for radioactive waste disposal[R]. U. K: Harwell Laboratory, 1985.

[2] Andersson K, Allard B, Bengtsson M, et al. Chemical composition of cement pore solutions[J]. Cement and Concrete Research, 1989,19(3): 327-332.

[3] Berner U R. Evolution of pore water chemistry during degradation of cement in a radioactive waste repository environment[J]. Waste Management, 1992,12(2/3): 201-219.

[4] Savage D, Walker C, Arthur R, et al. Alteration of bentonite by hyperalkaline fluids: a review of the role of secondary minerals[J]. Physics and Chemistry of the Earth, Parts A/B/C, 2007,32(1/7): 287-297.

[5] Deneele D, Cuisinier O, Hallaire V, et al. Micostructural evolution and physic-chemical behavior of compacted clayey soil submitted to an alkaline plume[J]. Journal of Rock Mechanics and Geotechnical Engineering, 2010,2(2): 169-177.

[6] Fernández R, Cuevas J, Mäder U K. Modeling experimental results of diffusion of alkaline solutions through a compacted bentonite barrier[J]. Cement and Concrete Research, 2010,40(8): 1255-1264.

[7] Chermark J A. Low temperature experimental investigation of the effect of high pH NaOH solutions on the Opalinus Shale[J]. Clays Clay Minerals, 40(6): 650-658.

[8] Sánchez L, Cuevas J, Ramírez S, et al. Reaction kinetics of FEBEX bentonite in hyperalkaline conditions resembling the cement-bentonite interface[J]. Applied Clay Science, 2006,33(2): 125-141.

[9] Cuisinier O, Masrourif F, Pelletier M, et al. Microstructure of a compacted soil submitted to an alkaline PLUME[J]. Applied Clay Science, 2008,40(1/4): 159-170.

[10] Karnland O, Olsson S, Nilsson U, et al. Experimentally determined swelling pressures and geochemical interactions of compacted Wyoming bentonite with highly alkaline solutions[J]. Physics and Chemistry of the Earth, Parts A/B/C, 2007,32(1/7): 275-286.

[11] Savage D, Noy D, Mihara M. Modelling the interaction of bentonite with hyperalkaline fluids[J]. Applied Geochemistry, 2002,17(3): 207-223.

[12] Savage D, Benbow S, Watson C, et al. Natural systems evidence for the alteration of clay under alkaline conditions: an example from Searles lake, California[J]. Applied Clay Science, 2010,47(1/2): 72-81.

[13] Fernández R, Cuevas J, Sánchez L, et al. Reactivity of the cement-bentonite interface with alkaline solutions using transport cells[J]. Applied Geochemistry, 2006,21(6): 977-992.

[14] 叶为民,Schanz T,钱丽鑫,等. 高压实高庙子膨润土 GMZ01 的膨胀力特征[J]. 岩石力学与工程学报,2007,26(增2): 3861-3865.

[15] 郭永海,王驹,吕川河,等. 高放废物处置库甘肃北山野马泉预选区地下水化学特征及水-岩作用模拟[J]. 地学前缘, 2005,12(增1): 117-123.

[16] 温志坚. 中国高放废物处置库缓冲材料物理性能[J]. 岩石力学工程学报,2006,25(4): 794-800.

[17] 叶为民,钱丽鑫,陈宝,等. 侧限状态下高压实高庙子膨润土非饱和渗透性的试验研究[J]. 岩石力学工程学报,2009, 28(1): 105-108.

[18] 陈萍. 高碱性环境中高庙子膨润土的膨胀渗透性能研究[硕士学位论文][D]. 上海:同济大学,2011.

[19] Yamaguchi T, Sakamoto Y, Akai M, et al. Experimental and modeling study on long-term alteration of compacted bentonite with alkaline groundwater[J]. Physics and Chemistry of the Earth, Parts A/B/C, 2007,32(1/7): 298-310.

用变分法解群桩-承台(筏)系统*

陈明中[1]　龚晓南[2]　应建新[3]　温晓贵[2]

(1. 同济大学，上海 200092；2. 浙江大学，杭州 310058；3. 浙江省石油化工设计院，杭州 310007)

摘要　分别将群桩、承台(筏)选用各自合适的位移模式、并将能量变分方法应用于群桩-承台(筏)系统，用最小势能原理求解各参数。应用本文方法，可以很方便地得到群桩-承台(筏)系统中各桩所受荷载及沉降，承台各任意位置的弯矩、扭矩、正应力和剪应力。本文提供的方法极大地减少了计算量，在工程应用方面有较大的优越性。

关键词　群桩-承台(筏)系统；变分解；最小势能原理；位移模式

Variational Solution for Pile Group-pile Cap (raft)

CHEN Mingzhong[1]　GONG Xiaonan[2]　YING Jianxin[3]　WEN Xiaogun[2]

(1. Tongji University, Shanghai 200092; 2. Zhejiang University, Hangzhou 310058;
3. Zhejiang Petroleum Chemical Design Institute, Hangzhou 310007)

Abstract　A variational method is proposed to study the behavior of a pile group in the paper. The pile group and the pile cap (raft) are considered as a system, and the influence of structural rigidity on the behavior of such a system is taken into account. With the use of a variational method, the settlements of the pile group and pile cap (rafe) are each represented by an appropriate mode. The principle of minimum potential energy is used to determine all parameters and the response of such a system. It is convenient to get the stress and settlement of each pile, also the bending moment, twisting moment, normal stress of pile cap (raft) by the proposed method. It is shown that the results of the method are in agreement with that of the other reported.

Keywords　pile group-pile cap (raft); Variational solution; the principal of minimum potential energy; displacement mode

1　引言

近些年关于群桩设计方法和设计理论发展很快，有基于 Mindlin 课题的弹性理论方法，如 Poulos & Davis(1968)；有基于荷载传递方法的半解析方法，如 Randolph & Wroth (1979), Chow (1986a)；有采用弹性理论和荷载传递法相结合的混合方法，如 Chow (1986b)；也有采

---

*土木工程学报(CN: 11 - 2120/TU) 2001 年收录，基金项目：国家自然科学重大研究计划面上项目 (90815008)；国家人防项目(0290235002)

用有限方法计算的,如 Ottaviani(1975)。承台(筏板)的计算则一般采用有限元方法,桩与承台(筏板)的联系采用位移协调的方法,将桩-承台(筏板)视为一系统进行计算,如 Clancy & Wroth (1993)。

从理论上而言,采用有限元计算桩-承台(筏板)可能比较有效和合理,但是由于桩-承台(筏板)系统原则上需采用三维有限元的方法进行计算,而在一般的计算情况下,桩-土系统需要划分的单元数量十分巨大,采用三维有限元进行实际设计往往是不现实的。因此,一些简化的计算方法发展很快,比如上述的弹性理论法,荷载传递法和混合传道法等,这些简化方法一般来说是比较有效的,但是,即使是采用上述的简化计算方法,也必须涉及将桩身分段,这不可避免地增加了计算容量,因此在大规模群桩的设计中也有计算耗时太长的问题,同时承台(筏板)采用有限元计算在一定程度上又增加了计算的复杂性。本文尝试在桩-承台(筏板)中引入假定位移模式,用能量变分的方法计算假定位移模式中一系列未知参数。由于本文采用能量变分方法解群桩-承台(筏)系统,因此不需要对群桩、承台(筏)进行单元离散,从而减少了计算的复杂性,因而也使其能很方便地应用于大型群桩-承台(筏)的计算。遵循一般的研究思路,本文先不考虑土体的承载效果,对于土体承载较大的情况,笔者将另文讨论。本文将桩、土、承台(筏))均假设成线弹性体,这在一定程度上减小本文提供的方法的适用范围,但是在工作荷载下,线弹性假设还是适用和可靠的(Poulos & Davis 1968)。

2 群桩-承台(筏)系统的分析模型

2.1 承台(筏)分析模型

2.1.1 承台(筏)位移模型

本文研究对象是等厚的矩形弹性薄板,根据承台(筏)的实际工作性状,板的边界条件可取为简支或自由,本文考虑板边简支的情况。据文献[8],板的弯曲变形可由下述的双重三角级数表示坐标如图 1 所示。

$$w_R(x,y) = \sum_m \sum_n A_{mn} \sin\frac{m\pi}{a}x \sin\frac{n\pi}{b}y$$

同时考虑到板体承荷后可产生整体沉降或倾斜,故四边简支承台(筏)板的位移模式可表示为

$$w_R(x,y) = S_0 + S_{1}x + S_2 y + \sum_m \sum_n A_{mn} \sin\frac{m\pi}{a}x \sin\frac{n\pi}{b}y \tag{1}$$

2.1.2 承台(筏)应变能

根据文献[8],弹性薄板的应变能为

$$U_R = \frac{D_R}{2}\iint\left\{\left[\frac{\partial^2 w_R}{\partial x^2}+\frac{\partial^2 w_R}{\partial y^2}\right]^2 - 2(1-u_R)\times\left[\frac{\partial^2 w_R}{\partial x^2}\frac{\partial^2 w_R}{\partial y^2}-\left(\frac{\partial^2 w_R}{\partial x\partial y}\right)^2\right]\right\}dxdy \tag{2}$$

将式(1)代入式(2),得

$$U_R = \frac{D_R ab}{8}\sum_m\sum_n A_{mn}^2\left[\left(\frac{m\pi}{a}\right)^2+\left(\frac{n\pi}{b}\right)^2\right]^2 \tag{3}$$

2.1.3 承台(筏)外力功

这里所讲的外力是指承台(筏)的自重 G_R 和直接作用在承台(筏)上的外力 P_i 及 q_j(图 2),不包括上部结构作用在板上的力,上部结构所作的功在下一节中再加以讨论。

考虑图 2 的荷载形式,显然外力功

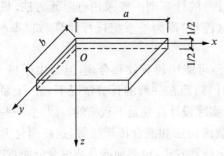
图1 筏板示意图

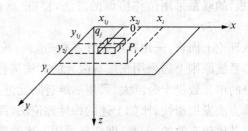
图2 筏板荷载示意图

$$w'_R = \frac{G_R}{ab}\iint_0 w_R dxdy + \sum_i P_i w_R(x_i,y_i) + \sum_j q_j \iint_j w_R dxdy$$

如果将桩基的桩顶力对承台（筏）所作的功同时计入在内，则外力功为

$$w_R = w'_R - \sum_k \frac{1}{2}P_{tk}w_{tk} \tag{4}$$

将式(1)代入式(4)，则得

$$w_R = G_R\left[S_o + \frac{S_1 a}{2} + \frac{S_2 b}{2} + \sum_m\sum_n \frac{A_{mn}(1-\cos m\pi)(1-\cos n\pi)}{mn\pi^2}\right] +$$

$$\sum_i P_i\left[S_0 + S_1 x_1 + S_2 y_1 + \sum_m\sum_n A_{mn}\sin\frac{m\pi x_1}{a}\sin\frac{n\pi y_1}{b}\right] +$$

$$\sum_j q_j\left[S_0(x_{2j}-x_{1j})(y_{2j}-y_{1j}) +\right.$$

$$\frac{s_1(x_{2j}^2 - x_{1j})(y_{2j}-y_{1j})}{2} + \frac{s_2(y_{2j}^2 - y_{1j}^2)(x_{2j}-x_{1j})}{2} +$$

$$\sum_m\sum_n \frac{A_{mn}ab}{mn\pi^2 y_{2j}}\left[\cos\frac{m\pi x_2 j}{a} - \cos\frac{m\pi x_1 j}{a}\right] \times$$

$$\left[\cos\frac{n\pi y_{2j}}{b} - \cos\frac{n\pi y_{1j}}{b}\right] - \sum_k \frac{1}{2}P_{tk}w_{tk} \tag{5}$$

2.2 上部结构分析模型

上部结构常采用子结构法计算。根据子结构法原理，与筏板相关的最后一级子结构荷载位移方程可表示为

$$\begin{Bmatrix}\{P^i\}\\ \{P^b\}\end{Bmatrix} = \begin{Bmatrix}[K_{ii}] & [K_{ib}]\\ [K_{bi}] & [K_{bb}]\end{Bmatrix}\begin{Bmatrix}\{u^i\}\\ \{u^b\}\end{Bmatrix}$$

式中，i 表示与板无关的内节点，b 表示与板有关的边界点，$u^b = \{w^b, \theta_x^b, \theta_y^b\}^T$，并且有 $\theta_x^b = \frac{\partial w^b}{\partial x}$, $\theta_y^b = \frac{\partial w^b}{\partial y}$。由上式展开可知

$$\{P^b\} = \{P^0\} + [k_b]\{u^b\}$$

其中，$\{P^0\} = [K_{bi}][K_{ii}]^{-1}\{P^i\}$，$P^0 = \{Q^0, M_x^0, M_y^0\}^T$，$[K_b] = [K_{bb}] - [K_{bi}][K_{ii}]^{-1}[K_{ib}]$。

显然，P^0 与板体位移无关，它可由上部结构分析直接得到。考虑到当板产生刚性位移是地，上部结构各边界节点的内力不发生变化[10]；另外在考虑上部结构对板作的功时应同时计入 M_x, M_y 的贡献[11]，基于上述两点，可得到上部结构对板作的功为

$$W_u = \{P_1\}^T\{u^b\} + \frac{1}{2}\{u_1^b\}^T[K_b]\{u_1^b\} \tag{6}$$

式中,$\{P_1\}$是与板的弯曲变形无关的荷载向量,$\{u_1^b\}$是与板的弯曲变形相关的位移向量,$\{u_1^b\} = \{u^b\} - \{u_0^b\}$,$P_1 = [K_b] \cdot \{u_0^b\} + \{P^0\}$,而$\{u_0^b\}$是与板的弯曲变形无关的位移向量,$u_0^b = \{S_0 + S_1x + S_1y, S_1, S_2\}^T$。

2.3 桩土地基分析模型

对于桩土地基,文献[9,11]均是采用 Poulos 的弹性理论方法,并在此基础上将该桩土刚度矩阵凝取为-筏界面处的刚度矩阵,然后再与上部结构、筏板同时进行分析。本文拟先求解群桩势能,然后采用变分方法直接求解桩-承台系统。

下面详细描述一下群桩势能的求法(考虑桩顶仅承受垂直荷载),为简单计,本文考虑各桩特性相同,即各桩桩长 L,桩径 d,桩材料特性 E_p 均相同。

由图 3,很容易得到群桩的应变能

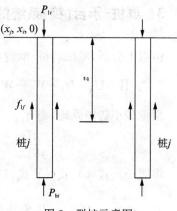

图 3 群桩示意图

$$W_p = \sum_{k=1}^{n_p}\frac{1}{2}\iiint_c E_p\left[\frac{dw_{sk}}{dz}\right]^2 dV = \sum_{k=1}^{n_p}\frac{1}{2}\int_l E_p A_p\left[\frac{dw_{sk}}{dz}\right]^2 dz \tag{7}$$

群桩所受的外力功

$$W_p = \sum_{k=1}^{n_p}\frac{1}{2}P_{tk}w_{tk} - \sum_{k=1}^{n_p}\frac{1}{2}\int\tau_k(z)u_{pk}w_{sk}(z)dz - \sum_{k=1}^{n_p}\frac{1}{2}P_{bk}w_{bk}$$

令 $f_{sk}(z) = \tau_k(z)u_{pk}$,并用高斯点求和的方式代替上式第二项的积分,则

$$W_P = \sum_{k=1}^{n_p}\frac{1}{2}P_{tk}w_{tk} - \sum_{k=1}^{n_p}\frac{1}{2}\sum_{i=1}^{n_g}L\eta_i f_{sk}(z_i)w_{sk}(z_i) - \sum_{k=1}^{n_p}\frac{1}{2}P_{bk}w_{bk}$$

令 $P_{gki} = L\eta_i f_{sk}(Z_i)$,则上式第二项为

$$\frac{1}{2}\sum_{k=1}^{n_p}\sum_{i=1}^{n_g}P_{gki}w_{sk}(z_i)$$

将上式进一步整理,可得到下式

$$W_P = \sum_{k=1}^{n_p}\frac{1}{2}P_{tk}w_{tk} - \frac{1}{2}\sum_{k=1}^{n_p}\sum_{i=1}^{n_g}P_{gki}w_{sk}(z_i) - \sum_{k=1}^{n_p}\frac{1}{2}P_{bk}w_{bk}$$
$$= \frac{1}{2}\{P_t\}^T\{w_t\} - \frac{1}{2}\{P_g\}^T\{w_g\} \tag{8}$$

式中

$\{P_g\} = \{P_{g11}, P_{g12}, \cdots, P_{g1ng}, P_{b1}; P_{g21}, P_{g22}, \cdots, P_{g2ng}, P_{b2}, \cdots, P_{gnp1}, P_{gnp2}, \cdots, P_{gnpng}, P_{bnp}\}^T$

$\{w_g\} = \{w_{s1}(z_1), w_{s1}(z_2), \cdots, w_{s1}(z_{ng}), w_{b1}; w_{s2}(z_1), w_{s2}(z_2), \cdots, w_{s2}(z_{ng}), w_{b2}; \cdots; w_{snp}(z_1),$
$w_{snp}(z_2), \cdots, w_{snp}(z_{ng}), w_{bnp}\}^T$,$z_1 \sim z_{ng}$ 为各高斯点 z 向坐标。

对于桩侧(桩端)力与位移之间的关系,有多种方法可以实现,本文采用 Randolph(1978)提出的剪切位移法来确定桩侧(桩端)力$\{P_g\}$与位移$\{w_g\}$之间的关系,令

$$\{P_g\} = [K_g]\{w_g\} \tag{9}$$

式中,$[K_g]$采用剪切位移法确定,$[K_g]$考虑了桩和桩之间桩侧与桩侧、桩端与桩端的相互作

用。令
$$w_{sk}(z)=\sum_{j=0}^{N_j}a_{kj}z^j, 显然 \frac{\mathrm{d}w_{sk}}{\mathrm{d}z}=\sum_{j=1}^{N_j}a_{kj}jz^{j-1}, w_{sk}(z_i)=\sum_{j=0}^{N_j}a_{kj}z_i^j,$$
利用以上各式可对式(7)—式(9)进一步简化，具体细节此处不再详述。

3 群桩-承台(筏)系统的基本方程

由以上分析，考虑群桩-承台整个系统的势能Π，显然

$$\Pi = U_R + U_P - W_u - W_R - W_P = U_R + U_P - W_u - W'_R + \frac{1}{2}\{w_g\}^T[K_g]\{w_g\} \tag{10}$$

根据最小势能原理，则有

$$\frac{\partial \Pi}{\partial A_{mn}}=0, \frac{\partial \Pi}{\partial S_0}=0, \frac{\partial \Pi}{\partial S_1}=0, \frac{\partial \Pi}{\partial S_2}=0, \frac{\partial \Pi}{\partial a_{kj}}=0 \tag{11}$$

将式(3)、式(5)、式(6)、式(7)代入式(11)，便可得到群桩-承台系统的基本方程

$$B_1 S_0 + B_2 S_1 + B_3 S_2 + B_4 A_{mn} + \sum_{m=1}^{N_m}\sum_{n'=1}^{N_n} B'_{m'n'} A_{m'n'} + \sum_{k=1}^{n_p}\sum_{j=1}^{N_j} B_{kj} a_{kj} = B_0 \tag{12a}$$
$$(m=1,\cdots,N_m; n=1,\cdots,N_n)$$

$$C_1 S_0 + C_2 S_1 + C_3 S_2 + \sum_{m=1}^{N_m}\sum_{n=1}^{N_n} C'_{mn} A_{mn} + \sum_{k=1}^{n_p}\sum_{j=1}^{N_j} C_{kj} a_{kj} = C_0 \tag{12b}$$

$$D_1 S_0 + D_2 S_1 + D_3 S_2 + \sum_{m=1}^{N_m}\sum_{n=1}^{N_n} D'_{mn} A_{mn} + \sum_{k=1}^{n_p}\sum_{j=1}^{N_j} D_{kj} a_{kj} = D_0 \tag{12c}$$

$$E_1 S_0 + E_2 S_1 + E_3 S_2 + \sum_{m=1}^{N_m}\sum_{n=1}^{N_n} E'_{mn} A_{mn} + \sum_{k=1}^{n_p}\sum_{j=1}^{N_j} E_{kj} a_{kj} = E_0 \tag{12d}$$

$$F_1 S_0 + F_2 S_1 + F_3 S_2 + \sum_{s=1}^{N_j} F'_s a_{ks} + \sum_{m=1}^{N_m}\sum_{n=1}^{N_n} F'_{mn} A_{mn} + \sum_{k=1}^{n_p}\sum_{j'=1}^{N_j} F_{k'j'} a_{k'j'} = 0$$
$$(k=1,\cdots,np; j=1,\cdots,N_j) \tag{12e}$$

式中
$$B_0 = \frac{G_b(1-\cos m\pi)(1-\cos n\pi)}{mn\pi^2} + \sum_1 P_1 \sin\frac{m\pi x_1}{a} \times \sin n\pi y_1 +$$
$$\sum_J \frac{q_j ab}{mn\pi^2}\left(\cos\frac{m\pi x_{2J}}{a} - \cos\frac{m\pi x_{1J}}{a}\right) \times \left(\cos\frac{n\pi y_{2J}}{b} - \cos\frac{n\pi y_{1J}}{b}\right) +$$
$$\sum_{r=1}^{N_b}\left(Q_r^0 \sin\frac{m\pi x_r}{a} \times \sin\frac{n\pi y_r}{b} + M^0{}_{xr}\frac{m\pi}{a}\cos\frac{m\pi x_r}{a}\sin\frac{n\pi y_r}{b} + M^0{}_{yr}\frac{n\pi}{b} \times \sin\frac{m\pi x_r}{a}\cos\frac{n\pi y_r}{b}\right) +$$
$$\sum_{r=1}^{N_b}\sum_{r=1}^{N_b}\left\{\sin\frac{m\pi x_r}{a}\sin\frac{n\pi y_r}{b}[K_b(3r-2,3h-2)w_h + K_b(3r-2,3h-1)\theta_{xh} + \right.$$
$$K_b(3r-2,3h-2)\theta_{yh}] + \frac{m\pi}{a}\cos\frac{m\pi x_r}{a} \times \sin\frac{n\pi y_r}{b}[K_b(3r-1,3h-2)w_h +$$
$$K_b(3r-1,3h-1)\theta_{xh} + K_b(3r-1,3h-2)\theta_{yh}] + \frac{n\pi}{b}\sin\frac{m\pi x_r}{a} \times$$
$$\left.\cos\frac{n\pi y_r}{b}[K_b(3r,3h-2)w_h + K_b(3r,3h-1)\theta_{xh} + K_b(3r,3h-2)\theta_{yh}]\right\}$$

$$B_1 = \sum_{l=1}^{n_p(n_g+1)} \sum_{k=1}^{n_p} \sin\frac{m\pi x_k}{a} \sin\frac{n\pi y_k}{b} \sum_{i=1}^{n_g+1} K_g(l,(k-1)\times(n_g+1)+i)$$

$$B_2 = \sum_{i=1}^{n_p(n_g+1)} x_l \sum_{k=1}^{n_p} \sin\frac{m\pi x_k}{a} \sin\frac{n\pi y_k}{b} \sum_{i=1}^{n_g+1} K_g(l,(k-1)(n_g+1)+i)$$

$$B_3 = \sum_{i=1}^{n_p(n_g+1)} y_l \sum_{k=1}^{n_p} \sin\frac{m\pi x_k}{a} \sin\frac{n\pi y_k}{b} \sum_{i=1}^{n_g+1} K_g(l,(k-1)(n_g+1)+i)$$

$$B_4 = \frac{D_R ab\pi^4}{4}\left[\frac{m^2}{a^2}+\frac{n^2}{b^2}\right]^2$$

$$B'_{m'n'} = \sum_{i=1}^{n_p(n_g+1)} \sin\frac{m'\pi x_l}{a} \sin\frac{n'\pi y_l}{b} \sum_{k=1}^{n_p} \sin\frac{m\pi x_k}{a} \times \sin\frac{n\pi y_k}{b} \sum_{i=1}^{n_g+1} K_g(l,(k-1)(n_g+1)+i)$$

$$B_{kj} = \sum_{i=1}^{n_p(n_g+1)} \sum_{i=1}^{n_g+1} \sin\frac{m\pi x_l}{a} \sin\frac{n\pi y_l}{b}(Z_i^j) K_g(l,(k-1)\times(n_g+1)+i)$$

$$C_0 = G_R + \sum_i p_i + \sum_j q_J(x_{2J}-x_{1J})(y_{2J}-y_{1J}) + \sum_{r=1}^{N_b} Q_r^0 + \sum_{r=1}^{N_b}\sum_{h=1}^{N_b}\{[K_b(3r-2,3h-2)w_h \\ + K_b(3r-2,3h-1)\theta_{xh} + K_b(3r-2,3h)\theta_{yh}]$$

$$C_1 = -\sum_{r=1}^{N_b}\sum_{k=1}^{N_b} K_b(3r-2,3h-2) + \sum_{l=1}^{n_p(n_g+1)}\sum_{l'=1}^{n_p(n_g+1)} K_g(l,l')$$

$$C_2 = -\sum_{r=1}^{N_b}\sum_{h=1}^{N_b} K_b(3r-2,3h-2)x_h + K_b(3r-2,3h-1) + \sum_{l=1}^{n_p(n_g+1)} x_l \sum_{l'=1}^{n_p(n_g+1)} K_g(l,l')$$

$$C_3 = -\sum_{r=1}^{N_b}\sum_{h=1}^{N_b} K_b(3r-2,3h-2)y_h + K_b(3r-2,3h) + \sum_{l=1}^{n_p(n_g+1)} y_l \sum_{l'=1}^{n_p(n_g+1)} K_g(l,l')$$

$$C'_{mn} = \sum_{i=1}^{n_p(n_g+1)} \sin\frac{m\pi x_l}{a}\sin\frac{n\pi y_l}{b} \sum_{l=1}^{n_p(n_g+1)} K_g(l,l')$$

$$C_{kj} = \sum_{i=1}^{n_p(n_g+1)}\sum_{i=1}^{n_g+1} K_g(l,(k-1)(n_g+1)+i)(z_i^j)$$

$$D_0 = G_R\frac{a}{2} + \sum_1 P_{1x1} + \sum_J q_J\left(\frac{x_{2J}^2-x_{1J}^2}{2}\right)(y_{2J}-y_{1J}) + \sum_{r=1}^{N_b}(Q_{rx_r}^0 + M_{x_r}^0) + \\ \sum_{r=1}^{N_b}\sum_{h=1}^{N_b}\{[K_b(3r-2,3h-2)x_r+K_b(3r-1,3h-2)]w_h + [K_b(3r-2,3h-1)x_r \\ + K_b(3r-1,3h-1)]\theta_{xh} + [K_b(3r-2,3h)x_r+K_b(3r-1,3h)]\theta_{yh}\}$$

$$D_1 = -\sum_{r=1}^{N_b}\sum_{h=1}^{N_b}[K_b(3r-2,3h-2)x_r+K_b(3r-1,3h-2)] + \sum_{l=1}^{n_p(n_g+1)}\sum_{k=1}^{n_p} x_k \sum_{i=1}^{n_g+1} K_g \\ (l,(k-1)(n_g+1)+i)$$

$$D_2 = -\sum_{r=1}^{N_b}\sum_{h=1}^{N_b}\{[K_b(3r-2,3h-2)x_r+K_b(3r-1,3h-2)]x_h + [K_b(3r-2,3h-1)x_r \\ + K_b(3r-1,3h-1)]\} + \sum_{l=1}^{n_p(n_g+1)} x_l \sum_{k=1}^{n_p} x_k \sum_{i=1}^{n_g+1} K_g(l,(k-1)(n_g+1)+i)$$

$$D_3 = -\sum_{r=1}^{N_b}\sum_{h=1}^{N_b}\{[K_b(3r-2,3h-2)x_r+K_b(3r-1,3h-2)]y_s + [K_b(3r-2,3h)x_r +$$

$$K_b(3r-1,3h)]\} + \sum_{l=1}^{n_p(n_g+1)} y_l \sum_{k=1}^{n_p} x_k \sum_{i=1}^{n_g+1} K_g(l,(k-1)(n_g+1)+i)$$

$$D'_{mn} = \sum_{i=1}^{n_p(n_g+1)} \sin\frac{m\pi y_l}{a} \sin\frac{n\pi y_l}{b} \sum_{k=1}^{n_p} x_k \sum_{i=1}^{n_g+1} K_g(l,(k-1)(n_g+1)+i)$$

$$D_{kj} = \sum_{l=1}^{n_p(n_g+1)} x_l \sum_{i=1}^{n_g+1} K_g(l,(k-1)(n_g+1)+i)(z_i^j)$$

$$E_0 = G_R \frac{b}{2} + \sum_1 P_{1y1} + \sum_J q_J \left(\frac{y_{2J}^2 - y_{1J}^2}{2}\right)(x_{2J} - x_{1J}) + \sum_{r=1}^{N_b}(Q_{ry_y}^0 + M_y^0) +$$
$$\sum_{r=1}^{N_b}\sum_{h=1}^{N_b}\{[K_b(3r-2,3h-2)y_r + K_b(3r,3h-2)]w_h + [K_b(3r-2,3h-1)$$
$$y_r + K_b(3r,3h-1)]\theta_{xh} + [K_b(3r-2,3h)y_r + K_b(3r,3h)]\theta_{yh}\}$$

$$E_1 = -\sum_{r=1}^{N_b}\sum_{h=1}^{N_b}[K_b(3r-2,3h-2)y_r + K_b(3r,3h-2)] + \sum_{l=1}^{n_p(n_g+1)} \sum_{k=1}^{n_p} y_k \sum_{i=1}^{n_g+1}$$
$$K_g(l,(k-1)(n_g+1)+i)$$

$$E_2 = -\sum_{r=1}^{N_b}\sum_{h=1}^{N_b}\{[K_b(3r-2,3h-2)y_r + K_b(3r,3h-2)]x_h + [K_b(3r-2,3h-1)$$
$$y_r + K_b(3r,3h-1)]\} + \sum_{l=1}^{n_p(n_g+1)} x_l \sum_{k=1}^{n_p} y_k \sum_{i=1}^{n_g+1} K_g(l,(k-1)(n_g+1)+i)$$

$$E_3 = -\sum_{r=1}^{N_b}\sum_{h=1}^{N_b}\{[K_b(3r-2,3h-2)y_r + K_b(3r,3h-2)]y_h + [K_b(3r-2,3h)x_r +$$
$$K_b(3r,3h)]\} + \sum_{l=1}^{n_p(n_g+1)} y_l \sum_{k=1}^{n_p} y_k \sum_{i=1}^{n_g+1} K_g(l,(k-1)(n_g+1)+i)$$

$$E'_{mn} = \sum_{l=1}^{n_p(n_g+1)} \sin\frac{m\pi x_l}{a} \sin\frac{n\pi y_l}{b} \sum_{k=1}^{n_p} y_k \sum_{i=1}^{n_g+1} K_g(l,(k-1)(n_g+1)+i)$$

$$E_{kj} = \sum_{l=1}^{n_p(n_g+1)} y_l \sum_{i=1}^{n_g+1} K_g(l,(k-1)(n_g+1)+i)(z_i^j)$$

$$F_1 = \sum_{l=1}^{n_p(n_g+1)} \sum_{k=1}^{n_p} \sum_{i=1}^{n_g+1} K_g(l,(k-1)(n_g+1)+i)(z_i^j)$$

$$F_2 = \sum_{l=1}^{n_p(n_g+1)} x_l \sum_{k=1}^{n_p} \sum_{i=1}^{n_g+1} K_g(l,(k-1)(n_g+1)+i)(z_i^j)$$

$$F_3 = \sum_{l=1}^{n_p(n_g+1)} y_l \sum_{k=1}^{n_p} \sum_{i=1}^{n_g+1} K_g(l,(k-1)(n_g+1)+i)(z_i^j)$$

$$F'_s = E_p A_p j \frac{L^{j+s-1}}{j+s-1} s$$

$$E'_{mn} = \sum_{l=1}^{n_g+1} \sin\frac{m\pi x_l}{a} \sin\frac{n\pi y_l}{b} \sum_{k=1}^{n_p} \sum_{i=1}^{n_g+1} K_g(l,(k-1)\times(n_g+1)+i)(z_i^j)$$

$$F_{k'j'} = \sum_{i=1}^{n_g+1}(z_i^j) \sum_{k=1}^{n_p} \sum_{i=1}^{n_g+1} K_g((k'-1)(n_g+1)+i^J,(k-1)(n_g+1)+i)(z_i^j)$$

由上述基本方程可以求得假定参数 A_{mn}, S_0, S_1, S_2 和 a_{hj}，至此便可获得群桩-承台系统各点的位移分布。同时，稍加推导便还可得到上部结构的柱脚反力、承台任意点的内力分布以及桩顶荷载和桩身各处应力、沉降。

4 算例

关于上部结构的刚度贡献,文献[9-11]已有详细论述,本文不再赘述。这里仅举两个简单的桩-承台(筏)算例以说明本文方法的可靠性。

(1) 算例一

桩数为 5×5,承受均布荷载,具体参数如下(桩位布置见图4)。

$E_s = 4$ MPa, $u_s = 0.5$, $u_R = 0.16$, $d = 0.5$ m,
$L = 50$, $S_a = 4$ d, $a = b = 10$ m, $K_{ps} = E_p/E_s$,
$K_{rs} = \dfrac{4E_R b h^3(1-u_s^2)}{3pE_s a^4}$。

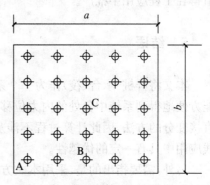

图 4 桩筏基础平面布置图

当 $K_{rs} = 0.1$, K_{ps} 不同时承台沉降曲线见图5,图中纵坐标 $\hat{w} = wE_s a/p(1-u_s^2)$,横坐标 $\hat{x} = x/a$;当 $K_{ps} = 1\,000$, K_{rs} 不同时 A, B, C 桩桩顶荷载变化见图6,纵坐标 $\hat{P}_t = \dfrac{P_t}{\overline{P}_t}$, $\overline{P}_t$ 为各桩平均荷载。

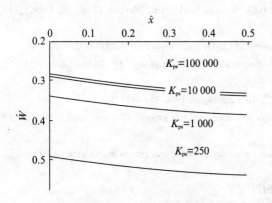

图 5 筏基沉降随桩土模量比变化

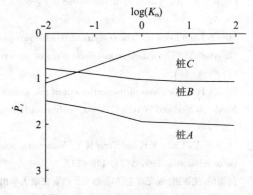

图 6 桩顶荷载随筏土模量比变化

从图5、图6看,本文计算结果显然是合理的。为说明算法的可靠性,下面再举一例子与 Hain(1978)的计算结果相比较。

(2) 算例二

刚性群桩,桩数为 6×6,承受均布荷载,$S_a = 8.33$ d, $u_s = 0.5$, $L = 50$ d, $a = b = 50$ d,桩布置类算例一。

当 $K_{rs} = 0.01$ 时承台中部沉降曲线见图7,图中带·和*的值为 Hain(1978)的解,带·的为桩筏解,带*的柔性群桩的解(不带筏)。

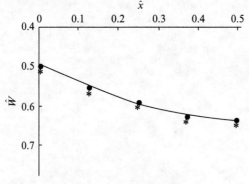

图 7 筏基沉降比较

从图7可以看到本文算结果与 Hain

(1978)的桩筏计算结果相当吻合。虽然 Hain(1978)在计算过程中考虑了土体的承载能力,但由于土体承载极小,因此是否考虑土体承载对承台沉降计算影响极小(Hain,1978)由此也可知本文的计算结果是相当可靠的,而且本文方法简单,原理清晰,计算过程又相对比较简单,故值得在工程应用中推广。

5 结语

本文将群桩-承台(筏)作为一个系统,然后直接采用能量变分的方法求解。采用本文方法能方便地得到系统中各处的内力位移分布,这足以满足工程应用的需要。同时由于本文采用直接变分的方法,因此计算过程不涉及板单元划分和桩身分段,计算相对比较简单,在工程实践应用中具有一定的优越性。

另外,需要指出的是,采用本文方法时必须注意到其适用性,比如在文本中土体被假设成线弹性体,同时土体的承载能力也未加考虑等。

参考文献

[1] Chow Y K. Discrete element analyisis of settlement of pile groups[J]. Computers and Stmctures,1986,24(1):157-166.
[2] Chow Y K. Analysis of vertically loaded pile groups[J]. Int J. Numer. Anal. Anal. Methods Geomech,1986,10(1):59-72.
[3] Hais S J and Lee I K. The analysis of flexible raft-pile systems[J]. Ge'otech nique,1978,28(1):65-83.
[4] Ottaviani M. Three dimensional finite element an alysis of vertically loaded pile groups[J]. Ge'otechnique,1975,25(2):159-174.
[5] Poulos H G. Analysis of the settlement of pile groups[J]. Ge'otechnique,1968,18:449-174.
[6] Randolph M F and W roth C P. An analysis of the vertical deformation of pile groups. G'e otechnique,1979,29(4):426-439.
[7] Shen W Y,Chow Y K and Yong K Y. Variational solution for vertically loaded pile groups in an elastic half-s pace[J]. Ge'ot echnique,1999,49(2):199-213.
[8] 何福保,沈亚鹏. 板壳理论[M]. 西安:西安交通大学出版社,1993.
[9] 赵春洪,赵锡宏. 上部结构-筏-桩-地基共同作用分析的新方法[J]. 建筑结构学报,1990,11(2):69-77.
[10] 李从林,赵建昌. 对"上部结构-筏-桩-地基共同作用分析的新方法"一文的讨论[J]. 建筑结构学报,1993,14(4)73-76.
[11] 张保良,赵锡安,姜洪伟. 上部结构-筏-桩-地基共同作用分析[J]. 建筑结构学报,1997,18(2):72-78.

主要符号

n_g——桩身高斯点数;

n_p——总桩数;

N_j——桩身位移级数项;

N_m——承台位移级数项;

N_n——承台位移级数项;

N_b——上部结构边界节点数;

P_I——集中荷载;

q_J——分布荷载;

E_R——承台板弹性模量;

D_R—承台板弯曲刚度；
u_R—承台板泊松比；
G_R—承台板自重；
E_p—桩身弹性模量；
A_p—桩身截面面积；
P_t—桩顶荷载；
w_t—桩顶沉降；
P_b—桩端荷载；
w_b—桩端沉降；
f_s—桩身侧阻；
w_s—桩身沉降；
E_s—土体弹性模具；
u_s—土体泊松比；
n_i—各高斯文点处的权系数。

高水压条件下盾构隧道开挖面稳定极限上限法研究

郑永来[1] 冯利坡[2] 邓树新[1] 段晨雪[1]

(1. 同济大学水利工程系,上海 200092;2. 同济大学地下建筑与工程系,上海 200092)

摘要 高水压地层中隧道开挖面稳定分析是越江盾构隧道掘进施工的一项关键技术。基于极限分析上限法,首次推导了高水压下维持均质土隧道开挖面稳定的最小支护压力解析解公式。并利用土层厚度加权平均法,对多层土体参数和水压力进行了简化分析,从而可将上述解析解公式应用于多层土越江隧道开挖面稳定性评价中,可为越江盾构隧道推进工程中估计前方支护压力的参考。最后,结合上海长江隧道和南京长江隧道实例,利用本文推导的解析解公式对越江隧道开挖面极限支护压力进行了计算,并将计算结果与前人研究与工程实际进行了对比分析。

关键词 越江隧道;开挖面稳定;极限上限分析法;极限支护压力;加权平均法

Study on Upper-Boundlimit Method of Face Stability of Shield Tunnel with High-Waterpressure

ZHENG Yonglai[1] FENG Lipo[2] DENG Shuxin[1] DUAN Chenxue[1]

(1. Department of Hydraulic Engineering, Tongji University, Shanghai 200092, China;
2. Department of Geotechnical Engineering, Tongji University, Shanghai 200092, China)

Abstract Face stability of cross-rivershield tunnel under high-water layers is a very important technique in tunnel engineering. Based on the upper-bound limit method, theoretical formula of the minimum support pressure to maintain the face stability of the homogeneous soil tunnelunder high-water level condition are deducedfor the first time. Taking advantage of the soil thickness-weighted average method, the multi-layered soil parameters and the water pressure are to simplify the analysis, then the theoretical formula above can be applied to evaluate the face stability of the multi-layered soil cross-river tunnel and estimate the support pressure of the cross-river tunnel project. With the Shanghai Yangtze River Tunnel and the Nanjing Yangtze River Tunnel for example, limit support pressures of face stability were calculated by using the theoretical formula of this paper, and the calculated results has achieved a good agreement with the previous studies and engineering practice.

Keywords cross-river tunnel; face stability; upper-bound limit method; limit support pressure; weighted average method

---

* 同济大学学报(自然科学版)(CN:31-1267/N)2013年收录,基金项目:国家自然科学重大研究计划面上项目(90815008);国家人防项目(0290235002)

越江隧道工程中的水压问题是透水地层盾构施工中普遍存在的重要问题，土体中的水压力对开挖面的稳定有着很大的影响，特别是随着大直径、大埋深、高水压隧道的建设，如上海长江越江隧道和南京长江越江隧道，这些问题显得更加突出，因此结合土体实际考虑开挖面水土共同作用将更符合工程实际[1]。

盾构隧道开挖面稳定研究的关键在于支护压力的确定，支护压力过小将导致开挖面土体坍塌，支护压力过大则将导致开挖面土体隆起破坏[2]。当前对于支护压力的研究较少，其中主要的研究如 Davis 等[3]提出应用塑性极限上限分析方法，研究坍塌与隆起不同情况下的无黏性土隧道开挖面破坏机理与极限支护压力大小。Leca & Dormieux[4]在 Davis 研究基础上修改滑移面形状由一个或两个截锥形组成，运用塑性极限分析上、下边界理论，确定了莫尔-库仑材料的盾构隧道开挖面稳定的最大及最小支护压力。后来不少学者通过假定滑动面不同的破坏形式，如 Soubra[5,6]将组成破坏区域的圆锥截面扩展为 n 个，使得破坏面更加连续。Subrin & Wong[7]通过假定开挖面破坏区域为对数螺旋曲面，利用极限分析法研究了开挖面最小支护力。Mollon 等[8,9]采用空间离散技术，得到的破坏区在开挖面处为圆形截面，解决了圆锥模型开挖面为椭圆截面的问题，这与其数值计算中的破坏模式较为一致。Lee & Nam[10,11]在 Leca & Dormieux 的圆锥模型基础上，考虑开挖面地下水流入产生的渗流力影响，假定渗流力水平向分量影响开挖面的稳定，从而确定隧道开挖面极限支护力。吕玺琳等[12]将破坏面简化为二维平面，滑动面采用三块体的机构，推导了无水状态下的隧道开挖面极限支护压力计算公式。

上述这些分析方法为隧道开挖面稳定分析提供了良好的工具，但涉及的公式比较复杂，特别是没有考虑高水压情况下的越江盾构隧道开挖面稳定性分析问题。本文首次采用极限分析上限法来推导了高水压条件下，大埋深越江盾构开挖面所需施加的极限支护压力的解析解，并以上海长江隧道和南京长江隧道等越江隧道为实例，结合本文方法进行分析研究。

1 越江隧道开挖面稳定极限上限分析

1.1 极限上限分析理论

极限分析法是以流动法则来考虑土的应力-应变关系的，并据此建立了成为极限分析基础的极限定理。由上限定理[13]可知，在所有与运动许可的位移速度场和应变率场对应的荷载中，极限荷载最小，或者说按运动许可的速度场与应变率场求得的极限荷载 p_u^+ 都大于或等于真正的极限荷载 p_u，即 $p_u \leqslant p_u^+$。与运动许可速度场相关联的塑流所消耗的能量，可以根据理想的应力-应变率关系（即流动法则）算出。上限方法只考虑速度模式（或破坏模式）和能量消耗，应力分布并不要求满足平衡条件，而且只需要在模式的变形区域内定义。因此，对所考虑的问题，只要适当地选择速度场，就可以求出最小破坏荷载。

如果任意假想破坏机构的外力所作的功率超过了内部能量耗损率，则土体不可能承受所施加的荷载。对任一有效的破坏机构，令外功率等于内功率，便得到破坏荷载或极限荷载的一个不安全的上限。用这种方法建立的方程，叫做特定假象机构的功方程。建立这种上限解所要求的条件主要是[13]：

(1) 必须假设破坏的有效机构满足力学边界条件。
(2) 必须计算外荷载（包括土的自重）在假想机构所确定的位移上的能量消耗。
(3) 必须计算与机构的塑性变形区相关联的内部能量耗散损。
(4) 必须借助功方程求出与某一特定假想机构图型相对应的上限解，进而也可以求出最小上限解。

一旦功方程被建立,就可以解得破坏荷载或极限荷载,并将其表示成假想机构的变量的函数,分析的最后一步,是寻求机构的具体图型或变量的值,使求得的荷载达到最小值或临界值。通过微分运算,一般都能找到对应于临界解变量值,如果能采用代数法,就可给出适用于特定假想机构的所有不同尺寸的实体的一般解。也可以用算术法代替代数法,逐个考虑相应于一个特定假想机构的几个具体图型,借助于功方程求出相应的上限解,从中选出最小的上限解。由于这种方法能与各种图型及机构的作图法结合起来,所以,也能方便地用于具有复杂几何形状的问题。

1.2 支护压力极限上限分析

越江隧道开挖的稳定问题一般是,考虑隧道开挖面至少需要施加多大的支护压力才能保持开挖面稳定。盾构隧道开挖面多为圆形,严格地说需在三维情况下分析。但由于三维分析的复杂性,为便于工程应用,往往将其转化为二维情形进行分析。

本文结合 Leca 等[4]和吕玺琳等[12]的破坏机构模式,建立了极限分析上限法的破坏模型,如图1所示。该模型由两个三角形刚性块体和一个塑性剪切区组成,块体Ⅰ为顶角为 2φ 的等腰三角形 OAB,其为竖直平动机构;块体Ⅱ为以对数螺线 BB' 围成的剪切区 OBB',点 O 为对数螺线的中心点,点 B 和点 B' 分别为对数螺线的起点和终点,其为绕点 O 的旋转机构;块体Ⅲ为底角为 $\frac{\pi}{4}-\frac{\varphi}{2}$ 的等腰三角形 $OA'B'$,其为速度方向与水平面成角度 $\frac{\pi}{4}-\frac{\varphi}{2}$ 的平动机构。

块体Ⅱ的对数螺线方程[14]为

$$r = r_0 \exp(\theta \tan\varphi) \tag{1}$$
$$v = v_0 \exp(\theta \tan\varphi) \tag{2}$$

式中 r_0, v_0——分别为起始半径 OB 和起始速度;

r, v——分别为对应角度 θ 处的半径和沿螺旋线的速度;

φ——土的内摩擦角。

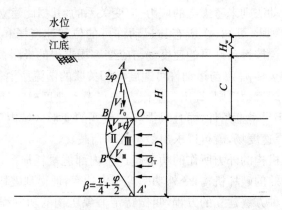

图 1 极限分析上限法的破坏模型(塌陷)

Fig.1 Failure mechanisms of tunnel face(Collapse)

由图1中的几何关系,可推导出:

$$r_0 = \frac{D}{2R\sin\beta} \tag{3}$$

$$\frac{H}{D} = \frac{1}{4R\tan\varphi\sin\beta} \tag{4}$$

式中 r_0——对数螺线的起始半径；

D——盾构隧道直径；

H——盾构隧道上部破坏高度，令 $R=\exp(\beta\tan\varphi)$，其中 $\beta=\frac{\pi}{4}+\frac{\varphi}{2}$。

1. 外荷载所做的总功率

按照关联流动法则，滑动面相对速度方向与速度间断面夹角应为土体内摩擦角 φ，各滑块相应速度场如图 1 所示。设块体 I 有竖直向下的速度 v_I，于是块体 I 重力所做的功率为

$$P_I = F_I v_I \tag{5}$$

式中，F_I 为块体 I 的重力。

$$F_I = \frac{r_0}{2} H\gamma \tag{6}$$

式中，γ 为土体的重度。

将式(6)代入式(5)中可得

$$P_I = \frac{r_0}{2} H\gamma v_I \tag{7}$$

剪切区 II 为一对数螺旋区，其微元土体重力所做的功率为[13]：

$$dP_{II} = \frac{2}{3} v_{II} \cos\theta dF_{II} \tag{8}$$

式中 dF_{II}——微元土体重力；

v_{II}——微元土体边界处的速度。

$$dF_{II} = \frac{\gamma}{2} r_0^2 \exp(2\theta\tan\varphi) d\theta \tag{9}$$

$$v_{II} = v_I \exp(\theta\tan\varphi) \tag{10}$$

将式(9)、式(10)代入式(8)中，可得：

$$dP_{II} = \frac{\gamma}{3} r_0 v_I \exp(3\theta\tan\varphi) \cos\theta d\theta \tag{11}$$

对式(11)进行积分，得到剪切区 II 重力所做功率为

$$P_{II} = \int_0^\beta dP_{II} = \frac{\gamma}{3} r_0 v_I f \tag{12}$$

式中

$$f = \frac{1}{1+9\tan^2\varphi}[(\sin\beta+3\tan\varphi\cos\beta)R^3 - 3\tan\varphi]$$ 块体 III 重力所做的功率为

$$P_{III} = F_{III} v_{III} \cos\beta \tag{13}$$

式中 F_{III}——块体 III 的重力；

v_{III}——块体 III 的速度。

$$F_{III} = \frac{\gamma}{4} D^2 \cot\beta \tag{14}$$

将式(14)代入式(13)中可得

$$P_{III} = \frac{\gamma}{4} D^2 \cot(\beta) v_I R\cos\beta \tag{15}$$

水压力所做的功率为
$$P_w = F_w v_{\mathrm{III}} \sin\beta \tag{16}$$
式中，F_w 为开挖面水压力的大小。
$$F_w = \gamma_w(H_w + \xi h_w)D \tag{17}$$
式中　H_w——江水深度；

h_w——江底土层至隧道中心线的距离；

ξ——土体水压力比率。参照文献[15]，考虑土的渗透性，当为纯黏土时，$\xi=0$，当为沙土时，$\xi=1$；介于两者之间的土层如黏质粉土和粉质黏土等，ξ 介于 0~1 之间。
$$v_{\mathrm{III}} = v_{\mathrm{I}}\exp(\beta\tan\varphi) = v_{\mathrm{I}}R \tag{18}$$
将式(17)、式(18)代入式(16)中可得：
$$P_w = \gamma_w(H_w + \xi h_w)Dv_{\mathrm{I}}R\sin\beta \tag{19}$$
支护压力所做的功率：
$$P_T = \sigma_T D v_{\mathrm{I}} R \sin\beta \tag{20}$$
式中，σ_T 为隧道开挖面中心点支护压力。

2. 系统能量耗散功率

块体 I 在 AO 和 AB 间断面上耗散的功率为
$$E_{\mathrm{I}} = 2Hcv_{\mathrm{I}} \tag{21}$$
式中，c 为土的黏聚力。

块体 III 在 $A'B'$ 间断面上耗散的功率为
$$E_{\mathrm{III}} = \frac{DR\cos\varphi}{2\sin\beta}cv_{\mathrm{I}} \tag{22}$$
剪切区 II 内的能量耗损率与在 BB' 间断面上耗损的功率相同[13]，其为
$$E_{\mathrm{II}} = E_{BB'} = \frac{r_0}{2}cv_{\mathrm{I}}\cot\varphi[R^2 - 1] \tag{23}$$

3. 上限解的确定

根据上限定律[13]有
$$P_{\mathrm{I}} + P_{\mathrm{II}} + P_{\mathrm{III}} + P_w - P_T = E_{\mathrm{I}} + E_{\mathrm{II}} + E_{\mathrm{III}} + E_{BB'} \tag{24}$$
将式(7)、式(12)、式(15)、式(19)和式(20)代入式(24)，可解得隧道开挖面极限支护压力为
$$\sigma_T = cN_c + \gamma N_\gamma + \gamma_w N_e \tag{25}$$
式中：
$$N_c = -\frac{1}{DR\sin\beta}\left[2H + \frac{DR\cos\varphi}{2\sin\beta} + r_0\cot\varphi(R^2 - 1)\right] \tag{26}$$
$$N_\gamma = \frac{1}{DR\sin\beta}\left[\frac{r_0 H}{2} + \frac{r_0 f}{3} + \frac{D^2}{4}R\cot\beta\cos\beta\right] \tag{27}$$
$$N_e = H_w + \xi h_w \tag{28}$$

1.3　多层土的简化

1.3.1　多层土土体参数的简化

上述推导的公式均是以均质土为假设前提的。但在实际工程中，更多的是多层土的组合，下面将讨论之。

Hensan 加权平均法公式在计算多层土的地基承载力时,采用了取有效深度范围内不同土层的厚度或面积的加权平均强度后,直接用均质土的汉森公式计算其地基极限承载力[16]。本文借用该方法,拟采用破坏土层高度范围内土体参数厚度加权平均值来解决这个问题。要计算厚度加权平均值,必先要知道破坏土层高度的问题,根据图 1 及式(4),可知破坏土层总高度 $\overline{H}$ 为

$$\overline{H} = \left(\frac{1}{4R\tan\overline{\varphi}\sin\overline{\beta}} + 1\right)D \tag{29}$$

破坏土层高度 $\overline{H}$ 范围内的内摩擦角加权平均值 $\overline{\varphi}$ 为

$$\overline{\varphi} = \frac{\sum_{i=1}^{n}\varphi_i h_i}{\sum_{i=1}^{n} h_i} \tag{30}$$

式中,$\sum_{i=1}^{n} h_i = \overline{H}$。

$\overline{\varphi}$ 值的计算需要高度 $\overline{H}$,才可通过式(30)计算,而 $\overline{H}$ 值的确定又需 $\overline{\varphi}$ 值;此时面临着 $\overline{H}$ 和 $\overline{\varphi}$ 都不确定的情况,故需采用迭代计算,过程如下:

(1) 第一步:初步选取 $\overline{H}$ 为隧道范围内及其以上 0.5 倍隧道直径范围内土层,利用式(30)计算其厚度加权平均值,可得初步内摩擦角 $\overline{\varphi}_1$。

(2) 第二步:再将 $\overline{\varphi}_1$ 代入式(29)中,可得 $\overline{H}_1$。

(3) 第三步:将 $\overline{H}_1$ 范围内的土层,利用式(30)计算,可得此时的内摩擦角 $\overline{\varphi}_2$。

(4) 第四步:对比 $\overline{\varphi}_1$ 和 $\overline{\varphi}_2$ 值,当两者误差范围在 1‰ 以内时,取其两者平均值作为破坏面范围内的 $\overline{\varphi}$;否则,重复第二步至第四步步骤,进行迭代计算,直到满足要求为止。

(5) 第五步:将求解得到的 $\overline{\varphi}$ 代入式(29)中,可得破坏面总高度 $\overline{H}$。

在确定 $\overline{H}$ 和 $\overline{\varphi}$ 值之后,利用厚度加权平均值法计算 $\overline{H}$ 范围内土体的 γ 和 c,如下:

$$\gamma = \frac{\sum_{i=1}^{n}\gamma_i h_i}{\sum_{i=1}^{n} h_i} \tag{31}$$

$$c = \frac{\sum_{i=1}^{n} c_i h_i}{\sum_{i=1}^{n} h_i} \tag{32}$$

其中,上述两式中的 $\sum_{i=1}^{n} h_i = \overline{H}$。

1.3.2 多层土水压力大小的计算

隧道中心点处所受的孔隙水压力 σ_e 为

$$\sigma_e = \gamma_w \left(H_w + \sum_{i=1}^{n} h_{wi}\xi_i\right) \tag{33}$$

式中,$\sum_{i=1}^{n} h_{wi}$ 为江底土层至隧道中心点处的距离。

盾构隧道开挖面所受水压力 F_w 为

$$F_\mathrm{w} = \sigma_e D = \gamma_\mathrm{w}(H_\mathrm{w} + \sum_{i=1}^{n} h_{\mathrm{w}i}\xi_i)D \tag{34}$$

2 工程验证及应用实例

2.1 实例：上海长江越江隧道开挖面稳定分析

上海长江越江隧道工程总长 25.50 km，连接浦东和长兴岛，直径为 15.43 m，为世界第一超大直径，具有穿越复合土层，高水压作用等难点。图 2 为比较危险的断面之一，以其为例来进行分析，其中 $C/D=0.76$（上覆土层厚度 C 是 11.69 m），隧道中心点埋深为 19.40 m，长江水位高为 18.29 m，隧道中心点水位埋深为 37.69 m。该断面处土层的物理力学性质参数见表 1。

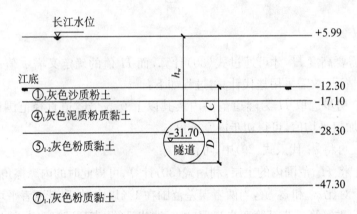

图 2　上海长江隧道剖面图（$C/D=0.76, D=15.43$ m）
Fig. 2　Geological conditions with $C/D=0.76(D=15.43$ m$)$

表 1　上海长江隧道土层物理力学参数[17]
Table 1　Physico-mechanical properties of soil near Shanghai Yangtze River Tunnel

土层	土的类别	土层厚度/m	重度 $\gamma/(\mathrm{kN/m^3})$	黏聚力 c/kPa	内摩擦角 $\varphi/(°)$	ξ
①$_3$	灰色砂质粉土	4.8	18.89	7	31.7	0.9
④$_1$	灰色泥质粉质黏土	11.2	17.04	14	18.1	0.4
⑤$_{1-2}$	灰色粉质黏土	19.0	18.35	22	21.1	0.4
⑦$_{1-1}$	灰色粉质黏土	—	19.05	9	27.9	0.3

根据前述建立的假想破坏机构图 1，计算断面处可能涉及的破坏土层为①$_3$、④$_1$、⑤$_{1-2}$，再根据有关多层土简化方法，迭代计算可以得到开挖面以上破坏机构的高度为 8.68 m，则总的破坏土层厚度为 24.11 m，对该厚度范围内的土体物理力学参数和强度参数，依据厚度加权平均法计算其平均值分别为 $\bar\varphi=20.6°$，$\gamma=17.78$ kN/m³，$c=17.17$ kPa。

再根据关于多层土中水压力的处理方法，利用公式（33）可得：孔隙水压力 $\sigma_e=284.5$ kPa。

由式（31）可得，$N_e=28.45$。再利用公式（25）计算可得开挖面极限支护压力，见表 2。

表 2 上海长江隧道开挖面中心点极限支护压力值
Table 2 Comparison of limit support pressure at the centre level of Shanghai Yangtze River tunnel

计算方法	极限支护压力值/kPa
本文解析方法计算值	319.0
上限分析多块体理论[17]	358.5
数值模拟方法[17]	370.9

从表 2 可以知道根据本文推导的公式计算的高水压力下上海长江越江隧道的极限支护压力为 319.0 kPa，与文献 17 中通过上限分析多块体理论计算的极限支护压力 358.5 kPa 和通过数值模拟计算值 370.90 kPa 相对比，相差在 16.3% 以内。

根据文献按照上海地区规范越江盾构隧道泥水仓压力算法，上海长江隧道泥水仓压力为 415.5 kPa，此时隧道开挖面的稳定安全系数为

$$F_s = \frac{415.5}{319.0} = 1.30 \tag{35}$$

在安全系数为 1.30 的情况下，可以保证隧道工程的安全施工。需要说明的是：由于目前有关盾构隧道开挖面极限支护压力研究的不完善，故在实际工程中，大都采用了较为保守的工程支护压力来确保施工安全，而利用本文方法计算的极限支护压力较上限分析多块体理论计算值和数值模拟方法计算值都小，但是哪一种计算结果更接近真实的极限支护压力，这需要在后续最好可以采用试验的方法来进一步验证本文的结论，从而可以再实际工程中施加更为合适的支护压力，以利于降低工程的费用和加快工程施工速度。

2.2 工程应用实例南京长江越江隧道开挖面稳定分析

南京长江隧道盾构段总长约 2.99 km，泥水盾构直径达 14.93 m，为当今世界直径最大的盾构机之一。该工程地下所穿越的地质段地层结构复杂、存在高水压、建设条件差、现有水下工程建设标准和规范难以覆盖，也没有可借鉴的成功经验。根据现场勘察，拟建隧道从完全加固区、顶篷加固区出来后，又经过原状土区，随后经过一水塘段、最后穿越长江大堤。拟建隧道段陆域区主要建筑物为长江大堤，岸堤坡角约为 45°，临水一侧浆砌块石护坡，修建时间 60 年代，堆填物为粉质粘土，大堤顶面宽 8～10 m，堤顶面标高约 11.70 m，顶挡水墙高出大堤 1.0 m。本研究取盾构穿越长江大堤这一断面，作为工程应用对象进行分析，该断面位于 150 m 处，为完全通过长江大坝位置。

在该断面处，长江水位较低为 3 m，各土层高度及物理力学参数见表 3。其中隧道中心点埋深为 20.47 m，土层埋深 $C=13$ m，隧道中心点水位埋深为 23.47 m。根据工程单位提供的断面上开挖面泥水压力的设定值及提供的隧道纵向剖视图中水文地质条件，计算得到工程施工时，计算断面拟采用的开挖面泥水压力计算值为 288.00 kPa[18]。

根据前述建立的假想破坏机构图 1，计算断面处可能涉及的破坏土层为②-3、④、⑥、⑦-2，再根据有关多层土简化方法，迭代计算可以得到开挖面以上破坏机构的高度为 8.68 m，则总的破坏土层厚度为 27.33 m，对该厚度范围内的土体物理力学参数和强度参数，依据厚度加权平均法计算其平均值分别为：$\bar{\varphi}=16.1°$，$\gamma=17.4$ kN/m³，$c=17.7$ kPa。

再根据关于多层土中水压力的处理方法，利用公式(33)可得：孔隙水压力 $\sigma_e=113.9$ kPa。

表 3 南京长江隧道土体物理力学参数[18]
Table 3　Physico-mechanical properties of soil near Nanjing Yangtze River Tunnel

土　层	土层厚度/m	重度 γ/(kN·m^{-3})	黏聚力 c/(kPa)	内摩擦角 φ/(°)	ξ
②-3 黏土	1.8	17.4	18	13.2	0.1
④淤泥质粉质黏土	11.2	17.4	18	15.3	0.4
⑥淤泥质粉质黏土夹粉土	5.3	17.4	18	17.0	0.7
⑦-2 粉土（至隧道底部）	4.7	17.6	16	18.0	0.8

由式(31)可得，N_c = 11.39。再利用公式(25)计算可得开挖面极限支护压力，见表 4。

表 4 南京长江隧道开挖面中心点极限支护压力值
Table 4　Comparison of limit support pressure at the centre level of Nanjing Yangtze River tunnel

计算方法	极限支护压力值/kPa
本文解析方法计算值	161.3
工程施工时施加的支护力	288.0

从表 4 可见，工程实例施工时施加的支护力为 288.0 kPa，而根据本文推导的公式计算的高水压力下南京长江越江隧道的极限支护压力为 161.3 kPa，这较工程实际施加的支护压力要低 118.7 kPa，此时隧道开挖面的稳定安全系数为

$$F_s = \frac{288.0}{161.3} = 1.79 \tag{36}$$

在安全系数为 1.79 的情况下，可以保证隧道工程的安全施工。也需要说明的是：而利用本文方法计算的极限支护压力远小于南京长江隧道实际施工支护压力，这是由于目前隧道开挖面极限支护压力研究的不足，在实际工程中，大都采用了较为保守的工程支护压力来确保施工安全。

2.3　高水压力对隧道支护压力的影响分析

以上两个实例中的水压力所产生的支护力及其比例见表 5。

表 5 水压力所产生的支护压力及其比例
Table 5　Support pressure generated by water pressure and its ratio

隧道名称	极限支护压力/kPa	水压力所产生的支护力/kPa	水压力产生的支护力所占比例
上海长江隧道	319.0	284.5	89.2%
南京长江隧道	161.3	113.9	70.6%

由表 5 可见，由高水位引起的水压力构成了总体支护压力的主要部分；在水压力产生的支护力所占比例这一项，上海长江隧道为 89.2%，大于南京长江隧道的 70.6%，这与上海长江隧道长江水位为 18.29 m，而南京长江隧道则是考虑过长江大堤时的情况，其江水位较低为 3 m 等情况有关。这也说明了水位越高，水压力所占支护力之比就越高。

3　结论

(1) 通过极限分析上限法，对高水压下均质土隧道开挖面稳定性计算方法进行了研究，首

次推导了高水压下维持开挖面稳定的极限支护压力的解析解公式,可为越江盾构隧道推进工程中前方支护压力的确定提供计算方法。同时,该公式表明高水压下的隧道开挖面极限支护压力等于作用于开挖面的有效支护压力和水压力之和。

(2) 通过上海长江隧道和南京长江隧道实例计算,其与前人的有关结果和工程实践进行了对比和分析,对比结果表明本文方法可为越江盾构隧道推进工程中估计前方支护压力的参考。

(3) 通过对比上海长江隧道和南京长江隧道极限支护压力中水压力产生的支护力所占比例这一项,表明水位越高,水压力所占支护力之比就越高。

参考文献

[1] 黄正荣,朱伟,梁精华,等. 盾构法隧道开挖面极支护压力研究[J]. 土木工程学报,2006,39(10):112-116.
[2] 秦建设. 盾构施工开挖面变形与破坏机理研究[D]. 南京:河海大学,2005.
[3] Davis E H, Gunn M J, Mair R J, et al. The stability of shallow tunnels and underground openings in cohesive material [J]. Geotechnique, 1980, Vol. 30(4): 397-416.
[4] Leca E, Dormieux L. Upper and lower bound solutions for the face stability of shallow circular tunnels in frictional material[J]. Geotechnique, 1990, 40(4): 581-606.
[5] Soubra A H. Three-dimensional face stability analysis of shallow circular tunnels [C]. In: Proceedings of the International Conference on Geotechnical and Geological Engineering, 19-24. November, 2000, Melbourne, Australia.
[6] Soubra A H. Kinematical approach to the face stability analysis of shallow circular tunnels[C]. In: Proceedings of the Eight International Symposium on Plasticity, Canada, British Columbia. 2002, pp. 443-445.
[7] Subrin D, Wong H. Tunnel face stability in frictional material: a new 3D failure mechanism[J]. C. R. Mecanique 330, 513-519. in French.
[8] Mollon G, Dias D, Soubra A-H. Face stability analysis of circular tunnels driven by a pressurized shield. Journal of Geotechnical and Geoenvironmental Engineering (ASCE), 2010, 136(1): 215-229.
[9] Mollon G, Dias D, Soubra A-H. Rotational failure mechanisms for the face stability analysis of tunnels driven by a pressurized shield[J]. Int. J. Numer. Anal. Meth. Geomech, 2011, 35: 1363-1388.
[10] In-Mo Lee & Seok-Woo Nam. The study of seepage forces acting on the tunnelling and tunnel face in shallow tunnels [J]. Tunnelling and Underground Space Technology, 2001(16): 31-40.
[11] In-Mo Lee, Seok-W00 Nam, Jae-Hum Alm. Effect of seepage forces on tunnel face stability[J]. Canadian Geotechnical Journal, 2002, 40(2): 342-350.
[12] 吕玺琳,王浩然,黄茂松. 盾构隧道开挖面稳定极限理论分析[J]. 岩土工程学报,2011,33(1):57-62.
[13] Chen W F. Limit analysis and soil mechanics[M]. New York: Elsevier Scientific Publishing Company, 1975.
[14] 张学言,闫澍旺. 岩土塑性力学基础[M]. 天津:天津大学出版社,2006.
[15] 王洪新. 水土压力分算与合算的统一算法. 岩石力学与工程学报,2011. 30(5):1057-1064.
[16] Hanna A M. Bearing capacity of footings under vertical and inclined loads on layered soils[D]. Novascotia Technical college, Halifax, N. S. 1978.
[17] LI Y, Emeriault F, Kastner R, Zhang Z X. Stability analysis of large slurry shielddriven tunnel insoft clay[J]. Tunnelling and Underground SpaceTechnology, 2009, 24: 472-481.
[18] 沈建奇. 盾构掘进过程数值模拟方法研究及应用[D]. 上海:上海交通大学,2009.

混凝土芯砂石桩复合地基工作性状研究

陈海军[1]　杨燕伟[1]　赵维炳[1]　吴辛[2]　王斯海[1]

(1. 南京水利科学研究院 岩土工程研究所，南京　210024；2. 中交第二公路工程局有限公司，西安　710065)

摘要　混凝土芯砂石桩复合地基用于高速公路、市政道路等的桥头段、机场跑道等能够有效控制工后沉降，消除桥头跳车现象。本文根据某高速公路混凝土芯砂石桩复合地基试验段，实测路堤填筑过程中及填筑结束进入预压期后一段时间内混凝土芯桩、环形砂石桩和桩间土表面土压力及桩间土沉降，揭示混凝土芯砂石桩复合地基的土拱效应和承载机理。

关键词　混凝土芯砂石桩复合地基；现场试验；土拱效应；桩体荷载分担比

Work Behaviors of Concrete-Cored Sand-Gravel Piles Composite Foundation

CHEN Haijun[1]　YANG Yanwei[1]　ZHAO Weibing[1]　WU Xin[2]　WANG Sihai[1]

(1. Geotechnical Engineering Department, Nanjing Hydraulic Research Institute, Jiangsu Nanjing 210024;
2. C C C C Second Highway Engineering Co., Ltd Xi'an 710065)

Abstract　soil settlements and soil pressures on the concrete-cored piles, gravel columns and soil obtained from rom field tests of a highway projectwere analyzed. The results shows that with embankment filling the pressures on the concrete-cored piles gravel columns and soil increase; the concrete-cored piles bears primary load, soils bears little fill, the load bearded by gravel piles between them; the curve of concrete-cored pile efficacy versus timeshows hardening characteristics.

Keywords　concrete-cored sand-gravel pile composite ground; field tests; soil arching; pile efficacy

1　引言

混凝土芯砂石桩复合地基是一种从控制工后沉降理念出发，开创得兼顾刚性桩复合地基和软土固结排水通道的地基处理新技术[1-3]，适用于高含水率、高有机质含量深厚软土地区对工后沉降和工后沉降差有严格要求的工程，如高速公路、市政道路的桥头段，机场跑道、联络道、滑行道以及堤防工程的地基处理。

混凝土芯砂石桩复合地基是由路堤填土、加筋垫层、混凝土芯桩和外包的砂石桩形成的复合桩和桩间土组成的一种以混凝土芯桩为竖向增强体，水平加筋垫层作为水平向增强体的联合型复合地基,结构型式见图1和图2。

本文通过对已有的混凝土芯砂石桩复合地基软基现场试验数据分析[4],研究了路堤填筑过程中及预压期内芯桩顶应力、砂石桩顶应力、桩间土压力的变化规律;桩间土体的沉降变化规律,重点分析了芯桩的土拱效应,揭示了混凝土芯砂石桩复合地基这的工作性状。

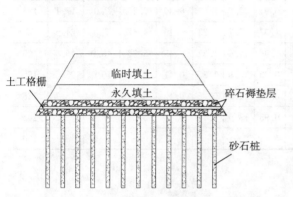
图1 混凝土芯砂石桩复合地基示意图
Fig. 1 Schematic diagram of composite foundation

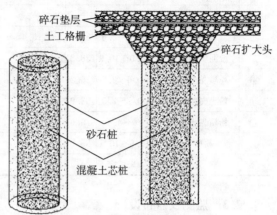
图2 混凝土芯砂石桩结构示意图
Fig. 2 Schematic diagram of composite foundation

2 现场试验概况

2.1 某高速公路试验段工程地质概况

某高速公路二标段桥头过渡段混凝土芯砂石桩复合地基处理试验段长41 m,宽63 m,面积2583 m²。根据地勘资料试验段地基土自上而下为:① 杂填土,灰褐色,表层为约50 cm厚的回填碎石层,其下为粉质黏土、粉土并含少量碎石,软塑~可塑,具高压缩性,层厚2.00~3.70 m;② 粉质黏土,灰黑色,流塑~软塑,中等压缩性,层厚1.60~2.60 m;③ 淤泥质粉质黏土,局部为淤泥质粉土,灰色~灰黑色,流塑局部软塑,中等压缩性,层厚6.60~10.90 m;④ 粉质黏土夹粉土,流~软塑,中等压缩性,层厚0.60~2.50 m。⑤ 粉土夹粉质黏土,灰色,灰黑色,粉质黏土,流~软塑,中等压缩性,层厚0.70~2.90 m。⑥ 粉质黏土夹粉土,灰色,灰黑色,粉质黏土,软塑,中等压缩性,层厚0.00~4.40 m。⑦ 粉质黏土,灰色,灰黑色,软塑局部流塑,中等压缩性,层厚9.60~10.10 m。⑧ 角砾灰色,黑色,中密~密实,夹粉质黏土,砾径2~5 cm,棱角形、亚圆形为主,低压缩性,未揭穿。

2.2 试验段设计方案

混凝土芯桩为边长20 cm的预制方桩,混凝土强度等级C20;砂石桩采用含泥量小于5%的中粗砂,直径50 cm,桩长22 m。混凝土芯砂石桩采用正三角形布置,桩间距2.1 m。混凝土芯砂石桩施工完毕后铺设50 cm厚的碎石垫层和一层双向土工格栅形成水平加筋垫层,土工格栅双向抗拉强度≥30 kN/m。加筋垫层铺设完毕后地面高程3.1 m,路床顶面中心设计高程8.5 m,预压高程11.1 m,路堤填料最大干密度$1.84×10^3$ kg/m³,路基宽度35 m,路堤边坡坡率1:2,地下水位距地表1~2 m,采用振动沉管法施工。试验段地基土的物理力学性能指标见表1。

表 1 试验段地基土物理力学性能指标
Table 1　Physical and mechanical parameters of soils

土层	土层名称	层厚 /m	w /%	γ /(kN·m^{-3})	e_0	I_P	I_L	α_{1-2} MPa^{-1}	$E_{s(1-2)}$ MPa	直剪(快剪) c/kPa	ϕ/(°)	f_{ak} kPa
①	杂填土	2.0～3.7	—	—	—	—	—	—	—	—	—	—
②	粉质黏土	1.6～2.6	32.3	18.4	0.91	10.7	1.01	0.30	7.28	2.0	17.1	125
③	淤泥质粉质黏土	6.6～10.9	38.8	17.9	1.07	11.7	1.35	0.49	4.47	7.0	24.5	65
④	粉质黏土夹粉土	0.6～2.5	35.2	18.3	0.96	11.6	1.27	0.45	5.37	18.0	16.5	105
⑤	粉土夹粉质黏土	0.7～2.9	33.9	18.5	0.93	10.9	1.35	0.41	5.68	10.0	25.5	150
⑥	粉质黏土夹粉土	0～4.4	26.6	19.3	0.75	11.7	0.76	0.45	3.94	25.0	13.7	165
⑦	粉质黏土	9.6～10.1	35.0	18.7	0.93	13.0	1.16	0.43	5.29	13.0	12.2	105
⑧	角砾	未揭穿	—	—	—	—	—	—	—	—	—	250

2.3 监测仪器布设

监测断面布置如图 3 所示。监测内容包括桩顶沉降、桩间土沉降、超静孔隙水压力、分层沉降、芯桩桩顶土压力、砂石桩桩顶土压力、桩间土土压力。具体的土压力盒布置见图 4。

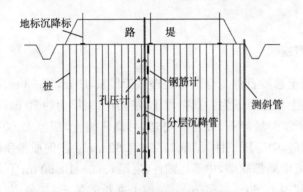

图 3　试验监测段断面示意图
Fig. 3　Sketch of measured sections of composite foundation

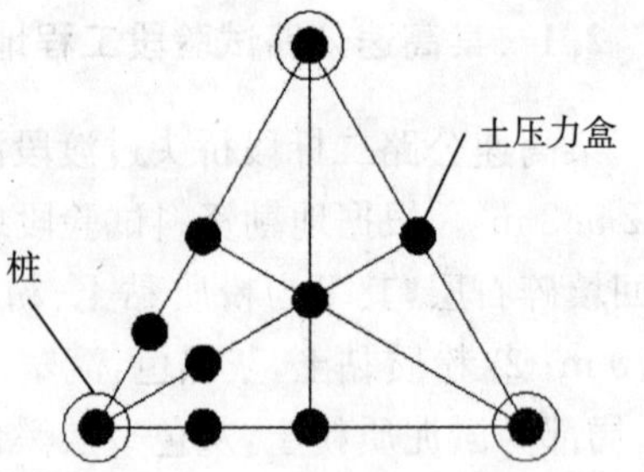

图 4　土压力盒埋设示意图
Fig. 4　Sketch of instrumented section

3　试验结果分析

3.1　芯桩、砂石桩和桩间土压力变化规律

图 5 给出了监测断面在填筑开始后芯桩桩顶、砂石桩桩顶和桩间土表面的土压力监测结果。图 5 中 P_p 为芯桩上测得的土压力，P_w 为砂石桩桩顶上测得的土压力；P_s 为桩间土上测得的土压力。

从图 5 中可以看出：① 在路堤填筑过程中芯桩桩顶土压力、砂石桩桩顶土压力和桩间土表面土压力都随着路堤高度增长而增大，路堤填筑结束后砂石桩桩顶土压力和桩间土土压力基本保持不变，芯桩桩顶土压力仍在增加，但增加速度明显降低且逐步趋于稳定；② 路堤下芯桩桩顶土压力最大，砂石桩桩顶土压力其次，桩间土表面土压力最小；③ 在整个路堤填筑过程中，混凝土芯桩顶土压力增长速度远大于砂石桩顶土压力和桩间土表面土压力增长速度。

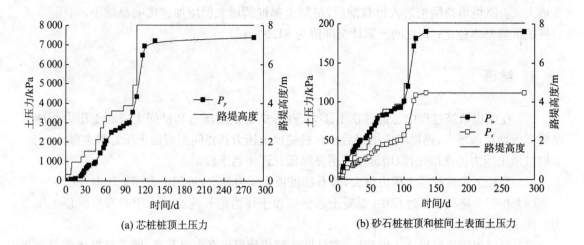

(a) 芯桩桩顶土压力　　　　(b) 砂石桩桩顶和桩间土表面土压力

图 5　路堤填筑开始后土压力实测结果
Fig. 5　In-situ results of soil pressure after land filling beginning inmonitoring section

3.2　桩体荷载分担比的时间变化规律

由现场实测的可知：芯桩顶土压力最大，砂石桩桩顶土压力其次，桩间土土压力最小。因此，可以判断路堤中形成了土拱。由文献[5]可以采用桩体荷载分担比表示土拱效应发挥程度。桩体荷载分担比即单桩承担的路堤重量与单桩处理范围内路堤总重量之比。桩体荷载分担比越大，表示桩承担的路堤荷载越多，而桩间土承担的路堤荷载越少。

图 6 给出了芯桩桩体荷载分担比随时间的变化。从图 6 中可以看出在路堤填高过程中，芯桩桩体荷载分担比迅速增大，当路堤填筑完毕进入恒载后，桩体荷载分担比有小幅升高，即芯桩桩体荷载分担比表现出类似"硬化"的特征。

3.3　桩间土沉降规律随时间变化

图 7 给出了 K63+056 断面路堤中轴线处实测桩间土表面沉降随路堤填筑的变化规律。从图 7 可以看出：① 桩间土沉降随路堤填筑高度增大而增大；沉降速率随路堤填筑速度增大

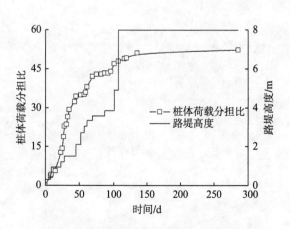

图 6　桩体荷载分担比随时间变化曲线
Fig. 6　The curve of pile efficacy versus time

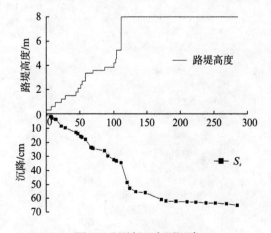

图 7　监测断面实测沉降
Fig. 7　In-situ settlements in monitoring section

而增大;② 路堤填筑结束进入恒载期后,桩间土都继续增大但增加速度明显减小,预压 55 天后桩顶沉降基本稳定;③ 桩间土累计沉降值为 64.9 cm。

4 结语

(1) 在路堤填筑过程中芯桩桩顶土压力、砂石桩桩顶土压力和桩间土表面土压力都随着路堤高度增长而增大,路堤填筑结束后砂石桩桩顶土压力和桩间土表面土压力基本保持不变,芯桩桩顶土压力仍在增加,但增加速度明显降低且逐步趋于稳定。

(2) 路堤下芯桩桩顶土压力最大,砂石桩桩顶土压力其次,桩间土表面土压力最小。

(3) 在整个路堤填筑过程中,混凝土芯桩桩顶土压力增长速度远大于砂石桩桩顶土压力和桩间土表面土压力增长速度。

(4) 当路堤填筑完毕进入恒载后,芯桩桩体荷载分担比有小幅升高,即芯桩桩体荷载分担比表现出类似"硬化"的特征。

(5) 桩间土沉降随路堤填筑高度增大而增大;沉降速率随路堤填筑速度增大而增大;路堤填筑结束进入恒载期后,桩间土都继续增大但增加速度明显减小,预压 55 天后桩顶沉降基本稳定。

参考文献

[1] 赵维炳,唐彤芝,蔡新,等.加固深厚软基的新方法-混凝土芯砂石桩复合地基法:中国,CN200610037621.2[P].2006-10-03.

[2] 陈俊生,赵维炳,唐彤芝.混凝土芯砂石桩复合地基技术在处理桥头深厚软基中的应用[J].施工技术,2007,36(1):70-72.

[3] 程万钊,乐茂华,王富永,等.混凝土芯砂石桩复合地基加固堤防软基试验研究[J].水利学报,2007,38(增刊):675-680.

[4] 黄剑,赵维炳.混凝土芯砂石桩复合地基加固深厚软基技术研究[R].南京水利科学研究院研究报告,2007,11.

[5] 曹卫平,凌道盛,陈云敏.刚性桩加固高速公路软基土拱效应现场试验研究及其与解析解的比较[J].岩土工程学报,2007,29(10):1576-1581.

非饱和土的结构强度*

张引科[1,2]　杨林德[2]　昝会萍[1]

(1. 西安建筑科技大学理学院,西安　710055; 2. 同济大学土木工程学院,上海　200092)

摘要　本文从非饱和土中孔隙分布规律出发,推导出了非饱和土结构强度与基质吸力的关系。理论公式与试验结果相符合,并且便于实际应用。

关键词　非饱和土;结构强度;基质吸力

The Structural Strength of Unsaturated Soils

ZHANG Yinke[1,2]　YANG Linde[2]　ZAN Huiping[1]

(1. School of Science, Xi'an Univ. of Arch. & Tech., Xi'an 710055, China;
2. College of Civil Engineering, Tongji University, Shanghai 200092, China)

Abstract　Based on the structural model of unsaturated soil, the relationship between the structural strength of unsaturated soil and matric suction is obtained. The theoretical formula is well consistent with data of tests and beneficial to practical applications.

Keywords　unsaturated soil; structural strength; matric suction

非饱和土广泛存在于世界各地,非饱和土剪切强度的研究对基础工程设计具有重要意义。到目前为止,关于非饱和土的剪切强度已有公式给出[1-3],但是这些公式中涉及的土性参数难以实际测量,使其应用受到限制。Fredlund 等[1]给出的非饱和土剪切强度是

$$\tau_f = c' + (\sigma_n - u_a)\tan\phi' + (u_a - u_w)\tan\phi^b \tag{1}$$

式中,ϕ^b 是随基质吸力变化的内摩擦角。式(1)给出的剪切强度由两部分组成:

(1) $c' + (\sigma_n - u_a)\tan\phi'$ 是与基质吸力无关的部分,它与 $(\sigma_n - u_a)$ 成正比,常数 ϕ' 和 c' 容易测量,这一部分非常便于应用。

(2) $(u_a - u_w)\tan\phi^b$ 是与基质吸力有关的部分,称为结构强度(或吸力强度)。由于 ϕ^b 与基质吸力$(u_a - u_w)$有关,因此结构强度与基质吸力之间是非线性关系,这个关系到目前还不完全清楚。虽然在这一方面已作了一些研究工作[4-8],但所得到的结论既缺乏理论基础又不便于工程应用。

本文从徐永福[6]提出的土微观孔隙分布规律出发,通过对非饱和土中应力组成的分析,推导出了非饱和土结构强度与基质吸力的关系。理论公式与试验结果完全一致,并且有益于实际应用。

---

*西安建筑科技大学学报(自然科学版)(CN:61-1295/TU)2003 收录,基金项目:陕西省教育厅专项科研计划项目(01JK178)

1 非饱和土的结构强度

1.1 非饱和土微观孔隙分布规律[6]

非饱和土中的孔隙有两类。一类是土颗粒集合体内孔隙,孔径较小,称为微观孔隙;另一类是土颗粒集合体间孔隙,孔径较大,称为宏观孔隙。非饱和土中水分分布不均匀,微观孔隙含水量高,在其中形成曲率半径很小的空气和水分界面,对土的基质吸力贡献很大,是影响非饱和土结构强度的主要因素。宏观孔隙常常不饱和,甚至不含水,不易形成空气和水分界面,即使形成空气和水分界面,也由于曲率半径较大,对基质吸力贡献不大。在分析土的结构强度时,宏观孔隙的影响可以忽略不计。非饱和土的结构特征决定了土中水分主要分布在微观孔隙中,孔径小的孔隙先被水充满。微观孔隙的分布函数为

$$f(r) = br^{-D} \tag{2}$$

式中 r——把土中孔隙看成球形时的孔隙半径;
D——孔隙分布的分维;
b——统计常数。土中孔隙的总体积是

$$V_v = \int_0^R f(r) 4\pi r^2 \mathrm{d}r = \frac{4\pi b}{3-D} R^{3-D} \tag{3}$$

式中,R 是微观孔隙半径的上限。不同含水量的土中充满水孔隙的最大半径不同。若充满水孔隙的最大半径为 r,土中水的总体积就是

$$V_w = \int_0^r f(r) 4\pi r^2 \mathrm{d}r = \frac{4\pi b}{3-D} r^{3-D} \tag{4}$$

从(3)式和式(4)推导出土的饱和度为

$$S_r = \frac{V_w}{V_v} = \left(\frac{r}{R}\right)^{3-D} \tag{5}$$

非饱和土孔隙内空气和水分界面的总面积是

$$S_m = \int_r^R f(r) 8\pi r \mathrm{d}r = \frac{8\pi b}{D-2}\left(\frac{1}{r^{D-2}} - \frac{1}{R^{D-2}}\right) \tag{6}$$

1.2 非饱和土中的应力

考察体积为 V 的非饱和土体,其中土颗粒体积为 V_s,孔隙体积为 V_v。土孔隙充满了水和空气的混合流体,非饱和土的有效应力原理写成

$$\sigma_{ij} = \sigma'_{ij} + u\delta_{ij} \tag{7}$$

式中 σ_{ij}——土中总应力;
u——土孔隙混合流体的平均压力;
σ'_{ij}——土的有效应力,它表示土体单位面积上通过土颗粒接触面作用的力;
δ_{ij}——delta 符号。

在土体中作面积为 A 的平面,它与土颗粒、孔隙水和孔隙气相截部分的面积分别为 A_s、A_w 和 A_a。利用平衡关系,有

$$\int_{A_v} \bar{u} \mathrm{d}A_v = \int_{A_w} \bar{u}_w \mathrm{d}A_w + \int_{A_a} \bar{u}_a \mathrm{d}A_a - \int_l T_n \mathrm{d}l \tag{8}$$

式中 $\bar{u}, \bar{u}_w$ 和 $\bar{u}_a$——分别是孔隙混合流体、水和空气中的压力;

T_n——表面张力 T(单位长度空气和水分界面上线段两侧的张力)垂直于平面 A 的分量;

l——水和空气分界面与平面 A 的交线。

为了得到体积平均,把式(8)沿垂直于平面 A 的方向上长度 L 积分就有

$$\int_{V_v} \overline{u} dV_v = \int_{V_w} \overline{u_w} dV_w + \int_{V_a} \overline{u_a} dV_a - \int_0^L \int_l T_n dl dZ \tag{9}$$

设空气在孔隙中呈球形。对于一个半径为 r 的球体,得

$$\int_0^L \int_l T_n dl dZ = \frac{4\pi T}{r} \int_0^r (r^2 - Z^2) dZ = \frac{2}{3} T(4\pi r^2) \tag{10}$$

式中,$4\pi r^2$ 是空气泡的表面积。当式(10)左边积分遍历所研究的土体时,式(10)就是

$$\int_0^L \int_l T_n dl dZ = \frac{2}{3} T S_m \tag{11}$$

这里 S_m 是土体中水和空气分界面的总面积。把式(11)代入式(9),得

$$u = S_r u_w + (1 - S_r) u_a - \frac{2}{3} \frac{S_m}{V_v} T \tag{12}$$

其中

$$u = \frac{1}{V_v} \int_{V_v} \overline{u} dV_v, u_w = \frac{1}{V_w} \int_{V_w} \overline{u_w} dV_w, u_a = \frac{1}{V_a} \int_{V_a} u_a dV_a \tag{13}$$

是各压力的体积平均值。再把式(12)代入式(7),非饱和土有效应力是

$$\sigma'_{ij} = (\sigma_{ij} - u_a \delta_{ij}) + [S_r(u_a - u_w) + \frac{2}{3} \frac{S_m}{V_v} T] \delta_{ij} \tag{14}$$

可见,土中有效应力与基质吸力有关。

1.3 非饱和土的结构强度

式(3)、式(5)、式(6)和式(14)相结合,非饱和土中的有效应力就是

$$\sigma'_{ij} = (\sigma_{ij} - u_a \delta_{ij}) + u_c \delta_{ij} \tag{15}$$

其中

$$u_c = \left[\frac{D}{3-D} \left(\frac{u_{sm}}{u_s} \right)^{3-D} - \frac{2(3-D)}{3(D-2)} \left(\frac{u_{sm}}{u_s} \right) \right] u_s \tag{16}$$

它表示基质吸力 $u_s = u_a - u_w = \frac{2T}{r}$ 对有效应力的贡献;

$$u_{sm} = \frac{2T}{R} \tag{17}$$

表示土体完全饱和时的基质吸力,取值很小。对于工程中感兴趣的 u_s 和 u_{sm} 取值,满足 $u_s \gg u_{sm}$,并且 $2 < D < 3$,因此式(16)能近似成为

$$u_c = \frac{D}{3(D-2)} \left(\frac{u_{sm}}{u_s} \right)^{3-D} u_s \tag{18}$$

从式(15)可以看出,由于基质吸力的存在使非饱和土中的有效应力增大了 $u_c \delta_{ij}$,从而使土粒间接触面上的法向压应力增大了 u_c,这就提高了土的剪切强度。根据 Mohr-Coulomb 准则,非饱和土的剪切强度是

$$\tau_f = c' + \sigma'_n \tan\phi' = c' + (\sigma_n - u_a) \tan\phi' + \tau_s \tag{19}$$

其中

$$\tau_s = u_c \tan\phi' = \frac{D}{3(D-2)}\left(\frac{u_{sm}}{u_s}\right)^{3-D} u_s \tan\phi' = a u_s^\alpha \tag{20}$$

并且

$$a = \frac{D}{3(D-2)} u_{sm}^{3-D} \tan\phi', \alpha = D-2 \tag{21}$$

式中，τ_s 就是非饱和土的结构强度，它表示基质吸力对非饱和土剪切强度的贡献。式(20)$_3$ 给出了结构强度与基质吸力的关系。

把式(20)$_2$ 与(1)式中的最后一项比较，有

$$\tan\phi^b = \frac{D}{3(D-2)}\left(\frac{u_{sm}}{u_s}\right)^{3-D} \tan\phi' \tag{22}$$

由于 $u_{sm} \ll u_s$，因此一般有 $\phi^b < \phi'$。这与 Fredlund[8] 所汇总的大量非饱和土 ϕ^b 和 ϕ' 的试验结果一致。

2 关系式 $\tau_s = a u_s^\alpha$ 与试验结果的比较

为了检验式(20)$_3$ 的正确性，从资料中选取了几组有代表性的试验数据进行了拟合。图 1—图 4 给出了各组试验数据和拟合曲线。可以看出，拟合曲线与试验结果相吻合。从图 1 中数据拟合出 a 值，再由式(21)$_2$ 求出该土的分维 $D=2.7005$，与实际分维[6] $D_0=2.67$ 相符。

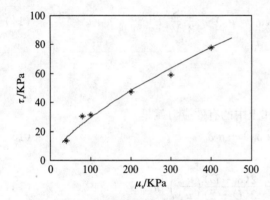

图 1 宁夏非饱和膨胀土[6]的结构强度曲线

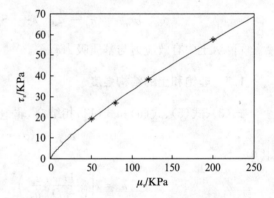

图 2 非饱和膨胀土[7]的结构强度曲线

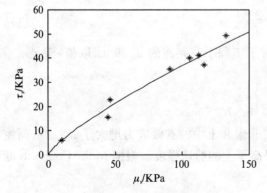

图 3 压实页岩[8]的结构强度曲线

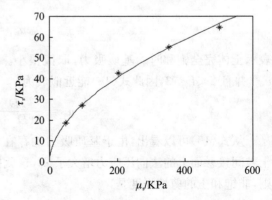

图 4 压实冰积土[9]的结构强度曲线

3 结论

从关系式 $\tau_s = au_s^a$ 的推导过程和与试验数据的比较结果可以得出以下结论：

(1) 非饱和土的结构强度主要是由于基质吸力使土粒间相互压实而产生的抗剪强度。

(2) 结构强度与基质吸力成非线性关系，公式 $\tau_s = au_s^a$ 中的参数 α 和 a 与土的孔隙结构有关，可以由常规土力学试验测定。

(3) 非饱和土的内摩擦角 ϕ^b 随基质吸力变化。基质吸力越大 ϕ^b 越小，ϕ^b 总是小于 ϕ'。

(4) 关系 $\tau_s = au_s^a$ 比双曲型关系[7]拟合精度更高，参数更易确定，又有理论基础，更便于工程应用。

参考文献

[1] Bishop A W and Blight G E. Some aspects of effective stress in saturated and unsaturated soils[J]. Geotech, 1963, 13(3): 177-197.

[2] Fredlund D G, Morgensten N R and Widger R S. The shear strength of unsaturated soils[J]. Can. geotech. J, 1978, 15(3): 313-321.

[3] Gan J K M, Fredlund D G and Rahardjo H. Determination of shear strength parameters of unsaturated soils using direct shear test[J]. Can. Geotech. J, 1988, 25(3): 500-510.

[4] 卢钧, 吴肖茗, 孙玉珍, 等. 膨胀力在非饱和土强度理论中的作用[J]. 岩土力学学报, 1997, 19(5): 20-27.

[5] 沈珠江. 当前非饱和土力学研究的若干问题[C]//区域性土的岩土工程问题学术讨论会论文集. 南京: 原子能出版社, 1996, 1-9.

[6] 徐永福, 傅德明. 非饱和土的结构强度的研究[J]. 工程力学, 1999, 16(4): 73-77.

[7] 缪林昌, 殷宗泽. 非饱和土的剪切强度[J]. 岩土力学, 1999, 20(3): 1-6.

[8] 弗罗雷德隆德 D G, 拉哈尔佐 H. 非饱和土土力学[M]. 陈仲颐, 译. 北京: 中国建筑工业出版社, 1997.

[9] Vanapall S K, Fredlund D G. Model for the prediction of shear strength with respect to soil suction[J]. Can. Geotech. J., 1996, 33: 379-392.

桩承式加筋路堤研究进展*

徐 超[1]　汪益敏[2]

(1. 同济大学岩土及地下工程教育部重点实验室，上海　200092；
2. 华南理工大学土木与交通学院，广州　510640)

摘要　在软土地基上进行路堤工程建设，主要面临稳定性和变形两方面的问题，桩承式加筋路堤不仅提高路堤的稳定性，而且能够控制路基的沉降。通过一系列室内模型试验、现场原型监测和数值分析，人们对桩承式加筋路堤中的土拱效应和加筋薄膜效应，以及路堤荷载传递机制已形成比较一致的看法；在各种土拱模型理论指导下形成多种桩承式加筋路堤设计方法。但目前对桩承式加筋路堤的土拱形态和成拱条件认识不一致，重复荷载下土拱效应演变规律缺乏定量研究，现行设计方法对路堤沉降控制仍显不足。在已有研究成果基础上，本文重点论述桩承式加筋路堤的理论与应用研究成果，提出对存在问题做进一步研究的建议。

关键词　软土地基；桩承式加筋路堤；土拱效应；桩体荷载分担比

Research Advances of Basal Reinforcedand Pile Supported Embankments

XU Chao[1]　WANG Yimin[2]

(1. Key Laboratory of Geotechnical and Underground Engineeringof Ministry of Education,
Tongji University, Shanghai 200092, China; 2. School of Civil Engineering and Transportation,
South China University of Technology, Guangzhou 510640, China)

Abstract　Embankment construction over soft soils would mainly face stability and deformation issues. The technologies of basal reinforcement and pile technique are applied to control the settlement of embankment, besides enhancing the stability. After a series of laboratory model tests, prototype monitoring and numerical modeling, a consensus view on the soil arching effect and reinforcement membrane effect of geosynthetic reinforced and pile-supported (GRPS) embankments has been formed. A variety of design methods of GRPS embankments come into being. But at present, the cognition about arching shape and the conditions of arching development is not identical. There are few quantitative studies on varying law of arching effect under repeated loading. The existing design specifications don't pay attention to the settlement control of embankments. Based on the existing research achievements, the theoretic and application researches on the GRPS embankments have been

---

*长江科学院院报(CN：42-1171/TV)2014 年收录

expounded, and suggestions for further researches on the remained issues are put forward in this article.

Keywords soft soil foundation; geosynthetic reinforced and pile-supported (GRPS) embankments; soil arching effect; pile efficacy

　　软土地基不仅强度偏低和压缩性偏高，且由于软土层主要由黏土矿物组成，透水性差，在附加荷载作用下，固结变形历时长。软土地基的这些特殊性给其上进行的构筑物建设提出了很大的挑战。在软土地基上进行公路和铁路路堤工程建设，主要面临整体稳定性和变形控制两方面的技术问题，在软土地基上公路拓宽工程中，核心问题是拓宽路堤与已有道路路基的不均匀沉降。

　　桩承式加筋路堤或桩-网复合地基可以有效地控制路基工后沉降和不均匀沉降，约束路基侧向变形，满足建设工程稳定性和变形方面的技术要求；可加快填筑施工，缩短工期；与桥梁路基方案相比，具有明显的经济效益和环境效益。目前在国内外已被广泛用于软土地基或其他特殊土地基上桥头连接路堤工程、已有公路路堤的拓宽工程和新建公路和铁路的路堤工程等。

　　自20世纪80年代以来，特别是近10年，经过国内外学者的努力，已经认识到桩承式加筋路堤的核心工作原理是桩土差异沉降引起的路堤土拱效应和水平加筋层的拉膜效应，桩-筋材-桩间土的相互作用决定了桩土荷载分担和加筋作用。我国学者也对桩承式加筋路堤或桩网复合地基进行一系列的研究，取得了重要研究进展。但是，关于土拱形态的假定缺乏实证，对形成全拱的条件在认识上很不一致，这一状况造成各国规范中桩承式加筋路堤的设计准则和分析方法差异很大[1-6]。另外，多国规范都假定桩间土不承担路堤荷载，此假定显得过于保守。

　　本文将在已有文献研究成果基础上，重点论述桩承式加筋路堤的工作机理和设计理论，对比分析现行国内外设计理论和设计方法，指出桩承式加筋路堤需要进一步研究的问题和今后的努力方向。

1　研究现状综述

1.1　模型试验与原型量测

　　在室内缩尺模型试验研究方面，Hewlett 和 Randolph(1988)[7]基于桩承路堤模型试验结果，认为按正方形布桩时路堤中土拱形态接近半球壳形，并据此提出了桩体荷载分担比。Low 和 Tang 等(1994)[8]通过缩尺模型试验研究了软土地基上桩承式路堤中的土拱效应，探讨了桩的荷载分担比与路堤高度、桩帽面积比之间的关系。Chew 和 Phoon(2004)[9]通过模型试验重点研究了水平加筋的作用，可以直观观测加筋的薄膜效应，并认为水平加筋对土拱效应有增强作用。曹卫平和陈仁朋等(2007)[10]通过室内模型试验分析了桩土差异沉降、路堤高度与桩梁间距比值等因素对桩土荷载分担及路堤沉降的影响，表明桩土应力比随桩土差异沉降而变化，存在上限值和下限值，加筋可以提高桩土应力比。Hong 等人(2007,2011)[11,12]完成了一系列桩承路堤模型试验(未设水平加筋材料)，发现只有桩排间距较近，且路堤有一定的高度时才形成土拱，土拱形态呈半空心圆柱状，圆柱直径等于相邻桩帽梁外边沿之间的距离，厚度等于桩帽梁宽度，路堤荷载通过土拱效应传递给桩(梁)体。Van Eekelen 等(2012)[13]通过一系列模型试验研究发现：桩间软基固结沉降能够增强加筋薄膜效应和土拱效应，增大桩体荷载分担比；在软基固结沉降过程中，内摩擦角大的填料(粗骨料)土拱效应更加明显；当桩间土不发生固结变形时,增加上部荷载将减小桩体荷载承担比,土拱效应会相应减弱;实测表明加筋层的应变在相邻桩间呈条带分布,条带上的线荷载呈倒三角分布。

室内模型试验研究成果揭示:由于桩与桩间土之间刚度差异巨大,将发生明显的差异沉降,从而诱发土拱效应,使桩顶荷载集中;土拱的形成和土拱效应的发挥是有条件的,如果不考虑填土特性,其主要取决于填土高度与桩(帽)净间距的几何关系;如果在路堤设置水平加筋垫层,则加筋薄膜效应将增大桩体的荷载分担比。

足尺模型试验或结合实际工程进行的现场试验研究,可以弥补小比尺物理模型试验的不足。夏元友和芮瑞(2006)[14]结合广梧高速公路桩承式加筋路堤试验段,从应力和应变角度验证了土拱效应的存在,且粗骨料填土形成的土拱稳定性好,加桩帽时土拱效应更为显著。连峰和龚晓南等(2008)[15]结合在广东某绕城高速公路深厚软基试验段进行的现场试验监测表明:路堤荷载下桩与桩间土沉降不协调,土工格栅薄膜效应传递荷载的能力强于土拱效应;桩处理深度范围内桩间土的压缩不可忽略,桩身上部出现负摩擦,桩承担绝大部分路堤荷载,桩间土承担的荷载很小。费康和刘汉龙(2009)[16]进行的桩承式加筋路堤现场监测及数值模拟均表明:填土的土拱效应造成荷载向桩体转移,极大地减小了桩间土上的应力和地基中的孔隙水压力。徐正中和陈仁朋等(2009)[17]分别对桩打穿软土层和未打穿软土层情况下的桩承式加筋路堤进行了现场试验研究,结果表明:软土层未打穿时桩体荷载分担比比打穿时小一些,但仍达到61.4%~75.5%;桩打穿与未打穿软土层时的土拱高度都为桩帽净间距的1.0~1.4倍,但未打穿软土层时,下卧层沉降约占路堤总沉降的60%。

Van Eekelen和Benzuijen等(2009)[18]在新西兰Kyoto道路上监测结果表明:填土中的土拱需要较长时间、随着路堤沉降慢慢形成;除土拱效应外,水平加筋的薄膜效应对提高桩顶荷载分担发挥了很大作用,而且桩间土承受一定的土压力。曹卫平和陈云敏等(2008)[19]通过实际监测和分析表明,在路堤填筑期,桩土应力比增大很快,路堤填筑完毕至地基固结完成的过程中,桩土应力比也会发生变化。夏唐代和王梅(2010)[20]完成的现场监测结果表明:桩帽上与桩间土上的土体存在沉降差,沉降差的发展可反映土拱效应的发挥程度,桩土应力比随着路堤荷载及桩与桩间土沉降差的变化而变化。郑俊杰和张军等(2012)[21]在黄土地区进行的现场实测表明,桩承式加筋路堤中心轴处路堤荷载转移主要以土拱效应为主,以薄膜效应为辅,而路肩处格栅薄膜效应比较显著,路堤荷载传递由土拱效应和薄膜效应共同完成,格栅在路肩处发挥作用效果大于路堤中心轴处。Zheng和Jiang(2011)[22]给出了京津高铁两车站的试验监测结果,在7m多高路堤荷载作用下,路基总沉降中约20%是CFG桩压缩造成的,其余约80%是由桩尖刺入和桩下地基压缩贡献的。

现场实测和试验研究进一步证实了桩承加筋路堤体系(包括软土地基)中存在明显的桩土差异沉降、填土土拱效应;反映了特定工况条件下桩承式加筋路堤的土拱形成条件和桩土荷载分担以及加筋对路堤荷载传递的作用;监测结果揭示了土拱效应具有随填土荷载、软基固结和桩土差异沉降发展而变化的基本特性。

离心模型试验已成为验证计算理论和解决土工关键问题的一种强有力手段。Huat和Ali(1993)[23]曾汇总了当时仅有的8组桩承式路堤离心模型试验结果,认为填土中土拱是否形成不仅取决于填土高度与桩间距的比值,而且还与桩帽面积所占的比例以及填土的性质有关。Barchard(1999)[24]通过离心模型试验研究了垫层加筋和不加筋条件下填土中的土拱效应和荷载传递规律,表明采用水平加筋时,桩承式加筋路堤中荷载主要靠加筋作用传递;在无加筋时,桩承路堤则主要靠土拱效应来传递荷载。张良和罗强等(2009)[25]通过离心模型试验分析了桩端持力层承载力大小对桩承式加筋路堤地基变形、桩土应力比等的影响,表明桩端持力层强度越高,桩体承载集中效应越明显,加筋所受拉力越小。王长丹和王炳龙等(2011)[26]研究了不同桩间距的影响,随着桩间距从2倍桩径变化到6倍桩径,路基工后沉降、桩土差异沉降和桩体荷载分担比随之增大,桩帽的设置可有效控制工后沉降和桩土差异沉降,桩间土与桩体相对位移中心点也随着桩间距的增大而下降。徐超和吴迪等(2012)[27]完成的离心模拟试验结果表明,加筋材料反包设置可增强筋材的薄膜效应,测得路肩下方土工格栅承受的拉力较大;加筋反包设置时,可通过薄膜效应向桩基转移更大荷载,充分发挥桩的作用;加筋材料的力学性质对加筋受力、桩体荷载分担比和路堤变形存在较大影响,延伸率低、拉伸模量高的加筋材料更能发挥加筋薄膜效应。

1.2 数值模拟研究

数值模拟是系统研究桩承式加筋路堤体系各要素相互作用的有效手段,得到了国内外学者的重视。Kempton和Russell等(1998)[28]通过对比二维和三维数值模拟结果曾指出:要准确评价桩承式路堤的性能,三维分析是必要的。三维数值模拟结果显示土拱形状是一个依靠于四个桩帽上的曲面顶。Han和Gabr(2002)[29]采用FLAC^{2D},按单桩模型对比研究有无加筋对桩体荷载分担比、路堤沉降和差异沉降的影响,结果表明加筋的最大拉力发生在桩帽边沿。Aubeny和Briaud等(2002)[30]进行的三维ABAQUS数值模拟结果也显示:桩承式加筋路堤中土层、桩和加筋垫层三者之间存在复杂的相互作用。余闯和刘松玉等(2009)[31]结合模型试验结果建立了三维有限元模型,模拟分析了桩承式加筋路堤中应力的分布规律和土拱效应。结果发现随着荷载水平和桩土沉降差的变化,土拱的发生区域也在变化。Wang和Mei(2012)[32]采用PLEXIS软件模拟分析了静荷载和地震荷载下微型桩承路堤的变形特征和反应性状,认为微型桩很好地改善了软土地基的稳定及变形特性,而且能够有效地降低路堤对地震的反应,减小路堤的峰值加速度。

2 桩承式加筋路堤的基本理论

2.1 桩承式加筋路堤的土拱模型理论

土拱效应的实质是土体内土单元(颗粒)之间,或土单元与其他物体之间发生相对运动(产生剪应变),通过单元之间的摩擦作用而产生的应力传递现象,在土木工程的很多领域均有体现。在桩承式加筋路堤体系中,由于桩与桩间土存在不均匀沉降,填土中会发生土拱效应。桩承式路堤关于土拱效应的设计理论直接来源于Marston和Anderson(1913)[33]和Terzaghi(1943)[34]的研究成果,并随着工程应用与研究的深入得到了进一步的发展。概括起来,桩承路堤土拱效应分析模型有以下几种:

Jones等(1990)[35]基于Marston的地埋管上土压力计算公式,提出了三维条件下桩承式加筋路堤的桩顶应力计算方法[见式(1)],并根据桩的端承情况给出了土拱系数,认为桩(帽)类似埋于沟槽中的刚性管道,可直接计算作用于桩(帽)上的有效竖向应力。

$$p'_c = \left(\frac{C_c a}{H}\right)^2 (\gamma H + q) \tag{1}$$

式中 a——桩帽边长;

H——路堤高度;

γ——填土重度；

q——附加荷载；

C_c——土拱系数，按下式计算。

对于刚性端承桩：

$$C_c = 1.95\frac{H}{a} - 0.18 \tag{2a}$$

对于摩擦桩和其他类型桩：

$$C_c = 1.5\frac{H}{a} - 0.07 \tag{2b}$$

Giroud 等(1990)[36]在 Terzaghi 的土拱理论基础上，同时考虑加筋材料的薄膜效应，提出了空洞上方加筋路堤土拱效应的计算方法。根据 Terzaghi 的二维土拱模型(图 1)，Russell 和 Pierpoint(1997)[37]提出了桩承路堤的三维土拱计算模型。

Hewlett 和 Randolph(1988)[7]提出了桩承式加筋路堤半球壳形土拱模型假设，且可拆分为一个球形土拱和四个平面土拱(图 2)。基于半球形土拱拱顶或者平面土拱拱脚的土单元极限状态，建立了桩体荷载分担比的计算方法。Kempfert 等(1999)[38]认为桩承路堤半球形土拱中，不同拱单元具有不同的圆心。

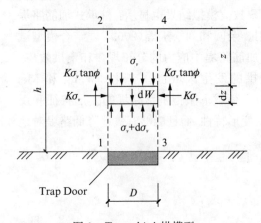
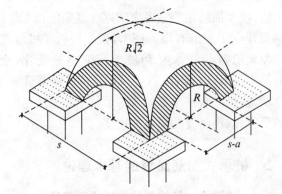

图 1　Terzaghi 土拱模型　　　　　图 2　正方形布桩时 H&R 土拱模型
Fig. 1　Terzaghi soil arching model　　Fig. 2　H&R soil arching model for square layout of piles

Guido(1987)[39]基于模型试验结果，认为桩承路堤的土拱形态近似于金字塔型或锥形(图 3)，桩间土只承担"金字塔"部分填土荷载，其余荷载由桩承担。Jenner(1998)[40]同样认为刚性桩上路堤荷载传递和分担机制符合 Guido 金字塔型土拱效应。

在桩承路堤中，还有一种楔形土拱模型，假定楔形顶角等于 30°，则土拱临界高度约等于桩(帽)间净间距的 1.87 倍。楔形体内填土荷载由加筋体或桩间土承担，其余荷载全部由桩承担。SINTEF(2002)[41]将楔形拱模型由二维推广至三维(图 4)，并认为楔形体的尺寸和形态(图中 β)与填土性质有关。

可见，人们对桩承式加筋路堤中土拱形态的认识并不一致，所提出的这些土拱模型各有特点。这些模型不仅土拱形态差异很大，而且全拱高度各不相同。但前人提出的这些土拱模型和相关分析方法，如式(1)所表达的那样，解决了路堤荷载在桩和桩间土上的分配问题，为桩承荷载的计算、当采用加筋垫层时加筋受力的计算，以及路基和路堤的沉降控制奠定了基础。

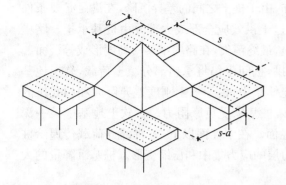
图 3　金字塔土拱模型
Fig. 3　Pyramid model of soil arching

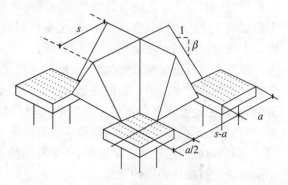
图 4　土拱楔形体模型
Fig. 4　Wedge model of soil arching

2.2　加筋薄膜效应

在桩承式加筋路堤体系中，无论桩基布置形式如何，还是采用何种桩型，桩与桩间土之间在路堤荷载下总是发生不均匀沉降。特别是采用端承刚性桩的情况下，桩间土的沉降远远大于桩的沉降，甚至可能发生桩间土与加筋材料脱离的情况。从 Briançon 和 Simon(2012)[42]报道的桩承式(加筋)路堤现场原型试验监测结果看，如果没有加筋材料，施工结束时桩承堤中桩的荷载分担比仅为 16.4%；而采用一层土工织物和两层土工格栅加筋的桩承加筋路堤中桩的荷载分担比分别达到 77.4%和 81.4%。可见，土工合成材料的薄膜效应是桩承加筋路堤荷载向桩体转移的主要机制。

一般情况下，桩承加筋路堤体系中，桩间土与加筋垫层是相互接触的，即加筋材料将会把所承担上部荷载中的一部分传递给桩间土承担，剩余的竖向荷载造成加筋材料弯曲张拉，并通过这种张拉受力机制将承受的荷载传递给桩基。因此不妨给桩承加筋路堤中加筋材料的薄膜效应下个定义：是指路堤底层的加筋材料由于桩与桩间土之间的不均匀沉降而发生弯曲拉伸，并将所承担的上部填土荷载转移给桩顶的荷载传递现象。

在桩承式加筋路堤中，由于支撑加筋材料的桩多采用正方形或三角形布置，加筋材料的张拉模式和形态受布桩形式的影响。Van Eekelen 等(2012)[13]所进行的模型试验结果显示，正方形布置的四根桩间加筋层的应变并不均匀，加筋层的应变在相邻桩间条带上集中分布，类似如图 5 所示的情形。

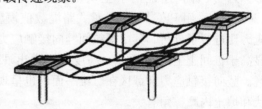
图 5　加筋材料的变形形态
Fig. 5　The deformation pattern of reinforcing material

2.3　路堤荷载传递规律及变形特征

根据已有研究成果，土拱效应和薄膜效应因桩基和加筋布设形式不同而存在差异，这必然导致桩承式加筋路堤荷载传递和变形特征随之改变。这里以刚性桩打穿软土层和一层筋材为基准，论述荷载传递规律和变形特征。

对于桩承式加筋路堤，地基上的附加荷载主要来自路堤自重。分层填筑的路堤荷载直接作用于加筋垫层，在起始均布荷载作用下，桩间土会发生远大于桩的沉降。加筋材料在填土荷载作用下随地基一起沉降，发生挠曲，产生薄膜效应，通过薄膜效应将加筋承担的那部分荷载转移到桩(帽)顶之上。随着路堤填筑高度的增加,由于桩土之间的差异沉降,在满足必要条件下路堤填土中出现拱效应,新增的填土荷载则通过土拱效应全部或大部分由桩基承担。路堤内的不均匀沉降随着填土高度增加而变得不明显,最终消失,在路堤中某一高度形成等沉面。

在路堤填筑施工期,即使填土中形成完整土拱,桩间土仍将承担部分填土荷载,软土地基中将产生超孔隙水压力。在加筋垫层以下的桩土体系中,由于桩土刚度差异巨大和超孔压的消散,在软土地基浅部存在桩土之间的相对位移,桩基承受负摩阻力。在软土地基中某一深度,当桩与土不再发生相对位移,这一位置即中性面。在中性面以下,桩将部分荷载传递给桩间土,剩余荷载通过桩体传至桩端,产生桩端持力层的应力集中和压缩变形。桩基沉降量的大小则取决于桩端持力层的性质。

按照上述荷载传递规律,在大部分情况下,路堤荷载最终还是由桩和桩间土分担,桩基承担的是经过土拱效应加强的上部荷载和经筋材薄膜效应传递过来的荷载;而桩间土分担的是经过土拱效应和薄膜效应转移后剩余的上部荷载。但对于刚性桩打穿软土层的情况,随着软土地基中孔压消散和固结沉降,桩土之间的差异沉降将可能使桩间土与加筋材料脱开,形成所谓的"膜下空穴"。这种情况下桩间土不再分担荷载,全部路堤和附加荷载由桩基承担。

上述桩承式加筋路堤的荷载传递和分担机制受一系列因素的影响和制约。这些因素包括:(1)土拱的成拱条件,除了已有研究成果和相关规范指出的那样,应满足路堤填筑高度与桩帽静间距的几何比例关系外,成拱条件必然与填土的性质存在本质的联系。(2)软土地基中桩体的种类和性质。(3)加筋材料的性质和布置形式。(4)外部荷载条件,应关注重复荷载对土拱效应的影响。

3 需进一步研究解决的问题

对于存在多种土拱形态和土拱理论,Eskisar和Otani(2012)[43]采用CT技术直观地"观察"了桩承路堤中的土拱形态,从断面上看,大多数情况下土拱形态呈三角形(在空间上应为楔形体)。该研究还证明了土拱形态与填土类型和填土的性质存在密切联系。郑俊杰等(2012)[44]采用PFC^{2D}建立桩承式路堤数值模型,对路堤填土颗粒接触应力、竖向变形和桩土应力比进行了分析。其中颗粒间竖向接触应力模拟结果显示:桩顶上方土颗粒竖向应力明显高于桩间土上方,桩顶 $s-a$ 高度范围内出现应力集中现象,桩间土上方颗粒间则出现卸载区。竖向接触应力卸载区在二维平面内也呈现三角形,模拟结果也显示桩土应力比与颗粒形状和填土内摩擦角有关。

土拱效应和薄膜效应均受一系列因素影响,不能将之视为仅与布桩形式和相关几何尺寸有关。Britton和Naughton(2010)[45]认为填土内的土拱高度不仅与桩(帽)净间距有关,而且与填土内摩擦角密切相关,并通过室内1:3缩尺模型试验进行证实。基于对试验结果的分析,首次提出了与填土内摩擦角相关的土拱高度计算公式[见式(3)]。李波和黄茂松等(2010)[46]基于Hewlett和Randolph(1988)正方形布桩时半球壳土拱模型假设和土拱效应分析方法,推导出考虑路堤荷载和均布附加荷载共同作用下桩承路堤(有筋或无筋)土拱效应分析方法;参数分析表明:路堤填筑高度、填土内摩擦角、筋材抗拉刚度、桩帽覆盖率和地基弹性模量对土拱效应和薄膜效应均有一定影响,其中筋材抗拉刚度和地基弹性模量的影响更显著。

$$H_c = C(s-a) \tag{3}$$

式中,系数 $C = 0.5 e^{\frac{\pi}{2}\tan\phi}$;$\phi$ 为填土的内摩擦角。

桩承式加筋路堤在实际工作状态下承受交通荷载,这是一种不规则的重复荷载,会对整个体系产生影响。Kempfert 等(2004)[47]通过室内试验研究发现:在循环荷载作用下,填土的土拱效应发挥程度较低,桩体荷载分担比有所减小。Van Eekelen 等(2009)[18]通过服役期的桩承加筋路堤的监测结果发现:交通荷载对土拱效应具有明显的影响,监测显示:在工作日重复重载交通荷载作用下,土拱效应会减弱;而在节假日没有卡车重载时,土拱效应会逐步恢复,甚至进一步强化。叶阳升和张千里等(2010)[48]进行了现场原位动载模拟试验,550 万次动载试验过程中,土拱基本处于稳定状态,动应力在拱中基本按均值体传递。因此需要客观认识重复荷载对桩承式加筋路堤产生的负面作用,以正确分析土拱效应的演变规律及其对桩土荷载分担、地基变形的影响。

在关注桩承式加筋路堤荷载传递和工作机理的同时,作为道路工程主体部分,路堤和地基变形同样需要引起重视。徐超和吴迪(2012)[27]完成的离心模型试验结果显示,加筋层数、在垫层的设置位置和方式等对路堤变形有一定影响,筋材反包设置有利于控制路堤不均匀变形,减少地基的侧向变形。关于设计时对路堤沉降的考虑,Briançon and Simon(2012)[42]根据原型试验建议应考虑桩基上部负摩阻力对沉降的影响,因为桩基沉降与桩底应力密切相关。Blanc 和 Rault 等(2013)[49]采用离心模型试验比较系统地探讨了桩承路堤碎石垫层厚度、密实度对土拱效应的影响,对比了加筋与不加筋时桩体荷载承担比的变化,论证了加筋薄膜效应与桩间土沉降(加筋应变)的关系。这些研究工作均说明:对于桩承路堤的实际应用来讲,可以通过合理设计以达到有效控制软土地基上路堤稳定性和沉降的目的。

4 结论

经过一系列的工程实践和科学研究,桩承式加筋路堤已被证明是在软弱土地基上修建路堤的有效方法,技术合理,节省工期和建设费用。由于桩与桩间土客观上存在明显的刚度差异,必然引起桩(帽)与桩间土之间的沉降差,并因此形成桩承式加筋路堤中的填土土拱效应和加筋薄膜效应以及特有的荷载传递机制,土拱效应和薄膜效应的发挥程度还受到一系列因素的影响。

在桩承式加筋路堤体系中,由于地基条件复杂和交通荷载的影响,土拱效应和荷载传递不应该是单向的,荷载分担也不是在路堤荷载施加后一次性完成,固定不变的;同样地,拉膜效应的发挥程度也不是一成不变的,不仅在施工期随着荷载的增加而增强,而且在运营期随着外部条件变化发生演变。当桩不打穿软土层,在土拱效应和拉膜效应下桩会发生向下刺入,土拱效应势必发生变化。当地基发生固结变形,拉膜效应和桩土荷载分担也会发生调整。桩承式加筋路堤中形成完全土拱是有条件的,这个条件不仅与填土高度/桩间净间距有关,而且与填土性质有关。因此,如果不能正确认识桩-筋材-桩间土的相互作用,不能正确评价复杂条件下土拱效应的演变规律,桩承式加筋路堤的工程应用只能是经验性的。

在进一步的研究中,应揭示桩承式加筋路堤土拱效应的演变规律及主要影响因素,验证并建立包括土拱形态、土拱条件在内的土拱模型。在此基础上提出土拱效应、薄膜效应、荷载传递与桩土荷载分担的分析方法。在分析研究桩承式加筋路堤工作机理的同时,还应更加关注与工程实践要求密切相关的路堤变形问题,提出沉降控制设计相关的设计理论与方法。

参考文献

[1] British Standard Institute. British Standard 8006: Strengthened/Reinforced Soils and Other Fills[S]. London: British Standard Institute, 2010.

[2] Nordic Geosynthetic Group. Nordic Guidelines for Reinforced soils and fills[S]. Published by The Nordic Geotechnical Society, 2004.

[3] Railway Technology Research Institute. The Design and Construction Handbook of Mixing Piled Foundation (Machine Mixing)[S]. Tokyo: Railway Technology Research Institute, 2001. (in Japanese)

[4] The German Geotechnical Society (DGGT). EBGEO-Recommendationfor Reinforcement with Geosynthetics[S]. 2010. (in German)

[5] Dutch CUR design guideline for piled embankments[S]. CUR 226. 2010, ISBN 978-90-376-0518-1.

[6] 中华人民共和国国家标准. GB/T 50783—2012 复合地基技术规范[S]. 北京: 中国建筑工业出版社, 2012.

[7] Hewlett W J, Randolph M F. Analysis of piled embankments[J]. Ground engineering, 1988, 21(3): 12 - 18.

[8] Low B K, Tang S K, Choa V. Arching in piled embankments[J]. Journal of Geotechnical Engineering, 1994, 120(11): 1917 - 1938.

[9] Chew S H, Phoon H L. Geotextile Reinforced Piled Embankment-full-scale Model Tests[C]. Proceeding of the 3rd Asian Regional Conf. on Geosynthetics, 2004: 661 - 668.

[10] 曹卫平, 陈仁朋, 陈云敏. 桩承式加筋路堤土拱效应试验研究[J]. 岩土工程学报, 2007, 29(3): 436 - 441.

[11] Hong W P, Lee J H, Lee K W. Load transfer by soil arching in pile-supported embankments[J]. Soils and foundations, 2007, 47(5): 833 - 843.

[12] Hong W P, Hong S W, Song J G. Load transfer by punching shear in pile-supported embankments on soft ground[J]. Marine Georesources and Geotechnology, 2011, 29(4): 279 - 298.

[13] Van Eekelen, S J M, Bezuijen A, Lodder H J, Van Tol A F. Model experiments on piled embankments[J]. Part 1. Geotextiles and Geomembranes, 2012a, 32: 69 - 81.

[14] 夏元友, 芮瑞. 刚性桩加固软土路基竖向土拱效应的试验分析[J]. 岩土工程学报, 2006, 28(3): 327 - 331.

[15] 连峰, 龚晓南, 赵有明, 等. 桩-网复合地基加固机理现场试验研究[J]. 中国铁道科学, 2008, 29(3): 7 - 12.

[16] 费康, 刘汉龙. 桩承式加筋路堤的现场试验及数值分析[J]. 岩土力学, 2009, 30(4): 1004 - 1012.

[17] 徐正中, 陈仁朋, 陈云敏. 软土层未打穿的桩承式路堤现场实测研究[J]. 岩石力学与工程学报, 2009, 28(11): 2336 - 2341.

[18] Van Eekelen, S J M. van, Benzuijen A, Jansen H L. Piled embankment using geosynthetic reinforcement in the Netherlands: design, monitoring & evaluation[C]. Proceedings of the 17th International Conference on Soil Mechanics and Geotechnical Engineering. IOS Press, 2009: 1690 - 1693.

[19] 曹卫平, 陈云敏, 陈仁朋. 考虑路堤填筑过程与地基土固结相耦合的桩承式加筋路堤土拱效应分析[J]. 岩石力学与工程学报, 2008, 27(8): 1610 - 1617.

[20] 夏唐代, 王梅, 寿旋, 等. 筒桩桩承式加筋路堤现场试验研究[J]. 岩石力学与工程学报, 2010, 29(9): 1929 - 1936.

[21] 郑俊杰, 张军, 马强, 等. 路桥过渡段桩承式加筋路堤现场试验研究[J]. 岩土工程学报, 2012, 34(2): 355 - 362.

[22] Zheng G, Jiang Y, Han J, Liu Y. Performance of Cement-Fly Ash-Gravel Pile-Supported High-Speed Railway Embankmentsover Soft Marine Clay[J]. Marine Georesources and Geotechnology, 2011, 29(2): 145 - 161.

[23] Huat B K Bujang, Ali Hj Faisal. A contribution to the design of piled embankment[J]. Pertanika Journal of Science & Technology, 1993, 1(1): 79 - 92.

[24] Barchard J M. Centrifuge modelling of piled embankments on soft soils[D]. B. Sc. Eng. thesis, University of New Brunswick, Canada, 1999.

[25] 张良, 罗强, 裴富营, 等. 基于离心模型试验的桩帽网结构路基桩端持力层效应研究[J]. 岩土工程学报, 2009, 31(8): 1192 - 1199.

[26] 王长丹, 王炳龙, 王旭, 等. 湿陷性黄土桩网复合地基沉降控制离心模型试验[J]. 铁道学报, 2011, 33(4): 84 - 92.

[27] 徐超, 吴迪, 高彦斌, 等. 基于离心模型试验的桩承加筋路堤筋材设置方法研究[J]. 水利学报, 2012, 43(12): 1487 -

1493.
[28] Kempton G, Russell D, Pierpoint N D, Jones C J F P. Two and Three dimensional numerical analysis of the performance of piled embankments[C]. The 6th International Conference on Geosynthetics, 1998:767-772.
[29] Han J, Gabr M A. Numerical Analysis of Geosynthetic-Reinforced and Pile-Supported Earth Platforms over Soft Soil[J]. Journal of Geotechnical and Geoenvironmental Engineering, 2002,128(1):44-53.
[30] Aubeny C, Li Y, Briaud J. Geosynthetic reinforced pile supported embankments: numerical simulation and design needs[C]. Geosynthetics-7th ICG-Delmas, 2002:365-368.
[31] 余闯,刘松玉,杜广印,等. 桩承式路堤土拱效应的三维数值模拟[J]. 东南大学学报(自然科学版),2009,39(1):58-62.
[32] Wang Z, Mei G. Numerical Analysis of Seismic Performance of Embankment Supported by Micropiles[J]. Marine Georesources and Geotechnology, 2012,30(1):52-62.
[33] Marston A, Anderson A O. The theory of loads on pipes in Ditches and Tests of Cementand Clay Drain Tile and Sewer Pipe[K]. Iowa Engineering Experiment Station Bulletin, Iowa State College, Ames, Iowa, No. 31,181,1913.
[34] Terzaghi K. Theoretical soil mechanics[D]. New York: John Wiley & Son, 1943.
[35] Jones C J F P, Lawson C R, Ayres D J. Geotextile reinforced piled embankments[C]. Proceedings of Int. Conf. on Geotextiles, Geomembranes, and related products, 155-160.
[36] Giroud J P, Bonaparte R, Beech J F, et al. Design of soil layer-geosynthetic systems overlying voids[J]. Geotextiles and Geomembrane, 1990,9(1):11-50.
[37] Russell D, Pierpoint N. An assessment of design methods for piled embankment[J]. Ground Engineering, 1997,30(10):39-44.
[38] Kempfert H G, Zaeske D, Alexiew D. Interactions in reinforced bearing layers over partial supported underground[C]. Geotechnical Engineering for Transportation Infrastructure. Balkema, Rotterdam, 1999:1527-1532.
[39] Guido V A, Kneuppel J D, Sweeny M A. Plate loading tests on geogrid-reinforced earth slabs[C]. Proceedings of the Geosynthetics, New Orleans, USA. IFAI, 1987:216-225.
[40] Jenner C G, Austin R A, Buckland D. Embankment support over piles using geogrids[C]. 6th International Conference on Geosynthetics, 1998:763-766.
[41] SINTEF. A computer program for designing reinforced embankments[C]. Proceedings of 7th International Conference on geotextiles, Nice 2002, France, vol. 1:201-204.
[42] BriançonL, Simon B. Performance of Pile-Supported Embankmentover Soft Soil: Full-Scale Experiment[J]. Journal of Geotechnical and Geoenvironmental Engineering, 2012,138(4):551-561.
[43] Eskisar T, Otani J, Hironaka J. Visualization of soil arching on reinforced embankment with rigid pile foundationusing X-ray CT[J]. Geotextiles and Geomembranes, 2012,32:44-54.
[44] 郑俊杰,赖汉江,董友扣,等. 桩承式加筋路堤承载特性颗粒流细观模拟[J]. 华中科技大学学报(自然科学版),2012,40(11):43-47.
[45] Britton E J, Naughton P J. An experimental study to determine the location of the critical height in piled embankments[C]. In: Proceedings of 9ICG, Brazil, 2010:1961-1964.
[46] 李波,黄茂松,叶观宝. 加筋桩承式路堤的三维土工效应分析与试验验证[J]. 中国公路学报,2010,25(1):13-19.
[47] Kempfert H G, Gobel C, Alexiew D, Heitz C. German recommendations for reinforced embankments on pile-similar elements[C]. Euro Geo 3-Third European Geosynthetics Conference, Geotechnical Engineering with Geosynthetics, 2004:279-284.
[48] 叶阳升,张千里,蔡德钩,等. 高速铁路桩网复合地基低矮路基动静荷载传递特性研究[J]. 高速铁路技术,2010,1(1):10-15.
[49] Mathieu Blanc, Gérard Rault, Luc Thorel, Márcio Almeida. Centrifuge Investigation of load transfer mechanisms in a granular mattress above a rigid inclusions network[J]. Geotextiles and Geomembranes, 2013,36:96-105.

采用不同 Drucker-Prager 屈服准则得到的边坡安全系数的转换

钟才根[1]　张　斌[2]

(1. 同济大学，上海　200092；2. 中交路桥技术有限公司，北京　100029)

摘要　本文分析了边坡稳定分析的有限元强度折减过程中（平面应变条件下）Drucker-Prager 屈服面的变化特点，从而提出了有限元强度折减法采用不同屈服准则计算得到的边坡安全系数之间的转换关系式。在利用有限元强度折减法计算边坡稳定安全系数时，ANSYS 有限元软件采用的岩土材料屈服准则为莫尔-库仑六边形外接圆 D-P 准则，可以先求出外接圆 D-P 准则条件下的安全系数，然后利用所提出的安全系数转换公式就可直接计算出各 D-P 准则条件下的安全系数。因此，通过转换就可以在 ANSYS 程序中实现不同莫尔-库仑准则，而不需要进行二次开发。对采用 Ansys 软件通过算例分析比较了由转换关系式得到的安全系数与实际计算的结果，讨论了转算结果的误差。算例结果表明：通过转换关系式得到的安全系数与计算得到的结果非常接近，已经具有相当高的计算精度，也同时证明所提出的方法是可行的。

关键词　边坡稳定分析；有限元强度折减法；Drucker-Prager 准则；安全系数转换

Transformation of Slope Safety Factorbased on Differentdrucker-Prager Criterion

ZHONG Caigen[1]　ZHANG Bin[2]

(1. Tongji University, Shanghai 200092, China;
2. CCCC Road and Bridge Consultants CO. LTD, Beijing 100029, China)

Abstract　In this paper, the characteristics of Drucker-Prager yield surface transformation during the strength reduction process by strength reduction finite element method (FEM) in slope stability analysis (under the plane strain condition) are analyzed. Currently, the Mohr-Coulomb hexagon circumcircle Drucker-Prager criterion was adopted in the ANSYS finite element analysis programme. So, the safety factor using ANSYS with the Mohr-Coulomb hexagon circumcircle Drucker-Prager criterion is calculated, thus the safety factor based on the Drucker-Prager yield criterion (such as the Mohr-Coulomb matching Drucker-Prager yield criterion under the plane strain condition) can be obtained using the deduced conversion formulae. Under the plane strain condition, the Mohr-Coulomb yield criterion in the ANSYS programme without secondary programming development through equivalent substitution is

---

* 岩土力学(CN: 42-1199/O3)2011 年收录

adopted. The safety factor conversion formula with different Drucker-Prager yield criteria was deduced. The safety factors calculated with conversion formula and those calculated by traditional method are compared through slope models analysis using Ansys, and the error between the results obtained by strength reduction finite element method with different Drucker-Prager yield surfaces are investigated. A series of case studies indicate that the average error of safety factors between those obtained by conversion formula and those by calculation is slight. The applicability of the proposed method was clearly exhibited.

Keywords　slope stability analysis; strength reduction finite element method (FEM); Drucker-Prager yield criterion; safety factor conversion

1　引言

边坡稳定分析的有限元强度折减法的基本原理是：在弹塑性有限元计算中，对初始材料强度参数进行折减，将折减后的强度参数代入有限元模型进行计算，直至边坡进入极限平衡状态(即边坡临界失稳状态)，此时的强度折减系数即为边坡的整体安全系数。当有限元计算中采用理想弹塑性材料模型时，屈服准则的选择会对边坡安全系数的计算产生较大影响。

传统边坡稳定分析的极限平衡条分法采用的是 Mohr-Coulomb 准则，由于 Mohr-Coulomb 准则在主应力空间中的屈服面形状为六棱锥面，在棱角处由于函数不连续而不利于数值计算。故大多数值分析中均使用 Drucker-Prager 屈服准则。本文试图通过分析平面应变条件下强度折减过程中 Drucker-Prager 屈服面的变化特点，以建立有限元强度折减法采用不同屈服准则计算得到的安全系数之间的转化关系，并通过算例分析这种转换的可靠性。

2　Drucker-Prager 屈服准则

在主应力空间中，D-P 屈服面为一曲面，其表示式为

$$f = \alpha I_1(\sigma_{ij}) + \sqrt{I_2(S_{ij})} + k = 0 \tag{1}$$

式中　f——塑性势函数；

　　　$I_1(\sigma_{ij})$——应力张量第一不变量；

　　　$I_2(S_{ij})$——应力偏张量第二不变量；

　　　α, k——材料常数，为材料参数 c、φ 的函数。

D-P 准则的屈服面在主应力空间中是一圆锥面，针对同一材料根据不同的 α、k 值分别可以得到以下的几种 D-P 屈服面。

表 1　　　　　　　　　　　　　　各种 D-P 屈服准则参数
Table 1　　　　　　　　　Relationship of different D-P yield criteria

屈服面编号	屈服面位置 (在 π 平面上相对于 M-C 屈服准则)	α	k	$\dfrac{k}{\alpha}$
DP1	外角点外接圆	$\dfrac{2\sin\varphi}{\sqrt{3}(3-\sin\varphi)}$	$\dfrac{6c\cos\varphi}{\sqrt{3}(3-\sin\varphi)}$	$3c\cot\varphi$

（续表）

屈服面编号	屈服面位置（在π平面上相对于M-C屈服准则）	α	k	$\dfrac{k}{\alpha}$
DP2	M-C 等面积圆	$\dfrac{2\sqrt{3}\sin\varphi}{\sqrt{2\sqrt{3}\pi(9-\sin^2\varphi)}}$	$\dfrac{6\sqrt{3}c\cos\varphi}{\sqrt{2\sqrt{3}\pi(9-\sin^2\varphi)}}$	$3c\cot\varphi$
DP3	平面应变 M-C 匹配($\psi=0$)	$\dfrac{\sin\varphi}{3}$	$c\cos\varphi$	$3c\cot\varphi$
DP4	内切圆	$\dfrac{\sqrt{3}\sin\varphi}{\sqrt{(3+\sin^2\varphi)}}$	$\dfrac{\sqrt{3}c\cos\varphi}{\sqrt{(3+\sin^2\varphi)}}$	$3c\cot\varphi$
DP5	内角点外接圆	$\dfrac{2\sin\varphi}{\sqrt{3}(3+\sin\varphi)}$	$\dfrac{6c\cos\varphi}{\sqrt{3}(3+\sin\varphi)}$	$3c\cot\varphi$

π平面上屈服面形状如下图。

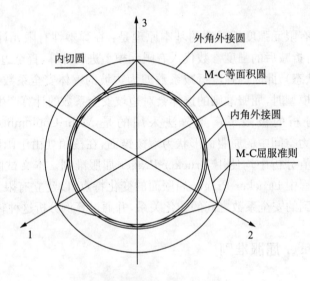

图 1　各屈服面在 π 平面上的位置
Fig. 1　Yield surface on the deviator plane π

3　同一材料对应的不同 Drucker-Prager 屈服面形状确定

在主应力空间中，D-P 屈服面与静水轴的交点处的应力状态是偏应力为零而体应力不为零，即

$$\begin{cases} \sigma_m = \dfrac{\sigma_1+\sigma_2+\sigma_3}{3} = \dfrac{1}{3}I_1(\sigma_{ij}) \neq 0 \\ S_{ij} = 0 \Rightarrow I_2(S_{ij}) = 0 \end{cases} \quad (2)$$

将式(2)代入式(1)，可知，在 D-P 屈服面与静水轴的交点处体应力为

$$\sigma_m = \dfrac{\sigma_1+\sigma_2+\sigma_3}{3} = -\dfrac{\alpha}{k} \quad (3)$$

在π平面上，体应力为零而偏应力不为零[1]，即

$$\begin{cases} \sigma_m = \frac{1}{3}I_1(\sigma_{ij}) = 0 \\ S_{ij} \neq 0 \Rightarrow I_2(S_{ij}) \neq 0 \end{cases} \quad (4)$$

将式(4)同样代入式(1),可得

$$\begin{cases} I_2(S_{ij}) = \frac{1}{6}[(\sigma_1-\sigma_2)^2+(\sigma_2-\sigma_3)^2+(\sigma_3-\sigma_1)^2] = k^2 \\ \sigma_1+\sigma_2+\sigma_3 = 0 \end{cases} \quad (5)$$

$$\Rightarrow \sigma_1^2+\sigma_2^2+\sigma_3^2 = 2k^2 \quad (6)$$

所以,D-P 屈服面与 π 平面的交线为一圆,半径是 $\sqrt{2}|k|$。

由于当顶点和底面半径一旦确定圆锥面的形状即确定,所以当 α,k 值确定时 D-P 屈服面的形状也就确定了。由上述图表并注意到式(3)可知,同一材料的不同屈服面的顶点重合,所以同一材料的不同屈服面形状实际上是由 k 的形式决定的。

4 同一边坡应用不同屈服准则得到安全系数的相互转换

强度折减法是将岩土材料的内摩擦角和黏聚力同时进行一定的折减来使边坡模型达到临界状态从而求得边坡安全系数的方法,当强度折减时:

$$\begin{cases} c' = \frac{c}{f_s} \\ \tan\varphi' = \frac{\tan\varphi}{f_s} \end{cases} \Rightarrow \frac{k'}{\alpha'} = \frac{3c'}{\tan\varphi'} = \frac{3c}{\tan\varphi} = 3c\cot\varphi = \frac{k}{\alpha} \quad (7)$$

可见,在折减前后 D-P 屈服面的顶点位置没有变,所以在强度折减过程中,D-P 屈服面经历了一个顶点不变,而与 π 平面交线的圆半径不断减小的过程。而且不论采用哪种 D-P 准则此顶点位置相同。图 2 中是折减系数由 F_{s1} 折减到 F_{s2} 时屈服面的变化。可以看出,不论采用哪种 D-P 屈服准则,对于同一边坡最终使边坡进入临界状态的屈服面形状只有一个,也就是说在 π 平面上的圆半径相同。但是由于不同 D-P 屈服准则初始屈服面与初始 M-C 屈服面的相对位置不同,所以使得边坡进入临界状态时 D-P 屈服面与初始屈服面的半径比不同,从而折减系数不同。图 3 所示的是同一模型不同 D-P 准则的折减过程。

当应用不同的 Drucker-Prager 屈服准则对同一模型进行有限元强度折减计算时,根据本文分析得出的强度折减过程中屈服面变化的特点,可知在其他条件(模型、土工参数、收敛条件等)相同的情况下,由于不同屈服准则在主应力空间中对应的屈服面的顶点是重合的,所以边坡进入临界状态的 Drucker-Prager 屈服面也是唯一的。

假设 f_{S1},f_{S3} 分别为采用 DP1 和 DP3 两种不同屈服准则得到的边坡安全系数,则

$$\frac{c}{c_1} = \frac{\tan\varphi}{\tan\varphi_1} = f_{S1}, \frac{c}{c_3} = \frac{\tan\varphi}{\tan\varphi_3} = f_{S3} \quad (8)$$

$$\Rightarrow \begin{cases} \sin\varphi_1 = \sqrt{\frac{\sin^2\varphi}{\sin^2\varphi+f_{S1}^2\cos^2\varphi}} \\ \cos\varphi_1 = \sqrt{\frac{f_{S1}^2\cos^2\varphi}{\sin^2\varphi+f_{S1}^2\cos^2\varphi}} \end{cases}, \begin{cases} \sin\varphi_3 = \sqrt{\frac{\sin^2\varphi}{\sin^2\varphi+f_{S3}^2\cos^2\varphi}} \\ \cos\varphi_3 = \sqrt{\frac{f_{S3}^2\cos^2\varphi}{\sin^2\varphi+f_{S3}^2\cos^2\varphi}} \end{cases}, \frac{c_1}{c_3} = \frac{f_{S3}}{f_{S1}} \quad (9)$$

由于使边坡进入极限状态的屈服面唯一,故可令两屈服面重合,即

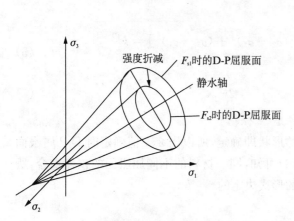
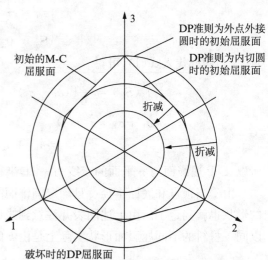

图 2　强度折减过程中屈服面的变化
Fig. 2　Yield surface transformation during the strength reduction process

图 3　同一模型不同 D-P 准则的折减过程
Fig. 3　Transformation of different D-P yield surfaces during the strength reduction process

$$k_1 = \frac{6c_1\cos\varphi_1}{\sqrt{3}(3-\sin\varphi_1)} = k_3 = c_3\cos\varphi_3 \tag{10}$$

由式(10)并注意到式(9)可得

$$\frac{6\cos\varphi_1}{\sqrt{3}(3-\sin\varphi_1)} = \frac{c_3}{c_1}\cos\varphi_3 = \frac{f_{S1}}{f_{S3}} \Rightarrow f_{S3} = \frac{\sqrt{3}\cos\varphi_3(3-\sin\varphi_1)}{6\cos\varphi_1}f_{S1} \tag{11}$$

将式(9)中的 $\cos\varphi_3$ 表达式代入即可得

$$f_{S3} = \sqrt{\frac{(3-\sin\varphi_1)^2}{12\cos^2\varphi_1}f_{S1}^2 - \tan^2\varphi} \tag{12}$$

式(12)就是分别采用 DP1 和 DP3 两种屈服准则得到的安全系数的转换关系式。同理可以得到任意屈服准则之间安全系数转换关系。下面仅列出 DP1 和其他 DP 准则之间的转换关系。

$$f_{S2} = \sqrt{\frac{(3-\sin\varphi_1)^2}{2\sqrt{3}\pi\cos^2\varphi_1}f_{S1}^2 - \frac{8}{9}\tan^2\varphi} \tag{13}$$

$$f_{S4} = \sqrt{\frac{(3-\sin\varphi_1)^2}{12\cos^2\varphi_1}f_{S1}^2 - \frac{4}{3}\tan^2\varphi} \tag{14}$$

$$f_{S5} = \sqrt{\frac{1}{9}\left(\frac{3-\sin\varphi_1}{\cos\varphi_1}f_{S1} - \tan\varphi\right)^2 - \tan^2\varphi} \tag{15}$$

文献[2]对不同 D-P 准则计算安全系数的转化进行了分析，但其推导过程可能存在错误，本文则根据强度折减过程屈服面变化特点推导的安全系数转化方法，以供商榷。

5　算例分析

本文将采用文献[3]中的算例进行二维平面应变分析，算例有限元模型见图 4，各计算参数见表 2。本文采用通用有限元程序 Ansys 进行计算，Ansys 中的 D-P 材料模型采用的是 Mohr-Coulomb 外接圆型的 D-P 屈服准则(DP1)。由于 DP1 准则的屈服面将 Mohr-Coulomb

屈服面完全包含，使材料屈服强度提高了，所以采用该准则与采用Mohr-Coulomb屈服准则的计算结果有较大误差，不管是评价边坡稳定，还是地基承载力等等，在实际工程中如果采用该准则是偏于不安全的[4]。由文献[4]中对采用不同屈服准则求得的安全系数进行的比较分析可知，对于二维分析采用平面应变下Mohr-Coulomb匹配的D-P准则，三维分析采用Mohr-Coulomb等面积圆屈服准则得到的安全系数于传统极限平衡方法得到结果较为吻合。应用上述转换公式就可以不通过对Ansys软件的二次开发而得到较为合理的计算结果。

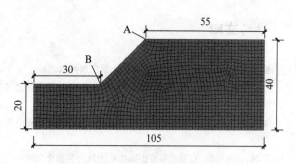

图 4　均质土坡算例有限元模型
Fig. 4　Meshes of homogeneous soil slope FEM model

表 2　二维均质土坡算例参数
Table 2　Parameters of two dimension homogeneous soil slope model

参数	c	φ	剪胀角	土体重度	E	ν	坡高
数值	42 kPa	17°	0°	20 kN/m³	100 MPa	0.2	20 m

表 3　M-C 等面积圆屈服准则计算结果与公式推算结果比较
Table 3　Comparison of the results by M-C area equivalentyield criteria and calculate method

坡角	40°	45°	50°	55°
DP1	1.62	1.50	1.41	1.32
DP3 换算值	1.3	1.21	1.12	1.04
DP3 计算值	1.37	1.22	1.12	1.03
(DP3-B)/B	0.057	0.009	−0.000	−0.012

表 3 中 B 代表 DP3 换算值。由上表结果可知，采用 M-C 等面积圆屈服准则得到计算结果与应用公式推算的结果相比较误差在 0.1% 以下，两结果较为吻和。

6　结论

（1）在强度折减过程中，D-P屈服面经历了一个顶点不变，而与π平面交线的圆半径不断减小的过程，而且不论采用哪种D-P准则，此顶点位置相同。即不论采用哪种D-P屈服准则，对于同一边坡最终使边坡进入临界状态的屈服面形状只有一个。

（2）由上述结论可以推导出边坡稳定分析的有限元强度折减法采用不同屈服准则时得到的安全系数转换关系式，通过这些关系式可以避免对有限元软件的二次开发而得到不同屈服准则对应结果带来的问题。

（3）通过算例分析可知，通过本文得出的公式可以使有限元强度折减法在均质边坡稳定分析中采用不同屈服准则得到的换算结果与实际计算结果较为吻合。

参考文献

[1] 夏志皋. 塑性力学[M]. 上海：同济大学出版社，1991.
[2] 赵尚毅，郑颖人，刘明维，等. 基于 Drucker-Prager 准则的边坡安全系数定义及其转换[J]. 岩石力学与工程学报，2006，25(增1)：2730-2734.
[3] 刘金龙，栾茂田，赵少飞，等. 关于强度折减有限元方法中边坡失稳判据的讨论[J]. 岩土力学，2005，26(8)：1345-1348.
[4] 郑颖人，赵尚毅. 有限元强度折减法在土坡与岩坡中的应用[J]. 岩石力学与工程学报，2004，23(19)：3381-3388.

隧道管片接头力学性态的模拟方法

林 枫

(上海市政工程设计研究总院(集团)有限公司,上海 200092)

摘要 采用梁—接头单元对隧道管片接头的力学性态进行数值模拟时,其节点难与有限元法中的网格节点相联结,提出了以接头转动刚度相等为等效原则建立的接头单元,给出了其相关参数的确定方法,以及接头转动刚度计算的公式,可用于盾构法隧道装配式衬砌力学性态的数值分析。

关键词 盾构法隧道;管片接头;梁—接头单元;接头单元;转动刚度

Mechanical Behavior Simulation of Tunnel Lining Joints

LIN Feng

(Shanghai Municipal Engineering Design Institute (Group) Co., Ltd. Shanghai 200092, China)

Abstract The conventional beam-joint element, commonly used to simulate the behavior of the tunnel lining joint, is seldom used in finite-element method because of difficulties in node combination. A brand-new type joint element is proposed based on the equivalence of rotation stiffness between the traditional type and the new one. Calculation method for the parameters and the rotation stiffness of the type is presented.

Keywords shield tunnel; segment joints; beam-joint element; joint element; rotation stiffness

1 引言

盾构法隧道的装配式衬砌一般由预制钢筋混凝土管片通过纵横向螺栓联结而成,其中包含由螺栓、垫片及防水橡胶等组成的接头结构,由此使衬砌结构成为一个复杂的受力体系。计算分析中以往常将其简化为均质圆环,或采用梁—接头模型模拟其性态,如图1(a)所示。在梁—接头模型中,接头部位的剪力和轴力由铰承担,弯矩由弹簧承担,示意图见图1(b)。

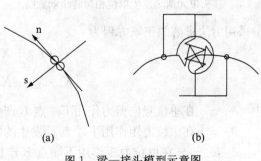

图1 梁—接头模型示意图

在建立数值计算模型时,结构单元通常与实体单元或接触面单元共节点,以实现节点处两者线位移的同一性。梁—接头单元类似无厚度 Goodman 单元，同一位置处存在两个节点，其自由度相互独立，因此难与实体单元的对应节点联结。

为在使用实体单元模拟土层介质的计算模型中，可较为方便地考虑衬砌接头的影响，本节拟通过引入接头单元模拟接头结构的性态，用以将接头的变形转化为沿单元长度分布的连续变形，使可形成比较便捷的内力计算方法。

2 衬砌接头的力学性态的模拟

2.1 模拟的等效原则

隧道管片接头力学性态模拟的等效原则为：接头单元弹性模量的取值应使其在承受与梁—接头单元相同荷载，且与梁单元截面尺寸相同的前提下，两个端面的相对转角与梁—接头单元相同。

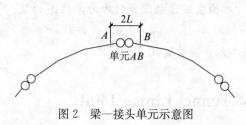

图 2 梁—接头单元示意图

梁—接头单元的组成见图 2。由图可见对管片衬砌结构划分单元时，本法设置了其中包含接头的单元，并将其称为梁—接头单元，如图中所示的 AB 单元。

2.2 接头杆单元的等效弹性模量

首先令梁—接头单元两端发生单位相对转角，求出杆端内力，然后由令接头杆单元两端端面间的相对转角及内力与梁—接头单元相同，得出接头杆单元的等效弹性模量。

1. 两端发生单位相对转角时梁—接头单元的内力

图 3 为梁—接头单元两端发生单位相对转角的示意图。根据叠加原理，将该问题的解令为 A、B 两端分别发生二分之一转角时构件受力变形的叠加。本节以 A 端固定，B 端发生逆时针转动为例，建立采用力法求解的基本结构，如见图 4 所示。

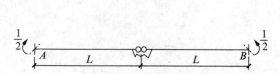

图 3 梁—接头单元两端发生单位相对转角示意图

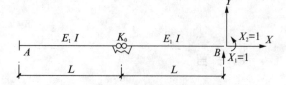

图 4 力法求解的基本结构

采用力法求解的正则方程为

$$\begin{cases} X_1 \cdot \delta_{11} + X_2 \cdot \delta_{12} = 0 \\ X_1 \cdot \delta_{21} + X_2 \cdot \delta_{22} = \dfrac{1}{2} \end{cases} \tag{1}$$

式中　δ_{11}——在单位竖向剪力作用下端点 B 产生的垂直位移；

δ_{22}——在单位力矩作用下端点 B 发生的转角；

δ_{12}, δ_{21}——在单位力矩作用下端点 B 产生的竖向位移，或在单位竖向力作用下该点的转角；

X_1——B 端的剪力；

X_2——B 端的弯矩。

δ_{11} 的计算式为

$$\delta_{11} = \int_0^{2L} \frac{M_1^2}{E_1 I} ds + \int_0^{2L} \frac{\mu Q_1^2}{G_1 A} ds \int_0^{2L} \frac{N_1^2}{E_1 A} ds + \frac{M_{J1}^2}{K_\theta} \tag{2}$$

式中　M_1, M_{J1} ——外荷载作用下梁—接头单元中梁及接头的弯矩；

Q_1, N_1 ——外荷载作用下梁—接头单元的剪力和轴力，对本题有 $Q_1=1$、$N_1=0$；

K_θ ——梁—接头单元中接头的转动刚度；

E_1, G_1, μ ——梁—接头单元中梁的弹性模量、剪切模量和泊松比；

I, A ——梁—接头单元中梁的惯性矩和截面积；

L ——梁—接头单元长度的一半。

图 5 为 $X_1=1$ 作用下的弯矩图。因相对弯矩而言，剪力及轴力对结构竖向变形的影响很小，故式(2)可简化为

$$\delta_{11} = \int_0^{2L} \frac{M_1^2}{E_1 I} ds + \frac{M_{J1}^2}{K_\theta} = \frac{8L^3}{3E_1 I} + \frac{L^2}{K_\theta} \tag{3}$$

由此可得

$$\delta_{11} = \frac{8L^3}{3E_1 I} + \frac{L^2}{K_\theta} \tag{4}$$

在 $X_2=1$ 作用下梁—接头单元的弯矩图见图 6。同理可得 δ_{22}、δ_{12} 及 δ_{21} 的计算式为：

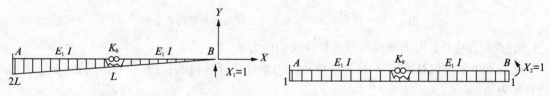

图 5　$X_1=1$ 时的弯矩分布图　　　　图 6　$X_2=1$ 时的弯矩图（$M_2=1$）

$$\delta_{22} = \int_0^{2L} \frac{M_2^2}{E_1 I} ds + \frac{M_{J2}^2}{K_\theta} = \frac{2L}{E_1 I} + \frac{1}{K_\theta} \tag{5}$$

$$\delta_{12} = \int_0^{2L} \frac{M_1 M_2}{E_1 I} ds + \frac{M_{J1} M_{J2}}{K_\theta} = \frac{2L^2}{E_1 I} + \frac{L}{K_\theta} = \delta_{21} \tag{6}$$

将式(3)—式(6)代入式(1)得

$$X_1 = -\frac{3E_1 I}{4L^2} \tag{7}$$

$$X_2 = \frac{2L + \frac{3E_1 I}{4K_\theta}}{\frac{2L^2}{E_1 I} + \frac{L}{K_\theta}} \tag{8}$$

依据 X_2 的定义可知有

$$M_B = X_2 = \frac{2L + \frac{3E_1 I}{4K_\theta}}{\frac{2L^2}{E_1 I} + \frac{L}{K_\theta}} \tag{9}$$

由 A 点的弯矩平衡条件可得

$$M_A = \frac{L + \frac{3E_1 I}{4K_\theta}}{\frac{2L^2}{E_1 I} + \frac{L}{K_\theta}} \tag{10}$$

令 B 端固定，A 端发生顺时针旋转，因图 3 所示的体系左右对称，故可导出

$$M_A = -\frac{2L + \frac{3E_1 I}{4K_\theta}}{\frac{2L^2}{E_1 I} + \frac{L}{K_\theta}} \tag{11}$$

$$M_B = -\frac{L + \frac{3E_1 I}{4K_\theta}}{\frac{2L^2}{E_1 I} + \frac{L}{K_\theta}} \tag{12}$$

如图 3 所示结构两端的最终弯矩值为可由叠加原理给出为

$$M_B = -M_A = \frac{1}{\frac{2L}{E_1 I} + \frac{1}{K_\theta}} \tag{13}$$

整个梁—接头单元的弯矩图如图 7 所示。

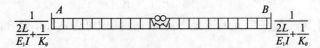

图 7　梁—接头单元两端发生单位相对转角时的弯矩图

2. 两端发生单位相对转角时接头杆单元的内力

两端发生单位相对转角时，接头杆单元内力的计算原理与前相同。不难证明杆端弯矩的计算式为

$$M_B = -M_A = \frac{E_2 I}{2L} \tag{14}$$

式中，E_2 即为等效弹性模量。

图 8 为接头单元两端发生单位相对转角时的弯矩图。

图 8　接头杆单元两端发生单位相对转角时的弯矩图

3. 接头单元的等效弹模

令梁—接头单元与接头杆单元发生相同单位相对转角时的端面弯矩相等，即可得到接头杆单元的等效弹性模量 E_2，即

$$E_2 = \frac{E_1}{\frac{E_1 I}{2K_\theta \cdot L} + 1} \tag{15}$$

3　管片接头的转动刚度

获取管片接头转动刚度 k_θ 的数值一般有以下几个途径：

(1) 进行接头试验。
(2) 利用已有的工程资料进行工程类比。
(3) 进行一定的理论计算并参考经验值。

张厚美,过迟(2000)通过试验建立了接头的力学模型,该模型将接头衬垫和连接螺栓抽象成弹簧,根据衬垫材料的压缩回弹曲线,建立了接头受力和变形的非线性方程式。

何英杰,袁江(2001)通过盾构隧道模型试验,对连接螺栓的布置、螺栓垫圈的厚度、管片与管片之间垫层材料的性能和厚度,连接螺栓的预紧力的大小等影响接头刚度的主要因素,及管片接头不同的受力状态进行了分析。

张厚美,叶均良,过迟(2002)通过管片接头荷载试验,建立了管片接头抗弯刚度的经验公式,并就偏心距、接头形式、螺栓预紧力对接头抗弯刚度的影响进行了分析。

曾东洋,何川(2004)采用三维有限元法对地铁区间盾构隧道管片接头的受力情况进行了数值模拟,通过弯矩、轴力与转角的关系拟合确定了接头的抗弯刚度。

k_θ 的取值通常为 10 000~100 000 kN·m/rad,其理论计算值一般偏小,但在没有资料的情况下,可以进行理论计算,再对其作适当的修正。这里采用理论计算方法,然后对计算结果进行修正。计算简图如图 9 所示。

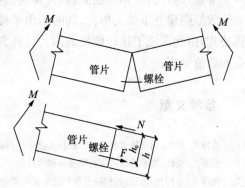

图 9 接头刚度理论计算简图

管片受到正弯矩 M 作用,接头发生转角 θ,设混凝土管片厚度为 h,螺栓至管片外缘距离为 h_0,则:

$$k_\theta = \frac{M}{\theta} = \frac{Fh_0}{\theta} \tag{16}$$

而

$$F = \sigma A = E_b \varepsilon A, \quad \varepsilon = \frac{\Delta}{l} = \frac{h_0 \theta}{l}, \quad F = \frac{E_b h_0 \theta A}{l} \tag{17}$$

得

$$k_\theta = \frac{E_b A h_0^2}{l} \tag{18}$$

式中 E_b——螺栓弹性模量;
A——螺栓截面积;
l——螺栓有效计算长度。

以上得到的转动刚度实际是管片靠近土层一侧受压时的转动刚度 k_θ^+:

$$k_\theta^+ = \frac{E_b A h_0^2}{l} \tag{19}$$

同理,可计算靠近土层一侧受拉时的转动刚度,即 k_θ^-:

$$k_\theta^- = \frac{E_b A (h - h_0)^2}{l} \tag{20}$$

由式(19)、式(20)计算得到的接头转动刚度仅考虑螺栓对接头转动刚度的贡献,未考虑螺栓预紧力、管片本身压缩变形以及接头防水材料等的影响,实际的接头转动刚度更大,可将理

论计算得到的 k_θ^+、k_θ^- 数值乘以系数 $K=2.0\sim3.0$,这里取 $K=2.5$ 系数。由此得出接头转动刚度理论计算公式的最终形式：

$$k_\theta^+ = \frac{5E_b A h_0^2}{2l} \tag{21}$$

$$k_\theta^- = \frac{5E_b A(h-h_0)^2}{2l} \tag{22}$$

4 结语

对隧道管片接头的力学性态进行数值模拟时,常用的梁—接头单元因在同一位置处存在两个节点,其自由度相互独立,因此难与实体单元的对应节点联结。本文以接头转动刚度相等为等效原则建立了接头单元,同时给出了接头单元相关参数的确定方法,以及接头刚度理论计算公式,由此形成了比较便捷的内力计算方法,可较方便地用于盾构法隧道装配式衬砌力学性态的数值分析。

参考文献

[1] 张厚美,过迟.圆形隧道装配式衬砌接头刚度模型研究[J].岩土工程学报,2000,22(3):309-313.
[2] 何英杰,袁江.影响盾构隧道衬砌接头刚度的因素[J].长江科学院院报,2001,18(1):20-22.
[3] 张厚美,叶均良,过迟.盾构隧道管片接头抗弯刚度的经验公式[J].现代隧道技术,2002,39(2):12-16.
[4] 曾东洋,何川.地铁盾构隧道管片接头抗弯刚度的数值计算[J].西南交通大学学报,2004,39(6):744-748.
[5] 上海同岩土木工程科技有限公司,同济大学隧道及地下工程研究所.同济曙光盾构隧道设计与分析软件(V3.0)用户手册[M].上海:[s.n.]2004,31-32.

上海第②层粉质黏土非饱和强度与变形模量的三轴试验研究

尹 骥[1,2] 陈 宝[1,2] 李 煜[1,2] 杨林德[1,2]

(1. 同济大学地下建筑与工程系,上海 200092;
2. 同济大学岩土及地下工程教育部重点实验室,上海 200092)

摘要 对上海第②层粉质黏土重塑土进行了控制吸力、净围压的加卸载剪切试验。结果表明:该层土的非饱和强度特性符合 Fredlund 非饱和土强度理论;随着吸力的增加,土体的刚度和强度也随之增加,但较净围压对土体刚度、强度的影响要小很多;E_{50} 模量和 E_{ur} 模量与吸力和围压具有较好的线性关系。同时,文中给出了该层土的强度参数、E_{50} 模量和 E_{ur} 模量表达式及其参数取值。

关键词 非饱和土;三轴剪切试验;应力应变关系;非饱和土强度;E_{50} 模量;E_{ur} 模量

Study on Strength and Deformation Modulus of the No. 2 Layer Silty Clay of Shanghai with Triaxial Tests

YIN Ji[1,2]　CHEN Bao[1,2]　LI Yu[1,2]　YANG Linde[1,2]

(1. Department of Geotechnical Engineering, Tongji University, Shanghai 200092, China;
2. Key Laboratory of Geotechnical and Underground Engineering of Ministry of Education, TongJi University, Shanghai 200092, China)

Abstract The remodelled soilsamples of Shanghai No. 2 silty clay have been experimented by loading-unloading tri-axial shear test with controlled suction and confining pressure. The results reveal that the characteristics of the unsaturated soil strength can match Fredlund' sunsaturated soil strength theory. The increase of suction has a positive effect on soil stiffness and strength. This effect is much weaker than that of net confining pressure on soil stiffness and strength. The E_{50} and E_{ur} modulus have a good linear relationship with suction and confining pressure. The expressions of such relationship have been given in the article. The value of strength parameters and E_{50} and E_{ur} modulus are also recommended.

Keywords unsaturated soil; triaxial shear test; stress-strain relationship; unsaturated soil strength; E_{50} modulus; E_{ur} modulus

---

基金项目:国家"863 计划"(编号 2006A11Z102);上海市地质工程重点学科(B308)

1 引言

上海地区分布有广泛的软土地层,至地表以下 20 m 左右范围内,除了硬壳层(第②层粉质黏土)呈软~可塑外,其余土层均为流塑状的淤泥质土,工程力学性质较差。故一般岩土工程设计均设法对该硬壳层加以利用,例如多层建筑多选择第②层粉质黏土作为基础的持力层;采用灌注桩支护的基坑,为减短桩长,桩顶标高也落低至该层土;该层土也多用于路基的填土、基坑回填等。而各种原因引起的地下水位变化,均会对该层土的强度、变形特性造成影响。故有必要引入非饱和土力学的概念,定量研究吸力(饱和度、含水量)对该层土的工程力学性质的影响。

国内三轴非饱和土试验方面,陈正汉等(1999)、缪林昌等(1999)、龚壁卫等(2000)、卢再华等(2002)、卞祚庥(2005)、叶为民等(2006)、詹良通等(2006)分别对非饱和黄土、膨胀土、淤泥质黏土等不同土层进行了非饱和三轴剪切试验,得出了所研究土层的应力-应变-强度关系,并提出了不同的理论加以解释。但非饱和土的加卸载应力路径的强度、变形模量研究较少,且该应力路径在开挖工程中较为重要,故本文着重研究了上海第②层粉质黏土加卸载应力路径下的强度、变形模量。

2 试样制备及试验方案

2.1 土样制备

试验采用静力压实方法制备三轴试样(直径 38 mm,高度 76 mm)。试样的初始含水率为24.1%,静压力略大于土体原位竖向有效应力,为 30 kPa。为保证该三轴试样的均匀性,在制备过程中应尽量减少黏土结团、结块,土膏搅拌时应尽量均匀,76 mm 高的试样分 6 层进行压实。

2.2 试验方案

共做了不同吸力、不同净围压下 16 个应力路径试验。各个试样的吸力、净围压控制如表 1 所示,特别地,吸力 50 kPa 的试样进行 4 次加卸载。

3 试验仪器设备

本次试验采用的是英国 GDS 仪器设备有限公司生产的标准非饱和土三轴试验系统 STDTS_UNSAT。设备主要由三部分组成:压力室、加压系统和量测与采集系统,如图 1 所示。

本套系统的主要特点有:采用轴平移技术控制吸力,使试样顶端与可用以提供气压 u_a 的压力生成装置相连,底端与孔隙水压力生成装置相接,用以通过高透气值陶瓷板提供水压 u_w。电子荷载传感器直接放在压力室内,直接测量土样上的荷载,这样可避免由于顶盖与加荷轴之间的摩擦引起的力测量误差。孔隙水压力的测量是在三轴仪底座安装高进气值陶瓷板(进气值为 1 500 kPa,直径 29 mm),液压传感器通过陶瓷板测量试样中的孔隙水压力。所有水的体积可由 GDS 水压生成与控制器测量,所有测量数据(体积,垂直荷载,土样垂直变形和水压力)

表 1 非饱和土三轴剪切(加卸载)试验方案
Table 1 Scheme of triaxial loding-unloading shear test

试样编号	重度 γ/(kN·m^{-3})	含水量 w/%	孔隙比 e	试验类型	反压 u_w/kPa	孔隙气压 u_a/kPa	吸力 s/kPa	净围压 σ_3'/kPa
Sh1	19.52	0.2407	0.7004			50	50	25
Sh2	19.34	0.2454	0.7225			50	50	50
Sh3	19.63	0.2578	0.7138			50	50	100
Sh4	19.72	0.2462	0.6907			100	100	100
Sh5	19.56	0.2415	0.6979			200	200	100
Sh6	19.48	0.2395	0.7019			300	300	100
Sh7	19.40	0.2409	0.7114	控制吸力、净围压,排水、排气非饱和剪切(加卸载)试验	0	400	400	100
Sh8	19.44	0.2303	0.6925			50	50	200
Sh9	19.50	0.2387	0.6997			100	100	200
Sh10	19.60	0.2398	0.6922			200	200	200
Sh11	19.47	0.2436	0.7090			300	300	200
Sh12	19.69	0.2504	0.6988			400	400	200
Sh13	19.55	0.2476	0.7073			100	100	400
Sh14	19.51	0.2497	0.7138			200	200	400
Sh15	19.47	0.2316	0.6921			300	300	400
Sh16	19.40	0.2344	0.7021			400	400	400

都由计算机采集。该设备采用单压力室结构,对土体体积变化的测量误差较大,特别是受温度和围压的影响。笔者虽尝试采用标准试样大小的铜柱进行标定,但效果不理想,故认为采集的体积变化量不准确,文中不予引用。

4 试验方法

饱和陶土板:将非饱和土 GDS 陶瓷板连同基座放入抽真空设备内抽真空,直至陶瓷板不再有气泡出现,整个过程历时约 300 分钟。

试验过程包括反压饱和、固结、控制净平均应力与吸力平衡、三轴剪切,如图 2 所示。

图 1 非饱和土三轴试验系统 STDTS_UNSAT
Fig. 1 Unsaturated soil triaxial test system STDTS_UNSAT

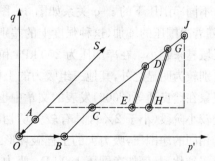

图 2 p'-q-s 空间内应力路径
Fig. 2 Stress path in p'-q-s coordinate system

反压饱和试样(应力路径 A-O)：试验之前，先把土样置于饱和器内浸水饱和超过 24 h，然后在 GDS 中施加 25 kPa 围压，20 kPa 反压(孔隙水压力)并维持压力不少于 15 h，且上排水连续不断排水后方可认为试样饱和。实际试验过程中，文中试验土样饱和一般需 17～24 h。

固结(应力路径 O-B)：饱和过程结束后，打开压力室的上下排水阀门，维持试样中孔隙水压力为零，施加围压，排水固结试约为 24 h。

控制净平均应力，吸力平衡阶段(应力路径 B-C)：保持孔隙水压力不变，施加气压，同时增加围压以达到设计净平均应力。在加载过程中，气压加载速率较围压加载速率慢很多，为避免土样经受超过设计的净平均应力，围压和气压应分阶段加载，并控制每阶段气压滞后围压不超过 20 kPa。待围压、气压加载至目标压力后，维持压力，直至土样的体积变化或排水量满足吸力平衡条件才开始剪切。

三轴剪切(加卸载，应力路径 C-D-E-D-G-H-G-J)：吸力平衡后，控制吸力和 σ_3 大小保持不变。调整施加轴向压力 σ_1(偏应力 q)并开始剪切，直至轴向应变 15%～20%，停止试验，退去围压和吸力。

剪切速率的选择：卞祚麻(2005)和叶为民等(2006)进行的上海地区第④层淤泥质黏土非饱和三轴剪切试验时采用的剪切速率为 0.009～0.01 mm/min。文中土(原状土)渗透系数略大于第④层土，故可参考其剪切速率。本试验采用剪切(应变)速率 0.012 5 %/min，如以土样标准高度 76 mm 计算，相应的剪切速率为 0.009 5 mm/min。卸载速率同加载速率。

吸力平衡条件：本文参考陈可君等(2005)，李永乐等(2005)采用的吸力平衡条件，采用"体变连续 2 h 不超过 0.01 cm^3，并且，排水量连续 2 h 不超过 0.01 cm^3，且历时不少于 48 h"的标准。吸力平衡所需时间依据施加围压和吸力的不同，整个固结时间需要 54～72 个小时方满足固结稳定条件。

5 试验结果

ε_a-q 试验曲线类似于饱和土，基本呈双曲线型，虽然几根试验曲线出现了"驼峰"，但峰值应力对应的轴向应变均大于 8%，故可将试验曲线归为"硬化型"土。试验曲线的回弹部分为弹性回弹，且其斜率较大，远大于主加载过程中的斜率。

5.1 不同净围压下的 ε_a-q 关系

不同净围压下的 ε_a-q 关系如图 3～图 5 所示。对于相同的净围压，吸力大的土样强度较高，随着净围压的增加，这种强度上的差别逐渐缩小，表现为吸力 400 kPa 和 50 kPa 曲线之间的区域越来越小。在净围压为 200 kPa 和 400 kPa 时，除了吸力 400 kPa 和 50 kPa 土样的强度差别较为明显之外，其他三组吸力的土样在加载阶段出现了不同程度的重合或相交的现象，该现象在詹良通等(2006)发表的文章中也有报道。对于相同的净围压，吸力大的土样在轴向应变较小阶段(小于 2%)，具有较大剪切模量，且随着净围压的增加，这种差别也逐渐减小。对于相同的净围压，吸力大的土样破坏形式呈硬化型，应变接近 15% 时才呈现"驼峰"，有的甚至是强硬化型(例如净围压 100 kPa，吸力 300 kPa 的土样)，而吸力较小的土样呈现出较为"软化"的现象，吸力 50 kPa 的土样尤为明显。总体来说，相同的净围压下，吸力越大，其峰值应力出现对应的轴向应变越大。

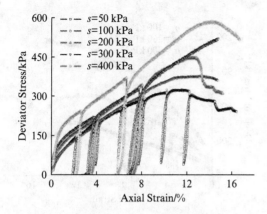

图 3　净围压为 100 kPa 时轴向应变和偏应力的关系曲线

Fig. 3　ε_a-q curves at $\sigma_3'=100$ kPa and various controlled suctions

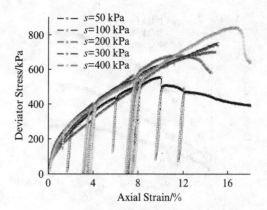

图 4　净围压为 200 kPa 时轴向应变和偏应力的关系曲线

Fig. 4　ε_a-q curves at $\sigma_3'=200$ kPa and various controlled suctions

5.2　不同吸力下的 ε_a-q 关系

不同吸力下的 ε_a-q 关系如图 6～图 10 所示。对于相同的吸力，净围压较大的土样具有较大的强度和刚度，这一点较相同净围压下不同吸力的曲线要明显。可见，净围压对土体强度、刚度的影响程度较吸力要大得多。同样地，净围压较大的土样峰值强度出现对应的轴向应变较大，当吸力为 300 kPa 和 400 kPa 时，峰值应力出现时对应的应变均大于 15%；而吸力 50 kPa 的曲线，峰值应力出现对应的轴向应变为 10% 左右。

5.3　非饱和土强度

Fredlund(1978)建立了双应力状态变量的非饱和土抗剪强度表达式。他认为，非饱和土的抗剪强度由 3 部分组成：有效内聚力 c'、净法向应力 $(\sigma-u_a)$ 引起的强度和基质吸力 (u_a-u_w) 引起的强度。净法向应力引起的强度与有效内摩擦角 φ' 有关，而基质吸力引起的强度与

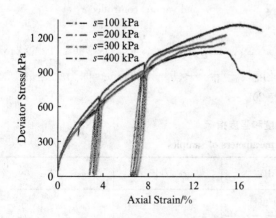

图 5　净围压为 400 kPa 时轴向应变和偏应力的关系曲线

Fig. 5　ε_a-q curves at $\sigma_3'=400$ kPa and various controlled suctions

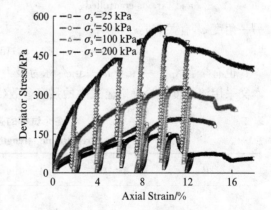

图 6　吸力为 50 kPa 时轴向应变和偏应力的关系曲线

Fig. 6　ε_a-q curves at $s=50$ kPa and various controlled σ_3'

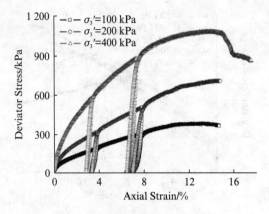

图 7 吸力为 100 kPa 时轴向应变和偏应力的关系曲线

Fig. 7 ε_a-q curves at $s=100$ kPa and various controlled σ_3'

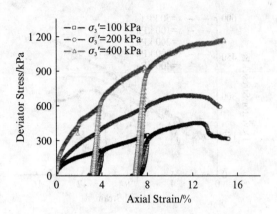

图 8 吸力为 200 kPa 时轴向应变和偏应力的关系曲线

Fig. 8 ε_a-q curves at $s=200$ kPa and various controlled σ_3'

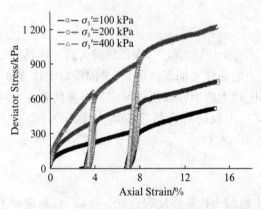

图 9 吸力为 300 kPa 时轴向应变和偏应力的关系曲线

Fig. 9 ε_a-q curves at $s=300$ kPa and various controlled σ_3'

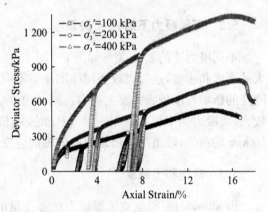

图 10 吸力为 400 kPa 时轴向应变和偏应力的关系曲线

Fig. 10 ε_a-q curves at $s=400$ kPa and various controlled σ_3'

另一角度 φ^b 有关,即:

$$\tau = c' + (\sigma - u_a)\tan\varphi' + (u_a - u_w)\tan\varphi^b \tag{1}$$

也有学者将 $\tau_s = (u_a - u_w)\tan\varphi^b$ 称为吸力强度,$c_{\text{total}} = c' + (u_a - u_w)\tan\varphi^b$ 称为总黏聚力。本文采用该强度理论确定公式中的强度参数(表2)。

表 2 各个试样的强度和强度指标

Table 2 Strength and strength parameters of samples

s/kPa	σ_3'/kPa	q_f/kPa	c_{total}/kPa	φ'/(°)
50	25	149.9	25.63	32.2
	50	208.4		
	100	325.9		
	200	560.9		

(续表)

s/kPa	σ_3'/kPa	q_f/kPa	c_{total}/kPa	φ'/Deg.
100	100	379.3	38.03	33
	200	614.4		
	400	1 084.4		
200	100	450.5	58.23	32.8
	200	685.5		
	400	1 155.5		
300	100	521.7	75.96	33.1
	200	756.7		
	400	1 226.7		
400	100	587.6	97.89	32.4
	200	817.3		
	400	1 297.9		

图 11 为不同吸力对应的总聚力,并用直线拟合(相关系数 0.997 67),其斜率即为 $\tan\phi^b$,截距即为 c'。本试验中土样强度参数为:$\phi'=32.7°$,$\phi^b=11.4°$,$c'=16.7$ kPa。

5.4 E_{50} 模量与 E_{ur} 模量

E_{50} 模量为对应 50% 强度值的割线模量,E_{ur} 模量为卸载-再加载模量,二者在弹塑性计算中具有非常重要的意义。影响其值的因素极其复杂,例如土颗粒的密实度及排列方式、含水量、胶结情况、(平均)应力水平、应变水平、应力历史、加载速率等因素。Janbu

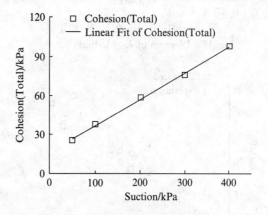

图 11 总黏聚力与吸力关系
Fig. 11 Diagram of total cohesion vs. suction

(1963),Schanz 等(1999)发表的 Hardening soil model 以及 Benz(2007)发表的 Small-strain Hardening soil model 中,建议 E_{50} 和 E_{ur} 与应力水平的关系采用如下表达式:

$$E_{50} = E_{50}^{ref} \left(\frac{\sigma_3' + c' \cdot \cot\phi'}{\sigma^{ref} + c' \cdot \cot\phi'} \right)^m \tag{2}$$

$$E_{ur} = E_{ur}^{ref} \left(\frac{\sigma_3' + c' \cdot \cot\phi'}{\sigma^{ref} + c' \cdot \cot\phi'} \right)^m \tag{3}$$

式中 E_{50}^{ref},E_{ur}^{ref}——分别为对应参考应力 σ^{ref}(一般取 100 kPa)的 E_{50} 和 E_{ur} 模量;

m——试验参数,对于沙性土 m 为 0.5 左右,黏性土 m 为 1.0 左右。

对于饱和土可令上述公式中的分子和分母分别为 $\sigma_s = \sigma_3' + c' \cdot \cot\phi'$,$\sigma_r = \sigma^{ref} + c' \cdot \cot\phi'$;对于非饱和土,可将吸力对强度的贡献计入 c_{total},可令上述公式中的分子和分母部分分别为:

$$\sigma_s = \sigma_3' + c_{\text{total}} \cdot \cot\phi' \tag{4}$$

$$\sigma_r = \sigma^{ref} + (c' + s^{ref} \cdot \tan\phi^b) \cdot \cot\phi' \tag{5}$$

式中,s^{ref}——参考吸力,可取 0 kP 或者 100 kPa,强度参数确定后 σ_r 即为定值。图 12 和图 13

分别为 E_{50} 模量和 E_{ur} 模量与 σ_r 之间的关系,且具有较好的线性关系(分别除去两个偏离点),相关系数分别为 0.953 64 和 0.967 77,故 m 为 1.0(线性关系)。图 14 和图 15 分别为 E_{50} 模量和 E_{ur} 模量的试验值与计算值。对于 E_{50} 模量,$s=100$ kPa,$p'=400$ kPa 和 $s=50$ kPa,$p'=200$ kPa 数据点偏离较大;对于 E_{ur} 模量,$s=50$ kPa,$p'=100$ kPa 和 $s=50$ kPa,$p'=200$ kPa 数据点偏离较大,其余数据试验值与计算值均符合较好。

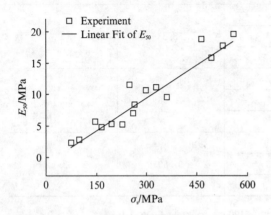

图 12　对应不同 σ_s 值的 E_{50} 模量

Fig. 12　Diagram of E_{50} Modulus vs. σ_s

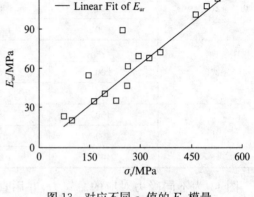

图 13　对应不同 σ_s 值的 E_{ur} 模量

Fig. 13　Diagram of E_{ur} Modulus vs. σ_s

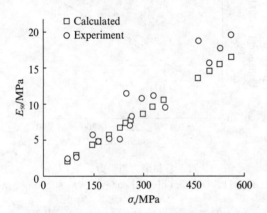

图 14　E_{50} 模量的试验值和计算值

Fig. 14　Experimental values and calculated values of E_{50}

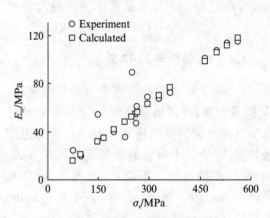

图 15　E_{ur} 模量的试验值和计算值

Fig. 15　Experimental values and calculated values of E_{ur}

6　结论

本文采用非饱和土三轴剪切仪,对上海地区第②层粉质黏土进行了控制吸力、净围压的剪切试验,根据试验结果得出如下结论:

(1) 净围压对上海第②层粉质黏土(重塑土)强度、刚度的影响要比吸力对其影响大得多,且明确得多。对于部分试验曲线互相交叉的现象,发生原因尚待进一步研究。

(2) 采用 Fredlund 强度理论解释上海第②层粉质黏土(重塑土)强度受吸力的影响较为合理,相应强度参数为:$\varphi^b=11.4°$,$c'=16.7$ kPa,$\varphi'=32.7°$。

(3) 上海地区第②层粉质黏土的 E_{50} 和 E_{ur} 模量与 σ_s 具有较好的线性关系,文中给出了计算公式。可将吸力视为总内聚力中的一部分,改进饱和土中 E_{50} 和 E_{ur} 模量与 σ_s 的关系,描述其与净围压与吸力的关系。

(4) 为建立非饱和土本构模型提供了强度和变形模量方面的依据。

参考文献

[1] 卞祚庥.上海地下工程中非饱和态软土强度的研究[D].上海:同济大学,2005.
[2] 叶为民,陈宝,卞祚庥,等.上海软土的非饱和三轴强度[J].岩土工程学报,2006,28(3):317-321.
[3] 陈可君,缪林昌,崔颖.不同干密度非饱和膨胀土的三轴试验研究[J].岩土力学,2005,26(增):87-90.
[4] 李永乐,刘汉东,刘海宁,刘慧卿,刘翠然.黄河大堤非饱和土土-水特性试验研究[J].岩土力学,2005,26(3):347-350.
[5] 詹良通.非饱和膨胀土边坡中土水相互作用机理[J].浙江大学学报(工学版),2006,40(3):494-500.
[6] Fredlund D G, Morgenstern N R, Widger R S. The shear strength of unsaturated soils[J]. Can. Geotech. J., 1978, 15(3):313-321.
[7] Janbu N. Soil compressibility as determined by oedometer and triaxial tests[C]. In Proc. 3rd ECSMFE, volume 1, page 19-25, Wiesbaden, 1963.
[8] Schanz T, Vermeer P A, Bonnier P G. Formulation and verification of the Hardening-Soil Model. In: R. B. J. Brinkgreve, Beyond 2000 in Computational Geotechnics. Balkema, Rotterdam:281-290,1999.
[9] Thomas Benz. Small-strain Stiffness of Soils and its Numerical Consequences [D]. Stuttgart: University Stuttgart, 2007.
[10] Fredlund D G, Rahardjo H.非饱和土土力学[M].陈仲颐等译.北京:中国建筑工业出版社,1997.
[11] Vanapalli S K, Fredlund D G, Pufahl D E. Model for the prediction of shear strength with respect to soil suction[J]. Can. Geotech J., 1996(33):379-392.
[12] Gan J K M, Fredlund D M, Rahardjio H. Determination of shear strength parameters of an unsaturated soilusing direct shear test. Canadian Geotechnical Journal, 1988(25):500-510.
[13] Cui Y J, Delage P. Yielding and plastic behaviour of an unsaturated compacted silt[J]. Géotechnique, 1996, 46(2):291-311.
[14] 缪林昌,殷宗泽.非饱和土的剪切强度[J].岩土力学,1999,20(3):1-6.
[15] 龚壁卫,王斌.非饱和膨胀土的抗剪强度特性研究[J].长江科学院院报,2000,17(5):19-22.
[16] 卢再华,陈正汉,孙树国.南阳膨胀土变形和强度特性的三轴试验研究[J].岩石力学与报,2002,21(5):717-723.
[17] 陈正汉.重塑非饱和黄土的变形、强度、屈服和水量变化特[J].岩土工程学报,1999,21(1):82-90.

土钉挡墙技术的发展与研究*

钟正雄　杨林德
（同济大学地下建筑与工程系，上海　200092）

摘要　土钉挡墙是基坑和边坡支护的一种新型挡土技术，目前已在国内外得到成功地应用。本文结合工程实践及研究的体会，对土钉挡墙技术的发展现状、现有的计算方法进行了综述，同时对土钉挡墙的分析计算方法中存在的问题和研究发展方向也进行了探讨。

关键词　土钉挡墙；相互作用；破坏判据

The Development and Research on the Technique of Soil Nailing Wall

ZHONG Zhengxiong　YANG Linde
(Department of Geotechnical Engineering, Tongji University, Shanghai 200092, China)

Abstract　Earth nail retaining wall is a new technique for foundation pit and slope bracing. It is widely used in China and abroad. The present state of development of earth nail retaining wall technology and the existing calculation are stated herein in association with engineering practice and research. Meanwhile, problems existing in analytic calculating method of earth nail retaining wall and the tendency of research are also discussed.

Keywords　earth nail retaining wall; co-action; criterion of damage

1　土钉挡墙技术的发展状况

土钉挡墙作为一种挡土技术，是在 20 世纪 70 年代初期才出现的。它的出现并非偶然，是与新奥法（NATM）和加筋土技术的发展紧密相关的。60 年代出现的新奥法（NATM）和加筋土技术在当时已经得到了高度发展和应用，在大量的工程实践中，人们开始尝试把新奥法从硬岩推广至软岩和土体，以及采用与粘结型锚杆相结合的方法，于是就萌生了土钉技术。

在国外，较早研究土钉挡墙技术是一些欧美国家。20 世纪 70 年代法国首先进行这方面的应用研究和技术推广。1972 年，法国承包商 Bouygues 提出了新奥法原理能够用于土质边坡和软岩的临时支护，并在法国 Versailles 附近的一处铁路边坡开挖工程中进行了成功的实践。该边坡最大坡高 21.6 m，长 965 m，坡度 70°，总加固面积 12 000 m²，使用了 25 200 根钻孔注浆锚杆，这是土钉挡墙有详细记载的首次应用。作为边坡和基坑支护的这一新技术的一

---

* 工程勘察（CN：11-2025/TU）1999 年收录，基金项目：国家自然科学基金委员会、二滩水电开发有限责任公司雅砻江水电开发联合研究基金重点资助项目（50639090）

出现就立即引起了人们的重视,进而掀起了应用这一新技术的浪潮。几乎同时德国和美国在70年代中期也开展了土钉挡墙技术的应用研究。

土钉挡墙技术的应用推动着基础性的理论和试验研究。法国基础性研究工作首先是巴黎路桥学院(CERMES),在Schlosser教授、Juran博士主持下完成了土钉支护系统的模型试验和理论研究。德国在承包商KarlBauerAG资助下,Karlsruhe大学的岩土力学联合研究所从1975年开始了一项为期4年的研究,包括其中的8项大型足尺试验和上百个抗拔试验,此外Karlsruhe大学的Stocker教授与Gassler等人也作了许多理论研究工作。

近年来,美国联邦公路管理局把土钉技术推广到公路路基边坡稳定和公路桥台挡土结构工程中,并编制了相应的设计、施工和监理手册的技术文件。法国、德国也编制了相应的技术文件。

我国开展土钉挡墙技术和应用的研究起步较晚,应用的首例为1980年山西太原煤矿设计院将土钉技术用于山西柳湾煤矿的边坡工程。对此工程王步云等曾进行过原位试验和分析。80年代末北京工业大学和北京农村建筑总公司对插筋补强护坡和素土边坡进行了荷载作用下的破坏试验(插筋补强技术与土钉喷射混凝土相似,只是前者用锚定板,坡面钢筋网抹水泥砂浆,而后者钢筋网喷射混凝土)。至90年代中期土钉技术在我国边坡和基坑工程中得到了推广。

此外我国还将土钉技术推广到承压水地区,特别一提的是同济大学地下建筑与工程系突破了软土地区不宜使用土钉技术的禁区,在上海软土中进行了土钉支护的初步尝试,并取得了十几例工程的成功实践经验。1997年中国建设标准化协会推出了《基坑土钉支护技术规程》(CECS96:97),无疑这些将对我国土钉挡墙技术的发展起到较大的促进作用。

2 分析计算方法

土钉挡墙分析和计算方法是土钉挡墙工程设计的重要内容,也是土钉挡墙应用的理论基础。从大量的工程实践中,可以把土钉挡墙可能破坏的形式分为体外破坏(整体侧移、倾覆和整体滑移)和体内破坏两种类型。前者在工程实际中极为罕见,在原位土钉支护结构的自身稳定和粘结整体作用得到保证条件下,工程中一般采用类似重力挡墙设计方法进行水平滑动稳定、抗倾覆稳定、墙底土承载力和整体抗滑稳定验算;后者迄今为止,尚无各国工程界普遍认同的方法,各国根据各自的试验研究,提出了相应的分析和计算方法,归纳起来,主要有极限平衡法、有限元法、工程简化分析法[4,5,6]和经验设计法。

2.1 极限平衡法

极限平衡法是土坡稳定和基坑支护理论较早采用的方法,也是目前土钉支护应用最为广泛的方法之一。就极限平衡法而言,许多国家对其进行了大量的理论和试验研究。由于有不同的安全系数的定义,不同的土钉挡墙的破裂面形状假定以及不同的钉-土相互作用类型和土钉力分布的假定,国外产生了许多种与其相应的试验成果一致的方法。工程中应用较多的并具有代表性的有以下几种:

(1) 1979年由Stocker等人提出的德国方法。其假定滑移面为双曲线形,并通过土坡坡角,进行力的极限平衡总体稳定分析,仅考虑土钉的抗拉作用,土的剪切强度由莫尔-库仑准则确定。

(2) 1981年由沈智刚等人提出的Davis法以及后来经过Juran等人(1988年)改进的Davis法。其假定滑移面为过坡角的抛物线形,仅考虑土钉的抗拉作用。Davis法和改进的Davis法区别在于土强度参数和土钉抗拔力所取的分项安全系数不同,其余内容均相同。

(3) 1983 年由 Schlosser 提出的法国方法。其假定滑移面为圆弧形,根据传统边坡稳定中的条分法,并考虑穿过滑移面土钉的抗拉、抗剪和抗弯作用来进行力矩极限平衡总体稳定性分析。

(4) 1989 年,由 R. J. Bridle 提出的 Bridle 方法。其假定滑移面为对数螺旋线形并过坡角,用条分法分析滑移土体的平衡,并认为滑动总力矩与抵抗总力矩间的不平衡力矩即为土钉应提供的平衡力矩,进而确定土钉的位置并给出了计算各土钉剪力的经验公式。

(5) 1990 年,由 Juran 等人提出的机动法或运动法。其假定滑移面为对数螺旋形,结合模型试验中观察的机动许可位移(破坏)与静力极限平衡进行稳定分析。这种方法不仅考虑了土体的整体平衡,而且认为土钉挡墙的失稳往往是上层土钉被拔出,再逐步发展为整体失稳,为此,进行了土钉最大内力的局部稳定验算。

在国内主要有

(1) 程良奎、杨志银提出的方法。其假定滑移面为圆弧形,稳定分析中考虑了土钉挡墙外部整体稳定性,但钉-土间的作用只考虑土钉的抗拉作用。同时编制了相应的计算程序。

(2) 清华大学张明聚、宋二祥、陈肇元提出类似边坡稳定分析中的瑞典条分法(或修正条分法)的计算方法。钉土间的作用仅考虑土钉的抗拉作用,其抗拉能力由其拔出、拉断强度的条件决定。

(3) 王宝安、史维汾、王国俊在条分法分析土钉支护稳定的基础上,针对条分法存在大量试算搜寻最危险滑移面的缺点,采用优化理论中复形调优法对滑移面进行了分析,并建立了搜索最危险滑移面的计算模式。

(4) 罗晓辉等采用 Sarma 提出的扰动力概念,建立了考虑土条间作用力影响的土钉挡墙支护结构稳定分析极限状态方程,并结合可靠性理论,分析了影响土钉支护结构稳定的各随机变量的变异性以及安全系数与可靠度的相互关系。

值得说明的是以上各种方法是在不同时期、结合不同的试验观测和理论研究得出来的,具有一定的价值,在实际工程中起着一定的作用。但也有其不足之处:

(1) 不能估计土体的变形,也不能考虑边坡或基坑分步开挖的影响。

(2) 除机动法能进行土钉的局部稳定性分析,给出特定的较符合实际的土钉内力外,其他方法则不能给出各土条对于土钉施加的拉力大小,就机动法而言也仅考虑水平方向的平衡,没有考虑垂直方向的平衡。

(3) 上述各种方法是根据特定的试验场地和试验条件,同时为简化计算而进行了一些假定,因此有一定适用范围和局限性。如 Stocker-Gassler 方法的双直线滑移面形状是根据地面有较大超载的情况所进行的试验而作出的假定,由此方法确定的滑移面部分延伸到土钉加固区之外,因此,这种方法对于非黏性土在有限范围内受较大地面超载的情况较合适。此外 Schlosser 方法中考虑了土钉的弯曲作用,事实上,土钉弯曲刚度的大小对土体的最大水平位移以及土钉所受的最大拉力和剪力均无明显作用,目前土钉的抗弯作用对稳定性影响仍然是一个争论的话题。Davis 法、Stocker-Gassler 法对土体的性态,如分层、孔隙水压力的考虑都有一定的局限性。Juran 的机动法关于土钉内力剪力计算的假定不严格。Bridle 方法计算土钉剪力过程中引用了桩基础的经验公式有一定的欠缺。

鉴上,实际工程中需要设计者对各种方法的了解和经验根据实际情况而加以运用。如美国联邦公路局曾建议对土钉挡墙稳定性分析使用修正的 Davis 法,而对土钉的破坏分析用机动法。

2.2 有限元法

有限元法作为一种强有力的数值计算方法,不仅能计算土钉挡墙中土钉内力,土体的应力应变关系,模拟开挖过程等,而且可以考虑土体的非均匀性和各向异性的复杂性态。由于土体的性态和结构的复杂性,这一方法直接用于工程并能得到满意的结果还有一段距离,但仍不失是目前公认的用来分析不同参数变化时的土工结构性能变化规律的较为有效的一种方法。

1981年美国沈智刚等曾用该方法进行了土钉支护体系的内力和变形以及一些参数对其工作性能影响的研究,并开发了相应的二维有限元程序。1985年Plamelle等人也使用过有限元方法。德国、法国等也开发了土钉的专用有限元程序,如法国的Talren程序、STARS程序、CLOUDIM程序、德国的Bauer程序和英国的NAIL-SOILNAIL程序等。

我国清华大学的宋二祥与在荷兰的研究者合作开发了Plaxis土工有限元程序并进行了土钉支护体系的计算。此外杨明、邵龙潭在采用极限平衡理论验证有限元边坡稳定分析的方法的基础上,将其方法用于土工加筋结构(包括土钉)进行了土钉面板的型式、刚度对土钉挡墙稳定性的影响。

总的来说,目前用于土钉支护的有限元程序对土钉内力的计算结果较为满意,但变形的输出则不够理想,这与其计算模型及参数的选取有关,也是应用有限元法的关键所在。

2.3 工程简化分析方法

在工程实践中人们提出了许多简化分析方法,简化分析的实质就是直接给定临界滑移面的位置,直接给定不同部位的土钉的最大拉力。虽然这种方法是粗糙了一些,但作为估算土钉的拉力和有经验者进行土钉的初步设计仍然是一种较为简便的方法。

在国外,Juran曾综合了一些工程实测的结果,提出了不同高度位置上的土钉最大拉力分布图,土钉的拉力按其分布图确定(图1)。

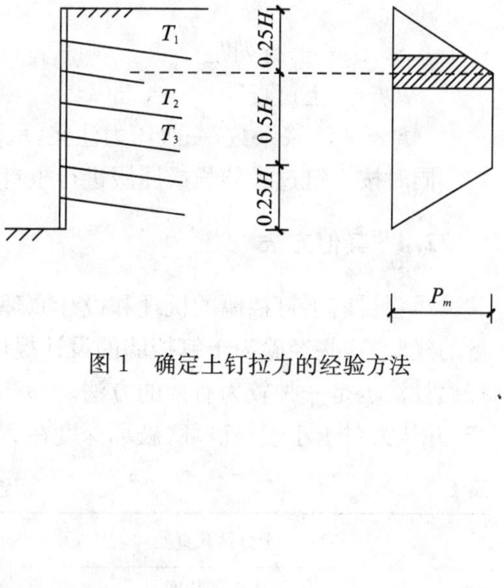

图中:沙土($c/\gamma h < 0.05$) $p_m = 0.65 K_a \gamma H$

黏性沙土 $p_m = K_a \left(1 - \dfrac{4c}{\gamma H} \dfrac{1}{K_a}\right) \gamma H$

干硬沙土 $p_m = (0.2 \sim 0.4) \gamma H$

$K_a = \tan^2(45° - \varphi/2)$

公式表示为: $\qquad T = p S_V S_H \qquad$ (1)

图1 确定土钉拉力的经验方法

式中 S_V, S_H——土钉的水平和垂直间距;

p——与土钉高度相应的土压力分布图确定的侧土压力。

值得说明的是Juran提出的土钉最大拉力的分布图是参考了Terzaghi和Peck针对支撑板桩支护所建议的土压力分布,将土钉挡墙中的土钉比作支撑,并加以适当的修正,仅适用于均质土体,坑壁直立、地表水平无超载的情况,不适用于软土和地下水的土体。

在国内目前常用的简化分析方法有:

(1)我国有色金属工业长沙勘察院提出二分之一分割法。

该方法首先要确定土钉面板上的土压力图形和土的间距 S_V, S_H，然后再按二分法来进行每根土钉的受力情况分析。

（2）假定潜在破坏面的方法，包括楔形破坏滑移面和双折线滑移面法。前者方法是套用重力式挡墙背后的土体楔形破坏的特点，按库仑土压力理论，滑移面的倾角为 $45°+U/2$，与 c 无关；后者方法是仿照加筋土挡墙滑移面，上为直线、下为斜线。这两种方法的土钉的拉力均由土体侧向土压力分布求出。按前者方法计算数值偏于安全，虽然上部土钉偏长，但在城区实际工程中考虑到上部土质多为回填土，结构较松，变形量大和一定量的变形会对建（构）筑和地下管线等周边环境造成较大的影响的原因，为严格控制变形，往往加大上部土钉的长度，但底部土钉长度偏短，存在不安全的隐患；按后者计算偏于不安全，因为加筋挡墙是由下向上构筑的，填土经筛选，滑移面的位置 $S=0.3H$ 的假定比较符合实际，用于土钉设计可能导致上部土钉长度不够。

（3）王步云方法。王步云建议的方法在实际工程中应用较为普遍。该方法也假定滑移面为双折线，即上为直线，下为斜线。与假定潜在破坏面的方法不同的是土钉结构由经验公式确定，其中土钉长度设计公式为：

$$L = mH + S \tag{2}$$

式中　　m——经验系数，一般可取 $m=0.7\sim1.2$；

　　　　S——止浆器长度，一般为 $0.8\sim1.5$ m；

　　　　H——基坑深度。土钉间距设计由下式确定：

$$S_x S_y \leqslant k_l d_h l \tag{3}$$

式中　　S_x, S_y——行列距；

　　　　d_h——土钉直径；

　　　　k_l——注浆系数，一次压力注浆，取 $1.5\sim2.5$。

同时按土钉过量伸长或屈服进行土钉直径验算，按界面摩阻力进行锚固力计算。

2.4　其他方法

尽管目前土钉挡墙的机理和设计原理还不甚清楚，但人们通过长期的工程实践积累了大量的经验，这些经验为土钉挡墙的设计提供了重要的参考价值。在一定程度上进行经验或规程设计法也是一种较为有效的方法。1985 年日本道路公团对修建的 73 个土钉挡墙进行了调查，并认为对于小规模破坏（破坏深度在 2 m 左右边坡）可按表 1 进行经验设计[7]。

表 1　　　　　　　　　　　　　　　经验设计参数

土钉钻孔直径	≈40
土钉的长度	3～4 m
土钉的间距	1～1.75 m
土钉的直径	≈20～≈35，螺纹钢筋
土钉的倾角	5°～10°

3　问题的提出及今后的发展方向

土钉挡墙作为一种原位加筋体，既不同于加筋挡墙复合体和挡土结构，也不同于一般的土质边坡,有着自身的特点,表现为明显的各向异性,同时也由于土钉与土体的相互作用,使土体的自身强度的潜力得以发挥,具有明显的自承能力,不仅能延迟土体的突发性滑塌,而且具渐进性变形,其开裂破坏也是逐步扩展的。根据土钉挡墙自身特点以及对土钉挡墙的发展和计算方法现状的综述,笔者认为有必要加强以下几方面的研究:

3.1 土钉-土体相互作用的研究

土钉挡墙的结构设计合理性在很大程度上取决于对土钉的工作性能以及与土体的相互作用的认识。

问题之一:目前土钉挡墙的结构设计主要依靠工程经验和土压力理论确定,为确保护壁的稳定,设计人员往往人为加大土钉长度。而实际上,据现场观察,土钉的极限抗拔力不一定与钉长成正比,超过一定长度后,土钉的极限抗拔力提高得很少。

问题之二:土钉内力的确定,就注浆钉来说,目前其界面黏结力主要参考无预应力注浆锚杆,土钉极限抗拔力也是参照类似的抗拔试验确定。而实际上,土钉的工作性能与土层锚杆的受力方式是不同的,土钉的抗拔力不仅仅由稳定区受力状态决定,而且与滑动区土钉的受力状态以及土钉材料的抗拉能力等有关。而现场观察,不同位置分布的土钉在使用状态下其内力相差很大,在一般的黏性土中往往是中部大,上部和底部偏小。就其中的一根土钉来说,不同位置的内力分布也是不均匀,往往是中间大,两端小。而目前的假定其分布内力为线形分布就不大合理。

众所周知,土钉的内力发挥是与土钉与注浆体(注浆钉)的握裹力、土体与注浆体或土钉间的摩擦力或界面黏结力有关,因此,有必要通过钉土界面单元的模拟土钉与土体的应力传递、扩散和分担,其分担比的大小、应力传递路径的研究来确定土钉的抗拔力、各土钉的受力状态,进而确定土钉与土体的应力-应变关系、各层土钉与面板的土压力的关系、土柱高度与摩擦系数的关系、土钉拉力与墙体位移的关系、墙顶附加荷载对基础下的压应力的关系以及考虑等。

在研究土钉与土体的相互作用时,对于应当考虑土钉布置较密时引起的群钉效应和注浆钉在施工过程中注浆压力对土体的挤压、劈裂和渗透作用而引起的注浆效应。还要考虑基坑或边坡开挖过程中卸荷引起的土体应力释放和自身土体的蠕变和松弛时间效应等。

3.2 破坏形式和破坏判据的研究

土钉挡墙的安全性取决于对土钉挡墙的稳定性分析的变形分析。稳定性分析主要以经典的极限平衡法为主。变形分析主要采用数值计算,常规的有有限元法、边界元法。无论是极限平衡法还是变形分析法,有两个共性问题。

问题之一:现有的计算分析方法,或按确定的潜在破坏面或按最大的应力连线进行变形分析,均采用整体滑动计算,实际上土钉挡墙的破坏是渐进破坏的,在这方面的工作开展较少。

从土钉挡墙的施工现场观察及实验看,发现破裂面往往从底部开始,渐渐向上连通,最后形成滑移面,最危险的一段也是开挖至坑底最末一排土钉尚未设置时。

按整体滑动破坏分析计算时,往往通过折减滑面上的抗剪强度计算的,计算结果与实际有一定的偏差。事实上,土钉挡墙土体的应力屈服首先在局部单元中产生,且塑性区向周围不断扩展,范围不断扩大,应力场向中间展伸和调整过程,反映出渐进发展破坏过程。在土钉挡墙破坏前,其内部部分滑面已经形成,局部土体具残余强度值,局部土体具峰值强度值,对于如何取值以及把土钉挡墙的渐进破坏与其基坑开挖的动态性联系起来是值得研究的。

问题之二：对于土钉挡墙的破坏和失稳，目前还没有一个明确的定义，对于土钉挡墙的破坏往往也只注意土钉墙的拉裂或土钉拉断现象。

由于土钉的破坏是渐进型的，从一点的局部破坏或塑化渐渐伸展连通，因此不仅仅要建立其强度破坏准则，还要根据其变形的速率和矢量方向的变化建立破坏判据。从已知应力场为依据结合强度准则来进行土钉挡墙的稳定性分析研究较多，而从已知的变形和位移为依据结合极限变形速率的判据来进行土钉挡墙的稳定性分析正在探索中。

此外，已有土钉计算分析的理论和方法都是将土钉简化为平面和静定问题，而实际土钉挡墙是一个三维空间和超静定问题，特别对于基坑和边坡的边长较长的情况，其空间作用尤为突出，基坑或边坡中部的变形往往大于两边和角端。因此土钉挡墙的三维和超静定问题也是需要解决的问题。

3.3 复杂地层土钉挡墙的研究

一般来说，土钉挡墙只适用于有一定黏性的沙土和硬黏土，或有一定自承能力的土体，对于松散沙土、软黏土以及地下水丰富地区等使用土钉挡墙技术时，存在几个问题：由于土体松散其抗剪强度低，不能给土钉以足够的抗拔力。由于土体松软和含水量高的原因，土体不仅自承能力差，而且基坑或边坡的喷射面层难以形成。要保证基坑的稳定必须采用土体超前加固和与其他辅助支护方法相结合的方法。目前在富水地区及软土地区土钉挡墙技术研究已取得了一定的进展[8]，上海软土地区土钉基坑深度已达 7 m。对其机理作更深入的研究，必将扩大其应用范围，促进土钉挡墙技术在基坑支护中的应用和发展。

参考文献

[1] Shen L K. Ground Movement Analysis of Earth Support Syetem, J. Geotech. Eng., ASCE, Dec, 1981.
[2] Bruce D A, Jewell R A. Soil Nailing: Application and Practice, Part 1, Part 2[J]. Grounding Engineering, 1986, 19(V); 1987, 20(1).
[3] Gassler G, Guclenhus G. Soil Nailing-Some Aspects of a New Technique[J]. Proc. ICSMEF, 1981(3).
[4] 程良奎,张作湄,杨志银. 岩土加固实用技术[M]. 北京：地震出版社,1994.
[5] 陈肇元,崔京浩. 土钉支护在基坑工程中的应用[M]. 北京：中国建筑工业出版社,1997.
[6] 陈肇元,宋二祥,崔京浩. 深基坑的土钉技术[J]. 地下空间,1986,16(1).
[7] 欧阳仲春. 现代土工加筋技术[M]. 北京：人民交通出版社,1991.
[8] 李象范. 土钉挡墙在淤泥质地层中的应用[D]. 同济大学地下建筑与工程系,1997.